Chemie der Zuckerindustrie

Lehr- und Handbuch für Theoretiker und Praktiker

Von

Ing. Oskar Wohryzek
Chefchemiker

Mit 17 Textfiguren

Springer-Verlag Berlin Heidelberg GmbH 1914

Additional material to this book can be downloaded from http://extras.springer.com

ISBN 978-3-662-24417-3 ISBN 978-3-662-26553-6 (eBook)
DOI 10.1007/978-3-662-26553-6

Ursprünglich erschienen bei Julius Springer, Berlin 1914
Softcover reprint of the hardcover 1st edition 1914

Vorwort.

So reich sonst die Literatur auf dem Gebiete des Zuckers und seiner Fabrikation ist, so fehlt es bis heute auffallenderweise an einem Buche, das sämtliche chemischen Vorgänge im Verlaufe der Fabrikation des Zuckers erschöpfend darstellt. Ein solches ist umso notwendiger, als die Zuckerindustrie eine chemische Industrie ist und die bestehenden technologischen Werke der chemischen Seite der Zuckerfabrikation nur geringes Augenmerk schenken. Es liegt aber auch nicht in der Natur eines technologischen Werkes, theoretische und chemische Fragen eingehender abzuhandeln.

Wohl besitzen wir in Rümplers „Die Nichtzuckerstoffe der Rüben" und in v. Lippmanns „Chemie der Zuckerarten" zwei ausgezeichnete Werke, die die Chemie des Rohmateriales unseres Industriezweiges und die Chemie des Zuckers in erschöpfender Weise darlegen. Über die chemischen Vorgänge bei der Fabrikation des Zuckers sagen sie aber nichts oder doch nur sehr wenig.

Bei meinem weiteren Suchen nach einem Buche dieser Richtung fand ich, daß ein solches bis heute nicht geschrieben wurde[1]). So entschloß ich mich, getreu Boltzmanns Ausspruch: „Es gibt nichts Praktischeres als die Theorie", ein solches selbst zu schreiben, nachdem ich reichlich Gelegenheit hatte zu konstatieren, daß in den Kreisen der Zuckerindustrie das Bedürfnis nach einem derartigen Werke besteht.

Über die Schwierigkeit meines Beginnens war ich mir von Anfang an klar, und es ist gewiß überflüssig, diese hier hervorzuheben.

Wenn nur bedacht wird, was für weite Wissenschaftsgebiete für eine Erklärung der chemischen Vorgänge bei der Fabrikation des Zuckers in Betracht kommen, so gibt mir das den Mut, an ein nachsichtiges Urteil aller Leser zu apellieren.

---

[1]) Das Manuskript war schon fast abgeschlossen, als mir eine „Kurzgefaßte Chemie der Rübensaftreinigung" von W. Sykora und F. Schiller zu Augen kam. Doch ist dieses kleine Buch fast 30 Jahre alt, betrachtet nur die Scheidung, die Saturation und die heute nicht mehr aktuelle Spodiumfiltration von Rohfabrikssäften. Dieses Buch zeigte mir nur von neuem, daß schon früher das Interesse für die Chemie der Zuckerindustrie vorhanden war; um wieviel mehr heute, wo sich diese Wissenschaft so mächtig entfaltet hat.

Manche Fragen hätten eine ausführlichere Besprechung erfahren können — wenn ich bei der ganzen Arbeit nicht allein auf mich angewiesen gewesen wäre. Es ist aber Einem allein kaum möglich, bei der wenigen freien Zeit, die der Fabriksdienst übrig läßt, eine so große, heterogene Materie zu bewältigen. Dazu kam die Schwierigkeit, manche wichtigen Arbeiten im Originale zu erlangen.

Umsomehr fühle ich mich angenehm verpflichtet, auch an dieser Stelle meinem verehrten Lehrer, Herrn Hofrat Eduard Donath, Professor an der Technischen Hochschule zu Brünn, für viele schätzenswerte Winke und Ratschläge sowie für die Beschaffung von Literaturmaterial meinen ergebensten Dank auszusprechen.

Im November 1913. **Der Verfasser.**

Inhaltsverzeichnis.

III. Teil.

Chemie der Raffination des Rohzuckers.

Anhang.

Tabellenverzeichnis.

Spezialliteratur zu den einzelnen Kapiteln.

Pfeffer, Pflanzenphysiologie. 2 Bde. Leipzig 1897, 1904, 2. Auflg.
J. Wiesner, Anatomie und Physiologie der Pflanzen. Wien 1898.
A. Hansen, Pflanzenphysiologie. Gießen 1898.
W. Migula, Pflanzenbiologie. Leipzig 1909.
F. Czapek, Biochemie der Pflanzen. 2 Bde. Jena 1905.
H. Euler, Grundlagen und Ergebnisse der Pflanzenchemie. 3 Bde. Braunschweig 1908.
R. Höber, Physikalische Chemie der Zelle und der Gewebe. 2. Auflg. Leipzig 1907.
Hofmeister, Die chemische Organisation der Zelle. 1901.
W. Nernst, Theoretische Chemie. 6. Auflg. Stuttgart 1909.
E. O. v. Lippmann, Die Chemie der Zuckerarten. Braunschweig.
B. Tollens, Kurzes Handbuch der Kohlenhydrate. 2 Bde. Breslau 1895, 1898.
A. Rümpler, Die Nichtzuckerstoffe der Rüben. Braunschweig 1898.
Carl Oppenheimer, Die Fermente und ihre Wirkungen. Leipzig 1900.
J. Reynold Green-W. Windisch, Die Enzyme. Berlin 1901.
H. Landolt, Das optische Drehungsvermögen organischer Substanzen. 2. Auflg. Braunschweig 1898.
H. Freundlich, Kapillarchemie. Leipzig 1909.
L. Spiegel, Der Stickstoff und seine wichtigsten Verbindungen. 1903.
L. Rosenthaler, Grundzüge der chemischen Pflanzenuntersuchung. Berlin 1904.
F. Lafar, Technische Mykologie. Jena. 1. Bd. 1897. 2. Bd. 1901—1907.
Otto Cohnheim, Chemie der Eiweißkörper. 3. Aufl. Braunschweig.
Emil Fischer, Untersuchungen über Aminosäuren, Polypeptide und Proteïne. 1906.
— Untersuchungen über Kohlenhydrate und Fermente (1884—1908). Berlin 1909.
Wolfgang Ostwald, Grundriß der Kolloidchemie. Dresden 1909.
A. Gröger, Chemisch-technisches Vademecum für Zuckerfabriken. 3 Teile, 1901, 1906, 1911.
H. Claassen, Die Zuckerfabrikation mit besonderer Berücksichtigung des Betriebes. Magdeburg, Wien 1908.

Außer dem „Anhange, chemische Erläuterungen“, die gewiß vielen Lesern aus der Industrie willkommen sein werden, seien noch folgende Lehrbücher der organischen Chemie empfohlen: A. F. Hollemann, Leipzig 1912, J. Schmidt, Stuttgart 1906, und A. Bernthsen-A. Darapsky 1911.

Abkürzungen der Literaturangaben wurden nur bei den am häufigsten gebrauchten Quellen vorgenommen.

Z. V. d. Zuckerind. = Zeitschrift des Vereins der deutschen Zuckerindustrie.

Ö. U. Z. f. Zuckerind. = Österreichisch-Ungarische Zeitschrift für Zuckerindustrie und Landwirtschaft, Wien.

„Organ“ = „Organ des Vereines für Rübenzuckerindustrie in der Österreichisch-Ungarischen Monarchie“. Dieses bestand bis zum Jahre 1888 und ging dann in die „Österreichisch-Ungarische Zeitschrift für Zuckerindustrie und Landwirtschaft“, Wien über.

Z. f. Zuckerind. i. B. = Zeitschrift für Zuckerindustrie in Böhmen, Prag.

D. Z. = „Deutsche Zuckerindustrie“, Berlin.

C. f. Z. = Centralblatt f. d. Zuckerindustrie, Magdeburg.

B. d. D. ch. G. = „Berichte der Deutschen chemischen Gesellschaft.“

Wenn bei einer zitierten Arbeit die Quelle nicht genau angeführt erscheint, so wurde die betreffende Untersuchung nicht aus dem Originale wiedergegeben.

Druckfehlerverzeichnis.

S. 114, 3. Abs. 2. Zeile, statt Rohstoffe lies Rohsafte.
S. 267, 3. Zeile von unten, statt 98,7 lies 89,7.
1. „ „ „ statt 98,5 lies 89,5.
S. 269, 1. Abs. 19. Zeile, statt Darauf, daß ... lies Weil ...
S. 323, 3. und 6. Zeile. Über 34,2 und über 28,37 fehlt „vor".
S. 338, 3. Abs. von unten, 13. Zeile, statt demselben lies denselben.
S. 394, 3. Abs., 4. Zeile, statt hervorragenden lies solch hervorragende.
S. 414, 3. Abs., 4. Zeile, statt Dampfstation lies Verdampfstation.
S. 478, 2. Zeile, statt Rohrzucker lies Rohzucker.
S. 541, 8. Zeile, statt organische lies anorganische.
S. 602, letzte Textzeile, statt Abwässern lies Absüßwässern.
S. 629. In der Konstitutionsformel der fünfwertigen Alkohole wurde versehentlich auch das mittlere Kohlenstoffatom fett gedruckt, obwohl es nicht asymmetrisch ist.

Einleitung.

Schon im Jahre 1866 sagte Scheibler, einleitend zu seiner ersten Arbeit über die organischen Bestandteile des Rübensaftes, Worte, die noch heute Geltung haben: „Bei dem aufmerksamen Studium der Entwicklungsgeschichte der Rübenzuckerfabrikation wird man sich nicht der Wahrnehmung entziehen können, daß die Fortschritte dieses Industriezweiges ... mehr oder weniger bedingt werden von dem jeweiligen Stande unserer chemischen Kenntnisse auf dem Gebiete dieser Industrie, daß in erster Linie die Chemie berufen erscheint, fortdauernd dazu beizutragen, dem praktischen Betriebe der Zuckerfabrikation eine einfachere Gestaltung, zweckentsprechende Arbeitsmethoden und höhere Nutzeffekte erringen zu helfen." Im weiteren Verlaufe seiner Ausführungen beklagt Scheibler, daß die Zuckerindustrie „ihr Heil vornehmlich in der mechanischen Richtung gesucht...."; „daher kann man fast ohne Übertreibung behaupten, ... eigentlich doch nur eine auf zufällige Erfahrungen gegründete und danach in empirische Regeln gefaßte Gewinnungsmethode des Zuckers kennt; weshalb man in dem einen oder dem anderen Falle so oder so verfährt, dafür weiß man weder die Ursachen noch die zugrunde liegenden Gesetze; die Vorgänge bei der Scheidung des Rübensaftes sind heute ebenso dunkel und unerklärt, als die Wirkungsweise der Knochenkohle bei der Entfärbung der Säfte es ist. Solange dergleichen Vorgänge aber in Nacht gehüllt bleiben, so lange wird auch jeglicher Fortschritt... lediglich dem Zufalle überlassen sein, während mit jeder neu errungenen chemischen Tatsache in der Erkenntnis der Natur des Rübensaftes ... dem Fabrikanten ein neuer Sinn erwächst für das Verständnis seiner Fabrikation überhaupt .....; aber es gehört dazu die Kunst, die Erscheinungen richtig interpretieren zu können, die Kunst, der Natur sowohl Fragen zu stellen, als ihre Antworten zu verstehen ...."

In demselben Jahre erkannte Bodenbender, die Unmöglichkeit, die Prozesse, die sich bei der Fabrikation des Zuckers abspielen, erklären zu können, liege in der Unkenntnis der Zusammensetzung der Rüben. Damals handelte es sich darum, die Überlegenheit der neu erfundenen Diffusion und Scheidesaturation gegenüber den älteren Arbeitsweisen auf Grund exakter Untersuchungen zu prüfen. Die Unkenntnis der Rübenbestandteile und der Prozesse im Betriebe machte sich unangenehm fühlbar; von jener Zeit stammen die Bestrebungen, Licht in diese verwickelte Materie zu bringen. Wohl wurden große Fortschritte gemacht: die Rübensaftbestandteile wurden eingehend studiert, ihr Verhalten im Betriebe zum Teile erkannt, die analytischen Methoden ausgebaut, manche Prozesse des Betriebes erfuhren ihre Deutung, neue Arbeitsweisen wurden auf Grund theoretischer Erkenntnisse eingeführt usw. Wieviel aber noch zu tun ist, um von einem vollen Erfolge sprechen zu können, lehren die Worte Strohmers bei der Tagung der österreichisch-ungarischen Zuckerindustrie in Salzburg im Jahre 1911: „Sind uns doch heute noch nicht einmal alle Bestandteile unseres Rohmaterials, d. i. der Rübe, bekannt und der Wechsel ihrer Mengenverhältnisse in der Abhängigkeit von Witterungsverlauf und Kulturmaßnahmen. Ebenso haben die Vorgänge der Saftreinigung nicht ihre vollständige Klarlegung gefunden, wie auch die chemischen Prozesse bei der Verdampfung noch der Aufklärung bedürfen. Die Abhängigkeit der Kristallisationserscheinungen von den Nichtzuckerverhältnissen ist ebenfalls noch nicht genau erkannt, wie auch die Frage der Melassebildung noch nicht ihre definitive Lösung gefunden hat. Ich bin überhaupt der Meinung, daß die Zuckerfabrikation so lange nicht ihre vollständige technische Ausbildung erreicht hat, so lange sie noch ein Abfallsprodukt wie die Melasse erzeugt, das nahezu zur Hälfte noch aus jenem Stoffe besteht, der eigentlich gewonnen werden soll."

Trotz dieser pessimistischen Worte sind wir in unseren Kenntnissen doch viel weiter fortgeschritten und wissen wir heute von der Chemie der Zuckerindustrie mehr, als man zu Scheiblers Zeiten wußte. Männer der Forschung und Praxis, wie z. B. Andrlík und seine Mitarbeiter (Urban, Stanek), Claassen, F. Ehrlich, Fallada, Herzfeld, Jesser, Karlík, Koydl, v. Lippmann, Rümpler, Sachs, Stift, Strohmer, Tollens und seine Mitarbeiter, Weisberg und die anderen Franzosen: Pellet, L. und H., Aulard und nicht zuletzt die russischen Forscher: Smolenski, Minz, Duschsky usw. haben sich erfolgreich bemüht, die eingangs zitierten Worte Scheiblers zum großen Teile außer Kraft zu setzen. Heute ist die Zuckerindustrie nicht mehr auf „zufällige Erfahrungen gegründet"; „empirische Regeln" gelten wohl in der Industrie, aber sie sind wissenschaftlich begründet und erklärt und man weiß heute ganz gut — wenigstens in vielen Fällen —, warum man „so oder so verfährt".

Obwohl noch sehr vieles zu erforschen und zu begründen wäre, um das angestrebte Ziel: Erkennung des Rohmateriales und aller im Zuckerfabriksbetriebe verlaufenden Prozesse zu erreichen, so ist es doch vorteilhaft, einmal zu überblicken, was man heute bestimmt weiß, was man heute nur vermutet und was heute noch unbekannt ist.

Das zu zeigen ist der Zweck des vorliegenden Buches. Es galt, die Arbeiten der oben angeführten und noch mehr nicht angeführten Forscher und Praktiker eingehend zu studieren und darzulegen, viele weit zerstreut sich vorfindende Abhandlungen gleichen Gegenstandes zu sammeln, einen Blick in die Vergangenheit der Chemie der Zuckerindustrie zu werfen und die oft fundamentalen Arbeiten Scheiblers,

Bodenbenders, Jelíneks, Sostmanns, Roberts u. a. in den Dienst dieses neuartigen Buches zu stellen. So konnte ein getreues Bild von dem gegenwärtigen Stande der Chemie der Zuckerindustrie entworfen werden. Dabei wurde besonders gezeigt, wo Wissenschaft und Theorie die Praxis befruchteten und so selbst Zweiflern der Nutzen der Theorie für die Praxis bewiesen. Mit Genugtuung fand der Verfasser oft die Bewahrheitung seines Mottos: „Ohne Chemie keine Zuckerindustrie." Gleichzeitig entstand ein Werk, das das gesamte Analysenmaterial der Chemie der Zuckerindustrie umfaßt, so daß es wohl keine Frage auf diesem Gebiete geben kann, für deren Beantwortung sich nicht hier die analytischen Grundlagen finden ließen.

I. Teil.

Chemie der Rübe.

1. Kapitel.

Anatomie der Rübe und Chemie der Zelle.

a) Anatomie der Zellen und der Gewebe.

Das in der Rübenzuckerindustrie verwendete Rohmaterial zur Gewinnung des Zuckers ist die Wurzel der Beta vulgaris, Rüben-Mangold, auch Runkelrübe genannt. Durch Kultur ist sie zu der heute allgemein bekannten dicken, langwalzigen und zuckerreichen Form veredelt worden.

Spätere Betrachtungen nötigen dazu, den anatomischen Bau dieser Wurzel und ihrer Blätter zu kennen.

Das Grundelement jeder Pflanzensubstanz bildet die vegetabilische Zelle. Alle höher entwickelten Pflanzen bestehen aus unzählig vielen, dicht zusammengelagerten und festverbundenen Zellen, welche die Zellengewebe bilden. Die einzelne Zelle ist ein Organ, das aus einer äußeren festen Haut und einem von dieser umgebenen, stofflich davon verschiedenen Inhalte besteht. Erstere ist die Zellhaut, Zellmembrane oder Zellwand. Das von dieser umschlossene Innere heißt räumlich das Lumen der Zelle oder die Zellhöhle und stofflich der Zellinhalt. Die Zellwand besteht bei jungen Zellen vornehmlich aus Zellulose, gemengt mit Aschenbestandteilen (Kieselsäure, Kalk) und durchtränkt (imbibiert) mit Wasser. Sie bildet ein zartes, dünnes, durchsichtiges, elastisches Häutchen, welches aber mit fortschreitender Entwicklung der Pflanze teilweise verändert wird; das gleiche gilt für seine chemische Zusammensetzung. Die Zellhaut zeigt Längen- und Dickenwachstum. Ist die Zelle noch jung, so hat sie die oben angegebene chemische Zusammensetzung und dieselben Eigenschaften. Mit fortschreitender Ausbildung können zwei chemische Prozesse auftreten, welche die chemische und physikalische Beschaffenheit der Zellmembrane ändern: die Verholzung und die Verkorkung. Bei der ersteren tritt neben der Zellulose der Holzstoff oder das Lignin, bei der letzteren Korkstoff oder Suberin in der

Zellwand auf. Die beiden Namen „verholzte Zellen“ oder „Holzzellen“ sowie „verkorkte Zellen“ oder „Korkzellen“ deuten schon an, was für physikalische Veränderung das junge Zellulosehäutchen erfahren haben mag. Die Korkzellen bieten größeren Widerstand dem Durchdringen des Wassers, kommen also als Schutzorgane an der Oberfläche von Pflanzenteilen vor.

Der wichtigste Inhaltsstoff der lebenden Zellen ist das Protoplasma. An diesem spielen sich alle Lebenserscheinungen ab. Die Grundmasse heißt das Zytoplasma oder Zellplasma. Dieses ist von Wasser durchtränkt; verliert es das Wasser aus irgend einem Grunde, so büßt es seine Funktionsfähigkeit ein. Über seinen Bau ist nichts Sicheres bekannt. Hier interessiert aber seine räumliche Lage in den einzelnen Zellen mehr, aus Gründen, die später besprochen werden. Im Zellinnern herrschen osmotische Druckkräfte (siehe S. 22). Durch diese wird das Protoplasma an die Zellwand gedrückt. Die Zellwand stärkt das Protoplasma in seinem Widerstande gegen den osmotischen Druck. Die so entstehende Spannung heißt der Turgor. Die Zellwand widersteht diesem Drucke. Das Plasma hat an der der Zellwand zugekehrten Außenseite eine helle, zarte, dünne Haut, die Hautschichte Pringsheims oder den Primordialschlauch, wie Mohl sie nannte. Die Hautschichte wird besonders erst dann sichtbar, wenn man die Zelle zur Plasmolyse bringt. Dies geschieht durch wasserentziehende Mittel oder durch Erwärmen, wodurch Kontraktion der Hautschichte eintritt, und sie sich von der Zellwand ablöst. Der Primordialschlauch spielt eine wichtige Rolle bei der Aufnahme und Abgabe von Substanzen in der Zelle. Dem Durchtritte von Wasser z. B. setzt er mehr Widerstand entgegen als der übrige Protoplasmakörper, ist für Wasser aber immer noch weniger durchlässig als die Zellwände.

Der oben genannten Hautschichte, welche die äußere Begrenzung des Plasmas bildet, steht gegenüber die Vakuolenhaut oder Vakuolenwand Pfeffers, welche die Abgrenzung des Plasmas gegen das Zellinnere ist. Ein Körper, der von außen in den Zellsaft gelangen will, hat demnach folgenden Weg zu nehmen: 1. durch die Zellwand; 2. durch die Hautschichte oder den Primordialschlauch; 3. durch das Plasma; 4. durch die Vakuolenwand; erst dann ist er im Zellinnern. Will er aus der Zelle heraus, so muß er diese vier Medien in entgegengesetzter Reihenfolge durchwandern.

Nicht überall und nicht immer hat die Zellhaut gleiche osmotische Eigenschaften; diese werden durch das Protoplasma reguliert. Jede Zelle hat ein quantitatives Wahlvermögen (siehe S. 23). Weil diese Erscheinungen bei der Ernährung der Pflanzen und der Gewinnung des Zuckers eine wichtige Rolle spielen, sind sie später noch ausführlicher behandelt.

Zum näheren Studium dieses Fragenkomplexes sei auf das vierte Kapitel des ersten Bandes von Pfeffers Pflanzenphysiologie: „Die Mechanik des Stoffaustausches“ hingewiesen.

Das Protoplasma erfüllt entweder die ganze Zelle oder ist nur als Hautbelag vorhanden. Davon hängt die Verteilung des Zellsaftes in der Zelle ab.

Das Protoplasma ist keine homogene Masse; neben verschiedenen körnigen Gebilden enthält es Lücken (Hohlräume), die mit Flüssigkeit gefüllt sind. Diese heißen Vakuolen und können häufig an Volumen das des Plasmas überragen.

Das Plasma ist bei jungen Zellen weich und flüssig. Es gibt auch Zellen, worin dieses fehlt; sie sind aber nicht lebende Zellen und trotzdem für die Pflanze von Bedeutung. Das Protoplasma ist chemisch eine sehr komplizierte Substanz und hat je nach seinem Wassergehalte verschiedenen Aggregatzustand, weich, schleimartig, nie flüssig. In sehr vielen Zellen, besonders in den jungen, ist der Zellkern vorhanden, der im wesentlichen nur ein geformter Teil des Protoplasmas ist und bei der Zellbildung eine hervorragende Rolle spielt. Neben dem Plasma ist in der Zellhöhle noch der Zellsaft vorhanden, der eine wässerige Lösung von organischen und unorganischen Substanzen darstellt. Je nach dem physiologischen Zwecke der Zellen variiert die Zusammensetzung des Zellsaftes. Neben Saft und Plasma kommen noch viele andere Bestandteile vor: so die Chlorophyllkörner (Blattgrün) und andere Pigmentkörper, Kristalloïde (z. B. oxalsaurer Kalk), Stärke, fette Öle u. a. Auf den Zellsaft muß hier nicht Rücksicht genommen werden, da seine Zusammensetzung mit besonderer Rücksicht auf die Zuckerrübe noch sehr eingehend zu betrachten sein wird. Hier interessiert besonders die Zusammensetzung der genannten Pflanzenorgane. Vorher muß aber noch die Frage nach dem anatomischen Bau der Rübenwurzel ihre Beantwortung finden.

b) Anatomie der Rübenwurzel.

Die einzelne Zelle ist nur bei den einfachsten Pflanzen, z. B. bei Bakterien, Pflanze für sich. Alle höher organisierten Pflanzen bestehen aus miteinander verbundenen Zellen. Die Verbindung geschieht in Zellreihen, Zellschichten und in Zellkörpern je nach der räumlichen Dimension dieser Verbindung. Dadurch entstehen die Röhren, Pflanzenräume, Gefäße, Zellhäute, Gewebe und alle anderen Pflanzenteile. Obwohl zum Aufbau der höheren Pflanzen unzählig viele Zellen oder Protoplasten zusammentreten, so bildet das Ganze doch eine einheitliche, zusammenhängende Plasmamasse, die aber, gegen die niederen Formen betrachtet, gekammert ist, wodurch Arbeitsteilung eintritt.

Man kann je nach der Gestalt und Ausbildung verschiedene Zelltypen unterscheiden. Folgende Einteilung ist eine morphologische: 1. Parenchymzellen: Diese bilden das Grundgewebe der Blätter und der Wurzeln. Sie sind dünnwandig. 2. Prosenchymzellen: Sie finden sich gewöhnlich in den Leitgeweben, sind langgestreckt und sehr häufig dickwandig.

Bei den höheren Pflanzen treten die Zellen zu einem Verbande zusammen. Zwischen den einzelnen Zellen der Gewebe entstehen Lücken, die man Interzellularräume nennt. Sie sind mit Luft erfüllt, und da alle diese Interzellularräume miteinander kommunizieren, ist die Durchlüftung der ganzen Pflanze gewährleistet.

Die Gewebe kann man nach den sie bildenden Zellen einteilen in Parenchym(gewebe), Prosenchym(gewebe) usw. Wichtiger ist hier die Einteilung vom physiologischen Standpunkte. Betrachtet seien nur die sogenannten Dauergewebe, die einen unveränderlichen, ausgebildeten Zustand besitzen. Von diesen kennt man:

1. das Hautgewebe. Dieses wird von der Epidermis gebildet. Es schließt die Pflanze gegen außen ab und bewahrt sie vor schädlichen Einflüssen (Austrocknung, Insektenangriffe). Die Zellen schließen sich ohne Interzellularräume aneinander; sie bilden eine Lage flacher Zellen. Die Außenwand ist gewöhnlich verdickt und mit Kutinsubstanzen imprägniert. Sie trägt die sehr wichtigen Spaltöffnungen (siehe S. 10) mit den Atemhöhlen. Da sich diese Organe meistens an den Blättern vorfinden, kommen sie auch beim Abschnitte „Rübenblatt" zur Sprache. Die Epidermis der Wurzel trägt die Wurzelhaare, die in das Erdreich hineinwachsen.

2. Das Leitgewebesystem dient dem Stofftransporte; es besteht aus langgestreckten Zellen, die sich zu sogenannten Gefäßbündeln (Fibrovasalbündeln) vereinigen und die ganze Pflanze durchziehen. Der stoffleitende Teil heißt Phloëm (Siebteil), der wasserleitende Teil Xylem (Holzteil, Gefäßteil). Dieses System tritt in den Blättern als Nervatur auf (siehe daselbst) und geht aus ihnen als Blattspurstrang in die Wurzel.

3. Das mechanische Gewebesystem verleiht der Pflanze eine gewisse Festigkeit. Diesem Zwecke dienen das Kollenchym und das Sklerenchym mit ihren verdickten Zellwandungen.

4. Das Grundgewebesystem besteht aus parenchymatischen Zellen. Im peripheren Teil ist es Assimilationsgewebe (es trägt das Chlorophyll), der darunter liegende Teil ist Speichergewebe für Reservestoffe u. a. Besonders in den Blättern findet es sich zwischen der Epidermis. In diesem speziellen Falle heißt es Mesophyll. Hier lassen sich zwei Lagen unterscheiden: das Pallisaden- und das Schwammparenchym. Das erstere liegt direkt der Epidermis an und ist das eigentliche Assimilationsgewebe, darunter liegt das lockerer gebaute Schwammparenchym. (Siehe Seite 10.)

Es war geboten, diese allgemeinen Begriffe hier einzuschalten, um die Anatomie und Physiologie der Rübe besser verständlich zu machen.

Das Fleisch der Zuckerrübe besteht im wesentlichen aus einem Zellgewebe mit dem farblosen, zuckerhaltigen Safte. Bei einem Querschnitte durch die Rübe fallen verschiedene konzentrische Kreise auf. Von außen begonnen, sieht man zunächst das Periderm oder die

Oberhaut. Diese bildet die äußere Umhüllung der Rübe und besteht aus verkorkten Zellen. An die Oberhaut schließt sich das Rindenzellgewebe; an seinem äußeren Umfange sieht es den korkigen Oberhautzellen ähnlich, nach innen bestehen seine Zellen aus reinem Zellstoffe. Nun folgt das Rindenfasergewebe mit kleinzelligen Markstrahlen, hierauf andere Zellgewebezonen abwechselnd

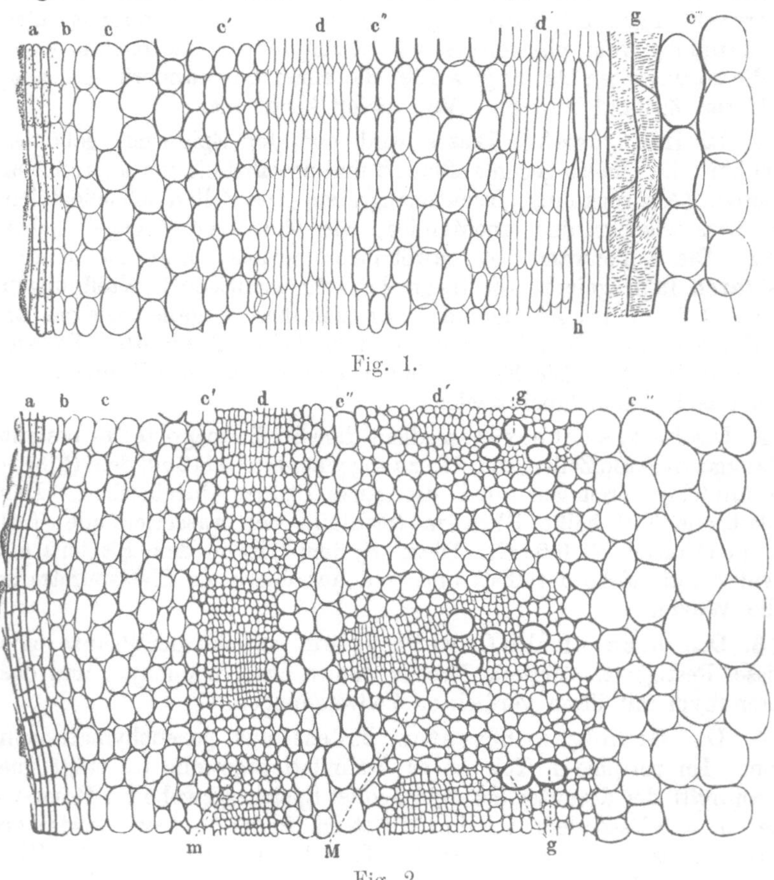

Fig. 1.

Fig. 2.

mit Gefäßen und Holzfasern. Dazwischen sind Markstrahlen. Deutlicher geht der Bau der Rübe aus obigen zwei Abbildungen hervor. Die beiden Figuren stellen den äußeren Teil eines radialen Längenschnittes und eines Querschnittes in 120 maliger Vergrößerung nach Wiesner dar.

a Oberhaut; b c c′ das Rindenzellgewebe; d das Rindenfasergewebe (kambiumartig); dann folgen Zellgewebezonen c″ c‴ abwechselnd mit Gefäßen g und Holzfasern h; die Verbindungen zwischen den Zellgewebsringen erscheinen als Markstrahlen m M;

d'g ist Gefäß und Fasergewebe. Die Bilder zeigen deutlich die mannigfaltigen Formen und Größen der einzelnen Zellengattungen. Die Zellen der Oberhaut (a) z. B. sind plattgedrückt. Sie sind 0,054 mm lang, 0,039 mm breit und 0,009 mm dick. Die Zellen von b (Korkkambinum) haben r (radialer Durchmesser) 0,012—0,021 mm, t (tangentialer Durchmesser) 0,036—0,073 mm, l (Längsdurchmesser) 0,036 bis 0,080 mm. Die Zellen von c: r, t, l = 0,051 mm, von c': r = t = 0,14 bis 0,022 mm, l = 0,054 — 0,89 mm.

Soviel nur über den anatomischen Bau der Rübenwurzel, kurzweg Rübe genannt. Die Rübenpflanze besteht aus drei Teilen: dem Rübenkopfe mit den Blättern, dem Rübenhalse ohne Blätter und der Wurzel.

Fig. 3.

Querschnitt durch das Rübenblatt, nach Frank und Tschirch.

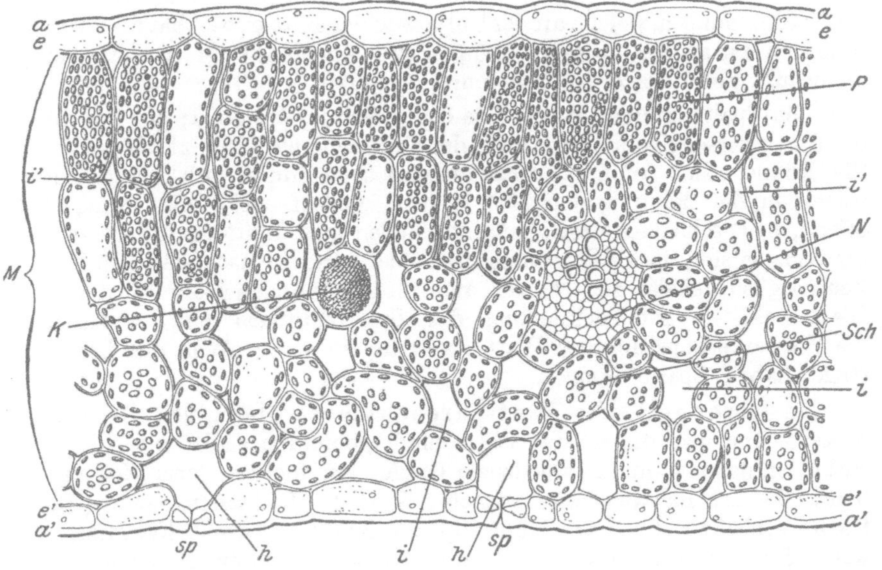

a a, a' a': Cuticula; e e, e' e': Epidermis oder Hautzellen; M: Mesophyll oder Blattparenchymgewebe; P: Pallisadengewebe; Sch: Schwammgewebe; i: Interzellularräume; sp: Spaltöffnungen; h: Atemhöhlen; N: Nervenstrang.

Die hervorragende physiologische Bedeutung des Blattapparates der Rübe rechtfertigt ein etwas näheres Eingehen auf seine anatomische Beschaffenheit, da ohne deren Kenntnis seine physiologischen Funktionen nur schwer verständlich wären. Figur 3 zeigt ein stark verkleinertes Bild einer zu Lehrzwecken ausgeführten Wandtafel der oben genannten Verfasser. Die Erläuterungen entstammen größtenteils Aufsätzen Briems in der Ö. U. Z. f. Zuckerind. XXIV, Heft 1 u. 6.

Auf der Ober- und der Unterseite des Blattes sind langgestreckte, hellgefärbte Zellen (ee, e'e') zu bemerken, die Haut- oder Epidermis zellen. Sie enthalten fast nur Wasser, sind chlorophyllfrei und verdanken diesen beiden Umständen ihre hellere Färbung gegenüber den Zellen des Blattparenchymgewebes (M). Sie werden daher auch leicht von Lichtstrahlen durchdrungen, die dann im Inneren des Blattes eine bedeutende Rolle zu spielen haben. Der Wassergehalt dieser Zellen bildet auch gleichzeitig einen gewissen Wasservorrat für die Rübenpflanze.

Die Außenwände der Epidermiszellen sind stark verdickt (verkorkt) und bilden ein zusammenhängendes Häutchen, die Cuticula (aa, a' a'). Dieselbe trägt Spaltöffnungen, Stomata genannt (sp), die mit den Atemhöhlen (h) in unmittelbarer Verbindung stehen; an diese schließen sich die Interzellularräume (i). Die drei letztgenannten Blattelemente dienen der Wasser- und Gasregulierung der Pflanze. Speziell die Spaltöffnungen, welche an der Unterseite des Blattes weit häufiger vorkommen als an der oberen, besorgen den Austausch der Außen- und Innenluft, welch letztere sich in h und i befindet.

Die Spaltöffnungen haben eine Größe von 20 bis 30 μ; auf 1 mm^2 der Blattoberseite kommen ca. 100, der Unterseite ca. 150 Spaltöffnungen. Sie können sich infolge Vorhandenseins sogenannter Schließzellen (nicht in der Figur gezeichnet) je nach Bedarf mehr oder weniger öffnen, bzw. schließen. Ist genügende Boden- und Luftfeuchtigkeit vorhanden, so sind die Spaltöffnungen geöffnet, und je nach wechselndem Feuchtigkeitsgehalte ändert sich auch ihre Öffnungsweite. Wird das Blatt welk, so tritt Schließung der Spaltöffnungen ein, wodurch die Wasserverdunstung des Blattes vermindert wird. Auch die Blattstiele haben Spaltöffnungen.

Im Mesophyll oder Blattparenchymgewebe gehen Lebensprozesse vor sich, die an das Chlorophyll gebunden sind. Alle Zellen enthalten dasselbe in verschiedenem Grade, am meisten jener Zellverband, der der Blattoberseite zunächst liegt, das Pallisadengewebe (P). Daran schließt sich — der Unterseite zugekehrt — das Schwammgewebe (Sch). Die Zellen des ersteren sind länglich und dicht aneinander gelagert; auch enthält das Pallisadengewebe im Gegensatz zum Schwammgewebe wenig Interzellularräume.

In letzterem sind auch die Zellen anders geformt und lockerer aneinander gelagert. Die Interzellularräume dienen gewissermaßen als Luftkanäle für die Pflanze. Sie führen den einzelnen Zellen Luft zu. Im Mesophyllgewebe liegen die Blattnerven; die vielen schwarzen Punkte der Figuren 3 in den Parenchymzellen deuten das grüne Chlorophyll an. Außerdem ist in der Figur ein mit K bezeichnetes Gebilde zu sehen: oxalsaurer Kalk, der in den Zellen als Kristall aufgespeichert ist (siehe S. 26).

Die schon erwähnte Nervatur des Rübenblattes besteht aus stärkeren und schwächeren Blattrippen mit zahlreichen immer feiner werdenden Verzweigungen. Vom Blattstiele aus setzt sich in der Blattmitte eine dicker Blattspurstrang (Mittelnerv) fort, von dem die Blattrippen nach beiden Seiten ausgehen. Mit den feineren Verzweigungen bilden sie ein zusammenhängendes System, das die ganze Fläche des Rübenblattes einnimmt. Diese Nervatur wirkt mechanisch dadurch, daß sie die Blätter flach ausbreitet und gespannt hält, das Blatt vor dem Zerreißen bewahrt und ihm stets die zweckdienlichste Stellung zum Lichte gibt. Der physiologische Zweck derselben besteht darin, daß sie das Wasser samt seinen gelösten Nährstoffen aus der Rübenwurzel dem Blatte überall hinzuführt und dasselbe lebensfähig erhält. Auf entgegengesetztem Wege wandern die im Blatte gebildeten organischen Substanzen (Zucker, Stärke, Eiweiß) in die Rübenwurzel ein.

c) Chemie der Zellbestandteile.

Da die Rübe in Form von Schnitten in den Betrieb eingeführt wird und ihre Zellbestandteile sich irgendwie chemisch betätigen könnten, ist es notwendig, deren Chemie etwas eingehender zu betrachten.

Chemie des Zellinhaltes.

Obwohl das Protoplasma als Träger der pflanzlichen Lebenserscheinungen physiologisch von größter Bedeutung ist, interessieren doch an dieser Stelle mehr seine chemischen und physikalischen Eigenschaften. Vom physikalischen Standpunkte ist es als kolloïdal zu bezeichnen. Die der Zellwand zugekehrte Seite des Protoplasmas nennt Pfeffer „Hyaloplasma“ oder Hautschicht, die dem Zellinnern zugewandte Seite heißt nach Nägeli „Polioplasma“. Strukturell soll es nach Bütschli netzwabigen Bau besitzen, also Wabenstruktur zeigen.

Es ist kein chemisches, sondern ein physiologisches Individuum. Man wird sonach nicht von einer chemischen Zusammensetzung sprechen können. Immerhin kann die hier wiedergegebene Analyse eines Protoplasmas Anhaltspunkte für dessen Zusammensetzung bieten (Reinke; 1880).

	In der Trockensubstanz
Phosphorhaltige Proteïde	40,0 %
Eiweiß und Enzyme	15,0 %
Xanthinbasen, Asparagin, Lezithin, kohlens. Ammon	2,0 %
Kohlenhydrate (Zucker, Glykogen)	12,0 %
Fett	12,0 %
Harz	1,5 %
Cholesterin	2,0 %
Kalziumformiat, -azetat, -oxalat	0,5 %
Aschenbestandteile	6,5 %
Unbestimmtes	6,5 %

Gewiß würde eine Analyse aus dem Jahre 1913 den Protplasmabestandteilen näher an den Leib rücken können[1]). Hier genügt aber die Tatsache, daß in diesem Stoffe mehr als die Hälfte Eiweißkörper und größere Mengen Kohlenhydrate und Fette vorhanden sind. Diese sowie das Asparagin, Lezithin und Harz kommen daher mit der Rübe zur Diffusion, gehen größtenteils in den Saft und damit auch in den weiteren Betrieb über.

Die Chloroplasten des Protoplasmas sind die Träger des Chlorophylls oder Blattgrüns. Die Chemie des Chlorophylls wurde in letzterer Zeit besonders von Schunk und Marchlewski und Willstätter bedeutend gefördert.

Das Chlorphyll wird durch Licht zerstört; seine Lösung fluoresziert. Die Chlorophyllkörner besitzen schwammige Struktur und tragen eingebettet das Rohchlorophyll, d. i. ein Gemenge des grünen Chlorophylls und des gelben Xanthophylls (Berzelius): $C_{40}H_{56}O_2$.

Das Reinchlorophyll wurde durch Abbau mit Säuren in zwei Derivate zerlegt, in Phylloxanthin und Phyllocyanin. Das erstere, ein gelbbrauner Farbstoff, dürfte lezithinhaltig und mit dem obengenannten Xanthophyll identisch sein. Das Phyllocyanin ist ein blaugrüner Farbstoff. Nach Schunck käme ihm die Formel $C_8H_{71}N_5O_{17}Cu$ (das Kupfersalz) zu.

Durch Abbau mit Alkali kommt man zu Phyllotaonin und Phylloporphyrin $C_{16}H_{18}ON_2$.

Wichtiger als die Abbauprodukte durch Säuren oder Basen ist hier das Chlorophyll selbst. Das „Chlorophyll" der grünen Pflanzenteile ist keine einheitliche Verbindung, sondern ein Kollektivbegriff, und zwar ist durch die Arbeiten Willstätters sichergestellt, daß wenigstens zwei Chlorophyllarten gleichzeitig in den grünen Zellen anwesend sind. Das natürliche Chlorophyll absorbiert sehr energisch die roten Sonnenstrahlen; diese üben daher auch die größte Wirkung aus.

Das Rohchlorophyll der Pflanzen enthält Kohlenstoff, Wasserstoff, Sauerstoff, Stickstoff und Magnesium, auffallenderweise kein Eisen, obwohl dieses für die Entstehung des Chlorophylls in der Pflanze unentbehrlich ist. Phosphor fand Willstätter nicht darin. Das Magnesium macht ca. 1,7 % des Rohchlorophylls aus und dürfte bei der Assimilation eine wichtige Rolle spielen.

Nebenbei sei erwähnt, daß es auch kristallisiertes Chlorophyll gibt und Willstätter eine Methode zu seiner Darstellung ausarbeitete. Es hat die Formel $C_{38}H_{42}O_7N_3Mg$. Im festen Zustand ist es blauschwarz und leicht löslich; in Alkohol fluoresziert diese Lösung stark in Rot. Es kommt als solches in manchen Pflanzen vor.

---

[1]) Strohmer zählte gelegentlich von den stickstoffhaltigen Bestandteilen „nach der gegenwärtigen, noch immer oberflächlichen Kenntnis der chemischen Zusammensetzung des Protoplasmas" auf: Nukleïne, Globuline, Vitelline, Albumosen, Peptone, Nukleoproteïne usw.

Mehr ist über das chemisch so interessante und physiologisch so überaus wichtige Chlorophyll hier nicht zu sagen, da es nur in den grünen Zellen vorkommt und solche nur bei schlecht geköpften Rüben in den Betrieb gelangen. Die Bestandteile des Chlorophylls werden sonach im Chemismus des Betriebes keine größere Rolle spielen können.

Als weiterer Zellinhaltsstoff wurde die Stärke genannt. Sie ist in den Zellen in charakteristisch geschichteten, mikroskopisch kleinen Körnern vorhanden. In der Zuckerrübe wurde dieser pflanzliche Reservestoff einigemal gefunden und ist deshalb unter den Nichtzuckern beschrieben. (Siehe S. 104.)

Der Zellsaft kann hier ganz übergangen werden, weil seine Chemie den Inhalt des 5. Kapitels ausmacht.

Chemie der Zellwand. (Zellhautchemie.)

Die chemische Zusammensetzung der Zellmembranen hat aus den gleichen, beim Protoplasma angeführten Gründen hier Interesse.

Braconnot, Gmelin und besonders Payen sind die Begründer dieses Wissenszweiges. Letzterer fand die Zellulose als Hauptbestandteil der Zellwand. Die ausführliche Chemie dieses Stoffes siehe S. 37. Neben der schwer hydrolysierbaren Zellulose fand E. Schulze leichter hydrolysierbare Kohlenhydrate, die er „Hemizellulosen“ nannte (Galaktan, Araban, Xylan). Hierher gehören demnach die Pentosane; ferner die Pektinsubstanzen, welche an dieser Stelle vorläufig mit den Worten Czapeks charakterisiert seien (Biochemie der Pflanzen): „Die Gruppe der Pektinstoffe gehört entschieden zu jenen Membransubstanzen, welche einer Aufklärung am meisten entbehren; es ist ganz ungewiß, ob sie tatsächlich eine bestimmte Klasse von Zellhautsubstanzen bilden, oder ob sie teilweise oder ganz unter den Begriff der Hemizellulosen oder Pentosane fallen, mit welchen sie eine Reihe wichtiger Merkmale gemein haben und sich wesentlich, soweit bekannt, nur durch ihre gallertige Beschaffenheit von letzteren unterscheiden.“ Diese Körper werden beim „Mark“ näher zu besprechen sein. (Siehe S. 37 ff.)

Gummi spielt in der Rübenzellwand keine Rolle.

Entgegen älteren Anschauungen (Mulder, Mohl) ist heute anzunehmen (Hofmeister), daß Proteïnsubstanzen in der Zellwand sich nicht vorfinden.

Von den sicher nachgewiesenen Ascheninkrustationen älterer Zellwände seien genannt: Kalziumoxalat, Kalziumkarbonat und Kalziumpektat; auch Kieselsäureverbindungen und diese Säure selbst wurden darin gefunden.

2. Kapitel.

Physiologie und Biochemie der Rübe.

Dieses Kapitel hat nicht den Zweck, die physiologischen Vorgänge während des Wachstums der Rübe darzulegen; es hat nur gewisse Lebensäußerungen dieser Pflanze zu betrachten, um manche Erscheinungen beim Aufbewahren der Rüben in den Mieten zu erklären. Ferner sollen jene Lebensprozesse gezeigt werden, durch welche sich die Rübe ernährt und die organischen Substanzen produziert, die eine so große Rolle in der Chemie der Zuckerindustrie spielen. Bei dieser Gelegenheit werden auch manche chemischen Stoffe, aus denen der Rübenkörper besteht, betrachtet werden können.

a) Assimilation des Kohlenstoffes und Bildung des Zuckers in der Rübe.

Den ersten Rang unter den Lebensprozessen aller höheren Pflanzen überhaupt nimmt die Assimilation der chlorophyllhaltigen Pflanzen ein. Das ist jener Vorgang, der die grüne Pflanze befähigt, aus anorganischen Baustoffen organisches Material zu erzeugen. Aus dem Kohlendioxyde der Luft und dem Wasser entsteht unter der Einwirkung des Sonnenlichtes in der chlorophyllhaltigen Zelle alle organischen Substanzen. Das Rübenblatt nimmt das Kohlendioxyd auf und gibt dafür Sauerstoff ab. Das Chlorophyll spielt bei dem Assimilationsprozesse die Rolle eines Sensibilators, Lichtfilters, das jene Lichtstrahlen absorbiert, die das Maximum an Arbeit leisten können. Der Assimilationsprozeß ist ein Reduktionsprozeß. Die Kohlensäure wird zunächst zu Kohlenoxyd reduziert, und dieses vereinigt sich nach der Bayerschen Hypothese mit dem Wasserstoff des Wassers zu Formaldehyd, welcher durch Kondensation Kohlenhydrate liefert. Für diese Hypothese spricht, daß Gentil in der Rübe und in den Blättern während der ganzen Vegetationszeit Formaldehyd in zwar geringen, aber doch bestimmbaren Mengen gefunden hat.

Auch in anderen Pflanzen wurde Formaldehyd nachgewiesen. Die Aldehyde der Pflanzen geben aber dieselben Fällungs- und Farbenreaktionen, so daß diese Reaktionen nie einwandfrei das Vorhandensein speziell des Formaldehyds sicherstellen. Deshalb arbeiteten Theodor Curting und Hartwig Franzen eine eigene Methode aus, um das Formaldehyd durch ihre Versuche nachzuweisen. Im Prinzipe ist ihre Methode eine Oxydation der Aldehyde mit Silberoxyd zu Säuren und der Nachweis der Ameisensäure in dem Säuregemisch. Diese Säure kann nur aus dem anwesenden Formaldehyd resultieren (siehe Anhang). Ihr Nachweis schließt somit den des Formaldehydes ein. Curting und Franzen fanden es nach dieser Methode in den Blättern der Hainbuche. Vorher werden natürlich die flüchtigen Säuren (darunter die Ameisensäure) entfernt. — (B. d. D. ch. G., XLV. Jg., 1912, S. 1715.)

Der Nachweis des Formaldehydes in verschiedenen Pflanzen ist die erste Stütze für die Bayersche Hypothese. Eine zweite Stütze für diese wäre es, wenn nachgewiesen werden könnte, daß der Formaldehyd solcher Umsetzungen fähig ist, die zu Kohlenhydraten oder doch zu kohlenhydratenähnlichen Produkten führen Dies ist nun tatsächlich der Fall, wie weiter unten gezeigt wird.

Die Assimilation bedingt Bindung von Energie; sie ist ein endothermer Prozeß. Die dazu notwendige Energie stellen die Sonnenstrahlen bei. Daher kann die Assimilation der Kohlensäure nur bei Tag vor sich gehen. Schematisch kann dieser Prozeß durch folgende Gleichung ausgedrückt werden: $6\,CO_2 + H_2O = C_6H_{12}O_6 + 6\,O_2$. Er verläuft also unter Entwicklung von Sauerstoff.

Von den äußeren Bedingungen für den Verlauf der Assimilation sind von besonderer Wichtigkeit das Wasser, die Temperaturen und die Belichtung.

Die Kohlensäure wird ausschließlich der Atmosphäre entnommen und dringt durch die Spaltöffnungen der Blätter in die grünen Zellen ein. Wassermangel, also Trockenheit, wirkt hemmend. Verschiedene Pflanzen haben verschiedene Temperaturoptima. Bei 45^0 hört die Assimilation fast vollständig auf. Der Assimilationsprozeß ist eine photochemische Synthese. Über die Frage, ob neben Kohlensäure und Wasser noch andere Stoffe assimilationsfähig sind, z. B. Pflanzensäuren oder Kohlenoxyd, kann hier hinweggegangen werden.

Von allen biologischen und physiologischen Momenten absehend, soll der Chemismus des Assimilationsprozesses kurz gezeigt werden, und zwar nach der derzeit allgemein anerkannten Bayerschen Hypothese.

Wie bereits erwähnt, wäre nach derselben Formaldehyd das erste Assimilationsprodukt der Pflanzen, und der Zucker daraus durch Kondensationsvorgänge entstanden. Diese Annahme fand manche Stützen. So z. B. stellte W. Löb fest, daß unter dem Einflusse stiller Entladungen, bei welchen u. a. ultraviolette Strahlen entstehen, sich aus feuchtem Kohlendioxyde und Luft Formaldehyd ($H \cdot COH$) bildet und dieser unter dem gleichen Einfluß in Glykolaldehyd übergeht ($CH_2 \cdot OHCHO$). Dasselbe fanden R. Pribram und A. Franke. Gleichzeitig entstand Ameisensäure und trat auch Zerstörung ein. Der Glykolaldehyd, ein schwach süß schmeckender Sirup, ist das einfachste Glied der Monosen. Den Chemismus der Bildung von Formaldehyd stellte Löb folgendermaßen dar: 1. $2\,CO_2 = 2\,CO + O_2$; 2. $CO + H_2O = CO_2 + H_2$, 3. $CO + H_2 = H \cdot COH$. Doch dürfte der Prozeß in der lebenden Zelle nicht in dieser Weise vor sich gehen, vielmehr ist anzunehmen, daß die Kohlensäure zuerst vom Chlorophyll gebunden und dann erst zu einer Aldehydgruppe reduziert wird. Die Bayersche Hypothese hat auch durch Arbeiten von O. Löw und Emil Fischer und Francis Passmore (B. d. D ch. G., XX. Jg., 1899, S. 359) an Wahrscheinlichkeit gewonnen.

Löw gewann durch Einwirkung von Kalkmilch auf Formaldehyd ein Gemenge von Zuckern, das er Formose nannte. Ihr Entstehen ist auf eine Kondensation zurückzuführen. Fischer und Passmore wiesen nach, daß die Formose ein Gemenge verschiedener Aldehyd- und Ketonalkohole sei, darunter α-Akrose, die durch ihr Osazon[1]) identifiziert wurde. Sie hat die Formel $C_6H_{12}O_6$; ihre Entstehung ist durch Kondensation von sechs Molekülen Formaldehyd zu erklären: $6\,HCHO = C_6H_{12}O_6$. Sie gehört zu den Monosen, die dann in die Polyosen übergehen können. Bei diesen komplizierten Prozessen spielen auch Enzyme eine wichtige Rolle.

Das erste sichtbare Assimilationsprodukt ist die Stärke, entstanden aus löslichen einfacheren Kohlenhydraten durch Kondensation. Glukose, Fruktose, aber auch Biosen sind das Material für die Stärkesynthese. Die Stärke hat die Eigenschaft, durch pflanzliche Enzyme in Form von Zucker aufgelöst zu werden; sie wird dadurch diffussionsfähig und kann so nach den Orten ihres Verbrauches wandern. Dieser Prozeß ist aber umkehrbar, und so kann auch Zucker zu stärkeartigen Körpern, ja sogar zu Stärke rückgebildet werden (E. Schulze). (Siehe S. 206.)

Die komplizierten und unbekannten Prozesse, die im Blattapparate zur Bildung und Aufspeicherung von Saccharose in der Wurzel führen, beschäftigten Physiologen und Chemiker seit langen Jahrzehnten, ohne daß Übereinstimmung der Anschauungen erzielt worden wäre (de Vries, Méhay, Michaëlis, Girard, Pagnoul, Brown und Morris, u. a.). Ihre Resultate waren ungemein differierend. Dies, sowie der Umstand, daß eine nähere Besprechung dieser Frage hier nicht am Platze wäre — der Zuckerfabrikant muß die Rübe so übernehmen und verarbeiten, wie er sie bekommt —, erübrigt, die Resultate der einzelnen Forscher anzuführen.

So sollen nur die Ergebnisse der neuesten Literatur berücksichtigt und ohne Reproduktion von Versuchsanstellungen und analytischen Daten die jetzt herrschenden Anschauungen über die Zuckerbildung in der Rübe wiedergegeben werden. Handelt es sich doch nur darum, eine sehr interessante Frage anzuschneiden, anzuregen und durch Angabe der Literatur ein eingehenderes Studium dieses Problems zu ermöglichen. Die vollständige Angabe über alle diesbezüglichen Veröffentlichungen macht S. Strakosch in seiner Arbeit: Der Werdegang des Rohrzuckers in der Zuckerrübe (Ö. U. Z. f. Zuckerind. XXXVII, 1908, S. 1). Die Bildung des Zuckers ginge nach diesem folgendermaßen vor sich: Voraussetzung ist Chlorophyll, Sonne, Kohlensäure und Wasser. Das erste nachweisbare Assimilationsprodukt des Rübenblattes ist die Dextrose im Grundgewebe der gesamten Blattfläche; die Dextrose wandert sodann in die Blattnerven, worauf Lävulose

[1]) Um den Zusammenhang der Darstellung nicht zu stören, wurde im „Anhange" alles das zusammengestellt, was zum Verständnisse dieser chemischen Ausdrücke notwendig schien.

sekundär — wahrscheinlich aus der ersteren durch Umlagerung — folgt. Nun erst tritt die Saccharose auf, und zwar in den Nerven. Das Zusammentreten der beiden erstgenannten Zuckerarten zu Rohrzucker geht nur bei Licht vor sich; bei Verdunkelung des Blattes hört dieser Prozeß auf. Die Bildung der autochthonen Stärke, d. i. Stärke im Chlorophyll, setzt später ein als die Bildung des Rohrzuckers aus seinen beiden Komponenten. Sie ist als ein Überschuß an assimiliertem Materiale anzusehen; dieses wird nämlich in Stärkeform aufgespeichert, bis genügende Ableitung von Assimilaten die Konzentration verringert. Früher sah man in der Stärke das erste sichtbare Assimilationsprodukt; nun wäre sie weder Anfangsprodukt dieses Lebensprozesses noch eine reguläre Zwischenphase im Bildungsgange des Rohrzuckers. Der Rohrzucker wird im Rübenblatte gebildet und wandert als solcher in die Wurzel ein.

Die letzt angeführte Tatsache wurde auch unabhängig von Strakosch durch F. Strohmer und Briem konstatiert, wird aber von Ruhland verneint.

Das Rübenblatt ist das stoff- und zuckerbildende Organ der Rübe. In diesem geht der Assimilationsprozeß vor sich. Die produzierten Kohlenhydrate dienen zur Erzeugung von Fetten und Proteïnsubstanzen. Das erzeugte organische Material wandert in die Rübenwurzel ein. Die Produktion desselben hängt von der Beleuchtung, Temperatur usw., also von der Tages- und Jahreszeit ab. Da das Blatt die Zuckererzeugungsstätte ist, wird zwischen dem Blattapparate und dem Zuckergehalte der Rübe ein Zusammenhang bestehen. (Siehe S. 18 und 201.) Im Zusammenhang mit der Frage nach dem Abblatten der Rübe ist es notwendig, zu wissen, wann die Zuckerproduktion durch das Abblatten am empfindlichsten betroffen wird.

Die Zuckerbildungsfähigkeit des Rübenkrautes erreicht ihr Maximum um die Mitte Juli, hierauf nimmt sie bis zur Ernte allmählich ab. Junge Blätter zeigen eine größere zuckerbildende Kraft als alte. Nach Andrlík und Urban (Z. f. Zuckerind. i. B., März 1910) bringen 100 g Krauttrockensubstanz in einem Tage 4,3—4,8 g Zucker hervor. Dies gilt für den Monat Juli. Für die einzelnen Vegetationsphasen erhält man verschiedene Werte, die von vielen Faktoren (Witterung, Größe und Trockensubstanz des Blattes, Boden usw.) abhängen. Die genannten Autoren fanden Werte von 2,5—3,0 g als Durchschnittserzeugung an Zucker pro Tag während ihrer 83 tägigen Versuchsperiode. Nach Strohmers Angaben, in Übereinstimmung mit Girard, ist das Maximum der Zuckerbildung bei der normal wachsenden Zuckerrübe in der Zeit von Ende Juli bis Mitte September zu konstatieren.

b) Wirkungen des frühzeitigen Abblattens der Rüben.

Ist im Vorstehenden die Zuckerbildungsfähigkeit des Rübenkrautes dargelegt worden, so kann daran die Wirkung eines frühzeitigen Abblattens der Rübe angeschlossen werden; erstens weil die Frage von großer ökonomischer Bedeutung ist, aber hauptsächlich deshalb, weil daraus die physiologische Funktion des Rübenblattes neuerlich und nachdrücklich hervorgeht. Schon Achard erkannte die Bedeutung des Blattapparates für die Rübe und die Schädigung des Rübenbauers und Zuckerfabrikanten durch ein frühzeitiges Abblatten der Rüben. Jede Verletzung des Rübenblattes, ob durch Hagel oder Pilze, oder jedes Abblatten hat dieselbe Wirkung. Darüber äußern sich alle jene, die diese Frage studierten, im gleichen Sinne (H. Schacht, F. Nobbe, H. Leplay, Pellet u. a.).

Eine groß angelegte Studie über den Einfluß des Abblattens der Rübenpflanzen von Andrlík und Urban (Z. f. Zuckerind. i. B. 1906/07, S. 709) hatte folgende Ergebnisse:

1. Ein frühes, starkes Abblatten (70%) anfangs Juli hatte eine um 36% geringere Ernte an Rübe zur Folge. Desgleichen Trockensubstanz um 34%, und Zucker um 35% weniger. Der Zuckergehalt der Wurzeln war nur um 0,25% geringer als bei den nicht abgeblatteten Rüben. Die Rübenwurzeln entnahmen bis zur Ernte dem Boden weniger Nährstoffe. Die Qualität der Rübe war jedoch nicht merkbar schlechter.

2. Eine vollständige (94%) Entblattung Ende Juli hat einen um 24% geringeren Ertrag der Wurzeln, des Blattwerkes um 23% und eine um 30,5% geringere Erzeugung an Zucker herbeigeführt. Der Zuckergehalt der Wurzel war um 1,1% niedriger als bei den unbeschädigten Rübenpflanzen.

3. Ein spätes (21. August) 19proz. Abblatten verursachte einen um 13% verminderten Wurzelertrag; der Zuckergehalt blieb unverändert, die Zuckerernte war um 13% geringer. Die Qualität der Rübenwurzel war für die Fabrikation eher vorteilhafter.

Zu diesen sowie allen anderen Untersuchungen ist zu bemerken, daß je nach Vergleichsanstellung, Bodenverhältnissen und Witterung die Ergebnisse andere sind und so manchesmal widersprechende Ansichten bedingen. Wer diesem Thema näheres Interesse entgegenbringt, findet in der zitierten Arbeit Andrlíks und Urbans die Resultate aller Forscher seit Achard niedergelegt.

Auch Claassen fand schon früher (Z. V. d. Zuckerind. 1902, S. 843), daß Verletzungen der Blätter (Behacken, Hagelschlag) sowie das Abblatten hauptsächlich nur die Landwirte schädigten, weil ein bis zu 30% gehender Minderertrag geerntet werden kann. Der Zuckerfabrikant wird nicht geschädigt, „weil der prozentische Zuckergehalt im allgemeinen nicht merklich leidet, ja es ist sogar möglich, daß ein systematisch geregeltes Abblatten diesen Zuckergehalt erhöht, natürlich auf Kosten des Gewichtes und des Gesamtzuckerertrages."

Schon aus den beiden angeführten Arbeiten geht hervor, daß die Wirkung des Abblattens von der Art desselben und dem Zeitpunkte, wann dieses geschieht, abhängig ist. Stets aber wird der Ernteertrag leiden. Daß auch der Zeitpunkt des Abblattens in Betracht zu ziehen ist, erkannte schon H. Schacht im Jahre 1862.

Von den neueren Arbeiten, welche den Einfluß des Entwicklungszustandes der Rübe (also des Zeitpunktes) auf das Entblättern ausübt, sei jene von F. Strohmer, H. Briem und O. Fallada hervorgehoben (Ö. U. Z. f. Zuckerind. XXXVII, 1908, S. 175). Diese Untersuchung sollte eine weitere Illustration zu einer Resolution sein, die Strohmer auf dem sechsten internationalen Kongreß für angewandte Chemie in Rom 1906 vorschlug; in dieser wurden die üblen Folgen eines frühzeitigen Abblattens geschildert.

In Übereinstimmung mit den Resultaten früherer Forscher ergab die Untersuchung, daß durch vollständiges Entblatten der Zuckerrüben sowohl die Gesamternte als auch der Zuckerertrag herabgesetzt werden. Das gleiche gilt auch nur für ein teilweises Entblättern. Die Schädigung ist am größten, wenn das Abblatten Ende Juli, Anfang August geschieht; das ist nämlich die Zeit vor dem Eintritt jener Wachstumsperiode, in welcher die größte Zuckerbildung in den Blättern stattfindet. Das gleiche ist der Fall mit dem Zuckergehalte der Rüben; je nach dem Zeitpunkte der Entblätterung wird der prozentische Zuckergehalt verschieden beeinflußt. Ferner steigt der Aschengehalt sowie die Menge der Rohfaser; die Qualität der Rübe erfährt überhaupt eine Verminderung. Diese Untersuchungsergebnisse beziehen sich auf vollständig entblätterte Rüben. Strohmer und seine Mitarbeiter wiederholten ähnliche Untersuchungen mit nur teilweiser Entblätterung und erhielten dieselben Resultate, so daß sie empfehlen, von jeder auch nur teilweisen Entblätterung abzusehen (Ö. U. Z. f. Zuckerind. XLI, 1912, S. 228).

Nach dieser Abschweifung, welche aber durch die Wichtigkeit des Gegenstandes geboten war, sei weiter die Entstehung jener Körpergruppen in den Pflanzen wenigstens skizziert, die, weil in der Rübe vorkommend, noch später zu eingehenderer Betrachtung nötigen werden.

Die Kohlenhydrate sind das Ausgangsmaterial für andere stickstofffreie Substanzen, z. B. für die Fette. Da jedoch dem Rübenfette hier keine große Bedeutung zukommt, sei nur soviel gesagt, daß Pflanzen Fett aus Zucker bilden können, aber auch umgekehrt Zucker aus Fett gebildet werden kann. Der Verlauf dieser umkehrbaren Reaktion ist aber bisnun in Dunkel gehüllt.

Eine sehr wichtige Gruppe bilden die stickstofffreien Pflanzensäuren. Sie sind jedoch mit dem Assimilationsprozesse ohne Zusammenhang, verdanken vielmehr einem anderen Lebensprozesse der Pflanzen ihre Entstehung und sollen bei diesem besprochen werden (siehe S. 31). Nur um die Bedeutung der Kohlenhydrate zu würdigen, sei gleich hier betont, daß sie die Quelle für die genannten Pflanzensäuren bilden. Ebenso sind Kohlenhydrate unter Heranziehung von stickstoffhaltigem Materiale auch für die Bildung der Eiweiß- und anderer Stickstoffkörper unentbehrlich oder doch von Nutzen.

c) Assimilation des Stickstoffes.

Zunächst sei untersucht, auf welche Weise die Pflanzen ihren Stickstoffbedarf decken. Sie bedienen sich nur des Nitrat- und Ammoniakstickstoffes. Die Stickstoffassimilation ist im

Gegensatze zur Kohlenstoffassimilation kein photochemischer Prozeß. Die Nitrate können auch bei Dunkelheit assimiliert werden und zum Aufbaue der Eiweißsubstanzen dienen — wenn genügende Mengen von Kohlenhydraten zugegen sind. Allerdings beschleunigt Belichtung den Aufbau der Eiweißkörper. Die Nitratassimilation ist als Reduktionsprozeß aufzufassen; zunächst dürfte Nitrit intermediär gebildet werden, aus diesem Ammoniak, das dann weiter zum Aufbau der Eiweißsubstanzen verwendet wird. Diese Assimilation spielt sich zum größten Teile in den grünen Blättern ab.

Eiweißsynthese der Pflanzen.

Ist unsere Kenntnis von den Eiweißkörpern nur eine sehr mangelhafte, um wieviel schwerer ist dann eine genaue Erkenntnis ihres Werdens in der lebenden Pflanze! Doch soll es versucht werden, in ganz kurzen Zügen diesen Prozeß zu schildern, weil dadurch der entgegengesetzt verlaufende Abbau der Eiweißkörper, der für die Zuckerindustrie von Bedeutung ist, klarer erkennbar wird.

Das Material der Eiweißsynthese sind Aminosäuren und Kohlenhydrate. Woher die letzteren stammen, ist bereits gesagt worden. Von den Aminosäuren weiß man das jedoch noch nicht sicher und ist nur auf Hypothesen angewiesen. Der Stickstoff für die Aminosäuren wird vom freien Ammoniak des Stickstoffassimilationsprozesses geliefert. Die verschiedenen Pflanzensäuren (Oxy-, Aldehyd- oder Ketonsäuren) werden in die entsprechenden Aminosäuren verwandelt. Die Aminosäuren können auch als „primäre Stickstoffassimilationsprodukte" betrachtet werden.

Wie entsteht nun aus diesen zwei Baumaterialien die Eiweißsubstanz? Ohne die vielfach gegebenen Beweise anzuführen, sei einfach die Tatsache gesagt: Ohne Kohlenhydrate kein Eiweiß. Mit dem Aufbau von Eiweiß verschwinden die Reservekohlenhydrate (Zucker). Die Zufuhr von Kohlenhydraten zur Ermöglichung der Eiweißkondensation ist sowohl im Dunkeln als auch im Lichte notwendig. Die Aminosäuren kondensieren zu Polypeptiden, diese gehen in die schon höheren Peptone über und diese in die Albumosen, welche die letzte Vorstufe der Eiweißkörper (Proteïne) bilden. Die Eiweißbildung ist also mit einem Verschwinden der Aminosäuren verbunden; diese werden verkettet und diesem Komplexe dürften sich dann Kohlenhydratkomponenten anfügen. Der Mechanismus des ganzen Prozesses ist aber noch unerkannt. Er verläuft stets in den Pflanzen nach beiden Richtungen, denn das Eiweiß erfährt gleichzeitig auch Abbau. Es sind also die Amide und Amidosäuren sowohl Vorstufen zum Eiweißaufbaue als auch Zersetzungsprodukte eines teilweisen Abbaues. Sie sind in allen grünen Pflanzenteilen zu finden. Keimpflanzen der Rüben enthalten reichliche Mengen davon; diese Amidoverbindungen sammeln sich besonders an, wenn die Pflanzen im Dunkeln wachsen. Mit dem Reifeprozeß der Rübe verschwinden sie immer mehr. Doch ist nach F. Ehrlich anzunehmen, daß in der

Zeit nach der Ernte der Rübe bis zu ihrer Verarbeitung Amide und Amidosäuren wieder mehr auftreten, weil da ein Abbau des Eiweißes vor sich geht (siehe S. 164).

Von den äußeren Faktoren, welche die Eiweißbildung in der Pflanze beeinflussen, seien genannt: das Licht, die Pflanzenatmung und die Temperatur. Es ist sichergestellt, daß die ultravioletten Strahlen des Lichtes die Eiweißbildung unterstützen; die Energie zur Eiweißsynthese entnimmt die Pflanze aber auch der durch die Atmung entstandenen Energie; gesteigerte Atmungsintensität geht mit gesteigerter Eiweißbildung Hand in Hand.

Die in den Blättern gebildeten Eiweißkörper dürften bei Nacht ihre Entstehungsstätte verlassen und in die Rübenwurzel einwandern. Über diesen Transport ist nichts Näheres bekannt. Nach Strohmer sind so wie im Tierkörper auch im pflanzlichen zwei verschiedene Formen von Eiweiß vorhanden. Das Zirkulationseiweiß, das in den Säften gelöst ist, und an welchem sich der Stoffwechsel abspielt, und das Organ- oder Reserveeiweiß, welches die Gewebe aufbaut, als Reservestoff dient und nur dann zum Stoffwechsel herangezogen wird, wenn vom Zirkulationseiweiß zu wenig vorhanden ist. Doch lassen sich diese physiologischen Eiweißformen nicht analytisch nachweisen, bzw. trennen. Das Protoplasma z. B. wird beide Formen enthalten und je nach der überwiegenden verschieden funktionsfähig sein.

d) Assimilation der Mineralbestandteile.

Bekanntlich bestehen manche Eiweißkörper aus Phosphor und Schwefel. Diese beiden Elemente müssen also auf eine andere als bisher beschriebene Weise in die Rübenpflanze gelangen, da bis nun von einem phosphor- oder schwefelhaltigen Baumateriale nicht die Rede war. Gleich dem Stickstoffe werden diese zwei und andere anorganischen Nährstoffe dem Erdboden entnommen und so gelangt man zur Assimilation der Mineralstoffe, die eine sehr wichtige Rolle im Haushalte der Pflanze spielen. Zu den Salzen tritt das Wasser als wichtiger Bestandteil hinzu. Dieses dient nicht nur dem Aufbau aller Pflanzenorgane, sondern es ist auch Lösungs- und Transportmittel für alle Nährstoffe. Es löst die Bodennährstoffe und transportiert sie durch die ganze Pflanze. Bei Wassermangel verkümmert daher die Rübe wie jede andere Pflanze; der Wasserverbrauch aller Pflanzen ist ein sehr großer. Alle Organe bestehen zum größten Teile aus Wasser; die Rübenblätter z. B. zu 88 %, die Rübenwurzel enthält auch über 80 % ihres Gewichtes an Wasser. Die mineralischen Bestandteile werden, falls löslich, durch Wasser allein, falls unlöslich, im Verein mit der Kohlensäure des Bodens und auf noch zu schildernde Weise in Lösung gebracht, von der Wurzel aufgenommen und in dieser nach osmotischen Gesetzen bis hinauf in die Blätter, dem Orte ihres Verbrauches, befördert. Gerade die Zuckerrübe gehört zu den wasserbedürftigsten

Kulturpflanzen. Ernte und Zusammensetzung der Rüben werden wesent lich durch die während der Vegetationsperiode zur Verfügung stehenden Wassermengen bedingt.

Das Wasserbedürfnis der Zuckerrübe während ihrer Entwicklung wurde schon früher ermittelt. Von neueren Untersuchungen über diese Frage wären anzuführen: Houllier gibt an, daß 1 kg Rübe bis zur völligen Reife etwa 106 g, nach Seelhorsts Untersuchung sehr übereinstimmend 104,1 g Wasser transpiriere. 1 kg Trockensubstanz braucht ca. 460 g Wasser zu seiner Erzeugung. Hoffmann gibt diese Zahl mit 280—300 g an.

Herke fand für einen Boden 123,6 bis 150,7 und für einen anderen Boden 88,6—117,5 g Wasserverbrauch pro 1 kg Rübe (Ö. U. Z. f. Zuckerindustrie XLI, Jg. 1912, S. 1).

Der Wasserverbrauch der Rüben ist also ein sehr großer.

Das Wasser führt die Bodensalze in sehr verdünnter Lösung in die Organe ein; durch die Transpiration, d. i. die Abgabe des Wassers, verdunstet dieses, und die Lösung (Saftstrom) erhält ihre richtige Konzentration.

So gelangen die Salze in die Rübe und finden sich in der Trockensubstanz der Blätter zu 20 % und in der Wurzeltrockensubstanz zu ca. 3,5 %. —

Die mineralische Nahrung wird bei allen Pflanzen durch die Wurzel zugeführt. Dies ist neben der Verankerung der Pflanzen in der Erde die Haupttätigkeit der Wurzel. Die Spitze der Wurzel wird von der Wurzelhaube eingehüllt, die als Schutzorgan dient. Über dem Wurzelende breiten sich die Wurzelhaare aus, denen eine wichtige Rolle bei der Aufnahme der mineralischen Nahrung zukommt. Sie sollen die unlöslichen Salze in Lösung bringen, um diese dem Pflanzeninnern zuführbar zu machen. Dies wird durch Ausscheidung saurer Sekrete erreicht. Der sich hier abspielende Chemismus ist noch lange nicht aufgehellt; neben gelöster Kohlensäure soll nach Kunze Ameisensäure in den lösenden Sekreten vorhanden sein. Die Reaktion der Wurzelsekrete entspricht der einer schwachen Zitronensäurelösung. Außerdem dienen die Wurzel- oder Saughaare auch der Zuführung des Wassers.

Wie schon erwähnt, werden die Salze durch osmotische Vorgänge in die Zellen der Blätter gebracht. Bis zu diesen müssen die Nährsalzlösungen diffundieren. In den Wurzeln sind eigene Leitbahnen für das Wasser und die Lösungen vorhanden. Der Wurzeldruck, Turgor, ist jene Kraft, die diesen Transport entgegen der Schwerkraft von unten nach oben ermöglicht. Die Blätter aber verdunsten das Wasser oben (Transpiration), und so zirkuliert stets ein Flüssigkeitsstrom durch die Pflanzen.

Die osmotischen Erscheinungen, die hierbei auftreten, sind für den vorliegenden Zweck von großer Bedeutung, weil die Gewinnung des Zuckers auf gleichen Gesetzen beruht. Gaben doch die osmotischen Erscheinungen im Pflanzenleben Julius Robert die Anregung zur Erfindung seines Diffusionsverfahrens. Die Zellwand ist ohne weiteres durchlässig. Um zum Protoplasma zu gelangen, muß das Nährsalz in Lösung die auf Seite 5 genannte Hautschichte, welche eine sogenannte halbdurchlässige Wand bildet (S. 222), passieren. Legt man Wurzelhaare oder Blatteile z. B. in eine 10proz. Rohrzuckerlösung, so sieht man bei genügender Vergrößerung, wie sich das Protoplasma von der Zellwand loslöst, sich kontrahiert; es tritt Plasmolyse ein. Unter dieser versteht man die Ablösung des Protoplasmas von der Zellwand; das ist ein Absterbeprozeß, durch welchen die halbdurchlässige (semipermeable) Plasmahaut durchlässig gemacht wird. Zellsaft kann heraus, Lösungen hinein. Im lebenden Zustande ist eine Diffusion nicht möglich. Die Durchlässigkeit dieser Plasmahaut, bzw. ihre Undurchlässigkeit, spielt im pflanzlichen Leben und in der Zuckerfabrikation eine große Rolle. Nach der Definition müßte eine semipermeable Wand für die gelösten Stoffe undurchlässig sein; es zeigt sich aber, daß dies nicht für alle gelösten Stoffe gilt. Es gibt Substanzen, die in die lebenden pflanzlichen Zellen eindringen und diese wieder verlassen können, andere wieder werden mehr oder weniger zurückgehalten. Das zeigt, daß jedenfalls chemische Einflüsse hier im Spiele sind. Nach Overtons Arbeiten führt man die Durchlässigkeit der lebenden Zellhäute auf Erscheinungen der auswählenden Löslichkeit zurück. Nach diesem Forscher hat die durchlässige Schichte des Protoplasmas annähernd dasselbe Lösungsvermögen wie Cholesterine und Lezithine. Diese haben ein den Fetten ähnliches Lösungsvermögen und deshalb nennt sie Overton Lipoide. Sie haben eine ziemliche Löslichkeit für die meisten Stoffe, so daß die lipoide Schichte für sehr viele Substanzen durchlässig ist.

Die Undurchlässigkeit des Plasmahaut in der lebenden Zelle läßt sich durch einen Versuch sehr leicht nachweisen.

Legt man ein sehr gut gewaschenes Stückchen einer Zuckerrübe in reines Wasser, so kann man auch nach längerer Zeit mit α-Naphthol keinen Zucker im Wasser nachweisen. Der Protoplasmaschlauch läßt eben keinen Zucker heraustreten, er ist für diesen nicht permeabel (durchlässig).

Die Zelle ist nach Pfeffers Untersuchungen ein sehr komplizierter Diffusionsapparat, in welchem die Zellwand, die Hautschichte (Primordialschlauch) und die innere Hautschichte für den Durchtritt von Substanzen entscheidend sind. Diesen physiologisch-physikalischen Erscheinungen muß auch die Zuckerindustrie Rechnung tragen und in erster Linie bei der Gewinnung des Zuckers in der Diffusionsbatterie auf ein Durchlässigwerden dieser Schichten für den Zucker sehen (siehe S. 231).

Der erste, der die Bedeutung der Aschenbestandteile richtig erkannte und allgemein zur Anerkennung brachte, war Liebig, der Begründer der sogenannten Mineraltheorie (1840), wenn auch schon vor ihm andere diese Wichtigkeit ahnten und aussprachen. So 1701 Jethro Tull, Saussure, Davy und besonders Sprengel. Letzterer konnte im Jahre 1839, gestützt auf zahlreiche Aschenanalysen, Kali, Natron, Magnesia, Eisen, Mangan, Chlor, Phosphor- und Schwefelsäure als notwendige Bestandteile eines fruchtbaren Bodens bezeichnen. 1840 stellte dann Liebig das folgenschwere Gesetz vom Minimum auf, nach welchem die Fruchtbarkeit eines Bodens, wenn auch sonst alle Bedingungen vorhanden sind, von der Menge des in geringster Menge vorhandenen Nährstoffes abhängig ist.

Die Aschenbestandteile lassen sich nach ihrer physiologischen Bedeutung für die Pflanzenwelt in folgende drei Gruppen teilen: 1. vollständig entbehrlich sind u. a. Mangan und Kieselsäure; 2. unentbehrlich sind Kali, Kalzium, Eisen, Magnesium, Schwefel, Phosphor und Stickstoff; 3. nicht unentbehrlich, aber von Nutzen sind Natron, Chlor und Silizium.

Die Bedeutung dieser Stoffe für die Rübe im besonderen geht aus folgender Tabelle hervor, welche die notwendigen Kilogramm Mineralstoffe für 100 kg produzierten Zucker nach zwei verschiedenen Angaben aus dem Jahre 1880 enthält. Die ersten Zahlen beziehen sich auf französische, die zweiten auf schlesische Rüben. Dem Boden werden demnach für je 100 kg Zucker entzogen

Tabelle Nr. 1.

	Franz. Rübe kg	Schlesische Rübe kg
Unlösliche Stoffe	1,22	1,790
Schwefelsäure	0,64	2,019
Phosphorsäure	1,19	1,149
Chlor	1,50	0,482
Kali	5,50	3,000
Natron	1,50	3,556
Kalk	1,50	1,777
Magnesia	1,25	1,434
Stickstoff	2—3,38	0,860
Gesamtasche außer Kohlensäure	14,30	14,071

Nach neueren Zusammenstellungen (Andrlík und Urban) betragen die Mengen an Nährstoffverbrauch für 400 q Rübe

	P_2O_5	N	K_2O	
nach Hoffmann	71,4	156,9	145,7	in kg für das erste Vegetationsjahr.
„ Wilfahrt	62,0	160,0	133,0	
„ Andrlík u. Urban	65,1	139,8	168,6)	

Wenn auch Remy und Geller (1909) den Wert solcher Zahlen anzweifeln, weil die Ernährung der Pflanzen von vielen Faktoren abhängig sei — so geben diese Zahlen immerhin eine Vorstellung über den Nährstoffverbrauch und Bedarf der Rübe. Die genannten Autoren geben im Mittel zweier ziemlich divergierender Versuchsergebnisse des Jahres 1907 und 1908 folgenden Nährstoffverbrauch für 400 q Rüben in kg an:

Stickstoff	Kali	Phosphorsäure	Kalk	Magnesia
205,6	288,4	85,4	132,6	102

Nach einer Zusammenstellung Strohmers werden bei einer mittleren Ernte (350 q pro ha) einem ha Ackerboden durch die Rüben entzogen kg:

Kali	Kalk	Phosphorsäure	Stickstoff
160,2	36,7	35,2	77

Da die mineralischen Nahrungsstoffe als Aschenbestandteile der Rübe in den Betrieb gelangen, seien dieselben in ihrer Aufnahme und Funktionsfähigkeit etwas näher betrachtet.

Vom Stickstoffe wurde schon gezeigt, daß er als Nitrat und Ammoniumstickstoff aufgenommen wird. Die Rübe ist eine ausgesprochene Nitratpflanze, daher Salpeterdüngung die geeignetste ist. Zur Eiweißsynthese sind auch Phosphor und Schwefel notwendig.

Der erstere wird als Phosphat aufgenommen; im Organismus tritt die Phosphorsäure mit verschiedenen organischen Resten zu komplexen Phosphorsäuren zusammen (Lezithin, Nukleïne, Glyzerinphosphorsäure). Die Phosphorassimilation ist so wie die Eiweißbildung in jeder lebenden Zelle durchführbar. Das ist der organisch gebundene Teil der Phosphorsäure; nur ein sehr geringer Teil derselben ist anorganisch gebunden.

Die wasserlöslichen Phosphate (Ammon-, Kali-, Natronphosphat) stehen der Rübe ohne weiteres zur Verfügung; die Phosphate des Kalkes, des Eisens und der Magnesia erst durch die lösende Kraft der Saug- und Haarwurzeln der Rübe. Ohne Phosphor kein Proteïn! Besonders in der Jugend bedarf die Rübe größerer Phosphormengen, wie Stoklasa nachwies. Derselbe behauptet auch, daß die unlösliche Phosphorsäure des Bodens durch das kohlensäurehaltige Wasser in Lösung gebracht und der Pflanze zugeführt werde und nicht, wie früher angenommen wurde, durch die organischen Säuren, welche die Wurzelhaare ausscheiden.

Eine gleichwichtige Rolle spielt der Schwefel. Er wird als Sulfat aufgenommen (Kalzium-, Magnesium- und Alkalisulfate) und im Pflanzenkörper reduziert — wie der Stickstoff. Auch der Schwefel wird organisch gebunden und ist nur zum geringen Teil als Sulfat vorhanden.

Die folgenden Elemente spielen beim Aufbaue der Kohlenhydrate eine wichtige Rolle.

Kalium. Für die Entstehung der Kohlenhydrate ist es von größter Wichtigkeit. Ohne Kali entstehen nur ganz minimale Mengen von Kohlenhydraten. Rüben und Kartoffeln brauchen demnach große Mengen an Kali. Dieses findet sich vorzugsweise in den lebenskräftigen Organen, in denen die Bildung der Kohlenhydrate vor sich geht, und wandert aus absterbenden Teilen gewöhnlich aus.

Meistens ist es an die organischen Säuren der Pflanze (Oxal-, Wein-, Äpfel-, Zitronensäure), aber auch an die anorganischen gebunden. In einer sehr lesenswerten Abhandlung: „Das Kali in seinen Beziehungen zur Zuckerrübe" (Organ 1878, XVI, S. 77), welche diese Frage erschöpfend behandelte, führt Strohmer die Tatsache an, daß „die wildwachsende Zuckerrübe, welche wegen ihres niedrigen Gehalts an Zucker (6—8 %) bekanntlich zur Fabrikation nicht geeignet ist, einen viel geringeren Gehalt an Kali aufweist als die hochkultivierte Rübe, welche jetzt in den Fabriken Verarbeitung findet". Erstere hat in ihrer Asche ca. 30% Kali, 34% Natron und 18% Chlor, letztere aber 49% Kali, 7,6% Natron und 6,5% Chlor. Früher wurden die Kartoffel, der Weinstock, die Rüben u. a. als Kalipflanzen bezeichnet.

Nach Märcker vermindern genügende Kalimengen die Menge der organischen Säuren in der Rübe; desgleichen soll Verminderung des Kalkgehaltes eintreten. Das Kalium wird als Sulfat, Nitrat, Phosphat und Chlorid aufgenommen. Es wird später einigemal bewiesen werden können, daß das Kali in ursächlichem Zusammenhange mit dem Zuckergehalte der Rüben steht.

Kalzium. Die Rolle des Kalziums für das Pflanzenleben ist noch nicht sichergestellt Vorwiegend finden sich die Kalkverbindungen in den Blatt- und Stengelorganen; Wurzeln und Samen enthalten weniger, davon. Blattreiche Pflanzen haben ein großes Kalkbedürfnis. Kalk spielt beim Assimilationsprozeß eine große Rolle, er begünstigt die Wanderung der Kohlenhydrate (Böhm); ferner ist er Transportmittel für die Phosphor- und Schwefelsäure und dient schließlich dazu, die Oxalsäure, die nach O. Loew schädlich auf den Zellkern wirkt, zu binden. In den Blättern finden sich erhebliche Mengen von oxalsaurem Kalzium. (Siehe S. 10 und 200.)

Die Bedeutung des Kalkes für die Zuckerrübe speziell wurde von Stoklasa ermittelt. Bei Kalkmangel stirbt die Pflanze ab, früher noch, als wenn Mangel an Kali, Phosphorsäure oder Stickstoff besteht. Ferner wandelt er die Oxalsäure oder das lösliche Kaliumoxalat, welche beide toxische Wirkung im Karyoplasma und Chlorophyllkern äußern, in unlösliches Kalziumoxalat um. Nach Böhm findet bei Kalkmangel keine physiologische Transformation der Kohlenhydrate in der Pflanze statt. Nach Moraczewski wird bei Kalkmangel die Wirksamkeit der Enzyme aufgehoben, welche eine bedeutende Rolle bei der chemischen Metamorphose der Kohlenhydrate spielen. Die Kalkaufnahme geschieht in Form von Karbonat, Nitrat, Sulfat und Phosphat mit Hilfe der Wurzelausscheidungen.

Magnesium. Dieses begleitet stets die Proteïnstoffe, vielleicht in loser Verbindung mit Phosphorsäure, die aber zur Zeit der Auswanderung der Proteïnsubstanzen aus den absterbenden Teilen der Pflanze wieder gelöst wird; denn der Phosphor wandert mit den Eiweißkörpern aus, während das Magnesium auch in den absterbenden Teilen zurückbleibt. Da das Chlorophyll Magnesium enthält, ist die Bedeutung dieses Elementes ohne weiteres klar. Die Aufnahme geschieht in denselben Formen wie die des Kalkes. In der Rübe kommt es in fast gleichen Mengen wie der Kalk vor. Seine Funktion im Rübenkörper ist noch nicht ganz aufgeklärt: als Magnesiumphosphat ist es bei der Bildung von Nukleïn, Lezithin und Caseïn beteiligt und nach Loeb unentbehrlich. Wo die größte Eiweiß- und Phosphorsäuremenge vorhanden sind, dort findet sich auch das Magnesium. Ebenso steht es mit dem Kalke in physiologischer Beziehung. Nach Löw wirkt es auf die Pflanzen bei Kalkabwesenheit giftig.

Das Eisen ist zur Ausbildung des Chlorophyllorgans unentbehrlich. Dabei ist seine physiologische Funktion unbekannt. Bei Mangel an Eisen tritt die Bleichsucht, Chlorose, der Rübe ein. Die Blätter sind nicht wie gewöhnlich saftig grün, sondern gelblich gefärbt; die Pflanze kann sich nicht normal entwickeln und kränkelt. — Ein Beweis für seine Unentbehrlichkeit ist darin zu erblicken, daß es gelungen ist, die Chlorose durch äußere Zufuhr von Eisenlösung zu heilen. Auch das Eisen geht wie das Magnesium komplexe Bindungen mit den Eiweißkörpern ein. Gewöhnlich wird es als Ferrokarbonat aufgenommen, das durch die Wurzelsäuren löslich gemacht wird.

Zur dritten Nährstoffklasse übergehend, sei das Natrium zuerst betrachtet. Dieses Element kommt stets in Rübenaschen vor, aber in viel geringerer Menge als das Kalium. Bisher ist für das Natrium keine bestimmte physiologische Wirkung konstatiert worden. Hellriegel zeigte, daß Rüben ohne jedes Natrium sich ganz gut ernähren konnten. Das Natron kann die Kaliwirkung etwas unterstützen, nie aber ersetzen. Nach Saillard haben die zuckerreichsten Rüben die natronärmste Asche. Ähnliches fanden Andrlík und Urban. Stoklasa wies darauf hin, daß das Natrium namentlich in den Assimilationsorganen der Rübe zu finden sei. Derselbe Forscher zeigte die hohe Wichtigkeit des Kalis für die Oxydationsprozesse im Pflanzenleben und kam zu dem Schlusse, daß Kali beim Atmungsprozesse katalytisch mitwirke. Dasselbe läßt sich für das Natrium nicht behaupten.

In diese Gruppe der Nährstoffe gehört noch das Chlor. Es findet sich regelmäßig in der Pflanzenasche, aber nicht in größeren Mengen. Für manche Pflanzen galt es früher als unentbehrlich (Mais), für andere Pflanzen entbehrlich. Nach Nobbe spielt es bei der Wanderung der Kohlenhydrate (so wie das Kalzium) eine wichtige Rolle.

Der Kiesel, das Silizium, gibt in Form von Kieselsäure manchen Pflanzen, z. B. den Gräsern, eine größere Widerstandsfähigkeit gegen Atmosphärilien und Parasiten. Diese Säure findet sich vorzugsweise in den Ablagerungen der Zellmembranen und vorherrschend in den älteren, der Verholzung zuneigenden Zellhäuten, d. s. Gewebe, die in ihrer Lebenstätigkeit zum Stillstande gekommen sind. Das Kieselsäuregerüst macht eben die Pflanzen widerstandsfähiger. Nicht zu verwechseln ist diese Kieselsäure mit dem „Sand“, welcher besonders bei Blattaschen oft ein unvermeidlicher zufälliger Aschenbestandteil (Rohasche) ist.

Daß sich in Pflanzenaschen auch zuweilen Zink, Kupfer, Mangan, Jod, Brom, Fluor vorfinden, sei nur erwähnt. Ihr Vorkommen hängt von lokalen Verhältnissen ab. So zeichnen sich die Strandpflanzen durch einen Gehalt an Jod und Brom aus und sind daher das Ausgangsmaterial für die Darstellung dieser beiden Halogene.

Noch mindere Bedeutung kommt hier der Tatsache zu, daß auch schon Rubidium, Cäsium und Vanadin in Rübenaschen nachgewiesen wurden (Grandeau, Lippmann).

So wäre einer der wichtigsten Lebensprozesse der Pflanzen mit besonderer Berücksichtigung der Rüben: die Ernährung, besprochen worden. Durch sie erhält nicht nur die Pflanze ihr eigenes Leben, sondern sorgt auch schon für das ihrer Art. All die genannten Erzeugnisse (Zucker, Stärke, Eiweiß, Fett) speichert die Rübe in ihrem ersten Lebensjahre als Reservestoffe in der Wurzel auf, um sie im zweiten Jahre zur Produktion des Samens zu verbrauchen. Die genannten Reservestoffe werden bei Beginn der neuen Vegetationsperiode als erstes Material zur Neubildung verwertet. Der keimende Samen lebt auf deren Kosten, bis sein erstes chlorophyllhaltiges Blättchen zu assimilieren vermag.

Eine nähere Besprechung all dieser physiologisch und chemisch interessanten Prozesse muß hier unterbleiben und zu einem nicht minder wichtigen Lebensvorgange in den Pflanzen übergangen werden.

e) Atmung der Rübe.

Schon im Jahre 1767 erkannte Malpighi die Notwendigkeit von Luft für das Keimen der Samen; C. W. Scheele konstatierte, daß dieser Vorgang unter Verbrauch von Sauerstoff und Abgabe von Kohlendioxyd vor sich gehe. Zu derselben Zeit fand Ingenhousz diesen dem tierischen Atmungsprozesse analogen Vorgang allgemein verbreitet. Wurzeln, Blüten, Früchte atmen sowohl im verdunkelten als auch im belichteten Zustande. Diese Tatsache wurde allmählich auch von andern gefunden und erklärt und schließlich auf Vorschlag Sachs' im Jahre 1865 dieser mit Bildung und Abgabe von Kohlendioxyd verknüpfte Oxydationsprozeß als Atmung bezeichnet. Alle lebenden Pflanzen und Pflanzenteile atmen sonach. Ein Erlöschen der Atmung hat den Tod der Pflanze zur Folge und umgekehrt.

Die Atmung ist jener Prozeß, der das Vorhandensein von Kohlendioxyd in den Rübenzellen erklärt, eine Tatsache, die man vor Kenntnis dieses physiologischen Prozesses nicht richtig deutete (Bodenbender z. B.). Dies blieb Heintz vorbehalten (1873). Für die Binnenluft der Rüben gab er u. a. folgende Zahlen an:

CO_2	30,52; 35,10	Vol.-Proz.
O	0,15; 0,56	„
N	69,34; 64,32	„

Natürlich kann diese keine konstante Zusammensetzung zeigen, da der Atmungsprozeß von den verschiedensten Faktoren beeinflußt wird. Auch erkannte Heintz, daß die Bildung der Kohlensäure auf Kosten des Zuckers vor sich geht, und stellte nach experimentellen Ermittlungen folgende Gleichung auf, nach welcher der Atmungsprozeß, bzw. der Zuckerverlust verläuft.

$C_{12}H_{22}O_{11} + 12\,O_2 = 11\,H_2O + 12\,CO_2$ (Atmungsgleichung).

Gewisse Unvollkommenheiten bei diesen Versuchen veranlaßten F. Strohmer, die Atmung der Rübenwurzel neuerdings zu studieren. Da es sich diesem Forscher aber hauptsächlich darum handelte, die Größe der Zuckerverluste in Zusammenhang mit der Atmung und der chemischen Zusammensetzung der Rübe zu bringen, und er diese Prozesse unter jenen Bedingungen studierte, wie sie die Praxis beim Einmieten der Rüben bietet, soll erst an späterer, geeigneterer Stelle auf seine Ergebnisse zurückgekommen werden (siehe S.205).

Hervorzuheben ist, daß so wie alle Gase — mit Ausnahme der in den Vakuolen — auch der Atmungssauerstoff nur in Form von Lösung in das Zellinnere gelangen kann. Die Lösung desselben geschieht in der an der Oberfläche der Zellwand angesammelten Wasserschicht.

Atmung und Assimilation sind zwei entgegengesetzte Vorgänge. Erstere geht Tag und Nacht, letztere nur bei Sonnenlicht vor sich. Die Atmung ist als Oxydationsprozeß von Wärmeentwicklung begleitet, welche Wärme als Energiequelle für die Lebenserscheinungen der Pflanzen dient. Die Atmung hängt von der Temperatur ab. Bei niederer Temperatur ist sie nicht so intensiv wie bei höherer; sie ist von einer Zerstörung organischer Substanz (Stärke, Zucker) begleitet. Auch darin zeigt sich der Unterschied gegen den Assimilationsprozeß, bei dem Neubildung organischer Substanz auftritt. Aus diesem Grunde nennt man die Atmung auch Dissimilation im Gegensatz zur Assimilation. Wenn auch die Pflanzen den ganzen Tag atmen und so fortwährend Substanzverlust erleiden, so überwiegt die Assimilation bei Tageslicht so bedeutend die Atmung, daß bei Tag die Bildung organischer Substanz vorherrscht. Nicht grüne Zellen können nur atmen. Die Atmung geht wohl hauptsächlich auf Kosten des Zuckers vor sich, aber auch andere Substanzen, wie Fette und Pflanzensäuren bilden Atmungsmaterial (siehe S. 30). Die Intensität der Atmung steht zum Stoffwechsel der Pflanzen in enger Beziehung. Verletzte Pflanzenteile atmen intensiver als unverwundete. Die Atmung ist in ihrem chemischen Verlaufe noch nicht erkannt.

Der bisher geschilderte Atmungsprozeß der Pflanzen gleicht dem des menschlichen oder tierischen Organismus. Während aber die beiden letztgenannten des Sauerstoffes zur Lebenserhaltung unbedingt bedürfen, können die Pflanzen längere Zeit ohne Sauerstoff leben. Bei ersteren tritt mit Entzug des freien Sauerstoffs binnen wenigen Minuten der Tod ein, bei den Pflanzen erst nach verschieden langen Zeiten. Innerhalb dieser lebt die Pflanze auf Kosten ihrer organischen Substanz. Diese Atmung heißt deshalb intermolekulare Atmung. Auch sie ist mit der Abgabe von Kohlendioxyd verknüpft, was als erster Saussure (1834) fand. Nur hielt er wie viele folgende Forscher diesen Prozeß für eine pathologische Erscheinung. Erst später wurde erkannt (Pfeffer und Wilson, 1885), daß diese Atmung ein normaler, natürlicher Vorgang ist, der sich in der lebenden Zelle abspielt. Die intermolekulare Atmung tritt bei den Pflanzen sofort nach der Sauerstoffentziehung ein. Bei längerem Mangel an diesem Gase tritt aber auch der Tod der Pflanze ein. Bei Versuchen Strohmers blieb eine Rübe noch nach drei Tagen trotz Sauerstoffmangels am Leben. Eine andere zeigte nach sechs Tagen infolge Zersetzung Verfärbung.

Individualität, Alter, Temperatur u. a. bedingen die Intensität der intermolekularen Atmung. Je höher die Temperatur, desto intensiver die Atmung; sie geht auf Kosten des Zuckers vor sich, wobei dieser einer alkoholischen Gärung unterliegt. Dies fand schon im Jahre 1819 Dumont und 1822 Döbereiner. Strohmer bearbeitete auch diese Frage im Zusammenhange seiner später zu schildernden Versuche über die Zuckerverluste durch die Atmung der Rüben (1902). Trotz manch gegenteiliger Meinung sieht man in diesem Prozesse der höheren Pflanzen eine Spaltung der Kohlenhydrate in Alkohol und Kohlensäure; dieser Prozeß wäre also eine Zymasegärung. Er spielt normalerweise bei den höheren Pflanzen keine große Rolle und ist nur die letzte Maßregel zur Verhütung des Erstickungstodes bei Sauerstoffmangel.

Eine sehr interessante Studie über normale und intermolekulare Atmung der Zuckerrübe stammt von Stoklasa, Jelínek und Vítek (Z.f.Zuckerind. i.B.1902/03, S.633). Die Tabelle Nr. 2 gibt die Versuchsergebnisse wieder. Versuch 1—6 betrifft die normale Atmung und wurde unter permanentem Luftstrome (CO_2-frei) durchgeführt. Versuche 7—12 bringen Daten über die intermolekulare Atmung, die im permanenten Wasserstoff-Strome ausgeführt wurde. Bei letzteren Versuchen nahm das Gewicht der Rübe, das anfangs 462 g betrug, auf 459 g ab. Die Tabelle zeigt den Temperatureinfluß usw., ferner den Unterschied zwischen beiden Atmungsarten. Der Einfluß der Temperatur auf die Atmungsintensität wurde schon auf Seite 29 gezeigt. Die Atmungsintensität der einzelnen Teile der Zuckerrübe ist verschieden. Die größte Intensität herrscht im obersten Teile (Kopf und Hals). Die Gleichung, nach welcher die intermolekulare Atmung vor sich geht, ist folgende:

1. $C_{12}H_{22}O_{11} + H_2O = 2\,C_6H_{12}O_6$. Diese Inversion wird hervorgerufen durch die Invertase der Rüben.

2. $2\,C_6H_{12}O_6 = 4\,CO_2 + 4\,C_2H_5 \cdot OH$. Der gebildete Invertzucker erleidet darauf alkoholische Gärung ohne Bildung merklicher Mengen von Nebenprodukten. Die intermolekulare Atmung ist ein anaërober Prozeß, der durch ein Enzym hervorgerufen wird (so wie die aërobe Atmung), welches von den genannten Autoren isoliert wurde. —

Material der intermolekularen Atmung sind neben dem Zucker Fett und auch Pflanzensäuren. Bei der Oxydation des Zuckers tritt oft nur teilweise Kohlendioxyd auf; der organische Rest bleibt in einem Zwischenstadium stehen, wobei Pflanzensäuren gebildet werden („unterbrochene Atmung“). Es kann behauptet werden: „So oft die aërobe Veratmung von Zucker durch schwierige Sauerstoffer

Tabelle Nr. 2.

Nr. der Versuche	Gewicht der Rüben g	Temperatur °C	Versuchsdauer Stunden		Abgegebene Gesamt-CO_2 mg	CO_2 Durchschnitt pro 1 Stunde mg	CO_2 pro 1 kg Rübe i. 1 Std. mg
1	462	18—20	8	Luftstrom	93,6	11,7	25,30
2	dieselbe	1—3	10		53,4	5,34	11,40
3	dieselbe	30—32	10		226,9	22,69	49,11
4	954	18—20	10		233,3	23,33	24,45
5	dieselbe	30—32	10		338,2	33,82	35,40
6	dieselbe	1—3	9		52,1	5,78	6,06
7	462 z.Beginn	18—20	10	Wasserstoff-strom	54,9	5,49	11,90
8	dieselbe	1—3	10		15,7	1,57	3,42
9	dieselbe	30—32	10		80,8	8,08	17,60
10	950	18—20	10		111,2	11,12	11,70
11	dieselbe	30—32	10		164,0	16,40	17,20
12	dieselbe	1—3	6		21,5	3,58	3,77

neuerung genügend verlangsamt ist, treten zwei- bis mehrbasische Pflanzensäuren als Zwischenprodukte der physiologischen Zuckerverbrennung auf" (Euler, Pflanzenchemie II, S. 181). Ja, diese sollen sogar bei jeder normalen Atmung entstehen. Euler legt in seinem des öfteren genannten Buche sehr schön dar, wie Glykol-, Mesoxal-, Glyoxyl-, Oxal- und Ameisensäure „durch einfache Bildungsreaktionen miteinander verknüpft und zweifellos auch innerhalb des Pflanzenorganismus genetisch zusammengehören". Sie alle entstammen dem Zucker. Dabei dürften katalytische Wirkungen mitspielen. Auch wird an gleicher Stelle schön die Entstehung von Zitronen-, Akonit- und Trikarballylsäure — hypothetisch allerdings — zu erklären versucht. Alle diese Säuren werden später als Bestandteile des Rübennichtzuckers zu schildern sein; es muß künftigen Forschungen vorbehalten bleiben, Licht über deren Entstehung im Rübenkörper zu verbreiten. Die genannten Säuren erfahren wenigstens teilweise weitere Oxydation, können also auch anaërobe Atmung ermöglichen.

3. Kapitel.

Zusammensetzung der Rüben.

a) Mark und Saft.

Wird eine Rübe zerkleinert und, in einem Tuche eingeschlagen, hohem Drucke ausgesetzt, so läuft eine schäumende, dunkelgefärbte Flüssigkeit — der Saft — ab, und zurückbleibt ein fester Rübenkuchen, jene Substanz, die den Rübenkörper (Wurzel) ausmachte, das Mark.

Doch ist es unmöglich, durch bloßes Pressen sämtlichen Saft zu gewinnen. Stets bleibt das Mark mehr oder weniger feucht; es hält

Wasser zurück, welches Kolloïd- oder Imbibitionswasser genannt wird.

Man darf sich also eine Rübe nicht aus (trockenem) Mark und Saft bestehend denken, sondern es ist dieses Mark mit Wasser in irgendeiner Weise miteinander vereinigt; der Rest in der Rübe ist Saft. Die Rübe besteht demnach aus Mark, Wasser und Rübensaft.

Der Begriff „Mark" stellte jedoch nicht zu allen Zeiten dasselbe dar. Grouven verstand darunter „den nach Entfernung alles Löslichen und alles Wassers aus der Rübe hinterbleibenden Rest" (1861). Der „Saft" war daher für diesen die Summe der in der Rübe enthaltenen löslichen Stoffe und des Wassergehaltes der Rübe. Sein „Mark" war identisch mit dem Markanhydrid Scheiblers.

Scheibler stellte auf Grund seiner Analysen fest, daß sich in den von ihm untersuchtenRüben befanden (Z. V. d. Zuckerind. 1879, S. 261):

90,3 % Saft („zuckerführendes Wasser"),
4,71 % (trockenes) Mark, Rohmark,
4,99 % (als Rest auf 100) „Kolloïdwasser".

Diesen Namen wählte er als Gegensatz zu Kristallwasser. So wie es Kristalle mit Kristallwasser gibt, so hätte das Mark (als Kolloïd) Kolloïdwasser gebunden. Er ging in seiner Analogie so weit, daß er annahm, Markanhydrid (Mark) vereinige sich mit Kolloïdwasser zu Markhydrat. Er übersah aber dabei, daß das „Mark" kein einheitliches chemisches Individuum, sondern aus verschiedenen Stoffen zusammengesetzt ist. Möglich aber ist es immerhin, daß ein oder mehrere dieser Stoffe sich mit Wasser zu Hydraten vereinigen.

Rümpler weist auch auf den wechselnden Wassergehalt des Scheiblerschen Hydrats hin und sieht darin ein Argument gegen Scheiblers Theorie.

Diese Fragen studierte Scheibler anläßlich der Einführung seiner Methode der Zuckerbestimmung in der Rübe mittels der alkoholischen Extraktion im Jahre 1879 (Z.V. d.Zuckerind. 1879,S.176). Die Extraktion an sich war nicht das Neue seiner Methode. Schon Marggraf extrahierte Rübenscheiben, die zunächst getrocknet und zerrieben wurden, mittels Alkohol und verdampfte dann zur Trockne; den Rückstand saher als Zucker an. Als erkannt wurde, daß dieser „Zucker" noch organische und anorganische Nichtzucker enthielt, wurde durch Veraschung wenigstens eine kleine Korrektur bewirkt. Diese ungenaue und langwierige Methode stand bis zur Einführung des Polarisationsapparates (1841) in Verwendung. Durch diesen wurde dann der Zucker im Rübensafte untersucht und unter der Annahme eines Saftgehaltes der Rübe von 94 oder 95 % auf Rübe umgerechnet. Daher war in früheren Jahren die Kenntnis des Saftgehaltes von größerer Bedeutung als heute. Durch die Scheiblersche Alkoholextraktion wurde der Zucker direkt in derRübe bestimmt, und da die heutigen Untersuchungsmethoden ebenfalls von der Rübe ausgehen, hat die Frage nach dem Saftgehalte an Bedeutung sehr verloren. Das nach der Extraktion mit Alkohol durchtränkte

Mark trocknete Scheibler und bestimmte es zu 4,5—5 % vom Rübengewichte; es müßte demnach ein Saftgehalt von 95,5—95 % vorhanden sein. Der Zucker der Rübe, durch Extraktion und im Rübenpreßsafte bestimmt, ergibt den Saftgehalt der Rübe. So gerechnet, fand ihn jedoch Scheibler bloß zu 88 bis 92 %. „Es folgt hieraus, daß außer zuckerhaltigem Safte noch gebundenes zuckerfreies Wasser in den Rüben vorhanden sein muß ... daß das Rohmark, welches seiner Menge nach im trockenen Zustande, also als Anhydrid, bestimmt wird, als ein sein Wasser durch Trocknen leicht verlierendes Hydrat in den Rüben vorhanden ist; ..... es kann als bewiesen angesehen werden, daß die bisher in der Technik gemachte Voraussetzung, wonach die Rüben durchschnittlich 94—95 % Saft enthalten sollen, falsch ist, und daß die Rüben vielmehr durchschnittlich nur etwa 90 % Saft besitzen" (Scheibler).

Für Scheibler war sonach die Rübe zusammengesetzt aus 1. Mark, 2. zuckerfreiem, gebundenem und 3. zuckerhaltigem, freiem Wasser (Saft); 2 stellt das Kolloïdwasser der Rübe dar.

Diese Theorie blieb jedoch nicht unangefochten. In der Formel, die Scheibler für den Saftgehalt aufstellte, $M = 100 \frac{z}{Z} S$, bedeuten z Zucker durch Extraktion des Breies, Z Zucker im Rübenpreßsaft und S Saftmenge in Prozenten. Z ist aber eine Zahl, die sehr abhängig von der Gewinnungsart des Saftes (Zerkleinerung der Rübe, Druck), und der Saftgehalt daher von dieser Schwankung betroffen. „Somit ist das Vorhandensein des von Scheibler angenommenen Hydrat- oder Kolloïdwassers der Zellulose abhängig von der Größe .. Z, und diese Zahl ist niemals konstant, sondern bedingt durch die obigen Zufälligkeiten" (Bodenbender). (Siehe S. 183.) Scheibler nahm dieses Wasser als „halbgebunden" an; Bodenbender und Sickel sind daher der Meinung, „daß dieses Wasser ruhig in den Saft eingehen und somit als Saft angesehen werden müsse" (Z. V. d. Zuckerind. 1879, S. 710). Bodenbender fand in seinen Untersuchungen 4,5—5,7 % Rohmark.

Um über die physiologischen Eigenschaften des Markes Klarheit zu bekommen, studierte Heintz das Verhalten desselben gegen Zuckerlösungen (1874).

Zu diesem Zwecke stellte er nach der direkten Markbestimmungsmethode „Mark" dar und ließ es an der Luft trocknen. So enthielt es noch 12,5 % Feuchtigkeit. Dieses übergoß er mit Raffinadelösungen von bestimmter Polarisation und ließ das Ganze 16 Stunden stehen; nach raschem Filtrieren konstatierte er in der frei ablaufenden Zuckerlösung sehr merkliche Polarisationszunahme und zwar stets, wie auch diese Versuchsanordnung abgeändert wurde. Dieser Vorgang, der analog mit trockener tierischer Membrane und Kochsalzlösungen verläuft, ist so zu erklären, daß das Rübenmark aus der Zuckerlösung in gleicher Zeit mehr Wasser als Zucker aufnimmt, daher die Lösung konzentrierter wird. Diese Erscheinung würde man heute als Adsorption bezeichnen können (siehe S. 596). Das Markwasser nannte Heintz „Imbibitionswasser"; es wurde vom kolloïden Marke gebunden[1]). Die Imbibition ist eine allgemeine Eigenschaft der Zellhaut; man versteht darunter ihre Fähigkeit, Wasser in die Membranen einzusaugen, wodurch diese aufquellen; daher nennt es Rümpler auch Quellungswasser. Ähnliche Versuche Kroekers (Z. V. d. Zuckerind. 1894, S. 958) ergaben wenigstens die Tatsache, daß bei 110° getrocknetes Mark seine Imbitionskraft einbüßte. Das spricht gegen Scheiblers Markanhydrid, denn ein Anhydrid im chemischen Sinne würde gerne sein Hydrat bilden.

Im Jahre 1910 stellte Skärblom folgende Definition für den Markbegriff auf, um darauf eine analytische Bestimmungsmethode zu gründen: „Mark sind diejenigen Bestandteile der Rübe, die zurückbleiben, wenn die Probe mit möglichst wenig und 90° C nicht übersteigendem, destilliertem Wasser bis zur vollständigen Entzuckerung ausgewaschen wird" (Z. V. d. Zuckerind. 1910, 943). Also ist auch heute der Markbegriff noch nicht feststehend.

b) Markgehalt der Rüben.

Der Markgehalt wurde von Scheibler zu 4,71 % vom Rübengewichte befunden; nach Stohmann beträgt „trotz der großen Festigkeit und der Härte des Fleisches der Rübe die Menge der festen Bestandteile, des Marks", nur ausnahmsweise mehr als 5 %, im geringsten Falle etwa 3 % der Rübe. Durchschnittlich bestände diese aus 4 % Mark und 96 % „Saft". Diese Angaben stimmen mit den Bestimmungen Lippmanns auch für abnormale Rüben überein.

Verwelkte Rüben	4,16 %	bis	4,83 %	Mark,
Stark verwelkte Rüben	3,66 %	„	4,66 %	„
Rüben mit fünfwöchentl. Wassermangel . .	3,92 %	„	5,02 %	„
Schoßrüben	4,03 %	„	5,31 %	„
Sehr holzige Rüben	4,17 %	„	5,06 %	„
Unreife Rüben	4,25	und	4,70 %	„

(Z. V. d. Zuckerind. 1887, S. 312.)

Aus diesen Zahlen geht hervor, daß die Ergänzung auf 100 nicht „Saft" sein kann, sonst müßten alle Rüben fast gleich viel Saft enthalten. Trotzdem kannte der alte Praktiker „saftarme" und saftige Rüben, eine Bezeichnung, die wohl zur Zeit des alten Preßverfahrens üblich war.

Pagnoul untersuchte schon 1880 zwei „saftarme" Proben und fand trotzdem 96,5 und 96,7 % Saft der Rübe. „Man sieht demnach, daß dieses Verhältnis (96 % Saft) ziemlich dasselbe auch bei den Wurzeln bleibt, welche beim Auspressen weniger Saft als gewöhnlich liefern. Dieser Unterschied liegt also nicht an einer größern Menge der unlöslichen Stoffe, sondern an einem anderen Bau der Rübe. Die Gewebe sind dichter, widerstandsfähiger, der Saft ist schwerer auszuscheiden, aber er bildet denselben Bruchteil der ganzen Wurzel." Nach demselben

[1]) Das „Imbibitionswasser" ist identisch mit Scheiblers „Kolloïdwasser".

Autor „besteht der „Saft“ aus Wasser und allen darin löslichen Stoffen, so daß, wenn es durch irgendein Mittel möglich wäre, die Gesamtheit des Saftes abzuscheiden, nichts mehr zurückbleiben würde als die Zellulose und die ganzen unlöslichen Stoffe“ (Z. V. d. Zuckerind. 1880, S. 132).

Lippmann hebt hervor, daß die Gewinnungsweise des Markes die Menge desselben bei der Analyse beeinflußt. „Die in der Praxis so wohlbekannten unliebsamen Eigenschaften der sogenannten saftarmen Rüben können also nicht ihre Ursache in der Quantität, sondern nur in der Qualität des vorhandenen Markes haben.... Die sogenannte Saftarmut der Rüben ist also nicht auf die Menge, sondern auf die Eigenschaften, bzw. Verteilung und den Quellungszustand des vorhandenen Markes zurückzuführen.“ Er akzeptiert Scheiblers Theorie: „...Es kommt vielmehr nur darauf an, sich klar zu machen, daß eine gegebene Menge Marksubstanz je nach dem Zustande ihrer Quellung und Turgeszens eine sehr verschiedene Struktur des Rübenzellgewebes bedingen kann“ (D. Z. 1886, Nr. 46; Z. V. d. Zuckerind. 1887, S. 312). Rümpler sieht auch im Quellungsgrade des Markes den Faktor, der die Saftarmut bedingt. „Daß dabei aber auch bisher nicht erforschte physiologische und chemische Verhältnisse mitsprechen, ist sehr wahrscheinlich und geht schon daraus hervor, daß die holzigen Rüben, trotz ihres normalen Markgehaltes, besonders saftarm sind. In nicht holzigen und trotzdem saftarmen Rüben enthält vielleicht das Mark einen der in ihm vorkommenden Körper, der imstande ist, das Quellungswasser reichlicher aufzunehmen und hartnäckiger festzuhalten, in besonders hervorragender Menge....“ (Die Nichtzuckerstoffe d. Rüben, S. 12.) Darüber fehlen jedoch noch Untersuchungen. Über den Markgehalt der Rüben siehe noch S. 36.

Wichtiger als diese Fragen sind heute jene nach der chemischen Zusammensetzung des Markes.

4. Kapitel.

Chemie des Rübenmarkes.

a) Darstellung des Markes.

Wenn auch das Mark in der Rübe in einem „hydratischen“ Zustande vorhanden ist, so verliert es diesen bei seiner Isolierung aus dem Rübenkörper. Es gibt keine Methode, die das Mark in seiner natürlichen Gestalt bloßzulegen ermöglicht. Über die geschichtliche Entwicklung der Markbestimmung in Rüben schrieb Skärblom (Z. V. d. Zuckerind. 1910, 931).

Scheibler bestimmte den Markgehalt, indem er den Rückstand von der alkoholischen Extraktion zur Zuckerbestimmung trocknete. Stammer wusch Rübenbrei mit warmem Wasser auf einem feinmaschigen Drahtnetze als Filter und trocknete den Rückstand bei

105—110°. Im Prinzip ist diese Methode noch heute im Gebrauch. In der Holdefleiß-Stiftbirne wird Rübenbrei mit kochendem Wasser so lange ausgewaschen, bis das ablaufende Wasser keine Zuckerreaktion mehr gibt. Der Rückstand wird bei 100° getrocknet. Skärblom geht bei seiner Methode nicht über 90° C. Diese angeführten Methoden zeigen schon, daß Lösungsmittel, Lösungsdauer und besonders Temperatur, sodann die Trocknungstemperatur die Markbestimmung beeinflussen werden.

Das so isolierte Mark ist von fast weißer Farbe, trocken und hat keine Quellungsfähigkeit mehr; es zeigt also auch keine Adsorptionserscheinungen.

Außer den schon gemachten Angaben dienen noch die folgenden zur Orientierung über den Markgehalt in Rüben. Aus Heintz' Versuchen wäre anzunehmen, daß das Mark in den Rüben ca. 12% Wasser enthält; um diesen Betrag wären die Zahlenangaben prozentig zu vermehren, wenn man das natürliche Mark haben will.

Aus einer später noch öfters genannten Veröffentlichung Herzfelds über Rübenanalysen (Z. V. d. Zuckerind. 1898, S. 827) geht hervor, daß das Mark in den einzelnen Entwicklungsstufen der Rübe bis zur Reife in ziemlich verschiedenen Mengen auftritt. Die Zahlen für den Markgehalt schwanken für die einzelnen Rübenreihen 3,73—4,95%, 3,00—4,37%, 3,64—5,15%, 6,03—5,23%, 4,71—4,84% und schließlich 4,70—4,71%. Die ersten drei angeführten Reihen zeigen ein deutliches Anwachsen des Markgehaltes mit steigender Entwicklung der bezüglichen Rüben, die vierte Reihe ist fallend[1]), die beiden letzten haben steigende Tendenz, doch die letzte innerhalb der Versuchsfehler. Ob hier eine gewisse Gesetzmäßigkeit waltet, möchte Verfasser auf Grund des geringen Zahlenmaterials sich nicht zu entscheiden wagen. Für den Reifezustand gelten die Zahlen: 4,95%, 4,37%, 5,15%, 5,23%, 4,84%, 4,71% Mark, im Durchschnitt: 4,87%. — Im Jahre 1899 fand Herzfeld für Rüben aus dem Monat August 4,42% Mark.

Wenn man Skärbloms Analysenresultate über Trockensubstanz- und Markbestimmungen der Rüben betrachtet (Z. V. d. Zuckerind. 1910, 949), wäre man versucht, folgende Beziehung aufzustellen: Je kleiner der Markgehalt, desto kleiner die Trockensubstanz und der Zuckergehalt der Rüben. Aus der Tabelle von 21 Analysen sei das Minimum und Maximum hervorgehoben:

Markgehalt	3,75%	Trockensubstz.	21,23%	Zucker	15,5%
d. Rüben	5,00%	d. Rüben	25,84%	d. Rüben	18,2%
eine mittlere Zahl	4,57%		23,08%		16,6%

Die chemischen Bestandteile des Markes.

Das „Mark" stellt eigentlich die Zellwände der die Rübenwurzel bildenden Zellverbände dar, und so wird seine chemische Zusammensetzung dieselbe sein, wie im Abschnitte „Zellhautchemie" (S. 13) angegeben wurde.

[1]) 6,03% Mark scheint aber zu hoch zu sein. (Analysen- oder Druckfehler?)

b) Zellulose und Pektinkörper.

Den Hauptbestandteil stellt die Zellulose oder der Zellstoff dar. Heute versteht man unter Zellulose keine chemische Verbindung. Dieser Namen ist ein Sammelbegriff für mehrere Stoffe mit ähnlichen Eigenschaften, aber etwas wechselnder Zusammensetzung. Die Zellulosegruppe gehört zu den kompliziertesten Kohlenhydraten, zu den hohen Polyosen. Ihre Formel ist $(C_6H_{10}O_5)_x$.

Die echten Zellulosen bilden die Zellwände aller grünen Pflanzen. In jungen Pflanzenorganen ist die Zellulose in fast chemisch reinem Zustande vorhanden, in älteren kommt sie mit den bereits genannten Inkrustationen vor. Sie zeigt organisierte Struktur und besitzt eine weiße Farbe. Die Zellulose ist ein sehr widerstandsfähiger Körper, auch in heißem Wasser ist sie unlöslich; verdünnte Alkalien und Säuren greifen sie nicht merklich an. Bei energischer Einwirkung übergeht sie in „Hydrozellulose", die viel reaktionsfähiger als die gewöhnliche Zellulose ist. Durch Hydrolyse liefert sie ausschließlich Glukose. Konzentrierte Alkalien werden unter Quellung und Spaltung absorbiert. In Kupferoxydammoniak ist sie ohne Zersetzung löslich und wird aus dieser Lösung durch Säuren, Salze u. a. als weißes, amorphes Pulver ausgefällt. Gilson gibt eine Vorschrift an, nach welcher man kristallisierte Zellulose aus Rübenschnitzeln erhalten kann (Euler I, 71).

Es ist anzunehmen, daß in holzigen Rüben (Schoßrüben) die Zellulose vom Lignin (Holzstoff) begleitet wird; dann ist dieses auch im Marke zu finden. Es ist ein kompliziertes Oxyderivat der Zellulose. Über das Koniferin siehe Seite 48.

Im Gegensatze zu den widerstandsfähigen, schwer hydrolysierbaren echten Zellulosen gibt es noch verhältnismäßig leicht spaltbare, der Stärke näherstehende Zellulosen, die E. Schulze Hemizellulosen (siehe S. 13) nannte. Sie kommen als Reservekohlenhydrate und Gerüstsubstanzen im Pflanzenreiche sehr häufig vor. Sie geben durch Hydrolyse Mannose, Galaktose, Fruktose. Sie sind also Mannane und Galaktane, andere auch Pentosane. Sonst haben sie ähnliche Eigenschaften wie die echten Zellulosen.

Mit den Hemizellulosen kommt man sehr in die Nähe der schon auf Seite 13 genannten Pektinkörper, wo deren Verwandtschaft untereinander von Czapek charakterisiert wurde. Sie spielen eine wichtige Rolle in der Zuckerfabrikation und müssen deshalb, trotz ihrer dunklen Natur, hier eingehender behandelt werden. Dies soll an Hand der Pektinliteratur geschehen.

Eine der neuesten Arbeiten über die Pektinsubstanzen (A. Wilhelmj, Z. V. d. Zuckerind. 1909, 895) zeigt einleitend die Schwierigkeiten, die sich der Erforschung dieser Körper entgegenstellen, und zieht das Ergebnis des bisher Gewonnenen in folgenden Worten: „Wenn man die Arbeiten studiert, die bisher über die Pektinstoffe veröffentlicht worden sind (Frémy, Chodnew, Mulder, Regnault, Reichardt, Stüde, Scheibler, Wohl und Van Niessen, Herzfeld,

Tromp de Haas und Tollens, Weisberg), so wird man unfehlbar den Schluß ziehen müssen, wie wenig zu der enormen Masse aufgewandter Arbeit der wirklich erreichte Erfolg im Verhältnis steht. Wir wissen nach alledem noch außerordentlich wenig über die eigentliche Zusammensetzung der Pektinkörper.“ Dann führt Wilhelmj die kolloïdale Natur und damit verknüpfte schwere Reindarstellung dieser Substanzen als Ursache dieses Mißerfolges an und schreibt weiter, „daß jemand sich ein positives Urteil aus den bisher veröffentlichten Forschungen bilden könnte, kann man nicht annehmen. Denn das Studium der Pektinliteratur, soweit sie bis jetzt vorliegt, verwirrt mehr, wie es aufklärt. ... Auch in absehbarer Zeit wird es kaum möglich sein, wirklich definitive Aufschlüsse über diese verwickelte, so außerordentlich schwierig zu bearbeitende Materie zu geben“.

Die älteren Arbeiten übergehend, gelangt man zu den Untersuchungen Stüdes aus dem Jahre 1864 (Z. V. d. Zuckerind. S. 726; Annalen d. Chem. u. Pharmazie). Vorher arbeiteten über denselben Gegenstand Braconnot, Frémy und Chodnew; Stüde konnte die meisten Angaben derselben bestätigen.

Er stellte das Pektin aus Rübenbrei dar, indem er diesen mit destilliertem Wasser auspreßte und den Saft durch Aufwärmen von Eiweiß befreite (Koagulierung desselben). Das Filtrat war opalisierend; es wurde mit basisch-essigsaurem Bleioxyd versetzt, wodurch das Pektin als Bleiverbindung ausfiel. Der Niederschlag wurde mit Schwefelwasserstoff zerlegt, vom Bleisulfid abfiltriert, das Filtrat, in welchem sich das Pektin befand, konzentriert und dann mit Alkohol gefällt. Das ausfallende Pektin wurde getrocknet.

Aus dieser Darstellungsweise gehen schon mehrere Eigenschaften des Pektins hervor: es ist wasserlöslich und aus solchen Lösungen durch Alkohol und Bleiessig fällbar. Es ist eine weiße, geschmack- und geruchlose Substanz. Seine wässerige Lösung opalisiert, Lösungen in Alkalien oder Säuren sind farblos. Durch verdünnte Säuren wird es nicht verzuckert. Salpetersäure bewirkt in Pektinlösungen einen leichten, weißen Niederschlag, „der Schleimsäure sein soll“. Durch Alkalien übergeht Pektin in Pektinsäure (Braconnot) und diese weiter in Metapektinsäure (Frémy).

Von dieser, in alten Anschauungen wandelnden Arbeit kommt man zu den klassischen Untersuchungen Scheiblers aus den Jahren 1868 und 1873. Im Jahre 1868 lenkte Scheibler „die Aufmerksamkeit der Zuckertechniker auf einen Bestandteil des Zellgewebes der Zuckerrüben, der unter Umständen in den Saft derselben mit übergeht und alsdann, die Rolle eines sogenannten Nichtzuckers ausübend, die Qualität des Saftes ganz außergewöhnlich verschlechtert und die Verarbeitung desselben so erschwert, wie dies von keinem andern Körper aus der Gruppe der Nichtzuckerklasse geschieht“. Dieser Körper ist eine Säure. Frémy stellte sie zuerst dar und benannte sie Metapektinsäure, weil er sie mit der gleichnamigen aus Pektin dargestellten Säure für identisch hielt. Nur mit Vorbehalt bediente sich Scheibler in seiner ersten Arbeit dieses Namens. Die definitive Benennung dieser Säure behielt er sich nach vollendeten Studien vor. Diese erschienen im Jahre 1873 (Z. V. d. Zuckerind. 1873, S. 288). Er identifizierte diese Säure mit dem Arabin oder der Arabinsäure, auch Rübengummi genannt. „... Daß im Zellgewebe der Rüben, bzw. im Safte derselben ein Gummi vorkommt, welches in allen Beziehungen mit dem Gummi arabicum oder vielmehr mit der darin enthaltenen Arabinsäure indentisch ist.“ Dem aus dem Arabin abspaltbaren Zucker gab er den Namen Gummizucker, Arabinzucker oder Arabinose statt des älteren Namens Pektinzucker oder Pektinose.

Die Arabinsäure kommt unter normalen Verhältnissen im Marke gesunder und reifer Rüben vollständig oder zum größten Teile in einer unlöslichen Modifikation vor — als Metaarabinsäure. In alterierten Rüben ist sie in der löslichen Modifikation vorhanden. Die Nachteile dieser Form oder das Löslichwerden der unlöslichen Modifikation für die Verarbeitung im Betriebe wird später geschildert werden.

Das Prinzip der Gewinnung der Arabinsäure ist folgendes: Rübenpreßrückstand (Brei) wird mit Alkohol von den Resten seines Zucker- und Nichtzuckergehalts befreit, abgepreßt und mit Wasser aufgekocht; setzt man Kalkmilch zu, so übergeht das aufgequollene Metaarabin als arabinsaurer Kalk in Lösung. Der überschüssige Ätzkalk wird mit Kohlensäure ausgefällt, abfiltriert und das Filtrat konzentriert. Nun wird Essigsäure zur stark sauren Reaktion zugesetzt und die Arabinsäure mittels Alkohol gefällt. Zunächst erhält man ein unreineres Produkt, das durch wiederholtes Lösen in Wasser und Ausfällen mit Alkohol immer reiner — nie aber absolut aschenfrei wird.

Das „normale Rübengummi“ ist einer der wichtigsten Bestandteile des Zellgewebes. Praktisch von größter Bedeutung, theoretisch von größtem Interesse.

Scheibler gebrauchte den Ausdruck „normales Rübengummi“, um es vom „Gärungsgummi“ zu unterscheiden — das durch einen Gärprozeß von sich selbst überlassenem Rübensafte entsteht (Mannit). (Siehe S. 247.)

Arabinsäure, Arabin oder Rübengummi (die alte Metapektinsäure) kommt als Hauptbestandteil im arabischen Gummi vor. Im Rübenmarke kommt sie in der unlöslichen Modifikation als Metaarabinsäure vor. Ihre Formel ist $C_{12}H_{22}O_{11}$; im trockenen Zustande ist sie glasig, durchsichtig und nicht kristallisierbar. Sie ist in Wasser löslich, und von saurer Reaktion; konzentrierte Lösungen sind schleimig. Bei 120—130° erhitzt, geht sie in ihre unlösliche Modifikation, in die Metaarabinsäure über. Es existieren optisch isomere Arabine. Mit verdünnten Säuren hydrolysiert, gibt sie Arabinose, $C_5H_{10}O_5$, also eine Pentose. Das ist die alte Pektinose oder der Pektinzucker. Dabei entstehen auch kleine Mengen Galaktose, $C_6H_{12}O_6$. — Die Arabinose bildet Prismen und ist rechtsdrehend (siehe auch Seite 41).

Die Umwandlung in die Metaarabinsäure können auch Enzyme

bewirken. Umgekehrt kann aber die unlösliche Modifikation in die lösliche Arabinsäure übergehen, und soll dies in den Mieten der Fall sein (Scheibler).

Arabinsäure wurde zuweilen in der Melasse nachgewiesen, so z. B. von Bodenbender und Pauly 1877, von Lippmann 1880 und von Wachtel. Lippmann bezweifelt die Angaben Battuts und Pellets, daß Arabinsäure durch Einwirkungen von Kalk auf Rohrzucker und andere lösliche Kohlenydrate des Rübensaftes entstehen könne.

Sie ist das Endglied der Umwandlung aller „Pektinstoffe" durch Alkalien. Mit Kalk entstehen mehrere ungenügend untersuchte Salze, wie z. B. $(C_{12}H_{20}O_{10})_2 \cdot CaO$, $(C_{12}H_{20}O_{10})_6CaO$. Die neutralen Salze sind wasserlöslich, die basischen im Wasser unlöslich.

In einer interessanten Arbeit über „Arabinsäure aus der Zuckerrübe" als Endprodukt der Einwirkung der Alkalien auf die Pektinkörper weisen Votoček und Šebor nach, „daß die Arabinsäure ein bloßes Gemisch verschiedener mehr oder weniger komplizierter Polysaccharide sei" — also keine einheitliche chemische Verbindung. Sie zerlegten die „Arabinsäure" in Arabinose, Galaktose und Glukose, bzw. Araban, Galaktan und Glukosan. (Z. f. Zuckerind. i. B. XXIV, 1899, S. 1.) Anregung zu dieser Arbeit fanden Votoček und Šebor durch die widersprechenden Angaben über die Eigenschaften der Arabinsäure. Es heißt, diese wäre identisch mit dem amorphen Gummi von sauren Eigenschaften, das man durch Fällung von Lösungen des arabischen Gummi mit Säuren und Alkohol erhalten kann. „Jedoch schon eine flüchtige Durchsicht der einschlägigen sehr umfangreichen Literatur über Arabinsäure, sowohl aus arabischem Gummi als auch aus Zuckerrübe weckt ernste Zweifel an der Identität und Individualität dieser Stoffe und regt zur Revision der bisherigen Untersuchungen an."

Metaarabin, Metaarabinsäure, Cerasin $(C_{12}H_{20}O_{10})_n$.

Außer im ausfließenden Gummi mancher Bäume findet sich diese Verbindung im Rübenmarke vor. Sie ist in Wasser unlöslich und quillt beim Kochen gallertartig auf. Durch Kochen mit Alkalien verflüssigt sich diese Gallerte unter Bildung von Arabinsäure, ein Prozeß, der sich folgendermaßen ausdrücken läßt: $\underset{\text{Metaarabinsäure}}{C_{12}H_{20}O_{10}} + H_2O = \underset{\text{Arabinsäure}}{C_{12}H_{22}O_{11}}$. Doch ist ihr Molekulargewicht unbekannt. Umgekehrt entsteht das Metaarabin durch Entzug von Wasser aus der Arabinsäure: $C_{12}H_{22}O_{11} - H_2O = C_{12}H_{20}O_{10}$.

Ihre Aufquellbarkeit durch Wasser und Löslichmachung durch Alkalien ist die Ursache, daß die Metaarabinsäure bei einer zu langsam betriebenen Saftgewinnung in den Saft übergeht oder daß ein pülpehaltiger Saft bei der Scheidung Schwierigkeiten macht.

Scheibler empfahl deshalb die Diffusion mit schwach phosphorsaurem Wasser durchzuführen, weil so die Metaarabinsäure langsamer löslich würde. Die gequollene Metaarabinsäure war die Folge eines zu langsam betriebenen Saftgewinnungsverfahrens. Die Verschlechterung der Nachsäfte der Diffusion führte Scheibler gleich auf das Löslichwerden dieser Säure zurück. „Die Säfte so rasch als möglich zu erzielen und die Wasserwirkung der Zeit nach auf ein Minimum zu beschränken“, war der Leitsatz, den er aufstellte. Da alterierte Rüben wenigstens teilweise die lösliche Modifikation enthalten, erklärt sich ihre Schwierigkeit bei der Verarbeitung leicht.

Arabinose (l-Arabinose, Arabose, Pektinzucker) $C_5H_{10}O_5$.

Diese findet sich im arabischen Gummi vor. Scheibler stellte sie zuerst rein dar. Durch Hydrolyse von Rübenmark, Rübenschnitten, Rübenpektin entsteht Arabinose ebenfalls. Nach Herzfeld ist Rübenpektin wahrscheinlich ein Gemenge von arabinose- und galaktoseliefernden Bestandteilen in wechselnden Verhältnissen.

Die Muttersubstanz der Arabinose ist eine zu den Pentosanen gehörende Gummiart, Araban.

Rübenschnitte	enthalten	34,0%	Arabinose,	bzw. 29,4%	Pentosan,
Rübenmark	„	24,9%	„	„ 21,9%	„

Arabinose ist eine Aldopentose von der Konstitutionsformel:

$$CH_2 \cdot OH \cdot CHOH \cdot CHOH \cdot CHOH \cdot COH$$

(siehe Anhang). Sie ist ein kristallisationsfähiger Körper, schmilzt bei 160°, schmeckt süß und ist in kaltem Wasser wenig, in heißem Wasser leicht löslich. $[\alpha]_D = + 105,1^0$ (Kiliani), zeigt aber Multirotation. (Siehe Anhang.)

Der zur Arabinose gehörende Alkohol ist der Arabit $C_5H_{12}O_5$. Durch gemäßigte Oxydation erhält man die Arabonsäure $C_5H_{10}O_6$.

Beim Kochen mit verdünnter Salz- oder Schwefelsäure liefert Arabinose (und ihre Polyose) eine flüchtige Verbindung, das Furfurol $C_5H_4O_2$, nach der Gleichung $C_5H_{10}O_5 = 3\,H_2O + C_5H_4O_2$.

Letzteres ist der Aldehyd der Brenzschleimsäure ($C_4H_3 \cdot COOH$) (siehe Seite 643).

Arabinose ist nicht gärungsfähig und reduziert Fehlingsche Lösung.

Die Arabinose sowie die Xylose und Ribose gehören zu den Pentosen, welche in Form ihrer Polyosen, den Pentanen, im Pflanzenreiche vorkommen. Die Pentane oder Pentosane sind anhydridartige Kondensationsprodukte der Pentosen mit hohem, unbekanntem Molekulargewichte, z. B. Araban, Xylan; sie sind wichtige Zellwandbestandteile. Charakteristisch für diese Kohlenhydrate ist die oben genannte Furfurolreaktion, die auch zur quantitativen Bestimmung dient. Hexosen geben nicht diese Reaktion.

Durch Destillation mit Salzsäure vom spez. Gewicht 1,06 geht das flüchtige Furfurol über und wird im Destillat nach Councler mit Phlorogluzin ausgefällt. Dieses setzt sich nach der Gleichung

$$\underset{\text{Phlorogluzin}}{C_6H_6O_3} + \underset{\text{Furfurol}}{C_5H_4O_2} = \underset{\text{Phlorogluzid}}{C_{11}H_6O_3} + 2\,H_2O$$

zu Phlorogluzid = Furfurol-Phlorogluzin um. Über Phlorogluzin siehe Anhang, S. 643. Der Niederschlag wird gewogen und mittels Faktoren von Tollens die Pentosane im allgemeinen oder speziell Xylan, Araban oder die Pentosen Xylose und Arabinose berechnet. Nach dieser Methode gefundene Werte sind später häufiger angegeben (Kopetzki, Stift und Komers), siehe S. 103.

Das der Arabinose entsprechende Araban wurde auch in der Zuckerrübe nachgewiesen. Ullik stellte es aus dem Marke der Zuckerrübe durch mehrstündiges Kochen mit dünner Kalkmilch und Ausfällung durch Alkohol dar. Im reinen Zustande ist es eine weiße, amorphe Masse, die in Wasser leicht und in Alkohol unlöslich ist. Die wässerige Lösung ist von neutraler Reaktion. Fehlingsche Lösung wird nicht reduziert. Seine Formel ist $C_5H_8O_4$ entsprechend $C_5H_{10}O_5-H_2O = C_5H_8O_4$. Es ist optisch aktiv, $[\alpha]_D = -83{,}9^0$. Durch Hydrolyse mit Schwefelsäure geht es glatt in Arabinose über. Ullik nimmt an, daß das Arabin durch Einwirkung alkalischer Substanzen aus den Pektinkörpern gebildet wird.

Das Pararabin Reichardts (1876) entsteht wieder aus den Pektinkörpern durch Einwirkung von verdünnten Säuren. Es soll ca. 60% des Rübenmarks ausmachen. Seine Formel ist $C_{12}H_{22}O_{11}$; es ist so zusammengesetzt wie das Arabin (Arabinsäure), daher sein Name Pararabin. Reichardt stellte es dar, indem er aus Rübenpreßrückständen die Arabinsäure entfernte und den Rübenrückstand mit 1 proz. Salzsäure anhaltend erhitzte, filtrierte und es im Filtrate mit Alkohol ausfällte. Die gereinigte Gallerte ergab obige Zusammensetzung.

Vorkommen und Übereinstimmung wie Unterscheidung des Pararabins von der Arabinsäure sollen kurz in Vergleich gezogen werden.

Die Arabinsäure Scheiblers (Metapektinsäure nach Frémy) wird dem Pflanzengewebe durch Einwirkung von Alkali entzogen; Scheibler wählte namentlich mit Erfolg das Kalkwasser, worin sich Arabinsäure löst, und dann, nach Bindung des Kalkes durch Essigsäure, mit Alkohol in Gallertform gefällt wird.

Das Pararabin wird dagegen durch verdünnte Säuren dem Pflanzengewebe entzogen, darin gelöst und dann durch Alkohol gefällt, gleichfalls in derselben gallertartigen Form, wie Arabinsäure. Ferner wird Pararabin durch vorsichtige Neutralisation mit Alkali gefällt, durch Baryt-, Kalk- und Bleisalze.

Mit verdünnter Schwefelsäure erwärmt, geht die Arabinsäure leicht in einen kristallisierbaren Zucker, Arabinose oder Gummizucker, über, Pararabin nicht. Beide sind rechtsdrehend.

Pararabin wie Arabinsäure führen zu der Formel $C_{12}H_{22}O_{11}$; ersteres ist neutral, letzteres reagiert in Lösung sauer.

Anschließend kann das γ-Galaktan Lippmanns angeführt werden.

Lippmann wurde auf diesen Körper durch abnorm hohe Polarisation in Aussüßwässern von Schlammpressen geführt und isolierte ihn auch aus diesem Schlamme. Vor ihm beobachtete schon Rietschel (1885) in solchen Wässern Reinheitsquotienten von 118. Jener Körper war im Kalkschlamme vorhanden und ging durch das andauernde Aussüßen in Lösung über. Lippmann isolierte ihn und bestimmte seine Eigenschaften. Den Namen γ-Galaktan gab er ihm mit Rücksicht auf ein α- und β-Galaktan, das schon von Müntz und Steiger gefunden wurde (in Gummisorten). Aus 300 l Aussüßwasser erhielt Lippmann 30 g reine Substanz. Da im Alkohol unlöslich, verbleibt es bei der Rübenextraktion nach Scheibler im Marke. Bei einer wässerigen Zuckerbestimmungsmethode würde es als ein „Pluszucker" sich darbieten, weil es vom Bleiessig nur aus konzentrierten Lösungen gefällt wird. Seine Anwesenheit kann auch die Creydtsche Schleimsäuremethode zur Bestimmung der Raffinose in Frage stellen (Z. V. d. Zuckerind. 1887, S. 468).

Seine Formel wurde zu $C_6H_{10}O_5$ befunden. Es steht zur Galaktose $C_6H_{12}O_6$ im gleichen Verhältnisse wie z. B. das Araban zur Arabinose. Es ist eine weiße amorphe Substanz, die im wasserhaltigen Zustande durch Ausfällung seiner Lösung mit Alkohol in kaltem und heißem Wasser sehr leicht löslich ist; im wasserfreien Zustande löst es sich nur schwer. Bei der Oxydation mit Salpetersäure liefert es Schleimsäure. Es ist stark rechtsdrehend, $[\alpha]_D = +238^0$ für eine 10proz. Lösung.

Die Galaktane, Kondensationsprodukte der Galaktose, kommen im Pflanzenreiche häufig in Reservezellulose vor. —

Bemerkenswert ist die Anschauung Wohls und Niessens über die „Pektinkörper". Nach beiden Autoren gehen diese Substanzen durch Kochen mit Wasser vollständig aus dem Marke in Lösung. Wohl und Niessen nehmen an, daß die unlöslichen Pektinkörper des Markes Entwässerungsprodukte der Arabinose und der Galaktose sind, also Metarabin (Z. V. d. Zuckerind. 1889, 924). Durch Hydrolisierung geben nach den Genannten die Pektine Arabinose und Galaktose (nicht Metapektin, wie Frémy annahm). Aus ihrer Untersuchung: „Über die durch Erhitzen mit Wasser lösbaren Bestandteile des Rübenmarks" ziehen die beiden Autoren wörtlich folgende Schlüsse:

„1. Die im Rübenmark enthaltenen Pektinsubstanzen werden ebenso wie durch Säuren und Alkalien auch schon durch Kochen mit Wasser langsam in eine lösliche Modifikation übergeführt.

2. Die hierbei mit in Lösung gehenden Aschenbestandteile sind zum überwiegenden Teile chemisch an die Pektinsubstanz gebunden.

3. Nicht nur die Umwandlungsprodukte der Pektinstoffe, die durch Alkalien gebildet werden (Arabinsäure), sondern auch die ursprünglich vorhandene Substanz liefert beim Verzuckern Arabinose; es sind demnach im Rübenmark Entwässerungsprodukte dieser Zuckerart, Arabin, enthalten.

4. Das Rübenmark liefert bei der Oxydation mit Salpetersäure bis zu 13,0% Schleimsäure; da diese Säure bisher nur aus solchen

Kohlenhydraten erhalten worden ist, die Galaktosegruppen enthalten, so ist der Schluß gerechtfertigt, daß in der Pektinsubstanz auch Entwässerungsprodukte dieser Zuckerart, also Galaktane, vorhanden sind.

Ob die Pektinsubstanzen lediglich aus Arabin und Galaktan bestehen und wesentliche Bestandteile sonst nicht enthalten, kann erst durch weitere Untersuchungen entschieden werden; die Annahme ist jedoch nicht unwahrscheinlich auf Grund der analogen Zusammensetzung der arabischen Gummiarten und anderer Pflanzenschleime, die auch Gemenge von Entwässerungsprodukten der Arabinose und Galaktose darzustellen scheinen."

In den Jahren 1890 und 1891 bearbeitete Herzfeld das Gebiet der Pektinkörper. In der ersten Arbeit versuchte er festzustellen, welche Quantitäten dieser Substanzen durch Auslaugen mit Wasser aus völlig entzuckerten Rübenschnitzeln in Lösung gehen. Die Bleiessigniederschläge der wässerigen Extrakte enthielten dann die Pektinkörper und wurden statt mit Schwefelwasserstoff mit Oxalsäure zersetzt. Unter den Verhältnissen der Clergetpolarisation fiel aus der salzsauren Lösung eine weiße Trübung aus, die, wie festgestellt werden konnte, durch das Erwärmen mit dieser Säure erst gebildet wurde. Dieser Niederschlag erwies sich als Parapektinsäure Frémys. Die folgende ausführliche Arbeit über „Die Pektinsubstanzen der Rübe" (Z. V. d. Zuckerind. 1891, S. 667) ergab folgende Resultate: Die Parapektinsäure ist keine einheitliche Substanz, sondern ein Gemenge aus wechselnden Mengen der Arabinose und Galaktose gebenden Körpern, welche beide Säurenatur besitzen dürften. Das Pektin Frémys ist, wie dieser schon fand, optisch inaktiv. (Versuch mit Pektin aus Apfelsinen.) Sodann wurde Parapektinsäure aus ausgelaugten Schnitzeln durch Erhitzung mit Salzsäure und Ausfällung mit Alkohol dargestellt. Diese ergab 29,6% Schleimsäure und verbrauchte 18% NaOH zur Neutralisation. Aus den vorerwähnten Bleiniederschlägen (Fällung mit Bleiessig) und ihrer Zerlegung mit Oxalsäure und Alkoholausfällung wurde Parapektin (wenn es nicht schon durch die heiße Oxalsäure in Parapektinsäure übergeführt war) erhalten. Herzfeld war sonach im Zweifel, ob Parapektin oder Parapektinsäure vorlag. Die Substanz gab 13,25% Schleimsäure und hatte eine Azidität von 16,1% NaOH; sie war rechtsdrehend. Wilhelmj (Z. V. d. Zuckerind. 1909, S. 913) hält die Parapektinsäure (?) Herzfelds für eine Oxysäure und läßt man Tollens Ansicht über die Pektinkörper gelten — der sie als Laktone auffaßt —, so sind diese durch Behandlung mit Kalk aufgespalten worden, und zwar zu einer Oxysäure, eben zur Parapektinsäure. Letztere wäre nach Wilhelmj die Ursubstanz aller gefundenen Pektinabbauprodukte.

J. Weisberg konnte in gefrorenen und wieder aufgetauten mehr oder weniger angefaulten Rüben eine linksdrehende Säure, welche durch Bleiessig fällbar ist, konstatieren (Z. V. d. Zuckerind. 1908, S. 505). Aus seinen angestellten Versuchen kam er zu dem Schlusse, daß diese Säure zur Pektingruppe gehöre und aus der ursprünglich rechtsdrehenden Rübenpektinsubstanz beim Gefrieren und Auftauen gebildet werde. Er nennt sie Linksparapektinsäure im Gegensatze zu der von Frémy und Herzfeld studierten Parapektinsäure, die Rechtsparapektinsäure zu nennen wäre.

An diese Arbeit schließt sich die schon zitierte Veröffentlichung Wilhelmjs „Beiträge zur Kenntnis der Pektinsubstanzen" (Z. V. d. Zuckerind. 1909, S. 895) gut an.

Die von Weisberg aufgefundene Linksparapektinsäure ist durch Bleiessig und Kalk fällbar, die wässerige Lösung dieser Säure dreht links. Wilhelmj führt die Entstehung dieser Säure auf die Einwirkung von Enzymen der Schimmelpilze zurück (die Rüben waren angefault). Lippmann nannte auch ein Enzym, die Arabinase, die Pektinkörper zu einem Zucker abzubauen vermag (siehe S. 100).

Vollständig ausgelaugte Rübenschnitte wurden von Wilhelmj getrocknet; schon bei einer Trockentemperatur von 80° C gaben sie einen wasserlöslichen rechtsdrehenden Extrakt. Dieser gab, mit Bleiessig gefällt, einen voluminösen Niederschlag von Pektinkörpern; das von diesem ablaufende Filtrat gab Linksdrehung. Diese Erscheinung schreibt Wilhelmj Fäulnisvorgängen zu, welche die Pektinkörper ergriffen hatten. Die optisch aktive, linksdrehende Substanz ist also durch Bleiessig nicht fällbar, Weisbergs Säure hingegen ja. Wilhelmj hält seine Substanz für einen Zucker und führte auch den Versuch durch, Pektinlösung durch Schimmelpilze (Sporen) hydrolysieren zu lassen. Der wässerige Extrakt drehte mit der Dauer der Pilzeinwirkung abnehmend rechts und konnte die Anwesenheit von Pentosen nachgewiesen werden. Das Filtrat von der Bleiessigfällung drehte aber rechts (nicht wie Wilhelmj erwartete, links), so daß ein stereoisomerer Zucker vorliegen dürfte oder irgendein Zuckergemisch eines rechts- und eines linksdrehenden Zuckers.

Rüben, resp. deren Pektinkörper, können demnach durch Schimmelpilze einem Abbaue zu einem optisch aktiven Zucker, Arabinose, unterliegen, was unter Umständen, z. B. bei angefaulten oder erfrorenen und wieder aufgetauten Rüben zu falschen Ergebnissen bezüglich des Zuckergehaltes führen kann (vergleiche hingegen Strohmers Befunde S. 218).

Wilhelmj hält Weisbergs „Linksparapektinsäure" für ein Übergangsprodukt der Hydrolyse zur Arabinose, und kommt auf Grund experimenteller Versuche und theoretischer Erwägungen zum Schlusse, daß die Weisbergsche Säure „keine durch Kalk fällbare linksdrehende Substanz ist, sondern nur einen Teil eines durch Kalk fällbaren Pektinkörpers, der bereits der Spaltung anheimgefallen war, darstellt".

Nach allem Gesagten enthalten die Pektinstoffe der Rübe zwei Körpergruppen: a) ein Araban (Pentosan) und b) ein Galaktan. Ersteres gibt mit Salz- oder Schwefelsäure Furfurol und bei der Oxydation mit Salpetersäure Oxalsäure. Letzteres gibt mit Salpetersäure Schleimsäure. Durch Hydrolyse gibt das Araban Arabinose und das Galaktan Galaktose (Weisberg).

Es wurde oben Erwähnung getan, daß getrocknete Schnitte, die behufs Analyse der wässerigen Extraktion und Bleiessigklärung unterzogen wurden, Linksdrehung gaben, statt den vorhandenen Zucker anzuzeigen (Analysen im Institut f. Zuckerindustrie, Z. V. d. Zuckerind. 1909, S. 897). Das ist jedenfalls ein nicht anzuzweifelnder Befund, darf aber nicht verallgemeinert werden; der Verfasser führte während der Kampagne 1909/10 Analysen der Trockenschnitte (System Petri und Hecking) regelmäßig nach der heißen wässerigen Extraktion durch, machte aber nie die oben geschilderten Erfahrungen und erhielt auch nie eine auffallend kleine Rechtsdrehung.

Das Institut für Zuckerindustrie arbeitete auch im kleinen (völlig entzuckerte Schnitte wurden durch Heizgase getrocknet) und fand dasselbe Ergebnis. Der wässerige Auszug drehte rechts, durch Bleiessig fielen Pektinkörper aus und das Filtrat von diesem Niederschlage drehte links. Des weiteren zeigten die Versuche, daß die Linksdrehung mit der Trockentemperatur anwachse; bei der Temperaturgrenze von 190° im Innern der Schnitte aber nahm die Linksdrehung ab und bei 200° war sie schon sehr gering; dabei trat Geruch nach Furol auf.

Wilhelmj behauptet nun in der zitierten Untersuchung, daß die Hitze ähnlich wirke wie die Enzyme von Schimmelpilzen im oben angeführten Falle. Unter Mithilfe des Wasserdampfes findet eine Hydrolysierung der Pektinkörper statt, die zu einer linksdrehenden, mit Bleiessig nicht fällbaren Substanz führt. Aus dieser Substanz konnte Wilhelmj Arabinose durch Hydrolyse darstellen.

Eine schöne Arbeit über Pektinstoffe stammt von Tromp de Haas und Tollens (Liebig, Ann. Chem. 1895, Bd. 286, S. 278).

Der Zweck der Arbeit war, zu untersuchen, welchen chemischen Gruppen die Pektinstoffe angehören, da darüber die Anschauungen divergieren. Sie wurden teils zu den Pflanzenschleimen, teils zu den Kohlenhydraten gezählt: doch hat sich letztere Anschauung als die richtige erwiesen. In Kohlenhydraten ist das Verhältnis von H : O = 1 : 8. Für die Pektinstoffe wurde dieses Verhältnis entgegen älteren Angaben (von Frémy, Mulder, Chodnew, Regnault) annähernd ebenso befunden. Scheibler fand es in seiner Metapektinsäure (Arabinsäure) genau 1 : 8, Reichardt bei seinem Pararabin ebenso; desgleichen Bauer im Apfel- und Birnenpektin. Hingegen Herzfeld zu 1 : 8,96.

Nachdem beide Autoren aus verschiedenen Früchten das Pektin möglichst rein darstellten, wurde es der Elementaranalyse unterworfen; doch waren alle Pektinsorten immer noch asche- und stickstoffhaltig. Auch sie fanden das Verhältnis annähernd H : O = 1 : 8. Im Minimum 1 : 7,3, im Maximum 1 : 9. Dazwischen schwankten die anderen Resultate. Also auch diese Untersuchungen ergaben zum mindesten eine sehr nahe Verwandtschaft der Pektinsubstanzen mit den Kohlenhydraten. Diese ergibt sich auch aus den Produkten, die man erhält, wenn man Pektinstoffe mittels

Säuren hydrolysiert. In einer anderen Arbeit kommt Tollens zu dem Ergebnisse, daß die Pektinkörper eine Kombination von Kohlenhydraten mit einer nahestehenden Säure sind. Manche derselben wären als Oxy-Pflanzenschleime zu betrachten.

Stoklasa schreibt gelegentlich folgendes über die Pektinkörper: .... können nicht individuell genau definiert werden, sondern dürften ein veränderliches Gemisch von Hexanen (Galaktanen) mit Pentanen (namentlich Araban) darstellen, welche durch Hydrolyse Hexosen (Galaktose), Pentosen (Arabinose) und der Glykonsäure sehr nahe Säuren liefern.

C. F. Cross zählt die Pektinstoffe zu den Oxyzellulosen, Hemizellulosen und zur Zellulose der natürlichen Produkte. Bei den Pektinverbindungen und den Pflanzenschleimen zeigen sich keine Unterschiede in Konstitution oder in physikalischen Eigenschaften von denen der Zellulosereihe (B. d. D. ch. G. XXVIII, 1895, S. 2609).

Zu den Pektinen stehen in naher Beziehung die Gummiarten und eben genannten Pflanzenschleime. Letztere sind chemisch sehr wenig erforscht; sie sind in Wasser nur teilweise löslich und quellen stark. In Alkali lösen sie sich vollständig.

Wurde im vorhergehenden die Literatur über die Pektinkörper angeführt und so gezeigt, daß diese Körperklasse nach wie vor ihrer Aufhellung bedarf, und daß noch vieles fehlt, um ihren wahren chemischen Charakter genau zu erkennen, — diese Körper sind in der Rübe vorhanden und machen sich bei der Analyse und bei der Verarbeitung der Rüben bemerkbar.

Nun fragt es sich, in welcher Menge sich diese Produkte in der Rübe vorfinden. Herzfeld untersuchte verschiedene Rüben auf ihren Gehalt an Pektinstoffen, indem er feinen Rübenbrei durch Alkoholbehandlung vollständig entzuckerte, den Rückstand trocknete und dann von diesem je 10 g mit 50 und 500 cm³ Wasser bei 60° C eine Stunde digerierte. Der wässerige Extrakt wurde eingedampft, getrocknet und gewogen. Auf diese Weise fand Herzfeld: In Lösung gegangene Substanz auf Mark berechnet bei Behandlung mit 50 cm³ Wasser 1,165 bis 3,353 %, bei Behandlung mit 500 cm³ 1,436 bis 3,266 %. Der Trockenrückstand war natürlich aschenhaltig. Die Asche betrug bei den hier angeführten Grenzzahlen der Reihe nach 0,538, 0,203, 0,661 und 0,574 %. Bei der Annahme von 5 % Mark in der Rübe waren im Safte der untersuchten Exemplare 0,05 bis 0,17 % Pektinsubstanzen.

Im Jahre 1890 bestimmte H. Pellet dieselben Körper auf polarimetrischem Wege quantitativ in den Rüben und fand 1 bis 2 % Pektin.

Weisberg berechnete die Pektinsubstanzen zu 2,5—3 % als Zucker; da sie mit Bleiessig vollständig fällbar sind, bilden sie normalerweise keine Fehlerquelle bei der polarimetrischen Zuckerbestimmung in Rüben.

Die beiden letztgenannten Autoren kamen sonach zu höheren Zahlen als Herzfeld.

Aus Andrlíks „Untersuchungen und Beobachtungen über Rübenpektin" (Z. f. Zuckerind. i. B. 1894, S. 101) seien folgende, für den Betrieb wichtigsten hervorgehoben.

Der Diffusionssaft aus gesunden Rüben enthält nur einige hundertstel Prozent Pektin, reicher daran sind Säfte aus alterierten Rüben. Mit fortschreitender Kampagne nimmt der Pektingehalt der Diffusionssäfte zu.

In Pektinlösungen erzeugen freies Alkali, überschüssiges Ammoniak, Ätzkalk sowie Magnesia in der Kälte voluminöse Gallerten; mit Kalk ist die Ausscheidung schwer filtrierbar, mit Magnesia mehr gallertig. Anders sind diese Verhältnisse in der Wärme. Wird eine Pektinlösung mit Ätzkali gekocht, so wird die in der Kälte entstandene Gallerte wieder gelöst bis auf eine kaum merkliche Trübung, welch letztere wieder beim Erkalten auftritt. Kalk gibt eine voluminöse, sich rasch absetzende, leicht filtrierbare Ausscheidung. Vollkommen ist das Pektin nie durch diese Reagentien fällbar. Die Löslichkeit hängt ab von der Konzentration und Temperatur. Auch Magnesiumhydroxyd fällt Pektin nur unvollständig.

Die chemische Verbindung des Pektins mit Kalk wird durch Saturation mit Kohlensäure nicht zerlegt (wohl durch Salzsäure).

In der Zuckerfabrikation kommt der Fall vor, wo auf das Pektin des Saftes Kalk und freies Alkali, eventuell auch Magnesia gleichzeitig einwirken. Wenn also wie oben gesagt Kalk allein nicht schwer filtrierbare Niederschläge gibt, so ist es immer noch möglich, daß bei zersetzten Rüben organische Kalisalze entstehen, welche durch freien Kalk in Kalksalz und freies Alkali üdergehen, welch letzteres — falls in größerer Menge vorhanden — gallertartige, schwer filtrierbare Niederschläge gibt.

Für Diffusionssäfte fand Weisberg 0,10—0,12 % Pektin als Zucker gerechnet. Der überwiegende Teil dieser Substanzen bleibt demnach in den ausgelaugten Schnitten zurück. Mit Kalk fallen die Pektinkörper aus.

Die Wachstumsverhältnisse der Rübe dürften deren Menge an Pektinsubstanzen beeinflussen. Wenigstens fanden Hellriegel und Herzfeld, daß trocken gewachsene Rüben an wenigsten, normal oder naß gewachsene mehr, und mit Stickstoff überdüngte Rüben bedeutende Mengen von diesen Substanzen enthielten. —

Von Glukosiden ist auch ein Vertreter im Zellgewebe verholzter Rüben gefunden worden. Vorausgeschickt sei, daß Glukoside Ester der Zuckerarten, meist Glukose mit aromatischen Stoffen sind. Das hergehörige Glukosid ist das Koniferin. Die Zuckerkomponente ist d-Glukose, die aromatische Komponente Koniferylalkohol. Dieser Alkohol leitet sich vom Zimtalkohol (Styron) ab: $C_6H_5 \cdot CH : CH \cdot CH_2 \cdot OH$. Der Koniferylalkohol ist ein Methyläther des Dioxystyrons. Er wurde in Form des Koniferins von Lippmann in verholzten Teilen der Zuckerrüben und auch sonst im Pflanzenreiche gefunden (Kambialsaft von Nadelbäumen). Bei seiner Oxydation gibt er Vanillin, und wegen dieser Reaktion besitzt er hier Interesse (siehe S. 476, 477).

Sein Verhalten bei der Diffusion und bei der Scheidung findet sich auf der Seite 477 angedeutet.

c) Eiweißkörper.

Diese Körperklasse ist im Marke ebenfalls vertreten. Ihre Natur ist aber heute noch unbekannt. „Da es eine ganze Reihe von Albuminaten gibt, welche in Wasser ganz oder fast ganz unlöslich sind (Pflanzenfibrine, Globuline), kann man wohl die Vermutung aussprechen, daß solche sich im Marke befinden; mit einiger Sicherheit aber sind bis jetzt nur sogenannte Nukleïne nachgewiesen, diese aber auch nicht in Substanz, sondern nur in ihren charakteristischen Zersetzungsprodukten" (Die Nichtzuckerstoffe d. Rüben, S. 352). Diesen Worten Rümplers aus dem Jahre 1898 ist heute, nach fünfzehn Jahren, nichts hinzuzufügen. Trotz des großen Fortschrittes der Eiweißchemie in den letzten Jahren ist auch heute die Natur der Markeiweißkörper ebenso unbekannt wie früher. Ob solche im Marke überhaupt vorhanden sind, kann nicht sicher gesagt werden. Durch Stickstoffbestimmung im Rübenmarke fanden Bodenbender und Ihlée 0,0209—0,0810 % Stickstoff auf Rübe gerechnet (siehe S. 154). Mehr Angaben finden sich in der Literatur nicht vor.

Die Chemie der Eiweißkörper soll daher erst bei der Chemie des Rübensaftes besprochen werden.

d) Aschenbestandteile.

Ein und dieselbe Rübe enthält mehr Asche als ihr Saft, ein Beweis dafür, daß sich in ihrem Marke auch Aschenbestandteile (Salze) vorfinden müssen. K. Stammer fand in zwei Fällen Asche in der Rübe, 0,813 und 0,558 %, in den zugehörenden Säften aber nur 0,700 und 0,460 %. —

Herzfeld bestimmte in verschiedenen deutschen Rüben den Aschengehalt des Markes und fand für die entwickelten Rüben im Minimum 0,12 %, im Maximum 0,55 % Karbonatasche. Später wird gezeigt werden, daß der Aschengehalt der Rübe mit steigendem Zuckergehalte sinkt. Übersieht man die Zahlen Herzfelds — der Analysen der Rüben in verschiedenen Entwicklungsstadien ausführte — in bezug auf Aschebestandteile des Markes, so wäre man geneigt, auch dieselbe Behauptung aufzustellen: Mit steigendem Zuckergehalte der Rübe sinkt der Aschengehalt des Markes. Doch ist zu bemerken, daß Herzfeld einleitend schreibt, „die Zahlen mit Vorsicht aufzunehmen, da die analytische Markbestimmung vielleicht gerade bezüglich der zurück gehaltenen Asche inkonstante Werte geben kann".

Von den aus sechs Bezirken Deutschlands stammenden Rüben zeigen vier Reihen die oben aufgestellte Beziehung mehr oder weniger deutlich.

Zucker in der Rübe . . .	7,7 %	12,6 %	13,6 %	12,4
do. (reif) .	12,9 %	16,6 %	14,9 %	16,7
Markasche zu Beginn . . .	0,34 %	0,91 %	0,28 %	0,29
„ zu Schluß . . .	0,12 %	0,19 %	0,22 %	0,27

In zwei Fällen blieb der Markaschengehalt konstant (Z. V. d. Zuckerind. 1898, S. 827).

Die Kenntnis der Asche des Markes der zur Verarbeitung gelangenden Rübe ist insofern von Bedeutung, da sie bei Bestimmung der Asche der Rübe auch den des Rübensaftes und damit auch den Aschengehalt des Diffusionssaftes aussagt. Denn Asche der Rübe, vermindert um die Asche des Markes, ergibt den Aschengehalt des Rübensaftes. Die lösliche Asche des Rübensaftes, aus der Differenz berechnet, ergab für die genannten Rüben ein Minimum von 0,45 und ein Maximum von 0,83 %.

Aus Analysen Herzfelds des Jahres 1899 (Z. V. f. Zuckerind. 1900, S. 341) sind folgende Zahlen für Rüben zu entnehmen. Zuckergehalt 13,9, Asche im Mark 0,37, Mark 4,42 %. — Ferner ist zu bemerken, daß sich zwischen Zuckergehalt der Rübe und Aschengehalt des Markes aus diesen Zahlen kein Zusammenhang erkennen läßt. Anfangs hatten die Rüben bei 10,0 % Zucker 0,23 % Asche im Mark, zu Ende die oben angeführten Zahlen; also gerade das Gegenteil der auf Seite 49 ausgesprochenen Vermutung.

Die Analysen beziehen sich auf Rüben aus den Monaten Juli und August aus verschiedenen Bezirken Deutschlands.

5. Kapitel.

Chemie des Rübensaftes.

A. Stickstofffreie Saftbestandteile.

Parallel mit den Wandlungen des „Mark"-Begriffes mußte sich auch jener für den „Saft" ändern. Entsprechend dem oben Gesagten war für Grouven Saft „die Summe aus den in der Rübe enthaltenen löslichen Stoffen und dem Wassergehalte desselben". Für Scheibler war der Saft das „zuckerführende Wasser".

Die ersten zwei Kapitel lehrten, das neben dem Zucker im Zellsafte noch viele andere Stoffe zu finden sein werden. Ventzke benannte 1853 alle den Zucker begleitenden fremden Körper „Nichtzuckerstoffe". Als vielleicht Erster beschäftigte sich Dubrunfaut mit deren Erforschung, später Braconnot und Michaëlis. Die Wichtigkeit der genauen Kenntnis der Nichtzuckerstoffe in der Rübe war sowohl Praktikern als auch Forschern von Beginn an klar.

Die Nichtzuckerstoffe kann man ihrer chemischen Natur nach einteilen in organische und anorganische. Letztere sind die Aschenbestandteile, doch darf man die Asche nicht ohne weiteres mit den anorganischen Nichtzuckerstoffen identifizieren. (Siehe S. 165.)

Ein größeres Gebiet umfassen die organischen Nichtzuckerstoffe. Zuerst sind jene Verbindungen zu nennen, die zu dem Rohrzucker in verwandtschaftlichen Beziehungen stehen: Raffinose, Invertzucker, Stärke und Pentosen, weil sie alle zu den Kohlenhydraten gehören.

Hierauf folgt eine große Gruppe von Verbindungen, die Pflanzensäuren, so genannt, weil sie im Pflanzenreiche häufig vorkommen. Chemisch aber gehören sie verschiedenen Gruppen an.

An die Säuren schließen sich kleinere Gruppen, wie Farbstoffe, Fette, aromatische Verbindungen u. a. Alle bisher genannten Verbindungen enthalten keinen Stickstoff im Gegensatze zu der folgenden Hauptgruppe von Nichtzuckerstoffen.

Hierher gehören die Stickstoffsäuren und ihre Amide, organische Pflanzenbasen und diesen nahestehende kompliziert gebaute Körper und schließlich die wichtigen Eiweißkörper.

Der Hauptbestandteil des Rübensaftes ist der Rohrzucker, und so sei mit diesem begonnen.

a) Physik und Chemie des Rohrzuckers.

Physikalische Eigenschaften der Saccharose.

Der Rohrzucker (Saccharose, Saccharobiose) findet sich im Pflanzenreiche vielfach vor, und zwar hauptsächlich in solchen Teilen von Pflanzen, die frei von Chlorophyll sind. In Lösung befindet er sich im Safte, in den Blättern, Wurzeln und anderen Pflanzenteilen. Von der sehr großen Anzahl Pflanzen, die ihn teils in größerer, teils in kleinerer oder gar nebensächlicher Menge enthalten, seien im nachstehenden nur jene angeführt, die zu seiner Gewinnung benutzt werden.

In erster Linie die Zuckerrübe (s. d.); ferner das Zuckerrohr (Saccharum officinarum) mit 14—26 % Zucker; da findet er sich im Safte vor; ebenso in der Zuckerhirse (Sorghum saccharatum) mit 10—18 %, im Safte der Kokospalme mit 3—6 % und im Safte des Zuckerahorns mit 2—3,5 %.

Die Saccharose gehört zu den Disacchariden und besteht aus den beiden Hexosen d-Dextrose (Glykose) und d-Fruktose (Lävulose). Durch Wasserabspaltung aus beiden entsteht dann die Saccharose $C_6H_{12}O_6 + C_6H_{12}O_6 \rightleftarrows C_{12}H_{22}O_{11} + H_2O$. — Diese Gleichung gilt aber auch von rechts nach links, d. h. durch Wasseraufnahme kann die Saccharose in ihre Komponenten zerlegt werden. Der erstgenannte Prozeß geht bisnun im Pflanzenreiche auf noch nicht ganz klar erkannte Weise vor sich, der zweite leicht im Laboratorium und in der Natur.

Es bedurfte eines langen Weges, bis die Formel für den Zucker von Liebig 1834 als $C_{12}H_{22}O_{11}$ richtig festgestellt wurde. Noch länger aber dauerte es, bis man auch die Konstitution desselben gefunden hatte. Hier darüber nur soviel, daß die Saccharose als ätherartiges Anhydrid der Hexosen konstituiert ist; also d-Glukose- d-Fruktoseanhydrid. **Emil Fischer** stellte für dieselbe folgende Konstitutionsformel auf, welche hier nur mitgeteilt wird, um den komplizierten Bau eines Rohrzuckermoleküles zu zeigen.

```
CH₂·OH        CH₂OH
  ·             ·
CH OH         CH—O——┐
  ·             ·   │
CH·O——┐       CH OH │
  ·   │         ·   │
CH OH │       CH OH │
  ·   │         ·   │
CH OH │         C———┘
  ·   │        /·
CH════┴——O——'  CH₂OH
Glukoserest   Fruktoserest
```

Der Rohrzucker kristallisiert im monoklinen Systeme (Prisma, Zwillinge, einfache Formen und Kombinationen). Auf die Ausbildung der Kristallflächen haben mehrere Faktoren großen Einfluß: schnelles oder langsames Wachstum der Kristalle, Art des Lösungsmittels, Reaktion der Lösung, Kristallisation in Ruhe oder in Bewegung. Auch gibt es gewisse Nichtzuckerstoffe, die den Kristallhabitus beeinflussen können. Dazu gehören die Raffinose und organischsaure Kalksalze. Solche Zucker zeigen im wesentlichen keine anderen Kristallflächen als normal kristallisierter Zucker, nur sind dieselben in Anordnung und Ausbildung sehr differenziert (büschelförmig, strahlig, säulen- und nadelförmig, tafelförmig). Da die Kristallisation des Zuckers den wichtigsten Teil seiner Darstellung ausmacht, sei ihr mehr Aufmerksamkeit gewidmet.

„**Über die Kristallisation des Zuckers**" heißt eine Studie **L. Wulffs**, auf die für jene hingewiesen sei, die der Kristallographie des Zuckers näheres Interesse entgegenbringen. (Z. V. d. Zuckerind. 1887, S. 917.) Dort heißt es: „Wenn man bedenkt, daß in der Rübe ... die Natur den Zucker schon fertig liefert, so ist der Prozeß der Zuckerfabrikation im wesentlichen als ein Auskristallisieren zu bezeichnen. ... Es sind in der Zuckerindustrie die chemischen und physikalischen Nebenprozesse, welche die Kristallisation ermöglichen sollen, so sehr in den Vordergrund getreten, daß für die Kristallographie nur eine mehr als untergeordnete Stellung in der Theorie der Zuckerfabrikation übrig geblieben ist." Nun beschreibt **Wulff** eingehend „die Form der Zuckerkristalle". **J. Wolff**, **W. Schaaf** u. a. bearbeiteten schon vor ihm dieses Gebiet und hätte es hier keinen Zweck, auf all die Hemipyramiden, Domen und Pinakoide einzugehen und ihre kristallographischen Zeichen und Achsenverhältnisse zu besprechen. Wichtiger sind die Folgerungen, die **Wulff** zieht, und seien jene hervorgehoben, die für die Theorie der Zuckerfabrikation von Bedeutung sind.

1. Die Temperaturen, bei denen sich die Zuckerkristalle aus reinen Lösungen bilden, üben keinen wesentlichen Einfluß aus auf die Form

der Kristalle; auch zeigt sich beim Kochen auf Korn und bei der Abkühlungskristallisation kein hervortretender Unterschied.

2. Bei unreinen Zuckerlösungen wurden keine distinkte Flächen konstatiert, die nicht auch bei reinen Zuckerlösungen beobachtet worden wären.

3. Rohzucker und Nachprodukte differieren nicht sehr, dagegen weichen Melassezucker von der normalen Kristallausbildung beträchtlich ab.

4. Bei unreinen Lösungen hat die Kristallisationstemperatur Einfluß auf die Kristallform (Melassezucker). —

Wulff spricht auch in diesem Aufsatze über Kristallisation von Melassen, welcher Punkt aber an geeigneterer Stelle (S. 484) zur Besprechung gelangt.

Eine Fortsetzung seiner Untersuchungen erschien im Jahre 1888 (Z. V. d. Zuckerind. 1888, S. 226) mit teils neuen, teils vertieften Studien über die Form der Zuckerkristalle, über die Einwirkung der Verunreinigungen auf die Kristallisation und eine interessante Abhandlung über den Kristallisationsverlauf.

Die Wirkung der Verunreinigungen auf die Kristallisation des Zuckers ist ein komplizierterer Vorgang, „als man sich ihn im allgemeinen vorstellt, und diese Kompliziertheit der Vorgänge macht es ja durchaus erklärlich, wie nicht nur aus den Fabrikserfahrungen so widersprechende Ansichten gebildet werden konnten und wie die eigens darauf gerichteten Untersuchungen von Gelehrten darüber gleich falls sehr wenig übereinstimmende Resultate erzielten", was klar ist, wenn man bedenkt, daß Qualität und Quantität des Nichtzuckers, Temperatur, Konzentration der Lösung, Ruhe oder Bewegung und andere Faktoren dieselbe beeinflussen.

Normal ausgebildete Kristalle zeigen lebhaften Glanz, sind vollkommen durchsichtig, frei von Kristallwasser und an trockener Luft beständig. Beim Zerschlagen strahlen sie ein bläuliches Licht aus, was Thompson auf das pyroelektrische Verhalten derselben zurückführt.

Kristallisierter sowie gelöster Zucker leiten den elektrischen Strom fast gar nicht. Kristallisierter Zucker hat nach Biot keinen Einfluß auf polarisiertes Licht, Zuckerlösungen drehen dieses nach rechts (siehe S. 60).

Sein spez. Gewicht ist nach Gerlach gegen Wasser von 17,5° 1,580468; auf Wasser von 4° C bezogen 1,5879. Über 160—180° erhitzt, geht der Zucker in den amorphen Zustand über. Das Verhalten des festen und des gelösten Zuckers beim Erwärmen und Erhitzen ist mit Rücksicht auf die im Betriebe herrschenden Bedingungen so wichtig, daß es eine eingehende Behandlung für sich erfahren wird (siehe S. 65).

Der Rohrzucker ist im Wasser leicht löslich; bei seiner Lösung in diesem wird Wärme gebunden, und zwar ist seine Lösungswärme, d. i. jene Wärmemenge, die beim Auflösen von 1 Mol. eines Stoffes in einer großen Menge des Lösungsmittels frei oder gebunden wird — 0,800 Kal., doch ist dieser Wert von der Temperatur abhängig. Nach Berthelot beträgt sie bei 13° — 0,79 Kal., bei 31° 0,00 Kal. und bei 100° + 3,0 Kal. Der Zucker löst sich also bei gewöhnlicher Temperatur unter Temperaturerniedrigung. Auch Kontraktion, d. i. Volumsverminderung, tritt bei seiner Lösung ein; diese ist von der Temperatur abhängig. Nach Plato liegt ihr Maximum bei 62% Zucker auf 1 l bezogen. Mit steigender Temperatur verringert sich das spez. Gewicht einer Zuckerlösung.

Über die Löslichkeit des Zuckers in Wasser gibt es verschiedene Angaben und Tabellen. Die erste ausführliche Tabelle legte Scheibler im Jahre 1872 an. Sie ging nur bis 50° C. Im Jahre 1876 bestimmte Flourens die Löslichkeit des Zuckers in Wasser. Im Jahre 1892 kam Herzfeld auf Grund seiner Versuche zur folgenden Löslichkeitstabelle:

Tabelle Nr. 3.

Löslichkeit des Rohrzuckers in Wasser für 0° bis 100° C.

Temperat. °C	Prozente Rohrzucker	Temperat. °C	Prozente Rohrzucker	Temperat. °C	Prozente Rohrzucker
0	64,18	34	69,38	68	75,80
1	64,31	35	69,55	69	76,01
2	64,45	36	69,72	70	76,22
3	64,59	37	69,89	71	76,43
4	64,73	38	70,06	72	76,64
5	64,87	39	70,24	73	76,85
6	65,01	40	70,42	74	77,06
7	65,15	41	70,60	75	77,27
8	65,29	42	70,78	76	77,48
9	65,43	43	70,96	77	77,70
10	65,58	44	71,14	78	77,92
11	65,73	45	71,32	79	78,14
12	65,88	46	71,50	80	78,36
13	66,03	47	71,68	81	78,58
14	66,18	48	71,87	82	78,80
15	66,33	49	72,06	83	79,02
16	66,48	50	72,25	84	79,24
17	66,63	51	72,44	85	79,46
18	66,78	52	72,63	86	79,69
19	66,93	53	72,82	87	79,92
20	67,09	54	73,01	88	80,15
21	67,25	55	73,20	89	80,38
22	67,41	56	73,39	90	80,61
23	67,57	57	73,58	91	80,84
24	67,73	58	73,78	92	81,07
25	67,89	59	73,98	93	81,30
26	68,05	60	74,18	94	81,53
27	68,21	61	74,38	95	81,77
28	68,37	62	74,58	96	82,01
29	68,53	63	74,78	97	82,25
30	68,70	64	74,98	98	82,49
31	68,87	65	75,18	99	82,73
32	69,04	66	75,38	100	82,79
33	69,21	67	75,59		

Herzfeld konnte auf Grund seiner Zahlen gewisse Unrichtigkeiten der älteren Tabellen feststellen. Die Kenntnis der Löslichkeitsverhältnisse ist nicht nur von praktischem, sondern — mit Rücksicht auf die Erklärung der Melassebildung — auch von theoretischem Interesse. H. **Claassen** berechnete aus obiger Tabelle die folgende

Tabelle Nr. 4.

Löslichkeit des Zuckers in Wasser bei verschiedenen Temperaturen.

Auf 1 Teil Wasser werden Teile Zucker gelöst:

Temp. °C	Teile Zucker	Temp. °C	Teile Zucker	Temp. °C	Teile Zucker	Temp. °C	Teile Zucker	Temp. °C	Teile Zucker	Temp. °C	Teile Zucker
0	1,79	17	1,99	34	2,27	51	2,62	68	3,13	85	3,86
1	1,80	18	2,01	35	2,29	52	2,65	69	3,16	86	3,92
2	1,81	19	2,02	36	2,30	53	2,67	70	3,20	87	3,98
3	1,82	20	2,04	37	2,32	54	2,70	71	3,24	88	4,03
4	1,83	21	2,05	38	2,34	55	2,73	72	3,28	89	4,09
5	1,84	22	2,07	39	2,36	56	2,75	73	3,31	90	4,15
6	1,86	23	2,08	40	2,38	57	2,78	74	3,35	91	4,21
7	1,87	24	2,09	41	2,40	58	2,81	75	3,40	92	4,28
8	1,88	25	2,11	42	2,42	59	2,84	76	3,44	93	4,35
9	1,89	26	2,12	43	2,44	60	2,87	77	3,48	94	4,42
10	1,90	27	2,14	44	2,46	61	2,90	78	3,52	95	4,48
11	1,91	28	2,16	45	2,48	62	2,93	79	3,57	96	4,55
12	1,92	29	2,17	46	2,51	63	2,96	80	3,62	97	4,63
13	1,94	30	2,19	47	2,53	64	2,99	81	3,66	98	4,71
14	1,96	31	2,21	48	2,55	65	3,03	82	3,71	99	4,79
15	1,97	32	2,23	49	2,58	66	3,06	83	3,76	100	4,87
16	1,98	33	2,25	50	2,60	67	3,09	84	3,81		

Die gesamte Literatur über die Löslichkeit des Rohrzuckers führte **Herzfeld** in seiner diesbezüglichen Arbeit an; ebenso ist dort die Art seiner Versuchsanordnung und die seiner Vorgänger mitgeteilt (Z. V. d. Zuckerind. 1892, S. 147ff.).

Die Löslichkeit des Rohrzuckers in reinem Wasser ist demnach eine Funktion der Temperatur. Anders ist sie aber in unreinem, bzw. salzhaltigem Wasser. Die Gegenwart kleiner Mengen von Chloriden, Sulfaten, Nitraten und Alkalikarbonaten verringert die Löslichkeit ein wenig oder wirkt „aussalzend", größere Mengen erhöhen die Löslichkeit des Zuckers (**Herzfeld**). Die Folge davon ist, daß nicht aller Zucker der Fabrikation durch Kristallisation gewinnbar ist; ein Teil wird durch diese gesteigerte Löslichkeit in Lösung durch die genannten und auch andere Stoffe zurückgehalten. So entsteht die Melasse. Eine ausführliche Besprechung aller hier herrschenden Momente ist unter „Melassebildungstheorien" (S. 542) zu finden.

Da bei der Raffination des Zuckers viel Lösungsvorgänge vor sich gehen, soll den **Lösungserscheinungen des Rohrzuckers** mehr Aufmerksamkeit geschenkt werden.

Der erste Teil der schon zitierten Arbeit **Wulffs** beschäftigt sich mit der **Natur der Zuckerlösung**. Das Lösen und das Ausscheiden

(Auskristallisieren) einer Substanz sind zwei entgegengesetzte Vorgänge, die beide auf der Löslichkeit dieser Substanz bei verschiedenen Temperaturen beruhen. Die Angaben über die Löslichkeit des Zuckers variieren so, daß nicht Versuchsfehler, sondern Eigenschaften des Zuckers selbst die Ursache sein müssen. Nach Wulff unterscheidet sich der Lösungsvorgang eines Salzes von dem des Zuckers wesentlich. Vom Salze löst das Wasser „erst schnell, dann langsamer, aber immer in kurzer Zeit, so viel Salz auf, als es bei der betreffenden Temperatur aufzunehmen vermag". Der Salzgehalt steigt kontinuierlich, bis er seine Maximalkonzentration für die betreffende Temperatur erreicht hat. Anders beim Zucker. Beim Lösen von Kristallzucker herrscht zunächst Analogie wie beim Salz; sobald aber das Wasser den größten Teil des überhaupt löslichen Zuckerquantums gelöst hat, wird das weitere Auflösen sehr verzögert und trotz Rührens geht der Rest nur schwer in Lösung. Die Maximalkonzentration wird nur schwer erreicht.

Anders ist der Verlauf beim Lösen von amorphem Zucker, wie er durch Schmelzen und schnelles Abkühlen von reinem Zucker erhalten wird. Anfangs geht vom amorphen Zucker weniger in Lösung als vom kristallisierten; erst wenn ersterer vom Wasser durchgeweicht ist, wird er löslicher. Er löst sich nun schneller auf, die Konzentration der Lösung steigt gleichmäßig bis zur Maximalkonzentration und darüber hinaus, und zwar umso weiter, in je größerem Überschusse der Zucker vorhanden ist. Die Lösung wird also überkonzentriert; sie nimmt solange vom amorphen Zucker auf, bis sich Zuckerkriställchen bilden, dann fällt der Zuckergehalt der Lösung schnell, bis die Maximalkonzentration wieder erreicht ist. Wulff sieht in diesem ganzen Lösungsprozesse „ein Vermischen zweier mischbarer Körper" (Wasser und amorpher Zucker). Dieses Vermischen ermöglicht — im Gegensatze zum Lösen — eine Vereinigung beider Substanzen in allen möglichen Verhältnissen. „Der amorphe Zucker ist eine bisher wenig beachtete Form des Zuckers gewesen, doch ... für die Beurteilung mancher Vorkommnisse der Zuckerindustrie von besonderer Wichtigkeit." Die Frage: in welcher Form kommt der Zucker in Lösungen vor? beantwortet Wulff: „daß in Zuckerlösungen nicht die kristallisierte, sondern die amorphe Modifikation vorkommt". Er gibt einige Beispiele dafür, daß auch in Lösungen verschiedene Modifikationen eines Körpers möglich seien, obwohl man gewöhnt ist, dies nur von festen Körpern anzunehmen. Er führt mehrere Tatsachen zur Erhärtung seiner Lösungstheorie an, u. a. einen Lösungsversuch, und schließlich die gleiche optische Aktivität: „Die Gleichheit der Drehung des festen amorphen Zuckers und des gelösten Zuckers spricht sehr dafür, daß der Zucker auch wirklich als amorpher Zucker in Lösung existiert." Darauf ist es auch zurückzuführen, daß sich die Zuckerkristallisation von der eines Salzes unterscheidet, ebenso die Löslichkeitsverhältnisse. „Beim Lösen muß erst der kristallisierte Zucker in amorphen Zucker sich umwandeln, ehe er in Lösung geht, beim Auskristallisieren muß der amorphe Zucker erst in kristallisierten übergehen, ehe er fest wird." Daher die Verzögerung beim Lösen im Anfange und beim Auskristallisieren in der Nähe der Sättigungskonzentration — weil zunächst Umsetzung der beiden Modifikationen nötig ist.

Der amorphe Zucker ist bei niederer Temperatur beständiger als bei höherer; durch Erwärmen geht er schnell in die kristallisierte Form über, und gerade so verhalten sich die kalten überkonzentrierten Zuckersäfte. Der amorphe Zucker löst sich leichter als kristallisierter auf (was mit Wulffs Theorie übereinstimmt) und besitzt nach Biot auch im festen Zustande optische Aktivität. — „Auch die konzentriertesten Zuckersäfte lassen sich schnell beliebig weit abkühlen, ohne zu kristallisieren. Je kälter man die Masse abgekühlt hat, desto länger dauert es, bis das Kristallisieren beginnt, und je kälter man die Massen erhält während des Kristallisierens, desto langsamer verläuft die Kristallisation. So erklärt es sich, daß in Nachproduktreservoiren die Kristallisation befördert wird, wenn die bereits gänzlich abgekühlten Füllmassen einigemal wieder angewärmt werden. Bei einem einfachen Kristallisationsprozesse wäre eine solche günstige Einwirkung unverständlich; sobald wir auf die Annahme zurückgehen, daß wir es mit amorphem Zucker in den Lösungen zu tun haben, ergibt sich diese Einwirkung als notwendig. Es könnte versucht werden, die leichtere Kristallisation der Nachproduktfüllmassen in der Wärme darauf zurückzuführen, daß dieselben dann dünnflüssiger sind, aber selbst dann, wenn man es mit Zuckersäften zu tun hat, die nicht beim Erkalten durch das Gestehen schleimiger Beimengungen fest werden, tritt die fördernde Wirkung der Erwärmung ein, wie ich zum Beispiel mehrfach bei Versuchen mit Zuckerlösungen, die viel Raffinose oder Invertzucker enthielten, beobachten konnte.

Es sind auch bei Salzkristallisationen überkonzentrierte Lösungen bekannt, und zeichnen sich dadurch besonders die Hydrate mit zahlreichen Molekülen Kristallwasser aus. Diese überkonzentrierten Lösungen verhalten sich aber wesentlich anders als die Zuckersäfte. Es gibt zwar Salze, bei denen eine ziemlich hohe Überkonzentration erreicht werden kann durch schnelle Kühlung, aber je höher diese Überkonzentration ist, desto leichter tritt die Bildung neuer Kristalle ein, und desto intensiver tritt die Umsetzung ein; bei stark gekühlten Zuckersäften tritt das entgegengesetzte Verhalten auf: desto weiter gekühlt ist und desto stärker die Umsetzungstendenz also sein müßte, wenn wir es mit einfachen übersättigten Lösungen zu tun hätten, desto langsamer geht die Kristallisation vor sich. Aus meiner Annahme aber erklärt sich mit Notwendigkeit die Konstanz der stark gekühlten Zuckersäfte, die wir stets beobachten, auch dann, wenn keine zähen Beimengungen im Safte enthalten sind, und mithin die Annahme unzulässig ist, daß das Festwerden dieser zähen Beimengungen die Kristallisation behindere.

Durch meine Annahme wird auch die große Empfindlichkeit der Zuckerkristallisation gegen Verunreinigungen erklärt. In einer Salzlösung verläuft der Kristallisationsprozeß ebenso schnell, wenn noch andere Salze, die in der Mutterlauge verbleiben, zugegen sind, und selbst, wenn man die Salzlösungen mit schleimigen Substanzen verunreinigt, wird die Kristallisation nur wenig gehemmt, sowie häufig gerade aus den unreinsten Lösungen die schönsten Kristalle resultieren. Anders muß sich der Kristallisationsvorgang gestalten, wenn bei der Kristallisation noch der Umsatz von der amorphen in die kristallisierte Modifikationen stattfindet, denn es ist allgemein Regel bei Umsetzungen, daß die Verunreinigungen dieselben verzögern und stören."

Siedepunkt von Zuckerlösungen. Der Siedepunkt einer Flüssigkeit ist die Temperatur ihrer Dämpfe; für eine und dieselbe Flüssigkeit ist derselbe bei gleichem Drucke eine konstante Größe. Die Temperatur der Flüssigkeit dagegen ist immer etwas höher als der Siedepunkt. Diese Erscheinung ist auf die Adhäsion zwischen der Flüssigkeit und den Gefäßwandungen zurückzuführen.

Für Lösungen fester Körper im Wasser gilt, daß solche stets eine höhere Temperatur beim Sieden als reines Wasser, aber bei gleichem Gehalte an einem gelösten Stoffe stets dieselbe Siedetemperatur haben. Die Erhöhung der Siedetemperaturen in Lösungen ist auf die Adhäsion des Wassers und des gelösten Stoffes zurückzuführen.

Die Kenntnis der Siedetemperaturen ist für das Verkochen von Säften und Sirupen von großer Bedeutung, und liegen daher mehrere Untersuchungen über diesen Gegenstand vor. Die Tabellen Nr. 5, 6 und 7 zeigen am besten die hier herrschenden Verhältnisse. Die Tabelle von Flourens zeigt den Siedepunkt und die Siedepunktserhöhung für reine Zuckerlösungen, Säfte und Sirupe, die Tabelle von Claassen (Z. V. d. Zuckerind. 1904, S 1159) die Siedepunktserhöhung für reine und unreine Zuckerlösungen, die für jeden Druck gültig ist. Versuche, die Claassen auch im großen anstellte, zeigen, daß seine Tabelle auch für Luftleere Geltung behält. Eine ähnliche Tabelle stellte später Gaston Fouquet auf. Dessen Zahlenangaben stimmen gut mit jenen von Claassen für unreine Lösungen und mit jenen, die Flourens für reine Lösungen gefunden, überein.

Tabelle Nr. 5.

Tabellen für die Siedepunkte von Zuckerlösungen, ausgerechnet nach Flourens („Bulletin de la Société ind." 1876, Nr. 17) und nach Claassen-Frentzel („Deutsche Zeitschrift" 1893, S. 267).

Siedepunkte für reine Zuckerlösungen.

a) Allgemeine Tabelle nach dem Zuckergehalt.

Zuckergehalt Proz.	Siedepunkt bei 760 mm Luftdruck	Erhöhung des Siedepunktes	Zuckergehalt Proz.	Siedepunkt bei 760 mm Luftdruck	Erhöhung des Siedepunktes
10	100,1	0,1	65	103,9	3,9
20	100,3	0,3	70	105,3	5,3
30	100,6	0,6	75	107,4	7,4
40	101,1	1,1	80	110,3	10,3
50	101,9	1,9	85	114,5	14,5
55	102,4	2,4	90	122,6	22,6
60	103,1	3,1			

β) Tabelle für höhere Dichten nach dem Wassergehalt.

Wassergehalt Proz.	Siedepunkts-Erhöhung °C	Wassergehalt Proz.	Siedepunkts-Erhöhung °C	Wassergehalt Proz.	Siedepunkts-Erhöhung °C	Wassergehalt Proz.	Siedepunkts-Erhöhung °C
25	7,35	19	11,05	13,5	16,9	10,50	21,7
24,5	7,85	18,5	11,4	13,25	17,3	10,25	22,15
24	7,9	18	11,8	13	17,7	10	22,6
23,5	8,2	17,5	12,2	12,75	18,05	9,75	23,05
23	8,5	17	12,6	12,50	18,45	9,50	23,55
22,5	8,8	16,5	13,1	12,25	18,85	9,25	24,0
22	9,1	16	13,7	12	19,25	9	24,55
21,5	9,4	15,5	14,3	11,75	19.65	8,75	25,05
21	9,7	15	14,9	11,50	20,05	8,50	25,7
20,5	10,0	15,4	15,5	11,25	20,45	8,25	26,5
20	10,35	14	16,2	11	20,85	8	27,9
19,5	10,7	13,75	16,5	10,75	21,3	7,75	30,0

Tabelle Nr. 6.

Siedepunktserhöhung für reine und unreine Zuckerlösungen (Claassen).

% Trockensubstanz der Lösung	Siedepunkts-Erhöhung bei Reinheit				
	100	93	83	73	62
5	0,05	0,05	0,05	0,05	0,05
10	0,1	0,1	0,1	0,15	0,2
15	0,2	0,2	0,25	0,25	0,35
20	0,3	0,3	0,35	0,40	0,5
25	0,45	0,45	0,5	0,6	0,75
30	0,6	0,65	0,7	0,85	1,1
35	0,8	0,85	1,0	1,2	1,5
40	1,05	1,15	1,35	1,6	1,95
45	1,4	1,55	1,75	2,1	2,5
50	1,8	2,0	2,25	2,7	3,15
55	2,3	2,6	3,0	3,5	4,0
60	3,0	3,3	3,8	4,5	5,0
65	3,8	4,25	4,8	5,6	6,2
70	5,1	5,4	6,2	7,0	8,0
75	7,0	7,3	8,5	9,2	10,3
80	9,4	10,0	11,4	12,2	13,6
85	13,0	13,4	15,9	16,9	18,2
90	19,6	(20)	(22)	24,7	26,9
92	24,0	—	—	—	—
94	30,5	—	—	—	—

Diese Zahlen geben die Erhöhung der Siedetemperaturen über diejenigen des reinen Wassers an.

Für technische und analytische Zwecke ist die Kenntnis vom Verhalten des Rohrzuckers gegen andere Lösungsmittel von Wichtigkeit. In kaltem absoluten Alkohol ist der Rohrzucker unlöslich, in heißem Alkohol nur schwer löslich. Je dünner der Alkohol, desto größer die Löslichkeit. Ebenso unlöslich ist der Zucker in Methylalkohol und Äther.

Tabelle Nr. 7.

Siedepunkt reiner und unreiner Zuckerlösungen nach Gaston Fouquet.

Zuckergehalt der reinen Lösung Proz.	Siedepunkt	Trockensubstanz in 100 Teilen Sirup	Reinheit 93	Reinheit 83	Reinheit 73	Reinheit 62
10	100,2	10	100,25	100,3	100,3	100,3
20	100,5	20	100,6	100,65	100,7	100,8
30	101,0	30	101,05	101,15	101,25	101,35
40	101,5	40	101,65	101,80	101,95	102,1
50	102,3	50	102,45	102,70	102,9	103,2
60	103,5	60	103,7	104,0	104,4	104,8
70	105,4	70	100,8?	106,3	106,85	107,5
75	107,0	75	107,4	108,1	108,8	109,6
80	109,3	80	110,0	110,8	111,75	112,8
85	113,2	85	114,1	115,3	116,65	118,1
90	121,0	90	122,4	124,3	126,4	128,8
92	126,8	—	—	—	—	—

100 g wasserfreies Glyzerin vom spez. Gewicht 1,263 lösen nach Strohmer und Stift bei 20° C 3,947 g Rohrzucker. In heißer absoluter Essigsäure löst er sich leicht auf, fällt aber nach dem Erkalten größtenteils unverändert aus (Schiff).

Wie bereits gesagt, sind seine Lösungen optisch aktiv, und zwar rechtsdrehend. Sein spezifisches Drehungsvermögen ist nicht konstant, sondern nimmt, wenn auch nur in geringem Maße, mit steigender Verdünnung zu. Auch das Lösungsmittel und die Temperatur beeinflussen diese Größe.

Nach den Untersuchungen von Schmitz berechnet sich für einen Prozentgehalt an Zucker folgende spez. Drehung bei 20° C

5% $[\alpha]_D^{20} = +66{,}53$ 20% $+66{,}49$ 40% $+66{,}24$

10% $+66{,}53$ 30% $+66{,}39$ 50% $+66{,}03$

Auf wasserfreien Zucker beträgt die spezifische Drehung bei 20° C + 66,5.

Alkalikarbonate, Alkalisulfate und -azetate, Kalk und andere Zusätze vermindern die Drehung. Bleiessig beeinflußt sie nicht; in alkoholischen Lösungen kann durch das letztgenannte Reagens eine geringe Drehungsabnahme besonders in konzentrierten Lösungen stattfinden.

Chemische Eigenschaften der Saccharose.

Einige derselben fanden schon früher ihre Würdigung. Hier sollen nur jene besprochen werden, welche im Betriebe zur Geltung kommen können. Zunächst muß das Verhalten der Saccharose in Form von reinen oder unreinen Lösungen sowie im festen Aggregatzustande gegen Erwärmung oder Erhitzung festgestellt werden. Von großer Wichtigkeit ist die Kenntnis des Verhaltens der Saccharose gegen chemische Einflüsse, denen sie im Verlaufe des Betriebes unterliegt, z. B. der Einwirkung von Kalk, Alkalien, schwefliger Säure usw.

Auf Grundlage der so gewonnenen Erkenntnisse kann man viele Prozesse, die sich im Betriebe abspielen, erklären. Doch sollen an dieser Stelle nur die allgemeinen Verhältnisse ihren Platz finden; von den Einzelheiten wird gewöhnlich in den betreffenden späteren Kapiteln die Rede sein. So z. B. wird das Verhalten der Saccharose gegen Kalk genauer im Kapitel „Scheidung", gegen schweflige Säure unter „Saturation" und unter „schweflige Säure" behandelt.

Obwohl, wie oben gezeigt, die Saccharose aus Komponenten besteht, die für sich allein oder in Form des Invertzuckers Fehlingsche Lösung reduzieren, tut das die Saccharose nicht. Sie zeigt überhaupt keine Reaktion der Monosen.

Schon frühzeitig wurde das Verhalten des Zuckers gegen Alkalien studiert. Michaëlis, Weiler machten den Anfang; sie fanden Zerstörung von Zucker durch kohlensaure und ätzende Alkalien. Sostmann kam im Jahre 1866 zu entgegengesetzten Resultaten: beim Kochen von Zucker mit Kali oder Natron findet keine Zerstörung desselben statt; beim Kochen des geschiedenen Rübensaftes sowie überhaupt jeder Zuckerlösung mit einem Gehalte an Alkali kann kein Zuckerverlust auftreten (Z. V. d. Zuckerind. 1866, S. 82).

Im Jahre 1838 studierte Péligot „die Natur und die chemischen Eigenschaften des Zuckers" und fand, daß die Glukose (also auch indirekt die Saccharose) unter der Einwirkung von Alkalien großen Veränderungen unterliege : „aus ihr entstehen zwei Säuren: Gluzinsäure, deren Zusammensetzung sich nur durch den Auftritt von Wasser von der Glukose unterscheidet, und Melassinsäure, welche die Flüssigkeiten stark färbt und einzelne der Eigenschaften der Ulminverbindungen besitzt." 1879 fand derselbe, daß sich neben dem gluzinsauren Kalke und der Melassinsäure (erhalten durch Kalkbehandlung von Glukose) ein neuer Körper befinde; er nannte ihn Saccharin. Interessant ist, daß Péligot gleich erkannte, daß „die Wirkung auf polarisiertes Licht .... unzweifelhaft ein sehr wichtiger Umstand ist, da möglicherweise in gewissen Produkten, namentlich in denen der Osmose, Saccharin vorkommen kann." Tatsächlich fand es Lippmann bald darauf in Osmosezuckern. Wegen Mangels an Substanz konnte jedoch Péligot das optische Verhalten des Saccharins nicht prüfen (Z. V. d. Zuckerind. 1880, S. 50). Dies tat er erst etwas später (Z. V. d. Zuckerind. 1880, S. 809). Vermehren vermutet die Melassinsäure neben Ulminsäure oder Ulmin in grauen oder graubraunen Niederschlägen, die manches Mal bei der Inversion behufs Analyse der Melasse ausfallen (D. Z. 1911, Nr. 36, 1. Beilage).

Unter den Abbauprodukten des Zuckers befindet sich das oben genannte Saccharin $C_6H_{10}O_5$ und die Saccharinsäure $C_6H_{12}O_6$, welche beide trotz ihrer Zusammensetzung nicht zu den Kohlenhydraten gehören. Die Saccharinsäure ist eine Tetraoxykapronsäure, und das Saccharin ihr Lakton. Siehe „Anhang" S. 636. Die Ableitung beider geht von der einen isomeren Modifikation der Kapronsäure, der Methylpropylessigsäure, aus. Letztere ist: $CH_3 \cdot CH_2 \cdot CH_2 \cdot CH{<}\genfrac{}{}{0pt}{}{CH_3}{COOH}$ Die zugehörige Tetraoxysäure — die Saccharinsäure — hat demnach die Formel $CH_2(OH) \cdot CH(OH) \cdot CH(OH) \cdot C(OH){<}\genfrac{}{}{0pt}{}{CH_3}{COOH}$ und ihr γ-Lakton, das

$$\text{Saccharin: } CH_2(OH) \cdot \underset{\displaystyle O\text{———————————}}{CH} \cdot CH(OH) \cdot C(OH){<}\genfrac{}{}{0pt}{}{CH_3}{CO} \quad \text{(Kiliani).}$$

Das Saccharin ist sehr kristallisationsfähig, seine Prismen schmecken bitterlich; es ist leicht in kochendem, weniger gut in kaltem Wasser löslich; ebenso in Äther und Alkohol. Es ist fast unzersetzt flüchtig, Schmelzpunkt ca. 160°; es ist rechtsdrehend $[a]_D = + 93{,}5-93{,}8$. Beim Erhitzen seiner Lösung nimmt es ein Molekül Wasser auf und übergeht teilweise in Saccharinsäure. Die Salze der letzteren sind alle linksdrehend. Das Kalksalz ist durch Kohlensäure nicht zerlegbar und leicht wasserlöslich. Jesser konstatierte, daß saccharinsaure Salze aus Ammonsalzen Ammoniak austreiben. Beim Kochen von reinem Saccharin mit Natronlauge bildet sich saccharinsaures Natron, das gegen Lackmus neutral reagiert. Dieses Salz sowie das Kalksalz sind amorph $[\alpha]_D$ für das Kalksalz $= - 5{,}7^0$. Fehlingsche Lösung wird vom Saccharin nach den Angaben Péligots nicht reduziert.

Die Darstellung des Saccharins in größeren Mengen geht entweder vom Traubenzucker oder vom Fruchtzucker aus. Zur heißen Lösung wird heißes Kalkhydrat unter fortwährendem Kochen hinzugefügt. Die alkalische Lösung wird nach dem Erkalten vom Bodensatz abgezogen, in derselben der Kalk vollständig entfernt — durch Kohlensäure und dann durch Oxalsäure — und das Filtrat eingedampft, woraus Saccharin auskristallisiert. Kiliani arbeitet in der Kälte ähnlich. Die Bildung des Saccharins geht nach folgender Gleichung vor sich:

$$C_6H_{12}O_6 - H_2O = C_6H_{10}O_5.$$

Diese Darstellungsmethoden geben Auskunft, in welcher Station des Betriebes das Saccharin gebildet werden wird: in der Scheidung.

Durch heiße konzentrierte Lauge wird es nicht zersetzt, ebenso nicht durch verdünnte Säuren.

Wie schon Péligot fand, ist Saccharin viel widerstandsfähiger gegen chemische Agenzien als Gluzin- und Melassinsäure; Péligot, der die größere optische Aktivität des Saccharins gegenüber der des Rohzuckers erkannte, ahnte schon die moderne Raffinosefrage. „Ich zweifle nicht daran, daß eben wegen seiner verhältnismäßigen Beständigkeit das Saccharin sich bald in einigen der Zuckerhandelsprodukte wiederfinden wird. Seine optischen Eigenschaften müssen die Angaben des Polarisationsinstrumentes beirren, und wenn seine Gegenwart in Rohzucker, Melasse usw. nachgewiesen sein wird, so kann man gewiß einige der Unregelmäßigkeiten erklären, welche diese schätzbare Untersuchungsmethode zeigt" (Z. V. d. Zuckerind. 1880, S. 809). Die Annahme Péligots über das Vorfinden des Saccharins in „Zuckerhandelsprodukten" und seine Auffindung bewahrheitete sich auffallend schnell. Schon im Oktober desselben Jahres berichtete Lippmann über ein Vorkommen des Saccharins im Osmosezucker (Organ XVIII, 1880, S. 688). Aus den einleitenden Worten der diesbezüglichen Publikation geht hervor, „daß sich zuweilen in osmosierten Produkten der Zucker in einer anderen als der gewöhnlichen Kristallform vorfinde". Diese Kristalle identifizierte Lippmann als Saccharin: „Das Vorkommen von Saccharin in den Produkten der Zuckerfabrikation, und speziell in Osmosezuckern, kann nicht wundernehmen, da ja dasselbe durch die Einwirkung von Kalkhydrat auf Invertzucker entsteht und mit Leichtigkeit durch Membranen diffundiert; es ist also sowohl zu seiner Entstehung als zu seiner Anhäufung im Laufe der Fabrikation reichlich Gelegenheit geboten."

Alsbald wurden Befürchtungen laut, daß Saccharin die Ergebnisse der Polarisation des Zuckers beeinträchtigen könne; Degener zerstreute diese. Die Unzerlegbarkeit der Salze des Saccharins durch Kohlensäure sowie seine große Löslichkeit verhindern das Auftreten von freiem Saccharin bei normaler Arbeit. Und sollte es entstehen, so geschieht dies nur in Form von saccharinsaurem Kalke, der aber unzersetzt in die Melasse wandert, da er sehr leicht löslich ist. Einige andere Möglichkeiten des freien Auftretens von Saccharin, die Degener anführt, kommen heute nicht mehr in Betracht, da sie die älteren Melasseentzuckerungsverfahren zur Voraussetzung haben.

Später studierte Kiliani das Saccharin und die Saccharinsäure (B. d. D. ch. G. 1883, Nr. 18; Organ XXI, 1883, S. 135). Er stellte das Saccharin folgendermaßen dar: eine kalte Lösung von invertiertem Rohrzucker (1 kg in 9 l Wasser) wird mit 100 g gepulvertem Kalkhydrat versetzt und unter häufigem Umschütteln stehen gelassen; nach 14 Tagen wird wieder mit 400 g Kalkhydrat versetzt und umgeschüttelt, wodurch sich ein Niederschlag von basischem Kalksalz ausscheidet. Nach ein- bis zweimonatelangem Stehen, wenn die klare Flüssigkeit alkalische Kupferlösung nur mehr schwach reduziert, wird filtriert, das Filtrat mit Kohlensäure gesättigt und der Rest des Kalkes mit Oxalsäure ausgefällt, worauf das Filtrat hiervon fast zur Sirupkonsistenz eingedampft wird. Bald fallen Kristalle heraus, die Mutterlauge wird abtropfen gelassen und die Saccharinkristalle aus Wasser umkristallisiert. Ein Kilogramm Rohrzucker ergab ca. 100 g reines Saccharin.

Entgegen der Anschauung Scheiblers konstatierte Kiliani, daß Saccharin ziemlich leicht in Saccharinsäure übergehe. Scheibler hielt die freie Säure nicht für existenzfähig. Saccharin nimmt Wasser auf und geht in die Säure über, und umgekehrt können saccharinsaure Salze durch Säure zerlegt werden. Dabei spaltet sich die Saccharinsäure ab und geht bei gewöhnlicher Temperatur langsam, beim Kochen rascher in das Anhydrid, doch nie vollständig, über.

Von Salzen stellte Kiliani das Kali-, Kalk-, Kupfer- und Zinksalz dar. Ersteres entsteht durch Erhitzen einer Saccharinlösung mit kohlensaurem Kali $C_6H_{11}O_6K$. Kocht man mit kohlensaurem Kalk oder erhitzt Saccharin mit überschüssigem Kalkwasser, sättigt mit Kohlensäure und dampft ein, so resultiert eine gummiartige, spröde Masse, die, bei 100° getrocknet, die Formel $(C_6H_{11}O_6)_2Ca$ hat. Die Säure ist einbasisch. Sämtliche Salze sind linksdrehend und in Wasser sehr leicht löslich.

Die auf Seite 61 genannten Gluzin- und Melassinsäure finden sich ebenso wie das Saccharin und die Saccharinsäure in der Melasse.

Glyzinsäure oder Gluzinsäure hat noch unbekannte Zusammensetzung. Sie entsteht durch mäßige Einwirkung von Alkalien oder Kalk auf Trauben- oder Fruchtzucker. Sie ist sehr leicht zersetzlich; im Vakuum eingetrocknet, hat sie sirupöse Konsistenz. Sie ist in Wasser und Alkohol leicht löslich. Ihre Lösung färbt sich an der Luft braun, rascher beim Erwärmen über 70°. — Bei ihrer Zersetzung entsteht neben anderen Säuren die Apoglyzinsäure. Die Salze der Gluzinsäure sind meist im Wasser löslich. —

Melassinsäure soll die Formel $C_6H_6O_3$ besitzen. Sie bildet schwarze, in Wasser unlösliche Flocken.

Apogluzin- oder Apoglyzinsäure hat ebenfalls noch unsicher bekannte Zusammensetzung: $C_9H_{10}O_5$. Sie bildet eine braune amorphe Masse und ist eine einbasische Säure mit meist wasserlöslichen Salzen.

All den letztgenannten Körpern kommt keine größere Bedeutung zu. Im Betriebe entstehen sie teils durch die Wärme, teils durch die Einwirkung des Kalkes und passieren infolge ihrer Löslichkeitsverhältnisse den ganzen Betrieb bis zur Melasse. —

Da man sich der Farbenreaktionen bedient, um in Wässern kleine und kleinste Mengen Zucker nachzuweisen, z. B. in Kesselspeisewasser, sei der Chemismus dieser Reaktionen im folgenden näher betrachtet.

Die Phenole geben mit Kohlenhydraten im allgemeinen und mit der Saccharose im besonderen bei Gegenwart von Säuren Farbenreaktionen. Durch die Säuren wird der Zucker in folgende Bestandteile zerlegt, bzw. zu diesen zersetzt: Humusstoffe, Ameisensäure, Dextrose u. a. Diese Stoffe entstehen durch Wasserentziehung aus dem Zucker, und zwar stets in größeren Mengen. Sie sind es, die die Farbenreaktionen bedingen (Ihl).

Am gebräuchlichsten ist die Reaktion mit α-Naphthol. Dieses gibt beim Erwärmen mit Salzsäure oder beim bloßen Zusetzen von Schwefelsäure, wodurch das ganze Gemisch warm wird, violettrote Färbung. Das Reagens wird in alkolholischer Lösung angewendet und zeigt nach Molisch (1886) noch 0,00001 % Zucker an. Sehr empfindlich sind auch die Reaktionen mit Kresol und Guajakol; diese geben Rotfärbung der zuckerhaltigen Lösung. Resorzinlösung oder festes Resorzin erzeugen im Verein mit warmer Salzsäure eosinrote Färbung. Ähnlich wirkt Pyrogallussäure — braunrot. Eine Zuckerlösung, mit alkoholischer Orzinlösung und konzentrierter Salzsäure gekocht, färbt sich dunkelgelb. Die gelbe Lösung, mit Wasser zusammengebracht, scheidet einen grünen Niederschlag aus. Immer sind es die Huminsubstanzen, welche diese Farbenreaktionen hervorrufen.

Von den Aminen erzeugt Diphenylamin in Gegenwart von Alkohol und konzentrierter Schwefelsäure eine blaue Färbung (Z. V. d. Zuckerind. 1887, 343). —

Da der Gebrauch von α-Naphthol am häufigsten in der Zuckerindustrie anzutreffen ist, sei über dieses Reagens und die Reaktion einiges weiter berichtet. Das α-Naphthol leitet sich von Naphthalin ab. Diesem kommt die Formel $C_{10}H_8$ zu; α-Naphthol, $C_{10}H_7 \cdot OH$, ist sein Monoxyderivat; es bildet weiße, in Alkohol lösliche Nadeln. Die Lösung dient als Reagens auf Zucker in Spuren. Bei der bekannten Durchführung der Reaktion entsteht ein je nach der Zuckermenge verschieden nuancierter violetter Ring.

Liotard zeigte, daß eine sehr verdünnte Ammoniaklösung, mit einigen Tropfen einer 20proz. α-Naphthollösung geschüttelt und dann mit Schwefelsäure versetzt, auch einen violetten Ring wie beim Zucker gibt. Daher könne man nicht immer in den Fabrikswässern beim Eintreten dieser Reaktion auf Zucker schließen (Z. f. Z. XIV, 1906, S. 916). Hervorgehoben sei hier, daß auch Eiweißstoffe dieselbe Naphtholreaktion geben; daraus ist zu schließen, daß diese Körper Kohlenhydratkomponenten enthalten.

Zersetzung von Zuckerlösungen durch Wärme.

Während des ganzen Verlaufes der Zuckerfabrikation sind mehr oder weniger reine und mehr oder weniger konzentrierte Zuckerlösungen (Säfte, Sirupe) verschieden hohen Temperaturen in den einzelnen Stationen der Rohzuckerfabrikation und Raffination durch verschiedene Zeiträume ausgesetzt. Vom Beginne der Diffusion bis zum Ausschleudern des Rohzuckers befinden sich die Rohfabrikssäfte bei höheren Temperaturen, selbst über 100° C; ebenso sind die Klären der Raffinerie und die verschiedensten Sirupe stets höheren Temperaturen in den verschiedenen Apparaten ausgesetzt.

So wie alle organischen Substanzen bei höheren Temperaturen Zersetzungen erleiden, so werden natürlich auch Zuckerlösungen in verschiedenem Grade durch die Wärme mehr oder weniger angegriffen, je nach Umständen zersetzt und erleiden dabei Veränderungen, die wieder andere Folgen nach sich ziehen.

Diese Prozesse sind sehr kompliziert, nicht vollständig aufgeklärt und ihr Verlauf von verschiedenen Bedingungen abhängig. Die Reinheit der Zuckerlösung, die Art ihres Nichtzuckers, die Höhe der Temperatur und Dauer ihrer Einwirkung, die Konzentration der Lösung, vielleicht auch das Metall des Apparates, in welchem sie sich befindet, und andere Faktoren bedingen diese Zersetzungsprozesse.

In diesem Kapitel soll der Einfluß der genannten Faktoren auf die Zersetzung von Zuckerlösungen klargelegt und die einzelnen Zersetzungsprodukte betrachtet werden. Auch die Frage nach den Zuckerverlusten in der Fabrikation soll hier ihre theoretische Grundlage bekommen — die Antwort aber erst später gegeben werden.

Von den älteren Versuchen dieser Art seien die von Motteu aus dem Jahre 1878: Wirkung des reinen Wassers und der Hitze (100°) auf den Zucker hervorgehoben. Die Verschiedenheit der Angaben Maumenés, Soubeyraus und W. Clasens führte Motteu zu dieser Arbeit.

Eine Anzahl Röhren von 25 cm³ Inhalt wurden mit Schwefelsäure und Königswasser gewaschen und erhielt dann jede 14 cm³ Zuckerlösung von 65,7° Polarisation. Diese Röhren wurden vor der Lampe, ohne die Luft daraus zu vertreiben, zugeschmolzen und in einem Wasserbade (100°) erhitzt.

Ursprüngliche Polarisation	65,7	
Nach 1stündiger Erhitzung	65,7	
„ 2 „ „	65,5	
„ 3 „ „	65,3	
„ 4 „ „	65	
„ 5 „ „	65	Schwache Färbung.
„ 6 „ „	65	Die Färbung nimmt zu.
„ 7 „ „	65	
„ 8 „ „	65	
„ 9 „ „	65	
„ 10 „ „	64,5	Entfärbung.
„ 11 „ „	64,5	
„ 12 „ „	64,8	Neue Färbung.
„ 13 „ „	64	
„ 14 „ „	64,8	
„ 15 „ „	64	

Die Resultate der analogen Arbeiten Maumenés und Soubeyraus bezeichnet Motteu auf Grund seiner Versuche als „übertrieben“. Beide fanden schon nach 12- und 18stündigem Erwärmen sehr große Polarisationsrückgänge. So fand Soubeyrau für eine Lösung bei Erhitzung am Rückflußkühler auf 100° nach 18 Stunden eine Polarisation von + 20°, während die frische Lösung + 71° polarisierte. Auch Weisberg bezweifelte die Richtigkeit der Versuche Soubeyraus und führte diese Resultate auf unreinen Zucker oder höhere Temperatur zurück. Nach Weisbergs Versuchen sind Zuckerlösungen viel widerstandsfähiger. Er fand z. B. in einer 54,21proz. Zuckerlösung nach sechsstündigem Erhitzen auf 106° 53,82%, nach siebenstündigem Erhitzen auf 108° C 53,40% Zucker.

Ähnliches fand Breton für schwach alkalische Zuckerlösungen. Sind demnach die zahlenmäßigen Angaben Soubeyraus nicht richtig so kommt seiner Arbeit über die Drehungsrichtungänderung beim Erwärmen von Zuckerlösungen Bedeutung zu. Die Drehung nahm ab, blieb aber anfangs noch immer positiv, bis sie Null wurde (nach 20 Stunden); nach diesem Zeitraum wurde sie negativ, z. B. nach 25 Stunden, vom Begin ndes Versuches gerechnet, — 11°, nach 58 Stunden — 3°; nach 64 Stunden wurde diese Minusdrehung Null und ging schließlich in Rechtsdrehung wieder über. Daraus ergibt sich: die Drehung nimmt ab, der Zucker erreicht dann die Phase des optisch nicht aktiven Zuckers (0) und verwandelt sich in Invertzucker (Linksdrehung). Dieser wird aber durch das weitere Erhitzen auch zerstört, und zwar wird zuerst die weniger widerstandsfähige Fruktose zersetzt; ist diese ganz verschwunden, so macht sich die Rechtsdrehung der Dextrose wieder geltend.

Instruktiv sind Weisbergs Untersuchungen. In einem Glaskolben auf Drahtnetz wurden neutrale Zuckerlösungen unter Zusatz des verdampfenden Wassers oder am Rückflußkühler erhitzt. Temperatur 100—105°. War die ursprüngliche Polarisation der Lösung 3,7, so sank sie nach 3—5 Stunden nicht; bei Pol. = 22,18 sank sie nach 2—3 Stunden nur um ein Geringes, bei Pol. = 22,83 trat nach 8—12 Stunden schon starke Zersetzung und Braunfärbung ein. Zusätze von Spuren Kalk, organischsauren Kalisalzen (essig-, oxal-, asparagin-, glutaminsaures Kali) oder Natriumazetat, -sulfat und -nitrat hatten keinen größeren Einfluß. War die Polarisation der Lösung = 12,72 oder 38,16, so war die Zersetzung und das Reduktionsvermögen nach 3—5 Stunden noch gering, nach 13 Stunden erheblich und nach 19 Stunden stark. Zusatz von nur einem Tropfen Essigsäure bewirkte rasch Drehungsverminderung.

War die Polarisation der Lösung 34,75, so war diese nach 8 Stunden bereits auf — 10,7° gesunken, nach 15 Stunden auf — 9,3°.

Weitere Versuche Weisbergs „Über das Verhalten von Zucker und Raffinose beim Kochen mit Wasser" (Ö. U. Z. f. Zuckerind. XXI, S. 3) wurden in gleicher Weise durchgeführt. Eine Lösung von 7,4 Polarisation zeigte dieselbe unverändert nach 5¼stündigem Erhitzen, eine solche von 45,66° Polarisation nach 12 Stunden 45,18°. Auch Zusatz der oben genannten Verbindungen wurde gemacht. Diese erhöhten nicht die Polarisationsabnahme. Eine 25,4° polarisierende Lösung zeigte erst nach 13stündigem Erhitzen einen Polarisationsrückgang von 0,3°. Dabei nahm die Lösung bräunliche Farbe an, ihre Alkalität verschwand und Fehlingsche Lösung wurde reduziert. Eine 76,33° polarisierende Lösung sank nach 3 Stunden nur um ca. 0,1°, nach 19½ Stunden auf 74,03°. — Dabei wurde Fehlingsche Lösung nur schwach reduziert. Die Polarisation einer Füllmasse sank von 68,7° nach 5½stündigem Erhitzen auf nur 68,60°.

Alle angeführten Ergebnisse zeigen, daß eine Zuckerlösung stundenlang bei 100—105° ohne Zersetzung gekocht werden kann; erst nach mehreren Stunden — je nach Konzentration — tritt eine leichte Abnahme der Drehung und Reduktion von Fehlingscher Lösung ein. Dasselbe gilt auch bei Anwesenheit obiger Verbindungen.

Speziell den Einfluß von Ätzkalk auf kochende Zuckerlösungen studierend, fand Weisberg, daß erst nach 8stündigem Erhitzen auf 102° die Polarisation von 22,26 auf 21,77 (— 0,49) fiel. Die Versuche wurden so durchgeführt, daß Ätzkalk in reine Zuckerlösung eingetragen, geschüttelt und filtriert wurde; die erhaltene Zuckerkalklösung wurde am Rückflußkühler gekocht. Aus diesen Versuchen zog Weisberg den Schluß, daß bei der Scheidesaturation keine Zerstörung eintreten kann. (Siehe S. 569.)

Saure Lösungen fallen sehr rasch tiefgreifenden Zersetzungen anheim, was Maumené, Weisberg, Eckleben u. a. zeigten. Bei 120° zersetzen sich auch neutrale Lösungen rasch und reduzieren Fehlingsche Lösung. Diese Zersetzungen sind umso größer, je höher die Konzentratien der erhitzten Lösungen ist.

Herzfeld stellte durch seine Versuche fest:

1. daß die Art des Alkalis bei zweistündigem Erhitzen die Größe der Zuckerzerstörung nicht beeinflußt. Alkalikarbonate oder Alkalihydroxyde sowie Ätzkalk verhalten sich demnach diesbezüglich gleich.

2. Bei zu geringer Alkalität der Zuckerlösung werden die Produkte sauer, es tritt Inversion und damit Zuckerverlust auf.

3. Zwischen Zuckerzerstörung und Konzentration oder Temperatur der Lösung herrschen keine gesetzmäßigen Beziehungen. Je höher aber die Temperatur und Konzentration, desto größere Zuckerzerstörungen sind zu konstatieren (Z. V. d. Zuckerind. 1893, S. 745).

Jesser fand im allgemeinen dieselben Resultate. Ferner beschäftigte er sich auch mit dem Verhalten des bei Erwärmung von Zuckerlösungen entstehenden Invertzuckers. Die Zerstörung desselben ist abhängig von der Konzentration der Lösung und steigt mit der Konzentration. Der nicht vollständig zerstörte Invertzucker wirkt nicht invertierend auf die noch vorhandene Saccharose, wenn der Alkaligehalt der Lösung ein genügender ist. Die Temperatur macht sich bei der Zuckerzerstörung mehr geltend als die Konzentration (Ö. U. Z. f. Zuckerind. XXIII, 1894, S. 287).

Die Zuckerzerstörung äußert sich nach Jesser daher: 1. in stark alkalischer Lösung durch Alkalineutralisation ohne Auftreten säurebildender Körper, 2. in schwach alkalischer Lösung in Alkalineutralisation und im Auftreten von Körpern, die bei nachträglicher Einwirkung von Alkali Säure neutralisieren, 3. in neutralen Lösungen durch Auf treten von Invertzucker.

Der Zerstörungsprozeß selbst ist ein hydrolytischer (Reaktion des Wassers). Dabei wirken Ätzalkalien rascher und energischer als äquivalente Mengen von Alkalikarbonaten (Z. f. Zuckerind. i. B. XIX, 1894, 1. Heft).

Bei diesen Versuchen kann es vorkommen, daß am Ende ein Zuckerzuwachs nachzuweisen ist. Daß dieser nur scheinbar sein kann, leuchtet wohl ein, aber eine sichere Erklärung fehlt für diese Erscheinung bis heute noch. Erhitzt man z. B. Zucker mit 10% Wasser auf 130°, so treten schon nach einer Stunde erhebliche Zersetzungen auf;

dasselbe tritt ein, wenn man niedrigere Temperatur, aber längere Einwirkungsdauer wählt. Nach Degener entstehen dabei dextrinartige Kondensationsprodukte von unbekannter Natur. Sie lassen sich durch Säuren schwer hydrolysieren und reduzieren Fehlingsche Lösung in verschiedenem Grade. Diese „Überhitzungsprodukte" sind rechtsdrehend und reduzierend, sie können daher sowohl bei der Raffinose wie Invertzuckerbestimmung die Ergebnisse beeinflussen: sie erhöhen die Resultate.

Winkler, Wackenroder und M. Wassilieff teilen die oben dargelegte Anschauung, während Lippmann diese Erscheinung auf die neutrale oder schwach saure Reaktion der Lösung zurückführt, denn bei höherer Alkalität verschwindet die anfängliche Steigerung der Drehung bald.

Von den bisher nachgewiesenen Zersetzungsprodukten des Zuckers in wässerigen Lösungen beim Erhitzen seien genannt: Kohlendioxyd, Essig-, Ameisen-, Trioxybutter-, Trioxyglutarsäure, Azeton, Brenzkatechu-, Protokatechusäure, Mellithsäure, Furfurol usw. Ferner die sog. „Überhitzungsprodukte" und Huminsubstanzen. Die gasförmigen Verbindungen finden sich in den Kondensations wässern (Brüdenwässern) des Betriebes (Lippmann). (Siehe S. 620.)

Einwirkung von Wärme auf festen Zucker.

Unter den Bedingungen, wie sie normalerweise im Betriebe herrschen, also Erwärmung allmählich auf höchstens ca. 120°, beginnt sich der Zucker zu gelben und später zu bräunen, er „karamelisiert".

„Karamel" ist ein Kollektivbegriff einer größeren Anzahl von Kohlenhydraten, entstanden durch Erhitzung und Überhitzung von Saccharose. Diese einzelnen Kohlenhydrate unterscheiden sich bezüglich ihrer Eigenschaften und chemischen Zusammensetzung je nach dem Grade und der Dauer der vorhergegangenen Erwärmung und somit auch nach dem Grade der Zersetzung des Zuckers voneinander. Je weitgehender diese, desto relativ reicher werden die entstehenden Substanzen an Kohlenstoff, bis schließlich fast nur dieser zurückbleibt (Zuckerkohle).

Der Karamelisierungsprozeß ist im Prinzip eine Wasserabspaltung; zwischen der beginnenden Bräunung (Beginn der Karamelisierung) und der Zuckerkohle liegt eine große Zahl verschiedener Karamelkörper von noch nicht sichergestellter Konstitution.

„Unter Karamel ist Rohrzucker zu verstehen, der durch Erhitzen auf eine höhere Temperatur sich in eine braune, völlig amorphe Masse verwandelt hat, die nicht kristallisationsfähig ist, keinen süßen Geschmack mehr hat und durchaus andere chemische und physikalische Eigenschaften besitzt als das Ausgangsmaterial, der Rohrzucker. Es wird sich mithin nicht um einen einheitlichen Körper, eine wohlcharakterisierte chemische Verbindung handeln, sondern um ein Gemenge von Stoffen; denn je nach der Art und Zeitdauer des Erhitzens, nach der Höhe der Temperatur werden sich Karamelkörper bilden, die verschiedene chemische Eigenschaften haben" (Herzfeld).

Es kann daher nicht wundernehmen, wenn für diese Körper die chemischen Eigenschaften und Zusammensetzung von den einzelnen Forschern verschieden angegeben werden. Das Karamel spielt in der Zuckerindustrie eine große Rolle; es soll deshalb an dieser Stelle seine chemische Natur dargelegt werden. Seine Entstehungsweise wurde schon gezeigt. Péligot gab ihm die Formel $C_{12}H_{18}O_9$ nach der Gleichung

$$C_{12}H_{22}O_{11} - 2\,H_2O = C_{12}H_{18}O_9.$$

Danach wäre das Karamel ein Zersetzungsprodukt der Saccharose durch Abspaltung von zwei Molekülen Wasser. Gélis nimmt drei Karamel-Komponenten an, und zwar Karamelan $C_{12}H_{18}O_9$, Karamelen $C_{36}H_{48}O_{24} \cdot H_2O$, Karamelin $C_{96}H_{100}O_{50} \cdot H_2O$. Für letzteres nimmt Völckel die Formel $C_{24}H_{26}O_{13}$, Maumené $C_6H_4O_2$ an. Dieses ist in Säuren und Wasser gar nicht, in Alkalien wenig löslich. Schiff gibt dem bei 130⁰ dargestellten Karamel die Formel $C_{12}H_{16}O_8$; Sebanieff und Antuschwitz $C_{125}H_{188}O_{80}$ nach der Gleichung: $11\,(C_{12}H_{22}O_{11}) = 7\,CO_2 + 27\,H_2O + C_{125}H_{188}O_{80}$. Aus diesen Angaben geht zur Genüge hervor, daß die chemische Natur des Karamels noch nicht erkannt ist.

Das gewöhnliche Karamel ist in kaltem und heißem Wasser löslich; diese Lösung ist gummiartig. Karamel ist ferner in Äthyl-, besser in Methylalkohol löslich (siehe Seite 482). Es ist nicht kristallisationsfähig. Nach Graham soll bei der Dialyse von Karamel Karamelan und Karamelen austreten und Karamelin zurückbleiben, welches die Formel $C_{34}H_{30}O_{15}$ haben soll.

Je nach dem Grade und der Dauer der Erhitzung von Rohrzucker erhält man im Karamel ein Gemenge, in welchem irgendeine der genannten Komponenten vorherrscht. Erleidet der Zucker einen Gewichtsverlust von 10%, so ist fast nur Karamelan, bei 15% Karamelen und bei 20% Gewichtsverlust Karamelin vorhanden.

Es wurde gezeigt, daß Saccharose in trockener Form unter dem alleinigen Einfluß von Wärme erst weit über 100^0 zu karamelisieren beginnt. Solchen Temperaturen wird der Zucker im Betriebe selten ausgesetzt sein; dafür herrschen hier aber auch Bedingungen, die diese Karamelisierungstemperatur herunterzusetzen vermögen, das sind z. B. Wasser, Metalle und ihre Verbindungen des Apparatenmaterials.

Volmer studierte im Jahre 1883 die Bedingungen für die Karamelisierung im Großbetriebe und den schädlichen Einfluß der Karamelkörper auf die Metalle (Dampfkessel, Leitungsröhren). Die Karamelkörper geben mit Metallen verschiedene Verbindungen. Gélis gibt u. a. folgende an: $C_{12}H_{16}PbO_9$ Karamelanbleioxyd, $C_{36}H_{48}PbO_{25}$ Karamelenbleioxyd und $C_{96}H_{100}PbO_{51}$ β-Karamelinbleioxyd. Da nun Volmer in den Karamelabscheidungen aus Kesseln und Dampfrohren neben Alkalien, Kalk und Magnesia hauptsächlich Eisen nachweisen konnte, nimmt er Verbindungen dieser Elemente mit den Karamelkörpern nach Analogie der obigen an. Er bewies experimentell die Verbindungsfähigkeit des Eisens, bzw. Eisenoxyds mit den Karamelsubstanzen:

$$Fe_2O_3 \cdot 3\,C_{12}H_{16}O_8 + 2\,FeO \cdot C_{12}H_{16}O_8 = \text{Karamelan-Eisenoxyd-oxydul,}$$

$$Fe_2O_3 \cdot 3\,C_{36}H_{48}O_{24} + 2\,FeO \cdot C_{36}H_{48}O_{24} = \text{Karamelen-Eisenoxyd-oxydul und}$$

$$Fe_2O_3 \cdot 3\,C_{96}H_{98}O_{40} + 2\,FeO \cdot C_{96}H_{98}O_{49} = \text{Karamelin-Eisenoxyd-oxydul.}$$

Der Vorgang der sich abspielenden Prozesse, die die Kesselwände schädigen, so daß diese ein oberflächlich zerfressenes Aussehen erhalten, ist nach Volmer folgender: Unter der gemeinsamen Einwirkung der bei beginnender Zersetzung des (mit dem Speisewasser in die Kessel gelangten) Zuckers entstehenden Wasserelemente und der sauren Karamelkomponenten findet eine energische Oxydation statt, wodurch den Kesselwänden Metall entzogen wird (zerfressenes Aussehen derselben). Parallel mit diesem Oxydationsprozesse geht bei dem fortschreitenden Zerfall des Zuckers ein Reduktionsprozeß vor sich, der die gebildeten Eisenoxydsalze in Oxydulverbindungen zurückführt, so daß schließlich beide Oxydationsstufen in Verbindung mit den Karamelstoffen zurückbleiben.

An diesen Vorgängen nehmen auch saure Zersetzungsprodukte des Zuckers Anteil, wie z. B. Ameisen-, Lävulin-, Essig- und Ulminsäure (Z. V. d. Zuckerind. 1895, S. 451).

Daß bei der Karamelisierung Ulmin und Huminsubstanzen auftreten, wurde von Mulder, Jackson und Tollens, Fradiss u. a. beobachtet. Diese Verbindungen sind dunkel gefärbte, hochmolekulare Kondensationsprodukte von unbekannter Konstitution. Sie sind kohlenstoffreicher als die Kohlenhydrate. Teilweise sind sie saurer Natur: Humin- und Ulminsäure, teilweise nicht: Humin und Ulmin. Die Huminsäure hätte nach Berthelot und André die Formel $C_{18}H_{14}O_6$, und nach Fradiss entstünde sie aus Zucker neben Ameisensäure durch Einwirkung von Wärme, Säuren oder Alkalien nach folgender Gleichung:

$$2\,C_{12}H_{22}O_{11} + 5\,O = C_{18}H_{14}O_6 + 6\,H \cdot COOH + 9\,H_2O.$$

Bei 100° geht die Ameisensäure über und je nach der Temperatur bleiben wechselnde Mengen derselben zurück, welche das Reduktionsvermögen des Karamels (bzw. der Huminsubstanzen) vergrößern. Die Humusstoffe selbst sind aber auch kräftige Reduktionsmittel.

Daß die verschiedenen Forscher für die einzelnen Karamelkörper nicht übereinstimmende Formeln angeben, ist nach Stolle darin begründet, daß dieselben das Erhitzen des Zuckers bei einer bestimmten Temperatur nicht bis zur Konstanz fortsetzten. Stolle tat dies und erhielt nach seinen Angaben einen einheitlichen Körper. Er fand diesen bei Erhitzung des Zuckers auf 180—190° C zu $C_4H_6O_3$, bzw. das Multiplum $C_{12}H_{18}O_9$. Dabei betrug der Gewichtsverlust des Zuckers 12%. Der Verlauf der Karamelbildung wäre folgender:

$C_{12}H_{22}O_{11} = C_{12}H_{18}O_9 + 2\ H_2O$. — Dieses Karamel ist demnach identisch mit dem Karamelan von Gélis.

Es bildet eine rotbraune, völlig amorphe Masse mit muscheligem Bruch, von sehr bitterem Geschmack und ist im Wasser löslich. Schmelzpunkt zwischen 134—136° C. Eine Lösung dieses Karamels, mit ammoniakalischem Bleiessig versetzt, liefert schließlich einen Körper von der Formel $C_{12}H_{16}O_8 \cdot PbO$. — (Z. V. d. Zuckerind. 1899, S. 800.)

Das Karamelan ist ein echtes Kohlenhydrat; durch Hydrolyse erhielt Stolle: 1. eine Hexose, 2. Lävulinsäure, 3. Huminkörper. Die Hydrolyse wurde mit 3proz. Schwefelsäure durchgeführt. Für die Huminkörper wurde die Formel $(C_9H_{11}O_5)_x$ gefunden (Stolle: Über die Spaltungsprodukte des Karamelans, Z. V. d. Zuckerind. 1903, S. 1149).

Das Karamelan hat eine äußerst geringe Reduktionskraft. Da es durch Bleiessig nicht gefällt wird, hat es bei der Invertzuckerbestimmung einigen Einfluß. (Stolle: Über die reduzierende Kraft des Karamelans, Z. V. d. Zuckerind. 1903, S. 1154.)

Diesen Angaben widerspricht F. Ehrlich (Z. V. d. Zuckerind. 1909, S. 746). Er konnte nachweisen, daß Stolles Karamelan ein Gemisch und kein einheitlicher chemischer Körper sei. Hingegen soll es Ehrlich gelungen sein, einen solchen darzustellen. Er erhitzte Rohrzucker bei ca. 200° im Vakuum, um die entstehenden flüchtigen Säuren, die sonst invertierend wirken könnten, rasch zu entfernen. Bei einem bestimmten Gewichtsverluste erhält man ein schwarzbraunes Gemisch von Karamelsubstanzen. Dieses wird mit Äthyl- oder besser mit Methylalkohol ausgewaschen; es geht eine Menge nur wenig gefärbter Substanzen in Lösung, bis schließlich ein tief schwarzbraun gefärbter Körper zurückbleibt. In Wasser gelöst und dieses verdampft, erhält man ihn in Form glänzender, schwarzbrauner Krusten. Diese Substanz ist nach Ehrlich eine einheitliche chemische Verbindung. Er nennt sie Saccharan und bestimmte ihre Formel zu $C_{12}H_{18}O_9$. Dieses ist der intensivst färbende Karamelkörper, durch Hefe nicht vergärbar, absolut geschmacklos, wasserlöslich und optisch aktiv; durch Behandlung mit Säuren bei gelinder Temperatur erhält man ein rechtsdrehendes Gemenge von viel Dextrose neben wenig Fruktose. In Mengen von 1 : 10 000 färbt es Wasser intensiv dunkelbraun; bei Zusatz von Alkali wird die Lösung noch dunkler. Durch Hydrosulfit wird es in neutraler oder schwachsaurer Lösung aufgehellt — so wie Karamel —; in alkalischer Lösung wirkt Hydrosulfit nur wenig ein. Durch Knochenkohle wird es absorbiert. Ehrlich basierte auf das Saccharan eine kolorimetrische Bestimmungsmethode für den Karamelgehalt von Zuckerprodukten. Doch ist zu beachten, daß neben den Karamelkörpern in diesen Produkten noch andere färbende Substanzen zugegen sind (Huminsubstanzen).

Fradiss ersann auch eine Methode zur quantitativen Bestimmung des Karamels in Zuckerfabriksprodukten; sie beruht auf der Löslichkeit des Karamels in reinem Methylalkohol und

Ausfällung des so gelösten Karamels mit Amylalkohol; für kleine Mengen Karamel genügt Ausfällung mit überschüssigem ammoniakalischen Bleiazetat und Entfernung des Bleis mit Schwefelwasserstoff. So fand er in

Dicksaft		0,05—0,08% Karamel und in einer
Füllmasse	I. Prod.	0,50—0,90
,,	II. ,,	1,10—1,50
,,	III. ,,	1,50—2,10
Melasse mit 40% Zucker		1,10—2,50

(Bull. de l'Assoc. XVI, 280; Z. f. Zuckerind. i. B. 1899, S. 359)

Nach Ehrlichs Saccharanmethode fand Woy nur 0,17% Karameg in einer Melasse, was sehr wenig wäre, wenn man die dunkle Färbunl einer Melasse bedenkt. Vermehren bewies, daß bei reinem, käuflichem Karamel ein Teil doch mit Bleiessig fällbar ist, also zur Klärung von Zuckerfabriksprodukten behufs Bestimmung ihres Karamelgehalts, wie es Ehrlich tut, nicht anwendbar sei. Als Klärmittel verwendet deshalb Woy Magnesiumoxyd. Dieses saugt die Karamelkörper auf und entfärbt so die Lösung. Nach seiner Methode fand er 0,25% Karamel in einer Melasse und 0,062 % in einem Nachprodukt (D.Z.XXXVI. 1911, S. 679).

Wenn auch zugegeben werden kann, daß schon sehr kleine Karamelmengen großes Färbevermögen besitzen, so scheinen auch diese gefundenen Mengen zu klein und die von Fradiss gefundenen Zahlen eher der Wirklichkeit zu entsprechen.

Da die verschiedenen Karamelkörper stets in den Säften, Klären u. a. Produkten vorkommen und diese färben, ist es von Wichtigkeit, das Verhalten der Karamelfarbstoffe gegen solche Mittel kennen zu lernen, welche die Zuckerindustrie zum Entfärben verwendet.

G. Gahrtz konstatierte, daß die echten Karamelfarbstoffe durch Wasserstoffsuperoxyd nicht sehr gebleicht werden (Z. V. d. Zuckerind. 1906, S. 521). Herzfeld beschäftigte sich mit der Bleichwirkung von Hydrosulfit (Blankit, siehe S. 609) auf Karamel. Die einzelnen Farbstoffe extrahierte er mit verschieden konzentriertem Äthyl- und Methylalkohol, verdampfte die entsprechenden alkoholischen Lösungen im Vakuum und trocknete die erhaltenen Rückstände; diese besaßen gelbrote bis hellgelbe Farbe. In wässerigen Lösungen, die stets sauer reagieren, wurden sie sodann mit 0,2% Blankit behandelt. Die Rückstände der Alkoholextraktion hatten dunkelbraune bis schwarze Farbe.

Blankit wirkte mehr oder weniger, sowohl in saurer als auch in alkalischer Lösung, entfärbend, und zwar mehr als schweflige Säure. Es traten aber auch Nachdunklungen ein. Ferner konstatierte Herzfeld, daß frische Knochenkohle diese Farbstoffe sehr absorbiere, rascher aber, wenn vorher mit Hydrosulfit gebleicht wurde. Dann trat nie Nachdunklung ein.

Bei all den geschilderten Vorgängen waren keine Gesetzmäßigkeiten erkennbar (Z. V. d. Zuckerind. 1907, S. 1088).

Trillat erhielt folgende Produkte beim Erhitzen des Zuckers bis zur beginnenden Verkohlung (Z. V. d. Zuckerind. 1906, S. 97): Formaldehyd, Azetaldehyd, Benzaldehyd (Bittermandelöl), Azeton, Methylalkohol, Essigsäure, Phenolderivate. Dem Formaldehyd schreibt Trillat eine gewisse Rolle bei der Bildung der Karamelkörper zu; ja er geht so weit, auf die Tatsache fußend, daß Formaldehyd sich zu polymerisieren vermag, die Hypothese aufzustellen, „ob der Karamel nicht einfach durch Verbindung dieser polymerisierten Produkte (nach Loew und Fischer Methylenitan und Formose [siehe S. 16] genannt) gebildet wird". Ferner schreibt er dem Formaldehyd „die hervorragend antiseptischen Eigenschaften der Verbrennungsgase des Zuckers . . ." zu und stellte auch deren bakterientötende Eigenschaft fest.

Ehrlich prüfte die Angaben Trillats und fand, „daß Formaldheyd unter den Verbrennungsprodukten überhaupt nicht oder höchstens in minimalen Spuren vorkommt" (D. Z 1907, Nr. 1, S. 15).

Die Zuckerkohle ist das Produkt einer vollständigen Zersetzung des Zuckers durch Erhitzen gegen 200°; man erhält sie schließlich als einen schwarzen, glänzenden, sehr schwer verbrennlichen kohligen Rückstand. Sie zeigt Adsorptionserscheinungen. —

Inversion des Rohrzuckers.

Auf der Seite 51 wurde der Aufbau und der Zerfall des Rohrzuckers aus, bzw. in seine Komponenten gezeigt. Der Abbau in diese ist der hier weit wichtigere Prozeß und heißt Inversion. Sie wird durch chemische oder bakterielle Tätigkeit veranlaßt und ist für die Zuckerindustrie ein ebenso unangenehmer als für die Chemie der Zuckerindustrie wichtiger Vorgang.

Theorie und die Gesetze der Inversion. Aus Saccharose entsteht durch folgende Vorgänge Invertzucker:

1. Kochen mit Wasser;
2. Behandlung mit Säuren;
3. Behandlung mit manchen Salzen;
4. durch Mikroorganismen (siehe S. 76).

ad 1. Durch Kochen mit Wasser wird Rohrzucker invertiert. Auch schon unter 100° kann Zersetzung eintreten. Nach Jesser bleibt der gebildete Invertzucker in neutralen Lösungen unverändert, in schwach alkalischen Lösungen jedoch tritt weitere Zersetzung ein, die Alkalität verschwindet dabei; ätzende Alkalien und alkalische Erden wirken in dieser Hinsicht energischer als kohlensaure Alkalien.

ad 2. Säuren wirken rascher und energischer, selbst bei gewöhnlicher Temperatur. Über die Einwirkung der Kohlen- und schwefligen Säure siehe Seite 332 u. 402.

An dieser Stelle seien die allgemeinen Gesetze und jene Faktoren untersucht, die auf die Inversion Einfluß haben.

Die Rohrzuckermenge, die in einer bestimmten Zeiteinheit invertiert wird, ist der vorhandenen Menge an Saccharose proportional. Mit andern Worten: Die Geschwindigkeit der Inversion durch eine bestimmte Säuremenge ist in jedem Zeitpunkte der noch vorhandenen Menge unveränderten Zuckers proportional. Die Inversion verläuft demnach immer langsamer. War zu Beginn die Menge des Rohrzuckers p, und wurde nach einer gewissen Zeit x invertiert, so kann die Geschwindigkeit s in der darauffolgenden Zeiteinheit durch folgende Gleichung ausgedrückt werden:

$$s = \frac{dx}{dt} = k\ (p-x),$$

in der k eine Konstante bedeutet, die von der Natur der angewendeten Säure abhängt.

Die Inversion kann durch verschiedene Säuren bewirkt werden; die Geschwindigkeit dieser Reaktion hängt von der Natur der Säure ab. k heißt die Geschwindigkeitskonstante und ist für die einzelnen Säuren verschiedenwertig. Vergleicht man diesen Betrag mit jenem für die elektrolytische Dissoziation der betreffenden Säure, so ist zwischen beiden Größen Proportionalität zu finden. Die stärker in Ionen dissoziierte Säure invertiert schneller als die schwächer dissoziierte. Daraus folgt, daß die Inversion durch die Wasserstoffionen bewirkt wird, denn diese letzteren sind allen Säuren gemeinsam (siehe S. 631).

Die Größe dieser Konstante wurde von W. Ostwald experimentell bestimmt. Setzt man sie für Salzsäure bei 25° C = 100, so haben die verschiedenen Säuren folgende Konstanten:

HCl	= 100	Ameisensäure	= 1,53	Bernsteinsäure	= 0,54
HNO_3	= 100	Äpfelsäue	= 1,27	Zitronensäure	= 1,72
H_2SO_4	= 53,6	Essigsäure	= 0,40	Schwefligə Säure	= 15,16
H_3PO_4	= 6,21	Milchsäure	= 1,07		
Oxalsäure	= 18,57	Malonsäure	= 3,08	(Stiepel)	

Ferner gilt für die Inversion: Die Inversionsgeschwindigkeit ist unabhängig von der Menge des ursprünglich vorhandenen Zuckers; bei konstanter Konzentration der Säure wird k nicht beeinflußt; es können daher die konzentriertesten Zuckerlösungen durch relativ kleine Säuremengen invertiert werden. Die Inversionsgeschwindigkeit wächst gesetzmäßig mit steigender Temperatur in hohem Grade und mit der Konzentration der Säure. Jede Säure besitzt für jede Konzentration nach Spohr eine bestimmte Inversionskonstante. Obige Zahlen beziehen sich auf Normallösungen. Die Inversion ist ein katalytischer Prozeß. Das ist ein solcher Vorgang, der durch die bloße Anwesenheit eines Stoffes beschleunigt (auch verzögert) wird. Dieser Stoff heißt Katalysator und ist nach der Definition W. Ostwalds ein Körper, „der, ohne selbst verbraucht zu werden (bzw. ohne in den Endprodukten der Reaktion zu erscheinen), die Geschwindigkeit ändert, mit welcher ein chemisches System seinem Gleichgewicht zustrebt". Auf den vorliegenden Fall übertragen, heißt das: Die Spaltung des Zuckers in reinen, wässerigen Lösungen würde mit kaum merkbarer Geschwindigkeit verlaufen. Die geringste Säuremenge, bzw. ihre Wasserstoff-Ionen, beschleunigen aber die Inversion. Dabei tritt die Säure in den Reaktionsendprodukten nicht auf:

$$C_{12}H_{22}O_{11} + H_2O = C_6H_{12}O_6 + C_6H_{12}O_6.$$

Auf eine Theorie der Katalyse braucht hier nicht eingegangen werden.

Inversion durch Mikroorganismen, bzw. Enzyme.

Es ist eine bekannte Tatsache, daß Mikroorganismen Zuckerlösungen invertieren können. Erschöpfend wurde diese Frage von Fermi und Montesano im „Zentralblatt für Bakteriologie und Parasitenkunde" 1895, 2. Abt., S. 482 behandelt.

Die Wirksamkeit der Mikroorganismen fällt mit jener ihrer Enzyme zusammen. Da die Enzyme später abzuhandeln sind, wird an geeigneterer Stelle diese Frage ihre Erledigung finden (Seite 147).

Mikroorganismen können den Zucker in verschiedene Gärungen bringen. Der Rohrzucker unterliegt folgenden Gärungen: 1. der alkoholischen, 2. der methylalkoholischen, 3. der Milch-, Butter- und Essigsäuregärung, 4. der schleimigen Gärung, 5. u. a. weniger bekannten und weniger wichtigen Gärungen.

Die hier interessierenden Gärungsarten werden im 11. Kapitel besprochen.

Verbindungen des Rohrzuckers.

Als Alkohol kann sich die Saccharose mit Basen zu Alkoholaten (siehe Anhang) vereinigen, die Saccharate heißen. Diese haben ganz andere Eigenschaften als der Zucker selbst.

Die wichtigsten Basen, die hier für die Saccharatbildung in Betracht kommen sind: Alkalien, Kalk, Strontian, Baryt und Blei. Die Alkalisaccharate spielen eine große Rolle bei der Theorie der Melassebildung, die andern genannten Basen bilden als Saccharate die Grundlage für die verschiedenen Melasseentzuckerungsverfahren. Hier interessieren nur die verschiedenen Kalksaccharate, weil deren Bildung bei der Scheidung eine wichtige Rolle spielt.

Der Zucker bildet mit dem Kalke folgende Saccharate: Kalziummonosaccharat (einbasischer Zuckerkalk), Anderthalbbasisches Kalziumsaccharat, Kalziumbisaccharat (zweibasischer Zuckerkalk), Kalzium, trisaccharat (dreibasischer Zuckerkalk). Außerdem Kalzium-, Tetra-- Hexa- und Oktasaccharat. Davon haben aber nur die ersten drer Saccharate größere Wichtigkeit, Ferner ist an dieser Stelle noch jenei Saccharate Erwähnung zu tun, die im Betriebe aus den Verunreinigungen der Kalkmilch entstehen könnten. Das sind Magnesiumsaccharat, Kalziummagnesiumsaccharat und Eisensaccharat.

Kalk ist in Zuckerlösungen mehr löslich als in reinem Wasser. Das beweist die auf Seite 80 wiedergegebene Tabelle Péligots und alle im folgenden Abschnitte angeführten Löslichkeitsversuche. Die größere Löslichkeit beruht auf der Bildung von Kalksaccharaten. Temperatur, Zuckerkonzentration und andere Bildungsverhältnsse bestimmen, welches der genannten Kalksaccharate entsteht.

Kalziummonosaccharat. Péligot gewann es als erster in reinem Zustande durch Fällen einer klaren, auf je 1 Mol. Zucker nicht ganz 1 Mol. $Ca(OH)_2$ enthaltenden Lösung mit Alkohol; es fällt dabei $C_{12}H_{22}O_{11} \cdot CaO + 2\,H_2O$ aus, das, bei 100—110° getrocknet, sein Kristallwasser verliert: $C_{12}H_{22}O_{11} \cdot CaO$.

Nach Lippmann übt die Form, in welcher der Kalk zugeführt wird, einen bemerkenswerten Einfluß auf die Bildung dieser Verbindung aus. Bei verdünnten Zuckerlösungen unter Zusatz von Kalkmilch tritt die Lösung des Kalkes und Bildung des Saccharates am raschesten bei Temperaturen zwischen 0° bis 15° C ein, weil bei diesen die Löslichkeit des Kalkes die größte ist: selbst bei fortgesetztem Rühren ist sie aber erst nach 16—18 Stunden beendigt. Verwendet man Ätzkalk (CaO) in groben Stücken, so löscht sich dieser unter starker Temperaturerhöhung, ohne die Saccharatbildung zu beeinflussen; ist derselbe jedoch als feinstes Pulver zur Anwendung gelangt, und hat die Zuckerlösung mittlere Konzentration, so geht der Kalk — bei fortwährendem Umrühren — bei jeder Temperatur unterhalb 70° unmittelbar, fast ohne fühlbare Wärmeentwicklung in Lösung und bildet momentan das einbasische Saccharat. Diese Reaktion geht desto rascher und vollständiger vor sich, je tiefer die Temperatur und je reiner, frischer und schärfer gebrannt der Ätzkalk ist; auch in starkverdünnten Lösungen wird der Kalk vollständig gebunden, ein Löschen findet trotz des großen Überschusses an Wasser nicht statt, und die Lösung erwärmt sich nur um 4—5°.

Bei Anwendung genau molekularer Mengen entsteht ausschließlich einbasisches Saccharat, das durch starken Alkohol vollständig ausgefällt werden kann und die schon von Péligot angegebene Formel besitzt.

Nach Stromeyer muß man 1½ Mol. Zucker anwenden. Der einbasische Zuckerkalk oder das Monokalziumsaccharat ist jene wichtige Verbindung, auf der die Scheidung und Saturation des Rohsaftes beruht, indem sie sich bei der Scheidung hauptsächlich bildet und bei der Kohlensäuresaturation in Kalkkarbonat und Zucker zerlegt wird: $C_{12}H_{22}O_{11} \cdot CaO + CO_2 = CaCO_3 + C_{12}H_{22}O_{11}$. — Kalziummonosaccharat bildet eine weiße, amorphe Masse, ist in Wasser löslich, in Alkohol unlöslich. Durch Erhitzen auf 150° wird es zersetzt.

Herzfeld stellte für das Kalziummonosaccharat folgende Konstitutionsformel auf:

$$\begin{array}{l} COH \\ | \\ CHOH \\ | \\ CHOH \\ | \\ CHOH \\ | \\ CHOH \\ | \\ CH_2 \cdot C_6H_{11}O_6 \end{array} + CaO = \begin{array}{l} CHO \\ | \\ CHO \\ | \\ CHO \\ | \\ CHOH \\ | \\ CHOH \\ | \\ CH_2 \cdot C_6H_{11}O_6 \end{array} \!\!\!\!\!\!\!\!\!\!\!\!\!\!\!\! \begin{array}{l} \\ \\ \Big\rangle Ca + H_2O \\ \\ \\ \\ \\ \\ \\ \\ \\ \end{array}$$

(In dieser Formel wurde nur das Glukosemolekül ausgeschrieben.) Nach dieser Formel wäre der Wasserstoff zweier Hydroxylgruppen durch das Kalzium ersetzt. Diese Verbindung wäre demnach ein Alkoholat und keine molekulare Anlagerung von Kalk an Zucker.

Sie hat eine wichtige Eigenschaft, welche die Grundlage eines Melasseentzuckerungsverfahrens bildet. Beim Kochen seiner Lösungen zersetzt sich Monokalziumsaccharat unter Bildung von dreibasischem Kalksaccharate und freiem Zucker

$$3\,(C_{12}H_{22}O_{11} \cdot CaO) = \underset{\text{unlöslich}}{C_{12}H_{22}O_{11} \cdot 3\,CaO} + 2\,C_{12}H_{22}O_{11}.$$

Dieses fällt beim Kochen unlöslich aus, löst sich aber beim Erkalten wieder unter Bildung von Monosaccharat.

Seine Bildungswärme ermittelte Herzfeld zu 8,63 Kal bei Bildung aus 10 proz. Zuckerlösung und Kalkhydrat. Es ist schwierig oder gar nicht dialysierbar.

Dem anderthalbbasischen Kalziumsaccharat $(C_{12}H_{22}O_{11})_2 \cdot 3\,CaO$ kommt hier keine Bedeutung zu, und außerdem ist „dessen Individualität keineswegs sicher" feststehend. Vorgreifend kann auch dasselbe vom Kalziumtetrasaccharat und -oktasaccharat behauptet werden Lippmann).

Kalziumbisaccharat entsteht auf mehrere Weisen, u. a.: beim Kochen einer wässerigen Lösung von je 1 Teil Kalziummonosaccharat und -trisaccharat, bei starkem Abkühlen einer filtrierten Lösung von viel überschüssigem Kalkhydrat und Zuckerwasser.

Rührt man in eine Lösung von Zucker oder Monosaccharat 2 Mol. feinsten, frisch gebrannten, hydratfreien Ätzkalkstaub möglichst rasch und gleichmäßig ein, so wird nach Lippmann dieser unter Temperaturerhöhung von 6 bis 8^0 vollständig an den Zucker gebunden und es entsteht das Bisaccharat $C_{12}H_{22}O_{11} \cdot 2\,CaO$; war zu wenig Ätzkalk vorhanden, so entsteht daneben Monosaccharat. Durch Abkühlung dieser Lösung mit Eis erhält man schöne weiße Kristalle von obiger Formel; diese sind löslich in kaltem Wasser, besser in Zuckerlösungen.

Beim Kochen solcher Lösungen zerfällt das Bisaccharat in Trisaccharat und freien Zucker:

$$3\,(C_{12}H_{22}O_{11} \cdot 2\,CaO) = 2\,(C_{12}H_{22}O_{11} \cdot 3\,CaO) + C_{12}H_{22}O_{11}.$$

Kalziumtrisaccharat. Außer den beiden schon erwähnten Methoden — Kochen von Mono- und Bikalziumsaccharaten — entsteht es als starrer, körniger Brei beim Eintragen von 3 Mol. gepulvertem Kalk in eine alkoholische Lösung von 1 Mol. Zucker, wobei Temperaturerhöhung um ca. 15^0 stattfindet (Seyffart). In diesem Zustande hat es 4 Mol. Kristallwasser und somit die Formel: $C_{12}H_{22}O_{11} \cdot 3\,CaO + 4\,H_2O$. Über Schwefelsäure getrocknet, verliert es 1 Mol. Wasser. Aus wässerigen Lösungen fällt es mit 3 Mol. Kristallwasser aus, dies aber nur dann, wenn die wässerige Lösung völlig mit Kalk gesättigt ist. Ein vorhandener Zuckerüberschuß verhindert die Ausfällung, befördert aber jene des Kalkes, d. h. man erhält sehr kalkreiche Niederschläge, die nur einen Bruchteil des gelösten Zuckers enthalten. Geringe Mengen Alkali und Erdalkalichloride fördern die Fällung des Saccharates aus kalkgesättigten Lösungen. In größeren Mengen wirken sie fällungshemmend (Degener).

Der dreibasische Zuckerkalk bildet weiße, kompakte Flocken, die in heißem Wasser schwerer löslich sind als in kaltem. Die Fällung ist desto fester und kristallinischer, bei je höherer Temperatur sie erfolgt. In Zuckerlösungen löst es sich leicht; daher kann man dieses Saccharat zur Scheidung des Rübensaftes verwenden.

Fällt man es aus Zuckerlösungen, die gleichzeitig freie Alkalien enthalten, so scheinen Verbindungen zu entstehen, in denen ein Teil des Kalkes durch Alkali ersetzt ist, z. B. $C_{12}H_{22}O_{11} \cdot 2\,CaO \cdot K_2O$. —

Die Alkalisaccharate, die durch Verbindung zwischen Zucker und z. B. Chlornatrium und Chlorkalium oder den entsprechenden Oxyden entstehen, sind sehr leicht lösliche, sirupöse Körper und hindern daher den Zucker an seinem Auskristallisieren. Sie sind also Melassebildner und in dieser Funktion später ausführlicher besprochen.

Magnesiumsaccharat will Maumené erhalten haben, ebenso Dubreul. Doch wird dieses sowie die Existenz eines Kalziummagnesiumsaccharates von anderen bestritten.

Saccharate entstehen auch durch Auflösen von Metallen in Zuckerlösungen, z. B. löst sich Eisen bei Luftzutritt allmählich im Zuckerwasser auf; beim Eindampfen scheidet sich eine amorphe Masse von der Formel $C_{12}H_{22}O_{11} \cdot FeO$ aus. Auch metallisches Blei geht je nach der Temperatur in Lösung.

Wichtiger als die letztgenannten Saccharate sind die Baryum- und Strontiumsaccharate, besonders für die Technik der Melasseentzuckerung. Letztere ist in dieses Buch nicht aufgenommen worden, und so genügt hier bloß ein Hinweis auf diese Saccharate und die Angabe ihrer Zusammensetzung: Monostrontiumsaccharat $C_{12}H_{22}O_{11} \cdot SrO + 5\,H_2O$, Bistrontiumsaccharat $C_{12}H_{22}O_{11} \cdot 2\,SrO$, Baryumsaccharat $C_{12}H_{22}O_{11} \cdot BaO$.

Löslichkeitserscheinungen in Zuckerlösungen.

Viele Vorgänge in der Zuckerfabrikation sind auf die Löslichkeitsverhältnisse organischer und anorgnaischer Verbindungen zurückzuführen, die in (alkalischen) Zuckerlösungen andere Löslichkeitsverhältnisse zeigen als in reinem Wasser. Es erscheint angezeigt, alle hier in Betracht kommenden Verbindungen aufi hre Löslichkeit in Zuckerlösungen zu untersuchen, um später den Zusammenhang der Darstellung nicht zu stören.

Die meisten von diesen werden umso löslicher, je konzentrierter die Zuckerlösung und je höher die Temperaturen sind. Dies zeigt z. B. deutlich die folgende Tabelle:

Tabelle Nr. 8.

Aufnahme von Kalk durch Zuckerlösungen nach Péligot.

In 100 Teilen Wasser gelöster Zucker	Dichtigkeit der Zuckerlösung	Dichtigkeit der mit Kalk gesättigten Lösung	Der gelöste Zuckerkalk enthält in 100 Teilen	
			Kalk	Zucker
40,0	1,122	1,179	21,0	79,0
37,5	1,116	1,175	20,8	79,2
35,0	1,110	1,166	20,5	79,5
32,5	1,103	1,159	20,3	79,7
30,0	1,096	1,148	20,1	79,9
27,5	1,089	1,139	19,9	80,1
25,0	1,082	1,128	19,8	80,2
22,5	1,075	1,116	19,3	80,7
20,0	1,068	1,104	18,8	81,2
17,5	1,060	1,092	18,7	81,3
15,0	1,052	1,080	18,5	81,5
12,5	1,044	1,067	18,3	81,7
10,0	1,036	1,053	18,1	81,9
7,5	1,027	1,040	16,9	83,1
5,0	1,018	1,026	15,3	84,7
2,5	1,009	1,014	13,8	86,2

Doch gilt das nicht ganz allgemein; es liegen auch widersprechende Verhältnisse vor, so daß also die Natur des betreffenden Körpers eine große Rolle spielt. Die jeweils herrschenden Gesetzmäßigkeiten sollen bei den einzelnen Substanzen besprochen werden. Von größter Wichtigkeit ist die Kenntnis der Löslichkeit des Kalkes in Zuckerlösungen. Außer Péligot bestimmten Lamy, Herzfeld, Pellet, Weisberg u. a. dieselbe unter verschiedenen Versuchsbedingungen. Das Verhalten der Konzentration, der Temperatur, Form und Menge des zugesetzten Kalkes, Dauer des Rührens usw. wurden studiert; da „aber diese Versuche noch zu wenig einheitlich und zum Teil auch nicht genug genau ausgeführt sind, um sichere Zahlen als Grundlage für praktische Schlußfolgerungen zu geben, und zum Teil auch nicht übereinstimmende Resultate ergaben", hat Claassen die Löslichkeit des Kalkes in reinen und unreinen Zuckerlösungen von neuem experimentell studiert (Z. V. d. Zuckerind. 1911, S. 489). Ohne Wiedergabe des großen Zahlenmaterials seien hier die wichtigsten Versuchsergebnisse angeführt: 1. die Löslichkeit des Kalkes in reinen Zuckerlösungen ist abhängig von der Art des Kalkzusatzes (Trockenkalk, Kalkmilch, Kalkhydrat); 2. unter sonst gleichen Umständen löst sich sonst die gleiche Menge; 3. die Löslichkeit nimmt mit der Temperatur ab und nimmt mit der Konzentration der Zuckerlösung zu; 4. unreine Zuckerlösungen (Dünnsaft) verhalten sich wie reine von gleichem Zuckergehalt. Die weiteren praktischen Folgerungen, die Claassen aus seinen Versuchen zieht, sind im Kapitel „Scheidung" zu sehen.

Tabelle Nr. 9.
Einfluß des Zuckergehaltes der Lösung
mit 5% CaO als Kalkmilch und Zuckerlösungen verschiedener Konzentration.

Gehalt der Zuckerlösung %	Gehalt an CaO in 100 g. Lösung nach Minuten 5	15	30	60	Auf 100 Pol. gelöster CaO nach Minuten 5	10	90	Versuchs. temp. C.
10	0,200	0,200	0,193	0,191	1,9	1,9	—	80°
16,7	0,300	0,312	0,319	0,320	1,8	1,9	—	80°
33,3	1,500	1,552	1,565	1,587	4,5	4,8	—	80°
50	—	—	2,359	2,340	30 Min. 4,6	4,6	2,325	80°
10	0,410	0,420	0,424	0,439	4,0	4,2	—	50°
16,7	1,040	1,062	1,067	1,070	6,2	6,3	—	50°
10	1,318	1,382	1,400	1,411	12,9	13,8	—	20°
16,7	2,550	2,800	2,821	2,983	15,5	18,1	—	20°

Diese (gekürzte) Tabelle zeigt deutlich den Einfluß der drei wichtigsten Faktoren: Temperatur, Dauer und Konzentration der Zuckerlösung.

Den Einfluß der Temperatur bei gleichbleibender Konzentration zeigt auch folgende Tabelle nach Claassen.

Tabelle Nr. 10.
Einfluß der Temperatur.
In 100 g Lösung mit 13% Zucker sind gelöst CaO:

Temperaturen	Mit Kalkmilch	Mit Trockenkalk
bei 0° C	3,18	3,11
10	2,62	—
20	2,12	3,21
30	1,48	—
40	0,99	—
50	0,65	1,25
60	0,45	0,79
70	0,30	0,49
80	0,24	0,32
90	0,19	0,26
100	0,18	0,23

Ferner ersieht man aus derselben, daß Trockenkalk leichter löslich ist als Kalk in Form von Kalkmilch. Bei langsamem Löschen des Trockenkalkes bei 0° bildet sich größtenteils zuerst Kalkhydrat; dann erst löst sich dieses, so daß bei 0° die Löslichkeit beider Kalksorten die gleiche ist.

Über denselben Gegenstand arbeitete schon früher Weisberg (1900.) Wichtiger ist der Abschnitt „Über die Löslichkeit der verschiedenen Formen des Kalkes in Zuckerlösungen bei höheren Temperaturen“. Wenn er auch die folgende Tabelle nicht als endgültig betrachtet, so gibt sie doch einen Überblick über die hier herrschenden Verhältnisse (Z. V. d. Zuckerind. 1901, S. 17).

Tabelle Nr. 11.

Trockenes Kalkpulver CaO				Kalkhydrat $Ca(OH)_2$				Kalkmilch $Ca(OH)_2 + H_2O$			
Zusammensetzung der Zuckerkalklösg. bei gewöhnl. Temp.		Zusammensetzg. derselben beim Erhitzen auf 80° und Filtraticn		Zusammensetzung der Zuckerkalklösg. bei gewöhnl. Temp.		Zusammensetzung ders. beim Erhitzen auf 90° und Filtration		Zusammensetzung der Zuckerkalklösg. bei gewöhnl. Temp.		Zusammensetzung ders. beim Erhitzen auf 90° und Filtration	
g Zucker i. 100 cm³ Lösg.	g gelöster CaO auf 100 g Zucker	g Zucker i 100 cm³ Lösg.	g gelöster CaO auf 100 g Zucker	g Zucker i. 100 cm³ Lösg.	g gelöster CaO auf 100 g Zucker	g Zucker in 100 cm³ Lösg.	g gelöster CaO auf 100 g Zucker	g Zucker i. 100 cm³ Lösung	g gelöster CaO auf 100 g Zucker	g Zucker in 100 cm³ Lösg.	g gelöster CaO auf 100 g Zucker
13,68	27,8	10,97	21,18	12,63	25,5	8,16	7,50	—	—	—	—
10,76	27,6	7,49	16,60	11,59	26,0	7,12	6,84	11,49	23,1	8,79	11,79
6,86	27,7	4,58	16,15	9,15	26,0	5,72	6,36	8,85	23,1	6,29	8,18
4,00	27,4	2,68	13,59	8,68	25,5	5,62	7,67	5,67	23,1	3,95	7,65
4,43	27,8	2,78	—	—	—	—	—	—	—	—	—

Im selben Jahre stellten auch Schnell und Geese Versuche über die Löslichkeit des Kalkes in Zuckerlösungen an und fanden, daß diese abhängt: 1. von der Form, in welcher der Kalk zugesetzt wird, 2. von der Temperatur, 3. bei Trockenkalk von seiner Löschfähigkeit und 4. bei Kalkpulver von der Art und Weise, wie die Mischung gehandhabt wird. Ihre Resultate lassen sich zweckmäßig in folgender kleinen Tabelle zusammenstellen:

Tabelle Nr. 11a.

Temperatur	Kalkmilch (2—3 %)	Stückkalk	Stückkalk
	Polar. der Zuckerlösung 9—10,5%	10 proz. Zuckerlösung	12 proz Zuckerlösung
nicht unter 70°C	0,25 % CaO	0,30—0,50	0,52—0,63
50—70°	0,42	0,47—0,70	0,72—0,90
20°	1,34	—	—

Im Jahre 1908 bestimmte Ehrenstein die Alkalität des geschiedenen Saftes je nach Art der Kalkzugabe bei 70° C und gleichen Kalkmengen zu: bei Kalkmilch 0,15—0,20%, in kleinen Stücken 0,25 bis 0,30%, gelöscht zu Staubkalkpulver 0,20—0,25%, als feines Mehl 0,30 bis 0,35% CaO. Am löslichsten wäre demnach Kalkpulver.

Schnell fand die Alkalität bei Kalkmilchzugabe (3% CaO) zu einer 10 proz. Zuckerlösung bei 70° C zu 0,25% CaO. Wurde diese dann auf 50, bzw. 20° abgekühlt, so stieg die Löslichkeit auf 0,42, bzw. 1,34%. Bei Trockenscheidung hingen die erzielten Alkalitäten von den Rührvorrichtungen, der Zeitdauer und der Temperatur ab.

Die Löslichkeit des Kalkes in Zuckerlösungen beruht auf der Bildung von Kalksaccharaten. Zwischen dem Zucker und den entsprechenden Kalkmengen herrscht in konzentrierten Lösungen das Verhältnis wie im Bikalziumsaccharat, in verdünnten Lösungen wie im Monosaccharat.

Wegen der Saturation der Säfte mit schwefliger Säure ist die Kenntnis der Löslichkeit der Sulfite von großer Bedeutung. Nach Bresler wird die Löslichkeit des schwefligsauren Kalziums mit steigender Konzentration geringer. In heißer alkalischer 10proz. Zuckerlösung lösen sich pro 100 Teile Zucker etwa zehnmal soviel wie in 50proz. Zuckerlösung. Nach Eckleben lösen sich 0,156 74 g $CaSO_3$ in 100 Teilen Saft mit 8% Zucker. Ferner liegt folgende Angabe vor: In 100 Teilen einer 10proz. Zuckerlösung lösen sich bei gewöhnlicher Temperatur 0,0368 Teile, in einer 30proz. Zuckerlösung 0,0374 Teile $CaSO_3$.

J. Weisberg bestimmte die Löslichkeit des schwefligsauren Kalziums in

Wasser	: 100 cm³	enthielten	0,0043 g	$CaSO_3$
10proz. Zuckerlösung	: ,,	,,	0,008 25	,,
30proz. ,,	: ,,	,,	0,008 00	,,
	nach 24 Stunden aber nur:			
10proz. Zuckerlösung	: 100 cm³	enthielten	0,0066 g	$CaSO_3$
30proz. ,,	: ,,	,,	0,0069	,,

Dieses Salz ist somit in einer Zuckerlösung leichter löslich als in reinem Wasser, und zwar mit steigender Konzentration geringer — allerdings ist die Differenz nach Weisbergs Zahlen nur eine außerordentlich kleine; nach 24 Stunden war weniger gelöst, weil sich das Kalziumsulfit zu Sulfat oxydiert und letzteres bedeutend weniger löslich ist als ersteres[1]). Diese Oxydation geht schon bei gewöhnlieher, rascher aber bei höherer Temperatur vor sich. Dies ist ein Grund für die Schwierigkeit dieser Lösungsversuche und für die Unrichtigkeit der älteren Angaben (Battut) und ist in Betracht zu ziehen, wenn man aus der Löslichkeit des Sulfites in Zuckerlösungen Schlüsse für den Betrieb ziehen will. Dabei ist stets daran zu denken, daß der schwefligsaure Kalk keine beständige Verbindung ist, leicht in Sulfat übergeht, daß die Säfte der Fabrikation stets heiß gehalten werden, und so auf dem Wege bis zur Füllmasse größtenteils Sulfit in Sulfat verwandelt wird. Auch für die Versuche ist es sehr schwer, ein sulfatfreies Sulfit herzustellen. Das bedingt dann in den Versuchser gebnissen einen Fehler (Bull. 1896). Die Löslichkeit des Kalziumsulfites in Zuckerlösungen bestimmte auch Geese. (Siehe Tabellen Nr. 84a und 84b).

Der erste, der die Löslichkeit des Kalziumsulfates in Zuckerlösungen untersuchte, war Sostmann (1866), ferner Pellet und Jacobsthal, die aber nicht zu völlig übereinstimmenden Resultaten gelangten. Im allgemeinen fanden sie, daß Konzentrations- und Temperatursteigerung die Löslichkeit dieses Salzes vermindern.

Ausführliche Untersuchungen über diesen Gegenstand stammen von Stolle (Z.V.d.Zuckerind. 1900, S.321). Dieser Forscher arbeitete mit verschieden konzentrierten Zuckerlösungen bei verschiedenen Temperaturen (30—80° C) und stellte folgende Tabelle auf:

---

[1]) Tabelle Nr. 12 lehrt das Gegenteil.

Tabelle Nr. 12.
Löslichkeit des Gipses in Zuckerlösungen.
1 Liter Zuckerlösung löst Gramm Gips:

Proz.-Gehalt der Zuckerlösung	30° C	40° C	50° C	60° C	70° C	80° C
0	—	2,157	1,730	1,730	1,652	1,710
10	2,041	1,730	1,730	1,574	1,574	1,613
20	1,808	1,652	1,419	1,380	1,419	1,263
27	1,550	1,438	1,361	1,283	1,283	0,972
35	1,263	1,050	1,088	1,108	0,914	—
42	1,030	—	0,777	0,816	0,855	0,729
49	—	0,564	0,739	0,564	0,603	0,486
55	—	0,486	0,505	0,486	0,369	0,333

Diese Tabelle bestätigt die oben aufgestellte Beziehung zwischen Löslichkeit des Gipses in Zuckerlösungen und deren Konzentration und Temperatur. Auch ist zu sehen, daß die Zuckerlösungen stets weniger Gips aufnehmen als reines Wasser bei derselben Temperatur.

Zu ähnlichen Resultaten kamen auch Saillard und Wehrung. Diese arbeiteten bei einer Versuchstemperatur von 45—46° und Konzentrationen von 0—55% Zucker. Trotz Sostmanns gegenteiligen Befunden stimmen die genannten Forscher darin überein, daß der Gips bei gleicher Temperatur mit steigender Konzentration der Zuckerlösung weniger löslich werde. Dasselbe konstatierte für reine Zuckerlösungen und Betriebssäfte G. Bruhns (C. f. d. Z. XV, 1907, S. 366).

Für die Löslichkeit des Kalziummonosulfides — das bei der Knochenkohle eine Rolle spielt — ist in Betracht zu ziehen, daß dieses sich in Wasser zu Kalziumsulfhydrat $Ca(SH)_2$ und CaO zersetzt (H. Rose). Dubrunfaut und Battut, ebenso Béchamp fanden, daß die Löslichkeit des Kalziummonosulfides mit der Konzentration und Temperatur der Zuckerlösung steigt. Stolle stellte auf Grund eigener experimenteller Arbeiten folgende Tabelle auf (Z. V. d. Zuckerind. 1900, 336):

Tabelle Nr. 13.
Löslichkeit des Kalziummonosulfides in Zuckerlösungen.
Gramm CaS in 1 l Zuckerlösung:

Proz.-Gehalt d. Zuckerlösg.	30° C	40° C	50° C	60° C	70° C	80° C	90° C
0	1,9816	2,1230	1,2352	1,3895	1,6960	2,0320	2,4963
10	1,8660	1,3155	1,4412	1,6730	1,5600	1,6340	1,5440
20	2,1875	1,6988	1,8015	1,9045	1,8785	1,8915	1,9300
27	2,5221	2,0975	2,0590	2,2260	2,3420	2,3035	2,3566
35	2,6893	2,2647	2,3035	2,4065	2,3420	2,8565	2,9467
42	2,3419	2,1360	2,2261	2,5221	2,5735	2,5090	2,6893
49	2,4450	2,2900	2,4579	2,6375	2,7279	2,8180	3,0625
55	2,5090	2,2260	2,3403	2,8824	2,7665	2,9724	3,6158

Stolle bestätigte also die Richtigkeit der Versuchsergebnisse seiner Vorgänger. Mit steigender Konzentration und Temperatur wächst die Löslichkeit des Sulfides, und zwar besonders mit der Konzentration. Stolle konnte auch konstatieren, daß das in Lösung gegangene Kalziumsulfid sich zersetzt hatte: die Lösungen reagierten alkalisch von dem nach folgender Gleichung resultierenden Kalk

$$CaS + H_2O = Ca(HS)_2 + CaO$$

und rochen nach Schwefelwasserstoff (H_2S). — In Lösungen von Kupfersulfat gebracht, wurde CuS (Kupfersulfid) gefällt[1]), welch letzteres sich in Zuckerlösungen mit grünlicher Farbe löst. Die Schädlichkeit dieser Erscheinungen für den Betrieb wird später dargelegt werden (siehe S. 605).

Anschließend daran soll gleich die Löslichkeit der Sulfide von Eisen und Kupfer nach Stolle gezeigt werden. 1 l Zuckerlösung löst mg Sulfid:

Tabelle Nr. 14.

Proz.-Gehalt der Zuckerlösg.	FeS			CuS		
	17,5°	45°	75°	17,5°	45°	75°
10	3,8	3,8	5,3	567	365	1134
30	7,1	9,1	7,2	863	722	1203
50	9,9	19,8	9,1	907	1058	1280

Die viel größere Löslichkeit des CuS gegen das FeS ist augenfällig (wenn kein Druckfehler vorliegt), ebenso die herrschenden Gesetzmäßigkeiten. — Die Lösungen des Eisensulfides waren gelb, die des Kupfersulfides grün gefärbt.

Über die Löslichkeit des Kalziumkarbonates liegen folgende Angaben vor: bei gewöhnlicher Temperatur löst eine

10proz. Zuckerlösung 0,0060 Teile (in 100 Teilen Lösung) und eine
30proz. „ 0,0034 „ „ „ „ (Battut).

Also fällt die Löslichkeit mit steigender Temperatur und mit steigender Konzentration der Zuckerlösung. Bei Siedehitze erfolgt keine Lösung.

Fällt man den Kalk einer Zuckerlösung in der Hitze durch Kohlensäure heraus, so wird sich der Niederschlag beim Abkühlen wieder auflösen; umgekehrt wird eine klare Lösung des Kalkkarbonates in Zuckerlösung bei Erhitzen durch das ausfallende Karbonat getrübt (Wachtel).

Jacobsthal fand für Kalziumkarbonat und Magnesiumkarbonat die nachstehenden Löslichkeiten für kalte Lösung (Temperatur nicht angegeben):

---

[1]) $CuSO_4 + H_2S = \underset{\text{unlösl.}}{CuS} + H_2SO_4$

Tabelle Nr. 15.

In Lösung % Zucker	Kalzium-karbonat %	Magnesium-karbonat %
0	0,002 685	0,031 710
5	0,003 565	0,019 950
10	0,002 759	0,019 320
15	0,002 355	0,019 425
20	0,002 170	0,021 315
30	0,000 845	0,028 350

In folgender Tabelle sind die Resultate Andrlíks „Über die Löslichkeit des Eisen- und Aluminiumoxyds und der Kieselsäure bei der Einwirkung von Zuckerlösungen auf den gewöhnlichen unreinen Ätzkalk" niedergelegt (Z. f. Zuckerind. i. B. 1899, S. 551). Die Zahlen beziehen sich auf eine 10proz. Raffinadelösung bei 75° C.

Tabelle Nr. 16.

Alkalität d. Lösung % CaO	gelöst % SiO_2	gelöst % $Fe_2O_3 + Al_2O_3$	Alkalität d. Lösung % CaO	gelöst % SiO_2	gelöst % $Fe_2O_3 + Al_2O_3$	Alkalität d. Lösung % CaO	gelöst % SiO_2	gelöst % $Fe_2O_3 + Al_2O_3$
0,330	0,0008	0,0106	0,354	0,0028	0,0090	1,040 (gew.) Temp.	0,0012	0,0460
0,267	0,0009	0,0115	0,202	0,0026	0,0090	0,450 } 75° C	0,0019	0,0300
0,225	0,0016	0,0124	0,155	0,0012	0,0034	0,120 } 75° C	0,0012	0,0150
0,183	0,0032	0,0106	0,076	0,0012	0,0042	0,0145 } 75° C	0,0005	0,0135
0,147	0,0006	0,0036	0,070	0,0008	0,0038			
0,077	0,0003	0,0046	0,037	0,0012	0,0024			
0,0702	0,0016	0,0062	0,0	0,0006	0,0012			
0,042	0,0014	0,0040						
0,014	0,0008	0,0032						
0,0	0,0009	0,0026						

Die Löslichkeit der Kieselsäure ist eine nur geringe und von der Alkalität ziemlich unabhängig. Die Löslichkeit der beiden Oxyde nimmt mit fallender Alkalität ab, sobald sie auf 0,15—0,07 gesunken ist. Im dritten Versuche wurde zunächst die Zuckerlösung bei gewöhnlicher Temperatur mit Kalk durch 24 Stunden zusammengebracht: die Löslichkeit war da eine größere und blieb auch so, als dieser Versuch wieder bei der früheren Versuchstemperatur (75° C) fortgesetzt wurde.

Beim Verdampfen oxydhaltiger Zuckerlösungen werden die Oxyde teilweise wieder ausgeschieden (siehe „Verdampfung" und „Dicksaftfiltration".

Ferner wies Andrlík nach, daß eine 10proz. Zuckerlösung aus dem gebrannten Kalke Kalkaluminiumsilikate und Kalksilikate aufnimmt.

Über die Löslichkeit von Eisenhydroxyd $Fe_2(OH)_6$, Eisenoxyd Fe_2O_3 und Eisenoxyduloxyd Fe_3O_4 liegen Angaben von Stolle vor. Eisenoxyd bildet ein Saccharat, die andern genannten Eisenverbindungen nicht. Die Löslichkeit ist eine außerordentlich geringe — siehe die

Zahlen für FeS S. 85 —, wobei dieses noch löslicher ist als die andern Eisenverbindungen. Trotz ihrer geringen Löslichkeit verleihen diese Verbindungen doch den Raffinerieklären eine gelbliche Färbung.

Die Löslichkeit der gebrannten Magnesia in reinen Zuckerlösungen (10proz.) ist nach Weisberg bei gewöhnlicher Temperatur etwa 300mal geringer als die des Kalkes und in der Siedehitze noch geringer als bei gewöhnlicher Temperatur. Das Magnesiumkarbonat ist mit steigender Konzentration der Zuckerlösung löslicher, aber immer weniger löslich als in reinem Wasser. Z. B. lösen sich nach Jacobsthal (1868) in 1000 cm³ Wasser 0,3171, in einer 30proz. Zuckerlösung 0,2835% $MgCO_3$ (siehe Tabelle Nr. 15).

Derselbe arbeitete auch mit Trikalziumphosphat, doch sind die Versuchsergebnisse so schwankend, daß sich irgendeine Gesetzmäßigkeit sicher ableiten ließe. Mit zunehmendem Zuckergehalte fällt die Löslichkeit im allgemeinen.

Die Kalksalze der organischen Säuren sind alle mehr oder minder löslich. Von jenen der Oxalsäurereihe gilt, daß ihre Löslichkeit mit steigendem Molekulargewichte der Säuren zunimmt.

Von großer Wichtigkeit für die Aufhellung mancher Betriebserscheinungen ist die Kenntnis der Löslichkeit des Kalziumoxalates in Zuckerlösungen. Weisberg bestimmte die Löslichkeit bei höherer Temperatur. Für die Betriebsverhältnisse besser verwertbare Versuche stellte A. Rümpler an, indem er nicht mit reinen Zuckerlösungen operierte, sondern diese mit Ätzkalk alkalisch machte. Er sieht in der Anwesenheit des Ätzkalkes die Ursache der Löslichkeit des Kalziumoxalates, in Übereinstimmung mit Dehn, der die Vermutung aussprach, daß es hauptsächlich der Zuckerkalk in Zuckerlösungen sei, der das Kalziumoxalat löse. Die Ammoniakalkalität vermag dies nicht zu tun. Folgerungen aus diesen Ergebnissen sind gelegentlich der Ausscheidungen in den Verdampfkörpern gezogen (S. 408), (D. Z. 1897, S. 678). Während Rümpler bei gewöhnlicher Temperatur arbeitete, tat dies Bresler bei höherer (70°).

1. Jacobsthal zeigte, daß eine mehr als 5proz. Zuckerlösung weniger Kalziumoxalat auflöst als reines Wasser; in verdünnterer Zuckerlösung hingegen ist dieses Salz löslicher als in reinem Wasser. 1000 cm³ Wasser lösten 0,032 95 g Oxalat, als wasserfreies Salz gerechnet; hingegen lösten 1000 cm³ einer Zuckerlösung von

5%	„	0,047 05 g	bei 17° C
10%	Zucker	0,028 70 g	„
15%	„	0,012 25 g	„

Diese Versuche wurden mit reinen Zuckerlösungen vorgenommen.

2. Rümpler stellte zwei Versuchsreihen an. Die erste mit konstantem Zucker- und variablem Ätzkalkgehalte. Eine Zuckerlösung von 25,8% Zucker löste bei gewöhnlicher Temperatur und einem Kalkgehalte von Prozent CaO folgende Prozente Kalziumoxalat:

Tabelle Nr. 17a.

CaO %	$C_2O_4Ca \cdot H_2O$ %
0,773	0,0000
1,156	0,0042
1,790	0,0225
2,312	0,0349
2,993	0,0520

Mit steigendem Zuckergehalte nimmt bei gleichbleibendem Kalkgehalte die Löslichkeit des Kalziumoxalates ab. In dieser Versuchsreihe zeigt sich auch die schon von Jacobsthal konstatierte merkwürdige Erscheinung, daß die Löslichkeit zunächst zu und dann abnimmt.

Mit steigendem Kalkgehalte nimmt die Löslichkeit des Kalziumoxalats bei gleichbleibendem Zuckergehalte demnach zu.

Die zweite Versuchsreihe wurde bei konstantem Kalkgehalte (ca. 2% CaO) und steigendem Zuckergehalte bei gewöhnlicher Temperatur ausgeführt.

Tabelle Nr. 17b.

Zucker %	$C_2O_4Ca \cdot H_2O$ %
7,1	0,0392
20,1	0,0463
32,2	0,0262
43,2	0,0059
50,0	0,0000

3. Bresler führte Rümplers Versuche bei Temperaturen von 75° C mit denselben Resultaten durch. Z. B. lösen 100 cm³ einer 14,2proz. Zuckerlösung mit 2% CaO 0,0284 g Kalziumoxalat. Es ist bei höherer Temperatur wohl löslicher als bei gewöhnlicher, aber auch in der Wärme fällt die Löslichkeit des Oxalates mit steigendem Zuckergehalte und steigt mit steigendem Kalkgehalte. Bei einem Gehalt von 50% Zucker ist die Löslichkeit fast Null.

Im folgenden seien „Löslichkeitszahlen“ einiger organischsauren Kalksalze nach H. Breslers Untersuchungen angeführt. Unter der Löslichkeitszahl versteht er diejenigen Gewichtsteile wasserfreien Salzes, welche mit 100 cm³ Zuckerlösung eine gesättigte Lösung bilden. Nebenbei erwähnt, ein Vorschlag, den Bresler machte, um alle Löslichkeitsbestimmungen in Zukunft auf gleiche Basis zu stellen.

Glutarsaures Kalzium: für eine 10proz. Zuckerlösung bei 81° C 2,249
„ „ 50proz. „ „ 81° „ 2,013
Adipinsaures Kalzium: „ „ 10proz. „ „ 89,2° „ 1,4214
„ „ 25proz. „ „ 87,5° „ 1,1037
„ „ 50proz. „ „ 91,4° „ 0,8731

Mit steigendem Zuckergehalte fällt demnach die Löslichkeit der zuletzt genannten Salze bei gleicher Temperatur.

Weiter bestimmte derselbe die Löslichkeitszahlen für die Kalksalze der Glykon-, Malon-, Bernstein-, Trikarballyl-, Akonit- und Zitronensäure. Alle haben relativ hohe Löslichkeitszahlen. Sehr geringe Löslichkeit zeigte das weinsaure Kalzium.

Über die Löslichkeit des Kalziumzitrates liegen nur Untersuchungen von Jacobsthal vor. Auch hier gilt dieselbe Gesetzmäßigkeit wie bei den bisher besprochenen organischsauren Kalksalzen.

Tabelle Nr. 18.

% Zucker d. Lösung	% wasserfreies Kalziumzitrat	
0	0,181 27	gewöhnliche Temperatur
5	0,157 84	
10	0,138 43	
15	0,150 51	
20	0,145 35	
30	0,145 38	

Die fettsauren Kalksalze sind nach Bresler in heißen Zuckerlösungen leichter löslich als in kalten, aber immer schwer löslich. Nach Herzog steigt die Löslichkeit dieser Salze nicht nur mit der Temperatur, sondern auch mit der Konzentration der Zuckerlösungen.

Nichtzuckerstoffe der Rübe.

Die Nichtzuckerstoffe sollen im nachfolgenden gleich dem Zucker in jenen physikalischen und chemischen Eigenschaften betrachtet werden, die sich bei der Verarbeitung der Rübe irgendwie geltend machen können.

Der Verfasser könnte sich diese schwierige Aufgabe sehr leicht machen und auf das vorzügliche Buch Rümplers „Die Nichtzuckerstoffe der Rüben in ihren Beziehungen zur Zuckerfabrikation“ (1898) einfach hinweisen. Davon aber halten ihn folgende Bedenken ab: erstens würde das vorliegende Buch dadurch nur unvollständig werden, denn es geht nicht, in einer „Chemie der Zuckerindustrie“ der Chemie des Rohmaterials nicht die nötige Aufmerksamkeit zu schenken; zweitens sind seit dem Erscheinungsjahre des genannten Buches bedeutende Arbeiten erschienen, von denen manche früher dunkel Gewesenes aufhellten. Diese mußten aufgenommen werden. Drittens ist Rümplers Buch mit Rücksicht auf den vorliegenden Zweck in manchen Punkten zu ausführlich und weitgehend. Hier interessieren weder Konstitutionsformeln und Beweise hierfür, noch die Darstellungsmethoden der einzelnen chemischen Verbindungen im Laboratorium und Eigenschaftsänderungen unter Bedingungen, die im Betriebe nicht herrschen. Aus ähnlichen Erwägungen wurde bei der Besprechung des Rohrzuckers nicht einfach auf O. E. v. Lippmanns ausgezeichnete „Chemie der Zuckerarten" verwiesen.

Mit den Kohlenhydrat-Nichtzuckern sei begonnen. Invertzucker und Raffinose sind wohl „Zucker", aber vom Standpunkte des Zuckerfabrikanten verhalten sie sich wie Nichtzuckerstoffe.

b) Invertzucker.

Im vorigen Abschnitte wurde gezeigt, daß der Invertzucker das Produkt einer Hydrolyse der Saccharose ist und zu gleichen Teilen aus Traubenzucker (d-Glukose) und Fruchtzucker (d-Fruktose) besteht, $C_6H_{12}O_6 + C_6H_{12}O_6$. Dubrunfaut stellte ihn im Jahre 1830 als erster dar. Außer in den Rüben kommt er noch vielfach im Pflanzenreiche vor.

Der Gehalt der Rüben an Invertzucker ist im allgemeinen nur ein sehr geringer, hängt von den Wachstumsbedingungen, Einmietungen u. a. ab.

Herzfeld fand im Rübenbrei 0,129%, im Rübensafte 0,123 und 0,184%, im Diffusionssafte 0,05–0,06%.

Claassen fand in Rübenpreßsäften 0,21–0,49% reduzierende Substanzen, also nur zum Teil Invertzucker. In Rübenblättern fand Herzfeld 0,91–3,33% Invert, je nach dem Entwicklungsstadium der Rübe. Die Untersuchungen Andrlíks, Urbans und Staněks zeigen „reduzierenden Zucker" von 0,14 und 0,06% in der Wurzel (siehe S. 203). In neuester Zeit machte H. Pellet Mitteilung von folgenden Invertzuckermengen in Rüben: Frisch geerntete Rüben 0,05 bis 0,10: es gibt Rüben, welche nach sechsmonatlicher Lagerung nur 0,10 bis 0,15 und Rüben, die schon nach vierzehntägigem Einmieten 0 20 bis 0,35% Invertzucker haben. Kranke Rüben ergeben auch bis 0,40% Invert (alle Werte auf 100 Teile Preßsaft). Solche Mengen üben Einfluß auf die Zuckerbestimmung in den Rüben. (Ö.-U. Z. f. Zuckerind. XLII, 1913, S. 522.)

In den verschiedenen Zuckerfabriksprodukten kommt er in verschieden großen Mengen vor, und zwar dürfte dieser stets auf Kosten des Rohrzuckers aus einer der angeführten Inversionsursachen entstehen.

Physikalische Eigenschaften. Der Invertzucker bildet in reinem Zustande einen süßen, farblosen Sirup. Bei längerem Liegen am Lichte scheidet sich aus demselben Dextrose kristallinisch aus. In Wasser und verdünntem Alkohol ist er leicht löslich. Er ist optisch aktiv, und zwar linksdrehend, da die Fruktose stärker links als die Dextrose rechts dreht. Sein Drehungsvermögen ist nicht konstant, sondern nimmt mit der Konzentration der Lösung zu und mit steigender Temperatur ab. Steigt die Temperatur auf über 87°, so wird die Drehung gleich Null und bei ca. 90° sogar positiv. Lippmann führt diese Erscheinung auf rechtsdrehende Entwässerungsprodukte zurück. Es dürfte die linksdrehende Fruktose zuerst angegriffen werden, wodurch die Rechtsdrehung der Dextrose mehr zur Geltung kommt (siehe S. 67) $[\alpha]_D^{20} = -20{,}704^0$ für $p = 27{,}369$. Säuren und Neutralsalze beeinflussen seine Drehung; doch interessiert hier nur die Drehungsbeeinflussung durch Bleiessig. Dieser fällt aus invertzuckerhaltigen Lösungen mehr Fruktose als Glykose, so daß die Linksdrehung vermindert, ja sogar in eine Rechtsdrehung verwandelt werden kann (Wiley 1903). Wenn dem so ist, so können die an und für sich geringen Mengen Invertzucker in Rüben bei der Zuckerbestimmung in denselben nur ganz unbedeutend als „Minuszucker" fungieren. Bleinitrat (Herles) erhöht seine spezifische Drehung.

Bei gleichem prozentischen Gehalte an Rohr- oder Invertzucker hat die Lösung des letzteren ein höheres spezifisches Gewicht (Chancel, Herzfeld).

In seinen chemischen Eigenschaften zeigt er sich übereinstimmend mit jenen seiner beiden Komponenten (siehe S. 643, 644).

Von größerem Interesse ist hier das Verhalten von Invertzucker gegen Kalk und Alkalien, da er mit diesen Reagenzien im Betriebe zusammentrifft.

Leplay fand, daß seine Reduktionsfähigkeit gegen Fehlingsche Lösung nach Behandlung mit Kalk abnimmt. Herzfeld stellte u. a. fest, daß die entstehenden Reduktionsprodukte der Fehlinglösung gelb gefärbt sind, im Gegensatz zu dem bekannten Rot des Kupferoxyduls durch Glukosen.

Péligot fand, daß sich aus Dextrose (dem einen Invertbestandteile) durch Kalk Gluzinsäure und Saccharin, bzw. die Kalksalze bilden (siehe S. 58). Durch Alkalien entstehen Gluzin- und Saccharumsäure. Nach Kiliani gibt die Lävulose (der zweite Invertbestandteil) bei gleicher Behandlung sacharinsauren Kalk, Milchsäure und flüchtige organische Säuren.

Eine eingehendere Untersuchung über diesen Gegenstand stammt von Jesser. Er konstatierte, daß der Kalk die Lävulose energischer als die Dextrose angreift. Bei beiden, also auch beim Invertzucker, „werden schließlich Produkte erhalten, die gegen weitere Einwirkung von Kalk ungemein widerstandsfähig sind". Ferner fand Jesser: Es werden bei der Zerstörung des Invertzuckers mit Kalk Säuren gebildet, die $1^1/_2$ Moleküle Kalzium auf 2 Moleküle Glukosen neutralisieren. Die Azidität der gebildeten Säuren ist innerhalb der Grenzen 80 und 100° C unabhängig von der Einwirkungsenergie des Kalkes.

Die bei der Zersetzung des Invertzuckers mit Kalk entstehenden Körper sind Kalksalze von neutraler Reaktion, sind optisch inaktiv und reduzieren Fehlinglösung nicht; werden durch äquivalente Mengen Schwefelsäure die Kalksalze zerlegt, so entweichen bei der Destillation flüchtige Säuren. Alkali wirkt auf Invertzucker so wie Kalk ein. Bei obigen Prozessen treten Farbenerscheinungen auf (siehe S. 364).

Von Wichtigkeit ist die Kenntnis des Verhaltens der Dextrose und der Lävulose beim Erhitzen. Über erstere sind Arbeiten von Degener im Jahre 1885 u. a. vorhanden. Eine neuere Untersuchung rührt von Duschsky her (Z. V. D. Zuckerind. 1911, S. 581). Er fand, daß im allgemeinen beim Erhitzen der Dextroselösung eine Zersetzung derselben stattfindet, welche sich durch Verringerung der Polarisation bei gleichbleibendem Reduktionsvermögen kundgibt. Anfangs sind die Lösungen farblos, nehmen mit zunehmender Erhitzung gelbe Farbe an, die schließlich in eine braune übergeht. Bei höheren Temperaturen, 140° und mehr, nimmt auch das Reduktionsvermögen ab, und zwar mit der Dauer der Erhitzung mehr. Milchsäure verhütet bei gleichen Arbeitsbedingungen die Zersetzung der Dextrose. Bei Gegenwart von Essigsäure von gleicher Konzentration (1,0proz.) entstehen anfangs rechtsdrehende Substanzen (bei 120° C), die aber sehr unbeständig sind. Bei achtstündigem Erhitzen auf diese Temperatur ist wieder Polarisationsrückgang zu konstatieren. Bei Temperaturen von über 130° tritt auch zu Beginn keine Polarisationserhöhung ein, jedenfalls durch Entweichen der flüchtigen Essigsäure. Soda beschleunigt die Zersetzung, ebenso $CH_3 \cdot COONa$ (essigsaures Natron). Letzteres dissoziiert nämlich, dabei wird NaOH gebildet, und dieses Alkali zersetzt die Dextrose. Kaliumchlorid blieb ohne Einfluß. Das Reduktionsvermögen der Dextrose beim Erhitzen in Gegenwart der genannten Salze ändert sich nicht. Bei steigender Konzentration der Dextroselösungen nimmt die Bildung rechtsdrehender Produkte zu. Druckerhöhung oder -verminderung sind auf die Resultate ohne Belang.

Auch das Verhalten der Lävulose studierte derselbe Autor bei gleichen Arbeitsbedingungen. Bei konzentrierten Lösungen ist bei Temperaturen von 60° C die Polarisation und Kupferzahl unverändert.

Bei 80° C vermindert sich die Polarisation; die Kupferzahl bleibt unverändert und Gelbfärbung der Lösung tritt ein. Bei höherer Temperatur und längerer Erhitzungsdauer nimmt die Polarisation rascher ab als das Reduktionsvermögen. Bei Druckverminderung tritt die Zersetzung der Lävulose langsamer ein, doch vermindert sich die Kupferzahl nach achtstündigem Erwärmen bei 100° um 21 mg. Die neu gebildeten Substanzen sind sehr unbeständig, können noch eine weitere Zerlegung erleiden und verlieren dabei ihre Reduktionskraft. Milchsäuregegenwart hat dieselbe Schutzwirkung wie bei der Dextrose. Dasselbe gilt von der Essigsäure. Duschsky nimmt an, daß bei Anwesenheit dieser Säuren durch Erwärmen optisch inaktive Produkte mit geringerer oder gar keiner Reduktionsfähigkeit sich bilden können. Bei geringerer Konzentration ist die Lävuloselösung während des Erhitzens widerstandsfähiger.

So wie seine Komponenten ist Invertzucker ein Reduktionsmittel, d. h. er kann Metallsalze oder Oxyde einer höheren Oxydationsstufe in solche von niedrigerer Stufe oder gar zu Metall reduzieren. Diese Reduktionskraft dient zu seiner qualitativen und quantitativen Bestimmung. Zu diesem Zwecke bedient man sich besonders seiner Fähigkeit, aus Kupferoxydlösungen Kupferoxydul niederzuschlagen. Besonders drei Kupfersalzlösungen dienen diesem Zwecke: die bekannteste, die Fehlingsche Lösung, d. i. eine alkalische Lösung von Kupfersulfat und Seignettesalz; das Soldaïnsche Reagens: Kupferkarbonat oder besser -sulfat in Kaliumbikarbonatlösung, und die Lösung nach Ost, d. i. Kupfersulfat in Kaliumkarbonat- und Bikarbonatlösung.

Das ausfallende Kupferoxydul, das als Kupfer oder als Kupferoxyd gewogen wird, ist das Maß für die Menge der „reduzierenden Substanzen". Dieser Ausdruck ist deshalb geboten, weil neben dem Invertzucker noch andere reduzierende Nichtzuckerstoffe existieren, also Invert vermuten lassen, wo dieser überhaupt nicht ist, oder seine Mengen größer erscheinen lassen. Diese reduzierenden Stoffe müssen deshalb vor Ausführung der Reduktion mit Bleiessig entfernt werden, wodurch die Bestimmung genauer wird. Verfasser bestimmte z. B. in einem III. Produktzucker die Reduktionskraft dieser Nichtzucker zu 26 mg Cu, indem er die Herzfeldsche Invertzuckerbestimmung in mit Bleiessig geklärtem und ungeklärtem Zucker durchführte. Erstere ergab 36 mg, letztere 62 mg Cu. Zu bemerken ist, daß bei der genannten offiziellen Bestimmungsmethode selbst die reinsten Zucker bis 25 mg Cu ausscheiden. Selbst chemisch reine Saccharose scheidet unter den Bedingungen der Herzfeldschen Invertzuckerbestimmung nach E. Preuß 21,2 mg, nach Strohmer 28,6 und 30,6 und nach Urban 22,5 mg Cu aus. Daß reinste Raffinaden (99,9% Pol.) unter Umständen auch weniger Kupfer ausscheiden, geht aus den neuesten Untersuchungen Strohmers (Ö.-U. Z. f. Zuckerind. XLII, 1913, S. 539) hervor. Er fand Ausscheidungen von 11 bis 20 mg, aber auch bis 49 mg Cu bei einer Raffinade von folgender Zusammensetzung: Pol. 99,75, Wasser 0,07, Asche 0,10, organ. Nichtzucker 0,08. — Da die genaue quantitative Bestimmung sehr geringer Invertzuckermengen auf große Schwierigkeiten stößt und auch in bleiessiggeklärten Produkten noch andere reduzierende Stoffe vorhanden sein können, ist maßgebenderseits auf Vorschlag Strohmers (Organ 1886, S. 709) vereinbart worden, bei Ausscheidung von unter 50 mg Cu aus 10 g Zucker noch immer Abwesenheit von Invertzucker anzunehmen.

Invertzucker ist gärungsfähig (alkoholische Gärung); ferner kann er der Milchsäure- und schleimigen Gärung unterliegen.

c) Raffinose.

Im Jahre 1850 machte Dubrunfaut die Beobachtung, daß nach seinem Barytverfahren hergestellte Zucker öfters in der Polarisation die Zahl 100 überschritten. 1876 stellte Loiseau aus Melasse einen Zucker her, dem er den Namen „Raffinose" gab; diese drehte das polarisierte Licht 1,59mal stärker als Rohrzucker. In den Jahren 1879—1882 machten H. Reichardt und C. Bittmann Mitteilung von einem die Polarisation erhöhenden Zucker — den sie jedoch nicht isolierten und näher charakterisierten — in Rohzuckern und Melassen der Strontianentzuckerung (Pluszucker). Im Jahre 1885 gelang es Tollens, aus der Melasse des Strontiumverfahrens eine hochpolarisierende Zuckerart darzustellen und deren Identität mit Loiseaus Raffinose nachzuweisen. Unabhängig von Tollens fand Lippmann ebenfalls diese Tatsachen.

Nachdem einige andere Formeln für die Raffinose als unrichtig erkannt wurden, ist die Formel $C_{18}H_{32}O_{16} + 5\,H_2O$ die heute allgemein gültige. Die Raffinose besteht aus Galaktose, Lävulose und Dextrose und zerfällt bei der Inversion in diese Komponenten. Sie ist ein Trisaccharid (S. 641). Wird sie mit verdünnten Säuren bei niedrigerer Temperatur behandelt, so zerfällt sie nach der Gleichung

$$C_{18}H_{32}O_{16} + H_2O = C_6H_{12}O_6 + C_{12}H_{22}O_{11}$$

in Lävulose (Fruktose) und Melibiose. Durch stärkere Säuren bei höherer Temperatur geht der Zerfall der Raffinose vollständig vor sich:

$$C_{18}H_{32}O_{16} + 2\,H_2O = \underset{\substack{\text{Dextrose}\\\text{Glykose}}}{C_6H_{12}O_6} + \underset{\substack{\text{Lävulose}\\\text{Fruktose}}}{C_6H_{12}O_6} + \underset{\text{Galaktose.}}{C_6H_{12}O_6}$$

Dieser Abbau der Raffinose geht auch durch Einwirkung der Fermente (Enzyme) von Hefe- und Schimmelpilzen vonstatten. Oberhefen wirken im allgemeinen nach den erst angeführten, Unterhefen, die ein Enzym, die Melibiase, enthalten, nach der zweiten Gleichung.

Neuberg fand im Emulsin ein Ferment (Enzym), das die Raffinose im Sinne der folgenden Gleichung umwandelt:

$$C_{18}H_{32}O_{16} + H_2O = C_6H_{12}O_6 + C_{12}H_{22}O_{11},$$

d. i. in Galaktose und Saccharose. Die Tragweite dieser Entdeckung für die Theorie der Entstehung von Raffinose in der Rübe wird alsbald dargelegt werden.

Diesen knappen Angaben mögen nun etwas ausführlichere, den einzelnen Originalarbeiten entnommene, folgen, um die so wichtige Verbindung näher kennen zu lernen.

In den „Comptes rendus" 1876 beschrieb D. Loiseau „eine neue, organische, kristallisierbare Substanz, welche in der Melasse vorkommt und ein stärkeres Drehungsvermögen als der Rohrzucker besitzt" Er nannte sie Raffinose und fand sie anläßlich der Durchführung seines Melasseentzuckerungsverfahrens mittels kohlensauren Zuckerkalkhydrats. Er gab ihr die Formel $C_{18}H_{16}O_{16} + 5\,H_2O$ und bestimmte ihr optisches Drehungsvermögen zu 1,59, wenn man das des Rohrzuckers zu 1,0 annimmt. Diese Arbeit aber fand mehrere Jahre nicht die richtige Würdigung, bis im Jahre 1885 B. Tollens seine grundlegenden Untersuchungen über diesen Gegenstand veröffentlichte. Eine Restmelasse der Strontianentzuckerung von Melassen war im Laufe von zwei Jahren durch auskristallisierte Nädelchen trüb geworden. Diese hatten keine Ähnlichkeit mit Rohrzucker. Vorläufig kam Tollens nach ihrer Isolierung und Analyse zur Formel: $C_{12}H_{22}O_{11} + 3\ H_2O$. $[\alpha]_D$ bestimmte er zu 102,5—103°. Tollens fand nach diesen und anderen Eigenschaften Übereinstimmung mit der Raffinose von Loiseau und der Gossypose, einer Zuckerart, die Böhm im Jahre 1884 im Baumwollsamenkuchen fand. Die Gossypose hielt wieder Ritthausen für identisch mit Melitose, einem Zucker, den Johnston und Berthelot aus Eukalyptus-Manna darstellten. Gleich in dieser ersten Publikation spricht Tollens die Vermutung aus, daß sein Zucker mit den genannten identisch sei. Ferner erklärt er die Raffinose als einen der Bestandteile jenes hypothetischen „Pluszuckers", der höhere Polarisationen in Zuckern und Melassen hervorrief, als dem eigentlichen Gehalte an Zucker entsprach. Er spricht schließlich die Vermutung aus, daß vielleicht die Raffinose dem Zucker beim Auskristallisieren die oft beobachtete Erscheinung der säulenförmigen Kristalle (in die Länge gezogene Kristalle) verleiht; diese Kristallisationserscheinung machte sich besonders an den mittels Strontian aus Melasse gewonnenen Zuckern bemerkbar (Z. V. D. Zuckerind. 1885, S. 31). Bald darauf erschien vom selben Forscher gemeinsam mit P. Rischbiet eine neue Arbeit über denselben Gegenstand. Das Ergebnis derselben war die bestimmte Identifizierung der Raffinose Loiseaus und Tollens' mit der Melitose aus Eukalyptus-Manna (Z. V. D. Zuckerind. 1885, S. 1030). Um den Zusammenhang zu wahren, sei — vorläufig andere Publikationen übergehend — der nächsten Untersuchungen Tollens' und Rischbiets gedacht (Z. V. D. Zuckerind. 1886, S. 204).

Die „spitzen" Zuckerkristalle aus Restmelassen, die mit der Raffinose in Zusammenhang gebracht wurden, gaben Veranlassung zu dieser Untersuchung. Die spitzen Zucker der Entzuckerung drehten trotz ihrer geringeren Reinheit nicht schwächer als reiner Zucker, zuweilen sogar stärker. Wie Tenne und Schaaf zeigten, kristallisierten sie so wie Rohrzucker (im selben Systeme), aber die einzelnen Flächen hatten verschiedene Anordnung und Ausbildung, so daß ein säulenförmiger Habitus entstand. Es war nun die Frage zu lösen, woher solchen Zuckern ein höheres Polarisationsvermögen zukommt, als ihrem wirklichen Gehalte an Saccharose entsprach. Reichardt und Bittmann nannten die höher polarisierenden Beimengungen — denn um solche konnte es sich nur handeln — „Pluszucker", ohne aber diesen genau zu erkennen. Sie dachten an Dextrin. Daß das Saccharin (S. 58) hergehört, ist ohne weiteres klar; ebenso, wie gleich Tollens hervorhob, die Raffinose. So wurde der Name „Pluszucker" überflüssig — bis er in den letzten Jahren seine Auferstehung in anderer Form wieder feierte. Auch Osmosezucker zeigten solchen spitze Formen. Im ersten Teile der letztangeführten Untersuchung gibt Tollens eine Übersicht über die Raffinosefrage und beschreibt die Melitose und Gossypose.

Im folgenden Teile erwies Tollens zunächst die Identität seines Zuckers aus der Melasse mit Loiseaus Raffinose und gab ihr als Formel — trotzdem schon Scheibler die Formel $C_{18}H_{32}O_{16}+5H_2O$ aufstellte — ein Multiplum dieser $C_{36}H_{64}O_{32} + 10\,H_2O$. Weiter konstatierten Tollens und Rischbiet die Identität der Gossypose mit der Raffinose.

Interessant ist die Untersuchung über die Beeinflussung der Kristallform des Zuckers durch Anwesenheit von Raffinose.

„Während nicht gemischte Rohrzuckerlösung und solche mit 1% Raffinoselösung die bekannten kompakten Kristalle lieferte, waren die Kristalle bei 3% Raffinoselösung schon etwas in die Länge gezogen, dies vermehrte sich bei Zusatz von 5%; 7% Beimischung lieferte Nadeln, und diese wurden bei 9% und 12½% Raffinoselösung immer feiner und spitzer, aber es schieden sich augenscheinlich stets weniger und langsamer die Kristalle ab. Der mit 25% Raffinoselösung gemengte Sirup schied erst nach langer Zeit einen Schlamm von fast mikroskopischen Nädelchen und wenige große feine Nadeln ab.

Es ergibt sich somit zweierlei: erstens, daß die Raffinose die Ursache der Abscheidung spitzer Zuckerkristalle ist, zweitens aber, daß sie die Kristallisation in beträchtlichem Maße hindert, und daß sie die Bildung eines unkristallisierbaren Restes, nämlich der Melasse, bewirkt, somit ein schlimmer sog. „Melassebildner“ ist“ (Z. V. d. Zuckerind. 1886, S. 204ff.). Spätere Arbeiten über denselben Gegenstand führten zu anderen Resultaten (siehe S. 96).

In einer anschließenden Arbeit (Z. V. d. Zuckerind. 1886, S. 233) bewies Tollens auch die Identität der Melitose aus Eukalyptus-Manna mit der Raffinose. So sollte eigentlich der älteste Name, Melitose, der allgemein geltende sein, der der Raffinose aber hat sich eingebürgert.

Zu den Forschern, die sich eingehend mit der Raffinose beschäftigten, gehört auch Scheibler. Schon im Jahre 1870 wies er auf die Pluspolarisation in Zuckerprodukten hin und vermeinte sie durch Anwesenheit von Dextrin erklären zu können. Die oben behandelten Arbeiten brachten ihn auf die richtige Fährte, und es gelang ihm, eine Darstellungsweise für die Raffinose aus Melasse zu finden, welche auf folgenden Eigenschaften der Raffinose basiert:

1. Wenn man Melasselösungen, welche Raffinose enthalten, mit einem Überschuß von Strontiumhydroxyd kocht, so wird die Raffinose mit dem sich bildenden Bistrontiumsaccharat ebenfalls ausgefällt. Sie liefert also mit Strontiumhydroxyd in der Siedehitze ebenfalls eine mehr oder weniger schwerlösliche, sich abscheidende Verbindung von Strontianraffinose.

2. Wenn man dagegen in einer Raffinose enthaltenden Melasselösung Monostrontiumsaccharat in der Kälte erzeugt, so enthält die sich bildende Ausscheidung von Monostrontiumzucker, $C_{12}H_{22}O_{11}SrO + 5\,H_2O$, keine Raffinose, diese bleibt vielmehr in der davon abgetrennten Nichtzuckerlauge zurück.

3. Die Raffinose ist in starkem Alkohol weit schwerer löslich als der Rohrzucker (Z. V. d. Zuckerind. 1885, S. 840).

Darauf beschäftigte sich Scheibler mit der Zusammensetzung und den Eigenschaften der Raffinose (Z. V. D. Zuckerind. 1885, S. 841).

Im allgemeinen bestätigte er die Angaben Tollens' und gab, wie oben erwähnt, der Raffinose die auch heute geltende Formel $C_{18}H_{32}O_{16} + 5\,H_2O$. In derselben Arbeit stellte er schon die Frage nach dem Vorkommen dieser Zuckerart. Seine diesbezüglichen Anschauungen seien hier wiedergegeben: „Bemerkungen ..., die mir für die Rübenzuckerfabrikation in praktischer Richtung von Interesse zu sein scheinen: Es muß zunächst befremden, daß der Rübensaft, der seit vielen Jahren von zahlreichen tüchtigen Chemikern zum Gegenstand der Forschung gemacht ist, noch ein so gut charakterisiertes Kohlenhydrat wie die Raffinose verborgen in sich einschließt, und daß man bis vor kurzem nur das Wenige darüber wußte, was Loiseau 1876 veröffentlichte. Der Grund dafür liegt offenbar in dem Verhalten der Raffinose, besonders gegen Lösungsmittel, ein Verhalten, welches sich nur wenig von dem des Rohrzuckers unterscheidet. Man folgerte zwar aus zahlreichen Erscheinungen, daß in den Rübensäften außer Rohrzucker noch ein anderer stark rechtsdrehender Körper enthalten sein müsse, vermochte aber nicht, denselben zu isolieren. Die Frage nach diesem Körper ist jetzt gelöst, da man ihn nun jederzeit aus den Zuckersäften wird abscheiden können. Die weitere Frage bleibt nur die: präexistiert die Raffinose schon als ein normaler Bestandteil in den Rüben selbst von Hause aus, oder entsteht sie erst in den Rüben durch Lagern derselben, oder entsteht sie vielleicht durch eine Umwandlung des Rohrzuckers bei Eingriffen von Agenzien während der Verarbeitung der Rübensäfte oder bei der Raffination des Rübenzuckers? Dem Entdecker Loiseau scheint das letztere vorgeschwebt zu haben, da er dies Kohlenhydrat mit „Raffinose“ bezeichnete[1]). Es scheint mir nun außer allem Zweifel zu stehen, daß die Raffinose ein normaler Bestandteil aller Zuckerrüben ist, daß aber die Menge der Raffinose je nach der Rübenvarietät, vielleicht auch je nach sonstigen Wachstumsbedingungen, mehr oder weniger groß ist, was schon die nächste Zeit näher feststellen dürfte. Daß die Raffinose ein normaler Bestandteil der Rüben ist, dafür scheinen mir folgende Tatsachen zu sprechen. Zunächst ist es der pflanzenphysiologisch gewiß sehr bemerkenswerte Umstand, daß Böhm sowohl als Ritthausen und Weger in den Baumwollsamenrückständen neben Raffinose ebenfalls noch Betaïn, welches ich 1866 in den Zuckerrüben entdeckte, aufgefunden haben, ein Vorkommen, welches jedenfalls nicht einem Zufall zuzuschreiben ist, sondern eine tiefere Beziehung beider Stoffe zueinander vermuten läßt.

Eine weitere Stütze für meine Anschauung erblicke ich in den Veränderungen, welche die Rüben beim Aufbewahren in Mieten erleiden. Die Raffinose wird schon durch einfache Erwärmung bei einer Temperatur in der Höhe von 100° invertiert oder so verändert, daß sie aus Fehlingscher Lösung Kupferoxydul abscheidet und sich mit

---

1) Gegen diese Annahme verwahrte sich Loiseau; er erklärte, stets das Vorkommen dieser Zuckerart schon in der Rübe angenommen zu haben.

Alkalien stark bräunt; sie ist also nicht so beständig wie der Rohrzucker und wird viel früher eine Veränderung erleiden als dieser.

Mit dieser Veränderung nimmt die Polarisation ab, während sie zunehmen müßte, wenn sich die Raffinose erst aus dem Rohrzucker bildete... Die Polarisation der Rüben beim Lagern nimmt aber auch ab, und die Säfte reduzieren Kupferlösung..."

Scheiblers Annahme über das Vorkommen der Raffinose bewahrheitete sich. Noch im selben Jahre wies Lippmann diese Zuckerart im Rübensafte nach (Z. V. d. Zuckerind. 1886, S. 131). Rübensäfte zeigten hohe Polarisationen und Reinheitsquotienten von fast 100. Wenn auch anzunehmen war, daß das Vorhandensein mehrerer aktiver Stoffe gleichzeitig die scheinbaren hohen Zuckergehalte — optisch nachgewiesen — verursachte, so ging Lippmann doch daran, die Raffinose, die er schon früher so wie Tollens und Scheibler in der Rübe vorkommend dachte, zu isolieren. Er verwendete das Scheiblersche Darstellungsverfahren für Raffinose aus Melasse, indem er es für Rübensäfte modifizierte. Seine schließlich rein erhaltenen Kristalle stimmten in allen Eigenschaften mit denen der reinen Raffinose, „so daß an der Identität gar nicht zu zweifeln und daher das Vorkommen der Raffinose schon in der Rübe nunmehr als gesichert anzusehen ist" (siehe S. 99). Das Gewinnungsverfahren nach Scheibler ist kein quantitatives; nur schätzungsweise kam Lippmann zu folgenden Angaben: nach Scheiblers Arbeit kämen auf 100 kg Rüben 1,7 g und nach Lippmanns Untersuchung 5 g Raffinose (Organ XXIV, 1885, S. 65). Gunning fand im Jahre 1891 0,01—0,02 g Raffinose in 100 g Rüben.

Was die Formel für die Raffinose anlangt, lagen verschiedene Angaben vor, und konnte eine Einigung, welches die richtige sei, nicht zustande kommen. Dreierlei Formeln wurden angegeben:

		Molekulargewicht
$C_{12}H_{22}O_{11} + 3\,H_2O$	Berthelot und Ritthausen	396
$C_{18}H_{32}O_{16} + 5\,H_2O$	Loiseau und Scheibler	594
$C_{36}H_{64}O_{32} + 10\,H_2O$	Tollens und Rischbiet	1188

Im Jahre 1888 wies H. de Vries mittels seiner plasmolytischen Methode die Richtigkeit der Scheiblerschen Formel nach. Diese Methode beruht auf den osmotischen Erscheinungen in Pflanzen und gestattet das Molekulargewicht der fraglichen Substanz zu bestimmen. Er fand es zu nahe an 595,7 (Z. V. d. Zuckerind. 1888, S. 440).

In einer ausgedehnten Untersuchung, die der „Art der Wertschätzung des Rohzuckers" galt, mußte A. Herzfeld der Raffinose besondere Aufmerksamkeit schenken, da man diesen Kohlenhydrat-Nichtzucker überall vermutete, ihm eine große melassebildende Kraft zuschrieb, an die Kristallisationsbeeinflussung des Rohzuckers durch die Raffinose glaubte und deshalb bei der Rendementberechnung ganz besonders auf diesen Körper Rücksicht nehmen wollte. Herzfeld formulierte seine Resultate folgendermaßen: „1. Das Vorkommen der Raffinose in nachweisbaren Mengen beschränkt sich auf Nachprodukte mancher

Melasseentzuckerungsverfahren. Wo sonst Raffinose vermutet, bzw. nach der Raffinoseformel der Inversionsmethode gefunden wurde, ist . . gar keine vorhanden gewesen, sondern der Analytiker durch die Unvollkommenheit der üblichen Untersuchungsmethode auf Raffinose irregeführt worden. 2. . . äußere Kennzeichen gibt es nicht, aber auch die spitze Kristallform ist ein sehr trügerisches, da sie häufig durch andere Ursachen als Raffinose, insbesondere durch Kalksalze hervorgerufen wird. 3. Sehr raffinosereiche Produkte neigen bei der Verarbeitung in der Raffinerie etwas mehr zur Invertzuckerbildung als normaler Rohrzucker; im übrigen aber beeinträchtigt die Raffinose die Ausbeute an raffiniertem Zucker viel weniger als die meisten andern in dem Rohzucker, bzw. der Melasse vorkommenden Nichtzuckerstoffe."

Im Abschnitte „Der Nichtzucker des Rohzuckers" wird nochmals auf diese Frage etwas eingehender zurückzukommen sein; hier nur eine Zusammenstellung der Quantitäten wirklicher und scheinbarer Raffinose in einigen Produkten: Rohzucker Erstprodukt der reinen Rübenarbeit viel weniger als 0,33% (diese Zahl ist die amtlich festgestellte Fehlergrenze für die Inversionsmethode), in Nachprodukten 0,7% scheinbar. In Erstprodukten von Melasseentzuckerungsverfahren unter 0,33%. Strontianmelassen 8 bis 12%, osmosierte Melassen maximal 8%, in Ausscheidungsmelassen bis 5%. In Melasse von einfacher Rübenarbeit scheinbar bis 3 und auch 5%.

Einen Vortrag, den Strohmer „Über das Vorkommen von Raffinose im Rohzucker und deren Bestimmung" hielt, beendigte dieser mit folgenden Worten, die wohl als Ergebnis seiner jahrzehntelangen Betätigung auf dem Gebiete der Zuckerchemie und Zuckerindustrie angesehen werden können: 1. In der Zuckerrübe ist im allgemeinen keine Raffinose enthalten, dieselbe bildet sich in derselben nur zeitweilig unter noch nicht näher erforschten Wachstumsbedingungen, dann aber auch nur in äußerst geringer Menge (siehe S. 97). 2. Die in den Betrieb durch die Rübe eingeführte Raffinose kommt nur in den letzten Produkten zu bemerkbarer Anhäufung; im Zuckerfabriksbetriebe selbst wird keine Raffinose neugebildet. Erstprodukte reiner Rübenverarbeitung enthalten, normal hergestellt, keine Raffinose. 3. Äußere Kennzeichen für das Vorhandensein von Raffinose in den Zuckerfabriksprodukten (z. B. Gestalt der Zuckerkristalle) gibt es nicht, ebenso keine völlig einwandfreie Methode zur Bestimmung der Raffinose. . . . . 4. Die durch die Inversionspolarisation bei Rübenrohzuckern beobachteten Pluspolarisationen rühren meist nicht von Raffinose her, sondern von andern optisch aktiven Nichtzuckern, und zwar zumeist Überhitzungsprodukten des Zuckers. — Es kann also Raffinose vorgetäuscht werden.

Diese Verhältnisse werden im Kapitel „Rohzucker" eingehender gewürdigt werden.

Über die Ursachen der Bildung von Raffinose in den Rüben äußerte sich Herzfeld im Jahre 1889 dahin, daß erstere vermutlich in größerer Menge entstehe, wenn Rüben, die starker Kälte ausgesetzt gewesen sind, wieder neue Wachstumserscheinungen zeigen, indem dann aus den in Lösung gebrachten Pektinsubstanzen, die in reduzierenden Zucker verwandelt werden, und den Komponenten des Rohrzuckers Raffinose entstehe[1]). Auch hat sich gezeigt, daß sich nach kalten und nassen Wachstumsperioden ohne Frost in der Rübe merkliche Mengen Raffinose bilden können. Strohmer konnte jedoch aus gefrorenen und wieder aufgetauten ebenso wie aus erfrorenen Rüben hergestellten Sirupen niemals Raffinose nachweisen (Z. V. d. Zuckerind. 1910, 919). „Die Ursache der Raffinosebildung könnte daher nur in der durch Kälte hervorgerufenen Wachstums-, bzw. Stoffwechselstörung der lebenden und wachsenden Rübe zu suchen sein, und darf wohl auch Herzfelds Meinung nicht anders aufgefaßt werden." Bei diesen Wachstumsbedingungen, die das stoffliche Gleichgewicht der Rübe stören, ist es möglich — wie Strohmer an gleicher Stelle ausführt —, daß die Pektinkörper der Rübenwurzel durch Enzyme in Lösung gebracht werden, sich anhäufen und aus diesen und verschiedenen enzymatischen Spaltungsprodukten des Rohrzuckers durch andere Enzyme wieder Raffinose aufgebaut wird. Hat ja Neuberg gezeigt, daß durch enzymatische Spaltung aus Raffinose Saccharose und Galaktose entstehen, und so kann auch umgekehrt aus Spaltungsprodukten der Pektinkörper, unter denen sich auch Galaktose befindet, und Rohrzucker durch Enzymwirkung Raffinose gebildet werden. Doch ist das nur eine Hypothese. Strohmer konnte in normalen Zuckerrüben nie Raffinose, in abnormen Rüben „meist aber nur in minimalen, die Fehlergrenze kaum überschreitenden Mengen" nachweisen Die oben aufgestellte Hypothese wird am deutlichsten durch die Umkehrungsgleichung auf Seite 94 illustriert. $\underset{\text{Galaktose}}{C_6H_{12}O_6} + \underset{\text{Saccharose}}{C_{12}H_{22}O_{11}} = C_{18}H_{32}O_{16} + H_2O$. Den Vorgang hätte man sich folgendermaßen vorzustellen: Die Pektinstoffe gehen in Lösung; bei andauernd kalter Witterung spalten sie auf enzymatischem Wege Galaktose ab, welch letztere durch Enzyme von entgegengesetzter Wirksamkeit wie das Emulsin, mit der Saccharose unter Bildung von Raffinose zusammentritt.

Physikalische Eigenschaften.

Die wasserfreie Raffinose kristallisiert aus wässerigen Lösungen als Hydrat mit 5 Molekülen Kristallwasser in feinen, weißen Nadeln, die meistens zu verschiedenen Aggregaten vereinigt sind. Die Lösung schmeckt nicht süß; Raffinose ist in kaltem Wasser schwerer, in heißem leichter löslich als der Rohrzucker. Leicht löst sie sich in absolutem Methylalkohol und kann dadurch vom Rohrzucker getrennt werden. Ihre Lösungen sind stark rechtsdrehend. $[\alpha]_D = + 104{,}5^0$ für $p = 10\%$. Temperatur und Konzentration der Lösung haben keinen wesentlichen Einfluß auf diese Drehung. Das Normalgewicht (26 g) Saccharose zu 100 cm³ gelöst polarisiert $+ 100^0$; dieselbe Menge Raffinose bei

[1]) Diese Hypothese ließ Herzfeld im Jahre 1892 fallen.

gleichen Umständen + 157,15°, also 1,57 mal mehr als Saccharose. Sie diffundiert langsamer als Rohrzucker und besitzt nur etwa 75% von dessen Diffusionsfähigkeit.

Chemische Eigenschaften.

Wie schon bei der Chemie des Rohrzuckers bemerkt, dehnte Weisberg seine Untersuchungen auf die Raffinose aus. Der dritte und vierte Teil seiner dort zitierten Arbeit (siehe S. 67) besagt folgendes:

Verhalten wässeriger Raffinoselösungen beim Kochen.

Die Versuche mit Raffinose wurden in oben beim Zucker angegebener Weise ausgeführt. Die hierbei gewonnenen Resultate sind folgende:

	Natur der Lösung	Polarisation in der 400-mm-Röhre, Mittel mehrerer Beobachtungen
1.	a) Originallösung	4,56
	b) nach 3stündigem Kochen	4,60
	c) „ 6 „ „	4,56
2.	a) Originallösung	7,66
	b) nach 3stündigem Kochen	7,66
	c) „ 15 „ „	7,53

Raffinose zeigt sich beim Kochen mit Wasser noch widerstandsfähiger als Saccharose. Erst nach 15-stündigem Kochen begann eine, wenngleich schwache Rotationsverminderung einzutreten. Reduktion von Fehlingscher Lösung war selbst nach diesem langen Erhitzen kaum wahrzunehmen.

Einwirkung von Kalk auf eine kochende Raffinoselösung.

Raffinose wurde in Kalkwasser gelöst und die erhaltene Lösung filtriert. Das Kochen der kalkhaltigen Raffinoselösung wurde am Rückflußkühler, wie bei allen obigen Versuchen, vorgenommen. Zum Polarisieren wurde der Kalk mit der entsprechenden Menge Essigsäure genau neutralisiert und filtriert.

Natur der Lösung:	Polarisation in der 400-mm-Röhre, Mittel mehrerer Beobachtungen
a) Originallösung	1,95[1])
b) nach 3stündigem Kochen	1,88

Die erhaltenen Zahlen zeigen, daß auch bei Vorhandensein von Kalk die einige Zeit andauernde Erhitzung einer wässerigen Raffinoselösung eine nur schwache Wirkung auf dieselbe ausübt; denn die Lösung konnte 3 Stunden lang im Kochen gehalten werden, um nur eine Drehungsverminderung von 0,07° (im 400-mm.-Rohr) hervorzurufen.

[1]) Temperatur der kochenden Lösung 101° C.

Raffinose ist also sehr widerstandsfähig, wird durch das übliche Reinigungsverfahren nicht entfernt und durchläuft alle Betriebsstadien, um sich dann in der Melasse anzuhäufen.

So wie der Rohrzucker mit Basen Verbindungen eingeht, so tut dies auch die Raffinose. Die den Saccharaten analogen Raffinose-Basenverbindungen heißen Raffinosate, ein Gebiet, das besonders von Tollens und seinen Mitarbeitern erforscht wurde. Sie stellten dar: Distrontiumraffinosat $C_{18}H_{32}O_{16} \cdot 2\,SrO + H_2O$, Mono- und Dibarytraffinosat $C_{18}H_{32}O_{16} \cdot BaO$ und $C_{18}H_{32}O_{16} \cdot 2\,BaO$, Trikalkraffinosat $C_{18}H_{32}O_{16} \cdot 3\,CaO$; ferner ein Bleioxydraffinosat von der Formel $C_{18}H_{32}O_{16} \cdot 3\,PbO$ und schließlich zwei Natriumraffinosate $C_{18}H_{31}O_{16} \cdot Na$ und $C_{18}H_{31}O_{16} \cdot Na + NaOH$. —

Das Natriumraffinosat hatte insofern theoretische Bedeutung, als aus seiner Zusammensetzung Tollens sich schließlich zur Scheiblerschen Raffinoseformel bekehrte. — Mehr Interesse beanspruchen die Strontium- und Bleiraffinosate; erstere wegen der Melasseentzuckerung, letztere wegen des Verhaltens der Raffinose bei polarimetrischen Zuckerbestimmungen.

Raffinose bildet weniger leicht als der Rohrzucker mit Strontian die entsprechende Verbindung; stets entstand das Distrontiumraffinosat. Über Bleiraffinosat siehe S. 103.

In einer anschließenden Untersuchung brachten Beythien, Parcus und Tollens die Frage zur Beantwortung: Entsteht aus Rohrzucker durch Behandlung mit Kalk oder Strontium Raffinose? Die Beantwortung dieser Frage war damals eine bedeutende Tat, da sie Aufschluß geben sollte, wieso Raffinose in die Zuckerfabriksprodukte gelange. Entsteht sie aus Rohrzucker im Betriebe oder ist sie schon in der Rübe vorhanden? Lippmanns Beweisführung galt als nicht genügend begründet. Als er sie im Rübensaft nachwies und daraus isolierte, bediente er sich zu ihrer Ausfällung des Scheiblerschen Strontiumverfahrens. Sie konnte also erst bei ihrer Isolierung entstanden sein. Daß er sie im Osmosezucker nachwies (also in diesem Falle war der Zucker nicht mit Strontian zusammengekommen), galt auch nicht als beweisend. Sie konnte ja bei der Scheidung in der Rohfabrik durch die Kalkeinwirkung entstanden sein! Das Problem mußte also so gelöst werden, daß man Zuckerlösungen mit Kalk oder Strontian energisch kochte und dann mittels chemischer Reaktion auf An- oder Abwesenheit von Raffinose prüfte. Dies taten nun die Genannten, indem sie sich der Schleimsäuremethode bedienten. In der Raffinose findet sich eine Galaktosegruppe, welche durch Oxydation mit Salpetersäure Schleimsäure gibt. Im Rohrzucker ist diese Gruppe aber nicht vorhanden. Tollens und seine Mitarbeiter konnten Schleimsäure nach Kochen von Rohrzuckerlösungen mit den beiden Basen und darauffolgende Oxydation nicht vorfinden. Damit war experimentell und endgültig bestätigt, daß die Raffinose im Betriebe nicht aus dem Rohrzucker entstehen kann. Sie stammt also aus der

Rübe direkt oder aus galaktonähnlichen Körpern (Z. V. d. Zuckerind. 1889, S. 917).

Gleichzeitig stellten dieselben Forscher fest, daß sowohl Raffinose als auch Saccharose beim Kochen mit Kalk oder Strontian Milchsäure liefern. Tatsächlich findet sich diese in der Melasse. Sie konstatierten in vier Melassen ca. ½ % Milchsäure. Eine zweite Quelle für diese Säure hätte auch eine eventuelle Milchsäuregärung in der Diffusion sein können.

Gegen Kalk verhält sich die Raffinose ähnlich dem Rohrzucker.

Läßt man Kalkhydrat auf Raffinoselösung einwirken, so entsteht Kalziumdiraffinosat $C_{18}H_{32}O_{16} \cdot 2\,CaO + H_2O$. Es ist im Wasser löslich. Beim Erhitzen einer mit Kalkhydrat gesättigten Raffinoselösung entsteht Triraffinosat.

Aus wässeriger Lösung wird Raffinose durch Bleiessig nicht gefällt; dies geschieht nur bei Gegenwart von Alkohol in Form eines weißen Niederschlages. Gegenwart größerer Mengen von Rohrzucker verhindert diese Fällung (Tollens). Ein Bleitriraffinosat entsteht bei Fällung mit ammoniakalischem Bleiessig.

d) Andere Kohlenhydrate.

Zu den Kohlenhydraten gehören auch die Pentosen, deren Gruppencharakter schon auf Seite 41 behandelt wurde. Das Vorkommen dieser Körperklasse in Rüben und Zuckerprodukten wurde besonders von Komers und Stift quantitativ verfolgt. Aus folgenden Analysen frischer Rübenschnitte geht hervor, was für einen großen Anteil die Pentosen, bzw. Pentosane an den stickstofffreien Extraktstoffen haben (Ö. U. Z. f. Zuckerind. 1898, S. 6).

Frische Rübenschnitte.

	%	%	%	%
Wasser	81,12	80,51	79,68	80,09
Eiweiß	0,63	0,75	0,69	1,13
Nichteiweißartige Stickstoffsubstanz	0,56	0,43	0,37	0,12
Fett	0,06	0,19	0,13	0,15
Rohrzucker	12,50	12,80	13,60	12,85
Stickstofffreie Extraktstoffe	3,13	3,15	3,62	3,57
Rohfaser	1,08	1,24	1,09	1,16
Reinasche	0,87	0,89	0,77	0,90
Sand	0,05	0,04	0,05	0,03
Milchsäure	0,648	0,865	0,783	0,921
Furfurol	0,77	0,75	0,99	0,89
Pentosan	1,22	1,30	1,68	1,52
Pentose	1,50	1,48	1,90	1,72

Bei andern Gelegenheiten fand Stift in frischen Schnitten einer ungarischen Fabrik 1,38 bis 1,50% Pentosan. In verschiedenen Rüben 1,73 bis 2,89% Pentosane, entsprechend 1,96 bis 3,28% Pentosen.

In sauren Schnitten 1,64 bis 2,41% Pentosane. In zwei Melassen fand derselbe 0,52 und 1,73% Pentosane, entsprechend 0,59 und 1,96% Pentosen. Alle Angaben beziehen sich auf frische Substanz.

Namentlich wäre die Arabinose aus dieser Körperklasse anzuführen (siehe S. 41).

Stärke wurde schon einigemal in Rüben nachgewiesen: in jungen Pflänzchen, aber auch in erwachsenen Pflanzen, und zwar in den Chromoplasten der Blätter und in den Blattstielen, ferner in Rübenköpfen, wie überhaupt in vergrünten Partien. Als Folge von Verwundungen ist sie ebenfalls konstatiert worden (Schacht). Peklo beschrieb (Z. f. Zuckerind. i. B. April 1909) sehr stärkehaltige Rüben, deren Stärkegehalt über Kopf, Hals und Fuß verteilt war. Die Rüben zeigten gesundes Aussehen, waren nur kurze Zeit eingemietet und unverletzt. Sie hatten einen hohen Zuckergehalt (18,2 bis 26,0%) und damit bringt Peklo das Vorkommen der Stärke in Zusammenhang (Ö. U. Z. f. Zuckerind. XXXVIII, 1909, S. 151).

Stärke, Amylum, gehört zu den „Polyosen" der Kohlenhydrate. Ihr kommt die Formel $(C_6H_{10}O_5)_x$ zu; das Molekulargewicht ist unbekannt. Sie kommt in Wurzeln, Knollen und Samen der Pflanzen vor; sie ist ein weißes, amorphes, in Wasser unlösliches Pulver, das aus verschieden geformten, konzentrisch geschichteten und mikroskopisch kleinen Körnern besteht. Sie kann durch Säuren und Enzyme gespalten und abgebaut werden (Enzymwirkung siehe S. 149). — Beim Kochen mit verdünnten Säuren gibt sie d-Glukose, mit Diastase entsteht Maltose. Beim Erhitzen für sich allein oder mit ein wenig Salpetersäure auf 110° entstehen Dextrine. Das sind Körper, die auch bei der Säurespaltung als Zwischenprodukte auftreten, Polyosen von kleinerem Molekulargewicht als Stärke. In heißem Wasser quillt Stärke zum bekannten Kleister auf. Jod färbt diesen sowie die Stärke charakteristisch blau.

e) Rübenfarbstoffe.

Zerkleinert man Rüben und preßt dieselben aus, so fließt ein bereits dunkelgefärbter Saft ab, in dem weitere Farbenveränderungen schwer zu konstatieren sind, da der gleich zu Beginn ausfließende Saft zu dunkel ist. Die zurückbleibende Pülpe (Mark) ist verschieden gefärbt und eignet sich auch nicht zum Studium der Farbenveränderungen, da ein großer Teil des farbstoffgebenden Agens mit dem Saft entfernt wurde.

Verfasser stellte daher seine Studien an Rübenbrei aus der Herlespresse, an Rübenschnitzeln und an Rübenquerschnitten an. Was die Farbenveränderungen anbelangt, war bei diesem feinen Brei folgendes zu konstatieren: Zu Beginn zeigte er eine reinweiße, manchmal Cremefarbe. Diese Farbe veränderte sich nach folgendem Schema: weiß, creme → grau (mehr oder weniger licht) → hellrosa → dunkler rosa → hellrot → ziegelrot → hellviolett → dunkelviolett → bläulich, graublau, schwarzblau → blauschwarz → schwarz (mit grauem Stich).

Im großen und ganzen verhielt sich jeder Rübenbrei nach diesem Schema. Der Brei war bei diesen Versuchen nicht bedeckt.

Schon nach einer halben Stunde war er sehr verfärbt, nach einer Stunde bereits blauschwarz. Alle Verfärbungen waren nur an der Oberfläche und etwas unter dieser zu konstatieren; der innere Teil des Breies war zur gleichen Zeit immer viel lichter als die Oberfläche. Bedecktlassen verzögerte diese Farbenveränderungen.

Versuche mit frischen Rübenschnitten. Diese sind auch am Beginn weiß (creme), werden sehr bald hellrosa, dunkelrosa und zeigten im allgemeinen dieselben Nuancen wie der Rübenbrei. Nach zweitägigem Liegen hatten sie die Farbe getrockneter Schwämme angenommen. Die letzten beim Brei auftretenden Farben wiederholten sich bei den Schnitten nicht.

Querschnitte durch Rüben bleiben auffallenderweise durch lange Zeit unverändert. Erst nach vielen Stunden treten wenige graublaue, konzentrische, schmale Kreise, dem Bau der Rübe entsprechend, auf. Selbst nach tagelangem Liegen zeigten die Schnittflächen keine Mißfarben. Es wäre diese Tatsache nicht genug erklärt durch die Annahme verhältnismäßig wenig geöffneter Zellen, geringer Oberfläche usw. „... Die bisherigen Versuche einer Erklärung sind durchaus hypothetisch geblieben. Man nimmt nämlich an, daß die Substanzen, welche dem Preßsaft, bzw. dem Schnitzelbrei seine dunkle Färbung geben und welche als Oxydationsprodukte aufzufassen sind, in der lebenden Rübenzelle sehr schnell weiter oxydiert werden und schließlich farblose Produkte liefern“ (Grafe). Dieser Erklärungsmöglichkeit ist nur entgegenzuhalten, daß im Rübenbrei, sicher aber in Rübenschnitten „lebende“ Zellen anzunehmen sind. Soviel ist also sicher, daß die Rüben oder ihr Saft einen farblosen Stoff enthalten, der beim Liegen an Licht und Luft sich und die Rüben färbt. So ein farbengebendes Agens heißt Chromogen.

Der Erste, der die Chemie des Rübenfarbstoffes zu erforschen suchte, war Zier im Jahre 1839. Den Rübenfarbstoff verwies er in jene Körperklasse, für die der Namen „Humussubstanzen“ (Mulder) noch heute gebraucht wird. Er nannte sie Moderstoffe. Im Jahre 1867 sprach Sostmann denselben Gedanken aus (Z. V. d. Zuckerind. 1867, S. 56). In der Rübe ist ein farbloser Körper (Chromogen) vorhanden, der durch Oxydation an der Luft gefärbt wird. „Produkte dieser Oxydation sind Ulmin- und Huminstoffe.“ Gegen die gleichzeitig herrschende Meinung, daß der Rübenfarbstoff eine Eisenverbindung sei, entstanden durch das Zerkleinern der Rübe mit eisernen Messern und Lösung von Eisen in saurem Rübensafte als Oxydulsalz und Oxydation an der Luft, nahm Wachtel Stellung. Durch Zerschneiden von Rüben mit Platin- und Elfenbeinmessern, wobei trotzdem Verfärbungen eintraten, bewies er die Haltlosigkeit dieser Anschauung (Organ 1879, S. 391).

Die Eigenschaft der Rübe und des Rübensaftes, ihre Farbe leicht zu verändern, findet sich häufig im Pflanzenreiche. So sei nur an die rostbraune Färbung erinnert, die frische Schnittflächen von Äpfeln bald annehmen; ebenso an Kartoffelsaft, der sich nach längerem Stehen tiefbraun färbt.

Wenn also im Pflanzenreiche diese Farbenerscheinungen nicht selten sind, so können sie jedenfalls auf verschiedene Ursachen zurückgeführt werden. Hier interessiert bloß die Ursache der Rübenfärbeerscheinung.

Erst mit den Untersuchungen Reinkes kommt man zu solchen, denen größerer wissenschaftlicher Wert beizulegen ist.

J. Reinke war der Erste, welcher diese leicht oxydierbaren Verbindungen des Pflanzenkörpers etwas näher untersuchte und die Resultate in Hoppe-Seylers „Zeitschrift für physiologische Chemie" (Band VI, S. 263) publizierte. Er benutzte zur Isolierung des Chromogens aus dem Zuckerrübensaft die Eigenschaft des Rübenfarbstoffes, mit Blei eine in Wasser unlösliche Verbindung einzugehen; der Rübensaft gibt, wie bekannt, mit einer hinreichenden Menge Bleiessig versetzt, ein vollkommen farbloses Filtrat, welches sich auch bei längerem Stehen an der Luft nicht mehr dunkel färbt[1]), aus dem also alles Chromogen ausgefällt sein muß.

Der Bleiniederschlag wird mit Wasser aufgeschlemmt, Schwefelwasserstoff eingeleitet, das Schwefelblei abfiltriert und das erhaltene farblose Filtrat mit Äther ausgeschüttelt. Dampft man die farblose ätherische Lösung im Dunkeln ein, so erhält man eine anfangs farblose Flüssigkeit, die sich bei weiterer Konzentration gelb und zuletzt tief kirschrot mit einem mehr oder weniger deutlichen Stich ins Braune färbt; gleichzeitig scheiden sich feine, weiße, kristallinische Nadeln aus, die, isoliert, an der Luft keine Farbenänderung zeigen; wird der Rübensaft vor dem Fällen mit Bleiessig am Wasserbade erhitzt, so findet diese Kristallbildung nicht statt, dafür ist aber die Ausbeute an rötlicher Substanz, Chromogen, bedeutend größer als bei nicht erwärmtem Saft.

Das auf diese Weise isolierte Chromogen wurde von Reinke Rhodogen genannt und der durch Oxydation daraus entstehende Farbstoff Betarot; die alkoholische Lösung des letzteren hat eine kirschrote Färbung, verfärbt sich an der Luft wie frischer Rübensaft und kann mit geeigneten Reduktionsmitteln entfärbt werden. Nach spektroskopischer Untersuchung wurde angenommen, daß das Betarot in chemischer Hinsicht dem Alkanarot sehr nahesteht. Was das Rhodogen anbelangt, so soll es der aromatischen Reihe angehören; die mehrfach hydroxylierten Benzolderivate zeigen ja auch ähnliche Erscheinungen.

Gonnermann prüfte Reinkes Versuche nach, aber mit negativem Resultate (Z. V. d. Zuckerind. 1898, 361). Zu bemerken ist jedoch, daß er „genau der Vorschrift folgend, frisch zerriebene

---

[1]) Behufs Analyse geklärte und filtrierte Rübenpreßsäfte dunkeln häufig bei längerem Stehen nach.

Kartoffeln anwandte und den abgepreßten Saft" so wie Reinke untersuchte. Die Vorschrift Reinkes hielt er wohl ein, aber benutzte ein anderes Ausgangsmaterial.

Brenzkatechin, dessen Anwesenheit Lippmann im Rohsaft annimmt und das in alkalischer Lösung sich dunkel färbt, fand Gonnermann nicht in Rüben.

Nachdem er Reinkes Versuche nicht bestätigen konnte, prüfte er folgende Angabe Bertrands. Nach letzterem soll das in den Rübensäften vorhandene Tyrosin durch eine Oxydase, die Tyrosinase, gefärbt werden und dies die Ursache der Dunkelfärbung sein (Bull. 1896). Nur daß die Tyrosinase ein bedingender Teil der Rübensaftfärbung ist, konnte er bestätigen; der zweite Faktor aber ist nach ihm nicht Tyrosin. Zusammenfassend schreibt er: „Bestätigt ist, daß sich in den Rüben ein leicht abzuscheidendes Enzym (Oxydase) befindet, welches, auf noch nicht genau gekannte Körper einwirkend, die Dunkelfärbung der Säfte bedingt." Diese Oxydase wird durch Kochen und schon durch schwache Laugen unwirksam. Die Farbenreaktion mit der Oxydase trat nur äußerst langsam ein. Wäre Tyrosin der eine färbebedingende Faktor, so ginge folgender Prozeß vor sich. Tyrosin würde durch die Oxydase oder durch Mikroben folgendermaßen verändert werden:

$$C_6H_4\begin{matrix} \diagup OH \\ \diagdown CH_2 \end{matrix} \cdot CH \cdot NH_2 \cdot COOH + 4\,H + 5\,O$$
$$= NH_3 + CO_2 + 2\,H_2O + C_6H_3(OH)_2 \cdot CH_2 \cdot COOH,$$

d. i. Homogentisinsäure (Dioxyphenylessigsäure). Diese dunkelgefärbte Säure fand jedoch Gonnermann nicht und faßte er dieses negative Resultat auch als Beweis dafür auf, daß Tyrosin nicht die färbungsbedingende Substanz der Rübe usw. ist. Dieser Versuch wurde jedoch an Kartoffelbrei gemacht, „um den schwer zu beseitigenden Zucker nicht mit in Arbeit zu bekommen". Dazu wäre aber zu bemerken, daß sich Kartoffelsaft chemisch ganz anders verhält als Rübenpreßsaft.

Nachdem später Gonnermann weitere Untersuchungen über diesen Gegenstand anstellte, glaubte er doch in der Homogentisinsäure das saftfärbende Agens erblicken zu müssen — als Reaktionsprodukt der Tyrosinase auf Tyrosin (D. Z. 1900, S. 350).

Im Jahre 1906 machte er bei der Untersuchung der Rüben im Fabrikslaboratorium eine ihm sonst bis dahin unbekannte Beobachtung. Die mit Bleiessig geklärten Rübensäfte dunkelten nach oder färbten sich „schwach rosenrot". Zu letzterm möchte der Verfasser hinzufügen, daß nach seinen analytischen Erfahrungen nur unreife oder alterierte Rüben diese Erscheinung zeigen, denn nur zu Beginn und zu Ende der Kampagne beobachtete er diese Rosafarbe sehr häufig bei der Analyse von Rüben und Schnitten; während der Kampagne konnte eine Verfärbung des geklärten Saftes nie oder doch nur ausnahmsweise konstatiert werden.

Theoretische Erwägungen und darauf fußende Untersuchungen

über die Einwirkung von Tyrosinase auf Tyrosin in saurer, alkalischer und neutraler Lösung ergaben, „daß die Saftfärbung einen andern Grund zu haben scheint als die bei der Einwirkung von Tyrosinase auf Tyrosin sich bildende Homogentisinsäure, weil diese in saurer Lösung nicht eintritt, und der Rübensaft bereits organisch sauer ist“ (Z. V. d. Zuckerind. 1907, S. 1068).

Auf seine Frage: Was ist nun die wirkliche Ursache der Dunkelfärbung? findet Gonnermann nach neu durchgeführten Versuchen folgende Antwort: „... daß in dem Rübensaft Ferrosalze, Brenzkatechin und Tyrosinase aufeinander einwirken. ... Durch Einwirkung von Tyrosinase auf Tyrosin entsteht z. B. Brenzkatechin“ $\underset{\text{Tyrosin}}{C_9H_{11}O_3N} + 6\,O = \underset{\text{Brenzkatechin}}{C_6H_6O_2} + NH_3 + H_2O + 3\,CO_2$. „Dieses findet die bekannten organischen Ferrosalze vor, ist, weil freier Sauerstoff fehlt, ohne Einwirkung für Farbstoffbildung, die jedoch sofort eintritt, wenn unter übertragender Mitwirkung der Tyrosinase (Oxydase) Luftsauerstoff auf den Saft einwirkt, d. h. die Dunkelfärbung des Rübensaftes tritt ein.“ Gonnermann konnte auch Brenzkatechin diesmal aus der Rübe ausscheiden.

Da sonach Gonnermann selbst die Homogentisinsäuretheorie fallen ließ, ist es einerseits nicht notwendig, auf die Chemie dieser Säure einzugehen (dies tut recht ausführlich V. Grafe in einer gleich zu zitierenden Abhandlung), noch ausführlicher jener Forschungen zu gedenken, die ebenfalls diese Theorie als unbegründet verwarfen. Genannt sei z. B. nur E. Schulze (Hoppe-Seylers Zeitschrift für physiolog. Chemie 1907, 508), der die Dunkelfärbung der Rübensäfte auf mehrere Saftbestandteile zurückführen will, und der Homogentisinsäure höchstens einen gewissen Anteil an den Farbenerscheinungen zubilligt. Zu demselben Resultat gelangte V. Grafe.

Die Brenzkatechintheorie gewinnt sicherlich an Wert dadurch, daß sie unabhängig von Gonnermann auf Grund experimenteller Untersuchungen auch von Grafe aufgestellt wurde. Grafe vollendete seine Arbeit am 1. Dezember 1907 und publizierte sie im Februarheft der Ö. U. Z. f. Zuckerind. XXXVII, 1908, S. 55.

Zunächst kommt Grafe auf die frühere Theorie Gonnermanns zu sprechen. Eingehend befaßt er sich mit Vorkommen, Konstitution, Darstellung usw. der Homogentisinsäure. Im Verfolg seiner Arbeit bezweifelt Grafe dann, daß es Gonnermann gelungen wäre, die Homogentisinsäure einwandfrei zu identifizieren, da aromatische Hydroxylverbindungen dieselben und ähnliche Reaktionen geben wie die genannte Säure. Da es niemandem gelang, Homogentisinsäure in Substanz aus pflanzlichen Organismen zu isolieren (Schulze, Castoro, Grafe), war also diese Hypothese fallen zu lassen. Grafe konnte weder im Rübenpreßsaft noch im Schnitzelbrei diese Säure finden; auch die Mitwirkung von Tyrosin am Dunkelwerden fand er für unwahrscheinlich. „Das Vorhandensein von Tyrosin und Homogentisinsäure bei der Dunkelfärbung von Rübensäften ist umsoweniger aus der Schwarzfärbung allein zu erschließen, als die Tyrosinase und ihre analogen Fermente nicht allein auf Tyrosin einwirken, sondern auch auf andere aromatische, mit Hydroxylen versehene Verbindungen, wie auf Brenzkatechin und Hydrochinon." Nun konstatierte Grafe folgende Tatsachen, die ihn dann zur Aufstellung seiner Brenzkatechintheorie bewogen: „Wenn man das nach Gonnermann dargestellte Ferment der Zuckerrübe auf verdünnte Brenzkatechinlösungen bei Luftzutritt einwirken läßt, kann man nach kurzer Zeit das Auftreten dunkler Färbungen in den auf diese Weise behandelten Lösungen konstatieren. Nun findet sich Brenzkatechin in manchen Rübensäften vor. .... Es soll damit angedeutet werden, daß das Vorhandensein von Tyrosin durchaus nicht zum Eintritt der beobachteten Dunkelfärbung von Rübensäften notwendig ist, demnach auch die Bildung von Homogentisinsäure für diesen Zweck nicht unbedingte Voraussetzung ist, sondern daß Umsetzungen anderer Art und von andern Verbindungen, z. B. von Brenzkatechin ... ausgehend das Zustandekommen dieser Erscheinung bewirken können." Brenzkatechin, dessen Vorhandensein in Rübensäften Grafe nachweisen konnte, wäre daher das farbenbedingende Agens. Zu erwähnen wäre noch, daß dunkelgefärbter Rübensaft durch kräftige Reduktionsmittel, wie z. B. Zinkstaub und Salzsäure, wieder teilweise sich aufhellt.

Ein Vergleich zwischen der Auffassung Gonnermanns und Grafes über diese komplizierten Vorgänge läßt die Verschiedenheit und Gleichheit der neuen Färbungshypothese verdeutlichen. Beide gehen vom Brenzkatechin aus; Grafe schaltet eine Mitwirkung des Tyrosins aus, während Gonnermann das Brenzkatechin aus dem Tyrosin entstanden denkt. Dabei müßte Kohlendioxyd und Ammoniak frei werden, was aber Grafe nicht konstatieren konnte. Durch gegenseitige Bindung beider soll nach Gonnermann eine schwache Alkalität auftreten, die bei Luftsauerstoff den Eintritt der Dunkelfärbung beschleunigt. Gonnermann gibt einen Chemismus des Färbevorgangs an, welchem Grafe beipflichtet. Tritt die Färbung zwischen Brenzkatechin, einem Ferrosalz und der Tyrosinase ein, so wird die Säure des Salzes in Freiheit gesetzt und bewirkt die saure Reaktion des gefärbten Rübensaftes; diese Farbe läßt sich mit Äther nicht ausschütteln.

Brenzkatechin ist Orthodioxybenzol; vom Benzol C_6H_6 ausgehend, kommt man zur ersten Oxydationsstufe $C_6H_5 \cdot OH$, dem Phenol, durch weitere Oxydation zum $C_6H_4\left\langle\begin{matrix} OH\ 1 \\ OH\ 2 \end{matrix}\right.$, Dioxybenzol oder Brenzkatechin, und zwar ist das die Orthoverbindung. Die Metaverbindung ist das Resorzin, die Paraverbindung ist das Hydrochinon. Die genannten Verbindungen sind als zweiwertige Phenole anzusprechen. Zu den dreiwertigen Phenolen mit der Formel $C_6H_3\left\langle\begin{matrix} OH \\ OH \\ OH \end{matrix}\right.$ gehört das Pyrogallol (1, 2, 3) und das Phloroglucin (1, 3, 5). Ein

Blick auf die Chemie des Brenzkatechins und seiner Verwandten wird das Verständnis für die Färbungsvorgänge im Rübensaft erleichtern.

Brenzkatechin fanden Gonnermann und Grafe in der Rübe, Lippmann in Rübenblättern und in einem Rohzucker (siehe S. 476). Es durchwanderte also den ganzen Fabrikationsprozeß oder, was auch möglich ist, wird im Betrieb zerstört und in einer späteren Station z. B. durch Erhitzen von Zucker, gebildet.

Brenzkatechin ist ein kristallisationsfähiger Körper, leicht löslich im Wasser, Alkohol und Äther; der Schmelzpunkt der Kristalle liegt bei 104°, bei 240° sublimieren diese. Es ist ein starkes Reduktionsmittel; aus Silbernitrat scheidet es schon in der Kälte Silber aus.

Außer seiner chemischen Darstellungsweise, die übergangen sei, entsteht es bei der Destillation von Katechin und andern Gerbstoffen, beim Erhitzen von Kohlenhydraten auf über 200°. Auch in den Produkten der trockenen Destillation des Holzes ist es zu finden.

In alkalischer Lösung ist es sehr unbeständig; diese färbt sich an der Luft zuerst grün, dann schwarz.

Von besonderem Interesse sind die Farbenreaktionen des Brenzkatechins. Mit Ammoniak gibt die Lösung eine braunrote Färbung, die beim Schütteln an der Luft dunkler wird. Tyrosinase färbt dunkelweingelb; Ammoniak, zu dieser Lösung zugesetzt, bewirkt starke Dunkelfärbung, besonders beim Durchschütteln an der Luft. Ferrosulfat färbt nicht oder beim Schütteln nur ganz schwach blau, Tyrosinaselösung zu diesem Gemisch zugesetzt färbt sofort tiefblau, allmählich blaugrün werdend, um nach oftmaligem Durchschütteln genau die Farbe verdünnter Rohsäfte anzunehmen (Gonnermann; Grafe bestätigt diese Angaben). Auf solche Wechselwirkungen zu Ferrosalzen basiert die Gonnermannsche Theorie. Mit einer Lösung von Eisenchlorid versetzt, nimmt es tiefgrüne Farbe an, welche bei Zusatz von Ammoniak in Violett übergeht.

Nach Grafe geben Brenzkatechinlösungen mit Tyrosinase und Eisensalzlösungen außerordentlich intensive Färbungen, die noch in hundertfacher Verdünnung den Rübensaftverfärbungen entsprechen. Daher selbst die geringsten Mengen Brenzkatechin in Rüben diese Färbungen leicht bedingen können.

Eigentümlicherweise wurde noch nie auf eine eventuelle Verwandtschaft der Farbstoffe der Zuckerrüben mit jenen der roten Rüben geprüft, obwohl die Annahme nicht abzuweisen wäre, daß diese Färbeerscheinungen qualitativ dieselben seien, aber nur quantitativ in der Zuckerrübe ganz bedeutend zurücktreten. Dafür scheint die Tatsache zu sprechen, daß die Färbungserscheinungen in Schnitten oder Brei immer über Rot verlaufen, daß Brenzkatechin nicht immer in den Rüben gefunden wurde (siehe S. 107, Gonnermann) und daß es auch kein normaler Bestandteil des Rohzuckers sein dürfte.

So sei dem Anthocyan (Erythrophyll) einige Aufmerksamkeit geschenkt, da vielleicht zukünftige Forschungen die Farbenerscheinungen der Zuckerrübe mehr aufklären werden.

Anthocyan ist ein Gruppenname für die besonders in belichteten Pflanzenteilen häufig vorkommenden roten bis blauen Farbstoffe, die sich im Zellsafte finden.

Chemisch sind sie noch nicht erforscht. Man weiß nur sicher, daß sie frei von Stickstoff sind; sie verhalten sich wie mehrwertige, schwache Säuren. Sie sollen Gerbstoffcharakter besitzen. Overton betrachtet sie als Gerbstoffglukoside.

Sie bilden sich wohl auch in der Dunkelheit, nehmen aber bei Beleuchtung rasch zu.

„Andererseits steht das Vorkommen des Anthocyans . . . nicht immer in direkter Beziehung zur Intensität der Belichtung: Wir treffen bei einer und derselben Art sowohl rote als bleiche konstante Rassen (z. B. bei Beta vulgaris), welche sich unter gleichen äußeren Bedingungen entwickeln.“ (Euler, Pflanzenchemie, I. Bd., S. 201).

Es könnte sich sonach in den Zuckerrüben irgendein „bleiches“ Anthocyan befinden, das durch Belichtung in Rot übergeht, nicht aber in die „rote Rasse“ der roten Rüben.

Vor einer vollständigen Erforschung der Anthocyane wird man sich jedoch kein positives Urteil bilden können.

Zur Erklärung der Farbenveränderung an Rübensäften wurde aber auch von verschiedenen Seiten Mikroorganismentätigkeit angenommen. St. Epstein und vor ihm schon Gonnermann wiesen diese Annahmen zurück. Letzterer in einer Polemik gegen Breyer, der eine solche Theorie verfocht. Epstein bewies die Nichtbeteiligung von Mikroben an diesen Färbvorgängen experimentell. Gleichzeitig bewies er auch sowie E. Schulze, daß für diese Erscheinungen Sauerstoff notwendig ist. Wurde dem Sauerstoff durch eine Ölschicht der Zutritt verwehrt, so trat im Gegensatz zu einem offenstehenden Kontrollkölbchen auch nach längerer Zeit im ersten Kölbchen keine Dunkelfärbung des Saftes ein.

f) Organische Säuren.

Stickstofffreie organische Säuren sind stete Begleiter der Rüben. Sie bedingen in erster Linie den sauren Charakter des Rübensaftes; ihre Hinwegbringung ist eine der wichtigsten Aufgaben der Reinigungsstation; sie sind die Ursachen vieler Erscheinungen im Betriebe.

Im folgenden Abschnitte sollen alle Säuren angeführt, die überhaupt in den Rüben gefunden wurden, und je nach ihrer Bedeutung gewürdigt werden. Verschiedene Kalkniederschläge aus Verdampfkörpern waren das Material, aus dem Lippmann Äpfel-, Wein- und Glutarsäure isolierte. Aus Kalkniederschlägen, die sich beim Vorwärmen gekalkter Säfte gebildet hatten, isolierte derselbe Oxal-, Bernstein-, Adipin- und Glykolsäure (Über organische Säuren aus Rübensaft, D. Z. 1891, Nr. 47; Z. V. d. Zuckerind. 1892, S. 137).

Alle diese Säuren kommen auch sonst im Pflanzenreiche und speziell in stark zuckerführenden Gewächsen (Traubensaft, Bananen, Zuckerrohr usw.) vor.

Von den gesättigten und ungesättigten einbasischen fetten Säuren finden sich keine Vertreter im Safte der Rüben (siehe Anhang). Von den gesättigten zweibasischen Säuren ist als erste die Oxalsäure zu nehmen.

Oxalsäurereihe.

Oxalsäure wurde schon im Jahre 1831 von Pelouze, später von Michaëlis Scheibler, Méhay, Weisberg und 1894 von Herzfeld in der Rübe und in Rübenblättern nachgewiesen, bzw. bestimmt. 1866 fand Cunze, später Dehn, Klamroth und Eisfeld, Weisberg, Pellet, Werschaffel, Andrlík und Staněk u. a. in Absätzen der Verdampfstationen, in Filterschlamm u. a. ebenfalls diese Säure.

Die aufgezählten Namen der Forscher, die sich mit der Oxalsäure beschäftigten, beweisen die Bedeutung dieser Säure für die Rübe und den Betrieb.

Michaëlis fand auf 1000 Teile Rübensaft 0,554 und 0,944 Teile Oxalsäure. Scheibler wies dieselbe auch im Rübensamen nach. Méhay fand sie zu 0,22% in der frischen Wurzel, zu 0,43% in den Blattstielen und zu 1,86% durchschnittlich in den Rübenblättern. Weisberg fand in einer ca. 400 g schweren Rübe 0,654% wasserlösliche und 0,062% in Salzsäure lösliche Oxalsäure, in einer 500 g schweren Rübe bezüglich 0,0461% und 0,0472%. — In verschiedenen Rüben ist demnach der Gesamtgehalt derselben verschieden und in ein und derselben Wurzel die wasserlösliche und unlösliche Form in gleichem Mengenverhältnis vorhanden. Herzfelds Untersuchungen beziehen sich auf Rübenblätter, Andrlíks und Staneks Arbeiten auf Diffusionssäfte und die der oben noch genannten Forscher auf Inkrustationen und dgl. Ihre Ergebnisse sind in den betreffenden Kapiteln wiedergegeben.

Nach Stoklasa enthält die Rübe schon im zartesten Alter, sowie sie mittels ihrer ersten Blätter zu assimilieren beginnt, Oxalsäure; mehr bei Gegenwart von Nitraten. Diese Säure entsteht als Nebenprodukt bei der Erzeugung der stickstoffhaltigen organischen Substanz im Rübenblatte (Nukleïn, Lezithin, Amide usw.) und kommt zuerst in demselben als Kali-, Natron- oder Magnesiumsalz vor. In dieser löslichen Form kann die Oxalsäure schädigend wirken; durch Kalk aber kommt sie in unlöslicher Form zur Ausscheidung. Die löslichen Oxalate beschleunigen den Verlauf des Prozesses der Stärkeumbildung durch Diastase; die freie Säure bindet den durch die Rübe aufgenommenen Kalküberschuß und zersetzt Nitrate und Chloride der Pflanze.

Die Oxalsäure ist das erste Glied der gesättigten zweibasischen Säuren. Ihre Formel ist $\begin{array}{c}COOH\\ |\\ COOH\end{array}$; sie tritt sehr häufig bei Oxydationsprozessen auf, z. B. bei Oxydation von Zucker, Stärke oder Holz mit Salpetersäure. Sie bildet feine durchsichtige Nadeln; in kristallisiertem Zustande enthält sie zwei Moleküle Kristallwasser $C_2H_2O_4 + 2 H_2O$. — Im Wasser und Alkohol ist sie leicht löslich. Sie ist eine starke Säure. Durch Reduktion geht sie in Glyoxylsäure, durch Oxydation in Wasser und Kohlendioxyd über.

Oxalsäure sowie alle anderen Säuren dieser Reihe erfahren Ionisation. Die Dissoziationskonstante für die Oxalsäure ist ca. K = 10,0. Bei vorsichtigem Erhitzen auf 150° sublimiert sie, bei raschem Erhitzen zerfällt sie in Kohlendioxyd, Ameisensäure und Kohlenoxyd. Als zweiwertige Säure bildet sie zwei Salzreihen. Von diesen, den Oxalaten, sind nur die Alkalisalze im Wasser löslich. Das neutrale Kaliumoxalat $C_2O_4K_2 + H_2O$ ist im Wasser leicht, das normale und saure Natriumoxalat nur sehr schwer löslich. Unlöslich sind die Erdalkalioxalate, von denen das wichtigste das Kalziumoxalat ist, $C_2O_4Ca + H_2O$. — Es ist ein weißes kristallinisches Pulver. Es wird durch Fällung eines löslichen Alkalisalzes mit Ammonoxalat in der Hitze erhalten. Von dieser Reaktion wird im Betriebe häufig zur Erkennung von Kalksalzen in Säften Gebrauch gemacht. In Mineralsäuren ist es löslich, unlöslich in verdünnter Essigsäure. Löslicher als im Wasser ist es in Zuckerlösungen von niederer Konzentration. Seine Löslichkeitsverhältnisse in Zuckerkalklösungen wurden schon gezeigt (S. 88). Spiller konstatierte eine ziemliche Löslichkeit von Oxalaten in neutralen und alkalischen Lösungen zitronensaurer Salze. Durch Kochen mit Ätzalkalien wird das Kalziumoxalat nur teilweise zersetzt, leichter und vollständiger durch Alkalikarbonate: $C_2O_4Ca + Na_2CO_3 = CaCO_3 + C_2O_4Na_2$, ein Prozeß, der sich auch im Betriebe abspielt (Reinigung der Verdampfapparate). — Im Rübensafte kommt es in löslicher Form vor, was durch Umsetzung mit anderen organischsauren Salzen zu erklären ist.

Es gibt mehrere Bestimmungsmethoden für die Oxalsäure, von welchen sich Andrlík und Stanek für Extrahierung des mit Salzsäure angesäuerten Saftes — es handelte sich um Analysen von Rohsäften — mittels Äther und Bestimmung der Oxalsäure im Ätherauszug entschieden (Z. f. Zuckerind. i. B. XXIV, 1899, Heft 2, S. 52). Durch Salzsäure werden die Oxalate sowie andere organischsaure Salze zerlegt und die freie Säure dann durch Äther ausgelaugt (siehe S. 456). Es wird später noch öfters den ätherlöslichen organischen Säuren begegnet werden und so seien diese gleich hier aufgezählt: Oxal-, Malon-, Glutar-, Trikarballyl-, Äpfel-, Adipin- und Bernsteinsäure und in geringeren Mengen Wein- und Zitronensäure.

Das zweite Glied der Oxalsäurereihe ist die Malonsäure (Propandisäure), von der Formel

$$\begin{array}{l} COOH \\ | \\ CH_2 \quad = C_3H_4O_4 \\ | \\ COOH \end{array}$$

Sie wurde in Rübensäften der Zuckerfabrikation nachgewiesen. Im Jahre 1881 fand sie Lippmann in Inkrustationen von Verdampfapparaten und isolierte sie daraus. Malonsäure bildet Kristalle (Blätter), ist im Wasser, Alkohol und Äther leicht löslich und ziemlich unbeständig; beim Erhitzen über ihren Schmelzpunkt (132^0) zerfällt sie in Essigsäure und Kohlendioxyd. Mit der Auffindung dieser zweibasischen Säure wurde sie zum ersten Male in der Natur nachgewiesen; bis dahin wurde sie stets nur künstlich dargestellt (Lippmann, Organ XIX, 1881, S. 386). Ihre Dissoziationskonstante ist $K = 0,163$, also ist sie schon viel schwächer als die Oxalsäure.

Ihre Salze heißen Malonate; Lippmann bediente sich ihres charakteristischen Baryumsalzes $C_3H_2BaO_4 + 2$ aqu zur Identifizierung dieser Säure. Das Kalksalz ist im Wasser löslich, und zwar mit steigender Temperatur in steigendem Maße.

Bernsteinsäure (Butandisäure, Äthylenbernsteinsäure) wurde von Lippmann in gekalktem Rohstoffe bei der Verarbeitung unreifer Rüben nachgewiesen. Sie kommt in anderen Pflanzen auch vor und entsteht u. a. bei der alkoholischen Gärung des Zuckers. Bernsteinsäure wird u. a. aus äpfelsaurem Kalk durch Gärung dargestellt. Ihre Formel ist $COOH \cdot CH_2 \cdot CH_2 \cdot COOH$; sie kristallisiert in monoklinen Prismen, löst sich bei gewöhnlicher Temperatur in 20 Teilen Wasser, ist löslich in Alkohol, unlöslich in Äther. Ihre Inversionskonstante ist 0,545, die Lösung schmeckt sauer. Sie ist eine beständige Säure. Beim Erhitzen bildet sich ihr Anhydrid.

Ihre Salze, die Succinate, sind im Wasser leicht löslich. Das Kalksuccinat hat die Formel $C_2H_4 \left\langle \begin{matrix} COO \\ COO \end{matrix} \right\rangle Ca + H_2O$ und ist ebenfalls wasserlöslich. Die Methylverbindung dieser Säure ist die Brenzweinsäure (S. 115).

Glutarsäure (normale Brenzweinsäure), Pentandisäure. Diese wurde von Lippmann in Inkrustationen von Verdampfapparaten bei Verarbeitung unreifer Rüben nachgewiesen.

$$\begin{matrix} COOH \\ | \\ CH_2 \\ | \\ CH_2 \\ | \\ CH_2 \\ | \\ COOH \end{matrix} = C_5H_8O_4$$

Sie ist kristallisationsfähig und in heißem Wasser, Alkohol und Äther leicht löslich. Die freie Säure kristallisiert in kleinen glasglänzenden Prismen. Sie ist hier wegen ihres Zusammenhanges mit der Glutaminsäure, dem Glutamin und der α-Oxyglutarsäure von Interesse.

Ihr Kalksalz ist in kaltem Wasser leicht, in heißem Wasser weniger löslich. Es kristallisiert mit 4 Mol. Kristallwasser. $C_5H_6O_4 \cdot Ca + 4\,Aq$.

Der oben genannten Brenzweinsäure kommt die Formel

$$\begin{array}{l} CH_3 \cdot CH \cdot COOH \\ \quad\;| \\ \quad CH_2 \cdot COOH \end{array}$$

zu. Beide Säuren sind isomer ($C_5H_8O_4$).

Adipinsäure (Hexandisäure)

$$\begin{array}{l} COOH \\ | \\ (CH_2)_4 = C_6H_{10}O_4 \\ | \\ COOH \end{array}$$

Diese Säure wurde von Lippmann in gekalktem Rübensafte nachgewiesen, und zwar konnte er sie infolge ihrer großen Löslichkeit in Äther von der Bernsteinsäure leicht trennen. Sie war nur in geringerer Menge vorhanden und kristallisierte auch in reinem Zustande nur sehr schwierig und langsam aus. Sie bildet weiße Blätter und Nadeln, die sich in Alkohol, Äther und heißem Wasser leicht, in kaltem Wasser nur schwer lösen. Schmelzpunkt 148°

Ihr Kalksalz ist in heißem und kaltem Wasser schwer löslich. Die Alkalisalze sind leicht löslich.

Die Oxalsäurereihe hat wohl noch Vertreter mit mehr als sechs Kohlenstoffatomen, doch sind diese in der Rübe nicht nachgewiesen worden.

Über die dreibasischen Säuren siehe S. 117.

Oxysäuren.

a) Einbasische Oxysäuren. Das sind die Oxyverbindungen der Fettsäuren. Das erste Glied ist die Glykolsäure (Oxyessigsäure oder Äthanolsäure)

$$\begin{array}{l} CH_2 \cdot OH \\ | \\ COOH \end{array}$$

Sie entsteht durch Eintritt einer Hydroxylgruppe in die Methylgruppe der Essigsäure. Wegen der hierhergehörigen Milchsäuren heißt diese Reihe auch Milchsäurereihe.

Die Glykolsäure kommt in unreifen Weintrauben, in den Blättern des wilden Weines u. a. vor. Sie wurde neben der Oxalsäure aus strahlig kristallinischen Absätzen aus abgekühltem, gekalktem Rohsafte abgeschieden.

Die Säure hat die empirische Formel $C_2H_4O_3$ und kristallisiert in reinem Zustande in kleinen weißen Prismen. Sie ist löslich im Wasser, Alkohol und Äther; ebenso ihre Alkalisalze. Das Kalksalz $(C_2H_3O_3)_2Ca + 4\,H_2O$ ist schwer in gewöhnlichem, leichter in heißem Wasser löslich.

Die Milchsäuren (Oxypropionsäuren) wurden nicht in Rüben, wohl aber in Melassen nachgewiesen. (Siehe S. 103.)

Auch die Oxysäuren der Oxalsäurereihe sind hier vertreten. Das sind die

b) zweibasischen Oxysäuren, die, wie die einbasischen, Alkoholsäuren sind.

Genannt sei die Tartronsäure (Monooxymalonsäure), die aber nicht in Rübensäften oder in Inkrustationen nachgewiesen wurde.

Hingegen ist die Äpfelsäure (Monooxybernsteinsäure, Butanoldisäure) von Wichtigkeit. Sie hat die Strukturformel

$$\begin{array}{l} COOH \\ | \\ CHOH \\ | \\ CH_2 \\ | \\ COOH \end{array}$$

Da sie ein asymmetrisches Kohlenstoffatom besitzt, kommen optisch isomere Modifikationen derselben, also in rechts- und linksdrehender und racemischer Form, in der Natur vor. Im Pflanzenreiche ist die linksdrehende Modifikation verbreitet, und zwar in sauren Äpfeln, Weintrauben usw. Lippmann wies sie in den schon häufig genannten Inkrustationen von Verdampfapparaten nach.

Die Linksäpfelsäure bildet zerfließliche Nadeln, die im Wasser und Alkohol leicht, in Äther wenig löslich sind. Durch Erhitzen bildet sie Fumarsäure und Maleïnsäureanhydrid, durch Reduktion gibt sie Bernsteinsäure. $[\alpha]_D^{20} = -1{,}96$.

Als zweibasische Säure kann sie saure und neutrale Salze, die Malate, bilden

Von diesen sind die Alkalisalze leicht im Wasser löslich. Das neutrale Kaliummalat $C_4H_4O_5 \cdot K_2$ und das saure $4\,(C_4H_4O_5 \cdot KH) + 7\,Aq$ sind so wie die entsprechenden Natriumsalze rechtsdrehend.

Das Kalksalz $(C_4H_5O_5)_2Ca + 6\,H_2O$ ist in heißem Wasser löslich, und zwar gelten für diese Löslichkeit folgende Einzelheiten (Bresler). Bei gewöhnlicher Temperatur ist sie am größten, nimmt mit wachsender Temperatur bis gegen 60^0 ab und steigt von da ab wieder langsam. Das saure äpfelsaure Kalzium ist bei gewöhnlicher Temperatur nicht sehr löslich; seine Löslichkeit steigt mit wachsender Temperatur bis gegen 60^0 und nimmt dann wieder schnell ab. Diese Löslichkeitsabnahme ist aber nur eine scheinbare; sie beruht darauf, daß das saure Salz in neutrales Kalkmalat und Äpfelsäure zerfällt. Daher werden Lösungen des sauren Salzes durch Kochen in neutrales Salz übergeführt. Ferner gibt es ein basisches Kalksalz dieser Säure, wenn ein Molekül Kalk auf ein halbes Molekül Äpfelsäure kommt.

Der dreibasischen Trikarballylsäure (Propantrikarbonsäure) entspricht eine Oxysäure, die Zitronensäure, als hier einziger Vertreter von

c) dreibasischen Oxysäuren. Zitronensäure, also Oxytrikarballylsäure, wurde schon 1851 von Michaëlis im Rübensafte,

1861 von **Schrader** in Inkrustationen von Verdampfapparaten und 1899 von **Andrlík** im Saturationsschlamm nachgewiesen. Im freien Zustande findet sie sich in manchen Früchten. Sie hat die Formel

$$\begin{array}{lcl} CH_2 \cdot COOH & & CH_2 \cdot COOH \\ \cdot & & \cdot \\ CH \cdot COOH & \rightarrow & C(OH) \cdot COOH \\ \cdot & & \cdot \\ CH_2 \cdot COOH & & CH_2 \cdot COOH \\ \text{Trikarballylsäure} & & \text{Zitronensäure} \end{array}$$

also empirisch $C_6H_8O_7$.

Diese Säure kristallisiert in großen Prismen, ist im Wasser und Alkohol leicht, in Äther schwer löslich. Sie kristallisiert mit einem Moleküle Wasser, das sie bei 130° abgibt. Durch Reduktion geht sie in die Trikarballylsäure über. Durch Oxydation zerfällt sie in Oxal-, Essig- und Kohlensäure.

Beim Erhitzen über 150° geht Zitronensäure in Akonitsäure über. Sie ist eine ziemlich starke Säure und löst selbst manche Metalle unter Wasserstoffbildung auf.

Zitronensäure bildet **drei Reihen** von Salzen. Die Schwermetallzitrate sind in Wasser unlöslich, die Alkalisalze sind löslich. Das zitronensaure Kalzium $(C_6H_5O_7)_2Ca_3 + 4Aqu$ ist in heißem Wasser weniger löslich als in kaltem. **Bresler** fand, daß 100 cm³ Wasser von 9,6° C 0,1526 g, bei 24° aber nur 0,1140 g dieses Salzes lösen. Über seine Löslichkeit in Zuckerlösungen siehe S. 89.

Auch **Trikarballylsäure**, das Reduktionsprodukt der Zitronensäure, wurde im Rübensafte, bzw. in einer Verdampfkörperinkrustation von **Lippmann** nachgewiesen. Sie wurde gereinigt, mit Schwefelsäure zersetzt, wodurch sich das Kalziumsulfat ausscheidet und die vorhandene organische Säure in Lösung geht. Das Filtrat wurde mit Äther versetzt, um die Säure auszufällen, da zunächst Zitronensäure vermutet wurde. Trotz dieses Ätherzusatzes fiel kein Niederschlag aus: es war also eine ätherlösliche Säure zugegen. Die Ätherlösung wurde eingedampft und schließlich resultierten verunreinigte Kriställchen. Zweimal aus Äther umkristallisiert, wurden diese rein erhalten und als Trikarballylsäure erkannt ($C_6H_8O_6$). Letztere ist im Wasser, Alkohol und Äther sehr leicht löslich; ihr Kalksalz muß im Wasser, bzw. in Säften löslich sein und gelangt in den Verdampfkörpern zur Ausscheidung. **Lippmann** nimmt an, daß diese Säure in unreifen Rüben als solche vorkommt oder beim Einmieten aus der Zitronensäure entstehe. „Bei der nahen Beziehung, in der die beiden Säuren stehen, ist letztere Vermutung nicht unwahrscheinlich. Jedenfalls können nur künftige Untersuchungen darüber Aufschluß geben, ob wir hier einen regelmäßigen oder einen unter abnormen Verhältnissen auftretenden Begleiter des Zuckers in der Rübe vor uns haben" (Organ XVI, 1878, S. 255).

Bald darauf wies **Weyr** ihr Vorhandensein in gleichen Ausscheidungen nach (Organ XVII, 1879, S. 659; Z. V. d. Zuckerind. 1879, S. 881). Er konnte diese Säure im Laufe der Kampagne einige Male konstatieren. Im Safte der Rüben fand er sie jedoch nicht. Weyr ist der Ansicht, daß sie aus der Zitronensäure, bzw. deren Kalksalzen im Betriebe entstehe. Durch Erhitzen übergeht die Zitronensäure in Akonitsäure (s. d.), und diese durch Reduktion in Trikarballylsäure.

Ihre Löslichkeitsverhältnisse wurden schon besprochen. Weyr untersuchte noch ihr Kupfer- und Eisensalz. Beide Salze sind im Wasser löslich. Ihr Kalksalz ist im Wasser ebenfalls löslich, und zwar löst sich ein Teil des wasserfreien Salzes in 346 Teilen Wasser.

Das Oxydationsprodukt der Zitronensäure ist die Oxyzitronensäure von untenstehender Formel. Sie wurde von Lippmann aus Inkrustationen der Verdampfapparate abgeschieden. Sie ist kristallisationsfähig und im Wasser, Alkohol und Äther sehr leicht löslich. Sie ist optisch inaktiv.

Ihre Salze sind teils löslich, wie die Alkalisalze; unlöslich ist das Kalksalz $(C_6H_5O_8)_2Ca_3 + 9\,H_2O$.

In naher Beziehung zu diesen Säuren steht die dreibasische, ungesättigte Akonitsäure.

CH_2—COOH | C—COOH ‖ C(H)(COOH)	CH_2—COOH | C(H)(COOH) | C(H)(H)—COOH	CH_2—COOH | C(OH)(COOH) | C(H)(H)—COOH	CH_2—COOH | C(OH)(COOH) | C(H)(OH)—COOH
$C_6H_6O_6$	$C_6H_8O_6$	$C_6H_8O_7$	$C_6H_8O_8$
Akonitsäure	Trikarballylsäure	Zitronensäure	Oxyzitronensäure

Die Akonitsäure, schon früher im Zuckerrohre bekannt, wurde von Lippmann aus Ansätzen der Verdampfapparate bei Verarbeitung stark alterierter Rübe isoliert (Z. V. d. Zuckerind. 1879, 1066). Sie fiel mit der Trikarballylsäure aus.

Sie ist in kaltem, leichter noch in heißem Wasser löslich. Akonitsäure ist eine ziemlich starke, kristallisationsfähige Säure und bildet drei Reihen von Salzen, die Akonitate. Sie ist ein Zwischenprodukt bei der Umwandlung der Zitronensäure in Trikarballylsäure. Die erstgenannte Säure übergeht beim Erhitzen durch Wasserabspaltung in Akonitsäure und diese durch Reduktion in Trikarballylsäure.

$$\underset{\text{Zitronensäure}}{C_6H_8O_7} - H_2O = \underset{\text{Akonitsäure}}{C_6H_6O_6};\; C_6H_6O_6 + H_2 = \underset{\text{Trikarballylsäure.}}{C_6H_8O_6}$$

Lippmann stellte ihr Kalksalz dar: $(C_6H_6O_6)_2Ca_3 + 6\,H_2O$. — Es ist schwer löslich; 132 Teile Wasser von 9,6° C lösen 1 Teil akonitsaures Kalzium (Bresler). Die Alkaliakonitate sind leicht löslich.

Im Anschlusse an diese Säuren sei die Zitrazinsäure betrachtet, obwohl sie vom chemischen Standpunkte nicht an diese Stelle gehört.

Durch ihre Entstehung und ihre Umsetzungen steht sie zu den letzten vier genannten Säuren in gewisser Beziehung. Werden z. B. Amide der Zitronensäure mit Schwefelsäure erhitzt, so entsteht die Zitrazinsäure. Ihr Amid gibt beim Erhitzen mit Kalilauge auf 150° Akonitsäure und kocht man Zitrazinsäure mit Zinn und Salzsäure, so entsteht Trikarballylsäure.

Zitrazinsäure ist eine α-α'-Dioxypyridin-γ-Karbonsäure. Vom Pyridinring ausgehend, ist ihre Formel leicht verständlich. Dieser gibt durch Oxydation eine Karbonsäure und diese durch weitere Oxydation Zitrazinsäure:

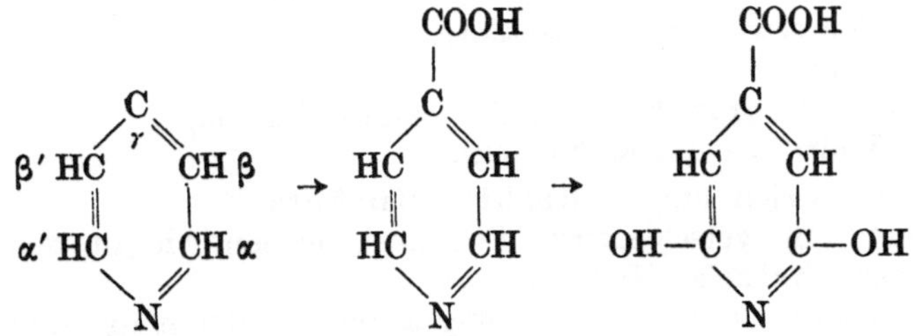

```
                            COOH                 COOH
                             |                    |
          C                  C                    C
        / γ \\             /   \\               /   \\
   β' HC     CH β   →    HC     CH     →       HC     CH
      ||     |           ||     |              ||     |
   α' HC     CH α        HC     CH        OH—C       C—OH
        \\   //            \\   //              \\   //
          N                  N                    N
```

Pyridin C_5H_5N — γ-Karbonsäure d. Pyridins $C_5H_4N \cdot COOH$ — α-α'-Dioxy-γ-karbonsäure d. Pyridins $C_5H_2 \cdot COOH(OH_2)_2$ } Zitrazinsäure.

Lippmann fand sie bei der Verarbeitung schlecht eingemieteter, öfters erfrorener und wiederaufgetauter Rüben in Ablagerungen von Spodiumfiltern der Rohzuckerfabrikation. Diese Ablagerungen bildeten eine gelbliche Masse; sie wurde zunächst mit Zuckerlösung, dann mit Wasser gewaschen und hierauf mit Salzsäure zersetzt; so erhielt Lippmann eine noch unreine Zitrazinsäure, die er weiter reinigte (B. d. D. ch. G. 1893, S. 3061).

Die reine Säure ist ein schwach gelblich gefärbtes und kristallinisches Pulver. Die wässerigen Lösungen reagieren sauer; sie ist eine zweibasische, ziemlich widerstandsfähige Säure. Ihre Alkalisalze sind löslich, die Erdalkalisalze schwer löslich.

Hier kommt ihr keine größere Bedeutung zu.

Die Oxyverbindung der Äpfelsäure oder Dioxyverbindung der Bernsteinsäure ist die Weinsäure. Ihre Formel geht aus folgendem Schema leicht hervor:

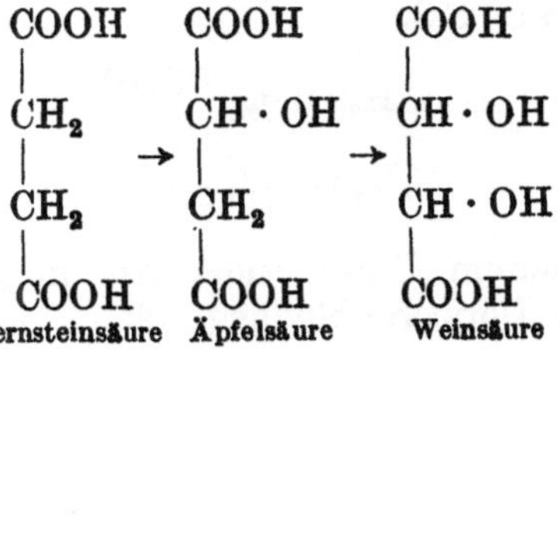

```
COOH          COOH          COOH
|             |             |
CH2           CH · OH       CH · OH
|        →    |        →    |
CH2           CH2           CH · OH
|             |             |
COOH          COOH          COOH
Bernsteinsäure Äpfelsäure   Weinsäure
```

Ihre Strukturformel ist:

$$\begin{array}{c} H \\ | \\ HO \cdot C - COOH \\ | \\ HO \cdot C - COOH \\ | \\ H \end{array}$$

So geschrieben zeigt sich, daß sie zwei asymmetrische Kohlenstoffatome enthält, es also mehrere Weinsäuren gibt:

1. Rechts- oder gewöhnliche Weinsäure,
2. Linksweinsäure,
3. Trauben- oder Paraweinsäure (die racemische Form),
4. inaktive Weinsäure (siehe Anhang).

Hier handelt es sich um die Rechtsweinsäure.

Diese kommt in verschiedenen Früchten, namentlich in den Trauben als saures Kalisalz $KHC_4H_4O_6$ vor.

Lippmann wies sie in Ausscheidungen der Verdampfapparate nach.

Weinsäure bildet schöne Kristalle vom Schmelzpunkt 135°, die im Wasser leicht, in Äther sehr wenig löslich sind. Obwohl sie Lippmann gleichzeitig mit der linksdrehenden Äpfelsäure aus demselben Niederschlag isolierte, hatte er die rechtsdrehende Weinsäure vor sich. $[\alpha]_D^{18} = +13{,}64^0$. — Beim Erhitzen geht sie in Anhydride über; bei höherem Erhitzen bräunt sich die Masse und unter den Zersetzungsprodukten ist u. a. Brenzweinsäure nachzuweisen. Durch Reduktionsmittel wird sie zuerst in Äpfelsäure, dann in Bernsteinsäure überführt. Auch sie ist eine Alkoholsäure. Ihre Salze, die Tartrate können neutral, sauer und basisch sein. Sie alle sind rechtsdrehend. Die Alkalisalze sind im Wasser löslich. Genannt sei das Kalium-Natriumtartrat (Seignettesalz) $C_2H_2(OH)_2\genfrac{}{}{0pt}{}{\diagup COOK}{\diagdown COONa}$, weil es zur Bereitung der Fehlingschen Lösung dient. Es kristallisiert mit 4 Mol. Wasser. Das neutrale Kalziumtartrat ist schwer in kaltem, leichter in heißem Wasser löslich.

$$C_2H_2(OH)_2\genfrac{}{}{0pt}{}{\diagup COO \diagdown}{\diagdown COO \diagup}Ca + 4\,Aq.$$

Leichter ist das saure Salz

$$\begin{array}{l} C_2H_2(OH)_2 \diagup COOH \\ \qquad\qquad\quad\; \rangle Ca \\ C_2H_2(OH)_2 \diagdown COOH \end{array}$$

löslich. Mit äpfelsaurem Kalke bildet das normale Kalziumtartrat eine leichter lösliche Doppelverbindung.

Aldehydsäuren.

Glyoxylsäure (Glyoxalsäure) hat die Formel COOH · CHO + H_2O, doch nimmt man an, daß das eine Molekül Wasser mit der Säure chemisch gebunden wäre, und schreibt daher ihre Formel auch: $CH(OH)_2$. COOH. Die erste Formel ist nach Debus aber die richtigere.

Sie kommt in unreifen Früchten vor. Lippmann hat Glyoxylsäure, nur in einem einzigen Falle, aus dem Safte ganz junger Rübenpflanzen isoliert.

Sie ist die erste Säure in der Reihe der Aldehydsäuren, zeigt auch Aldehydcharakter und ist als Halbaldehyd der Oxalsäure zu betrachten:

$$\underset{\text{Oxalsäure}}{\begin{matrix}\mathrm{COOH}\\|\\\mathrm{COOH}\end{matrix}} \rightarrow \underset{\text{Halbaldehyd}}{\begin{matrix}\mathrm{CHO}\\|\\\mathrm{COOH}\end{matrix}} \rightarrow \underset{\text{Ganzaldehyd (Glyoxal)}}{\begin{matrix}\mathrm{CHO}\\|\\\mathrm{CHO}\end{matrix}}$$

Diese Säure bildet einen dicken, zähen Sirup und ist im Wasser leicht löslich. Glyoxalsäure und Glyoxal reduzieren als Aldehyde Fehlingsche Lösung; beide Körper sind wenig beständig. Die Säure gibt mit Ätzkalk ein schwer lösliches Salz. Beim Kochen mit Alkalien oder Kalk übergehen beide Verbindungen in Glykolsäure und Oxal säure.

Der glyoxylsaure Kalk $(C_2H_3O_4)Ca$ bildet weiße Prismen und ist nur wenig im Wasser löslich. Durch Kochen der Säure mit überschüssigem Kalkwasser geht dieselbe quantitativ in Kalziumglykolat und Oxalat über. Für die Säuren geschrieben lautet die diesbezügliche Gleichung:

$$2\begin{matrix}\mathrm{COOH}\\|\\\mathrm{CHO}\end{matrix} + H_2O = \underset{\text{Glykolsäure}}{\begin{matrix}\mathrm{COOH}\\|\\\mathrm{CH_2\cdot OH}\end{matrix}} + \underset{\text{Oxalsäure}}{\begin{matrix}\mathrm{COOH}\\|\\\mathrm{COOH}\end{matrix}}$$

Auch ihre anderen Salze, die sämtlich kristallisierbar sind, zersetzen sich analog. Das Kaliumglyoxalat $CH(OH)_2$ · COOK ist leicht löslich. Das schon genannte Kalksalz bildet mit glykol- und milchsaurem Kalzium Doppelsalze.

Das Glyoxal oder Oxaldehyd $\begin{matrix}H\cdot C = O\\H\cdot C = O\end{matrix}$ stellt die Vereinigung zweier Aldehydgruppen dar und besitzt daher auch die für Aldehyde charakteristischen Eigenschaften. Sein Vorkommen in der Rübe ist nicht erwiesen.

Andrlík und Votoček fanden im Jahre 1898 (Z. f. Zuckerind. i. B. 1898, S. 248) in verschiedenen Zuckerfabrikationsprodukten einen neuen Körper, den sie Rübenharzsäure nannten. Auf S. 122 ist ihr Vorkommen näher beschrieben.

Diese Säure bildet dünne, farblose, seidenglänzende nadelförmige Kristalle, die wasserunlöslich sind. Schmelzpunkt 299—300°; darüber hinaus erhitzt, sublimiert sie unter Verbreitung eines angenehmen

Harzgeruches. Sie ist rechtsdrehend, $[\alpha]_D^{20} = +78{,}67^0$ (für die getrocknete Substanz ohne Kristallwasser). Ihre Formel ist $C_{22}H_{36}O_2 + 2\,H_2O$ für den kristallisierten Zustand.

Von ihren Salzen wäre hervorzuheben: die Alkalisalze, „verwandeln sich mit Wasser zu einer schleimigen Masse, welche bei starker Verdünnung eine sirupfarbige, äußerst viskose Flüssigkeit darstellt"; das Kalksalz, ist im Wasser fast unlöslich, „in warmem, saturiertem Saft nicht ganz unlöslich".

Andrlík fand die Rübenharzsäure im Schaume von Abfallwasser in Mengen von 14,2—26,2 % auf dem alkoholischen Extrakt bezogen.

Analysen von Schaum von Abfallwässern
(lufttrockene Proben).

	1	2	3	4	5
Wasser	7,8	6,4	8,4	13,8	10,5
In HCl unlöslich:					
anorganisch	33,90	17,70	—	18,8	18,2
organisch	14,50	15,20	18,30	15,2	8,1
in Alkohol löslich (nach Zersetzung mit HCl)[1] .	30,50	42,10	32,90	42,4	51,7
In HCl löslich:					
$Al_2O_3 + Fe_2O_3$	4,0	4,4	—	1,8	1,9
CaO	6,0	9,8	—	4,0	5,0
MgO	0,9	1,3	—	1,1	0,8
SO_3	0,8	0,9	—	0,7	0,9
Stickstoff	0,9	0,7	—	—	—

Der Schaum ist die ergiebigste Quelle für ihre Gewinnung; in diesem befindet sie sich nur zum Teil in freiem Zustande. Desgleichen ist die Rübenharzsäure in freiem und gebundenem Zustande in Ablagerungen von Diffusionssaftvorwärmern, und zwar zu 5,12 und 2,32% gefunden worden; im Schlamme der ersten Saturation in Mengen von 0,31—0,57%, je nach Qualität der Rübe und im Diffusionssafte zu 0,186% auf Trockensubstanz. Im Schaume des Diffusions- und nichtfiltrierten Saturationssaftes sowie in der Melasse und Rübe selbst wurde Rübenharzsäure ebenfalls konstatiert. Sie ist ein steter Begleiter des durch Ätherextraktion gewonnenen Rübenfettes. (Z. f. Zuckerind. i. B. 1898/99, XXVII, S. 25.)

K. Smolenski fand diese Harzsäure gepaart mit einer Glukuronsäure, also ein Glukuronid der Rübenharzsäure von der Formel $C_{28}H_{44}O_8$, in Diffusionssaftvorwärmern. Sie gab die Farbenreaktionen der Rübenharzsäure, sonst aber zeigte sie wesentlich andere Eigenschaften als erstere. Sie ist wasserunlöslich, löslich u. a. in Äthyl und Methylalkohol. Sie hat saure Eigenschaften; ihre Alkalisalze sind löslich im Wasser,

---

[1]) Hauptsächlich aus Fettsäure und Rübenharzsäure bestehend.

die Kalk-, Baryum- u. a. Salze unlöslich. $[\alpha]_D = +21^0$, ein anderes Mal wurde gefunden $[\alpha]_D = +24{,}9^0$ in 2proz. alkoholischer Lösung. Bei der Hydrolyse mittels Säuren zerfällt sie nach folgender Gleichung:

$$C_{28}H_{44}O_8 + H_2O = \underset{\text{Harzsäure}}{C_{22}H_{36}O_2} + \underset{\text{Glukuronsäure}}{C_6H_{10}O_7}.$$

(Hoppe-Seylers Zeitschr. f. physiolog. Ch., 71. Bd., 1911, S. 266.)

B. Stickstoffhaltige Saftbestandteile.

g) Stickstoff-Säuren und Amide.

Als erstes Glied möge nur das Glykokoll genannt werden, da es zu der schon genannten Glykolsäure und zu noch anderen Körpern in Beziehung steht. Es ist Amidoessigsäure $CH_2 \cdot NH_2 \cdot COOH$. An sich hat es kein weiteres Interesse für die Zuckerfabrikation, da es in der Rübe nicht vorhanden ist und während der Fabrikation nicht entstehen kann.

Leuzin (α-Amidoisobutylessigsäure) oder Amidokopronsäure.

$$\underset{\text{Isobutylessigsäure, Kapronsäure}}{\begin{matrix}CH_3\\CH_3\end{matrix}\!\!>CH-CH_2-CH_2-COOH} \rightarrow \underset{\text{Leuzin}}{\begin{matrix}CH_3\\CH_3\end{matrix}\!\!>CH-CH_2-\underset{\displaystyle NH_2}{\underset{|}{CH}}-COOH}$$

Dieses entsteht neben Glykokoll bei der Zersetzung von Eiweiß durch Säuren oder Alkalien, oder bei der Fäulnis. Es ist im Tier- und Pflanzenreiche anzutreffen. Lippmann stellte es aus Elutionslaugen und aus dem Safte der bleichen Triebe ausgewachsener Rüben dar (1884). Auch in der Melasse ist es nachgewiesen worden.

Es ist kristallisationsfähig, in kaltem, besser in warmem Wasser löslich; es ist optisch aktiv und je nach Herkunft verschieden drehend. Landolt bestimmte das Drehungsvermögen eines aus Melasse von Lippmann gewonnenen Leuzins zu $[\alpha]_D^{20} = +8{,}05^0$.

Es ist von neutraler Reaktion und gegen Säuren und Alkalien widerstandsfähig. Dasselbe gilt von oben genanntem Glykokoll.

Außer dem rechtsdrehenden gibt es auch ein linksdrehendes Leuzin. Seine Verbindungen mit Basen und Säuren haben an dieser Stelle keine weitere Bedeutung.

1903 wies F. Ehrlich Leuzin in Dessauer Melasseschlempe nach und isolierte dieses sowie ein Isomeres desselben, das Isoleuzin, daraus. Über die Gewinnungsmethode beider ist in der Originalabhandlung (Z. V. d. Zuckerind. 1903, S. 809) nachzusehen. Die beiden genannten Körper kommen in der Schlempe in Mengen von 1—2% vor (Z. V. d. Zuckerind. 1904, S. 775.)

Das Isoleuzin ist eine dem Leuzin isomere Amidokapronsäure, dreht rechts und erhielt von Ehrlich den Namen d-Isoleuzin.

Ehrlich stellte auch die Strukturformel für das Isoleuzin fest:
$\begin{matrix}CH_3\\C_2H_5\end{matrix}\!\!>$ CH·CH (NH_2) · COOH α-Aminomethyläthylpropionsäure (Z. V. d. Zuckerind. 1907, S. 631) und stellte es synthetisch dar (Z. V. d. Zuckerind. 1908, S. 528).

Das Isoleuzin ist im Wasser sehr leicht löslich, Schmelzpunkt 280°, $[\alpha]_D^{20}$ in Wasser = + 9,74°, in 20proz. HCl = + 36,80° und in alkalischer Lösung = + 11,1°; es ist demnach einer der stärksten optisch aktiven Nichtzucker, der, wie Ehrlich weiter nachwies, zu Analysendifferenzen Anlaß geben kann. Das Bleisalz dreht stark links.

Leuzin und Isoleuzin werden schon in der Rübe durch fermentative Prozesse aus dem Eiweiß abgespalten und nur zum geringeren Teile während der Fabrikation aus den in die Fabrikssäfte übergegangenen proteïn-, pepton- und peptidartigen Verbindungen gebildet. Über die Bedeutung der Auffindung des Isoleuzins für die Theorie (Physiologie) und Technik siehe „Sammlung chemischer und chem.-techn. Vorträge", herausgegeben von Prof. Herz, Bd. XVII, 1911, Heft 9, F. Ehrlich: Über die Bedeutung des Eiweißstoffwechsels für die Lebensvorgänge in der Pflanzenwelt.

Obwohl vom chemischen Gesichtspunkte nicht hergehörig, sei das Tyrosin doch hier besprochen, weil es stets mit dem Leuzin zusammen beim Abbauprozesse der Proteïne auftritt. Lippmann fand beide Körper in Elutionslaugen; auch aus Rübenkeimlingen konnte er es gewinnen. Es ist nicht sicher, aber anzunehmen, daß es schon in der Rübe vorhanden ist, zumindest in alterierter Rübe. Es kann aber auch erst im Betriebe entstehen oder aus beiden Gründen in die letzten Abläufe gelangen. Smolenski konnte es 1910 nicht in russischen Rüben finden. Es leitet sich von der Fettsäurereihe ab: führt man in die α-Amidopropionsäure die aromatische Gruppe $C_6H_4 \cdot OH$ (Oxyphenyl) ein, so entsteht das Tyrosin. Dieses ist also Oxyphenyl-α-Amidopropionsäure oder Oxyphenylalanin.

$$\begin{array}{lll} CH_3 & CH_3 & CH_2 \cdot C_6H_4 \cdot OH \\ | & | & | \\ CH_2 & \rightarrow CH \cdot NH_2 & \rightarrow CH \cdot NH_2 \\ | & | & | \\ COOH & COOH & COOH \end{array}$$

Propionsäure — α-Amidopropionsäure (Alanin) — Tyrosin

Es sind optisch Isomere möglich und bekannt. Nach seinem Vorkommen kann man es in tierisches und pflanzliches Tyrosin einteilen; aber gerade das tierische ist näher untersucht.

Tyrosin ist ein kristallisationsfähiger Körper, bildet seidenglänzende Nadeln; in kaltem Wasser schwer, leichter in heißem löslich. Das von Lippmann aus Rübenkeimlingen dargestellte zeigte ein $[\alpha]_D$ = + 6,85° in salzsaurer Lösung. Das tierische Tyrosin dreht links. In Ammoniak und verdünnter Salzsäure ist es leicht löslich und bildet sowohl mit Säuren als auch mit Basen Salze.

Über das Tyrosin siehe auch S. 538.

Asparaginsäure (Amidobernsteinsäure) hat folgende Formel, bzw. Ableitung von der Bernsteinsäure:

$$\begin{array}{ccc} COOH & & COOH \\ | & & | \\ CH_2 & \rightarrow & CH \cdot NH_2 \\ | & & | \\ CH_2 & & CH_2 \\ | & & | \\ COOH & & COOH \\ \text{Bernstein-} & & \text{Amidobernsteinsäure} \\ \text{säure} & & \text{(Asparaginsäure)} \end{array}$$

Ihr Vorkommen in der Zuckerrübe als solche ist noch nicht erwiesen, wohl aber gelang es Smolenski in neuerer Zeit (1912), das Vorhandensein von Asparagin in der russischen Zuckerrübe nachzuweisen. Es ist anzunehmen, daß die Asparaginsäure der Rübe die linksdrehende Modifikation ist, da sie vom linksdrehenden Asparagin der Rübe herrührt.

Die Asparaginsäure ist kristallisationsfähig, in kaltem Wasser schwer, in heißem leicht löslich. Die Lösung reagiert schwach sauer und ist optisch aktiv. Da sie ein asymmetrisches Kohlenstoffatom enthält,

$$\begin{array}{c} H \\ \cdot \\ H_2N \cdot C \cdot COOH \\ | \\ H \cdot C \cdot COOH \\ \cdot \\ H \end{array}$$

sind drei optisch isomere Formen derselben bekannt. Die Linksasparaginsäure ist von diesen die wichtigste. Wenn sie auch nicht als solche in der Rübe vorkommen sollte, so kommt ihr doch große Bedeutung zu, da sich für sie im Betriebe Gelegenheit ergibt, aus Asparagin gebildet zu werden. Sie entsteht auch als Spaltungsprodukt aus pflanzlichen und tierischen Eiweißkörpern, was dafür spräche, daß sie als solche schon in der Rübe sich vorfinden könnte.

Das Drehungsvermögen der Säure hängt von der Temperatur und der Reaktion des Lösungsmittels ab.

Durch Behandlung mit salpetriger Säure geht sie infolge Austausches ihrer Aminogruppe gegen die Hydroxylgruppe in Äpfelsäure über (siehe S. 650).

Aus Versuchen Jessers geht hervor, daß Asparaginsäure ein sehr beständiger Körper ist und, wie genannter Forscher schreibt, „nach alledem unverändert in den Sirupen sich vorfinden wird". Sie gibt bei den Verhältnissen der Saftreinigung nur das saure Salz.

	Es wurde neutralisiert:
0,1 g Asparaginsäure wurden in heißem Wasser gelöst und nach dem Erkalten titriert	Phenolphthaleïn 7,3 cm^3 $^1/_{10}$-N.-Lauge Lackmus ..... 7,2 „ „
0,1 g Asparaginsäure mit 25 cm^3 $^1/_{10}$-Normalschwefelsäure 10 Minuten gekocht und titriert	Phenolphthaleïn 7,4 „ „ Lackmus .... 7,2 „ „
0,1 g mit 25 cm^3 $^1/_{10}$-Natronlauge 10 Minuten gekocht und titriert	Phenolphthaleïn 7,3 „ „ Lackmus ..... 7,4 „ „
0,1 g mit Kalkmilch = 24 cm^3 $^1/_{10}$-Lauge 10 Minuten gekocht, mit Säure übersättigt und titriert	Phenolphthaleïn 7,3 „ „ Lackmus ..... 7,3 „ „

Asparaginsäure und ihr saures Salz reagieren gegen beide Indikatoren gleichstark sauer. Dasselbe gilt von der Glutaminsäure (siehe S. 131) und ihrem sauren Salze. „Es werden somit beide Amidosäuren bei der Titration der Säfte als saure Salze zur Geltung kommen, und zwar werden die Bildungen dieser Salze von beiden Indikatoren angezeigt."

Salze der Asparaginsäure. Als Amidosäure kann sie sowohl mit Säuren als auch mit Basen Salze bilden. Sie ist eine schwache Säure und bildet saure und neutrale Salze. Die Alkalisalze sind wasserlöslich. Das neutrale Kalksalz $C_4H_5NO_4 \cdot Ca + 4$ Aq ist kristallisationsfähig und leicht im Wasser löslich. Seine Lösung reagiert stark alkalisch.

Die wichtigste Verbindung der Asparaginsäure ist ihr Amid, das schon oft genannte Asparagin.

Da dem Asparagin die größte Wichtigkeit zukommt und es zu den bestgekannten Körpern der Nichtzuckerstoffe gehört, soll an der Hand der Scheiblerschen Arbeiten seine Auffindung dargelegt werden.

Scheibler gehörte, wie schon gezeigt wurde, zu jenen Forschern, die in der genauen Kenntnis des Rübensaftes die Grundlage für die Erkenntnis der Vorgänge im Fabrikbetriebe sahen. Er wandte sich gegen die „nichtssagenden irreleitenden Sammelnamen wie Proteïnstoffe, Extraktivstoffe usw., die höchstens dazu dienen, unsere eigene Unwissenheit zu verschleiern oder eine mangelhafte Analyse durch leeres Beiwerk auszuputzen".

Im Jahre 1866 erschien seine erste Arbeit, um Natur und Eigenschaften der organischen Nichtzuckerstoffe aufzuklären:

„Über das Vorkommen des Asparagins in den Rüben, bzw. der Asparaginsäure in den mit Kalk geschiedenen Rübensäften."

Nach Angaben Dubrunfauts im Jahre 1850 hätte Rosignon 2—3 % Asparagin in den Rüben gefunden. 1857 konnte Michaëlis diese Angabe nicht bestätigen, weil er eine unrichtige Untersuchungsmethode anwendete. Er ließ nämlich den Zucker des Rübensaftes vergären und prüfte dann die zurückbleibende Flüssigkeit auf optische Aktivität, die nach seiner Voraussetzung hätte auftreten müssen, wenn Asparagin anwesend gewesen wäre. Er übersah dabei die von Dessaignes ermittelte Tatsache, daß Asparagin durch Gärung in bernsteinsaures Ammoniak übergeht. Da er also keine Drehung konstatieren konnte, schloß er auf Abwesenheit von Asparagin. Dazu wäre aber zu bemerken, daß selbst eine eventuelle optische Aktivität noch kein Beweis für das Vorhandensein von Asparagin gewesen wäre, da ja außer diesem noch andere aktive Substanzen zugegen hätten sein können. Scheibler ging mit Rücksicht auf die Löslichkeitsverhältnisse daran, das Asparagin durch Kalk zu zersetzen (Scheidesaft) und die Asparaginsäure, das Zersetzungsprodukt des ersteren, als solche nachzuweisen. Er operierte aber mit Melasse, weil sich in dieser die leichtlöslichen Salze dieser Säure anhäufen. Melasse wurde mit Bleiessig geklärt, im Filtrate mit salpetersaurem Quecksilberoxydul die Asparaginsäure als asparaginsaures Quecksilberoxydul gefällt, gewaschen und mit Schwefelwasserstoff zerlegt. Das Filtrat vom Schwefelquecksilber wurde eingedickt, kristallisieren gelassen und die Kristalle mit Alkohol gereinigt; schließlich wurde aus Wasser umkristallisieren gelassen. So wurde „die über jeden Zweifel erhabene Tatsache, daß in den Melassen und Füllmassen Asparaginsäure vorkommt", nachgegewiesen. „Dies läßt den Rückschluß zu, daß in den Rüben Asparagin enthalten sein müsse, insofern zurzeit noch keine andere Substanz bekannt ist, aus welcher Asparaginsäure hervorzugehen vermöchte."

Scheibler erkannte auch den Einfluß des Asparagins auf die Polarisation der Rübe und sein Verhalten im Betriebe unter dem Einflusse des Kalkes. Aus der entwickelten Menge an Ammoniak durch Kalkbehandlung wollte er eine Methode zur Qualitätsbeurteilung der Rüben ausbilden. Die Ammoniakmenge sei der des Asparagins proportional, und da es sehr wahrscheinlich ist, daß Asparagin die einzige Quelle für die Ammoniakentwicklung sei, „so wird man in der quantitativen Bestimmung der Menge dieses Ammoniaks ein Maß für die vorhandene Quantität des Asparagins in den Rüben und damit vielleicht ein Maß für ihre Güte haben" (siehe S. 190). Scheibler übersah das Vorhandensein anderer Stickstoffkörper, die unter denselben Bedingungen auch Ammoniak abspalten (Z. V. d. Zuckerind. 1866, S. 225).

Asparagin und überhaupt die Amidosubstanzen (Glutamin) häufen sich in unreifen oder überdüngten Rüben an. Zu starke Stickstoffdüngung sowie feuchte Vegetationsperioden sind die Hauptursachen eines bedeutenderen Vorkommens dieser Körper in den Rüben.

Scheibler hatte also kein Asparagin als solches in der Rübe nachweisen können, sondern hatte es nur als Saftbestandteil höchst wahrscheinlich gemacht. Dabei blieb es bis in die neuere Zeit, so daß Herzfeld mit vollem Rechte den auf S. 161 wiedergegebenen Ausspruch tun konnte, daß das Vorkommen des Asparagins bis dahin (1909) in der

Rübe mit Sicherheit nicht nachgewiesen wurde. Dies gelang jedoch sehr bald darauf Smolenski, der im selben Jahre und dann nochmals im Jahre 1912 das Asparagin in der russischen Zuckerrübe einwandfrei nachwies und aus diesem Material in Substanz gewann. Über seine beiden schönen Arbeiten findet sich das Nähere auf den S. 157 bis 162. Smolenski sieht im Feuchtigkeitsmangel während der Vegetationsperiode die Ursache der Anhäufung von Asparagin; bei normaler oder reichlicher Feuchtigkeit soll das Glutamin in der Rübe vorherrschen.

Auch in anderen Pflanzen wurde Asparagin gefunden: im Spargel, in keimendem Lupinensamen; Lippmann erhielt es aus bleichen Keimblättern ausgewachsener Rüben; aus diesen schied er es in Substanz aus. Die Formel des Asparagins ergibt sich aus folgendem Schema:

$$\begin{array}{ccccc} COOH & & CO \cdot NH_2 & & CO \cdot NH_2 \\ | & & | & & | \\ CH \cdot NH_2 & \rightarrow & CH \cdot NH_2 & \rightarrow & CH \cdot NH_2 \\ | & & | & & | \\ CH_2 & & CH_2 & & CH_2 \\ | & & | & & | \\ COOH & & COOH & & CO \cdot NH_2 \\ \text{Asparaginsäure.} & & \text{saures Amid.} & & \text{neutrales Amid.} \\ & & \text{Asparagin.} & & \text{Asparaginamid.} \end{array}$$

Es ist also das saure Amid der Asparaginsäure. Es gibt Links- und Rechtsasparagin; ersteres schmeckt süß, letzteres fad (Piutti).

Das Asparagin kristallisiert mit einem Molekül Kristallwasser, ist in heißem Wasser leichter als in kaltem löslich, ebenso löslich in Mineralsäuren, wässerigen Alkalien und Ammoniak. Die Lösung reagiert auf verschiedene Indikatoren verschieden stark sauer. Es wirkt invertierend auf Rohrzucker; das aus Rübensaft dargestellte Asparagin ist linksdrehend.

Zu den wichtigsten chemischen Eigenschaften des Asparagins gehört seine Spaltung beim Kochen mit Salzsäure oder Alkali in Asparaginsäure und Ammoniak. Besonders die Einwirkung des Kalkes auf Asparagin wird später bei der Scheidung und Verdampfung näher zu schildern sein. Auch durch anhaltendes Kochen mit Wasser zerfällt es in beide genannten Bestandteile.

Jesser studierte den Prozeß der Spaltung des Asparagins durch Einwirkung der Alkalien unter verschiedenen Reaktionsbedingungen und kam zum Schlußergebnisse, Asparagin ist sehr beständig und ist daher auch in den Säften nach der Saturation vorhanden. Weiter konstatierte er, daß Asparagin — das als Säureamid der Asparaginsäure selbst eine einbasische Säure ist — gegen Lackmus neutral reagiert, sich gegen Phenolphthaleïn aber als sehr schwache Säure verhält; auch Claassen fand, daß es auf Phenolphthaleïn ziemlich stark sauer reagiert. Nach Degener nehmen die sauren Eigenschaften des Asparagins mit steigenden Temperaturen zu, mit sinkenden Temperaturen ab. Bei höheren Temperaturen verhält es sich gegen Phenolphthaleïn als deutliche Säure.

Schon bei 62° C ist Inversionsgefahr durch Asparagin bemerkbar, wenn auch unerheblich, über 74° C sehr deutlich und bei 100° C äußerst bedenklich; es löst Eisen und dürfte auch die Zellsubstanz der Rübe löslich machen — das alles sind Eigenschaften, die sein Vorkommen im Diffusionssafte für den Betrieb sehr unangenehm machen; es greift den Zucker und die Eisenwandungen besonders im Vorwärmer an.

Asparagin hat saure und basische Eigenschaften; letztere wiegen vor. U. a. sind ein weinsaures und ein oxalsaures Asparagin bekannt. Die Metallverbindungen sind unbeständig. Das Kaliumsalz

$$C_2H_3(NH)_2\left\langle\begin{matrix} CO \cdot NH_2 \\ CO\ OK \end{matrix}\right.$$

ist ein Sirup; auch das Kalziumsalz ist nicht kristallisierbar.

Glutaminsäure (Amidoglutarsäure) wurde von Scheibler im Jahre 1869 in Melasse des Elutionsverfahrens nachgewiesen, ohne daß dieser über ihre Identität noch im klaren gewesen wäre. Er gewann sie neben der Asparaginsäure durch Ausfällen der Melasse mit basisch essigsaurem Blei; bei Anwendung eines Überschusses dieses Fällungsmittels gehen beide Säuren als Bleisalze in Lösung, werden aus dieser mit Alkohol ausgefällt und mit Schwefelwasserstoff zerlegt. Im Zuckerkalke desselben Verfahrens fanden Bodenbender und Pauly 1877 ebenfalls diese Säure auf ähnlichem Wege, womit diese die Beobachtung Scheiblers bestätigten (Organ XV, 1877, S. 738). E. Schulze und Ulrich wiesen die Säure, bezw. das Glutamin (1883) auch in Futterrüben nach und in neuerer Zeit Schukow in Melasseschlempe.

Ihre Formel, abgeleitet von der Glutarsäure, ist:

$$\begin{array}{ccc} COOH & & COOH \\ | & & | \\ CH_2 & & CH \cdot NH_2 \\ | & & | \\ CH_2 & \rightarrow & CH_2 \\ | & & | \\ CH_2 & & CH_2 \\ | & & | \\ COOH & & COOH \\ \text{Glutarsäure} & & \text{Amidoglutarsäure} \\ & & \text{od. Glutaminsäure} \end{array}$$

Die Glutaminsäure stellt Kristalle von saurem Geschmacke dar; in kaltem Wasser ist sie schwer, in heißem leicht löslich; unlöslich ist sie in Äther und Alkohol. Sie ist eine homologe Säure der Asparaginsäure. Die Säure zerfällt beim Erhitzen auf 150—160° in ihr Anhydrid, auf 180—190° in Pyroglutaminsäure, die wahrscheinlich identisch mit der Glutiminsäure ist. Wichtiger ist das Verhalten der gelösten Säure und ihrer Salze gegen die Wärme; dieses wurde in neuerer Zeit von Vl. Stanek untersucht (Z. f. Zuckerind. i. B. 1912, XXXVII, S. 1). In neun Versuchen bewies dieser, daß schon bei gelindem, kurzandauerndem Erwärmen wässeriger Lösungen von Kaliumglutaminat linksdrehende Substanzen entstehen, und zwar sowohl in alkalischer wie auch in saurer Lösung. Bei Erwärmen über 200° C verschwindet die optische Aktivität ganz. Mit Äther ließen sich in beiden Fällen zwei verschiedene Substanzen isolieren. Bei gelindem Erwärmen entsteht die inaktive Glutiminsäure und „Linksglutiminsäure" (siehe S. 537). Da sie eine zweibasische Säure ist, wird sie zwei Reihen von Salzen bilden.

Der glutaminsaure Kalk $C_5H_7NO_4Ca$ hinterbleibt nach langsamem Verdunsten als amorphe, farblose Masse, die leicht im Wasser und Alkohol löslich ist. Durch Einleiten von Kohlensäure in seine Lösung fällt kein kohlensaurer Kalk heraus. Die Lösung ist optisch rechtsdrehend. Bodenbender und Pauly stellten dieses Salz durch Neutralisation einer Lösung der Säure mit Kalkwasser dar. Das saure Kalksalz $C_{10}H_{16}N_2O_8CaO$ hinterblieb als farblose, gummiartige Masse; beim Verdunsten unter dem Exsikkator wurden kleine, weiße, kugelige Kristalle von geringer Löslichkeit in Wasser erhalten. Das saure Salz wurde von beiden so dargestellt, daß eine Lösung von Glutaminsäure in zwei Teile geteilt wurde, der eine mit Kalkwasser neutralisiert und beide dann vereinigt.

Charakteristisch für die Glutaminsäure und zu ihrer Identifizierung herangezogen ist ihr Kupfersalz $C_5H_7NO_4Cu + 2$ Aq, das man durch Kochen einer verdünnten Lösung dieser Säure mit kohlensaurem Kupfer erhält.

Die Alkalisalze sind leicht im Wasser löslich. Mittels Kalilauge neutralisierte Glutaminsäure, also Kaliumglutaminat, diente Stanek als Material bei seinen vorgenannten Untersuchungen. Die wässerige und diese mit Bleiessig versetzte Lösung drehten links, saure Lösungen (mit Salzsäure) rechts. Bei Erwärmen solcher Lösungen wird Ammoniak nur in Spuren abgespalten.

Von den Verbindungen ist die Monoamidoverbindung der Glutaminsäure, das Glutamin, von großer Wichtigkeit. Es ist das höhere Homologe des Asparagins und findet sich in Kürbiskeimlingen, in anderen Pflanzen und in der Rübe. Entgegen der herrschenden Ansicht soll nach Sellier der größte Teil des Amidstickstoffes der Rübe aus Glutamin bestehen (und nicht aus Asparagin). E. Schulze und seine Mitarbeiter wiesen das Vorkommen von Glutamin zuerst in der Runkelrübe nach (1877, 1878) und schieden es mittels salpetersauren Quecksilberoxyds aus. Da schon früher Scheibler u. a. in der Rübenmelasse Glutaminsäure vorfanden — ein Zersetzungsprodukt des Glutamins, gebildet in der Scheidung —, so war auch anzunehmen, daß die Zuckerrübe dieses Amid enthalte. Später bestätigten Schulze und Boßhard diese Annahme, indem sie aus Zuckerrübensaft „einen Körper isolierten, welcher in seinen Eigenschaften mit Glutamin übereinstimmte und bei der Zersetzung Glutaminsäure lieferte". Sie bestimmten seine optische Aktivität; diese ist in wässeriger Lösung gering, in saurer Lösung größer (Z. V. d. Zuckerind. 1885, S. 319). In den Jahren 1903/04 schied E. Sellier aus französischen Zuckerrüben nach der von Schulze und Boßhard angegebenen Methode mittels Quecksilberoxydnitrats das Glutamin aus. Er erhielt aus 12 l Zuckerrübensaft etwa 5 g Glutamin, das eine Reinheit von 97,3 besaß. In russischen Rüben konnte Smolenski Glutamin nicht nachweisen, dafür aber Asparagin, dessen Nachweis in einem anderen Rübenmateriale sonst nicht gelang. Das Glutamin war in seinem Materiale (man soll solche Resultate nicht verallgemeinern) durch das Asparagin ersetzt, was nichts Auffälliges wäre. Daß Witterungseinflüsse hierbei eine Rolle spielen, wurde schon früher angenommen und steht Smolenski auf demselben Standpunkte.

Das Glutamin hat als Monoamidoglutaminsäure die Formel

$$\begin{array}{ccc} COOH & & CO\cdot NH_2 \\ | & & | \\ CH\cdot NH_2 & & CH\cdot NH_2 \\ | & & | \\ CH_2 & \rightarrow & CH_2 \\ | & & | \\ CH_2 & & CH_2 \\ | & & | \\ COOH & & COOH \\ \text{Glutaminsäure} & & \text{Glutamin} \end{array}$$

Ob es neben der Säure oder nur allein in der Rübe vorkommt, ist nicht sicher. Es ist kristallisationsfähig, kristallisiert ohne Kristallwasser; es ist leicht in heißem, weniger leicht in kaltem Wasser löslich. Seine Lösungen sind optisch aktiv. Schulze und Boßhard fanden in wässeriger Lösung nur sehr geringe Drehung, nach Sellier aber ist $[\alpha]_D = +6{,}15^0$. Nach E. Schulze und Ch. Godet ist $[\alpha]_D^{17,5} = +6{,}45^0$ für Glutamin aus Zuckerrüben.

Sein Verhalten gegen Indikatoren zeigt folgende Zusammenstellung; eine Lösung von 0,25 g Glutamin in 25 cm³ Wasser neutralisiert:

Temp.	mit Phenolphthaleïn	mit Rosolsäure
18	0,9 cm³ $^1/_{10}$ n Lauge	0,35 cm³ $^1/_{10}$ n Lauge
40	0,9	—
45	—	0,6
60	2,42	0,6
80	3,4	1,0
100	4,8	1,5

Ähnliches fand auch Degener am Asparagin. Auch wie dieses dürfte Glutamin bei hohen Temperaturen Saccharoselösungen invertieren. Nach Jesser reagiert das Glutamin gegen Phenolphtaleïn und Lackmus gleich stark sauer, die Salze desselben aber schwach alkalisch.

In seinem chemischen Verhalten ähnelt es dem Asparagin. Durch Kochen mit Wasser während einer Stunde wird Glutamin vollständig hydrolysiert. Der Einwirkung von Alkalien unterliegt es leichter und rascher als das Asparagin und zerfällt analog diesem in Glutaminsäure und Ammoniak. Durch Kalkmilch wird es schon bei gewöhnlicher Temperatur langsam zersetzt (Schulze und Boßhard, Sellier). Die dabei freiwerdende Glutaminsäure äußert sich im Betriebe genau so wie die unter gleichen Umständen entstandene Asparaginsäure. Seinen Verbindungen kommt keine Bedeutung zu. Näheres über Glutamin, seine Geschichte und Eigenschaften kann einem Berichte E. Selliers „Über den gegenwärtigen Stand unserer Kenntnisse vom Glutamin" (Z. V. d. Zuckerind. 1909, S. 1049) entnommen werden.

h) Pflanzenbasen.

Scheibler, der das Betaïn, einen Repräsentanten dieser Körperklasse, entdeckte, schrieb: „Als Bestandteile des Rübensaftes sind zwar schon öfters organische Pflanzenbasen vermutet, bisher aber weder nachgewiesen noch aus demselben dargestellt worden. Daß der Rübensaft salzfähige organische Basen enthalten müsse, diese Annahme drängt sich von selbst mit einer gewissen Notwendigkeit auf, wenn man erwägt, daß die nicht unerheblichen Mengen der im Saft vorkommenden unorganischen und organischen Säuren mehr als hinreichend sind, die unverbrennlichen Basen .. zu neutralisieren, während der frische Rübensaft doch nur schwach sauer ist." Im Jahre 1866 konstatierte Scheibler bloß die Anwesenheit einer wasserleichtlöslichen Pflanzenbase im Safte der Zuckerrüben und in Melassen. Erst 1869 (Z. V. d. Zuckerind. 1869, S. 549) gab er ihr den Namen Betaïn. Im Prinzipe war die Darstellungsweise dieser Pflanzenbase ihre Ausfällung mit phosphorwolframsaurem Natron in stark salzsaurem Rübensafte oder verdünnter salzsaurer Melasse. Durch Ansäuern mit Salzsäure und Behandlung mit dem genannten Reagens fallen zunächst Eiweiß, Farbstoffe, Verunreinigungen und eine geringe Menge dieser Base aus. Im Filtrat entsteht durch neues Fällen mit phosphorwolframsauren Natron nach einigen Tagen ein kristallinischer Niederschlag. Dieser wird dekantiert und mit Kalkmilch zerlegt, wodurch unlöslicher phosphorwolframsaurer Kalk entsteht; Betaïn geht in Lösung, der gelöste Kalk wird durch Kohlensäure entfernt und das Filtrat hiervon eingedampft, wodurch unreines Betaïn resultiert; durch Umkristallisieren aus Alkohol und Reinigung mittels Tierkohle wurde es rein erhalten.

Die nachstehende Tabelle zeigt die von Scheibler in Füllmassen und Melassen gefundenen Betaïnmengen. Zu diesen Zahlen meint Scheibler, daß die Menge Betaïn in den einzelnen Massen, bzw. in der Rübe „sehr erheblichen Schwankungen unterliege, .. daß der Betaïngehalt der Produkte aus Rüben wesentlich von den Einflüssen

I. Zusammensetzung und Betaïngehalt der Füllmassen verschiedener Fabriken
in Prozent.

Name der Fabriken: / Provinz oder Staat:	1. Blecken-dorf Sachsen	2. Erdeborn Sachsen	3. Söllingen Braun-schweig	4. Plötzkau Anhalt	5. Alt-Ranft Branden-burg	6. Garden Pommern	7. Garden Pommern	8. Mescherin Pommern	9. Michelwitz Schlesien	10. Russische Füllmasse
Wasser	12,47	12,01	5,75	8,42	6,26	7,28	7,51	9,64	12,46	5,49
Nicht-zucker: Asche	3,98	5,28	4,57	5,13	4,68	5,42	7,74	3,94	3,20	4,60
Nicht-zucker: Organische Stoffe	3,15	6,81	3,48	5,65	5,46	4,90	4,75	5,42	2,74	8,51
Zucker	80,40	75,90	86,20	80,80	83,60	82,40	82,00	81,00	81,60	81,40
Summa	100,00	100,00	100,00	100,00	100,00	100,00	100,00	100,00	100,00	100,00
Gefundener Stickstoff	0,0280	0,0798	0,0336	0,0392	0,0588	0,0756	0,1092	0,0455	0,1064	0,1316
Entspricht Betaïn	0,234	0,667	0,281	0,328	0,490	0,632	0,913	0,761	0,889	1,100
Auf 100 Teile Zucker kommen: Betaïn $C_5H_{11}NO_2$	0,291	0,879	0,326	0,406	0,586	0,767	1,113	0,940	1,090	1,351

II. Zusammensetzung und Betaïngehalt der Melassen verschiedener Fabriken
in Prozent.

Name der Fabriken: / Provinz oder Staat:	1. Bleckendorf Sachsen	2. Erdeborn Sachsen	3. Söllingen Braunschw.	4. Plötzkau Anhalt	5. Bernburg Anhalt	6. Alt-Ranft Brandenbrg.	7. Garde Pommern	8. Mescherin Pommern	9. Koberwitz Schlesien
Wasser	17,76	21,08	16,04	16,11	21,09	18,89	13,09	15,05	21,66
Nicht-zucker: Asche	13,66	13,60	14,78	13,34	12,29	13,25	17,38	13,38	12,85
Nicht-zucker: Organische Stoffe	17,58	17,32	15,88	15,25	15,72	17,96	18,33	17,67	18,89
Zucker	51,00	48,00	53,30	55,30	50,90	49,90	51,20	53,90	46,90
Summa	100,00	100,00	100,00	100,00	100,00	100,00	100,00	100,00	100,00
Gefundener Stickstoff	0,2128	0,2716	0,2128	0,2072	0,2716	0,1904	0,3136	0,3332	0,2856
Entspricht Betaïn	1,778	2,270	1,778	1,732	2,270	1,591	2,621	2,785	2,387
Auf 100 Teile Zucker kommen: Betaïn $C_5H_{11}NO_2$	3,486	4,729	3,336	3,132	4,460	3,188	5,119	5,167	5,122

des Bodens, des Düngers, des Klimas usw., unter denen die Rüben sich entwickelten, abhängig sein müsse" (Z. V. d. Zuckerind. 1870, S. 7210). Die Zahlen fielen wegen der teilweisen Löslichkeit des Niederschlages etwas zu gering aus. In jungen Rübenpflanzen fand er mehr Betaïn als in Rüben zur Zeit ihrer Ernte. Das Betaïn leitet sich vom Glykokoll $CH_2 \cdot NH_2 \cdot COOH$ ab. Führt man in dieses drei Methylgruppen ein, so erhält man Trimethylglykokoll $CH_2 \cdot N(CH_3)_3COOH$; das Betaïn ist das innere Ammoniumsalz der letztgenannten Verbindung:

$$\begin{array}{ccccc} CH_2 \cdot COOH & & CH_2 \cdot COO & & CH_2 \cdot COO \\ | & \rightarrow & \diagdown\diagup & \rightarrow & \diagdown\diagup \\ NH_2 & & NH_3 & & N(CH_3)_3 \end{array}$$

Glykokoll — inneres Salz des Glykokolls — Betaïn

Beim Cholin wird eine andere Ableitung gezeigt werden.

Außer dem schon genannten Vorkommen sei erwähnt, daß Betaïn in russischen Rüben von Smolenski (1912) und schon früher von demselben im Diffusionssaft gefunden wurde (siehe S. 161); in verschiedenen Zuckerfabriksprodukten fand es Stanek in folgenden Mengen: Rohzucker I. Prod. 0,69%, Füllmasse I. Prod. 1,70%, Füllmasse II. Prod. 4,43% und in der Melasse 6,70%. Betaïn wurde in zahlreichen Pflanzen aufgefunden. Sein Vorkommen wurde systematisch in der Familie der Chenopodiaceen von Stanek untersucht. Nur drei Werte seien aus seiner diesbezüglichen Arbeit (Z. f. Zuckerind. i. B., Februar 1910) angeführt: Die Trockensubstanz der Blätter von Beta trigyna enthält 2,10%, von Beta maritima 2,29%, von Beta cycla 3,36% Betaïn. Aber auch andere Pflanzen, die nicht zu den Chenopodiaceen gehören, enthalten es, allerdings in viel geringerer Menge. Der Betaïngehalt ist für die Chenopodiaceen charakteristisch. Im Jahre 1902 (Z. f. Zuckerind. i. B., S. 287) gab Staněk eine Methode zur Darstellung aus der Melasse oder Schlempe, 1904 Andrlík aus Schlempe an. Erstere beruht auf der außerordentlich großen Widerstandsfähigkeit des Betaïns gegen Schwefelsäure und Ausfällung der salzsauren Verbindung. Die Andrlíksche Methode beruht auf einer Ausfällung von phosphorsaurem Betaïn und Überführung in Chlorid. Das Chlorbetaïn kommt unter dem Namen „Acidol" als Ersatz für Salzsäure in den Handel (F. Ehrlich), $C_5H_{11}NO_2 \cdot HCl$.

Betaïn ist kristallisationsfähig, sehr leicht im Wasser löslich und optisch indifferent. Beim Erhitzen für sich oder durch Kochen mit höchst konzentrierter Kalilauge entweicht Trimethylamin. Sonst ist es gegen Säuren und Laugen sehr widerstandsfähig, durchläuft daher den ganzen Fabrikationsprozeß und findet sich dann in größeren Mengen in der Melasse vor (über 5%). Über seinen Anteil an der Melassebildung siehe S. 555. Für den tierischen Organismus ist es vollständig unschädlich, was bei der Fütterung mit Melasse in Betracht kommt. Gegen Lackmus, Rosolsäure und Phenolphthaleïn zeigt es sich als ganz schwach alkalischer Körper. Beim Erwärmen mit Zuckerlösungen invertiert es diese nicht (Claassen).

Als Base bildet Betaïn Salze, die leicht löslich sind. Das äpfel-, wein- und zitronensaure Betaïn bilden hygroskopische Sirupe; wichtiger ist das schon genannte Chlorbetaïn.

Cholin. Dieses wurde von Lippmann als Bestandteil des Lezithins der Rübe und in einem Falle in Elutionslauge gefunden. Ob es in der Rübe auch im freien Zustande vorkommt, oder ob es bei der Diffusion vom Lezithin abgespalten wird, ist heute noch ungewiß. Smolenski konnte Cholin in seinem Diffusionssaft nicht auffinden und schließt daraus, daß es in der Rübe nur in Form von Lezithin vorkommt, aus dem es bei der Diffusion nicht abgespalten werde; in der Rübe selbst aber fand er es auch nicht. Daher ist diese Frage noch ungelöst.

Cholin kommt im Pflanzenreiche nicht selten vor (Baumwollsamen Mutterkorn, Hopfen, in Samen und Keimlingen), ebenso in der Melasse (Lippmann). Es zeigt schwach giftige Eigenschaften, doch ist es unschädlich für Verfütterung von Melasse. Unter dem Einfluß von Mikroorganismen übergeht es in das stark giftige Neurin.

Chemisch betrachtet, ist es Alkohol und Amin zugleich, $C_5H_{15}NO_2$. Seine Strukturformel ist:

$$(CH_3)_3 \equiv N \begin{cases} CH_2 \cdot CH_2OH. \\ OH \end{cases}$$

Cholin ist ein Ammoniumoxyhydrat $NH_4 \cdot OH$, in welchem drei Wasserstoffatome durch drei Methylgruppen (CH_3) und das vierte Wasserstoffatom durch Oxyäthyl $C_2H_4 \cdot OH$ ersetzt sind. Es ist demnach Oxyäthyltrimethylammoniumhydroxyd. Durch Oxydation übergeht es in Betaïn.

$$\begin{array}{ccc} CH_2 \cdot OH & & COOH \\ | & & | \\ CH_2 & & CH_2 \\ | & & | \\ N \equiv (CH_3)_3 & \rightarrow & N \equiv (CH_3)_3 \\ | & & | \\ OH & & OH \\ \text{Cholin} & & \text{Betaïn (Oxyneurin)} \end{array}$$

Cholin ist eine nicht kristallisierbare, sirupöse, im Wasser sehr leicht lösliche Substanz. In der Kochhitze zerfällt es in Glykol und Trimethylamin, woraus sich seine Konstitution ergibt.

$$C_2H_4 \begin{cases} OH \\ N \equiv (CH_3)_3 \\ \quad | \\ \quad OH \end{cases} = \underset{\text{Glykol}}{C_2H_4 \begin{cases} OH \\ OH \end{cases}} + \underset{\text{Trimethylamin}}{N(CH_3)_3}.$$

Seine Salze haben keine Bedeutung.

Lezithine. Im Anschluß an das Cholin sei das Lezithin und Cholesterin besprochen, Verbindungen, die in engem Zusammenhange stehen und die von Lippmann im Jahre 1887 in der Rübe gefunden wurden (Z. V. d. Zuckerind. 1888, 68). Damit werden Verbindungen genannt, die neben Stickstoff auch Phosphor enthalten.

Lippmann isolierte das Cholesterin aus dem Schaume von in ‚Schaumgärung" geratenen Nachprodukten. Der Schaum „war eine braune, schmierige Masse von widerlichem Fettsäuregeruch". Durch Auswaschen und Auskneten mit Wasser ging der Farbstoff in Lösung. Ferner gingen auch freie Fettsäuren und Dextran (ausgefällt mit Alkohol) in Lösung. Der zurückbleibende Schaum enthielt neben den fettsauren Kalksalzen auch freie Fettsäuren. Alle Säuren wurden freigemacht, mit Äther aufgenommen, die ätherische Lösung verdampft, wodurch eine salbenartige, hellgefärbte Masse resultierte, die mit einzelnen Kristallen durchsetzt war. Das Ganze wurde mit alkoholischem Kali verseift, die Lösung verdampft, der Rückstand mit Wasser und Äther behandelt. Die wässerige Lösung enthielt die Seifen (Kalisalze der fetten Säuren) (siehe S. 347), die ätherische Lösung gab beim Verdunsten eine gelbliche, zu einem festen Brei erstarrende Masse. Durch wiederholtes Umkristallisieren aus heißem Alkohol wurde sie rein erhalten.

Sie war unlöslich im Wasser, leicht löslich in Alkohol, Äther und Chloroform, kristallisierte in weißen, fettglänzenden Blättchen. Schmelzpunkt 133°. Lippmann fand für diese Substanz die Formel: $C_{26}H_{44}O$; sonach war sie Cholesterin. Da es von diesem aromatischen Alkohol noch einen isomeren gibt, das Phytosterin, war zu entscheiden, welche der beiden isomeren Substanzen vorlag. Landoldt bestimmte zu diesem Zweck das optische Drehungsvermögen, fand es zu $[\alpha]_D = -33{,}68^0$ und $-35{,}11^0$, je nach Konzentration bei 21° C, in Chloroform gelöst. Somit war das Vorhandensein von Phytosterin erwiesen In Eulers „Pflanzenchemie", I. Band, S. 134 findet sich der Name Betasterin dafür vor. Nur der Schmelzpunkt erscheint mit 145° angegeben. Das gewöhnliche Cholesterin kommt in Galle, Blut, Eiern, Hirn vor (tierisches Cholesterin), das Phytosterin (pflanzliches Cholesterin) ist weitverbreitet und gehört nach Hoppe-Seyler zu den Spaltungsprodukten beim Lebensprozeß der Zellen. Es findet sich u. a. in Erbsen, Bohnen. Lupinen, Mandeln, in manchen Samenölen. Das Isocholesterin des Wollfettes sei nur genannt; das des Saturationsschlammes siehe S. 388, 392.

Schon Scheibler wies auf das Vorkommen von Cholesterin in der Rübe anläßlich seiner Arbeit über das Dextran hin. Phytosterin ist wohl im Wasser unlöslich; wenn es also aus der Rübe doch in den Betrieb gelangt, so dürften eben die Löslichkeitsverhältnisse in den zuckerhaltigen Säften andere sein. Es kommt als solches in Substanz im Fett des Rübensamens und im Fette der Rübe vor. Deshalb sei dem Rohfett der Rübe hier Aufmerksamkeit geschenkt, obwohl die Fette zu den stickstofffreien Nichtzuckerstoffen zählen.

Das Rohfett der Rüben geht durch Alkohol, besser aber durch Äther in Lösung. In den Untersuchungen Allen Nevilles resultierte 0,1 % ätherlösliches Rohfett auf Rübentrockensubstanz. Aus diesem konnten 8,7 % Palmitinsäure, 36,1 % Ölsäure und 18,6 % Erukasäure dargestellt werden. Daneben waren geringe Mengen neutraler Substanzen der Zusammensetzung $C_{31}H_{58}O_2$ und $C_{26}H_{45}O_2$ vorhanden; sie dürften zu den Phytosterinen zu zählen sein. (Das Rohfett der Beta vulgaris; Allen Neville, aus dem Englischen durch D. Z. XXXVII, 1912, S. 769.) Über die bei anderen Untersuchungen gefundenen Rohfettmengen in Rüben siehe Seite 155, 203 und 208.

Das Rübenfett ist phosphorhaltig. Nun sind im Tierreiche phosphorhaltige Fettstoffe in Begleitung von Cholesterin bekannt gewesen (Protagon), die bei entsprechender Behandlung in eine Base, Phosphorsäure und organische Säuren zerfallen. Scheibler sah in seinem Betaïn diese Base und vermutete das Vorkommen eines dem tierischen Protagon entsprechenden pflanzlichen Produktes. Tatsächlich wurden in anderen Pflanzen (Bohnen-, Erbsen-, Wickenfett, in Keimlingen und Samen, im Eidotter, Gehirn und in der Nervensubstanz) solche phosphorhaltige Fettstoffe, die Lezithine, aufgefunden. Lippmann konstatierte deren Vorkommen auch in der Rübe und isolierte sie daraus. Als Ausgangsmaterial dienten ihm notreife Rüben. Ohne auf den Gewinnungsprozeß näher einzugehen — endlich erhielt Lippmann eine schwach gelbliche, wachsglänzende Masse, leicht löslich in Alkohol und Äther, in Wasser nur quellbar. Mit Barythydrat gekocht, zerfiel diese in Fettsäuren (darunter überwiegend Ölsäure), in Glyzerinphosphorsäure und Betaïn — also war die Existenz von Lezithin in der Rübe nachgewiesen. Lippmann bestätigte damit Scheiblers Vermutung und stellte für diesen Abbauprozeß des Lezithins folgende Gleichung auf:

$$\underset{\text{Lezithin}}{C_{44}H_{32}O_9PN} + 4H_2O = 2\underset{\text{Ölsäure}}{C_8H_{34}O_2} + \underset{\text{Glyzerinphosphors.}}{C_3H_9PO_6} + \underset{\text{Betaïn}}{C_5H_{13}NO_3},$$

ohne allerdings die Richtigkeit der Lezithinformel analytisch bestätigt zu haben.

Ein zweiter Versuch ergab neben Ölsäure noch andere fette Säuren (Stearin-, Palmitinsäure), Glyzerinphosphorsäure und als Base: Cholin. Als naheliegendste Hypothese wäre anzunehmen, „daß die Lezithine ebenso wie wechselnde Säurebestandteile (Öl-, Stearin-, Palmitinsäure) auch verschiedene basische Gruppen (Cholin, Betaïn) enthalten können". So wie der Betaïngehalt durch Rasse, Standort und Vegetationsbedingungen beeinflußt wird, so „wäre es nicht unmöglich, daß unter gewissen Bedingungen das Betaïn durch das ihm so nahe verwandte und durch Oxydation direkt in Betaïn überführbare Cholin vertreten würde".

Durch Verseifung zerfällt das Lezithin in Cholin, Glyzerinphosphorsäure, Ölsäure und Palmitinsäure; es ist als ein Glyzerin aufzufassen, in welches an Stelle von je einem Wasserstoff-Atom ein Palmitin-, ein

Ölsäure- und ein Phosphorsäurerest eingetreten sind, welch letzterer mit dem Cholin noch esterartig verbunden ist. Statt des Palmitinsäurerestes kann auch der Stearinsäurerest vorhanden sein.

Das Lezithin bildet kristallisierbare, wachsähnliche Massen, die in Wasser zu einer opalisierenden Flüssigkeit aufquellen, in Alkohol und Äther aber löslich sind. Es ist physiologisch sehr wichtig und spielt im pflanzlichen und menschlichen Leben eine große Rolle (Assimilation der Phosphorsäure, Stoffwechsel).

Beim Kochen mit Wasser, Basen oder Säuren zerfallen die Lezithine in die Base, Fettsäure und Glyzerinphosphorsäure, die letztere dann noch in Glyzerin und Phosphorsäure.

Das Lezithin hat hauptsächlich basische Eigenschaften, verbindet sich daher mit Säuren. Wichtig ist sein Chlorwasserstoffplatinchlorid, dessen sich Lippmann bei der Gewinnung des Lezithins aus Rüben bediente.

Neben den Lezithinen enthält die Rübe noch phosphorhaltige Substanzen, „welche aus dem mit Wasser, Alkohol und Äther erschöpften Zellgewebe durch Alkalien ausgezogen werden können und jedenfalls den Nukleïnen sehr nahestehen". Ihre Zersetzungsprodukte, die Xanthine, finden sich in der Melasse wieder (D. Z. 1887, Nr. 49; Z. V. d. Zuckerind. 1888, 68).

i) Eiweißkörper.

Unter diesem Namen faßt man eine Gruppe stickstoffhaltiger, organischer Verbindungen zusammen, die eine sehr große physiologische Rolle im Tier- und Pflanzenreich spielen, in ihrer Konstitution noch gar nicht und in ihrer chemischen Zusammensetzung noch sehr wenig erkannt sind. Ist der Stickstoff als charakteristischer Bestandteil der Eiweißkörper genannt worden, so muß zur Vervollständigung seine Bindungsweise in diesen wenigstens angedeutet werden, weil auch andere organische Stickstoffsubstanzen für das Tier- und Pflanzenleben eine große Rolle spielen, ohne Eiweißkörper zu sein. Den Untersuchungen Osbornes, Schulzes, Kossels u. a. verdankt man diese Kenntnis: Der Stickstoff der Eiweißsubstanzen ist in dreifacher Weise gebunden, ein Teil als Amidstickstoff oder leicht abspaltbarer Stickstoff, der zweite Teil als „basischer" oder Diaminostickstoff und der dritte Teil als „Monoaminostickstoff". Die einzelnen Eiweißarten enthalten verschiedene Mengen der einzelnen Stickstoff-Formen. Trotz des großen Fortschrittes der letzten Jahre auf dem Gebiete der Eiweißchemie hat man bislang nicht einmal eine präzise Definition für diese Körper gefunden. Gut ist Czapeks Vergleich (II, 1) der „Eiweißkörper" mit „Zucker". Die Tri- bis Pentosen vergleicht er mit den Propeptonen, Peptonen und Polypeptiden. Den Hexosen entsprächen die eigentlichen Eiweißkörper (Albumin, Globulin) und den Polysacchariden die zusammengesetzten Eiweißstoffe (Nukleoproteïde).

Ziemlich treffend ist Eulers Definition der Eiweißstoffe, obwohl er selbst anführt, was gegen diese Definition spricht. Nach dieser sind Eiweißstoffe Kondensationsprodukte von Aminosäuren, welche hauptsächlich durch Amidbindungen verknüpft sind, wie in den Polypeptiden (Euler, Pflanzenchemie, I. Bd., S. 179). Wozu zu bemerken ist, daß eine Grenze zwischen Eiweißkörpern und manchen nahverwandten Spaltungsprodukten nur schwer zu ziehen, und daß eine Einteilung der Eiweißkörper selbst nach chemischen Prinzipien heute noch nicht durchführbar ist, so daß man hauptsächlich der gebräuchlichen Einteilung in Gruppen die physikalischen Eigenschaften zugrunde legt.

Nach ihrem Vorkommen muß man für den vorliegenden Zweck zwischen tierischen und pflanzlichen Eiweißkörpern unterscheiden. Hier wäre natürlich nur von den letzteren zu sprechen. Da erhebt sich schon die erste Schwierigkeit. Die neuere Eiweißchemie (Biochemie) befaßte sich fast ausschließlich mit der Erforschung der tierischen Eiweißkörper, so daß „es derzeit unmöglich ist, eine Monographie der Pflanzeneiweißstoffe allein zu liefern" (Czapek, Biochemie der Pflanzen, I. Bd.). Um wieviel schwieriger ist es, speziell die Eiweißkörper der Rübe für sich zu besprechen, da auffallenderweise diese wichtige Pflanze nur wenig von der Pflanzeneiweißchemie durchforscht wurde. Neues Tatsachenmaterial auf diesem Gebiete liegt gar nicht vor. Jedenfalls dürfte man keinen Fehler begehen, wenn man die Rübeneiweißstoffe mit denen des übrigen Pflanzenreiches identisch hält. Die Pflanzeneiweißstoffe im allgemeinen haben analoge Eigenschaften wie die zur gleichen Gruppe gehörenden tierischen, so daß „die Zoochemie als Leitfaden bei der Darstellung der Pflanzenproteïde benutzbar ist" (Czapek, Biochemie der Pflanzen, I. Bd.).

Euler gliedert die Eiweißstoffe der Pflanzen in folgende Gruppen:

I. Eigentliche Eiweißstoffe (Proteïne):
   a) Albumine,
   b) Globuline und Nukleoalbumine (?): die Edestingruppe und Legumingruppe,
   c) die Gliadingruppe;

II. Proteïde:
   Nukleoproteïde,
   Glukoproteïde;

III. Spaltungsprodukte der Eiweißkörper:
   Albumosen und Peptone,
   Nukleïnsäuren.

Die erste Gruppe sind die einfachen oder nativen, die zweite Gruppe die zusammengesetzten Eiweißkörper.

Allgemeine Eigenschaften der Eiweißkörper.

Die elementare Zusammensetzung der Eiweißstoffe tierischen und pflanzlichen Vorkommens zeigt die folgende Zusammenstellung.

Eiereiweiß (Ovalbumin)		Eidotter	
Wasser	86,7%	Wasser	51,8%
fester Rückstand	13,3	Vitellin	15,8
Eiweißstoffe[1])	12,2	Nukleïn	1,5
Kohlenhydrate	0,5	Palmitin, Stearin, Oleïn	20,3
Fette	Spur	Cholesterin	0,4
Salze	0,6	Glyzerinphosphat	1,2
Elementarzusammensetzung desselben nach Hofmeister		Lezithin	7,2
C 53,28	Mittelwerte	Cerebrin	0,3
H 7,26	Mittelwerte	Farbstoffe	0,5
N 14,99	Mittelwerte	Salze	1,0
S 1,09	Mittelwerte		

Elementarzusammensetzung von

	pflanzlichen	tierischen Eiweißkörpern
C	50 –55,0%	50,6–54,5%
H	6,9– 7,3	6,5– 7,3
N	15,0–18,0	10,0–17,6
O	21,0–23,5	21,5–23,5
S	0,3– 2,0	0,3– 2,2
P	Spur oder 0	0,42– 0,85

Elementaranalysen pflanzlicher Eiweißstoffe:

Kristallin. Eiweiß aus:	C	H	N	S	O	Asche in Proz.
Kürbissamen	53,21	7,22	19,22	1,07	19,10	0,18
Edestin	51,65	6,89	18,75	0,85	21,86	—
Amandin	51,30	6,90	19 32	0,44	22,04	—
Maisalbumin	53,06	6,79	15 41	1,48	23,26	—
Weizengliadin	52,72	6,86	17,66	1,14	21,62	—
Erbsenlegumin	52,20	7,03	17,90	0,39	22,48	—

Beiden Arten von Eiweißkörpern versuchte man vergeblich bis heute eine chemische Formel zu geben. Ja, es läßt sich heute noch nicht einmal deren Molekulargewicht sicher angeben. Die Zahlen für diese Größe schwanken sehr, z. B. gibt F. N. Schulz für Edestin 7300, für Eieralbumin 4900 und für Oxyhämoglobin 9500—14 800 an.

Die Eiweißkörper sind kolloïde Substanzen und als solche nicht oder nur schwer diffundierbar. Es gibt aber auch kristallisierbare

[1]) Globulin-, Albuminstoffe.

und somit diffundierbare Eiweißstoffe. Mit Verminderung des Molekulargewichts steigt die Diffusionsfähigkeit auch der kolloïden Substanzen. Sie zeigen alle Erscheinungen kolloïder Substanzen: aus ihren Lösungen fallen sie amorph aus (Gel), durch Erhitzen werden sie koaguliert und sind auf verschiedene Weisen aussalzbar. Besonderes Interesse verdienen die Lösungen derselben. Das sind keine „echten", sondern nur Pseudolösungen. Solche kolloïde Lösungen sind als Mischung von größeren und kleineren Molekülaggregaten anzusehen. Durch das Ultramikroskop von Zsigmondy und Siedentopf erkennt man so eine Albuminlösung als Konglomerat von kleinsten, regelmäßig angeordneten Partikeln, die bei starker Verdünnung einzeln wahrnehmbar sind. Ihre Größe (Durchmesser) ist ca. $0{,}5 \cdot 10^{-6}$ bis $1 \cdot 10^{-6}$ cm. Eine solche Lösung ist ein Mittelzustand zwischen Quellung und echter Lösung. Die Lösungen sind optisch linksdrehend, und zwar nach Osborne und Harris dreht Edestin aus Hanfsamen — 41,3°, Legumin aus Faba — 44,09°, Gliadin aus Weizen — 92,28°, Amandin aus Mandeln — 56,44°. Nukleoproteïde und andere sollen rechts drehen.

Die Eiweißkörper sind auf verschiedenem Wege aus ihren Lösungen fällbar: entweder durch Koagulierung oder durch chemische Ausfällung (Bildung unlöslicher Verbindungen). Eiweißstoffe verhalten sich wie Säuren und Basen, denn sie sind befähigt, sowohl mit Salzen von Schwermetallen ($CuSO_4$, Fe_2Cl_6) und Basen wie mit schwachen Säuren unlösliche Verbindungen zu geben.

Die Koagulierung ist als unlösliche Modifikation einer löslichen Form zu betrachten. Die Eiweißkörper sind sehr schwer im reinen Zustande darzustellen. In diesem sind sie farb-, geruch- und geschmacklos. Bis 140° erhitzt, erleiden sie keine Zersetzung. In Gegenwart von Wasser und Fermenten faulen die Eiweißstoffe leicht. Zuerst entstehen die schon genannten Abbauprodukte (Peptone), und schließlich treten Gase (CO_2, NH_3, H_2S), Säuren, aromatische Stoffe und Ptomaïne oder Toxine (Leichenalkaloide) auf. (Siehe S. 144.)

Als chemische Fällungsmittel kommen in Betracht: Kupfersulfat, Bleiessig, Quecksilberchlorid, Gerbsäure, Alkohol, Essigsäure usw. Zum „Aussalzen" werden angewendet: Ammoniumsulfat, Magnesiumsulfat und Kochsalz.

Diese Ausfällungen sind meistens in Wasser unverändert löslich; die Ursache für das „Aussalzen" ist in Löslichkeitsbeeinflussung, in Umsetzungen u. a. zu suchen.

Durch Erhitzen koaguliertes Eiweiß geht nicht mehr in Lösung und ist gegen chemische Angriffe widerstandsfähiger als gelöstes Eiweiß. Die Koagulierung geht in (essig) saurer Lösung am besten vor sich.

Es gibt verschiedene Reaktionen und Proben auf die Eiweißkörper, wie Biuretreaktion, Millons Reagens, Naphtol u. a. (siehe S. 65).

Nach der auf Seite 139 angeführten Einteilung seien nun die wichtigsten Eigenschaften der einzelnen Eiweißgruppen gezeigt.

Albumine und Globuline sind die bekanntesten, doch sind im Pflanzenreich nur wenig Vertreter dieser Gruppe studiert. (z. B. die Edestine und Legumine.)

Albumine sind in reinem Wasser löslich und nicht aussalzbar, Globuline hingegen löslich und aussalzbar. Beide kommen gelöst im Zellsaft vor, sind schwefelhaltig und phosphorfrei; sie sind unlöslich in Alkohol und durch Erhitzen koagulierbar.

Edestin findet sich in manchen Samen, ebenso Legumin als Hauptbestandteil des Reserveeiweißes von Erbsen- und Wickensamen

Alkohollösliche Proteïne oder Gliadine machen die Hauptmasse der Eiweißkörper aus. Diese sind im Wasser unlöslich. Sie wurden von Ritthausen näher untersucht und sind an geeigneterer Stelle eingehender behandelt. (Siehe S. 146.)

Die zweite Hauptgruppe, die Proteïde, sind die kompliziertesten Eiweißkörper. Hier beschäftigen nur die Nukleoproteïde, da diese bisher allein in den Pflanzen gefunden wurden. Sie bilden den Hauptbestandteil des Zellkernes. Sie sind Verbindungen von Nukleïnsäure mit Eiweiß. Nukleïnsäure ist eine Phosphorsäure, die zu einem Teile mit Basen, wie Guanin, Xanthin u. a., gesättigt ist.

Diese Körper sind im Wasser löslich, koagulierbar und aussalzbar. Bei chemischer oder enzymatischer Hydrolyse zerfallen sie in Eiweiß und Nukleïnsäure, letztere dann weiter in ihre obengenannten Komponenten.

Die Glykoproteïde sind Verbindungen von Eiweiß mit Kohlenhydraten. Sie haben schleimige Beschaffenheit, sind im Wasser und in Alkalien löslich (weil sie sauren Charakter besitzen) und durch Säuren fällbar.

Spaltungsprodukte der Eiweißkörper. Diese entstehen je nach der Intensität der Einwirkung von Säuren, Alkalien und Enzymen; die Spaltung des ganzen Eiweißmoleküls führt über eine Reihe von verschiedenen dem Eiweiß mehr oder weniger ähnlichen Komplexen. Scharfe Grenzen zwischen den einzelnen Zwischenprodukten lassen sich nicht ziehen. Zuerst entstehen Propeptone oder Albumosen, dann echte Peptone usw.; die Albumosen sind löslich, aussalzbar und nicht koagulierbar.

Die nächsten Abbauprodukte, die (echten) Peptone, werden durch Ammoniumsulfat nicht gefällt. Sie sind leicht im Wasser löslich, diffusionsfähig und im trockenen Zustande hygroskopisch. Sie sind linksdrehend, $[\alpha]_D$ nach Hofmeister $= -63{,}5^0$. Sie haben ein kleineres Molekulargewicht als die Eiweißkörper, ca. 200—250 (Paal). Peptone wurden in Rüben und Fabrikssäften gefunden (siehe S. 564). Jesser studierte das Verhalten der Peptone unter den Verhältnissen des Betriebes — allerdings mangels eines vegetabilischen Peptons an Fleischpepton. Pepton wurde mit Zuckerkalklösung gekocht und nach verschiedenen Zeiten mit $^1/_{10}$ n Lauge titriert. Es fand Säurebildung durch die Kalkeinwirkung statt. Auch Schwefelwasserstoff wurde qualitativ nachgewiesen. Die Säurebildung kommt aber nicht ganz zum Vorschein (analytisch bestimmt), weil gleichzeitig auch alkalisch reagierende Körper entstehen, die einen Teil der gebildeten Säure neutralisieren. Säuren wirken auf das Pepton analog dem Kalk. In beiden Fällen entwickelte sich beim Destillieren Ammoniak (Ö. U. Z. f. Zuckerind. XXIV, 1895, S. 303).

Peptone haben den Charakter einer schwachen Säure und bilden daher Salze (Peptonate).

Der Abbau bis zum Pepton geht durch Fermente vor sich; gewisse Fermente wirken noch weiter abbauend. Das tun auch chemische Reagenzien, wie Säuren und Alkalien, sowie Fäulnisvorgänge (Bakterien), die zu einer vollständigen Zertrümmerung des Eiweißmoleküls führen. Dieser Abbau geht stufenweise nach folgendem Schema vor sich: Eiweiß — Albumosen — Peptone — Polypeptide — Dipeptide — Aminosäuren.

Zunächst gelangt man zu den Polypeptiden. Diese Körper sind säureamidartige Kondensationsprodukte der (schon früher besprochenen) Aminosäuren (Amidosäuren).

Je nach der Anzahl der im Molekül vorhandenen Aminosäuren spricht man von Di-, Tri-, Tetra- bis Polypeptiden. Man hat Polypeptide bis zu 18 Aminosäurenresten dargestellt. E. Fischer, der hauptsächlich dieses Gebiet der Eiweißchemie so erfolgreich erforschte, charakterisiert diese Körper folgendermaßen: „Die höheren Glieder dieser synthetischen Körperklasse sind in bezug auf äußere Eigenschaften, gewisse Farbenreaktionen, Verhalten gegen Säuren, Alkalien und Fermente den natürlichen Peptonen so ähnlich, daß man sie als ihre nächsten Verwandten bezeichnen kann ....“

Sie stellen feste, meist wasserlösliche Körper dar und sind in Alkohol schwer löslich; sie haben schwach bitteren oder faulen Geschmack (wie die Peptone), werden durch Phosphorwolframsäure, andere durch Ammoniumsulfat (gleich den Albumosen) gefällt. Bei der künstlichen Hydrolyse durch Säuren oder Alkalien zerfallen sie in die entsprechenden Aminosäuren. Auch physiologisch wirken sie gleich den Eiweißkörpern.

Mit dem Sinken der Anzahl der Aminosäurereste im Molekül werden diese „Bausteine“ der Eiweißkörper immer weniger kompliziert zusammengesetzt, bis man zu den Dipeptiden gelangt. Diese wurden schon aus dem Eiweiß selbst isoliert. Her gehört z. B. das einfachste Peptid, das Glycilglycin (Curtius und Göbel).

Endlich treten als letzte Spaltungsprodukte die verschiedenen Aminosäuren auf, die schon teilweise, weil Bestandteile des Rübensaftes, besprochen wurden. Andere werden, weil bis nun nur in der Melasse gefunden, dort zur Darlegung gelangen. Her gehören: Glykokoll (siehe S. 126), Betaïn (siehe S. 132), Leuzin (siehe S. 123), Asparagin und Glutamin (siehe S. 125), Asparagin- und Glutaminsäure (siehe S. 129), Tyrosin. Ferner im 25. Kapitel: Alanin, Lysin, Ornithin, Arginin u. a.

Und noch weiter kann der Abbau der Proteïne durch Fäulnis erfolgen. Da auch faule Rüben zur Verarbeitung gelangen ist anzunehmen, daß Fäulnisprodukte der Proteïne sich in diesen vorfinden können: Indol, das einen Benzol- und Pyrrolkern kondensiert, enthält $C_6H_4 \langle {}^{CH}_{NH} \rangle CH$, Skatol (Methylindol), Phenol $C_6H_5 \cdot OH$ und Parakresol $C_6H_4 \langle {}^{CH_3}_{OH}$ (dieses stammt vom Tyrosin).

Die Aminogruppe der Aminosäuren kann auch noch abgespalten werden; dann resultieren schließlich noch folgende Produkte bei der Fäulnis: Phenylpropionsäure $C_6H_5 . CH_2 . COOH$ sowie Essig-, Propion-, Valerian- und Bernsteinsäure.

In der folgenden Tabelle sind die Verbindungen, die man beim Abbau einzelner pflanzlicher Eiweißstoffe erhalten hat, zusammengestellt.

Tabelle Nr. 19.

Spaltungskörper	I A %	II R+K %	III A %	IIIa A %	IV 0+Cl %	V 0+Cl %	Anmerkungen
Glycin	3,8	0,38	0,68	0,41	—	0,89	I Edestin aus
Alanin	3,6	2,08	2,66	0,30	2,00	4,65	Hanfsamen
Valin	+	—	0,33	—	0,21	0,24	II Legumin aus
Leuzin	20,9	8,00	6,0	4,10	5,61	5,95	Erbsen
Phenylalanin	2,4	3,75	2,6	1,0	2,35	1,97	III Gliadin aus
α-Prolin	1,7	3,22	2,4	3,97	7,06	4,23	Weizenmehl
Glutaminsäure	6,3	13,80	27,6	24,0	37,33	23,42	IIIa dgl.
Asparaginsäure	4,5	5,30	1,24	0,64	0,58	0,91	IV Glutencaseïn
Cystin	0,25	—	—	—	0,45	0,02	aus Weizenmehl
Serin	0,33	0,3	0,12	—	0,13	0,74	V Glutenin aus
Oxy-α-Prolin	2,0	—	—	—	—	—	Weizenmehl
Tyrosin	2,13	1,55	2,37	1,9	1,20	4,25	
Lysin	1,05	4,29	—	2,15	0,00	1,92	A = Abderhalden
Histidin	1,1	2,4	—	1,14	0,61	1,76	R + K = Ritthausen und Kreusler
Arginin	11,7	10,12	—	4,4	3,16	4,72	
Tryptophan	+	+	1,0	—	+	+	O + Cl = Osborne und Clapp
Ammoniak	—	1,99	—	5,11	—	4,01	

Wenn nach dieser kurzen Monographie über die pflanzlichen Eiweißkörper nun zu jenen speziell der Rübe übergangen werden soll, muß leider gesagt werden, daß aus dem oben genannten Grunde auf dem zu besprechenden Gebiete gar keine neueren Untersuchungen vorliegen, und die vorhandenen teilweise veraltet sind. Teils aus historischem Interesse, teils wegen vielleicht noch folgender Aufhellung dieser schwierigen Materie seien diese Untersuchungen doch hier reproduziert.

Zuerst eine Orientierung darüber, wie die älteren Zuckertechniker über die Proteïnkörper der Rübe dachten. Walkhoff schreibt in der vierten Auflage seines bekannten „Rübenzuckerfabrikant und Raffinadeur“, Braunschweig 1872, z. B.: „Die Proteïnstoffe des Saftes wirken aber noch schädlicher (als die Alkalien auf die Kristallisation des Zuckers), indem sie durch Einleitung der schleimigen, oft auch weinigen und milchsauren Gärung eine Umwandlung des Rohrzuckers in unkristallisierbaren Fruchtzucker veranlassen.“

Hochstetter teilte die Eiweißkörper des Rübensaftes ein in:

a) Pflanzeneiweiß, welches beim Erwärmen über 60° gerinnt, aber von freien Alkalien wieder etwas gelöst wird;
b) eine stickstoffhaltige Verbindung, welche aus der Luft Sauerstoff aufnimmt usw.;
c) eine stickstoffhaltige leimartige Substanz, durch Kalkwasser fällbar;
d) eine stickstoffhaltige Materie, durch Bleiazetat fällbar;
e) durch salpetersaures Quecksilberoxyd fällbare Substanzen.

An dieser Einteilung kann man den großen Fortschritt der neueren Eiweißchemie ermessen.

Da Walkhoff in allen diesen leicht zersetzbare Substanzen sah, die die Ausbeute an Zucker verringern, arbeitete er eine titrimetrische Methode mittels Tanninlösung aus, um die Eiweißkörper rasch und leicht quantitativ zu ermitteln. In einem Rübensaft aus dem Februar 1862 fand er nach diesem Verfahren 1,001% Proteïnstoff. Schließlich führt Walkhoff Analysen Michaëlis' an. Welchen Wert diese haben, erkennt man schon an den Bestandteilen, die Michaëlis zu den „Proteïnsubstanzen“ rechnete: Fett, Leim, Legumin, Eiweiß, schwarzwerdende Substanz, orange Extraktivstoffe und gewöhnliche Extraktivstoffe.

Michaëlis fand in 1000 Teilen Saft:

Fett	0,735
Leim	1,154
Legumin	2,026
Eiweiß	1,358
Extraktivstoff	3,000
	8,273 = 0,827%.

Michaëlis hat aber sicher das Verdienst, die Frage nach den Eiweißkörpern der Rübe als erster gestellt zu haben (1855). Leider gab die spätere Forschung, z. B. Hochstetters, keine präzise Antworten auf seine Fragen. Michaëlis unterschied zwischen Pflanzenleim, Legumin und dem Rübenalbumin oder Rübeneiweiß.

Schulze, Urich und Barbieri sprechen bei ihren Analysen von löslichen und unlöslichen Eiweißstoffen (siehe S. 153), Bodenbender und Ihlée ebenfalls von löslichem und unlöslichem Albumin (siehe S. 154). Selbst Herzfeld bestimmte nur den „Eiweißstickstoff“ (siehe S. 155), Andrílk und Urban zu diesem noch den durch Phosphorwolframsäure fällbaren Stickstoff (siehe S. 156). Smolenski (siehe S. 157) und die anderen russischen Chemiker (siehe S. 162) betrachteten auch nicht die einzelnen Eiweißgruppen in den Rüben. Dies hat gewiß seinen Grund darin, daß die einzelnen Forscher bei ihren weiteren Versuchen, die z. B. der Substanzbewegung im Betriebe galten, stets vom Diffusionssaft ausgingen. In Betriebssäften wurden die einzelnen Eiweißformen öfters bestimmt (siehe S. 559, 560, 564); es ist aber notwendig, die Eiweißkörper der Rübe selbst näher zu studieren. Auch noch so genaue und ausführliche Analysen von Diffusionssäften sind nicht so maßgebend wie Eiweißanalysen von Rüben, da bei der Diffusion Veränderungen durch die Wärme, durch die saure Reaktion der Säfte usw. das Bild der Eiweißgruppen trüben können.

Anhaltspunkte hierfür bieten die Arbeiten Ritthausens über die pflanzlichen Eiweißkörper. Dieser traf folgende Einteilung:

1. Eiweißkörper (im engeren Sinne), Albumin oder Pflanzeneiweiß. Diese sind wasserlöslich, gerinnen bei ca. 70° durch bloßes Erwärmen. Aus verschiedenen Pflanzen dargestellt, haben sie verschiedene elementare Zusammensetzung. Im allgemeinen zeigen sie die Eigenschaften der Albumine. Hierher gehören Pflanzenglobuline und Vitelline.

2. Pflanzencaseïn. Dieses hat Ähnlichkeit mit dem Tiercaseïn. Es ist in Wasser unlöslich, löslich in verdünnten Laugen und daraus durch Säuren fällbar. Durch Kochen koaguliert es nicht. Als Hauptvertreter gilt das Legumin. Es enthält 0,35% Phosphor, löst sich in Kochsalzlösung und wird durch Magnesiumsulfat nicht ausgesalzen.

Die beiden genannten Gruppen haben Ähnlichkeit mit den entsprechenden tierischen Eiweißkörpern. Nicht aber die 3. Gruppe der

Kleberproteïnstoffe mit den einzelnen Vertretern:

a) Glutenfibrin;
b) Mucedin oder Mucin;
c) Gliadin (Pflanzenleim).
} Diese drei sind in 80proz. Alkohol löslich, etwas löslich in Kochsalzlösungen.

Diese Einteilung gilt für den Weizenkleber. Dazu kommt noch eine Fraktion, das Glutencaseïn, Liebigs Pflanzenfibrin, das in Alkohol unlöslich ist.

Näher auf diese Substanzen einzugehen, hätte keinen Zweck, weil es nicht sicher ist, wieweit sich die Eiweißfraktionen der Rübe diesen nähern.

In der Melasse finden sich Abbauprodukte der Nukleïnkörper; daher werden sich solche in der Rübe vorfinden müssen, und zwar sollen sie im Mark ihren Sitz haben (siehe S. 49).

Die Nukleïde des Markes bestehen aus Nukleoalbuminen und Nukleoproteïden. Die Nukleoalbumine unterscheiden sich von den letzteren dadurch, daß unter ihren Spaltungsprodukten keine

Purinbasen, Pyrimidinderivate und Pentosen vorkommen. Sie haben sauren Charakter. Ihre Lösungen sind nicht koagulierbar. Als Hauptvertreter dieser Gruppe gilt das Caseïn der Milch, das Vitellin des Eidotters und einige Zellnukleoalbumine. Hammarstein gibt für Caseïn der Kuhmilch folgende Zusammensetzung an: C 52,96%, H 7,05%, N 15,65%, S 0,758%, P 0,847%. Die Nukleoproteïde haben einen bisher unbekannten Aufbau. Wie ihre Komponenten, Eiweiß und Nukleïnsäure, miteinander verbunden sind, weiß man nicht. Bei mäßiger Abspaltung entstehen Nukleïne, bei weiterer Zersetzung bleibt die Nukleïnsäure übrig, und schließlich spaltet diese einerseits Phosphorsäure, anderseits Basen, wie Hypoxanthin, Guanin, Xanthin u. a., ab. Die Nukleoproteïde lösen sich alle in Wasser und Salzlösungen; sie haben sauren Charakter, lassen sich aus ihren Lösungen aussalzen und durch Hitze koagulieren.

Der Abschnitt 1 auf Seite 152 bringt alle quantitativen Bestimmungen des Eiweißstickstoffs und der Proteïnsubstanzen in Rüben und Rübensäften.

Nach den Eiweißkörpern der Rüben könnten noch zwei stickstoffhaltige Verbindungen: Vernin und Allantoin, zur Darstellung gelangen. Beide kommen in Rüben vor. Ihre Besprechung findet sich aber erst auf den Seiten 158 und 160.

k) Fermente (Enzyme) und ihre Wirkungen.

Es wurde gesagt, daß die Eiweißkörper durch Fermente abgebaut werden, und daß sich ihre Abbauprodukte im Rübensaft vorfinden; folglich werden sich auch die Fermente in der Rübe finden lassen.

Die Fermente haben in mancher Hinsicht den Mikroorganismen ähnliche Eigenschaften; letztere wurden, weil Lebewesen, „geformte Fermente“ genannt. Ihnen gegenüber stellte man die „ungeformten Fermente“ der Chemie, welcher Namen aber gegen den heute üblichen: Enzyme, im Verschwinden begriffen ist.

„Ein Ferment (Enzym) ist das materielle Substrat einer eigenartigen Energieform, die von lebenden Zellen erzeugt wird und mehr oder minder fest an ihnen haftet, ohne daß ihre Wirkung an den Lebensprozeß als solchen gebunden ist; diese Energie ist imstande, die Auslösung latenter (potentieller) Energie chemischer Stoffe und ihre Verwandlung in kinetische Energie (Licht, Wärme) zu bewirken ... Das Ferment bleibt bei diesem Prozeß unverändert. Es wirkt spezifisch, d. h. jedes Ferment richtet seine Tätigkeit nur auf Stoffe von ganz bestimmter struktureller und stereochemischer Anordnung“ (Oppenheimer).

Nicht Mikroorganismen als solche bewirken z. B. die Gärungserscheinungen, sondern die mit diesen Organismen verknüpften Enzyme.

Die Natur der Enzyme ist noch unbekannt. Sie dürften zu den Eiweißkörpern zu zählen sein. Jedenfalls fallen sie unter den früher genannten umfassenderen Begriff der Katalysatoren. Damit ist ihre Wirkungsweise charakterisiert. Durch Erhitzung in Lösung oder Säften, ebenso durch Abkühlung unter 0^0 C werden sie unwirksam. Sie sind durch Erhitzen koagulierbar, durch manche Salze aussalzbar und durch Alkohol, Aceton u. a. Mittel fällbar. Sie sind in ganz reinem Zustande nicht dargestellt worden und ist ihre chemische Natur deshalb noch unerforscht. Euler ist der Ansicht, daß sie nicht einer einzigen Körperklasse, z. B. den Eiweißkörpern, angehören: „.. ist es nicht unwahrscheinlich, daß viele Enzyme mit denjenigen Stoffen chemisch verwandt sind, welche sie angreifen“ (Pflanzenchemie, II. Bd., S. 52). Eine ganz merkwürdige, von Emil Fischer erforschte Eigenschaft zeichnet die Enzyme aus. Jedes Enzym wirkt immer nur auf eine ganz bestimmte chemische Verbindung, andere, selbst sehr ähnliche Verbindungen greift es nicht an, z. B. optische Antipoden. So vergärt die Hefenzymase d-Glukose, d-Fruktose und andere d-Hexosen, nicht aber auch deren l-Formen. Überhaupt werden Stereoisomere mit verschiedener Geschwindigkeit gespalten. Fischer führt dieses auffällige Verhalten auf den asymmetrischen Bau der Enzyme zurück. Sie enthalten asymmetrische Kohlenstoffatome, sind daher optisch aktiv.

Sie wirken aber nicht nur spaltend, sondern auch synthetisch: so wurden schon Zuckerarten und Eiweißkörper aus niedrigeren entsprechenden Verbindungen aufgebaut.

Manche Enzyme wirken in schwach sauren, manche in schwach alkalischen Lösungen; bei stärkerer Azidität oder Basizität wird deren Wirkung gehemmt. Solche „Gifte“ oder Paralysatoren sind auch: Blausäure, Formaldehyd, Chloroform, Sublimat, Permanganat usw.

Wer die große Bedeutung der Enzyme für das Pflanzenleben erkennen will, lese den fesselnden Vortrag Hofmeisters: Die chemische Organisation der Zelle (Braunschweig 1901). U. a. heißt es dort: Die vielen in der Zelle verlaufenden Prozesse und Umsetzungen oft entgegengesetzten Verlaufes nebeneinander können nur durch Enzyme hervorgerufen werden. „Die Fermente sind das wesentliche chemische Handwerkszeug der Zelle.“ Ihre Wirksamkeit ist auf katalytische Erscheinungen zurückzuführen, „daß die Träger der chemischen Umsetzungen in der Zelle Katalysatoren von kolloïdaler Beschaffenheit sind“. Man ist gezwungen, „für jede vitale chemische Reaktion ein zugehöriges, spezifisch auf diese abgestimmtes Ferment“ anzunehmen.

Eine etwas eingehendere Behandlung der Enzyme scheint infolge ihrer Wichtigkeit geboten; dadurch wird die Besprechung mancher Vorgänge (Synthesen) im Pflanzenleib, die im 2. Kapitel nur kurz berührt werden konnten, vervollständigt; auf Grund der allgemeinen Chemie, Wirksamkeit und Wirkungsweise der Enzyme werden dann speziell jene, die in der Rübe gefunden wurden, zu besprechen sein.

Wenn auch für den vorliegenden Zweck nicht alle bekannten Enzyme gleich wichtig sind, so sei doch ein Überblick über alle gegeben, da — bei der Aktualität dieses Gebietes — nicht ausgeschlossen ist, daß die Enzyme der Rübe noch eingehender studiert werden.

Nach Lippmanns Vorschlag bekommt jedes Enzym seinen Namen von demjenigen Stoff, auf den es spezifisch wirkt (Substrat):

I. hydrolysierende Enzyme:
   a) fettspaltende oder Lipasen,
   b) kohlenhydratspaltende (Invertase, Maltase, Diastase),
   c) eiweißspaltende oder proteolytische Enzyme;

II. Gärungsenzyme, z. B. Zymase der alkoholischen Gärung;

III. Oxydasen, welche Oxydationsvorgänge, und Reduktasen, die Reduktionsprozesse in der Pflanze vollführen (Tyrosinase);

IV. Katalasen, d. s. eigentlich Reduktasen. Sie spalten Hydroperoxyd in Wasser und Sauerstoff.

I. a) Die fettspaltenden oder steatolytischen Enzyme, z. B. Lipase, auch Steapsin genannt, spalten Neutralfette in Glyzerin und Fettsäuren.

b) Wichtiger sind die kohlenhydratspaltenden Enzyme (amylolytische oder diastatische): Stärke wird durch Maltase in Maltose umgewandelt (Diastase); Ptyalin überführt Stärke in Dextrin und Maltose, Zytasen wirken hydrolysierend auf Zellulose, Pektinasen hydrolysieren Pektinkörper. Emulsin spaltet Glukoside, Invertase invertiert Saccharose usw.

c) Die eiweißspaltenden Enzyme teilt man ein in Pflanzenproteïnasen und Pflanzenpeptasen. Erstere spalten die Eiweißkörper nur bis zu den Peptonen und Albumosen, letztere spalten Albumosen, Peptone und Peptide zu Aminosäuren. Beide Gruppen kommen gewöhnlich in den Pflanzen gemeinsam vor. Dann gibt es noch desamidierende Enzyme, die die Proteïne bis zu Ammoniak abbauen. Nukleasen hydrolysieren speziell die Nukleïnsäuren in ihre Basen, Pentosen und Phosphorsäure.

II. Von den Gärungsenzymen interessiert hier am meisten jenes der Milchsäuregärung. Aus den Milchsäurebakterien konnte man bisnun kein solches gewinnen; die alkoholische Gärung wird durch die Zymase der Hefe hervorgerufen, und Zymasen sind in allen Pflanzen anzunehmen; in diesen rufen sie die intermolekulare Atmung hervor.

III. Von den Oxydasen wird die Tyrosinase zu besprechen sein. Damit sind aber die einzelnen Arten von Enzymen noch nicht erschöpft.

Wie gezeigt, besitzt jedes Enzym eine spezifische Wirkung; von dieser macht man bei der Identifizierung der einzelnen Enzyme Gebrauch. Matthysen schildert diese Operationen in einer später noch zu erwähnenden Arbeit folgendermaßen: Der betreffende Pflanzenteil wird mit 96 proz. Alkohol zu einem Brei verrieben; damit erzielt man einen Niederschlag der Enzyme; dieser wird zwischen Filterpapier getrocknet. Das Rohenzym läßt man bei etwas erhöhter Temperatur auf bestimmte Stoffe einwirken, die vorher auf eine Gelatine- oder Agarplatte gebracht wurden.

Zur Erkennung von Diastase bringt man auf eine solche Platte Stärke. War im Enzympräparat Diastase, so läßt sich nach drei bis vier Tagen mittels Jodlösung durch Rotfärbung Dextrin nachweisen. Die unangegriffene Stärke färbt sich blau. Tyrosinase wird durch ihre Einwirkung auf Tyrosin in einer Agarplatte (es entsteht dort ein schwarzer Fleck) erkannt. Invertin wird durch seine Wirkung auf Rohrzucker — Invertbildung — konstatiert, Oxydasen durch Blaufärbung von Guajakharz. Bringt man zu diesem Harz (in Form einer Suspension vorliegend) einige Tropfen Wassersuperoxydlösung, so ist es auch zum Nachweis von Peroxydasen geeignet, falls keine Oxydasen anwesend gefunden wurden. Reaktion wie bei den Oxydasen. Katalasen zerlegen Wasserstoffsuperoxyd in Wasser und Sauerstoff und werden mittels dieser Reaktion erkannt. Es tritt bei Gegenwart einer Katalase im Rohenzympräparat Gasentwicklung auf.

Im folgenden handelt es nun darum, die speziell in der Zuckerrübe nachgewiesene Enzyme anzuführen und ihre Eigenschaften zu beschreiben.

Gonnermann wies das Vorhandensein von Invertase und Diastase in jungen Rüben nach; dieselben lassen sich jedoch nicht voneinander trennen. Durch ihre Wirkung entsteht im Blattkörper aus der Stärke durch Hydrolyse über Zwischenprodukte die Saccharose. Daß diese Enzyme anderer Art sind als das Invertin der Hefe oder die Diastase der Gerste, ist klar; trotzdem schlug Gonnermann für erstere keinen besonderen Namen vor, sondern bezeichnete sie nur als Rübeninvertase und Rübendiastase (Gonnermann, Entstehung des Zuckers in der Rübe; Z. V. d. Zuckerind. 1898, S. 667).

Die Rübeninvertase vermag den Rohrzucker der Rübe zu invertieren; sie invertiert nur sehr langsam und findet im Betriebe keine Gelegenheit, wo sie schaden könnte.

Von Oxydasen fand Gonnermann die Tyrosinase in Rüben anwesend. Auf Saccharose wirkt sie nicht ein; nur bei der Dunkelfärbung der Rübensäfte spielt dieses Enzym eine Rolle (siehe S. 107).

Derselbe Forscher wies in gefrorenen und gekeimten Zuckerrüben ein Enzym nach, das Amylodextrin in Dextrose überführen kann.* Es soll sich zumeist in keimenden Rüben vorfinden. Ebenso fand auch Dubrunfaut in Rübenwurzeln und Blättern ein diastatisches und ein invertierendes Enzym.

Proteolitische Enzyme wurden in Rüben bis nun nicht gefunden.

Peroxydasen, speziell Katalase, wurden von Ernest und Berger in Rüben konstatiert (Z. f. Zuckerind. i. B. 1908).

Es wurde schon früher bei der anaëroben Atmung der Rübe (Seite 30) hervorgehoben, daß dieser Prozeß qualitativ und — was nun gesagt werden soll — auch im Verhältnis zwischen Kohlendioxyd und Alkohol quantitativ mit der alkoholischen Hefengärung identisch ist. Dort, wo Hefengärung auftritt, gibt es Enzyme, und diese wurden auch aufgefunden („Über die Enzyme in der Zuckerrübe", Stoklasa, Jelínek, Vítek; Z. f. Zuckerind. i. B. 1903/04, S. 233).

Zunächst mußten die Genannten nachzuweisen suchen, ob sich tatsächlich Invertase in den Rübenzellen nach durchgeführtem anaëroben Stoffwechselprozeß vorfindet. Dies gelang ihnen auch. Vor den Versuchen enthielten die Rüben 0,059, 0,052, 0,044%, nach den Versuchen 0,148, 0,158, 0,125% Invertzucker. Aus dem Preßsaft selbst konnte darauf die Invertase isoliert und identifiziert werden.

Nun handelte es sich darum, die Zymase aufzufinden. Zymase oder zymaseähnliche Enzyme sind ebenso wie die Invertase in vielen Pflanzen oder Samen nachgewiesen worden. Die Autoren konnten nach anaëroben Stoffwechselversuchen eine Selbstgärung des Rübensaftes konstatieren.

In der ersten Versuchsreihe konnte im Rübenpreßsaft — der zellen- und bakterienfrei befunden wurde — nach durchgeführtem anaëroben Stoffwechselprozeß schon am zweiten Tage Gärung, also Entwicklung von Kohlendioxyd und Alkohol bemerkt werden. Innerhalb 14 Tagen sank immer die Menge des täglich produzierten Kohlendioxydes auf einige Milligramm, die Gärung war beendet.

Einige Zahlen des zweiten Versuches über die Gärung in der Rübe. Der Preßsaft der Rübe nach anaërober Atmung wurde sterilisiert, bei 18—20° C unter Durchleiten von CO_2-freier Luft stehen gelassen. Nach 14 Tagen gaben 500 cm³ dieses Saftes je nach dem Desinfektionsmittel 0,2771 g CO_2 (Sublimat) oder 0,2814 g CO_2 (Kaliummetaarsenit). Nach der Gärung enthielten 500 cm³ dieses Saftes noch 0,2106 g, bzw. 0,2730 g CO_2, somit wurde gebildet im ganzen CO_2 0,4877 g (Sublimat), 0,2730 g (Kaliummetaarsenit). Alkohol im ganzen 1,5394 g, bzw. 0,4974 g.

Der anaërobe Gärprozeß vollzieht sich innerhalb der Rübe. Die Rübenzymase diffundiert nicht durch die Zellmembrane; die aërobe Veratmung von Zucker wird durch Oxydasen hervorgerufen. Näheres über deren Natur ist nicht bekannt.

Euler führt (II, 73) ein Lakkase ähnliches Enzym als in den Zuckerrüben vorkommend an, das bei der Verfärbung von Rübensäften wirksam sein könnte. Sicherer gilt das von der Tyrosinase (siehe S. 107); das ist eine Oxydase (Phenolase), die die Eigenschaft hat, tyrosinhaltige Lösungen zu dunkelgefärbten Produkten zu oxydieren. Auch tyrosinhaltige Polypeptide werden verfärbt. Die dunkelgefärbten Oxydationsprodukte werden Melanine genannt. (Abderhalden und Guggenheim).

Matthysen konstatierte im Samen junger Rübenwurzeln, in jungen und alten Blättern Tyrosinase, Oxydase, Katalase; Diastase und Invertase fand er in allen genannten Pflanzenteilen mit Ausnahme der jungen Rübenwürzelchen (Z. V. d. Zuckerind. 1912, S. 150).

l) Übersicht der Stickstoffsubstanzen.

Nachdem alle stickstoffhaltigen Verbindungen der Rübe besprochen worden sind, ist eine Übersicht der Stickstofformen und deren Mengen sehr geboten. Der Stickstoff kommt in folgenden Formen vor:

1. Gesamtstickstoff;
2. Salpetersäurestickstoff; } siehe V. Kapitel, C, Seite 104.
3. Ammoniakstickstoff; }
4. Eiweißstickstoff;
5. Amidostickstoff;
6. Amidosäurestickstoff;
7. Stickstoff der durch Phosphorwolframsäure fällbaren Verbindungen (organische Basen u. a).

Gesamtstickstoff. In der Literatur finden sich folgende Angaben: 1896/97 Urbain durchschnittlich 0,21%, 1898 Herzfeld 0,12—0,33% auf Rüben. 1897 Komers und Stift in der Trockensubstanz von böhmischen, mährischen und ungarischen Rüben 0,81—1,61%, Andrlík und Urban 1899 (Z. f. Zuckerind. i. B. 1899, 631) 0,01—0,02% auf Rübe (Methode Jodlbauer). 1888 Herzfeld je nach der Düngung 0,44—1,35% (auf Trockensubstanz).

Salpetersäurestickstoff. Herzfeld und Bode fanden in deutschen Rüben keine nennenswerten Mengen. In französischen Rüben fanden Ladureau 0,164%, Leplay 0,043—0,342%, Urbain 0,05% N_2O_5. Ungarische und russische Rüben weisen ähnliche Zahlen auf. Für böhmische Rüben fanden Andrlík und Urban Mengen unter 0,01% N_2O_5 (Methode Schulze-Tiemann).

Ammoniakstickstoff. Bei der Bestimmung des Ammoniakstickstoffs beeinflußt die jeweils angewendete Methode sehr das Resultat, wie Andrlík und Urban experimentell nachwiesen.

Pellet fand 0,147—0,196% NH_3 in der Trockensubstanz der Rübe, Jesser im Saft 0,006—0,008%, Stift und Komers 0,19—0,28% je nach Herkunft der Rüben. Andrlík und Urban fanden 1899 nach der Methode Schlösing 0,014—0,075, azotometrisch 0,018 bis 0,020% (siehe Battut: Über das Ammoniak in der Rübe; Organ XXIV, 1886, S. 663).

Eiweißstickstoff. Mittels der Stutzerschen Methode wurden folgende Werte gefunden: 1884 Herzfeld in der Trockensubstanz durchschnittlich 0,484% Eiweißstickstoff. 1888 fand Herzfeld je nach der Düngung 0,33 (ungedüngt) bis 0,54%; Stift und Komers (1897) 0,55% für mährische, 0,62% für böhmische und 0,87% für ungarische Rüben auf Trockensubstanz bezogen. Rümpler hat aber nachgewiesen, daß bei der Stutzerschen Methode neben den Eiweißkörpern auch teilweise Propeptone und Peptone gefällt werden, so daß man nach dieser Methode zu hohe Werte für die eigentlichen Eiweißstoffe erhält. Andrlík und Urban bestätigten diese Angaben,

(Den Stickstoffgehalt der anderen Eiweißformen siehe in später folgenden Analysen.)

Amidostickstoff. Auch hier werden die Resultate durch die jeweils angewendete analytische Methode beeinflußt. Andrlík und Urban bestimmten den Amidostickstoff zu ca. 0,017%, schreiben aber zu diesem Resultate: „Ob diese niedrigen Zahlen der Beschaffenheit der Rübe ... wirklich entsprechen oder in der Unzulänglichkeit der analytischen Methoden zu suchen sind, bleibt vorderhand unentschieden."

Über Amidosäurestickstoff liegen Zahlen von Andrlík und Urban vor (Seite 156).

Stickstoff der organischen Basen. Die beiden Forscher fanden im Durchschnitt 0,04% Stickstoff, fällbar durch phosphorwolframsaures Natron; davon 0,024% Ammoniakstickstoff und der Rest 0,016% organische Basen, Peptone, soweit letztere nicht mit den Eiweißkörpern nach Stutzer herausfielen.

Diese Zahlen bezogen sich auf Rübensaft.

Nun sollen die einzelnen Untersuchungen folgen, die dieser wichtigen Frage gewidmet wurden. Im Jahre 1878 untersuchten E. Schulze, Urich und Barbieri die Stickstofformen in Runkelrüben. Die Sorte A war mit Gülle (Jauche), B mit Stallmist gedünst; beide besaßen runde Form und gelbe Farbe. Untersucht wurde der Rübensaft. Die Stickstoffsubstanzen des Markes wurden als „unlösliche Eiweißstoffe" gerechnet.

Rübensorte A von 1874.	%		% N
Lösliche Eiweißstoffe	0,2306	mit	0,0369
Unlösliche „	0,0950	„	0,0152
Glutamin (und Asparagin)	0,4066	„	0,0780
Betaïn	0,1359	„	0,0161
Salpetersäure	0,3363	„	0,0872
Ammoniak	0,0080	„	0,0066
Rübensorte A von 1875.	**%**		**% N**
Lösliche Eiweißstoffe	0,1413	mit	0,0226
Unlösliche „	0,1023	„	0,0164
Glutamin (u. Asparagin)	0,4425	„	0,0847
Betaïn	0,0226	„	0,0027
Salpetersäure	0,2483	„	0,0644
Ammoniak	0,0085	„	0,0071
Rübensorte B.	**%**		**% N**
Lösliche Eiweißstoffe	0,2300	mit	0,0736
Unlösliche „	0,0744	„	0,0119
Glutamin (und Asparagin)	0,1928	„	0,0370
Betaïn	nicht bestimmt		
Salpetersäure	0,1038	„	0,0269
Ammoniak	0,0057	„	0,0047

Außer den angeführten Stoffen sind vermutlich noch geringe Mengen von Amidosäuren vorhanden gewesen.

(Hennebergs Journ. f. Landwirtschaft 1878, S. 245; Z. V. d. Zuckerind. 1878, S. 681.)

Auf den Stickstoffgehalt gerechnet, ergeben sich folgende Werte:

Unlösliches Eiweiß des Marks 6,61– 8,22%
Lösliches, durch Kochen koagulierbares Eiweiß . . . 14,98–29,56%
Amide 35,86–45,71%
Salpetersäure 9,46–44,06%
Ammoniak 2,09– 3,67%

Weitere Folgerungen seien aus diesen Zahlen nicht gezogen. Es kommt ihnen mehr historisches Interesse zu, und beziehen sie sich nicht auf Zuckerrüben, sondern Futterrüben. Für die Sorte A von 1874 berechnet sich ein Gesamtstickstoff von 0,24, für A von 1875 0,1979 % und für Sorte B ein solcher zu 0,1541 % des Rübensaftes.

Unter den ersten Arbeiten über Stickstoffanalysen von Zuckerrüben ist die von Bodenbender und Ihlée aus dem Jahre 1880 (Z. V. d. Zuckerind. 1880, S. 666) bemerkenswerter. Die folgenden Tabellen geben entsprechenden Aufschluß. Der Gesamtstickstoff wurde nach Hofmeister bestimmt (Verbrennung mit Natronkalk und Titration des entstandenen Ammoniaks). Im getrockneten Rübenmark wurde der Stickstoff als „unlösliche Albuminstoffe" berechnet. Im Rübensaft wurde der Stickstoff bestimmt (Gesamtstickstoff); nachdem durch Erwärmen auf 80° und Zusatz einiger Tropfen Essigsäure die Albumine koaguliert und abfiltriert wurden, wurde in dem enteiweißten Saft wieder der Stickstoff ermittelt. Die Differenz auf den Gesamtstickstoff ist das „lösliche Albumin". Über die Bestimmung des Ammoniak-, Amid- und Amidosäure-Stickstoffs siehe Seite 647.

100 Gewichtsteile Rübenwurzel enthalten:

	Gesamt-Stickstoff	Stickstoff als:					
		Unlösl. Albumin	Lösl. Albumin	Ammoniak	Amide	Amido-Säuren	Rest Betaïn u. a.
a)	0,2241	0,0371	0,0304	0,0037	0,0594	0,0840	?
b)	0,2717	0,0810	0,0577	0,0349	0,0016	0,0503	0,0457
c)	0,2061	0,0619	0,0417	0,0216	0,0052	0,0276	0,0481
d)	0,3790	0,0724	0,1246	0,0211	0,1483	0,	0,0126
e)	0,2195	0,0599	0,0969	0,0292	0,0056	0,0597	?
f)	0,1197	0,0209	0,0073	0,0040	0,	0,0368	0,0507

Die Analysen a, b, c gehören einer Rübensorte an. Diese wurde Anfang April bestellt. Analyse a wurde am 21. Juli, b am 25. August und c am 16. September 1879 ausgeführt. Von einem zweiten Versuchsfelde und einer andern Sorte stammen d (22. Juli) und e (15. August). f ist eine Samenrübe vom 26. Juli. So gibt die Tabelle eine — allerdings bescheidene — Übersicht über die Stickstoff-Formen während der Entwicklung der Rüben.

Addiert man in der Tabelle bei den Rüben a und e die Stickstoffmengen der Einzelbestimmungen, so erhält man mehr, als der Gesamtstickstoff ausmacht. Die Autoren führen diesen Umstand „auf die Mangelhaftigkeit der analytischen Methoden“ zurück.

Die folgende Tabelle gibt eine Übersicht über die einzelnen Stickstoffformen im Verhältnis zum Gesamtstickstoff.

Bezeichnung der Rübensorte.	Rübenwurzel. Von 100 Teilen N sind enthalten als:					
	Unlösliche Albuminstoffe	Lösliche Albuminstoffe	Ammoniak	Amide	Amido-Säuren	Rest. Betaïn u. a.
a) Amtmann	16,6	27,0	3,9	26,5	28,6	?
b) Henneberg,	29,8	21,2	12,9	0,6	18,7	16,8
c) Wasserleben	30,0	20,2	10,5	2,5	13,4	23,4
d) Hecht,	19,1	32,9	5,6	39,1	0,	3,3
e) Osterwieck	27,3	44,1	13,3	2,6	.	.
f) Samenrüben Wasserlebener Zucht	17,5	6,1	3,3	0,	30,7	42,4

Folgende Tabelle entstammt Düngungsversuchen Herzfelds aus dem Jahre 1888. Neben den einzelnen Stickstoff-Formen wurde auch der Fettgehalt bestimmt, um etwaige Beziehungen zwischen Fettgehalt und Stickstoffmenge der Rüben festzustellen. Solche lassen sich jedoch aus den gefundenen Werten nicht ableiten.

Nr.	Wirkl. Quotient d. Rübe	Scheinbarer Quotient des Saftes	Gesamt-Stickstoff in der Trockensubstanz %	Eiweiß-Stickstoff in der Trockensubstanz %	Betaïn-Stickstoff in der Trockensubstanz %	Ammoniak-Stickstoff in der Trockensubstanz %	Gesamt-Stickstoff in der Rübe %	Eiweiß-Stickstoff in der Rübe %	Betaïn-Stickstoff in der Rübe %	Ammoniak-Stickstoff in der Rübe %	Fett in der Trockensubstanz	Fett in der Rübe	Zucker in der Rübe (Extraktion)
1	69,2	85,4	0,44	0,33	0,00	0,06	0,10	0,07	0,00	0,01	0,65	0,14	15,15
2	65,1	82,4	0,70	0,40	0,005	0,16	0,17	0,10	0,001	0,04	0,77	0,18	15,7
3	67,2	87,6	0,715	0,43	0,006	0,13	0,20	0,12	0,002	0,04	0,75	0,21	18,95
4	64,9	80,1	0,99	0,54	0,013	0,28	0,26	0,14	0,003	0,07	0,64	0,17	17,0
5	62,4	77,9	0,78	0,42	0,01	0,11	0,16	0,09	0,002	0,02	0,56	0,12	13,1
6	63,3	76,0	1,35	0,40	0,01	0,33	0,31	0,09	0,002	0,08	0,55	0,13	14,5
7	63,1	75,3	1,08	0,39	0,017	0,27	0,25	0,09	0,004	0,06	0,76	0,17	14,25
8	69,4	88,3	0,84	0,33	0,013	0,11	0,24	0,09	0,003	0,03	0,60	0,16	18,75

Zur Bestimmung des Betaïngehaltes bemerkt Herzfeld, daß dieser infolge des Nichtausfallens des gesamten Betaïns und Mitfallens anderer Basen nicht richtig wäre. Die Zahlen wären als Maßstab der vorhandenen gesamten, mit Phosphorwolframsäure fällbaren Basen anzusehen.

Die Analysennummern 1 und 7 gelten für ungedüngte, 2, 3 und 4 für gemischtgedüngte (Phosphorsäure, Stickstoff), 5 und 6 für Phosphorsäure-, bzw. Chilesalpeterdüngung. Nr. 8 normale Rüben aus Anhalt.

Diese Arbeit Herzfelds ist auch deshalb bemerkenswert, weil sie Anlaß gab zur Bildung des Begriffes vom „schädlichen Stickstoff", der später noch eingehend zu erörtern sein wird. (Siehe S. 191.)

Andrlík und Urban fanden folgende Minimal- und Maximalzahlen bei ihren Untersuchungen über die einzelnen Stickstoffformen der Rüben:

Analysen von Rübenpreßsaft.

Ausgepreßter Rübensaft				reduzierend. Substanz[1])	Azidität i. 100 cm³ Saft[2])	Gesamt-N i. Brei %	im Rübensaft							
Bx	Pol.	Qu	Asche				Gesamt-N in %	Ammoniak-N (azotom.)	Ammoniak- u. Amido-N	Amidosäure-N	Nitrat-N	N durch[3]) Phosphor-wolframs. Na	Eiweiß-N (Stutzer)	N gefällt-Ammoniak-N[4])
—	—	—	0,436	0 10	20,7	0,167	0,139	0,008	0,0C8	0,036	0,002	0,018	0,063	0,002
—	—	—	0,916	0,34	34 4	0,411	0,396	0,025	0,079	0,127	0,010	0,073	0,113	0,022
auf 100 Teile Trockensubstanz bezogen.														
—	80 0	—	2,11	0,50	8,6	0,78	0,77	0,055	0,032	0,182	0 010	0,072	0,322	0,010
—	90,4	—	3,80	1,36	16,4	1,96	1,64	0,124	0,327	0,528	0,039	0,403	0,556	0,101

Im Durchschnitt für den Rübenpreßsaft ergaben sich:

Gesamt-Stickstoff 0,225%;
Nitrat-Stickstoff 0,0037 (Schulze-Tiemann);
Ammoniak-Stickstoff 0,018 (azotometrisch);
Ammoniak-Stickstoff 0,023 (Baumann-Bömer);
Eiweiß-Stickstoff 0,085;
Ammoniak- + Amid-Stickstoff 0,035 (Schulze);
Amidosäuren-Stickstoff 0,066;
Amidstickstoff allein, je nach dem Werte für Ammoniak-Stickstoff, also 0,017% oder 0,011%.

Den Amidstickstoff erhält man auch, wenn man vom Gesamtstickstoff die Summe aller übrigen Stickstoff-Formen abzieht.

Der Gesamtstickstoff allein bestimmt nicht so sehr den fabrikativen Wert der Rüben wie die Verteilung der einzelnen Stickstoff-

---

[1]) In % Invertzucker.
[2]) In cm³ $^{1}/_{10}$ n KOH.
[3]) Gesamtstickstoff gefällt durch phosphorwolframsaures Natrium.
[4]) Gesamtstickstoff weniger Ammoniak-Stickstoff.

formen. So rechnet man die Eiweißkörper zu den unschädlicheren (siehe S. 564), die Amide und Amidosäuren zu den schädlicheren Verbindungen (Z. f. Zuckerind. i. B. 1899, 629).

Von stickstoffhaltigen, nicht eiweißartigen Substanzen der Rübe, bzw. im Diffusionssafte hat K. Smolenski folgende nachgewiesen: Asparagin, Glutamin (?), Betaïn, Vernin, Allantoin. Tyrosin und Cholin fand er nicht anwesend. Die Nichteiweißstoffe machen ca. 80% der Stickstoffsubstanz des Diffusionssaftes aus. Interessant ist folgende Aufzählung Smolenskis: Bis jetzt ist in den Zuckerrüben von stickstoffhaltigen Nichtzuckerstoffen nichteiweißartigen Charakters die Anwesenheit folgender Verbindungen festgestellt worden:

1. unmittelbar im Saft der Rübe: Glutamin (Schulze, Sellier), Lezithin, Betaïn (Scheibler u. a.), Cholin;
2. in jungen Schößlingen (Keimen): Leuzin, Tyrosin, Hydantoin, Alloxanthin (Lippmann);
3. in Melasse: Glutaminsäure (Scheibler, Andrlík);
4. im Bodensatz der Spodiumfilter: Zitrazinsäure (Lippmann);
5. in Schlempe von Entzuckerung der Melasse: Xanthin, Hypoxanthin, Guanin, Adenin, Carnin, Arginin, Guanidin, Allantoin, Vernin, Vicin, Leuzin und Isoleuzin (Ehrlich).

Asparagin und Asparaginsäure wurden schon lange zu den Bestandteilen der Zuckerrübe gezählt, ihre Gegenwart war aber von niemandem mit genügender Überzeugung bewiesen worden (siehe Herzfeld S. 161).

Smolenskis ausgezeichnete Arbeit bringt zusammenfassend die Chemie aller aufgezählten Stickstoffverbindungen und ist schon aus diesem Grunde lesenswert. Ferner enthält sie im ersten Teil den Nachweis der von ihm aufgefundenen Körper. Im zweiten Teil behandelt Smolenski „Die optischen Eigenschaften des Asparagins, Glutamins, der Asparagin- und Glutaminsäuren", im dritten Teil „Über den möglichen Einfluß des Asparagins, des Glutamins, der Asparagin- und Glutaminsäure auf die Polarisation des Rübensaftes und der Zuckerfabriksprodukte".

Hier kommt nur der erste Teil der Veröffentlichung Smolenskis in Betracht.

Zunächst eine übersichtliche Tabelle über einzelne Stickstoff-Formen russischer Rüben: (Siehe Tabelle S. 155).

Analysen Nr. 1, 2, 3 sind solche russischer Rüben aus den Jahren 1903/04, jede einzelne Analyse ist ein Mittel großer Rübenmengen verschiedener „Plantagen". Zu Nr. 1 gehört noch folgende Bestimmung: durch Phosphorwolframsäure fällbarer Stickstoff: 0,025% auf Rübe oder 12,13% des Gesamtstickstoffs. Zu Nr. 3: wasserlöslicher Eiweiß-N 0,067% der Rübe oder 25,2% des Gesamtstickstoffs (bei 30—35° C). Die Analyse Nr. 4 gehört einem Rübenpreßsaft an, Nr. 5 und 6 Diffusionssäften der Kampagne 1903/04. Nr. 7 sind Mittelzahlen für

Nr.	Gesamt-N		Eiweiß-Stickstoff			Nicht-eiweiß-N %	Stickstoff NH_3 u. Amidogruppen		Schädlicher N	
	% der Rübe	% der Trokkensubstanz	% der Rübe	% der Trokkensubstanz	% des Gesamt-N		% der Rübe	des Ges-N	% der Rübe	% des Gesamt-N
1	0,203	1,009	0,106	0,523	51,45	48,55	0,028	13,59	0,072	34,96
2	0,217	1,014	0,103	0,519	49,90	50,10	—	—	—	—
3	0,266	1,117	0,115	0,483	43,20	56,80	—	—	—	—
4	0,245	1,140	0,039	0,321	28,2	71,8	—	—	—	—
5	0,132	0,772	0,027	0,158	20,47	79,53	0,026	19,69	0,079	59,84
6	0,097	0,603	0,022	0,136	22,60	77,40	0,026	28,8	0,049	48,60
7	0,123	0,753	—	—	—	—	—	—	—	stickstofffr.
8	—	0,69	—	—	21,5	—	—	24,3	—	54,2

Diffusionssäfte aus den Kampagnen 1901 bis 1904 (vom Verfasser aus den Einzelzahlen Smolenskis berechnet). Nr. 8 ist die Analyse des Diffusionssaftes, dessen sich Smolenski bei seinen Untersuchungen als Ausgangsmaterial bediente. Diese begannen im Jahre 1903. Die Entwicklung der Rüben war normal, das Klima der Entwicklung günstig. Der Zuckergehalt der Rübe 16,7%, die Reinheit des Preßsaftes 86,1. Der Rohsaft hatte folgende Zusammensetzung: 17,34° Bx — 15,20 Pol. — 2,14% Nichtzucker — 87,75 Quotient.

Der Verfasser hat sich bemüht, den Untersuchungsgang, der zur Isolierung der einzelnen Verbindungen von Smolenski angewendet wurde, in ein übersichtliches Schema (S. 156) zu vereinigen, um wenigstens anzudeuten, wie solche Untersuchungen durchgeführt werden. Von den anderen seltenen und nur in geringen Mengen vorkommenden Verbindungen hat Verfasser mehr als den Namen genannt, erstens, um ihre Stellung in der organischen Chemie zu fixieren, zweitens, weil über diese in Rümplers „Nichtzuckerstoffen" aus dem Jahre 1898, der damaligen Kenntnis und Bedeutung dieser Körper entsprechend, nur sehr wenig zu finden ist.

Das Kristallpräparat Nr. I aus dem Sirup wurde filtriert, mit Wasser und Alkohol ausgewaschen, aus kochendem Wasser umkristallisiert: beim Abkühlen fielen kleine, in Büscheln angeordnete Nadeln aus. Es wurde von Smolenski als Vernin befunden. Dieses hat schon früher Lippmann neben anderen auf Seite 538, 539 genannten Verbindungen in Melasseschlempe im Niederschlag mit Phosphorwolframsäure oder Mercurinitrat gefunden. Schulze, Ullik, Wasseljew fanden es auch sonst im Pflanzenreich auf.

Es hat die Formel: $C_{16}H_{20}N_8O_8 \cdot 3\,H_2O$, nach späteren Forschungen $C_{10}H_{13}N_5O_5 \cdot 2\,H_2O$ (Schulze und Castoro) und steht in naher Beziehung zu den Xanthinbasen, da es beim Kochen mit Salzsäure unter Bildung von Pentose und Guanin zerfällt. Es gehört zum „schädlichen Stickstoff", da es von Smolenski im Rohsaft, von

Diffusionssaft (20 l) + 2 l Bleiessig versetzt; ca $1^1/_2$ Monate stehen gelassen, hieraus wird filtriert

- **Niederschlag:** Eiweiß, Stickstofffreie, organische Säuren, Pektinkörper usw.
- **Filtrat** enthält die **stickstoffhaltigen Nichteiweißkörper**, 10 l davon werden mit $HgNO_3$ gefällt und filtriert
  - **Niederschlag** enthält Tyrosin, Asparagin, Glutamin, Allantoin, Xanthine, Vernin, Arginin, Asparagin- und Glutaminsäure in Form von Quecksilberverbindungen. Dieser wird gewaschen, mit Schwefelwasserstoff zerlegt, filtriert
    - Schwefelquecksilber HgS
    - Filtrat wird mit NH_3 zu Sirupkonsistenz eingedampft, auskristallisieren gelassen
      - Kristallpräparat I (0,5 g), **Vernin**, die Mutterlauge davon eingedickt, gibt Kristallpräparat II
        - **Allantoin** + **Asparagin** werden getrennt
          - die Mutterlauge davon gibt **Asparagin**- und **Glutaminkristalle**
        - Mutterlauge davon wahrscheinlich enthält Xanthinbasen
  - **Filtrat** mit H_2SO_4 angesäuert und mit Phosphorwolframsäure gefällt, nach einigen Tagen abfiltriert
    - **Niederschlag:** gespalten mit $Ca(OH)_2$ u. $Ba(OH)_2$
      - **Betaïn**, kein Cholin anwesend
    - **Filtrat**

Lippmann in der Schlempe gefunden wurde — außer man würde die Annahme machen, daß es im Betriebe an einer Stelle zersetzt würde und in einer andern oder entweder derselben Station aus anderen Stickstoffsubstanzen entstünde. **Es ist noch ungewiß, ob das Vernin als solches oder als Nukleïnproteïd vorkommt**, aus dem es bei der Diffusion abgespalten wird.

Das Filtrat von Kristallpräparat I (die Mutterlauge) wurde nochmals eingedickt und über Schwefelsäure gestellt: bald fielen Kristalle heraus, die abfiltriert und umkristallisiert wurden. Kristallpräparat II bestand, wie gefunden wurde, aus zwei Kristallfraktionen: 1. kleine, dünne, durchsichtige Prismen (**Allantoin**), 2. große durchsichtige Kristalle rhombischen Systems (**Asparagin**). Dieses Kristallgemisch wurde filtriert und Allantoin vom Asparagin gesondert. Ersteres wurde vom Asparagin mittels der Methode von Schulze gereinigt. Diese beruht auf der Löslichkeit des Allantoinkupfers in Wasser, während die Kupferverbindung des Asparagins unlöslich darin ist. Die Lösung des Allantoinkupfers wird durch Schwefelwasserstoff zersetzt, vom Kupfersulfid abfiltriert und aus dem Filtrate durch Konzentrieren das Allantoin auskristallisiert: längliche, flache Prismen (monoklin) mit gedoppelten Enden.

Allantoin sowie Vernin bringt Rümpler in seinen im Jahre 1898 erschienenen „Nichtzuckerstoffen der Rübe" noch im Kapitel „nur in der Melasse nachgewiesene Nichtzuckerstoffe". Die neuere Arbeit Smolenskis gestattet, auch das Allantoin schon an dieser Stelle zu besprechen.

Allantoin wurde schon früher im Tier- und Pflanzenreiche aufgefunden. Lippmann fand es in der Melasseschlempe und wunderte sich über sein Vorkommen darin, da Allantoin schon bei gewöhnlicher Temperatur durch Lauge zersetzt wird. Da es Smolenski im Diffusionssafte fand, ist es auch in der Rübe enthalten — daß es bei der Diffusion entstünde, nimmt er nicht an. Vom Allantoin könnte man die oben beim Vernin gemachte Annahme gelten lassen, daß das in der Rübe, bzw. im Rohsafte enthaltene Allantoin zuerst z. B. in der Scheidung zerstört und später durch Spaltung eines komplizierten Körpers gebildet werde.

Um seine Konstitution zu verstehen, sind folgende Formeln ins Gedächtnis zurückzurufen: Glyoxalsäure (S. 121)

$$\begin{array}{l} COOH \\ | \\ C\begin{smallmatrix} \diagup\!\!\!\!= O \\ \diagdown H \end{smallmatrix} \end{array} \quad \text{und Harnstoff } O = C\begin{smallmatrix} \diagup NH_2 \\ \diagdown NH_2 \end{smallmatrix}$$

(siehe Anhang S. 638).

Allantoin ist ein Abkömmling beider genannter Körper, es ist das Diureïd der Glyoxalsäure:

$$\underset{\text{Glyoxalsäure}}{C_2H_2O_3} + 2\,\underset{\text{Harnstoff}}{CON_2H_4} = 2\,H_2O + \underset{\text{Allantoin}}{C_4H_6N_4O_3}$$

$$\text{Strukturformel } O = C\begin{array}{l} \diagup NH - CH - NH \diagdown \\ \qquad\quad\;\; | \qquad \cdot \qquad\;\; \rangle CO \\ \diagdown NH - CO - NH_2 \diagup \end{array}$$

Beim Kochen mit Wasser bis 110—140° spaltet es ein Molekül Harnstoff ab und gibt Allantursäure, das Ureïd der Glyoxalsäure ($C_3H_4N_2O_3$). Wichtiger ist hier sein Verhalten beim Kochen mit Alkalien; da liefert es zunächst Allantursäure (1). Diese zerfällt in Harnstoff und Glyoxalsäure (2), und weiter gibt der erstere Ammoniak und Kohlensäure (3), letztere Oxalsäure und Glykolsäure (4).

1) $C_4H_6N_4O_3 + H_2O = CH_4N_2O + C_3H_4N_2O_3$
Allantoin ⟶ Harnstoff + Allantursäure

2) $C_3H_4N_2O_3 + H_2O = CH_4N_2O + C_2H_2O_3$
Allantursäure ⟶ Harnstoff + Glyoxalsäure

3) $CH_4N_2O + H_2O = 2\,NH_3 + CO_2$
Harnstoff

4) $2\,C_2H_2O_3 + H_2O = C_2H_2O_4 + C_2H_4O_3$
Glyoxalsäure ⟶ Oxalsäure + Glykolsäure

Dieser Prozeß muß in der Scheidung entweder ganz oder teilweise vor sich gehen und wird in letzterem Falle in der weiteren Fabrikation vollendet. (Verdampfen, Verkochen.) Ammoniak, Kohlendioxyd und Salze der Glykol- und Glyoxalsäure werden gebildet (siehe die Kalksalze beider Säuren S. 115 u. 121). Allantoin trägt demnach zum Sinken der Alkalität beim Verdampfen bei. Es muß zum „schädlichen Nichtzucker" gerechnet werden, da das daraus gebildete Kalziumglykolat ein Melassebildner ist.

In kochendem Wasser ist es leicht löslich, hat neutrale Reaktion, ist optisch inaktiv und bildet u. a. mit Kali, Kupfer und Quecksilber Verbindungen, z. B. 6 $C_4H_6N_4O_3 \cdot CuO$. —

Wenn Herzfeld[1]) sagen konnte: „..es tatsächlich bis heute noch nicht erwiesen ist, daß Asparagin in der Rübe, bzw. Asparaginsäure als Spaltungsprodukt des Asparagins in den Säften und Melassen überhaupt vorkommt, jedenfalls ist es darin bis jetzt niemals mit Sicherheit nachgewiesen oder gar daraus isoliert worden... .. Sellier vor nicht langer Zeit Glutamin aus Rüben dargestellt, während die Glutaminsäure bekanntlich zuerst von Scheibler u. a..... aus Melasse und Melasseschlempe gewonnen wurde," so schrieb zu diesen Ausführungen H. Smolenski: „Durch meine Untersuchung halte ich es für bewiesen, daß unzweifelhaft im rohen Rübensaft Asparagin enthalten ist. Folglich muß ... Asparaginsäure nach den Arbeiten von Scheibler und Lippmann in den Säften und in der Melasse vorhanden sein."

Beim Auskristallisieren des Allantoins aus der Verninmutterlauge wurden, wie schon erwähnt, die charakteristischen großen rhombischen Asparaginkristalle mitgefunden und dann abgesondert und nach der Schulzeschen Kupfermethode das Asparagin gereinigt. „Infolge Verlustes der gefundenen Substanz" konnte Smolenski keine weiteren Untersuchungen anstellen, behauptet aber „mit voller Bestimmtheit" die Anwesenheit von Asparagin.

Aus dem Filtrate der Mutterlauge nach der Umkristallisierung des Allantoins und Asparagingemenges fielen beim Stehenlassen wiederum Kristalle aus, und zwar Asparaginkristalle und Glutaminkristalle. Die ersteren wurden mechanisch entfernt. Die Menge der letzteren war nur sehr gering und konnte deshalb nicht einwandfrei untersucht werden. Die Kristalle waren kleine dünne Nadeln, die beim Austrocknen über Schwefelsäure in eine mehlartige weiße Masse zerfielen.

Das Betaïn wurde aus dem Filtrate des mit Quecksilbernitrat versetzten Filtrats vom Bleiessigniederschlag des Rohsaftes mittels Phosphorwolframsäure zur Fällung gebracht; der Niederschlag wurde abfiltriert, gewaschen und mit Kalkmilch und Barytlauge gespalten, filtriert und im Filtrate der Kalküberschuß durch Kohlensäure entfernt; vom gebildeten Karbonat wurde abfiltriert, dieses Filtrat mit Salzsäure

[1]) Herzfeld: Die Zuckerbestimmung i. d. Rübe; Z. V. d. Zuckerind., Juli 1909, S. 642.

neutralisiert und eingedampft. Dann fiel — nach verschiedenen Reinigungsoperationen — ein kristallinischer Niederschlag aus, der aus Wasser unter Hinzufügen von Alkohol zum Kristallisieren gebracht wurde: es waren Betaïnkristalle. Cholin wurde nicht gefunden.

Ein zweiter Teil des Filtrates von der Quecksilbernitratfällung wurde durch Schwefelwasserstoff vom Quecksilber befreit, filtriert und mit Phosphorwolframsäure gefällt, dieser Niederschlag wie oben gespalten und auf eine andere Weise ebenfalls Betaïn daraus erhalten (Z. V. d. Zuckerind., 1910, S. 1215).

Wie erwähnt, wurden all die genannten Körper aus einem Diffusionssafte gewonnen und nicht direkt ihr Vorhandensein in der Zuckerrübe nachgewiesen. Es blieb daher offen, ob Vernin schon in der Rübe als solches vorhanden ist oder erst beim Diffusionsprozeß als Spaltungsprodukt eines Nukleoproteïds entstehe. Das gleiche gilt für das Allantoin. Ebenso war zu konstatieren, ob wieder Asparagin vorhanden oder nicht durch Glutamin ersetzt war, da dieses bei der vorgenannten Arbeit in nur sehr geringen Mengen gefunden wurde. Smolenski prüfte diese Fragen von neuem an russischen Rüben der Kampagne 1909/10. Im allgemeinen wurde der Rübenpreßsaft so untersucht wie früher der Rohsaft. 5 l Saft ergaben 0,25 g Allantoin-Kristalle, ferner bei der weiteren Verarbeitung 0,5 g Asparagin in Kristallform, und zwar war es l-Asparagin. In der Mutterlauge davon wurde auf Glutamin, Vernin und Tyrosin mit negativem Erfolge geprüft. In russischen Rüben ist also das Glutamin der westeuropäischen Rübe (Sellier, Schulze) durch Asparagin vertreten, was auf klimatische und Bodenverhältnisse zurückzuführen ist (siehe S. 128). Auch Allantoin ist in dieser Rübe vorhanden, wurde in westeuropäischen Rüben aber noch nicht gefunden. Vernin zeigte sich diesmal nicht. Entweder entstand es also tatsächlich erst beim Diffusionsprozeß, wie oben angegeben (dafür spricht eine Arbeit von Levene und Jacobs), oder es ist kein stetiger Bestandteil der russischen Rübe. Von den durch Phosphorwolframsäure fällbaren Basen fand Smolenski abermals nur Betaïn und wieder kein Cholin (deutsch: Z. V. d. Zuckerind. 1912, S. 791).

Diese schönen Untersuchungen Smolenskis zeigen unter viel anderem Wertvollen, was für ein verschiedenes Rohprodukt verschiedene Rüben bilden. So hält er für die russische Zuckerrübe die Anwesenheit von Asparagin und Allantoin charakteristisch — weshalb es aber doch Jahrgänge geben kann, wo diese beiden Stoffe nicht oder nur in sehr geringen Mengen vorhanden sind.

Die stickstoffhaltigen Bestandteile russischer Rüben aus verschiedenen Gouvernements (Kampagne 1909/10) wurden von J. E. Duschsky, J. R. Minz und W. P. Pawlenko zum Zwecke der Kenntnis ihrer Bewegung im Gange der Rohzuckerfabrikation studiert. Hier sei nur das Ausgangsmaterial betrachtet. Sie fanden folgende

Zusammensetzung der Rüben.

Nr.	Zucker in der Rübe	Reinheit des Preßsaftes	Stickstoff							Anmerkung
			auf 100 Rüben				in % des Gesamtstickstoffs			
	%		Gesamt-N	Eiweiß-N	Ammoniak u. Amid-N	schädlicher N	Eiweiß-N	Ammoniak u. Amid-N	schädlicher N	
1	15,38	85,7	0,1260	0,0728	0,0070	0,0462	45,18	3,02	33,62	min. } Kampag.
2	22,80	89,7	0,3479	0,1776	0,0366	0,1367	61,27	10,18	47,14	max. } 1909/10
3	—	—	—	—	—	—	54,23	6,48	39,29	Durchschnitt
4	14,7	—	0,1610	0,0875	0,0112	0,062	39,29	5,76	33,61	min. } Kamp. } faule Rüben
5	18,7	—	0,3185	0,1350	0,0455	0,1380	57,96	14,29	49,84	max. } 1909/10 } faule Rüben
6	—	—	—	—	—	—	47,97	9,59	42,44	Durchschnitt } faule Rüben
7	17,5	—	0,1579	0,0903	0,0105	0,0571	57,2	6,6	36,2	Durchschnitte
8	16,6	—	0,1589	0,0930	0,0109	0,0548	58,6	6,9	34,5	aus 3 Fabriken
9	17,9	—	0,1635	0,0994	0,0065	0,0576	60,8	4,0	35,2	Kamp. 1910/11

Die Analysennummern 1—3 beziehen sich auf frische, gesunde russische Rüben der Kampagne 1909/10. Bei ihrem Wachstum herrschte während des ganzen Sommers und Herbstes trockene Witterung. Nr. 4—6 sind die Analysenergebnisse derselben Rüben nach längerem Lagern. Bei Vergleich von Nr. 3 mit Nr. 6 kann man die Veränderungen betrachten, die die Rübe durch das Einlagern erfuhr: Eiweißstoffe werden zersetzt, daher sinkt der Eiweißstoff; die Umwandlungsprodukte zeigen sich im „schädlichen Stickstoffe", welcher also ansteigt. Das gleiche gilt für den Amid- und Ammoniakstickstoff. Über diese Vorgänge wird später noch ausführlich zu sprechen sein. (Siehe S. 212.) — In den verdorbenen Rüben wurde der mit Phosphorwolframsäure fällbare Stickstoff zu 0,0053% bis 0,0329% auf Rübe bestimmt; in Prozenten vom Gesamtstickstoff zu 2,20—14,16%.

Die Analysennummern 7—9 sind je aus drei Tagesdurchschnitten dreier russischen Fabriken der Kampagne 1910/11 gerechnet. Es zeigt sich in ihrer Stickstoffverteilung kein großer Unterschied gegen die Rüben des Vorjahres.

Der Gesamtstickstoff wurde nach Kjeldahl, der Eiweißstickstoff nach Stutzer, der Ammoniak- und Amidstickstoff nach Andrlík bestimmt. Die Differenz: Gesamtstickstoff — (Eiweiß- + Ammoniak- + Amidstickstoff) ergab den schädlichen Stickstoff (siehe S. 191) (Z. V. d. Zuckerind. 1911, S. 341 ff.[1])).

F. Ehrlich verweist darauf, daß von den stickstoffhaltigen Substanzen der Rübe nicht jene von Bedeutung sind, die durch Hitze und Kalk leicht auszuscheiden sind (Eiweiß), sondern jene, die durch kein Mittel niederzuschlagen sind (aus Eiweiß stammende Körper), die teils noch den Charakter löslicher Eiweißsubstanzen besitzen, zum

[1]) Da es vielleicht für viele Leser von Interesse sein wird, zu erfahren, wie die einzelnen Stickstoff-Formen quantitativ bestimmt werden, wurden im „Anhange" alle diese analytischen Methoden zusammengestellt.

Teil aber aus den niedrigsten Spaltungsprodukten des Rübenproteïns bestehen. (Betaïn, Glutaminsäure.) Die Kenntnis der Abbauprodukte der Eiweißsubstanzen ist demnach von großer Bedeutung für den Chemismus der Zuckerfabrikation.

Ehrlich nimmt nun an, daß solche Spaltungsprodukte bereits in der Rübe vorhanden sind, „wenn auch hier der einwandfreie Nachweis dieser Verbindungen bisher nur in den seltensten Fällen erbracht worden ist". Nicht erst im Betriebe bilden sich diese Abbauprodukte; Ehrlich nimmt aus pflanzenphysiologischen Gründen an, daß bereits von der Ernte an bis zur Verarbeitung der Rübe sich in dieser derartige Abbauprozesse des Eiweißes vollzogen haben, „daß der Rübensaft schon in den meisten Fällen mit der größten Menge der niedrigsten in Wasser löslichen und später nicht mehr abscheidbaren Eiweißspaltungsprodukte beladen zur Verarbeitung gelangt und daß eigentliches Eiweiß gar nicht oder nur in Spuren vorhanden ist".

Ein neues Faktum, das die Schädlichkeit des Einmietens und längeren Lagerns der Rübe illustriert. Das Eiweiß wird hier durch fermentative oder durch Atmungsprozesse bis zu den Aminosäuren abgebaut. Diese passieren den ganzen Betrieb fast vollständig, denn sie lösen sich bei der Diffusion leicht im Wasser; nur ein geringer Teil der Eiweißsubstanzen wird koaguliert oder in der Scheidung ausgeschieden, der größte Teil bleibt in Lösung, wo die peptonartigen Körper während des Betriebes durch Alkalien bei den höheren Temperaturen vollständig zersetzt werden und sich in den Abläufen im konzentrierten Zustande, besonders in entzuckerten Melassen und in der Schlempe finden. (Z. V. d. Zuckerind. 1903, S. 809.)

Diese ungünstigen Verhältnisse werden sich sonach noch ungünstiger gestalten, wenn die Rüben eingelagert werden müssen. Dann werden die Spaltungsprozesse noch intensiver auftreten (siehe 8. Kapitel).

C. Anorganischer Nichtzucker.

Im 2. Kapitel wurden die anorganischen Bestandteile der Pflanzen im allgemeinen, ihre physiologischen Funktionen und ihre Bedeutung gewürdigt. Hier sollen nun die Aschenbestandteile der Rübe betrachtet werden. Ihre quantitative und qualitative Zusammensetzung, wie sie sich als Produkt von Rübensamen, dem Boden, der Witterung, der Bearbeitung und der Düngung erweist, soll an der Hand vieler Analysen gezeigt und manche Folgerungen theoretischer und praktischer Natur daraus gezogen werden. Auf die einzelnen Faktoren, die auf die Aschenbestandteile Einfluß üben, kann aber nicht Rücksicht genommen werden, da hier die Rübe in jenem Zustande betrachtet wird, wie sie zur Verarbeitung gelangt, und der Betriebsbeamte fast nie zum landwirtschaftlichen Betriebe herangezogen wird. Er muß die Rübe so verarbeiten, wie sie der Rübenbauer anliefert und hat auf ihre Kultur in der Regel keinen Einfluß.

Zunächst sollen die Quantitäten der Asche in der Rübe, dann die einzelnen Aschenbestandteile und deren Chemie, soweit sie sich bei der Rübenverarbeitung geltend macht, behandelt werden.

Verbrennt man die Rübe, so hinterläßt sie eine schmutziggraue, verunreinigte Asche, die sog. Rohasche, in der alle jene Elemente vorhanden sind, die als stete Begleiter der Pflanzen genannt wurden. In dieser Asche sind aber nicht die Elemente in jener Form zu finden, in welcher sie in der Rübe vorkommen. Durch die Verbrennung, die bekanntlich ein Oxydationsprozeß ist, werden die organischen Säuren zu Kohlensäure, bzw. deren Salze zu Karbonaten oxydiert. Der Rohasche — die auch immer noch Verunreinigungen enthält (Sand, Kohlenstoff) — kommt keine wissenschaftliche Bedeutung zu. Man hat daher den Begriff der Reinasche eingeführt. Diese erhält man aus der Rohasche durch Abzug der Kohlensäure und der Verunreinigungen. In den Analysen der Reinasche gibt man die Basen und Säuren in anhydritischer Form und den Chlorgehalt als solchen an; das geschieht deshalb, da man nicht weiß, wie die einzelnen Basen an die Säuren gebunden sind.

Eine groß angelegte Untersuchung von Andrlík und Urban (Z. f. Zuckerind. i. B., April 1909) über dieses Thema, die bis auf die ältesten diesbezüglichen Arbeiten zurückgeht und sie zum Vergleiche heranzieht, erspart dem Verfasser, die Resultate der älteren Forschungen hier chronologisch anzuführen. Nur einige instruktive Untersuchungen seien ausgenommen.

Im Jahre 1878 veröffentlichte Briem („Organ" S. 16) Aschenanalysen von Rübensäften. Bestimmt wurde die Karbonatasche. „Es ist wohl beinahe überflüssig, darauf hinzuweisen, daß die bestimmte und berechnete Aschenmenge nicht identisch ist mit der Menge der Salze, die im rohen, frischen Rübensaft enthalten ist. .... werden durch die Verkohlung, bzw. Verbrennung und Veraschung des Rübensaftes die darin enthaltenen zitronensauren und oxalsauren Salze in kohlensaure Salze verwandelt, deren bedeutend geringeres Äquivalentgewicht die Aschenmenge geringer erscheinen läßt, als in Wirklichkeit der Salzgehalt im Rohsafte vorhanden ist." Jedoch zu Vergleichszwecken ist dies gleichgültig. Es wurden fast fünfzig Analysen durchgeführt und folgende drei Quotienten bestimmt: Zuckerquot. = $\frac{\text{Zucker} \times 100}{\text{Balling}}$; Nichtzuckerquot. = $\frac{\text{Nichtzucker} \times 100}{\text{Zucker}}$ und Aschenquot. = $\frac{\text{Asche} \times 100}{\text{Zucker}}$ und folgende Folgerungen aus dem Analysenmaterial gezogen: 1. Mit steigendem Nichtzuckerquotienten steigt der Aschengehalt des Rübensaftes, folglich auch 2. mit steigendem Aschenquotienten wächst der Nichtzuckerquotient. 3. Dem steigenden Reinheitsquotienten des Rübensaftes entspricht eine Abnahme des Aschengehaltes, folglich 4. je höher der Aschenquotient, desto schlechter der Reinheitsquotient (Zuckerquotient). —

Aus der zugehörigen Tabelle seien folgende Zahlen herausgehoben:

	Minimum	Maximum
Asche:	0,412	1,385%

Ähnliche Zahlen fanden schon Otto 0,5 bis 1,0 und Walkhoff 0,5 bis 1,2% [% des Rübensaftes].

Dem Aschengehalt von 0,412% entsprachen: Reinheitsquotient = 83,8; Nichtzuckerquotient = 19,1 und Aschenquotient = 3,5; dem Aschenmaximum 1,385% entsprachen Reinheitsquotient = 78,0, Nichtzuckerquotient = 28,1 und Aschenquotient 3,8. Diese Tabelle gibt gleichzeitig Aufschluß über die Rüben des Jahres 1877. Als mittleren Aschengehalt berechnete Verfasser für alle 49 Rübensäfte 0,883%, was auf Rübe umgerechnet 0,706% beträgt, eine Zahl, die in guter Übereinstimmung mit der Wolffs für die Periode 1870—1880 ist. Zur folgenden Tabelle ist zu bemerken: Das angeführte Aschenminimum von 0,412% des Saftes beträgt auf 100 Zucker umgerechnet 3,53; das Aschenmaximum von 1,385% auf 100 Zucker 9,80. — Dem Zuckermaximum von 17,85% entsprachen 0,854 und dem Zuckerminimum von 7,43% 1,009% Asche. Wenn auch keine absolute Regelmäßigkeit herrscht, so zeigen die Zahlen der Tabelle, daß im allgemeinen Zucker- und Aschengehalt der Rüben verkehrt proportioniert sind.

Aschenanalysen von Rüben.

Zusammensetzung des Saftes				Aschengehalt des Saftes in Gewichtsprozenten	Rübengewicht per Stück in Gramm	Auf 100 Teile Zucker kommen Nichtzucker (Nichtzuckerquotient)	Aschenquotient
Balling	Zucker	Nichtzucker	Quotient				
20,8	17,85	2,85	85,8	0,854	312	15,9	4,8
20,8	16,89	3,91	81,2	0,745	268	23,1	4,4
20,1	16,71	3,39	83,1	0,843	211	20,2	5,0
19,3	15,31	3,99	79,3	1,111	209	26,0	7,2
19,2	16,09	3,11	83,8	0,749	478	19,3	4,6
19,2	15,52	3,68	80,8	1,018	316	23,7	6,5
19,1	14,73	4,37	77,1	0,834	393	29,6	5,6
19,0	15,51	3,49	81,6	0,769	346	22,5	5,0
19,0	15,00	4,00	78,9	1,029	380	26,7	6,8
18,5	15,30	3,20	82,7	0,743	430	20,9	4,9
18,4	13,94	4,46	75,8	1,003	523	32,0	7,2
18,3	14,20	4,10	77,6	1,143	536	28,8	8,0
18,2	15,08	3,12	82,8	0,827	447	20,6	5,5
18,2	13,64	4,56	75,0	1,119	671	33,4	8,4
18,1	14,85	3,25	82,0	0,855	407	21,9	5,8
18,1	14,79	3,31	81,7	0,768	425	22,3	5,2
18,1	14,12	3,98	78,0	1,385	492	28,1	9,8
17,7	13,81	3,89	78,0	0,794	331	28,1	5,7
17,5	14,49	3,01	82,8	0,867	354	20,7	5,9

Zusammensetzung des Saftes				Aschengehalt des Saftes in Gewichtsprozenten	Rübengewicht per Stück in Gramm	Auf 100 Teile Zucker kommen Nichtzucker (Nichtzucker quotient)	Aschenquotient
Balling	Zucker	Nichtzucker	Quotient				
17,4	12,57	4,83	72,3	1,120	684	38,4	8,9
17,3	14,06	3,24	81,2	0,784	387	23,0	5,5
17,2	14,45	2,75	84,0	0,653	420	19,0	4,5
17,2	12,46	4,74	72,4	1,112	566	38,0	8,9
16,6	12,52	4,08	75,4	1,113	354	32,5	8,9
16,6	12,49	4,11	75,2	0,813	311	32,9	6,5
16,6	13,99	2,61	84,2	0,693	384	18,6	4,9
16,3	12,38	3,92	75,9	0,973	238	31,6	7,8
15,9	12,04	3,86	75,7	0,985	218	32,0	8,2
15,7	11,84	3,86	75,4	1,202	743	32,6	10,1
15,6	11,31	4,29	72,5	1,109	1206	37,9	9,8
15,2	11,73	3,47	77,1	0,689	492	29,5	5,8
15,2	11,54	3,66	75,9	0,659	466	31,7	5,7
15,1	10,22	4,88	67,7	0,869	618	47,7	8,5
15,0	11,77	3,23	78,4	0,996	245	27,4	8,4
15,0	10,51	4,49	70,0	0,906	330	42,7	8,6
14,7	11,69	3,01	79,5	0,802	426	25,7	6,8
14,6	11,26	3,34	77,8	0,719	271	29,6	6,9
14,5	12,28	2,22	84,7	0,736	501	18,0	6,0
14,5	11,42	3,08	78,8	0,679	406	26,9	5,9
14,3	10,89	3,41	76,1	0,844	452	31,3	7,7
14,1	11,33	2,77	80,3	0,577	279	24,4	5,1
13,9	11,66	2,24	83,8	0,412	411	19,1	3,5
13,8	10,37	3,43	75,1	0,644	415	33,0	6,2
13,7	9,80	3,90	71,5	0,796	702	39,4	8,1
13,5	8,78	4,72	65,0	1,118	1350	53,7	12,7
13,1	9,51	3,59	72,6	0,763	491	37,7	8,0
13,0	8,16	4,84	62,7	0,949	460	59,3	11,6
12,0	7,57	4,43	63,1	1,125	1451	58,5	14,8
11,0	7,43	3,57	67,5	1,009	892	48,0	13,5

In der Z. V. d. Zuckerind. 1898, S. 827, und 1894 veröffentlichte Herzfeld ausführlichere Analysen von Rüben in einzelnen Entwicklungsstadien aus verschiedenen Gegenden Deutschlands. Der Durchschnittsgehalt der Rüben an Zucker im letzten Stadium aller angeführten Rüben betrug 15,0%, im Minimum 12,9, im Maximum 16,7. Der Gesamtaschengehalt im Durchschnitt auf frische Rübe 0,941% (Minimum 0,72%, Maximum 1,12%), auf Trockensubstanz ca. 4,705% Karbonatasche. Einem Zuckergehalt von % entsprachen % Gesamtasche in Rübe (Durchschnitte für die einzelnen Bezirke):

Tabelle Nr. 20a.

% Zucker	% Asche
12,9	0,95
16,7	0,72
16,6	1,01
14,9	0,82
15,2	1,03
13,7	1,12

An folgenden drei wahllos ausgesuchten Beispielen ist das Zurücktreten des Aschengehaltes während der fortschreitenden Rübenentwicklung oder, anders ausgedrückt, mit steigendem Zuckergehalt zu sehen.

Tabelle Nr. 20b.

% Zucker	% Asche	% Zucker	% Asche	% Zucker	% Asche
7,7	1,43	9,8	2,13	12,4	1,50
8,0	1,09	10,0	1,38	12,0	0,82
9,5	1,01	11,2	1,65	12,0	0,93
10,3	0,94	11,3	1,42	15,1	1,93
10,8	1,24	11,4	1,83	13,3	0,80
11,2	0,96	12,9	0,86	14,4	0,81
12,3	0,91	12,4	1,25	15,5	0,63
12,9	0,95	13,7	1,12	16,7	0,72

Auch im Jahre 1899 wurden ausführlichere Rübenanalysen von Herzfeld an deutschen Rüben ausgeführt, die in die einzelnen Tabellen aufgenommen wurden (Z. V. d. Zuckerind. 1900, 341).

Mit zunehmendem Zuckergehalt sinkt der Aschengehalt. Es ist demnach anzunehmen, daß die Rüben der früheren Dezennien bei ihrer Zuckerarmut gegenüber den heute hochkultivierten Rüben reicher an Gesamtasche waren. Dies zeigt in ziemlicher Regelmäßigkeit folgende vom Verfasser zusammengestellte Übersicht:

Tabelle Nr. 20c.

	Zucker in Rübe oder im Safte	Jahr	Beobachter	Aschenmenge auf 100 Teile	
				Rübe	Trockensubstanz
1	—	bis 1870	Wolff	0,772[1])	3,86
2	im Saft 1880 13,6%	1870—80	„	0,754[1])	3,77
3		1878	Briem	0,706	3,530
4	1890 15,92% in Rübe	1892/94	Versst. Halle	0,578	2,73
5	1898—1902 16,70 % {	1898	Herzfeld	0,941	4,705[2])
6		1899	„	0,980	5,00
7	ca. 17,5% in Rübe	1902/07	Andrlík-Urban	0,475	2,375[2])

Was die Zusammensetzung der Asche anlangt, so werden in dieser jedenfalls alle unentbehrlichen und viele der entbehrlichen Pflanzennährstoffe nachzuweisen sein, allerdings nicht in ihrer ursprünglichen Form.

Über die Basen wurde bereits im II. Kapitel berichtet. Nur über die anorganischen Säuren der Rüben selbst muß noch gesprochen werden, weil die Chloride, Nitrate, Sulfate und Phos-

[1]) Berechnet unter der Annahme von 80% Wasser in der Rübe.
[2]) Berechnet unter der Annahme von 20% Trockensubstanz in der Rübe.
Nr. 1 bis 2 siehe Rümpler, „Nichtzuckerstoffe der Rüben", S. 15; Nr. 3—7 berechnet vom Verfasser.

phate als Salze in der Chemie der Zuckerfabrikation eine gewisse Rolle spielen. Bei den in der Asche nachgewiesenen Schwefel- und Phosphorsäuren stammt vielleicht der größte Teil dieser Säuren vom organischen Schwefel und organischen Phosphor. Die Kohlensäure der Karbonatasche hat hier keine Bedeutung, doch kommt Kohlendioxyd in der Binnenluft der Zellen vor.

Folgende Analysen zeigen die Verteilung der einzelnen Aschenbestandteile in der Gesamtasche.

Pellet fand im Jahre 1881 und schon in früheren Untersuchungen folgende Werte, auf 100 Teile Zucker gerechnet. Da diese Zahlen deutlich den Grad der Wichtigkeit der einzelnen Elemente für die Zuckerproduktion zeigen, seien diese an die Spitze gestellt.

Stickstoff	2,7
Phosphorsäure	1,3
Kalk	1,3
Magnesia	0,7
Kali	6,3
Natron	2,2
Schwefelsäure zur Neutralisation der Basen	12,0

	für verschiedene Rüben	deutsche Rüben
Stickstoff	2 bis 3,38	0,86
Phosphorsäure	1,19	1,15
Kalk	1,50	1,81
Magnesia	1,25	1,44
Kali	5,50	3,09
Natron	1,50	3,47
Schwefelsäure zur Neutralisation der Basen	11,30	12,52

(Z. V. d. Zuckerind. 1881.)

Zu den Analysen Nr. 1—3 inkl. (S. 170) ist folgendes zu bemerken: Man ersieht aus ihnen, je zuckerreicher die Wurzel, desto reicher ist die Reinasche an P_2O_5, K_2O und desto ärmer an Na_2O. Die Rüben sind hier, wie bei den folgenden Analysen, Rüben aus verschiedenen Gegenden Böhmens und aus verschiedenen Böden aus den Jahren 1902 bis 1907.

Obiges gilt auch für Analysen Nr. 4 und 5. Diese Rüben entwickelten sich bei abnorm großer Dürre. Der Gehalt an P_2O_5 ist größer als bei den normal entwickelten Rüben 1—3

Nun führt Andrlík ein großes Zahlenmaterial an, um den Zusammenhang zwischen Samensorte und Düngung einerseits und Aschenzusammensetzung anderseits zu zeigen. Mehr erregt wird das Interesse durch ein Beispiel, wo das oben Gesagte über Zuckergehalt und Gehalt an K_2O nicht ganz gilt. Aus Analyse Nr. 6 geht hervor, daß Rüben aus leichtem Sandboden, der also arm an Nährstoffen ist und stark mit Chilesalpeter gedüngt war, in ihrer Asche eine kleine prozentuelle Menge K_2O gegen Na_2O besitzen. Analysen Nr. 8—12 zeigen die

Zusammensetzung der Reinasche.

Nr.	Pol.	K_2O	Na_2O	CaO	MgO	Fe_2O_3 Al_2O_3	P_2O_5	SO_3	Cl	Bemerkungen
1	18,8	38,8	7,4	16,7	10,9	2,3	15,4	7,0	1,4	Die Zahlen sind auf Zehntel abgerundet. Das Original führt noch die Hunderstel an. Nr. 1—5 zeigen die Beziehungen zwisch. Zucker und Asche.
2	18,0	38,2	7,9	17,3	10,5	2,5	15,1	6,7	1,5	
3	17,0	35,1	12,0	17,1	11,0	2,4	13,4	7,2	1,9	
4	18,1	39,0	9,0	11,3	10,6	4,4	17,5	6,5	1,3	
5	17,6	36,1	10,9	12,6	11,3	5,2	16,7	6,6	0,9	
6	15,7	20,4	27,7	15,4	12,6	2,6	10,0	6,3	2,6	
7	12,8	17,3	33,4	12,3	8,8	7,6	8,8	6,9	7,6	
8	7,8	45,5	19,10	3,5	5,0	—	5,0	15,9	—	21. Juni
9	11,6	43,2	15,5	6,2	7,5	—	5,1	17,6	—	5. Juli
10	18,4	38,4	10,6	10,1	11,2	—	5,1	19,6	—	31. Juli
11	17,7	36,4	7,9	13,2	12,2	—	5,1	18,5	—	21. August
12	15,3	35,5	6,0	17,6	13,0	—	7,4	17,0	—	3. Oktober
13		55,1	10,0	5,3	7,5	0,9	10,9	3,8	5,18	Mittelzahlen Wolff 1871
14		49,3	6,8	7,4	8,4	1,5	14,4	5,0	4,10	do. Wolf 1880*)
15	17,8	37,8	9,4	13,6	12,0	4,2	13,9	7,1	1,5	do. Andrlik-Urban 1902/07
16		40,5	6,6	14,7	8,7	4,7	15,4	7,8	1,5	Spitze der Wurzel
17		39,3	8,9	16,4	9,2	2,1	14,8	7,6	1,7	Mitte der Wurzel
18		34,8	12,8	20,0	8,6	1,5	12,5	6,3	3,3	Kopf der Wurzel
19		37,9	15,8	13,1	7,1	2,7	11,5	9,0	2,6	Teil der mittl. Ringe
20		40,2	7,5	17,7	5,5	3,7	14,6	8,8	1,6	Teil der äuß. Ringe
21	18,28	37,9	7,2	15,2	10,8	4,2	16,4	6,7	1,0	
22	17,14	36,1	11,0	14,8	10,7	4,5	14,8	6,8	1,1	

Zusammensetzung der Asche in den einzelnen Entwicklungsstadien der Rübe. Die Zahlen sprechen für sich selbst.

Sehr lehrreich sind die Analysen Nr. 13—15. Sie sind Durchschnitte sehr vieler Rübenanalysen und zeigen recht deutlich, *daß die Veredlung der Rübe Verminderung des Gehalts an Alkalien und Zunahme an Kalk, Magnesia und Phosphorsäure zur Folge hatte.* Die Analysen Nr. 16—20 zeigen die *Aschenzusammensetzung in verschiedenen Teilen der Rübe.*

In Nr. 21 und 22 berechneten die beiden Autoren die *Zusammensetzung der Asche für einen bestimmten Zuckergehalt.* Sie fanden in ihren Untersuchungen nämlich, daß je zuckerhaltiger die Rübe, desto größere Unterschiede in den Bestandteilen der Reinasche zu konstatieren seien. Von einer allgemeinen Durchschnittszusammensetzung der Asche in der Wurzel kann also nicht gesprochen werden. *Verschieden zuckerhaltige Wurzeln weisen eine abweichende Zusammensetzung ihrer Reinasche auf.*

Schließlich seien noch folgende Ergebnisse angeführt: Die kleinste Menge Reinasche (in % auf Rübe) wiesen Rüben vom Jahre 1906 auf, die ohne Salpeter und unter mäßiger Düngung gezüchtet waren: 0,362 bis 0,401%. Die größten Aschenmengen zeigten Rüben aus einem trockenem Jahre: 0,538—0,602%. Diese Mengen stiegen mit abnehmendem Zuckergehalt, aber nicht immer in erheblichem Grade.

Die erstangeführten Rüben enthielten am wenigsten Stickstoff: 0,156%, die letzteren am meisten: 0,317 bis 0,355%. Mit sinkendem Zuckergehalt steigt die Stickstoffmenge. Durchschnittlich kann gelten: 18,40% Zucker, 0,464% Reinasche, 0,172% Gesamtstickstoff. Nach Hoffmann 0,208% Gesamtstickstoff.

Zu der von Andrlík aufgestellten Behauptung, der Zuckergehalt der Rübe sei dem Natrongehalt der Asche verkehrt proportioniert, sei hinzugefügt, daß sie Herzfeld nicht für richtig hält (D. Z. 1908, Nr. 17, Beilage, S. 390), wenn das Natron in Form von Kochsalz (NaCl) zugeführt wird. Nur bei Chilesalpeterdüngung gelte die Andrlíksche Behauptung.

Es braucht nicht erst hervorgehoben zu werden, daß alle mitgeteilten Zahlen über Aschenmengen und -bestandteile Durchschnittszahlen aus vielen Untersuchungen, daher nicht auf jeden speziellen Fall anwendbar sind und in Einzelfällen oft ganz bedeutende Abweichungen von den angegebenen Werten vorkommen können. Nur um einen einzigen Wert anzugeben: so fand Wolff 2,5% min. und 6,6% maxim. Reinasche in der Trockensubstanz der Rübe.

Ohne auf Einzelheiten einzugehen, seien ohne Angabe von Beweismaterial — indem Verfasser auf die Zusammenstellungen Rümplers verweist (Rümpler, Nichtzuckerstoffe der Rüben 1898, S. 18 ff.) folgende Leitsätze hervorgehoben: Der Aschengehalt wächst mit den Niederschlägen; Lehmboden liefert die ascheärmsten, Moorboden die aschereichsten Rüben. Dazwischen steht der Sandboden. —

Daß auch Lithium, Mangan, Bor, Strontium und andere seltene Metalle in Rübenaschen sporadisch gefunden wurden, sei nur erwähnt.

Salzsäure ist die wässerige Lösung des Chlorwasserstoffes (HCl); sie ist eine farblose, sauer schmeckende Flüssigkeit, die fast alle Metalle unter Bildung von Salzen, den Chloriden, löst. Die meisten ihrer Salze sind in Wasser leicht löslich, nur Kupfer- und Bleichlorid, um die wichtigsten zu nennen, sind darin schwer löslich. Die Säure ist einbasisch, bildet also nur eine Reihe von Salzen, ist eine der stärksten Säuren und praktisch vollständig elektrolytisch dissoziiert. $HCl \rightleftarrows \overset{+}{H} + \overset{-}{Cl}$.

Einbasisch ist auch die Salpetersäure. Sie ist die wässerige Lösung des Stickstoffpentoxyds ($N_2O_5 + H_2O = 2\,HNO_3$.) und in Form ihrer Verbindungen in der Natur sehr verbreitet. In reinem Zustande bildet sie eine farblose, flüchtige und sehr stechende Flüssigkeit dar. Neben der Salzsäure ist sie die stärkste Säure; alle ihre Salze, die Nitrate, sind in Wasser löslich. Sie ist ein starkes Oxydationsmittel und selbst das Endprodukt der Oxydation des Ammoniaks. Sie ist nach folgender Gleichung dissoziiert: $HNO_3 \rightleftarrows \overset{+}{H} + \overset{-}{NO_3}$. Ihre Salze analog.

Schwefelsäure bildet sich durch Auflösen des Schwefeltrioxyds im Wasser; in reinem Zustande ist sie eine farblose, wasserhelle, ölige Flüssigkeit. Sie ist eine der stärksten Säuren und treibt die meisten anderen Säuren aus ihren Verbindungen heraus. Da sie eine zweibasische Säure ist, bildet sie zwei Reihen von Salzen, die normalen $Me''SO_4$ und die sauren $M'HSO_4$. Die meisten Sulfate sind im Wasser löslich; schwer löslich ist nur das Kalziumsulfat (Gips), fast unlöslich das Baryumsulfat.

Phosphorsäure, H_3PO_4, hat im konzentrierten Zustande Sirupkonsistenz; im Wasser gelöst, ist sie eine stark saure Flüssigkeit. Ihre Salze sind meist unlöslich oder schwer löslich. Sie ist bei gewöhnlicher Temperatur eine schwächere Säure wie die bisher genannten. Sie ist eine dreibasische Säure, bildet daher drei Salzreihen. Die Alkalisalze sowie die Monometallsalze der alkalischen Erden, z. B. $CaHPO_4$, sind im Wasser löslich; die Dimetallsalze sind schwer-, die Trimetallsalze unlöslich.

Die Löslichkeit aller genannten Salze im Wasser ist größtenteils so beschaffen, daß sie leicht aus der Rübe in den Betrieb gelangen können. Die Löslichkeitsverhältnisse in Zuckerlösungen wurden bereits zusammenhängend dargestellt.

Die Chemie der Kohlensäure wird an anderer Stelle eingehend gewürdigt. (Siehe S. 401).

6. Kapitel.

Wertbestimmung der Rüben.

a) Der Nichtzucker der Rüben.

Der Nichtzucker der Rübe setzt sich aus anorganischen und organischen Bestandteilen zusammen, die aber nicht alle für die Zuckerfabrikation von gleichem Wert, bzw. von gleicher Schädlichkeit sind. Nur ein Teil dieser Körper übergeht in die Saturationssäfte und begleitet den Zucker bis zur Melasse, wo er denselben am Auskristallisieren hindert. Jene Nichtzucker, die teils nicht einmal in die Diffusionssäfte gelangen oder doch mittels der Reinigung derselben ausgeschieden werden, haben weiter keinen schädlichen Einfluß im Betriebe. Die anorganischen und organischen Stoffe aber (Alkalien, Aminsäuren, Betaïn, stickstofffreie organische Säuren), die bis in die Melasse wandern, heißen die schädlichen Nichtzuckerstoffe, bzw. schädliche Asche (Alkalien, Schwefelsäure, Chlor) und schädliches Organat. Die schädlichen stickstoffhaltigen Substanzen, deren Menge nach ihrem Stickstoffe ermittelt wird, heißen schädlicher Stickstoff.

Der Begriff des schädlichen Stickstoffes stammt von Herzfeld aus dem Jahre 1888. Unschädlich sind die Eiweißkörper und Ammoniakverbindungen, der Rest ist „schädlich“.

Im Verlaufe seiner Arbeit über Stickstoffdüngung der Rüben, worin er auch die einzelnen Stickstoff-Formen der Rüben analytisch ermittelte (siehe S. 155), sagte Herzfeld:

„Von den Stickstoffverbindungen sind dem Zuckerfabrikanten die Eiweißverbindungen am wenigsten gefährlich, weil dieselben bei richtig geleiteter Scheidung und Saturation fast sämtlich aus dem Safte entfernt werden können; unschädlich ist ferner derjenige Teil des Ammoniaks, welcher bei der Scheidung in die Luft entweicht — die übrigen Stickstoffverbindungen dagegen erweisen sich wohl ausnahmslos als arge Melassebildner. Zum Vergleiche subtrahiere ich deshalb Eiweiß- und Ammoniakstickstoff vom Gesamtstickstoff ..." und erhält so den schädlichen Stickstoff[1]).

Wenn man aus Herzfelds Analysen die Summe des Stickstoffes für Eiweiß und Ammoniak vom Gesamtstickstoffe subtrahiert, so erhält man folgende Werte für den schädlichen Stickstoff: ungedüngte Rüben 0,05%, stark gedüngte 0,14% (Dünger?); mit wenig Stickstoff gedüngt 0,155, mit viel Stickstoff 0,17% (Chilesalpeter); ferner ergaben die Bernburger Rüben je nach Düngemittel 0,25, 0,62 und 0,42% schädlichen Stickstoff in der Trockensubstanz. Auf Rübe selbst bezogen, finden sich die entsprechenden Werte auf S. 155 verzeichnet.

Andrlík bemühte sich, den schädlichen Stickstoff in der Rübe und in den Fabrikationssäften festzustellen. Seine analytische Bestimmung führte er folgendermaßen durch: In dem zu untersuchenden Produkte werden die fällbaren Stickstoffverbindungen durch Kupferhydroxyd und Zusatz von schwefelsaurer Tonerde gefällt, im Filtrate einerseits der Gesamtstickstoff nach Kjeldahl und der Ammoniak- und Amidstickstoff nach Schulz bestimmt. Die Differenz ist der schädliche Stickstoff. Bezüglich der Details dieser analytischen Bestimmung sei auf den Aufsatz Andrlíks „Die Bestimmung des schädlichen Stickstoffes in der Rübe und in Zuckerfabriksprodukten" in Z. f. Zuckerind. i. B. 1904/05, S. 513, verwiesen.

Das Prinzip dieser Analyse ist also die Bestimmung jenes Stickstoffanteils, welcher nach dem Ausfällen der Eiweißkörper und Beseitigung des Ammoniaks und des Amidstickstoffes in Lösung verbleibt.

Die schädlichen Stickstoffverbindungen sind die größten Melassebildner; in der Melasse entfallen auf 1 Teil schädlichen Stickstoff 25—27 Teile Zucker. Von zwei Rüben mit gleichem Zuckergehalte und mit ungleicher Menge an schädlichem Stickstoffe ist die mit geringerem Gehalte an letzterem die bessere, denn sie gibt weniger Melasse.

---

[1]) Es möge hier daran erinnert werden, daß schon Scheibler die Frage nach dem schädlichen Stickstoff im Jahre 1866 eigentlich vorausgeahnt hat. (Siehe S. 127.)

Andrlík stellte folgende Formel auf, um die zu erwartende Melassemenge aus dem schädlichen Stickstoffe zu berechnen:

$$\text{Melasse} = \frac{\text{schädlicher N der Rübe} \cdot 0{,}9 \cdot 25}{\text{Polarisation der Melasse.}}$$

Der Faktor 0,9 entstand von der Annahme, daß 90% des schädlichen Stickstoffes der Rübe in den Diffusionssaft übergehen; der Faktor 25 von dem oben angegebenen Verhältnis zwischen Zucker und schädlichem Stickstoffe in der Melasse. 25 gilt für gut, 27 für schlecht entzuckerte Melassen. Nach dieser Formel erhält man die Gesamtmelasse der Rohzuckerfabrik, also auch jene Menge, die dem Rohzucker anhaftet (ca. 1,5—1,7). Um diesen Betrag ist der durch die Formel berechnete zu vermindern, um die resultierende „Melasse" zu ergeben.

Aus später zu beschreibenden Diffusionsversuchen Andrlíks stammen über den schädlichen Stickstoff und sein Verhältnis zu dem Gesamtstickstoff und den andern Stickstofformen folgende Angaben:

Theoretisch ist der schädliche Stickstoff der Rübe jener, den man nach Subtraktion des Eiweiß-, Ammoniak- und Amidstickstoffes vom Gesamtstickstoff erhält. Praktisch aber kann man den schädlichen Stickstoff nicht genau feststellen. An einigen Beispielen sollen die quantitativen Verhältnisse gezeigt werden.

In der Rübe ist gewesen:

Tabelle Nr. 21.

Der schädliche Stickstoff und die anderen Stickstoff-Formen.

Gesamt-N %	Eiweiß-N	Ammoniak-Amid-N	Schädlicher N	
			% der Rübe	% des Gesamt-N
0,306	0,120	0,052	0,134	43,8
0,315	0,127	0,053	0,135	42,8
0,266	0,107	0,036	0,123	46,2
0,234	0,112	0,021	0,101	43,2
0,187	0,104	0,014	0,069	36,9
0,165	0,098	0,014	0,053	32,1
0,154	0,104	0,007	0,042	27,3
0,135	0,093	0,007	0,035	25,9
0,129	0,090	0,003	0,033	25,6

Aus dieser Tabelle ist zu ersehen, daß mit steigendem Gesamt-Stickstoff auch der schädliche steigt und umgekehrt. Stickstoffarme Rüben enthalten nur ¼ bis ⅓ ihres Gesamt-Stickstoffs als schädlichen, stickstoffreiche Rüben bis zur Hälfte.

Auch Friedl bestätigt diesen innigen Zusammenhang zwischen Gesamt- und schädlichem Stickstoff.

Für russische Rüben fanden Duschsky und seine Mitarbeiter nicht derartige Beziehungen. Bei Betrachtung ihres Zahlenmaterials für gesunde wie verdorbene Rüben sieht man eine direkte Proportionalität zwischen dem Gesamtstickstoff und dem schädlichen Stickstoffe. Dies geht auch aus den wiedergegebenen Analysen der Minima und Maxima hervor. (Siehe S. 163.) Fast ausnahmslos würde aus ihren Analysen der Satz gelten: Je größer der Gesamtstickstoff, desto größer der schädliche Stickstoff der Rüben. Auch fanden sie wie Andrlík die Regel: je größer der Gehalt der Rüben an Gesamtstickstoff, desto geringer ist der Eiweißstickstoff, ohne daß eine Gesetzmäßigkeit herrschen würde.

Im Jahre 1907 (Z. f. Zuckerind. i. B. 1906/07, S. 277) berichtete Andrlík über Forschungen, die die Umstände klarlegen sollten, welche die Anhäufung des schädlichen Stickstoffes in der Rübe bedingen. Diese Arbeiten liegen indessen auf landwirtschaftlichem Gebiete, und so soll von der Wiedergabe der einzelnen Versuche und analytischen Belege abgesehen werden. Nur folgende Befunde seien hervorgehoben: Am intensivsten beeinflußt Regenmangel und abnorme Trockenheit die Menge des schädlichen Stickstoffes in der Rübe; unter diesen Verhältnissen ist seine Menge 2- bis 3mal größer als unter normalen Wachstumsbedingungen. Verschiedene Samen geben verschiedene Mengen schädlichen Stickstoffes in der Rübe. Einseitige Stickstoffdüngung (Salpeter-, Ammoniak- und Aminform) bedingt ebenfalls größere Mengen an schädlichem Stickstoff in der Rübe u. a. m. Früher schon wiesen Andrlík und Urban nach, daß auch durch das Lagern der Rübe der schädliche Stickstoff zunimmt. In frischen Wurzeln wurden auf 100 Teile Zucker 0,53 bis 1,09 Teile schädlicher Stickstoff gefunden, nach drei bis vier Wochen aber schon 0,67 bis 1,19 Teile. Bei einem anderen Versuche wurden Rüben in einem trockenen Raume bei 10—15° C drei bis vier Wochen aufbewahrt; von 1,7 bis 2,5 Teilen stieg der schädliche Stickstoff auf 1,85 bis 2,67 (auf 100 Teile Zucker gerechnet) an (Z. f. Zuckerind. i. B. 1905/06, S. 282).

Die Schädlichkeit dieses Stickstoffes ist darin begründet, daß er aus der Rübe quantitativ in den Preßsaft, zu 95—96% in den Rohsaft übergeht und dann unvermindert in den geschiedenen und saturierten Säften zu finden ist. Rüben, die reicher an schädlichem Stickstoff sind, geben auch schädlichere Diffusionssäfte. Daneben macht sich noch der Charakter des Gesamtstickstoffes geltend.

Die auf S. 22 genannte Untersuchung Herkes beschäftigte sich auch mit dem Zusammenhange zwischen Wassermenge während der Vegetation und Qualität der Rüben.

Mit zunehmender Wassermenge sank der Stickstoffgehalt der Rüben, doch führt dies Herke darauf zurück, daß der Stickstoff in die Köpfe, bzw. in die Blätter wandere. Ebenfalls fällt mit zunehmender Wassermenge der Gehalt an schädlichem Stickstoff. „Es stimmen diese Resultate sehr schön mit den praktischen Erfahrungen überein, daß nämlich in trockenen Jahrgängen die Rüben gewöhnlich viel schäd lichen Stickstoff enthalten und demnach viel Melasse liefern.“ Herke kommt also zu denselben Resultaten wie Andrlík.

Zum Begriffe des „schädlichen Stickstoffes“ sei hinzugefügt, daß er nicht wörtlich genommen werden darf; denn er setzt voraus, daß die Eiweißstoffe „unschädlich“ seien, was aber nicht zutrifft, wie Smolenski hervorhob (siehe S. 564). Nichtsdestoweniger bedeutet die Einführung dieses technologisch-analytischen Begriffes einen sehr großen Fortschritt in der Erkenntnis der Nichtzuckerstoffe und ihrer Bedeutung für die Erscheinungen im Betriebe.

b) Der Zuckergehalt der Rüben und seine Beziehungen zum Nichtzucker.

Der Zuckergehalt der Rübe ist wohl ein Faktor bei ihrer Wertbestimmung, aber nicht der einzige oder ausschließliche. Im allgemeinen wird wohl die zuckerreichere Rübe vom technischen Standpunkte die bessere sein, aber nicht unter allen Umständen. Auch ihre Nichtzuckerstoffe müssen zur Bewertung herangezogen werden. Daß die Größe, Form der Rübe u. a. Umstände den fabrikativen Wert der Rübe mitbestimmen, ist bekannt — hier interessieren indessen bloß die chemischen Wertfaktoren Diese, den Zucker und die Nichtzucker, kann man analytisch feststellen und aus den beiden eine Zahl konstruieren, die die Güte der Rübe und eines jeden anderen Zuckerproduktes wenigstens teilweise festlegt: das ist der Reinheitsquotient, Reinheitsgrad oder kurz die Reinheit der Rübe.

Unter dieser Zahl versteht man jene Zuckermenge, welche in 100 Teilen der Trockensubstanz — welchen Zuckerfabriksprodukts immer — enthalten ist; Herles definiert sie als Polarisation der Trockensubstanz, ausgedrückt in Zucker. So bringt er die optische Aktivität der Nichtzuckerstoffe, welche die Bestimmung des Zuckers durch Polarisation ungenau machen können, zur Darstellung.

Da der Reinheitsquotient in der Praxis als Maßstab bei der Beurteilung der Qualität aller Zuckerfabriksprodukte herangezogen wird, ferner Reinigungsprozesse und andere Operationen des Betriebes oft durch denselben geprüft werden, ihm also eine große Bedeutung zukommt, soll dieser Begriff näher betrachtet werden.

Zur Bestimmung des Reinheitsquotienten ist es erforderlich, außer der Polarisation auch die Trockensubstanz festzustellen, was bei manchen Produkten mühsam und zeitraubend ist. Um nun die mit der Bestimmung der eigentlichen Trockensubstanz verbundene Arbeit zu erleichtern, wird zur Bestimmung des Reinheitsquotienten beinahe ausschließlich die sogenannte saccharometrische Trockensubstanz angewendet, die entweder unmittelbar aräometrisch mittels Saccharometers oder aber durch pyknometrische Bestimmung des spezifischen Gewichtes und Zuhilfenahme der bezüglichen Tabellen gefunden wird.

Dieser in angeführter Weise festgesetzte Reinheitsquotient wird als der „**scheinbare Reinheitsquotient**" bezeichnet und darf nicht mit dem Quotienten, welcher mittels der wirklichen Trockensubstanz ermittelt wurde und „**wirklicher Reinheitsquotient**" genannt wird, verwechselt werden; da der in den Zuckerprodukten vorkommende Nichtzucker größtenteils ein höheres spezifisches Gewicht aufweist, wodurch die entsprechende saccharometrische Trockensubstanz höher als die wirkliche Trockensubstanz ausfällt, muß auch der aus dieser saccharometrischen Trockensubstanz ermittelte „scheinbare Reinheitsquotient" niedriger sein als der „wirkliche Reinheitsquotient". Selbstverständlich üben alle weiteren Umstände, die die Polarisation beeinflussen, auch einen Einfluß auf die Richtigkeit des Quotienten. „Zu der angedeuteten Unrichtigkeit des scheinbaren Reinheitsquotienten gesellt sich eine weitere Quelle von Unkorrektheiten, welche eventuell den Vergleich zweier ziemlich nahe verwandter Produkte gänzlich verhindern könnte, nämlich die verschiedene Konzentration der zu untersuchenden Lösungen, welche eine zu ganzen Prozenten emporwachsende Differenz in den scheinbaren Reinheitsquotienten zur Folge haben kann." Es ist eine allgemein verbreitete Ansicht, daß der scheinbare Reinheitsquotient infolgedessen „keine bestimmte Zahl" sei. Nun hat aber jeder Saft seinen bestimmten scheinbaren Quotienten; bei Konzentrationsänderung des Saftes liegt dieser eben nicht mehr in seiner Ursprünglichkeit vor, es entsteht gewissermaßen ein anderer Saft, und der hat einen anderen scheinbaren Quotienten.

Ein Übel ist es aber, daß **verschiedene scheinbare Reinheitsquotienten bestehen**, daß je nach der angewandten Methode ein Produkt mehrere solcher haben kann. Zunächst soll das **Verhalten des Nichtzuckers bei der Ermittlung der scheinbaren Reinheit**, bzw. seine Beeinflussung der Spindelangabe geprüft werden. **Bodenbender** und **Steffens** stellten im Jahre 1881 diesbezügliche Versuche an. Beide schrieben:

„Bekanntlich hat **Brix** die Skala seines für Zuckerlösungen bestimmten Aräometers in Grade geteilt, die dem Gehalte einer reinen Rohrzuckerlösung an Zucker entsprechen. Die Brixsche Spindel ist daher in gewissen Fällen ein Ersatz des Polarimeters; Fälle, die aber höchstens in der Raffinerie vorkommen. Trotzdem hat die leichte Anwendbarkeit diesem Instrumente rasch Eingang auch in Rohzuckerfabriken verschafft. Mit der Annahme des Ausdrucks „Trockensubstanz" für die Grade des Saccharometers war die Brücke für weitere Benutzung geschlagen, indem man sich daran gewöhnte, die Reinheit einer Zuckerlösung aus den Brixschen Graden und der Polarisation zu bestimmen. So ist der Begriff des sogenannten „scheinbaren Reinheitsquotienten" entstanden und hat allgemein Eingang gefunden.

Es liegt auf der Hand, daß die so erhaltenen Quotienten je nach der Natur der den Zucker begleitenden Stoffe mehr oder weniger ungenau sein müssen, ganz abgesehen davon, daß diese Beimengungen einen

Einfluß auf die Rotation des Zuckers ausüben können oder gar selbst optisch aktiv sind."

Das mit der Konzentration auffallend rasche und unverhältnismäßig große Steigen der Quotienten der Säfte bei der direkten Verarbeitung von Zuckerkalk veranlaßte die beiden Autoren, Versuche in dieser Richtung anzustellen.

Die Versuche lehrten, daß im allgemeinen die Erhöhung der Saccharometergrade über den wirklichen Gehalt an Trockensubstanz umso größer ausfällt, je größer die Differenz zwischen dem spezifischen Gewicht des Zuckers und dem des begleitenden Nichtzuckerstoffes ist. Dabei spielt noch die Konzentration der Lösung eine Rolle, die später besprochen wird. Die beiden arbeiteten nur mit Salzen; sämtliche bewirkten eine Kontraktion der Lösung, und zwar in folgender Reihenfolge: $BaCl_2$, KCl, NaCl, K_2CO_3, $MgSO_4$, Na_2CO_3. — Dabei ist die

Tabelle Nr. 22.

Einfluß von Nichtzuckern auf die Saccharometeranzeige.

1 Substanz + 90 Wasser	Nach Walkhoff		Nach Gerlach	
	zeigen an Ballings oder Brixs Spindel Proz.	spezif. Gewicht	Balling Proz	spezif. Gewicht
1 Proz. kohlensaures Kali	2,15	1,0086	2,285	1,00914
1 „ Ätzkali	2,2	1,0088	—	—
1 „ Ätzkali durch Salzsäure neutralisiert	2,6	1,0104	—	—
1 Proz. Ätzkali durch Phosphorsäure neutralisiert	3,9	1,0156	—	—
1 Proz. salpetersaures Kali	1,55	1,0062	1,602	—
1 „ Ätzkali durch Zitronensäure neutralisiert	2,75	1,0110	—	—
1 Proz. schwefelsaures Kali	2	1,0080	2,050	—
1 „ kohlensaures Natron (Handelsware)	2,1	1,0084	2,625	1,01030 (rein)
1 Proz. phosphorsaures Natron	1,1	1,0044	—	—
1 „ Chlornatrium (Kochsalz)	1,75	1,0070	1,812	1,00725
1 „ salpetersaures Natron	1,57	1,0063	—	—
1 „ schwefels. Natron (Handelsware)	1,00	1,0040	2,277	— (rein)
1 Proz. Phosphorsäure	1,00	1,0040	—	—
1 „ Oxalsäure	0,96	1,0038	0,98	—
1 „ Magnesia	1,1	1,0044	2,517	—
1 „ Salpeter	1,58	1,00635	1,6	1,00641
1 „ Chlorkalzium	—	—	2,131	—
1 „ Chlorkalium	—	—	1,625	—
1 „ Salmiak	—	—	0,787	—
1 „ Chlormagnesium	—	—	2,112	—
1 „ Weinsäure	—	—	1,000	—
1 „ Zucker	1,00	—	1,00	—

Kontraktion proportional der Konzentration. Die spezifischen Gewichte dieser Salze sind bezüglich: 3,844, 1,949, 2,162, 2,267, 2,607, 2,407. Die Beeinflussung der Spindel ist also keine einfache Funktion des spezifischen Gewichtes des Salzes (Organ XIX, 1881, S. 748). Die Tabelle Nr. 22 zeigt die Beeinflussung der Spindelangabe durch Gegenwart von je 1% verschiedener Salze oder Säuren. Bei den meisten Salzen zeigt die Spindel einen höheren Prozentgehalt an (scheinbarer) Trockensubstanz, als die Lösung tatsächlich enthält. Diese Resultate zeigen deutlich, warum die Spindelangabe höher und somit der scheinbare Reinheitsquotient niedriger ausfällt.

Als maßgebender scheinbarer Quotient gilt der mittels Pyknometers ermittelte, so daß z. B. die Usancen im Zuckerhandel bei der Melasse die Bestimmung der scheinbaren Trockensubstanz mit dem Pyknometer vorschreiben. Um diese Bestimmung zu beschleunigen, ersann Keyř im Jahre 1878 oder 79 (Organ VII, S. 814) seine Methode der beliebigen Verdünnung; nach dieser wurde z. B. eine Melasse durch Wasserzusatz auf ca. 55—65° Bé verdünnt, nun gespindelt, polarisiert und der Quotient berechnet. Unter der Annahme, daß sich dieser nicht verändert hätte, war diese Methode gut und rasch ausführbar. Gawalowsky aber fand als erster, später 1881/82 H. Pellet und Brunnings, daß sich die Reinheit eines Saftes je nach seiner Verdünnung vermindere, fanden aber keine Erklärung hierfür. Aktuell wurde diese Frage wieder durch die Einführung der deutschen Steuermethode, die eine Verdünnung 1 : 1 vorschrieb. Im Jahre 1885 ersann Cuřín (was Koydl bestritt), die Verdünnungsmethode Normalgewicht zu 100 cm³, so daß man in einer Lösung die scheinbare Trockensubstanz und Polarisation zugleich ermitteln kann. Alle diese Verdünnungsmethoden ergeben niedrigere scheinbare Reinheiten als das Pyknometer in der unverdünnten Masse hätte finden lassen. Die Arbeiten von Bodenbender, Herles, Alberti und Hempel ließen den Grund dieser Erscheinung erkennen (1891). Er besteht in der Verschiedenheit der Kontraktion des Nichtzuckers beim Auflösen; infolgedessen erhöht sich die scheinbare Trockensubstanz und sinkt die scheinbare Reinheit. Dies umsomehr, je reicher das Produkt an Nichtzucker ist. Bei reinen Zuckerlösungen ergeben sich keine Differenzen.

Nach Wohryzek bedarf daher jede Verdünnungsmethode einer Korrektur, um die maßgebenden pyknometrischen Werte zu ergeben. Der Genannte verwendet zu diesem Zwecke die bekannten Weisbergschen Koëffizienten mit bestem Erfolge, wie seine zahlreichen Vergleichsanalysen mit ungarischem, mährischem, russischem u. a. Rübenmateriale zeigen (Ö. U. Z. f. Zuckerind. XLI, 1902, S. 46 u. 250; XLII, 1903, 1. Heft).

Weiter studierte derselbe die Beziehungen zwischen dem wirklichen und dem scheinbaren Reinheitsquotienten. So alt diese Frage ist, so unentschieden sind die Antworten auf dieselbe. Gestützt auf ein sehr reichhaltiges Analysenmaterial aus der Literatur, konnte Wohryzek nachweisen, daß konstante Beziehungen zwischen den beiden Größen nicht bestehen; es kann sonach keine Faktoren geben, die gestatten, die eine Reinheit aus der anderen zu berechnen. Bei richtigen Analysen — der Begriff „richtig“ ist aber nicht zu fixieren — ist der wirkliche Quotient stets höher als der scheinbare, nicht aber steht diese Quotientendifferenz zu der Menge des Nichtzuckers in einer bestimmten Beziehung. Wohryzek schließt seine Studie, nachdem er zeigte, welch einander widersprechende Forderungen die einzelnen Analytiker zur Ausführung einer richtigen Trockensubstanzbestimmung stellen und wie manche die Trockensubstanzbestimmung „unzuverlässig“ und „unbrauchbar“, mit „inneren Fehlerquellen“ behaftet erklären: „Wie kann da noch die Forderung aufrecht erhalten werden, gerade für die wichtigsten Betriebszwecke und Vergleiche sich nur der ‚wirklichen‘ Reinheiten zu bedienen? Stammer, Claassen und viele andere stellen aber die Ausschließung des scheinbaren Quotienten als kardinale Forderung für genaues Arbeiten zu wissenschaftlichen Zwecken auf. Sollte man da nicht bescheidener sein und lieber mit dem wirklich scheinbaren als mit einem scheinbar wirklichen Quotienten arbeiten?“ (Ö. U. Z. f. Zuckerind. XLI, 1912, 6. Heft.)

Der Verfasser kommt somit zu einem ganz anderen Resultat als Rümpler vor 15 Jahren; in dessen oft genanntem Buche heißt es nämlich auf Seite 490: „... daß der scheinbare Quotient die Beachtung gar nicht verdient, die ihm seitens der Zuckerfabrikanten geschenkt wird; seine Bestimmung macht zwar geringe Mühe, er selbst aber ist nicht einmal diese geringe Mühe wert, weil es unmöglich ist, Beziehungen desselben zum wirklichen Reinheitsquotienten zu finden.“

Im folgenden ein Auszug aus den von Wohryzek angeführten Analysen, die als Beweismaterial für die Beziehungen des scheinbaren zum wirklichen Reinheitsquotienten dienen.

Tabelle Nr. 23.

Beziehungen des scheinbaren Reinheitsquotienten zum wirklichen Reinheitsquotienten von Zuckerfabriksprodukten.

Produkt	a Polar.	b Scheinb. Trockensubstanz	c Scheinb. Quot.	d Wirkl. Trockensubstanz	e Wirkl. Quot.	f Differ. d. Trockensubstanz b—d	g Differenz d. Quot. e—c
Dicksäfte	56,4	60,8	92,8	60,38	93,4	0,42	0,6
„ von der Diffusion	59,9	65,6	91,31	64,96	92,21	0,64	+0,9
„ „ „ „	56,4	62,1	90,82	61,49	91,72	0,61	+0,9
„ „ „ „	57,8	63,8	90,60	62,73	92,14	1,07	1,54
„ „ „ „	61,75	66,9	92,30	66,28	93,17	0,62	0,87
„ vom Steffen-Verf.	56,85	61,9	91,84	61,34	92,68	0,56	0,84
„ „ „ „	57,8	62,3	92,78	61,89	93,39	0,41	0,61
„ „ „ „	57,3	62,4	91,83	62,03	92,37	0,37	0,54
„ „ „ „	59,3	64,2	92,37	63,86	92,86	0,34	0,49

Produkt	a Polar.	b Scheinb. Trocken-substanz	c Scheinb. Quot	d Wirkl. Trocken-substanz	e Wirkl. Quot.	f Differ. d. Trocken-substanz b—d	g Differenz d. Quot. e—c
Dicksäfte einer österr. Fabr.	55,30	58,8	94,05	58,76	94,10	0,04	0,05
(Verfahren Friedrich)	59,00	63,2	93,35	63,60	92,77	−0,40	−0,42
	62,10	66,7	93,10	66,63	93,20	0,07	0,1
	54,95	58,7	93,60	58,60	93,80	0,10	0,2
Dicksäfte einer ungar. Fabr.	55,95	59,9	93,4	59,60	93,4	0,0	0,0
nach demselb. Verfahren	57,20	60,2	95,0	61,0	93,7	−0,80	−1,3
	57,20	60,9	93,9	60,53	94,5	0,37	0,6
Dicksäfte aus d. Zucker-	46,20	49,2	94,0	49,01	94,3	0,19	0,3
fabrik Hullein, Verfahren	45,80	48,3	94,8	48,24	94,9	0,06	0,1
Kowalski-Kozakowski	45,90	48,5	94,6	48,48	94,7	0,02	0,1
	45,70	48,1	95,0	47,93	95,3	0,17	0,3
	45,60	48,0	95,1	47,81	95,4	0,19	0,3
Dünnsäfte	15,20	16,35	93,0	16,29	93,3	0,06	0,3
„ Hullein . . .	14,81	15,90	93,1	15,85	93,4	0,05	0,3
Dünnsäfte einer ung. Fabr.	13,67	14,8	92,3	14,81	92,3	−0,01	0,0
Saturationssäfte aus den	10,08	10,90	92,47	10,98	91,80	−0,08	−0,67
Versuchen A. Herz-	10,56	11,24	93,94	11,44	92,30	−0,20	−1,64
felds über Naß- und	10,28	10,87	94,57	11,00	93,45	−0,13	−1,12
Trockenscheidung Kamp.	11,73	12,50	93,84	12,60	93,09	−0,10	−0,75
1893/94, Zeitschrift des	10,64	11,37	93,58	11,47	92,76	−0,10	−0,82
Vereines der Deutschen	11,52	12,43	92,68	12,46	92,45	−0,23	−0,23
Zuckerindustrie, 1894,	10,05	10,86	92,54	10,86	92,54	—	—
S. 278 ff.	10,92	12,10	90,24	11,98	91,15	+0,12	+0,91
	9,33	9,61	97,08	10,04	92,92	−0,43	−4,16
	9,83	10,81	90,98	10,60	92,73	+0,21	+1,75
	9,97	10,95	91,05	10,95	91,05	—	—
	10,09	10,80	93,47	10,85	93,04	−0,05	−0,43
Rohsäfte der obengenann-	9,79	11,09	88,27	10,83	90,31	0,86	2,04
ten Versuche Herzfelds	11,11	12,20	91,07	12,30	90,32	−0,10	−0,75
dto.	10,54	12,25	86,04	11,90	88,57	0,35	2,53
Rohsäfte	12,27	13,9	88,3	13,34	91,9	0,56	3,6
„	12,27	13,9	88,3	13,41	91,5	0,49	3,2
„	12,20	13,86	88,0	13,28	92,0	0,58	4,0
„	12,18	13,80	88,5	13,24	91,5	0,56	3,0
„	11,25	12,75	88,4	12,51	90,2	0,24	1,8
Rohsäfte von Hyross-	15,38	17,3	88,9	16,96	90,7	0,34	1,8
Rak-Verfahren	16,10	18,4	87,5	18,03	89,3	0,37	1,8
	15,85	17,6	90,0	17,45	90,8	0,15	0,8
	15,12	17,5	86,4	17,27	87,6	0,23	1,2
Melassen aus böhmischen	40,40	80,9	49,9	78,62	51,4	2,28	1,5
mährischen und ungari-	45,60	79,1	57,6	78,31	58,2	0,79	0,6
schen Fabriken	46,70	79,7	58,6	77,93	59,9	1,77	1,3
	44,80	75,4	59,4	74,08	60,4	1,32	1,9
	46,60	78,0	59,7	76,27	61,1	1,73	1,4
	47,50	79,5	59,7	77,43	61,3	2,07	1,6
	45,80	76,3	60,0	74,52	61,4	1,78	1,4
	46,50	77,0	60,3	76,03	61,1	0,97	0,8
	46,10	76,6	60,4	75,32	61,2	1,28	0,8
	47,00	77,9	60,3	76,82	61,1	1,08	0,8
	47,40	77,8	60,6	76,59	61,9	1,21	1,3
Melasse vor der Osmose	56,76	84,43	67,2	83,275	68,1	1,155	0,9
„ nach „ „	27,94	38,73	72,1	37,312	74,8	1,418	2,7
„ vor „ „	49,73	81,1	61,3	74,8	66,4	6,3	5,1
„ nach „ „	26,00	37,6	69,0	35,4	73,4	2,2	4,4

So viel steht jedenfalls fest, daß weder der scheinbare noch der wirkliche Reinheitsquotient erschöpfend den Wert eines Produktes angibt; denn er zeigt wohl die Quantität des Nichtzuckers, sagt aber nichts über dessen Qualität. Bei der Mannigfaltigkeit des Nichtzuckers und der spezifischen Wirkung der einzelnen Nichtzuckerklassen genügt nicht die Angabe der Nichtzuckermenge allein. Säfte von gleicher Reinheit können sich demnach trotzdem bei ihrer Verarbeitung verschieden verhalten, wie die Erfahrung im Betriebe lehrt. Es gibt deshalb verschiedene andere Größen, die vorgeschlagen und auch benutzt werden, um teilweise den Reinheitsquotienten zu ersetzen oder im Verein mit ihm, den technischen Wert eines Zuckerfabriksproduktes näher zu charakterisieren. Besonders in Frankreich sind folgende Werte gebräuchlich:

Der Aschenquotient gibt die Teile Asche auf 100 Teile Zucker an.

$$A = \frac{100\,a}{z}.$$

a % Asche, z % Zucker, A = quotient cendres.

Der Salzquotient (quotient salin) ist jene Zahl, die angibt, wieviel Teile Zucker einem Teile Asche entsprechen; man erhält ihn, indem man den Zuckergehalt durch den Aschengehalt dividiert. $S = \frac{z}{a}$; je größer S, desto reiner das Produkt, je größer A, desto unreiner.

Der organische Quotient gibt die Teile Zucker, die auf einen Teil organischen Nichtzucker entfallen, an.

$$Q = \frac{z}{O}.$$

O % organ. Nichtzucker.

Ferner kennen die Franzosen noch einen Invertzuckerquotienten; d. s. die Teile Invertzucker auf 100 Teile Zucker. $I = \frac{i \times 100}{z}$.

i % Invert, I = Invertzuckerquotient.

Bemerkenswert ist der Vorschlag Sachs', an Stelle des Reinheitsquotienten den „Verunreinigungsquotienten", d. i. die Menge der Verunreinigungen (Nichtzucker) auf 100 g Zucker, die in den Fabriksprodukten enthalten sind, zu setzen.

Die Differenz aus dem Verunreinigungs- und Aschenquotienten ergäbe die Menge der organischen Bestandteile auf 100 g Zucker (Z. V. d. Zuckerind. 1906, S. 827).

Wenn man sonach dem Reinheitsquotienten keine zu große Bedeutung beilegen darf, so ist nicht zu übersehen, daß er doch genug informativ ist. Die übliche Methode, den Rübenpreßsaft zu spindeln und zu polarisieren und den so berechenbaren Reinheitsquotienten als Wertmesser anzulegen, ist seit langer Zeit als unrichtig erkannt worden und gibt eigentlich keinen richtigen Aufschluß, da man Rüben und nicht Rübenpreßsäfte verarbeitet. Außerdem ist diese Methode mit prinzipiellen und analytischen Fehlerquellen behaftet. Der Grad der Zerkleinerung der Rüben, der Druck beim Auspressen, der Luftgehalt des Preßsaftes usw. spielen dabei eine Rolle. Die Rübe nach dem Zuckergehalt allein aber zu bewerten geht nicht an, da z. B., wie Krause bemerkte, „sich häufig mehrere Partien Rüben, die den gleichen Zuckergehalt hatten, doch nicht gleich glatt verarbeiten ließen und in der Ausbeute nicht unbedeutend variierten“. Krause ersann nun eine Methode, nach der Rübenbrei ausgelaugt wird und diese dünne Lösung des Rübensaftes zur Analyse gelangt; dies geschieht mit Spindeln, die so geeicht sind, daß ihre Angaben auf den ursprünglichen Rübensaft sich beziehen. So erhält man den Zuckergehalt der Rübe und den Reinheitsquotienten ihres Saftes. Die Methode wäre als Digestionsverdünnungsmethode zu charakterisieren.

Wichtig ist die Kenntnis vom Verhalten des Nichtzuckers bei der Polarisation.

Bei der Besprechung der einzelnen Nichtzuckerstoffe und ihrer Abbauprodukte wurde oft gezeigt, daß es solche gibt, die optisch aktiv sind. Die optischen Konstanten wurden ebenfalls mitgeteilt. Da der Zucker in der Rübe sowie in allen anderen Produkten auf Grund seiner optischen Aktivität bestimmt wird, so ist es möglich, daß die gleichfalls vorhandenen Nichtzuckerstoffe das Resultat beeinflussen und den Gehalt an Rohrzucker entweder zu hoch oder zu niedrig erscheinen lassen.

Diese Stoffe sind: Äpfel-, Wein-, Arabin- und Saccharinsäure, Galaktan, Dextran, Raffinose und von stickstoffhaltigen Nichtzuckerstoffen: Amide und Amidosäuren (Leuzin, Tyrosin, Asparagin, Glutamin und die beiden zugehörigen Säuren), die Eiweißkörper und ihre Abbauprodukte, die Peptone und Propeptone.

Da vor jeder Polarisation behufs Klärung der wässerige oder alkoholische Extrakt oder Digestionssaft mit Bleiessig versetzt wird, ist das chemische und physikalische Verhalten der entsprechenden Bleiverbindungen maßgebend. Für die Äpfelsäure, bzw. ihre Bleisalze gilt, daß sie im Wasser wenig löslich sind; auch das Bleitartrat ist nur sehr wenig löslich. Diese beiden Säuren (Äpfel- und Weinsäure) werden demnach die Polarisation des Zuckers nur sehr wenig beeinflussen. Noch weniger bei Anwendung von Alkohol, weil in diesem deren Bleisalze noch schwerer löslich sind.

Saccharinsäure, Dextran und Lävulan kommen in Rüben nicht und in Produkten der Fabrikation nur ausnahmsweise vor; höchstens das γ-Galaktan Lippmanns, welches bei der Wasserpolarisation rechtsdrehend ist. Dasselbe gilt von der Arabinsäure.

Ein gefährlicher, optisch aktiver „Nichtzucker“ ist die Raffinose. Darüber war man alsbald einig, daß diese in wässeriger Lösung durch Bleiessig nicht gefällt werde, daß also bei wässeriger Digestion Pluspolarisation auftrete. Ihre Ausfällung sollte bei Alkoholgegenwart — also bei alkoholischer Extraktion — jedoch der Fall sein. Tollens konstatierte, daß durch Bleiessig und Alkohol — besonders beim Erhitzen — wohl selbst recht verdünnte Lösungen von Raffinose gefällt werden, diese Fällung aber bei Gegenwart von genügenden Rohrzuckermengen verhindert wird. Da sich Rübensäfte so wie Zuckerlösungen verhalten dürften, ist die von Lippmann schon früher behauptete Nichtausfällung der Raffinose durch Bleiessig und Alkohol von Tollens neuerdings gestützt. Kleine Raffinosemengen im Rübensaft werden also selbst durch die alkoholische Extraktion die Polarisationsergebnisse beeinflussen.

Die Frage nach dem Verhalten der einzelnen Nichtzucker bei der Saccharimetrie wurde besonders eine brennende, als Scheibler im Jahre 1879 seine alkoholische Extraktion zur Bestimmung des Zuckers in der Rübe in die Praxis einführte; nun handelte es sich um die Ermittlung des Verhaltens der optisch-aktiven Nichtzuckerstoffe in wässseriger oder alkoholischer Lösung. Indessen erkannte schon Sickel, der sich besonders mit diesen Studien befaßte, „daß die Annahme, daß in den Rübensäften regelmäßig optisch-aktive Nichtzuckerstoffe seien, eine durchaus irrige ist". Scheibler behauptete, daß die Asparagin- und die Äpfelsäure, Asparagin, Rübengummi, Dextran usw. in alkoholischer Lösung durch Bleiessig quantitativ gefällt werden und im Überschuß derselben unlöslich — in wässeriger Lösung hingegen löslich sind. Als einen Vorzug seiner Methode führt Scheibler an: „... daß der eine Teil der optisch-aktiven Nichtzuckerstoffe nicht in Lösung geht, z. B. Eiweiß, und daß der in Lösung gehende Teil aus der alkoholischen Flüssigkeit durch Bleiessig vollständig gefällt wird".

Pellet untersuchte den Einfluß, den die bekanntesten stickstoffhaltigen optisch-aktiven Substanzen unter den Bedingungen der Rübenanalyse (wässerige Lösungen, dann solche mit Bleiessigzusatz behufs Klärung, Clergetmethode) ausüben können. Folgende Lösungen waren meist einprozentig hergestellt. Die Resultate sind auf das Drehungsvermögen des Zuckers = 100 bezogen (Z. V. d. Zuckerind. 1911, S. 435).

Tabelle Nr. 24.

Das optische Verhalten stickstoffhaltiger Nichtzuckerstoffe.

	Glutamin	Gluaminsäure	Asparagin	Asparaginsäure	asparaginsaures Na	asparaginsaures K
Wässerige Lösung . .	+ 7	+ 16,0	− 9,0	+ 9,0	− 22,0	− 19,0
In Bleiessiglösung . . (10% d. Reagens)	− 24	− 33,0	+ 84,0	+ 18,9	+ 248,6	+ 235,0
In HCl-Lösung . . . (10% der Säure)	+ 44	+ 42,2	+ 46,2	+ 35,2	+ 25,3	+ 25,8

	glutaminsaures Na	glutaminsaures K	Raffinose	Invertzucker		
Wässerige Lösung . .	− 7,50	− 10,0	+ 172	− 32,0		
In Bleiessiglösung . .	− 13,75	− 15,1	+ 154			
In HCl-Lösung . . . (10% d. Säure)	+ 39,6	+ 36,3	+ 172			

Diese Zusammenstellung zeigt, daß bei der Bestimmung des Zuckers in der Rübe bei Anwendung von Wasser als Auslaugeflüssigkeit und Bleiessig zur Klärung Glutaminsäure und ihre genannten Verbindungen im negativen, Asparaginsäure und ihre Verbindungen im positiven Sinne das Resultat beeinflussen.

Teils dieselben, teils widersprechende Resultate fanden Becker, Degener, Eisfeld und Follenius beim Studium des Verhaltens der genannten Säuren und Amide unter den Bedingungen der Rübenpolarisation. Leuzin, Tyrosin, die Eiweißstoffe und Peptone sind zu wenig studiert und in unbedeutender Menge vorhanden.

Zu der seinerzeit so brennenden Frage: Wasser- oder Alkoholmethoden zur polarimetrischen Bestimmung des Zuckers in der Rübe nahm u. a. auch Weisberg das Wort (Ö. U. Z. f. Zuckerind. 1888, S. 736; 1889, S. 4). Da wohl die rechtsdrehenden Pektinkörper der Rübe in Alkohol unlöslich sind, aber — falls wässerige Digestion angewendet wurde — aus dieser Lösung durch Bleiessig vollständig ausgefällt werden, sind beide Methoden einander gleichwertig. Den anderen polarisierenden Nichtzuckerstoffen der Rübe legt Weisberg nicht viel Gewicht bei, „sie scheinen eher eine rein wissenschaftliche als praktische Rolle" bei der Rübenanalyse zu spielen. „Die Menge derselben muß wohl so unbedeutend sein, daß unter den gewöhnlichen Bedingungen der Rübenanalyse ihr Einfluß auf die Polarisation sich nicht wahrnehmen läßt." Auch in bezug auf Raffinose seien beide Methoden gleichwertig, weil diese Zuckerart in beiden Lösungsmitteln löslich ist.

Ähnliche Resultate fanden Clerc, Petermann, Strohmer und Jesser (Ö. U. Z. f. Zuckerind. XVIII, 1889, S. 12), so daß die Pelletsche kalte oder warme Wasserdigestion — die Alkoholextraktion Scheiblers als maßgebend und richtig vorausgesetzt — mit dieser völlig übereinstimmende Zahlen ergibt, was selbst für ganz abnormale Rüben gilt, wie Jesser zeigte (Ö. U. Z. f. Zuckerind. 1889, XVIII, S. 593). Kovař ist gegen jede Wasserdigestion und soll diese immer durch die Scheiblersche Extraktion kontrolliert werden (Ö. U. Z. f. Zuckerind. XXIX, 1900, S. 182).

In den letzten Jahren wurde die alte Frage nach dem Vorhandensein von optisch-aktiven Nichtzuckerstoffen wieder aktuell und besonders durch die Elsdorfer Versuche (siehe S. 267) zur Diskusssion gestellt.

Neumann fand im Jahre 1905 in Rübensäften bis 0,44% rechtsdrehender Stoffe (Differenz zwischen Polarisation und Clergetzucker).

Diese Befunde führte er auf das Vorhandensein einer rechtsdrehenden Nichtzuckersubstanz in der Rübe zurück, deren Menge in verschiedenen Jahrgängen verschieden hoch sei. Ähnliches fanden Strohmer und Fallada in Rüben der Kampagne 1907/08 und Andrlík und Staněk. Raffinose oder Amidosäuren waren diese Körper nicht. Sie sollen durch Einwirkung des Kalkes zersetzbar oder ausscheidbar sein. Strohmer und Fallada fanden die

Quelle für ihre rechtsdrehenden Substanzen im Rübenmark — es waren also Pektinkörper.

Herles wies wie Andrlík und Stanek optisch-aktive, durch Kalk zersetzbare Nichtzucker in der Rübe nach; durch Kalkeinwirkung vermindert sich ihr Polarisationsvermögen und erhöhen sich daher bei deren Anwesenheit die „unbestimmbaren Verluste". Herles arbeitete eine eigene Untersuchungsmethode aus, um diese Stoffe quantitativ bestimmen zu können. Im Prinzip ist diese Bestimmung eine direkte Polarisation der Rübe und eine Polarisation nach Behandlung mit Kalk in der Wärme. So kam er zu Differenzen bis 0,45% Zucker. Seine Anschauungen hielt er Weisberg gegenüber aufrecht. Die Menge dieser Stoffe hängt von Witterungs- und anderen lokalen Faktoren ab, so daß auch Jahrgänge vorkommen können, die gar keine, oder solche, die mehr von diesen enthalten können. Im gleichen Sinne wie Herles äußerte sich Kopetzki. Nach Modifikation seiner ersten Untersuchungsmethode fand Herles bis 0,57% rechtsdrehender Stoffe, bzw. Polarisationsverluste durch Kalkeinwirkung. Duschsky konstatierte bis 0,59% rechtsdrehender Körper in russischen Rüben und pflichtete teilweise der Anschauung Herles' bei (1910).

Es wurde gesagt, daß im allgemeinen die zuckerreichere Rübe auch die bessere sei. Dies soll nun begründet und die Beziehungen aufgedeckt werden, die zwischen dem Zuckergehalte der Rüben und dem Gesamtnichtzucker und zu einzelnen Nichtzuckerstoffen bestehen.

Im allgemeinen gilt, daß die zuckerreichere Rübe auch eine größere Reinheit besitzt. Aus einer später zu besprechenden Arbeit Herzfelds z. B. läßt sich folgender Zusammenhang zwischen Rübenpolarisation und Reinheit des Preßsaftes finden. Neben den Zahlen Herzfelds stehen Werte, die Sachs, und in letzter Kolonne Werte, die der Verfasser aus Wochendurchschnitten einer Fabrik berechnete.

Tabelle Nr. 25.

Zucker in Rübe, %	Reinheitsquotient des Preßsaftes nach			Quot. nach der Krausemethode (Wohryzek)
	Herzfeld	Sachs	Wohryzek	
10,3	80,0	—	79,7	—
11,2	88,3	—	—	—
12,0	84,0	84,7	81,5	—
13,0	85,2	86,3	—	76,1
13,5	86,9	—	85,4	78,4
14,0	—	87,4	—	80,0
14,5	86,3	—	86,4	82,5
15,0	87,3	88,2	—	85,9
15,5	91,0	—	88,2	87,9
16,0	—	88,8	87,3	89,9
16,5	91,7	—	—	—
17,0	—	89,3	88,8	—
17,2	—	—	89,7	—

Dem Quotienten des Preßsaftes kommt wohl keine große Bedeutung zu, aber deutlich zeigen die Zahlen die oben angeführte Beziehung. Einem bestimmten Zuckergehalte entspricht nicht ein bestimmter Quotient des Preßsaftes, stets aber zeigt die Rübe mit dem höheren Zuckergehalte eine höhere Reinheit des Preßsaftes.

Ebenso gilt ganz allgemein, daß die zuckerreichere Rübe auch reinere Diffusionssäfte liefert; natürlich mit der Einschränkung, daß einem bestimmten Zuckergehalte der Rübe ein bestimmter Quotient des Rohsaftes nicht immer entsprechen muß, wie folgende Zusammenstellung von Resultaten aus vielen Hunderten von Betriebsanalysen des Verfassers beweist.

Tabelle Nr. 26.

Zucker der Rübe	Quotient d. Rohsaftes	Quotient d. Rohsaftes
12,5	82,0	80,8
13,0	—	81,9
13,5	84,9	83,3
14,0	86,3	84,8
14,5	88,4	85,2
15,0	89,0	85,3
15,5	88,8	85,5
ca. 16,0	90.4	—

Die beiden Angaben beziehen sich auf zwei verschiedene Fabriken. Wie notwendig die oben gemachte Einschränkung sich erweist, geht aus Ausführungen auf S. 243 u. 299 hervor, wo diese Frage eigentlich behandelt wird.

Daß weder der Zuckergehalt allein noch in Verbindung mit dem Reinheitsquotienten einen Maßstab für die technische Güte einer Rübe bildet, geht aus der schon genannten Arbeit Herzfelds „Einfluß starker Stickstoffdüngung auf die Qualität der Zuckerrüben" (Z. V. d. Zuckerind. 1888, S. 121) hervor. Dieser kam zum Ergebnisse, „daß es notwendig ist, die wahren Quotienten, vor allem aber die Stickstoffbestimmungen heranzuziehen, wenn die Qualität der Rüben festgestellt werden soll".

Deshalb sei nun das Verhältnis des Zuckers zum Stickstoff in seinen verschiedenen Formen geprüft.

Beziehungen des Zuckergehaltes der Rüben zu ihrem Gehalte an Stickstoffsubstanzen.

Das Verhältnis zwischen den Stickstoffsubstanzen und dem Zuckergehalte der Rübe konstatierte Ladureau schon in den Jahren 1876 und 1878: Der Stickstoff steht im umgekehrten Verhältnisse zum Zuckergehalte. Die zuckerreichen Rüben enthalten viel weniger Stickstoff und Salpetersäuresalze als die zuckerarmen. Je größer die Menge der Mineralsalze im Rübensafte ist, desto mehr Nitrate enthält er auch.

Ladureau machte Düngungsversuche mit verschiedenen Düngerarten; aus seinen analytischen Belegen seien nur folgende Zahlen herausgegriffen.

Tabelle Nr. 27.

Zucker %	Mineralsalze	Salzkoëffizient	KNO_3 %
12,77	0,909	14	0,343
13,52	0,792	17	0,197
14,42	0,882	16	0,079
15,21	0,711	21	0,179
16,02	0,639	25	0,027

Die Salpetersäure wurde nach der Schlösingschen Methode bestimmt. Salzkoëffizient = $\frac{\text{Zucker}}{\text{Salze}}$. Die „Mineralsalze" sind Gramm in 0,1 l Rübensaft.

Das Verhältnis des Zuckers zur Asche kommt noch später zur Sprache.

Der Zusammenhang zwischen dem Gesamtstickstoff der Rübe und ihrem Zuckergehalte ist weiter aus folgender Zusammenstellung zu ersehen. Gleichzeitig ist auch der Reinheitsquotient der Rübe angeführt. Diese Zahlen entstammen den schon öfters genannten Rübenanalysen Herzfelds (Z. V. d. Zuckerind. 1898, S. 827).

Tabelle Nr. 28.

Zucker i. d. Rübe	Gesamt-N i. d. Rübe Kjeldahl	Quot. d. Rübenpreß	Zucker i. d. Rübe	Gesamt-N i. d. Rübe	Quot. d. Rübenpreß.	Zucker i. d. Rübe	Gesamt-N d. Rübe	Quot. d. Rübenpreß.	Zucker i. d. Rübe	Gesamt-N i. d. Rübe	Quot. d. Rübenpreß.
7,7	0,27	75,6	10,4	0,21	81,3	12,4	0,24	84,9	9,8	0,18	83,7
8,0	0,26	76,0	10,7	0,19	83,2	12,0	0,23	86,0	10,0	0,20	83,1
9,5	0,22	77,0	11,2	0,13	85,3	12,0	0,19	83,4	11,2	0,17	86,3
10,3	0,25	80,0	12,7	0,18	85,3	15,1	0,23	87,3	11,3	0,15	86,0
10,8	0,27	81,0	11,7	0,15	85,0	13,3	0,20	86,9	11,4	0,14	87,4
11,2	0,20	88,3	11,2	0,16	86,5	14,4	0,18	86,3	12,9	0,16	88,1
12,3	0,23	85,3	13,5	0,19	86,5	15,5	0,20	91,0	12,4	0,21	87,6
12,9	0,24	85,2	15,2	0,17	90,6	16,7	0,20	91,7	13,7	0,18	90,3

Dieselben Beziehungen lassen sich aus Analysen Herzfelds aus dem Jahre 1899 (Z. V. d. Zuckerind. 1900, 341) herauslesen, weshalb nur die Anfangs- und Endzahlen wiedergegeben werden sollen.

Rübenpolarisation	Saft-Quot.	Gesamt-N. auf Rübe	auf Trockens.
10,0	77,5	0,22	1,34%
13,9	86,6	0,18	0,90%

Für den Ammoniakstickstoff und Zuckergehalt der Rübe gilt nach Champion, Pellet und Renard folgender Zusammenhang:

Proz. Zucker	Proz. NH_3-Stickstoff
9,0	0,0085
9,2	0,0070
11,3	0,0052
11,3	0,0068

Nach Renard wäre das Ammoniak in den Rüben in Form von phosphorsaurer Ammonmagnesia vorhanden. Alle diese Zahlen zeigen, daß im allgemeinen einem steigenden Gehalte der Rübe an Zucker eine Verminderung des Gesamt- und Ammoniakstickstoffes entspricht.

Zwischen dem Zuckergehalte der Rüben und den einzelnen Stickstoff-Formen bestchen nach Herzfelds Analysen folgende Relationen. Der Verfasser hat zur Erkennung derselben den Zuckergehalt der untersuchten Rüben ansteigend angeordnet und den schädlichen Stickstoff sowie seine Mengen auf Gesamtstickstoff und Zucker berechnet.

Tabelle Nr. 29.

Zucker i. Rübe (alkohol. Extrakt)	Stickstofformen der Rübe in %				schädl. Stickstoff	schädl. N in % d. Ges.-N	schädl. N auf 100 Zucker
	Gesamt-N	Eiweiß-N	Betaïn-N	Ammoniak-N			
13,1	0,16	0,09	0,002	0,02	0,05	31	0,381
14,25	0,25	0,09	0,002	0,08	0,08	32	0,561
14,5	0,31	0,09	0,002	0,08	0,14	45	0,961
15,15	0,10	0,07	0,000	0,01	0,02	20	0,131
15,7	0,17	0,10	0,001	0,04	0,03	27	0,191
17,0	0,26	0,14	0,003	0,07	0,05	19	0,294
18,75	0,24	0,09	0,003	0,03	0,12	50	0,640
18,95	0,20	0,12	0,002	0,04	0,04	20	0,211

Auffallenderweise ist die so oft konstatierte Beziehung zwischen dem Zucker der Rübe und ihrem Gesamtstickstoffe hier nicht nachweisbar. Der schädliche Stickstoff spricht eher für die oben aufgestellte Regel. Dem Minimum des Gesamtstickstoffes 0,10 entsprechen 20%, dem Maximum des Gesamtstickstoffes von 0,31 entsprechen 45% des schädlichen Stickstoffes. Auch sonst zeigen die Zahlen: je höher der Gesamtstickstoff, desto höher sein schädlicher Anteil. Saillard fand den schädlichen Stickstoff zu 28—32% des Gesamtstickstoffes.

Auch Duschsky und seine Mitarbeiter konnten für russische Rüben eine Proportionalität zwischen Zuckergehalt und Gesamtstickstoff der Rüben nicht auffinden (siehe S. 163).

Beziehungen zwischen dem Zucker- und dem Aschengehalte der Rüben.

Im 5. Kapitel, Abschnitt C, wurde schon gezeigt, daß diese beiden Größen einander verkehrt proportioniert sind.

Die früher erwiesene Gesetzmäßigkeit zwischen dem Zuckergehalte der Rübe und ihrem Gehalte an Kali, Natron und Stickstoff zeigen auch Aschenanalysen von Saillard (Z. V. d. Zuckerind. 1908, 513).

Die Zahlen stellen Jahresdurchschnitte dar und gelten für französische Rüben.

Tabelle Nr. 30.

		Kali	Natron	Stickstoff
		auf 100 Teile Zucker		
Rübe von	10% Zucker	2,55	1,31	—
	10–12% „	2,22	0,90	—
1902	12–14 „	1,61	0,56	—
	14–16 „	1,59	0,30	—
	16–17 „	1,33	0,22	—
1901	14–15 „	1,30	0,44	1,52
	15–16 „	1,25	0,24	1,30
	16–17 „	1,17	0,17	1,17

Kali, Natron und Stickstoff nehmen mit steigendem Zuckergehalte ab. Natron rascher als Kali; bei gleichem Zuckergehalte ist mehr Kali als Natron anwesend. Das zeigen auch die Analysen von Reinaschen auf S. 194 und im 7. Kapitel.

Zum Schlusse faßt Saillard u. a. folgendes zusammen: „... daß Rüben gleichen Zuckergehaltes verschiedene Mengen während des Verlaufes der Fabrikation nicht entfernbaren Stickstoffes enthalten können, obgleich sich der Gehalt an Stickstoff auf 100 Teile Zucker im allgemeinen in dem Maße verringert, in dem der Zuckergehalt steigt. ... daß man aus Rüben gleichen Zuckergehaltes unter gleichen Arbeitsbedingungen erste Füllmassen erhalten kann, die nicht notwendigerweise denselben Aschengehalt, noch dieselbe Reinheit besitzen.“

Das Verhältnis des Zuckers zum Nitratgehalte der Rüben geht aus der Zusammenstellung auf S. 188 hervor; ebenso sein Verhältnis zu anderen Aschenbestandteilen aus S. 204. Fast überall ergab sich die Wahrheit des Satzes: „Je reicher die Rübe an Zucker ist, desto ärmer ist sie an den einzelnen Nichtzuckern. (siehe S. 195, 197, 200, 201, 202, 204, 205.)

Verhältnis vom organischen zum anorganischen Nichtzucker.

Wichtig ist die Kenntnis, ob zwischen dem anorganischen und dem organischen Anteile des Gesamtnichtzuckers ein konstantes Verhältnis besteht. Wäre dies der Fall, so hätte man durch Bestimmung des Gesamtnichtzuckers gleich mehr Einblick in seine Zusammensetzung.

Ein konstantes Verhältnis zwischen diesen beiden Größen besteht nicht. Die Zusammensetzung der Rübe hängt zu sehr von ihren Wachstumsbedingungen ab, so daß sich Rüben trotz gleichen Nichtzuckergehaltes bei der Verarbeitung verschieden verhalten können.

c) Analytische und fabrikative Wertbestimmung der Zuckerrüben.

Daß nicht alle Rüben, die zur Verarbeitung gelangen, gleich gut sind, hat man wohl schon im Anfange der Rübenzuckerindustrie bemerkt, hatte aber wohl nur den Zuckergehalt, bzw. die mögliche Ausbeute vor Augen. Es muß deshalb der Zuckergehalt einer Rübe in erster

Linie zu ihrer Bewertung herangezogen worden sein. Später sah man ein, daß bei Beurteilung des Wertes eines jeden Zuckerfabriksproduktes neben seinem Zuckergehalte auch sein Gehalt an Nichtzucker maßgebend ist, und schuf den Begriff des Reinheitsquotienten. Aber auch dieser befriedigte nicht vollständig; Stammer sah im Zuckergehalte und dem Reinheitsquotienten eines Saftes die Kriterien für die Güte desselben und stellte seine bekannte Wertzahl zur Beurteilung von Zuckerprodukten und Rüben auf.

Knauer berechnete eine andere Wertzahl, für die aber höchstens der Landwirt oder Nationalökonom Verwertung finden konnte, da sie den Bodenertrag pro Flächeneinheit neben Zuckergehalt und Quotient berücksichtigt.

Cuřín stellte 1896 die Frage nach Bewertung der Rübe auf die richtige Basis: Wieviel Zucker gibt eine Rübe von bestimmter Polarisation als Ausbeute? In sehr annähernder Weise bestimmte er diese zu 2,7% Zucker weniger, als der Zuckergehalt der Rübe beträgt — obwohl sofort einzuwenden ist, daß die Ausbeute aus Rüben von zu viel Bedingungen abhängt, um mit einem Zahlenfaktor bestimmt werden zu können.

Später kam man zur Erkenntnis, daß man nicht von der Rübe direkt ausgehen müsse, sondern auch vom Diffusions- oder Scheidesafte derselben beginnen kann.

Einen sachgemäßen Vorschlag machte Friedl, um die Qualität der Rüben analytisch festzustellen. Alle Rübenuntersuchungsmethoden, die auf die Gewinnung eines Saftes hinzielen, der dem Rohsafte des Betriebes entsprechen soll, verwirft er, weil „wir aus dem wirklichen Reinheitsquotienten des Diffusionssaftes selbst keine weitgehenden Schlüsse ziehen dürfen, solange wir nicht bestimmen können, in welchem Verhältnis die Nichtzuckerstoffe desselben während der Saturation gefällt, bzw. nicht gefällt werden". Nach ihm müßte man im Laboratorium rasch einen Saft zu erhalten trachten, der dem nach der Scheidung entspricht, und in diesem den Reinheitsquotienten bestimmen.

Andrlík löste diese Frage in anderer Weise. Er bestimmt den „schädlichen Stickstoff" zur Beurteilung der Güte von Rüben. Andrlík und Urban (Z. f. Zuckerind. i. B. 1904/05, S. 519) fanden, daß das Verhältnis zwischen dem schädlichen Stickstoff und dem Nichtzucker im Dicksafte im Mittel durch die Zahl 16,1 ausgedrückt werden könne, d. h., daß der Prozentgehalt an schädlichem Stickstoff, mit 16,1 multipliziert, den Nichtzucker ergibt. Der schädliche Stickstoff ist aber schon in der Rübe bestimmbar, geht zu 90% in den Rohsaft und von hier fast unverändert in die Melasse. Ferner gehen vom Zuckergehalte der Rübe 97% in den Rohsaft. Unter Heranziehung dieser beiden Größen und dem Faktor 16,1 (Stickstoffkoëffizient) läßt sich der Quotient des Dicksaftes berechnen, was nach Laboratoriumsversuchen Urbans und Fabriksversuchen Andrlíks gute Resultate ergab (siehe S. 360).

Friedl fand durch viele Analysen, daß zwischen dem Reinheitsquotienten (Krausemethode) und dem schädlichen Stickstoffgehalte der Rübe eine deutliche Korrelation besteht, und daß im allgemeinen einem steigenden Reinheitsquotienten ein sinkender Gehalt an schädlichem Stickstoff entspricht, was auch für den Dicksaft gilt. Friedl schlägt vor, diesen Stickstoff als Grundlage zur Wertbestimmung heranzuziehen, „umso eher, als wir nach der Krausemethode einen Saft erhalten, der dem ungeschiedenen Betriebssaft entspricht, von dem wir also nicht wissen, wie sich seine Nichtzuckerstoffe bei der Saturation verhalten werden, während wir durch die Bestimmung des schädlichen Stickstoffes Zahlen erhalten, aus denen wir, allerdings auch nur durch Verwendung von Wahrscheinlichkeits- oder, besser gesagt, Durschschnittsfaktoren, jedoch viel sicherer, auf die Beschaffenheit des zu erhaltenden Dicksaftes schließen können". An einer Kurve zeigte Friedl denselben Zusammenhang zwischen dem Reinheitsquotienten und dem schädlichen Stickstoffe des Dicksaftes. So schien es ihm möglich, „aus dem Gehalte der Rübe an schädlichem Stickstoffe auf die Reinheit des Saftes nach der Saturation schließen zu können". Andrlík und Urban stellten folgende Formel zur Berechnung der Reinheitsquotienten von Säften auf (siehe die zit. Arbeit):

$$Q = \frac{10\,000}{100 + K_N + N_S}$$

K_N = Stickstoffkoëffizient
N_S = schädlicher N auf 100 Teile Zucker.

Nach dieser Formel berechneten die Genannten die Reinheitsquotienten der Dicksäfte, die mit den durch die Analyse gefundenen Quotienten übereinstimmten. Den Stickstoffkoëffizienten betrachten sie als eine ziemlich konstante Größe, welche sowohl für eine und dieselbe Fabrik als auch für den ganzen Jahrgang der Rübe geringen Änderungen unterliegt.

Desgleichen berechneten Andrlík und Urban aus dem schädlichen Stickstoffe der Rübe und ihrem Zuckergehalte — wie schon oben dargelegt — den Reinheitsquotienten des saturierten Saftes. Die Genannten schließen: „... die Wichtigkeit der Bestimmung des schädlichen Stickstoffes in der Rübe nachgewiesen zu haben. Dieselbe bietet nicht nur bei gleichzeitiger Kenntnis des Zuckergehaltes die sicherste Unterlage für die Bewertung der Qualität der Rübe ..., sondern auch, was aus dem gegebenen Rübenmateriale zu erwarten steht, und belehrt im voraus über ... die erreichbare Ausbeute."

Da aber die Methode von Andrlík für Massenanalysen im Fabrikslaboratorium nicht geeignet ist, arbeitete Friedl eine solche aus. Sie ist eine kolorimetrische und beruht darauf, „daß die Amidverbindungen der Rübe $Cu(OH)_2$ mit tiefblauer Farbe zu lösen vermögen; je mehr Amide also vorhanden sind, umso tiefer der Farbton und umsomehr schädlicher Stickstoff ist vorhanden". Da zwischen dem schädlichen und dem Gesamtstickstoffe annähernd ein proportionales Verhältnis besteht, so kann die kolorimetrische Methode auch über den Gesamtstickstoff einen gewissen Aufschluß geben.

Friedl mußte aber, um seine kolorimetrische Methode anwenden zu können, dem Begriffe „schädlicher Stickstoff" eine etwas andere

Deutung geben, als Andrlíks Definition entspricht. Nach letzterem muß von dem nicht durch $Cu(OH)_2$ fällbaren Stickstoff der des Ammoniaks und der Amide abgezogen werden, da die beiden letztgenannten Formen nicht in die Melasse gelangen. Friedl aber versteht unter „schädlichem Stickstoff" den überhaupt durch $Cu(OH)_2$ nicht fällbaren Stickstoff — also ohne den Abzug für Ammoniak und Amide. (Ö. U. Z. f. Zuckerind. XL, Jahrg. 1911, S. 274).

Theoretisch kann man Friedl nicht zustimmen; auch deshalb nicht weil er einen bestehenden Begriff durch einen anderen abändert und so zwei Arten von „schädlichem Stickstoff" schafft — nach Andrlík, nach Friedl. Mit Rücksicht darauf aber, daß seine Methode viel leichter Eingang in die Fabrikslaboratorien finden kann als die von Andrlík, wird man über die theoretischen Einwände hinweggehen können und aus praktischen Gründen seine Definition vom schädlichen Stickstoff nicht verwerfen müssen.

Neben den genannten chemischen Größen kommen noch andere, praktische bei der Bewertung der Rüben in Betracht.

Daß Größe und Gewicht der Rübe einen Einfluß auf ihre Qualität hat, ist bekannt und liegen hier die Interessen des Rübenbauers und des Zuckertechnikers in entgegengesetzter Richtung. Dort, wo die Rübe — was in Österreich-Ungarn fast allgemein der Fall ist — nach dem abgelieferten Gewichte bezahlt wird, hat der Rübenbauer nur das Interesse: große und schwere Rüben zu fechsen. Solche sind aber fabrikativ minderwertiger als kleinere Rüben.

Marek fand im Jahre 1883 folgende Zusammenhänge:

Gewicht einer fabriksmäßig geputzten Zuckerrübe in Gramm:

	222	410,4	795,4	1497
	kleine	mittelgroße	große	sehr große
	Zuckerrüben			
Spez. Gewicht des Saftes	1,062	1,059	1,060	1,058
Trockensubstanz	15,139	14,428	14,666	14,190
Zuckergehalt des Saftes	13,49	12,56	12,14	11,65
Nichtzuckergehalt	1,649	1,868	2,526	2,540
Reinheitsquotient	89,10	87,05	82,77	82,10
Stammersche Wertzahl	12,0	10,8	9,9	9,5

„Mit dem zunehmenden Wurzelgewicht verkleinert sich das spez. Gewicht des Saftes, verringert sich die Trockensubstanz, verkleinert sich der Zuckergehalt, vermindert sich der Reinheitsquotient und der Wert der Zuckerrübe. Nur ein Faktor, und gerade ein bedenklicher, auf dessen Reduktion immer hingearbeitet werden soll, der Nichtzuckergehalt steigt in dem Maße, als die Größe der Rübe zunimmt." (Mitteilungen a. d. landw. Laborat. der Universität Königsberg, 1. Heft.)

Da alle nachfolgenden Untersuchungen über diesen Gegenstand gleiche Resultate zeitigten, sei gleich die Arbeit Andrlíks und Urbans aus dem Jahre 1908 (Z. f. Zuckerind. i. B., Juni) angeführt. Ein Blick auf die nachfolgenden Analysenzahlen ergibt, daß die großen

Rüben in jeder Hinsicht minderwertiger als die normalen Rüben sind. Mit geringerem Zuckergehalte steigt der Gehalt an Gesamtstickstoff und Asche.

Tabelle Nr. 31.

	Abnormal große Rüben			Norm. Rübe	Zusammensetzung der Reinaschen			
	I	II	III		I	II	III	norm.
Durchschnittsgewicht der Wurzel in Gramm	3800	3600	2840	510				
Trockensubstanz . .	17,25	20,12	20,30	25,10				
Saccharose	9,60	10,20	10,80	18,50				
Reduzierender Zucker	1,33	gegenwärtig		0,100				
Rohasche	1,374	1,451	1,235	0,670				
Stickstoff	0,334	0,358	0,294	0,196				
K_2O	0,229	0,369	0,363	0,188	23,71	36,00	41,79	37,13
Na_2O	0,444	0,314	0,206	0,048	46,02	30,58	23,68	9,57
CaO	0,048	0,052	0,066	0,064	4,97	5,06	7,59	12,29
MgO	0,061	0,088	0,056	0,053	6,33	8,68	6,42	10,90
$Al_2O_3 + Fe_2O_3$ . . .	0,010	0,015	0,011	0,032	1,06	1,55	1,25	6,00
P_2O_5	0,050	0,069	0,066	0,086	5,01	6,70	7,63	17,09
SO_3	0,075	0,065	0,067	0,030	7,80	6,35	7,65	5,82
Cl	0,048	0,052	0,044	0,005	5,00	5,09	4,97	1,05

Zu einer Zeit, da der Durchschnittsgehalt der Rüben an Zucker 15,0% betrug, fand Verfasser in ungarischen Rüben bei einem Gewichte von 3400 g 8,70% und bei 4500 g 9,8% Zucker. Ein anderes Mal fand derselbe in einer 4600 g schweren Rübe nur 12,2% Zucker gegen 16,0% Zucker der am selben Tage verarbeiteten Rüben.

Tabelle Nr. 32.

Einige ausgewählte analytische Daten	1901/02 sehr trocken	1903/04 mäßig trock.	1902/03 naß
Zucker in der Rübe (alkoholische Digestion) .	15,72	16,69	15,21
Reinheit des Diffusionssaftes	84,42	87,75	88,53
Stickstoff im Diffusionssaft in 100 Teilen Trockensubstanz	0,97	0,69	0,60
Stickstoff im Diffusionssaft in 100 Teilen Nichtzucker	6,24	5,60	5,23
Schädlicher Stickstoff	57,60	61,90	53,00
Alkalitätsrückgang bei der Verdampfung in % der ursprünglichen Alkalität	90,00	72,00	42,00
CaO in der Füllmasse auf 100 Teile	0,111	0,106	0,042
Reinheit der Füllmasse	91,1	93,2	94,7
Organischer Nichtzucker: Asche in I. Füllmasse	2,45	2,51	1,84
Organischer Nichtzucker: Asche in der Endmelasse	2,80	2,55	2,25
Endmelasse % auf Rübe	4,10	3,50	2,90
Reinheit der Melasse	58,8	59,2	62,0
Gesamtstickstoff in Trockensubstanz	2,886	2,576	2,112
Gesamtstickstoff des Nichtzuckers	7,00	6,31	5,55
In Melasse Zuckerverlust auf Rübe	2,00	1,74	1,50

Eine ausführliche Untersuchung „über die Zusammensetzung verschieden großer Zuckerrüben“ von A. Herke kommt zu denselben Resultaten. Besonders die Bestimmungen des Gesamt- und des schädlichen Stickstoffes sind sehr lehrreich.

Bei den großen Rüben steigt der Gesamtstickstoff bis zum 1,5fachen und der schädliche Stickstoff bis zum 2,6fachen des Gehaltes der kleinen Rüben an. Z. B. machte der schädliche Stickstoff bei einer 120 g schweren Rübe 24,7% und bei einer 1820 g schweren Rübe 39,9% vom Gesamtstickstoff aus (Ö. U. Z. f. Zuckerind. XLI, 1912, S. 8).

Die Tabelle Nr. 32 zeigt den Einfluß der Witterungsverhältnisse während der Vegetation der Rüben auf ihre Qualität und somit auf ihre Verarbeitungsfähigkeit. Sie ist einer Studie Smolenskis entnommen; obwohl solche Zahlen nicht verallgemeinbar sind, ist sie doch sehr instruktiv.

7. Kapitel.

Kopf, Schwanz und Blatt der Rüben.

a) Verteilung des Zuckers und des Nichtzuckers in der Rübe.

Von Interesse ist es, die Verteilung des Zuckers und Nichtzuckers in der Rübe zu kennen; würde die ganze Rübe — ohne Blattapparat gedacht — zur Verarbeitung gelangen, so hätte diese Kenntnis höchstens theoretischen Wert; so aber wird die Rübe geköpft geliefert, und bevor sie zur Verarbeitung gelangt, brechen noch ihre Spitzen ab. Es ist daher wichtig, zu wissen, ob durch die Ausscheidung der Rübenköpfe und Rübenspitzen (Schwänze) die Gewinnung des Zuckers erleichtert wird, dadurch, daß vielleicht die schädlichsten Bestandteile in diesen Abfällen zu finden sind, oder ob gerade das Gegenteil der Fall ist. Auch ist die Kenntnis dieser Verteilung für eine richtige Probenahme von Bedeutung.

Die Verteilung des Zuckers und Nichtzuckers im Rübenkörper ist auf physiologische Ursachen zurückzuführen.

Stammer dürfte der Erste gewesen sein, der die Verteilung des Zuckers in der Rübe studierte (1861). Brettschneider zerlegte die Rüben in konzentrische Ringe, Sebor untersuchte Kopf-, Mittel- und Schwanzstück. Das Mittelstück erwies sich als der beste Rübenteil. Engel zerlegte die Rübe in fünf Teile, und zwar Kopf, Teil zunächst dem Kopfe, Mittelstück, Teil zunächst diesem und in die Spitzen. Auffallenderweise fand er in den Spitzen am meisten Zucker. Sachs fand u. a., daß der Zuckergehalt vom Kopfe nach dem Schwanze hin zunimmt.

Andere Untersuchungen mit teils widersprechenden Ergebnissen übergehend, seien folgende aus den letzten Jahren angeführt.

Bartoš konstatierte (Z. f. Zuckerind. i. B. 1902/03, S. 56) folgende Verteilung:

Tabelle Nr. 33.

	Spitze 2,34 %	Mitte 92,36 %	Kopf 5,3 % *)
Trockensubstanz	25,00	25,85	26,40
Zucker	16,40	19,05	13,20
Asche	0,89	0,30	1,85
Mit H_2O auslaugbarer Rückstand	6,12	5,16	9,31
Reinheitsquotient	86,77	92,62	77,18

*) Schlecht geköpft, kegelförmig.

Ausführliche Analysen zur Topographie des Zuckers und der Nichtzuckerstoffe stammen von Urban. Nur sind die Betriebsverhältnisse insofern nicht berücksichtigt worden, als Kopf und Schwanz der Rübe mit zu großen Prozentteilen angenommen wurden, so daß aus diesen Zahlen der Verlust, bzw. Gewinn für die Zuckererzeugung nicht direkt zu ersehen ist. (Urban, Z. f. Zuckerind. i. B. 1907/08, S. 17.)

Die Tabelle Nr. 34 zeigt die Verteilung der einzelnen Bestandteile in der frischen Wurzel und in der Reinasche.

Tabelle Nr. 34.

In 100 Teilen frischer Wurzel				Zusammensetzung der Reinasche			
	Spitze 24 % d. Rübe	Mitte 64 % d. Rübe	Kopf 12 % d. Rübe		Spitze	Mitte	Kopf
Trockensubstanz	21,68	22,54	22,34	K_2O	40,57	39,32	34,82
Zucker	15,80	17,30	15,80	Na_2O	6,63	8,96	12,81
Reinasche	0,383	0,379	0,462	CaO	14,83	16,41	20,03
Gesamt-N	0,094	0,105	0,173	MgO	8,71	9,21	8,68
Eiweiß-N	0,057	0,064	0,103	$Al_2O_3 + Fe_2O_3$	4,70	2,10	1,51
Ammoniak- und Amid-N	0,004	0,008	0,012	P_2O_5	15,47	14,85	12,50
Betaïnstickstoff	0,023	0,022	0,030	SO_3	7,83	7,62	6,35
Schädlicher N	0,033	0,033	0,058	Cl	1,55	1,75	3,38
K_2O	0,156	0,148	0,160				
Na_2O	0,025	0,033	0,059				
CaO	0,056	0,062	0,092				
MgO	0,033	0,035	0,040				
$Al_2O_3 + Fe_2O_3$	0,018	0,008	0,007				
P_2O_5	0,059	0,058	0,057				
SO_3	0,030	0,028	0,029				
Cl	0,006	0,007	0,016				

Diese Zahlen bedürfen keiner Erläuterung. Ist in diesem Falle die Rübe in horizontaler, somit auf die Achse vertikaler Richtung zerteilt, so geschah die Zerteilung für die folgende Untersuchung in radialer Richtung. So erhält man einen innersten Kernteil, eine äußere Schichte und zwischen beiden die Mittelschichte. Diese Teile zeigten folgende Zusammensetzung.

Tabelle Nr. 34a.

Frische Wurzel				Reinasche			
	I 7 %	II 30 %	III 63 %		I	II	III
Trockensubstanz	21,85	22,97	20,81	K_2O . . .	37,95	38,48	40,28
Zucker.	17,90	18,30	16,60	Na_2O . . .	15,83	9,85	7,54
Reinasche . . .	0,363	0,292	0,427	CaO . . .	13,17	14,92	17,78
Gesamt-N . . .	0,100	0,094	0,148	MgO . . .	7,15	8,48	5,58
Eiweiß-N . . .	0,059	0,056	0,084	$Al_2O_3+Fe_2O_3$	2,74	5,75	3,77
Ammoniak- und Amid-N . . .	0,006	0,006	0,010	P_2O_5 . . .	11,55	12,51	14,60
Betaïn-N. . . .	0,019	0,022	0,031	SO_3	9,03	8,60	8,81
Schädlicher N .	0,035	0,032	0,054	Cl	2,61	1,33	1,63
K_2O	0,138	0,113	0,173				
Na_2O	0,058	0,029	0,032				
CaO	0,047	0,044	0,076				
MgO	0,026	0,025	0,023				
$Fe_2O_3 + Al_2O_3$.	0,010	0,017	0,016				
P_2O_5	0,042	0,037	0,062				
SO_3	0,033	0,025	0,038				
Cl	0,009	0,004	0,007				

Alle diese Zahlen zeigen deutlich die qualitative Minderwertigkeit des Rübenkopfes und der Schwänze. Das Rübenmittelstück ist in jeder Hinsicht der beste Teil der Rübe.

Diese Untersuchungen stützen von neuem manche früher gezeigte Gesetzmäßigkeiten. Dem größten Zuckergehalte des Rübenmittelstückes entspricht die kleinste Gesamtasche, der geringere schädliche Stickstoff und der geringste Gesamtstickstoff; ebenso ist dieses Stück das reinste, wie die Reinheitsquotienten von Bartoš zeigen.

Das Köpfen der Rüben und das Abbrechen der Schwänze ist sonach nur als vorteilhaft für die Verarbeitung der Rüben zu betrachten[1]).

Die Topographie des Zuckers wurde auch mit gleichen Resultaten von Schubart studiert. Dieser zerlegte die Rüben in ineinander geschichtete Kegelmäntel, die im Kopfteile die Spitzen nach abwärts, im Schwanzteile nach aufwärts haben. So fand er zuckergleiche Zonen, wie die Figur Nr. 4 zeigt.

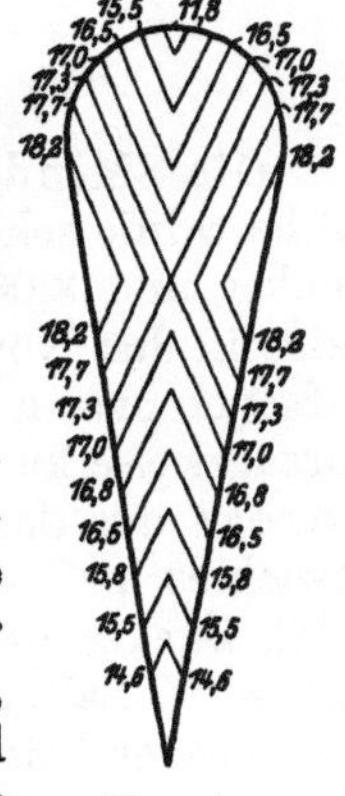

Fig. 4.

In letzter Zeit fand dieselbe Frage eine Bearbeitung durch Floderer und Herke (Ö. U. Z. f.-Zuckerind., XL. Jahrg., 1911, S. 385). Die Rübe wurde von oben nach unten in zehn Zonen quer zur Längsachse geschnitten, so daß Zone 1 etwa den Kopf, 2 bis 8 den Rumpf und 9 bis 10 die Wurzel darstellen. Bei Zone 8 beginnt bereits die starke Verjüngung der Rübe. Folgende Tabelle ist die Wiedergabe der Resultate einer Versuchsreihe.

[1]) Da ökonomische Momente hier nicht in Betracht kommen.

Tabelle Nr. 35.

Nr. der Zone	Zucker	Trockensubstanz	Trockensubstanz der Nichtzuckerstoffe	Mit $Cu(OH)_2$ nicht fällbarer N	Amid- u. Ammoniak-N	Schädlicher N	Asche	CaO	MgO	K_2O	Na_2O	P_2O_5
1	11,20	20,93	9,73	0,204	0,048	0,156	1,325	0,080	0,149	0,248	0,049	0,053
2	14,67	22,64	7,96	0,123	0,028	0,095	1,375	0,104	0,124	0,238	0,048	0,070
3	16,00	22,32	6,27	0,107	0,022	0,083	1,050	0,084	0,115	0,209	0,027	0,045
4	16,20	22,29	6,18	0,105	0,024	0,082	1,048	0,084	0,119	0,196	0,040	0,045
5	16,05	22,30	6,29	0,117	0,029	0,083	1,271	0,078	0,120	0,202	0,036	0,044
6	15,65	22,13	6,53	0,123	0,031	0,092	1,349	0,093	0,118	0,219	0,069	0,068
7	15,36	22,04	6,67	0,128	0,035	0,093	1,120	0,063	0,138	0,216	0,047	0,038
8	15,22	22,18	6,96	0,132	0,033	0,093	1,284	0,069	0,149	0,225	0,042	0,048
9	14,90	22,79	7,89	0,132	0,035	0,097	1,235	0,075	0,165	0,233	0,030	0,041
10	14,10	22,93	8,83	0,135	0,034	0,101	1,447	0,107	0,201	0,271	0,027	0,049

Der Leser wird das Zu- oder Abnehmen der einzelnen Bestandteile mit der Zone und die eventuell herrschenden Beziehungen, z. B. zwischen Zucker und Asche, oder Zucker und Kali usw. und die Übereinstimmung oder Divergenz mit den früheren Ergebnissen selbst konstatieren können.

Die genannte Arbeit enthält auch eingangs die gesamte Literatur über diesen Gegenstand aufgezählt.

Was die beiden Autoren über die Verteilung des Zuckers von dem Äußern nach dem Rübeninnern und in diesem fanden, stimmt mit Urbans Mitteilungen überein. Für den Kopf fanden sie ferner 10,8 bis 17,3%, für den Rumpf 14,6 bis 17,32% und für die Wurzel 13,8 bis 15,67% Zucker.

b) Minderwertigkeit der Rübenköpfe.

Die Minderwertigkeit der Rübenköpfe gegenüber der Rübe wurde schon frühzeitig erkannt. 1874 fand Bergmann 11,21% Zucker und 3,06% Asche in den Rüben, 9,48% Zucker und 4,28% Salze in den Köpfen. 1875 wies Péligot nach, daß die von der Rübe aufgenommenen Sulfate und Chloride im oberen Drittel derselben vorzugsweise zu finden sind. Dasselbe fand Violette. Eine Angabe Mareks aus dem Jahre 1892 gibt den Kopf mit 20,28% des Rübengewichtes an — entschieden zu hoch; ferner fand derselbe im Kopfe 9,7% Zucker und 3,4% Salze, in der Rübe (Rumpf) 11,6% Zucker und 2,7% Salze. Hollrung (Z. V. d. Zuckerind. 1897, S. 5) weist auf die Unsicherheit des Begriffes „Kopf" hin. Das Gewichtsverhältnis desselben zum Gewicht der ganzen Rübe stellte er zu 12,8% im Mittel fest. Ferner fand er für die von ihm untersuchten Rüben, bzw. Köpfe folgende Zahlen: Zucker im Kopfe 12,98 und in der Wurzel 15,61%. Im Kopfsafte 15,15, im Wurzelsafte 17,35%. Der Nichtzuckergehalt betrug im Mittel für den Kopf 3,23%, für die Wurzel 2,14%. Auch waren die Köpfe um 7,7% saftärmer als die Wurzeln und hatte der Saft aus den Köpfen dunklere Färbung als der aus den Wurzeln. Auf Grund dieser Zahlen erklärt Hollrung die Rübenköpfe als einen „unter allen Umständen minderwertigen Teil der Zuckerrübe" und bezeichnet die Köpfe als „ein fabrikativ mit Nutzen nicht mehr zu verarbeitendes, daher wertloses Material".

Eine richtig durchgeführte Köpfung der angeführten Rüben wird daher mit Recht verlangt.

Die Rübenschwänze stellen auch ein minderes Material als die Rübenmittelstücke dar.

c) Chemische Zusammensetzung des Rübenkrautes.

Die Frage nach der chemischen Zusammensetzung des Rübenkrautes kann eine kürzere Beantwortung finden, da ihr hier keine große Bedeutung zukommt. Die Analysen der Tabelle Nr. 36 entstammen den schon bei den Aschenanalysen der Rübe angeführten Untersuchungen von Andrlík und Urban (Z. f. Zuckerind. i. B., November 1909).

Tabelle Nr. 36.

Nr.	% Zucker	K_2O	Na_2O	CaO	MgO	$Fe_2+Al_2O_3$	P_2O_5	SO_3	Cl	Zucker der Rübe
1	18,8	35,2	18,6	14,0	4,9	4,5	5,1	12,9	4,2	Blattsubstanz der Rübenblätter. 100 Teile ihrer Reinasche enthalten:
2	18,0	33,7	19,2	13,2	5,3	5,6	5,0	12,7	4,8	
3	17,0	31,1	22,8	12,8	5,0	3,9	4,8	14,9	4,0	
4	18,8	29,0	23,0	15,9	5,6	4,8	5,4	5,1	10,9	Reinasche der Blattstiele derselb. Rüben wie oben.
5	18,0	29,7	20,9	15,2	4,7	4,9	5,6	5,0	13,7	
6	17,0	25,0	26,2	16,8	4,8	4,5	5,4	4,9	12,1	
7	19,7	34,1	19,3	9,8	2,9	11,7	6,9	8,5	5,4	
8	14,1	22,7	27,6	11,1	15,2	10,2	6,8	7,4	8,8	
9	7,8	25,3	36,0	10,4	6,4	6,6	6,6	5,1	—	21. Juni
10	11,6	25,2	34,4	12,2	4,6	5,9	5,9	6.5	—	5. Juli.
11	18,4	25,7	31,8	12,3	6,0	—	3,5	8,3	—	31. Juli.
12	17,7	21,8	23,6	16,8	7,9	—	3,5	9,8	—	21. August.
13	15,3	20,7	17,7	16,4	7,2	—	4,6	9,2	—	3. Oktober.
14	—	17,5	28,4	14,6	14,9	0,98	6,9	5,1	11,4	Durchschnittszusammensetzung nach Wolff 1871, 1880.
15	—	24,7	13,1	23,9	8,9	0,25	3,3	5,0	6,4	
16	18,7	30,8	20,1	11,8	4,6	10,0	7,4	8,0	7,6	Andrlík-Urban 1903/05/06 mit verschieden. Zuckergeh.
17	17,2	28,5	19,3	13,3	6,4	9,1	7,5	8,0	6,9	

Nr. 15 sind Zahlen, die Rümpler aus Wolffs Analysen berechnete. Urban und Andrlík führen dieselben nicht an.

Die Analysen 1—3 und 4—6 zeigen den Zusammenhang zwischen Zuckergehalt der Rübe und Reinasche des Rübenblattwerkes, bzw. der Blattstiele. Wie in den Wurzeln, steigt mit dem Zuckergehalte der Kali- und Phosphorsäuregehalt der Reinasche der Rübenblätter (und Stiele); der Natrongehalt fällt. Die Aufsuchung der Unterschiede in der Aschenzusammensetzung der Blattsubstanz gegen die der Blattstiele sei dem Leser selbst überlassen.

Die Analysen 7, 8 stammen von Rüben mit hohem und geringem Zuckergehalte und zeigen die Veränderung der Reinaschenzusammensetzung.

Auf die Zusammensetzung der Reinasche hat auch die Größe, Farbe und Lage der Blätter Einfluß (Bartoš).

Die Analysen 9—13 zeigen diese Verhältnisse in den einzelnen Entwicklungsstadien.

Wichtiger sind die Analysen 14—17, die, wie bei den Rüben, den Einfluß der Veredelung der Rübe auf die Zusammensetzung der Blattaschen zeigen.

In dem Maße, als die Rübe zuckerreicher wurde, stieg der Gehalt an Kali, Phosphorsäure und fiel der Natrongehalt der Blattaschen. Aber auch der Aschengehalt der Blätter sank im allgemeinen.

Über die Zusammensetzung des Rübenkrautes diene das wenige Folgende nur zur Orientierung.

Herzfeld untersuchte im Jahre 1893 das Kraut von Rüben aus verschiedenen Teilen Deutschlands und fand folgende Grenzzahlen:

In 100 Teilen Trockensubstanz:

	Min.	Max.
Asche	18,1	41,0
Kalk	1,6	3,2
Oxalsäure	5,5	10,4
Oxalsäure an Kalk gebunden	2,6	5,2

Folgende vier Analysen zeigen die Zusammensetzung der Rübenblätter in den Monaten Juli (1), August (2), September (3) und November (4).

Tabelle Nr. 37.

Nr.	Polarisation	reduz. Zucker (Invertz.)	Trock.-Subst.	Asche	Kalk	Oxalsäure	Oxalsäure an CaO gebund.	Gesamt-N in der		Proteïn-N in der	
				i. d. Trockensubstanz				Trock.-Subst.	Frisch. Subst.	Trock.-Subst.	Frisch. Subst.
1	+ 0,76	1,11	11,9	23,1	2,2	6,4	3,6	3,77	0,45	0,38	0,05
2	+ 1,20	3,33	12,7	16,0	1,8	5,8	2,8	2,16	0,27	0,73	0,09
3	+ 1,10	1,70	13,2	18,2	1,8	5,9	3,0	3,66	0,48	0,93	0,12
4	+ 0,45	0,91	9,3	26,5	2,3	7,9	3,9	3,75	0,35	1,13	0,11

Unter normalen Verhältnissen beträgt die Menge der Reinasche im Blattwerke ca. 2%, in trockeneren Sommern bis 2,83% (wegen der größeren Trockensubstanz), die Stickstoffmenge 0,332—0,591%. Durchschnittlich wären in einem normalen Jahre für eine Rübe mit 18,03% Zucker 1,93% Reinasche und 0,361% Gesamtstickstoff im frischen Kraute. Die Blattsubstanz enthält an Asche nahezu doppelt und an Stickstoff fast dreimal soviel wie die Blattstiele.

d) Die Entwicklung der Rüben.

Bisher wurden alle chemischen Individuen betrachtet, die in der Rübe normal oder auch seltener vorkommen. Dabei wurden aber noch nicht die Zusammensetzungsverhältnisse der Rübe in einem bestimmten Zeitpunkte ins Auge gefaßt oder die Rübe in ihrer Entwicklung betrachtet. Näher auf die mit dem Wachstume verknüpften, veränderlichen Zusammensetzungsverhältnisse einzugehen, ist an dieser Stelle nicht notwendig, hingegen ist es hier von größter Bedeutung, die Zusammensetzung der Rübe in ihrem Reifezustand genau zu kennen. Auf die älteren diesbezüglichen Arbeiten von Hoffmann aus dem Jahre 1862, Méhay 1869, Sostmann 1872, Corenwinder und Contamine sei nur hingewiesen. Mit demselben Gegenstande beschäftigten sich 1894 Herzfeld, 1898/99 Wendeler, Stoklasa u. a.

In folgender Tabelle stellte der Verfasser Ergebnisse vierjähriger Untersuchungen über die Entwicklung der Rüben zusammen. Durchgehends steigt der Zuckergehalt der Rübe und die Reinheit ihres Preßsaftes. Diese Zahl kann zu Vergleichszwecken mit genügender Genauigkeit herangezogen werden. Ebenso steigt das Gewicht der Rübenwurzel; jenes der Rübenblätter steigt zunächst an, sinkt aber im Herbste. In der Rubrik „Bemerkungen" ist das Wetter und die Blattmenge in Prozenten des Wurzelgewichtes verzeichnet. Die letztgenannte Zahl nimmt fast kontinuierlich mit fortschreitender Entwicklung der Rüben ab.

Tabelle Nr. 38.

Die Entwicklung der Rüben während der Reife.

	Zucker i. d. Rübe (Dig.)	Quot. des Preßsaftes	Gewicht einer Rübe g	Rübenblatt in g	Bemerkungen
1908					
25. Juli . .	9,60	76,0	229	520	227 %
1. August .	11,30	76,9	339	633	186 %
10. „ .	11,70	79,7	333	590	177 %
14. „ .	12,4	77,8	346	616	178 %
22. „ .	13,3	81,4	367	585	159 %
29. „ .	13,45	80,6	436	662	151 %
5. Septemb.	16,0	87,9	503	354	70 %
12. „	16,0	86,7	360	292	81 %
19. „	15,9	88,1	512	376	73 %
1909					
31. Juli . .	9,3	78,8	139	650	467 %
7. August .	10,3	89,1	134	447	trocken
14. „ .	12,8	82,1	161	408	starker Regen
21. „ .	13,3	85,7	169	446	264 %
28. „ .	13,4	87,8	215	495	230 %
4. Septemb.	12,2	86,9	206	580	281 %
11. „	14,3	87,6	300	481	156 %
17 „	13,8	86,2	358	450	125 %
25. „	13,8	86,2	362	520	143 %

	Zucker i. d. Rübe (Dig.)	Quot. des Preßsaftes	Gewicht einer Rübe g	Rübenblatt in g	Bemerkungen
1910					
23. Juli . .	7,6	73,1	120	460	383 %
30. „ . .	13,0	86,3	164	475	289 %
6. August .	13,8	86,9	188	518	Regen
13. „ .	14,3	88,6	300	520	173 %
20. „ .	12,8	84,8	246	432	176 %
27. „ .	13,5	85,7	444	590	132 %
3. Septemb.	12,8	88,2	364	544	Regen
10. „	12,6	85,3	418	590	141 %
17. „	13,8	86,6	486	572	118 %
24. „	15,7	88,9	525	508	96 %
1911					
1. Juli . .	8,6	76,1	78	231	296 % }
8. „ . .	10,3	79,7	140	229	163 % }
15. „ . .	11,8	82,2	152	228	150 % } sehr
22. „ . .	13,6	84,0	261	407	155 % } heiß,
29. „ . .	14,5	85,3	301	413	137 % } ohne
5. August .	14,9	85,3	296	414	139 % } Regen
12. „ .	14,6	85,8	343	381	111 % }
19. „ .	14,6	85,8	378	363	96 % }
26. „ .	—	86,4	380	368	}
2. Septemb.	15,4	87,2	449	365	} schön, ohne
9. „	15,7	88,9	490	346	} Regen
16. „	17,2	89,1	568	398	2. September
23. „	17,8	89,7	556	376	Regen 67,6%
30. „	17,2	88,5	570	370	64 %

Eine groß angelegte Untersuchung über die Veränderungen in der Zusammensetzung der Rübe während ihres Reifeprozesses führten **Andrlík**, **Stanek** und **Urban** aus (Z. f. Zuckerind. i. B. 1901/02, 343). Auf die Abhandlung sei hiermit hingewiesen und hier nur das Wichtigste herausgegriffen. Die Versuche dauerten vom 1. August bis 1. Oktober, das Wetter war klar, warm, trocken und ohne erheblichere Niederschläge während dieser ganzen Zeit. Zur Analyse gelangten neben der Wurzel nur die grünen Blätter, und zwar getrennt vom Blattstiel. Die vergilbten Blätter wurden für sich untersucht.

Die Resultate sind von den Autoren in folgender Tabelle zusammengestellt worden. Die Zahlen beziehen sich auf frische Rübenbestandteile. Nur die Veränderungen der Wurzel seien hervorgehoben. In der Zeit vom 1. August bis 1. Oktober nahmen zu: die Trockensubstanz um 13%, die Saccharose um 21%, CaO um 24%, MgO um 4%. Es nahmen ab: reduzierender Zucker um 57%, Stickstoff um 19%, Eiweiß um 7%, Oxalsäure um 38%, Fett um 75% usw.

Die Rübe nahm also während ihrer Entwicklung an Qualität bedeutend zu, woraus die fabrikative Minderwertigkeit unreifer Rüben gegenüber reifen Rüben hervorgeht.

Tabelle Nr. 39.

Veränderungen in % der Menge Rübenbestandteile während der Reife.
(Auszugsweise dargestellt.)

		Muster vom 1. August	Muster vom 1. Oktober	Zunahme %	Abnahme %
Trockensubstanz der frischen Rübe	Blattsubstanz	17,22	17.30	0,08	—
	Blattstiel	13,33	13,15	—	0,18
	Wurzel	20,05	22,68	2,63	—
Saccharose	Blattsubstanz	0,10	0,40	0,30	—
	Blattstiel	0,90	0,70	—	0,20
	Wurzel	12,10	14,70	2,60	—
Reduzier. Zucker	Blattsubstanz	0,80	0,40	—	0,40
	Blattstiel	3,30	2,60	—	0,70
	Wurzel	0,14	0,06	—	0,08
Azidität cm^3 Norm.-KOH des Dig.-Saftes aus 100 g Brei	Blattsubstanz	46,3	29,6	—	16,7
	Blattstiel	24,1	13,3	—	10,8
	Wurzel	31,0	19,2	—	11,8
Gesamtstickstoff (Jodlbauer)	Blattsubstanz	0,75	0,69	—	0,06
	Blattstiel	= 0,36	0,34	—	0,02
	Wurzel	0,33	0,27	—	0,06
Eiweißstickstoff (Rümpler)	Blattsubstanz	0,57	0,56	—	0,01
	Blattstiel	0,16	0,18	0,02	—
	Wurzel	0,14	0,13	—	0,01
Peptonstickstoff (Rümpler)	Blattsubstanz	0,016	0,015	—	0,001
	Blattstiel	0,020	0,010	—	0,010
	Wurzel	0,011	0,010	—	0,001
Ammoniakstickstoff (Baumann)	Blattsubstanz	0,013	0,014	—	—
	Blattstiel	0,013	0,010	—	0,003
	Wurzel	0,019	0,018	—	0,001
Betaïnstickstoff (Baumann)	Blattsubstanz	0,060	0,040	—	0,020
	Blattstiel	0,027	0,015	—	0,012
	Wurzel	0,009	0,008	—	0,001
Nitratstickstoff (Schulze-Tiemann)	Blattsubstanz	0,021	0,012	—	0,009
	Blattstiel	0,100	0,051	—	0,049
	Wurzel	0,009	0,008	—	0,001
Azidität d. m. Äther auslaugb. Säuren $cm^3 \frac{1}{n}$ KOH	Blattsubstanz	45,2	47,4	2,2	—
	Blattstiel	20,00	23,8	3,8	—
	Wurzel	12,6	11,5	—	1,1
Flüchtige Säuren	Blattsubstanz	2,4	1,4	—	1,0
	Blattstiel	3,6	2,2	—	1,4
	Wurzel	1,6	0,7	—	0,9
Oxalsäure	Blattsubstanz	2,18	2,32	0,14	—
	Blattstiel	0,85	1,03	0,18	—
	Wurzel	0,21	0,13	—	0,08
Fett, mit Petroleumäther extrahiert	Blattsubstanz	1,08	1,05	—	0,03
	Blattstiel	0,20	0,27	0,07	—
	Wurzel	0,20	0,05	—	0,15

		Muster vom 1. August	Muster vom 1. Oktober	Zunahme %	Abnahme %
Reinasche	Blattsubstanz	3,30	2,92	—	0,15
	Blattstiel	1,84	1,79	—	0,38
	Wurzel	0,81	0,74	—	0,07
K_2O	Blattsubstanz	0,933	0,454	—	0,479
	Blattstiel	0,886	0,231	—	0,635
	Wurzel	0,377	0,307	—	0,070
Na_2O	Blattsubstanz	0,700	0,723	0,023	—
	Blattstiel	0,242	0,464	0,222	—
	Wurzel	0,050	0,049	—	0,001
CaO	Blattsubstanz	0,470	0,549	0,079	—
	Blattstiel	0,173	0,354	0,181	—
	Wurzel	0,062	0,077	0,015	—
MgO	Blattsubstanz	0,417	0,365	—	0,052
	Blattstiel	0,132	0,215	0,083	—
	Wurzel	0,081	0,084	0,093	—
P_2O_5	Blattsubstanz	0,236	0,203	—	0,033
	Blattstiel	0,150	0,100	—	0,050
	Wurzel	0,146	0,132	—	0,014
SO_3	Blattsubstanz	0,428	0,514	0,086	—
	Blattstiel	0,068	0,078	0,010	—
	Wurzel	0,057	0,043	—	0,014
Cl	Blattsubstanz	0,040	0,059	0,019	—
	Blattstiel	0,162	0,263	0,101	—
	Wurzel	0,017	0,015	—	0,002

8. Kapitel.

Chemische Vorgänge in den Rübenmieten.

a) Die Ernte der Rüben.

Im Reifezustande wird die Rübe geerntet.

Die Reife ist jener Moment, wo die Rübe ihre stoffbildende Tätigkeit einstellt. Er zeigt sich äußerlich am raschen Absterben der Blätter. Ihre anorganischen Substanzen ziehen sich in die Rübenwurzel zurück und sammeln sich hauptsächlich im Kopfe an.

„Die Rübenwurzel ... wächst in der Erde, also im Dunkeln unter Abschluß von Licht und geringem Zutritt von Luft; sie ist zur Ausübung einer anderen Lebensfunktion bestimmt als das Blatt. Und diese ihre natürliche Bestimmung ist auch in der Zeit ihrer Ruhe zu beachten, d. h. wir dürfen sie nicht (nach der Ernte) zu lange der Wirkung der Sonnenstrahlen sowie Luftströmungen aussetzen. Ebenso wie die Wirkung der Sonnenstrahlen auf die Blätter eine nützliche ist, ebenso nachteilig ist sie für die Wurzel." Dadurch nämlich wird die Rübe zu energischerer Atmung gebracht und verliert demgemäß an Zucker (Bartoš, Z. f. Zuckerind. i. B. 1899, 687).

Durch Luft- und Lichtwirkung gehen in der Rübe chemische und physikalische Veränderungen vor sich (Welken), die den Betrieb der Rohfabrik erschweren können (schlechtes Treiben, schlechte Auslaugung, schlechte Filtration auf den Schlammpressen).

Außer in Haufen wird die Rübe hauptsächlich in Mieten eingelagert, wobei in diesen interessante chemische und physiologische Prozesse vor sich gehen. Das Einmieten soll die Rübenvorräte vor dem Gefrieren bewahren.

b) Die Atmung als Ursache des Zuckerverlustes der Rüben.

Schon frühzeitig wurde die Tatsache beobachtet, daß die Zuckerrübe in den Mieten Veränderungen erleidet, die mit einem Zuckerverluste verknüpft sind. Doch die Ursachen dieser Erscheinungen wurden erst viel später genau erkannt. A. Heintz zeigte 1873, daß diese Zuckerverluste infolge der Atmung der Rübe entstehen, bei welchem Prozesse Zucker zu Kohlendioxyd und Wasser oxydiert wird. Eine weitere Verlustquelle fand Claassen in der Verwendung des Zuckers als Baumaterial für junge Triebe von Rüben, die während der Einmietung zu wachsen beginnen.

Die hier herrschenden Verhältnisse legte in ausgezeichneter Weise F. Strohmer qualitativ und quantitativ dar und sind folgende Ausführungen die Versuchsergebnisse seiner erfolgreichen Forschungen.

Er arbeitete mit Einzelrüben, da bei Massenuntersuchungen die Durchschnittsergebnisse durch die Individualität hätten störend beeinflußt werden können.

Der Übersichtlichkeit halber seien seine Versuchsergebnisse in einer Tabelle zusammengestellt.

Rübe	Gewicht	Zuckergehalt	CO_2-Abgabe pro Stunde		Schwankungen der stündlichen CO_2-Abgabe	Zuckerverlust in 34 Tagen		100 Teile Trockensubst. in 34 Tagen produz.	Eiweißgeh. d. Trockensubst.
			beim Anfange	b. Ende d. Vers.		auf CO_2-Abgabe	anderweitig		
	g	%	mg	mg	mg	g	g	g	%
I	357,1	16,6	13,1	8,9	von 7,8—13,1	4,9	3,4	8,8 CO_2	4,1
II	352,6	17,8	9,6	22,1	„ 9,6—22,6	7,6	8,9	14,9 „	4,9
III	362,2	19,6	8,3	6,2	„ 5,9— 8,3	3,4	2,4	5,7 „	3,6

Bemerkungen: Der Versuch dauerte 34 Tage (Tag und Nacht ununterbrochen). Die Beobachtungstemperatur war 16,7—18,4° C. Rübe II erkrankte an Trockenfäule. Der Zuckerverlust in der 7. Spalte, durch Umrechnung aus der Atmungs-CO_2 gefunden, gibt die Menge des veratmeten Zuckers an. In der 8. Spalte findet sich die Differenz auf den Gesamtzuckerverlust.

Aus derselben ist zu ersehen, daß „mit einer größeren Kohlensäure-Ausscheidung auch immer eine größere Zuckerzerstörung verbunden ist“.

Kranke Rüben zeigen größere Kohlensäure-Abgabe als gesunde Rüben, atmen also intensiver und haben daher größere Zuckerverluste zur Folge.

Wird die gefundene Atmungskohlensäure auf die veratmete Zucker menge umgerechnet, so fand Strohmer in allen Fällen — auch wo keine Bildung neuer Triebe eintrat —, daß letztere erheblich kleiner war als der wirkliche Zuckerverlust, woraus hervorgeht, daß während der Aufbewahrung neben jenem Zucker, welcher in der Atmung verbraucht wird, noch ein anderer Teil des Zuckers verschwindet. Strohmer konnte nachweisen, wozu der letztere Teil des verschwindenden Zuckers in der Pflanze gebraucht wird. Zunächst konstatierte er, daß in den Atmungsgasen der Rübe außer der Kohlensäure keine anderen kohlenstoffhaltigen Verbindungen in meßbaren Mengen vorhanden sind. Daraus geht hervor, daß der zweite Teil des Zuckers nicht zu kohlenstoffhaltigen Gasen zersetzt wird. Er verbleibt daher in irgendeiner Umwandlungsform in der Rübe. Diese Umwandlungsform ist nach Strohmer Stärke oder stärkehaltige Produkte. Die Rübe lebt sowohl in geköpftem — also von Stengeln und Blattknospen befreitem — wie in ungeköpftem Zustande bei ihrer Aufbewahrung weiter und bereitet das neue Wachstum vor, indem ein Teil des vorhandenen Zuckers langsam in jene verschiedenen Zwischenstufen umgewandelt wird, aus welchen er dann in der neuen Pflanze wieder als Stärke erscheint.

Ferner fand Strohmer, was auch für andere Pflanzen gilt, daß die Atmungsintensität der Rübe unter sonst gleichen Verhältnissen hauptsächlich abhängig ist vom Gehalte an aktivem, zirkulierendem Eiweiß. Durch Luft-, bzw. Sauerstoffabschluß können die Atmung und die durch sie bedingten Zuckerverluste nicht hintangehalten werden, da in der Rübe noch die intermolekulare Atmung zur Geltung kommt. Luftabschluß kann im Anfange wohl hemmend auf die Atmung wirken, doch treten alsbald tiefgreifendere Zersetzungen ein, die mit noch größeren Zuckerverlusten verbunden sind (Ersticken der Rüben).

Je niedriger die Temperatur, desto geringer die Atmung.

Strohmer kommt nach seinen Untersuchungen zu dem für die Praxis höchst bedeutungsvollen Ergebnisse, daß die Ursachen der Zuckerverluste auf keine Weise aufgehoben werden können, dadurch aber wohl verringert werden, wenn man möglichst unverletzte Rüben so aufbewahrt, daß eine ganz geringe Zufuhr möglichst kalter Luft, die zur normalen Atmung eben noch notwendig ist, ermöglicht und durch dieselbe nicht nur die durch die Atmung bedingte Wärmeentwicklung ausgeglichen, sondern die Temperatur soweit herabgesetzt wird, als kein Erfrieren der Rübe eintreten kann; also möglichst nahe an Null und nicht unter — 1°. — Zu denselben Ergebnissen kam auch Strohmer bei neuerlichem Studium dieser Frage und veröffentlichte dann die ganze umfangreiche Abhandlung mit allen analytischen Belegen: „Ein Beitrag zur Kenntnis der Ursachen des Zuckerverlustes der Zuckerrüben während ihrer Aufbewahrung.“ (Ö. U. Z. f. Zuckerind. XXXI, 1902, S, 933).

Da Strohmer der Praxis ähnliche Bedingungen für seine Versuche schaffen wollte, arbeitete er mit geköpften Rüben im Dunkeln. Qualitativ ändert das an den Versuchen nichts, nur lassen sich die erhaltenen Zahlen nicht auf beblätterte Rüben direkt übertragen.

Strohmer bestimmte die während des Atmungsprozesses gebildete Kohlensäure durch Absaugen mit kohlensäurefreier Luft und direkter Wägung der Absorptionsgefäße für dieses Atmungsgas. Es wurden fünf Versuchsreihen durchgeführt und sodann ebensoviele Fragen erörtert. Ihre Aufzählung soll den Umfang dieser Experimentaluntersuchung andeuten und die Quelle für ein Spezialstudium dieser Fragen angeben: 1. Der Zuckerumsatz der Rübenwurzel während ihrer Atmung. 2. Einfluß der Temperatur auf die Atmungsintensität der Rübenwurzel (das Erfrieren der Rübenwurzel). 3. Zusammenhang zwischen Atmungsintensität und chemischer Zusammensetzung der Rübenwurzel. 4. Der Einfluß der Verwundung der Rübenwurzel auf ihre Atmungsintensität. 5. Die intermolekulare Atmung der Rübenwurzel. — Im wesentlichen ist diese Arbeit eine Erweiterung und mit vielem analytischen Materiale belegte Wiederholung der schon oben gemachten Ausführungen.

Ein Beispiel möge die Veränderungen zeigen, die die Rüben bei dem Atmungsprozesse — also in den Mieten — erfahren.

Eine Versuchsreihe ergab folgende Bilanz:

Tabelle Nr. 40.

	Rübe			Anmerkung
	I	II	III	
Gewicht d. Rübe am Beginn d. Versuches	356,1	351,6	361,2	
Gewicht d. Rübe am Schluß d. Versuches	347,3	341,3	352,6	
Gewichtsverlust während d. Versuches	8,8	10,3	8,6	alle Angaben in g. Versuchsdauer 694 Stunden Rübe II schimmelte. Versuchstemperatur für alle drei Versuche im Mittel ca. 17° C.
Zuckergehalt d. Rübe am Beginn d. Versuches	58,47	61,78	70,04	
Zuckergehalt d. Rübe am Schluß d. Versuches	51,19	46,21	65,02	
Zuckerverlust während d. Versuches	7,28	15,57	5,02	
Kohlensäureproduktion während d. Versuches	6,2044	10,7524	4,5480	
Zucker, der produzierten CO_2 entsprechend	4,02	6,96	2,95	
Zucker anderweitig umgesetzt	3,26	8,61	2,07	
Von 100 Zucker i. d. Rübe wurden veratmet	6,9	11,3	4,2	
anderweitig umgesetzt	5,6	13,9	3,0	

Nach Beendigung dieser Versuche zeigten die Versuchsrüben folgende chemische Zusammensetzung:

Tabelle Nr. 40a.

	Rübe I		Rübe II		Rübe III		Anmerkung
	frisch	in 100 Teilen sandfreier Trock.-Subst.	frisch	in 100 Teilen sandfreier Trock.-Subst.	frisch	in 100 Teilen sandfreier Trock.-Subst.	
Gewicht d. Rübe i. g	347,32	—	341,27	—	352,60	—	Rüben ohne Blattknospen oder Triebe. Bei Rübe II trat während des Versuch. um das Bohrloch für die Zuckerbestimmung Schimmelpilzbildung ein.
Wasser	75,78	—	77,03	—	73,87	—	
Eiweiß	0,99	4,15	1,14	5,02	0,94	3,63	
Nichteiweißartige N-Körper	1,04	4,35	0,53	2,33	0,49	1,89	
Fett	0,04	0,17	0,06	0,26	0,05	0,19	
Zucker	14,74	61,73	13,54	59,57	18,44	71,17	
N-freieExtraktivstoff.	5,02	21,01	5,57	24,50	4,08	15,74	
Rohfaser	1,49	6,24	1,50	6,60	1,45	5,60	
Reinasche	0,56	2,35	0,39	1,72	0.46	1,78	
Sand	0,34	—	0,24	—	0,22	—	

Auf rechnerischem Wege ermittelte Strohmer die chemische Zusammensetzung derselben Rüben vor dem Versuche unter der Annahme, daß diese während des Versuches nur Wasser und Kohlensäure verloren haben und der aufgenommene Sauerstoff nur zur Verbrennung des Zuckers verwendet wurde.

Tabelle Nr. 40b.

	In 100 Teilen sandfreier Trockensubstanz sind enthalten %						Anmerkung
	Rübe I		Rübe II		Rübe III		
	a	b	a	b	a	b	
Eiweiß	3,96	4,15	4,60	5,02	3,52	3,63	a) vor dem Versuche; b) nach Beendigung d. Versuch.[1])
Nichteiweißartige N-Verbindungen	4,15	4,35	2,14	2,33	1,83	1,89	
Fett	0,16	0,17	0,24	0,26	0,18	0,19	
Zucker	67,24	61,73	73,09	59,57	74,27	71,17	
N-freie Extraktstoffe	16,30	21,01	12,30	24,50	13,04	15,74	
Rohfaser	5,96	6,24	6,06	6,60	5,43	5,60	
Reinasche	2,23	2,35	1,57	1,72	1,73	1,78	
	100,00	100,00	100,00	100,00	100,00	100,00	
Zuckergehalt der frischen Rübe	16,42	—	17,57	—	19,39	—	

Eine folgende Versuchsreihe wurde bei niedrigeren Temperaturen durchgeführt, um den Einfluß der Temperatur auf die Atmungsvorgänge zu studieren.

Die bisher angeführten Rüben waren alle geköpft verwendet worden, so daß Strohmer es für notwendig hielt, einen weiteren Versuch mit vollständig unversehrten Rübenwurzeln (nur von den

[1]) Wiederholung von Tabelle Nr. 40a zur besseren Übersicht der Veränderungen, die die Rüben erfuhren.

Blättern entblößt) durchzuführen. Bei all diesen Versuchen ergaben sich ähnliche Verhältnisse und Resultate: stets war der Gesamtzuckerverlust größer als der Atmungszuckerverlust. Hierfür wurde schon oben die Erklärung gegeben. Vor seiner Veratmung dürfte der Rohrzucker Inversion erfahren. Einen Zusammenhang zwischen Atmungsintensität — also Größe des Zuckerverlustes — und chemischer Zusammensetzung der Rübe konnte Strohmer nicht finden. Ein solcher besteht weder mit dem Zuckergehalte der Rübe noch mit ihrem Gesamtstickstoff und Eiweißgehalte (Gesamteiweiß nach Stutzer). Doch läßt sich annehmen, aber mit chemischen Mitteln nicht nachweisen, daß die Atmungsintensität der Rübe vom vorhandenen aktiven Eiweiß abhängig ist.

Unreife Rüben atmen stärker als reife, erstere werden daher beim Lagern größere Zuckerverluste erfahren. Entgegen der herrschenden Anschauung ist der Atmungszuckerverlust der Rübe unabhängig davon, ob die Rübe im verletzten oder unverletzten Zustande eingemietet wird. Da jedoch verletzte Rüben an ihrer Wundfläche einen günstigen Nährboden für Bakterien bilden, und diese dann auf Kosten des Rübenzuckers sich entwickeln und leben, wodurch die Zuckerverluste vergrößert werden, sollen tunlichst nur unverletzte Rüben zum Einmieten gelangen. Das Köpfen der Rübe ist als eine Verletzung zu betrachten. Mit Rücksicht auf das bei der intermolekularen Atmung Gesagte ist es notwendig, bei der Einmietung der Rüben für eine Abfuhr der Atmungskohlensäure zu sorgen. Denn durch diese wird die umgebende Luft relativ sauerstoffärmer gemacht. Zu große Anhäufung von Kohlensäure ist für die Rübe auch schädlich.

Die Größe der normalen Zuckerverluste, die durch physiologische Ursachen bedingt sind, läßt sich nicht durch eine konstante Zahl ausdrücken, da sie von zu vielen Faktoren abhängig ist. Strohmer berechnete für 100 kg Rübe und 24 Stunden Lagerzeit unter der Annahme von 18,5% Trockensubstanz in der Rübe folgende Zuckerverluste:

bei	0° C	2,30— 5,18 g
„	5° C	10,35—18,69 g
„	10° C	23,01—29,62 g,

welche Zahlen sich mit Schätzungen Hellriegels decken.

Für verschiedene Einlagerungsarten gibt Claassen bei einer mittleren Außentemperatur von 5° und einer Einmietungsdauer von Ende Oktober bis Dezember an jedem Tage an: 0,010—0,012% in großen, unbedeckten Haufen, 0,012—0,017% in durchlüfteten Haufen, 0,019% in großen Erdmieten (siehe S. 212). — Gewöhnlich erfahren die eingemieteten Rüben einen Gewichtsverlust von 5—10%.

Entgegen früheren Resultaten konstatierte Marek im Jahre 1882 eine Gewichtszunahme der eingemieteten Rüben. Im Oktober in Erde eingemietete Rüben (1500 kg) zeigten Gewichtszunahmen von 2,06% nach einem, von 4,56% nach zwei, von 6,66% nach drei und von 7% nach vier Monaten (Prozent der ursprünglich aufbewahrten Rübenmenge). In verschiedenen anderen Einmietungsversuchen fand derselbe Forscher ebenfalls ausnahmslos Gewichtszunahme, und zwar 6,69% vom Oktober bis März. Marek erklärte diese Erscheinung damit, daß „die Rüben während der Ernte Verluste durch Verdunstung erleiden, welche während der Einmietungszeit durch Wasseraufnahme (aus der feuchten Erde der Mietenbedeckung) sich wieder ausgleichen". Die Gewichtsverluste während der Ernte konstatierte Marek zu ca. 7% bei achttägigem Lagern von mit Rübenkraut bedeckten Rüben auf freiem Felde. Leider schildert Marek nicht die während seiner Versuche herrschenden Witterungsverhältnisse.

Weiter konstatierte Marek einen Rückgang des Reinheitsquotienten des Rübensaftes von 90,29 im Monate November auf 83,72 im Monate März; in einem weiteren Versuche von 91,12 auf 79,05 in den gleichen Monaten (1881). Die folgende Tabelle zeigt die Zucker- und Nichtzuckerbewegung sowie die Abnahme des Reinheitsquotienten. Marek kommt zum Ergebnisse, daß die Rübenverarbeitung nach dem Monate Dezember mit Schwierigkeiten bei der Verarbeitung, mit Zuckerverlusten und Qualitätsverminderung bei der Einmietung verknüpft ist (Z. V. d. Zuckerind. 1883, 16).

Tabelle Nr. 41.

Jahr 1881/82	Zucker im Saft	Reinheits-quotient	Nichtzucker
8. Oktober	14,43%	91,12%	1,406 %
7. November	14,80	90,79	1,502
6. Dezember	13,27	88,33	1,753
9. Januar	12,67	89,32	1,515
1. Februar	12,10	86,79	1,843
7. März	10,27	79,05	2,724

Über groß angelegte Einmietungsversuche referierte Neumann (Z. f. Zuckerind. i. B. 1893, S. 401). Es wurden gut beschnittene Rüben gebürstet, gewaschen, getrocknet und in Mieten eingelegt, welche nach der in der betreffenden Gegend auf Grund langjähriger Erfahrungen üblichen Weise eingerichtet waren. Das Gesamtergebnis war: Innerhalb 8—10 Wochen verlor die Rübe infolge Verdunstung des Wassers 2,4% an Gewicht. Die Zuckerverluste wurden zu 0,33—3,6%, im Mittel 1,74% befunden.

Zapotil weist auf den Zusammenhang zwischen Witterung und Zuckerverlust hin. Ist erstere feucht, die Erde, in die eingemietet wird, also naß, so sind die Zuckerverluste größer als in einem trockeneren Jahre. Jarkowsky berechnet den Zuckerverlust unter allen Umständen mit mindestens ½%[1]. Goller nimmt an, daß sich ungeköpfte Rüben besser halten als geköpfte. Karlík machte diesbezügliche Einmietungsversuche, fand aber, daß die mit ihrem Blattwerke eingemietete Rübe in ihrer Qualität mehr zurück ging als die ge-

[1]) Zapotil erklärte Jarkowskys Zahl für zu gering. Für Kampagnen, die bis nach Weihnachten währen, nimmt er einen Mindestzuckerverlust von 1% Zucker an.

köpfte Rübe. Er erklärt dies damit, daß die Rübe infolge der verbleibenden Blätter kräftiger atme als ohne Blätter.

Im Jahre 1895 (Z. V. d. Zuckerind. 1895, 204) berichtete H. Claassen über „Einmietungsversuche mit Zuckerrüben". Es handelte sich ihm nicht nur um die Untersuchung der Vorgänge in der Rübe beim Lagern, sondern er verglich auch die verschiedenen Einmietungsverfahren miteinander.

Er wollte „dasjenige Verfahren finden, welches bei möglichst geringen Kosten einen nicht zu hohen Zuckerverlust gab". Die Ausbeute theoretischer Natur ist daher nur eine geringe.

Zunächst stellte er vergleichende Versuche über die Einmietung der Rüben in kleinen, durchlüfteten und nicht durchlüfteten Haufen an; dann solche über große Haufenmieten, Luftmieten und gewöhnliche Erdmieten.

Für die Praxis kommt Claassen zu folgenden Schlüssen: Sehr gut ist die Einmietung der Rüben in große, flache, $1\frac{1}{2}$—2 m hohe Haufen, welche völlig unbedeckt sind. Dieses Verfahren ist bequem, billig, erfordert wenig Fläche und erhält den Zuckergehalt der Rübe sehr gut. Sowie man diese Haufen irgendwie dauernd bedecken würde (Strohmatten u. a), wird die Luftzirkulation gehindert oder gar gestört, die durch die Atmung der Rübe erzeugte Wärme steigert die Temperatur des Haufeninnern, — die Verhältnisse nähern sich denen der Erdmieten. Haufenmieten sind natürlich nur dort statthaft, wo es die klimatischen Verhältnisse gestatten. Der Winter darf nicht zu kalt sein und darf kein sehr starker, lang andauernder Frost eintreten. Bei Eintritt von Frostwetter müssen die Haufen bedeckt, sobald mildere Witterung eintritt, müssen die Decken entfernt werden, um stärkere Erwärmung der Rüben zu verhindern.

Selbst ein einmal unerwartet langandauernder Frost schadet erst dann, wenn die Temperatur längere Zeit unter — 2 bis — 3° im Haufeninnern sinkt. Nur die äußerste Rübenschichte kann etwas leiden, macht aber nur einen geringen Prozentsatz des Haufens aus; dagegen haben sich die Rüben des Innern infolge der niederen Temperatur so gut gehalten, daß der Frostschaden der äußeren Rüben mehrfach aufgewogen wird. Tauen erfrorene Rüben sehr langsam auf, so erleiden sie keinen Nachteil, nur plötzliche Wärmezufuhr, also schnelles Auftauen, schädigt sie. Dies gilt nur für die äußerste Rübenschichte, die von den Sonnenstrahlen oder von lauem Winde bei Tauwetter getroffen wird.

Für das Einmieten auf dem Felde empfiehlt Claassen nicht zu große Erdmieten, in denen man bei milder Temperatur geeignete Lüftungslöcher macht. Waren die Rüben gut gereift und gleich nach der Ernte bei kühler Witterung eingemietet, so verlieren sie am wenigsten an Gewicht und Zucker. In den Erdmieten müssen die Dünste aus dem oberen Teile abgeleitet und die Temperatur im Inneren ermäßigt werden, was durch Kanäle geschehen kann, die in den Mieten angebracht sind.

Ferner konstatierte Claassen u. a.: Die Rüben bewahren ihr Gewicht und ihren Zuckergehalt an verschiedenen Stellen der Mieten verschieden. Jede Lüftung bewirkt je nach ihrem Grade Gewichtsverluste, ebenso Trockenheit; dort, wo Wasser an die Rüben gelangen kann (Erdfeuchtigkeit, Regen), nehmen hingegen die Rüben meistens an Gewicht zu oder doch nur sehr wenig ab. Der Zuckerverlust bei gleichen Rüben hängt von Temperatur, Feuchtigkeit und Lüftung ab. Je höher die Temperatur und Lüftung und je größer der Wechsel zwischen Feuchtigkeit und Trockenheit, desto größer die Zuckerverluste. Sie betragen 0,006—0,007% pro Tag in ganz kleinen, mit Erde bedeckten Haufen, 0,010—0,012% pro Tag bei Haufenmieten, 0,012—0,017% pro Tag in wenig durchlüfteten und zu 0,019% in großen, ziemlich warm eingedeckten Erdmieten. Die Temperaturen in den Mieten hängen hauptsächlich von der Außentemperatur ab. Sie sind jedoch infolge der Atmungswärme der Rüben höher als die Außentemperatur, und zwar um 2,5 bis 2,7° in den Haufenmieten, 2,5° in den Luftmieten und um 7° höher in nicht ventilierten Erdmieten.

c) Veränderungen der Rüben in den Mieten.

In den Mieten vermehrt sich der organische Nichtzucker, der bei der Verarbeitung in den Säften gelöst bleibt; ein Teil bildet lösliche Kalksalze. Auf Zucker berechnet, nehmen die Alkalisalze entsprechend dem Zuckerrückgang zu. Die Veränderungen der Nichtzuckerstoffe während der Einmietung wurden von Claassen nicht direkt studiert. Er bestimmte diese Verhältnisse aus den Resultaten der Fabriksarbeit. Die Analysen der Produkte der nicht zur Einmietung gelangten und der später aus den Mieten kommenden Rüben lassen gewisse Vergleiche zu, da im „großen und ganzen der Teil der angelieferten Rüben, welcher sofort verarbeitet wird, als eine große Durchschnittsprobe der während derselben Zeit eingemieteten Rüben anzusehen ist". Diese Untersuchungen stellte er für Haufenmieten an; die Zahlen sind Wochendurchschnitte. Die in der 6.—9. Woche eingemieteten Rüben wurden in der 14.—17. Woche verarbeitet. Die auf Rüben berechneten Daten zeigen augenfällige Unterschiede.

Tabelle Nr. 42.

Analysen von Füllmassen auf 100 Zucker.

	I Periode		Quot.	organ. Nichtz.	Gesamt-	Kalk-	Alkali-
					Asche		
Woche	6.	21. X.—27. X.	91,5	5,8	3,5	0,37	3,13
	7.	28. X.— 3. XI.	91,6	5,5	3,7	0,38	3,32
	8.	4. XI.—10. XI.	91,4	5,7	3,7	0,40	3,30
	9.	11. XI.—17. XI.	91,8	5,2	3,7	0,44	3,26
Durchsch.	Einmietungsperiode		91,6	5,55	3,65	0,40	3,25

	II Periode	Quot.	organ. Nichtz.	Gesamt-	Kalk-	Alkali-
				Asche		
Woche	14. 16. XII.–22. XII.	90,6	6,2	4,2	0,66	3,54
	15. 26. XII.–31. XII.	90,6	6,2	4,1	0,57	3,53
	16. 1. I.– 5. I.	90,5	6,3	4,0	0,75	3,25
	17. 6. I.–12. I.	90,0	6,8	4,4	0,92	3,48
Durchsch.	Ausmietungsperiode	90,4	6,38	4,18	0,73	3,45

Bemerkungen: Der Durchschnitt der I. Periode berechnet sich auf 100 Teile Rübe (aus der Füllmasse): Organ. NZ. 0,65%, Gesamtasche 0,43%, davon Kalkasche 0,05%, Alkaliasche 0,38%; do. ad II: Org. NZ 0,70%, Gesamtasche 0,46% davon Kalkasche 0,08%, Alkaliasche 0,38%.

Die Alkaliasche kann nicht zunehmen, da die Alkalien nur aus der Rübe stammen und sich in dieser nicht vermehren. Zugenommen hat der organische Nichtzucker und die Kalkasche. Es entstanden mehr lösliche Kalksalze — von neugebildeten organischen Säuren (im Rohsaft enthalten oder bei der Scheidung gebildet) —, die durch Kohlensäure nicht zerlegt werden.

Über die „Verluste bei der Lagerung der Rüben in den Mieten“ führte auch Lewitzki Untersuchungen aus (D. Z. 1909, Nr. 47, S. 893).

Frische Rüben, ca. 140 q, wurden auf 10 m lange, 2,4 m breite und 1 m hohe Haufen geworfen, sorgfältig zugedeckt und stets auf gleichmäßige Temperatur (welche, sagt L. nicht) und genügende Lüftung gesehen. Die Versuche begannen am 15. September; im Oktober herrschte warmes trockenes Wetter. Ende dieses Monats traten leichte Fröste auf, dann wurde es wieder warm. Gewichtsverluste wurden folgende konstatiert: 15. Oktober 2,4%, bis 15. November 8,15%, bis 12. Dezember 11,5% vom Rübengewichte. Die chemischen Veränderungen sind aus nachstehender Tabelle zu ersehen. Analyse der frischen Rüben: 17,1% Zucker; 22,0 Bx–18,83% Z–85,5 Quot. d. Preßsaftes · 3,17% NZ. Dann wurden in kleinen Zeitabständen mit je 20 Rüben Doppelanalysen ausgeführt.

Tabelle Nr. 43.

Analyse am	Gesamtgewicht der Rüben 20 Stück g	Mittler. Gewicht einer Rübe g	Zucker in der Rübe %	Brix	Zucker	Nichtzucker	Quotient
15. September . .	8094	404,7	16,8	21,9	18,73	3,17	85,4
	8177	408,3	17,4	22,1	18,94	3,17	85,6
Mittel	**8130**	**406,5**	**17,1**	**22,0**	**18,83**	**3,17**	**85,5**
18. September . .	8210	410	17,5	22,4	19,32	3,08	86,2
	8078	403,9	17,7	22,6	19,48	3,12	86,1
Mittel	**8144**	**407,2**	**17,6**	**22,5**	**19,40**	**3,10**	**86,2**
24. September . .	7688	384,4	17,7	22,5	19,11	3,39	84,9
	8163	408,2	17,3	22,3	18,88	3,42	84,7
Mittel	**7926**	**396,3**	**17,5**	**22,4**	**18,99**	**3,40**	**84,8**

Analyse am	Gesamtgewicht der Rüben 20 Stück g	Mittler. Gewicht einer Rübe, g	Zucker in der Rübe %	Brix	Zucker	Nichtzucker	Quotient
Mittel allein von je zwei Proben:							
27. September . .	7501	375,0	17,2	22,0	18,83	3,17	85,5
29. „ . . .	7620	381,0	17,1	22,0	18,86	3,14	85,6
9. Oktober . . .	7848	392,4	17,4	22,2	19,11	3,04	86,2
15. „ . . .	7684	384,2	17,0	21,8	18,59	3,21	85,2
17. „ . . .	7534	376,7	16,7	21,6	18,44	3,16	85,3
20. „ . . .	7224	361,2	16,6	21,1	18,16	2,94	86,0
23. „ . . .	7396	369,8	16,2	20,9	17,84	3,06	85,4
24. „ . . .	7330	366,5	16,4	20,8	17,87	2,93	85,9
25. „ . . .	6970	348,5	16,4	20,9	17,91	2,99	85,7
27. „ . . .	7078	353,9	16,6	21,1	18,23	2,87	86,3
29. „ . . .	6807	340,3	16,4	21,2	18,15	3,05	85,6
30. „ . . .	6938	346,9	16,5	21,2	18,20	3,00	85,8
1. November . . .	6988	349,4	16,7	21,6	18,40	3,20	85,2
2. „ . . .	7105	355,2	16,2	21,0	17,91	3,09	85,3
5. „ . . .	7244	362,2	15,9	20,4	17,34	3,06	85,0
11. „ . . .	7100	355,0	15,9	20,8	17,64	3,16	84,8
12. „ . . .	6962	348,1	15,6	20,4	17,32	3,08	84,9
13. „ . . .	6914	345,7	15,7	20,5	17,29	3,21	84,3
15. „ . . .	6971	348,5	15,4	20,2	18,05	3,15	84,4
17. „ . . .	6773	338,6	15,0	19,7	16,56	3,14	84,0
20. „ . . .	6775	338,7	15,2	19,9	16,84	3,06	84,6
29. „ . . .	6703	335,1	14,9	19,6	16,53	3,07	84,3
3. Dezember . . .	6480	324,0	15,6	19,3	16,18	3,12	83,8
5. „ . . .	6509	325,4	14,7	19,6	16,49	3,11	84,1
8. „ . . .	6631	331,5	14,8	19,5	16,36	3,14	83,9
12. „ . . .	6632	331,6	14,6	19,4	16,25	3,15	83,7

Folgende Zusammenstellung zeigt die Bilanz der Versuchsergebnisse:

Tabelle Nr. 43a.

	15. Sept.	15. Okt.	15. Nov.	15. Dez.
Rübengewicht	406,5 g	384,2 g	336,5 g	331,6 g
Unterschied gegen das Anfangsgewicht	—	5,48 %	14,2 %	18,42 %
Gewichtsverlust während der einzelnen Monate	—	5,48	8,72	4,22
Zucker in der Rübe	17,1 %	17,0	15,4	14,6
Unterschied gegen den Anfangszuckergehalt	—	0,1	1,7	2,5
Zuckerverlust.	—	0,58	3,94	14,62
Zuckerverlust während der einzelnen Monate	—	0,58	9,36	4,68
Trockensubstanz im Saft	22,0	21,8	20,2	19,4
Unterschied	—	0,2	1,8	2,6
Unterschied während der einzelnen Monate	—	0,2	1,6	0,8

	15. Sept.	15. Okt.	15. Nov.	15. Dez.
Zucker im Saft	18,83	18,59	17,07	16,25
Unterschied	—	0,24	1,76	2,58
Unterschied während der einzelnen Monate	—	0,24	1,52	0,82
Quotient	85,5	85,2	84,4	83,7
Unterschied	—	0,3	1,1	1,8
Unterschied während der einzelnen Monate	—	0,3	0,3	0,7

Der Verfasser führt diese Zahlen und die vorhergehende Tabelle an, um die Bewegung der einzelnen Substanzen im großen und ganzen zu zeigen. Solche Beobachtungen lassen sich ja nie verallgemeinern, gelten nur für den Spezialfall, sind aber doch geeignet, ein Bild von den Vorgängen in den Mieten zu geben.

In neuester Zeit erschien noch ein „Beitrag zur Frage der Veränderung der Zuckerrübe während der Aufbewahrung“ von G. Friedl (Ö. U. Z. f. Zuckerind. XLI, 1912, S. 698).

Seine Ausführungen über den Zuckerverlust beim Einmieten stimmen mit jenen Strohmers überein. Deshalb sei hier nur die Veränderung der Stickstoffsubstanzen betrachtet.

Der Gesamtstickstoff wurde nach Kjeldahl, der schädliche Stickstoff nach Andrlík, modifiziert durch G. Friedl, der Amidstickstoff nach Stutzer und der Invertzucker nach Urban bestimmt.

Der Gesamtstickstoff zeigte bei sechsmonatiger Einmietung keine absolute Abnahme. Gegen Ende der Einmietung erfuhren die eiweißartigen Verbindungen Spaltung. Die Spaltungsprodukte vermindern die Rübenqualität. „Hauptsächlich Glutamin scheint sich zu vermehren, woraus geschlossen werden kann, daß das Rübeneiweiß reich an Glutaminsäure ist.“ Eine Umwandlung des im Herbst vorhandenen Glutamins in Glutaminsäure findet nicht statt. Der Betaïngehalt bleibt unverändert; der schädliche Stickstoff steigt an (siehe S. 163). Die Nukleoproteïde dürften am ehesten gespalten werden, „weil bei gelagerten Rüben meistens größere Mengen Xanthinbasen nachweisbar sind als bei frischen“.

Friedl unterschied bei seinen Untersuchungen zwischen den Rüben der inneren und solchen der äußeren Partien der Prismen. Beide Rübenpartien nahmen während der Einmietung an Gewicht zu, die Rüben an den Prismenseiten mehr als die Rüben des Innern.

Diese Gewichtsvermehrung ist auf Wasseraufnahme zurückzuführen. 100 Rüben aus der äußeren Zone wogen z. B. am 18. XI. 1910 31,2 kg, am 12. XII. 1910 37,7 kg und am 12. IV. 1911 39,0 kg. An den gleichen Tagen hatten die Rüben aus dem Innern der Mieten 28,3, 37,7 und 38 kg pro 100 Stück.

Der Gesamtstickstoff blieb ziemlich konstant auf ca. 0,250%. Der schädliche Stickstoff stieg von 0,134 auf 0,185 für die außen und von 0,134 auf 0,187% für die innen gelegenen Rüben. Der Amidstickstoff zeigte kein regelmäßiges Verhalten. In beiden Fällen war er zu Beginn der Versuche 0,038 und am Ende 0,030. Innerhalb der Einmietungszeit aber stieg oder fiel er über oder unter die beiden angegebenen Zahlen. Folgende Tabelle bringt ein Auswahl von Analysen aus Friedls Untersuchungen.

Tabelle Nr. 44.

Datum	Gewicht v. 100 Rüben	Trocken-subst. %	Gesamt-N %	schädl. N %	Amid-N %	Invert-zucker %
1910			Rüben aus dem Inneren der Prismen			
18. 11.	28,3 kg	25,99	0,247	0,134	—	0,065
8. 12.	32,9	26,36	0,256	0,139	0,036	0,085
20. 12.	29,7	25,93	—	—	—	—
1911						
4. 1.	30,7	25,25	0,252	0,138	0,036	0,015
17. 1.	28,0	26,05	0,248	0,138	0,036	—
9. 2.	26,7	24,81	0,247	0,138	0,031	0,31
9. 3.	29,0	24,01	0,300	0,144	0,036	—
12. 4.	38,0	20,12	0,243	0,165	0,028	—
26. 4.	34,3	21,21	0,250	0,187	0,031	0,76
1910			Rüben aus der äußeren Zone des Prismas			
18. 11.	31,2	26,49	0,251	0,134	—	0,060
12. 12.	37,7	24,67	0,250	0,132	0,046	—
1911						
17. 1.	29,2	25,28	0,245	0,137	0,037	—
9. 3.	30,5	23,12	0,281	0,131	0,038	—
12. 4.	39,0	18,60	0,230	0,156	0,031	—
26. 4.	35,0	19,40	0,240	0,185	0,030	0,53

d) Über das Gefrieren und Erfrieren der Rüben.

Unter Umständen werden die Rüben schon während ihres Transportes oder nicht eingemietete Rüben von niederen Temperaturen vor der Zufuhr in die Fabrik durch eintretende Kälte erfaßt und gefrieren oder erfrieren.

Nach Sachs ist das Erfrieren nicht identisch mit dem Gefrieren; ersteres hat immer, letzteres nicht immer den Tod der Rübe zur Folge. Stets aber muß das Gefrieren dem Erfrieren vorangehen. Der Gefrierpunkt der Zuckerrübe liegt bei — 1,0 bis — 1,1° C. Strohmer zeigte, daß sich verschiedene Rüben gegen niedere Temperaturen, also beim Gefrieren, individuell verhalten. Stets ist die Eisbildung beim Gefrierprozeß eine allmähliche, von außen nach innen fortschreitende. Sie geht aber niemals innerhalb der Zellen, sondern in den Interzellularräumen vor sich. Entgegen der vielfach verbreiteten Anschauung ist also mit dem Gefrieren kein Zerreißen und Zertrümmern der Rübenzellen verbunden. Die Interzellularen enthalten selbst kein Wasser; es wird aus der Umgebung zur Eisbildung herbeigeführt, und zwar das Imbibitionswasser der Zellwände und des Protoplasmas und das Lösungswasser der Zellsäfte; in dem Maße als die Eisbildung fortschreitet, steigt durch den Wasserentzug die Konzentration der Zellösungen. Dabei wird auch dem Protoplasma Wasser entzogen, es verliert seine Funktionsfähigkeit und damit tritt der Tod der Pflanzen ein. Nur eine bis zu gewissem Grade gesteigerte Eisbildung bringt den Pflanzentod mit sich, wobei sich individuelle Eigenschaften geltend machen. Gefrorene, aber noch nicht erfrorene Rüben können durch langsames Auftauen gerettet werden. Nach Strohmers Versuchen besaßen rasch aufgetaute Rüben den Charakter erfrorener Rüben, langsam aufgetaute zeigten normales, gesundes Aussehen. Erstere schwärzten sich nach längerem Liegen und gingen in Zersetzung über, letztere behielten noch nach fünf Tagen ihr gesundes Aussehen. Bei einer Temperatur von 0° können Rüben wochenlang lebend und gesund erhalten werden.

Die Unannehmlichkeiten bei der Verarbeitung gefrorener oder erfrorener und wieder aufgetauter Rüben machten sich wohl schon frühzeitig fühlbar; eingehender wurden aber die Ursachen dieser Erscheinung erst viel später ergründet. All die Arbeiten Stammers, Barbets, Leplays u.a. waren nicht genügend umfangreich, zogen nicht alle Rübenbestandteile in Betracht und ließ die Versuchsanordnung dieser Forscher keine sicheren Schlüsse zu. Die erste gründliche Untersuchung „über den Einfluß des Gefrierens auf die Zusammensetzung der Zuckerrübenwurzel" stammt von F. Strohmer und A. Stift (Ö. U. Z. f. Zuckerind. XXXIII, 1904, S. 831).

Die Autoren halbierten ihre Versuchsrüben und überzeugten sich, daß die Analysenergebnisse der beiden zugehörigen Rübenhälften in der Regel übereinstimmende Werte ergaben, die Hälften also gleich zusammengesetzt waren. Die eine Rübenhälfte wurde sogleich analysiert, die korrespondierende dem Gefrieren ausgesetzt und sodann untersucht. Die Minimaltemperaturen waren — 4°, — 5°, — 7,8° C. Die Rüben waren hartgefroren; sie zeigten nichts Auffälliges, und die Schnittflächen besaßen normales Aussehen (Rübe I, II). Die Rüben III, IV, V, VI wurden länger dem Gefrieren überlassen, tauten dann aber auf (bis + 5° C). Da zeigten sie noch frisches und gesundes Aussehen; vier Tage später waren die Schnittflächen verfärbt. Die Rüben waren nicht erfroren. Die Tabelle Nr. 45 zeigt die Analysenergebnisse der Rüben vor und nach dem Gefrieren, bzw. vor dem Gefrieren und Wiederauftauen, umgerechnet auf sandfreie Trockensubstanz, was notwendig war, weil die Rüben während der Versuche ihren Wassergehalt durch Verdunsten mehr oder weniger änderten sowie durch Veratmen geringe Mengen Zucker verloren.

Alle Rüben ließen qualitativ das Vorhandensein von Äthylalkohol erkennen. Bei gefrorenen Rüben zeigen sich in den Gesamtstickstoffsubstanzen keine Veränderungen; das Wiederauftauen scheint eine Vermehrung der Nichteiweißkörper gegenüber den Eiweißkörpern auf Kosten der letzteren zu bedingen. Doch genügen nicht diese

Tabelle Nr. 45.

Zusammensetzung d. sandfreien Rübentrockensubstanz	Rübe I		II		III		IV		V		VI	
	vor	nach	vor	nach	vor	nach	vor	nach	vor	nach	vor	nach
	dem Gefrieren wieder aufgetaute											
Eiweiß (Stutzer)									3,06	1,86	2,45	1,11
Nichteiweißart. N-Substanzen	3,58	3,30	4,48	5,47	4,29	4,96	4,92	5,63	0,82	1,71	1,75	3,40
Fett	0,20	0,27	0,24	0,30	0,30	0,20	0,19	0,19	0,41	0,20	0,33	0,13
Saccharose . .	74,55	73,03	72,96	70,59	75,36	73,64	75,38	70,84	68,60	69,38	71,99	73,04
Invertzucker .	—	—	—	—	—	—	—	—	0,61	—	—	—
Pentosen . . . }	14,05	16,49	14,00	16,43	12,77	14,40	11,95	15,88	9,88	9,76	7,06	7,70
N-freie Extraktstoffe . . . }									7,32	8,64	8,35	7,05
Rohfaser . . .	5,54	4,91	6,10	5,12	5,22	4,60	5,56	5,06	6,73	5,70	6,55	4,83
Reinasche . .	2,08	2,00	2,22	2,09	2,06	2,20	2,00	2,40	2,57	2,75	1,52	2,74
Säurezahl in cm^3 $^1/_{10}$-n-NaOH.	72,1	96,9	52,7	73,2	81,3	104,5	86,7	142,3	—	—	—	—

zwei Analysenfälle, allgemeine Schlüsse ziehen zu lassen. Der Fettgehalt, die Pentosen und die Reinasche bleiben unverändert; die Differenzen liegen nur innerhalb der Fehlergrenzen. *Die Rohfaser wurde stets ganz auffällig vermindert.* Um zu erkennen, ob damit auch ein Wasserlöslichmachen der stickstofffreien Verbindungen der Rohfaser verbunden ist, wurden später Markbestimmungen durchgeführt.

Aus den Zahlen der obigen Tabelle sowie weiteren Versuchen geht hervor, daß durch den Gefrierprozeß in der Rübenwurzel *Saccharose weder zerstört noch neugebildet wird, sowie, daß keine neuen optisch-aktiven Stoffe entstehen.* Der Saccharosegehalt wurde bei diesen erweiterten Versuchen nach der Alkoholextraktion und heißen alkoholischen Digestion, in zwei anderen Fällen nach der heißen, wässerigen Digestion und nach *Clerget* ermittelt. Die Differenzen vor und nach dem Gefrieren waren nur gering. Die Übereinstimmung zwischen der heißen, wässerigen Digestion und Zucker nach *Clerget* war eine sehr gute.

Entsprechend der Verminderung der Rohfaser wurde auch eine *Abnahme des Markgehaltes* der Rüben durch das Gefrieren bemerkt. Auf Trockensubstanz umgerechnet, ergab sich eine solche Abnahme von ca. 3—4%, z. B. von 22,61% auf 18,62% Mark. Das war zu erwarten, da die Rohfaser den Hauptbestandteil des Markes ausmacht. *Durch den Gefrierprozeß werden somit Markbestandteile (Rohfaser) wasserlöslich gemacht, übergehen in den Saft und vermindern seine Qualität.* In der obigen Tabelle ist der Invertzuckergehalt mit Null angegeben; betrachtet man aber die Zahlen für die ausgeschiedenen mg Kupfer, so dürften die Mengen des Invertzuckers der Rübe durch das Gefrieren eher vermindert werden.

Durchgehends *stieg die Säurezahl nach dem Gefrieren bedeutend.* (Diese wurde bestimmt durch Titration eines alkoholischen

Auszuges von 30 g Rübenbrei.) Strohmer führt dies auf Enzymtätigkeit zurück. Die gebildeten Säuren dürften der Fettsäurereihe angehören. Sie werden in den Diffusionssaft übergehen, dessen Azidität vergrößern und damit die Inversionsgefahr vermehren. Desgleichen wurde der Äthylalkohol durch Enzymwirkung gebildet.

Diese Untersuchungen lehren, daß gefrorene oder gefrorene und wiederaufgetaute Rüben ein fabrikativ minderwertiges, aber immer noch verarbeitungsfähiges Rohmaterial darstellen. Erfrorene Rüben hingegen erlangen im aufgetauten Zustande bald eine derartige Beschaffenheit, daß sie für eine rentable Verarbeitung ungeeignet sind.

e) Gewichtsverluste auf dem Transporte und Zuckerverluste auf den Rübenschwemmen.

Den Gewichtsverlust der Rübe bei der Verfrachtung bestimmte Neumann (Z. f. Zuckerind. i. B. XVI, 1892, S. 246). Die Rüben hatten einen Weg von 900 km zurückgelegt, wurden vor dem Versand gewaschen, getrocknet und gewogen. Die Wägedifferenzen nach ihrer Ankunft — also die Wasserverdunstung — wurde bestimmt. Auf 24 Stunden ergab sich ein Gewichtsverlust von 1,03 bis 1,67% vom ursprünglichen Gewichte. Doch gestatten diese Zahlen keine theoretischen Schlußfolgerungen. Dazu müßte u. a. bekannt sein: das absolute Gewicht der Rüben, der Feuchtigkeitsgehalt der Luft und deren Temperatur, Art der Beschneidung der Rübe usw.

Durch den Wasserverlust steigt der Zuckergehalt der Rübe, doch nicht immer genau proportional (Hollrung).

Auf den Schwemmen des Fabrikhofes sollen die Rüben nicht lange liegen, da sie Qualitätsverminderung erleiden. Die Schwemmen sind heute der allgemeinste Weg, auf dem die Rübe in die Fabrik gelangt. Dieser Weg ist nicht nur der billigste, sondern entlastet auch gewissermaßen die Rübenwaschmaschine. Infolgedessen sind die in den Schwemmen auftretenden kleinen Zuckerverluste nur scheinbare. Fände nämlich in den Schwemmen keine Vorreinigung der Rüben von anhaftendem Kote und der Erde statt, so müßten die Rüben länger in der Waschmaschine verweilen, und hier würden dann größere Zuckerverluste durch Auswaschen auftreten. So aber fand der Verfasser stets nur ganz geringe Zuckermengen im Waschwasser der Rübenwäsche.

Über die Größe der Zuckerverluste der Rübe in den Schwemmrinnen stellte Claassen Untersuchungen an. Dazu dienten zwei Schwemmrinnen, von denen die eine ungefähr 250 m, die andere nur 50 m lang war. Zum Schwemmen diente hauptsächlich das warme Fallwasser des Kondensators. Da sich das Wasser auf dem Wege zur Schwemme bereits etwas abkühlte, hatte das in die Rinne eintretende Wasser meist eine Temperatur von 40 bis 45° C. Einige Versuche sind aber zum Vergleich unter Anwendung von kaltem Wasser mit 15—20° C durchgeführt worden. Die lange Schwemmrinne war mit einem Gefälle von 7—8 mm auf 1 m angelegt. Die Rüben brauchten je nach ihrem Schmutzgehalt 3½—6 Minuten, in der kurzen Schwemme 1 Minute zum Transport. Das Fall- und Schwemmwasser wurde auf seinen Zuckergehalt geprüft. Die Differenz ergab die Zuckerverluste. Aus den Versuchen geht hervor, daß der Zuckerverlust in dem Schwemmwasser zwar ein ganz merklicher ist, daß er aber selbst unter ungünstigen Verhältnissen bei sonst normalen Rüben immer nur eine sehr geringe Höhe erreicht. Man kann wohl annehmen, daß ein Verlust von 0,05% an Zucker der Rüben im allgemeinen die obere Grenze bilden wird, daß 0,02—0,03% als Mittelzahlen aufzufassen sind. Die Zahlen zeigen ferner, daß der Einfluß der Zeit des Aufenthaltes der Rüben im Schwemmwasser sowie der Temperatur desselben nicht so groß ist, als man sich bisher vorgestellt hat. Aus einer gesunden, unverletzten Rübe wird in den wenigen Minuten überhaupt kein Zucker, selbst nicht durch warmes Wasser, ausgelaugt. Nur an den Stellen, wo die zuckerführenden Zellen freigelegt sind, also am Kopfe, an den abgebrochenen Schwänzen und an sonstigen von der Epidermis bloßgelegten Stellen, wird der Zucker der verletzten Zellen sofort ausgewaschen. Auch aus den unmittelbar darunter liegenden Zellen wird der Zucker schnell in das umgebende Wasser diffundieren. Aber ehe die tiefer liegenden Zellen merkbare Mengen Zucker abgeben, vergeht so viel Zeit, daß ein nur wenige Minuten verlängerter Aufenthalt darauf ohne Einfluß ist. Daher spielt die Menge der Verletzungen an den Rüben in dieser Beziehung eine viel größere Rolle als die Zeitdauer des Schwemmens und die Temperatur des Wassers.

Ganz anders als bei der Verarbeitung gesunder, normaler Rüben stellen sich die Zuckerverluste im Schwemmwasser bei der Verarbeitung erfrorener Rüben. Da sind die schützenden Oberhautzellen durch Einwirkung des Frostes gesprengt. (Das ist nach den Untersuchungen Strohmers nicht der Fall. Siehe S. 216). Sobald die Rüben in dem Schwemmwasser auftauen, sind die zuckerführenden Zellen auf der ganzen Oberfläche der Rübe der auslaugenden Wirkung des Wassers ausgesetzt. Je nachdem die Rüben mehr oder weniger stark erfroren sind, werden die Verluste größer oder kleiner sein.

Aus den zahlreichen Versuchen Claassens ist zu ersehen, daß die Zuckerverluste beim Schwemmen ganz erfrorener Rüben mit warmem Wasser bis 0,576%, bei wenig erfrorener Rübe mindestens 0,11% betragen haben. Bei den erfrorenen Rüben ist die Zeitdauer des Schwemmens und die Temperatur des Wassers von viel größerem Einfluß auf den Zuckerverlust als bei den gesunden Rüben (Z. V. d. Zuckerind. 1891, S. 111).

Ähnliche Resultate erhielt Loisinger. Als oberste Grenze der Zuckerverluste fand er auf der Schwemme 0,08 bis 0,1% Zucker der Rübe. Bei alterierten Rüben sind die Verluste größer. Richtigerweise erkannte Loisinger, daß ein nicht unerheblicher Teil des Zuckers des Schwemmwassers aus den abgebrochenen Schwänzchen und Würzelchen, welche nicht zur Verarbeitung gelangen würden, stammt (Ö. U. Z. f. Zuckerind. XXVII, 1898, S. 158).

Bei Verarbeitung eines sehr schlechten Rübenmaterials, das mehrmals gefroren und wieder aufgetaut, bereits sehr in Zersetzung begriffen und faul war, fand der Verfasser in 138 Analysen des Schwemmwassers einmal 0,5%, sechsmal 0,4%, zehnmal 0,3%, zwanzigmal 0,2%, elfmal 0,15% Zucker, also in 90 Fällen geringeren Gehalt an Zucker als 0,15%. Bei Verarbeitung welker Rüben nur einmal 0,25%, fünfmal 0,20%, zehnmal 0,10%, sonst immer geringere Zuckerverluste. Ebenso in der Rübenwäsche. Zu diesen Zahlen ist nur zu bemerken, daß als Schwemmwasser Abfallwasser der Kondensation gemischt mit Frischwasser benutzt wurde, das Schwemmwasser daher nicht warm war. Die Zuckerverluste in den Schwemmen waren trotz abnorm schlechter Rüben nur sehr gering.

II. Teil.

Chemie der Rohzuckerfabrikation.

9. Kapitel.

Chemie der Diffusion.

a) Theorie der Diffusion.

Wird über eine Zuckerlösung vorsichtig reines Wasser geschichtet, so wandert nach kurzer Zeit der Zucker entgegen der Schwerkraft von Orten höherer zu Orten niederer Konzentration, also von unten nach oben, und zwar so lange, bis im ganzen Systeme überall gleiche Konzentration der Lösung herrscht. Dieser Vorgang heißt Diffusion.

Befindet sich aber an der Trennungsstelle zwischen der Zuckerlösung und dem reinen Wasser eine sog. „halbdurchlässige“ oder „semipermeable“ Wand, d. i. eine solche, die nur dem Wasser, nicht aber auch dem darin gelösten Zucker freien Durchgang gestattet, so wird letzterer einen Druck auf die Wand ausüben, weil sie sich ihm als Hindernis für sein Bestreben, die ganze Lösung zu erfüllen, entgegenstellt. Man kann ihn auf verschiedene Weise experimentell messen: er heißt osmotischer Druck der Lösung. Solche halbdurchlässigen Wände kann man sich auf chemischem Wege künstlich herstellen, sie kommen aber auch in der Natur vor und spielen im Pflanzen- und Tierleben eine bedeutende Rolle. So stellt z. B. der lebende Protoplasmaschlauch, der den Zellsaft der Pflanzen in geschlossener Oberfläche umgibt, eine solche halbdurchlässige Wand dar. Für das Lösungsmittel (Wasser) ist er durchlässig, nicht aber für die gelösten Stoffe (Zucker, organische und anorganische Salze). Wird ein Pflanzenteil in Wasser oder in eine wässerige Lösung gelegt, so wird infolge des im Zellinnern auftretenden osmotischen Druckes der Protoplasmaschlauch sich so weit ausdehnen, als es die Zellwand gestattet. In Tier- und Pflanzenzellen kann der osmotische Druck 4—5 Atmosphären betragen, ja unter Umständen den vierfachen Betrag erreichen. Pfeffer bestimmte und berechnete den osmotischen Druck für eine 1 proz. Rohrzuckerlösung bei verschiedenen Temperaturen zu Asmosphären bei °C

6,8° C	0,664 Atm.
14,2	0,671
22,0	0,721
36,0	0,746

um nur einige Zahlenangaben herauszugreifen. Es handelt sich also um ziemlich erhebliche Druckgrößen. Die Natur des Lösungsmittels hat keinen Einfluß auf den osmotischen Druck.

Die Diffusion, auch Hydrodiffusion genannt, wurde schon 1815 von Parrot entdeckt und später von Graham eingehend studiert (1851). Grahams Forschungsergebnisse werden noch zu erörtern sein. Für den Vorgang der Diffusion ließ sich ein einfaches Grundgesetz finden: Die treibende Kraft, welche den gelösten Stoff von Orten höherer zu solchen niederer Konzentration hinführt, und somit auch die Geschwindigkeit, mit welcher der gelöste Stoff im Lösungsmittel wandert, ist dem Konzentrationsgefälle proportional. Nernst gab eine Theorie der Diffusionserscheinungen (1888). Bei der Diffusion kommt die gleiche Expansivkraft des gelösten Stoffes zur Geltung, welche bei der Osmose als osmotischer Druck auftritt. Nach dem genannten Forscher ist die Diffusion ein Ausgleich der Dichtigkeitsänderung ähnlich wie in Gasgemischen. In letzteren stellt sich aber Gleichheit der Dichte sehr schnell ein, während der gelöste Stoff „nur äußerst langsam und träge sich verschiebt“. Der Grund hiervon ist darin zu suchen, daß der Bewegung der Gasmoleküle äußerst geringe, der Bewegung der gelösten Moleküle enorm große Reibungswiderstände sich entgegenstellen.

Die treibenden Kräfte rühren vom Druckunterschied her und sind dem Konzentrationsgefälle proportional. Den Reibungswiderstand für Rohrzucker berechnete Nernst für eine Temperatur von 9^0 zu $6{,}7 \times 10^9$ kg; d. h. um 342 g Rohrzucker (ein Grammolekül) mit der Geschwindigkeit von 1 cm pro Sekunde im Lösungsmittel (Wasser) zu verschieben, bedarf es dieses enormen Zuges. Er ist bedingt durch die Kleinheit der Moleküle, womit eine große Reibungsfläche verbunden ist.

Nach dem oben Gesagten ist also der Saftgewinnungsprozeß in der Zuckerindustrie keine eigentliche „Diffusion“, sondern eine Osmose oder Membrandiffusion. Als Membrane fungiert die Zellwand der Rübenzellen. Die Ausströmung der Lösung (des Rübensaftes) heißt Exosmose, die Einströmung des Lösungsmittels (des Wassers) Endosmose. Diffusion und Osmose sind keine prinzipiell verschiedenen physikalischen Vorgänge; der osmotische Druck kann sich bei der letzteren nicht so frei betätigen wie bei der Diffusion; die Wand (Zellwand, Membrane) wirkt nur erschwerend oder verzögernd auf die Stoffbewegung ein.

Größe und Geschwindigkeit der osmotischen Vorgänge hängen von der Temperatur, der Konzentration der Lösung und des Lösungsmittels, von der Flüssigkeitshöhe (Schichtenhöhe) usw. ab. Auch die Art der Lösung beeinflußt die Osmose. So wird z. B. durch die Anwesenheit anderer Substanzen neben dem Zucker der osmotische Druck größer, doch ist darüber noch wenig bekannt. Diese Andeutungen allgemeiner Natur sollen im nachfolgenden an der Hand der Experimentalforschungen Jollys, Grahams, Herzfelds u. a. genauer betrachtet werden, doch nur soweit, als es der Zweck dieses Buches erfordert.

Jolly stellte den Begriff des endosmotischen Äquivalents auf, d. i. jene Zahl, die angibt, wieviel Gewichtsteile Wasser gegen einen Gewichtsteil der betreffenden Substanz durch die Membrane hindurchgehen. Er fand für:

Kochsalz	4,3
Glaubersalz	11,6
Schwefelsaures Kali	12,0
Kalihydrat	21,5
Schwefelsäure . . .	0,39
Zucker	7,1

also z. B. wandern für ein Gewichtsteil K_2SO_4 12 und für ein Gewichtsteil Zucker 7,1 Teile Wasser durch die Membrane. Zucker diffundiert daher schneller als dieses Salz, aber langsamer als Kochsalz. Die Zahlen haben nur relativen Wert, da Temperatur, Konzentration u. a. Faktoren dabei eine Rolle spielen. Immerhin geben diese Größen das Diffusionsvermögen der einzelnen Substanzen untereinander deutlich an.

Das Verhalten der einzelnen Verbindungen bei der Diffusion wurde eingehend von Graham mit folgenden Resultaten studiert: Es gibt leicht-, schwer- und nicht diffundierbare Körper. Zu der ersten Gruppe gehören die Alkalisalze der organischen und anorganischen Säuren; zu der zweiten Gruppe gehören Zucker und manche Kalkverbindungen; nicht diffundierbar sind Eiweiß, Leim, Karamelstoffe, Pektinsubstanzen und Gummi. Graham erkannte auch den Zusammenhang zwischen der Diffusionsfähigkeit eines Körpers und seiner Kristallisierbarkeit. Die gut diffundierenden Verbindungen (Salze) haben das Vermögen zu kristallisieren, die nicht diffundierbaren Verbindungen (Eiweiß, Gummi) können nicht kristallisieren. Die erste Körperklasse benannte Graham Kristalloïde, die zweite Kolloïde.

Zu betonen wäre, daß heute ein prinzipieller Gegensatz zwischen „Kristalloïden" und „Kolloïden" nicht gemacht werden kann.

Die letzteren haben aber die Eigenschaft, die Diffusion der Kristalloïde ohne merkliche Behinderung zu gestatten, für Kolloïde aber mehr oder weniger undurchlässig zu sein. Grenzt man daher ein Gemenge beider Körperklassen durch eine kolloïdale Scheidewand anderer Art gegen reines Wasser ab, so wandern die Kristalloïde durch die Wand ins Wasser, die Kolloïde bleiben zurück — ein Vorgang, der zur Trennung beider Körperklassen angewendet wird (Dialyse). Als Scheidewand dient am zweckmäßigsten die tierische Blase oder Pergamentpapier.

Graham ermittelte die Mengen an Substanz, die unter gleichen Umständen in derselben Zeit durch eine Membrane wandern können,

69	Teile	K_2SO_4
58,68	„	NaCl
27	„	$MgSO_4$
26,74	„	Zucker
13,24	„	Gummi arab.
3,08	„	Albumin.

Den Zahlen kommt nur relative Bedeutung zu; sie zeigen, daß der Zucker, auf dessen Gewinnung es gerade ankommt, nicht zu den leicht diffundierbaren Stoffen gehört.

Man kann die Diffusionsfähigkeit aber auch in Zeiten ausdrücken, die für gleiche Diffusion unter gleichen Verhältnissen notwendig sind. Angenommen für Salzsäure = 1, so ist für

NaCl	2,33
Zucker	7,00
$MgSO_4$	7,00
Albumin	49,00
Karamel	98,00

Die Geschwindigkeiten, mit der die einzelnen Körper diffundieren, sind bei gleicher Temperatur und sonst gleichen Bedingungen folgende:

Zucker, $MgSO_4$, $ZnSO_4$ = 1,
$BaCl_2$, $CaCl_2$, Na_2SO_4, $(COO)_2Na_2$ = 1,75,
K_2SO_4, $(COO)_2K_2$ = 2,
NaCl, $NaNO_3$ = 2,33,
KCl, KNO_3, $NH_4 \cdot Cl$, $NH_4 \cdot NO_3$ = 3.

Die Zahlen zeigen, daß die meisten Salze rascher diffundieren als der Zucker. Die Kalisalze wandern rascher als die entsprechenden Natronsalze.

All die angeführten Werte geben zwar Aufschluß über das Verhalten der einzelnen Verbindungen für sich bei der Diffusion, genügen aber nicht zur vollen Erkenntnis der Vorgänge bei der Diffusion der Rübenschnitte; denn hier liegt ein Gemenge vieler Kristalloïde und Kolloïde vor, wodurch gegenseitige Beeinflussung entsteht. Darüber ist noch wenig und oft Widersprechendes bekannt. Im allgemeinen gilt, daß die Diffundierbarkeit bei Anwesenheit mehrerer Körper in Lösung herabgesetzt wird. In seinen diesbezüglichen Versuchen stellte Herzfeld folgendes fest: Bei 20° C fand er, das osmotische Äquivalent des Zuckers = 1 gesetzt,

Zusatz von 10 Zucker: 1 Salz	für reine Lösungen	für die zuckerhaltigen Lösungen
K_2SO_4	3,28	2,90
KNO_3	6,32	6,40
KCl	6,41	5,70
Asparagin	1,77	2,10

Unter „osmotischem Äquivalent" verstand Herzfeld jene Zahl, die erhalten wird, wenn man die bei seinen Versuchen durch 1 cm² Membrane gegangene Zuckermenge = 1 setzt. (0,00503 g in zwei Stunden.) Bei gleichen Verhältnissen waren vom K_2SO_4 0,01656 g diffundiert. Das osmotische Äquivalent des K_2SO_4 ist sonach 0,01656 : 0,00503 = 3,28. Je größer das Äquivalent, desto besser die Diffusionsfähigkeit im Verhältnis zum Zucker. Die obigen Zahlen zeigen, daß der Zusatz von Zucker diese Äquivalente verminderte, nur beim Asparagin erhöhte. Umgekehrt vermindert Zusatz von Salzen die Diffusionsfähigkeit des Zuckers. Anstatt eines Teiles diffundierten bei Zusatz von K_2SO_4 nur 0,86 Teile, bei KCl nur 0,76, bei Asparagin nur 0,907 Teile Zuckers.

Für Temperaturen bei 60° C berechnen sich aus Herzfelds Versuchszahlen folgende osmotische Äquivalente, das des Zuckers als 1 angenommen:

	für reine Lösungen	für mit Zucker versetzte Lösungen
von K_2SO_4	2,53	2,9
KNO_3	4,76	4,2
KCl	4,89	4,6
Asparagin	1,54	1,5

Die osmotischen Äquivalente der angeführten Substanzen sind bei der geringeren Temperatur größer als bei der höheren Temperatur; Die Salze diffundieren also bei niedriger Temperatur im Verhältnis zum Zucker rascher als bei höherer. Die Anwesenheit des Zuckers verringert ihre Diffusionsfähigkeit.

All die genannten Substanzen diffundieren unter gleichen Bedingungen rascher als Zucker. Bei der gegebenen Versuchsanordnung diffundierten aus 10 proz. reinen Lösungen durch Pergamentpapier bei den angegebenen Temperaturen Gramm Substanz:

Tabelle Nr. 46.

	a 20° C	b 60° C	$\frac{b}{a}$
Zucker	0,886	2,292	2,47
K_2SO_4	2,907	5,818	2,00
KNO_3	5,599	10,923	1,90
KCl	5,685	11,223	1,97
Asparagin	1,568	3,531	2,25

Die Tabellen Nr. 46 und 46a zeigen deutlich den Einfluß der Temperatur auf osmotische Vorgänge. Sie wirkt fördernd, und zwar besonders diffundiert Zucker durch Temperaturerhöhung schneller als Salze $\left(\frac{b}{a}\right)$. Temperaturerhöhung ist also bei der Gewinnung des Zuckers aus Gemischen auf osmotischem Wege vorteilhaft. Die zwei Salze der Tabelle 46a KNO_3 und KCl diffundieren bei niedrigerer Temperatur im Vergleich mit Zucker schneller als bei höherer.

Tabelle Nr. 46a.

	Gewicht %	Temp.	Menge in g	Verhältnis osm. Äquival.
Zucker + KNO_3	10 1	20°	0,716 0,471	1 : 6,4
do.	10 1	60°	1,934 0,817	1 : 4,2
Zucker + KCl	10 1	20°	0,671 0,384	1 : 5,7
do.	10 1	60°	1,927 0,888	1 : 4,6
Zucker + Asparagin.	10 1	20°	0,803 0,165	1 : 2,1
do.	10 1	60°	2,149 0,322	1 : 1,5

b) Theorie der Diffusion im Betriebe.

Wenn nun daran gegangen werden soll, die bis jetzt mitgeteilten Daten theoretischer Art auf die Diffusion im Betriebe zu übertragen und zu verwerten, so muß zunächst hervorgehoben werden, daß man mit den Gesetzen der Osmose nicht sein Auslangen finden kann, weil auf der Batterie eben nicht osmosiert, sondern — ausgelaugt wird. Darauf wies schon Stammer hin. Vom alten Robertschen Verfahren sagte er: „. . war der Gang der ganzen Arbeit ein anderer und entsprach dem Grundbegriff der Diffusion (lies Osmose, d. Verf.), d. h. dem langsamen Austausche zwischen den verschiedenen Dichten und verschieden warmen Flüssigkeiten innerhalb der Zellen und außerhalb derselben mit entsprechender Entmischung der ersten bis zu einem bestimmten Grade. Dieser Begriff fand darin seine Betätigung, daß die Arbeit stets so geleitet wurde, daß man die frischen ... Schnitzel in einem genau bestimmten Verhältnis mit Saft mischte, durch die erhöhte Temperatur dieses Saftes einen bestimmten Wärmegrad in dem Gemisch herstellte und das Gemisch eine bestimmte Zeit hierbei stehen — diffundieren ließ.“ Das Robertsche Verfahren wurde von Schulz verbessert, „und es entwickelte sich daraus eine ganze Reihe von verschiedenen Arbeitsweisen, die sich mehr und mehr den neueren näherten, und so ist es gekommen, daß an Stelle der eigentlichen Diffusion nach und nach eine reine Auslaugung bei ziemlich hoher Temperatur getreten ist, welche sich von der alten Mazeration nur durch die dünneren Rübenschnitte und durch die zu Ende der Arbeit etwas erniedrigte Aus laugetemperatur unterscheidet“.

Daran hat sich bis heute nichts gebessert, eher haben sich diese Verhältnisse vom Standpunkt der Theorie verschlechtert.

Bei normaler Arbeit im Betriebe kommen die Schnitte aus der Schneidmaschine ohne langen Aufenthalt in die Diffusionsgefäße; auf dem Wege dahin erfahren sie keinerlei Veränderungen, höchstens die, daß die meisten Schnitte im Transporteur und beim Füllen die Farbe ändern und sich verschieden färben; gewöhnlich hellrosa oder blaurosa. Diese Farbenveränderung ist jedoch keinesfalls als beginnende Zersetzung aufzufassen.

Schnitte von gesunden Rüben halten sich bei gewöhnlicher, ja auch bei der oft hohen Temperatur im Fabrikslokal mehrere Stunden lang, ohne daß Zersetzung stattfindet; sie nehmen wohl eine andere Farbe an, aber ein Zuckerverlust ist nicht zu konstatieren. Der Verfasser stellte in der Kampagne 1910/11 diesbezügliche Versuche mit ungarischen Rüben an. Die Rübenschnitte wurden sofort polarisiert, dann, um Wasserverdunstung hintanzuhalten, in bedeckter Blechschachtel im Diffusionslokal stehen gelassen und nach verschieden langen Zeiträumen wieder polarisiert. Die folgende Zusammenstellung zeigt die erhaltenen Resultate.

Tabelle Nr. 47.

Polaris. der Schnitte	1	2	3	4	5	6	7	8
% Zucker	16,05	15,00	15,70	15,65	15,25	15,60	16,55	17,15
nach 3½ Std.	16,35							
„ 6 „		15,00						
„ 8 „								
„ 9 „			13,8	14,40				16,75
„ 11 „		13,70						
„ 14 „					13,90	ca. 14,0		
„ 25 „							14,00	
Versuchstemperatur	30° C	40°	30°	30°	25°		30°	23°

Die Polarisationssteigerung bei der ersten Versuchsreihe ist sicher wenigstens zum Teil auf Wasserverdunstung zurückzuführen. In der zweiten Reihe hielt sich die Rübe selbst noch nach sechs Stunden. Dies ist aber die Maximalzeit, denn nach neun Stunden waren schon sehr beträchtliche Polarisationsrückgänge bemerkbar.

Die Befunde des Verfassers stehen in Übereinstimmung mit Untersuchungen, welche Herles über denselben Gegenstand anstellte (Z. f. Zuckerind. i. B. 1890, S. 102). Seine Analysenresultate beziehen sich auf Rübenschnitte und ihren Preßsaft.

Herles ging bei seinen Versuchen nicht über eine Zeitdauer von vier Stunden hinaus; innerhalb dieser zeigte sich keine Polarisationsabnahme. Die Analyse des Preßsaftes ist von geringerer Bedeutung.

Tabelle Nr. 48.

Nr.	Untersucht	Zucker-gehalt %	Ausgepreßter Saft S	P	Q
1	sofort	14,35	—	15,8	—
	nach 4 Stunden	14,35	—	16,75	—
2	sofort	15,0	17,95	15,65	87,1
	nach 4 Stunden	15,0	20,5	17,45	85,1
3	sofort	15,2	18,9	16,4	86,7
	nach 4 Stunden	15,1	19,5	16,7	85,6
4	sofort	14,9	19,8	16,8	85,3
	nach 4 Stunden	14,95	18,8	16,1	85,6
5	sofort	15,1	19,6	16,55	84,9
	nach 4 Stunden	15,0	20,2	17,25	85,3
6	sofort	14,0	18,75	15,6	83,2
	nach 4 Stunden	14,2	19,65	16,65	84,7

F. Strohmer und R. Salich prüften die hier herrschenden Verhältnisse im Zuckerrübenbrei und fanden bei diesem fein verteilten Zustande der Rübe, wo also schnellere Zersetzungserscheinungen möglich wären daß nach vierstündigem Stehen keine Veränderung eintrat. Nach 24 Stunden trat weitgehende Zersetzung ein. Zu ihrer Versuchsanordnung wäre nur zu bemerken, daß die Schnitte im Digestionswasser (heiße Digestion) während der genannten Zeit verblieben. Die Versuche wurden also nicht unter Fabriksverhältnissen durchgeführt.

Die Schnitte werden nun der Diffusion unterworfen.

Einfluß der Schnitte auf die Diffusionsarbeit.

Schnitte mit großer Oberfläche und richtiger Dicke sind eine Grundbedingung für eine gute Diffusion. Herzfeld führte Versuche durch, um den Zusammenhang zwischen Saftqualität und Schnitzelstärke aufzufinden; die in Tabelle Nr. 49 niedergelegten Versuchsergebnisse besagen, daß Schnitte von mittlerer Stärke bessere Rohsäfte geben als dünnere oder stärkere Schnitte. Daß, gleiche Auslaugung vorausgesetzt, stärkere Schnitte schlechtere Säfte liefern, kommt daher, weil die Salze rascher als Zucker diffundieren. Um den Zucker aus stärkeren Schnitten in gleichem Maße zu gewinnen wie aus mittelstarken Schnitten, werden größere Mengen der Salze mitwandern. Der zweite Teil dieser Zusammenstellung ist maßgebender, weil hier die Auslaugung der Schnitte gleichmäßiger war. Da die Aschenbestandteile teilweise im Safte gelöst, teilweise wohl löslich, aber im Marke in fester Form abgelagert sind, werden erstere früher als letztere in den Diffusionssaft übergehen. Je schneller die Diffusion vonstatten geht, je weniger Gefäße heiß gehalten werden, desto weniger Salze werden gelöst. Sind

Tabelle Nr. 49.

Schnitzelstärke	Temperatur °C	Quotient des Saftes	Asche auf 100 Zucker	Polarisat. der ausgel. Schnitte
1½ mm	70—75	87,5	3,9	0,32
1½ „	63—68	88,2	3,7	0,22
2½ „	60—65	90,6	3,04	0,19
2½ „	60—65	90,3	2,93	0,20
3 „	60—65	87,6	3,7	0,14
3 „	60—65	87,3	3,6	0,17
6 „	70—75	84,0	5,1	—
6 „	63—68	86,0	4,0	—
2 mm	80—85	88,4	2,61	0,17
5 „	80—85	86,8	3,65	0,11
2 „	80—85	87,5	3,16	0,21
5 „	80—85	85,5	3,39	0,29
2 „	80—85	88,9	3,37	0,25
5 „	80—85	87,8	3,49	0,29

also starke Schnitte im Vergleiche mit schwächeren auszulaugen, so dauert die Diffusion länger, mehr Gefäße müssen heiß gehalten werden — das der Grund, daß stärkere Schnitte unreinere und speziell aschenreichere Säfte geben. Ganz dünne Schnitte geben infolge ihrer größeren Anzahl an zerrissenen Zellen durch bloße Auslaugung schlechtere Säfte als mittelstarke Schnitte, die Auslaugung geht aber hier rascher vonstatten, es treten also weniger Lösungsvorgänge der Salze ein. Das kompensiert die Wirkungen, so daß sehr dünne und sehr starke Schnitte fast gleich zusammengesetzte Säfte geben. Doch dürfen solche Resultate nicht ohne weiteres verallgemeinert werden. Die Versuche führten zu folgenden Ergebnissen:

„1. Beim Diffusionsverfahren gehen zunächst neben Zucker viel Salze in den Saft, nämlich diejenigen Kristalloïde, welche im Safte gelöst sind.

2. Gleichzeitig lösen sich auch feste Bestandteile (anorganische und organische) des Rübenmarkes; je länger die Erwärmung in der Batterie dauert, je mehr Gefäße also heiß gehalten werden, und je langsamer der Saft zirkuliert, desto schlechtere Säfte wird man erhalten. Ob gerade diese ursprünglich unlöslichen Bestandteile fabrikativ die Säfte sehr verschlechtern, bedarf des Beweises.

3. Da beim Vergleiche sehr starker Schnitzel mit schwächeren stets zur vollständigen Auslaugung der starken Schnitzel die Batterie verlängert und mehr Gefäße heiß gehalten werden mußten, so resultierten für erstere auch etwas aschenreichere Säfte“ (Diffusionsversuche 1887/88 und 1888/89).

Eine nicht mindere Bedeutung wie der Stärke der Schnitte kommt der Temperatur auf der Batterie zu.

Wie später ausführlicher gezeigt wird, wendete Robert bei seinen ersten Diffusionsexperimenten im Jahre 1848 Temperaturen von 80° R an. Die Verarbeitung machte infolgedessen große Schwierigkeiten: Quellung der Schnitte, schlechte Auslaugung und schleimige Säfte waren ihr Resultat. Die Arbeiten Frémys über die Pektinkörper führten dann zu der Arbeitsweise, bei der Diffusion nicht über 65° R zu gehen, um das Aufquellen der Pektose zu verhindern, ja auf Grund der Arbeiten von Wiesner (1864) wendete Robert später nicht einmal 50° R an, um Quellung der Interzellularsubstanz zu vermeiden. Auch bei 40 und noch weniger Graden Reaumur wurde gearbeitet, um die Säfte nicht zu verunreinigen. Diese niederen Temperaturen hatten wieder andere Unannehmlichkeiten zur Folge: lange Diffusionsdauer mit Gärungserscheinungen und dadurch bedingte Zuckerverluste. Da man jedoch bemerkte, daß bei höherer Temperatur die Auslaugung besser vonstatten ging und die Gärungserscheinungen auf der Batterie sich verminderten, erhöhte man allmählich wieder die Diffusionstemperatur. (Schultz 50—55° R.) So wurde, ohne die Richtigkeit der älteren, auf Wiesners Arbeiten beruhenden Theorie anzuzweifeln, in der Praxis von den durch diese Theorie verlangten niederen Temperaturen abgewichen Es machten sich sogar Stimmen geltend, welche der heißeren Arbeit bessere Säfte zuschrieben, da die Diffusionsdauer kürzer war (Sostmann). Es wurden später Temperaturen bis 60—65° R (Bergreen) vorgeschlagen. Keyř (1878) wies auf den Gegensatz zwischen Theorie (niedere Temperatur) und Praxis (mit den höheren Temperaturen) hin. Diese Anschauung brach sich dann allgemein wieder Bahn: in der raschen und warmen Arbeit sah man die richtige Arbeitsweise.

Doch gab es auch widersprechende Ansichten, und dies veranlaßte Herzfeld, seine schon genannten ersten Diffusionsversuche anzustellen. In diesem Punkte konnte er feststellen, „daß eine Steigerung der Temperatur in der Batterie über 65° C = 52° R bis 85° C = 68° R nicht in dem Maße schlechtere Säfte zu geben scheint, als man nach den älteren theoretischen Anschauungen erwarten sollte". (Diffusionsversuche i. d. Kamp. 1887/88, 1888/89; Z. V. d. Zuckerind. 1889, S. 304). Bei derselben und sogar auch etwas höherer Temperatur konnte derselbe Forscher durch die Diffusionsversuche der Kampagne 1890/91 feststellen, daß sie unbestimmbare Zuckerverluste infolge Hintanhaltung von Gärung auf der Batterie fast völlig vermeidet (Z. V. d. Zuckerind. 1891, S. 295).

Vorgänge in der Batterie. Die frisch eingefüllten Rübenschnitte kommen im Diffuseur zuerst mit dem heißen Rohsafte beim Einmaischen zusammen. Zunächst lassen sie keinen Saft aus, da der Plasmaschlauch das Zellinnere umgibt und für Saft undurchlässig ist. Deshalb muß der Schlauch entfernt oder zerstört werden. Dies geschieht durch Erwärmen; wie Kroemer zeigte, findet bei 60—70° C das Absterben der Plasmaschläuche statt. Dann erst kann der zuckerhaltige Zellsaft aus den Zellen austreten. Doch soll man stets über 70° C gehen, um sicher zu arbeiten (Centralbl. f. Z. XIII, 1904, S. 256, 284).

Diese erste Phase im Diffusionsprozesse kann als Abtötung der Zellen bezeichnet werden (siehe S. 5 u. 23).

In der **zweiten Phase** beginnt die **Auslaugung** der oberen, in den Schneidmaschinen freigelegten Zellen und der eigentliche **Diffusionsvorgang** (Osmose). Natürlich erfolgt das Auswaschen rascher und geht der Osmose voran.

Die Auslaugung ist kein erwünschter Prozeß, da der ganze Zellinhalt einfach in den Saft übergeht und ihn verschlechtert. Aus diesem Grunde wurde im 1. Kapitel der Chemie der Zelle mehr Aufmerksamkeit geschenkt.

Durch die Schneidmaschinen sollen 2—5% aller vorhandenen Zellen völlig geöffnet werden; darunter liegen zerquetschte, aber noch unverletzte Zellen. **Herzfeld** berechnete, daß bei Schnitten von 2 mm Stärke $^1/_{20}$, bei 4 mm Stärke $^1/_{40}$ aller Zellen geöffnet sei. Da gewöhnlich mit stärkeren Schnitten gearbeitet wird, ist ein noch geringerer Bruchteil derselben offen.

Der Nachteil der offenen Zellen kann durch völlig tadellose Schnitte vermindert werden. Diese spielen natürlich bei den osmotischen Vorgängen eine große Rolle.

Je feiner und gleichmäßiger die Schnitte, desto besser die Arbeit. Unter eine gewisse Stärke können aber die Schnitte nicht gebracht werden, weil sie die Saftströmung behindern würden. Gleichmäßig stark müssen sie sein, weil es sonst schon ganz ausgelaugte neben noch unausgelaugten Schnitten geben würde.

Musige (breiige) Schnitte dürften bei gleicher Entzuckerung schlechtere Säfte geben, da in solchen Schnitten die Lösungsvorgänge sicherlich beschleunigt werden.

Schön bewies **Tlamych**, daß **der Zucker durch osmotische Vorgänge aus den Rübenzellen in die Säfte übergeht.** Er nahm aus dem Innern von ausgelaugten Schnitten eine Partie heraus und isolierte die Zellen durch Chromsäure. Im Mikroskope sah er nun 1. das Zellgewebe unverletzt, 2. die Eiweißkörper (Kolloide) an denselben Stellen wie in frischen Schnitten und 3. konnte mittels mikrochemischer Agenzien kein Zucker im Zellinnern konstatiert werden. Dieser wanderte demnach osmotisch durch die Zellwand. **Tlamychs** Untersuchung stammt aus dem Jahre 1878 und damals wurde wirklich „diffundiert".

Gleichzeitig mit der Diffusion verläuft die **vierte Phase** der Saftgewinnung: die **Lösungsvorgänge.** Durch sie werden an sich nicht lösliche Rübenbestandteile, z. B. solche des Markes, löslich gemacht. (Pektinkörper, Interzellularsubstanzen.) Dies geschieht unter der Einwirkung der Wärme und der sauren Reaktion der Rübensäfte. Die Lösungsvorgänge sind eine unerwünschte Erscheinung; dazu kommt, daß sie gerade bei jenen Bedingungen vor sich gehen, welche für die Diffusion am günstigsten sind.

Eine dieser Bedingungen ist die **Temperatur.** Es wurde schon gezeigt, daß die Diffusion des Zuckers bei Temperatursteigerung rascher zunimmt als die der andern Stoffe. Durch Temperaturerhöhung aber werden die Lösungsvorgänge auch beschleunigt. Man darf und kann auch nicht die Temperatur über ein gewisses Maß treiben. Bis etwas über 80° C ist nicht zu befürchten, daß bei gesunder Rübe unangenehme Erscheinungen auftreten. Steigert man die Temperatur beträchtlich darüber, bis 90° und noch mehr, so werden die Schnitte weich, sie „verbrühen", legen sich einander und dem Siebboden an und verhindern so das „Treiben". Es kommt auch natürlich auf die Dauer der Einwirkung an. Es ist wohl unnötig, zu betonen, daß die Phasen nicht streng hintereinander verlaufen.

In der dritten Phase werden die eigentlichen osmotischen Vorgänge auftreten. Darüber ist man nicht sehr unterrichtet, da das Studium der pflanzenosmotischen Erscheinungen nur mangelhafte Resultate ergab. Um die quantitativen Verhältnisse kennen zu lernen, wird man ganz gut Andrlíks Untersuchungen über Osmose der Melasse heranziehen können; hat ja auch Herzfeld mit Pergamentpapier gearbeitet und seine Folgerungen auf die „Diffusion" übertragen.

Am leichtesten werden die anorganischen Bestandteile diffundieren. Es ist anzunehmen, daß die Kalisalze rascher als die entsprechenden Natronverbindungen diffundieren, da Andrlík für Melasse das Verhältnis $K_2O : Na_2O = 6{,}6 : 1$, für das Osmosewasser dasselbe zu 9,1 : 1 fand. Chlor ging fast zur Gänze in das Osmosewasser über, also sicher auch in den Rohsaft. Eisenoxyd und Kieselsäure diffundieren nicht; sie sind kolloïdal. Die Gesamtasche (Karbonatasche) des Osmosewassers ist größer als die der Melasse: demnach gehen die Aschenbestandteile der Rüben leicht in den Rohsaft über.

Ferner gilt, daß mehr Aschenbestandteile als organischer Nichtzucker diffundieren; denn Andrlík fand das Verhältnis Reinasche: organischem Gesamtnichtzucker in der Melasse zu 1 : 3,34. in der osmosierten Melasse (nach der zweiten Osmose) 1 : 5,22 und im Osmosewasser 1 : 2,97. — Wenn die „Diffusion" ein rein osmotischer Prozeß wäre, würde der Rohsaft verhältnismäßig mehr anorganische als organische Nichtzucker enthalten.

Verhalten der organischen Säuren der Rüben. Andrlík konstatierte eine bedeutende Diffusionsfähigkeit der mit Äther auslaugbaren Säuren. Die Melassen enthielten vor der Osmose 6,62%, nach der Osmose 5,43% dieser Säuren; die Osmosewässer 10,85—13,28%.

Für die Stickstoffkörper fand Andrlík bei der Melassenosmose folgendes Verhalten:

Tabelle Nr. 50.

	Gesamt-N	Mittel	Eiweiß-N nach Rümpler	
Melassen	2,01—2,50	2,36	Melasse (Durchschnitt).	0,18 %
„ a. d. I. Osm.	2,48—2,59	2,53	„ aus der I. Osm.	0,22 %
Wasser „ „ I. „	2,83—3,41	3,13	„ „ „ II. „	0,25 %
„ „ „ II. „	3,03—3,47	3,26	Wasser „ „ I. „	0,15 %
			„ „ „ II. „	0,15 %

Die Melassen aus der ersten Osmose waren reicher an Gesamtstickstoff als die unosmosierten. Besonders reich an Stickstoffsubstanzen war das Osmosewasser Die Analysen der beiden Osmosewässer zeigen, daß auch die Eiweißkörper teilweise-dialisierten.

Für den „Betaïnstickstoff", d. i. der mit phosphorwolframsaurem Natron fällbare Stickstoff, vermindert um den Ammoniakstickstoff, fanden die genannten Forscher folgendes:

Tabelle Nr. 50a.

I. Osmose			II. Osmose		
	1. Fall	2. Fall		1. Fall	2. Fall
Nichtosm. Melasse	0,51%	0,51%	I. osm. Füllmasse . .	0,58%	nicht best.
Osmosefüllmasse . .	0,40	0,31	Wasser a. d. II. Osm.	0,61	1,38%
Osmosewasser . . .	0,74	0,72	Melasse a. d. II. Osm.	0,74	1,17
Osmos. Melasse . .	0,50	nicht best.			

In beiden Fällen ging Betaïn in größerer Menge ins Osmosewasser über. Das Wasser war stets reicher daran als die ursprüngliche Melasse. Auch Amidosäuren gingen in das Osmosewasser über. Die Melasse nach der ersten Osmose enthielt 1,16%, 1,18 und 1,44%, das Osmosewasser 1,80—2,49% Amidosäurestickstoff. Diese Zahlen, auf die Diffusion der Rübe übertragen, besagen, daß die Amidosäuren, die Pflanzenbasen und auch Eiweißkörper in den Rohsaft übergehen. Die quantitativen Verhältnisse genau zu berechnen, hätte nicht viel Zweck, da sich die Andrlíkschen Versuche nicht einmal für Melassenosmoseversuche, geschweige für die Rübendiffusion, verallgemeinern lassen.

Folgende Übersicht zeigt deutlich die Stickstoffbewegung in der Osmose:

Tabelle Nr. 50b.

Von 100 Teilen Gesamt-N entfielen durchschnittlich auf den Stickstoff der						
	Eiweiß u. Propeptone	Peptone	des NH_3	der Nitrate	des Betaïns u. Amidosäuren	
in I. Füllmassen	7,4	3,5	8,2	2,0	78,9	$^1/_3$ Betaïn $^2/_3$ Amidosäuren
nicht osmos. Melassen . .	3,0	1,9	3,2	1,9	90,0	
in I. Osmosewässern . .	2,9	2,0	2,7	1,1	91,3	
in II. Osmosewässern . .	1,4	2,5	1,8	1,1	93,2	

Man kann die Zahlen wohl nicht direkt auf die Diffusion übertragen, aber einen Überblick gewähren sie immerhin. Daß mit dem Heranziehen dieser Versuche auf das Studium der osmotischen Vorgänge in der Batterie kein Fehler gemacht wurde, beweisen die „Substanzbewegungen“ des Abschnittes c dieses Kapitels[1]).

Vom Chromogen geht der größte Teil, wenn nicht alles in den Saft über. Die ausgelaugten Schnitte zeigen nämlich keine Farbenveränderungen mehr.

Über die ungleichmäßige Auslaugung der Schnitte an einzelnen Stellen des Diffuseurs liegen einige Beobachtungen vor. Da dieses Thema mehr ins technologische Gebiet fällt, soll es nur ganz kurz behandelt werden.

Preißler stellte Versuche in Diffuseuren mit 40 q Füllung an. Er fand, „daß in den verschiedenen Schichten der Gefäße die Auslaugung eine sehr verschiedene ist, nämlich in den oberen Schichten ziemlich günstig, in den mittleren wesentlich höher und in den unteren Schichten verhältnismäßig sehr hoch“.

Oben: 0,29, 0,29, 0,51, 0,71; Mitte: 0,23—0,85; unten: 0,41—0,99% Zucker.

Das ist durch die Konstruktion der Diffuseure begründet, wie Preißler weiter entwickelt (Z. V. d. Zuckerind. 1899, S. 159).

Pfeiffer fand bei einem Diffuseur mit flachem Siebboden und seitlicher Entleerung in den Schnitten, welche in den Ecken des Diffuseurs auf dem Siebboden liegen, 0,3% mehr Zucker als in den sonst ausgelaugten; bei einem Diffuseur mit konischem Boden und zentralem Saftabzug war die Auslaugung am gleichmäßigsten. (Z. V. d. Zuckerind. 1899, S. 161).

Ungleich wichtiger ist die Frage, wieweit man in der Batterie die Auslaugung ohne Schaden des Nachbetriebes führen kann. Wenn sich auch nicht eine bestimmte Norm für den Zuckergehalt der ausgelaugten Schnitte geben läßt — soviel kann man sagen: der zum Schlusse ausgelaugte Zucker darf nicht mehr kosten als der Wert des Rohzuckers aus demselben beträgt. Die Höhe der Auslaugung ist also Sache der Kalkulation: Regie, Zuckerpreis, lokale Verhältnisse, verlängerte Kampagne und damit verlängerte Einmietung der Rüben mit auftretenden Zuckerverlusten und Verschlechterung des teuren Rohmaterials und viele andere Faktoren müssen zur Beurteilung dieser Frage herangezogen werden.

Die Frage nach der Höhe der Auslaugung ist nicht neu, trotzdem ihre Beantwortung bis heute keine einheitliche. So stellte Karlson im Jahre 1896 und 1898 die Behauptung auf, man müsse mit der Auslaugung an dem Punkte aufhören, wo die erzeugten Nachsäfte anfangen, einen Quotienten zu geben, der niedriger ist als der Melassequotient der Fabrik. Die Auslaugegrenze gab er zu 0,4—0,6% Zucker

---

[1]) Über das mutmaßliche Verhalten von Vernin, das vielleicht erst bei der Diffusion aus Nukleoproteïden abgespalten wird, siehe S. 159 u. 162; über Lezithin, bzw. Cholin siehe S. 135, über Koniferin S. 477.

Auch der Abschnitt über die Stoffwanderung in der Diffusion auf S. 240 vervollständigt sehr die hier erörterten chemisch-physikalischen Vorgänge.

in den Schnitten an. Ähnliche Ansichten hatte schon viel früher Stammer (siehe S. 260).

Claassen trat dieser Behauptung entgegen und zeigte, daß Nachsäfte mit weit niedrigerem Quotienten, als die Melasse sonst besitzt, durch Scheidung und Saturation gereinigt, gut kristallisierende Produkte geben.

Nach Lexa „soll man sich lieber zwischen 0,3—0,4 Polarisation bewegen, unter 0,3 Pol. keineswegs gehen, sonst bekommt man unreine und unnütz verdünnte Säfte" (Z. f. Zuckerind. i. B. XVIII, 1894, S. 524).

Mit derselben Frage beschäftigte sich A. Gröger (Ö. U. Z. f. Zuckerind. XXX, 1901, S, 720). Die Auslaugung auf der Batterie geschah bis auf einen Zuckergehalt von 0,2—0,3%. Aus dem letzten Gefäße wurde der Nachsaft im Momente des halben Saftabzuges bemustert, konzentriert und analysiert. Ein anderer Teil des Saftes wurde der dreifachen Saturation wie in der Fabrik unterworfen. In zwei Versuchen hatten diese Nachsäfte die scheinbare Reinheit von 68,8, bzw. beim zweiten nicht angegeben, und die entsprechenden saturierten Säfte 72,9, bzw. 69,5. Zur Füllmasse eingedampft, ergaben sie eine solche von hellbrauner Farbe und schieden nach kurzem Stehen einige grobe scharfkantige Kristalle aus. Aus späteren Versuchen, in denen Gröger zweckmäßiger den wirklichen Reinheitsquotienten der Nachsäfte heranzog, schloß er, „daß zu einer Änderung der Auslaugegrenze auf der Batterie kein Grund vorliegt, da die Verschlechterung des Diffusionssaftes durch die Übernahme der Nachsäfte in den Betrieb nur wenige Zehntelgrade im Quotienten betragen kann". Eine Verschlechterung tritt wohl ein, aber auf die Qualität der Füllmasse und Zuckerausbeute hat sie keinen ungünstigen Einfluß, da die meisten Nichtzuckerstoffe im Laufe der Saftreinigung entfernt werden.

Tabelle Nr. 51.
Durchschnittsanalysen der Nachsäfte.

	Ablaufwasser	I	II	III	IV	V	VI
Grade Balling	0,22	0,28	0,40	0,56	0,77	1,07	1,49
Polarisation	0,06	0,12	0,21	0,36	0,56	0,84	1,22
Unlösliches	0,001	0,003	0,004	0,003	0,003	0,003	0,003
Reinasche	0,021	0,023	0,025	0,028	0,034	0,036	0,049
Organische Substanz	0,028	0,034	0,041	0,049	0,063	0,071	0,098
Trockensubstanz	0,11	0,18	0,28	0,44	0,66	0,95	1,37
Scheinbarer Quotient	27,3	42,9	52,5	64,3	72,7	78,5	81,9
Wirklicher Quotient	54,5	66,7	75,0	81,8	84,8	88,4	89,1
Verh. von A:O Nz	1,3	1,5	1,65	1,75	1,85	1,95	2,0

Bohle (D. Z. 1908, Nr. 12, S. 275) fand auf Grund von Versuchen in seinem Betriebe, „daß man unter normalen Verhältnissen getrost so weit auslaugen soll, wie das bei normalem Saftabzuge und normaler

Diffusionsdauer nur irgend möglich ist". Tabelle Nr. 52 gibt seine Versuchsergebnisse wieder.

Tabelle Nr. 52.

Diffuseur Nr.	mittlere Temper. °C	Scheinbare Quotienten der Säfte in den einzelnen Gefäßen		Wiederholung Q	Nachsaft ungereinigt	geschieden u. saturiert	Versuch I II Nachsäfte von d. Durchschnittszusammensetzung
1	16,0	85,6	87,1		70,0	70,0	Bx 0,82 0,75
2	57,5	81,9	85,8		54,3	58,4	Pol. 0,32 0,305
3	70,5	81,0	83,6		69,4	75,0	Q 38,5 4,05
4	76,0	73,6	80,5		57,8	64,3	daraus erhaltene
5	65,0	71,2	75,5		45,0	50,0	Füllmassen
6	48,0	70,0	71,2	65,3	31,6	38,0	Q 74,0 77,5
7	39,0	45,0	48,3	28,3	31,4	35,0	
8	22,0						

Bohle fand, „daß durch die eigentliche Scheidung und Saturation nur eine geringe Quotientenverbesserung eintrat, während eine wesentliche Quotientenverbesserung erst nach dem nachherigen Verkochen der Säfte festzustellen war". Derselbe hielt während der ganzen Kampagne die Auslaugung auf 0,20—0,25, wobei die „in den Diffusionssaft gelangenden Nachsäfte noch ein gut kristallisierendes Produkt gaben".

Ein im Jahre 1889 von Herzfeld durchgeführter Versuch über die hier vorliegende Frage gibt deshalb sehr wertvolle Aufschlüsse, weil Herzfeld die Auslaugung abnorm weit trieb und die erhaltene Füllmasse vollständig analysierte. Schnitte, die auf 0,1% Polarisation ausgelaugt waren, wurden nochmals mit destilliertem Wasser bei 80° C behandelt. Die abgezogene Flüssigkeit wurde mit wenig Kalk aufgekocht, saturiert, filtriert und mit schwach alkalischer Reaktion eingedampft, der Dicksaft abermals filtriert und zur Füllmasse verkocht. Sie enthielt:

Zucker . . . 49,9% (Zucker nach Clerget 52,1)
Wasser . . . 26,3
Karbonatasche 6,4 {Kalkasche 0,37%, Alkaliasche 6,03%}
Org. Nichtzucker 15,2

Wirkl. Quotient 75,0. (Diese Zahl dürfte ein Rechen- oder Druckfehler sein, wenn die andern Angaben richtig sind; es berechnet sich 73,7% Trockensubstanz, d. i. bei der direkten Polarisation ein Reinheitsquotient von 67,7, und bei Zugrundelegung des Clergetzuckers ein Quotient von 70,7. Der Verf.) Aus der Füllmasse schied Zucker alsbald in Kristallen aus. Man könnte demnach die Auslaugung vollständig durchführen, doch rät Herzfeld, nicht unter 0,2% Zucker in den Schnitten zu belassen.

In einer folgenden Untersuchung will Herzfeld die Auslaugung auf der Batterie nicht von der Reinheit der Nachsäfte abhängig wissen, sondern vom Verhalten der Säfte in den Vorwärmern. Darüber gibt die Analyse keinen Aufschluß. Je nach dem Grade der Auslaugung werden Oxalate, Eiweißsubstanzen, Pektine und Parapektine je nach Umständen, die vom Rübenmaterial abhängen, in verschiedenen Mengen in den Saft gelangen; „.... die Frage, wie weit man mit der Auslaugung gehen soll ...., wird in erster Linie davon abhängig zu machen sein, ob die Vorwärmer gut funktionieren oder nicht, wovon in der Regel der weitere glatte Verlauf der Scheidung, Schlammpressenarbeit und Verdampfung abhängig sein dürfte".

Herzfeld stellte auch in dieser Arbeit den Zusammenhang zwischen Diffusionsarbeit (Größe der Auslaugung) und der Höhe der Alkalität der geschiedenen Säfte fest. (Z. V. d. Zuckerind. 1897, S. 544.)

Bei Beurteilung der in Rede stehenden Frage unterscheidet Claassen die Verarbeitung reifer, gesunder von der Verarbeitung schlechter, erfrorener und fauler Rüben. Bei ersteren hat der ungeschiedene Rohsaft wohl häufig eine geringere Reinheit, da Pektinate als Kalk und Kalisalze in Lösung gehen. In der Scheidesaturation aber werden die Kalkpektinate ausgefällt und die Kalisalze in Karbonate verwandelt. Der Dünnsaft zeigt dann keinen geringeren Quotienten. Er enthält meistens lösliche Kalksalze, welche mit den kohlensauren Alkalien der geschiedenen und saturierten Nachsäfte der Diffusion unter Ausfällung des Kalkes sich umsetzen, z. B.

$$CaCl_2 + K_2CO_3 = 2\,KCl + CaCO_3$$

oder

$$\begin{matrix} COO \\ COO \end{matrix}\!\!>\!Ca + K_2CO_3 = CaCO_3 + \begin{matrix} COOK \\ | \\ COOK. \end{matrix}$$

Sind solche löslichen Kalksalze nicht vorhanden, so muß die schweflige Säure die Alkalikarbonate oder Saccharate entfernen.

$$K_2CO_3 + SO_2 = K_2SO_3 + CO_2 \text{ oder } M_2O \cdot C_{12}H_{22}O_{11} + SO_2 = M_2SO_3 + C_{12}H_{22}O_{11}.$$

Diffusionswasser (Druckwasser). Das Wasser soll möglichst rein und weich sein; Fluß- und Bachwasser sind vorzuziehen. Brunnenwasser soll vermieden werden, obwohl seine Kalksalze bei der Saturation ausfallen. Manche Fabriken müssen aber bei Wassermangel auch minder reine Wässer (Abwässer) verwenden. Von den Salzen solcher Wässer werden manche im Verlaufe der Arbeit ausgefällt, andere, und zwar besonders die Alkalien (Alkalisalze), gehen in alle Produkte über (NaCl, KCl) Nach Pfeiffer ist — abgesehen von den Alkalisalzen — die Qualität des Wassers sonst ohne Belang. „Es gibt Fabriken, die wegen Mangels an Fluß- oder Brunnenwasser zur Saftgewinnung das Schwemmwasser, Fallwasser usw. zum Teil zu verwenden gezwungen sind, aber ich habe von diesen Fabriken nie gehört, daß ein Ausfall an Ausbeute oder eine Zunahme des Aschengehaltes oder bei Verwendung reineren Wassers eine Abnahme desselben stattgefunden habe.“ Ja, nach Rabbethge hätte sogar die Arbeit mit destilliertem Wasser keinen niedrigeren Aschengehalt der Füllmassen ergeben. Auf der Batterie wurde durch eine Woche mit destilliertem Wasser gearbeitet. Der Versuch ergab, „daß die Zusammensetzung der Füllmassen im großen und ganzen dieselbe geblieben ist. Hieraus ergibt sich, daß die Salze im (gewöhnlichen Gebrauchs-) Wasser ausgefällt und daher ohne Einfluß auf den Aschengehalt waren, sie hätten sich sonst in den Füllmasseaschen finden müssen“. Ein an Chloriden reiches Wasser ergab nach den Mitteilungen Pfeiffers anfangs normale Arbeit. „Aber nach zwei- bis dreistündigem Kochen (des gesunden und hellen Dicksaftes) begann eine starke Braunfärbung, Füllmasse und Zucker waren ganz dunkel.“ Zucker von 95% Pol. hatten einen Aschengehalt von 1,30%. — Das Betriebswasser hatte in 100 l 48 g Gips und 30 g NaCl, SO_3 auf $CaSO_4$ und alles Chlor auf NaCl gerechnet. — Im allgemeinen wird man Flußwasser dem Brunnenwasser vorziehen. Pfeiffer behauptet, mit einem Flußwasser, das durch Abwässer von Zuckerfabriken und zwei Brennereien verunreinigt wurde, dieselben Resultate erhalten zu haben wie beim Gebrauch von Brunnenwasser. Die Quantität der Melasseasche war in beiden Fällen fast gleich (9,37% gegen 9,44%) (Z. V. d. Zuckerind. 1889, S. 607).

c) Substanzbewegung in der Diffusion.

Wurde bisher die Theorie der Diffusion im Betriebe besprochen, so muß zur Vervollständigung der Erkenntnis der komplizierten Vorgänge, die sich in der Batterie abspielen, die Wanderung der einzelnen Körper und Körpergruppen betrachtet, vorher aber ein Bild des Auslaugeprozesses im großen und ganzen entworfen werden.

Die Tabelle Nr. 53 gibt ein Bild der Zusammensetzung der Säfte in den einzelnen Körpern der Diffusionsbatterie nach dem Saftabzug aus dem zuletzt mit frischen Schnitten gefüllten Diffuseur (K. Černý, Z. f. Zuckerind. i. B. 1888, S. 181). Da noch an anderen Stellen der Beschaffenheit der Säfte in den einzelnen Gefäßen Augenmerk geschenkt werden muß, genügt die bloße Wiedergabe der Tabelle.

Am deutlichsten werden die chemisch-physikalischen Vorgänge auf der Batterie durch die Betrachtung der Substanzbewegungen.

Um die Bewegung der Rübenbestandteile beim Diffusionsprozeß kennen zu lernen, müssen die Rübenschnitte, die ausgelaugten Schnitte, der Rohsaft und das Diffusionsabfallwasser analysiert werden. Um Schlüsse aus diesen Daten ziehen zu können, muß die Arbeitsweise (Abzug, Temperatur), Einrichtung (Zahl der Gefäße) mit in Betracht gezogen werden. Solche Versuche stellte Andrlík an, und gibt die Tabelle Nr. 54 darüber Aufschluß (Z. f. Zuckerind. i. B. 1903/04, S. 553).

Tabelle Nr. 53.

Diffuseur I			Diffuseur II			Diffuseur III			Diffuseur IV		
Sacch.	Polar.	Quot.	Sacch.	Polar.	Quot.	Sacch.	Polar.	Quot.	Sacch.	Polar.	Quot.
0,15	0,11	—	0,43	0,29	67,4	0,70	0,47	67,1	1,60	1,22	76,2
0,18	0,13	—	0,40	0,26	65,0	1,50	0,74	50,0	1,90	1,37	72,0
0,17	0,11	—	0,50	0,30	60,0	1,00	0,69	69,0	1,90	1,37	72,0
0,10	0,06	—	0,53	0,31	58,4	1,30	0,97	74,5	2,40	1,76	73,3
—	—	—	0,49	0,30	61,0	0,80	0,52	65,0	1,70	1,37	80,6
0,15	0,10	66,0	0,49	0,29	61,0	1,06	0,67	63,2	1,90	1,40	73,6
0,19			0,38			0,73			1,00		
43°			52°			63°			67°		

Diffuseur V			Diffuseur VI			Diffuseur VII			Diffuseur VIII			Diffuseur IX
Sacch.	Pol.	Quot.	Sacch.	Pol.	Quot.	Sacch.	Pol.	Quot.	Sacch.	Pol.	Quot.	
2,80	2,25	80,4	4,80	3,84	80,0	7,30	5,78	79,1	9,20	7,34	79,7	Wird gefüllt zu Beginn des Abzuges
3,20	2,53	79,0	4,90	4,14	84,4	7,60	6,33	83,2	9,60	7,82	81,4	
3,10	2,34	75,4	4,60	3,91	85,0	7,30	6,02	82,4	9,70	8,09	83,0	
3,20	2,41	78,4	5,00	4,29	85,8	7,80	6,40	82,0	9,64	7,88	81,7	
3,00	2,47	82,3	—	—	—	6,80	5,70	80,8	8,85	7,30	82,4	
3,06	2,40	80,0	4,82	4,04	83,80	7,36	6,04	82,00	9,54	7,78	81,6	Durchschnitt
1,60			2,00			1,3			0,5			Polaris.-Unterschied vor u. nach dem Saftabzug
68°			68°			66°			44°			Temperatur des Saftes i. Grad. R.

Die Daten bedürfen keines weiteren Kommentars. — Auf die diffundierte Menge des Gesamtstickstoffes hatte mehr die Zusammensetzung der Rübe als die Arbeitsweise Einfluß. Aus stickstoffreicheren Rüben ging gewöhnlich mehr Stickstoff in die Säfte über. Je höher die Arbeitstemperatur war, desto weniger Eiweißstickstoff ging in die Säfte. Bezüglich des Kalis zieht Andrlík noch keine bestimmten Schlüsse. Die Arbeitsweise hat auf die Kalimengen Einfluß. Bei Natron bestehen infolge seines geringen Vorkommens große Beobachtungsfehler.

Bis auf Chlor und Schwefelsäure (SO_3) werden die genannten Verbindungen bei der Saturation fast vollständig entfernt.

Die „Übersicht" in der nachfolgenden Zusammenstellung zeigt deutlich den Anteil der einzelnen Saftbestandteile, der in den Rohsaft bei verschiedenen Arbeitsweisen übergeht. Man sieht leider, daß eigentlich jeder der angeführten Bestandteile in den Saft gelangt, also von einer Osmose nur wenig die Rede sein kann. Dies ließen die früher zitierten Versuche Andrlíks über Osmose der Melassen auch erwarten.

Tabelle Nr. 54.

Bewegung der Rübenbestandteile in der Diffusion.

I. Gewöhnliche 15 2 Gefäße auf 78—80° C	II. Gewöhnliche 15 109 9 Gefäße bis auf 78° C	III. Gewöhnliche 15 116 7 Gefäße auf 75—78° C	IV. Kalte 14 117 7 Gefäße auf 75—76° C	V. Heiße Diffus. 14 Gefäße 113 kg Abzug 9 Gefäße auf 80—82° C	% der Bestandteile der Rübe i. d. Diffusionssaft übergegangen. Übersicht
Von 100 Teilen gingen aus der Rübe in den Diffusionssaft über:					
Gesamtzucker 95,4	97,7	97,6	96,5	97,7	
Gesamtstickst. 68	57	46	53,0	48	46—68 %
Eiweiß-N23	20	15	14	12	12—23
K_2O . . 83	82,9	79,9	76,2	81,2	76—83
Na_2O . . 73	82,0	68	56	56,0	56—82
CaO . . 13	12,0	6	9	15,0	6—15
MgO . . 78	67,0	54	62	60	54—78
P_2O_5 . . 73	82,0	66	79	83	66—83
SO_3 . . 66	69,0	84	59	70	59—84
Cl . . —	91,0	—	—	—	91

Diese Versuche zeigen u. a. deutlich, daß die in den Schnitten zurückbleibenden Mengen an Eiweißstickstoff um so größer sind, je höher die Diffusionstemperaturen gehalten werden.

In einer „chemisch-technischen Studie der Diffusion im Großbetriebe“ bringt Andrlík (Z. f. Zuckerind. i. B. 1903/04, S. 10) sehr viel interessante und instruktive Tatsachen an Hand eines ausführlichen Analysenmaterials. Er wollte die Bedeutung und Bewegung der einzelnen Nichtzuckerstoffe beim Diffusionsbetrieb erforschen. Zu diesem Zweck wurden in sechs verschiedenen Fabriken mit verschiedenem Rübenmateriale Studien angestellt.

Zunächst sei sein Resumé hervorgehoben, dem einige analytische Daten folgen sollen.

Von 100 Teilen Zucker gelangen je nach der Arbeitsweise 96 bis 98 Teile in den Diffusionssaft, bei heißer Arbeit mehr als bei kalter. Temperaturerhöhung scheint die Auslaugung mehr zu begünstigen als Vergrößerung des Abzuges. Die Differenz zwischen dem Zuckergehalt der Rübe und dem des Rohsaftes schwankte in den Versuchen zwischen 1,7 bis 2,7. Bei gleicher Auslaugung ist jene Arbeit die ökonomischere, wo diese Differenz die kleinere ist.

Von 100 Teilen Reinasche gehen in den Rohsaft 66 bis 71 Teile bei der gewöhnlichen Diffusionsarbeit; bei der heißen 62,9 gegen 58,7 der kalten Arbeit. Von der schädlichen Asche der Rübe (52,8 bis 62,9 % der Reinasche) gingen 70,9 bis 80,3 % über; bei heißer Arbeit 77,7, bei kalter Arbeit 70,7 %.

Aschenbestandteile. An der Diffusion beteiligen sich folgende Bestandteile mit dem angegebenen Prozentsatz: Kalk 6—14 %; Eisen und Aluminiumoxyd (Tonerde) 12—39,2 %, wieviel davon im Rohsaft suspendiert ist, wurde nicht sichergestellt; Magnesia 60—68 %, Kali 76—83 %, Natron 78—81 %, Phosphorsäure 73—86 %, Schwefelsäure 66—77 % und Chlor 84—92 %. —

Stickstoffsubstanzen: Eiweißkörper 15—23 %, Nichteiweiß ca. 92,3 %. Der schädliche Stickstoff bildete 25—46% des Gesamtstickstoffes der Rübe. In den Rohsaft gelangen 87,7—95% des in der Rübe enthaltenen schädlichen Stickstoffes.

Im Rohsaft sind auf 100 Teile Zucker weniger schädliche Asche und Stickstoff vorhanden als in der Rübe; daraus folgt, daß die Diffusion gewissermaßen reinigend wirkt, und daß osmotische Erscheinungen wenigstens teilweise im Spiele sind. Aber doch liefern die schlechteren Rüben den schlechteren Diffusionssaft. Die Menge schädlicher Asche und schädlichen Stickstoffes in der Rübe und im Rohsaft bieten einen sicheren Anhaltspunkt — neben dem Zuckergehalt — für eine Wertbestimmung der genannten Produkte. —

Die Tabellen Nr. 55 geben die analytischen Daten eines der sechs vorgenommenen Diffusionsversuche wieder. Die Diffusionsbatterie bestand aus 15 Gefäßen à 50 hl. Sieben Diffuseure wurden auf die Temperatur von 75 bis 78° C mittels Dampfinjektoren angewärmt. Saftabzug 109% vom Rübengewicht.

Das angeführte Beispiel zeigt, wie man vorgehen muß, um alle jene Daten zu erhalten, die zur Beurteilung der Vorgänge in der Diffusion notwendig sind.

Tabelle Nr. 55.

	In 100 Teilen der Substanz wurden gefunden						Verblieben i. d. ausgel. Schnitten
	Schnitte		Diffus.-saft	Diff.-abfall-wasser	Übergegangen		
	frische	ausgel.			in den Rohsaft %	in das Abfall-wasser	
Wirkliche Trockensubst.	25,45	7,30	17,20[1])	0,163	73,7	0,8	25,8
Zucker	16,60	0,21	14,90	0,080	97,8	0,6	1,2
Rohasche	0,800	0,275	0,463	0,022	63,1	3,6	30,9
Reinasche	0,634	0,184	0,408	0,017	70,8	3,4	26,1
Gesamtstickstoff	0,257	0,110	0,139	0,0023	58,9	1,2	38,5
Eiweißstickstoff	0,113	0,101	0,021	0,0014	20,3	1,7	80,4
Invertzucker	0,110	—	0,170	—	168,0	—	—
K_2O	0,292	0,050	0,216	0,0102	80,4	4,5	15,4
Na_2O	0,047	0,009	0,034	0,0018	78,6	4,8	17,2
CaO	0,042	0,046	0,005	0,0004	11,9	1,1	98,5
MgO	0,074	0,026	0,046	0,0004	67,7	0,7	31,6
$Fe_2O_3 + Al_2O_3$	0,030	0,019	0,004	0,0008	13,4	3,8	55,5
P_2O_5	0,094	0,017	0,071	0,0008	82,3	0,8	16,3
SO_3	0,033	0,012	0,020	0,0026	66,0	10,8	32,7
Cl	0,014	0,003	0,013	—	96,4	—	15,8
Unlösliches	0,098	0,052	0,007	0,0016	7,7	1,4	47,1

[1]) Scheinb.

In den anorganischen Bestandteilen des Diffusionssaftes und des Abfallwassers sind auch jene des Diffusionsdruckwassers enthalten.

Tabelle Nr. 55a.

Zusammensetzung der Asche.

	100 Teile enthalten:			
	frische Schnitte	ausgel. Schnitte	Rohsaft	Abfallwasser
K_2O	36,50	20,05	46,62	46,27
Na_2O	5,88	3,31	7,25	8,34
CaO	5,75	19,28	1,05	1,69
MgO	9,27	10,21	9,95	2,05
$Fe_2O_3 + Al_2O_3$	3,84	6,73	1,83	3,95
P_2O_5	11,76	6,15	15,29	2,52
SO_3	3,84	4,25	4,34	12,48
Cl	1,77	1,08	2,73	—
Unlöslich	12,26	18,89	1,44	7,34

Tabelle Nr. 55b.

Versuch	Verhältnis von Zucker zur schädlichen Asche — A. 100 Teil. Zuck. entfiel. schäd. Asche			Verhältnis von Zucker zum schädlichen Stickstoff — Auf 100 Teile Zucker entfiel schädl. N		
	i. d. Rübe	i. Rohsaft	Verminderg.	i. d. Rübe	i. Rohsaft	Verminderg.
1	2,32	1,89	0,43	0,68	0,62	0,06
2	2,31	1,84	0,47	0,66	0,60	0,06
3	1,98	1,44	0,54	0,55	0,50	0,05
4	1,77	1,41	0,36	0,50	0,48	0,02
5	2,75	2,32	0,43	0,97	0,93	0,04
6	1,94	1,50	0,44	0,40	0,37	0,03

Ein Vergleich des Zuckergehaltes der zu den sechs Versuchen verwendeten Rüben mit dem Quotienten des zugehörigen Rohsaftes beweist neuerlich die schon früher angegebene Beziehung (siehe S. 187).

Zucker in der Rübe	Q. des Rohsaftes
16,58	86,6
16,87	86,8
16,90	87,6
16,97	89,0
17,04	88,4
17,35	90,6

Vergleicht man die Bilanz der Stickstoffkörper nach Andrlík mit jener nach Smolenski, so findet man ziemliche Übereinstimmung.

Aus der Stickstoffbilanz Smolenskis (siehe S. 157, 158) ist über die Bewegung der Stickstoffkörper bei der Diffusion zu entnehmen: 1. Von 100 Teilen Gesamtstickstoff der Rübe übergehen ca. 70% in den Rohsaft; 2. von 100 Eiweiß-Stickstoff ca. 30%, und 3. von 100 schädlichem Stickstoff 93%; 4. die Menge des schädlichen Stickstoffes im

Diffusionssaft beträgt ca. 54% der Gesamt-Stickstoff-Menge, die im Diffusionssaft enthalten ist, oder 35—40% des Gesamt-Stickstoffes der Rübe; 5. ca. 30% des Stickstoffes des Rohsaftes sind nichteiweißartige Verbindungen.

d) Gefahren der Diffusion.

Die bisherigen Ausführungen über die Diffusion bezogen sich auf eine normal verlaufende Arbeit. Eine solche setzt ein gesundes Rübenmaterial und eine richtig geleitete Arbeit auf der Batterie voraus. Dies trifft aber nicht immer zu.

Es können Umstände eintreten, die zu Unregelmäßigkeiten auf der Batterie Veranlassung geben. Gewöhnlich trägt die Rübe daran Schuld, oft aber die Manipulation.

Erscheinungen, die hier Interesse erregen, sind: Inversion, Bildung von gallertartigen Substanzen und Bildung von Gasen.

Betriebsschwierigkeiten, die in schlechten Schnitten, Wassermangel usw. ihren Grund haben — kurz solche manipulativer Art —, gehören nicht hierher.

An den oben genannten Erscheinungen sind u. a. Mikroorganismen beteiligt.

Die Mikroorganismen der Diffusionssäfte studierte eingehend A. Schöne (Centralbl. f. d. Z. XIV, 1906, S. 1197). Er fand folgende vier Arten:

1. Leuconostoc und andere schleimbildenden Kokken;
2. Bacterium-coli-artige Bakterien;
3. Bacillus-mesentericus- und b.-subtilis-artige Bazillen;
4. indifferente und zufällige Organismen.

Hier interessieren nur ihre Lebensbedingungen und Wirkungen.

Schöne gibt an, daß gerade die gefährlichsten derselben nur durch hohe Temperaturen zum Absterben gelangen; über 75° C fand noch Wachstum statt. Die größte Zahl wurde zwischen 75—80° vernichtet, doch können hochthermophile Organismen auch diese Temperaturen leicht vertragen.

Die Mikroorganismen finden für ihre Lebensbedingungen recht günstige Verhältnisse; ihr Optimum liegt bei 55—60°, also Temperaturen, die im ersten und im letzten Diffuseur herrschen können, aber nur zu kurze Zeit, damit die Mikroorganismen hier ihre unerwünschte Tätigkeit aufnehmen könnten.

Die Bakterien gelangen mit dem Schmutze der Rüben, dem Druckwasser u. a. in den Betrieb. Sie können zum Teile Gärungen hervorrufen und zu Inversionen Anlaß geben. Unter normalen Verhältnissen ist eine Schädigung durch bakterielle Tätigkeit nicht zu befürchten, so daß sich Claassen gegen den Gebrauch von Konservierungsmitteln auf der Batterie ausspricht.

Nach Untersuchungen Mendels ist für die meisten Bakterien die Optimalkonzentration der verschiedenen Zuckerarten 6—10%, erst bei Gehalten von 30—50% erlischt je nach der Bakterienart das Spaltvermögen für die Zuckerlösungen (Zentralbl. f. Bakteriologie 1911, S. 290).

Über die Inversion des Rohsaftes in der Batterie, bzw. über den Gehalt der Säfte an Invertzucker arbeitete besonders H. Claassen.

In seiner ersten Studie vom Jahre 1891 untersuchte er Rübenpreß- und Rohsäfte. Da er sich später davon überzeugte, daß es unrichtig ist, diese zwei Säfte in Parallele zu stellen, ging er bei seiner nächsten Arbeit über diese Frage von der Rübe selbst aus, fand aber im wesentlichsten Punkte Übereinstimmung.

Es kann sonach die erste Veröffentlichung nur ganz kurz wiedergegeben werden.

Irgendeine merkliche Zunahme an Invertzucker während der Diffusion konnte Claassen nicht wahrnehmen.

Der Gehalt der Rübensäfte an reduzierenden Stoffen schwankt bedeutend; er nimmt mit fortschreitender Kampagne zu, z. B. in der ersten Woche der Kampagne 1890/91 von 0,28% auf 0,45% in der vierzehnten Woche und von 0,21% der ersten auf 0,36% der dreizehnten Woche in der Kampagne 1889/1890. — Die entsprechenden Zahlen für den Diffusionssaft waren 0,17, 0,15% und 0,14, 0,16%. — Zu dem Säuregehalt ließen sich keine Beziehungen feststellen. Der Rübensaft war eher saurer als der Diffusionssaft. Claassen schildert nicht die Arbeitsweise auf der Batterie, so daß über die Höhe der Temperatur, Auslaugedauer usw. nichts zu ersehen ist.

Zum Schluß spricht Claassen über den Zusammenhang zwischen Invertzuckergehalt des Diffusionssaftes und dem Kalkgehalt der Säfte und Füllmassen. Hier nur soviel, daß dem steigenden Gehalt an Invertzucker ein steigender Gehalt an Kalk in den Säften und Massen gegenübersteht, und zwar im Verhältnis 1 Teil Invert = 0,28 CaO; ebenso steigt in diesen der organische Nichtzucker (D. Z. 1891, Nr. 9; Z. V. d. Zuckerind. 1891, S. 230).

Später fand Claassen, daß alle Schlüsse aus dem Invertzuckergehalt der Rübenpreßsäfte falsch sind, weil sich in diesen Säften je nach dem Grade der Feinheit des Rübenbreies und des Druckes beim Abpressen verschiedene Zahlen für den Gehalt an Invertzucker ergeben. Je gröber der Rübenbrei und je geringer der Druck beim Auspressen, desto höheren Gehalt des Saftes an Invertzucker findet man. Es ist daher für solche Untersuchungen notwendig, den Invertgehalt in den Rüben direkt zu bestimmen. Claassen arbeitete zu diesem Zweck eine analytische Methode aus.

Im allgemeinen ist mit fortschreitender Kampagne eine Zunahme der reduzierenden Substanzen in der Rübe und im Diffusionssaft wahrzunehmen. (Die folgende Tabelle zeigt diese Behauptung nur für den Diffusionssaft.)

Tabelle Nr. 56.

Woche	Rüben		Diffusionssaft		Invertzucker auf 100 Polarisation	
	Polarisation durch Extraktion	Invertzucker	Polarisat.	Invertzucker	der Rüben	d. Diffusionssaftes
5.	12,41	0,14	9,73	0,12	1,13	1,24
7.	12,82	0,12	9,96	0,17	0,94	1,70
9.	12,99	0,13	10,30	0,18	1,00	1,75
11.	13,26	0,13	9,93	0,20	0,97	2,02
12.	12,98	0,11	9,71	0,19	0,85	2,26
13.	12,45	0,11	9,52	0,19	0,89	2,00
14.	12,27	0,13	9,05	0,21	1,06	2,32
16.	12,60	0,13	9,47	0,23	1,03	2,42

Aus seinen Ausführungen ergibt sich, daß der Rohsaft, auf Rüben gerechnet 0,23%, die Rüben selbst 0,13% Invertzucker enthielten, die Zunahme somit 0,1% betrug. Die Zunahme des Invertzuckergehaltes war jedoch nicht auf Gärung oder dergleichen Vorgänge zurückzuführen, da der Diffusionssaft am Ende der Betriebswochen durchschnittlich nicht mehr Invert enthielt als zu Beginn der Wochen.

Die Invertzunahme ist mit der Einwirkung des sauren Rohsaftes auf den Zucker zu erklären; der Invertzuckergehalt hängt daher von der Beschaffenheit der Säfte, bzw. der Rüben ab.

Auch unter sehr ungünstigen Verhältnissen treten auf der Batterie keine erheblicheren Zuckerverluste durch Inversion auf (Z. V. d. Zuckerind. 1893, S. 337).

Ähnliche Ergebnisse fand Claassen in Versuchen des Jahres 1896 (Centralbl. f. d. Zuckerindustrie IV, 1896, S. 793).

Diffusionssäfte, die einige Zeit sich selbst überlassen werden, nehmen schleimige Beschaffenheit an und werden graugelb; es entwickeln sich aus dem Saft Gasblasen, und seine Azidität steigt. Andrlík fand einen Diffusionssaft von 13° Bg, 11,41% Pol., 87,7 Q. und 1,9° Azidität (d. h. 1,9 cm^3 Normallauge neutralisieren 100 cm^3 Saft; Phenolphthaleïn) nach sechzigstündigem Stehen bei 30° C schleimig geworden; da hatte er folgende Zusammensetzung: 13,3°—8,43%,—63,1 Q. 8° Azidität; ferner reduzierte er stark Fehlingsche Lösung. Durch Alkoholausfällung erhielt Andrlík eine gallertartige Masse, diesich im Überschuß von Alkohol löste und die schleimige Beschaffenheit „unter Fällung einer geringen Menge einer schwärzlichen, sich zusammenballenden, gummiartigen Masse" verlor. Mit Wasser quillt dieser neue (getrocknete) Niederschlag auf und geht teilweise in Lösung. Die gummiartige Masse geht durch Inversion mit Salz- oder Schwefelsäure größtenteils in Lösung, aus welcher Weingeist einen flockigen, weißen, beim Durchschütteln sich zusammenballenden Niederschlag ausscheidet; Andrlík hält ihn für

Dextran. Außerdem konstatierte er Bildung von Invertzucker im schleimig gewordenen Saft. — Ein Rohsaft zeigte durch Stehen im offenen Gefäß bei 50—55° C:

	Bg.	Pol.	Q.	Azid.
Rohsaft	13,3	11,39	85,6	2,0
nach 18 Std. . .	12,7	9,83	77,4	6,0
60	12,9	6,29	48,6	11,8
144	14,9	2,69	18,0	23,8
312	18,5	1,74	9,4	52,0
14 Tagen .	22,3	—	—	63,0

Aus diesem stehen gelassenen Safte konnte Andrlík Mannit isolieren (Andrlík, Beiträge zu dem sog. Schleimigwerden der Diffusionssäfte, Z. f. Zuckerind. i. B. XXIII. Jahrg., 1894, S. 190).

Eine sehr unangenehme Betriebserscheinung ist der „Froschlaich“ mit seinen bekannten Folgen. C. Liesenberg und W. Zopf gelang es, Froschlaichpilz (Leuconostoc) rein zu gewinnen und seine morphologischen und physiologischen Eigenschaften zu erforschen (Z. V. d. Zuckerind. 1896, S. 443). An dieser Stelle sei nur das Verhalten dieses Spaltpilzes gegen die Temperatur besprochen. Seine Abtötung geschieht erst bei über 80° C, je nachdem er mit Gallerte umhüllt ist (87° bis 88°) oder nicht (83,5° bis 86,5° C). Die höchste Temperatur, bei der noch Wachstum stattfindet, liegt bei 40 bis 43° C, die niedrigste zwischen 14 bis 11° C.

Daraus folgt für die Praxis, daß das Wachstum des Leuconostoc in den Zuckersäften verhindert wird, wenn man Temperaturen von unter 43° möglichst vermeidet oder sehr rasch über sie hinauskommt. So wird seine Entwicklung gehemmt (nicht der Pilz abgetötet). Nach Herzfelds Beobachtung wird man aber gut tun, die Temperatur nie unter 50° C sinken zu lassen.

Die Gallerthülle dieses Pilzes enthält Dextran. Vieles spricht dafür, daß der Pilz in einer Form existiert, die keine Gallerthülle besitzt (nackte Form); in dieser ist er kaum sichtbar. Auf günstigem Nährboden entwickelt sich dann die Gallerte. Das Dextran derselben ist ein Assimilations- und kein Gärungsprodukt. Rohrzucker wird nach vorhergehender Inversion „vergoren“. Das Auftreten dieses Pilzes ist daher mit Zuckerverlusten verknüpft.

Auch ein anderer Pilz, Bacterium gelatinosum betae (Glaser), kann solche Gallerten bilden.

Diese Betriebsstörung dürfte jedoch jetzt seltener vorkommen. Näheres über den Leuconostoc mesenteroides und die anderen in der Zuckerindustrie eine Rolle spielenden Mikroorganismen bringt Lafars „Handbuch d. techn. Mykologie“ 2. Bd.

Im Anfang der Arbeit mit der Diffusion und auch noch in späteren Jahren traten häufig auf der Batterie Explosionen infolge Bildung brennbarer Gase auf, die nur als Produkte einer tiefgehenderen Zersetzung des Zuckers angesehen werden können. Im Jahre 1878 trat Maumené mit Rücksicht auf diese Gasbildung gegen die Diffusion auf. Die Bildung von Gasen und die damit verbundenen Explosionen beim Annähern von Lampen „sind ein erdrückender Beweis für die Gefährlichkeit der Diffusion" (Z. V. d. Zuckerind. 1878, S. 788).

Da diese Erscheinung heute nur in vereinzelten Fällen auftritt, ist die Gasbildung nicht als Folge der Diffusion, sondern als Folge der älteren, langsameren Arbeitsweise oder eines schlechten Rübenmaterials zu betrachten.

Über die Ursache des Auftretens von Gasen, ihre qualitative und quantitative Zusammensetzung und die in Betracht kommenden Faktoren ist in der älteren Literatur viel Richtiges und Unrichtiges behauptet worden. Buttersäure- und Milchsäuregärung wurden von manchen als Ursache ermittelt. „Es ist also ganz sicher, daß der Zucker in den Diffusionsgefäßen infolge der Diffusion selbst sehr stark zersetzt wird." Diese Zersetzung geschehe durch die genannten Gärungen, und die sich hierbei bildenden Gase stören die regelmäßige Arbeit und führen zu Unannehmlichkeiten im Betriebe. Dehn fand „die gelochte Scheibe der Diffusionsgefäße angefressen, als ob sie in einer Säure gelegen hätte". Anfangs nahm er Einwirkung durch Säuren, entstanden während des Diffusionsprozesses, auf das Eisen unter Freiwerden von Wasserstoff an. Im Jahre 1879 konstatierte Dehn große Mengen von Kohlensäure in den Diffuseuren, in welchen Lampen erloschen. Explosionen traten nicht auf.

Schon im Jahre 1873 sprach Scheibler die Ansicht aus, daß die bei der Diffusion auftretenden Gase aus Wasserstoff bestehen. Dasselbe behauptete Chevron, indem er eine Einwirkung des sauren Diffusionssaftes auf das Eisen der Diffuseure und Leitungen annahm und experimentell bestätigte. Er ließ Diffusionssaft auf Eisenfeilspäne bei ca. 100° einwirken und erhielt ein Gas, das aus 78,05% Wasserstoff, 7,88% Kohlendioxyd und 13,61% Stickstoff bestand. Neitzel läßt aber diese Beweisführung nicht gelten, indem er darauf hinweist, daß Eisenfeilspäne nicht zum Vergleich herangezogen werden können, wenn es sich darum handle, die Wirkung starkwandigen Eisenblechs der Diffuseure zu untersuchen.

Neitzel führt die Gasbildung auf Fermente zurück, und zwar soll Milchsäuregärung vorliegen. Die Fermente können teils durch den Rübenschmutz, teils durch das Diffusionsdruckwasser in die Diffusionsbatterie gelangen. Neitzel fand nun, daß die Entwicklung des Wasserstoffs lediglich auf die ältesten, am längsten unter Druck stehenden Diffuseure beschränkt bleibt, weil hier durch die Kälte des Druckwassers die Temperatur nicht über 76° C kommt. Bei dieser Temperatur und über derselben hört nach Neitzel jede Wasserstoffentwicklung auf, bei 50° C findet sie ihr Optimum. Auch Dewald sieht im Rübenschmutz eine Quelle für die gasbildenden Organismen (Buttersäuregärung) (Centralbl. f. Z. Z. 1902, S. 124).

Chevron konstatierte folgende Zusammensetzung des Batteriegases 60 Minuten nach der Füllung: Kohlendioxyd 35,80%, Wasserstoff 39,02%, Sauerstoff 0,99% und Stickstoff 24,19%. Die Brennbarkeit des Gases rührt also vom Wasserstoff her. Wie bereits erwähnt, spricht sich Chevron gegen jede Gärung aus und ermittelte experimentell, daß der saure Diffusionssaft eingelegte Eisendrehspäne und Blechstücke unter Entwicklung von Wasserstoff angreift. „Dabei veränderte sich das entstehende Gas in derselben Weise wie bei der Arbeit im großen. Erst kam ein weißer, dicker, nicht entzündbarer Schaum, dann ein lichter Schaum ... und dieser brachte Wasserstoff mit.“ Im Safte fanden sich dann Eisenoxydulsalze vor. Ob und wie die eingelegten Blechstücke angefressen waren, und ob die Menge der konstatierbaren Eisenoxydulsalze eine solche Größe erreichte, daß sie über den normalen Gehalt von Rohsäften ging, gibt Chevron nicht an (Z. V. d. Zuckerind. 1883).

Daraus ist zu ersehen, daß zweierlei Theorien über die Gasbildung auf der Batterie bestanden: eine rein chemische, die als Agens den sauren Diffusionssaft in seiner Wirkung auf die Armatur der Batterie annimmt, und zweitens eine mikrobiologische, die in der Wirksamkeit von Mikroorganismen das Auftreten der Batteriegase sieht.

Welch große Gasmengen sich bilden können, ersieht man aus zwei älteren Angaben. Ein mit 10 q Schnitten gefülltes Gefäß entwickelte 60 (Fischmann), nach Bodenbender (1873) sogar 123—482 l eines stark kohlensäurehaltigen Gases. Bei faulen Rüben waren diese Gase bis 98% reich an Kohlensäure.

Im Jahre 1912 beobachtete Verfasser bei Verarbeitung fauler Rüben enorme Gasbildung auf der Batterie, so daß diese nur sehr schlecht trieb. Die Gase waren von erstickendem, üblem Geruche, was wohl von tiefgreifender Zersetzung der Rübe zeugt.

Claassen führt das Auftreten des Kohlendioxydes und des Wasserstoffes auf Gärungsprozesse zurück, hervorgerufen durch anaërobe Bakterien, die aus der Ackererde stammen. Daneben tritt noch die Binnenluft der Schnitte auf.

Das Vorkommen der Kohlensäure in den Zellen der Zuckerrübe wurde schon früher von Bodenbender experimentell bestätigt. Er fand, daß sämtliche Rüben, frisch geerntete oder eingemietete, gesunde und angefaulte, wechselnde Mengen von Kohlensäure enthalten. Die erhaltenen Mengen dieses Gases schwankten von 6,08 cm^3 bis 24,09 cm^3 CO_2 pro 100 g Schnitte. Das Minimum entsprach gesunden, das Maximum stark trockenfaulen Rüben. Bodenbender sieht in der Binnenluft die Ursache für das Auftreten von Gasen auf der Batterie und führt sie nur in Ausnahmefällen auf Zuckerzersetzung zurück (Organ XI, 1873, S. 363). Nach Heintz enthält das Zellgewebe der gesunden Rübe in 100 g 13—15 cm^3 Binnenluft mit etwa 45% CO_2. — Die Hauptmenge der Kohlensäure in den Diffusionsgasen rührt aber von Gärungserscheinungen her. Zuerst wurden die Gärungserreger im Nutzwasser gesucht (Bodenbender, Fischmann), später wurde durch Bodenbender, Feltz u. a.

die richtigere Vermutung ausgesprochen, die Fermente würden durch die Rübe und die ihr anhängende Erde eingeführt — was 1834 Dehérain und Maquenne bestätigen konnten. Die von den beiden gefundenen Mikroben verursachten auch Bildung von Essig-, Milch- und Buttersäure.

Die Kohlensäure der Binnenluft rührt auch von der Atmung der Rübenzellen her. Im Diffusionswasser und -Saft wird sie gelöst und bei der Temperaturerhöhung frei.

Der Verfasser ist der Meinung, man müsse bei der Gasbildung auf der Batterie unterscheiden, ob normale Rübe infolge schlechter Arbeit auf der Batterie Gase bildet, oder ob die Rübe schon in zersetztem Zustand (angefault, gefroren und wieder aufgetaut) zur Verarbeitung gelangt. Der letzte Fall wird der gewöhnlichere sein — denn eine nur halbwegs gut geleitete Arbeit auf der Diffusion wird solche Erscheinungen sicher vermeiden.

e) Geschichte der Diffusion.

Zusammensetzung der älteren Säfte und Produkte.

Seit mehreren Jahren ist man zur Überzeugung gekommen, daß die sog. „kalte Diffusion" über eine große Anzahl Gefäße — welche Arbeitsweise lange Zeit die vorherrschende war — nicht richtig ist. Die neueren Verfahren sind charakterisiert durch die Worte „schnell", „heiß" und „kurze Batterie", und zwar geht das Bestreben darauf hinaus, möglichst schon im ersten oder zweiten Diffuseur die Höchsttemperatur der Diffusion zu erzielen. So will man bessere Säfte erhalten und die unbestimmbaren Verluste der Diffusion auf das geringste Maß zurückführen.

Unter diesen Gesichtspunkten sind folgende Verfahren zu betrachten: die heiße Diffusion von Naudet (1906) und die von Melichar und Černý. Hierher zu zählen ist auch ein früheres Verfahren von Steffen, eine Kombination von Diffusion mit darauf folgender Pressung, welches später in das „Brühverfahren" umgewandelt wurde. Zu nennen wären noch die Arbeitsweisen von Jelínek, Fölsche (1902), Neumann und Raabe, Gropp, ferner die Schnelldiffusion von Köhler, Lenze, Steckhahn; dann die Verfahren mit Rückführung der Abwässer: Pfeiffer-Bergreen, Claassen, Hyross-Rak, Zscheye usw.

Wenn man die angeführte Liste, die sich noch vervollständigen ließe, übersieht, erinnert man sich folgender Worte Walkhoffs aus seinem Lehrbuche (1867, 3. Auflage, S. 292): „Einige dieser Verfahren, die bei ihrem ersten Auftreten viel Aufsehen machten und Hoffnungen erweckten, deren Nichterfüllung leicht hätte vorhergesagt werden können, existieren schon lange nur noch auf dem Papiere. ... Wie überall in der Technik, findet man auch in der Zuckerfabrikation originelle Geister, die ihre eigenen besonderen Wege mit Beharrlichkeit gehen, und zwar mit Recht gehen, denn einem jeden ist seine eigene Schöpfung die wertvollste. Mannigfaltigkeit der Ansichten kann der Wissenschaft ... und Zuckerindustrie nur Gewinn bringen ..."

Es wird aus mehreren Gründen angebracht sein, hier einen kurzen Überblick über die Geschichte der Saftgewinnungsverfahren zu geben. Einmal soll gezeigt werden, wie umstürzend die Robertsche Diffusion in der Technik des Zuckers wirkte, die älteren Arbeitsmethoden verdrängte und bis zum heutigen Tage als das einzig maßgebende Saftgewinnungsverfahren dasteht. Zweitens wird aus diesem historischen Überblicke die Entstehungsgeschichte mancher der neuen Saftgewinnungsmethoden klar werden und sich Gelegenheit bieten, noch auf einige theoretische Einzelheiten zurückzukommen.

In seiner Abhandlung, die Marggraf im Jahre 1747 der Berliner Akademie über seine Entdeckung des Vorhandenseins des Rohrzuckers „in verschiedenen Pflanzen, die in unseren Gegenden wachsen" (... de tirer un véritable sucre de diverses plantes, qui croissent dans nos contrées), vorlegte, zeigte er schon den Weg, auf dem man den Zucker gewinnen könne: durch Pressen zerkleinerter Rüben, Klärung dieses Preßsaftes usw. Durch Marggrafs Forschungen angeregt, machte sein Schüler Achard Rübenkulturversuche, da er sofort erkannte, daß nur eine richtige Kultur der Rübe die Grundlage für die neue Zuckerindustrie sein könne. Endlich konnte er im Jahre 1802 in Cunern in einer neuerbauten Zuckerfabrik die erste Rübenkampagne eröffnen. Der Rübensaft wurde durch Pressen von Rübenbrei gewonnen und dieses Preßverfahren, in Deutschland, Frankreich und Rußland eingeführt, blieb lange Zeit die wichtigste Saftgewinnungsmethode. Anfangs waren die hydraulischen Pressen, später die Walzenpressen im Gebrauch; mittels ersterer konnten im Durchschnitt höchstens 80% des Rübensaftes gewonnen werden, teils infolge Adhäsionswirkung zwischen Saft und Brei, teils infolge ungeöffneter Rübenzellen. Die Walzenpressen arbeiteten noch unökonomischer. Doch erkannte man bald, daß durch Hilfswirkung mit Wasser größere Ausbeuten zu erzielen seien, und so ließ man, „um den im unverdünnten Zustande oft klebrigen und schwer zu pressenden Rübenbrei dünnflüssiger zu machen, ferner um den Saftgehalt der nicht genügend aufgeschlossenen Zellen durch Mazeration zu extrahieren, und hauptsächlich, um einen Teil des im Preßkuchen zurückgehaltenen Saftes durch Wasser zu deplazieren" (Walkhoff), fortwährend Wasser auf die Rübenreibe laufen. Manche Fabriken wieder preßten den (unverdünnten) Brei aus (Vorpressung), verdünnten den Preßkuchen mit Wasser und unterwarfen ihn dann einer Nachpressung.

Die Preßrückstände enthielten ca. 5% Zucker. Folgende Analysen von Preßrückständen und Preßsäften sollen dieses Verfahren näher charakterisieren.

Tabelle Nr. 57.

Preßlinge.

	schwache	starke	auf Trockensubstanz		Im Durchschnitt
	Pressung		schwache	starke	
			Pressung		
Albumin	0,652	1,336	3,915	5,167	Wassergehalt der Preßlinge 62 bis 75 %
Pektos.	3,312	6,487	19,878	25,057	
Zucker	5,050	4,945	30,305	19,113	
Holzfaser	6,444	11,922	38,670	46,084	
Asche	1,205	1,180	7,232	4,561	
Wasser	83,335	74,130	—	—	

Preßsäfte aus dem Jahre 1866.

Trocken-subst.	Zucker	Kali + Natron	SiO_2 + CaO + MgO	organ. Subst.	Reinh. Quot.
17,34	14,95	0,803		1,357	86,3
13,93	11,25	0,603		2,083	80,8
9,52	7,50	0,520		N 0,105	78,8
11,96	10,16	0,310	0,173	1,323	84,9
15,52	12,41	0,458	0,187	2,466	79,9

(Walkhoff)

Beachtung verdient die Mitteilung Walkhoffs (3. Auflage, 1867, S. 222) vom „Dämpfen", d. h. Einwirkenlassen von Wasserdampf auf vorgepreßte Kuchen zur Erhöhung der Saftausbeute, das sich aber „teils wegen der schädlichen Einwirkung der hohen Dampftemperatur auf den Saft des Preßlings und dessen Zellenmasse" nicht bewährte (siehe Brühdiffusion von Kaiser, S. 270).

Ein zweites, aber nicht so verbreitetes Verfahren bestand im Ausschleudern von Rübenbrei in Zentrifugen unter Mithilfe einer Wasserdecke. Es fand um das Jahr 1856 Eingang in die Praxis. Der Erfolg des Deckens wurde an der Farbe der Treber erkannt. „Je weißer dieselben im frischen Zustande sind, und je langsamer sie beim Liegen an der Luft sich schwärzen, desto geringer ist ihr Saftgehalt. Rötliche Rückstände enthalten immer viel Saft und färben sich deshalb rasch dunkel an der Luft." Der Schleudersaft war stets schäumig und reich an Zellfragmenten (Breiteilchen), die durch die Zentrifugensiebmaschen durchgingen. Die Schleuderrückstände hatten im großen Durchschnitt einen Wassergehalt von 84—86%, und 2—2½% Zucker. Analyse:

Trockensubstanz	18,0 %
Organische Substanz	16,8 %
Asche	1,2 %
Proteïn	1,0 %
Stickstofffreie Extraktstoffe	12,2 %
Rohfaser	3,6 %

Im Jahre 1837 erfand Pelletan seinen Levigateur, in welchem Rübenbrei mittels kalter Mazeration entzuckert werden konnte. Diese Idee wurde von Schüzenbach in anderer Form zur Ausführung gebracht. Während bei dem Preß- und Schleuderverfahren die mechanische Wirkung (Pressen, Zentrifugieren) die Hauptsache war und die Wirkung des Wassers nur Hilfsmittel blieb, ist bei der Mazeration das Wasser das Hauptagens der Saftgewinnung, „indem es einerseits längere Zeit und in weit größerer Masse als sonst in innigste Berührung mit dem Rübenbrei tritt und während derselben dessen Saftgehalt auszieht, andererseits durch sein eigenes Gewicht den Saft aus dem Rübenbrei verdrängt“ (Walkhoff).

Hierbei treten osmotische Vorgänge auf. Die Mazeration von Rübenbrei erfolgt rascher und vollständiger „als von Rübenschnitten, zu deren vollständigen Durchdringung und Mazeration ganz augenscheinlich eine längere Zeitdauer nötig erscheint“. Schon vor Schüzenbach wurde die Mazeration von Rübenschnitzeln von Dombasle 1821 durch heißes Wasser versucht, fand aber anfangs keinen Eingang in die Praxis. Schüzenbach mazerierte daher Rübenbrei in einer Reihe von Gefäßen mit Rührwerken und brachte so eine innige Berührung zwischen Brei und Flüssigkeit zustande. Der konzentrierte Rübensaft wurde abgezogen, das Wasser vom erschöpftem Brei abfließen gelassen und das Auslaugegefäß entleert. Das Wasser hatte immer noch einen Zuckergehalt von ¼%, und so wurde versucht, „die abfließenden Wässer wieder zu benutzen und so einen Teil des darin enthaltenen Zuckers zu gewinnen (Claassen- und Pfeiffer-Bergreen-Verfahren); aber es wird dadurch gewiß nicht die Reinlichkeit ... unterstützt, und es bleibt sehr fraglich, ob der Schaden nicht größer als der Nutzen, namentlich da dieses Wasser gewöhnlich schon sauer reagiert“ (Walkhoff).

Die Methode von Schüzenbach erhöhte die Ausbeute. Als gutes Mittelergebnis nimmt Walkhoff 89% Saft an. Sie erforderte aber große Wassermengen, das Drei- bis Vierfache des Rübengewichtes, die Säfte schäumten stark und waren verdünnt; die Schnitte konnten noch behufs Erhöhung der Saftausbeute nachgepreßt werden.

Wenn auch an manchen Orten mit der Mazeration von Schnitten keine guten Erfahrungen gemacht wurden, so war doch die warme Mazeration von Rübenschnitten in der „Fabrik des Herrn Robert zu Seelowitz in Mähren, der einzigen Fabrik in Deutschland“, in größerem Maßstabe angewendet und „kann als Muster für eine derartige Einrichtung betrachtet werden“ (Walkhoff).

Auf Schneidmaschinen wurden die Rüben in etwa „fingerdicke vierseitige Prismen von verschiedener Länge geschnitten, ohne dabei Quetschung oder Druck zu erleiden“. Mittels Waggonetts fielen die Schnitte in die Gefäße der Zylinderbatterie. Jeder einzelne aus Eisen gefertigte geschlossene Zylinder hatte am Boden unter einem Siebe eine Dampfschlange zur Erwärmung der Mazerationsflüssigkeit und ein seitliches Mannloch zur Entfernung der mazerierten Schnitte. Die einzelnen Zylinder waren miteinander verbunden (Übersteiger). Vorhanden waren noch Lufthähne und die notwendigen Ventile für Wasser usw.

Mit Wasser wurde systematisch extrahiert und der konzentrierte Saft abgezogen. Die ausgelaugten Schnitte wurden entleert und das Gefäß mit schwacher Kalkmilch gereinigt. Die Temperatur in allen Gefäßen betrug 68° R; das Wasser zirkulierte nur langsam in der Batterie, um die Auslaugung vollständig zu gestalten. Die ausgelaugten Schnitte machten 58% des Rübengewichtes aus. Robert äußert sich sehr zufrieden über diese Arbeitsweise — wenn sie richtig eingehalten wird. „Die Langsamkeit und Regelmäßigkeit der Operation des Auslaugens macht es nicht nur immer möglich, den ganzen Saftinhalt der Rüben zu gewinnen, sondern sie gewährt dem Preßverfahren gegenüber noch den großen Vorteil, daß bei sehr zuckerreichen Rüben, trotz der zum Verdrängen angewandten großen Wassermenge, dem Safte weniger Wasser beigemengt wird, als man genötigt ist auf die Reibe fließen zu lassen, wenn man den Saft ebenso vollständig auspressen will" (Robert). Die ausgelaugten Schnitte enthalten das koagulierte Eiweiß. Die Rohfaser ist durch die hohe Temperatur leichter verdaulich gemacht worden, so daß Robert in den Rückständen ein besseres Futtermittel erblickt als in den Preßrückständen.

Walkhoff hält aber daran fest, daß die Mazeration nur bei Rübenbrei gelingt; höchstens getrocknete Rübenschnitte (Verfahren von Schüzenbach) lassen sich nach ihm mit Vorteil mazerieren. Diese „trockene Mazeration" aus dem Jahre 1837 fand aber keine große Verbreitung. Die genannten Verfahren und einige Kombinationen derselben (z. B. Schleudern und Pressen, oder Mazeration und Pressen) waren allgemein im Gebrauch, als Robert im Jahre 1864 mit seiner Diffusion eine neue Epoche in der Fabrikation des Zuckers aus Rüben einleitete.

Es ist anzunehmen, daß Robert kaum auf seine Diffusion gekommen wäre, wenn er die Mazeration der Schnitte nicht praktisch durchgeführt hätte. Von der Mazeration war es nur ein Schritt zur Diffusion.

Die heiße Schnittemazeration bot jedoch neben vielen Vorteilen (rein, bequem, billig) manche Nachteile. Die Säfte ließen sich nach der damals üblichen Scheidungsmethode nicht genügend oder doch nur schwierig reinigen; weiter zeigten sich bei der Verarbeitung abnorme Erscheinungen, die auf die hohe Temperatur bei der Saftgewinnung zurückzuführen waren. Wurde bei gewöhnlicher Temperatur mazeriert, entfielen wohl diese Schwierigkeiten, aber die Auslaugung der Schnitte war keine genügende, da letztere mit den damaligen Hilfsmitteln nicht feiner gemacht werden konnten.

Die heiße Mazeration wurde ursprünglich bei 80° R durchgeführt; eine solch hohe Temperatur erklärt alle Schwierigkeiten, welche die Säfte bei ihrer weiteren Verarbeitung bereiteten. Diese Temperatur wurde von Dombasle als notwendig erkannt, die Zellen abzutöten (Mortification), um sie für die Mazeration oder Osmose vorzubereiten.

Später verminderte **Robert** die Mazerationstemperatur auf 65° R, da sie **Frémy** als genügend zu obgenanntem Zwecke bezeichnete — doch wurde das Verfahren dadurch nicht viel besser, weil es nicht möglich war, diese Temperatur konstant zu erhalten.

Dann trat ein Stillstand ein, andere Verfahren traten in den Vordergrund.

Die konstruktive Durchbildung der Diffusionsbatterie, die im Anfange die alte Mazerationsbatterie war, interessiert hier weniger als die Arbeitsweise **Roberts**, die mehrere Jahre in allen Fabriken durchgeführt wurde.

Die Schnitte wurden nach ihrer Einfüllung durch Zufluß von heißem Saft oder Wasser auf 50—60° C gebracht und einige Zeit in dieser Wärme gehalten, worauf sie mit verdünntem Safte und schließlich mit Wasser unter allmählicher Temperaturerniedrigung zusammengebracht wurden. Das sind die Vorgänge in einem Diffuseur. Die Erwärmung des Saftes — und das war charakteristisch für diese Arbeitsweise — ging außerhalb der Diffusionsbatterie vor sich, und zwar anfangs in offenen Wärmepfannen, wo der Saft auf 75—95° erhitzt wurde. Dieser „Wärmesaft“ wurde sodann gleichzeitig mit den Schnitzeln in den Diffuseur zurückgebracht und das Gemisch 20 bis 30 Minuten stehen gelassen, um der Osmose Zeit zu geben.

Da Zahlen ein Verfahren am besten charakterisieren, bringen die folgenden Tabellen Analysen und Untersuchungen aus der Zeit des Anfanges der Diffusion — um den Unterschied gegen unsere heutige Diffusion recht zu verdeutlichen. Die Tabelle Nr. 58 zeigt den Gang der Arbeit auf einer Diffusionsbatterie aus dem Jahre 1869 nach Untersuchungen von **Bartz** (Z. V. d. Zuckerind. 1869, S. 84). Auch **Zimmermann** und **Grouven**, ferner **Bodenbender** und **Weiler** (1865) sprachen sich zugunsten des Diffusionsverfahrens aus.

Tabelle Nr. 58.

Nr. des Gefäßes	Zeitdauer	Temperatur °C	°Bx des Saftes	Zuckergehalt %	Nicht-Zucker	Reinheitsquot.	Auf 100 Teile Zucker kamen i. d. Zuckerfabrik Rautheim 1866		
								Preßsaft	Diffussaft
1	2 h 20′	48°	10,41	8,59	1,82	82,51	Asche	5,93	6,00
2	2 h 35	43	7,34	5,50	1,80	74,93	Proteïn	9,10	5,55
3	3 h —	34	5,17	3,70	1,47	71,56	N-freie Extrakt-		
4	3 h 20	28	3,72	2,64	1,08	70,46	stoffe	12,10	8,35
5	3 h 45	26	2,95	1,99	0,96	67,45	Nichtzucker . .	27,13	19,91
6	4 h —	22	2,32	1,70	1,12	51,72			
7	4 h 20	21	1,71	0,86	0,85	50,29	Zuckerfabrik Wulferstedt 1866.		
8	4 h 30	19	1,28	0,66	0,62	52,63	Asche	5,37	4,68
9	4 h 55	17	0,96	0,44	0,52	46,66	Proteïn	5,53	6,47
10	5 h 15	15	0,71	0,23	0,48	32,67	N-freie Extrakt-		
11	5 h 35	13	0,48	0,12	0,36	25,20	stoffe	3,55	6,55
12	5 h 55	11	0,34	0,04	0,30	12,06	Nichtzucker . .	14,45	17,10
Ablaufwasser			0,31	0,027	0,283	8,7		(H. Bodenbender.)	

Tabelle Nr. 58a.

Diffusionssäfte (1865 und 1866).

Zucker	Kali + Natron	SiO_2 + CaO + MgO	Org. Substanz	Trocken-substanz	Reinh.-quot.
9,189	0,467		2,199	11,300	81,31
8,410	0,449		1,377	10,236	82,10
8,010	0,580		N 0,109	9,810	81,60
8,500	0,295	0,113	0,983	9,891	85,90
11,580	0,441	0,191	1,774	13,986	82,90

Tabelle Nr. 58b.

Ausgelaugte Schnitte, gepreßte Schnitte.

	1865 Seelowitz	1866 Rautheim	1867 Einbeck
Zucker	Spur?	0,52	0,93
Fett	—	—	0,16
Proteïn	0,51	2,47	1,29
Holzfaser	1,00	3,50	3,06
Extraktstoffe	3,38	13,77	4,79
Asche	0,31	1,46	1,03
Sand und Ton	0,41	2,25	2,50
Wasser	94,39	76,03	86,24

Nachteile des älteren Robertschen Verfahrens waren: die langsame Arbeit auf der Batterie (über 3½ Stunden), die hohe Temperatur des „Wärmesaftes“, um die Auslaugung zu sichern, und die zeitdauernde Arbeit des Einmaischens. Es ist recht interessant, sich mit Walkhoffs Einwänden gegen die Diffusion zu beschäftigen. Ohne Zweifel hatte er mit manchen Einwendungen recht — aber die Zukunft lehrte, daß nicht die von ihm so hoch gepriesene Mazeration Schüzenbachs, sondern die Diffusion den Sieg über alle Saftgewinnungsverfahren davontrug. Der Verfasser folgt im nachstehenden den Ausführungen Walkhoffs in seinem Lehrbuche, 4. Auflage, aus dem Jahre 1872, S. 282 ff. In der dritten Auflage desselben Lehrbuches aus dem Jahre 1867 findet die Diffusion noch keine Erwähnung, obwohl sie bis zur Ausgabe des Buches schon 2—3 Jahre bekannt war, in der vierten Auflage aber widmet ihr Walkhoff eine eingehende Besprechung auf 42 Seiten.

Vor allem nennt er die Diffusion eine „osmotische Mazeration“ und versucht den Nachweis zu führen, daß sie nichts Neues sei. Der Unterschied der Diffusion gegen die Mazeration bestünde nur darin, daß bei der ersteren die Auslaugeflüssigkeit mit den Schnitten auf 68°, bei der Diffusion in einem gesonderten Gefäße auf 72° R erwärmt wird.

Diese Idee wäre aber bereits von Dombasle erwähnt worden. Die Erwärmung der Mazerationsflüssigkeit auf 72° R in einem Gefäße und ihr Einmaischen mit den Rübenschnitten, um diese auf ca. 40° zu bringen, wurde schon im Jahre 1836 vorgeschlagen; ebenso wurde schon auf das Zerschneiden der Rübe in „Bänderform" hingewiesen und die Notwendigkeit erkannt, vor der Auslaugung die Schnitte „zunächst nur bis zur Tötung ihrer Vegetationskraft oder bis zum Abwelken" (Dombasle) zu erhitzen und dann mit kaltem Wasser auszulaugen (diffundieren).

„Ich kann nur zu dem Schlusse kommen, daß die Diffusion kein neues Verfahren ist, also auch keine Erfindung der Jetztzeit" (Walkhoff). Dubrunfaut sieht in der Diffusion nur eine „Verbesserung der Mazeration Dombasles". Walkhoff spricht sich gegen jede Berechtigung Roberts aus, ein Patenthonorar zu fordern. „Wenn demnach der Zuckerfabrikant absolut eine Prämie (Patenthonorar) zahlen wollte, so sollte er solche wenigstens, um gerecht zu sein, Herrn Jellinek zuwenden." „Ohne Jellinek keine Diffusion, ohne Saturationsscheidung sind die mittels osmotischer Mazeration (Diffusion) gewonnenen Rübensäfte im allgemeinen nicht mit Vorteil auf Zucker weiterzuverarbeiten. Wenigstens sind viele Resultate ohne Saturationsscheidung höchst traurige! Walkhoff negiert jede Saftaufbesserung durch die Osmose gegenüber den älteren Verfahren, sieht — mit Recht — in der mehr als drei Stunden dauernden Diffusion gegen dreiviertel Stunden bei der Mazeration eine Gefahr für die Säfte; mit Genugtuung berichtet weiter Walkhoff, daß manche Fabriken die eingeführte Diffusion wieder verlassen mußten, und erkennt die Individualität der Rübe bei ihrer Verarbeitung. „Die Länge der Zeitdauer der Berührung von Saft und Rübenschnitzeln ist eben ein wunder Fleck der Diffusion ... Während die Saftgewinnung der Diffusion allein 3—4 Stunden dauert, habe ich in ganz derselben Zeitdauer nach anderen verbesserten Saftgewinnungsmethoden den Saft bereits ... als Dicksaft ... Dieser Punkt ist umso wichtiger, als er schwerlich zu verbessern sein dürfte; denn es liegt im Wesen der Diffusion, daß der Zucker die nötige Zeit hat, zu diffundieren. Bei rascherer Arbeit läuft man Gefahr, wohl die Salze, aber nicht den Zucker zu erzielen."

Durch die lange Zeitdauer der Diffusion, begünstigt durch die herrschenden Temperaturen, trat in manchen Fabriken Säure bei der Diffusion auf, und meint Walkhoff, daß er ein Saftgewinnungsverfahren vorziehen würde, bei dem ein Sauerwerden des Saftes in keinem Falle zu befürchten wäre. Walkhoff verneint die bessere Qualität des Diffusionssaftes gegen den Saft nach dem Preßverfahren und meint, daß, selbst wenn letzterer proteïnreicher, dies nicht von Belang sei, da ja durch die Scheidesaturation diese Körper entfernt werden. Wohl lobt er den Diffusionssaft als frei von „Rübenfasern", nur können auch die Säfte aller Saftgewinnungsmethoden durch Filter „vollkommen frei" von Rübenfasern erhalten werden. — Im großen Durchschnitte nimmt Walkhoff folgende Verlustzahlen, auf Rübe gerechnet, an: in den Aussüßwässern 0,22%, in den Schnitten 0,58% Zucker. Gewonnen werden 87—90% des Rübensaftes.

Aus der Tatsache, daß gerade aus dem ersten Gefäße, welches mit frischen Schnitten gefüllt ist, der reinste Saft kommt, schließt Walkhoff, daß das Diffusionsverfahren nicht reinigend wirkt.

Wäre auf der Batterie reine Osmose herrschend, so müßten gerade die Säfte im zweiten und den folgenden Gefäßen die reinsten sein (durch die längere Zeit, nach der erst Osmose erfolgen kann), während durch die geöffneten Zellen der Schnitte der Saft durch bloßes Mazerieren herausgezogen wird und dieser Schnittesaft der reinste ist; infolgedessen ist auch der aus dem ersten Gefäße resultierende Saft der reinste.

Es läßt sich folgendes zusammenfassen: Nach Walkhoff ist die „Diffusion“ nichts Neues; sie ist eine verlängerte Mazeration, die keine besseren Säfte und keine besseren Füllmassen liefert als das Preßverfahren; sie ist nicht billiger als die anderen Verfahren und verschlechtert noch den aus dem ersten Diffuseur gewonnenen guten Saft in den folgenden Gefäßen; die Schnittlinge sind zu wasserreich und sind kein so gutes Viehfutter wie die Preßrückstände usw.

Die Bestrebungen, die Diffusionsdauer zu verkürzen, findet Walkhoff rationell, „und wenn es gelänge, die Diffusion in bedeutend kürzerer Zeit mit Erfolg auszuführen, dann dürfte die Hoffnung einer weiteren Verbreitung vorhanden sein“.

Walkhoffs und Dubrunfauts Schmälerung der Verdienste Roberts um die Erfindung der Diffusion veranlaßten jedenfalls Stammer, in seinem Lehrbuche vom Jahre 1887 (2. Auflage) für Robert einzutreten. Nachdem er die Idee Dombasles und seiner Nachfolger bespricht und zeigt, daß sich diese Verfahren nicht in der Praxis eingebürgert hatten, „... gelangte endlich 1864 nach vielen Bemühungen Julius Robert zu einem Verfahren, welches alle Vorzüge des alten Mazerationsverfahrens, Reinlichkeit, Billigkeit und Sicherheit besitzt und die Schwierigkeit, die jenes bot, vermeidet. Dieses unzweifelhaft neue Verfahren, die Diffusion, hat in wenig Jahren eine so vielfache Annahme gefunden, wie sie für irgendein anderes in der Geschichte der Zuckerfabrikation unbekannt ist ... Hiernach ist es vollkommen müßig, die Ehre der Erfindung auf diejenigen übertragen zu wollen, welche vor langer Zeit einmal die Grundidee oder doch eine ähnliche Idee geäußert, selbst auch ins Werk gesetzt haben; diese Ehre gebührt doch wohl J. Robert als demjenigen, der das Verfahren so ausgebildet hat, daß es zu einem wirklich industriellen geworden und ... unter Verwerfung aller andern eingeführt worden ist“.

Die Schwierigkeiten der alten Robertschen Arbeitsweise, die eine wirkliche Diffusion war, d. h. ein langsamer Austausch der diffundierenden Massen, wurde schon geschildert. Es war daher ein sehr bedeutender Fortschritt, als Schulz das Robertsche Verfahren durch eine Abänderung vereinfachte.

Während bei Robert, um die frischen Schnitte auf 50° C zu halten, der Wärmesaft in den Pfannen auf 75—95° erwärmt werden mußte, dann mit den Schnitzeln gleichzeitig eingemaischt wurde, 20—30 Minuten das Maischgut in Ruhe stehen blieb und hierauf bei 50° C der

Abzug zur Scheidung erfolgte, änderte Schulz diese Arbeitsweise ab und bahnte so der Diffusion die Wege zur allgemeinen Einführung.

Schulz zog den Scheidesaft nur mit 15—20° C ab; dies erreichte er dadurch, daß er den Saft noch über ein oder zwei Gefäße gehen ließ, an welche er seine Wärme abgab, die eingefüllten Schnitte vorwärmend, sich abkühlte und zur Scheidung gelangte. Da die Schnitte so vorgewärmt waren, genügte es nun, um sie auf 50°C zu bringen, den Wärmesaft nur auf 65—80° C zu erwärmen. Da ferner die Schnitte vor der Berührung mit dem Wärmesaft durch den Saftabzug teilweise Auslaugung erfuhren, konnte die Diffusion mittels des Wärmesaftes abgekürzt und der Saft sofort nach dem Füllen abgezogen werden. Dieses Verfahren hatte auch manche anderen Vorteile: durch die niedrigere Temperatur des Wärmesaftes und die raschere, ununterbrochene Saftbewegung trat keine Schaumbildung im Wärmesaft mehr auf und brauchte man diesem nicht mehr — wie früher wegen Säurebildung üblich — Kalk zuzusetzen (kalte Diffusion).

Auch dieses Verfahren wurde bald durch ein besseres ersetzt. Die Anwärmung erfolgte mittels Kalorisatoren, was eine große Vereinfachung darstellte. Die Richtung, in der sich die nachfolgenden Arbeitsweisen bewegten, sind charakterisiert durch folgende Momente: rasche Arbeit, geringere Anzahl von Gefäßen, höhere Temperaturen in der ganzen Diffusion (70—75° C), Anwärmung der frischen Schnitte, feinere Schnitte u. s. w. (warme Diffusion).

Es tritt die Frage auf, warum Robert, der die diffusionsfördernde Wirkung höherer Temperaturen kannte, doch nicht über 50° C bei der Anwärmung der Schnitte gehen wollte, was die neueren Arbeitsweisen damals bald taten. Robert machte schon im Jahre 1846 bei der heißen Mazeration die Erfahrung, daß bei Anwendung höherer Temperaturen rotbraune Säfte und schlechter Schlamm resultierten; dies war aber wohl nur in der damaligen Rübe gelegen. Sind jedoch die Rüben gut, gesund, die Schnitte entsprechend, so fallen die Säfte auch trotz höherer Temperaturen gut aus, wenn man für schnelles Arbeiten sorgt.

Damit sind wir auch bei dem heute üblichen Verfahren der Diffusion angelangt. Bevor die neuen Saftgewinnungsmethoden behandelt werden, soll zunächst die Beschaffenheit der älteren und neueren Diffusionssäfte gezeigt werden.

Für die Arbeitsweise nach Schulz liegen Untersuchungen von Stammer vor.

Er weist auf die Notwendigkeit hin, nur mit der wirklichen Trockensubstanz und der wirklichen Reinheit zu operieren. Die Zahlen der Tabelle Nr. 59 zeigen die Säfte bei der genannten Arbeitsweise. „Schnitzelsaft“ ist der durch Zerkleinerung und Auspressen (zum Zwecke der Analyse) erhaltene Saft der frisch gefüllten Schnitten; „Scheidesaft“ der abgezogene Diffusionssaft (K. Stammer, Studien über Diffusions- und Preßsäfte, Z. V. d. Zuckerind.

Tabelle
Diffusionsverfahren

	Schnitzel-saft	Scheide-saft Z. 1	Zylinder Nr. 2	3
Scheinbare Trockensubstanz	16,6	10,6	10,7	8,5
Wirkliche Trockensubstanz	14,90	10,07	10,06	8,5
Zuckergehalt	13,45	9,09	8,86	7,38
Scheinbare Reinheit	81,0	85,7	82,8	86,8
Wirkliche Reinheit	90,3	90,2	88,1	90,0
Wirkliche Reinheit nach Abzug des im Fabrikwasser gelösten	—	—	—	—
Wirkliche Trockensubstanz	14,96	10,98	9,98	7,24
Zucker	13,99	9,69	8,81	6,18
Wirkliche Reinheit	93,5	88,2	88,2	85,3
Wirkliche Reinheit nach der obigen Korrektur	—	—	—	—

1872, S. 625). „Man sieht den Saft, wie er durch die Batterie fortschreitet und allmählich zum konzentrierten Saft wird."

Aus der Tabelle ist recht deutlich zu entnehmen, „... daß die Reinheit der Säfte in der Batterie vom dritten und vierten Zylinder an stetig und sehr bemerklich abnimmt, bis sie endlich mehr oder weniger weit unter die Grenze sinkt, mit welcher wir den Begriff der nicht mehr kristallisierbaren Zucker liefernden Melasse zu verbinden pflegen. Diese Grenze selbst befindet sich nicht immer an demselben Punkte ..." Menge und Temperatur des Wassers spielen eine Hauptrolle bei der Art und Größe dieser Reinheitsabnahme.

Die aus den letzten Gefäßen der Batterie erhaltenen „Nachsäfte" konnten nach ihrer Scheidung, Saturation und ihrem Verkochen nur eine Füllmasse geben, „welche gar keine Ähnlichkeit mit irgendwelchen Nachprodukten der Zuckerfabrikation besitzt. Sie hatte üblen Geruch und Geschmack und Mangel an Kristallisationsfähigkeit. „Wir sind demnach ... genötigt, diese Säfte als melassebildend und ihre Aufnahme in den weiteren Betrieb als eine Benachteiligung der Zuckerausbeute anzusehen." (siehe S. 235.)

In der Verminderung der Wassermengen auf der Diffusion (Abzug) sah Stammer das beste Mittel, die Verschlechterung der Nachsäfte hintanzuhalten. Je geringer die Wassermenge, desto geringer die Lösungserscheinungen aus den Schnitten. Er kam zu folgendem Resultate: „Die Verminderung des Auslaugewassers hat zwar eine Vermehrung des Zuckergehaltes der ausgelaugten Schnitzel und eine Erhöhung der Reinheit der Säfte in den hinteren Zylindern, nicht aber eine Verbesserung des Erstproduktes (Füllmasse) gehabt."

Ferner stellte Stammer Untersuchungen an, ob die Diffusion bessere oder schlechtere Säfte liefert, als der Schnitzelpreßsaft ist. Schnitte wurden auf der Batterie diffundiert (Scheidesaft), anderseits zerkleinert, gepreßt und analysiert (Schnitzelpreßsaft). Die Ta-

Nr. 59.
nach Schulz.

4	5	6	7	8	9	10	11	12	13	ausgel. Schnitte
3,2	2,3	1,7	1,4	1,2	0,8	0,7	0,6	0,45	0,3	
3,22	2,08	1,51	1,14	0,78	0,64	0,47	0,305	0,195	0,095	
2,86	1,77	1,28	0,95	0,63	0,46	0,29	0,18	0,09	0,00	0,08
89,0	77,0	75,0	68,0	53,0	57,0	41,0	30,0	20,0	—	—
89,0	85,0	84,1	83,3	80,0	72,0	62,0	59,0	46,0	—	—
—	86,7	87.0	86,0	85,0	77,0	67,4	67,9	58,3	—	—
3,54	2,59	1,57	1,02	0,60	0,48	0,36	0,22	0,19	0,13	—
3,03	2,19	1,23	0,63	0,38	0,26	0,14	0,09	0,06	0,04	0,07
85,	84,6	78,3	61,6	63,0	54,0	40,0	40,0	31,5	31,0	—
—	85,8	80.0	63,0	67,0	59,0	44,0	50,0	40,0	44,0	—

belle Nr. 60 zeigt einige Resultate, auf Grund welcher Stammer zum Schluß kommt, „daß die (Scheide)-Säfte im großen und ganzen unverändert (gegen den Schnitzelpreßsaft) erhalten werden". Das ist schon ein Fortschritt in der Beurteilung der Diffusion, da Walkhoff in dieser ein säfteverschlechterndes Verfahren sah.

Tabelle Nr. 60.

		Scheinb. Trockens.	Wirkl. Trockens.	Polar.	Wirkl. Reinheit	Unterschied von II gegen I
Schnitelpreßsaft I. . . .		16,25	15,79	13,92	88,3	
Scheidesaft II		11,02	11,39	9,39	82,5	—5,8
I	Einzelproben	17,1	17,09	14,09	82,4	
II	Einzelproben	9,9	9,8	8,18	83,5	+ 1,1
I	Einzelproben	16,5	15,64	13,58	86,2	
II	Einzelproben	10,1	9,71	8,26	85,1	—1,1
I	Einzelproben	16,9	16,22	14,14	87,1	
II	Einzelproben	11,5	11,18	9,77	87,4	+ 0,3
I	Einzelproben	16,5	14,26	13,99	93,5	
II	Einzelproben	11,6	10,94	9,69	88,6	—4,9
I	Durchschnitte von je 3 an einem Tage genommenen Proben	16,5	15,57	13,53	86,8	
II	Durchschnitte von je 3 an einem Tage genommenen Proben	11,8	11,25	9,97	88,6	+ 1,8
I	Durchschnitte von je 3 an einem Tage genommenen Proben	16,4	15,64	13,38	84,9	
II	Durchschnitte von je 3 an einem Tage genommenen Proben	11,4	10,73	9,23	86,0	+ 1,1
I	Durchschnitte von je 3 an einem Tage genommenen Proben	16,4	15,51	13,34	86,0	
II	Durchschnitte von je 3 an einem Tage genommenen Proben	10,5	10,00	8,73	87,3	+ 1,3

Sieht man in Durchschnittsanalysen beweisendere Zahlen, so wird man wohl die Diffusion als ein säfteverbesserndes Verfahren bezeichnen müssen (siehe Tabelle). Alle diese Angaben beziehen sich auf Säfte des Großbetriebes nach Schulz. Arbeit im kleineren nach Robert führte zu ähnlichen Ergebnissen. „Entstehung von Säure und von verändertem Zucker“ (Invert) fand Stammer niemals, selbst nicht bei einer Diffusionsdauer von vier Stunden.

In folgender Tabelle sind Untersuchungen Stammers über Preß- und Diffusionssäfte aus ein und derselben Fabrik niedergelegt. Roh- oder reiner Rübensaft ist jener des Preßverfahrens. Er wurde durch Trockenreiben und Auspressen in der Vorpresse erhalten. „Scheidesaft“ heißt der von der Diffusion kommende Saft.

Tabelle Nr. 60a.

Nr. des Durchschnitts von 6 Proben	Verglichene Säfte	Saccharometeranzeige	Polarisation	Wirkliche Trockensubstanz	Wirklicher Faktor (Quot.)	Berechnete Verdünnung auf 100 Rübensaft	Unterschied der Faktoren (Quot.)
1	Roh- oder reiner Rübensaft	15,4	13,15	14,63	89,8		
	Gewöhnlicher Scheidesaft	10,6	8,65	10,26	84,3	45	—5,5
2	Roh- oder reiner Rübensaft	15,8	13,72	15,24	90,0		
	Gewöhnlicher Scheidesaft	11,1	9,27	10,69	86,7	42	—3,3
3	Roh- oder reiner Rübensaft	15,6	13,38	15,44	86,6		
	Gewöhnlicher Scheidesaft	10,5	8,92	10,33	86,3	49	—0,3
4	Roh- oder reiner Rübensaft	15,7	13,45	15,34	87,7		
	Gewöhnlicher Scheidesaft	10,7	9'15	10,25	89,2	47	+ 1,5
						Durchschnitt	—1,9

„Man ersieht hieraus, daß die Säfte bei diesem Verfahren (zweimal Pressen mit Auflaufenlassen des Nachpreßsaftes auf die Reibe) etwas unreiner ausfallen als bei der Diffusion, doch ist auf so geringe Unterschiede bei den wechselnden Resultaten wenig zu geben, und man kann mit Sicherheit nur sagen, daß die Diffusion jedenfalls nicht unreinere Säfte liefert als das Preßverfahren“.

Voraussetzung für dieses günstige Resultat ist eine regelmäßige Arbeitsweise und ununterbrochene Säftezirkulation.

Außer der Revolution in der Methode der Zuckergewinnung hatte die Diffusion auch für die Wissenschaft der Zuckerindustrie sehr günstige Folgen. Als für und wider die alten Verfahren oder die Diffusion getritten wurde, da sah man ein, daß es wissenschaftlichen Argumenten an einer sicheren Grundlage gebrach. Man kannte gar nicht recht das Rohmaterial, die Rübe. Scheibler sagte: „Der Rübensaft ist seiner chemischen Zusammensetzung und den Eigenschaften seiner Bestandteile nach eine wahre terra incognita; man kennt von demselben wenig mehr, als daß er Wasser, Zucker und Salze enthält; die übrigen Bestandteile sind mehr oder weniger, bis auf ein paar organische Säuren, nur erratene oder vermutete, und das, was man von ihnen weiß ... ist zum Teil schon veraltet.“ Bodenbender klagte auch, daß man die Stoffe des Rübensaftes teils gar nicht, teils nur unvollkommen kennt, was das Studium der Diffusion usw. erschwert. Diese Erkenntnis veranlaßte die besten Männer der Industrie und Wissenschaft, der Erforschung der Rübenbestandteile alle Kraft zu widmen (Scheibler u. a.).

Als in den achtziger Jahren des 19. Jahrhunderts — um 1888 herum — die Diffusion das ausschließliche Saftgewinnungsverfahren wurde, arbeitete sie wohl schon viel besser als in der Zeit ihrer Anfänge, war aber doch noch verbesserungsfähig. Aus mannigfachen Gründen wurde eine Verbesserung nicht ins Auge gefaßt, da man zufrieden war, daß die Arbeit und Ausbeute mittels Diffusion überhaupt besser war als nach jedem der älteren Verfahren.

Wohl hatte Stammer schon im Jahre 1872 erkannt, daß durch Fermentwirkungen Zucker verloren geht und dies Anlaß zur Bildung explosiver Gasgemische auf der Batterie ist. Mit anderen Worten, es traten ziemlich große unbestimmbare Verluste in der Diffusion auf, die in der Arbeitsweise — kaltes Einmaischen, höchste Temperatur 80° C im 5. oder 6. Gefäße, bis zu diesen und von diesen Gefäßen niedrigere Temperaturen — begründet sind. Die Verbesserungen der Arbeitsweisen, um diese Fehler der Diffusion zu eliminieren, bilden den Inhalt des nächsten Kapitels.

10. Kapitel.

Die neueren Saftgewinnungsverfahren

(vom chemischen Standpunkte).

Nachdem ein Überblick des Werdens der Diffusion von ihren Anfängen seit Robert bis zur heute üblichen Arbeitsweise gewonnen wurde, handelt es sich nun darum, die modernen, neueren Verfahren, die eine Weiterentwicklung und Verbesserung der Diffusion bezwecken wollen, zu besprechen. Nicht die technologische Seite, sondern lediglich die chemischen Vorgänge und Verhältnisse sollen gewürdigt und untereinander und mit denen der gewöhnlichen Diffusion verglichen werden.

Von den neueren Verfahren (S. 250) gelangen hier nur folgende zur Besprechung: 1. die heiße Diffusion von Naudet und 2. von Melichar-Černý; 3. das Steffensche Brühverfahren; 4. die Brühdiffusion von Kaiser; 5. die Preßdiffusion von Hyross-Rak; 6. das Pfeiffersche, 7. das Claassensche und 8. das Zscheyesche Verfahren mit Rückführung der Abwässer.

Die chemische Ausbeute aus den angeführten Arbeitsweisen wird wohl keine sehr große sein, da alle auf die Diffusion zurückgehen; aber es bietet sich Gelegenheit, noch auf manche chemisch interessanten Einzelheiten zurückzukommen und Vergleiche anzustellen.

a) Heiße Diffusion.

Alle Verfahren streben, wie schon erwähnt, an, schnellmöglichst im ersten Diffuseur die Höchsttemperatur auf der Batterie zu erreichen; so wird die zuckerzerstörende Tätigkeit von Mikroorganismen hintangehalten und werden stärkere und bessere Säfte erzielt. Die Erfahrungen der letzten Jahre haben die Überlegenheit der heißen Arbeit über die kalte erwiesen. Dies ergeben u. a. die Untersuchungen Andrlíks über die gewöhnliche Diffusion und die heiße Diffusion nach Melichar-Černý (Z. f. Zuckerind. i. B. XXVIII, S. 89).

Tabelle Nr. 61a.

Diffusionsversuch bei der Arbeit mit gewöhnlicher Batterie von 15 Diffuseuren à 39,86 hl. In 24 Stunden wurden 266 Diffuseure gefüllt, 7 Gefäße auf 70–75° C. Berechneter Abzug 117,3 % des Rübengewichts.

Zusammensetzung der Proben.

In 100 Teilen wurde gefunden:

	Schnitzel		Diffusionssaft	Ablaufwasser	Übergegangen sind		Verblieben in den ausgel. Schnitzeln
	frische	ausgelaugte			in den Diffusionssaft %	in das Ablaufwasser %	%
Wirkliche Trockensubstanz	23,36	7,44	14,65	0,15	70,8	0,6	28,7
Zucker	15,88	0,38	13,15	0,08	97,1	0,7	2,1
Kohlensaure Asche	0,919	0,419	0,330	0,023	40,8	3,3	41,3
Reine Asche	0,581	0,241	0,291	—	58,7	—	41,4
Gesamtstickstoff	0,210	0,104	0,095	0,002	53,0	1,2	44,6
Stickstoff der Eiweißkörper	0,110	0,098	0,014	0,0018	16,4	1,6	80,0
Invertzucker	0,156	—	0,132	—	—	—	—
K_2O	0,228	0,044	0,144	—	76,0	—	20,9
Na_2O	0,046	0,021	0,026	—	56,1	—	41,1
CaO	0,064	0,085	0,0056	—	10,3	—	119,5
MgO	0,065	0,029	0,1344	—	62,1	—	40,1

Ein Vergleich der Tabellen Nr. 61a und 61b zeigt die Unterschiede in den angewendeten Diffusionstemperaturen und besonders die Substanzbewegung in den beiden Verfahren.

Bei der heißen Arbeit genügte ein Abzug von 113,1% auf das Rübengewicht, bei der gewöhnlichen Arbeitsweise 117,3%. Dabei war bei der ersten Methode die Auslaugung besser (0,30 gegen 0,382). Der Rohsaft hatte 16,1° gegen 14,65° Bx (wirkl. Trockensubstanz) bei der gewöhnlichen Arbeit. Auch war ersterer reiner, 90,1 gegen 89,7 des zweiten Rohsaftes. Bei der gewöhnlichen Arbeitsweise übergingen 53,0% Gesamtstickstoff, 16,4% Eiweißstickstoff, 76% K_2O und 56,1% Na_2O in den Rohsaft, bei der Arbeit nach Melichar-Černý aber nur 51,7% Gesamt-, 15,2% Eiweißstickstoff. K_2O ging hier mehr in Lösung. Darauf war die Alkalitätsfestigkeit der Säfte zurückzuführen, denn die Säfte der gewöhnlichen Arbeit zeigten Alkalitätsrückgang. Invertzuckerbildung trat trotz der heißen Arbeit nicht auf (Z. f. Zuckerind. i. B. 1902/03, S. 559).

Tabelle Nr. 61b.

Diffusionsversuch bei der heißen Arbeit nach Melichar-Černý. 15 Gefäße à 39,86 hl. In 24 Stunden 266 Diffuseure gefüllt. 9–10 Gefäße auf 70–82° C., Temperatur des Diffuseurs in der Zirkulation 86–89½° C. Berechneter Abzug 113,1 % auf das Gewicht der Rübe. Temperatur des Diffusionssaftes in den Meßgefäßen 85–86° C.

Zusammensetzung der Proben.
In 100 Teilen wurde gefunden:

	Schnitzel		Diffusionssaft	Ablaufwasser	Übergegangen sind		Verblieben in den ausgel. Schnitzeln
	frische	ausgelaugt			in den Diffusionssaft %	in das Ablaufwasser %	%
Wirkliche Trockensubstanz	24,40	6,58	16,10	0,17	74,6	0,9	25,6
Zucker.	16,80	0,30	14,50	0,08	97,6	0,6	1,6
Kohlensaure Asche	0,813	0,345	0,350	0,023	48,7	3,6	38,2
Reine Asche	0,562	0,212	0 313	—	62,9	—	35,8
Gesamtstickstoff	0,199	0,100	0,091	0,002	51,7	—	47,7
Stickstoff der Eiweißkörper	0,107	0,096	0,012	—	15,2	—	83,9
Invertzucker	0,160	—	0,139	—	98,0	—	—
K_2O	0,218	0,036	0,159	—	82,5	—	15,2
Na_2O	0,044	0,018	0,021	—	55,0	—	38,8
CaO	0,065	0,085	0,008	—	13,7	—	124,1
MgO	0,066	0,031	0,035	—	60,0	—	44,5

Bei diesem Verfahren soll der frisch gefüllte Diffuseur in 5–6 Minuten die Temperatur von 85° C erreichen. Die ausgelaugten Schnitte kommen mit höheren als sonst üblichen Temperaturen heraus (25 bis 30° C).

Zu den heißen Diffusionsverfahren gehört in Frankreich das von Naudet; Andrlík schreibt, daß es auf gleichem Prinzip wie das Melichar-Černýsche beruht. Beide sind in der Durchführung sehr ähnlich. Auch in dieser Publikation tritt Andrlík für die heiße Arbeit ein (Z. f. Zuckerind. i. B. 1903/04, S. 1).

Naudet ging von folgender Erwägung aus: Bei der gebräuchlichen Diffusionsmethode wird im ersten Diffuseur infolge der niedrigen Temperatur kein Diffusionseffekt erzielt; er will also gleich in diesem Gefäß die höchste Temperatur erhalten, hierdurch die spätere Erhitzung der Batterie in Wegfall bringen und den Saft mit 80° C und mehr zur Saturation abziehen; dieser braucht daher keine Vorwärmung mehr.

Man sollte annehmen, daß im ersten, mit frischen Schnitten gefüllten Diffuseur, der mit dem heißen Saft eingemaischt wird, am meisten Zucker in den Saft eintritt; doch ist dies nicht der Fall. Die hohe

Temperatur hat in der ersten Zeit nur den schon öfters betonten Zweck, das Zellgewebe, in dem sich der Zucker befindet, für den Diffusionsprozeß vorzubereiten. Erst nach ein bis zwei Minuten geben die gegen Hitze widerstandsfähigen, elastischen Zellwände nach und bereiten die Membrane für den Diffusionsprozeß vor. Bei der heißen Arbeit beginnt die Diffusion also bald, Zucker geht über und der Quotient des Saftes ist bei dieser Arbeit ein höherer als bei der kalten. Bei der letzten ist der Diffusionseffekt im ersten Diffuseur ein kleinerer, er besteht nur in einem Ausschwemmen des Zuckers aus den entblößten Zellen, wodurch auch eine größere Menge Nichtzucker in den Rohsaft gelangt. Die heiße Arbeit liefert demnach bessere Säfte als die kalte. Erstere ergab einen Reinheitsquotienten von 91,2, letztere 89,4 (Dostál, Z. f. Zuckerind. i. B. XXXII, 1908, Heft 3). Folgende Tabelle aus Dostáls Versuchen ist besonders wegen der letzten Angabe — % Zuckerauslaugung — interessant. Die Rübe hatte 17,1% Zuckergehalt, ihr Saft 21,4° Bx, 18,85% Pol., 81,3 Q, der abgezogene Rohsaft 17,1° Bx, 15,6% Pol., 91,2% Q.

Tabelle Nr. 62.

Heiße Diffusion.

Diffus. Nr.	Diffusionssaft				Ausgelaugter Zucker in %
	Bx.	Pol.	Q.	Temp.	
1	wird mit frischen Schnitten beschickt				
2	wird entleert				
3	steht unter Wasserdruck				
4	0,32	0,10	31,2	40° C	2,0 %
5	0,56	0,44	51,0	50	2,1
6	1,4	0,79	56,7	53	2,5
7	1,9	1,21	63,7	68	2,9
8	2,4	1,69	69,7	72	4,3
9	3,2	2,40	73,8	74	5,4
10	4,38	3,29	74,9	75	7,2
11	5,8	4,45	76,0	75	10,4
12	7,7	6,13	79,5	75	22,4
13	11,1	9,67	86,8	77	32,3
14	16,56	14,62	88,4	84	6,5
					Summe 98,0 %

b) Brühverfahren und Preßdiffusion.

Das Steffensche Brühverfahren zeigt als Eigentümlichkeit, daß bei demselben Rübenscheiben schnell auf 85—95° C gebracht werden; dies geschieht im „Brühtrog" mittels heißen Rohsaftes. Ein Verbrühen der Schnitte findet nicht statt, auch geben sie bei der folgenden Abpressung leicht den Saft ab. Es resultiert ein Rückstand von hohem Zuckergehalt, der sofort der Trocknung unterworfen werden muß (Zuckerschnitte). Neben diesem hochwertigen Futtermittel hat das Brühverfahren den Vorteil, daß keine Abwässer entstehen.

Das Steffensche Brühverfahren wurde durch eine Kommission des Vereins der deutschen Zuckerindustrie geprüft und mit der Diffusion verglichen. Die Fassung des bezüglichen Berichts, nach dem durch das Brühverfahren 0,48% Zucker mehr gewonnen wurde, als in der Rübe eingeführt worden war, gab Anlaß zu großen Auseinandersetzungen — obwohl die Kommission den „Pluszucker“ mit folgenden Worten motivierte: „Es wäre durch wissenschaftliche Untersuchungen festzustellen, inwiefern unsere bisherigen Rübenuntersuchungsmethoden ungenügend und verbesserungsfähig sind“.

Hingegen trat Steffen mit der Behauptung auf, daß bei der üblichen Diffusionsarbeit durch bakterielle Tätigkeit Zucker zerstört wird — was bei seinem Verfahren nicht der Fall sei.

Die Arbeitsweise geht nach dem Kommissionsbericht folgendermaßen vor sich: Rübenscheiben von 1½ mm Stärke werden mittels auf 92 bis 97° gewärmten Zirkulationsrohsaftes in den dreiteiligen Brühtrog geschwemmt. Hier kommt eine Mischungstemperatur von 82 bis 85° C zustande, bei welcher die Rübenschnitte drei Minuten verweilen. Im Brühtrog, und zwar im ersten Teil — sowie in beiden anderen Teilen — werden die Schnitte durch ein Rührwerk durchgemischt, im zweiten Teil, der ebenfalls horizontal gelagert, aber mit Siebmantel umgeben ist, fließt der Saft ab; der dritte Teil des Brühtroges ist ansteigend gebaut, mit Schnecke versehen und an seinem hinteren Ende als Presse ausgebildet. Hier werden die Schnitte aus dem Saft gehoben und dadurch von diesem getrennt. Der Saft nimmt denselben Weg wie aus dem zweiten Teil — in den gemeinsamen Saftkasten. Die vorgepreßten Schnitte aus dem Brühtrog kommen mittels einer Transportschnecke in die eigentlichen Schnittpressen und von hier zur Trocknung (getrocknete Zuckerschnitzel). Der aus den Schnittepressen resultierende Preßsaft passiert einen Schaumzerstörer, einen Pülpefänger und mischt sich in dem Saftkasten mit dem erst abgeflossenen Brühsaft. Das Gemisch der Säfte wird in Vorwärmern auf 92 bis 97° angewärmt und geht in die Brühschwemme vor dem Brühtrog. Zum Schwemmen dient jedoch nur die sechs- bis siebenfache Saftmenge auf Schnitte, der Überfluß geht zur Scheidesaturation. Vom Einschwemmen bis zur vollendeten Auspressung der Schnitte bedarf es nur 10 Minuten, wobei die Temperatur um 5 bis 6° sinkt. Die abgesiebte Pülpe kommt auf die Pressen zurück.

Dem Kommissionsbericht seien einige Daten entnommen, welche die chemische Seite des Verfahrens zeigen und eine Parallele zum Diffusionsverfahren gestatten.

	Brühsäfte		Diffusionssäfte		Die Quotienten d. Brühsäfte schwankten von
	Minim.	Maxim.	Minim.	Maxim.	
Brix	13,0	16,0	13,0	14,6	86,0 bis 98,7, jene
Zucker	11,6	13,96	11,8	12,97	der Diffusionssäfte
Reinheit	89,2	87,3	90,8	88,8	von 85,3 bis 98,5
Invert	0,12		0,1 —0,15		

Preßschnitte		0,17–0,51% Zucker
Ablaufwasser	—	0,03–0,11% „

	frische Preßschnitte	
	Minim.	Maxim.
Trocken-substanz	30,03	33,8%
Zucker	10,55	10,0

Über die „Zuckerschnitzel" orientieren die zwei schließlichen Angaben:

	Zuckerschnitzel nach Steffen	Zuckertrockenschnitte (Durchschnitt)
Wassergehalt	8,82% bis 14,41%	8,29%
Trockensubstanz	91,18% bis 85,59	91,71
Asche (Durchschnitt)	3,22	3,69
Zucker (Durchschnitt)	27,78	—
Gesamtstickstoff	—	1,21
Reineiweiß	—	5,62
Rohfett	—	0,71
Rohfaser	—	12,80
Stickstoffreie Extraktstoffe	—	66,95 (davon 27,78 Zucker)

Die Temperaturen beim Brühverfahren waren im Trog 84—88,5, im Saft 87,5—100° C. Bei der Diffusion waren die Temperaturen folgendermaßen verteit: 65, 75, 72, 74, 79, 75, 79, 73, 58, 40° R,
40, 60, 66, 76, 73, 80, 80, 75, 75, 30.

Zscheye nennt das Brühverfahren eine Heißsaftdigestion, die gewöhnliche Diffusion eine Heißwasserdigestion. Aus dem Unterschiede in der Arbeitsweise müssen auch Unterschiede in der Saftzusammensetzung hervorgehen, und zwar zugunsten des Brühverfahrens. Seine Ausführungen sowie jene Herzfelds, Steffens und anderer, welche das Brühverfahren und den Kommissionsbericht erschöpfend behandeln, kann der daran interessierte Leser im Protokoll der Generalversammlung des Vereins der deutschen Zuckerindustrie (15. Mai 1907) ersehen (D. Z. 1907, 5. u. 12. Juli, Nr. 27 und 28).

Im Oktober 1907 wurden abermals Versuche in der Zuckerfabrik Elsdorf durchgeführt, doch konnten infolge Einspruchs der Fabriksleitung quantitative vergleichende Versuche zwischen Diffusion und Brühverfahren wegen der damit verbundenen Betriebsstörungen nicht ausgeführt werden. Es konnten nur vergleichende Untersuchungen über Zuckerbestimmungsmethoden für Diffusionsschnitzel und Steffenscheiben angestellt werden; die erhaltenen Untersuchungsergebnisse interessieren hier nicht.

In einer Abhandlung über die modernen Saftgewinnungsverfahren sprechen sich Pfeiffer und Bruncke folgendermaßen über die Steffensche Methode aus: Die Rübenscheiben werden in den heißen Saft hineingeschüttet. Es wird dadurch nichts anderes erreicht, wie bei der Diffusion auch, nämlich die Abtötung des Protoplasmas und das Durchlässigwerden der Zellen ... Hätte nun Steffen die gebrühten Schnitzel der Diffusion unterworfen, so wäre das nichts Neues gewesen. Er preßt aber die eingemaischten Schnitte ab, wobei sich herausgestellt hat, daß ca. 4% Saft an diesen haften bleiben. Sicher wäre es Herrn Steffen lieber gewesen, wenn sich dieser böse Adhäsionssaft in geringeren Grenzen gehalten hätte. Das notwendige Übel mußte aber, sollte ein neues Verfahren entstehen, wohl oder übel mit in Kauf genommen werden, und so entstanden die Zuckerschnitzel. Die Brühsäfte können als Preßsäfte nicht reiner sein als Diffusionssäfte, „denn nach allen sonstigen Erfahrungen sind Preßsäfte immer unreiner als Diffusionssäfte". Schließlich führen die genannten Autoren die günstigen Erfahrungen mit den Brühverfahren einiger Fabriken darauf zurück, daß sie vor der Einführung des neuen Verfahrens nach der veralteten Diffusionsmethode gearbeitet hätten (unbestimmbare Verluste, Verluste in den Abwässern). „Maßgebend kann der Vergleich nur dann sein, wenn dem Brühverfahren eine moderne Diffusionsanlage mit Rückführung der Abwässer gegenübergestellt wird." Darauf, daß in Elsdorf eine veraltete Diffusion ohne Rückführung der Abwässer im Betriebe stand, sind nach Pfeiffer und Bruncke die Resultate zuungunsten der Diffusion ausgefallen.

Mügge wendet sich gegen den neuen, im Verlaufe der Elsdorfer Versuche und der daran anknüpfenden Diskussion aufgetauchten Begriff des Pluszuckers, der nichts gemein hat mit dem bisher wissenschaftlich begründeten gleichnamigen Begriff.

Bisher bezeichnete man unter Pluszucker alle jene optisch aktiven, rechtsdrehenden Rübenbestandteile, die geeignet sind, bei der Zuckerbestimmung ein Plus an Rohrzucker vorzutäuschen. Das sind: Raffinose, Dextran, Galaktan, Leuzin, Asparagin, die sog. Pluszuckerbildner. Die linksdrehenden, Zucker bei der Analyse verdeckenden Bestandteile heißen Minuszucker. Minuszuckerbildner sind: Invertzucker, Arabinverbindungen, Glutamin, Pektine, Albuminate, Peptone (D. Z. 1908, S. 105).

Steffen kombinierte später sein Brühverfahren mit der Diffusion. Bei dem Brühdiffusionsverfahren werden die Rüben in Schnitte zerkleinert und durch den Zirkulationssaft in den Brühtrog geschwemmt, wo sie gut durchgemaischt werden. Aus dem an den Brühtrog stoßenden Saftscheider fließt der Brühsaft in einen Sammelkasten, die abgeschiedenen, gebrühten Schnitte werden abgepreßt. Der abgepreßte Brühsaft fließt zum selben Sammelkasten. Die abgepreßten Schnitte werden in einer Batterie der Diffusion unterworfen. Die ausgelaugten Schnitte werden gepreßt. Der Diffusionssaft mit etwa 70° fließt in den Sammelkasten und gibt zusammen mit dem Brühsaft und dem Brühpreßsaft den oben genannten Zirkulationssaft, welcher durch Vorwärmer auf 95° C erwärmt wird. Ein Teil desselben dient zum Einmaischen der frischen Schnitte, der Überschuß geht in den Betrieb.

Das Brühdiffusionsverfahren „System Elsdorf“ wurde in der Zuckerfabrik Elsen durch das Institut für Zuckerindustrie geprüft; es arbeitete in der Versuchswoche glatt und regelmäßig (Z. V. d. Zuckerind. 1912, S. 152).

Ein Saftgewinnungsverfahren, das auch im vorderen Teile der Batterie heiß arbeitet, ist die Brühdiffusion von Kaiser. Sie besteht darin, daß die frischen Schnitzel schon vor dem Einmaischen auf die höchst zulässige Temperatur erhitzt werden, und zwar durch Einleiten von Dampf oder Brüden in den mit den Schnitzeln gefüllten Diffuseur.

K. Kaiser gibt selbst zu, daß schon vor mehr als dreißig Jahren namentlich Bergreen dieselbe Idee durcharbeitete und diesbezüglich zwei Patente nahm. Kaiser nimmt demnach nur das Verdienst für sich in Anspruch, die Idee des „Brühens“, d. i. die Dampferhitzung der Schnitte, praktisch durchführbar und betriebssicher gestaltet zu haben. Das Brühen der Schnitzel im Diffuseur vor dem Eintritt des Saftes soll den Zweck haben, diese im Sinne einer günstigeren Diffusion gewissermaßen zu präparieren; die gebrühten Schnitte „lassen eine schnellere Diffusion als ungebrühte zu“. Ferner erhöht das Brühen den Auslaugeeffekt und kann bei der „Brühdiffusion mit geringerem Abzug oder mit kürzerer Diffusionsdauer oder auch mit niedrigerer Temperatur gearbeitet werden als bei gewöhnlicher Diffusion“. Zum Brühen wird Saftdampf aus dem zweiten Körper von ca. 90° C verwendet, der in den auf 60 cm evakuierten Diffuseur geleitet wird; hier kühlt er sich durch Expansion auf ca. 75° C ab und erwärmt die Schnitte. Über diese Temperatur soll nicht gegangen werden, da sonst „Verbrühen“ der Schnitte und damit die bekannten Schwierigkeiten auf der Batterie und in der Scheidung eintreten können. Der abgezogene Rohsaft hat im Mittel 68° C gegen ca. 42° C bei gewöhnlicher Diffusion. Das kondensierte Wasser vom Dampf bei seiner Einwirkung auf die Schnitte verdünnt nicht den Rohsaft, resp. den Einmaischsaft, weil es gleichzeitig auslaugend auf die Schnitte wirkt. Der „Brühsaft“ hat 12—15° Brix, nach Herrmann auch 16,17° Brix und 90,5 Q. („Betriebsergebnisse mit der Brühdiffusion. D. Z. 1910, Nr. 4). Letzterer äußert sich günstig über dieses Verfahren, bei dem „die bekannten Vorteile der heißen Diffusion hier am sichersten eintreten“ (schnelle Erhitzung des ersten Diffuseurs, Koagulation der Eiweißstoffe in den Rübenzellen, bessere Qualität des Rohsaftes usw.). Nachteile konnte er nicht beobachten. Doch berichtet Kaiser von zwei Fabriken, die keine guten Erfahrungen mit seinem Verfahren machten. Gelegentlich erklärt er: „Die Praxis ist der Prüfstein für diese Frage“ (gemeint ist sein Verfahren). Die Praktiker werden heute diese Frage aus dem Jahre 1909 wohl schon beantwortet haben.

Die Diffusion zu einem kontinuierlichen Betriebe umzugestalten, war das Ziel mancher Erfinder und geht schon auf die Bestrebungen zurück, die Mazeration kontinuierlich auszuführen (1837 Pelletans Levigateur, Reichenbachs Edulkorator). Es wurde die Diffusion auch in einem Gefäße versucht („Einspänner"). Dieses sollte kontinuierlich gefüllt und entleert werden; das Wasser nahm einen der Schnittebewegung entgegengesetzten Weg.

Später tauchte der Gedanke auf, die kontinuierliche Diffusion mit der Pressung zu kombinieren (Boutellier, Keßler); doch mit Erfolg versuchten erst Josef von Hyross und Alois Rak die Lösung dieses Problems ins Praktische umzusetzen und ein betriebsfähiges, im großen arbeitendes Verfahren daraus zu gestalten.

Nach mannigfachen Vorarbeiten konnten die beiden Erfinder im Jahre 1906/07 zum erstenmale im großen ohne jede Betriebsstörung nach ihrem Verfahren arbeiten und den Beweis seiner Lebensfähigkeit erbringen. Auf den folgenden Seiten werden auch Versuchsergebnisse angeführt werden, die aus einer Zeit stammen, da sich dieses Verfahren erst im Werden befand.

Der Grundgedanke der neuen Arbeitsweise ist der, nach dem Prinzip der Robertschen Batterie die Auslaugung in einzeln aufeinander folgenden Räumen nacheinander und getrennt auszuführen und zwecks Erhöhung des Effektes nach jeder einzelnen Auslaugung zu pressen. Die Schnitte wandern bei ihrer Auslaugung von einem Gefäß der Batterie ins andere — getrieben durch einen Schneckentransporteur — und werden bei jedem Übergange ausgepreßt und gelangen aus dem letzten Gliede der Batterie in die Trocknung.

Die Schnitte verlassen die Batterie in einem der Trocknung direkt zuführbaren Zustande. Der Inhalt eines jeden Diffuseurs kann nach dem Einmaischen durch Pressung in das Meßgefäß abgetrieben werden, während der Saft der übrigen Gefäße auf die jeweilig vorausgehenden Diffuseure übergeht, die noch zuckerreiche, aber schon abgepreßte Schnitzel enthalten.

Abwässer kennt diese Methode nicht und verbraucht daher ein viel geringeres Quantum Wasser als die gewöhnliche Diffusion. Dies erreichen die Erfinder, indem sie die auszulaugenden Schnitte in dünnen Schichten unter innigster Berührung mit der Auslaugeflüssigkeit bewegen lassen, auf der ganzen Batterie heiß arbeiten, und durch die Abpressung in jedem Diffuseur. Auslaugedauer 25—35 Minuten; es wird nur soviel Frischwasser in die Batterie eingeführt, als zur Auslaugung gerade notwendig ist. Jener große Anteil an Wasser, der bei der gewöhnlichen Diffusion notwendig ist, die ausgelaugten Schnitten wegzuschwemmen, entfällt hier ganz. Also kein Abwasser und wenig Betriebswasser! Auch hat man es in der Hand, die Auslaugung so weit zu treiben, als man will, also entweder auf Zucker oder Zuckerschnitte zu arbeiten.

Die Schnitte werden bei diesem Verfahren dem Saftstrome entgegenbewegt, wodurch die Diffusionsdauer abgekürzt wird. Pfeiffer und Bruncke loben diese Verfahren, negieren aber die bessere Qualität des Diffusionspreßsaftes gegenüber reinem Diffusionssafte mit derselben Begründung wie beim Brühverfahren: „Preßsäfte sind nach den bisherigen Erfahrungen unreiner als Diffusionssäfte."

Unter anderen Vergleichsversuchen Andrlíks mit dem neuen Verfahren stammt einer aus dem Dezember 1912 mit einer siebenzylindrigen Versuchsbatterie. Er ergab die nachstehenden Resultate:

Tabelle Nr. 63.

	Gewöhnliche Diffusion frische Schnitte	Gewöhnliche Diffusion ausgel. Schnitte	Diffusionssaft	Preßdiffussion Hyross-Rak frische Schnitte	Preßdiffussion Hyross-Rak ausgel. Schnitte	Preßdiffus. saft	In den Rohsaft bei gewöhnlich. gingen über 115,8 %	In den Rohsaft bei Preßdiffus. gingen über 108,5 %[1]
Trockensubstanz	24,72	6,82	15,81	24,79	16,07	15,56	—	—
Zucker	17,20	0,30	14,51	16,00	1,25	14,24	97,6	96,6
Gesamtstickstoff	0,186	0,088	0,074	0,183	0,193	0,104	46,0	54,0
Eiweiß-N	0,109	0,084	0,014	0,109	0,173	0,027	15,0	34,0
Asche	0,746	0,347	0,350	0,771	0,691	0,386	—	—
K_2O	0,254	0,046	0,160	0,243	0,128	0,165	79,9	77,3
Na_2O	0,043	0,014	0,020	0,038	0,020	0,021	68,0	53,0
CaO	0,060	0,070	0,003	0,074	0,124	0,020	6,0	39,0
MgO	0,063	0,029	0,031	0,088	0,076	0,037	54,0	64,0
P_2O_5	0,084	0,012	0,045	0,100	0,029	0,057	66,0	62,0
SO_3	0,027	0,011	0,020	0,044	0,024	0,018	84,0	73,0
Cl	0,011	0,005	0,007	0,012	0,006	0,008	74,0	79,0
Prozentische Zusammensetzung der Asche:								
K_2O	34,03	13,58	45,69	31,49	18 25	42,80		
Na_2O	5,73	4,00	5,80	4,90	3,20	5,40		
CaO	7,53	20,57	0,85	9,54	16,99	5,26		
MgO	8,52	8,52	9,28	11,48	9,44	9 51		
P_2O_5	11,20	3,62	12,79	12,95	6,05	14,95		
SO_3	3,80	3,36	8,53	5,75	4,42	4,86		
Cl	1,50	1,39	1,00	1,50	0,80	2,13		

Bei der gewöhnlichen Diffusion wurden von 15 Gefäßen 7 Gefäße auf 75° C angewärmt, in der Preßdiffusion auf 80° C. Der Preßdiffusionssaft war dunkel gefärbt und stark getrübt; Invertzuckerzuwachs konnte nicht in erheblichen Mengen konstatiert werden. In bezug auf seine Zusammensetzung ist der Saft ein Gemisch von Diffusions- und Preßsaft. Nach dreifacher Saturation gibt er einen normalen, lichten Dünnsaft. Durch Zusatz von 2,5% Kalk zum Rohsaft von 17,9° Bx., 16,09% Pol., 89,9 Q. resultierte nach dreifacher Saturation ein Dünnsaft von 18,9 Bx., 1,77 Pol., 93,7 Q. und 0,016% CaO-Alkalität (Versuche im kleinen). Bei diesem Diffusionsversuche war die Auslaugung — im Gegensatz zu anderen Erfahrungen — nicht so gut wie bei der gewöhnlichen Diffusion, auf gleiche Trockensubstanz der ausgelaugten Schnitte bezogen. Die in der Tabelle Nr. 63 angegebene Stoffbewegung bei beiden Diffusionen ergibt folgendes: Bei dem größeren Abzug der gewöhnlichen Diffusion ging wohl mehr Zucker, aber auch mehr Kali in den Saft über. Vom Stickstoff ist beim Hyross-Rak Verfahren etwas mehr in den Saft gegangen, ist aber Eiweiß und daher

[1]) Saftabzug.

für den Betrieb ohne Nachteil. Kalk ist auch bedeutend mehr, und zwar, wie Andrlík annimmt, in Form von suspendiertem Kalziumoxalat übergegangen.

Andere Versuche wurden mit einer kleinen Versuchsbatterie ausgeführt, und fand Andrlík folgende Ergebnisse: Die Auslaugung ging gut vor sich, es werden 40—44% ausgelaugter, gut ausgepreßter Schnitte erzeugt. Sie hatten 15—16% Trockensubstanz und 1% Zucker; es wurden nur 40% der verarbeiteten Rübe an Wasser gebraucht, und ergab sich kein Abfallwasser (Diffusions- oder Schnitzelpreß-Abfallwasser); ferner konstatierte Andrlík, daß der Diffusionssaft eine Dichte von 16—18% Bg. und ungefähr die gleiche Reinheit besaß wie Preßsaft vom Rübenbrei, und daß durch dreifache Saturation ein lichter, normaler Dünnsaft von bedeutender Reinheit gewonnen wurde. Invertzuckerbildung fand nicht statt.

Andrlík stellte am 26. November 1903 neuerdings Versuche an, um dieses Verfahren mit der alten gewöhnlichen Diffusion zu vergleichen. Er fand folgende Analyseresultate:

Tabellle Nr. 63a.

	Frische Schnitte	Ausgelaugte Schnitte		Diffusions-Saft		
		Gewöhnliche Batterie ungepreßt	Kontinuierliche Batterie	Gewöhnliche Batterie	Umgerechn. auf 18,2% Trockensubstanz	Kontinuierliche Batterie
Trockensubstanz	23,82	6,79	21,94	15,000	18,200	18,200
Zucker	16,50	0,23	1,90	13,500	16,380	16,560
Asche	0,79	0,397	1,41	0,328	0,402	0,423
Stickstoff	0,166	0,086	0,254	0,0780	0,0959	0,0940
Stickstoff in Albuminaten	0,095	0,076	0,238	0,0130	0,0164	0,0210
Invertzucker	0,130	—	—	0,129	0,157	0,1460
Reinheitsquotient	—	—	—	90,00	90,00	90,98

Folgende Zahlen geben die während der Preßdiffusion herrschenden Verhältnisse in der Batterie an (Versuche der Erfinder):

Schlußsaft, der die Batterie verlassen hat	S. = 18,5, P. 17,04, Q. = 92
I. Diffuseur Mitte	S. = 18,2, P. 16,52, Q. = 90,7
II. „ „	S. = 15,6, P. 13,72, Q. = 87,9
III. „ „	S. = 12,3, P. 10,4, Q. = 85,3
IV. „ „	S. = 9,5, P. 7,93, Q. = 83,5
V. „ „	S. = 7,3, P. 5,91, Q. = 80,9
VI. „ „	S. = 4,5, P. 3,59, Q. = 79,9
VII. „ Wasserdruck	S. = 2,4, P. 1,17, Q. = 44,6

Zu diesem Berichte erschien (Z. f. Zuckerind. i. B. 1903/04, S. 573) ein Nachtrag von Andrlík und Stanek, nachdem Hyross und Rak ihre Batterie in konstruktiver Hinsicht verbessert hatten.

Da die neuen Resultate die älteren bestätigen, kann von ihrer Wiedergabe abgesehen werden.

Preßsaft der frischen Schnitte	19,3 Bx.	17,52 Pol.	90,5 Q.
gewöhnlicher Rohsaft	15,0	13,5	90,0
Preßdiffusionssaft	18,2	16,5	90,98

Saftabzug auf 100 kg Rüben 119,2 kg bei der gewöhnlichen, 96,07 kg bei der Preßdiffusion; letztere lieferte 30,8 kg ausgelaugter Schnitte (aus 100 kg Rüben) mit 21,94% Trockensubstanz gegen 6,79% Trockensubstanz bei der gewöhnlichen Diffu ion. Stickstoff- und Invertzuckergehalt sind für den Preßdiffusionssaft günstiger als für den Rohsaft der gewöhnlichen Diffusion. Hingegen war die Auslaugung des Zuckers bei der gewöhnlichen Diffusion besser. Hier wurde um 0,18% Zucker, auf Rübe gerechnet, mehr ausgelaugt. Trotzdem, meinen die Genannten, arbeite das Hyross-Rak-Verfahren wegen seiner anderen Vorteile rationeller.

Im Jahre 1906 stellten Hyross-Rak eine größere Batterie auf, die täglich 3000 q Rüben verarbeiten konnte. Andrlík, Stanek und Urban unterzogen die Arbeit wieder vergleichenden Untersuchungen. Da die Batterie aber nur aus vier Gliedern bestand, sind trotzdem nicht alle Bedingungen gegeben, die im normalen Großbetriebe herrschen, um allgemein gültige Zahlen zu erlangen. Wollte man nicht zu dünne Säfte erhalten, mußte man mehr Zucker in den Schnitten belassen. Durch Vermehrung auf acht Glieder der Batterie soll bestimmt eine befriedigende Auslaugung erzielt werden.

Versuche 1906/07.

	Diffusionsrohsaft	Diffusion H.-R.
Stickstoff auf 100 Zucker .	0,73	0,75
Albumin-Stickstoff	0,12	0,15
schädlicher Stickstoff . .	0,485	0,47
Na_2CO_3	0,16	0,15
K_2CO_3	1,04	1,06
CaO	0,03	0,11

Aus den Versuchen der Genannten über die Stoffbewegung in der Preßdiffusion seien folgende Zahlen angeführt (siehe obige Zusammenstellung): Auf 100 kg Rübe wurden 94,1 kg Rohsaft abgezogen, 34,7 kg ausgelaugter Schnitte mit 19,04% Trockensubstanz und 4,35% Zucker gewonnen. Der Preßdiffusionssaft hatte 17,45% Trockensubstanz und eine Reinheit von 90,0%; er enthielt nicht auffallend mehr Rübenfasern als der von der gewöhnlichen Diffusion, nicht mehr reduzierenden Zucker als letzterer, verhielt sich bei der Saturation vollkommen normal und gab einen reineren Saturationssaft als gewöhnlicher Diffusionssaft.

Auf der gewöhnlichen Diffusion war ein Saftabzug von 109% notwendig, der Rohsaft hatte eine Trockensubstanz von 16,60% (die

Rüben waren bei beiden Arbeitsweisen von gleicher Qualität) und eine Reinheit von 88,2, die Schnitte besaßen eine Trockensubstanz von 6,62% und einen Zuckergehalt von 0,25%.

Die Genannten kommen auf Grund ihrer Untersuchungen zum Schlusse, daß die von den Erfindern garantierten Vorteile leicht eingehalten werden können. U. a. wird garantiert: normale Zuckerverluste, wie bei der gewöhnlichen Diffusion, beliebig dichte Säfte bis zur Dichte des Rübensaftes und mindestens eine um 0,5% höhere Reinheit als sonst, Wasserbedarf nur 30—40% vom Rübengewicht, keine Abwässer und Trockensubstanz der ausgelaugten Schnitte von 20%.

Auf diese Untersuchungen K. Andrlíks und seiner Mitarbeiter (Z. f. Zuckerind. i. B. XXXI, 1907, S. 277), folgten jene von F. Strohmer und O. Fallada (Ö. U. Z. f. Zuckerind. XXXVI, 1907, S. 358). Die Batterie bestand aus vier Zylindern; der Saft aus den einzelnen zeigte vom ersten ausgehend 15,01, 14,25, 9,25 und 5,57% Zucker, woraus hervorginge, daß bei Vermehrung der Körperzahl die Auslaugung eine vollkommenere wäre.

Folgende Zahlen einer russischen Fabrik bedürfen keiner Erklärung.

Tabelle Nr. 64.

Wochendurchschnitte der Fabrik Kapitanowka.

(Hyross-Rak-Verfahren.)

Zuck. in der Rübe	Rübenpreßsaft			Diffusionssaft			Ausgel. Schnitte		Saft abzug %	Q. d. III Sat.-Saft
	Bx.	Pol.	Q.	Bx.	Pol.	Q.	% Zuck.	a. Rüb.		
18,58	22,6	20,00	88,5	17,2	15,43	87,7	2,2	0,77	115	94,4
18,10	21,9	19,34	88,3	16,6	14,88	89,6	1,8	0,63	117	94,4
18,23	22,4	19,42	86,6	16,9	15,06	89,1	1,7	0,60	117	93,6
Tagesdurchschnitte (zwei aufeinander folgende Tage).										
17,4	22,1	19,01	86,0	18,1	16,28	89,0	1,4	0,50	105	—
17,8	21,5	18,69	86,9	18,0	16 12	89,5	1,2	0,46	—	—

(Ö.-U. Z. f. Zuckerind. XL, Jahrg. 1911, S. 368.)

In der Zuckerfabrik Schafstädt wurde das Hyross-Rak-Verfahren durch das Institut für Zuckerindustrie geprüft und besonders folgendes konstatiert: Das Problem der kontinuierlichen Diffusion ist in befriedigender Weise gelöst; es ist der Verlust an Saft oder Schnitzelsubstanz ausgeschlossen, ebenso entstehen keine Diffusions- und Schnitzelpreßabwässer; wird nicht über 80° C gegangen, so ist die Arbeit auf der Batterie eine gute; es resultierten Preßlinge von 18,94% Trockensubstanz mit 0,46% Zucker, auf Rübe gerechnet; der Rohsaft unterschied sich durch einen etwas höheren Gehalt an koagulierbaren Stoffen gegenüber dem Safte der gewöhnlichen Diffusion; die Schnitzel sind nach Möglichkeit zu trocknen, da ihr Zuckergehalt (1—2%) beim Einmieten verloren ginge. Die technisch-ökonomische Seite des Berichtes kann hier übergangen werden.

Auf die Wiedergabe des analytischen Materials sei verzichtet, erstens wegen der leichten Zugänglichkeit des Kommissionsberichtes, der in allen Fachblättern zumindest auszugsweise reproduziert ist, und zweitens, weil keine vergleichenden Versuche zwischen gewöhnlicher und kontinuierlicher Diffusion durchgeführt wurden. Es konnte demnach nur der absolute Wert dieses Verfahrens geprüft werden, nicht aber auch dessen Vor- oder Nachteile in chemischer Hinsicht gegenüber der gewöhnlichen Diffusion.

Die Durchschnittszusammensetzung des Rohsaftes war 14,54° Bx., 12,89 Pol., 88,63 Q.

Azidität 0,036 (Phenolphtaleïn, Gramm CaO in 100 cm³).

Koagulierbarkeit 18,3 cm³ (mit Eisessig, Niederschlag in 100 cm³ Saft).

Auf Rübe gerechnet, ergaben sich 34,67% Preßschnitzel; in diesen 1,32% Zucker und 18,94% Trockensubstanz, auf Rübe: 0,46% Zucker und 6,57 Trockensubstanz.

Tabelle Nr. 65.

Analysen von Säften in den einzelnen Körpern der Hyross-Rak-Batterie, gleichzeitig entnommen.

Gefäß	Bx.	Pol.	Q.	Azidit.	Koagulierbarkeit
6	4,0	2,64	66,0	0,022	nicht meßbar
5	6,2	4,69	75,6	0,023	„
4	9,3	7,78	83,4	0,030	,
3	11,8	10,17	86,2	0,038	2,0 cm³
Rohsaft	15,4	13,83	89,1	0,038	20,0 „

(Z. V. d. Zuckerind. 1910, S 222.)

Ein Vorzug des Hyross-Rak-Verfahrens besteht darin, daß es ohne Abwässer arbeitet. Den Vorteil gewähren aber auch andere Saftgewinnungsmethoden.

c) Rückführung der Abwässer.

Auf der Batterie resultieren das Diffusionsabfallwasser, das Ausspritzwasser und das Schnitzelpreßwasser. Bezüglich des letzteren stellte Herzfeld durch Diffusionsversuche[1]) (Z.V. d. Zuckerind. 1905, S. 835) folgende Bedingungen fest, die erfüllt sein müssen, um sämtliche Schnitzelpreßwässer in die Batterie zurückzunehmen: 1. Herstellung scharfer, bei der Pressung möglichst wenig feine Pülpe ergebender Schnitzel, welche gute, feste Beschaffenheit haben müssen und deshalb auf der Batterie nicht überhitzt werden dürfen; 2. so schwache Auslaugung, wie sie unter den wirtschaftlichen Bedingungen zulässig ist, deren Grad also abhängig zu machen ist von der Verwertung des Zuckers der Fabriksprodukte im Vergleich zum Schnitzelfutter; 3. so schwache

[1]) Vergleich des Brühverfahrens mit der Diffusion.

Pressung, als ohne wesentliche Verteuerung des Trockenprozesses zulässig erscheint, da, je stärker die Pressung ist, desto mehr Pektin- und Eiweißsubstanzen, welche nur zum Teil bei der Kalkscheidung fällbar sind, in das Preßwasser gelangen.

Pfeiffer hatte schon früher ein Patent, die ausgelaugten Schnitte und Ablaufwasser mittels komprimierter Luft abzudrücken; so konnte er auf der ganzen Batterie heiß arbeiten, da die Auspacker durch die heißen Ablaufwässer nicht belästigt werden konnten. Schnitzel und Wasser wurden durch eine geschlossene Rohrleitung zu den Schnitzelpressen geführt.

In Verbindung mit Bergreen arbeitete er ein Verfahren aus, die Abwässer der Diffusionsbatterie und der Schnittepressen getrennt nach ihrem Zuckergehalte und befreit von jedem Pülpeanteile zur Wiederbenutzung auf der Batterie zurückzuführen. Die zuckerreicheren Preßwässer dienen zum Einmaischen, die zuckerärmeren zum Drücken.

Pfeiffer-Bergreen arbeiten auf der ganzen Diffusion heiß, entpülpen und entschäumen die genannten Abwässer und führen sie getrennt zurück; man kann durch beliebige Verkürzung oder Verlängerung der Batterie mehr oder weniger in den Schnitten an Zucker zurücklassen und so je nach der Konjunktur mehr oder weniger Zucker oder weniger oder mehr Futterschnitte erzeugen.

Pfeiffer selbst berichtete über sein Verfahren (D. Z. 1908, Nr. 14): Im Jahre 1899 versuchte er durch Temperaturerhöhung den Diffusionseffekt günstiger und die unbestimmbaren Verluste niedriger zu gestalten. Gleichzeitig fand er, daß die ausgelaugten Schnitte sich umso besser pressen lassen, je heißer sie gepreßt würden. „Der seit Jahrzehnten allgemein anerkannte, aber der Begründung entbehrende Grundsatz, daß bei niederen Temperaturen höhere Reinheitsquotienten des Saftes und mithin Schnitzel von höherem Futterwerte resultieren, hatte der Einführung der heißen Arbeit bis dahin einen Riegel vorgeschoben. Sie war verpönt. Man glaubte durch Lösen von Pektin und anderen Nichtzuckerstoffen die Säfte zu verschlechtern und die Struktur der Schnitzel zu zerstören. ... Indessen wurden diese Ergebnisse bald bestätigt. Die Anregung zur heißen Diffusion war gegeben, und so entstanden im Laufe des letzten Jahrzehnts mehrere betriebsfähig durchgebildete Verfahren, deren Grundidee die Ausnutzung hoher Temperaturen ist. Das älteste davon ist die schon erwähnte heiß arbeitende Diffusion, in neuester Zeit vervollkommnet durch ein Nebenverfahren zur Beseitigung der Abwässer nach Pfeiffer-Bergreen."

Dieses Verfahren wurde in der Zuckerfabrik Rethen durch das Institut für Zuckerindustrie geprüft und der Bericht in der Z. V. d. Zuckerind. LIX, Jahrg. 1909, techn. Teil, S. 191 veröffentlicht.

In der Versuchswoche gelang es vollständig, das gesamte Diffusionsablauf- und Schnitzelpreßwasser auf die Batterie zurückzuführen, ohne den Diffusionsbetrieb irgendwie zu beeinträchtigen; doch ließ sich eine Notwendigkeit für die Trennung der beiden Abwässerarten mit Rücksicht auf die Verschiedenheit ihrer Zusammensetzung (Zuckergehalt) nicht konstatieren. Bei der chemischen Kontrolle ist es wünschenswert, daß die Azidität der Rücknahmewässer bestimmt wird.

Aus dem Berichte seien einige analytische Daten hervorgehoben.

Koagulierbare Substanzen im Rohsafte und in den Abwässern.

	min.	max.
100 cm^3 Rohsaft ergeben cm^3 Fällung:	14,0	32,0
„ Diffusionsablauf ergeben cm^3 Fällung: . .	14,0	28,0
„ Schnitzelpreßwasser ergeben cm^3 Fällung .	14,0	22,0

Diese Bestimmung wird durch Anwärmen von 25 cm^3 Saft im Wasserbade bei Zusatz von drei Tropfen Essigsäure durchgeführt. Die Mengen der koagulierbaren Substanzen sind danach recht bedeutend.

Azidität des unfiltrierten Rohsaftes und der Ablaufwässer:

	min.	max.	
Rohsaft	0,04	0,06	g CaO pro 100 cm^3 Saft
Diffusionsabwasser (unfiltr.) .	0,035	0,045	„
Schnitzelpreßwasser (unfiltr.)	0,035	0,044	„

Das Diffusionsabwasser wies Zuckergehalte von 0,31—1,35%, das Schnitzelpreßwasser solche von 0,31—1,44% auf (Durchschnittszahlen); beide Abwässer waren demnach in ihren Zuckergehalten nicht so verschieden, daß eine getrennte Zurücknahme sich als notwendig erwiesen hätten.

Dieses unerwartete Resultat führte Pfeiffer auf unrichtige Probenahmen zurück, und so wurde zur Aufklärung des Sachverhaltes in der folgenden Kampagne 1909/10, abermals in Rethen, das Verfahren durch das Institut für Zuckerindustrie in diesem Punkte geprüft. Diesmal tatsächlich mit dem Resultate, „daß in der Regel das auf die Batterie gedrückte Preßwasser etwas zuckerreicher ist als das (Diffusions-)Ablaufwasser“. Der Hauptdurchschnitt ergab folgende Werte (Versuchsdauer eine Woche):

	Azidität % CaO in 100 cm^3		
	unfiltriert	filtriert	Polarisation
Ablaufwasser	0,033	0,027	0,62
Preßwasser	0,029	0,026	0,76

(Z. V. d. Zuckerind. Jahrg. 1910, techn. Teil, S. 217).

Ein jüngeres Verfahren, welches denselben Zweck wie das soeben besprochene anstrebt, stammt von H. Claassen. Es wird von diesem folgendermaßen charakterisiert:

„Die Rückführung der Diffusionswässer, worunter im folgenden stets die Ablauf- und Preßwässer verstanden werden, hat den doppelten Zweck, einmal die schädlichsten Wässer den Abwässern fern zu halten, und weiter, die in den Diffusionswässern enthaltenen Stoffe in nutzbringender Form zu gewinnen. Dieser Zweck kann nur erreicht werden, wenn die Wässer restlos zurückgeführt werden; jedes Verfahren bei welchem zeitweise ein größerer Teil der Diffusionswässer und der darin angesammelten Pülpe aus der Fabrik abgelassen werden muß, ist als minderwertig zu bezeichnen

Die restlose Rückführung der Diffusionswässer wird durch das Verfahren von Claassen gewährleistet.

Das Verfahren beruht auf der Erkenntnis, daß diese Rückführung dauernd nur dann möglich ist, wenn aus den Wässern nicht nur die gröberen Schnitzelreste entfernt werden, sondern auch die feine und feinste Pülpe, welche durch die Siebe der Pülpefänger hindurchgeht.

Die Diffusionswässer enthalten außer den gelösten Stoffen feine Schnitzelteilchen, welche zum Teil bereits beim Zerschneiden der Rüben, zum größten Teil aber in den Schnitzelpressen entstehen, wo die ausgelaugten Schnitzel unter reibender Bewegung an den Sieben stark gepreßt werden. Bei der bisher üblichen Arbeit begnügte man sich, die groben Schnitzelteile aufzufangen; die in den Diffusionswässern gelösten Stoffe und die feinen Pülpeteilchen gelangten in die Abwässer der Fabrik und bildeten deren hauptsächlichste Verunreinigung.

Auf den ersten Blick scheint nun die Rückführung der Diffusionswässer in den Betrieb sehr einfach zu sein; es erscheint nur nötig, eine Pumpe aufzustellen, um die Wässer regelmäßig in die Batterie zurückzupumpen, wobei die Schnitzel in den Diffuseuren als Filter dienen. Tatsächlich kann man in so einfacher Weise einige Zeit arbeiten, aber sehr bald zeigt sich eine geringe Verlangsamung der Verarbeitung; es drückt in der Batterie a lmählich schlechter und nach 1—2 Schichten drückt es überhaupt nicht mehr. Gleichzeitig mit dieser Verlangsamung der Verarbeitung tritt allmählich eine Zersetzung und Verschlechterung der außerhalb der Batterie befindlichen Flüssigkeiten auf; sie werden sauer, zeigen Invertzuckerbildung und schäumen sehr stark."

Die Ursache des schlechten Drückens sind die in den Diffusions- und besonders in den Preßwässern enthaltenen feinen und allerfeinsten Pülpeteilchen (Schlick), die bei ihrer Ablagerung auf den Schnitzeln des letzten Diffuseurs eine schwer durchlässige Schichte bilden, welche wegen zunehmender Dicke den Saftstrom immer mehr verlangsamt. Deshalb muß der Pülpeschlick vollständig entfernt werden, wenn man die Abwässer zurücknehmen will. Claassen führt Diffusions- und Preßwasser gemeinsam auf die Batterie zurück.

Die Tabellen Nr. 66a und 66b (siehe S. 280) sollen die Überlegenheit des Claassenschen Verfahrens gegen die Diffusion ohne Rückführung der Abwässer beweisen.

Dieses Verfahren wurde gleichfalls durch das Institut einer Prüfung unterzogen, die in Dormagen im Oktober 1909 durchgeführt wurde (Z. V. d. Zuckerind. 1910, S. 108). In der Versuchswoche bewährte sich das Verfahren; namentlich zeigte sich „kein übler Einfluß auf den Diffusions- sowie nachfolgenden Fabriksbetrieb" durch die Rücknahme der Wässer. Der Zuckerverlust betrug auf der Batterie — den Zuckergehalt der zurückgeführten Wässer mit in Betracht ge-

Tabelle Nr. 66a.

Ohne Rückführung der Diffusionswässer.

Kampagne	Preßlinge			Diffusionswässer			Zuckerverlust % der Rüben			Gewonnene Trockensubstanz % der Rüben	Verlorene Trockensubstanz % der Rüben
	% der Rüben	Polarisation	Trockensubstanz	% der Rüben	Polarisation	Trockensubstanz	in Preßlingen	in Diffusionswässern	im ganzen		
1900/01	60,2	0,41	9,0	170	0,11		0,25	0,19	0,44	5,4	
1901/02	59,6	0,47	—	170	0,14		0,28	0,24	0,52	5,4	
1902/03	62,1	0,49	—	170	0,14		0,30	0,24	0,54	5,6	
1903/04	57,9	0,47	—	170	0,14		0,28	0,24	0,52	5,2	
1904/05	60,5	0,47	—	170	0,13		0,28	0,22	0,50	5,5	
Durchschnitt	60,0	0,47	9,0	170	0,13	0,16	0,28	0,23	0,51	5,4	0,50

Bei 0,51 % Zuckerverlust 5,4 % gewonnene Trockensubstanz
0,5 % verlorene „
5,9 % Gesamttrockensubstanz.

Tabelle Nr. 66b.

Mit Rückführung sämtlicher Diffusionswässer.

Kampagne	Frische Preßlinge			Trockenschnitzel			Zuckerverlust % der Rüben			Gewonnene Trockensubstanz		
	% der Rüben	Polarisation	Trockensubstanz	% der Rüben	Polarisation	Trockensubstanz	in fr. Preßlingen	in Trockenschnitzeln	im ganzen	in fr. Preßlingen	in Trockenschnitzeln	im ganzen
1908/09	42,0	0,49	8,97	2,89	7,6	87,8	0,21	0,23	0,44	3,77	2,54	6,31
1909/10	40,0	0,55	8,6	0,76	7,2	88,0	0,22	0,20	0,42	3,44	2,43	5,87
Durchschnitt	41,0	0,52	8,8	2,85	7,9	87,9	0,21	0,22	0,43	3,60	2,49	6,09

Bei 0,43 % Zuckerverlust 6,09 % gewonnene Trockensubstanz.

zogen — 0,18%. Die Anlage der Fabrik Dormagen war keine einheitliche; es wurde auf vier Batterien in ungleicher Weise gearbeitet. Deshalb sollen die Zahlen des Berichtes für sich selbst sprechen.

Zusammensetzung des Rohsaftes (Durchschnitt der Versuchswoche).

	Arbeit über	Bx.	Pol.	Q.	Azidität % CaO	Temp.[1]	Koagulierbarkeit[2]
I. Batterie	7 Gefäße	13,46	11,805	87,70	0,0405	33° C	8—20 cm³
II. „	8—9 „	12,80	11,257	87,94	0,0374	31	6—16
III. „	7 „	12,80	11,280	88,14	0,0364	37,7	8 u. 16
IV. „	6 „	12,35	10,837	87,78	0,0359	42	8 u. 8

Auf die erste Batterie gingen auch die Preßwässer der andern Batterien zurück. Auf dieser müßten sich die eventuellen Nach-

[1]) Im Meßkasten. — [2]) Mit Eisessig pro 100 cm³ Saft.

teile des Verfahrens am frühesten zeigen. Der Quotient des hier erzeugten Rohsaftes ist wohl etwas kleiner als der der andern Säfte, aber in nicht in Betracht zu ziehender Differenz: 87,7 gegen 87,9 als Mittel der Quotienten der drei andern Batteriesäfte. „Der Unterschied ist aber ein so geringer, daß man umsoweniger von einer schlechteren Beschaffenheit der Säfte in der neuen (ersten) Batterie wird reden können, als die Pektin- und Eiweißsubstanzen der Preßsäfte, welche die Erniedrigung des Quotienten bedingen, bekanntlich größtenteils bei der Scheidung aus den Säften entfernt werden." Die Azidität schwankte auf der ersten Batterie zwischen 0,032—0,055. Im Verlaufe der Versuchswoche schwankten die Aziditätszahlen innerhalb der angeführten Grenzen unregelmäßig hin und her und waren „am Ende der Woche nicht höher als am Anfange". Dies ist wesentlich zur Beurteilung aller Verfahren mit Rückführung der Abwässer, da auf der Batterie stets Säuerung befürchtet wurde. Diese trat nicht auf, die Säfte wurden also nicht schädlich beeinflußt; die Aziditätszahlen weichen nicht von in andern Fabriken gefundenen ab (siehe Schafstädt, S. 276), und ist „wahrscheinlich, daß die Azidität der Rücknahmewässer überhaupt auf die Azidität des Rohsaftes keinen entscheidenden Einfluß ausübt". Rübenmaterial, Schnitzelgüte und Saftanwärmung sind die aziditätsbedingenden Faktoren.

Die Auslaugung in den einzelnen Batterien war folgende (Durchschnitt der ganzen Arbeitswoche): 1,3%, 0,56%, 0,4%, 0,3% Zucker in den ausgelaugten Schnitten. Die erste Batterie zeigt den höchsten Zuckergehalt der Schnitte, weil „in der neuen Batterie die sämtlichen Preßwässer der Fabrik wiederverwendet werden und mit reinem Wasser überhaupt nicht nachgedrückt wird. Man unterläßt dies deshalb, weil sämtliche Schnitzel von dieser Batterie in Dormagen getrocknet werden, der in den Schnitzeln verbleibende Zucker also noch nutzbar gewonnen wird".

Die Schnitzel der ersten Batterie werden gesondert von denen der anderen abgepreßt. Die Preßlinge der ersten Batterie hatten im Durchschnitte 14,32% Trockensubstanz mit 1,53% Zucker gegen 7,86% mit 0,53% der Preßlinge aus den letzten drei Batterien. In der niedrigen Trockensubstanz dieser Schnitzel ist jedenfalls ein Moment der günstigen Versuchsergebnisse zu erblicken — wobei nicht bezweifelt werden soll, daß auch bei höherer Abpressung ein gleiches Resultat zu erzielen gewesen wäre. Denn „die Bedingungen für die Arbeit gestalten sich umso ungünstiger, je schärfer man abpreßt, da mit jedem Prozentgrade Trockensubstanz, um welchen das Preßgut zunimmt, die Beschaffenheit der Wässer in steigender Proportionalität ungünstiger wird".

Folgende analytischen Ergebnisse zeigen das Verhalten der Abwässer und der resultierenden Mischwässer.

Tabelle Nr. 67.

Preßwässer der I. Batterie				der II., III. u. IV. Batterie.			
	Pol.	Azid.[1]	Koagulierb.[2]	Pol.	Azid.	Koagulierb.	Temperaturen
Minimum	0,74	0,008	12	0,22	0,001	8	—
Maximum	1,59	0,021	20	0,35	0,007	16	—
Mittel	1,20	0,018	16	0,30	0,003	11	—
		Mischwasser[3]):					II-IV: 14-17° C im Pülpefänger.
Minimum	0,37	0,001	2	0,14	0,001	1	I: 40° C im Pülpe-
Maximum	1,36	0,030	40	0,32	0,006	20	fänger, 47—50° in
Mittel	1,03	0,015	16	0,19	0,002	8	d. Schnittegrube

Die höheren Werte für die erste Batterie zeigen den Einfluß der Rücknahme sämtlichen Preßwassers der Fabrik. Frischwasser bekommt diese Batterie keines. Die andern Batterien erhielten kein Preßwasser, sondern nur Diffusionsablaufwasser und nachfolgend Frischwasser, wodurch die Zahlen naturgemäß heruntergedrückt werden.

Die Diffusionsarbeit ergab einen unbestimmbaren Verlust von 0,18% Polarisation auf Rübe; es fand also kein Zuckerverlust durch diese Arbeitsweise statt; „im Gegenteil, es wird fast sämtlicher Zucker, der sonst in den Preß- und Diffusionsablaufwässern verloren geht, in nutzbarer Form gewonnen".

Trotz der hohen Koagulierbarkeit des Rohsaftes kam man mit 2—2½% Kalk zur Scheidung vollständig aus. Noch wäre aus dem Berichte hervorzuheben, daß auch bei der gärungsgünstigen Temperatur des Mischwassers für die erste Batterie (siehe Tabelle) „weder weitgehende Säuerung der Ablaufwässer noch störende Schaumbildung in den Abwasserkasten oder in den Batterien während der Versuchsperiode eintrat"[4]). Die Temperaturen auf der ersten Batterie waren der Reihe nach (1.—8. Gefäß) 70, 75, 78—80, 78—80, 78—80, 70, 65, 55—60° Druckwasser.

Zscheye-Biendorf ersann ein Verfahren, mittels dessen er die gesamten Preß- und Diffusionswässer in den Diffusionsbetrieb zurückführen konnte. Claassen bezweifelte die Möglichkeit, daß dies in so einfacher Weise gehe, und regte eine Nachprüfung seitens des Institutes für Zuckerindustrie an. Dies geschah in der Zeit vom 27. November bis 4. Dezember 1910. Der ausführliche Bericht Herzfelds ist u. a. in der D. Z. 1911, Nr. 1, Beil. 1, erschienen und sei auf denselben nur verwiesen.

---

[1]) Phenolphthaleïn, % CaO.

[2]) Koagulierbarkeit in cm^3 pro 100 cm^3 Saft.

[3]) Mischwasser der I. Batterie: Diffusionsabfallwasser + Preßwasser sämtlicher Batterien.

Mischwasser der II.—IV. Batterie: Diffusionsablaufwasser + Frischwasser.

[4]) Das günstige Resultat ist auf die Schnelligkeit des Wiederverbrauchs der Rückwässer zurückzuführen; nirgends tritt längerer Aufenthalt ein.

Im Berichte wird darauf hingewiesen, daß nirgends ein störendes Schäumen der Wässer auftrat, was damit zusammenhängen soll, daß diese mit der Luft nicht unnütz in Berührung kommen, keiner heftigen Bewegung ausgesetzt werden und, ohne irgendwo in größerer Menge aufgespeichert zu werden, sofort in die Batterie zurückgelangen. Die Prüfung des Verfahrens ergab in Biendorf ein gutes Resultat. Es gelang, sämtliches Diffusions- und Ablaufwasser auf die Batterie ohne jede Störung zurückzunehmen.

d) Rückblick.

Es wurde schon einige Male hervorgehoben, daß man nicht mit irgendeiner veralteten Diffusion arbeiten darf, wenn man ein neues Verfahren mit der Diffusion vergleichen will. Als Maßstab muß eine moderne Diffusionsanlage herangezogen werden.

Eine moderne Diffusion ist eine solche, „die keine bestimmbaren oder unbestimmbaren Verluste an Trockensubstanz hat, d. h. eine solche, die mit einer Vorrichtung versehen ist, wodurch die Rübenzelle im ersten Diffuseur abgetötet und durchlässig gemacht wird, welche ferner die Zurücknahme der gesamten frischen Diffusionsabwässer in geeigneter Weise gestattet, die schließlich auf allen Gefäßen Temperaturen hat, bei denen Bakterientätigkeit und Gärungserscheinungen ausgeschlossen oder auf ein Mindestmaß beschränkt sind" (Pfeiffer und Bruncke). Die Arbeit, die ein Diffuseur zu leisten hat, ist der Ausgleich des Diffusionsgefälles in demselben. Die Arbeit darüber hinaus ist schädlich, denn es werden nur Nichtzuckerstoffe aufgelöst, aber nicht mehr Zucker gewonnen. Zeit, Temperatur, Gefälle, Stromgeschwindigkeit und damit Dimensionierung der Diffuseure sind die Faktoren, welche die Diffusion beeinflussen. Die Temperaturen müssen so gewählt sein, daß eine möglichst schnelle Abtötung der Zelle stattfindet. Bei 70° C sind schon nach 5 Minuten alle Zellen abgetötet; bei dieser Temperatur gerinnt das Eiweiß und bleibt in der Zelle. Erheblich über diesen Punkt hinausgehende Temperaturen sind zum Schaden, weil sie die Auflösung von Nichtzucker begünstigen. Das schreiben die letztgenannten Autoren in ihrem mehrfach erwähnten Aufsatze über die modernen Saftgewinnungsverfahren (D. Z. 1908, Nr. 14 S. 330); auf S. 277 des vorliegenden Buches sind aber entgegengesetzt lautende Meinungen aus demselben Berichte (S. 327) zitiert. Da beide Autoren lösende Wirkung auf die Nichtzuckerstoffe durch höhere Temperatur annehmen, so schließen sie auch aus diesem Umstande auf eine Minderwertigkeit der Säfte nach Hyross-Rak und besonders nach Steffen gegenüber der Diffusion[1]).

Pfeiffer und Bruncke kommen zum Schlusse, daß eine modern geführte Diffusion von keinem der Verfahren der Jetztzeit überflügelt

[1]) Sie unterscheiden allerdings eine Diffusion bei sehr hohen Temperaturen von einer „weniger heißen Diffusion"; bei letzterer gehen manche Stoffe nur langsam in Lösung, während bei ersterer sehr rasch.

werden könne. „Alle Vorzüge jener Verfahren können auch bei der Diffusion nutzbar gemacht werden, ohne daß ihr die Nachteile jener anhaften.“

Für Mügge ist eine moderne, d. h. verlustlose Diffusionsarbeit folgende: peinlich gesäuberte Rüben, schnelle, kurze und sehr heiße Arbeit auf der Batterie, Rücknahme des gesamten, gut gewärmten Diffusionsabwassers in den Betrieb und Trocknung aller Schnitzel und Pülpen.

Eine eingehende Besprechung aller genannten Verfahren vom chemischen und praktischen Standpunkte findet sich im Protokolle der Generalversammlung des Vereins der Deutschen Zuckerindustrie im Juni 1910 (D. Z. 1910, Nr. 32, 1. Beil.). Im Anschluß an Herzfelds Referat „Welches unserer Saftgewinnungsverfahren ist nach dem Stande unserer gegenwärtigen Erfahrungen als das beste und vorteilhafteste zu bezeichnen?“ fand eine eingehende Diskussion statt, auf deren wertvolle Ergebnisse verwiesen sei.

11. Kapitel.

Ausgelaugte Schnitte und Chemie der Schnittegruben.

Die in der Diffusion ihres Zuckers fast ganz befreiten Schnitte — die ausgelaugten Schnitte — werden aus dem Diffuseur „ausgeschossen“ (entleert), was mit Hilfe des „Ausspritzwassers“ geschieht. Dieses entzieht den Schnitten noch eine kleine Menge Zucker, der je nach der Fabrikseinrichtung verloren geht oder nicht (Rückführung der Abwässer).

Die ausgelaugten Schnitte sind ein Abfallprodukt der Zuckerfabrikation, und ist es für einen rationellen Betrieb von Notwendigkeit, sie möglichst zu verwerten. Bekanntlich dienen sie seit Beginn der Fabrikation von Zucker aus Rüben zur Viehfütterung. Es sei aber auch erwähnt, daß Vorschläge und Versuche gemacht wurden, die Schnitte in den Dienst der menschlichen Ernährung zu stellen. Im Jahre 1871 hielt Fricke die Lösung der Frage: „Die Diffusionsschnitzel als Nahrungsmittel für die ländliche Bevölkerung“ für „gelöst und abgeschlossen“. „Die Arbeiterfrauen haben sich um diese Portion fast geschlagen... Fabriksarbeiterinnen wurden mit diesem Gericht regaliert ... auch die Beamten haben diese Speise schmackhaft befunden.“ Gewaschene Rübenschnitte wurden unter Salzzusatz in ein Fäßchen fest eingelegt, nach vier Monaten mit etwas Fett und Essig gekocht: dies das Rezept des neuen Nahrungsmittels.

Es wurde schon angedeutet, daß sich bei der Einführung des Diffusionsverfahrens deshalb Stimmen dagegen erhoben, weil man in den ausgelaugten Schnitten ein minderwertiges Futtermittel sah, als z. B. die Preßmethode lieferte; der viel größere Wassergehalt der ausgelaugten Schnitte bereitete anfangs den Landwirten, die an die trockeneren Preßrückstände gewöhnt waren, Schwierigkeiten. Außerdem war man der Meinung, die Schnitte hätten nicht denselben Nährwert wie Preßrückstände.

Durch seine Presse entkräftete bald Klusemann den ersten Einwand. Sie preßte die Schnitte auf einen größeren Gehalt an Trockensubstanz ab; die irrige Meinung von der Minderwertigkeit der Diffusionsschnitte als Futtermittel infolge geringeren Nährwertes wurde alsbald korrigiert. U. a. untersuchte Märcker im Jahre 1871 den „Futterwert der nach verschiedenen Fabrikationsmethoden gewonnenen Zuckerrübenrückstände“ (Z. V. d. Zuckerin d. 1871, S. 621). Er konstatierte: „Die Trockensubstanz der nach dem Diffusionsverfahren gewonnenen Rübenrückstände ist infolge ihres größeren Gehaltes an Eiweißstoffen ein wertvolleres Futtermittel als diejenige der beim Mazerations- und Preßverfahren gewonnenen Masse. Jedoch geht auch beim Diffusionsverfahren ein großer Teil der stickstoffhaltigen Körper in die Fabrikationssäfte über, so daß in den Diffusionsrückständen zwar mehr als in den Preß- und Mazerationsrückständen, aber auch nicht mehr als ein Halb bis ein Drittel der in den Rüben ursprünglich enthaltenen stickstoffhaltigen Stoffe wiedergewonnen wird.“ Der große Wassergehalt kann leicht durch Pressen heruntergedrückt werden, wobei nicht sehr erhebliche Mengen Trockensubstanz mit dem Preßwasser verloren gehen. Außerdem beschäftigte sich Märcker mit Einmietungsversuchen. Da die letzteren nicht gut von den Untersuchungen über die ausgelaugten Schnitte zu trennen sind — ohne den Zusammenhang zu stören —, müssen beide Fragen gleichzeitig besprochen werden. Die aus dem Diffuseur entleerten Schnitte stellen eine von Wasser triefende Masse dar. Märcker sah das Wasser nur zum Teil als anhängendes und durch einfache Pressung leicht entfernbares Wasser an, „... während der größte Teil des Wassers, den Zellinhalt bildend oder, wie noch wahrscheinlicher ist, das Quellungswasser der Kolloïdsubstanzen des Markes oder des Zellinhaltes ausmachend, vorhanden und durch eine Pressung überhaupt nicht zu entfernen ist.“ Er versuchte das Quellungswasser durch Zusätze „in Freiheit zu setzen“, um es durch Pressen entfernen zu können. Als solche Zusätze wendete er an: Kalk, Kalksalze, Alkalikarbonate oder Hydroxyde, Kochsalz usw. So wollte er den größten Teil dieses Wassers entfernen, um die nachfolgende Trocknung der Schnitte zu verbilligen.

a) Zusammensetzung der ausgelaugten Schnitte.

Betrachtet man die chemische Zusammensetzung der ausgelaugten Schnitte, so findet man sie im großen und ganzen identisch mit dem „Marke“, nur daß dieses, im Laboratorium dargestellt, gewissermaßen chemisch reiner ist. Die Schnitte werden sonach bestehen aus Zellulose, ungelösten Pektinkörpern, Pentosen, kurz den Zellwandbestandteilen. Weil aber auf der Batterie die Auslaugung nicht soweit getrieben wird wie bei de Darstellung des Markes, so bleiben noch Rübenbestandteile in den Schnitten zurück. Vor allem Reste des **Zuckers** in einer Höhe von 0,2—0,4% Zucker, besser gesagt Polarisation, denn es ist nicht alles Zucker, was polarisiert, wie **Herzfeld** gelegentlich konstatieren konnte (D. Z. XIV, S. 1335); mit dem Zucker bleiben **stickstoffhaltige Körper** ebenfalls zurück. Ferner **Aschenbestandteile, Rohfett** u. a.

Die folgende Tabelle entstammt zahlreichen Analysen aus vielen verschiedenen deutschen Zuckerfabriken.

Tabelle Nr. 68.

I. Im frischen Zustande	Gepreßte und ungepreßte Diffusionsrückstände			Gesäuerte Rückstände		
	Maxim.	Minim.	Mittel	Maxim.	Minim.	Mittel
Wasser	93,01	85,59	89,77	90,97	84,26	88,52
Trockensubstanz	14,41	6,99	10,23	15,74	6,82	11,48
Asche	0,70	0,31	0,58	1,96	0,39	1,09
Fett	0,07	0,03	0,05	0,30	0,03	0,11
Rohfaser	3,25	1,73	2,39	4,29	1,73	2,80
Rohproteïn	1,26	0,63	0,89	1,92	0,59	1,07
N-freie Extraktstoffe	8,94	4,27	6,32	8,65	3,86	6,41
II. Auf Trockensubstanz bezogen						
Asche	7,60	4,42	5,67	17,32	5,30	9,50
Fett	0,87	0,39	0,49	2,75	0,21	0,95
Rohfaser	26,33	19,90	23,36	30,06	24,46	24,39
Rohproteïn	9,92	7,77	8,70	11,56	6,50	9,32
N-freie Extraktstoffe	64,42	58,10	61,78	63,93	49,72	55,84

Märcker, Journal f. Landw. 1882, Heft 3.

An Gewichtsverlusten der Schnitte in Erdgruben fand **Märcker** folgende Größen: 45% nach 14, 37% nach 5, 20% nach 13 und 62% nach 7 bis 8 Monaten. **Stammer** konstatierte einen Verlust von 30% nach 5 Monaten. Mittelzahlen lassen sich aus solchen Werten nicht ableiten. Für die Verluste von **einzelnen Bestandteilen** fand er: organische Substanz 34,8%, Holzfaser 29,6%, Stickstoffsubstanz 24,5% und stickstofffreie Bestandteile 37,8%. Diese Zahlen sind Mittel aus Versuchen von ungleicher Einmietungsdauer (3—13 Monate). Der Verfasser gibt daher für die beiden Zeitgrenzen die gefundenen **Verluste** gesondert an:

	Organ. Substanz	Holzfaser	Stickstoff-Substanz	Stickstoff-freie Substanz
nach 3 Monaten	13,8	12,9	10,9	14,6%
„ 13 „	23,0	8,9	10,8	31,1%

Folgende Gesamtverluste für verschiedene Einmietungsarten fand **Liebscher** nach 104—108 Tagen:

gemauerte Miete mit Steinbedeckung		7,30 %
„ „ „ Erdbedeckung		6,50 %
zementierte „ „ Steinbedeckung		6,74 %
„ „ „ Erdbedeckung		5,19 %
„ „ „ „	nach 5 Mon.	8,10%,

wenn die Schnitte gleich (in etwa 24 Stunden), aber 14,75%, wenn sie erst nach tagelangem Lagern — also schon in verdorbenem Zustand — eingemietet wurden.

Liebscher empfiehlt daher gemauerte oder zementierte Gruben mit Erdbedeckung (60—70 cm Schichte), schleunige Einmietung und festes Eintreten der Schnitte. Seine Versuche, die Schnitte durch Zusatz von Borax oder Salizylsäure haltbarer zu machen, ergaben ein entgegengesetztes Resultat (Z. V. d. Zuckerind. 1884, S. 1229). Ein ausführlicher Bericht über die Untersuchungen Liebschers „Über die Aufbewahrung der Rübenschnitzel in den Mieten“ erschien in der Z. V. d. Zuckerind. 1885, S. 700. — Da Liebscher in seinem Berichte auf die gleichen Arbeiten Märckers und anderer eingeht, ist für jeden, der diesen Fragen besonderes Interesse entgegenbringt, das Studium dieser Arbeit zu empfehlen. Ebenso eine Abhandlung Morgens: „Über die stickstoffhaltigen Verbindungen der frischen und eingesäuerten Diffusionsrückstände usw.“ (Z. V. d. Zuckerind. 1888, S. 1203), welcher folgende Mittelwerte entnommen sind:

Tabelle Nr. 69.

	Trockensubtanz	In frischer Substanz				In der Trockensubstanz				In % d. Gesamt-N	
		Gesamt-N %	Eiweiß-N %	Nicht-eiweiß-N %	Säure als Milchsäure %	Gesamt-N %	Eiweiß-N %	Nicht-eiweiß-N %	Säure als Milchsäure %	Eiweiß-N. %	Nicht-eiweiß-N. %
I	10,62	0,149	0,150		0,019	1,394	1,407	—	1,116	—	—
II	11,12	0,196	0,179	0,017	2,017	1,741	1,587	0,154	17,979	91,2	8,8

Die zuerst angeführten Zahlen (I) gelten für frische, die zweiten für eingesäuerte (eingemietete) Diffusionsschnitte (II). Letztere dürfen nicht verallgemeinert werden, da sie Schnitten von ungleicher Einmietungsdauer entsprechen (30—790 Tage). Der Gesamtstickstoff wurde nach Kjeldahl, das Eiweiß nach Stutzer bestimmt. Die beiden Analysen lassen ohne weiteres einige Schlußfolgerungen zu. In den frischen Schnitten bleiben nur die unlöslichen Eiweißkörper zurück, die andern Stickstoffverbindungen gehen in den Diffusionssaft über. In den eingesäuerten Schnitten finden sich Eiweißkörper, bzw. Amidostoffe vor, die sich während des Gärprozesses bilden. Dasselbe gilt vom Säuregehalt. Morgen konstatierte entgegen Märcker wenig Amidostoffe — letzterer stellte Zerstörung der Proteïne zu Amiden in den Mieten fest — und erklärt dies mit einem weiteren vollständigen Abbau der Amidoverbindungen. Im allgemeinen gilt, daß die gesäuerten Schnitte ein minderes Futtermittel darstellen als die frischen. Das ergibt sich aus obigem von selbst.

Versuche des deutschen Vereinslaboratoriums ergaben, daß eine gute Erdmiete auf geeignetem Boden zumindest dasselbe leisten könne, was zementierte Gruben, wie Liebscher empfahl. Molkenzusatz zur Herbeiführung reiner Milchsäuregärung bewährte sich nicht (Z. V. d. Zuckerind. 1894, S. 720). (Siehe Seite 290.)

„Einmietungsversuche von Rübenschnitzeln, -blättern und köpfen in der Kampagne 1893/94“ stellte Bergmann an (Z. V. d. Zuckerind. 1894, S. 716). Die Versuche wurden im großen angestellt und ergaben folgende Resultate: Gemische von Blättern und Schnitzeln haben sich besser gehalten als Blätter und Köpfe allein. Der durchschnittliche Gewichtsverlust betrug im ganzen 28% in neun Monaten. Die Mieten sollen undurchlässig sein; es ist gleichgültig ob Erd- oder gemauerte Mieten zur Anwendung gelangen, Bedecken der Mieten hatte keinen sichtbaren Einfluß ausgeübt.

Die Versuche wurden zur Hälfte in gemauerten und zur zweiten Hälfte in Erdmieten durchgeführt. Der Boden bestand aus festem Lehm mit schwacher Lößdecke und war undurchlässig. Anfangs Oktober wurden die Mieten gefüllt, einem Teile der Mieten wurde Molke zugesetzt. Die gemauerten Mieten erhielten noch ein Dach, um sie vor den atmosphärischen Einflüssen zu schützen. Beim Einfüllen und Entleeren wurden Proben gezogen und analysiert. Der Verfasser möchte bei dieser Gelegenheit die allgemein gültige Bemerkung machen, daß solche Versuche, wie alle im großen ausgeführten Versuche, sich der Praxis wohl sehr nähern, die Probenahme und damit richtige Schlußfolgerungen aus den Analysenergebnissen aber sehr schwer, ja oft unmöglich machen. Letztere ist nur bei Versuchen im kleinen möglich. Man stelle sich eine richtige Probenahme aus ca. 400 q eingemieteten Schnitzeln vor! — Zusatz der Molke hatte sich nicht bewährt. Die stickstoffreie Substanz der ausgelaugten Schnitte erfährt während der Einmietung große Veränderungen. Herzfeld zeigte (Z. V. d. Zuckerind. 1893, S. 924), daß der größere Teil derselben durch Verflüssigung, der kleinere Teil durch Vergasung verloren geht. 23% waren in 6 Monaten verflüssigt, 0,28—11,8% Kohlensäure gebildet worden (beide Angaben auf Trockensubstanz). Bezüglich der stickstoffhaltigen Substanzen fand derselbe (Z. V. d. Zuckerind. 1895, 969), daß in den Schnitzelmieten, sofern der Inhalt nicht direkt verfault ist, kein wesentlicher Verlust durch Entweichen von Stickstoff in freier Form oder in Form von Ammoniak stattfindet. Der erheblichere Teil der Stickstoffsubstanz (Eiweiß) geht durch Verflüssigung verloren. Das eventuell gebildete freie Ammoniak wird durch die zunehmenden freien organischen Säuren gebunden.

b) Chemie der eingemieteten Schnitte.

Bis jetzt wurde stets nur von Wirkungen gesprochen, ohne daß der Ursache dieser Substanzveränderungen und Verluste nachgespürt worden wäre. Die frischen ausgelaugten Schnitte sind gewöhnlich von lichter Farbe, haben die Struktur der unausgelaugten Schnitte beibehalten und haben keinen Geruch; die eingemieteten Schnitte hingegen sind dunkler, strukturlos, bilden zusammenhängende, schmierige Massen, besitzen sauren Geruch und Geschmack. Das alles infolge Gärungserscheinungen, voran der Milchsäuregärung. Diese Gärung von Rohrzucker ist schon lange bekannt (Botron-Charland, Frémy 1840); aufgehellt wurde sie durch Pasteur. Wie alle Gärungen ist sie eine Folge bakterieller Tätigkeit. Man kennt heute eine große Zahl von Mikroorganismen, die diese Gärung hervorrufen. Sie besteht im Zerfalle von Zucker in Milchsäure nach der Gleichung $C_6H_{12}O_6 = 2\,C_3H_6O_3$ für Hexosen, oder $C_{12}H_{22}O_{11} + H_2O = 4\,C_3H_6O_3$ für Rohrzucker geschrieben. Aber auch die Pentosen sind gärungsfähig. Die Gärung verläuft je nach der Art des Mikroorganismus verschieden, was Quantität und optische Qualität der Milchsäure betrifft. Daneben können als Gärungsprodukte auftreten: Essig-, Butter-, Bernstein-, Ameisensäure, Äthylalkohol, Azeton und Kohlensäure.

Nach Grimbert erzeugte ein fakultativ anaërober Bazillus aus Saccharose (100 g) Alkohol in Spuren, 35,53 g Essigsäure, 43,5 g l-Milchsäure und ein wenig Bernsteinsäure. Woher diese Nebenprodukte stammen, ob sekundär aus der Milchsäure oder aus dem Zucker gebildet, ist noch unbekannt. Auch diese Gärung wird durch Enzyme der Mikroorganismen veranlaßt (Buchner und Meißenheimer). Ihr Optimum liegt zwischen 30 und 35° C. Die Gärung verläuft nie quantitativ nach der oben angegebenen Gleichung; man erhält höchstens 84% Milchsäure, den Rest bilden die genannten Körper.

Auch Buttersäuregärung tritt bisweilen auf. Sie verläuft theoretisch nach der Gleichung $C_6H_{12}O_6 = C_4H_8O_2 + CO_2 + H_2O$. — Daneben entstehen Ameisen-, Essig-, Propionsäure und Alkohole.

Desgleichen ist Essigsäuregärung und Methangärung möglich. Die ausgelaugten Schnitte stellen ein sehr gutes Substrat für Mikroorganismen dar, welche all die genannten Gärungen hervorrufen. Auch die Temperaturverhältnisse sind der bakteriellen Tätigkeit günstig. Essig- und Buttersäuregärung sind sehr unerwünscht, da sie den Sauerschnitten einen unangenehmen Geruch verleihen und sie als Futter minderwertig machen.

Von neueren Einmietungsversuchen seien noch die von Demiautte und Vuaflart hervorgehoben (1909/10). Die Tabelle Nr. 70 gibt die Analysen der frischen und der vier Monate eingemieteten Schnitzel wieder.

Der Gesamtsubstanzverlust betrug 18%; jener an Trockensubstanz war größer als der Wasserverlust (23 % gegen 17,4 %). Der größte Verlust trat beim Zucker, bei den unbestimmten Extraktstoffen und den Amiden auf.

Die eingemieteten Schnitzel zeigten Zunahme an Peptonen. Zellulose und Aschenbestandteile kann man als unverändert ansehen. Fett und Pentosane waren in beiden Schnitzelarten in gleicher Menge vorhanden (nach einem Referat der D. Z.).

Man war schon früher bemüht, die Einsäuerung so zu leiten, daß die Milchsäuregärung zur vorherrschenden wird. Diesen Zweck verfolgte der Zusatz von Molke (siehe S. 287). Bei der Milchsäuregärung ist die entstehende freie Milchsäure bei einer bestimmten Konzentration (2,5% Milchsäure) selbst ein Gift gegen Bakterien. Wenn man also

Tabelle Nr. 70.

	Frische Schnitzel	Eingemietete Schnitzel	Differenz	
			in Kilogramm	in Prozenten
Gewicht	35 610 kg	29 190 kg	— 6420	— 18
Trockensubstanz . . .	10,81 %	10,14 %	— 889	— 23,09
Wasser	89,19	89,86	— 5530	— 17,4
Asche	0,82	1,13	+ 37	+ 12,6
Fett (Ätherextrakt) . .	0,03	0,03	— 2	— 18,6
Zucker (als Rohrzucker)	0,40	0,36	— 37	— 26
Zellulose	1,99	2,48	+ 16	+ 2,2
Pentosane	2,08	2,02	— 151	— 20,4
Stickstoffhaltige Extraktstoffe:				
Eiweiß.	0,92 }	0,96 }	— 47,6	— 14,5 }
Basen, Alkaloide, Peptone	0,00 } 0,97	0,06 } 1,04	+ 17,5	+ 100 } — 12
Amide	0,05 }	0,02 }	— 12	— 67 }
Unbestimmte Extraktstoffe	4,52	3,08	— 720	— 44
	100,00	100,00	— 6419,1	

Die Schnitzel hatten nach der Einmietung ein durchaus gesundes Aussehen und strömten einen nur schwachen Buttersäuregeruch aus.

dafür sorgt, daß die Milchsäuregärung sich rasch entwickeln kann und die Säure zu dieser Konzentration gelangt, wird die schädliche Tätigkeit der anderen Mikroorganismen gehemmt.

Bouilliant und Crolbois versuchten, durch ein Milchsäureferment die Vorgänge in den Schnitzelmieten so zu leiten, daß nur Milchsäuregärung auftreten kann, wodurch eine bessere Konservierung der Schnitte gewährleistet wäre. Die Schnitzel werden nach ihrem Verfahren mit Lakto-Pülpe, einem Milchsäureferment, geimpft. Die Kultur besteht aus diesem Fermente, einem Nährsalze und Wasser (René Sarcin, Z. V. d. Zuckerind. 1910, S. 105).

Maurus Deutsch schrieb in der Z. f. Zuckerind. i. B. 1909/10, S. 569, über die Vorteile der Schnittepräparierung mit dem Ferment lactique: bessere Konservierung, unveränderter Geruch der ausgelaugten Schnitte noch nach 10 Monaten, gleiche Struktur wie die frischen Schnitte, nicht so weich und schmierig wie die üblich eingemieteten Schnitzel, kein Gewichtsverlust, keine Verflüssigung usw. In einer Nachschrift macht er die Mitteilung, daß „zwei große ungarische Zuckerfabriken Lakto-Pülpe bezogen und Versuche angestellt haben.“

A. Zaitschek, dem die Leitung der Versuche und deren Begutachtung übertragen wurde, kam zu folgendem Ergebnisse (September 1910, aus dem ungarischen Originalgutachten): Die geimpften Schnitte verloren mehr an Trockensubstanz als die nicht geimpften. Mit der Dauer der Einmietung wuchsen die Verluste. Doch, da die Versuche zu Ende der Kampagne an Schnitten von bereits alterierten Rüben durchgeführt wurden, empfiehlt Zaitschek ihre Wiederholung mit Schnitten von frischen, gesunden Rüben.

Gelegentlich sprach Herzfeld die Meinung aus, daß es unmöglich ist, mittels Laktopülpe nur reine Milchsäuregärung zu erzeugen; es ist nicht möglich, durch Impfung die nur zugesetzten Bakterien zu vermehren „und nicht auch diejenigen, die die Schnitzel schon aufnehmen entweder aus unserem Betriebswasser oder aus der den Rüben anhaftenden Erde oder auch aus dem Boden, der sich in den Erdmieten vorfindet. Denn unser Erdboden ist ja vollständig mit verschiedenartigen Gärungserregern durchsetzt“. Durch Impfung kann man nur dann gute Resultate erzielen, wenn vorher Sterilisierung möglich wäre.

An der kgl. ungarischen Tierphysiologischen Versuchsstation in Budapest durchgeführte Einmietungsversuche bestätigten Herzfelds Darlegungen. Zaitschek referierte über diese Versuche (Kisérletügyi Közlemények XIII. Bd., 6. Heft, 1910):

„Von der Trockensubstanz eingemieteter Diffusionsschnitzel gingen je nach der Dauer der Einmietung 19—44% in Verlust. Dieser Verlust wurde nicht geringer bei Anwendung des Laktopülpe-Verfahrens, welches in neuerer Zeit in Frankreich zwecks Erreichung besserer Einmietungsresultate in Vorschlag gebracht wurde. Auch die Zusammensetzung der mit Laktopülpe geimpften und der nicht geimpften ausgelaugten Zuckerrübenschnitzel zeigte keinen Unterschied.“

Später ausgeführte Versuche mit „Vindobona-Pülpe“, die nur eine anders benannte Laktopülpe darstellt, sollen bessere Resultate ergeben haben. Darüber berichtete A. Zaitschk in der Ö. U. Z. f. Zuckerind. XLII, 1913, S. 1. Die Vindobona-Kulturen werden in der Fabrik auf Diffusionssaft gezüchtet und die Schnitte beim Einlagern damit geimpft. In Hatvan verloren die so geimpften Schnitte nur 23% Trockensubstanz gegen 32% der nicht geimpften. Zaitschek macht darauf aufmerksam, daß sich wasserärmere Schnitte besser halten als ungepreßte Schnitte. Auch ist es besser, die Einmietung der sauren Schnitte sobald als möglich zu beenden, weil mit der Einmietungsdauer der Substanzverlust bedeutend zunimmt.

Noch eine zweite Methode des Einmietens der ausgelaugten Schnitte ist möglich, um fast reine Milchsäuregärung zu erzielen. Würde die Einmietung so geleitet werden, daß sich vornehmlich wärmebildende Bakterien, z. B. Bacillus subtilis, Bac. mesentericus vulgatus u. a. entwickeln können, so würde die Temperatur im Schnittehaufen rasch auf ca. 50° C ansteigen, bei dieser sich die Milchsäurebakterien entwickeln und „überflügeln alle anderen Mitbewerber und beherrschen endlich fast allein das Feld“. Das so gewonnene Futter ist frei von flüchtigen Säuren. Bei der üblichen Einmietung steigt die Temperatur aber nur bis 35° C, und bei dieser bleiben auch die Buttersäurebakterien in voller Wirksamkeit.

Lafar beschreibt diese Art der Bereitung von Sauerfuttermitteln näher; sie scheint aber keinen Eingang in der Zuckerindustrie gefunden zu haben.

12. Kapitel.

Schnittepressung und Schnittetrocknung.

Die Verluste an Nährstoffen, welche die Diffusionsschnitzel in den Mieten erfahren, veranlaßten bald, Verfahren ausfindig zu machen, die Schnitte ohne Nährstoffverluste zu konservieren. Schon im Jahre 1880 sprach sich Märcker — anläßlich der schon genannten Untersuchungen über die Zusammensetzung der Schnitzel — für ein künstliches Trocknen derselben aus. In demselben Jahre wurden Diffusionsrückstände durch Bloßfeld in Laucha getrocknet; Märcker stellte mit diesen getrockneten Schnitten Fütterungsversuche an (Z. V. d. Zuckerind. 1881, S. 325).

Es wurde gesagt, daß zu Beginn der Robertschen Diffusion u. a. der große Wassergehalt der Schnitte als einer der Nachteile des neuen Verfahrens angesehen wurde. Die Einführung der Schnittepressung behob alsbald wenigstens teilweise dieses Übel, und hier und da wurden Stimmen laut, die einer Trocknung der Schnitzel das Wort redeten. Schon Robert hatte diesbezügliche Versuche angestellt. Die Trocknungsfrage wurde aber erst dann eine brennende, als man die großen Verluste an Nährstoffen durch das Einmieten der Schnitzel erkannte. Deshalb setzte der Verein für Zuckerindustrie einen Preis für die beste Lösung dieser Frage aus, den Büttner und Meyer im Jahre 1888 erhielten. Bald darauf tauchten dann die verschiedensten Systeme auf.

Die ganze Frage bietet jedoch nur wenig chemisch Interessantes und soll deshalb ganz kurz, hauptsächlich an Hand von analytischem Material besprochen werden. In der Tabelle Nr. 71 über die Zusammensetzung von Trockenschnitten sind unter I Analysen von Märcker angeführt. Nr. II sind Schnitte, mittels Imperialapparat in Köthen erzeugt (Hyross-Rak-Diffusion).

Tabelle Nr. 71.

Analysen von Trockenschnitten.

	I. Max. %	I. Min. %	I. Mittel %		II. %
Wasser	15,76	9,17	12,58	Wasser	8,10
Rohproteïn	7,25	6,06	6,54	Karbonatasche . . .	4,30
Rohfaser	20,17	17,77	18,57	Rohproteïn.	6,73
Asche.	7,40	4,90	6,02	Fett (ätherlöslich) .	1,06
Stickstofffreie Extraktstoffe + Fett . . .	60,54	52,09	56,29	Rohfaser.	12,81
				Zucker.	4,99
				N-freie Extraktstoffe	62,01

	III. %	IV. %
Wasser	4,19—15,80	8,36—11,76
Eiweiß	4,50— 8,81	6,69—10,25
Amide	0,06— 1,31	0,12— 0,25
Rohfett	0,22— 1,80	0,51— 1,15
N-freie Extraktstoffe	47,70—62,73	55,14—60,64
Rohfaser	13,60—21,26	18,45—21,60
Reinasche	2,63— 5,96	3,18— 4,97
Sand	0,02— 2,94	0,04— 1,13

Als Trocknungsmittel dienen Feuergase oder Dampf. Das Aussehen und die Zusammensetzung der Trockenschnitte hängen von ihrer Darstellung ab. So zeigen die Analysen Nr. III normale Feuertrocknungsschnitte, Nr. IV Dampftrockenschnitte (Ö. U. Z. f. Zuckerind. 1907, 714).

Die Trocknung der ausgelaugten Schnitte erfordert möglichst vorgepreßte Schnitte. Je höher die Pressung, desto weniger Wasser ist in der Trocknung zu verdampfen, desto billiger und leistungsfähiger wird daher letztere. Das Pressen der Schnitte hat aber Verluste an Nährstoffen und Trockensubstanz überhaupt zur Folge. Das von den Pressen ablaufende Wasser enthält die Nährstoffe in gelöster Form nebst Schnitzeltrümmern und Pülpe.

Die Größe der Substanzverluste hängt von vielen Umständen ab: Auslaugung der Schnitte, Arbeitsweise in der Diffusion, Konstruktion der Pressen, Trockensubstanzgehalt der zur Trocknung gelangenden Schnitte usw. Dazu kommt noch der Verlust in der Trocknung selbst. Diese Verhältnisse sind in den einzelnen Fabriken verschieden; daher sind die angegebenen Verluste der einzelnen Autoren schwankend.

Nach Vibrans (Z. V. d. Zuckerind. 1892, S. 54) ist der Verlust an Schnitzeln ca. 1,25% des Rübengewichtes (Diffusionstemperatur 60—62° R). Köhler (Z. V. d. Zuckerind. 1892, S. 301) fand im Ablaufwasser der Pressen bei einer Abpressung auf ca. 12% Trockensubstanz beiläufig 0,30% Trockensubstanz. Nach Heintsch's Versuchen betrug der Verlust an Gesamttrockensubstanz im Ablaufwasser bei einer 11—12% betragenden Abpressung 1,425—1,946%, davon 0,280—0,425% Pülpe und 1,000—1,666% Trockensubstanz im Ablaufwasser.

Aus Analysen M. Müllers und F. Olmers ergeben sich folgende Substanzverluste beim Abpressen der Schnitte (s. Tabelle Nr. 72):

Diese Durchschnittswerte mehrerer Bestimmungen zeigen deutlich, daß durch das Zerkleinern der Schnitte mit den erstgenannten Pressen mehr Substanzen verloren gehen als bei bloßer Abpressung mit der Selwigpresse; allerdings entwässern die ersteren auch mehr, so daß der Substanzverlust teilweise auf die größere Abpressung zurückzuführen ist (Zeitschr. f. angew. Chemie 1893, S. 142).

Eine größere Untersuchung: „Über Verluste an Trockensubstanz beim Abpressen und Trocknen der Schnitzel“ rührt von Rydlewski her (Z. V. d. Zuckerind. 1896, S. 454).

Tabelle Nr. 72.

1. Bei einer Abpressung auf ca. 12% Trockensubstanz mittels Büttner-Meyer-Presse (Prinzip Klusemann), welche die Schnitzel gleichzeitig zerkleinerten:

Zuckerfabrik Schladen	Mineral-stoffe (Asche)	Organische Stoffe	Gesamt-Trocken-substanz	Stickstoff	Stickstoff in der aschefr. Substanz	Stickstoff-Substanz (N×6,25)
Durchschnitt						
Schnitzel			·12,03			
Unfiltriertes (trübes) Ablaufwasser	0,255	0,589	0,844	0,0122	2,10	13,1
Filtriertes Ablaufwasser . .	0,013	0,298	0,311	0,00064	0,21	1,3
Suspendierte Bestandteile. .	0,243	0,290	0,533	0,0115	4,00	25,0

2. durch Abpressung auf Selwigpressen:

Zuckerfabrik Königslutter	Mineral-stoffe (Asche)	Organische Stoffe	Gesamt-Trocken-substanz	Stickstoff	Stickstoff in der aschefr. Trocken-substanz	Stickstoff-substanz (N×6,25)
Durchschnitt						
Unfiltriertes (trübes) Ablaufwasser	0,203	0,421	0,614	0,0054	1,29	8,05
Filtriertes Ablaufwasser . .	0,042	0,217	0,260	0,0005	0,22	1,40
Suspendierte Bestandteile . .	0,161	0,204	0,364	0,0050	2,53	15,80

Rydlewski konstatierte für den Durchschnitt von vier Kampagnen einen Gesamttrockensubstanzverlust von 0,65% auf Rübe oder 10,01% der Trockensubstanz beim Abpressen und Trocknen. Die Schnitte wurden mittels Dachrippenmessern erzeugt; die Diffusionstemperatur war max. 64—65° R, die Trockensubstanz der gepreßten Schnitte im Durchschnitt 11,26 % (Trocknung nach Büttner und Meyer). Er ermittelte auch den Anteil, den die Pressung und die Trocknung für sich allein an diesen Verlusten hatten, und zwar für die Trocknung allein zu 0,16% der Rübe und zu 2,45% der Trockensubstanz. Der Rest entfällt auf die Pressung.

In der Kampagne 1901/02 stellte das Vereinslaboratorium zu Berlin „Versuche, betreffend die Nährstoffverluste beim Abpressen von ausgelaugten Schnitzeln" an (Z. V. d. Zuckerind. 1902, S. 701).

Die Versuche wurden bei verschiedenen Diffusions- und Auslaugungstemperaturen ausgeführt und ergaben folgendes: Die Nährstoffverluste beim Abpressen der ausgelaugten Schnitzel sind bei kalter Diffusionsarbeit, besonders beim kalten Absüßen der Batterie, wesentlich geringer als bei heißer Arbeit. Bei unvollkommen ausgelaugten Schnitzeln ist der Verlust im Preßwasser bedeutend größer als bei gut ausgelaugten. Die Verluste sind der schlechteren Auslaugung proportional. Die Preßbarkeit der Schnitte ist umso besser, mit je höherer Temperatur sie in die Presse gelangen u. a. m.

Additional material from *Chemie der Zuckerindustrie* ,
ISBN 978-3-662-24417-3 (978-3-662-24417-3_OSFO 1),
is available at http://extras.springer.com

13. Kapitel.

Chemische Zusammensetzung und Eigenschaften des Rohsaftes.

Der Rohsaft ist eine dunkelgefärbte, schmutzige, trübe Flüssigkeit von ziemlich viskoser Beschaffenheit. Durch ein Papierfilter läuft er, wenn überhaupt, nur sehr träge. An der Luft färbt er sich immer dunkler und kann durch längeres Stehen gelatinöse Beschaffenheit annehmen (siehe S. 246).

Er ist ein kompliziertes Lösungsgemisch, in welchem sich die meisten der bisher besprochenen Nichtzuckerstoffe vorfinden. Die Rübe wurde ja zum größten Teile ihres Saftes beraubt und gab noch mehr oder weniger Stoffe ab, die aus dem Rübenzellgewebe in Lösung gingen.

Die Kenntnis aller den Zucker im Rohsafte begleitenden Nichtzucker ist von größter Bedeutung, denn sie bedingen in allererster Linie das Verhalten des Saftes bei seiner Reinigung, Konzentrierung und Verkochung sowie die Ausbeute. Vom Betriebsstandpunkte wären sie in schädliche und unschädliche Nichtzucker einzuteilen, vom chemischen, wie beim Rübensaft angegeben (siehe S. 51).

Sonach wird zuerst der Zusammensetzung des Diffusionssaftes Augenmerk zu schenken, das ziemlich umfangreiche Analysenmaterial zu sichten und dann etwaige Beziehungen zwischen Rüben- und Saftqualität zu konstatieren sein.

Die ausführlichsten Untersuchungen über die Zusammensetzung der Rohsäfte stammen von K. Andrlík, K. Urban und V. Stanek. Es wurde schon an anderer Stelle dargetan, daß sich diese Forscher bemühen, den Zusammenhang zwischen Rüben-, bzw. Saftzusammensetzung und dem Verhalten der Rüben, bezw. der Säfte bei ihrer Verarbeitung im Großbetriebe zu finden. Daher entstanden die ausführlichen Untersuchungen über Diffusionssäfte, die in der Tabelle Nr. 73 zusammengestellt erscheinen.

Zu den Analysen Nr. 1, 2 der Kampagne 1898/99 ist zu bemerken, daß die angeführten Werte Minimal- und Maximalzahlen aus 17 Analysen darstellen, also nicht einem bestimmten Rohsafte entsprechen. Die einzelnen Stickstofformen und deren quantitative Bestimmung wird auf S. 647 beschrieben. Die scheinbaren Reinheitsquotienten dieser Säfte schwankten zwischen 87,0—88,8. Unentschieden blieb die Frage, ob der gefundene Kieselsäuregehalt von im Safte gelöster oder nur durch den Schmutz mechanisch hineingelangter Kieselsäure herrührt. Andrlík nimmt letzteres an, wenn der Gehalt derselben ein relativ großer ist. Da die meisten der untersuchten Säfte beim Verdampfen Alkalitätsrückgang zeigten, war ihre Zusammensetzung mehr oder weniger abnormal.

Noch ausführlichere Rohsaftanalysen veröffentlichten dieselben Forscher aus der Kampagne 1899/1900 (Z. f. Zuckerind. i. B. 1900/01, S.397ff.), wie die Tabelle zeigt. Über die mit Äther auslaugbaren Säuren gibt Tabelle Nr. 74 Aufschluß. Näheres über diese Säuren und ihre Bestimmung siehe S. 456. Ausgeführt wurden 14 Analysen von Säften, deren scheinbare Reinheiten zwischen 85,5—89,66 schwankten. Beim Verdampfen hielten sich die Säfte normal (Anal. Nr. 3—6).

Tabelle Nr. 74.

Mit Äther auslaugbare Säuren des Rohsaftes.

Azidität der mit Äther auslaugbaren Säuren cm³ $^1/_{10}$ n KOH	Azidität der flüchtig. organ. Säuren cm³ $^1/_{10}$ n KOH	Azidität der Oxalsäure cm³ $^1/_{10}$ n KOH	Azidität d. m. Äther auslaugb. org. Säuren weniger Oxalsäure	Die mit Äther auslaugb. Säuren würden binden % K_2O	Dieselben weniger Oxals. würden binden K_2O %		
27,1	1,9	9,3	16,7	0,13	0,07	Min.	Diffusionssäfte 1899 bis 1900 Andrlík, Urban, Stanek.
55,1	4,5	24,3	32,0	0,26	0,15	Max.	
17,8	1,3	10,2	0,84	0,86[1]		Min.	do. auf Trockensubstanz
37,3	3,5	25,4	1,75	1,41[1]		Max.	
11,88		7,12	4,76			Min.	1904/05, in 100 cm³ Saft
53,44		15,70	40,60			Max.	

Die Invertzuckermenge wurde mit fortschreitender Kampagne — unregelmäßig — zunehmend befunden. Der geringsten Azidität entsprach der geringste Gehalt an Invertzucker, nicht aber immer der höchsten Azidität die größte Invertzuckermenge.

Amidstickstoff (nach Schulze) wurde nicht gefunden. Nitratstickstoff, wenn überhaupt, war nur in nicht beachtenswerten Mengen vorhanden.

Die nächsten so umfassenden Analysen von Diffusionssäften entstammen erst der Kampagne 1904/05. Die Rübe wuchs unter abnormaler Trockenheit, verlor das Kraut und vertrocknete; erst kurz vor der Ernte trat Regen ein und die Rüben begannen von neuem zu vegetieren. Die Diffusionssäfte waren von geringerer Reinheit und die saturierten Säfte von geringer oder gar keiner Alkalität. Analysen Nr. 7 und 8 zeigen die Zusammensetzungsverhältnisse der Rohsäfte (Minima und Maxima). Den Einfluß der abnormalen Vegetation auf die Zusammensetzung der Rohsäfte zeigt die Zusammenstellung der normalen Säfte aus der Kampagne 1899/1900 und der abnormalen aus der Kampagne 1904/05 (Z. f. Zuckerind. i. B. 1906/07, S. 440); siehe Tabelle Nr. 75.

Die Säfte der Kampagne 1904/05 unterschieden sich von denen der Kampagne 1899/1900 dadurch, daß sie weniger Alkalien (Kali und Natron zusammen als Kali ausgedrückt, 1,37 Teile gegen 1,91 Teile) und mehr Stickstoff auf die gleiche Menge Zucker besaßen; außer-

---

[1]) An Alkalien gebundene organ. Säuren würden binden % K_2O (Alkalität der lösl. Asche).

dem enthielten sie weniger alkalitätsbildende Bestandteile (Oxal- und Phosphorsäure). Die Folgerungen aus den geänderten Zusammensetzungsverhältnissen — Schwinden der Alkalität — werden später bei den Alkalitätsstudien Andrlíks und seiner Mitarbeiter gezogen werden. An dieser Stelle sei der Untersuchung Andrlíks und Staneks über „Die Oxalsäure im Diffusionssafte und die Bedeutung derselben für den Zuckerfabriksbetrieb" (Z. f. Zuckerind. i. B. XXIV, 1899, S. 52) gedacht (siehe S. 388, 391, 456).

Tabelle Nr. 75.

Auf 100 Teile Zucker kommen	Andrlík-Urban		Kopetzki 1904	Bresler 1897		Andrlík Urban 1898
	1899/1900	1904/05		a	b	
MgO	0,31	0,27				
K_2O	1,58	1,11				
Na_2O	0,22	0,17				
SO_3	0,19	0,21				
Cl	0,08	0,06				
P_2O_5	0,47	0,27				
$C_2H_2O_4 + 2\,Aq$	0,71	0,49				
Azidität der mit Äther extrahierbaren Säuren, ausgedrückt in K_2O	1,36	1,05				
Azidität $C_2H_4O_2 + 2\,Aq$, ausgedrückt in K_2O	0,53	0,36				
Gesamtstickstoff	0,72	0,93	0,371	2,263	2,354	0,89
Eiweißstickstoff	0,24	0,22	0,040	0,338	0,490	
Ammoniak und Amidstickstoff	0,10	0,17	0,004	(Amid) 0,923	0,955	
Betaïnstickstoff	0,10	0,24	0,034	—	—	
Sonstiger Stickstoff	0,28	0,29	—	—	—	
Nitratstickstoff	—	—	0,004	0,053	0,037	
Ammoniak-N (mit phosph.-wolframs. Na fällbar)	—	—	—	0,071	0,100	
Mit phosph.-wolframs. Na überhaupt fällb. N.	—	—	0,034	0,345	0,204	
N der Amidosäuren	—	—	—	0,531	0,565	

Analyse Nr. 9 der Tabelle Nr. 73 rührt von Versuchen her, die Kopetzki über Substanzbewegung in der Fabrikation anstellte, und bezieht sich auf russische Rüben, bzw. Rohsäfte. Zu den Zahlen der Tabelle, die sich auf 100 Teile Zucker beziehen, gehören noch folgende Angaben über die Pektinkörper im

	Rohsaft	Rübenpreßsaft
Furfurol	0,7278	6,296
Pentosane	1,1935	11,717
Pentosen	1,3521	13,275
Araban	1,3140	12,902
Arabinose	1,4914	14,634

Die Analysen Nr. 10—15 der Tabelle Nr. 73 sind solche von Rohsäften der Fabrik Woinowitz (a) und Tschauchelwitz (b), und zwar für Saft, Zucker und Stickstoff gerechnet (W. Bresler, D. Z. 1897, S. 671).

Um die Übersicht über die Zusammensetzung der verschiedenen angeführten Diffusionssäfte zu erleichtern, hat Verfasser die Tabelle Nr. 75 aufgestellt. Alle Zahlen beziehen sich auf 100 Teile Zucker, sind also untereinander vergleichbar. Besonders wurden die einzelnen Stickstofformen berücksichtigt.

Wenn auch teilweise die verschiedenen angewendeten Methoden, dann die Umrechnung auf Zucker jeden Fehler vervielfachen, so zeigen alle Zahlen deutlich, welch ein verschieden zusammengesetztes Produkt der Rohsaft, bzw. die Rüben sind, und leicht wird erklärlich, warum sich verschiedene Säfte bei ihrer Verarbeitung verschieden verhalten.

Über die Zusammensetzung des anorganischen Nichtzuckers des Rohsaftes gibt folgende Zusammenstellung deutlich Aufschluß:

Tabelle Nr. 76.

Diffusionssaftaschen. In 100 Teilen Asche sind:

K_2O	Na_2O	CaO	MgO	$Fe_2O_3 + Al_2O_3$	In HCl unlösl.	P_2O_5	SO_3	Cl	CO_2 der Asche[1])		Bemerkungen
40,92	2,95	0,61	8,28	0,78	0,94	10,09	4,77	1,87	13,45	min	1898/99, Andrlík, Urban, Stanek (Z. f. Z. i. B 1900, S. 209).
45,29	6,34	5,38	11,35	2,59	3,70	16,77	7,79	3,67	18,61	max	
42,00	4,00	0,26	7,94	0,61	0,57	10,73	3,52	1,49	14,09	min	1899/1900 (Z. f. Z. i. B. 1900/1901, S 403).
46,57	8,69	3,09	10,00	2,20	2,99	17,63	6,41	2,90	17,38	max	
43,90	5,07	1,94	8,22	0,55	—	6,44	5,75	2,19	—	min	1904/05 in 100 T. Reinasche.
54,26	9,31	8,49	19,56	2,17	—	20,40	18,44	2,82	—	max	

Die Betriebskontrolle in den Zuckerfabriken bezüglich des Rohsaftes bezieht sich stets nur auf seine Dichte und seinen scheinbaren Reinheitsquotienten. Der Dichte wird mehr aus ökonomischen Gründen (Saftabzug, Kohlenverbrauch) Aufmerksamkeit geschenkt und aus der Reinheit des Saftes will man auf die Qualität der Rüben schließen.

Von Interesse und praktischer Bedeutung wäre es, aus der Analyse der Rübe oder dem Reinheitsgrade ihres Saftes die Reinheit des Rohsaftes für ein gegebenes Diffusionsverfahren voraussagen zu können. Herrmann (Z. V. d. Zuckerind. 1903, S. 485) fand folgenden Zusammenhang für die Reinheit beider Säfte (siehe Tabelle Nr. 77).

Die Differenzen schwankten zwischen 2,05 und 3,33. Der reineren Rübe entspricht auch der reinere Rohsaft, woraus hervorgeht, daß in der Diffusion gleichzeitig gewissermaßen eine Reinigung stattfindet. Nach Weisberg beträgt diese 2 %, was mit den Zahlen Herrmanns übereinstimmt.

Lichowitzer verneint den Zusammenhang zwischen den beiden Reinheitsquotienten, da der Quotient für den Rübensaft von ver-

[1]) Durch Titration der wässerigen Lösung der Asche.

schiedenen analytischen Bedingungen abhängig ist (Brei, Temperatur, Digestionsdauer) (Z. V. d. Zuckerind. 1903, S. 1006).

Tabelle Nr. 77.

Q. des Rübensaftes (Krause)	Q. des Rohsaftes	Differenz
82,74	84,97	2,23
82,64	84,78	2,14
82,50	84,45	2,05
80,67	84,00	3,33
80,94	84,09	3,15
81,16	83,91	2,75
79,78	83,01	3,23

Dieser Zusammenhang aber muß bestehen. In Tabelle Nr. 25 wurde gezeigt, daß dem höheren Zuckergehalte der Rübe eine größere Reinheit entspricht; weiter wurde erwiesen und wird sogleich nochmals gezeigt werden, daß dem höheren Gehalte der Rübe an Zucker eine größere Reinheit des Rohsaftes aus dieser Rübe entspricht. Es muß also auch der größeren Reinheit der Rübe ein höherer Quotient des Rohsaftes entsprechen, wie Herrmann annimmt, nur sind seine zahlenmäßigen Angaben nicht zu verallgemeinern.

Eine bessere Vergleichsbasis bietet der Zuckergehalt der Rüben.

Sachse fand auf Grund eines großen Zahlenmaterials folgende Beziehungen zwischen dem Zuckergehalte der Rüben und der Reinheit der Diffusionssäfte. Einem Zuckergehalte der Rübe von

13%	entspricht	ein Reinheitsquotient	des	Rohsaftes	von	86,3
14%	„	„	„	„	„	87,4
15%	„	,	„	„	„	88,2
16%	„	„	„	„	„	88,8
17%	„	„	„	„	„	89,3

Diese Zahlen sind aber mit Vorbehalt bezüglich der allgemeinen Anwendung aufzunehmen, da in der Praxis die Verhältnisse von Jahr zu Jahr, von Fabrik zu Fabrik sich ändern (Z. V. d. Zuckerind. 1906, S. 833). Dies beweisen auch deutlich die Analysen des Verfassers von S. 187, wo diese Frage schon angeschnitten wurde. Folgende Zusammenstellung einer mährischen Fabrik aus der Kampagne 1912/13 zeugt weiter für das Bestehen einer Proportionalität zwischen diesen beiden Größen:

Betriebs-Woche	Digestion	Rohsaft Bx.	Rohsaft Q.
1	18,30	17,6	89,6
2	17,80	18,7	89,8
3	17,43	18,5	90,2
4	17,60	18,2	89,5
5	17,50	17,9	89,4
6	17,42	18,0	88,5
7	17,37	18,0	87,9
8	16,88	17,7	87,3

Die Zahlen zeigen auch, daß im allgemeinen ein dünnerer Rohsaft weniger rein ist als ein dichterer. Ferner zeigt diese Zusammenstellung, wie die Rübe und somit die Säfte mit fortschreitender Kampagne an Qualität abnehmen, was allen Erfahrungen gemäß überall der Fall ist.

Als sichergestellt gilt also, daß der Rohsaft umso reiner, je zuckerreicher die Rübe ist. Eine Reinheit von 90,5 als Durchschnitt scheint das Maximum der Rohsaftreinheit zu sein. Sie entspricht einem Zuckergehalte der Rübe von ca. 16—17,5 %. Darüber hinaus hat der Zuckergehalt der Rübe, wie die Zahlen zeigen, keinen Einfluß auf die Rohsaftreinheit.

Vom scheinbaren Reinheitsquotienten des Rohsaftes gilt das auf S. 182 von dieser Wertzahl überhaupt Gesagte. Welche Nichtzuckerstoffe im Safte vorhanden sind, sagt diese Zahl nicht aus; das tut aber auch der wirkliche Reinheitsquotient nicht, für den manche eintreten, um die Qualität eines Rohsaftes zu bestimmen.

14. Kapitel.

Chemie der Rohsaftvorwärmung.

a) Schnitte- und Pülpefänger.

Im Rohsafte sind, wie bereits erwähnt, Zellüberreste, Schnitte usw. suspendiert; bis etwa um 1865 sah man in den Rübenfragmenten indifferente Körper und schrieb ihnen keinen weiteren Einfluß auf die Qualität der Säfte und ihre Verarbeitung zu. Wobei zu bemerken wäre, daß bei den damals üblichen Saftgewinnungsmethoden die Säfte viel pülpereicher waren als die heutigen. Im schon genannten Jahre (Z. V. d. Zuckerind. 1865, S. 97) gab Gundermann an, „daß man sich hüten müsse, Preßlinge in den Saft zu bekommen, da ein solcher Saft sich schlecht filtrieren und verkochen ließe und schleimige und schlechte Zucker gäbe“. Als jedoch Scheibler im Jahre 1868 durch seine Arbeiten nachwies, daß in der Scheidung bei Gegenwart von Rübenfasern die Bedingung für die Bildung von Metapektinsäure gegeben sei und diese als Melassebildner fungiere, da trat die „Entfaserung“ des Rübenrohsaftes in den Vordergrund der Theorie und Praxis.

In einer der allerersten Untersuchungen über diesen Gegenstand konstatierte Eber, daß bei Arbeit mit Entfaserung um 1,63 und 2,80 Teile (auf 100 Teile Zucker) mehr organische Substanz durch die Scheidung entfernt werde als ohne Entfaserung (Z. V. d. Zuckerind. 1869, 25).

Sehring wendete sich im Jahre 1872 gegen den Ausdruck „Entfaserung“. Die Holzfaser der Rübe im Safte — bei der Diffusion wohl viel weniger vorkommend als bei den älteren Verfahren — ist nach ihm höchstens mechanisch schädlich. „Eine chemische Einwirkung auf Verbesserung und Verschlechterung der Säfte übt sie bei der weiteren Saftverarbeitung ganz gewiß nicht aus.“ Das tue nur die Pülpe.

Diese entsteht durch Zerreißen der Rübenzellen, daher beim Preßverfahren, in großer Menge. Sie muß gründlichst entfernt werden, soll der Saft bei seiner weiteren Verarbeitung nicht Schaden leiden (Z. V. d. Zuckerind. 1872, S. 76).

Heute wird allgemein der abgezogene Diffusionssaft in Pülpefängern von den genannten Beimengungen befreit und bietet sich bei offenen Pülpefängern reichlich Gelegenheit, die ziemlich großen Mengen von Schnitten, Fasern usw., die einem Saftabzuge entsprechen, zu beobachten. Die feinsten Faserteile passieren trotzdem die Filtriervorrichtung.

So wurde der Rohsaft mechanisch gereinigt und kommt nun zur eigentlichen Reingiung. Vorher wird er aber noch angewärmt, da er mit einer zu geringen Temperatur die Batterie verläßt. Diese liegt zwischen 30—40° C, indessen lassen sich hier schwer Grenzzahlen angeben, weil sie von der Arbeitsweise, der Temperatur der frischen Schnitte, der Temperatur des Rohsaftes vor dem Einmaischen der frischen Schnitte usw. abhängen.

b) Die Anwärmung und ihre Wirkungen.

Zur Durchführung der Scheidung wird der Rohsaft auf ca. 80—90° C angewärmt.

Die Anwärmung in den Vorwärmern ist von folgenden Erscheinungen begleitet: Die Eiweißkörper des Saftes koagulieren und scheiden sich unlöslich aus; neben diesen fallen auch stickstofffreie Substanzen aus, die vom Eiweiß mitgerissen werden. Ammoniak wird hier entwickelt, ein Beweis, daß der Kalk, den man gewöhnlich zum Teil im Rohsaftmeßgefäße zusetzt, schon zur Wirkung gelangt.

W. Bresler fand den Stickstoffgehalt des Koagulums zu 9,35% N = 58,4% Eiweiß (N × 6,25); das Eiweiß hätte sonach nicht ganz sein eigenes Gewicht an stickstofffreier Substanz mit niedergerissen. Ausführlichere Untersuchungen liegen von Herzfeld vor.

Herzfeld analysierte eine große Zahl von Niederschlägen aus Rohsaftvorwärmern (Z. V. d. Zuckerind. 1893, 1064) und stellte die Resultate in einer Tabelle zusammen, aus welcher folgende Schlüsse zu ziehen sind: Der Eiweißgehalt (N × 6,25) betrug im Minimum 10,75%, im Maximum 21,06% der Trockensubstanz. Der Rest derselben besteht aus Asche, Oxalsäure, Fettsäuren der Rübe und aus Pektinkörpern (Pülpe).

Größere Mengen der Niederschläge traten stets dann auf, wenn in ihrer Asche Kalk oder Magnesia in stärkerem Maße zu finden waren; beide können aus der Rübe und dem Betriebswasser stammen. Die Tabelle Nr. 78 gibt eine Auslese aus der von Herzfeld veröffentlichten (Z. V. d. Zuckerind. 1893, 1064).

Die Zahlen in den mit I oder II bezeichneten Kolumnen beziehen sich auf ursprüngliche (I) oder Trockensubstanz (II). Unter den Zahlen für den Eiweißstickstoff befinden sich auch jene für die Eiweißkörper (N × 6,25).

Tabelle Nr. 78.

Bezeichnung	Wasser %	Trock.-subst.	Gesamt-N I	Gesamt-N II	Eiweiß-N bzw. Eiweiß I	Eiweiß-N bzw. Eiweiß II	Polarisation von I	Asche i. Trock.-subst.	Aktive Pektinkörp.
Aus 1. Vorwärmer, Temp. 42° R	69,67	20,33	0,75	3,69	0,35 = 2,19	1,72 = 10,75	+ 0,08	14,01	n. nachweisbar
Aus Rohsaftvorwärmer	76,25	23,75	1,19	5,01	0,41 = 2,56	1,72 = 10,75	+ 0,49	8,33	dto.
Hellere Substanz	95,25	4,75	0,34	7,16	0,16 = 1,00	3,73 = 21,06	—	—	dto.
Dunklere „	94,80	5,20	0,42	8,08	0,14 = 0,87	2,69 = 16,81	—	—	dto.
Trockner Rückstand aus dem Vorwärm.	—	83,17	3,92	4,71	—	—	—	11,68	dto.

c) Eiweißfänger.

In den koagulierbaren Substanzen sah man früher gefährliche Melassebildner und versuchte sie daher durch die „Eiweißfänger“ aus dem Safte zu filtrieren. Strohmer und Stift studierten diese Frage näher, indem sie folgende Analysen durchführten (Ö. U. Z. f. Zuckerind. XXI, 1982, 4).

Rohsaft	Pol.	Wasser	Asche	org. NZ.	Wirkl. Q.	Gesamt-Stickstoff	Eiweiß-Stickstoff	Amid- + NH_3 Stickstoff
Unfiltriert	10,55	87,02	0,55	1,88	81,52	0,262	0,096	0,076
Filtriert	10,60	87,44	0,49	1,47	84,35	0,155	0,066	0,044

	Durch die Filtration wurden aus dem Rohsafte auf 100 Teile Zucker entfernt:	Zusammensetzung des Filterrückstandes:
Wasser	—	82,60
Zucker	—	9,00
Asche	11,1	1,30
Gesamt-Stickstoff	40,9	0,97
Eiweiß-Stickstoff	30,8	0,41
Amid-Stickstoff	41,7	0,09
Säureamid-Stickstof	72,4	0,01
Organ. Nichtzucker	22,2	—

Der Filterrückstand enthielt noch ganz kleine Rübenpartikelchen; davon befreit, hatte er einen Gesamtstickstoffgehalt von 0,45 % (0,43% Eiweißstickstoff). Es bestanden demnach die koagulierten Stoffe zu 95,5 % aus Eiweiß, welches noch andere stickstoffhatlige Verbindungen und Asche zurückhielt.

Die filtrierten und unfiltrierten Säfte wurden weiter im Betriebe beobachtet und die einzelnen Produkte analysiert; die beiden Autoren sprachen sich günstig über die Eiweißfiltration aus.

Auch Mittelmann ist für diese Filtration, nur müßte der Rohsaft auf 95° C erhitzt werden; dann tritt eine Erhöhung des Reinheitsquotienten um 0,6—0,8 Einheiten, nach Czermak sogar um 1½—4% ein.

Mit derselben Frage beschäftigte sich Herzfeld in seinen Diffusionsversuchen der Kampagne 1892/93 (Z. V. d. Zuckerind. 1893, S. 173). Er stellte sich die Aufgabe zu untersuchen: 1. ob, bzw. in welchen Fällen es zweckmäßig ist, durch Erwärmen des Saftes das Eiweiß und was sonst noch damit ausfällt, abzuscheiden. 2. ob es vorteilhaft ist, diese Abscheidung vor der Kalkzugabe abzufiltrieren, oder ob es genügt, den unlöslichen Niederschlag zu erzeugen, und ob alsdann der Kalk ohne gesonderte Filtration zugesetzt werden kann.

Es wurden 8 Diffusionsversuche unter verschiedenen Bedingungen durchgeführt und die erhaltenen Rohsäfte nach verschiedenen Methoden geschieden und saturiert. Über die Stickstoffbewegung und die anderen analytischen Daten soll erst später berichtet werden, um dem Kapitel Scheidung und Saturation nicht vorzugreifene.

Vor der Saturation enthielt der Rohsaft 0,2—0,3% Eiweiß. Davon ließe sich im günstigsten Falle etwa der zehnte Teil ausscheiden.

Herzfeld fährt fort: „Nun ist nicht zu leugnen, daß diese Abscheidung an und für sich ihre Vorteile haben kann, unsere Versuche wenigstens lassen keinesfalls den gegenteiligen Schluß zu . . . Den einen Schluß darf man aber aus unseren Versuchen ziehen, daß die gesonderte Eiweißfiltration keine Vorteile für die Saftreinigung bietet. Das geronnene Eiweiß wird von Kalk so gut wie gar nicht angegriffen, es hat also gar keinen Zweck, vor der Kalkzugabe abzufiltrieren.“ Durch einen direkten Versuch wurde die Unangreifbarkeit des geronnenen Eiweißes durch Kalk in der Scheidesaturation dargetan. Rund zwei Prozent des Niederschlages, das sind 0,0002—0,0008 % Eiweiß des Saftes, gingen in Lösung. Herzfeld verwirft daher die Eiweißfiltration; sie scheide in der Praxis auch die Pülpe ab, aus welcher jene größeren Eiweißmengen stammen, die im Koagulum gefunden würden.

Folgende Tabelle gibt eine Übersicht über die Wirkung der Eiweißabscheidung und der Eiweißfiltration; Herzfelds Angaben für den Stickstoff wurden vom Verfasser gleich auf Eiweiß umgerechnet. (N × 6,25).

Tabelle Nr. 79.

Versuch	Rohsaft Eiweiß %	Bei 90° C Eiweiß gefällt, filtriert, geschied. Niederschlag	Saft	Bei 90° Eiweiß gefällt u. geschieden Eiweiß %	Anmerkung	
		Eiweiß %				
2	0,344	0,015	0,056	0,075	3 mm	Schnitte zur Diffus.
3	0,200	0,011	0,118	0,118	3 „	
4	0,300	0,016	0,137	0,156	1 „	
5	0,181	0,035	0,125	0,118	1 „	
6	0,268	0,016	0,156	0,150	4 „	
7	0,325	0,017	0,131	0,168	4 „	
8	0,262	0,022	0,162	0,181	1 „	

Hervorzuheben wäre, daß Herzfeld das Rübenmaterial der Versuche als ein sehr gutes bezeichnet und die Resultate nicht ohne weiteres verallgemeinert wissen will.

Zu denselben Ergebnissen bezüglich der Eiweißfiltration kam H. Claassen (Korrespbl. d. Vereines akad. gebildeter Zuckertechniker Nr. 9, 1893, 105.)

Nach seinen Ausführungen tritt durch Wärmekoagulation nur eine ganz geringe, kaum filtrierbare Trübung im Rohsafte auf. Wohl hängt die Eiweißmenge des Rohsaftes von lokalen Verhältnissen ab, nie aber wäre man imstande, einen filtrierbaren Niederschlag durch Erwärmen allein zu bekommen. Die Eiweißfänger sind daher nur verbesserte Pülpefänger. Die Vorwärmer hingegen fungieren als Eiweißfänger, weil eine große Menge Körper von eiweiß- und nichteiweißartiger Natur an den Heizrohren niedergeschlagen und festgebrannt werden. Bei Betrachtung der pülpefreien Säfte ist keine wesentliche Aufbesserung im Reinheitsquotienten des seines Koagulums befreiten Rohsaftes nachweisbar.

Diesen Ausführungen widersprach Stift, da in zwei Fabriken die Eiweißfänger mit guten Resultaten arbeiteten. Eben die an den Röhren sich absetzenden Stoffe würden bei der Wahl eines geeigneten Filterstoffes filtriert.

Neumann fand folgende Zusammensetzung der Niederschlägen von Eiweißfängern:

		auf Trockensubstanz
Wasser	82,08 %	
Zucker	6,50	37,5 %
Asche	2,16	12,5
Eiweißstoffe . .	2,22	12,8
Andere N-Stoffe .	0,18	1,0
N-freie Stoffe . .	6,26	36,2

Weiters seien zwei Tabellen Neumanns (Nr. 80a und 80b) angeführt und dem Leser überlassen, die Folgerungen aus diesem Zahlenmaterial zu ziehen.

Mik ist für die Entfernung des Koagulums vor der Saturation, sieht in ihr einen großen Vorteil für die Reinigung, nennt aber die Eiweißfänger einfach „Pülpefänger mit Baumwollstoffeinlage“. Von dem im Safte vorhandenen Eiweiß, das an sich in sehr kleiner Menge vorkommt, ist nur ca. ein Drittel koagulierbar, und dieses Drittel schadet nicht nur nicht in der Saturation, sondern macht sich nach Mik günstig auf die Schlammqualität bemerkbar. Er wendet sich gegen die Bezeichnung „Eiweißfänger“, da man dadurch dieser Filtration eine ganz andere Bedeutung beimißt, als ihr wirklich zukommt.

Tabelle Nr. 80a.

Resultate der üblichen Arbeit mit 3 Saturationen ohne Eiweißfänger.

	100 % Substanz enthalten				Quotient %	Alkalität {Phenolphthal. / Lackmus	Stickstoffhalt. Stoffe %	Eiweißstoffe %	auf 100 T. Zucker entfallen				Gesamt-N im Safte %
	Wasser	Zucker	Asche	Org. Nichtzucker					Asche	Organische Stoffe	N-halt. Stoffe	Eiweißstoffe	
Rohsaft	90,80	7,75	0,34	1,11	*84,24*	—	*0,391*	*0,123*	4,39	14,32	5,05	1,59	0,082
I. satur. Saft (aus den Filterpressen)	90,46	8,45	0,39	0,70	*88,53*	0,072 / 0,083	*0,425*	*0,025*	4,61	8,28	5,03	0,30	0,072
II. satur. Saft (aus d. Filterpressen)	91,02	8,02	0,30	0,66	*90,31*	0,038 / 0,044	*0,359*	*0,022*	3,74	8,23	4,48	0,27	0,061
III. satur. Saft (aus d. Filterpressen)	91,20	7,98	0,27	0,55	*90,68*	— / —	—	—	3,38	6,89	—	—	—
Filtrierter Dünnsaft	91,08	8,12	0,27	0,53	*91,02*	— / —	*0,344*	*0,021*	3,32	6,53	4,24	0,26	0,058
Unfiltrierter Dicksaft	48,95	46,80	1,84	2,41	*91,67*	0,053 / 0,078	*1,751*	*0,121*	3,93	5,15	3,74	0,26	0,299
Filtrierter Dicksaft	46,83	49,00	1,63	2,54	*92,15*	0,041 / 0,065	*1,926*	*0,129*	3,32	5,18	3,93	0,26	0,329
Füllmasse	4,43	87,40	2,70	5,47	*91,45*	0,031 / 0,056	*2,792*	*0,226*	3,09	6,25	3,19	0,26	0,483
Grünsirup (ungedeckt)	18,47	63,30	6,50	11,73	*77,64*	0,077 / 0,154	*6,699*	*0,408*	10,27	18,53	10,58	0,64	1,137
Grünsirup (mit Wasser gedeckt)	20,71	62,25	6,00	11,04	*78,50*	0,062 / 0,154	*6,107*	*0,317*	9,64	17,73	9,81	0,51	1,028

Tabelle Nr. 80b.

Resultate der Arbeit mit 3 Saturationen mit Eiweißfänger.

Bemerkung. Die ersten 6 Säfte bilden einen Versuch. Der Rohsaft hatte 85,78 Quot. Die weiteren 5 Produkte entstanden aus einem Rohsaft, dessen Quotient **86,75** war.

	Wasser	Zucker	Asche	Org. Nichtzucker	Quotient %	Alkalität {Phenolphthal. / Lackmus	Stickstoffhalt. Stoffe %	Eiweißstoffe %	Asche	Organische Stoffe	N-halt. Stoffe	Eiweißstoffe	Gesamt-N im Safte %
Rohsaft (vor dem Eiweißfänger	90,15	8,45	0,29	1,11	*85,78* / **86,75**	— / —	*0,356*	*0,109*	3,43	13,13	4,21	1,29	0,074
Rohsaft (nach dem Eiweißfänger)	89,87	8,75	0,30	1,06	*86,54* / **87,99**	— / —	*0,333*	*0,091*	3,42	12,11	3,80	1,04	0,068
I. satur. Saft (aus d. Filterpressen)	90,13	8 92	0,31	0,64	*90,37*	0,055 / 0,063	*0,289*	*0,021*	3,47	7,17	3,24	0,23	0,050
II. satur. Saft (aus d. Filterpressen)	91,00	8,15	0,28	0,57	*90,55*	0,040 / 0,055	*0,296*	*0,014*	3,43	6,99	3,64	0,17	0,050
III. satur. Saft (aus d. Filterpressen)	91,05	8,17	0,25	0.53	*91,28*	0,024 / 0,029	*0,293*	*0,014*	3,06	6,50	3,58	0,17	0,049
Filtrierter Dünnsaft	91.30	7,95	0,25	0,50	*91,38*	0,018 / 0,023	*0,232*	*0,011*	3,14	6,26	2,92	0,14	0,049
Unfiltrierter Dicksaft	44,57	51,65	1,37	2,41	**93,18**	0,041 / 0,062	*1,404*	*0,096*	2,65	4,47	2,72	0,18	0,240
Filtrierter Dicksaft	47,03	49,35	1,31	2,31	**93,17**	0,031 / 0,056	*1,372*	*0,079*	2,61	4,68	2,78	0,16	0,232
Füllmasse	4,16	90,00	2,08	3,76	**93,90**	0,029 / 0,052	*1,967*	*0,094*	2,31	4,18	2,19	0,10	0,329
Grünsirup (ungedeckt)	18,69	67,70	4,95	8,66	**83,26**	0,063 / 0,108	*4,941*	*0,299*	7,31	12,79	7,29	0,44	0.838
Grünsirup (mit Wasser gedeckt)	30,20	60,35	3,41	6,04	**86,46**	0,035 / 0,088	*3,491*	*0,211*	5,65	10,00	5,78	0,35	0,592

Herzfeld hat durch einen Versuch dargetan, daß koaguliertes Eiweiß durch Kalk nicht angegriffen wird. Er erhitzte 5 g koaguliertes Eiweiß mit 10 g Kalk und 500 cm^3 Wasser 15 Minuten lang bei 95° und konstatierte nur eine minimalste Löslichkeit. Eugène Sellier (Z. V. d. Zuckerind. 1903, S. 787) weist aber darauf hin, daß im Betriebe nicht der Kalk allein in Betracht kommt, sondern auch die durch denselben in Freiheit gesetzten Alkalien zur Wirkung gelangen.

Um jede Einwirkung der Alkalien und des Kalkes auf koaguliertes Eiweiß zu verhindern, ist nach Sellier ein allzulanges Erhitzen des gekalkten Saftes auf ungefähr 80° C zu vermeiden; diese Temperatur darf höchstens durch 30 Minuten andauern — was ja im Betriebe nie geschieht.

Die Frage nach der Notwendigkeit der Anwendung der Eiweißfilter ist heute erledigt, und zwar im verneinenden Sinne. Sie werden heute nirgends angewendet, ein Beweis für ihre Entbehrlichkeit — allerdings kein Beweis gegen ihre Nützlichkeit.

d) Kalkzugabe zum Rohsaft.

Die Vorwärmung des Rohsaftes soll nicht zu lange dauern, um jede unangenehme Nebenerscheinung zu verhindern. Die Gefahr einer Inversion ist umso größer, je länger und auf je höhere Temperatur der saure Saft erhitzt wird. Nach einem Versuche fand Herzfeld, daß ein Rohsaft, der 30 Minuten lang auf 90° erhitzt wurde, dunkler gefärbten Scheidesaft gab, als wenn dieses Vorwärmen unterblieb. Eiweißfiltration hatte keinen Einfluß auf das Resultat. Inversion konnte Herzfeld — im Gegensatz zu früheren eigenen Versuchen — nicht nachweisen. Er stellte fest: Invertzucker im Rohsafte 0,123 %, nach 10 Minuten langem Erhitzen auf 90° 0,123 %, nach 30 Minuten 0,125 und nach 60 Minuten 0,133 %. Andere durch Zuckerzerstörung hervorgerufene reduzierende Substanzen konnte Herzfeld nicht nachweisen.

Daran knüpfte Herzfeld folgende Bemerkung, die, weil für viele in diesem Werke besprochenen Versuche von allgemeiner Gültigkeit, hier wiedergegeben werden soll. „Es ist dies eine von denjenigen Überraschungen, auf welche man bei unserem Rohmaterial, der Zuckerrübe, ja stets gefaßt sein muß, und welche schon oft empfunden worden sind! Für unsere Versuche erhellt aber daraus wiederum, daß es nicht möglich ist, aus den Ergebnissen einer Kampagne allgemeine Schlüsse zu ziehen, sondern daß wiederholte, jahrelange Prüfungen notwendig sein werden, um zu solchen zu gelangen."

Es wäre unrichtig, wollte jemand, auf obiges Resultat gestützt, einer übermäßig langen Vorwärmung das Wort reden.

Um jeder Inversion vorzubeugen, wird heute fast allgemein dem Rohsafte schon im Meßgefäße etwas Kalkmilch (ca. 0,2 % CaO) zugefügt. Dieser Kalkzusatz soll auch vorreinigend wirken, Zersetzung und ein Ansetzen von Niederschlägen an den Heizrohren vermindern. Claassen hält dieses Vorgehen für „meistens überflüssig". Der Verfasser ist der Ansicht, daß dadurch das Koagulieren der Eiweißkörper erschwert, wenn nicht ganz verhindert wird, denn nach dem auf S. 141 Gesagten tritt Koagulation leichter in saurer Lösung ein; muß man ja, um vollständige Koagulation durch Erhitzen zu erzielen, die Lösungen mit Essigsäure versetzen. In neutralen Lösungen ist die Fällung unvollständig, in alkalischen bleibt sie meist aus.

15. Kapitel.

Chemie der Saftreinigung. (Scheidung und Saturation.)

Das Vorwärmen des Rohsaftes und die eventuelle, aber kaum geübte Filtration des koagulierten Eiweißes und der mitgefällten Stoffe ist als eine gewisse Vorreinigung anzusehen. An sie schließt die eigentliche Reinigung des Rohsaftes. Ein eventueller Fehler, der bei der Diffusion begangen wird, kann meistens bei der Reinigung der Säfte gutgemacht werden. Nie aber lassen sich Fehler, die hier unterlaufen, korrigieren. Die Reinigung geschieht mit Kalk und heißt Scheidung; in ihrer zweiten Phase besteht sie in der Ausfällung des überschüssig zugesetzten Kalkes und Zerlegung mancher Verbindungen durch Kohlensäure (Saturation). Die meistens geübte Durchführung der Reinigung faßt beide Phasen zusammen und heißt Scheidesaturation.

Ihr Zweck ist, alle den Zucker begleitenden Nichtzuckerstoffe entweder ganz zu entfernen oder doch wenigstens in minder schädliche Form überzuführen, ferner die farbenbedingenden Körper so zu zerstören, daß helle, klare, reine Säfte resultieren, welche bei ihrer Konzentration sich normal verhalten und den Zucker gut auskristallisieren lassen.

Hier gehen die meisten chemischen Prozesse vor sich; diese Station bietet vom chemischen Standpunkte das größte Interesse — aber auch die größten Probleme. Wir sind leider noch weit davon entfernt, auf alle Fragen, die die Chemie hier stellt, Antwort geben zu können; erstens, weil wir die Saftbestandteile nicht genau kennen, zweitens, weil von vielen Nichtzuckerstoffen nicht alle Eigenschaften für sich, geschweige denn, wenn sie in solcher Kompliziertheit auftreten, bekannt sind. Hier gibt es noch viele dunkle Punkte aufzuhellen.

a) Scheidung.

Dem aus den Vorwärmern kommenden Rohsafte wird zur Scheidung Kalkmilch zugesetzt. Entweder geschieht dies in den Saturateuren oder aber häufiger und viel besser in eigenen Mischgefäßen (Malaxeuren). Zunächst wird sich der Kalk im Safte nach Maßgabe der bestehenden

Verhältnisse auflösen. Hier herrschen dieselben Löslichkeitsbedingungen, wie bei den Zuckerlösungen S. 81, 82 angegeben. Für den Diffusionssaft speziell stellten Schnell und Geese folgende Löslichkeit des Ätzkalkes fest:

bei 25° C	2,82 % CaO		auf Rübe gerechnet.
50° C	1,85	„	
75° C	1,04	„	
100° C	0,73	„	

Bei höherer Temperatur des Rohsaftes löst sich demnach weniger Kalk auf als bei niedrigerer; dabei ist zu bemerken, daß die Form des Kalkes die Löslichkeit beeinflußt. Der überschüssig zugesetzte Kalk bleibt in Suspension. Das ist eigentlich der größere Anteil, weil bei den herrschenden Bedingungen der Temperatur (80° C) und dem Zuckergehalte von 10—12 % sich nur 0,25—0,35 Teile CaO in 100 Teilen Saft lösen (Claassen). Die angegebene Zahl ist viel kleiner als die entsprechende aus den Angaben von Schnell und Geese bei 75° C berechnete, die, auf Saft bezogen, 0,94 ist (angenommener Saftabzug 110 %). Jedenfalls aber zeigen beide Zahlen, daß nur ein Bruchteil des Kalkes gelöst wird. Zieht man seine Löslichkeit in reinen Zuckerlösungen heran, so ersieht man eine größere Löslichkeit im Rohsafte. Dieser Saft reagiert ja sauer, und so ist es selbstverständlich, daß zu der Löslichkeit des Kalkes infolge des Zuckergehaltes der reinen Lösungen noch die durch die saure Reaktion des Saftes bedingte Löslichkeit hinzutritt. So erklärt sich der Unterschied der Angaben von Schnell und Geese, die mit Rohsäften operierten, und jener von Claassen, der mit reinen Zuckerlösungen arbeitete.

Verhalten der stickstofffreien Nichtzuckerstoffe und des Zuckers in der Scheidung.

Es wurde schon bemerkt, daß der Rohsaft sauer reagiert, und gezeigt, auf welche Saftbestandteile die saure Reaktion zurückzuführen ist. Der Kalk wird daher den Saft neutralisieren und Verbindungen eingehen, die mehr oder weniger löslich oder unlöslich sein werden; doch hat hier der Begriff „Löslichkeit“ eine andere Bedeutung als gewöhnlich, da Zuckerlösungen vorliegen. Einige Gleichungen sollen die hier vor sich gehenden Vorgänge veranschaulichen.

$$K_2SO_4 + Ca(OH)_2 = CaSO_4 + 2\,KOH$$
$$2\,K_3PO_4 + 3\,Ca(OH)_2 = Ca_3(PO_4)_2 + 6\,KOH$$
$$\begin{matrix} COOH \\ | \\ COOH \end{matrix} + Ca(OH)_2 = (COO)_2Ca + 2\,H_2O$$

Diese Prozesse liefern unlösliche Kalksalze, welche demnach ausfallen.

Es fallen aber auch solche Körper aus, die wohl im sauren Rohsafte, nicht aber im kalkalkalischen Scheidesafte löslich sind.

Da die Säuren, wie oben in den Gleichungen teilweise gezeigt, an Alkalien, Ammoniak und organische Basen gebunden waren, werden letztere frei. KOH als starke Base verbindet sich wieder mit einer eventuell vorhandenen Säure, die mit Kalk kein unlösliches Kalksalz gibt. Ammoniak und organische Basen bleiben ungebunden und wirken mit dem überschüssigen Kalke auf die Nichtzuckerstoffe weiter ein.

Aus den chemischen Eigenschaften der Saccharate geht folgendes für die Scheidung hervor: Durch Einwirkung des Kalkes auf den Rohsaft entsteht Monokalziumsaccharat $C_{12}H_{22}O_{11} + CaO = C_{12}H_{22}O_{11} \cdot CaO$. Der Rohsaft reagiert aber infolge der Anwesenheit freier Säuren und saurer Salze sauer (im gekalkten Zustande allerdings nicht); aus diesem Grunde und weil auch Saftbestandteile vorhanden sind, die mit Kalk unlösliche Verbindungen eingehen, wird das kaum gebildete Monokalziumsaccharat sogleich zersetzt. Dabei wird der Zucker frei abgespalten, z. B. $C_{12}H_{22}O_{11} \cdot CaO + K_2SO_4 + H_2O = C_{12}H_{22}O_{11} + CaSO_4 + 2\,KOH$, oder geht gleich neue Verbindungen ein. Zwei chemische Gleichungen können diese Verhältnisse wiedergeben. Die erste zeigt die Zersetzung des Monokalziumsaccharates durch saure Salze (hier saures oxalsaures Kali), die zweite durch normale organischsaure Salze.

$$\begin{array}{l} COOK \\ | \\ COOH \end{array} + C_{12}H_{22}O_{11} \cdot CaO = \begin{array}{l} COO \diagdown \\ \\ COO \diagup \end{array} Ca + C_{12}H_{21} \cdot KO_{11} + H_2O$$

Kaliumsaccharat nach Rollo und Péligot $C_{12}H_{21}KO_{11}$

oder

$$C_{12}H_{22}O_{11} \cdot CaO + \begin{array}{l} COOK \\ | \\ COOK \end{array} = Ca(COO)_2 + C_{12}H_{22}O_{11} \cdot K_2O.$$

Diese Zersetzungen gehen sehr rasch vor sich, so daß die Bildung des Monokalziumsaccharates gar nicht bemerkbar ist. Ist die Lösung genügend alkalisch, so bleibt ein Teil unzerlegt. Die gebildeten Alkalisaccharate geben nach Gunning mit Kalisalzen von organischen Säuren (Glutamin-, Asparagin-, Äpfel-, Bernstein-, Wein-, Essigsäure usw.) zähflüssige, sirupöse, wasserlösliche, beständige Verbindungen, welche starke Melassebildner sind.

Neben dem löslichen Kalziummonosaccharat kann beim Aufkochen des Saftes unlösliches Trisaccharat nach der auf S. 78 wiedergegebenen Gleichung entstehen. In der Hitze scheidet sich die letztgenannte Verbindung als unlöslicher Niederschlag aus. Da beim normalen Betriebe eine Abkühlung des Saftes nicht eintritt, bleibt es auch unlöslich. Ob es aber überhaupt entsteht, ist fraglich, da ja bei der Scheidung normalerweise nicht aufgekocht wird.

Claassen äußert sich über diesen Punkt mit Rücksicht auf die Betriebsverhältnisse folgendermaßen: „.... daß während der Scheidung, nachdem der Kalk zugesetzt ist, Zucker weder durch Erwärmen noch durch Abkühlen ausgefällt wird. Die Menge des gelösten Kalkes hängt, da der Zuckergehalt der Säfte im allgemeinen nur wenig schwankt, und die Menge des zugesetzten Kalkes innerhalb der praktischen Grenzen kaum einen Einfluß hat, fast nur von der Art der Scheidung und der

Temperatur ab. Schwankungen in der Alkalität des geschiedenen und filtrierten Saftes sind daher bei gleicher Scheidungsart allein auf Schwankungen in der Temperatur während der Scheidung zurückzuführen, und zwar löst sich immer ungefähr soviel Kalk, wie der Löslichkeit bei der niedrigsten Temperatur entspricht, die der geschiedene Saft vor der Saturation gehabt hat...." Bei richtiger und gleichmäßiger Arbeit in der Scheidung, d. h. bei dauernder Einhaltung einer Temperatur von 80—90°, muß die Alkalität des filtrierten Scheidesaftes bei nasser Scheidung mindestens 0,20—0,25, bei Trockenscheidung 0,25—0,35 % CaO betragen.

Tollens und seine Mitarbeiter fanden, daß Rohrzucker beim Erhitzen mit Kalkmilch auf 100° etwas Milchsäure gibt, die sich auch tatsächlich in Melassen findet.

Daß der Invertzucker in der Scheidung durch Kalk und Alkalien zerstört wird, wurde schon dargetan. Nun soll die diesbezügliche Arbeit Jessers näher besprochen werden. Invertzucker,. der durch Mischen gleicher Teile von Dextrose und Lävulose erzeugt wurde — Jesser und Hönig wiesen schon früher die Identität dieser Mischung mit jenem Invertzucker nach, welcher durch Inversion aus Saccharose entsteht —, wurde in Wasser gelöst und unter verschiedenen Bedingungen mit Ätzkalk geschieden und mit Kohlensäure saturiert.

Ausführung der Versuche. Die Glukoselösungen wurden bei 80° C und in der Kochhitze mit Kalk behandelt, letzterer bis zur schwach alkalischen Reaktion aussaturiert, filtriert, gewaschen, die noch alkalische Lösung zum Kochen gebracht und der Rest des Kalkes aussaturiert. Nach der Saturation hatten die Lösungen neutrale Reaktion. In die bei 80° C behandelten Proben wurde vor dem Kochen noch Kohlensäure eingeleitet, bis dieselben ganz schwach alkalisch reagierten, dann wurde aufgekocht und wie oben saturiert. Nach dem Filtrieren, Waschen und Abkühlen wurde auf ein bestimmtes Volumen aufgefüllt und die Probe untersucht. Die Resultate wurden auf die ursprüngliche Konzentration umgerechnet.

Aus den Versuchen seien einige ausgewählt:

Dextrose.

1 g Dextrose wurde in 300 cm³ Wasser gelöst, 0,6 g CaO hinzugefügt, eine Viertelstunde auf 50° C erwärmt und aussaturiert. Aus 100 Dextrose hatten sich gebildet:

	I	II	Mittel
Trockensubstanz . .	109,2	110,4	109,8
Kalzium	16,9	16,8	16,85
Organisches	92,3	93,6	92,95

I. 1 g Dextrose wurde in 500 cm³ Wasser gelöst, mit 1,5 g Ätzkalk 10 Minuten gekocht und saturiert.

II. bis III. 1 g Dextrose in 500 cm³ Wasser gelöst, mit 1 proz. Ätzkalk eine Stunde gekocht und saturiert. Gefunden wurde auf 100 Dextrose:

	I	II	III	Mittel
Trockensubstanz	104,2	101,0	102,0	102,4
Kalzium . . .	16,7	16,9	16,6	16,73
Organisches . .	87,5	84,1	85,4	85,67

1 g Dextrose in 500 cm³ Wasser gelöst, 1 g Ätzkalk hinzu gefügt und 5 Minuten gekocht und saturiert. Auf 100 Dextrose wurde gefunden:

Trockensubstanz	106,3
Kalzium	16,9
Organisches	89,4

Sieht man vom letzten Versuch ab, so lassen sich deutlich die Resultate in zwei Gruppen teilen. Bei Temperaturen unter dem Siede punkt und gelinder Einwirkung des Kalkes bildet sich aus 100 g Dextrose ca. 109,8 g Trockensubstanz, die aus 16,85 g Kalzium und aus 92,95 Organischem besteht. Durch intensivere Einwirkung des Kalkes wird ein weiterer Teil der organischen Bestandteile entfernt, während sich die Menge des in Lösung gebliebenen Kalkes nicht ändert. Es verbleiben schließlich ca. 102,4 g Trockensubstanz mit 16,7 g Kalzium und 85,7 Organischem. Diese Produkte werden selbst durch anhaltendes Kochen mit Ätzkalk (Versuch II und III) nicht verändert. Was nun die Resultate des letzten Versuches anbelangt, so liegen dieselben zwischen beiden Extremen. Sie zeigen, daß der Übergang kein momentaner ist, sondern daß die Verminderung der organischen Bestandteile allmählich vor sich geht.

Lävulose verhält sich ähnlich, nur wirkt der Kalk energischer auf sie ein als auf Dextrose. Jesser fand im Mittel 101,5 Trockensubstanz mit 16,8 Kalzium und 84,7 Organischem.

Versuche mit Invertzucker: je 0,5 g Dextrose und Lävulose wurden in 300 oder 500 cm³ Wasser gelöst und mit Mengen von 0,9 g bis 5 g CaO bei 80 oder 100° gekocht und saturiert, z. B.

I. 0,5 g Dextrose + 0,5 g Lävulose in 300 cm³ Wasser mit 0,9 g Ätzkalk eine halbe Stunde gekocht und saturiert.

II. 0,5 g Dextrose + 0,5 g Lävulose in 500 cm³ Wasser mit 5 g Ätzkalk eine halbe Stunde gekocht und saturiert.

III. 0,5 g Dextrose + 0,5 g Lävulose in 500 cm³ Wasser mit 5 g Ätzkalk aufgekocht und saturiert. Auf 100 Invertzucker wurden gefunden:

	I	II	III	Mittel
Trockensubstanz	103,6	100,8	102,2	102,2
Kazium	16.7	17,0	17,0	16,9
Organisches . .	86,9	83,8	85,2	85,3

Rechnet man die jeweiligen Mittel der bei Dextrose und Lävulose gefundenen Werte und vergleicht sie mit den bei Invertzucker erhaltenen, so findet man auf 100 Invertzucker:

		berechnet	gefunden
bei 80° C	Trockensubstanz. . . .	105,8	105,7
	Kalzium	16,75	16,8
	Organisches	89,05	88,9
bei 100° C	Trockensubstanz. . . .	102,3	102,2
	Kalzium	16,8	16,9
	Organisches	85,5	85,3

Die Übereinstimmung zwischen den berechneten und gefundenen Werten ist eine vollkommene. „Es geht somit auch beim Invertzucker die Zersetzung in zwei Phasen vor sich, und werden schließlich Produkte erhalten, die gegen weitere Einwirkung von Kalk ungemein widerstandsfähig sind."

Aus den angeführten Zahlen geht auch hervor, daß sich Invertzucker so wie seine Komponenten verhält.

Sehr bemerkenswert sind die Beziehungen zwischen dem gebundenen Kalk, bzw. der Azidität der gebildeten Säuren zu den früher vorhandenen Glukosen. — Es wurden gefunden auf 100 Glukosen:

	Dextrose	Lävulose	Invertzucker
bei 80° C Kalzium .	16,8	16,8	16,8
„ 100° C „ .	16,7	16,9	16,9

Rechnet man diese Zahlen auf das Molekulargewicht zweier Glukosemoleküle um, so erhält man auf 360 Gewichtsteile Glukosen:

Kalzium	60,48	60,48	60,48
„	60,10	60,94	60,94

Es entsprechen diese Werte durchweg dem 1½fachen Atomgewicht des Kalziums = 60. (Atomgewicht des Kalziums = 40,1.) Die gebildeten Kalksalze setzen sich mit kohlensauren Alkalien leicht um.

Bei der Scheidung wirken aber Kalk nicht allein, sondern auch Alkalien gleichzeitig auf den Invertzucker ein. Auch diese Verhältnisse berücksichtigte Jesser.

Invertzucker:

I., II. 0,25 Dextrose + 0,25 Lävulose mit 42,2 cm³ Kalilauge, 0,3 g Ätzkalk, 150 cm³ Wasser; eine Viertelstunde auf 80° C erwärmt und saturiert.

III, IV. 1 g Invertzucker bzw. (0,5 Dextrose + 0,5 Lävulose) mit 84,4 cm³ Kalilauge, 1 g Ätzkalk, 250 cm³ Wasser; eine halbe Stunde gekocht und saturiert.

	I	II	Mittel	III	IV	Mittel
Trockensubstanz .	121,0	120,0	120,5	118,2	119,0	118,6
Kalium (K) . . .	32,9	32,9	32,9	32,9	32,9	32,9
Organisches . . .	88,1	87,1	87,6	85,3	86,1	85,7

CaO Spuren, Reaktion neutral.

Die erhaltenen Lösungen sind optisch inaktiv und reduzieren nicht Fehlinglösung; in freie Säuren überführt, entweichen bei der Destillation flüchtige Säuren. Es herrscht, wie die Zahlen zeigen, Analogie zwischen den Alkali- und Kalksalzen. Der Kalk ist durch Alkali ersetzt. Die Differenzen in den Trockensubstanzen werden durch die verschiedenen Molekulargewichte beider Basen bedingt. Die Differenzen im Organischen sind Versuchsfehler. Bei diesen Prozessen treten Farbenerscheinungen auf, die sich im aussaturierten Safte zeigen. Ihre Besprechung soll daher erst im folgenden Kapitel ihren Platz finden. Es sei gleich erwähnt, daß es nicht möglich war, eine strenge Trennung der beiden Abschnitte Scheidung und Saturation durchzuführen. Der Invertzucker war schon ein Beispiel hierfür. Aus didaktischen Gründen wäre es wohl besser, zuerst die reine Kalkeinwirkung und dann gesondert die Wirkung der Kohlensäure auf die gekalkten Säfte zu besprechen; doch gibt es viele Experimentalarbeiten, welche beide Operationen gleichzeitig berücksichtigen, und diese würden durch Zerstückelung an Übersicht und Deutlichkeit verlieren.

Aus der Arbeit Jessers über den Invertzucker geht also hervor, daß dieser durch Kalk und Alkalien unter Bildung von Säuren mit löslichen Alkali- und Kalksalzen zerstört wird. Die Säuren verbleiben demnach im Safte, falls nicht unlösliche basische Salze existieren. Nur die Saccharumsäure hat ein unlösliches Kalksalz. Die anderen Säuren, die aus Invertzucker durch Kalk- oder Alkali-Einwirkung entstehen, wurden schon früher namentlich angeführt (siehe S. 61 u. 91).

Über das Verhalten der Raffinose liegen widersprechende Mitteilungen vor. Aus Weisbergs auf S. 101 besprochenen Versuchen ging hervor, daß sich Raffinose als äußerst widerstandsfähig gegen dreistündige Einwirkung des Kalkes bei Kochtemperatur erwies. Andererseits bewiesen Tollens und seine Mitarbeiter, daß Raffinose beim Kochen mit Kalk Milchsäure liefert (siehe S. 103). Jedenfalls könnte dies nur in minimalen Spuren geschehen, da die Raffinose normalerweise nur in ganz geringen Mengen in der Rübe und den Säften vorkommt, und die gekalkten Säfte auch nicht zum Kochen erhitzt werden.

Daß über das Verhalten der Pektinsubstanzen bei der Scheidung keine Klarheit herrscht, kann nicht wundernehmen, da ja diese Körperklasse selbst nicht genügend erforscht ist.

In dem Marke kommt bei normaler Rübe die unlösliche Arabinsäure, also die Metaarabinsäure vor. In alterierten Rüben oder bei unrichtig durchgeführter Diffusion geht sie in die lösliche Modifikation, in die Ararabinsäure (Metapektinsäure) über. Wenn auch der größte Teil der Pektinkörper in den ausgelaugten Schnitten zurückbleibt, so geht doch die feine Pülpe in den Saft über, wird in den Vorwärmern erwärmt, und hier sicherlich durch Erhitzung die

Löslichwerdung der Metaarabinäure eingeleitet und bei der Kalkzugabe in den Malaxeuren oder in den Saturateuren vollendet, indem sich arabinsaurer Kalk (metapektinsaurer Kalk) löst. Er verbleibt bis auf weiteres im Safte. Wie die Kohlensäure auf diese Verbindung wirkt, soll später gezeigt werden.

Diese klassisch gewordene Anschauung Scheiblers, die seinerzeit manche Vorgänge in der Fabrikation erklären ließ, wird jedoch von Weisberg bekämpft (siehe S. 325). Hier sei nur soviel gesagt, daß nach diesem metapektinsaurer Kalk nicht entsteht, daß vielmehr pektinsaurer (metaarabinsaurer) Kalk unlöslich in den Schlamm geht.

Beides dürfte wohl der Fall sein und von noch unbekannten Verhältnissen abhängen: ein Teil des Rübenarabins wird in den Schlamm gehen, der größere Rest aber geht in den Scheidesaft als löslicher arabinsaurer Kalk. Daß dem so ist, zeigen spätere Analysen von Saturationsschlamm und Saturationssäften oder anderer Zuckerfabrikprodukte (Füllmassen, Dicksäfte).

Dextran — wenn vorhanden — wird bei längerem Kochen mit Kalk in Lösung gebracht und betätigt sich als Melassebildner. Scheibler sah gerade in der Scheidesaturation ein Verfahren, das die Löslichmachung des Dextrans befördert. Ebenso gehen Lävulan und Mannit in Lösung. Diese sowie das γ-Galaktan Lippmanns, das übrigens ausgefällt werden soll, sind indes keine steten Begleiter des Zuckers oder nur in geringsten Mengen anwesend.

Der Kalk fällt also jene Säuren aus, die unlösliche oder doch schwerlösliche Kalksalze geben, wobei nicht die Löslichkeitsverhältnisse in reinem Wasser oder in reiner Zuckerlösung maßgebend sind. Hier liegen stets mehr oder weniger alkalische, mit den verschiedensten Nichtzuckerstoffen versetzte Zuckerlösungen vor; infolgedessen treten sehr komplizierte Sättigungs- und Lösungsverhältnisse auf und es wird noch sehr langwieriger Untersuchungen bedürfen, bis die gegenseitige Beeinflussung der einzelnen Saftbestandteile bekannt sein wird. Schöne Anfänge liegen bereits durch die Arbeiten Rümplers, Breslers u. a. vor.

Verhalten der organischen stickstofffreien Säuren. Da die Löslichkeitsverhältnisse teils bei jeder einzelnen Säure selbst, teils im Zusammenhange im 5. Kapitel besprochen wurden, genügt es, an dieser Stelle nur die Folgerungen aus den dort angeführten Tatsachen zu ziehen.

Die Oxalsäure, bzw. ihr Kalksalz ist der wichtigste Vertreter der ersten Säuregruppe. Hier hat man es mit einer Zuckerlösung von ca. 12 % Zucker und einem gewissen Kalkgehalte bei höherer Temperatur zu tun. Von den früher gemachten Angaben sind die Breslers am nächsten zutreffend. Kalziumoxalat ist als unlöslich zu bezeichnen. Die Oxalsäure wird demnach in den Scheideschlamn gehen — aber nicht quantitativ, weil das oxalsaure Kalzium Gelegenheit findet, doch etwas in Lösung zu gehen. Je größer der Kalkzusatz desto größer ist auch die Löslichkeit dieses Salzes. Wie schon angegeben, lösten 100 cm³ einer 14proz. Zuckerlösung mit einem Kalkgehalte von 2 % CaO bei 75° C 0,0284 g Kalziumoxalat. Nach der oben gebrachten Mitteilung Spillers dürfte die Löslichkeit des Kalziumoxalates noch etwas größer sein, weil zitronensaure Salze im Rohsaft zugegen sein können.

Da der Saft über 10 % Zucker enthält, sollte — reine Zuckerlösung vorausgesetzt — weniger Oxalat löslich sein als in reinem Wasser (Jacobsthal). Es ist aber Ätzkalk zugegen, so daß diese Löslichkeit eben eine größere wird (Rümpler, Dehn).

Kalziumoxalat wird demnach zu einem geringen Teile in Lösung bleiben.

Für die anderen Säuren der Oxalsäurereihe gilt, daß die Löslichkeit ihrer Kalksalze mit steigendem Molekulargewicht zunimmt; absolut ist diese Löslichkeit eine andere in kalkhaltiger Zuckerlösung als in reinem Wasser.

Die Kalksalze der Malon-, Bernstein-, Glutar- und Adipinsäure werden sich demnach auch teilweise im Safte lösen, u. zw. mehr als das oxalsaure Kalzium. All die genannten Säuren werden daher nur unvollkommen aus dem Safte gefällt, umso unvollkommener, je höher ihr Molekulargewicht ist.

Das Kalksalz der Glykolsäure ist löslich, daher bleibt es im Scheidesafte. Ist Glyoxylsäure im Safte anwesend, so wird sie durch Kalkeinwirkung in Gykolsäure und Oxalsäure, bzw. in deren Kalksalze gespalten. Das erstere bleibt ganz in Lösung, das letztere wird zum größten Teile ausgefällt.

Die Äpfelsäure bildet unter den herrschenden Bedingungen das lösliche neutrale Kalksalz (Bresler).

Das Kalksalz der Zitronensäure wird zum größten Teile ausgefällt werden; es verhält sich so wie das Kalziumoxalat.

Ebenso ist das weinsaure Kalzium in Zuckerlösungen fast unlöslich.

Die beiden letztgenannten Säuren fallen als basische Salze aus. Das der Weinsäure bleibt unlöslich, während das der Zitronensäure sich allmählich lösen soll.

Akonitsaures Kalzium und ebenso Trikarballylsaures Kalzium sind nur schwer löslich — doch sind die zwei Säuren keine normalen Bestandteile des Rübensaftes; sie wurden auch nicht direkt darin nachgewiesen.

In der Scheidung können sich auch Säuren als Zersetzungsprodukte bilden, und sind demnach die Löslichkeitsverhältnisse ihrer Kalksalze zu betrachten. In erster Linie ist da jener Säuren zu gedenken, die aus dem Invertzucker entstehen. Das sind: Milch-, Glyzin-, Saccharumsäure und Saccharin. (Péligots Arbeiten siehe S. 61.) Mit Ausnahme der Saccharumsäure haben die anderen Säuren lösliche Kalksalze, gehen also in den Saft über. Das ist eine sehr unwillkommene Erscheinung; daraus erhellt auch ein weiterer Nachteil für den Betrieb, wenn auf der Batterie Inversion stattfindet. Nicht nur daß mit ihr größere Zuckerverluste verknüpft sind, man verschlechtert damit auch die Qualität der Scheide- und Saturationssäfte durch Vermehrung der aus dem Invertzucker stammenden Säuren, bzw. ihrer Kalksalze.

Die Fettsäuren der Fette geben mit Kalk unlösliche Verbindungen; aber zum Schlusse der Saturation, wo der Kalk gegen Alkalien und Ammoniak nur in kleinem Überschusse vorhanden ist, lösen sich die gebildeten Kalkseifen wieder auf. Nach Versuchen von L. Battut mit Kakaobutter zu 70 %. Die in den Schlamm gelangenden Kalkseifen erschweren die Filtration. Bei der Verseifung des Rübenfettes bildet sich nach untenstehender Gleichung auch lösliches Glyzerin. Doch können nicht die geringen Fettsubstanzen der Rüben, sondern nur die zur Beruhigung der schäumenden Säfte zugesetzten Fette sich im Betriebe geltend machen.

Fette sind neutrale Glyzerinester der Stearinsäure $C_{18}H_{36}O_2$, der Palmitinsäure $C_{16}H_{32}O_2$ und der ungesättigten Ölsäure $C_{18}H_{34}O_2$. Glyzerin vereinigt sich mit 3 Molekülen einer dieser Säuren zu einem Fette (Glyzerinester). Man spricht von Palmitin, Stearin, Olein, je nach der Säure, die in das Glyzerin eingetreten ist, z. B.:

$$\begin{array}{l} CH_2 \cdot OH \\ | \\ CH \cdot OH \\ | \\ CH_2 \cdot OH \\ \text{Glyzerin} \end{array} + \underset{\text{Palmitinsäure}}{3\,C_{15}H_{31} \cdot COOH} = 3\,H_2O + \begin{array}{l} CH_2 \cdot O \cdot CO \cdot C_{15}H_{31} \\ | \\ CH \cdot O \cdot CO \cdot C_{15}H_{31} \\ | \\ CH_2 \cdot O \cdot CO \cdot C_{15}H_{31} \\ \text{Palmitinsäureglyzerid} \\ \text{(Palmitin)} \end{array}$$

Analog geht die Bildung des Stearins und des Oleïns vor sich. Die Fette erleiden durch Erhitzen mit Alkalien, Kalk, Säuren oder Wasser eine Hydrolyse in die entsprechende Fettsäure und Glyzerin („Verseifung"). Wird dieser Prozeß mit Basen durchgeführt, so entstehen nicht die freien Fettsäuren, sondern ihre Salze, die Seifen.

Z. B. bildet das Palmitin, mit Natronlauge (Ätznatron) verseift, eine Natronseife:

$$\begin{array}{l} CH_2 \cdot O \cdot CO \cdot C_{15}H_{31} \\ | \\ CH \cdot O \cdot CO \cdot C_{15}H_{31} \\ | \\ CH_2 \cdot O \cdot CO \cdot C_{15}H_{31} \end{array} + 3\,NaOH = \underset{\text{Natronseife}}{3\,C_{15}H_{31} \cdot COONa} + \underset{\text{Glyzerin}}{C_3H_5 \cdot (OH)_3}$$

Die Alkaliseifen sind in Wasser löslich. In der Scheidung entstehen jedoch nicht diese, sondern die unlöslichen Kalkseifen.

$$2\,C_3H_5 \cdot (C_{15}H_{31} \cdot COO)_3 + 3\,Ca(OH)_2 = \underset{\text{Glyzerin}}{2\,C_3H_5 \cdot (OH)_3} + \underset{\substack{\text{Kalkseife} \\ \text{(Kaziumpalmitat)}}}{3\,(C_{15}H_{31} \cdot COO)_2Ca}$$

Im Wasser sind sie wohl unlöslich, aber nach den angeführten Versuchen Breslers (siehe S. 89) sind fettsaure Kalksalze doch ein wenig in den heißen Zuckerlösungen löslich, gehen also in den Scheidesaft teilweise über.

Verhalten der stickstoffhaltigen Körper in der Scheidung.

Die verschiedenen Eiweißstoffe, soweit sie nicht in den Vorwärmern koagulierten, werden durch energische Kalkeinwirkung nach dem auf S. 143 geschilderten Mechanismus abgebaut werden. Doch geht dieser Prozeß nicht sehr rasch vor sich, da Wendeler, Herzfeld, Stift, Rümpler u. a. Eiweißabbauprodukte in den einzelnen Betriebsstadien bis zur Melasse verfolgen und nachweisen konnten. Dies wird besonders beim Studium der Substanzbewegung im Betriebe (Kapitel XXVI) klar.

Der Abbau geht bis zu den Amiden und Amidosäuren vor sich. Diese befinden sich aber auch schon von Haus aus in den Säften und erliegen durch die Kalkeinwirkung weiterem Abbaue. Die zwei bekanntesten Amide, z. B. Asparagin und Glutamin, spalten Ammoniak ab und gehen in ihre Amidosäure über.

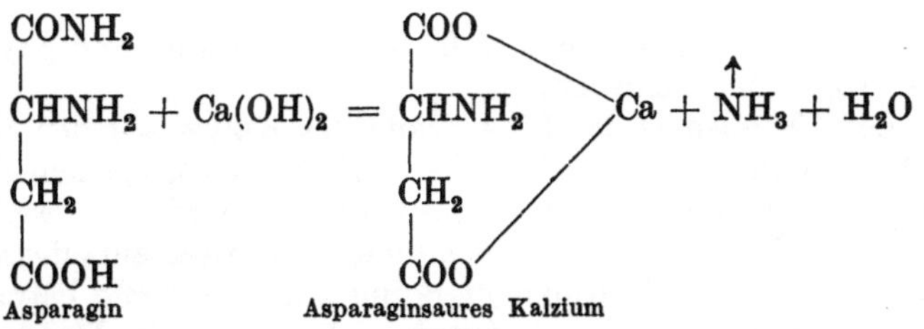

$$\begin{array}{l} CONH_2 \\ | \\ CHNH_2 \\ | \\ CH_2 \\ | \\ COOH \end{array} + Ca(OH)_2 = \begin{array}{l} COO \\ | \\ CHNH_2 \\ | \\ CH_2 \\ | \\ COO \end{array} \!\!\Big\rangle Ca + NH_3\uparrow + H_2O$$

Asparagin — Asparaginsaures Kalzium

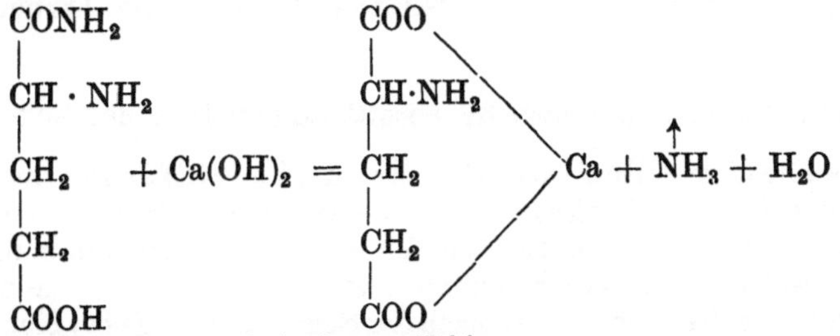

$$\begin{array}{l} CONH_2 \\ | \\ CH \cdot NH_2 \\ | \\ CH_2 \\ | \\ CH_2 \\ | \\ COOH \end{array} + Ca(OH)_2 = \begin{array}{l} COO \\ | \\ CH \cdot NH_2 \\ | \\ CH_2 \\ | \\ CH_2 \\ | \\ COO \end{array} \!\!\Big\rangle Ca + NH_3\uparrow + H_2O$$

Glutamin — Glutaminsaures Kalzium

Sind in der Rübe die freien Säuren, bzw. Alkalisalze vorhanden, so bleiben sie als Kalksalze in Lösung. Die Amide der Rübe oder jene aus den Eiweißkörpern bleiben sonach als Kalksalze ihrer Amidosäure in den Säften. Das ist keineswegs für die Saftreinigung und Kristallisation von Vorteil, immerhin aber besser, als wenn die Peptone und verwandte Körper im Safte bleiben würden, weil diese größere Melassebildner sind als die leicht kristallisierbaren Amidosäuren.

Ähnliches gilt für Leuzin und Tyrosin.

Die eben besprochenen Zersetzungen beginnen aber nur in der Scheidung; in der Saturation, Verdampfung usw. werden sie fortgesetzt. Bis zu welchem Grade der Abbau schon in der Scheidung und Saturation vor sich geht, hängt von Kalkmenge, Einwirkungsdauer und Temperatur ab. Bei der Scheidung des Rohsaftes im Malaxeur beginnt die Ammoniakabspaltung nur kaum. In der Saturation beginnt die Ammoniakentwicklung schon deutlicher, doch ist sie nicht immer wahrnehmbar, weil das Ammoniak mit dem unausgenutzten Saturationsgas durch den Dunstschlauch abzieht. Trotzdem kann man bei der Saturation oft sehr deutlich, manches Mal aber gar nicht den Ammoniakgeruch wahrnehmen.

Über das Verhalten des Allantoins in der Scheidung siehe S. 158.

Von den Pflanzenbasen und den diesen nahestehenden Körpern wird das Betaïn nicht entfernt, da es gegen Alkalien, wie die Bedingungen im Betriebe herrschen, sehr widerstandsfähig ist.

Lezithin dürfte im Eiweißkoagulum mitgerissen werden, da es auch sonst aus seinen Lösungen durch verschiedene Niederschläge mit gefällt wird.

Cholesterin ist wohl nicht verseifbar, findet sich aber doch im Schlamme vor.

Das Chlorophyll wird mit Kalk als Phyloxanthin und phyloxanthinsaurer Kalk ausgeschieden.

Über den Chemismus der Einwirkung des Kalkes auf den Rübenfarbstoff kann keine Sicherheit bestehen. Es kann von „einem Rübenfarbstoffe“ überhaupt nicht gesprochen werden, weil die Saftfärbung als Resultat eines chemischen Prozesses aufzufassen ist. Man könnte höchstens die Kalkeinwirkung auf jene Stoffe betrachten, die nach Gonnermanns und Grafes Theorien die Färbung bedingen. (Seite 108).

Verhalten der anorganischen Rübensaftbestandteile in der Scheidung.

Alkalien werden nicht nur nicht entfernt, sondern durch die des Scheidekalkes noch vermehrt. Der Gehalt des geschiedenen Saftes an freien Alkalien richtet sich nach den Säuren im Rohsafte, an welche die Alkalien gebunden waren. Sind das solche mit unlöslichen Kalksalzen, so reichen nach der Scheidung die gelöst bleibenden Säuren nicht zur Bindung der freigewordenen Alkalien aus, ein Teil der letzteren bleibt frei und wirkt in der Scheidung zersetzend auf manche Nichtzucker ein. Sind aber solche Säuren im Rohsafte mit Alkalien verbunden gewesen, die lösliche Kalksalze geben, so verdrängen die bei der Scheidung freigewordenen Alkalien entweder bereits in der Scheidung oder erst bei der Saturation den Kalk aus diesen Salzen.

Über die Erhöhung des Gehaltes an Alkalien durch jene des zugesetzten Scheidekalkes rühren Untersuchungen von Heidepriem

(Z. V. d. Zuckerind. 1865, S. 514) und Scholz her. Bei einer Scheidung mit 3 % Kalk erhöhten sich nach ersterem die Alkalien um 13,48 %.

Ebenso gehört Chlor zu den „schädlichen" anorganischen Bestandteilen, es bleibt daher in den Säften.

Phosphorsäure, Kieselsäure, Eisenoxyd und Tonerde werden zum größten Teile ausgefällt. Die beiden letztgenannten Basen und auch Magnesia fallen als Oxydhydrate aus. Bei der Phosphor- und Schwefelsäure muß man zwischen der anorganischen und organischen Bindung unterscheiden. (Phosphorsäure im Lezithin und als Phosphat, Schwefelsäure als Sulfat und in den Eiweißkörpern.) —

Im vorstehenden wurde versucht, alle chemischen Vorgänge in der Scheidung zu beschreiben. Dies konnte nach dem gegenwärtigen Stande unserer Kenntnisse hiervon nur unvollständig geschehen. Manche Vorgänge könnten vielleicht besser aufgehellt werden, wenn der Niederschlag der Scheidung — der Scheideschlamm — in seiner Zusammensetzung genauer erforscht wäre. Es wäre gewiß eine sehr lohnende Aufgabe, dieses Gebiet zu bearbeiten, da sich in der ganzen Literatur nur spärliche Angaben über die Zusammensetzung des Scheideschlammes finden. Ausführliche Analysen, wie sie etwa für den Saturationsschlamm reichlich vorliegen, fehlen überhaupt.

So kann nur eine Angabe nach Teirich aus dem Jahre 1864 gemacht werden.

Zusammensetzung von Scheideschlamm.

	Minimum	Maximum
Kalk	23,39	25,19
Sonstige Mineralbestandteile	3,00	3,66
Zucker	3,20	4,27
Ausgeschiedene organische Verbindungen	15,58	23,81
Stickstoff	1,02	1,52
Sand und Ton	2,15	4,77
Wasser	46,22	51,53

Neben seiner chemischen Wirkung macht sich auch eine sterilisierende Wirkung des Kalkes geltend. Der vorgewärmte Rohsaft enthält immer noch genug Pilzkeime; sie werden erst durch den Zusatz des Kalkes abgetötet, was Rümpler zeigte. Er erhielt bei tagelangem Stehen des Scheidesaftes „nicht die geringsten Pilzkolonien".

b) Saturation.

Der eigentliche Zweck der Saturation ist erstens, den überschüssigen Kalk auszufällen, und zweitens, die vorhandenen Saccharate zu zersetzen:

I. $Ca(OH)_2 + CO_2 = CaCO_3 + H_2O$.

II. $C_{12}H_{22}O_{11} \cdot CaO + CO_2 = C_{12}H_{22}O_{11} + CaCO_3$.

Verhalten des Zuckers in der Saturation.

Die Zersetzung eventuell anderer vorhandener Kalksaccharate verläuft analog. Unter gewissen Umständen (Trockenscheidung, kalte Scheidung) entstehen Doppelverbindungen von kohlensaurem Kalk und Zuckerkalk, Zucker-Kalk-Karbonat, das einen gelatinösen Niederschlag bildet, den Saft verdickt und größere Mengen Zucker in Form von unlöslichem Zuckerkalk einschließt. Arbeitet man bei Temperaturen über 70—80° C, so vermeidet man die Bildung des gelatinösen Zucker-Kalk-Karbonats vollständig (Herzfeld); umgekehrt, je kälter die Arbeit, desto größere Mengen bilden sich davon. Durch starkes Erwärmen und fortgesetztes Einleiten von Kohlensäure tritt Zerlegung desselben ein. Die Zusammensetzung dieser Verbindung ist noch nicht unbestritten, und so verzichtet der Verfasser darauf, die chemischen Vorgänge bei der Zerlegung des Zuckerkalkkarbonates mit Kohlensäure in Form einer Gleichung zu veranschaulichen. Tatsache ist, daß mit fortschreitender Einleitung der Kohlensäure Verflüssigung des Schlammbreies eintritt, bis bei richtiger Alkalität nichts mehr vom Zuckerkalkkarbonat vorhanden ist.

Unter Umständen können aber doch erheblichere Mengen im Safte verbleiben, die dann auf den Schlammpressen schlechtes Laufen und Zuckerverluste verursachen. —

Beim Zerlegen des Kalziummonosaccharates durch Kohlensäure wird Zucker frei. Nach der Anschauung Jelíneks soll der freiwerdende Zucker sich wieder mit Ätzkalk zum Saccharate verbinden, durch Kohlensäure abermals zerlegt werden usf., bis kein freier Ätzkalk mehr vorhanden ist. Diese Hypothese „ist bis heute eine auf kein Experiment sich stützende geblieben“.

Von den älteren Untersuchungen absehend, gelangt man zu den Arbeiten Wachtels. Eine Studie aus dem Jahre 1879 enthält noch neben Veraltetem richtige Schlüsse über die Alkali- und Kalksalze der Arabin- und Metaarabinsäure, die auf Scheiblers Forschungen beruhen. Die genannten Salze sind in Wasser löslich, gelangen in den Saft, werden von Kohlensäure nicht zerlegt und gehen in die Melasse über. Beim alten Elutionsverfahren fanden sie sich häufig im Zuckerkalke vor. Im Jahre 1880 (Organ XVIII, 1880, S. 486) erschienen weitere „Beiträge zur Saturation“, worin Wachtel die zur Scheidung und Saturation unbedingt notwendige Kalkmenge zu $^1/_8$ % CaO bei Anwendung genügender Zeit und Wärme für schlechte Rüben auf Grund von Versuchen angibt. Das wäre das theoretische Minimum; doch ist sich Wachtel des Vorteiles der Anwendung eines Kalküberschusses in mechanischer Hinsicht bewußt. Die Saturation soll rasch verlaufen. Bei langsamer Arbeit ist die erzielte Reinigung geringer und die Alkalität des Saftes größer. Dies hat seinen Grund darin, daß sich dreibasisches Kalksaccharat bildet und Kalkkarbonat in Lösung geht, und zwar umso mehr, je länger die Saturation dauert und je niedriger die Temperatur dabei ist. Das dreibasische Kalksaccharat hat nach Lippmann, in Übereinstimmung mit andern, die Formel $C_{12}H_{22}O_{11} + 3\,CaO + 3\,H_2O$. — Es wurde von Lippmann so dargestellt, daß Zuckerlösungen mit reinstem Ätzkalke gefällt, filtriert und der Niederschlag getrocknet wurden (Organ 1880, 35 und 290). Wachtel saturierte dieses reine Saccharat mit Kohlensäure. Zuerst entsteht eine dickflüssige, weiße Masse, welche diesem Gase einen großen Widerstand entgegensetzt. Die Kohlensäure wird absorbiert, dann erfolgt Verflüssigung der Masse. Vor dem Momente der größten Konsistenz der Masse waltet Ätzkalk, nach diesem kohlensaurer Kalk vor. Die dicke Masse ist nach Wachtel eine Verbindung von zweibasischem Zuckerkalk mit kohlensaurem Kalk. Bei weiterer Saturation entsteht endlich, besonders in der Kälte, nach sehr langsamer Filtration eine schwerflüssige, klare, farblose Flüssigkeit, die eine Lösung von Kalkkarbonat im einbasischen Zuckerkalk sein soll. Es wäre also durch fortschreitenden Zerfall aus dem dreibasischen Zuckerkalk zwei- und einbasischer entstanden. Letzterer zerfällt dann durch die Kohlensäure in Kalkkarbonat und Zucker, je nach den Temperaturverhältnissen. „Da in der Praxis faktisch höhere Temperaturen angewendet werden, welche nahe an der Kochhitze liegen, so läßt sich annehmen, daß bei der Saturation, nachdem dreibasisches Saccharat anwesend sein mußte, zuerst zweibasisches, dann einbasisches Saccharat entsteht, von welchen beiden bekannt ist, daß 1. zweibasisches Saccharat beim Kochen leicht in ein-[1]) und dreibasischen Zuckerkalk zerfällt (Boivin und Loiseau), 2. daß einbasisches Saccharat kohlensauren Kalk in bedeutenden Mengen auflöst und in diesem Zustande beim Kochen in Kalkkarbonat, dreibasischen Zuckerkalk und Zucker zerfällt.“ Ein Teil des zersetzten dreibasischen Saccharates wird demnach bei der Saturation in der Hitze regeneriert, wodurch die Saturation länger dauert. Bei langsamer Einleitung von Kohlensäure geht auch noch der schon abgeschiedene kohlensaure Kalk in Lösung, „....rasche Saturation ist also vorzuziehen, da fallen diese Bedenken weg“. Der Saturationsschlamm enthält stets Zuckerkalk. Bei Übersaturierung wird ein großer Teil des Kalkkarbonates gelöst.

Nach einer Zusammenstellung Sykoras aus dem Jahre 1880 erfahren die Rübensaftbestandteile bei der Scheidung und Saturation folgende Umsetzungen. Der Rohrzucker bildet einbasisches und unter Umständen auch dreibasisches Kalksaccharat, daneben auch Alkalisaccharate. Sie alle werden bei energischer Saturation zerlegt. Der Invertzucker wird durch Kalk in Gluzin- und weiter Apogluzinsäure umgewandelt. Diese Säuren bleiben in Form ihrer Alkalisalze im Safte. Die Pektinsubstanzen gehen durch Kalkeinwirkung in Pektin- und Metapektinsäure über. Die metapektinsauren Salze

[1]) Was beide später als unrichtig erkannten.

bleiben im Safte, der pektinsaure Kalk geht, weil unlöslich, in den Schlamm über. Rübengummi oder Arabinsäure sowie die daraus durch die Kalkeinwirkung entstandene Metaarabinsäure bleiben in Form ihrer Kalk- oder Alkalisalze in Lösung. Oxal-, Zitronen-, Phosphor- und Schwefelsäure gehen zum größten Teile in den Saturationsschlamm über. Milchsaurer und äpfelsaurer Kalk sind löslich und bleiben im Safte; ein unlöslicher äpfelsaurer Kalk geht in den Schlamm. Dasselbe gilt von der Kieselsäure. Kali und Natron bleiben zum größten Teile im Safte, und zwar in Form von Hydrat, Karbonat, Chlorid, Nitrat und Organat. Magnesia, Eisen- und Aluminiumoxyd, bzw. deren Salze finden sich nach der Scheidung und Saturation im Schlamme.

Die Proteïnsubstanzen werden in ihrer koagulierten Form (Pflanzeneiweiß oder Albumin) im Schlamme gefunden, die gelöst gebliebenen (Legumin) bleiben im Safte und werden ,,in einfachere (braune Humus-) Stoffe" zersetzt.

Asparagin und Glutamin werden nach den auf S. 317 dargelegten Gleichungen zersetzt. Die gebildeten Kalksalze bleiben in Lösung.

Über das Betaïn und den Rübenfarbstoff macht Sykora teilweise heute nicht mehr als richtig anzusehende Angaben.

Die Zellulose des Rübenkörpers bleibt bei der Saftreinigung vollständig unangegriffen, geht aber mechanisch in den Saturationsschlamm über (Organ XVIII, 1880, S. 542).

Loiseau versetzte Zuckerlösungen mit Kalkhydrat und saturierte die so erhaltenen Zuckerkalklösungen mit Kohlensäure aus, bis sich ein gelatinöser Niederschlag bildete. Dabei fand er, wie schon früher mit Boivin zusammen, daß diese Lösung bis zur Bildung des Niederschlages an Alkalität zu-, an Zuckergehalt abnahm. Dem gefällten Zuckerkalkkarbonat gab später Loiseau auf Grund seiner unter verschiedenen Bedingungen durchgeführten Versuche die Formel: $C_{12}H_{22}O_{11} . 3\,CaCO_3 . 2\,Ca(OH)_2$ (Sucrerie indigène, 1884).

Dieselben Untersuchungen wiederholte Weisberg mit Diffusionssaft und fand, daß im Verlauf der Saturation stets eine Verminderung der Polarisation der filtrierten Säfte zusammen mit einer Verminderung der Alkalität und einer Verdickung der gekalkten Masse eintritt. Er nimmt Fällung einer Verbindung von Zucker, Kalk und kohlensaurem Kalk an, welche die Filtrationsfähigkeit erschwert. In seinen ,,Untersuchungen über den Verlauf der normalen ersten Saturation" (Z. V. d. Zuckerind. 1899, S. 701) kam A. Herzfeld zu denselben Ergebnissen wie Loiseau und Weisberg.

Zuerst fand Herzfeld bei Saturationsversuchen mit reinen Zuckerkalklösungen (Lösungen von Kalk in Zuckerlösungen), daß bald nach Beginn der Saturation gelatinöse Verdickung der Lösung eintrat, welche sich beim Weitersaturieren allmählich wieder verlor; mit zunehmender Verdickung nahm die Polarisation ab. Aus dem ersten Versuche seien folgende Zahlen zur Verdeutlichung des Gesagten hervorgehoben.

Grade Brix der filtrierten Probe:
während der Einleitung der Kohlensäure

34,2 30,3 30,3 30,0 29,9 29,9 29,4 29,2 29,0 28,9

Polarisation nach Ansäuern mit Essigsäure.
während der Einleitung der Kohlensäure

28,37 28,02 28,02 27,87 27,87 28,02 28,21 28,34 28,50 28,78

Die verdickte Lösung zeigte starke Schaumbildung und filtrierte sehr schwer. Herzfeld wiederholte diese Versuche mit Diffusionssaft, und zwar bei kalter und heißer Scheidung und Saturation. Er fand dieselben Resultate, doch seien nur die beiden letzten Versuche infolge ihrer erhöhten Anpassung an die Praxis eingehender dargelegt.

Tabelle Nr. 81.

Kalte Saturation von mit Kalk behandeltem Rübensaft von 12° Brix.

Bezeichnung der Probe	Dauer der Saturation in Minuten	CO_2-Verbrauch in Litern	Temperatur in °C	Polarisation	Teile CaO auf 100 g Lösung (filtrierte Probe[1])	Moleküle CaO auf Moleküle $C_{12}H_{22}O_{11}$	Zuckerlöslicher Ätzkalk auf 100 Teile[2])	Teile CaO auf 100 g Lösung (filtrierte Probe) Phenolphthalein	Anmerkung
a	—	—	—	10,4	—	—	—	—	a ungeschiedener Saft
b	—	—	21	10,3	1,26	0,75	1,62	1,24	b geschieden aber noch nicht saturiert
c	10	11	24	10,3	1,38	0,82	0,94	1,34	
d	5	5	25	9,9	0,18	0,11	0,40	0,14	bei d größte Verdickg
e	5	4	25	10,3	0,12	0,07	0,16	0,08	
f	5	5	25	10,4	0,07	0,04	0,02	0,03	
g	5	5	24	10,4	0,14	0,08	0,04	0,00	
h	—	—	—	—	—	—	—	—	

Dasselbe Resultat gab der Versuch bei heißer Saturation.

Die weiteren Versuche verfolgten den Zweck, die Ursachen der Zuckerfällung bei der Scheidung und Saturation noch weiter aufzuklären, ferner eine Methode ausfindig zu machen, das Zuckerkalkkarbonat synthetisch darzustellen. Herzfeld gelangt insgesamt zu folgenden Resultaten:

1. Bei der Scheidung und Saturation wird Zuckerkarbonat und etwas dreibasischer Zuckerkalk gebildet. Die Polarisation des Saftes nimmt deshalb während der Saturation ab, erreicht aber schließlich wieder den ursprünglichen Grad. 2. Die beiden genannten Verbindungen haben gelatinöse Beschaffenheit und verhindern bei mangelhafter Saturation die Filtrationsfähigkeit auf den Schlammpressen; bei hinreichender Saturation werden beide zerlegt.

[1]) Titriert mit H_2SO_4. (Methylorange). CaO = freier CaO + CaO des Karbonats und Bikarbonats.

[2]) Nach Methode Scheibler mit Zuckerlösung ausgeschüttelt und titriert.

Claassen führt die Bildung von unlöslichem Zuckerkalk auf drei Ursachen zurück: „1. auf die Ausfällung desselben bei der Scheidung durch örtliche Überhitzung oder durch stärkeres Erwärmen nach der Kalkzugabe, 2. weil ein Teil des bei Beginn der Saturation ausgefällten Zuckerkalkes auch nach beendeter Saturation ungelöst bleibt und 3. darauf, daß Zuckerkalk mit den bei der Scheidung oder bei der Saturation ausfallenden, unlöslichen Kalkverbindungen zusammen ausfällt.“ Im allgemeinen, bei normaler Arbeit sind jedoch die Mengen dieser unerwünschten Verbindung nur ganz geringe, oder sie tritt nie auf.

Verhalten der stickstofffreien Nichtzuckerstoffe in der Saturation.

Das Verhalten der Raffinose in der Scheidung und Saturation studierte Zujew. Er beobachtete, „daß beim Durchleiten von Kohlensäure durch eine wässerige Raffinose und Kalk enthaltende Lösung eine Polarisationsänderung der verschieden lange mit Kohlensäure behandelten Proben beobachtet werden kann. Die Polarisation sinkt nämlich zu einem bestimmten Minimum, steigt aber dann wieder bis zum ursprünglichen Werte an.“ Dies läßt sich durch die Annahme erklären, daß Kohlensäure beim Zersetzen des Kalziumraffinosates mit diesem eine andere unlösliche Verbindung eingeht, die aus CaO, $CaCO_3$ und Raffinose besteht (analog der Saccharose). Das zusammengesetzte Raffinosat hat nach Zujew die Formel: $C_{18}H_{32}O_{16} \cdot 3\,(CaO \cdot 2\,CaCO_3)$; es ist eine weiße, amorphe Masse, in kalkhaltigem Wasser unlöslich und durch Kohlensäure leicht zersetzlich. Für diesen Vorgang nimmt Zujew folgende Gleichung an:

$$C_{18}H_{32}O_{16} \cdot 2\,CaO + 2\,CO_2 = C_{18}H_{32}O_{16} \cdot CaO \cdot CaCO_3 + CO_2 = C_{18}H_{32}O_{16} + 2\,CaCO_3.$$

Das Kalk-Kalziumkarbonat-Raffinosat ist nicht luftbeständig, es zerfällt durch die atmosphärische Kohlensäure bei Anwesenheit von Wasser. Im Fabriksbetriebe können maximal 15 %, minimal 3 % Raffinose in Form des obigen Niederschlages ausfallen (Ö. U. Z. f. Zuckerind. XXXIX, 1910, 191).

Die stickstofffreien organischen Säuren sind in Form ihrer Kalksalze im Scheideschlammsafte vorhanden; im Schlamme, wenn unlöslich, im Safte, wenn löslich. Nun wird in diesen Kohlensäure eingeleitet; sie trägt zu einer gesteigerten Kompliziertheit der Löslichkeitsverhältnisse bei. Erstens dadurch, daß sie die Alkalität des Saftes vermindert, zweitens, weil sie chemische Umsetzungsprozesse hervorruft. Es wird Salze geben, die im alkalischen Safte löslicher waren, also durch die Saturation unlöslich werden; es kann aber auch solche geben, welche im alkalischen Safte weniger löslich waren, also durch die Saturation löslicher werden. Die Temperaturverhältnisse spielen bestimmt dabei eine Rolle; viele der Kalksalze (oben schon genannt) werden mit sinkender Temperatur löslicher. Doch gilt der letztgenannte Umstand nur theoretisch, weil man normalerweise die Temperatur gleich hoch hält.

Feltz hat gezeigt (Stammers Jahresbericht 9, 627), daß beim Einleiten von Kohlensäure in eine Lösung von Zuckerkalk und Zitronensäure zitronensaurer Kalk in merklicher Menge gefällt wird; daß aber dieser Niederschlag bei längere Zeit fortgesetzter Behandlung mit Kohlensäure wieder in Lösung geht. Ebenso verhält sich die Weinsäure; nur löst sich der gefällte weinsaure Kalk bei fortgesetzter Saturation nicht wieder auf. Direkt einer Lösung von Zuckerkalk zugesetzt, fällt Weinsäure weinsauren Kalk, welcher im Überschuß wieder löslich ist. Zitronen- und Weinsäure scheinen aus Zuckerlösungen in Form basischer Salze auszufallen, deren nähere Zusammensetzung indessen noch nicht festgestellt werden konnte. Weinsäure, deren Kalksalz in Zuckerlösungen fast unlöslich ist, bleibt auch bei fortgesetzter Kohlensäureeinleitung ungelöst. Zitronensäure fällt anfangs als basisches Kalksalz aus, löst sich aber dann wieder auf.

Andrlík, Urban und Stanek fanden hingegen in später zu besprechenden Untersuchungen von Saturationsschlammproben keine Weinsäure, auffallenderweise aber Zitronensäure; letztere jedoch nicht vollständig, weil das zitronensaure Kalzium etwas löslich ist. Oxalsäure fanden sie nie im Schlamme der zweiten Saturation, weil diese Säure schon in der ersten Saturation vollständig ausfällt. Häufig fanden sich größere Mengen Oxalsäure im Schlamme, als in den Rohsäften vorhanden waren, was sich durch die Kalkeinwirkung in der Wärme auf Glyoxylsäure erklären läßt. Diese zerfällt in Oxalsäure und Glykolsäure, und oxalsaurer Kalk geht in den Schlamm.

Auch Trikarballylsäure fand Andrlík im Schlamme, doch nicht mit Sicherheit. Rübenharzsäure (Cholesterin) geht ebenfalls in den Saturationsschlamm über.

Weisberg verneint die Umwandlung der Pektinstoffe in metapektinsauren Kalk. Nach seinen Ergebnissen enthält der Diffusionssaft bei richtig geleitetem Betriebe nur sehr geringe Mengen dieser Stoffe; ferner werden sie bei richtiger Scheidung und Saturation nicht in löslichen metapektinsauren Kalk umgewandelt, sondern gehen als unlöslicher pektinsaurer Kalk in den Schlamm. Der pektinsaure Kalk ist durch Kohlensäure nicht zersetzbar[1]). Weisberg wies ihn im Schlamm nach, allerdings polarimetrisch. Der Genannte führte die Bedingungen, die zur Bildung von metapektinsaurem Kalk notwendig sind, an; keine derselben trifft im normalen Betriebe zu. 1. Behandlung der ausgelaugten Rübenpülpe mit Kalk. 2. Rübenbrei längere Zeit mit Wasser gekocht. 3. Das sub 2 erhaltene Filtrat mit Kalkmilch längere Zeit erhitzt. Je länger die Erhitzung dauert, desto größere Mengen metapektinsauren Kalkes werden gebildet (Ö. U. Z. f. Zuckerind. XVII), 1889, S. 419).

---

1) Ähnliche Ansichten legte Sykora dar. (s. S. 322).

Verhalten der stickstoffhaltigen Nichtzucker in der Saturation.

Schon in der Scheidung wurden die nicht geronnenen Eiweißkörper durch die Wirkung des Kalkes unter Bildung von Propeptonen, Peptonen, Amiden und Amidosäuren zersetzt. Die Amide zerfallen weiter unter Freiwerden von Ammoniak und Bildung organischsaurer Kalksalze. Die Kalksalze der Amidosäuren sind, wie u. a. auch Bresler zeigte, in Zuckerlösungen löslich. Ferner entstand in der Scheidung freies Alkali durch Umsetzung des Kalkhydrates mit organischen Alkalisalzen der Rübensäfte. Das freie Alkali wird bei der Saturation in Alkalikarbonat verwandelt (1); letzteres setzt sich mit amidosaurem Kalk um (2),

1. $$2\,KOH + CO_2 = K_2CO_3 + H_2O.$$

2. $$K_2CO_3 + \begin{array}{c} COO \\ | \\ CHNH_2 \\ | \\ CH_2 \\ | \\ COO \end{array}\!\!\Big\rangle Ca = CaCO_3 + \begin{array}{c} COOK \\ | \\ CHNH_2 \\ | \\ CH_2 \\ | \\ COOK \end{array}$$

Asparagins. Kalk

Bresler erklärte des näheren die Bildung größerer Mengen dieser Kalksalze bei Verarbeitung von unreifen und faulen Rüben: Durch physiologische Prozesse werden die Eiweißkörper abgebaut. Die so gebildeten Amide, bzw. Amidosäuren finden nicht genügend Alkali vor, um in saures amidosaures Alkali verwandelt werden zu können, und bleiben als Kalksalze in Lösung. Dazu kommen noch die Amide und Amidosäuren, die erst in der Scheidung und Saturation entstanden.

Nach Bresler können die schwefelhaltigen Eiweißkörper als eine der Quellen der Schwefelsäure, bzw. des Kalziumsulfates, die Lezithine als Quelle für die Phopshorsäure und Fettsäuren, bzw. deren Kalksalze, angesehen werden (C. f. d. Z., IX. Jahrg. 1900).

Im Saturationsschlamme finden sich die koagulierten Eiweißkörper. Vom „schädlichen Stickstoff" wird natürlich nichts entfernt. —

Verhalten der Aschenbestandteile in der Saturation.

Von den Aschenbestandteilen wurde eingehender das Eisen auf sein Verhalten in der Saturation von Herzfeld geprüft, weil mit dieser Frage eine Mißfärbung des Rohzuckers im Zusammenhange steht. In wässeriger Lösung werden Oxydulsalze durch Basen (NaOH, KOH, $Ca(OH)_2$, NH_3) und durch Karbonate (Na_2CO_3, K_2CO_3) weniger gut ausgefällt als Oxydsalze. Die Oxydsalze wurden durch die genannten Reagenzien sowohl in der Kälte als auch in derHitze ausgefällt, während sich bei den Oxydulsalzen diesbezüglich Unterschiede zeigten. Kalkhydrat z. B. fällt Oxydulsalze nur in der Kälte, nicht in der Hitze, Oxydsalze jedoch ohne Rücksicht auf die Temperatur aus. Durch

Kalk und Kohlensäure werden Oxydulsalze sowie Oxydsalze vollständig in der Hitze und Kälte ausgefällt.

Anwesenheit von Zucker hemmt oder verhindert die angeführten Reaktionen. Nur die Kalk- und Kohlensäure-Wirkung wird nicht beeinträchtigt; es fallen also bei den Betriebsverhältnissen sowohl Oxyd als auch Oxydulsalze aus. Die Oxydsalze schwerer als die Oxydulsalze, weil, wie Herzfeld zeigen konnte, diese durch die Saturation nicht oder nur unvollkommen in Karbonate verwandelt werden und das Oxydhydrat (die gefällte Form der vorhanden gewesenen Oxydverbindung), das wohl in Zuckerlösung unlöslich ist, sich in Zuckerkalk zu einer löslichen Zuckereisenverbindung löst. „Sobald also der Schlamm noch Zuckerkalk enthält, wird bei Anwesenheit von gefälltem Eisenoxydhydrat auch letzteres während der (Spodium)filtration wieder in den Saft zurückgelangen können." Bei richtig durchgeführter Saturation werden alle Eisenverbindungen gefällt, denn dann gibt es keinen Zuckerkalk. Das gefällte kohlensaure Eisenoxydul ist in Zuckerkalk nicht löslich (Z. V. d. Zuckerind. 1895, S. 689).

Über das chemische Verhalten der Magnesia hatte Wachtel folgende Anschauung:

1. Die Magnesia ist eine schwächere Basis als Kalk, Kali und Natron, wird also jedenfalls bei Anwesenheit derselben in Freiheit gesetzt.

2. Magnesia ist, wenn auch wenig, doch so im Wasser löslich, daß sie blaue Lackmusreaktion gibt; etwas leichter, wenn auch nur unbedeutend, ist dieselbe in Zuckerlösung auflösbar, ebenso das Karbonat derselben. (Siehe S. 86).

3. Geht dieselbe mit Rohrzucker keine Verbindung ein, wie C. Bernhard und L. Ehrmann bewiesen, und verbleibt also auch aus diesem Grunde in Freiheit, umsomehr, als bei einer etwaigen Saturation die Magnesia als schwächere Base stets durch die kräftigen Basen regeneriert wird.

4. Ist in jedem Kalkstein, welcher zur Scheidung benützt wird, eine kleine Menge dieses Stoffes vorhanden, welche hinreicht, eine geringe Alkalinität des Saftes zu bewirken.

5. Bei möglichst vollständiger Saturation findet man in den erhaltenen Säften immer die Magnesia über den Kalk vorherrschend, wie aus folgenden Beispielen ersichtlich:

I. Saturierter Saft:	0,068 %	Alkalinität	
	0,022 %	CaO	gefällt
	0,054 %	MgO	gefällt
II. Saturierter Saft:	0,026 %	Alkalinität	
	0,003 %	CaO	
	0,0198 %	MgO	

Der Gehalt des geschiedenen und somit auch des saturierten Saftes an freien Alkalien richtet sich nach den Säuren des Rohsaftes, an welche die Alkalien gebunden waren. Bilden die Säuren unlösliche Kalksalze, so reichen die nach der Scheidung gelöst bleibenden Säuren nicht zur Bindung der Alkalien aus. Die Alkalien bleiben also teilweise frei.

Bilden die Säuren aber lösliche Kalksalze, so werden die durch die Scheidung freigemachten Alkalien in der Scheidung oder Saturation den Kalk verdrängen, dann haben solche Säfte keine freien Alkalien, also keine Alkali-Alkalität, sondern nur Kalk- und Ammoniak-Alkalität.

Die erste Art von Säften ist für den Betrieb stets günstiger als die letztgenannte; bei dieser tritt Alkalitätsrückgang während der Verdampfung ein.

Die „schädliche Asche" bleibt in den Säften zurück.

Die Umsetzungen der Säuren und anderer Saftbestandteile mit dem Kalke bei der Scheidung und sodann mit der Kohlensäure bei der Saturation finden nochmals im Abschnitte „Alkalität" (s. Seite 348) vertiefte Besprechung, so daß dieser den Chemismus der Saftreinigung in manchen Punkten mehr aufhellt. Das gleiche gilt teilweise vom Abschnitte „Reinigungseffekt" (s. Seite 353).

c) Nachsaturationen.

Der ersten Saturation mit Kohlensäure folgt immer eine zweite und fast stets eine dritte. Gewöhnlich wird die zweite Saturation mit Kohlensäure unter Zugabe einer geringeren Menge Kalk, die dritte ohne Kalk mit Kohlensäure oder mit schwefliger Säure durchgeführt. Manche Fabriken arbeiten in der dritten Saturation mit beiden Säuren zugleich; oder es wird in allen drei Saturationen mit Kohlensäure gearbeitet und schweflige Säure in einem späteren Stadium des Betriebes auf die Säfte einwirken gelassen.

Daß man die Saturation nicht in einer Phase durchführt, sondern in drei Teile zerlegt, hat den Zweck, eine möglichst gleichmäßige Alkalität der Säfte zu erzielen. Die Gleichmäßigkeit wird durch den Zusatz kleiner Kalkmengen gefördert. Claassen ist der Ansicht, daß ein solcher Zusatz keinen Nutzen mehr bringt, „weil der in den Säften der ersten Saturation noch gelöst bleibende Kalk bei den hohen Temperaturen genügt, um die Umsetzung der Nichtzuckerstoffe weiter fortzuführen". Trotzdem kann sich ein Kalkzusatz zur zweiten Saturation empfehlen, weil ein solcher den Effekt der chemischen Umsetzungen mechanisch fördert.

Der von den ersten Schlammpressen fließende Saft gelangt, durch Vorwärmer möglichst hoch erwärmt, zur zweiten Saturation; der Kalk wirkt hier genau so wie bei der ersten Scheidung. Natürlich resultiert bedeutend weniger Saturationsschlamm, was übrigens von der angewandten Kalkmenge abhängt. Der Saft von den zweiten Filterpressen oder mechanischen Filtern gelangt zur dritten Saturation, wo ihm seine Alkalität für das Verdampfen erteilt wird. Vorher wird er aber auch erwärmt und nachher filtriert.

Wie weit man auf der dritten Saturation aussaturieren soll, läßt sich nicht fixieren. Das hängt von dem Verhalten des Dünnsaftes bei seinem Verdampfen ab. Am besten richtet man die Alkalität des Dünnsaftes nach jener des Dicksaftes. Wird letztere über das gewünschte Maß hoch, vermindert man jene des Dünnsaftes und umgekehrt. Da wird einem klar, mit was für einem verschiedenartigen Rohmateriale (die Rübe) man arbeitet. Es gibt Kampagnen in ein und derselben Fabrik, wo die als einmal richtig erkannte Dünnsaftalkalität nie abgeändert werden, und wo in anderen Kampagnen dies häufig geschehen muß.

Gewöhnlich hält man die Alkalitäten bei den drei Saturationen folgendermaßen: I 0,09—0,10 % CaO, II 0,05 % CaO, III 0,01—0,00 % CaO (Phenolphthaleïn).

Saturation mit schwefliger Säure.

Häufig wird die dritte Saturation mit schwefliger Säure durchgeführt.

Die Anwendung der schwefligen Säure in der Zuckerfabrikation zur Reinigung der Rübensäfte und Klären reicht bis in die Anfänge dieser Industrie zurück. Der erste, der deren Anwendung empfahl, war Proust im Jahre 1810. Aus demselben Jahre stammt ein Patent Walkhoffs über denselben Gegenstand. Doch scheint es, daß sich die Säure anfangs in der Industrie nicht bewährte. 1829 trat Dubrunfaut wieder für diese Säure ein, 1838 E. Stolle für die Anwendung von zweifachschwefligsaurem Kalke, ebenso Melsens im Jahre 1849. Damit wurde im Jahre 1856 ein Verfahren in Amerika gehandhabt (Martin und Gamotis). Barreswill empfiehlt den Zusatz dieses Sulfites zu den Säften nur als Antiseptikum. Im Jahre 1858 wandte F. C. Calvert eine gesättigte Lösung von schwefliger Säure zum Raffinieren des Zuckers an; auf 450 l Sirup (nach der Filtration) kamen 8—9 l wässeriger schwefliger Säure. Beim Verkochen entwich sie wieder. Der Zweck dieses Verfahrens war, zu verhindern, daß der filtrierte Saft von den Knochenkohlenfiltern in Gärung gerate und beim Verkochen sich färbe.

Es hätte keinen Zweck, hier näher auf die Geschichte der Anwendung der schwefligen Säure in der Zuckerindustrie einzugehen und so sei — um die älteren Anschauungen über diesen Gegenstand kennen zu lernen — schließlich nur einer Untersuchung Battuts aus dem Jahre 1884 gedacht. Nach diesem ist die schweflige Säure kein Reinigungsmittel, sondern nur von gärungshindernder und entfärbender Wirkung. Ihre Anwendung in der dritten Saturation hätte keine Wirkung, „da es fraglich ist, ob eine etwa bewirkte Entfärbung die nachfolgenden Verdampfungen überdauern wird“. Daher tritt er für die Anwendung der Säure „in einem der Abscheidung des kristallisierten Zuckers möglichst nahe gelegenen Stadium“ ein, und zwar im dritten Verdampfkörper. Im Dicksafte und in den Füllmassen kann nach Battut die schweflige Säure nicht reinigend wirken; dies könne sie nur im Rohsafte.

Nur langsam fand die schweflige Säure in der Industrie Eingang; man erzielte anfangs keine günstigen Resultate, z. B. mit dem Seyferthschen Verfahren, das die schweflige Säure teils in wässeriger Lösung, teils in Gasform im Vakuum zur Anwendung brachte. Die Farbe des Zuckers ging bei längerem Lagern zurück, der Gipsgehalt der Knochenkohle, welche damals noch in den Rohfabriken die wichtigste Rolle spielte, nahm zu.

Im Jahre 1879 machte Georg Friedrich Mayer den kühnen Vorschlag, die Säfte über Kies statt über Knochenkohle zu filtrieren. Da stellte sich infolge großen Kalkgehaltes der Dicksäfte schweres Kochen ein und so griff man wieder zur schwefligen Säure, die man auch später mit immer mehr Erfolg anwenden lernte. In dem Maße, als die Knochenkohle aus den Rohfabriken verdrängt wurde, wurde die schweflige Säure zur Saftreinigung herangezogen. In Gandersheim wurde Dünnsaftsaturation (3. Saturation) mit schwefliger Säure eingeführt und bereits im Jahre 1882 nicht mehr über Knochenkohle, sondern über Kies filtriert und nach Reinecke und Stutzer mit gutem Erfolge gearbeitet (Z. V. d. Zuckerind. 1882, S. 81). Von da ab wurde die Anwendung der schwefligen Säure immer allgemeiner; heute ist sie ein fast unentbehrliches Saftreinigungsmittel und das einzige, das sich — neben dem Kalke und der Kohlensäure — von der Unzahl der angepriesenen Saftreinigungsmittel als brauchbar erwies. Man studierte ihre Wirkungsweise, verbesserte ihre Darstellung und Anwendungsart und konnte sich so der teueren und umständlichen Spodiumarbeit entledigen, von der vielfach klipp und klar bewiesen wurde, daß eine Fabrikation von Zucker ohne Knochenkohle unmöglich sei. Ebenso wurde behauptet, daß sich „der Kies besser zum Schottern als zur Filtration von Zuckersäften eigne".

Wäre der Saft nach der Saturation eine chemisch reine Zuckerlösung, so würde bald nach der Einleitung von Schwefeldioxyd Inversion eintreten. Er enthält aber anorganische und organische Salze (organische Kalksalze, Alkalisalze, Karbonate, Chloride, Sulfate), auf die das Schwefeldioxyd zuerst einwirkt. Und zwar auf jene, die unlösliche Sulfite bilden. Das sind in erster Linie die Kalksalze. Es bildet sich schwefligsaurer Kalk, die organischen Säuren binden sich an die Alkalien vollständig; doch muß immer noch freie Alkalität bleiben, d. h. freie Alkalikarbonate müssen vorhanden sein, um den Saft gesund zu erhalten (Ö. U. Z. f. Zuckerind. XXII, S. 425).

$$\underset{\text{oxals. Kalk}}{\begin{matrix} COO \\ COO \end{matrix}\!\!>\!Ca} + SO_2 + H_2O = CaSO_3 + \underset{\text{Oxalsäure}}{\begin{matrix} COOH \\ | \\ COOH \end{matrix}}$$

$$\begin{matrix} COOH \\ | \\ COOH \end{matrix} + K_2CO_3 = \begin{matrix} COOK \\ | \\ COOK \end{matrix} + H_2O + CO_2$$

Die Farbstoffe werden teilweise reduziert, Schwefeldioxyd bei Gegenwart von Wasser zu Schwefelsäure oxydiert: $SO_2 + H_2O + O$

$= H_2SO_4$; nach anderen Anschauungen entstehen farblose Verbindungen von SO_2 mit den Farbstoffen, die aber unbeständig sind (Nachdunkeln von Zuckerfabriksprodukten). Daß eine Oxydation zu Schwefelsäure, bzw. daß Sulfate entstehen, sieht man am Sulfatgehalt des Dicksaftes und an Inkrustationen der Verdampfapparate.

Nach Neitzel ist anzunehmen, daß bei der Saturation mit Schwefeldioxyd nach vorhergegangener Kohlensäuresaturation die kohlensauren Alkalien zum größten Teil zersetzt werden, z. B. $K_2CO_3 + SO_2 + H_2O = K_2SO_3 + H_2O + CO_2$. (Über die bei der Saturation mit Kohlensäure und schwefliger Säure entstehenden Salze und deren Verhalten. Korresp.-Bl. d. V. akad. geb. Zuckertechniker, 1892, Nr. 5, S. 60).

Um das Verhalten der hier in Betracht kommenden Salze zu prüfen, stellte sie Neitzel aus reinen, kohlensäurefreien Basen sowie aus schwefel- und kohlensäurefreier schwefliger Säure dar. Beim fortgesetzten Erhitzen ihrer wässerigen Lösungen erleiden die Bisulfite Verluste an schwefliger Säure, während die neutralen Salze unverändert bleiben.

Aus den chemischen Eigenschaften der Sulfite resultieren für die Arbeit mit schwefliger Säure folgende Momente:

1. Die Einwirkung der schwefligen Säure auf die im Safte vorhandenen Basen darf nur bis zur Bildung des neutralen Salzes fortgesetzt werden. Phenolphthaleïn und Rosolsäure zeigen dieselbe durch Farbenumschlag an.

2. Nach der Saturation ist starkes Aufkochen nötig, teils um die Ausscheidung von Kalziumsulfit zu befördern, teils um etwa neben neutralen Salzen gebildete Bisulfite — eine häufige Folge undichter Ventile — wieder in neutrale Salze und schweflige Säure zu zerlegen.

Sehr instruktiv sind die folgenden Versuche A. Aulards über die Anwendung der schwefligen Säure in der Zuckerindustrie.

Tabelle Nr. 82.

Versuche mit Saft	Nr. I		Nr. II		Nr. III		Nr. IV	
	Nicht behandelt	SO_2	Nicht behandelt	SO_2	Nicht behandelt	SO_2	Nicht behandelt	SO_2
Färbung auf 100 berechnet	41	23	38	21	45	39	39	17
Grad Baumé, Saft	23,05	23,0	23,98	24,0	24,90	24,98	23,45	23,42
Grad Brix	42,06	41,96	43,80	43,83	45,53	45,50	42,80	42,75
Alkalinität in 100 g	0,145	0,05	0,126	0,04	0,135	0,05	0,146	0,04
Kalk in 100 g	0,137	0,01	0,020	0,00	0,076	0,01	0,085	0,00
Zucker in 100 g	37,65	37,65	39,70	39,70	40,85	40,85	38,85	38,95
Salze in 100 g	1,45	1,36	1,55	1,56	1,60	1,56	1,42	1,38
Organische Substanzen in 100 g	2,95	2,95	2,55	2,57	3,08	3,09	2,53	2,42
Reinheitsquotient	**89,53**	**89,72**	**90,64**	**90,57**	**89,72**	**89,78**	**90,77**	**91,11**
Salzkoëffizient	25,96	27,69	25,61	25,45	25,53	26,18	27,37	28,22
Organ. Koëffizient	12,76	12,76	15,57	15,45	13,26	13,22	15,36	16,09
Salze in 100 g Zuck.	3,85	3,53	3,90	3,93	3,91	3,81	3,65	3,54

Versuche mit Saft	Nr. I		Nr. II		Nr. III		Nr. IV	
	Nicht behandelt	SO_2	Nicht behandelt	SO_2	Nicht behandelt	SO_2	Nicht behandelt	SO_2
Organ. Substanzen in 100 g Zucker	7,83	7,83	6,42	6,47	7,54	7,56	6,51	6,21
Zusammensetzung der Aschen . .	**1,45**	**1,36**	**1,55**	**1,56**	**1,60**	**1,56**	**1,42**	**1,38**
Chlorkalium . .	0,21	0,185	0,287	0,230	0,184	0,196	0,191	0,189
Schwefels. Kalium	0,310	K^2SO^3	0,364	K^2SO^3	0,415	K^2SO^3	0,287	K^2SO^3
Kohlens. Kalium	0,426	0,781	0,476	0,941	0,486	0,985	0,405	0,758
Kohlens. Natrium	0,291	Na^2SO^3	0,476	Na^2SO^3	0,275	Na^2SO^3	0,363	Na^2SO^3
Doppeltkohlensaures Kalzium	0,085	0,314	0,389	0,364	0,098	0,316	0,064	0,433
				Nicht bestimmt		Nicht bestimmt *CaO*		Nicht bestimmt
Organische saure Kalksalze . . .	0,127	0,080	0,034	0,025	0,142	0,063	0,110	0,000

Eine groß angelegte experimentelle Untersuchung der Einwirkung von schwefliger Säure auf Zuckerlösungen stammt von K. Stiepel (Z. V. d. Zuckerind. 1896, S. 654 u. 746). Der 1. Teil der Arbeit beschäftigt sich mit der Einwirkung der schwefligen Säure auf reine Zuckerlösungen, ist also für die Bedürfnisse der Praxis nicht so ergiebig wie der 2. Teil, welcher sich mit unreinen Lösungen befaßt. Im ersten Teile konstatierte Stiepel, daß die Inversion reiner Zuckerlösungen durch schweflige Säure nach dem von Wilhelmy formulierten, auf der Guldberg-Waageschen Regel basierenden Inversionsgesetze vor sich geht. Demnach wird reine Zuckerlösung durch schweflige Säure auch bei noch so niederer Temperatur, wenn auch langsam, invertiert. Für HCl = 100 berechnete er die Inversionskonstante für SO_2 bei 25° zu 15,16 (s. Seite 75).

Die Regelmäßigkeit, mit welcher die Inversion reiner Zuckerlösungen mittels Säuren nach dem oben genannten Gesetze vor sich geht, wird durch die Anwesenheit organischer und anorganischer Stoffe nicht tangiert. Doch wird in diesem Falle „die Inversion je nach Stärke der Dissoziation der vorhandenen Nichtzuckerstoffe eine Zu- oder Abnahme der Inversionskonstanten und damit eine Vergrößerung oder Verzögerung der Inversion selbst erwarten" lassen. Nachdem Stiepel einige Autoren, die über denselben Gegenstand gearbeitet haben, zitiert (Spohr, Melsens, Bodenbender und Berendes, Grundmann), kommt er zur Beschreibung des experimentellen Teiles. Dieser wurde so durchgeführt, daß in verschiedenen Versuchsanordnungen bestimmte Nichtzuckerstoffe zu Zuckerlösungen hinzugefügt und die Gemische der Einwirkung der schwefligen Säure ausgesetzt wurden. Als Nichtzuckerstoffe wurden bei der ersten Versuchsreihe verwendet: Kaliumsulfit + Kaliumchlorid, bei der zweiten Versuchsanordnung organischsaure Salze (essigsaures Kalium, Kaliumzitrat und weinsaures Kali). Schließlich wurde verdünnte Melasse angewendet. Als Endergebnis wurde gefunden: Die vorhandenen Salze beeinflussen die Verhältnisse für die schweflige Säure so, wie sie Spohr für die anderen Säuren feststellte. Das gebildete saure schwefligsaure Kali invertiert bedeutend schwächer als die freie schweflige Säure; ferner ist die Inversionswirkung der organischen Säuren, welche durch die schweflige Säure frei gemacht wurden, zu berücksichtigen. Die drei Faktoren: Anwesenheit der Salze, Umsetzung der schwefligen Säure zu saurem schwefligsauren Kali und Freiwerden der organischen Säuren beeinflussen die Inversionswirkung der schwefligen Säure auf unreine Zuckerlösungen, sind also im Betriebe von Wichtigkeit. Stiepel fand: „Abgesehen von Nebenwirkungen, gilt auch für die Inversion unreiner Zuckerlösungen die Regel von Guldberg-Waage. Es muß also die geringste Menge freier schwefliger Säure in unreinen Zuckerlösungen (Säften, Sirupen, Melassen) auch in der Kälte Inversion hervorrufen. Neben dem Einflusse der freien schwefligen Säure ist der des gebildeten sauren schwefligsauren Kalis und der frei gemachten organischen Säuren bei niederer Temperatur für die Praxis vernachlässigungswert klein. Bei höherer Temperatur treten alle genannten Faktoren in Tätigkeit, so daß alsdann auch bei so ungenügendem Zusatze von schwefliger Säure, daß nur saures Sulfit und freie organische Säuren, aber keine freie schweflige Säure vorhanden ist, die Inversion dennoch bedeutend werden kann.“ Folgende Tabelle gibt eine Auswahl der Stiepelschen Ergebnisse wieder: Invertgehalt des Zuckers 0,005, der verdünnten Melasse 0,009.

Tabelle Nr. 83.

Menge des angewendeten Zuckers	10 g	10 g	10 g	10 g	10 g	10 g	10 g	10 g
Nichtzucker	2 g KOH	2 g KOH	5 g KCl	2 g CH_3COOK	2 g K-zitrat + KOH [1])	verd. Melasse	verd. Melasse	verd. Melasse
Zugegebene SO_2 in g	bis neutral. Methylorange	wie vor + 0,1871 g	0,1871	0,1871	0,1871	0,407	0.814	1,144 g
Erwärmt auf °C	70°	70°	70°	70°	70°	100° 80°	40° 100°	80°
Dauer d. Einwirk.	60 Min.	30 Min.	30 Min.	30 Min.	120 Min.	90 Min. 60 Min.	30 Min. 80 Min.	800 Min. 630 Min.
Gefunden % Invertzucker	0,02	0,772	5,17	0,014	0,066	1,3 0,11	0.03 2 49	0,035 0,061

[1]) Neutral, Phenolphthaleïn.

Von der Versuchsanordnung sei folgendes gesagt: Die schweflige Säure wurde einer Bombe mit flüssiger schwefliger Säure entnommen und war frei von Schwefelsäure. Auf 10 Moleküle Zucker kam ein Molekül schweflige Säure. Invertzucker wurde mittels Fehlingscher Lösung ermittelt.

Methylorange zeigt die wirkliche in Wirkung tretende freie schweflige Säure an (im Gegensatz zu der als saures Salz vorhandenen).

Zu den in den ersten fünf Kolumnen angeführten Versuchen schreibt Stiepel, „daß sowohl anorganische wie auch organische Nichtzuckerstoffe die invertierende Kraft der schwefligen Säure beeinflussen, und zwar in einigen Fällen erhöhend, meist jedoch erniedrigend. Die Größe und Art der Beeinflussung hängt, abgesehen von der Menge der beiden Agenzien (schweflige Säure und Salz), offenbar im wesentlichen von den wechselseitigen chemischen Eigenschaften beider Stoffe (ohne daß sich allgemeine Regeln aufstellen ließen) ab."

Oben wurde gesagt, daß Stiepel für die schweflige Säure zu ähnlichen Resultaten kam wie Spohr mit Säuren im allgemeinen. Deshalb sollen die Ergebnisse des letzteren kurz gestreift werden: Die Inversionsgeschwindigkeit wird bei starken Säuren (vom Typus HCl) durch Zusatz äquivalenter Mengen Chloride oder Nitrate erhöht; desgleichen wird durch Temperaturerhöhung unter sonst gleichen Umständen die Wirkung der Neutralsalze gesteigert. Bei schwachen Säuren bewirkt ein Zusatz äquivalenter Mengen Neutralsalze häufig eine Erniedrigung der Inversionskonstanten (Essigsäure, Phosphorsäure) und wird die Inversion durch Bildung saurer Salze mehr oder weniger beeinflußt. Bei starken Säuren lassen sich leichter gesetzmäßige Beziehungen aufstellen als bei schwachen Säuren usw.

Melsens stellte fest, daß die neutralen Alkalisalze der schwefligen Säure den Zucker sowohl in der Kälte als auch in der Wärme unverändert lassen; die sauren Sulfite dagegen wirken — wenn auch langsam — invertierend. Bodenbender und Berendes konstatierten, daß Anwesenheit organischsaurer Alkalisalze die Inversion durch schweflige Säure verlangsamen, Gegenwart freier Alkalien oder Alkalikarbonate dieselbe verhindern.

Über die Einwirkung der schwefligen Säure auf Dünn- und Dicksäfte liegen Versuche von Grundmann und Prinsen-Geerligs vor. Ersterer fand, daß alkalischer Dicksaft, selbst aufgekocht, nicht invertiert wird; werden die Säfte aber aufgekocht, ehe sie alkalisch sind, tritt Inversion ein. Bei Dünnsäften ist trotz Übersaturierens mit schwefliger Säure bei Temperaturen unter 80° C keine Inversion nachweisbar. In einer späteren Arbeit aus dem Jahre 1896 fand er ähnliche Resultate: Höhe der Azidität, Zeitdauer derselben und Temperatur sind die Faktoren, welche die Inversion beeinflussen, und zwar in dem Sinne, daß sich mit ihrem Wachsen die Inversionsgefahr erhöht.

Es wurde von Stiepel und anderen gezeigt, daß die Inversionskraft der schwefligen Säure in unreinen Zuckerlösungen (also Betriebssäften) geringer ist als in reinen Zuckerlösungen. Auch die

Ursachen hierfür wurden angegeben. Eingehend mit dieser speziellen Frage beschäftigte sich Hoepke (D. Z. 1897, S. 1025); P. Degener studierte den Einfluß der Amide auf dieses Inversionsvermögen (C. f. Z. 1897, V., 938a). Wirkt die schweflige Säure auf Zuckersäfte ein, so wird sie durch die vorhandenen Basen neutralisiert und kommt nur noch geschwächt zur Wirkung; die an diese Basen früher gebundenen Säuren kommen nun ihrerseits als Inversionsursache in Betracht, aber in geringerem Maße als die schweflige Säure. besonders wenn es sich um organische Säuren handelt. Amide und Amidosäuren bewirken auch Verminderung der Inversionsgefahr. Die Amide spalten sich in organische Säure und freies Ammoniak, das die stärkere Säure — also die schweflige — teilweise neutralisiert. Da sich manche Amidosäuren, z. B. Amidoessigsäure, wie Base und Säure gleichzeitig verhalten, kann auch durch diese Base, bzw. durch das Amin ein Teil der schwefligen Säure gebunden und so deren Inversionsfähigkeit heruntergesetzt werden. Die beiden letztgenannten Autoren haben übereinstimmende Ansichten und diese experimentell erwiesen. Degener arbeitete mit Asparagin und fand, um nur einige Zahlen anzuführen: 25 cm³ einer 10proz. Raffinadelösung schieden 21,5 mg, bei Zusatz von 0,25 g Asparagin nur mehr 16,14 mg Kupfer aus.

Auch Nowakowski fand, daß reine Rohrzuckerlösungen bei 75—80° stark, unter 50° nur schwach durch schweflige Säure invertiert werden. Kalkzugabe wirkt hemmend. Dünnsäfte werden bei 75° schwach, bei 97—99° stark invertiert, aber nicht so stark, um bei kleinen Aziditäten größere Inversion zu bewirken. Auf Dicksäfte soll die schweflige Säure nur schwach invertierend wirken.

Geese stellte sich die Aufgabe, festzustellen, wieviel Schwefeldioxyd eigentlich nötig ist, um Dicksäfte zu entfärben, d. h. die Saftbestandteile zu reduzieren (Z. V. d. Zuckerind. 1898, S. 101). 100 cm³ der Dicksäfte verbrauchten 2,8—9,0 mg SO_2. „Die Mengen der schwefligen Säure, welche nötig sind zur Reduktion der Saftbestandteile, sind sehr gering und bewegen sich in den Grenzen der Löslichkeit des Kalziumsulfites.“ Diese Löslichkeit bestimmte auch Geese. 20 cm³ Zuckerlösung (10proz. wurden kalt mit je 10 cm³ SO_2-Wasser versetzt, das Gemisch zu einer bestimmten Temperatur erhitzt, heiß filtriert und im Filtrate die gelösten Mengen $CaSO_3$ bestimmt. Die Zuckerlösung hatte eine Kalkalkalität von 0,2 %, nach dem Zusatz der schwefligen Säure eine solche von 0,02% (Endalkalität). Gelöst wurden in Prozent $CaSO_3$ bei °C:

Tabelle Nr. 84a.

20°	30°	40°	50°	60°	70°	80°	90°	100°
0,165	0,153	0,130	0,0825	0,0495	0,027	—	—	—
0,183	0,144	0,140	0,0750	0,0345	0,033	0,012	0,010	0,006

Die folgenden Zahlen beziehen sich auf einen auf 12% Zucker verdünnten Dicksaft. Versuchsbedingungen wie oben.

Tabelle Nr. 84b.

20°	30°	40°	50°	60°	70°	80°	90°	100°
0,175	0,159	0,153	0,126	0,105	0,084	0,042	0,033	0,006
0,123	0,123	0,117	0,106	0,094	0,087	0,030	0,027	0,009

Die Löslichkeit nimmt demnach mit steigender Temperatur ab. Beim Kochen übergeht das Kalziumsulfit leicht in Sulfat.

Geese zieht für den Betrieb die Folgerung, die schweflige Säure bei möglichst niederer Temperatur anzuwenden, da dann die Löslichkeit der Säure eine größere sei. Bei Dünnsaftschwefelei müsse man vor Einzug des Dünnsaftes in die Verdampfkörper seine Temperatur erhöhen. um das gelöste Kalziumsulfit auszufällen (Aufkochen) (siehe S. 406).

In einem Vortrage „Das Schwefeln bei der Zuckergewinnung und die richtige Anwendung desselben" auf der Generalversammlung des Mittelböhmischen Zuckerfabriksvereines (5. März 1899; Z. f. Zuckerind. i. B. 1899, S. 435) zieht Černý u. a. folgende Schlußfolgerungen für die Schwefelung der Säfte im Betriebe:

Die schweflige Säure wirkt auf unreine Zuckerlösungen entfärbend ein und ist die entfärbende Wirkung umso größer, je kleiner die Alkalität ist, so daß die Entfärbung bei saurer Reaktion ihren Höhepunkt erreicht.

Das Schwefeln soll bei einer mäßigen Temperatur von 40—50° C stattfinden; bei einer höheren Temperatur tritt Inversion ein, was jedoch von mancher Seite bestritten wird, so daß man ruhig auch bei höheren Temperaturen schwefeln kann; tatsächlich geschieht dies auch.

Die Inversion beim Schwefeln tritt umso langsamer ein, je weniger reine Lösungen man schwefelt. Es ist nämlich bewiesen worden, daß, solange die Lösung organische Salze enthält, die schweflige Säure sich namentlich mit den Alkalien verbindet, wobei schwächere organische Säuren, die nicht invertierend wirken, frei werden. Erst nach der Zersetzung dieser Salze kann die schweflige Säure Inversion des Zuckers hervorrufen.

Durch das Schwefeln wird die natürliche Saftalkalität heruntergedrückt und werden die Kalksalze entfernt; es bildet sich Kalziumsulfit, das bei höherer Temperatur gefällt und sodann abfiltriert werden soll (siehe S. 406).

Durch Entfernung der Kalksalze und Verringerung der natürlichen Alkalität wird eine geringere Saftviskosität und leichtere Kristallisation erzielt, was auch bezüglich der Sirupe gilt.

Kowalski sieht die Wirkung der Saturation mit schwefliger Säure in einer Entfärbung, Viskositätsverminderung und Reinheitserhöhung der Säfte; besonders soll der organische stickstoffhaltige Nichtzucker zersetzt werden. Nebenbei sei schon erwähnt, daß er die Säure auf den Mittelsaft angewendet wissen will.

Breslers Versuche aus dem Jahre 1903 zeigen in Übereinstimmung mit Kowalski eine Abnahme des Gesamtstickstoffes und der einzelnen Stickstofformen der Säfte durch das Schwefeln (s. S. 558).

Die entfärbende Wirkung der schwefligen Säure sei mangels anderen Literaturmateriales an Raffinerieklären gezeigt:

Ungeschwefelte Kläre A:
Alk. 0,061, Sacch. 65,8; Ablesung 48,0, Farbengrade 3,14.
30 Minuten geschwefelte Kläre:
Alk. 0,019, Sacch. 61,2; Ablesung 76,0, Farbengrade 2,17.
Ungeschwefelte Kläre B:
Alk. 0,061, Sacch. 65,0; Ablesung 45,0, Farbengrade 3,41.
45 Minuten geschwefelte Kläre:
Alk. 0,020, Sacch. 61,0; Ablesung 73,0, Farbengrade 2,24
Ungeschwefelte Kläre C:
Alk. 0,066, Sacch. 66,5; Ablesung 47,0, Farbengrade 3,19.
60 Minuten geschwefelte Kläre:
Alk. 0,017, Sacch. 63,0; Ablesung 77,0, Farbengrade 2,06.

Dieser Versuch nochmals wiederholt ergab:

Ungeschwefelte Kläre A:
Alk. 0,062, Sacch. 64,7; Ablesung 50,0, Farbengrade 3,09.
30 Minuten geschwefelte Kläre:
Alk. 0,030, Sacch. 61,1; Ablesung 75,0, Farbengrade 2,18.
Ungeschwefelte Kläre B:
Alk. 0,057, Sacch. 64,8; Ablesung 45,0, Farbengrade 3,42.
45 Minuten geschwefelte Kläre:
Alk. 0,028, Sacch. 60,1; Ablesung 80,0, Farbengrade 2,07.
Ungeschwefelte Kläre C:
Alk. 0,060, Sacch. 65,9; Ablesung 48,0, Farbengrade 3,16.
60 Minuten geschwefelte Kläre:
Alk. 0,030, Sacch. 60,8; Ablesung 77,0, Farbengrade 2,13.
(Versuche von Scheuer u. Oleszkiewicz, Ö. U. Z. f. Zuckerind. XLI 1912, S. 260.)

Nach W. Geese bildet sich beim Saturieren mit schwefliger Säure in alkalischen Zuckerlösungen ein lösliches basisches Salz. Das Maximum des gelösten Salzes wäre erreicht, wenn die Saftalkalität um 30—40 % abgenommen hat. Die Formel desselben schreibt Geese $CaO \cdot x\,CaSO_3$. Ist diese Alkalitätsgrenze überschritten, so fällt das gelöste schwefligsaure Kalzium rasch aus, und zwar umso vollkommener, je höher die Anfangsalkalität war.

Jedenfalls bleiben Sulfite in Lösung, die sich später in Inkrustationen und in den Zuckern finden lassen. Deshalb sollen geschwefelte Säfte haltbarere Zucker geben als nicht geschwefelte, weil die Sulfite antiseptisch wirken. Bei Lagerungsversuchen Strohmers wurde gefunden, daß geschwefelte Zucker zumindest dieselbe Haltbarkeit aufwiesen als nicht geschwefelte, was zur Zeit der Versuchsanstellung schon ein großer Fortschritt in der Erkenntnis der Schwefelung der Säfte war (siehe S. 577). Geschwefelte Zucker sind gewöhnlich heller gefärbt, weil die schweflige Säure neben den chemischen Umsetzungen auch bleichend wirkt.

Es ist schon eine alte, aber heute noch nicht endgültig beantwortete Frage, in welchem Betriebsstadium man die schweflige Säure zur Wirkung gelangen lassen soll. Nach den Erfahrungen des Verfassers kommt dieser Frage aber keine so große Bedeutung zu, weil er sich in der einen Fabrik von der Vorteilhaftigkeit ihrer Anwendung in der dritten Saturation, in der anderen Fabrik von den Vorteilen der Mittelsaftsaturation überzeugen konnte. Auch gibt es Fabriken, wo die schweflige Säure sowohl in der dritten Saturation als auch auf den Mittelsaft einwirken gelassen wird.

Aus den Löslichkeitsversuchen Breslers u. a. geht hervor, daß das schwefligsaure Kalzium durch fortschreitende Konzentrierung des Saftes zur Ausfällung gelangt. Dasselbe gilt von dem eventuell gebildeten Sulfat. Deshalb ist von der Ohe für die Dicksaftsaturation, weil sich die genannten Salze in den Verdampfapparaten ausscheiden. Ebenso sind Claassen, Jesser u. a. für die Dicksaftsaturation. Diese Frage stand auf der Tagesordnung einer Versammlung des „Technischen Vereins für Zuckerfabrikanten" (Magdeburg) am 26. August 1910, über welche die „Deutsche Zuckerindustrie" berichtete. Fast alle anwesenden Fachmänner waren für die Dicksaftschwefelung. Die Ausführungen Dr. Zscheyes seien wörtlich wiedergegeben, weil er diese Frage auf Grund chemischer Überlegungen zur Entscheidung brachte.

„Es ist richtig, daß die schweflige Säure andere Substanzen als Zucker nur in saurer Lösung, d. h. als freie schweflige Säure entfärbt. Beim Dicksafte tritt die Entfärbung aber unter anderen Verhältnissen ein. Der unsaturierte Dicksaft hat eine Alkalität von 0,07—0,10, aber nicht Kalk-, sondern Alkalialkalität. Dieses Alkali ist aber nicht als freies Alkali im Safte, sondern als Zuckeralkali und organischsaure Alkaliverbindungen, die häufig braun gefärbt sind, so z. B. das gluzinsaure Kali. Besitzt nun die schweflige Säure einen stärkeren Säurecharakter als eine organische Säure eines Alkalisalzes, so zerlegt sie dieses Salz in schwefligsaures Alkali und verbindet sich zugleich mit der frei gewordenen organischen Säure zu einer farblosen Verbindung. Sind organischsaure Kalksalze im Dicksafte, so wird das gebildete schwefligsaure Alkali mit demselben zu unlöslich schwefligsaurem Kalk und löslich organischsaurem Alkalisalz sich umsetzen. Auf diese Weise ist die Entfärbung des alkalischen Dicksaftes und die Ausfällung, bzw. Zerlegung von organischsauren Kalksalzen zu erklären."

Nun zitierte er eine Untersuchung Suchomels:

Wenn man den Dünnsaft schwefelt, hat man keine Ausscheidung von Kalksalzen; schwefelt man aber den Dicksaft, so erzielt man eine wesentliche Farbenaufbesserung und starke Ausscheidung von Kalksalzen. Die Ausscheidung von Kalksalzen wird noch höher, wenn man dem Dicksaft etwas Kalk zusetzt. Suchomel setzte vielleicht 3—4 Liter

Kalk auf einen Saturateur von 2—3 m^3 Dicksaft hinzu. Er bekam den Dicksaft bis auf 0% Kalk herunter. Die einfachste und richtigste Beseitigung der Kalksalze geschieht natürlich immer in der Scheidung durch Anwendung genügender Kalkmengen.

Zscheye ging zur Dicksaftschwefelung über und erzielte mit ihr sehr gute Resultate. Er ist gegen die Schwefelung des Dünnsaftes, weil die Apparate schnell verunreinigt werden. Diese Erscheinung wird durch die große Löslichkeit des schwefligsauren Kalziums in dünnen Säften und die bedeutende Schwerlöslichkeit in dicken Säften bedingt.

Diese chemische Tatsache wird niemand leugnen; doch daß sie sich so unangenehm äußert, wie Zscheye ausführte, „wenn man bei der Dünnsaftschwefelung die Apparate Sonntags nicht mit Soda und Salzsäure auskocht, wird ihre Leistung von Woche zu Woche geringer", gilt sicher nicht allgemein. Erstens kennt man in Österreich das allwöchentliche Auskochen nicht und kocht nur bei längeren Kampagnen einmal aus, und zweitens kennt der Verfasser eine große Fabrik, die durch vier Monate ununterbrochen trotz Dünnsaftschwefelung arbeitete. Allerdings gab die Reinigung der Verdampfapparate und Röhren nach der Kampagne bei weitem mehr Arbeit als in den vorhergehenden Kampagnen, wo einmal ausgekocht wurde. Ist die letztangeführte Tatsache als Beweis für die Vermehrung der Inkrustierungen bei Dünnsaftschwefelung anzuführen, so macht sich dadurch doch keine so erhebliche Betriebsschwierigkeit geltend, wie viele meinen.

Sehr häufig wird der Mittelsaft mit oder ohne Kalkzusatz geschwefelt, weil bei seiner geringeren Konzentration die Wechselwirkung zwischen Säure und Saft eine energischere als beim Dicksaft ist. Der Mittelsaftschwefelung soll eine gründliche mechanische Filtration folgen. Bei Saturation des Dicksaftes muß auf geeignete mechanische Weise für eine innige Berührung der Säure mit dem Safte Sorge getragen werden.

Zur Frage der Saftschwefelung bemerkte Kuhner in der Generalversammlung des „Zentralvereins für Rübenzucker-Industrie Österreichs und Ungarns" (Triest, Mai 1913), daß die schweflige Säure als Antiviskositätsmittel am besten und wirkungsvollsten in der dritten Saturation zur Geltung gelange, so daß er auf jede weitere Schwefligsäureeinwirkung in späteren Stadien der Fabrikation verzichtet. Dem gegenüber entgegnete Herzfeld, daß er früher auch dieser Ansicht huldigte, aber auf Grund neuerer Versuche für die Schwefelung des Dicksaftes ist. Zwei Argumente führte er zur Begründung seiner Meinungsänderung an. Vor allem wäre zu verhüten, daß die schweflige Säure in die stärker invertierende Schwefelsäure übergeht — dies kann aber ebenso beim Verkochen des Dicksaftes als beim Verdampfen des Dünnsaftes geschehen, wobei nicht die freien Säuren in Betracht kommen. Zweitens meint Herzfeld, daß der Zucker als negativer Katalysator dieser Oxydation eher im Dicksafte als im Dünnsafte entgegenwirken könne, weil der Dicksaft reicher an Zucker als der Dünnsaft ist. Aber im Wesen eines jeden Katalysators liegt es, schon beim Vorhandensein geringster Mengen seine katalytischen Wirkungen auszuüben, so daß die 10—15 % Zucker im Dünnsafte ebenso wirken werden, wie die 50% Zucker des Dicksaftes. (Siehe S. 364.)

d) Die einzelnen Faktoren im Betriebe.

(Alkalität, Übersaturation, Kalkmengen, Temperaturen, Wirkungsweise und Ausnutzung der Kohlensäure, Schäumen der Säfte.

Zur Praxis der Scheidesaturation. Die Scheidesaturation (Schlammsaftsaturation) wird in zwei verschiedenen Arten durchgeführt. Sehr häufig wird der Rohsaft erst im Saturateur mit Kalkmilch versetzt und sofort nachher die Saturation begonnen. Die zweite, weit bessere Art ist die, nach welcher die Kalkzugabe und gute Durchmischung im Malaxeure geschieht und der so gebildete Schlammsaft zur Saturation gebracht wird. Abgesehen davon, daß die Scheidung im Malaxeure energischer als bei der ungenügenden Durchmischung im Saturateure verläuft, wird nach der ersten Arbeitsweise ein Teil des Kalkes schon als Karbonat ausgefällt, bevor er noch zur Wirkung gelangte, was einen Mehrverbrauch an Kalk oder Minderung des Reinigungseffektes zur Folge hat.

Chemisch richtiger wäre vielleicht, den Scheidesaft zu filtrieren und das Filtrat zu saturieren, was z. B. beim alten Siegert-Verfahren der Fall war. Diese Arbeitsweise hat sich aber nicht eingebürgert. Man begibt sich dabei eines großen Vorteiles. Durch den in großen Mengen entstehenden Saturationsschlamm werden suspendierte Bestandteile (Pülpe, koaguliertes Eiweiß und Nichteiweiß) sowie Farbstoffe eingehüllt und mit niedergeschlagen. Der Saft wird durch diese mechanische Nebenwirkung heller und filtrationsfähiger. Herzfeld konstatierte, daß die Scheidesaturation aus diesem Grunde hellere Säfte gab als die Arbeit nach Siegert (Diffusionsversuche 1894/95).

Durch das Einleiten der Kohlensäure wird der Schlammsaft immer konsistenter und schäumt leicht. Bei der weiteren Saturation verflüssigt sich die gelatinöse Masse und das Schäumen hört auf. Schließlich resultiert ein Saft, in welchem sich der Niederschlag rasch und leicht absetzt und der sich leicht filtrieren läßt.

Die Alkalität des Scheidesaftes sinkt rasch auf 0,15—0,18% CaO und bleibt hier längere Zeit stehen, weil sich bei dieser ebensoviel Kalk löst, wie Karbonat ausgefällt wird. Sind die letzten Kalkanteile in Lösung, so fällt die Alkalität schnell weiter auf 0,06—0,10% CaO.

Wird weiter aussaturiert, so wird immer mehr Ätzkalk als Karbonat ausgefällt (1). Bei noch weiterem Einleiten der Kohlensäure entsteht Kalziumbikarbonat (2).

1. $Ca(OH)_2 + CO_2 = CaCO_3 + H_2O$;
2. $CaCO_3 + CO_2 + H_2O = CaH_2(CO_3)_2$.

Das Bikarbonat reagiert gegen Phenolphthaleïn sauer, und daher können übersaturierte Säfte neutral, eventuell auch sauer reagieren. Doch ist dies nicht von Belang. Durch das Aufkochen vor der Verdampfung wird das Bikarbonat in normales verwandelt, und die alkalische Reaktion tritt wieder auf.

Es fragt sich nun: Wie weit darf man bei der ersten Saturation mit der Alkalität heruntergehen?

In den meisten Fabriken wird 0,10% CaO-Alkalität (Phenolphthaleïn) als der richtige Moment angesehen, in welchem die erste Saturation beendet ist, und gewöhnlich diese Alkalität genau eingehalten. Dieser traditionell übernommenen Anschauung trat E. Bäck entgegen, indem er mit bestem Erfolge auf 0,05—0,06% CaO-Alkalität aussaturierte, ohne auf Betriebsschwierigkeiten zu stoßen. Ihm pflichtete W. Gredinger bei (D. Z. 1907, Nr. 11, S. 238, Beilage). Bei Verarbeitung unreifer Rüben machte er die Erfahrung, daß die Säfte, sobald sie nach der Löffelprobe fertig saturiert wurden, eine Alkalität von 0,05—0,06% CaO zeigten. Obwohl die Säfte — nach den herrschenden Anschauungen — „übersaturiert" waren, zeigten sie nach der Filtration klares, feuriges, lichtes Aussehen; ja selbst wenn versuchsweise auf 0,02—0,03% CaO-Alkalität aussaturiert wurde, blieben die Säfte von gleich guter Beschaffenheit. Erst bei Neutralität zeigten sie minderes Aussehen. Die Schlammarbeit ging bei den genannten Alkalitäten gut vor sich. Gredinger hält es für unbedenklich, auf 0,05—0,06% CaO auszusaturieren (Phenolphthaleïn) und erst in der zweiten und eventuell dritten Saturation den Kalk vollständig zu entfernen.

Es kann auch Übersaturation eintreten. Dieser Fehler ist auch nicht mehr gut zu machen, wenn man nachträglich in der zweiten Saturation Kalk zugibt. Die Säfte werden nicht mehr so hell. Das kommt daher, weil, wie Teixeira-Mendes und Bodenbender feststellten, übersaturierte Säfte gluzinsaures Eisen enthalten. In seiner Untersuchung „über die Vorgänge bei der Übersaturation" (Z. V. d. Zuckerind. 1899, S. 779) weist Herzfeld darauf hin, daß es eigentlich nur durch Übersaturierung gelingt, alle Zuckerkalk- und Zuckerkalkkarbonatverbindungen vollständig zu zerlegen. Während Suchomel (Ö. U. Z. f. Zuckerind. XVII, 1888, S. 159) gefunden hat, solche übersaturierte Säfte hätten einen höheren Reinheitsquotienten als normal saturierte — da durch vollständigere Zersetzung aller Zuckerverbindungen auch aller Zucker im Safte verbleibt, fanden Teixeira-Mendes und Bodenbender außer der Dunkelfärbung solcher Säfte keine wesentlichen chemischen Unterschiede zwischen normal und übersaturierten Säften. Durch die Übersaturierung aber wird Magnesia in Lösung gebracht, geht in den Schlamm der zweiten Saturation über und bewirkt seine mindere Filtrationsfähigkeit; die Magnesia stammt aus der Rübe und dem Kalke und ist in Form von Karbonat, aber nicht ausschließlich, vorhanden. Die Magnesia, die durch Übersaturierung in der ersten Saturation eventuell in Lösung gegangen ist, wird durch den Kalkzusatz zur zweiten Saturation wieder gefällt. Die Magnesia ist schließlich in Form von Bikarbonat eventuell als Ammon-Magnesiumkarbonat in Lösung; ein solcher Dünnsaft scheidet im ersten Körper Magnesiumkarbonat ab, weil Ammoniak und Kohlensäure, die das Magnesium in Lösung halten, entweichen (siehe S. 413). Andrlík berichtet über einen lehrreichen Fall von Magnesiumkarbonatausscheidung infolge zu niedriger Alkalität. Eine Fabrik hielt auf der zweiten Saturation die Alkalität auf 0,03—0,04% CaO, auf der dritten 0,005—0,01% CaO. — Dabei war im ersten Körper eine große betriebsstörende Ausscheidung zu beobachten. Die Säfte der zweiten Saturation enthielten bei 0,035% CaO-Alkalität in 100 cm^3 0,0041 g, der dritten bei 0,007% CaO-Alkalität 0,0057 g MgO, also ziemlich viel Magnesia. Der Schlamm der Holzwollfilter enthielt über 23% MgO in der Trockensubstanz. Es war daher auf die Inkrustation zu einem beträchtlichen Teile aus Magnesiumkarbonat zusammengesetzt. Da Andrlík in der Alkalität der zweiten Saturation (0,035) die Ursache des Magnesiagehaltes des Saftes nach der zweiten Saturation sah — der freie Kalk war bereits gefällt, und so konnte Magnesia in Lösung gehen — wurde die Alkalität nun auf 0,05—0,06% CaO gehalten, und dem Übel war mit einem Male gesteuert. Der Saft der zweiten Saturation hatte bei 0,058% Alkalität nur mehr 0,0013 g MgO, und der der dritten bei 0,003 Alkalität 0,0007 g MgO in 100 cm^3 Saft. Andrlík bestätigte dann noch experimentell, daß Saturieren bei der zweiten Saturation unter eine Alkalität von 0,05% zur Auflösung der Magnesia führen kann, falls sie in größerer Menge im Kalkstein, bzw. in der Kalkmilch vorhanden ist (Z. f. Zuckerind. i. B. XXV, 1900, S. 148).

Die zur Scheidung zu verwendende Kalkmenge hängt von verschiedenen Umständen ab.

Bei dem alten Verfahren („Scheidung nach oben") wurden ½—1¼% vom Rübengewichte an Kalk angewendet. 1¼% stellte das Maximum dar, während die erstgenannte Kalkmenge unvollkommen geschiedene Säfte lieferte. Als Mittelzahlen gibt Stammer ¾—1% CaO vom Rübengewichte an, entscheidet sich aber selbst für 1% CaO. — Die Unvollkommenheit der Arbeitsweise und der Einrichtung gestattete es im allgemeinen nicht oder doch nur durch Komplizierung der Arbeit, über diese Kalkmengen hinauszugehen, auch in Fällen, wo die Säfte größere Kalkmengen brauchten. Mittels doppelter Scheidung gelangte man zur Anwendung von 1¼—1½ % CaO.

Perier-Possoz (1862) und Jelínek (1863) waren die ersten, welche die Anwendung größerer Kalkmengen zur Scheidung einführten, bzw. deren Verfahren dies gestatteten. Die einzelnen Fabriken arbeiteten in verschiedenster Weise, und so schwankten die angewendeten Kalkmengen zwischen 2½—5% Kalk vom Gewichte der verarbeiteten Rüben. Doch wurde bald erkannt, daß so große Mengen Kalk unnötig seien. 1887 erklärte J. Weisberg, daß schon 3% zuviel wären, „denn mit 5% und mit 3% gelangen wir bei regelrechter Leitung der Arbeit zu ein und demselben Ergebnisse und haben ohnehin, wenn wir zuviel Kalk anwenden, den Nachteil der größeren Unkosten für Kalk und Kohlensäure, einer Verminderung der täglichen Arbeitsleistung und einer Vergrößerung der Zuckerverluste im Schlamme". Darauf folgte eine Reaktion: Verminderung bis auf 1—1½ % Kalk auf Rübe wurde als richtigste Arbeitsweise befunden (Heffter). Weisberg studierte deshalb den Zusammenhang zwischen Reinigungseffekt und Kalkmenge. Als praktisch richtigste Zahl fand er „1,5—2 % reinen oder mindestens 90proz. Kalk". So erhalte man die größtmögliche Aufbesserung (La Sucrerie belge 1887 durch Z. f. Zuckerind. i. B. XI, 1886/87, S. 445). Beaudet wies durch Laboratoriumsversuche nach, daß für die erste Saturation ein Kalkzusatz von 2,4 % vollständig genügt; ein größerer Zusatz davon erhöhe nicht mehr den Reinigungseffekt. Für die zweite Saturation berechnete er 0,2 % Kalk.

Zu den genannten Zahlen aus der alten und neuen Praxis ist zu bemerken, daß theoretisch zur Scheidung gesunder Rüben 0,4 bis 0,75 % CaO, auf Rüben gerechnet, genügen würden, eine Tatsache, die schon lange bekannt ist. Wachtel gab diese Zahl sogar mit $^1/_8$ % an. Trotzdem geht man bedeutend über die theoretisch notwendige Kalkmenge hinaus.

2—3 % Kalk, auf Rübe gerechnet sind auch bei normalen Verhältnissen die Grenzzahlen. Über drei Prozent geht man selten. Daß man mehr als die theoretisch notwendige Kalkmenge anwendet, findet seine Begründung in physikalischen Fällungserscheinungen, die schon auf Seite 340 zur Sprache kamen. Siehe auch S. 380. Nach Claassen ist es allerdings richtig, daß man bei der Anwendung größerer Kalkmengen Säfte von hellerer Farbe erhält, die auch etwas weniger Kalksalze zeigen, aber in der Reinheit ist ein merklicher Unterschied bei Verwendung größerer oder kleinerer Kalkmengen bisher nicht nachgewiesen. Auch die Umsetzung der durch Kalk zersetzbaren Stoffe kann bei größerer Kalkanwendung nicht schneller oder energischer vor sich gehen, weil hierbei nur der gelöste Kalk wirksam und dessen Menge allein von dem Zuckergehalt und der Temperatur und nicht von der Menge des zugesetzten Kalkes abhängig ist. Aus diesem Grunde zeigt sich die in gewisser Hinsicht etwas günstigere Wirkung größerer Kalkmengen auch niemals bei der Scheidung, sondern erst bei der Saturation.

Die angewendete Kalkmenge hat auch großen Einfluß auf die Zusammensetzung der Säfte, insofern sie in bestimmtem Zusammenhange mit dem Gehalt an Kalksalzen der Säfte steht.

Herzfeld konstatierte, daß bei Zusatz folgender Mengen Kalk zur Scheidung in den saturierten Säften folgende Menge CaO, als Maß für die löslichen Kalksalze, zu finden waren.

	Trockenscheidung	nasse Scheidung
1½ % Kalk Zugabe; nach der Saturation	0,030 % CaO	0,014 % CaO
2½ % „ „ „ „ „	0,007 % „	0,003 % „
3½ % „ „ „ „ „	0,004 % „	0,002 % „

Weisberg gelangte zu ähnlichen Ergebnissen mit Kalkmilch von 20° Bé.

Zusatz von	15 %	Kalk; nach der Saturation	0,0029 % CaO
	10 %	„ „ „ „	0,0019 % „
	7,5 %	„ „ „ „	0,0057 % „
	6,0 %	„ „ „ „	0,0031 % „
Kalk in Pulver	1½ %	„ „ „ „	0,0034 % „
„ „ „	3 %	„ „ „ „	0,0023 % „

Auch Beaudet und Aulard fanden, daß 1½ % CaO zur Scheidung wohl genügen, doch erhält man bei Anwendung so kleiner Kalkmengen Säfte mit mehr Kalksalzen, ein Zusammenhang, der später noch zu besprechen sein wird. Anwendung größerer Kalkmengen bewirkt auch eine bessere Aufhellung der Farbe der Saturationssäfte. (Andrlík und Urban, Z. f. Zuckerind. i. B. XXXVII, 1913, S. 231.

Die Temperatur der Scheidung und der Saturation.

Wenn man Rohsaft kalt, d. h. bei der Temperatur, mit der er abgezogen wird, mit Kalk klärt, löst sich in demselben mehr Kalk auf, als wenn die Klärung bei höherer Temperatur erfolgt. Im ersteren Falle löst sich auf 1 Mol Zucker 1 Mol CaO auf, es entsteht Monosaccharat, in der Hitze löst sich nur ¼ Mol CaO auf. Zum Fällen der Nichtzucker sind nur 0,2—0,3 % CaO notwendig (auf Rübe gerechnet); es müßte daher bei kalten Säften zur Sättigung mit Kalk 2,5—2,8 %, bei heißen nur 1,0 % CaO verwendet werden. Was an überschüssigem Kalk zugesetzt wurde, kommt nur in jenem Maße zur Lösung, als Kalk durch die Kohlensäure gefällt wurde. Ist der Kalküberschuß bereits ausgefällt, so wird der im Safte gelöste Kalk angegriffen, d. h. auch ausgefällt, und wird die Saturation übermäßig weit getrieben, so kämen auch die organisch-kalkhaltigen Verbindungen an die Reihe. Durch Regulierung der Alkalität ist man imstande, bloß eine bestimmte beliebige Menge gelösten Kalkes im Safte zu belassen.

Die Scheidung mit Kalk in der Kälte wäre eigentlich günstiger als in der Hitze. Aber der im ersten Falle gebildete Niederschlag ist nicht filtrationsfähig — daher eine Klärung in kaltem Safte nicht möglich. Wo kalte Scheidung aber doch stattfindet, folgt eine Erhitzung noch vor der Filtration. Dies ist der Fall bei der kalten Saturation von Owsianikow. Nach dieser wird der Diffusionssaft bei 40—50° mit Kalk geschieden, der Kalk durch zwei Stunden unter Umrühren einwirken gelassen und darauf auf 0,1 % CaO-Alkalität aussaturiert; in der Saturationspfanne oder in Vorwärmern wird der Schlammsaft auf 85°C erhitzt und in Filterpressen filtriert.

Dieses Verfahren soll sich in einer russischen Zuckerfabrik bewährt und bessere Resultate als die heiße Saturation gegeben haben (D. Z. 1908, Nr. 45, S. 883).

Die kalte Scheidung wäre theoretisch für den Betrieb günstiger, ist aber praktisch nicht brauchbar. Ihre bessere Wirkungsweise erklärt Herzfeld damit, daß mehr Kalk als Zuckerkalk in Lösung geht als bei der warmen Scheidung und so besser ausgenutzt wird; er prüfte diese Frage.

Schon bei einer Scheidungstemperatur von 60° C ging die Filtration des Saturationsschlammes schlecht vonstatten. Erst durch Anwärmen des Saftes auf 78° C wurde Filtrationsfähigkeit erzielt. Bei der „kalten Scheidung" wurde der Rohsaft bei gewöhnlicher Temperatur mit Kalkmilch versetzt, dann erst auf 60° C angewärmt und filtriert. Der Schlamm setzte sich noch schlechter ab und konnte auch nach weiterem Erwärmen nur schwer filtrationsfähig gemacht werden. Der erzielte Saft aber war reiner, lichter, aschen- und stickstoffärmer als jener der Scheidung und Saturation bei 90° C.

Ähnliche Resultate fand Beaudet. Auch er stellte fest, daß Temperaturerhöhung Verminderung der Reinheit und der Alkalität und Vermehrung der Kalksalze im Dicksaft zur Folge habe, daß also die kalte Arbeit vorzuziehen wäre.

Eine ältere Untersuchung über die kalte Scheidung ergab in chemischer Hinsicht ungünstige Resultate. (Siehe auch S. 354, 355)

1. Der Rohsaft wurde auf 82° C erwärmt, dann 1 % Kalk zugesetzt und aufgekocht; auf 100 Teile Zucker enthielt der

	Rohsaft	geschiedene Saft	
lösliche Salze	3,11	3,64	
unlösliche Salze	1,23	2,56	(darin 1,95 Kalk)
organische Stoffe.	12,07	5,67	
zusammen Nichtzucker . .	16,41	11,87	

Es wurden durch die Saturation 51 % der ursprünglichen, im Rohsafte enthaltenen Nichtzuckerstoffe ausgeschieden.

2. Der zehnte Teil der Kalkzugabe wurde dem kalten Rohsafte zugesetzt, der Rest bei 82° C; auf 100 Teile enthielt der

	Rohsaft	geschiedene Saft	
lösliche Salze	3,14	3,736	
unlösliche Salze	1,43	1,827	(darin 1,584 Kalk)
organische Substanzen . . .	11,87	8,826	
zusammen Nichtzucker . .	16,44	14,389	

Hier wurden nur 25,6 % der ursprünglichen, im Rohsafte enthaltenen Nichtzuckerstoffe durch die Saturation entfernt.

Die kalte Scheidung wird als fehlerhaft erklärt, „weil dadurch die koagulierbaren Eiweißstoffe in Lösung gehalten werden". Diese Resultate stehen im Gegensatz zu den bisher angeführten neueren Untersuchungen.

Die kalte Scheidung nimmt auch mehr Zeit in Anspruch als die heiße.

Aus den oben angeführten Gründen wird trotzdem die Scheidesaturation allgemein bei höheren Temperaturen durchgeführt. Bei Verarbeitung normaler Rüben wird bei 85—90° C gearbeitet. Über 90° zu gehen, ist für Säfte normaler Rüben nicht notwendig. Nur bei faulen oder erfrorenen Rüben geht man mit der Temperatur noch höher.

Nun wäre zu untersuchen, in welcher Weise die Kohlensäure in der Saturation zur Wirkung gelangt: gasförmig oder in gelöster Form? Später wird gezeigt (s. Seite 403), daß die Kohlensäure, eigentlich Kohlendioxyd, in heißem Wasser bedeutend weniger löslich ist als in kaltem. Bei der Saturationstemperatur wäre dieses Gas nur sehr wenig löslich. Die Anwesenheit des Zuckers wird diese Verhältnisse kaum viel ändern, wohl aber der Kalkgehalt des Scheidesaftes (Z. f. Z. i. B. 1879, S. 812). Raffy ließ Kohlendioxyd durch alkalische Lösungen durchstreichen und maß das absorbierte Volumen bei verschiedenen Temperaturen.

Temperatur	95°	82°	70°	64°	23°
cm^3 CO_2	466	455	430	410	377

Die Absorption des Gases nahm also mit steigender Temperatur zu; wäre Lösung erfolgt, so hätte die Absorption abnehmen müssen. Kohlendioxyd als solches saturiert also den Scheidesaft aus und nicht die gelöste Kohlensäure. Daß ein ganz kleiner Teil des Gases gelöst wird, ist anzunehmen. Für die Ausnutzung des Saturationsgases ist die eben beschriebene Erscheinung ein Nachteil, weil größere Verluste an Gas stattfinden; für die Arbeit aber dürfte sie von Vorteil sein, weil die aufsteigenden Gasblasen gleichzeitig als vorzügliches Rührwerk wirken.

Von der Ausnutzung der Kohlensäure des Saturationsgases sei nur das chemisch Bemerkenswerte hervorgehoben. Beaudet fand, daß die Ausnutzung mit fortschreitender Saturation immer ungünstiger wird, sich jedoch in den letzten 5 bis 10 Minuten etwas günstiger gestaltet. Diese Behauptung Beaudets erklärt Weisberg folgendermaßen: Die Ausnutzung der Kohlensäure wird umso schlechter, je mehr der Saft durch die Saturation verdickt wird (vgl. Seite 322); ist bei fortschreitender Saturation der höchste Grad der Verdickung erreicht und überschritten, so fängt die verdickte Masse durch weitere Einleitung von Kohlensäure an, sich wieder zu verdünnen und schließlich zu verflüssigen; das Gas kann nun leichter durchdringen und seine Wirkung erhöhen. (Untersuchungen über die Kohlensäuresaturation, Z. V. d. Zuckerind. 1898, 809.)

Bei einem Saturationsgase mit 25 % CO_2 hatte nach Versuchen von Kettler und Zender das entweichende Gas aus dem Saturateure bei Beginn der Saturation 12 % und zu Ende 15—17 % CO_2, Andrlík fand bei einem Gase mit 26 % CO_2 bei gleichen Umständen 9 und 19 % CO_2, also konnten die Letztgenannten das auffällige Resultat Beaudets nicht konstatieren.

Nach Claassens Angaben für stetige Saturation werden bis zu einer Alkalität von 0,15—0,20 % CaO 60—70 %, bei 0,08—0,10 % CaO Alkalität 50—55 % und bei einer Alkalität von 0,04—0,05 % CaO nur 45 bis 50 % der vorhandenen Kohlensäure ausgenutzt. —

Der Schaum, welcher bei der Saturation und in anderen Stationen auftritt, wird aus einer Unzahl Luft-, Dampf- oder Gasbläschen gebildet, von denen jedes einzelne von einem dünnen Flüssigkeitshäutchen umgeben ist, das einen gewissen Grad von Zähigkeit oder Elastizität hat. Schon eine geringe Menge derselben genügt, um der Oberfläche Zähigkeit und Elastizität zu verleihen, welche der Spannung der in der Luftblase eingeschlossenen Luft einen gewissen Widerstand entgegensetzt. Der Gleichgewichtszustand einer Schaumblase wird gestört durch Aufhebung des Widerstandes der sie umhüllenden Flüssigkeitsschicht, wodurch der Schaum vernichtet wird. Öle und Fette wirken als Schaumschläger dadurch, daß sie die Zähigkeit und Elastizität der Flüssigkeitsoberfläche aufheben. Eine Ölschicht wirkt wie eine über diese Flüssigkeitsoberfläche ausgebreitete unelastische Haut — auch schon in sehr geringer Menge angewendet.

Von den zur Schaumbeseitigung, bzw. -verhinderung zuzusetzenden Substanzen soll tunlichst wenig angewendet werden, da sie die Saftreinigung und Konzentrierung nie fördernd beeinflussen. Angewendet werden Tier- und Pflanzenfette, z. B. Talg, Rizinusöl, sowie Mineralöle; die Schaumbeseitigung mittels Dampfeinströmens und mechanischer Vorrichtungen gehört nicht hierher.

Das Schäumen der Säfte wird am besten durch einen richtig hoch bemessenen Steigraum des Saturateurs unschädlich gemacht. Je weniger künstliche Mittel Anwendung finden, desto besser für eine gute Arbeit. Die Fette, die man als Schaumschläger verwendet, sollen möglichst viskos und leicht verseifbar sein.

Das Schäumen der Säfte beim Saturieren hängt von der Beschaffenheit der Rüben, der Art der Diffusionsarbeit und vom Saturationsgase ab.

Im alkalischen Safte werden die Fette verseift (s. Seite 316); es bilden sich Kalk- und Alkaliseifen einerseits, andererseits Glyzerin, das den Saft verunreinigt. Besser wären Mineralöle, die sich chemisch indifferent verhalten und nicht verseifbar sind.

Das Glyzerin suchte Wachtel, weil löslich, in der Melasse, ohne es hier zu finden; dafür konnte er aber in einem Nachlauf der Melasse-Spiritus-Raffination Akroleïn nachweisen. Glyzerin, ein dreiwertiger Alkohol von der Formel $CH_2 \cdot OH \cdot CHOH \cdot CH_2 \cdot OH$ oder $C_3H_5(OH)_3$, übergeht durch Wasserentzug in einen ungesättigten Aldehyd, Akroleïn, $CH_2 : CH \cdot CHO$

$$\underset{\text{Glyzerin}}{\begin{array}{c} CH_2 \cdot OH \\ | \\ CH \cdot OH \\ | \\ CH_2 \cdot OH \end{array}} - 2\,H_2O = \underset{\text{Akroleïn}}{\begin{array}{c} CH_2 \\ \| \\ CH \\ | \\ CHO \end{array}}$$

e) Alkalität.

Alkalität einer Zuckerlösung tritt bei Gegenwart basisch reagierender Stoffe ein, da Zucker selbst schwach alkalisch reagiert. Dies zeigte Donath, indem er zu einigen Kubikzentimetern kalter 3 proz. Boraxlösung, die durch etwas Phenolphthaleïn rot gefärbt war — durch die alkalische Reaktion der Boraxlösung —, einen Tropfen gesättigter Zuckerlösung zusetzte; dabei trat Entfärbung ein. Beim Erhitzen wird aber die Flüssigkeit wieder rot und man kann durch abwechselndes Erhitzen und Abkühlen diesen Vorgang beliebig oft wiederholen.

In den Fabrikssäften können von alkalisch reagierenden Stoffen zugegen sein: KOH, NaOH, $Ca(OH)_2$, $NH_4 \cdot OH$; es gibt aber auch Salze, die in Lösung basisch reagieren[1]): Alkalikarbonate, Sulfite, Phosphate, organischsaure Salze. Auch diese sind in den Säften vorhanden und werden bei der Alkalitätsbestimmung mitbestimmt. Da man also nie weiß, welche der angeführten Verbindungen und in welchem Mengenverhältnis sie zugegen sind, muß man einen Körper als Basis annehmen und auf diesen die titrimetrisch bestimmte Alkalität beziehen. Das ist der Kalk (CaO); man spricht demnach von Kalkalkalität ohne Rücksicht darauf, welche Substanzen die Alkalität bilden, was zu gewissen Unzulänglichkeiten führt.

Dazu reagieren die genannten Basen und Salze sowie Peptone, Überhitzungsprodukte des Zuckers u. a. auf verschiedene Indikatoren verschieden; ferner beeinflußt die Temperatur, selbst bei ein und demselben Indikator, die Reaktion mancher Verbindungen — man sieht, daß die „Alkalität" eines Saftes keine bestimmte Zahl zu sein braucht, also kein eindeutig bestimmter Wertmesser für seine Alkalität und somit Qualität ist.

Aus dem Gesagten geht hervor, daß sich die durch Titration bestimmte und die wirkliche Saftalkalität nicht vollkommen decken.

Zunächst handelt es sich darum, jene Faktoren zu ermitteln, welche die Höhe der Alkalität eines Saftes bedingen. Vor allem ist die Zusammensetzung des Diffusionssaftes und somit auch die der Rübe maßgebend; daher kommt es im Betriebe häufig vor, daß sich die Säfte bezüglich der Haltbarkeit ihrer Alkalität beim Verdampfen je nach dem zu verarbeitenden Rübenmateriale wechselnd verhalten. Auch die Arbeitsweise ist von maßgebendem Einflusse.

Dann wird zu untersuchen sein, wie sich die wichtigsten Saftbestandteile unter den verschiedenen Bedingungen der Temperatur, des Indikators usw. bei der Alkalitätsbestimmung verhalten und sie beeinflussen. Schließlich sollen Vorschläge erstattet werden, wie die Alkalitätsbestimmung der Säfte auszugestalten wäre, um möglichst annähernd die richtige Alkalität anzuzeigen — wenn man überhaupt

---

[1]) Siehe Anhang, S. 6·23

von einer „richtigen" Alkalität oder besser „wirklichen" Alkalität sprechen kann.

In bezug auf ihr Verhalten zur Alkalität teilt Andrlík die Bestandteile des Diffusionssaftes ein in 1. Alkalität hervorrufende (bildende), 2. absorbierende (verzehrende), 3. vorübergehende Alkalität bedingende Verbindungen. Erstere sind an Alkalien gebundene organische und anorganische Säuren, die mit Kalk unlösliche Verbindungen geben. Zu den zweiten zählen Amide, Amidosäuren, freie organische Säuren, reduzierender Zucker und Saccharose selbst. Ammoniumsalze bilden den Hauptbestandteil der dritten Gruppe. Andrlík versuchte das Problem zu lösen, mittels chemischer Analyse auf obige Bestandteile das Verhalten der Säfte beim Verdampfen vorauszubestimmen.

Zur ersten Gruppe gehören in erster Linie Oxalsäure, ferner vielleicht Wein-, Zitronen-, Bernstein- und in kleinerem Maße Glykol-, Glyoxal- und Adipinsäure. Die Phosphorsäure spielt nur eine geringe Rolle, da sie im Momente des Freiwerdens von Alkali durch den Kalk aus den Alkaliphosphaten sofort zum Ausscheiden des Kalkes aus dessen Salzen verbraucht werden würde. Der an Magnesia gebundene Teil der Phosphorsäure kommt nicht in Betracht.

Die größte Wichtigkeit von allen hergehörenden Säuren hat die Oxalsäure, welche zu 0,14—0,99 %, auf Trockensubstanz bezogen, in den Rohsäften, die Andrlík untersuchte, gefunden wurde. Die Alkalimenge, die durch diese Säuremenge frei gemacht werden könnte, würde, auf Saft von 14° Bg umgerechnet, 0,009—0,063 % CaO entsprechen. Von dem gesamten an organische Säure gebundenen Alkali würde die Oxalsäure durchschnittlich 41,8 % binden. Tatsächlich wurde in Säften, die Rückgang der Alkalität zeigten, nur kleine Mengen Oxalsäure und größere Mengen dieser Säure in solchen Rohsäften konstatiert, die ihre Alkalität hielten.

Ammoniumsalze, bzw. Ammoniak, sind für eine bleibende Alkalität wertlos, da letzteres in der Wärme sich verflüchtigt. Es kann aber gebundenen Kalk aus den Säften fällen, namentlich in der dritten Saturation bei Abwesenheit von Alkalikarbonaten. Hier ist es als Ammoniumkarbonat vorhanden und kann also im Safte gelöste Kalksalze unter Ausscheidung von $CaCO_3$ zersetzen. $CaCl_2 + (NH_4)_2CO_3 = CaCO_3 + 2\,NH_4 \cdot Cl$. Andrlík berechnet die Größe der Alkalität — wenn das Ammoniak nicht verflüchtigen würde —, auf Saft von 14° Bg umgerechnet, zu 0,03—0,05 % CaO. Im Dünnsafte ist das Ammoniak höchst wahrscheinlich als Karbonat vorhanden; in Säften, die beim Verkochen Alkalitätsrückgang zeigen, ist es auch in Form von Ammoniumsalzen zugegen, die durch doppelte Zersetzung aus Kalksalzen und Ammoniumkarbonat entstanden sind, z. B. nach der obigen Gleichung.

Es können auch Umstände eintreten, unter denen die Stoffe der ersten und dritten Gruppe die Funktionen der zweiten Gruppe übernehmen.

Die Alkalität verzehrenden Stoffe (2. Gruppe) sind organische freie Säuren, die mit Kalk lösliche Salze geben, ferner die an schwächere Alkalien, Magnesium, Eisen und Aluminium gebundenen und ebenfalls lösliche Kalksalze bildenden Säuren, d. s. Fettsäuren und Amidosäuren; weiter die schon angeführten Körper. Die Wirkung der hergehörenden Säuren beruht auf folgendem Chemismus: Zunächst werden sie durch Kalk neutralisiert und gehen als Kalksalze in Lösung; bei der zweiten und eventuell auch dritten Saturation mit Kohlensäure werden sie durch alkalische Karbonate in alkalische Salze und kohlensauren Kalk umgesetzt, wodurch die Alkalität abnimmt. $CaR + K_2CO_3 = CaCO_3 + K_2R$; R = Säureradikal.

Speziell für Amidosäuren wurde gefunden, „daß diese in den Säften in einer derart bedeutenden Menge enthalten sind, daß, wenn sie insgesamt in freiem Zustande oder an schwächere Alkalien gebunden wären, dieselben die ganze durch die Oxalsäure hervorgerufene Alkalität in manchen Fällen ganz allein binden würden“.

Dasselbe gilt auch für ihre Amide, die unter Ammoniakentwicklung zersetzt werden; das Ammoniak verflüchtigt, während die mitentstandenen Amidosäuren Alkalität absorbieren.

Ein weiterer Faktor beim Sinken der Alkalität ist der Invertzucker (siehe die Arbeiten Jessers S. 310).

Durch Einwirkung des Kalkes in der Wärme bildet er Säuren; diese geben Kalksalze, welche, so wie oben beschrieben, durch doppelte Umsetzung mit Alkalikarbonaten in Kalkkarbonat und Alkalisalze übergehen, wobei die Alkalität schwindet. Auf Saft von 14° Bx bezogen, sind das Mengen von 0,01—0,02 % CaO. Auch Saccharose absorbiert bei Erwärmen in alkalischer Lösung Alkalität.

„Sind im Rohsafte Alkalibildner in solchem Überschusse vorhanden, daß sie nicht nur durch das freiwerdende Alkali alle Alkalität absorbierenden Substanzen binden können, sondern noch ein gewisser Teil des Alkalis im Safte übrigbleibt, so wird der Saft trotz der Verflüchtigung der Ammoniakalkalität beim Verdampfen nach dem Verkochen alkalisch bleiben (normale Säfte). Sind dagegen die Alkalität absorbierenden Substanzen im Überschusse vorhanden, so besitzen die Säfte keine überschüssige Alkalität aus freien Alkalien, sondern z. B. nur die Ammoniakalkalität. Bei solchen Säften schwindet die Alkalität beim Verdampfen und Verkochen .... (abnormale Säfte).“ Das sind die äußersten möglichen Fälle, zwischen denen Übergange bestehen und die Säfte mit mehr oder weniger schwindender Alkalität geben, ohne Betriebsnachteile im Gefolge zu haben (Z. f. Zuckerind. i. B. 1899, S. 596).

Umfangreiche „Studien über Alkalitäten“, welche „die Entstehung und das Wesen der Alkalität“ behandeln, veröffentlichte L. Jesser in den Jahren 1894 und 1895 in der Ö. U. Z. f. Zuckerind. XXIII, S. 275, und XXIV, S. 299 und 497. Einzelheiten aus seiner Arbeit wurden schon gelegentlich wiedergegeben; so z. B. das Verhalten der Asparaginsäure und des Asparagins, der Glutaminsäure und des Glutamins gegen verschiedene Indikatoren usw.

Wird ein Rohsaft mit Kalk geschieden, so treten die unorganischen und organischen Alkalisalze mit demselben in Reaktion unter Bildung von Kalksalzen und freiem Alkali, z. B.: $2\,KX + Ca(OH)_2 = CaX + 2\,KOH$. Ferner werden durch den Kalk und das freie Alkali Invertzucker und Stickstoffkörper unter Bildung von Säuren abgebaut, welche letzteren, einen Teil des freien Alkalis bindend, als Alkalisalze in Lösung gehen. Der Überschuß des Alkalis, das im Safte gelöst bleibt, ist die sogenannte natürliche Saftalkalität.

Wird nun durch Kohlensäuresaturation der Ätzkalk teilweise ausgefällt, und zwar bis zu einer Alkalität, die größer ist als die Menge des vorhandenen Ätzkalis oder mit anderen Worten, als die natürliche Saftalkalität, so resultiert ein Saft, der neben Ätzkali noch Ätzkalk enthält. Dann hat er aber auch eine größere Alkalität, nämlich um die dem Ätzkalkgehalte entsprechende; seine Gesamtalkalität ist daher die Summe aus der natürlichen Saft- und Kalkalkalität. Unter der Annahme, daß alles im Saturationssafte alkalisch Reagierende KOH und $Ca(OH)_2$ ist, müßte dieser Saft bei Anwendung von Phenolphthaleïn oder Lackmus als Indikator gleiche Alkalitäten aufweisen; dies ist jedoch nicht der Fall. Die Phenolphthaleïnalkalität wird immer kleiner gefunden als die durch Lackmus angezeigte. Daraus folgt, daß in den Säften außer KOH und $Ca(OH)_2$ noch solche Verbindungen vorhanden sein müssen, die auf beide Indikatoren verschieden reagieren: die Nichtzuckerstoffe beeinflussen die Alkalität, z. B. Asparagin u. v. a.

Auf Grund seiner diesbezüglichen Untersuchungen kam Jesser zu dem Ergebnisse, „...daß die Alkalitätsbestimmung durch Nichtzuckerstoffe beeinflußt wird, die auf die einzelnen Indikatoren verschieden einwirken, und da wir die Natur derselben nicht kennen, so können wir auch keinen Indikator wählen, auf den sie nicht einwirken. Daraus folgt aber, daß wenigstens vorläufig die Bestimmung des wahren Alkaligehaltes der Säfte, auch wenn sie freies Alkali enthalten, ein Ding der Unmöglichkeit ist; wir können nicht einmal angeben, ob die mit verschiedenen Indikatoren gefundene größte oder kleinste Alkalität der wahren am nächsten kommt."

Claassen unternahm ähnliche Studien (Z. V. d. Zuckerind. 1894, S. 692), um die Frage: Welcher Indikator zeigt die richtige Alkalität an? beantworten zu können. In Rübensäften ist die Reaktion wegen des Vorhandenseins von organischen Nichtzuckern mit doppeltem Charakter schwerer zu konstatieren als sonst in Lösungen von Säuren, Alkalien und Salzen. Asparagin und Betaïn reagieren z. B. infolge ihrer Karboxylgruppe sauer, infolge ihrer Amidogruppe aber basisch. Sie können sich daher sowohl mit Säuren als auch mit Basen verbinden.

0,5 g Asparagin mit $^1/_{10}$ n NaOH titriert, verbrauchen

kalt	heiß	Indikator
0,4 cm^3	1,4 cm^3	Rosolsäure
0,4 „	1,1 „	Lackmus
7,5 „	16,7 „	Phenolphtaleïn

0,25 g Betaïn mit $^1/_{10}$-n H_2SO_4

kalt	heiß	Indikator
0,2 cm^3	0,4 cm^3	Rosolsäure
0,2 ,,	— ,,	Lackmus
0,1 ,,	0,0 ,,	Phenolphthaleïn

Asparagin ist also gegen die ersten beiden Indikatoren fast neutral-gegen Phenolphthaleïn deutlich sauer. „Aber auch bei diesem letzteren zeigt sich alkalische Reaktion viel früher, als bis das neutrale Natronsalz gebildet ist, denn 0,5 g Asparagin sättigen ungefähr 30 cm^3 $^1/_{10}$ n Natronlauge." Die Färbung der Zuckerlösung beeinflußt die richtige Konstatierung des Farbenumschlages. Der Neutralisationspunkt asparaginhaltiger Lösungen ist daher nicht so leicht festzustellen. Wann ist ein Saft neutral? Alkalisch ist er, „wenn bei länger andauerndem Erwärmen auf 100° keine stärkere Zersetzung von Zucker eintritt, als sich nach den Tabellen Herzfelds berechnen läßt", sauer, wenn diese Bedingung nicht zutrifft (Inversion, Abnahme der Polarisation). „Der Punkt, wo der Übergang von der invertierenden zu der nicht invertierenden Lösung stattfindet, ist dann der Neutralitätspunkt." Claassen fand, daß in Säften, welche mit Rosolsäure schwache Alkalität anzeigten, durch längeres Kochen über 100° der Zucker durch Asparagin invertiert wurde. Phenolphthaleïn zeigt erst dann Alkalität an, wenn Asparagin und ähnliche Stoffe durch Basen gebunden sind. Für Phenolphthaleïn tritt er aber auch nicht bedingungslos ein, weil die Ammoniakalkalität zu gering befunden wird; auch ist es nur bei fast farblosen Säften verwendbar. Claassen ist für Verwendung aller drei Indikatoren; bei verschiedenen Titrationsergebnissen ist die Alkalität niemals so weit sinken zu lassen, daß die Säfte mit Phenolphthaleïn neutral oder gar sauer werden. Gleich Jesser fand Claassen, daß die Zersetzung des Asparagins durch Kalk nur sehr langsam vor sich geht. Es wird weder in der Scheidung noch beim Verkochen völlig zersetzt, macht sich daher bei der Titration der Füllmassen noch geltend.

Betaïn, das gegen alle Indikatoren alkalisch reagiert, ist in den geringen Mengen, in denen es in den Säften vorhanden ist, ohne merkliche Einwirkung auf die Alkalitätsbestimmung.

Das alles beweist zur Genüge, daß die Bestimmung der Alkalität durch die Betriebskontrolle in genauer und rascher Weise ein bis heute ungelöstes Problem ist. Diese erkennt z. B. einen Dünnsaft für genügend alkalisch und doch erweist er sich bei seiner Verdampfung als neutral, wenn nicht sauer. Es rührte in diesem Falle seine Alkalität von flüchtigem Ammoniak und nicht von fixen Alkalien (K_2O, CaO) her.

Einzelne der oben gemachten Bedenken fallen allerdings bei der Betriebskontrolle weg. Diese arbeitet stets mit gleich heißen Säften und stets mit demselben Indikator, erhält also untereinander vergleichbare Werte.

Es fragt sich nun, wie die übliche Alkalitätsbestimmung durchgeführt, bzw. modifiziert werden soll, oder was für Analysen man heranziehen muß, um die Angaben der Titration zu vervollständigen, damit man möglichsten Aufschluß über die „wirkliche" Alkalität erhält.

Eine sehr leicht durchführbare Vervollständigung der üblichen Alkalitätsbestimmung — Titration des Saftes mit einer gestellten Säure — kann über den Anteil des Ammoniaks an der Alkalität Aufschluß geben. Man erhitzt einen zweiten Teil der Saftprobe, verflüchtigt dadurch das Ammoniak und titriert wieder. Gewöhnlich wird man, dem verschwundenen Ammoniak entsprechend, weniger Säure zum Titrieren verbrauchen (Hanamann, Organ 1878, S. 24).

Rümpler schlägt folgende Methode zur Bestimmung der durch freie und vielleicht auch kohlensaure Alkalien bedingten Saftalkalität vor: Der abgemessene Saft wird mit Chlorammon im Überschusse zersetzt, das Ganze ca. 24 Stunden stehen gelassen und das während dieser Zeit entwichene Ammoniak in gemessener und titrierter Schwefelsäure aufgefangen. Durch Zurücktitrieren bestimmt man die entwickelte Ammoniakmenge und somit die Alkalität. Diese Methode hat wegen ihrer Langwierigkeit mehr theoretisches Interesse.

Zur Bestimmung der freien Alkalien in den Säften empfiehlt Cortrait Titration mit Säure unter Verwendung von Jodstärke als Indikator. Ihr Farbenumschlag wird durch Ammoniak und Karbonate nicht beeinflußt. (Z. V. d. Zuckerind. 1897.)

Da die Alkalität über den Kalkgehalt der Säfte nichts aussagt, ist es sehr gut, diesen entweder von Zeit zu Zeit gewichtsanalytisch oder regelmäßig mit titrierter Seifenlösung volumetrisch zu ermitteln. Folgende Betriebsanalysen aus einer böhmischen Fabrik zeigen deutlich den Unterschied zwischen Gesamtalkalität und dem Gehalt an Kalk (CaO).

Tabelle Nr. 85.

I. Saturation		II. Saturation		Dicksaft		Füllmasse	
Gesamt-alkalit.	% CaO	Gesamt-alkalit.	% CaO	Gesamt-alkalit.	% CaO	Gesamt-alkalit.	% CaO
0,1259	0,0861	0,0442	0,0216	0,0917	0,0396	0,1210	0,0876
0,1185	0,1022	0,0465	0,0212	0,1122	0,0944	0,1141	0,0410
0,1112	0,0586	0,0474	0,0053	0,1209	0,0252	0,1081	0,0279
0,1051	0,0624	0,0433	0,0054	0,0710	0,0276	0,0893	0,0302
0,1003	0,0558	0,0376	0,0044	0,0734	0,0221	0,0843	0,0319
0,0996	0,0529	0,0447	0,0080	0,0677	0,0233	0,0939	0,0282
0,0956	0,0502	0,0464	0,0065	0,0552	0,0137	0,1064	0,0349
0,1103	0,0610	0,0442	0,0076	0,0610	0,0167	—	—

f) Der Reinigungseffekt.

Von theoretischem und praktischem Interesse ist es, den Effekt der Saftreinigung kennen zu lernen. Die Kenntnis desselben zeugt für den Wert des angewendeten Verfahrens, für die Arbeitsweise des Betriebes, sie ist für den Betriebsleiter gewissermaßen die Bilanz der Reinigungsstation.

Zwei Wege können zu diesem Ziele führen: 1. der Vergleich des vollständig analysierten Rohsaftes und des gereinigten Saftes (Dünnsaft oder Dicksaft); so arbeiteten u. a. Herzfeld, Andrlík, Stutzer; 2. die vollständige Analyse des Schlammes und die Kenntnis der Schlammengen.

Claassen spricht sich gegen die erste Methode aus (Z. V. d. Zuckerindustrie 1909, 385), „da sie vieles zur Voraussetzung hat, das nicht zutrifft". Die erste Voraussetzung für diese Methode ist, daß die im Safte verbleibenden Nichtzuckerstoffe keine Veränderung erfahren oder im gereinigten Safte nicht in anderer Form durch die Analyse bestimmt werden als im Rohsafte. Daß das nicht zutrifft, zeigt Claassen an folgendem Beispiele: In der Karbonatasche des Rohsaftes sind die Alkalien teilweise an Phosphor- und Schwefelsäure gebunden, welche Säuren aber in der Scheidung entfernt werden. In der Karbonatasche des gereinigten Saftes wiegt man diese Alkalien als Karbonate, „so daß bei der Berechnung die ausgeschiedenen Mengen Nichtzucker um die Menge der an die Stelle von Phosphorsäure und Schwefelsäure getretenen Kohlensäure zu klein gefunden werden". Aus dem Scheidekalke können ferner Nichtzuckerstoffe in Lösung gehen und sollen auch Polarisationsverluste möglich sein, die das Bild der Reinigung trüben. Auch die 2. Methode ist nicht einwandfrei, was K. Andrlík und V. Stanek bewiesen. (Über die Saturation in chemischer Beziehung. Z. f. Zuckerind. i. B. XXXVII, 1913, S. 231.) Die beiden zeigten, daß eine richtige Bestimmung der organischen Substanzen mit inneren Fehlerquellen behaftet ist; es ist nämlich unmöglich, alles Wasser aus dem Schlamme behufs Trockensubstanzbestimmung zu entfernen, ohne auch organische Substanzen zu zerstören. Selbst bei 135° hält der Schlamm noch Wasser zurück. · Ganz abgesehen von der schwierigen Verwiegung des Schlammes können in diesen Bestandteile des Kalkes mitübergehen. Allerdings versucht Claassen, die Nebenwirkung der Kalkbestandteile analytisch zu eliminieren. Soviel steht fest, daß beide Bestimmungsmethoden nicht völlig einwandfrei sind, für den angestrebten Zweck jedoch mit Vorteil benutzt werden können.

Es liegen zahlreiche Untersuchungen über den Reinigungseffekt vor, schon aus einer Zeit, da die Knochenkohle in der Rohzuckerfabrikation noch eine große Rolle spielte, dann nach der Einführung der Scheidesaturation, um ihre Vor- oder Nachteile gegenüber den damals üblichen Reinigungsmethoden zu ermitteln. Diese Untersuchungen seien kurz gestreift und nur die neueren Arbeiten berücksichtigt.

Eine der allerersten Untersuchungen dieser Art stammt von H. Bodenbender aus dem Jahre 1865 („Beitrag zur Beurteilung des Frey-Jelínekschen Verfahrens", Z. V. d. Zuckerind. 1865, S. 226). Darin wird dieses neue Verfahren einer kritischen Beurteilung unterzogen und mit analytischem Materiale der Nachteil der kalten und der Vorteil der heißen Arbeitsweise hervorgehoben. Bodenbender studierte zu diesem Behufe die Zusammensetzung der Säfte und des Schlammes, schlug also gleich den richtigen Weg ein. Für das neue Verfahren in seiner ursprünglichen Arbeitsweise fand er, daß es 30 bis 48 % des Gesamtnichtzuckers entferne, bei heißer Arbeitsweise (also schon das modifizierte Verfahren) jedoch 37—72 %. — Nach Heidepriems Vergleichsversuchen aus demselben Jahre ist das Verfahren Frey-Jelíneks dem von Perier-Possoz hinsichtlich des Reinigungseffektes überlegen.

Über die Wirkung einer einmaligen Saturation auf den Saft liegt eine Untersuchung Mategczeks aus dem Jahre 1872 vor. Dieser untersuchte den Saft vor und nach der Saturation mit folgendem Resultate:

Tabelle Nr. 86.

	Vor der Saturation	Nach der Saturation mit 2,83 % Kalk (auf die Rübe gerechnet)
Spezifisches Gewicht	1,0415	1,03615
Saccharometrische Trockensubstanz	10,328 %	9,03800 %
Saccharometer: Wassergehalt	89,672 %	90,962 %
Saccharometer: Zucker	8,504	7,897
Saccharometer: Nichtzucker	1,824	1,141
	100,000 %	100,000 %
Azididät, bzw. Alkalinität	0,026 %	0,0728 %
100 Teile Zucker sind verunreinigt mit saccharometrischem Nichtzucker	21,448	14,448
Wirkliche Trockensubtanz	9,987 %	8,882 %
Wasser	90,013 %	91,118 %
Zucker	8,504	7,897
Mineralische Stoffe	0,269	0,092
(darin Kalk)	—	(0,061)
Organische Stoffe	1,214	0,693
	100,000 %	100,000 %
100 Teile Zucker sind verunreinigt mit mineralischen Stoffen	3,168 %	3,703 %
100 Teile Zucker sind verunreinigt mit darin Kalk	—	(0,774)
100 Teile Zucker sind verunreinigt mit organischen Stoffen	14,275	8,775
Summa	17,443 %	12,478 %
100 saccharometrischen Prozenten entspricht wirkliche Trockensubstanz	96,69 %	98,26 %
100 saccharometrischen Prozenten Nichtzucker entspricht wirklicher	66,6	60,7
Kalkgehalt in Prozenten von der Alkalinität	—	84,0

Andrlík suchte die Beziehungen zwischen der chemischen Zusammensetzung des Rohsaftes und dem erzielbaren Saturationseffekt aufzudecken (Chemisch-technische Studie der Saturation im Großbetriebe. Z. f. Zuckerind. i. B. 1903/04, S. 191).

In der Tabelle Nr. 87 sind mehrere Versuche Andrlíks vereinigt.

ad I. Arbeitsweise: I. Saturation 2,1% CaO auf Rübengewicht; von 60° R anfangs bis 70° R während der Saturation erwärmt. Alkalität

Tabelle

	I dreifache Saturation		II zweifache Saturation	
	% Zusammensetzung		% Zusammensetzung	
	Rohsaft	Dicksaft	Rohsaft	Dicksaft
Saccharisation	15,05	60,59	14,5	58,44
Polarisation	13,23	56,90	12,75	54,90
Quotient	88,0	93,87	87,9	93,90
Karbonatasche	0,312	1,143	0,300	1,078
Wirkliche Asche	0,259	0,965	0,258	0,775
Schädliche Asche	0,180	0,816	0,168	0,740
Gesamt-N	0,093	0,256	0,089	0,244
Eiweiß-N	0,014	0,004	0,014	0,004
NH_3- und Amid-N	0,018	0,003	0,017	0,003
Schädlicher N	0,064	0,249	0,058	0,237
Invertzucker	0,112	—	0,113	—
			Zusammensetzung der	
K_2O	47,16	59,20	45,96	55,77
Na_2O	2,71	3,45	2,78	8,51
CaO	2,31	2,20	2,69	1,91
MgO	8,67	0,30	9,05	0,20
$Al_2O_3 + Fe_2O_3$	1,00	0,37	0,98	0,20
P_2O_5	15,00	0,37	15,16	0,28
SO_3	5,75	1,91	5,36	2,12
Cl	2,05	2,40	2,00	2,20
Unlösliches	1,47	1,15	1,85	0,70
Wirkliche Asche	86,22	74,35	85,83	71,89
Schädliche Asche	57,76	66,96	56,10	68,60
			Auf 100 Teile	
Sacchariation	113,6	106,5	113,7	106,45
Karbonatasche	2,35	2,01	2,36	1,963
Wirkliche Asche	2,01	1,44	2,025	1,411
Schädliche Asche	1,36	1,35	1,32	1,35
Gesamt-N	0,702	0,449	0,700	0,444
Eiweiß-N	0,106	0,007	0,109	0,005
NH_3- und Amid-N	0,136	0,007	0,133	0,007
Schädlicher N	0,462	0,435	0,455	0,432
Invertzucker	0,84	—	0,85	—
Organische Substanzen[1])	11,60	5,06	11,67	5,04
			Auf 100 Teile Zucker	
Saccharisation	—	—	—	—
Karbonatasche	0,34	14,5	0,40	16,9
Wirkliche Asche	0,57	28,3	0,614	30,3
Schädliche Asche	—	—	—	—
Gesamt-N	0,253	36,0	0,256	36,5
Eiweiß-N	0,099	93,4	0,104	95,5
NH_3- und Amid-N	0,129	94,8	0,126	94,7
Schädliches N	—	—	—	—
Invertzucker	0,84	100,0	0,85	100,0
Organische Substanzen	6,54	56,4	6,63	56,8

[1]) Organische Substanz: In den Rohsäften = Saccharometeranzeige minus Zucker plus wirkliche Asche. Wirkliche Asche = Karbonatasche minus CO_2.

[2]) Zugenommen.

Nr. 87.

III dreifache Saturation		IV dreifache Saturation		V dreifache Saturation	
% Zusammensetzung		% Zusammensetzung		% Zusammensetzung	
Rohsaft	Dicksaft	Rohsaft	Dicksaft	Rohsaft	Dicksaft
17,25	39,50	14,50	50,00	17,20	50,00
14,92	35,80	12,13	43,85	14,79	45,53
86,5	91,44	83,70	87,70	86,0	91,00
0,468	0,966	0,450	1,780	0,560	1,555
0,412	0,722	0,382	1,353	0,477	1,170
0,275	0,673	0,283	1,130	0,320	1,053
0,135	0,218	0,176	0,419	0,170	0,311
0,022	0,003	0,023	0,005	0,024	0,005
0,023	0,006	0,040	0,018	0,046	0,010
0,090	0,209	0,113	0,396	0,100	0,296
0,175	—	0,30	—	0,270	—
Asche in %					
45,08	58,43	39,16	39,36	42,34	50,13
6,60	4,79	12,05	12,13	4,67	—
1,01	2,71	1,43	9,89	2,12	10,56
9,95	1,12	11,93	0,49	14,38	0,92
1,96	0,16	2,19	0,12	1,33	0,21
15,47	0,31	5,05	0,11	8,52	0,20
4,53	3,67	4,96	2,98	4,61	6,05
2,45	2,80	6,70	6,74	5,59	6,21
0,90	0,79	1,39	0,52	1,68	0,43
87,95	74,78	84,86	72,34	85,24	75,48
58,68	69,69	62,87	62,21	57,21	67,93
Zucker entfielen:					
115,6	109,36	119,5	114,0	116,3	109,8
3,136	2,70	3,71	4,06	3,78	3,40
2,758	2,02	3,15	2,93	3,22	2,566
1,84	1,88	2,33	2,48	2,16	2,307
0,901	0,609	1,451	0,955	1,15	0,683
0,147	0,009	0,190	0,011	0,162	0,012
0,150	0,019	0,330	0,040	0,311	0,022
0,603	0,581	0,930	0,904	0,676	0,649
1,17	—	2,46	—	1,83	—
12,84	7,34	16,35	11,07	13,18	7,23
wurden entfernt:					
—	—	—	—	—	—
0,436	13,9	—	9,0[2])	0,38	7,1
0,738	26,8	0,22	7,0	0,654	17,6
—	—	—	—	—	—
0,292	32,4	0,496	34,2	0,467	40,6
0,138	93,9	0,178	93,3	0,150	92,6
0,131	87,3	0,290	87,8	0,289	90,0
—	—	—	—	—	—
1,17	100,0	2,46	100,0	1,83	100,0
5,50	42,8	5,28	32,4	5,95	45,1

Zucker plus wirkliche Asche. In den Dicksäften = wirkliche Trockensubstanz minus

0,09—0,10 % CaO. Filtration. II. Saturation 0,4 % CaO-Zugabe, 70° R, Alkalität 0,06% CaO. Filtration bei 75° R. III. Saturation. Alkalität 0; zum Sieden erhitzt. Ohne schweflige Säure.

ad II. Arbeitsweise: I. Saturation wie oben. II. Saturation mit 0,4% CaO-Zugabe, bei 70° R saturiert, Alkalität 0,015% CaO, aufgekocht, filtriert.

ad III. Arbeitsweise: I. Saturation 2,83% CaO auf Rübengewicht. II. Saturation 0,43% CaO. Temperaturen und Alkalität wie sub I. Die Schlammenge der zweiten Saturation betrug 2,01%, der dritten Saturation 0,18% vom Rübengewichte.

ad IV. Schlechte, stickstoffreiche Rübe. I. Saturation mit 3¾% CaO auf 95° C erwärmt, auf 0,11% CaO aussaturiert, filtriert. Vor der II. Saturation zum Sieden erhitzt, 0,5 % CaO-Zugabe auf 0,06 % CaO aussaturiert. III. Saturation ohne Kalkzugabe auf 95° C erwärmt, mit gasförmigem SO_2 auf 0,02—0,05 % CaO-Alkalität aussaturiert. Die Alkalität der III. Saturation wurde so hoch gehalten, weil die Säfte beim Verdampfen Alkalitätsschwund zeigten.

ad V wie sub IV.

Aus diesen angeführten und drei weiteren (hier nicht wiedergegebenen) Versuchen kommt Andrlík zu folgenden Schlüssen über das Verhalten einiger Nichtzuckerstoffe während der Saturation.

Die Entfernung der „organischen Substanzen" schwankte zwischen 32,4—56,8%, ist also ziemlich ungleichmäßig. Ihr Charakter ist in den einzelnen Säften verschieden, so daß einmal mehr, das andere Mal weniger durch die Saturation ausfällbare Substanzen zugegen sind. Mit steigendem Stickstoffgehalt steigt die Menge der organischen Substanzen (IV, V).

Unausfällbar ist die „schädliche Asche" und der „schädliche Stickstoff".

Tabelle Nr. 87a.

	Auf 100 Teile Zucker entfielen:					
	Schädliche Asche		Differenz	Schädl. Stickstoff		Differenz
	Rohsaft	Dicksaft		Rohsaft	Dicksaft	
I	1,36	1,35	—0,01	0,462	0,435	—0,027
II	1,32	1,35	+ 0,03	0,455	0,432	—0,023
III	1,84	1,88	+ 0,04	0,603	0,581	—0,022
IV	2,33	2,48	+ 0,15	0,930	0,904	—0,026
V	2,16	2,31	+ 0,15	0,676	0,649	—0,027

Die Differenzen sollten theoretisch 0 sein, weil, wie schon hervorgehoben, beide Substanzarten unveränderlich bleiben. Dort, wo die Differenzen relativ größer sind, liegen Beobachtungsfehler vor; die Stickstoffabnahme liegt in der Unzuverlässigkeit der Amid- und Ammoniak-Stickstoffbestimmung.

Im allgemeinen waren die Säfte mit höherem Stickstoffgehalte reichlicher an schädlicher Asche und von schlechterer Qualität. Das gilt sowohl für die Roh- als auch Dicksäfte.

Im großen Durchschnitt ist die Menge der wirklichen Asche des Rohsaftes ca. 1,5 mal größer als die der schädlichen Asche, im Dicksafte unter normalen Verhältnissen ca. 1,0 mal größer.

Auf 100 Teile Karbonatasche des Rohsaftes kommen nach vielen Analysenergebnissen 57,3 Teile schädlicher Asche. Man ist daher in der Lage, aus der Karbonatasche annähernd die schädliche Asche des Diffusionssaftes und die wirkliche Asche des Dicksaftes zu berechnen. Z. B., hätte ein Rohsaft 0,35 % Karbonatasche, so enthält er 0,35 × 0,573 = 0,201 % schädlicher Asche. Wie angegeben, ist die schädliche Asche im Dicksafte (auf 100 Teile Zucker) ebenso groß wie im Diffusionssafte, folglich nach obiger Rechnung bekannt. Weiter wurde gesagt, die wirkliche Asche des Dicksaftes wäre ca. einmal (genauer 1,043mal) größer als seine schädliche Asche; daher läßt sich die wirkliche Asche des Dicksaftes aus der bekannten schädlichen berechnen.

$$\underset{\text{(auf 100 Teile Zucker)}}{\text{wirkliche Dicksaftasche}} = \frac{\text{Karbonatasche} \times 57{,}3}{\text{Polarisation}}.$$

Die Karbonatasche des Rohsaftes kann also dazu dienen, seine und des Dicksaftes schädliche sowie des letzteren wirkliche Asche auf 100 Teile Zucker zu berechnen.

Der schädliche Stickstoff machte durchschnittlich 65,2% vom Gesamtstickstoff aus; doch meint Andrlík, daß wahrscheinlicher diese Zahl auf $^2/_3$ des Gesamtstickstoffes anzunehmen wäre. Die durch Saturation und Verdampfung entfernte Menge an Stickstoff schwankt zwischen 30,2—40,6% vom Gesamtstickstoff.

Die Menge des Eiweißstickstoffes betrug ca. 14,7% vom Gesamtstickstoff, die Menge des Ammoniak- und Amidstickstoffes ca. 20,2% im Durchschnitte vom Gesamtstickstoff. Die Tabelle zeigt, daß vom Eiweißstickstoff 93 % in den Schlamm gegangen, von Ammoniak- und Amidstickstoff je nach Konzentration des Dicksaftes 83,7—94,7 % entwichen sind.

Andrlík trat auch dem Studium der „Abhängigkeit der Reinheit des Dicksaftes (eigentlich des Saturationssaftes) von der Zusammensetzung des Diffusionssaftes“ näher. Seine Untersuchung ist wohl interessant, aber praktisch nicht besonders verwertbar, weil sie für die Betriebskontrolle zu kompliziert ist; leichter ergibt sich annähernd dasselbe Resultat auf dem vom Verfasser angegebenen Wege (siehe S. 444).

Andrlík kam zur Überzeugung, daß die Qualität des Rohsaftes die Reinheit des saturierten Saftes beeinflußt. Zur Beurteilung braucht man nur den „konstanten“ Nichtzucker, d. i. schädliche Asche und schädlicher Stickstoff des Diffusionssaftes heranzuziehen; diese beiden Saftbestandteile müssen sich wieder im saturierten Safte finden.

Die Asche bestimmt man nach der oben angegebenen Weise, den organischen Nichtzucker durch folgende Überlegung; man benutzt dazu sein Verhältnis zum Gesamtstickstoff.

„Aus unseren Analysen haben wir gefunden, daß im Dicksafte der organische Nichtzucker 11,3—12,6, durchschnittlich 11,9mal höher ist als der schädliche Stickstoff. Multipliziert man also die Menge des schädlichen Stickstoffes mit 11,9, erhält man annähernd die Menge der organischen Substanzen im Dicksafte. Kennen wir die Menge der Asche und der organischen Substanzen, ist uns der Nichtzucker des Saftes und folglich auch seine Reinheit gegeben.“ Ein Beispiel zeigt deutlicher, wie man vorzugehen hat.

Der Rohsaft besaß folgende Zusammensetzung:

	Zuckergehalt	14,90%
	Kohlens. Asche	0,35%
	Gesamtstickstoff	0,091%
folglich	Schädl. Asche	$0,35 \times 0,573 = 0,2005$
	Schädl. Stickstoff	$0,091 \times 2/3 = 0,0607$.

Auf 100% Zucker entfallen:

wirkliche Asche des Saturationssaftes $104,3 \times \frac{0,2005}{14,9} = 1,44$ Teile.

Auf 100 Teile Zucker entfallen:

0,447 Teile schädlicher Stickstoff.

Die Menge des organischen Nichtzuckers beträgt also annähernd $0,477 \times 11,9 = 5,32$ Teile auf 100 Teile Zucker. Daher Gesamtnichtzucker $1,44 + 5,32 = 6,76$ Teile auf 100 Teile Zucker. Der Reinheitsquotient des Saturationssaftes ist folglich nach der Berechnung $10,000 : 106,76 = 93,7$. Die direkte Reinheitsbestimmung führte zur Zahl 93,9.

Durch häufigere Bestimmung des „schädlichen Stickstoffes“ und der „organischen Substanzen“ in Dicksäften käme man zu einer noch richtigeren Durchschnittszahl, die das Verhältnis zwischen beiden Nichtzuckergruppen ausdrückt.

Gegen diese Arbeit Andrlíks erhebt Claassen — außer den schon genannten Einwänden gegen jede Untersuchung, welche die Zusammensetzung der Säfte vor und nach der Reinigung zur Beurteilung heranzieht — noch den Vorwurf, daß Andrlík mit der scheinbaren Trockensubstanz des Rohsaftes (° Bx) operiert habe, wodurch diese Methode „ganz unbrauchbar“ werde. Indem ferner Claassen einer Berechnung Rohsaftanalysen aus den Jahren 1898/99 und 1899/1900 zugrunde legt und findet, 0,9—1,1 Aschenbestandteile auf 100 Teile Brix würden in den Schlamm übergehen, zieht er aus Andrlíks (und Herzfelds sowie Stutzers) Ergebnissen den Schluß, daß Andrlík nur ca. 0,30 (bzw. ca. 0,50 sowie 0,26) entfernbaren anorganischen Nichtzucker nachwies. Das führt er auf Nichtzucker zurück, die in Lösung gingen.

Über den organischen Nichtzucker, bzw. seine Entfernung durch die Scheidesaturation lassen sich nach Claassen keine Berechnungen anstellen, da Andrlík nur die scheinbare Trockensubstanz der Rohsäfte bestimmte. Auch aus Herzfelds Zahlen über die Entfernung des organischen Nichtzuckers, die viel zu klein ausgefallen sind, erklärt Claassen „die Unmöglichkeit, die wirklich in den Schlamm übergegangenen Mengen (der Nichtzuckerstoffe) aus der Reinigungswirkung der Scheidung zu berechnen“.

Außerdem führte Claassen selbst eine Untersuchung über diesen Gegenstand aus:

Tabelle Nr. 88.

Kampagne		Brix	Trockens.	Pol.	Sch. Q	W. Q.	Ges. NZ.[1])
1907/08	Rohsaft	13,9	13,34	12,27	88,3	91,90	8,0
	Dicksaft	60,7	60,28	56,2	92,6	93,2	6,8
				Entfernter Nichtzucker:			1,2
1908/09	Rohsaft	13,9	13,41	12,27	88,3	91,5	8,5
	Dicksaft	60,8	60,38	56,4	92,8	93,4	6,6
				Entfernter Nichtzucker:			1,9

Auf Rübe gerechnet, gingen im ersten Falle 0,19%, im zweiten 0,32% Nichtzucker in den Schlamm über.

Sodann ermittelte er den Reinigungseffekt aus dem Schlamme (zweite Methode).

Den Kampagnedurchschnitt der Zusammensetzung des Schlammes seiner Untersuchungen siehe in der Tabelle Nr. 91 auf S. 388. (Analyse Nr. 3.) In den Schlamm waren übergegangen 0,74 % organischer, 0,17 anorganischer Nichtzucker auf Rüben gerechnet, im ganzen sonach 0,91 %, also eine viel größere Menge als früher. Hervorzuheben wäre, daß Claassen die aus dem Kalke stammenden Verunreinigungen in Rechnung zog, d. h. die 0,91 % stammen nur aus dem Rohsafte. Für diese Differenz findet Claassen keine Erklärung, da weder Pülpe vorhanden noch größere Ölmengen in der Saturation verwendet wurden.

Für Versuche der Kampagne 1908/09 nimmt Claassen die oben von ihm zu 0,17 % entfernten anorganischen Nichtzucker als konstant an. Die Menge des ausgeschiedenen Organates hängt von der angewendeten Kalkmenge an. Bei einer Kalkmenge von 1,2 % werden entfernt — 0,59 %, bei 2,0 % — 0,73 %, bei 2,5 % — 0,84 % organischer Nichtzucker. Die günstigere Wirkung einer erhöhten Kalkzugabe ist sichtbar. — Zur Analyse Nr. 4 und 5 der Tabelle Nr. 91 sei hinzugefügt, daß diese Analysenzahlen vom Verfasser aus Claassens Veröffentlichung berechnet wurden, um eventuell einen Unterschied der Schlammzusammensetzung bei Kalkmilch- und Trockenscheidung zu

[1]) Gesamter Nichtzucker auf 100 Trockensubstanz.

konstatieren. Doch muß man sich hüten, aus diesen Zahlen allein schon Schlüsse ziehen zu wollen, da die Analysen einerseits nicht ausführlich genug, anderseits Durchschnitte aus einer verschiedenen Anzahl von Analysen sind.

Zu ähnlichen Ergebnissen wie Claassen gelangte auch Andrlík, indem er nachwies, daß bei Rüben von 17 % Zuckergehalt durch die Scheidung und Saturation vom anorganischen Nichtzucker 0,164 % (Claassen 0,17) und vom organischen Nichtzucker 0,722 % (Claassen 0,754) entfernt werden. Nur konnte Andrlík einen Zusammenhang zwischen angewendeter Kalkmenge und der Menge des entfernten Organates nicht finden.

In neuerlichen Untersuchungen kam Andrlík zu anderen Zahlen. Durch Analyse zweier Schlammproben fand er 0,60 und 0,568 % organische Substanzen, auf Diffusionssaft bezogen. Die Menge des organischen Nichtzuckers betrug in demselben 0,149. Daher der Gesamtnichtzucker im Schlamme 0,749, bzw. 0,717. Daraus folgerte Andrlík, der Saturationseffekt ließe sich nicht durch einen bestimmten Wert ausdrücken, sondern sei innerhalb gewisser Grenzen variabel und von der Art der Nichtzuckerstoffe abhängig. Selbst aus den wirklichen Reinheitsquotienten der Roh- und Dünnsäfte läßt sich ohne weiteres nicht der Saturationseffekt berechnen; man gelangt so zu anderen Zahlen, als die Schlammanalyse ergibt. Es muß vorher am Reinheitsquotienten des Saturationssaftes eine Korrektur, entsprechend der Polarisationsabnahme bei der Saturation, angebracht werden. Andrlík konstatierte öfters, daß bei der Scheidung und Saturation ein kleiner Rückgang der Polarisation des Diffusionssaftes stattfindet. In dieser Arbeit z. B. wurde ein solcher Verlust von 0,19 g auf 100 g Saft gefunden, bei einem zweiten Versuch ein solcher von 0,166 %. Das beeinflußt dann den Reinheitsquotienten des Dünnsaftes (Listy cukrovarnické XXIX, 1910, S. 61; deutsch in der Ö. U. Z. f. Zuckerind. XL, 1911, S. 1039). Ebenso erschien diese Untersuchung „Über den Saturationseffekt und seine Ermittlung" in der Z. f. Zuckerind. i. B. XXXIV, 1909/10, S. 639.

Über den Effekt der dreifachen Saturation in chemischer Beziehung (Z. f. Zuckerind. i. B. 1900/01, S. 195). In dieser Studie äußert sich Andrlík u. a., daß auch die zweite Saturation bei einer Alkalitätseinhaltung von 0,05—0,06 % CaO reinigend wirkt. Das geht daraus hervor, daß der Schlamm der zweiten Saturation 4—5 % organische Substanzen, auf Trockensubstanz bezogen, auch bei tadelloser Ausführung der ersten Saturation, enthält.

Durch dreifache Saturation wird ein Reinigungseffekt erzielt, der etwa 1,07—1,17 Teile anorganischen und 4,42 Teile organischen Nichtzucker auf 100 Teile Zucker beträgt.

In Übereinstimmung mit diesem Autor befindet sich die große Praxis: die dreifache Saturation ist wohl fast durchweg in Anwendung. Und wie dachte der Erfinder der Scheidesaturation darüber? Jelínek trat nur für eine Saturation ein und allen, die einer wiederholten Saturation das Wort redeten, diese teils unbedingt für notwendig, teils für zweckmäßig hielten, entgegnete er: „. . . die erzeugten Säfte wurden einer zweiten Saturation unterzogen, . . . ob das zum Jelínekschen Verfahren gehört . . ., überlasse ich jedem selbst; ich kann Ihnen aber nur anraten, Ihre Manipulation soviel als möglich zu vereinfachen und sich nie eine Hintertür für die Liederlichkeit offen zu lassen; die zweite Saturation ist aber solch eine Hintertür, um das Schlechte wieder gutzumachen. Wer steht Ihnen denn dafür, daß man beim zweiten Male gut saturiert? Wäre es nicht geraten, eine dritte Saturation zu machen, wenn die zweite schlecht gemacht ist?" (Z. V. d. Zuckerind. 1865, S. 408.)

So konnte Jelínek damals sprechen, weil seine Hintertür die Spodiumfiltration der Säfte war. Was damals das Spodium zu wirken hatte, tut heute die wiederholte Saturation.

Von größter Bedeutung wäre die Lösung der Frage, ob man mit der zweifachen Saturation denselben Erfolg erzielen könne wie mit der dreifachen, oder mit anderen Worten, ob die dritte Saturation nicht überflüssig und daher unökonomisch ist.

Andrlík und Stanek wiesen in der Z. f. Zuckerind. i. B. 1900/1, S. 195 darauf hin, daß der Schlamm der dritten Saturation nur geringe Mengen organischer Substanzen enthalte (Farbstoffe), also die dritte Saturation augenscheinlich überflüssig wäre (was aber die Autoren nicht behaupteten); es findet nur eine Entkalkung statt. Mittels Laboratoriumsversuchen stellten später die Genannten folgendes fest (Z. f. Zuckerind. i. B. 1903/4, S. 381): Durch chemische Analyse ist zwischen den Säften der zweiten und dritten Saturation kein Unterschied wahrnehmbar; nur die Füllmassen nach dreifacher Saturation waren etwas lichter und enthielten weniger Magnesia. Der Schlamm von der zweiten Saturation enthielt auf 100 g Zucker 0,34 g, der Schlamm von der dritten Saturation 0,33 g organische Substanzen. Der Saturationseffekt ist also der gleiche. Kleinere Kalkzugabe bei der zweiten Saturation hat einen kleineren Reinigungseffekt, doch größte Kalkzugabe nicht den größten Reinigungseffekt zur Folge. Bei der dritten Saturation wurden bloß 0,002—0,003 g organische Substanz pro 100 g Zucker entfernt; die Schlammenge betrug durchschnittlich 0,061 g pro 100 cm^3 Saft.

Die beiden Forscher sind aber trotzdem für eine dritte Saturation, weil nicht nur die chemische Zusammensetzung der Säfte, sondern auch die physikalische Beschaffenheit auf ihre Qualität Einfluß haben.

Versuche im Fabrikbetriebe ergaben dasselbe Resultat. In chemischer Beziehung ist kein bedeutender Unterschied zwischen zweifacher und dreifacher Saturation zu konstatieren, wenn die zweite Saturation mit 0,4 % Kalkzugabe betrieben wird. Bei zweifacher Saturation wurden auf 100 Teile Zucker 0,39 Teile, bei dreifacher Saturation 0,335 Teile organischer Substanz im Schlamme aufgefangen. „Der Hauptunterschied in beiden Arbeitsweisen sowie der Arbeit ohne Kalkzugabe bei der zweiten Saturation zeigte sich im Aussehen der Säfte und fertigen Produkte, welche bei der dreifachen Saturation am lichtesten, bei der zweifachen Saturation ohne Kalkzugabe bei der zweiten Saturation am dunkelsten waren. Dieser Umstand ist allerdings für die Gewinnung von einwandfreien Produkten sehr in die Wagschale fallend."

Die dritte Saturation mit schwefliger Säure ist günstiger als die mit Kohlensäure; es geht bei der Schwefelung etwa dreimal soviel organische Substanz in den Schlamm als bei der Saturation mit Kohlensäure.

Karlík ist ein entschiedener Anhänger der dreifachen Saturation. „Würden wir aber in der zweiten Saturation nach dem Kalkzusatze zu dem Safte den Kalk gänzlich aussaturieren, dann würde unvermeidlich durch Übersaturierung ein großer Teil des gebildeten Schlammes wieder in Lösung übergehen und in demselben lediglich der unschuldige kohlensaure Kalk zurückbleiben. Würden wir dagegen in der zweiten Saturation, wie wir es in der dritten tun, keinen Kalk zusetzen und nur den von der ersten Saturation zurückbleibenden Kalk aus dem Safte aussaturieren, so würden wir uns hierdurch um den Reinigungseffekt berauben, welcher infolge des Kalkzusatzes in der zweiten Saturation und der Aussaturierung bis zur Alkalität von 0,06 unleugbar sich herausstellt."

Auch Kozarzewski ist für eine zweite und dritte Saturation, weil durch diese Arbeitsweise die Kontrolle erleichtert wird; nur verlangt er ein Aufkochen des Saftes, da jede Kalkzugabe nach der ersten Saturation sonst zwecklos wäre. Ein bloßes Anwärmen genüge nicht. „Es genügt, die Säfte nur einmal mit dem nach der ersten Saturation in der Menge von 0,5 % hinzugesetzten Kalk aufzukochen" (Techn. Rundschau 1906). — Gröbe hingegen hält nichts von einem Kalkzusatze zur zweiten Saturation, befürwortet aber einen solchen zur Dicksaftsaturation und läßt sich dabei von dem guten Gedanken leiten, eventuell noch unzersetzte Amide in dieser Station zu zersetzen.

Gewöhnlich wird bei der zweiten Saturation immer noch mit Kalkzusatz gearbeitet und erst die dritte Saturation ohne diesen durchgeführt. Fabriken, welche sich mit zwei Saturationen begnügen, verzichten auf den Kalkzusatz in der zweiten Saturation.

Die dreifache Saturation ist die fast überall übliche; es scheint aber, als ob die Fabriken mit zweifacher Saturation langsam an Zahl zunehmen.

Der Reinigungseffekt drückt sich nicht nur chemisch aus, sondern verändert auch die physikalischen Eigenschaften der Säfte. Sie sind ohne weiteres erkennbar. In erster Linie fällt die mehr oder weniger helle Färbung der Saturationssäfte auf. Es liegt die theoretisch und praktisch gleich wichtige Frage nach den Ursachen der Verschiedenfarbigkeit der Saturationssäfte nahe.

„Zur Kenntnis einer Ursache der dunkeln Saturationssäfte" lieferte Bodenbender 1875 einen Beitrag (Z. V. d. Zuckerind. 1875;

Organ 1875, S. 303). Daß Invertzucker, bzw. seine Abbauprodukte durch Kalk die nähere Ursache davon sind, wurde schon gesagt (S. 313). Bodenbender studierte den Prozeß, „wie einerseits der Ton der Farbe sich proportional dem Gehalte des Saftes an verändertem Zucker (Invert) zeigte, und wie andererseits die Farbe an Intensität in dem Maße zunahm, als durch Einleiten von Kohlensäure in den mit Kalk gekochten Saft der Kalk als Kalkkarbonat sich ausschied und die Alkalien in kohlensaure verwandelt wurden“. Eine 10proz. Zuckerlösung, mit wenig Natronlauge alkalisch gemacht und gekocht, behielt ihre Farbe bei; wurden nur geringe Invertmengen zugesetzt und gekocht, so trat gelbe Färbung auf. Zusatz von Ätzkalk zu der Lösung verminderte beim Aufkochen diesen Farbenton. Die gelbe Farbe trat wieder ein, wenn der Ätzkalk mit Kohlensäure ausgefällt wurde.

Das Verhalten der Gluzinsäure gegen Kalk, Alkali und Eisenoxyd läßt die Farbenverschiedenheiten erklären. Solange der nicht auf den Siedepunkt erhitzte Scheidesaft überschüssigen Ätzkalk enthält, herrscht die genannte Säure vor und nur wenig Apogluzinsäure ist zugegen. Der Saft ist gelb. Beim Kochen dieses Saftes entsteht mehr von letzterer; da durch die Saturation der Kalk ausfällt, bindet sich die Apogluzinsäure an Kali und der Saft wird dunkelbraun. In dem Maße, als durch fortgesetzte Saturation die Alkalität des Saftes sich vermindert, verschwindet die gelbbraune Farbe und es zeigt sich eine blauviolette, durch gluzinsaures Eisenoxyd hervorgerufen. Die Bräunung der Säfte beim Verdampfen beruht auf der Umwandlung der Gluzinsäure in Apogluzinsäure und humusartige Zersetzungsprodukte. Das Eisenoxyd rührt von den Leitungen, Geräten usw. her. Auch die durch „Übersaturation“ entstehenden Farbenerscheinungen werden auf die Salze der Gluzin- und Apogluzinsäure zurückgeführt.

Bodenbender, Suchomel u. a. sahen demnach im Invertzucker der Säfte, bzw. in seinen sauren Zersetzungsprodukten die Erklärung für die verschiedenen Färbungen der Saturationssäfte.

Jesser fand bei seinen Versuchen, daß die mit Kalk und Alkalien behandelten Lösungen von Invertzucker, bzw. seiner Komponenten in ihren Farbentönen mit denen von Saturationssäften übereinstimmten. Da er keinen Zusammenhang zwischen Farbe und Trockensubstanz oder Azidität wahrnahm, führt er die Farbe auf „von in minimalen Mengen entstehende stark tingierende Körper“ zurück. Es dürften sich nach Jesser bei Einwirkung von Basen karamelartige Produkte in sehr geringen Mengen bilden.

Kalk und Alkalien verhalten sich in bezug auf die erzeugten Farben ganz verschieden.

Bei gelinder Einwirkung von Kalk ist die Farbe der aussaturierten Lösungen ein mehr oder weniger intensives Braunrot ohne Feuer. Die kalkalkalische Lösung vor dem völligen Aussaturieren ist feurig und bedeutend heller gefärbt. Mit dem Verschwinden des Ätzkalkes in der Lösung schlägt die Farbe momentan um.

So enthielt eine mit 0,3 % CaO bei 80° C behandelte 0,4 proz. Invertlösung:

bei 0,060 CaO .	3,33	Farbe nach Stammer
neutral	5,55	„ „ „

Je intensiver die Einwirkung des Kalkes ist, desto heller und feuriger wird die Farbe der neutralen Lösung und desto geringer ist der Unterschied zwischen der kalkalkalischen und neutralen Lösung.

Eine 0,4 proz. Invertzuckerlösung, mit 1% CaO eine halbe Stunde gekocht, enthielt 1,6 % Farbe nach Stammer, eine 1 proz. Invertzuckerlösung, gleich behandelt, 0,67% Farbe sowohl in kalkalkalischer als auch in neutraler Lösung.

Bei der Einwirkung von ätzenden Alkalien wurde beobachtet, daß, je stärker und je länger die Einwirkung des Ätzkalis ist, desto intensiver die auftretenden Farben sind. Dasselbe ist in bezug auf die Steigerung des Invertzuckergehaltes der Lösungen zu beobachten. Bei Titration ist die Färbung bei 80 mg Glukosen derart intensiv, daß die Titration nahezu unmöglich ist; bei ca. 50 mg erhält man noch immer gelbbraune Lösungen, während bei 10 mg Invertzucker die Lösung hellgelb gefärbt ist. Den Einfluß der Zeit charakterisiert folgender Versuch:

100 cm³ einer 0,068 proz. Lösung mit 40 cm³ $^1/_{10}$-Normallauge 10 Minuten gekocht: Farbe 1,33 goldgelb.

100 cm³ einer 0,068 proz. Lösung mit 40 cm³ $^1/_{10}$-Normallauge eine halbe Stunde gekocht: Farbe 2,13 rotgelb.

100 cm³ einer 0,068 proz. Lösung mit 40 cm³ $^1/_{10}$-Normallauge eine Stunde gekocht: Farbe 3,03 braunrot.

Letztere Lösung wurde nun mit 0,5 % CaO eine weitere halbe Stunde gekocht, Farbe 0,8 % hellgelb, nahezu farblos.

Es werden somit die durch Alkali hervorgerufenen Farben in alkalialkalischer Lösung durch Einwirkung von Ätzkalk zerstört.

Jesser untersuchte auch das Verhalten der durch Ätzkalk hervorgerufenen Farben in ätzkalkfreien Lösungen gegen kohlensaure Alkalien.

Eine 0,3proz. Invertzuckerlösung, mit Ätzkalk bei 80° C behandelt und saturiert: Farbe 2,1.

Zu dieser Lösung zwei Äquivalente kohlensaures Natron hinzugegeben, aufgekocht und filtriert, Farbe 3,2.

Eine 0,3 proz. Invertzuckerlösung, mit ½ % Ätzkalk 10 Min. gekocht und saturiert: Farbe 1,3.

Diese Lösung mit zwei Äquivalenten kohlensaurem Natron wie oben: Farbe 1,8 usw. Kohlensaures Alkali bewirkt daher ein Dunkelwerden der durch Kalk hervorgerufenen Farbe; diese Nachdunklung ist umso stärker, je schwächer der Kalk zur Wirkung gelangte, und unmöglich, wenn der Kalk so energisch wirkte, daß die Farbstoffe vollständig zerstört wurden.

Im weiteren Verlaufe seiner Ausführungen bringt Jesser die Saftfarbe bei Verarbeitung fauler Rüben und bei „Sodasaturation" mit obigen Resultaten in Einklang. Wohl sieht Jesser im Invertzucker allein nicht die Ursache der Saftfarben, aber „sicher werden Umstände, die eine Vermehrung des Invertzuckers in der Rübe und in den Rohsäften bewirken, dadurch auch eine Verschlechterung der Saftfarbe und somit dunklere Produkte bedingen".

Eine sichere Erklärung der Farbenerscheinungen der Säfte wird erst dann gegeben werden können, bis die Farbstoffe der Rübe ganz erkannt sein werden.

g) Geschichte der Saftreinigung.

Bis nun wurde stets von der Scheidesaturation von Frey-Jelínek gesprochen. Beide Genannten sind die Erfinder derselben, — aber ihre Erfindung wird heute anders geübt als Frey und Jelínek anfangs angaben. Es wird deshalb angebracht sein, einen kurzen Überblick über das Werden der heutigen Saftreinigung zu werfen, soweit sich dabei chemische Momente festhalten lassen.

Ohne bei den alten und ältesten Arbeitsweisen zu verweilen, „kommt man auf zwei Verfahrungsarten, die wesentlich von den älteren („Scheidung nach oben") und voneinander verschieden sind, und die von ihren Urhebern zwar in der ursprünglichen Form wieder verlassen, anfangs aber als das unübertrefflich Beste dargestellt wurden, ein Beweis dafür, daß eine eigentliche Begründung dieser Anschauung nicht für die Empfehlung ihrer Methoden maßgebend gewesen sein konnte" (Stammers Lehrb. 1874, S. 425). Das erste Verfahren ist jenes der doppelten Saturation oder Karbonatation von Perier-Possoz, das zweite die Schlammsaturation von Jelínek.

Diese beiden wurden „ursprünglich in ziemlich deutlich gekennzeichneten Vorschriften (geübt), erlitten dann aber allmählich eine solche Menge von Abänderungen, daß man kaum von bestimmten, neueren Scheidungsverfahren sprechen kann. Es finden sich vielmehr in den verschiedenen Fabriken zahlreiche Abstufungen und Übergänge, fast jede arbeitet in anderer Weise . . ., welche alle die Anwendung von Kalk und Kohlensäure zur gemeinschaftlichen Basis haben, im übrigen aber in der Art dieser Anwendung und in der Festsetzung der einflußreicheren Verhältnisse so merkwürdige Verschiedenheiten zeigen, daß man zu dem Schluß kommen muß, der Zusammenhang zwischen Ursache und Wirkung sei hier entweder noch gar nicht erkannt oder den äußeren und örtlichen Verhältnissen gegenüber von nur untergeordneter Bedeutung" (Stammer).

Das Karbonatationsverfahren von Possoz-Perier ist im Prinzipe eine Defekation (Scheidung) und zweimalige Karbonatation (Saturation). Die Scheidung wurde mit der nötigen Menge Kalkmilch vorgenommen, der klare Scheidesaft in Saturateuren unter Zugabe von 0,5 % Kalk mit Kohlensäure aussaturiert. Nach dem Absetzen des Schlammes wurde der Saft mechanisch filtriert, Kalkmilch zugegeben und zum zweiten Male saturiert, aufgekocht, absitzen gelassen und wieder filtriert. Die Säfte waren klar, hell und gaben keinen Anlaß zu Betriebsschwierigkeiten. An Spodium wurde bedeutend erspart. Obwohl die Erfinder eine gänzliche Aussaturation, eine vollständige Entfernung des Kalkes verlangten, weil sie der Ansicht waren, daß durch Karbonatation alle jene Stoffe entfernt werden, welche Zersetzung des Saftes bewirken, wurde doch von Sebor 1864 (Z. V. d. Zuckerind., S. 177) auf die Wichtigkeit, den Saft alkalisch zu erhalten, aufmerksam gemacht (0,05 % CaO). Letztgenannter weist deutlich auf die Nachteile von neutralen Säften hin. Reine Kohlensäure ist eine wichtige Bedingung für den Reinigungsprozeß; sie wurde erst später aus Kalkstein erzeugt (Brennen mit Holz, Torf).

Dieses Verfahren stellte also im wesentlichen eine getrennte Scheidung und Saturation dar. Zuerst wurde der Saft auf 60⁰ erwärmt, dann Kalkmilch in nötigem Maße (0,2—1,5 % Kalk auf Rübe) zugesetzt und hierauf die Temperatur auf 80⁰ erhöht. Der durch Absitzenlassen geklärte Saft wurde vom Kalkniederschlag getrennt, „was ganz gerechtfertigt ist, da sonst eine Rückscheidung eintreten kann" (Stammer). Der Saft wurde bei 60—80⁰ mit Kohlensäure saturiert. Während seiner Saturation floß noch Kalkmilch kontinuierlich zu. „Der Kalk wurde so abwechselnd im Safte gelöst und daraus gefällt und entfernte so allmählich alle Farbstoffe; die letzten Anteile des Niederschlags sind daher viel weniger braun als die ersten." Wieder wurde absitzen gelassen, der klare Saft zum zweiten Male saturiert, und zwar bis die Hälfte des in Lösung verbliebenen Kalkes ausgefällt war; dann wurde noch ein Tausendstel Kalk zugesetzt, welcher gleich gelöst und wieder gefällt wurde, indem „Kohlensäure im Überschusse" eingeleitet wurde, „um so vollständig wie möglich zu saturieren". Dann wurde aufgekocht, absitzen gelassen und der klare Saft abgezogen.

Stammer beurteilt dieses Verfahren nicht günstig. Es habe sich im Betriebe nicht bewährt, nicht das gehalten, was es versprochen. Ein Hauptmangel desselben ist die fehlende Erhitzung des unsaturierten (geschiedenen) Saftes zum Kochen. „. . . Dieser Mangel wird durch die Vermehrung des Kalkes und die verlängerte Dauer der Einwirkung nur in geringem Maße ausgeglichen." „Es ist vielleicht das Hauptverdienst dieses Verfahrens, daß es den Anstoß zur Entstehung mancher anderen und zur näheren Prüfung der Scheidung und Saturation gegeben hat."

Bald wurde von der ursprünglichen Form dieses Verfahrens abgegangen: „an seine Stelle sind, unter Beibehaltung der wiederholten Scheidungen und Saturationen, Kombinationen mit dem Jelínekschen getreten . . ."

Das der Grund, warum dem Verfahren von Perier-Possoz mehr Aufmerksamkeit geschenkt wurde. Stammer sah in der Scheidesaturation (Schlammsaturation) von Jelínek das in einer einzigen Operation durchgeführte Perier-Possozsche Verfahren. Das Eigentümliche des neuen Verfahrens war die Vereinigung von Scheidung und Saturation in eine einzige Arbeit und Anwendung einer niedrigen Scheidungstemperatur. Dabei bezweifelt jedoch Stammer die Priorität Jelíneks für die Idee der vereinigten Scheidung und Saturation.

Im Jahre 1863 traten Frey und Jelínek nach gründlichen Vorstudien mit ihrer Scheidesaturation in die Öffentlichkeit. Es war dies ein Jahr vor der Erfindung des Robertschen Diffusionsverfahrens, und so beziehen sich die folgenden Ausführungen auf „rohe Rübensäfte“ (Preßsaft, Zentrifugensaft). Der kalte Saft wurde je nach der Beschaffenheit der Rüben mit 1½—2 % und mehr Kalk in Form von Kalkmilch versetzt, aufgewärmt, bei 40—50° R die Saturation mit Kohlensäure begonnen und unter Temperatursteigerung bei 70—75° R beendet. Die Saturation geschah so lange, bis in einer herausgenommenen Probe der Schlamm sich in möglichst kurzer Zeit zu Boden setzte und der darüber stehende Saft hell und farblos erschien. Der Saft wurde auf eine Alkalität von ca. 0,06 % CaO aussaturiert. Bei der Vorführung des neuen Verfahrens in Wysočan durch die Erfinder ließen diese den Schlamm im Saturationsgefäß absitzen; nach ½ stündiger Ruhe wurden ¾ des klaren Saftes abgezogen, während ¼ Volumen zur Schlammverarbeitung gelangte. Die Erzeugung der Kohlensäure geschah durch Brennen von Kalkstein mittels Koks. Der Dünnsaft, d. i. der geschiedene und saturierte Rübensaft, wurde über Spodium filtriert und verließ das Filter vollkommen farblos und blank; bis auf ca. 51 % eingedickt (28° Bé), nahm er schwach hellgelbe Farbe an und wurde wieder über Spodium filtriert. Die weiteren Resultate waren trotz schlechter Rüben sehr günstige: gutes Kochen, leichte Kristallbildung, helle Füllmasse usw.

Das neue Verfahren lenkte sogleich die Aufmerksamkeit der gesamten Zuckertechnik auf sich: befeindet und gepriesen, setzte es sich doch siegreich durch, — allerdings in jener Gestalt, welcher die Fehler des ursprünglichen Verfahrens nicht mehr anhafteten.

Weiler, der von den Erfindern gleich zu ihren Vorversuchen zugezogen wurde, berichtete folgendes (Z. V. d. Zuckerind. 1864, S. 94): „Das Prinzip dieses Verfahrens beruht demnach auf der Anwendung einer etwa vierfach größeren Kalkmenge als bei der gewöhnlichen Scheidung sogleich auf den kalten Saft, der nach und nach erhitzt wird, sowie auf der nahezu vollständigen Entfernung des Kalkes und damit zugleich auch eines großen Teiles anorganischer Substanzen vor der Filtration.“

„Je mehr Kalk, desto mehr Zucker“ war die Devise. Ein Überschuß an Kalk bei der Läuterung angewendet, wirke chemisch zersetzend auf die Nichtzucker und physikalisch durch Flächenanziehung. Durch analytische Belege bewies Weiler die Überlegenheit des neuen Saftreinigungsverfahrens gegenüber den sonst üblich gewesenen. Folgende

Vorteile zählte Weiler bei Anwendung der Scheidesaturation auf: In einer Prozedur gehen Scheidung und Saturation vor sich und wird der Saft durch dieselbe sehr gereinigt; obwohl quantitativ mehr Schlamm entsteht, hat dieser infolge seines größeren spezifischen Gewichtes ein kleineres Volumen, er ist konsistenter und läßt sich daher leichter als bei den anderen Methoden verarbeiten; bedeutend geringerer Verbrauch an Spodium und die damit verbundenen Vorteile (weniger Aussüßwässer, Anlagekapital, Wiederbelebungskosten); reinere Säfte, daher größere Ausbeute an Zucker. Weiler wies auch auf die Notwendigkeit eines reinen Saturationsgases hin. Aus dem zitierten Berichte Weilers wäre eine Stelle besonders hervorzuheben, die davon Zeugnis ablegt, wie weitsichtig schon damals manche Zuckertechniker dachten: „. . es waren im ganzen 10 % an Spodium vom Gewicht der Rüben (gegen 25—30 % früher) zur Filtration angewendet worden. Der filtrierte Saft unterschied sich nicht wesentlich hinsichtlich der Farbe von dem unfiltrierten Safte, was zu beweisen scheint, daß die weitere Anwendung des Spodiums keinen merklichen Effekt nach der bereits vorangegangenen Reinigung der Säfte auszuüben fähig war.“ Das ist auch eines der Verdienste Freys und Jelíneks, das Spodium aus den Rohzuckerfabriken verdrängt zu haben.

Weiler fand im neuen Verfahren nur Vorteile; er übersah manche Fehler. Im Jahre 1864 äußerte sich Baumann ausführlich in einer Broschüre darüber. Er stimmt mit Weiler fast völlig überein, geht aber auch auf eine wissenschaftliche Begründung ein. Er meint, für jeden Rübensaft bestehe eine bestimmte Kalkmenge, die bei genügender Zeitdauer unter allmählicher Erwärmung bis 75° R „den ganzen lösenden und umbildenden Einfluß des Kalkes auf die im Safte bereits gelösten oder auf die in der suspendierten Pülpe enthaltenen, vom Kalk unter Mitwirkung der Wärme löslichen organischen Körper vollendet“. Nach vollendeter Scheidung ist nur $^1/_{500}$ des Kalkes im Safte gelöst, während der Kalküberschuß im Schlamm ist. Der alkalisch reagierende Schlamm ging bei der getrennten Scheidung und Saturation früher verloren und machte bei seiner Abpressung Schwierigkeiten (Zerstörung der Beutelfilter). Seit 1840 war aber bereits die Saturation mit Kohlensäure bekannt und ebenso, daß der entstehende Karbonatniederschlag organische Stoffe mit sich niederreiße; wie Michaëlis 1855 fand, proportional der angewendeten Kalkmenge. Diese Eigenschaft nützen eben Frey und Jelínek bei ihrem Verfahren aus. „Um aber auch sicher zu sein, daß der Kalk vor seiner Fällung seine Aufgabe der Auflösung und Umbildung der organischen Stoffe vollende, setzen sie denselben bei einer niederen Temperatur dem Safte zu, bei welcher er sich vollständiger, leichter, also schneller auflöst, indem sich Kalksaccharat bildet . . .“, während sich bei höherer Temperatur weniger lösen würde. Das Verfahren gibt einen „Niederschlag von Kalkkarbonat in Verbindung mit organischen Stoffen, welcher keinen Ätzkalk mehr enthält, also nur dem Gehalte des Saftes an Alkali entsprechend alkalisch reagiert, indem Frey und Jelínek die Saturation nur so weit treiben, daß etwa noch 0,06 % Kalk im Safte zu seinem Schutze gelöst verbleiben, und weil, wenn die Saturation bis zur Neutralität fortgesetzt wird, einige bereits ausgeschiedene Körper, die im alkalischen Zustande unlöslich sind, im neutralen Zustande sich wieder auflösen würden". Baumann kennt also schon die Gefahren der Übersaturierung. Daß der Saft bei 14—40° R geschieden wird (Anfang der Kalkmilchzugabe), ist in den Augen Baumanns ein Maßstab, „wie rationell und wohlbegründet das Verfahren" ist. Frey und Jelínek befolgten damit die Ergebnisse Michaëlis über die Bildung von „Kalkzucker". Baumannn schreibt, daß sich eben bei dieser Temperatur Zuckerkalk rasch bilde und schnell und energisch reinigend wirke. Der weitere Verlauf der Scheidesaturation wurde schon geschildert.

Das waren nur zwei Urteile über die neue Saftreinigungsmethode: beide lauten entschieden günstig. Ziehen wir einen Vergleich zwischen ihrer heutigen Ausführungsform und der ursprünglichen, so fällt, abgesehen von dem mechanischen Teile, zweierlei auf: Beginn der Scheidung in der Kälte (14—40° R) und nur einmalige Saturation, wohingegen die Scheidung heute im heißen Safte und die Saturation mehrmals stattfindet.

Es dauerte aber gar nicht lange, daß die Scheidesaturation im Sinne der heutigen Arbeitsweise abgeändert wurde. Frey und Jelínek setzten den Kalk „in genügend entsprechender Menge, je nachdem die Säfte mehr oder weniger gesund und mehr oder weniger reich an Holzfaser sind, 2—3 % vom Gewichte der Rüben, und wenn notwendig, noch mehr zu, saturierten auf 0,06 % CaO aus und zogen den Scheidesaft ab. .... ist es bei Verarbeitung sehr kranker, alterierter Rüben nicht unvorteilhaft, den nach dieser neuen Methode der Saftreinigung dargestellten blanken Saft nachträglich nach der von Michaëlis angegebenen Methode unter Zusatz von etwa $^1/_5$% Kalk zu saturieren, um ganz sicher zu gehen, was indes bei Verarbeitung gesunder Rüben vollkommen überflüssig erscheint." Hier ist also schon im Jahre 1864 der Gedanke der zweifachen Saturation ausgesprochen (angewendet auf die Scheidesaturation), allerdings nur für alterierte Rüben. Das kann aber auch noch heute gelten, da manche Fabriken bei normaler Arbeit in die zweite Saturation keinen Kalk mehr zugeben. Michaëlis' Methode, stammt aus dem Jahre 1855; er fand, daß um so mehr organische Stoffe ausfallen, je mehr Kalk im Safte vorhanden ist, und empfahl deshalb, während der Saturation noch Kalk zuzusetzen.

Es wurde gesagt, daß nach der alten Ausführungsform der Schlamm im Gefäße absitzen gelassen wurde usw. Das kann aber nicht lange der Fall gewesen sein, da schon Baumann erwähnt, daß der ganze Schlammsaft über Nedhamsche Filterpressen gedrückt wurde.

Auch die Anfangstemperatur des Rübensaftes bei der Kalkzugabe wurde bald abgeändert, denn schon 1869 schreibt ein Anonymus in der Z. V. d. Zuckerind., S. 39, daß die meisten Fabriken die

Behandlung des kalten Saftes mit Kalk und Kohlensäure unter allmählicher Temperatursteigerung teilweise längst verlassen haben, was H. Bodenbender schon 1865 auf Grund seiner Versuche forderte (Z. V. d. Zuckerind. 1865, S. 226).

Mit Rücksicht auf die Koagulationsfähigkeit des Eiweißes und sein verschiedenes Verhalten gegen Kalk, je nachdem es in löslicher oder unlöslicher, d. h. koagulierter Form im Safte vorliegt, kommt jener Unbekannte zu folgenden Ergebnissen, die er auch durch Analysen stützt: „... muß es außer Zweifel stehen, daß der rationellste Gang der Scheidung darin bestehen muß, durch Anheizen des rohen Saftes auf 65° R das Eiweiß zu koagulieren und hierauf durch den Kalkzusatz die Ausscheidung der schwer löslichen organischsauren Salze zu ermöglichen. Für Diffusionssäfte, welche an und für sich sehr wenig Eiweiß enthalten, bietet jedoch diese Art von Scheidung keinen Vorteil, weil hier ein Koagulieren des Eiweißes nicht eintritt." Schließlich bezeichnet er das Jelíneksche Verfahren als irrationell und spricht sich für das Verfahren von Schulz aus, nach welchem der Saft vor der Kalkzugabe auf 65° R erwärmt wird. Sonst unterscheidet sich dieses Verfahren nicht von der Frey-Jelínekschen Scheidesaturation. Ferner „empfiehlt sich stets ein andauerndes Nachkochen der geschiedenen und saturierten Säfte", wodurch ihre Reinheit erhöht wird.

Wenn auch der Anonymus die hohe Anfangstemperatur bei Diffusionssäften nicht für notwendig hält, so hat sich das Frey-Jelíneksche Verfahren doch nur in der Modifikation von Schulz bis heute behaupten können.

Stammer führt die rasche Einführung, welche die Scheidesaturation in der Industrie fand, lediglich auf praktische Vorzüge zurück; theoretisch hatte er manches auszusetzen: lange Dauer der Saturation und Gegenwart aller durch den Kalk gefällten Stoffe, welche Wiederauflösung erfahren können, die Temperatur sei zu niedrig usw. — Auf praktischem Wege kamen jedoch die einzelnen Fabriken zu den günstigsten Ausführungsbedingungen und wird auch heute noch nicht überall gleich gearbeitet.

h) Trockenscheidung.

Frühzeitig wurde versucht, den zur Scheidung notwendigen Kalk als solchen und nicht in Form von Kalkmilch anzuwenden. Schär in Wierthe arbeitete schon im Jahre 1864 mit Trockenscheidung. Die ersten vergleichenden Versuche über Kalkmilch- und Trockenscheidung veröffentlichte Brunnings; er hält letztere für besser.

Die Industrie verhielt sich ablehnend gegen die Trockenscheidung, und erst mit Auflassung der Filtration über Knochenkohle, wo es an Absüßwässern zu mangeln begann und reines Wasser zur Kalklöschung benutzt werden mußte, trat die Trockenscheidung wieder in den Vordergrund. Jedoch sind noch heute die Anschauungen über ihre Vorzüge oder Nachteile gegen die Kalkmilchscheidung geteilt.

Gewisse Nachteile bei Arbeit mit Trockenscheidung wurden bald erkannt. So schrieb Ehrenstein im Jahre 1879, „daß bei dem stürmischen Aufbrausen nicht die nötigen Saftmengen in die unteren Kalkpartien eindringen können, um allen Kalk in Kalkhydrat zu verwandeln. Der Kalk setzt sich in den Löschkörben zu Boden und wird trotz fleißigen Rührens rasch hart, dabei entwickelt sich in den festen Kalkablagerungen eine hohe Wärme, die mit kleinen Explosionen und obligatem Spritzen und Verbrennen der Arbeiter begleitet ist.“ Die Kalkschichte zeigte sich beim Herausnehmen des Löschkorbes „als gelblich braunes Pulver mit einem deutlichen Geruch nach Karamel; es ist bestimmt, daß das Löschen des Scheidekalkes in Körben im heißen Scheidesaft bei mangelhaftem Umrühren in obiger Weise Zuckerteile verbrennt und den Saft ... färbt“. Andere ältere, gleichinhaltliche Arbeiten übergehend, z. B. die von Bittmann, Schiller, Kundrát, gelangt man zu folgenden neueren.

Von der Trockenscheidung sagt man, daß sie hellere Säfte als die Naßscheidung gibt. Bodenbender führt diese Erscheinung auf den Umstand zurück, daß bei längerem Rühren des Saftes mit dem Kalke größere Luftmengen hinzutreten können; die Chromogene des Rübensaftes oxydieren sich und gehen als Farbstoff leichter in den Schlamm als im farblosen Zustand. Tatsächlich fand er auch bei Anwendung luftfreier Kohlensäure nicht so große Entfärbung als bei lufthaltiger. Für Säfte der Trockensch idung konstatierte er kleinere Reinheit als für solche der Kalkmilchscheidung; sie enthielten mehr organischen Nichtzucker.

Zu demselben Resultate gelangte Köhler (Z. V. d. Zuckerind. 1895, S. 479).

	In 100 Teilen Trockensubstanz		
	Pol	Asche	org. Nichtzucker
Trockenscheidung	90,95	3,69	5,36 %
Kalkmilchscheidung	91,63	3,38	4,99 %

Die größere Löslichkeit des Nichtzuckers führt er wie Bodenbender auf Temperaturerhöhung beim Ablöschen des Kalkes in den Säften zurück; er konnte „im Safte inmitten des Kalkes Wärmen von 100° C nachweisen“. Auch zeigte Köhler, daß sich die Säfte der betreffenden Fabriken bei Einführung der Trockenscheidung rötlich färbten, was bei nasser Scheidung nie der Fall war. Fabriken, die mit der ersteren arbeiteten, erhielten stets rötlich gefärbte Rohzucker, zumindest aber rötlicheren Zucker als solche, die mit Kalkmilchscheidung arbeiteten. Die Ursache dieser Erscheinung soll im Invertzucker der Rübensäfte liegen, der bei der Trockenscheidung derartige Zersetzungsprodukte liefert, die mit den im Safte gelösten Eisensalzen Verbindungen eingehen, welche die rötliche Farbe der Säfte hervorrufen. Bei Kalkmilchscheidung geschieht dies nicht oder in nur sehr geringem Maße.

Rydlewski (Z. V. d. Zuckerind. 1895, S. 487) bestätigte auf Grund von Laboratoriumsversuchen Köhlers Angaben. Ferner konstatierte er Zuckerzerstörung bei Trockenscheidung, „denn bei allen diesen Versuchen wurde bei der Trockenscheidung der organische Nichtzucker vermehrt, der Zuckergehalt dagegen vermindert".

Herzfeld polemisierte gegen diese beiden Arbeiten, da er schon früher zu gegenteiligen Resultaten gelangt war. Seine „Diffusionsversuche der Kampagne 1893/94" (Z. V. d. Zuckerind. 1894, S. 278) betrafen einen Vergleich der trockenen mit der nassen Scheidung und wurden in einer dem Großbetriebe gut anlehnenden Weise unter wechselnden Bedingungen durchgeführt. Das Rübenmaterial war ein sehr gutes; um Nebenwirkungen auszuschließen wurde als Kalk gebrannter Marmor verwendet und aus diesem reinen Kalke die Kalkmilch erzeugt. Es wurden acht Versuchsreihen durchgeführt; jede einzelne hatte folgende bemerkenswerten Resultate ergeben. Erster Versuch: Die Bildung von Kalksalzen in den Säften wird am besten durch reichlicheren Kalkzusatz zur Scheidung verhindert oder vermindert. Trotz des guten Rübenmaterials waren 1 ½ % Kalk, auf Saft bezogen, zur Erzielung guter geschiedener Säfte nicht ausreichend. Das gilt für beide Scheidungsmethoden. Zweiter Versuch: Beide Methoden ergaben gleich gute Säfte. Mit der Steigerung der Kalkmenge findet eine Qualitätsverbesserung der saturierten Säfte statt, diese werden auch lichter. Dritter Versuch: Dieser wurde statt mit Kalkmilch mit staubförmig gelöschtem Hydrat durchgeführt, gehört also streng genommen nicht an diese Stelle. Die Säfte der Trockenscheidung waren heller. Vierter Versuch (mit Kalkmilch von 20° Bé): Annähernd gleich zusammengesetzte Säfte; die Säfte der Naßscheidung vielleicht ein wenig besser, aber dunkler. Bei letzterer ging das Saturieren schlechter vonstatten. Der fünfte Versuch fiel ebenso aus wie der vierte. Der sechste Versuch sollte dazu dienen, aufzuklären, warum die Trockenscheidung ein leichteres Saturieren gestattete als die nasse Scheidung. Herzfeld fand, daß sich bei der erstgenannten Methode mehr Zuckerkalk bildet als bei der letztgenannten. Es ist also bei der Trockenscheidung mehr Kalk in Lösung und dieser läßt sich leichter aussaturieren. Siebenter Versuch (mit Kalkmilch von 20° Bé): Gleiche Säfte nach beiden Arbeitsmethoden, was die Quotienten der zweimal saturierten Säfte betrifft, aber lichtere Säfte der Trockenscheidung. Der achte Versuch betraf die Frage nach der „kalten" Scheidung; ihre Beantwortung siehe Seite 344. Als Gesamtresultat ergibt sich nach Herzfelds Versuchen die Gleichwertigkeit beider Scheidungsmethoden. Die Trockenscheidung ergab aber lichtere Säfte; indes ist die lichte Farbe eines Saftes nicht unter allen Umständen ein Vorzug gegenüber einem weniger lichten Saft.

Durch Diffusionsversuche der Kampagne 1894/95 (Z. V. d. Zuckerind. 1895, S. 474) konnte Herzfeld feststellen, daß ebenso wie bei der Kalkmilchscheidung „nennenswerte, sog. unbestimmbare Polarisationsverluste nicht statthaben". „Selbstverständlich ist durch die Versuche nicht widerlegt, daß unter Umständen bei anderem Rübenmaterial größere Polarisationsverluste bei der Scheidung auftreten können. Als erwiesen aber kann man annehmen, daß solche alsdann nicht von Zerstörung der Saccharose durch den Kalk herrühren."

Die Polarisationsdifferenzen, welche bei der Trockenscheidung ermittelt wurden, schwankten, auf Rübe gerechnet, von — 0,046 bis — 0,170 und + 0,024 bis + 0,189 % von der (alkoholischen) Gesamtpolarisation.

Die „rötliche" Färbung der Zucker bei Trockenscheidung, wie Köhler anführte, ist nach den Herzfeldschen Untersuchungen über das Verhalten der Eisenverbindungen bei der Saturation (Seite 327) nicht auf die Scheidung, sondern auf eine mangelhafte Saturation zurückzuführen. Wird soweit aussaturiert, daß wohl aller Zuckerkalk zerlegt wird, nicht aber übersaturiert, so bleibt das gefällte Eisenoxydhydrat im Schlamme und hat nicht — mangels Anwesenheit von Zuckerkalk — Gelegenheit, in den Saft zu gehen. Die Säfte bleiben eisenfrei und geben Zucker von normaler Farbe. Diese Anschauung prüfte auch Köhler selbst und fand sie als zutreffend.

Die niedrigeren Quotienten, die Köhler und Rydlewski für die trocken geschiedenen und saturierten Säfte fanden, erklärt Herzfeld mit der Bildung von unlöslichem Zuckerkalk, der nicht vollständig aussaturiert wurde; so wurde also diesen Säften Zucker entzogen. Selbst bei 125° C stellt Herzfeld größere Zuckerzerstörung durch Kalkeinwirkung in Abrede und behauptet, der fehlende Zucker (bei Köhlers und Rydlewskis Versuchen) fände sich im Schlamme (Z. V. d. Zuckerind. 1895, S. 491).

In Übereinstimmung mit Claassen tritt Herzfeld dem alten Vorurteile von der Zuckerzerstörung durch Überhitzung beim Trockenscheideverfahren entgegen. Daß Herzfeld zu diesem Resultate kam, ist nicht verwunderlich. Die Temperaturen vor der Scheidung schwankten zwischen 85—87° C; bei Anwendung von 1% Kalk (auf Saft) betrug die Temperatursteigerung 3 und 5° C, bei 2 % Kalk 3 und 6° C, bei 3 % Kalk 5 und 5° C bei je zwei Versuchen. Betrachtet man jedoch die analogen Zahlen der Versuche der Kampagne 1893/94, so waren bei allen Versuchen die Temperaturen vor der Scheidung 88—91° C und die Temperaturerhöhungen betrugen bei Anwendung von 1½ % Kalk 5—7°, bei 2½ % Kalk 10° und bei 3½ % Kalk 10 bis 12° C, so daß bei zwei Versuchen „Erhitzung bis zum Sieden" eintrat. Es ist fraglich, ob bei diesen ausgedehnten Versuchen auch ein so günstiges Resultat, was die Polarisationsbilanz betrifft, erzielt worden wäre.

Auch Claassen erhob verschiedene Einwände gegen die Resultate Köhlers und Rydlewskis; er führt ihre Versuchsergebnisse auf nicht sachgemäße Versuchsanordnung und Durchführung zurück Centralbl. f. d. Zuckerind. 1895, S. 726). Köhler hat z. B. die

Kalkmilch für jeden Versuch frisch bereitet, Herzfeld wendete vollständig abgelöschten Kalk an; bei Köhler war Überhitzung möglich, bei Herzfelds Apparat nicht usw. Claassen bekennt sich als Anhänger der Trockenscheidung, die aber mit sehr guten und wirksamen Rührwerken durchgeführt werden muß. Dann erhalte man sehr gute geschiedene Säfte, welche sich leicht saturieren lassen. In seiner Erwiderung weist Rydlewski darauf hin, daß er mit Rübenpreßsaft und Betriebskalk arbeitete, während Herzfeld reinen Kalk aus Marmor bereitete. Er sowie Köhler betonen die Vermehrung des organischen Nichtzuckers bei Trockenscheidung (D. Z. 1895, S. 682 und S. 715). Diese wird vielleicht durch die Temperaturerhöhung begründet sein; denn sowohl Rydlewski als auch Köhler hatten bei ihren Versuchen Temperaturerhöhungen um 10° C gefunden.

Im Jahre 1898 schrieb Hugo Jelínek, dem die Zuckerindustrie die Scheidesaturation zu danken hat, daß die Trockenscheidung ebenso alt ist wie die Scheidung mit Kalkmilch; denn zu derselben Zeit (vor 33 Jahren, als Jelínek die Scheidesaturation einführte) hat man versucht die Trockenscheidung zur Anwendung zu bringen. Wenn nun die Praxis nach 33 Jahren noch nicht allgemein dieselbe eingeführt hat und wenn heute noch darüber debattiert werden kann, so ist damit zur Genüge bewiesen, daß deren Vorzüge noch nicht allgemein anerkannt würden. An die besonderen Vorzüge der Trockenscheidung will Jelínek erst dann glauben, wenn sie in der Praxis überall Anwendung gefunden hat, und nicht jeden Augenblick die Frage aufgeworfen wird, ob es besser ist, Kalk oder Kalkmilch zu verwenden — und bis es keine Fabriken geben wird, die wieder von der Trockenkalkscheidung zur Kalkmilchscheidung zurückkehren (Z. f. Zuckerind. i. B. XXII, 1898, S. 318).

Stolle stellte fest, daß beim Ablöschen des Kalkes mit Zuckerlösungen von 0,1—20% Zucker keine Karamelbildung durch die Reaktionstemperatur eintritt; die gelbe Färbung des Filtrates wäre auf gelöste Eisenverbindungen zurückzuführen. Fällt man diese nämlich aus, so werden die geschiedenen Zuckerlösungen heller (Z. f. d. Z., IX. Jahrg., 1900, 176). Beaudet konstatierte durch Laboratoriumsversuche mit pulverförmigem Kalke bei Anwendung der Trockenscheidung günstigere Resultate als mit der Naßscheidung.

Man wird nach diesen Untersuchungen nicht fehlgehen, die Naß- und die Trockenscheidung als gleichwertig zu bezeichnen. Auffallenderweise hat aber die Trockenscheidung in Österreich bedeutend weniger Verbreitung gefunden als im Deutschen Reiche. Die Naßscheidung bietet eine einfachere Handhabung, sicherere Dosierung der Kalkmengen und bei entsprechender Bereitung der Kalkmilch eine Entfernung, bzw. Nichteinführung von Alkalien und anderen Bestandteilen (Sand, Stein) des gebrannten Kalkes in die Säfte. Deshalb wird sie gewöhnlich der Trockenscheidung vorgezogen.

i) Kalkhydrat-Scheidung.

Nach Bouvier wird bei dieser Scheidungsart Kalk verwendet, der mit soviel Wasser übergossen wird, daß er eben gelöscht erscheint (Kalkhydrat). Vor der Kalkmilchscheidung hat dieses Verfahren den Vorteil, daß der Saft nicht verdünnt wird, und vor der Trockenscheidung, daß nicht wie bei dieser die Lösung des Kalkes im Safte in verschiedenen Zeiten stattfindet, welche von der Natur des Kalksteines und seiner Brenndauer in hohem Maße abhängig sind. Dazu entfällt bei der Hydratscheidung jenes Bedenken, das schon bei der Trockenscheidung bezüglich der örtlichen Überhitzung des Saftes beim Löschen des Kalkes vorgebracht wurde. Das Kalkhydrat braucht nur mehr in Lösung zu gehen, wobei keine Wärmeentwicklung auftritt.

Beaudet fand bei Arbeit mit Kalkhydrat dieselbe reinigende Wirkung wie bei Kalkmilchscheidung. Auch Mittelmann trat für dieses Verfahren ein. Bei den Versuchen Herzfelds aber erwies sich die Trockenscheidung der Hydratscheidung als überlegen. Dieses Verfahren hat bei uns überhaupt keinen Eingang gefunden.

k) Abänderungen der Scheidesaturation.

Nicht nur die Scheidung, sondern auch die Saturation wird in verschiedenen Modifikationen ausgeübt, um tatsächliche oder auch nur vermeintliche Fehler der Scheidesaturation zu korrigieren, oder auch nur, um sie wirtschaftlicher und einfacher zu gestalten.

Saturation nach Kuthe-Anders.

Als man erkannte, der Kalküberschuß bei der Saturation diene nur mechanisch-physikalischen Klärungszwecken, versuchte man, den Kalk durch physikalische Mittel zu ersetzen und so seine Menge zu vermindern. Eines der früheren Verfahren ist jenes von Eugen Kuthe und Ernst Anders aus dem Jahre 1889. In deren Patentschrift heißt es wörtlich:

„Das vorliegende Verfahren der Scheidung und Reinigung von Rübensäften bezweckt, diese Arbeit mit nicht mehr Ätzkalk durchzuführen, als zur chemischen Einwirkung eben ausreicht, und die für die glatte Filterarbeit unumgänglich notwendige körnige Beschaffenheit des Kalkniederschlages nicht mehr wie bei der üblichen Scheidesaturation dadurch hervorzurufen, daß man doppelt und selbst dreimal so viel Kalk zusetzt, als zur chemischen Einwirkung notwendig ist, sowie den Niederschlag durch sofortiges Einleiten von Kohlensäure im Safte selbst zu erzeugen, sondern um die schädliche, lösende Einwirkung der Kohlensäure auf die ausgeschiedenen basisch organischsauren Kalksalze (bekannt als „Rückscheidung") vollständig auszuschließen, diesen körnigen Niederschlag fertig gebildet in das Gemenge von geschiedenem Saft und Scheideschlamm zu bringen und gleichmäßig in ihm zu verteilen.

Zu dem Zwecke verwenden die Erfinder heiß (bei über 70° C) gefällten kohlensauren Kalk (dessen Substanz in dieser Modifikation bekanntlich die Kristallform des Minerals Aragonit zukommt), wie er sich bei Anwendung des Verfahrens selbst als Abfallprodukt, nämlich beim Saturieren des vorher vollkommen klar filtrierten Scheidesaftes durch Kohlensäure bildet, also den in den Filterpressen nach der ersten oder einer weiteren Saturation aufgefangenen, fast trockenen bröckligen Saturationsschlamm."

Während der Scheidung wird der gefällte kohlensaure Kalk zugesetzt. Das ganze Gemenge wird energisch geschieden (aufgekocht) und hierauf filtriert. Der filtrierte Saft wird eventuell noch einmal filtriert und ist dann stets klar, feurig und licht. Dieser Saft hat eine Alkalität von 0,18 bis 0,24% und wird nun auf 0,02% herunter saturiert; dabei entsteht ein weißlich gelber Schlamm, der abfiltriert wird. Er besteht aus kohlensaurem Kalk, der bei der Scheidung zugesetzt wird.

Dem Saturationssafte sagten die Erfinder alle guten Eigenschaften nach: er besitzt hohen Reinheitsquotienten, ist frei von organischsauren Kalksalzen, ist klar, verdampft leicht usw. Dazu hat dieses Saftreinigungsverfahren vor den üblichen Scheidesaturationen noch den Vorteil, daß statt 2—3 und mehr Prozent Kalk nur 1—1¾ % zur Anwendung gelangen, wodurch eine wesentliche Entlastung der Kalkofenstation herbeigeführt wird.

Bald nach dem Bekanntwerden dieses Verfahrens wurden seine theoretischen Grundlagen und sein Wert eifrig geprüft. Strohmer, Herzfeld, Claassen, Jelínek, Neumann, Lippmann u. v. a. sprachen sich darüber teils befürwortend, teils ablehnend aus. Daß das Verfahren bald in Vergessenheit geriet, spricht dafür, daß es nicht so leicht durchzuführen war, als seine Erfinder glaubten, daß es nicht so viel hielt, als diese versprachen. Wenn es hier trotzdem seiner Vergessenheit entrissen werden soll, geschieht dies deshalb, weil bei seiner Besprechung manche chemischen Einzelheiten zum Kapitel „Scheidung" und „Saturation" näher beleuchtet werden können. Nur von diesem Gesichtspunkte lassen sich die nachfolgenden Ausführungen leiten.

Wesentlich bei diesem Verfahren ist die Filtration des Scheidesaftes vor der Saturation. Für dieses Prinzip trat schon früher Stohmann ein; seinerzeit war eine solche Arbeitsweise nach Siegert üblich. Rümpler spricht sich entschieden für diese aus. Die Scheidesaturation entspricht nicht „den sonstigen Gepflogenheiten bei chemischen Arbeiten, zu denen ja Scheidung und Saturation ganz besonders gehören .... müßte es viel richtiger sein, zuerst den bei der Scheidung entstandenen Schlamm abzufiltrieren und den überschüssigen Kalk erst aus dem klaren Filtrate auszufällen". Nach Rümpler müßte diese Arbeitsweise die Scheidesaturation bezüglich des Reinigungseffektes überragen, — wenn sich die Industrie aber doch ablehnend verhielt, so kann dies wohl Konservatismus, aber auch Erkenntnis des Richtigeren sein.

Im Jahre 1891 berichtete Winkler nach eigener Wahrnehmung über das Kuthe-Anders-Verfahren in sehr instruktiver Art, indem er die Frey-Jelínekschе Scheidesaturation mit ersterem in Parallele stellte (Z. f. Zuckerind. i. B. 1891, S. 327).

„Nach der Frey-Jelínekschen jetzigen Methode gibt man zu den auf 75—85° C erwärmten Diffusionssäften Kalk zu; so groß die Kalkzugabe auch sein mag, löst sich, auf Zucker des Rohsaftes gerechnet, nicht mehr als 0,5 % von dem zugegebenen Kalziumoxyd als Saccharat auf. In Erwägung dessen, daß zum Zerlegen und Niederschlagen der Nichtzucker im Safte 0,2—0,3 % CaO nötig sind, ergibt sich mit oberen 0,5 % also 0,8 %, oder, auf die Rübe gerechnet, ca. 1% Kalziumoyxd. Was bei der gewöhnlichen Jelínekschen Saturation darüber ist, hat nur eine mechanische Reinigungswirkung; trotzdem ist die größere Kalkzugabe sehr wichtig und Kalkzugaben von 2—3—4 % sind gerade durch ihre mechanische Wirkung begründet und für den größeren Reinigungseffekt unentbehrlich. Der Überschuß des bei der Saturation bis auf 95° C erwärmten Kalziumkarbonats wirkt durch seine körnige Beschaffenheit als mechanisches Reinigungsmittel, er umhüllt und reißt verschiedene unlösliche, schwer lösliche organische Kalkverbindungen und andere den Saft verunreinigende Stoffe mit. Dieser mechanische Effekt des durch die Saturation entstandenen kohlensauren Kalkes ist für das Resultat der Saturation entscheidend, darin ist zu suchen, warum die mit mehr Kalk behandelten Säfte nicht nur eine bessere Qualität aufweisen, sondern auch heller und feuriger als Säfte mit kleinerer Kalkzugabe sind.“

Das Wesentliche des Kuthe-Anders-Verfahrens faßt Winkler in folgenden sechs Punkten zusammen:

1. Der Rohsaft ist von sämtlichen mechanisch verunreinigenden Pflanzenteilen befreit.
2. Die koagulierten Eiweißstoffe sind vor der Zugabe des Kalkes aus dem Safte zu entfernen.
3. Dem Safte ist nur die theoretisch erforderliche Kalkmenge zuzugeben, der Kalkwirkung ist die nötige Zeit zu gönnen und die Temperatur nicht zu erhöhen.
4. Der entstandene Schlamm ist vor Steigerung der Temperatur und Einwirkung der Kohlensäure vom Safte zu trennen.
5. Der geschiedene Saft wird zweimal filtriert, damit nur ganz klarer Saft zur Saturation gelangt, wodurch eine Rückscheidung ausgeschlossen ist.
6. Der filtrierte Scheidesaft wird stark angewärmt und mit Kohlensäure saturiert; der entstandene Niederschlag, aus reinem kohlensauren Kalke bestehend, wird mittels Schlammpressen vom Safte getrennt und behufs Erzielung glatter Filtration unausgelaugt den Scheidesäften zugesetzt.

Der Rohsaft wird auf 85° C vorgewärmt; bei normalen Rüben werden 0,4—0,5 % Kalk zugesetzt, so daß er nach der Filtration eine Alkalität von 0,18—0,24 % zeigt. Nach der Filtration wird saturiert und dann mit Kohlen- und schwefliger Säure nachsaturiert.

Der Unterschied zwischen beiden Verfahren, bzw. die Nachteile des einen gegen das andere sind leicht zu sehen. Beim Jelínekschen Verfahren ist der Scheideschlamm in der ersten Scheidesaturation hohen Temperaturen und der Einwirkung der Kohlensäure ausgesetzt. Beim Kuthe-Anders-Verfahren wird der Scheideschlamm abfiltriert und nur das klare Filtrat saturiert. Nach ersterem Verfahren wird das Kalziumkarbonat als mechanisches Hilfsmittel der Filtration im unreinen Safte, nach der zweiten Methode im reinen Safte erzeugt. Daher müssen — schließt Winkler — die Säfte nach Kuthe-Anders reiner sein als die nach der älteren Arbeitsweise.

K. C. Neumann referierte ebenfalls über dieses Verfahren (Generalversammlung des Ostböhmischen Zuckerfabrikantenvereins, März 1891).

Im wesentlichen besprach er die mechanische Wirkung eines Kalküberschusses beim Saturieren. Der entstehende voluminöse Saturationsniederschlag wirke wie ein Schwamm; er saugt die entstehenden Ausfällungen in sich auf und hält sie fest.

Auf Seite 343 wurde hervorgehoben, daß und warum Herzfeld u. a. gegen alle Verfahren mit verminderter Kalkzugabe sind; außerdem behauptet dieser, daß fertig gebildetes und zugesetzes Kalziumkarbonat niemals in bezug auf Filtrierbarmachung dasselbe leisten könne als jenes im status nascendi im Safte selbst. —

Scheidung nach Kowalski und Kozakowski.

Ein weiteres Verfahren, das die zur Scheidung notwendige Kalkmenge verringern läßt, ist das von Kowalski und Kozakowski.

Es beruht darauf, daß nur jene Menge an Kalk angewendet wird, die zum Fällen der Nichtzucker und zum Einhüllen des entstandenen Niederschlages in dem im Safte gebildeten kohlensauren Kalk unbedingt notwendig ist, und daß diese Kalkmenge auf Grund der Zusammensetzung des Diffusionssaftes sowie des anzuwendenden Kalkes analytisch mittels Gerb- oder Galläpfelsäure bestimmt wird.

Der Gang des Verfahrens ist folgender (Z. f. Zuckerind. i. B. 1906/07, S. 509, Referat von Weyr-Hullein): Zunächst wird analytisch die Menge des zur Vorklärung und dann jene Menge an Kalk bestimmt, die in die erste Saturation zugegeben werden soll. Darauf wird dem Rohsaft im Meßgefäße die berechnete Kalkmenge in Form von Kalkmilch von 20—30° Bé zugefügt, gerührt und der ganze Inhalt des Meßgefäßes in offene Vorwärmer entleert und behufs Koagulierung auf 60—75° C erwärmt; von hier fließen Saft und Koagulum in die Saturateure, werden auf 85° C erhitzt, die berechnete Kalkmilch, bzw. Kalkmenge, zugefügt und auf 0,07—0,06 % Kalkalkalität aussaturiert; sodann wird der Saft auf 90—92° C erhitzt und in Filterpressen abfiltriert. Der Saft von den Schlammpressen kommt in die zweite Saturation, wird ohne Kalkzugabe auf 0,01 % aussaturiert, aufgekocht und in den zweiten Schlammpressen filtriert. Eine dritte Saturation ist nicht notwendig. Der aufgekochte, mechanisch filtrierte Saft kommt nun zur Verdampfung. Diese und das Verkochen sowie alle folgenden Operationen verliefen in der Fabrik Hullein anstandslos. Weyr, der Direktor dieser Fabrik, lobt das Verfahren, dem er folgende Vorteile nachsagt: geringer Kalk zusatz (im ganzen durchschnittlich 1,67 % CaO) und die dadurch bedingte Regieverminderung bei mindestens gleicher Reinigung wie die mit dreifacher Saturation erzielte.

Die Reinigung des Rohsaftes geht demnach in zwei Phasen vor sich: 1. Die Vorklärung bei niedriger Temperatur durch die Wirkung des Kalkes (kalte Defekation) und 2. die Klärung bei höherer Temperatur unter hinreichender Kalkzugabe und Saturierung. Dieses Verfahren legt das Hauptgewicht auf die erste Phase; wenn sich hier schon der organischkalkhaltige Niederschlag gebildet hat, so wird er durch weiteres Erwärmen körniger, dadurch filtrationsfähiger und wird dann noch von einer solchen Menge kohlensauren Kalkes eingehüllt, als auf Grund der analytischen Bestimmung sich als notwendig erweist. Neumann betont, daß nicht die Anwendung einer kleinen Menge an Kalk, sondern nur die Art und Weise, wie diese analytisch bestimmt wird, patentiert ist. Obwohl Neumann immer für größere Kalkzugabe eintritt, ist er doch für diese Methode, da er in Hullein sah, „daß man nach Kowalski-Kozakowski ebenso vollendet arbeiten kann, wie wir dies bei unserem bewährten Prozeß mit drei Saturationen gewöhnt sind".

Ein weiterer Bericht über dieses Verfahren von Weyr sowie die Prüfungsergebnisse durch Neumann erschienen in der Z. f. Zuckerind. i. B. XXXI, 1907, Heft 9, S. 579. Dort heißt es: Die Zugabe von Kalk zum Rohsafte ist nichts Neues, nur wird dieselbe in vielen Fabriken „schablonenhaft, ohne die Qualität der verarbeiteten Rüben und des aus ihnen resultierenden Saftes zu berücksichtigen" getan; infolgedessen erhält man nicht das bestmöglichste Resultat. Dies nur dann, wenn man nach Kowalski die Kalkmenge analytisch feststellt. Dadurch hat dieses Verfahren eine „wissenschaftliche Grundlage". In der kalten Defekation (Vorklärung) werden Pektinkörper und Farbstoffe gefällt, „das Pektin übergeht in die gallertartige Pektinsäure; bei weiterem Anwärmen des Saftes bildet sich ein Niederschlag von Kalkpektinat, welches bei einem größeren Kalküberschuß in das melassebildende, schmierige Metapektinat übergeht". „Beim Verfahren nach Kowalski bleibt der Niederschlag des gebildeten Kalkpektinats auch bei höherer Temperatur ungelöst, weil der schädliche Kalküberschuß im Safte fehlt." In Fabriken, die also „schablonenmäßig" arbeiteten, war Kalk im Überschuß vorhanden und die Arbeit schlecht, „weil diese sich umsonst bemüht haben, das sich gebildete schmierige Metapektinat durch Filtration vom Safte zu trennen".

Der gebildete Niederschlag nach dem Kowalski-Verfahren ändert sich nicht durch Erwärmen auf über 80°, braucht demnach nicht filtriert zu werden; es geht der ganze Meßgefäßinhalt — Saft und Niederschlag — durch Vorwärmer in die Saturation. Die erste Phase dieses Verfahrens ist eine kalte Scheidung.

Die folgende Tabelle enthält die Prüfungsergebnisse Neumanns übersichtlich geordnet. Während zweier Tage wurde einmal das neue und dann das alte Verfahren geübt. Zur Vorscheidung wurden 0,2 %,

Tabelle

A. Verfahren von Kowalski-Kozakowski (Hullein).

		°Bg.	Pol	Q.	Alkal.	Farbe
1	Saft der frischen Schnitte	19,96	17,26	86,40		
2	Rohsaft	17,32	15,35	88,50		
3	Saft nach der Vorklärung 0,2 %. .	17,05	15,50	90,9	0,150	
4	Nach Aufwärmung auf 70° C . . .	17,10	15,90	93,0	0,065	
5	Zusatz von 1,7 % CaO in die Satur. filtriert.	15,90	14,95	94,0	0,065	
6	I. Saturationssaft.	16,85	15,60	93,0	0,073	
7	II. Saturationssaft.	15,10	14,38	95,20	0,014	
8	Dicksaft	50,60	47,75	94,3	0,010	
9	Wiederholung von 3 und filtriert .	16,15	15,00	92,9	0,096	lichtgelb
	Filtrationsrückstand (Niederschlag, siehe I)					
10	Nach Aussaturierung des Filtrates	16,35	15,10	92,3	neutr.	dunkelgelb
11	Wiederholung von 4 auf 80° C filtr.	16,95	15,90	93,8	0,064	hellgelb
	Niederschlag siehe II					
12	Filtrat aussaturiert	17,05	15,98	93,7	0,0%	

Analyse des Dicksaftes:

Wasser	49,08 %
Polarisation	47,75
Karbonatasche.	0,97
Organischer Nichtzucker	2,20
Alkalität (Phenolphthaleïn)	0,001
Invertzucker	—
Wirklicher Reinheitsquotient	93,7
Asche: organischer Nichtzucker	1:2,27
Gesamt-Stickstoff	0,145
Stickstoff nach Stutzer.	0,011

	Niederschlag I	Niederschlag II
	auf Trockensubstanz bezogen	
Zucker	64,31 (13,3)	62,12 (13,4)
Nichtzucker.	35,69 (7,3)	37,88 (8,17)
Gesamt-Stickstoff	0,715 (0,15)	0,741 (0,16)

Analyse der Nichtzuckerstoffe auf Trockensubstanz bezogen:

SiO_2	0,25	0,29
$Al_2O_3 + Fe_2O_3$.	4,06	3,66
CaO	5,18	4,93
MgO	1,27	1,43
SO_3	0,18	0,22
CO_2	1,31	1,51
Alkalien und Unbest.	1,03	1,00
Organische Stoffe	22,41	24,84

Nr. 89.

B. Gewöhnliche Arbeit mit dreifacher Saturation (Hullein).

	°Bg	Pol	Q.	Alkal.	Farbe
Rohsaft	17,00	15,38	90,5		
Rohsaft + 2½ % CaO im Saturateur	13,60			1,194	
I. Saturationssaft aus dem Saturateur entnommen	14,90	13,75	92,3	0,107	
I. Saturationssaft aus den Schlammpressen	15,50	14,62	94,3	0,086	
II. Saturationssaft aus den Schlammpressen	15,10	14,30	94,7	0,022	
III. Saturationssaft aus den Schlammpressen	15,00	14,20	94,7	0,001	
Dicksaft			94,1		

Analyse des Dicksaftes:

Trockensubstanz	48,88 %
Polarisation	45,72
Karbonatasche	0,97
Organischer Nichtzucker	2,19
Wasser	51,12
Alkalität (Phenolphthaleïn)	0,011
Invertzucker	—
Wirklicher Reinheitsquotient	93,5
Asche: organischer Nichtzucker	1:2,26
Gesamt-Stickstoff	0,313
Stickstoff nach Stutzer	0,011

Übersicht.

	Kowalski-Kozakowski	Gewöhnliches Verfahren
Rohsaft-Quotient	88,5	Mittel 90,4
Dicksaft wirklicher Quotient	93,9	93,5
Aufbesserung	+ 5,4	+ 3,1
Nach Strohmer[1])		
Rohsaft-Quotient sch.	88,7	90,3
Dicksaft sch.	94,8	94,8
Aufbesserung	+ 6,1	+ 4,5

[1]) Ö. U. Z. f. Zuckerind. XXXVI, 1907, S. 363.

zur 1. Saturation 1,7 % CaO verwendet. Nr. 3 der Tabelle zeigt den vorgeklärten Saft, Nr. 4 denselben nach seiner Aufwärmung auf 70° C. Nach dem Zusatz der schon genannten Kalkmenge (1,7 %) und Aussaturierung hatte dieser Saft die Zusammensetzung Nr. 5 (I. Saturationssaft). Nr. 6 zeigt die Analyse eines anderen I. Saturationssaftes, Nr. 7 ist eine Analyse des zweiten Saturationssaftes (ohne Kalkzugabe). Dieser filtrierte Saft wird aufgekocht und gelangt zur Verdampfung. Der Mittelsaft wurde bis zur Alkalität 0,01 % geschwefelt und filtriert. Nr. 8 ist die Analyse des Dicksaftes (Nevole und Neumann). Analysen 9—12 bezweckten, die Wirkung des Kalkes in der Vorscheidung zu konstatieren. Nr. 9, der geschiedene Saft wurde filtriert, das Filtrat analysiert. Den Niederschlag siehe Nr. I. Das Filtrat wurde aussaturiert (Nr. 10); durch die Saturation gingen Nichtzucker (Farbstoffe) in Lösung, der Reinheitsquotient ging zurück. Nr. 9 wurde wiederholt, aber auf 80° C erhitzt und filtriert. Nr. 11 stellt das Filtrat dar; es ergibt sich Niederschlag Nr. II; Nr. 12 ist der aussaturierte Saft. Durch das Anwärmen war der Effekt günstiger. — In der Kampagne resultierten in Hullein 5,4 % Saturationsschlamm gegen 10—11 % nach dem gewöhnlichen Verfahren. Bei letzterem wurde in den Meßgefäßen kein, in der 1. Saturation 2½ %, in der zweiten 0,25 % und in der dritten Saturation kein Kalk zugesetzt. Die Analysen des Saturationsschlammes stimmten nach beiden Verfahren „ziemlich überein". Die Resultate der Untersuchungen Neumanns und Strohmers sind in der Übersicht aufgenommen. Beide äußern sich günstig über das neue Verfahren, das „bei Verwendung einer um ca. 1 % geringeren Menge an Kalk mindestens denselben Reinigungseffekt ergeben hat, als die in Hullein in Anwendung stehende Arbeitsweise des gewöhnlichen Saturationsverfahrens". Dazu kommen alle Betriebsvorteile, welche durch verminderten Kalkverbrauch resultieren.

Nach den Angaben Ruhnkes geht Kowalski bei der Bestimmung der notwendigen Kalkzusätze folgendermaßen vor. Zunächst wird der Gehalt der Kalkmilch an wirksamem Kalk durch Lösen in $^1/_1$ n HCl und Rücktitration mit $^1/_1$ n NaOH festgestellt. „Sodann stellt er (Kowalski) eine Normalkalkwasserlösung her und eine zu dieser passende Tanninlösung, wobei er überall Phenolphthaleïn als Indikator nimmt. Zur Feststellung des Kalkbedarfes des Saftes für die kalte Defekation erwärmt er 10 cm³ Rohsaft mit 100 cm³ Normalkalkwasser auf 50°, filtriert und titriert 10 cm³ des Filtrates mit Tanninlösung zurück. Aus vorher berechneten Tabellen kann man den nötigen Kalkbedarf in Litern Kalkmilch ablesen. Die hierzu nötige Menge schwankt in der Regel zwischen 0,2 und 0,5 % Kalk. Um den Gesamtbedarf an Kalk zu bestimmen, werden 10 cm³ Rohsaft mit 250 cm³ Normalkalkwasser auf 80° C angewärmt, filtriert und 10 cm³ Filtrat nachher mit Tannin zurücktitriert. Aus der Tabelle ist dann wieder der Gesamtkalkbedarf ersichtlich." Zu diesem Gesamtkalkbedarf wird ein Überschuß von 0,2 % hinzugerechnet und von der Summe jene Kalkmenge in Abzug gebracht, die bereits zur Vorscheidung gelangte.

Die analytische Bestimmung gaben aber die Erfinder auf; im Jahre 1909 nahmen sie ein neues Patent, nach welchem die zur kalten Vorscheidung notwendige Kalkmenge durch eine Probefällung ermittelt wird. Der Rohsaft wird ohne jede Vorwärmung mit einem solchen Quantum Kalk gemischt, daß ein reicher, flockiger Niederschlag entsteht, und das Ganze über Papierfilter filtriert. Geht die Filtration glatt vor sich und ist das Filtrat gänzlich klar, so ist die richtige Kalkmenge getroffen worden. Bereitet die Filtration aber Schwierigkeiten, so muß die Kalkmenge vergrößert werden. Ein gelbes Filtrat zeigt einen Überschuß des Fällungsmittels an. Auf diese Weise kann man ohne jede Titration die zur Vorscheidung nötige Kalkmenge feststellen. Über die eigentliche Scheidung sagt das Patent nichts; es ist also anzunehmen, daß für diese die Titration notwendig bleibt (Ö. U. Z. f. Zuckerind. XXXIX, 1910, S. 806).

Das Prinzip, dem Rohsafte analytisch bestimmte Kalkmengen individuell zuzusetzen, ist jedoch nicht neu. Schon im Jahre 1869 ermittelte Dr. J. Pohl auf „kalzimetrischem" Wege die für die Scheidesäfte notwendige Kalkmenge.

16. Kapitel.

Chemie des Saturationsschlammes.

a) Arbeit auf den Schlammpressen und Zusammensetzung des Saturationsschlammes.

Die Schlammpressen scheiden den Saturationsschlammsaft in den festen, zurückbleibenden Schlamm und den mehr oder weniger klaren Saturationssaft. Der Schlamm enthält alle ausgefällten Verbindungen und mechanisch mitgerissenen Saftbestandteile. Außerdem ist er in den Filterpressen mit Saft durchtränkt, und zwar zu 50% seines Gewichtes.

Auch der Schlammsaft von der zweiten Saturation geht gewöhnlich noch über Filterpressen, der von der dritten Saturation über mechanische Filter.

Aussüßen des Schlammes.

Der Saft der Schlammpressen muß durch Aussüßung gewonnen werden. Dies soll in möglichst konzentrierter Form, dabei aber möglichst vollständig und schnell geschehen.

Man hat verschiedene Arbeitsweisen, um dieses Ziel zu erreichen. Die ersten, noch konzentrierteren Abläufe gehen in den Saft, die letzten, verdünnten Absüße gewöhnlich zum Kalklöschen. Der Grad der Aussüßung wird am Zuckergehalte des Schlammes erkannt.

Beim Absüßen der Schlammpressen werden die allerersten Anteile des Absüßes natürlich eine höhere Reinheit aufweisen als die folgenden Fraktionen und sich der des Dünnsaftes sehr nähern.

Aus Keyřs Untersuchungen des Jahres 1876 ersieht man ein Sinken der scheinbaren Reinheit von 84,9 auf 45,3. Mategczeks Studium dieser Frage ergab folgende Resultate: Der Saft vor dem Absüßen hatte eine scheinbare Reinheit von 73,4; je 30 Liter der Absüße verminderten in folgendem Grade ihre Reinheit: 72,2, 71,9, 70,5, 70,7, 70,1, 67,8, 66,7, 67,5, 64,8, 63,4; ebenso sanken die Alkalitäten und der Kalkgehalt dieser einzelnen Fraktionen. Bei Versuchen von Dux fielen die Quotienten von 89,9 des Saftes bis auf 40,0 des letzten Absüßes.

Nach Herzfeld geben die letzten Absüßwässer noch gut kristallisierte Füllmassen. Zwei Schlammproben mit 3 und 5,7% Zucker wurden zweimal hintereinander über eine Stunde lang ausgekocht und die Filtrate zu Füllmasse verkocht. Es resultierten eine solche von 69,9% Reinheit vom ersten und eine solche mit 77,8% Reinheit vom zweiten Schlamm.

Wiszynski konstatierte durch Scheidung und Saturation folgende Reinheitsaufbesserung der Absüßwässer:

in den	I.	100 l	vor der Satur.	88,7	und nach der Satur.	90,2
„ „	II.	„	„ „ „	87,0	„ „ „ „	88,0
„ „	III.	„	„ „ „	84,6	„ „ „ „	86,1
„ „	IV.	„	„ „ „	79,9	„ „ „ „	83,7
„ „	V.	„	„ „ „	73,6	„ „ „ „	75,9

Die Absüße erfahren also, falls sie — was ja gewöhnlich der Fall ist — in die Kalklöschstation und von hier in die Saturation gelangen, eine ziemliche Aufbesserung. Man kann sonach mit der Aussüßung des Schlammes ziemlich weit gehen, ohne befürchten zu müssen, daß man wieder größere Mengen Nichtzucker löst und die Säfte verschlechtert.

Hulwa prüfte die Qualität der Absüßwässer mit Rücksicht auf das Rübenmaterial.

Tabelle Nr. 90a.

A. Geschädigte Rüben.	Trocken-substanz %	Zucker %	Wirklicher Reinheits-Quotient %	Temperatur des Saftes °C
Ursprünglicher filtrierter Saft	10,40	8,23	79,13	75
1. Absüß, Durchschnitt von 40 l	9,45	7,40	78,3	70
2. „ „ „ 40 „	7,78	6,03	77,5	60
3. „ „ „ 40 „	6,47	5,17	79,9	85
4. „ „ „ 40 „	5,16	3,93	76,1	50
Berechneter Durchschnitt von 160 l Absüß .	7,215	5,63	77,95	66,25
5. Absüß, Durchschnitt von 40 l	3,33	2,47	74,17	45
6. „ „ „ 40 „	1,65	1,12	67,87	40
Berechneter Durchschnitt von 240 l Absüß .	5,64	4,353	75,64	
Gefundener „ „ 240 „ „ .	5,63	4,23	75,13	

Aus diesen Untersuchungen ist zu ersehen, daß man bei geschädigten Rüben 160 l Absüß abziehen kann, ohne daß der Reinheitsquotient von dem des ursprünglich filtrierten Saftes sehr verschieden wäre.

Tabelle Nr. 90b.

B. Gesunde Rüben.	Trocken-substanz %	Zucker %	Wirklicher Reinheits-Quotient %	Temperatur des Saftes °C
Filtrierter Saft	9,68	8,233	85,05	72
Absüß, Durchschnitt von 50 l	8,58	7,27	84,7	70
„ „ „ 50 „	7,73	6,40	82,79	64
„ „ „ 50 „	5,39	4,433	82,25	57
Gefundener Durchschnitt von 150 l Absüß .	7,27	6,033	83,00	—
4. Absüß, Durchschnitt von 50 l	2,46	1,90	77,23	51
Berechneter Durchschnitt von 200 l Absüß .	6,04	5,00	81,74	—

Bei Verarbeitung gesunder Rüben kann man also 200 l Absüß ruhig abziehen (160 und 200 l sind hier nur als relative Zahlen aufzufassen). Die Schlammproben enthielten:

	Unabgesüßt A	Unabgesüßt B	Abgesüßter Schlamm A	Abgesüßter Schlamm B
Wasser	35,74%	50,34%	40,12%	51,00%
Zucker.	4,00%	5,2 %	0,25%	0,65%

(Z. V. d. Zuckerind. 1879, S. 397.)

Wenn nun nach Herzfelds und Wiszynskis Versuchen die letzten Absüße durch Scheidung und Saturation aufgebessert und die Säfte, in die die Absüße geleitet werden somit nicht verschlechtert werden, so ist die Frage von Bedeutung: Was geschieht mit dem Zucker derjenigen Absüßanteile, die in die Kalklösche geführt werden? Nach Heller (1873) und Gawalowsky (1873) — die Absüße von Spodiumfiltern vor Augen hatten — wurden die Absüßwässer durch den Kalk bedeutend verschlechtert, also Zucker zerstört. Dies bestreitet jedoch Sickel (1876); nach ihm kann man Kalk selbst mit ziemlich konzentrierten Zuckerlösungen löschen, ohne Zuckerzerstörung befürchten zu müssen.

Zusammensetzung des Saturationsschlammes.

Von größter Bedeutung ist die genaue Kenntnis aller sich im Schlamme vorfindenden Nichtzuckerstoffe, welche durch die Scheidung und Saturation in denselben gelangten. Wäre es möglich, die einzelnen Stickstoffsubstanzen, die organischen Säuren, Fette, Farbstoffe usw. genau zu identifizieren und sicher quantitativ zu bestimmen, so würde dadurch mehr Licht in den Chemismus der Scheidesaturation gelangen und man würde für deren vorteilhafteste Ausführung manche Anhaltspunkte gewinnen und den Saturationseffekt genauer ermitteln können.

Auch wäre die Möglichkeit nicht ausgeschlossen, aus der Schlammzusammensetzung die Ursachen für eine schlechte Filtration auf den Schlammpressen zu erkennen.

In der folgenden Tabelle sind verschiedene Analysen von Saturationsschlamm wiedergegeben. Die ersten Analysen seit Ein

Tabelle

Zusammensetzungen von

Nr.	CaO	$Ca(OH)_2$	$Mg(OH)_2$	$Al_2O_3 + Fe_2O_3$	Kali	Natron	Kalk in org. Form gebunden	In HCl unlösl. organ. Teil	In HCl unlösl. anorgan. Teil	P_2O_5	SO_3	CO_2	Oxalsäure $C_2O_4H_2 + 2\,Aq$
1	41,06	0,20	2,15	0,35					0,38	1,02	0,37	25,11	1,07
2	49,53	3,02	8,36	1,53					2,65	1,83	1,72	34,79	2,56
3	47,74	nichtvorh.	1,89	—					—	1,17	0,40	30,56	
4	—	—		—					1,82	1,70	—	26,63	
5	—	—		—					1,58	1,34	—	29,55	
6	38,32	0,80[1]	MgO 0,87	2,56	0,10	0,05	5,0	1,10	0,24	1,00	0,43	18,48	Nicht bestb.
7	45,88	2,20[1]	2,00	7,57	0,27	0,05	12,1	4,56	1,03	2,18	1,35	28,95	1,20

führung der Diffusion sind jene von Kollrepp aus dem Jahre 1888. Nr. 6 und 7 sind Minima und Maxima für schlecht filtrierbaren, anormalen Schlamm. Kollrepp wollte aus diesen die Ursache der schlechten Filtrierbarkeit ergründen, konnte dies jedoch nicht, da keine ausführlichen Analysen von normalem Schlamme vorlagen, die er zum Vergleiche hätte heranziehen können. Nach seinen Angaben sind die Befunde für den Oxalsäuregehalt „von zweifelhaftem Werte", weil die analytische Methode verbesserungsbedürftig sei. Im in Salzsäure unlöslichen organischen Schlammanteile fand Kollrepp auch einen Körper, „der in alkoholischer Lösung das polarisierte Licht nach rechts dreht"[2]).

Die Zahlen beziehen sich auf Trockensubstanz. Der Wassergehalt des frischen Schlammes betrug 29,7—41,4%.

Nr. 1 und 2 der Tabelle sind Minima und Maxima von vierzehn Analysen Andrlíks, Urbans und Staneks (Z. f. Zuckerind. i. B. 1901/02, S. 1). Darin wurde das gefundene MgO als $Mg(OH)_2$ eingetragen, da wahrscheinlich diese Form im Schlamme vorkommt. Oxalsäure wurde im Schlamme der zweiten Saturation niemals gefunden, ein Beweis dafür, daß sie schon in der ersten Saturation beinahe quantitativ ausgefällt wird. Zitronensäure kommt als solche und als Kalksalz vor. Die angeführten Zahlen für diese sind nur annähernde. Weinsäure konnte nicht nachgewiesen werden. Da der vorhandene Stickstoff größtenteils als Eiweißstickstoff vorkommt (Komers und Stift), gibt er, mit 6,25 multipliziert, das Eiweiß an. Der Ätherextrakt des in Salzsäure unlöslichen Teiles des

[1]) Freier Ätzkalk.

[2]) Isocholesterin siehe Seite 136, 392.

Nr. 91.

Saturationsschlamm.

Zitronensäure	Gesamt-stickstoff	Eiweiß Ges.-N × 6,25	Zucker	Ätherextrakt d. i. HCl. unlösl. Schlammanteils	Harzsäure	Azidit. d. m. Soda-lösg. extrah. org. Säur. cm³ $\frac{1}{n}$ KOH	Der Oxalsäure entsprechende Azidität	Den übrigen Säuren entsprechende Azidität	
0,16	0,23	1,44	0,45	0,21	0,14	83,3	17,0	9,1	Min. } 100 T. Trockensubst.
1,21	0,44	2,75	4,31	0,90	1,10	94,7	40,6	59,1	Max. } v Schlamm I. Satur. (Z. f. Z. i. B. 1901/2, 1).
org. Nichtz. 14,8			3,3						Claassen (Z. V. d. Zuckerind. 1909, S. 385)
17,83			3,40						Naßscheidung do. a. 100 T.
15,96			4,36						Trocken „ do. Trock.-S.
	0,28		5,00						Min. } Kollrepp, auf
	0,45		11,00						Max. } Trockensubstanz

Schlammes besteht aus Fetten, Farbstoffen und Harzsäure. Im Schlamme gibt es auch noch ätherunlösliche organische Säuren.

Die drei folgenden Analysen von Saturationsschlamm wurden in der Versuchsstation des Zentralvereins für Rübenzuckerindustrie durchgeführt:

	I	II	III
Hygroskopisches Wasser . . .	47,85	46,85	47,93
Gebundenes Wasser	1,44	0,85	1,40
Unlösliches und Kieselsäure . .	0,23	0,19	0,40
Eisenoxyd und Tonerde	3,48	2,37	4,72
Kohlensaurer Kalk	31,66	35,86	33,51
Schwefelsaurer Kalk	0,95	0,81	0,24
Phosphorsaurer Kalk	1,15	0,97	0,73
Organischsaurer Kalk	Spur	Spur	0,22
Kalk, gebunden an Zucker . .	0,57	0,17	0,45
Kohlensaure Magnesia	1,80	1,28	0,40
Alkalien	1,35	1,47	1,20
Zucker	2,90	1,20	1,90
Organische Nichtzucker	6,62	7,98	6,90

Die folgenden älteren Untersuchungen Mategczeks aus dem Jahre 1872 (Tabelle Nr. 92) sind deshalb von großem Interesse, weil sie die Zusammensetzung des Schlammes eventuell in Zusammenhang mit der zur Scheidung angewendeten Kalkmenge bringen lassen.

Nur in den „mineralischen Stoffen" zeigt sich die Tatsache, daß sie umsomehr in den Schlamm übergehen, je mehr Kalk angewendet wird. Das muß aber nicht mit einer größeren Reinigung der Säfte zusammenhängen, sonst würde dies auch für die anderen Schlammbestandteile gelten. Eher rühren die steigenden Mengen von Mineralbestandteilen von den größeren Mengen der Verunreinigungen des Kalkes bei dessen Mehranwendung her. Im Jahre 1913 fanden Andrlík und Stanek bei den schon genannten Saturationsversuchen (siehe S. 344), daß mit steigenden Kalkmengen zur Scheidung größere Mengen organischer Nichtzucker in den Saturationsschlamm übergehen.

Tabelle Nr. 92.

Kalkmenge zur Saturation in Prozenten von der Rübe	4,2 %	3,63 %	3,50 %	2,47 %	2,6 %
Wasser	41,371	45,335	42,867	47,000	47,988
Zucker	3,570	5,119	3,658	4,751	4,394
Eiweiß	3,476	2,297	4,893	3,826	3,502
(darin Stickstoff)	(0,556)	(0,367)	(0,782)	(0,612)	(0,560)
Stickstofffreie organische Substanz	6,862	4,460	10,281	7,981	8,229
Mineralische Stoffe	44,721	42,789	38,301	36,442	35,887
	100,000	100,000	100,000	100,000	100,000
Saftgehalt	45,77	—	—	5,22	52,94
Trockensubstanz des Saftes	9,628	—	—	—	9,37
Wassergehalt	90,372	—	—	—	90,63
Zucker	7,800	—	—	—	8,30
Alkalinität	—	—	—	—	0,088
Kalkgehalt	—	—	—	—	0,055
Die mineralischen Stoffe bestehen aus:					
Kieselsäure	0,803	—	—	—	—
Kohlensäure	17,388	15,166	12,730	13,811	12,523
Schwefelsäure	0,553	—	—	—	—
Phosphorsäure	0,600	—	—	—	—
Chlor	0,030	—	—	—	—
Eisenoxyd	0,086	—	—	—	—
Tonerde	0,041	—	—	—	—
Manganoxyduloxyd	Spur	—	—	—	—
Kalk	23,797	21,776	21,187	19,158	16,400
Magnesia	0,952	—	—	—	—
Kali	0,068	—	—	—	—
Natron	0,013	—	—	—	—
Sand und Ton	0,108	0,256	0,242	0,053	—
	44,439	—	—	—	—
Auf 1 Teil Eiweiß kommen stickstofffreie organische Stoffe außer Zucker	1,97	1,94	2,10	2,08	2,34
Von den organisch. Stoffen sind in Salzsäure unlöslich	—	—	—	5,179	3,828

Die organischen Säuren des Saturationsschlammes.

Andrlík konstatierte die Anwesenheit von Zitronensäure und Oxalsäure und in geringerer Menge noch eine Säure, die er für Trikarballylsäure hält.

Er fand die Zitronensäure zu 0,16—1,21%, auf Trockensubstanz des Schlammes bezogen, und nimmt an, daß sie infolge der größeren Löslichkeit ihres Kalksalzes nicht so vollständig gefällt wird wie die Oxalsäure (Z. f. Zuckerind. i. B. 1900, S. 645).

Im Jahre 1900 (Z. f. Zuckerind. i. B. 1900/01, S. 141) veröffentlichte derselbe Bestimmungen des Oxalsäuregehaltes im Schlamme der I. Saturation aus 14 verschiedenen Fabriken. Der Gehalt an Oxalsäure schwankte von 1,07—2,56% in der Trockensubstanz. Aus diesen Daten und dem Oxalsäuregehalt des Rohsaftes versuchte Andrlík, die Menge der in der ersten Scheidesaturation ausgefällten Säure zu berechnen. Er fand, daß sich durchschnittlich im Schlamme dieselbe Oxalsäuremenge findet wie im Diffusionssaft, ein Beweis, daß sie durch die Saturation vollständig beseitigt wird. Einigemal wurde sogar im Schlamme mehr Oxalsäure als im Diffusionssafte gefunden und erklärt dies Andrlík durch Einwirkung des Kalkes in der Wärme auf manche Saftbestandteile (z. B. Glyoxylsäure), welche dadurch Oxalsäure geben, die als Kalksalz in den Schlamm übergeht. Bei längerem Lagern geht sie darin zurück.

b) Anormaler Schlamm und schlechte Filtrierbarkeit.

Nur soweit eine schlechte Filtrationsfähigkeit des Saturationsschlammsaftes durch seine chemische Zusammensetzung bedingt ist, soll diese hier Berücksichtigung finden.

Zunächst wäre der Arbeit Kollrepps zu gedenken, dessen Analysen über abnormen Schlamm schon besprochen wurden. Die in Alkohol gelöste rechtsdrehende Substanz erwies sich später als ein Isocholesterin. Kollrepp isolierte es aus dem in Salzsäure unlöslichen organischen Schlammanteile. Obwohl die Analyse der Substanz nicht der Formel der Cholesterine entsprach, so deuteten doch ihre chemischen und physikalischen Eigenschaften auf die Zugehörigkeit zu dieser Körperklasse hin. Sie war löslich in Alkohol, Äther und Chloroform, unlöslich in Wasser, Soda und Alkalien; Schmelzpunkt 290° C (Isocholesterin aus Wollfett 137—138°); sie kristallisierte in weißen, glänzenden Nadeln, war optisch aktiv, und zwar je nach dem angewendeten Lösungsmittel verschieden stark. Aus seiner alkoholischen Lösung mittels Wassers ausgefällt, erstarrt das Isocholesterin zu einer Gallerte. Diese Quellungsfähigkeit ist eine der Ursachen, welche schlechte Filtration bedingen kann. Schon früher wurde die Auffindung eines andern Cholesterins durch Lippmann aus dem Schaume von in Schaumgärung geratenen Produkten gezeigt. Seine Bildung wurde von den Fetten, die als Schaumschläger dienten, abgeleitet. Wenn auch seine Entstehung in der Saturation möglich ist, so könnte dieses Vorkommen aller Wahrscheinlichkeit nach auf den Gehalt der Rüben an Cholesterin hinweisen, wie Herzfeld annimmt. Bei seiner Alkohollöslichkeit, optischen Aktivität und Nichtausfällbarkeit durch Bleiessig macht es sich bei der Rübenpolarisation unangenehm bemerkbar (Z. V. d. Zuckerind. 1888, S. 616; 1888, S. 774).

Ähnliches fand Stift im Jahre 1893; ebenso konstatierte es Andrlík in einem schwer filtrierbaren Schlamme der ersten Saturation. Daher herrschte allgemein die Annahme, das Isocholesterin sei ein Bestandteil eines abnormen, schwer filtrierbaren Schlammes, bis Andrlík und Votoček dasselbe auch in normalem, gut filtrierbarem Schlamme fanden. Sie isolierten es aus demselben. Dadurch wurde es wahrscheinlich, daß es ein regelmäßiger Bestandteil des Schlammes sei und nur, in größeren Mengen angehäuft, seine Filtrierbarkeit heruntersetzt. Die Genannten fanden diese Substanz aber auch im Diffusionssafte, in der Rübe selbst und im weißen Schaume auf ausgelaugten Schnitten und des Ablaufwassers. Auf Grund eingehenden Studiums fanden sie diesen Körper wohl identisch mit der Kollreppschen Substanz, aber auch, daß diese kein Isomer des Cholesterins ist. Infolge gewisser Eigenschaften nannten sie diesen Körper Rübenharzsäure, und da er in der Rübe gefunden wurde, wurde er bereits unter den stickstofffreien Nichtzuckerstoffen des Rübensaftes besprochen.

Die auf S. 122 angeführten Eigenschaften der rübenharzsauren Alkalien und ihr Vorkommen im Schlamme veranlaßten Andrlík zu erforschen, ob diese Körper — die in wässeriger Lösung sehr schwer filtrieren — die Filtrierbarkeit des Schlammes beeinträchtigen. Auf Grund seiner Laboratoriumsversuche kam Andrlík zu keinem solchen Resultate, daß er sich bestimmt hätte äußern können.

Die schlechte Filtrierbarkeit der Saturationssäfte in den Schlammpressen, welche viele Nachteile für einen rationellen Betrieb mit sich bringt, kann mechanische und chemische Ursachen haben: eine anormale Beschaffenheit der Rüben und damit der Säfte, das ammonkarbonathaltige Brüdenwasser, das zum Aussüßen des Schlammes dient (es bildet kohlensauren Kalk, der die Tücher verstopft, Andrlík), zu hohe Alkalität nach der ersten Saturation, die einen schmierigen Schlamm liefert u. a. Dasselbe kann aber auch durch verschiedene Unachtsamkeiten des Saturanten eintreten, z. B. ungenügende Aussaturierung des Saftes durch Offenlassen des Ventiles, wodurch unsaturierter Saft in bereits aussaturierten gelangen kann, u. a. m.

Herles weist auf die Qualität des verwendeten Kalkes und der aus demselben bereiteten Kalkmilch hin, welche am meisten Anlaß zu schlechter Filtrierbarkeit gibt. Enthält nämlich der Kalk größere Mengen an Kieselsäure und Sesquioxyden von Eisen und Aluminium, so rufen diese Verbindungen infolge ihres kolloïden Zustandes Verstopfung der Filtertücher hervor und verleihen auch dem Schlamme selbst eine ungünstige Beschaffenheit. Die Kalkmilch kann unter Umständen durch einen Gehalt an „Gries“ (siehe S. 401) die Filtration beeinträchtigen. Der Saft kann bereits mit einer richtigen Alkalität in die Schlammpresse gelangen, ohne daß dabei der Kalkgries vollständig abgelöscht und neutralisiert worden wäre. Dies geschieht dann erst in den Schlammpressen infolge längerer Zeitdauer und genügender Temperatur, wodurch die Saftalkalität erhöht wird. Das ist aber gleichbedeutend mit den oben genannten Unachtsamkeiten bei der Saturation: der Schlamm wird schmierig, verstopft die Tücher, läßt sich schlecht aussüßen usw. Hat noch der Kalk die vorerwähnte schlechte chemische Zusammensetzung, so addieren sich beide ungünstigen Wirkungen (Z. f. Zuckerind. i. B. 1896/97, S. 1).

Neumann wies gelegentlich darauf hin, daß auch der mechanische Charakter des Schlammes auf die Filtration Einfluß übe. Der kohlensaure Kalk müsse in kristallinischer Form ausfallen, um gut filtrationsfähig zu sein (Z. f. Zuckerind. i. B. 1897/98, S. 31).

Nach Scheibler können Pektinkörper die Ursache einer schlechten Filtrierarbeit sein; Köhler fand in einem schlecht filtrierbaren Schlamm keinen freien Ätzkalk und glaubt, daß in diesem speziellen Falle zu geringe Kalkzugabe zur Scheidung die schlechte Filtrierbarkeit verursacht hätte. Herzfeld brachte diese Betriebsschwierigkeit mit der Qualität des Kalksteines in Zusammenhang — doch wird ein solcher kaum bestehen, da in den Fabriken die schlechte Filtrierbarkeit des Schlammes nur ausnahmsweise auftritt, der verwendete Kalkstein aber gewöhnlich von derselben Provenienz und Zusammensetzung ist. Eher ist denen Recht zu geben, die wie Brünig in einer Überhitzung auf der Diffusion die Ursache der schlechten Filtrierbarkeit erkennen; Claassen empfiehlt daher im Falle einer schlechten Filtrierbarkeit neben anderen Mitteln (Alkalität) die Herabsetzung der Diffusionstemperatur. Wie kompliziert aber die hier in Betracht kommenden Verhältnisse sind, geht daraus hervor, daß Stift von zwei Fällen Mitteilung macht, in denen eine Temperatursteigerung bei der Diffusion bis auf 80° C diese Betriebsschwierigkeit sofort behob (Ö. U. Z. f. Zuckerind. 1893, S. 670), Karlík aber zur Behebung einer schlechten Schlammfiltration für tunlichst niedrige Diffusionstemperatur und gute mechanische Filtration des Rohsaftes eintritt.

Andrlík beschäftigte sich mit der Frage „Kann die chemische Analyse des Saturationsschlammes in allen Fällen über die Ursachen einer schlechten Filtration in den Filterpressen Aufschluß geben?" mußte aber diese verneinen (Z. f. Zuckerind. i. B. 1898/99, S. 170).

Er führte an genannter Stelle 19 Analysen teils von gut filtrierendem, teils von abnormem Schlamme an und fand folgende Grenzwerte, auf Trockensubstanz bezogen. (Siehe Tab. S. 394.)

Die Furfuroïde wurden nach Krüger-Tollens, Fett durch Ätherextraktion, Stickstoff nach Kjeldahl bestimmt. Sämtliche Schlammproben zeigten bei der mikroskopischen Untersuchung keine auffälligeren Unterschiede in der Struktur des Kalkkarbonates.

Die Furfuroïde wurden bestimmt, um als Maß für die Pektinsubstanzen einen Rückschluß auf das Verhalten der letzteren bei der Filtrationsfähigkeit ziehen zu lassen. Nach Herzfeld können die Pektinstoffe, falls in größerer Menge vorhanden und an Eisenoxyd oder Tonerde gebunden, die Schlammfiltration ungünstig beeinflussen. Ein Blick auf die Zahlen für die Furfuroïde lehrt, daß ein Zusammenhang zwischen diesen und der Filtrationsfähigkeit des Schlammes nicht bestand.

Tabelle Nr. 93.

	Gut filtrierbar		Schlecht filtrierbar	
	Min. %	Max. %	Min. %	Max. %
SiO_2 + Unlösliches	0,53	2,99	0,67	3,13
$Al_2O_3 + Fe_2O_3$	0,84	4,23	0,45	3,86
CaO	41,31	47,13	39,52	46,79
$Ca(OH)_2$	0,14	2,49	—	1,14
MgO	1,71	5,13	0,53	2,78
CO_2	26,11	33,80	26,11	32,85
P_2O_5	1,09	2,06	0,92	3,03
SO_3	0,53	4,10	0,50	3,68
Fett	0,05	1,29	0,65	3,49
Stickstoff	0,22	0,36	0,14	0,44
Furfuroïde	0,17	1,11	0,12	0,80
Unbestimmtes	6,64	14,98	8,17	18,32

Dasselbe gilt für einen von O. Fallada analysierten abnormen Saturationsschlamm. Dieser enthielt „Furfuroïde als Pentosan gerechnet" 0,64% auf frische und 1,11% auf Trockensubstanz. Da aus der Analyse auf die Ursache der schlechten Filtrierbarkeit nicht geschlossen werden konnte, sei auf ihre Wiedergabe verzichtet. Wohl wurde nur wenig Kalk gefunden (22,04%, bzw. auf Trockensubstanz 38,33%), der nach Analysen von Stift, Kollrepp und Andrlík gewöhnlich bei solchen Schlammproben angetroffen wurde, anderseits aber war oft Schlamm mit noch weniger Kalkgehalt gut filtrierbar. Groß war der Gehalt an „organischer Substanz", was auch von Andrlík beobachtet wurde: kalkarmer Saturationsschlamm enthält mehr organische Substanz (Ö. U. Z. f. Zuckerind. XXX, 1901, S. 55). —

Unter den Mitteln, deren man sich zur Erleichterung der Schlammfiltration bedient, ist die Kieselgur zu erwähnen.

Gelegentlich der Diskussion über das Verfahren von Kuthe-Anders wurde wiederholt der mechanischen Wirkung des entstehenden Niederschlages bei der Scheidesaturation gedacht und ihm hervorragenden Eigenschaften zugeschrieben, die jedem andern Zusatze zum selben Zwecke abgesprochen werden müssen. (Erhöhter Reinigungseffekt, bessere Filtrierarbeit.)

Stutzer empfahl jedoch einen Zusatz von Kieselgur bei der Scheidung, wodurch gewisse Vorteile erzielt werden sollten: Ausscheidung von Eiweißkörpern, also Verbesserung der Reinigung, Minimalverbrauch an Kalk und damit Ersparnisse beim Kalkofenbetriebe, Vorteile auf der Schlammpreßstation usw.

Dieses Mittel soll sich in manchen Fabriken bewährt, in andern wieder nicht bewährt haben. Der Verfasser verweist auf die Diskussion im Braunschweig-Hannoverschen Zweigverein d. V. d. D. Z. (D. Z. 1906, Beilage S. 2044 ff.).

Einer mechanischen Wirkung der Kieselgur wird man wohl zustimmen können, einer chemischen, im Sinne einer Reinigung (Eiweißabscheidung), wohl kaum. Auf demselben Standpunkte steht auch Markwort. Die Gur macht den Schlamm poröser und erleichtert dadurch die Filtration. Er legt Wert darauf, nur eine möglichst sandfreie Kieselgur zu verwenden; die zu verwendende Gur soll per Kubikmeter 200 kg wiegen (D. Z. 1909, Nr. 12, S. 246, Beilage). Herzfeld fand einen Zusammenhang zwischen der Azidität der Gur und ihrer Wirksamkeit; ferner konnte er für ihre Wirkung eine Erklärung finden. Indes kann man vollständig ohne diesen Zusatz auskommen, es ist daher nicht notwendig, der Kieselgur hier mehr Aufmerksamkeit zu schenken.

17. Kapitel.

Hilfsmittel der Saftreinigung.

a) Kalkstein, Kalk und Löschen des gebrannten Kalkes.

Kalkstein.

Im Anfange der Zuckerindustrie wurde zum Entkalken der Säfte Schwefelsäure angewendet. Schon im Jahre 1811 schlug Barruel die Kohlensäure zu diesem Zwecke — allerdings erfolglos — vor; im Jahre 1840 begannen Schatten und Michaëlis die Kohlensäuresaturation im Großbetriebe.

Diese Säure wurde durch Brennen von Kalkstein erzeugt und war dies der ausschließliche Weg ihrer Darstellung.

Der Kalkstein ist ein wichtiges Rohmaterial für die Zuckerindustrie. Viele Mißerfolge mancher Fabriken waren und sind auf einen schlechten Kalkstein zurückzuführen, weil die Eigenschaften des gebrannten Kalkes vom Kalksteine wesentlich abhängen.

Analysen von Kalksteinen. Die folgenden 12 Analysen dürften alle vorkommenden Arten von Kalksteinen umfassen. Sie werden im Laboratorium des „Zentralvereins f. d. Rübenzuckerind. Österreichs und Ungarns“ ausgeführt (Tabelle Nr 94).

Im Jahre 1896 veröffentlichte A. Herzfeld Analysen von 68 in deutschen Zuckerfabriken benutzten Kalksteinsorten. Im allgemeinen sind alle als gut, viele als sehr gut und vorzüglich zu bezeichnen. Die Mengen der Alkalien waren stets sehr gering, maximal 0,06% (als Chloride gewogen). In einigen Fällen waren kleinere Mengen Magnesia nachweisbar, maximal bis 2,2%; Tonerde und Eisen bis 13%. In manchen Steinen waren Schwefelkieskristalle enthalten; solche zeigten Reaktion auf Schwefelwasserstoff, nach dem Brennen aber war im Kalke dieses Gas nie nachweisbar. Loisinger wies auf das Vorkommen von Sulfiten im Kalksteine hin.

Im wesentlichen ist der Kalkstein kohlensaurer Kalk (Analysen III bis XII). In schlechten Steinen sind auch größere Mengen kohlensaurer Magnesia anzutreffen (Analyse Nr. I und II). Die anderen Bestandteile sind gewöhnlich nur gering. Davon sind Alkalien und Gips schädlich. Über 0,4 % Gips und 0,2 % Alkalien soll ein guter Kalkstein nicht enthalten.

Tabelle Nr. 94.

Kalksteine für Zuckerfabriken.

	I %	II %	III %	IV %	V %	VI %
Wasser	0,12	0,14	0,07	0,08	0,06	0,06
Unlösliches	2,33	0,72	0,52	0,10	0,84	0,13
Bituminöse Stoffe	0,07	0,08	0,06	0,03	0,14	0,01
Eisenoxyd und Tonerde	0,27	0,56	0,77	0,38	0,24	0,18
Kohlensaurer Kalk	67,20	82,92	96,79	98,75	96,74	98,57
Kohlensaure Magnesia	30,00	15,10	0,76	0,61	1,81	0,90
Schwefelsaurer Kalk	Spuren	0,42	0,57	Spuren	0,12	Spuren
Alkalien und Verluste	0,01	0,06	0,46	0,05	0,05	0,15
	100,00	100,00	100,00	100,00	100,00	100,00

	VII %	VIII %	IX %	X %	XI %	XII %
Wasser	0,07	0,04	0,02	0,01	0,05	0,04
Unlösliches	0,36	1,16	0,21	0,17	0,50	0,67
Bituminöse Stoffe	0,06	0,12	0,01	0,02	0,08	0,06
Eisenoxyd und Tonerde	0,19	0,32	0,10	0,07	0,13	0,15
Kohlensaurer Kalk	95,07	85,19	98,45	98,94	98,02	97,93
Kohlensaure Magnesia	3,99	12,98	1,11	0,67	0,95	0,95
Schwefelsaurer Kalk	Spuren	Spuren	Spuren	Spuren	0,00	0,00
Alkalien und Verluste	0,26	0,19	0,10	0,12	0,27	0,20
	100,00	100,00	100,00	100,00	100,00	100,00

Brennen des Kalksteines.

Das Brennen des Steines geschieht in Kalköfen mit Hilfe von Koks (seit 1850).

Einem Vortrage von Henry Décluy (Z. V. d. Zuckerind. 1896, S. 853ff.) über die Theorie des Kalkofens ist, soweit es die chemisch-physikalischen Vorgänge im Kalkofen betrifft, folgendes zu entnehmen. Décluy unterscheidet von oben nach unten vier Zonen: Regulierungs-, Vorwärme-, Zersetzungs- und Abkühlungszone. Im obersten Teile des Kalkofens muß das eingefüllte Kalkstein- und Koksmaterial gleichmäßig nachfallen können (Regulierungszone). Beim Heruntersinken kommt es mit dem aufsteigenden heißen Gasstrom in Berührung, verdampft dadurch seinen Wassergehalt und kühlt das Gas ab, indem es selbst erwärmt wird (Vorwärmungs- oder Verdampfungszone). Kalkstein und Koks sinken tiefer, die Temperatur im Ofen wird immer höher; der Koks befindet sich in Rotglut. Hier erreicht die Temperatur ihren Höhepunkt, der Kalkstein wird in Kalk und Kohlensäure zerlegt, nimmt immer mehr an Gewicht ab und ist beim Verlassen dieser Zone, der Zersetzungszone, vollständig zersetzt. Als Kalk kommt er in die Abkühlungszone; hier verbrennt etwa noch unverbrannter Koks;

der Kalk gibt seine Temperatur an den aufsteigenden Gasstrom und kühlt dabei ab.

Im Kalkofen sind demnach zwei entgegengesetzte Bewegungsrichtungen zu bemerken: eine von oben nach unten gehende langsame Bewegung fester Körper und ein entgegengesetzt gerichteter Gasstrom. Bei näherer Betrachtung spielen sich in den einzelnen Ofenzonen folgende Prozesse ab:

Von unten streicht Luft über den warmen Kalk, erwärmt sich, bringt ihren Wassergehalt zur Verdampfung und kühlt den Kalk ab. Der Wasserdampf kommt unter Umständen mit noch rotglühenden Koksstücken in Berührung, wodurch er teilweise zu Wasserstoff und Kohlendioxyd (1) oder auch zu Wasserstoff und Kohlenoxyd zersetzt wird (2).

$$1.\quad 2\,H_2O + C = 4\,H + CO_2$$
$$2.\quad H_2O + C = 2\,H + CO.$$

Der mit der erwärmten Luft aufsteigende Sauerstoff bringt den Koks zur Verbrennung und dadurch den Kalkstein zur Zersetzung. Das aufsteigende Gas wird reicher an Kohlendioxyd und ärmer an Sauerstoff. Stickstoff bleibt unverändert. Der in der Luft enthaltene, vorher noch nicht zersetzte Wasserdampf wird hier in Wasserstoff und Kohlenoxyd zersetzt, welche beide Gase weiterverbrennen können, wenn sie nicht von dem starken Gasstrome mitgerissen werden. Die dem Kalkstein entstammende Kohlensäure gelangt in Berührung mit glühendem Koks (Kohlenstoff), und wird teilweise reduziert ($CO_2 + C = 2CO$); von dem gebildeten Kohlenoxyd wird wieder ein Teil verbrannt (zu Kohlensäure) und ein Teil unverändert im Gichtgase aufgefunden. Beim Verlassen der Zersetzungszone besteht demnach das Gas aus CO_2, CO, N, Spuren von H und O, kommt beim Aufsteigen mit dem niedersinkenden Kalkstein und Koks zusammen, belädt sich mit Wasserdampf und kühlt sich ab, indem es die festen Materialien erwärmt. Aus der Regulierungszone wird das Gichtgas abgesaugt.

Aus diesen und weiteren Betrachtungen zieht Décluy Schlüsse auf den Betrieb und die Konstruktion des Kalkofens. Dabei entwickelt er folgende Prinzipien:

Die im abgezogenen Kalk mitgehende Wärmemenge ist verloren. Um den Kalk demnach möglichst abgekühlt abzuziehen und die Wärme auszunutzen, muß für einen innigen Wärmeausgleich zwischen angesaugter Luft und Kalk gesorgt werden (langsame Luftbewegung, großer Querschnitt des Ofens in der Abkühlungszone und großes Volumen derselben). Eventuelles Vorhandensein von Koksstücken im Kalke kann Bildung von Kohlenoxyd zur Folge haben.

In der Zersetzungszone muß eine genügend hohe Temperatur zur Zersetzung des Kalksteines vorhanden sein und für die Nachfuhr genügender Wärmemengen gesorgt werden. Der Koks muß energisch verbrennen; dies wird durch die Luftvorwärmung in der untersten Zone beschleunigt. Die Koksstücke müssen eine entsprechende Größe haben; nicht zu groß, sonst entweicht eine Menge nicht zur Wirkung gelangter Luft und die Verbrennung wäre nicht vollständig. Der Koks darf nicht im Überschusse angewendet werden, weil dann eine größere Luftmenge zu seiner Verbrennung nötig ist, die eine Verdünnung der Gichtgase zur Folge hat. Der Kalkstein muß in möglichst gleichen, nicht zu großen Stücken eingefüllt werden.

In der Vorwärmungs- und Verdampfungszone kommt das Gichtgas von hoher Temperatur mit den kalten, feuchten Massen in Kontakt, wärmt sie an, bringt deren Wassergehalt zur Verdampfung und kühlt sich ab. Diese Zone soll in den oberen Teil des Ofens verlegt werden, damit die Wärme der Gase durch direkte Berührung mit den Materialien gewonnen werden kann.

Die in Kalköfen herrschenden Temperaturen wurden zuweilen bestimmt. Claassen (Z. V. d. Zuckerind. 1897, S. 218) fand für einen Neumannschen Ofen mit Generatorgasfeuerung die Maximaltemperatur zwischen 1200 und 1300°, für gewöhnlich um 1250° herum liegend. Zu denselben Zahlen kam Herzfeld (Z. V. d. Zuckerind. 1897, S. 220), ebenso Martini (Z. V. d. Zuckerind. 1897, S. 223), der 1200—1250° fand. Diese Versuche wurden so durchgeführt, daß bei jedem einzelnen Versuche mehrere Schamottesteine mit eingeschlossenen Pyrometerblättchen oben in den Kalkofen eingeworfen und unten mit dem Kalk abgezogen wurden. Jedes Pyrometer (Gold und Platin in verschiedenen Mengenverhältnissen) entsprach verschiedenen Temperaturen, und das gerade ungeschmolzen gebliebene Pyrometer ergab die jeweils im Kalkofen herrschende Höchsttemperatur. Auf die Resultate hat der Weg, den die Schamottesteine zurücklegen, sowie die dazu nötige Zeit Einfluß.

Die Brenntemperatur für reinen kohlensauren Kalk an der Luft bei Abwesenheit von Wasserdampf oder sonstiger Gase, welche die Brenntemperatur stark herabdrücken können, ermittelte Herzfeld zu 1040° C; dabei gab der Marmor in einer halben Stunde 39,42% CO_2 ab. 76 deutsche Kalksteine waren bei derselben Temperatur in einer Stunde völlig gebrannt. Bei mehrstündigem Brennen genügen 900—950° dazu. Im Kohlensäurestrom erhitzt, war der Marmor bei 1030° völlig gebrannt. Anwesenheit von Wasserdampf begünstigt das Brennen des Kalksteins, indem er die Brenntemperatur um etwa 200° C erniedrigt. Kokszuschlag hat nach den Versuchen Herzfelds keinen Einfluß auf die Brenntemperatur ausgeübt. An 68 Kalksteinproben wurde sodann festgestellt, daß 900° für das Brennen eine zu niedere, 1030° aber in allen Fällen die genügende Temperatur ist. Bei 1600° wird der reinste Kalkstein „totgebrannt"; durch die natürlichen Beimengungen wird diese Temperatur herabgesetzt (Herzfelds Untersuchung, Z. V. d. Zuckerind. 1897, S. 597, Teile 5, 6, 9, 11).

Gebrannter Kalk und Kalkmilch.

Der Betrieb des Kalkofens ergab die Kohlensäure zur Saturation und den gebrannten Kalk zur Scheidung. Dieser kann direkt in dieser Form oder, was bei uns am häufigsten der Fall ist, in Form der Kalkmilch zur Anwendung gelangen.

Interessant ist ein Vergleich der Zusammensetzung des Kalksteines vor und nach dem Brennen. Aus diesem werden die Veränderungen, welche der Kalkstein durch das Brennen erfährt, deutlich hervorgehoben. Über diesen Gegenstand liegen Untersuchungen von Schulze aus dem Jahre 1868 vor.

Tabelle Nr. 95.

	Kalksteine				Gebrannter Kalk		
	Min.	Max.	Mittel		Min.	Max.	Mittel
Kohlens. Kalk .	69,27	96,27	90,30	Kalk.	60,86	98,01	82,52
Kohlens. Magnesia	0,52	18,17	2,67	Magnesia	0,47	18,09	3,70
Schwefels. Kalk .	Spur	7,71	0,44	Schwefels. Kalk .	0,11	3,47	0,96
Eisenoxyd u. Tonerde	0,19	2,41	1,26	Eisenoxyd u. Tonerde	Spur	7,27	3,88
Sand, Ton usw. .	1,26	14,04	3,80	Sand und Ton .	0,24	10,81	2,02
				Kieselsäure . . .	0,04	8,80	4,93

Der gebrannte Kalk, Kalziumoxyd CaO, ist eine weiße, erdige Masse von alkalischer Reaktion. An der Luft zieht er Kohlendioxyd und Wasser an, wobei größere Stücke zerfallen („verwittern"). Mit Wasser übergossen, erhitzt er sich heftig, verbindet sich mit diesem zu Kalziumhydroxyd oder Kalkhydrat und zerfällt dabei zu einem weißen Pulver. Das so erhaltene $Ca(OH)_2$ reagiert alkalisch. Fügt man dem Kalke mehr Wasser zu, als zur Bildung von $Ca(OH)_2$ nötig ist, so entsteht ein weißer Brei, die Kalkmilch. In der Ruhe setzt sich das ungelöste $Ca(OH)_2$ ab; die darüber stehende klare Lösung ist das Kalkwasser.

Die Energie, mit welcher sich der Kalk ablöscht, hängt sehr von seiner physikalischen Beschaffenheit ab. Wurde er bei sehr hoher Temperatur gebrannt, so daß er glasige Beschaffenheit annimmt, ein Versuch, den Herzfeld bei 1600° vornahm, so löscht er sich in kaltem Wasser erst nach achttägigem Liegen. Wird er bei sehr geringer Temperatur gebrannt, so daß er noch Kohlensäure enthält, so geht die Ablöschung am leichtesten vor sich (H. Rose 1852). In diesem Zustande ist der Kalk ziemlich porös und für das Wasser leichter reaktionsfähig als eine zusammengesinterte, dichte Masse (totgebrannter Kalk).

Herzfeld ermittelte, daß bei Bildung von 1 g Kalkhydrat 151 Kal. frei werden; das entspricht einer Höchsttemperaturerhöhung beim Ablöschen von 468° C (Z. V. d. Zuckerind. 1897, S. 597, Kap. 5). Beim Ablöschen des Kalkes im Betriebe erhitzt sich das Wasser auf 150°, nach F. Kundrát bis auf 195° C. Herzfeld ermittelte die Löslichkeit des Kalkes im Wasser und stellte folgende Tabelle auf:

Tabelle Nr. 96.

Löslichkeitstabelle für Kalk im Wasser.

	1 Teil CaO braucht Teile Wasser
bei 15° C	776
20	813
25	848
30	885
35	924
40	962
45	1004
50	1044
55	1108
60	1158
65	1244
70	1330
75	1410
80	1482

Als Basen verbinden sich sowohl CaO wie auch $Ca(OH)_2$ mit den anorganischen und organischen Säuren unter Bildung der entsprechenden Kalksalze, welche in der Chemie der Zuckerfabrikation eine große Rolle spielen, z. B. die organischsauren Kalksalze, die Karbonate, Chloride und Sulfate.

Gelegentlich seines Eintretens für die Kalkmilchscheidung schilderte Jelínek folgende Art der Kalkmilchzubereitung als rationell. Zunächst wird der gebrannte Kalk in einem Kalklöschapparate zu einer beliebig starken Kalkmilch abgelöscht. Hierbei bleiben Steine und grober Sand zurück und nahezu reine Kalkmilch fließt in ein Reservoir. Sie wird mit reinem Wasser aufgerührt, auf ca. 8° Bé verdünnt und dann 3—4 Stunden sich selbst überlassen. Während dieser Zeit hat sich das Kalkhydrat vollständig zu Boden abgesetzt und das darüber stehende klare Wasser die löslichen kieselsauren und Alkaliverbindungen aufgenommen. Es wird abgelassen, und der zurückbleibende steife Kalkbrei mit Absüßwasser aufgerührt.

Soviel Zeit nimmt man sich heute gewöhnlich nicht für die Darstellung der Kalkmilch; man begnügt sich, mittels Vorrichtungen nur die mechanischen Beimengungen (Stein, Sand) zu entfernen. Zur Scheidung benutzt man gewöhnlich die Kalkmilch in einer Stärke von 20° Bé. Mit stärkerer Kalkmilch erhielt Herzfeld bei seinen Saturationsversuchen schlechte Resultate; auf dem Boden setzte sich eine körnige Masse von Kalkhydrat und Kalkkarbonat an, die nicht in Reaktion zu bringen war. Bei 20° Bé enthält 1 Liter Kalkmilch 206 g CaO und wiegt 1162 g. Die Kalkmilch soll in frisch bereitetem Zustande zur Verwendung gelangen; da wirkt sie energischer, als wenn sie vorher längere Zeit gestanden ist.

Zur Darstellung der Kalkmilch benutzt man in der Regel die Aussüßwässer von der Schlammarbeit.

Die Kalkmilch soll frei von „Gries“ sein. Die Ursache für sein Vorhandensein in der Kalkmilch ist entweder ein unvollkommenes Löschen des Kalkes (unzureichende Kalklöschvorrichtung) oder die Verwendung von „totgebranntem“ Kalk, der sich auch bei guter Kalklösche nicht vollständig ablöscht. Das „Totbrennen“ kommt am häufigsten bei Kalksteinen vor, die reich an Kieselsäure, Eisen- und Aluminiumsesquioxyden sind. Es dürften in diesen Fällen Doppelsilikate von Ton und Eisen beim Kalkbrennen entstehen, die das vollständige Ablöschen des Kalkes verhindern.

Je reiner die Kalkmilch, desto günstiger für den Betrieb; es werden ihm umso weniger fremde Nichtzuckerstoffe zugeführt, von denen manche sich unangenehm fühlbar machen können (Magnesia, Sulfide, Alkalien).

Folgende Analyse zeigt die chemische Zusammensetzung einer Kalkmilch:

Freies und gebundenes Wasser . . .	68,76 %
SiO_2 + Sand	0,83 %
$Al_2O_3 + Fe_2O_3$	0,75 %
Gesamtkalk CaO	29,05 %
MgO	0,03 %
CO_2	0,10 %
SO_3	0,25 %
Verluste	0,05 %
	0,18 %

(Ö. U. Z. f. Zuckerind. 1908, S. 563.)

Sind in der Kalkmilch größere Mengen Magnesia vorhanden, so gelangen sie in die Säfte. Darin aber sind sie nur sehr wenig löslich, so daß nach Weisberg sogar ein Kalkstein mit 2—3 % $MgCO_3$ nicht nachteilig wirken soll. Nichtsdestoweniger wird man aber doch trachten müssen, möglichst reinen Kalkstein zu verwenden.

b) Saturationsgas (Kohlensäure).

Die stets fälschlich als Kohlensäure angesprochene Verbindung CO_2 heißt eigentlich Kohlendioxyd und ist als das Anhydrid der Kohlensäure zu bezeichnen. Erst $CO_2 + H_2O = H_2CO_3$ gibt die hypothetische Kohlensäure. Die reine Kohlensäure ist nicht bekannt oder im freien Zustande zu erhalten, da sie schon beim Eindampfen ihrer Lösung zerfällt; $H_2CO_3 = H_2O + CO_2$. Das Anhydrid entweicht in Gasform. Das Kohlendioxyd ist das Verbrennungsprodukt von Kohlenstoff und kohlenstoffhaltigen Verbindungen. Es ist seine höchste Oxydform. In der Natur kommt es häufig vor, besonders in vulkanischen Gegenden entströmt es dem Boden (Mofetten), in Mineralquellen usw. Es ist ein farb- und geruchloses Gas von schwach säuerlichem Geschmacke, und sehr leicht löslich im Wasser; sein spezifisches Gewicht beträgt 1,5. — Dem trockenen Kohlendioxyd fehlen alle sauren Eigenschaften, z. B. rötet es nicht blaues Lackmuspapier. Daher fehlt ihm auch eine invertierende Kraft auf Zucker. Über die Möglichkeit einer Inversion des Rohrzuckers durch Kohlensäure liegen Angaben von Malaguti, Lund und Lippmann vor. Letzterer konstatierte, daß fester Zucker keinerlei Veränderung aufweist; weder zeigte Zucker Invertzuckerbildung noch Polarisationsabnahme — selbst nach sechsmonatlicher Aufbewahrung in einer Kohlensäureatmosphäre. Reine Zuckerlösungen hingegen, d. h. Lösungen von Zucker in mit Kohlensäure gesättigtem Wasser, die + 100 polarisierten, zeigten schon nach kurzer Zeit Polarisationsverminderung; nach etwa 100 Tagen war die Polarisation auf 0 gesunken; nun nahm die Linksdrehung langsam zu und war nach weiteren fünfzig Tagen auf — 44,2^0 gefallen. Außerdem konnte Invertzucker chemisch nachgewiesen werden.

Durch Druck- und Temperatursteigerung wächst die invertierende Kraft der Kohlensäure. Übereinstimmend mit Lund ergaben Lippmanns Versuche, daß Zuckerlösungen beim Erwärmen in einer Atmosphäre von Kohlensäure sehr langsam invertiert werden (Z. V. d. Zuckerind. 1880, 812; Organ 1880, 222).

Es geht also aus diesen Versuchen hervor, daß die gasförmige „Kohlensäure“ keine Inversion im Gegensatz zur gelösten Kohlensäure hervorruft.

Die wässerige Lösung dieses Gases, also die Kohlensäure, reagiert sauer. In der Natur kommt die Säure in Form ihrer Salze in großen Mengen, besonders im Mineralreiche vor. Die bekanntesten dieser Salze, Karbonate genannt, sind Kalkstein, Marmor, Aragonit, Dolomit. Die Säure reagiert schwach sauer; ihre Leitungsfähigkeit ist sehr gering, weil die Lösung nur sehr wenig elektrolytisch dissoziiert ist. Sie zerfällt nämlich nur in H- und HCO_3-Ionen: $H_2CO_3 \rightleftarrows \overset{+}{H} + \overset{-}{HCO_3}$, und dies nur zu geringem Teile (schwache Säure). Ihre Salze entstehen u. a. durch Einleiten von Kohlendioxyd in Lösungen von Metallhydroxyden oder von Alkalien und alkalischen Erden. Ferner durch Glühen von Salzen der organischen Säuren, was schon früher erwähnt wurde (S. 165). Ist die betreffende organische Säure nicht flüchtig, so tritt auch Verkohlung ein; im andern Falle ist die Verkohlung nur gering oder fehlt ganz. Nicht immer bleibt das Karbonat unverändert zurück, es kann auch in Kohlendioxyd und Metalloxyd zerfallen. Kalziumoxalat gibt z. B. bei schwachem Glühen zuerst Kohlenoxyd und Karbonat und letzteres erst bei starkem Glühen Kohlendioxyd und Kalk: 1. $(COO)_2Ca = CaCO_3 + CO$. 2. $CaCO_3 = CaO + CO_2$.

Kohlensäure bildet als zweibasische Säure zwei Reihen von Salzen: die normalen und die sauren. Von den normalen sind nur die der

Alkalien im Wasser löslich und reagieren infolge hydrolytischer Spaltung alkalisch (Soda, Pottasche); die Metallkarbonate sind unlöslich. Die normalen Salze haben die allgemeine Formel: Me_2CaO_3 oder $MeCO_3$, wobei Me_2 im ersten Falle zwei Atome eines einwertigen und Me ein Atom eines zweiwertigen Metalls darstellt. Die sauren Salze $MeHCO_3$ oder $\overset{2}{Me}H_2(CO_3)_2$, z.B. das wasserlösliche saure Kalziumkarbonat oder Kalziumbikarbonat $CaH_2(CO_3)_2$, findet sich fast in jedem Brauch- und Trinkwasser. Wird solches Wasser gekocht, so fällt normales Karbonat aus, welches das Wasser trübt und zur Bildung von Kesselstein Veranlassung gibt.

$$CaH_2(CO_3)_2 = H_2O + CO_2 + CaCO_3$$

In verdünnten Mineralsäuren sind alle Karbonate löslich, wobei Kohlendioxyd entweicht (Aufbrausen der Lösung).

Das dem Kalkofen entnommene Saturationsgas wird wohl kurzwegs Kohlensäure genannt, enthält aber Kohlendioxyd im günstigsten Falle nur zu einem Dritteile. Zwei Drittel entfallen auf den überschüssigen Sauerstoff und den Stickstoff der Luft; auch kleine Mengen von Kohlenoxyd sind häufig konstatierbar. Seine Temperatur schwankt beim Austritte aus dem Kalkofen von 80—195° C, je nach der Zeit seiner Entnahme.

Das Gas wird in einem Laveur mit kaltem Wasser in Berührung gebracht. Dadurch wird es gekühlt und gereinigt, z. B. von seiner Flugasche und von seinem Gehalte an schwefliger Säure befreit. Da die Kohlensäure im Wasser leicht löslich ist, sind durch diesen Waschprozeß Verluste an Kohlensäuregas unvermeidlich.

Die Größe der Löslichkeit oder Absorption eines Gases im Wasser wird durch einen Koëffizienten α zum Ausdruck gebracht. α stellt jenes Gasvolumen dar, das durch 1 Volumen Wasser bei einer bestimmten Temperatur t absorbiert wird; dabei wird α auf 0° und 760 mm Druck reduziert. Nach Bunsen und Carius ist α für Wasser und

bei	0° C	5° C	10° C	15° C	20° C
CO_2	1,7987	1,5126	1,1847	1,0020	0,9014
SO_2	79,789	69,828	56,647	47,276	39,374

Dabei steht das Gas unter einem Druck von 760 mm. Gleichzeitig ist auch derselbe Wert für schweflige Säure angeführt worden.

Die Löslichkeit eines Gases kann aber auch durch die Menge des Gases in Gramm bestimmt werden, die von 100 g des Lösungsmittels bei einer bestimmten Temperatur und 760 mm Druck (Partialdruck und Dampfdruck der Flüssigkeit) aufgenommen werden. Beispielsweise ist dieser Wert für Kohlensäure und Wasser nach Bohr und Bock bei

0° C	10° C	20° C	30° C	40° C	50° C	60° C
0,3347	0,2319	0,1689	0,1215	0,0974	0,0762	0,0577

Beide Angaben zeigen, daß die Löslichkeit der Kohlensäure mit zunehmender Temperatur abnimmt. Von der Temperatur des Kühlwassers hängt in erster Linie der Verlust an Gas ab; dazu gesellen sich die Druckverhältnisse im Laveur. Je größer der Druck, desto größer die Löslichkeit.

Auch die anderen Bestandteile des Saturationsgases, Schwefelwasserstoff, schweflige Säure, Kohlenoxyd, Stickstoff der Luft- und Kohlenwasserstoffe, werden teilweise gelöst.

Die schweflige Säure des Saturationsgases stammt vom Schwefelgehalt des Kokses; deshalb soll dieser möglichst frei von Schwefel sein.

c) Schweflige Säure.

Verbrennt Schwefel bei Luftzutritt, so entsteht ein farbloses Gas von erstickendem Geruch, Schwefeldioxyd SO_2, das fälschlicherweise schweflige Säure genannt wird (ähnliches gilt vom CO_2). Eigentlich ist SO_2 das Anhydrid der genannten Säure; in Wasser gelöst ($SO_2 + H_2O = H_2SO_3$), entsteht erst die schweflige Säure. Das Schwefeldioxyd ist leicht in Wasser löslich (siehe oben). Aus der Lösung kann man die Säure nicht isolieren, da sie in ihre Bestandteile SO_2 und H_2O zerfällt; man kennt daher die freie Säure nur in wässeriger Lösung. Neutralisiert man diese mit Alkalihydroxyden oder Karbonaten, so entstehen Salze der schwefligen Säure, die S u l f i t e. In Lösung übergehen Sulfite allmählich durch Oxydation in Sulfate (schwefelsaure Salze). Nur die Alkalisulfite sind im Wasser leicht löslich. Die Säure ist z w e i b a s i s c h und bildet daher normale und saure Salze. Jodlösung wird so wie saure Kaliumpermanganatlösungen entfärbt; da wirkt die schweflige Säure als Reduktionsmittel, wobei sie zur Schwefelsäure oxydiert wird. Die letztgenannte Säure ist die höhere Oxydationsstufe $SO_2 + O = SO_3$, bzw. $H_2SO_3 + O = H_2SO_4$. Durch Reduktion der schwefligen Säure entsteht Schwefelwasserstoff. — Schweflige Säure ist ein gutes Konservierungs- und Desinfektionsmittel.

Bei der oben geschilderten Darstellung des Schwefeldioxydes erhält man ein Gasgemisch, das höchstens 21 % theoretisch enthalten kann, tatsächlich aber viel weniger enthält, weil die Verbrennung mit Luftüberschuß stattfindet. Dabei ist dieses Gasgemisch mit Schwefeltrioxyd, SO_3, arseniger Säure und Flugasche, herrührend vom Rohschwefel, verunreinigt.

In der Zuckerindustrie wird deshalb jetzt fast ausschließlich die f l ü s s i g e s c h w e f l i g e S ä u r e angewendet. Wie andere Gase, läßt sich auch Schwefeldioxyd durch Kälte und Druck in den flüssigen Zustand überführen. In diesem Zustande ist es eine leicht bewegliche, farblose Flüssigkeit. Diese ist demnach 100 proz. SO_2. Sie muß in geschlossenen Stahlzylindern versendet und aufbewahrt werden, welche die Wiedervergasung der Flüssigkeit verhindern und dem der jeweiligen Temperatur entsprechenden Gasdrucke widerstehen. Dieser (Spannung) ist bei

-10^0 C	0	Atm. Überdruck
$+\ 0^0$ C	0,53	„ „
$+10^0$ C	1,26	„ „

$+ 20^0$ C	2,24	Atm. Überdruck
$+ 30^0$ C	3,51	„ „
$+ 40^0$ C	5,15	„ „

Das spezifische Gewicht des tropfbar flüssigen Schwefeldioxydes beträgt in offenen Gefäßen bei $- 10^0$ C 1,465; das des gasförmigen bei 0^0 C und 760 mm Druck 2,219, auf Luft bezogen.

Durch Öffnen des Ventiles am „Ballon" bei Temperaturen über $- 10^0$ C entweicht sogleich die schweflige Säure als Gas unter ihrem eigenen Drucke und kann in die zu schwefelnden Säfte geleitet werden. Durch die Entnahme sinkt die Temperatur im Zylinder schließlich auf $- 10^0$ C; da hört vorläufig jedes Entweichen auf. Durch Wärmezufuhr (warmes Wasser, Dampf) kann das Gas abermals entbunden werden. Infolge der soeben erklärten Temperaturabnahme sieht man an den Stahlzylindern häufig Schneebildung.

Die Schwefelung der Säfte wird durch die flüssige schweflige Säure vereinfacht; die Dosierung ist eine leichtere und zuverlässigere und die Wirkung intensiver und rascher. Die Rohrleitung kann von der Bombe bis zum Safteintritte — soweit sie also trocken liegt — aus Eisen sein, weil dieses durch trockenes Schwefeldioxyd nicht angegriffen wird; Bleileitungen sind aber vorzuziehen.

Die Gefährlichkeit der schwefligen Säure für die Armatur (Eisen, Messing) wurde durch Versuche von Geese (Z. V. d. Zuckerind. 1898, S. 99) quantitativ ermittelt. Er brachte ein Stück Eisen in eine Lösung dieser Säure von 0,3 %; innerhalb 18 Stunden wurden bei 30—60^0 C 0,920 g desselben aufgelöst. Auf die Hälfte der Oberfläche ergeben sich 0,45 g für Betriebsverhältnisse. Innerhalb 24 Stunden ergab sich eine Abnutzung von 1 % des Gesamtmaterials. Auch Messing wird schon bei genügender Wärme nach einigen Stunden bedeutend angegriffen.

18. Kapitel.

Chemische Zusammensetzung und Eigenschaften des Dünnsaftes.

Der Saft der dritten Saturation heißt nach seinem Aufkochen im „Aufkocher" und nach seiner mechanischen Filtration, also in jenem Zustande, in dem er der Verdampfstation zugeführt wird, Dünnsaft.

a) Aufkochen.

Das Aufkochen hat den Zweck, die bei der Saturation gebildeten Bikarbonate in unlösliche Karbonate zu verwandeln. Dieser Prozeß ginge sonst in den Verdampfapparaten vor sich und würde zu reichlicheren Inkrustationen Anlaß geben, als ohnedies unvermeidlich sind. Er verläuft nach folgender Gleichung:

$$\underset{\text{löslich}}{CaH_2(CO_3)_2} = \underset{\text{unlöslich}}{CaCO_3} + H_2O + CO_2,$$

für Alkalikarbonate:

$$\underset{\text{löslich}}{2\,K_2HCO_3} = \underset{\text{löslich}}{K_2CO_3} + H_2O + CO_2.$$

Dabei werden sicher auch Sulfite in Sulfate umgewandelt und ausgefällt. (Siehe S. 336.) Das Aufkochen geschieht bei Temperaturen über 100° C.

b) Zusammensetzung des Dünnsaftes.

Die chemische Zusammensetzung von Dünnsäften geht aus den folgenden Analysen hervor. Da sie von jener des Diffusionssaftes und der Reinigungsmethode abhängig ist, so findet sich manches Hergehörige schon im 15. Kapitel gesagt.

Die Analysen der Tabelle Nr. 97 zeigen, daß von den Stickstoffsubstanzen alle Formen vertreten sind; allerdings manche nur je nach der Durchführung der Saftreinigung in geringeren und geringsten Mengen und manche in geänderten (abgebauten oder umgewandelten) Formen.

Von allen Saftbestandteilen kommt dem Kalke die größte Bedeutung zu. Er kann in folgenden Formen vorhanden sein: 1. als freier Kalk (Ätzkalk), 2. Kalkkarbonat, 3. Kalkbikarbonat, 4. Kalksulfat, 5. Kalksulfit, 6. organischsaurer Kalk, 7. Kalksaccharat.

1. Die Menge des Ätzkalkes, ein Rest des zugesetzten Kalkes bei der Scheidung, hängt vom Grade des Aussaturierens ab. Je weiter dieses erfolgt, desto geringere Mengen Kalk bleiben im Safte zurück.
2. Der kohlensaure Kalk kommt teils durch Lösung, teils mechanisch bei der Filtration in den Saft (Trübungen).
3. Kalziumbikarbonat entstand bei der Saturation, noch mehr bei Übersaturation und ist im Safte nur im gelösten Zustande vorhanden.
4. Gips rührt teils vom Betriebswasser, teils von der Oxydation des Kalziumsulfites her.
5. Kalziumsulfit stammt von der Schwefelung der Säfte, teils auch vom eventuellen Vorhandensein des Schwefeldioxydes im Saturationsgase.
6. Über den organischsauren Kalk siehe im Kapitel 15.
7. Kalksaccharat kann von unzersetztem Saccharat herrühren.

Tabelle

Zusammensetzung

Nr.	Bx	Pol.	Q.	CaO-Alkalität in 100 cm³ Saft		Gesamt-N	Ammoniak-N (Baumann)	N gefällt m. phosph.-wolfrs. Na	Derselbe abzüglich Ammoniak-N
				Phenolph.	Lackmoid				
1	11,7	10,37	88,6	0,0190	0,0498	0,082	0,016	0,024	0,008
2	12,4	11,05	89,1	0,0241	—	0,097	0,022	0,044	0,022
3	13,2	11,91	90,2	sauer	0,0156	0,092	0,015	0,039	0,024
4	—	—	—	—	—	0,0986	—	—	—

In ähnlichen Formen sind auch die fixen Alkalien vorhanden (Kali, Natron). Kali überwiegt. Sie kommen frei oder gebunden vor, hauptsächlich in Form ihrer Karbonate. Normalerweise sind heute Sulfate und Nitrate nur in ganz geringen Mengen zu finden; die ältere Literatur kennt aber Fälle, wo diese Salze in Sirupen neben dem Zucker auskristallisierten. P. Wagner fand 1877 in einem Nachproduktenzucker 31 % salpetersaures Kali. Bei der heutigen veredelten Zuckerrübe kommt das aber nicht mehr vor.

Auch Ammoniak ist teils frei, teils gebunden im Safte zu finden (Ammoniumsalze, Amidoverbindungen).

Analyse eines Dünnsaftes.

	Dünnsaft nach der zweiten Saturation
Wasser	92,82
Trockensubstanz (115° C)	7,18
Zucker	5,461
Fremde Stoffe	1,462
Asche nach Abzug der CO_2	0,257
Die Säfte enthalten:	
Freies Ammoniak	0,0161
Freien Kalk	0,041
Freies Ätzkali	0,0450
Der Kalkinhalt überhaupt	0,0041
„ Ätzkaliinhalt überhaupt	0,1983
„ Ätznatroninhalt überhaupt	0,0325
In 100 Teilen Trockensubstanz war enthalten:	
Zucker	76,056
Fremde Stoffe	20,365
Asche nach Abzug der CO_2	3,579
Die Säfte enthalten:	
Freies Ammoniak	0,2242
Freien Kalk	0,0571
Freies Ätzkali	0,6267
Der Kalkinhalt überhaupt	0,0571
„ Ätzkaliinhalt überhaupt	2,7618
„ Ätznatroninhalt	0,4526

Nr. 97.
von Dünnsäften.

Amid- und Ammoniak-N (Schulze)	Amidosäuren-N	Eiweiß-N (Stutzer)	Nitrat-N	Schädl. N	Bemerkung
0,019	0,027	0,006	—	0,057	Kampagne 1898/99
0,019	0,025	0,008	—	0,070	Andrlík-Urban-Stanek
0,016	0,033	0,008	0,012	0,068	Z. f. Z. i. B. 1900, S. 213
0,0063	—	0,0014	—	0,0909	Duschsky, Minz u. Pawlenko Z. V. d. Z. 1911, S. 341). Dieses Buch S. 560.

Die obenstehende Analyse von Hanamann aus dem Jahre 1877 zeigt manche der eben besprochenen Saftbestandteile. Neuere Analysen über diesen Gegenstand waren nicht zu finden. —

Die Magnesia stammt aus der Rübe und teilweise aus der Kalkmilch. Als Karbonat geht sie bei der Saturation in den Schlamm über, zu einem geringen Teil aber auch in den Saft.

Zur Alkalität tragen folgende Verbindungen bei: Ätzkalk, kohlensaurer Kalk, Ammoniak, freie Magnesia, freies Alkali und Alkalikarbonate.

Aber nicht nur die chemische Beschaffenheit, sondern auch die physikalischen Eigenschaften bedingen den Wert eines Dünnsaftes. Vor allem die Farbe. Im allgemeinen werden in der Industrie lichtere Säfte mehr geschätzt als dunklere, obwohl es nicht unbedingt sicher ist, daß lichtere Säfte auch immer lichtere Zucker geben. Es wurden schon früher die Umstände klargelegt, welche die Farbe der Saturationssäfte bedingen.

19. Kapitel.

Chemische Vorgänge in der Verdampfstation.

Die Verdampfung des Dünnsaftes, d. h. die Konzentrierung desselben zum Dicksafte, ist ein physikalischer Vorgang; doch ist dieser von mannigfachen chemischen Prozessen begleitet. Die letzteren resultieren teils aus chemischer Einwirkung auf den Dünnsaft, wodurch Umsetzungen stattfinden, teils sind sie eine Folge seiner immer größer werdenden Konzentration mit der damit veränderten Löslichkeitsverhältnissen.

Zur ersten Art von chemischen Vorgängen gehört die als Rückgang der Alkalität bezeichnete Erscheinung, zur letzteren die Ausscheidungen von Niederschlägen aus dem Safte.

a) Rückgang der Alkalität.

Der Rückgang der Alkalität bildet ein ebenso interessantes als für den Betrieb wichtiges Kapital und soll dementsprechend eingehender besprochen werden.

Im Dünnsafte kommen Stickstoffverbindungen vor, die teils aus der Rübe direkt stammen, teils Zersetzungsprodukte von Eiweißkörpern sind: lösliche Eiweißkörper und ihre Abbauprodukte, Glykokoll, Leuzin, Tyrosin, Asparagin, Glutamin; da der Saft kalkalkalisch ist, während der Verdampfung längere Zeit bei höherer Temperatur verweilt, so ist Gelegenheit geboten, daß sich die bei der Scheidung begonnenen Zersetzungserscheinungen der Amide durch Einwirkung des Kalkes fortsetzen. Die Amide zerfallen in die entsprechenden Säuren und freies Ammoniak; die Säuren werden durch Kalk und Alkalien gebunden, das Ammoniak entweicht. Infolge der Neutralisierung der Säuren, z. B. Asparagin-, Glutaminsäure, durch freie oder kohlensaure Alkalien und Erden — welche die Alkalität mitbedingen — geht diese natürlich zurück. Die Gleichungen zu diesen chemischen Vorgängen siehe S. 317.

Die Ammoniak- und Amidoverbindungen spalten also durch der Einwirkung von Kalk Ammoniak ab. Beim Erhitzen entweicht das Ammoniak, wodurch die Alkalität zurückgeht. „Das ausgetriebene Ammoniak wird dann als Maß für den Alkalitätsrückgang angesehen werden können, wenn durch den Versuch nachgewiesen wurde, daß der Alkalitätsrückgang den Mengen ausgetriebenen Ammoniaks entspricht.“ Von dieser Überlegung ausgehend, destillierte Jesser Säfte von der ersten und der dritten Saturation mit und ohne wechselnden Laugenzusatz und stellte sechs Fraktionen her, und zwar in der Art, daß er immer 100 cm^3 destillierte, zum Rückstand 100 cm^3 Wasser hinzugab, abermals 100 cm^3 destillierte usw. Das Destillat von 200 cm^3 Saft neutralisierte $^1/_{10}$-Normalsäure (Lackmus), titriert bei:

Saft der I. Saturation.

	Alkalität			
	0,101	2 cm^3 Norm.-NaOH	5 cm^3 Norm.-NaOH	10 cm^3 Norm.-NaOH
	Kubikzentimeter			
1. Fraktion . .	17,2	17,6	18,7	22,4
2. „ . .	2,4	2,8	3,0	4,1
3. „ . .	2,6	1,8	1,4	1,1
4. „ . .	1,1	0,8	1,0	1,5
5. „ . .	0,5	0,8	0,8	1,0
6. „ . .	0,1	0,4	0,4	0,6
Summe	23,9	24,2	25,3	30,7 entsprechend
Stickstoff . . .	0,0167	0,0169	0,0177	0,0215 entsprechend
Alkalität (CaO)	0,0334	0,0338	0,0354	0,0430

Ähnliche Resultate ergaben Säfte der dritten Saturation. Die erste Fraktion enthielt stets die Hauptmenge, die weiteren immer weniger Ammoniak u. zw. konstant abnehmend. Daraus folgert Jesser: „Es ist somit ein Teil der im Safte enthaltenen Stickstoffverbindungen in einer Form anwesend, aus welcher durch Einwirkung des Alkalis rasch das Ammoniak abgespalten wird; ein zweiter Teil derselben wird durch Alkalien zwar auch, aber bedeutend langsamer zerlegt (z. B. Asparagin).“ Die Bezeichnung „Amidstickstoff“ wäre demnach nicht ganz richtig, weil gerade die Amidverbindungen ihren Ammoniak, bzw. Stickstoff nur sehr schwer abgeben (Ö. U. Z. f. Zuckerind. XXIII, 1894, S. 288).

Die erste Hälfte des Amidstickstoffes geht schon in der Scheidung, die zweite Hälfte geht in der Verdampfstation weg. Je sorgfältiger und energischer die Scheidung durchgeführt wurde, desto weniger können sich diese Prozesse bei der Verdampfung abspielen. Die

Scheidung soll zu den Endprodukten der Kalkeinwirkung auf die Stickstoffkörper führen, welche dann schon einen beständigen Charakter haben. Das sind die organischsauren Kalksalze (asparagin-glutaminsaurer Kalk).

Schon im Jahre 1867 sprach Theile ähnlich aus, daß das entwickelte Ammoniak bei der Einwirkung von Alkalien auf Eiweiß zwei Quellen haben müsse. Der eine Ammoniakanteil entweicht sofort nach der Kalkeinwirkung, der Rest erst nach längerer Dauer. Die zuerst ausgetriebenen Mengen müßten daher als direktes Zersetzungsprodukt des Eiweißes zu betrachten sein, der restliche Teil entsteht erst aus den Zersetzungskörpern der Eiweißstoffe (z. B. Leuzin, Tyrosin). Nach Sellier stammt das Ammoniak bei den Bedingungen in der Zuckerindustrie nur von den Säureamiden her, da die Zersetzung der anderen Stickstoffkörper nicht bis zum Ammoniak vor sich gehe (1903).

Allantoin wirkt nach den auf S. 160 aufgestellten Gleichungen alkalitätsbindend.

Auch stickstofffreie Verbindungen gehören zu den Alkalität bedingenden Faktoren. Vor allem der Invertzucker. Wohl wird er bei richtiger Scheidung vollständig zerstört; es können aber doch die Produkte seiner unvollständigen Zersetzung in den Dünnsaft und somit zur Verdampfung gelangen. An anderem Orte wurden seine Zersetzungsprodukte genannt und besprochen: Gluzinsäure und Saccharin. Erstere kann beim Kochen in Apogluzin-, Essig- und Ameisen-Säure zerfallen. Auch Gluzin- und Saccharum-Säure können zugegen sein. Alle haben sauren Charakter und wirken daher genau so wie die Stickstoffsäuren: sie binden Alkalien und verursachen Alkalitätsschwund. Dieser Chemismus wurde namentlich von Jesser studiert.

Sogar der Zucker selbst bedingt Alkalitätsrückgang. Tritt Überhitzung ein (geringes Vakuum, Betriebsstörung, unrichtig konstruierte oder dimensionierte Verdampfungskörper), so entstehen Überhitzungsprodukte saurer Natur; außerdem kann durch Hydrolyse Invertzucker gebildet werden, welcher durch Alkalien abgebaut wird und dann, wie eben besprochen, wirkt. All das wurde schon an geeigneter Stelle erörtert, und wird hier nur die Nutzanwendung aus der Theorie gezogen. —

Die Säuren, welche durch diese Prozesse bei der Verdampfung gebildet werden, sind schließlich als Kalk- oder Alkalisalze vorhanden. Sind sie unlöslich, so fallen sie aus; im Falle ihrer Löslichkeit verbleiben sie im Safte. In diesem sind u. a. zugegen: 1. organischsaure Kalk- oder Alkalisalze, 2. organische Alkalisalze und 3. kohlensaure Alkalien. Es werden also Umsetzungen leicht eintreten können, die nach folgendem Schema verlaufen: Organischsaures Kalksalz (löslich) + Alkalikarbonat (löslich) = organischsaures Alkali (löslich) + Kalkkarbonat (unlöslich). Das Alkalikarbonat, welches vorher einen Teil der Alkalität bildete, wird gebunden und damit ebenfalls die Saftalkalität vermindert. Anwesenheit des Zuckers wirkt auf diese Umsetzungen aber verlangsamend; daher verlaufen sie bei höherer Konzentration noch langsamer als in verdünnten Lösungen. Das sich ausscheidende Kalkkarbonat kann den Dicksaft trüben. „...wie wichtig für einen regelmäßigen und normalen Betrieb eine richtig geleitete Saftreinigung ist — werden alle diese Umsetzungsprozesse in diese verlegt, so werden die unvermeidlichen organischsauren Kalksalze schon hier gebildet werden und, da die meisten dieser in Frage kommenden Verbindungen schwer lösliche basische Kalksalze bilden, auch hier schon zur Ausfällung gelangen“ (Strohmer, Ö. U. Z. f. Zuckerind. XXIII, 1894, S. 456).

Eine der Ursachen des Alkalitätsrückganges liegt, wie bereits gezeigt, in der Zersetzung von Zucker und von eventuell vorhandenem Invertzucker durch Bildung von Säuren. Damit sich diese Ursache aber einigermaßen deutlich kennbar macht, müßte stärkere Karamelisierung oder wenigstens starke Oxydation nachweisbar sein. Alkalitätsrückgang, bzw. Eintritt von Azidität ist aber auch ohne stärkere Karamelisierung möglich, Oxydation während der Verdampfung nicht wahrscheinlich — es müssen demnach noch andere Ursachen zur Erklärung für diese Erscheinung herangezogen werden.

Säfte, die beim Verdampfen Alkalität verlieren, leiden Mangel an nicht flüchtigen Basen zur Bindung der Säuren, besonders der Aminosäuren, welche deshalb teilweise auch an Ammoniak gebunden sind. Andrlík studierte das Verhalten der Ammoniumsalze der Aminosäuren in Zuckerlösungen (Z. f. Zuckerind. i. B. 1902/3, S. 437) und fand folgendes: Diese Salze verlieren beim Kochen Ammoniak, und zwar die Ammoniumsalze der Asparagin- und Glutaminsäure nur teilweise, die des Tyrosins und Leuzins vollständig. Beim Kochen verlieren die genannten Verbindungen ihre Alkalität proportional der Einengung und werden sauer, wodurch Inversion hervorgerufen wird. Die ammoniakalischen Lösungen des Leuzins und Tyrosins invertierten nicht oder doch nur ganz wenig.

Das Auftreten der Azidität der Säfte beim Eindampfen wird durch diese Ammoniumsalze leicht erklärlich. Sie erleiden eine Zersetzung, Ammoniak entweicht und es entsteht ein sauer reagierendes Ammoniumsalz. Mit steigender Konzentration wächst die Azidität und führt Zerstörung des Zuckers herbei.

Für den in Böhmen in der Kampagne 1898/1899 häufig beobachteten Alkalitätsrückgang kam Andrlík auf Grund seiner zahlreichen und vollständigen Analysen aller in Betracht kommenden Produkte zu folgendem Schlusse: Infolge der ungenügenden Menge der nicht flüchtigen anorganischen Basen mit Rücksicht auf die Amidosäuren ... konnten diese Säuren nach vollendeter Einwirkung des Kalkes und der Saturation nicht zur gänze mit nichtflüchtigen Basen gesättigt werden, sondern wurde ein Teil derselben an Ammoniak und eventuell an organische Basen gebunden. In den saturierten Säften wurde die Alkalität nicht durch nichtflüchtige Alkalien, sondern überwiegend durch Ammoniak, bzw. durch die alkalisch reagierenden Salze desselben hervorgerufen. Bei der Abdampfung verflüchtigte sich das Ammoniak und der Saft verlor seine Alkalität.

In der Kampagne 1898—99 zeigten die Füllmassen ein Verhältnis der nicht flüchtigen anorganischen Basen, welche zur Sättigung der organischen, mit Äther nichtauslaugbaren Säuren erübrigen, zum Stickstoff der Amidosäuren von 1,3—4,2, im Mittel 2,3, während dasselbe Verhältnis für die normale Kampagne 1899/1900 3,2—4,9, durchschnittlich 3,8 betrug; in letzterer war daher genügend Alkali zur Bindung vorhanden (Z. f. Zuckerind. i. B. XXV, 1900, S. 143), siehe S. 458.

Bei den Analysen der Diffusionssäfte von abnormer Beschaffenheit (Kampagne 1904/5) wurde gesagt, daß sie in der Verdampfstation Alkalitätsrückgang bis sogar zur sauren Reaktion aufwiesen. Nun soll untersucht werden, ob auf Grund ihrer Zusammensetzung diese Erscheinung erklärlich wird und somit die Andrlíksche Theorie und Klassifikation zu Recht besteht.

Dort wurde schon hervorgehoben, daß die Säfte gegen jene der normal verlaufenden Kampagne weniger Kali, bzw. Alkalien und bedeutend weniger Phosphor- und Oxalsäure enthielten. Diese drei genannten Körper zählt Andrlík zu den Alkalitätsbildnern. Ferner wiesen die abnormen Säfte mehr Ammoniak-, Amid- und Betaïnstoffe auf — Stoffe, die Alkalitätsverzehrer sind. Es waren also die Bedingungen für den Alkalitätsverlust tatsächlich gegeben, wie auch Andrlík (Z. f. Zuckerind. i. B. 1906/7, S. 445) näher begründet.

Andrlík, Urban und Stanek stellten Versuche an, um das Verhalten der Säfte in der Verdampfungsstation in bezug auf Alkalität, ferner den Gehalt der Brüdenwässer an Ammoniak und Kohlensäure zu studieren; letztere Bestimmungen sind geeignet, die eventuelle Alkalitätsabnahme zu erklären. Sie fanden, daß der Alkalitätsverlust mit der entweichenden Ammoniakmenge zusammenhängt, und daß während der Verdampfung zum Dicksaft ca. 82 % der ursprünglichen Ammoniakmenge in die Brüdenwässer übergehen. Gleichzeitig tut dies auch die Kohlensäure. Beide Gase entweichen noch beim Verkochen der Füllmasse und der Sirupe. „Bei übersaturierten Säften entweicht neben dem Ammoniak mehr Kohlensäure, als normalem kohlensauren Ammonium entspricht, und kann diese Erscheinung zur Erkennung übersaturierter Säfte dienen.“ Die Menge des entweichenden Ammoniaks entsprach einem Alkalitätsverluste von 0,013 bis 0,029 CaO auf 100 g Dünnsaft. Wenn der Saft bloß Ammoniakalkalität besaß, verliert er die Alkalität während der Verdampfung vollständig (Z. f. Zuckerind.i. B. 1900, S. 222).

Die Autoren legten ihre Befunde in folgender Tabelle nieder. Auf je 100 g Saft entwichen:

	NH_3	CO_2	Alkalität des ursprüngl. Saftes ($CaO\%$)	Das entwichene NH_3 entsprach einer Alkalität ($CaO\%$)
Versuch Nr. 1	0,0116 g	0,0151 g	sauer auf Phenolpht.	0,0190
„ „ 2	0,0077 „	0,0112 „	0,0126	0,0126
„ „ 3	0,0176 „	0,0085 „	0,0241	0,0289
„ „ 4	0,0169 „	0,0149 „	0,0190	0,0213
„ „ 5	0,0116 „	0,0046 „	0,0114	0,0190

Das meiste Ammoniak verflüchtigte sich aus dem Safte mit der höchsten Alkalität, obwohl auch im ersten Falle, wo der Saft auf Phenolphthaleïn sauer reagierte, eine namhafte Menge dieses Gases entwich. Die durch Titration des Saftes bestimmte Alkalität ist in dieser Hinsicht nicht unbedingt maßgebend, sondern hauptsächlich die Menge des im ursprünglichen Dünnsafte enthaltenen Ammoniaks. Die größte Menge Ammoniak entwich zu Beginn des Verkochens, von da fiel dieselbe stetig.

Gleichzeitig mit dem Ammoniak entweicht auch die Kohlensäure, und zwar gleichfalls in erheblich schwankenden Mengen.

Nach der Menge der sich entwickelnden Kohlensäure läßt sich ein Urteil abgeben, bis zu welchem Grade saturiert wurde. In obigen Fällen entwich bei Nr. 1 die meiste Kohlensäure auf 100 cm^3 Saft überhaupt und zu Beginn der Verdampfung mehr, als das gleichzeitig in dem Brüdenwasser gefundene Ammoniak zur Bildung des normalen kohlensauren Ammoniums erfordern würde; die Autoren schließen daraus, daß der Saft im Übermaß saturiert worden war. Im Verlaufe der weiteren Abdampfung kehrte sich das Verhältnis zwischen CO_2 und NH_3 um.

Der Saft Nr. 4 war gleichfalls reich an Kohlensäure, war aber nicht übersaturiert; denn zu Beginn der Verdampfung verflüchtigte sich nicht saueres kohlensaures Ammonium, sondern normales Salz und Ammoniak.

Bei den Säften Nr. 3 und 5 war die Saturation nicht bis zur Sättigung des Ammoniaks mit Kohlensäure durchgeführt; denn aus diesen Säften entwich bei der Verdampfung nur eine geringe Menge Kohlensäure und überwiegend bloßes Ammoniak.

Es entwichen während der Verdampfung

von	$11{,}9^0$ Bg	bis	22,9 ca.	54 %	des im ursprüngl. Safte enth. NH_3
„	11,7	„	18,4	56	do.
„	12,4	„	41,2	72	do.
„	12,2	„	57,1	85	do.
„	13,2	„	64,8	89	do.

Doch ist hervorzuheben, daß diese Zahlen sich auf die Versuche beziehen und nicht ohne weiteres auf den Fabriksbetrieb übertragen werden können. Während bei den Versuchen konstatiert wurde, daß das Entweichen des Ammoniaks zu Anfang der Verdampfung am größten ist, dann immer mit zunehmender Konzentrierung abnimmt, aber selbst bis in der Sirupverkochung wahrnehmbar ist, „dürfte die Menge des Ammoniaks und der Kohlensäure (in der Praxis) keinen erheblichen Schwankungen unterliegen“, da hier regelmäßig nachgezogen wird. Aus einer Fabrik eingesandtes Brüdenwasser enthielt beim Verkochen zur Füllmasse

im Anfange	0,0061 g NH_3	0,0081 g CO_2,
in der Mitte . . .	0,0061 „ „	0,0081 „ „ ,
zu Ende	0,0058 „ „	0,0081 „ „ .

Die entwichenen Mengen stehen während des ganzen Verdampfens in dem Verhältnis, in welchem sie normales kohlensaures Ammonium bilden.

Nach Herles hängt die im Brüdenwasser vorkommende Menge an Kohlensäure ab: von der Alkalität des dritten Saturationssaftes (Grad der Aussaturierung), der natürlichen Alkalität des Dünnsaftes und ob dieser vor seinem Eintritt in die Dampfstation ausgekocht wird oder nicht; auch durch Zersetzung von Zucker und anderen organischen Substanzen könnte Kohlensäure ins Brüdenwasser gelangen. Eine Quelle für die Kohlensäure sind die bei der Saturation entstehenden Bikarbonate des Kalziums, des Ammoniums und der Alkalien. Beim Auskochen des Saftes vor seinem Eintritt in die Verdampfstation wird nur ein Teil desselben in normale Karbonate verwandelt, so daß diese Zersetzung erst in der Verdampfstation vervollständigt wird, ein Prozeß, bei dem Kohlensäure frei wird (siehe S. 405). Gleichzeitig wird Ammoniak entwickelt, und beide Gase gehen mit dem Saftdampf in den Heizraum des folgenden Körpers, von dort in das Brüdenwasser, in welchem sie in Form von kohlensaurem Ammon gelöst bleiben.

Andrlík behauptet, daß die genannten Bikarbonate des Kalziums und der Alkalien nicht die unmittelbare Quelle der Kohlensäure seien, „sondern daß hierzu wesentlich und hauptsächlich das Ammoniak und die Ammoniumverbindungen beitragen, welche das Freiwerden der Kohlensäure sowohl aus den Bikarbonaten wie auch aus den normalen Karbonaten in Form von kohlensaurem Ammonium erleichtern, welches dann beim Einkochen als solches mit den Brüdendämpfen abgeht“.

Überblickt man alle Ursachen, welche den Rückgang der Alkalität bedingen, so sind diese: 1. Vorhandensein von Stickstoffverbindungen, 2. Anwesenheit von Invertzucker oder seiner unvollständigen Zersetzungsprodukte, 3. Zerstörung von Zucker, 4. Umsetzung organischer Kalksalze mit kohlensauren Alkalien und 5. Gärungserscheinungen, die aber bei den heutigen Arbeitsbedingungen kaum sich jemals stärker fühlbar machen werden. Weiter machten A. Herzfeld und G. Wehrspann auf „eine wenig beachtete Ursache des Rückganges der Alkalität .... während der Verdampfung“ aufmerksam. Bei Versuchen, die einer anderen Frage galten, fanden sie, daß schwefligsaurer Kalk, herrührend von der Saturation mit schwefliger Säure, sich bei der Verdampfung des Dünnsaftes mit Alkalikarbonaten zu kohlensaurem Kalk und schwefligsaurem Natron um setzte und so Alkalitätsverminderung hervorbrachte. Allgemein gilt:

$$\underset{\text{alk.}}{M_2CO_3} + CaSO_3 = \underset{\text{neutral}}{M_2SO_3} + \underset{\text{unlösl.}}{CaCO_3}$$

(M ein Atom Na oder K). —

Prinzipiell gehört dieser Spezialfall unter den sub 4 angeführten, nur liegt eine anorganische Säure vor. Das Sulfit geht leicht in Sulfat über (Z. V. d. Zuckerind. 1891, S. 683).

Nachdem mit einem Rückgange der Alkalität beim Verdampfen gerechnet werden muß, dürfen nie zu schwach alkalische Säfte verdampft werden; man könnte Gefahr laufen, schließlich neutrale oder gar saure Säfte zu erhalten; in diesen wären dann wieder die Zuckerzerstörungen größer, es würde auch aus diesem Grunde die Azidität des Dicksaftes größer werden, und so sieht man Ursache und Wirkung dieselbe Rolle spielen. Jetzt wird es klar, warum früher die Betriebsregel angegeben wurde, die Alkalität des Saftes der dritten Saturation nach jener des Dicksaftes zu halten, und wieso es kommt, daß man die erstere im Verlaufe der Kampagne öfters ändern muß. Das zeigt sich in manchen Jahren in derselben Fabrik häufiger oder seltener.

Claassen geht sogar soweit, die Alkalität der Melasse als richtungsgebend anzunehmen. Sie soll sich von 0,07 bis 0,10 % CaO bewegen. Die Alkalität des Dicksaftes muß so gehalten werden, daß die Melasse die angeführten Alkalitätsgrenzen einhält; nach der Dicksaftalkalität hat man jene des Dünnsaftes zu fixieren.

Vorgreifend kann auch über den Alkalitätsrückgang in den Betriebsphasen nach der Verdampfung gesprochen werden, um die Untersuchung Claassens nicht zu zerstückeln.

Der Rückgang der Alkalität betrug in % CaO, auf Rübe gerechnet:

	Kampagne				
	1906/07	1907/08	1908/09	1909/10	1910/11
Während der Verdampfung	0,0127	0,0176	0,0133	0,0224	0,0238
Während des Verkochens u. Kristallisierens der Füllmasse I	0,0016	0,0021	0,0011	0,0042	0,0036
Während des Verkochens der Sirupe	0,0012	0,0014	0,0013	0,0019	0,0018
Während der Kristallisation der Füllmasse II. . . .	0,001	—	0,0012	0,0001	0,0007
Im ganzen	0,0156	0,0211	0,169	0,0286	0,0299

Die Alkalität schwindet sonach zu 80 % in der Verdampfstation.

Mit diesen Alkalitätsrückgängen sind Zuckerverluste verknüpft. Darüber siehe S. 574. (H. Claassen, Über den Rückgang der Alkalität während der Verarbeitung der Säfte und Sirupe. Z. V. d. Zuckerind. LVII, 1812. Techn. T. S. 1111.)

Alkalitätssteigerung.

Doch nicht nur Alkalitätsverminderung, auch Alkalitätssteigerung kann beim Verdampfen und Verkochen auftreten. Die mit Hilfe von Phenolphthaleïn angezeigten Alkalitätssteigerungen sind jedoch nicht wirklich, sie sind nur scheinbar vorhanden (Studie über die Alkalitätssteigerung bei mit Kohlensäure saturierten Säften, Weisberg, Z. V. d. Zuckerind. 1907, S. 993). Vor Weisberg beobachteten diese Erscheinung: Pellet 1898, Andrlík 1899, Nowakowski 1906. Ihre Ergebnisse sowie jene Weisbergs mögen in der Originalabhandlung Weisbergs (bzw. in der zitierten Übersetzung der Z. V. d. Zuckerind.) nachgelesen werden, da diesem Gegenstande keine große Wichtigkeit zukommt. Nur soviel zur Orientierung: Weisberg konstatierte, daß Säfte aus frischen und gesunden Rüben, die nach der zweiten Kohlensäuresaturation eine Phenolphthaleïnalkalität von 0,12 bis 0,18% hatten, nach dem Verdampfen zu Dicksaft eine größere Alkalität aufwiesen, als der Konzentrationssteigerung entsprach. Neutrales Lackmuspapier zeigte jedoch Alkalitätsverminderung an. Die Alkalitätssteigerungen waren 0,095, 0,03, 0,04, 0,03. Daß diese Steigerung nur eine scheinbare sei, wurde schon gesagt und geht auch aus dem Befunde mit Lackmuspapier hervor. Weisberg führt dieses Alkalitätsplus auf eine zu weitgehende Aussaturierung mit Kohlensäure zurück, durch welche aller freie Kalk und alles Alkali in Bikarbonat übergeführt werden. Bikarbonate werden jedoch durch Phenolphthaleïn nicht angezeigt, wohl aber die Hydroxyde des fixen Alkalis. Liegt demnach ein derart kohlensäuresaturierter Saft vor, so werden nur letztere mit Phenolhphthaleïn angezeigt, aber nicht die Bikarbonate. Während der Verdampfung entwickelt sich und entweicht Kohlensäure, wodurch eine entsprechende Menge Alkali frei wird, welche durch Phenolphthaleïn angezeigt wird; so entsteht die scheinbare Alkalitätszunahme der Dicksäfte. Das tritt nur bei Rübensäften, die genügend fixes Alkali enthalten, auf.

Eine durchsichtigere Erklärung für die Alkalitätssteigerung stammt von Andrlík. Die normalen, mit Kohlensäure saturierten Säfte entwickeln beim Verdampfen NH_3 und $(NH_3)_2CO_3$, die übersaturierten Säfte mehr CO_2, als dem NH_3 entspricht. Da die Bikarbonate der übersaturierten Säfte auf Phenolphthaleïn nicht reagieren, wohl aber die in der Verdampfung aus ihnen entstandenen Karbonate, so wird deren alkalische Reaktion angezeigt und sonach eine Alkalitätssteigerung konstatiert.

Schäumen der Säfte.

Unter Umständen können die Säfte beim Verdampfen mehr oder weniger schäumen. Ein geringes Schäumen ist eher förderlich, weil es die Verdampfung beschleunigt. Größeres Schäumen wird durch Fettzugabe niedergeschlagen. Dadurch entstehen vorerst Alkaliseifen, welche durch Umsetzung mit den Kalksalzen der Säfte Kalkseifen bilden. Sie finden sich häufig an den Heizrohren abgesetzt, wie folgende Analyse Stifts zeigt:

Kohle	19,33
Fett	14,94
Organische Stoffe	1,31
Unlösliches	11,31
Eisenoxyd + Tonerde	6,20
Kohlensaurer Kalk	26,35
Kohlensaure Magnesia	9,38
Phosphorsaurer Kalk	3,62
Schwefelsaurer Kalk	0,92

Die ca. 7 % Wasser enthaltende Inkrustation enthielt rund 15 % Fett. Der Gehalt an Kohle rührt von zersetzten organischen Substanzen her.

b) Ausscheidungen in der Verdampfstation.

Es wurde schon einige Male darauf hingewiesen, daß sich in den Verdampfapparaten chemische Vorgänge abspielen, die teilweise als Fortsetzung jener einer früheren Betriebsphase (Scheidung) aufzufassen sind; andere chemische Prozesse sind wieder die Folge der fortschreitenden Konzentration des Zuckersaftes und die Hauptursachen für die nun zu besprechenden Inkrustationen oder Ausscheidungen in den Leitungen, auf den Dampfröhren und an den Innenwandungen der Verdampfkörper.

Zunächst sind jene Prozesse näher ins Auge zu fassen, welche die genannten Ausscheidungen verursachen, dann ist die Natur, d. i. Zusammensetzung der letzteren zu ergründen und schließlich zu sehen, ob hier gewisse gesetzmäßige Beziehungen aufzufinden sind; zuletzt sind alle jene Faktoren heranzuziehen, die sich beim Zustandekommen der Inkrustierungen geltend machen.

Es ist bereits bekannt, daß die Säuren des Rübensaftes sowie jene Säuren, welche in der Scheidung erst entstehen, teilweise in den Saft als Kalksalze in Lösung gehen können, selbst wenn diese sonst im Wasser unlöslich sind. Hierher gehören: Oxal-, Äpfel-, Zitronen-, Wein-, Glutar-, Malon-, Akonit-, Trikarballyl-, Oxyzitronen- u. a. organische Säuren, ferner auch anorganische Säuren, wie Schwefel-, schweflige-Kohlen- u. a. Säuren, resp. deren Kalksalze. Die Kalksalze der genannten Säuren zeigen teils übereinstimmende, teils verschiedene Löslichkeit in Zuckersäften, die beim Verdampfen ihre Konzentration und Alkalität ändern. Auf dieser Änderung beruhen die zu besprechenden Ausscheidungen.

Oxalsäure. Auf S. 84 wurden schon die Löslichkeitsverhältnisse des Kalziumoxalates nach Versuchen Rümplers gezeigt. Die Löslichkeit dieses Salzes nimmt mit steigendem Zuckergehalte ab, es ist also bei der Verdampfung des Dünnsaftes zum Dicksafte die Bedingung für seine Ausscheidung gegeben. Im Jahre 1866 (Z. V. d. Zuckerind. 1866, S. 177) fand auch Cunze in der Inkrustation eines Verdampfapparates vorwiegend dieses Salz, wie die Analyse der Inkrustation zeigt:

Oxalsaurer Kalk . . . . 64,24 %
Schwefelsaurer Kalk . . . . 1,53 %
Eisenoxyd . . . . 2,90 %
Sand . . . . 2,10 %
Verbrennliche, nicht näher bestimmte
Substanzen . . . . 29,23 %

Sehr lehrreich sind die Analysen J. Weisbergs von Absätzen aus einem Dreikörperapparat (Sucr. belge 1887, Nr. 15 und 18). Tab. Nr. 98. Deutlich zeigen sie die mit zunehmender Konzentration des Saftes verstärkte Ausscheidung des Kalziumoxalates. Der Dünnsaftkörper enthält überhaupt noch keines, das Salz verbleibt darin also noch in Lösung. Im Mittelsaftkörper besteht die Ausscheidung aus 7,81 %, im Dicksaftkörper gar schon aus 37,63 % Kalziumoxalat. Noch größere Mengen dieses Kalksalzes fand Werschaffel in einer Ausscheidung, nämlich 88,9 %. Weisberg erklärte diese Zahl als irrtümlich, doch trat Pellet für deren Richtigkeit ein, da die Analyse unter seiner Mitwirkung geschah.

Tabelle Nr. 98.

	Körper		
	I	II	III
Wasser	4,83	5,30	5,16
Organische unbekannte Substanzen	32,56	29,67	16,40
Zucker	3,83	5,32	6,22
Oxalsaurer Kalk	—	7,81	37,63
Kalk	0,90	—	0,60
Kieselsäure	36,95	33,71	22,00
Tonerde }	16,15	15,20	9,08
Eisenoxyd }	—	—	Spuren
Alkali-Sulfate und Chloride[1])	2,42	1,18	1,85
Kupferoxyd und Verluste	2,36	1,81	0,06
Farbe	schwarz	graugrün	weißgrün

Rümpler wies bezüglich der Löslichkeit des Kalziumoxalates nach, daß Zuckerlösungen, die mindestens 1 % CaO als Zuckerkalk enthalten, Kalziumoxalat schon bei gewöhnlicher Temperatur lösen, und sieht darin den Hauptgrund für die Inkrustationen der Verdampfapparate. Dabei spielen aber auch noch die Nichtzuckerstoffe eine Rolle (Z. V. d. Zuckerind. 1897, S. 678). Kries (Z. V. d. Zuckerind. 1897, S. 755) studierte das Vorkommen der Oxalsäure in diesen Inkrustationen mit Rücksicht auf den Gehalt der Zuckersäfte an kohlensauren Alkalien, weil Herzfeld die letzteren als Ursache für das Vorkommen der Oxalsäure in den Ausscheidungen bezeichnete. Kries fand die Anschauung bestätigt, „daß die Oxalsäure durch das kohlensaure Kali in gut aussaturierten Säften in Lösung gehalten oder durch Umsetzung aus dem Schlamme wieder ausgezogen worden ist“. Die chemischen

[1]) Hauptsächlich K_2SO_4.

Vorgänge sind folgende:

$$\begin{matrix} COO \\ \\ COO \end{matrix}\!\!>\!Ca + K_2CO_3 = \begin{matrix} COOK \\ | \\ COOK \end{matrix} + CaCO_3.$$

Bei der Umsetzung entsteht demnach zuerst lösliches Alkalioxalat, welches nach folgender Gleichung sich mit irgend einem im Safte vorhandenen organisch sauren Kalksalze umsetzt.

$$\begin{matrix} COOK \\ | \\ COOK \end{matrix} + CaR = \begin{matrix} COO \\ | \\ COO \end{matrix}\!\!>\!Ca + K_2R.$$

Dies muß deshalb angenommen werden, weil in Inkrustationen nie Alkali- sondern Kalkoxalat gefunden wird; die Umsetzung geht infolge der Konzentrierung des Saftes und des Rückganges der Alkalität vor sich. Daneben aber läßt Kries die oben angeführte Rümplersche Behauptung gelten.

Daß sich auch die anderen organischen Säuren in Ausscheidungen vorfinden, zeigten die Untersuchungen Berschs und Falladas.

Die Untersuchung O. Falladas interessiert hier zunächst durch den Nachweis von Zitronen- und Oxalsäure; doch ist der Gehalt an oxalsaurem Kalke für einen dritten Körper als ein sehr geringer zu nennen. Auffallend groß ist der Gehalt an huminsauren Salzen, die von der Zerstörung des Zuckers herrühren sollen. Für normale Verhältnisse wird man jedoch diese Erklärung nicht annehmen dürfen. Ferner wies die Ablagerung einen Gehalt an Kupfer- und Zinkoxyd auf. Bersch macht darauf aufmerksam, daß die Angabe als „Oxyd" nicht ganz richtig ist, da ein Teil des Kupfers als Metall (mechanisch) vorlag. 1 % des CuO rührt von Seifen her, vielleicht ist auch ein Teil an organische Säuren gebunden (Ö. U. Z. f. Zuckerind. 1912, XLI, S. 512).

Inkrustation aus einem III. Verdampfkörper.

Wasser (hygroskop.)	4,17 %
Mineralfett	6,24 %
Verseifbares Fett	1,05 %
Amidosäuren (N × 6,25)	1,25 %
Organische Stoffe u. gebund. H_2O	53,46 %
Kieselsäure	0,44 %
Eisenoxyd + Tonerde	0,95 %
Kupferoxyd	2,01 %
Zinkoxyd	0,60 %
Schwefelsaurer Kalk	0,70 %
Phosphorsaurer Kalk (dreibas.)	0,22 %
Zitronensaurer Kalk (+ 4 Aq.)	1,38 %
Oxalsaurer Kalk (+ Aq.)	0,66 %
Kalk anderweitig organisch Gebunden (huminsaurer Kalk?)	26,45 %
Magnesia (organ. gebunden)	0,08 %
Nichtbestimmtes + Verluste	0,34 %
	100,00 %

Aussehen: graubraun, amorph. Frei von Karbonaten.

Bersch berichtet über eine Ausscheidung an den Röhren eines Verdampfapparates, die eine schwarze, feuchte, fest zusammenhaftende Masse darstellte, folgendes:

Zusammensetzung der Ausscheidung.

Wasser	18,49 %
Asche	42,90 %
Org. Substanz . . .	38,61 %

Zusammensetzung der Asche.

2,41 % in HCl Unlösliches
4,55 % $Fe_2O_3 + Al_2O_3$
3,55 % CuO
4,55 % $CaSO_4$
85,00 % $CaCO_3$

Organ. Substanz.

3,50 % Zucker
3,22 % Fett
0,80 % Stickstoff

Die qualitative Prüfung der Inkrustation ergab das Vorhandensein größerer Mengen von Oxalsäure und Zitronensäure, neben welchen auch Weinsäure mit vollkommener Sicherheit nachgewiesen werden konnte.

Ferner waren vorhanden Kohle, karamelisierter Zucker; Kohlensäure nur in Spuren (Ö. U. Z. f. Zuckerind. XXI, 1891, S. 7).

Weisberg fand 1,06—2,36 % CuO in solchen Ausscheidungen; es zeigen fast alle hier reproduzierten Analysen von Inkrustationen mehr oder weniger großen Gehalt an Kupfer und auch anderen Metalloxyden (Zink, Blei).

Damit gewinnen die Fragen nach dem Vorkommen und besonders nach dem Hineinkommen der genannten Metalle an Interesse.

In der von Bersch analysierten Ausscheidung waren Kupferspäne mechanisch beigemengt und so schloß dieser, daß das Kupfer durch Abkratzen oder Abklopfen der Inkrustation von den Heizröhren hineingelangt war. Eine Lösung des Kupfers durch die Säfte wäre demnach erst in zweiter Linie in Betracht zu ziehen. Diese Behauptung bewog Donath, der Frage nach dem Vorkommen von Kupfer in Zuckerfabrikssäften und Produkten nachzugehen. Er fand in schlammigen Überzügen von Filtersäcken und Tüchern 0,12—2,73 % Kupfer in der Asche. Für dieses Vorkommen verneint Donath die Möglichkeit, mechanisch in den Säften vorhanden zu sein, vielmehr mußte das Kupfer in diesen gelöst gewesen sein. Deshalb untersuchte er Füllmassen, Rohzucker, Osmoseprodukte und Melassen auf ihren Kupfergehalt und fand stets einen solchen. Am größten war der Kupfergehalt in Melassen (durch allmähliche Anreicherung der gelösten Kupferverbindungen). Aus der Melasse gelangt es in die Rückstände der Melasseentzuckerung.

Daraus folgert Donath ein allgemeines Vorkommen von Kupfer in allen Produkten der Zuckerfabrikation, mit Ausnahme der Konsumzucker. Kupfer wurde zwar von Lippmann und Dubrunfaut in den Rüben spurenweise gefunden, doch sieht Donath mit Recht nicht in diesem Vorkommen die Quelle für das Kupfer in den genannten Produkten. Vielmehr nimmt er Lösung des Kupfers durch die Betriebssäfte an.

Eine Lösung des Kupfers durch den sauren Rohsaft auf der Diffusion ist nach ihm wahrscheinlich, „aber sicher ist es, daß durch die später alkalischen Säfte eine solche Kupferaufnahme erfolgt". Die Aufnahme wird durch Anwesenheit von organischen Säuren und Ammoniak in den Säften gefördert. Auf experimentellem Wege, mit Hilfe einer alkalisch gemachten Raffinadelösung und Kupferblechen konnte Donath das Inlösunggehen von Kupfer beim Kochen der Zuckerlösung durch mehr als drei Tage tatsächlich nachweisen. Im Betriebe sind die Löslichkeitsbedingungen aber günstigere. Für die Ausscheidung des gelösten Kupfers auf Filtereinlagen und in den Verdampfapparaten gibt dieser Forscher folgende Aufklärung:

„. . . entweder infolge der zunehmenden Konzentration überhaupt, wodurch gleichzeitig eines der Lösungsmittel, das Ammoniak, . . . verflüchtigt wird oder sie wird bewirkt durch die in die Säfte aus verschiedenem Grunde hineingelangenden Fette, welche nach ihrer Verseifung einen Teil des gelösten Kupferoxydes als unlösliches fettsaures Kupfer ausscheiden; wenigstens haben alle die genannten untersuchten Absätze und Überzüge auch nicht unbeträchtliche Mengen gebundener Fettsäuren enthalten." (Ö. U. Z. f. Zuckerind. XXII, 1893, S. 236.)

Tatsächlich enthielt die von Bersch untersuchte Inkrustation 3,22 % Fett; Analysen von Andrlík, ebenso die von Pellet und Grobert zeigen auch größere Mengen von Fett und Kupfer (S. 422, 423).

Neben Kupfer fand M. H. Pellet noch Zinn und Zink in Ausscheidungen von Verdampfapparaten. Für dieses Vorkommen nimmt er eine „mechanische" Erklärung an. Da er beide Metalle aber in der Asche fertiger Rohzucker nachweisen konnte, müssen sie auch in löslicher Form vorhanden gewesen sein. Blei kann aus Farben (Innenanstrich) stammen. In der Zuckerfabrik Wanze (Belgien) zeigten sich die Füllmassen stärker gefärbt als gewöhnlich, das zweite Produkt besaß graue Farbe. Gelöst und filtriert gaben die Proben einen Rückstand, der Zinn, Zink und Blei enthielt, und zwar alle Metalle als Sulfide.

Es stellte sich heraus, daß der Innenanstrich von Füllmassekasten aus Bleiweiß bestand und in Lösung gegangen war. Die Schwefelverbindung der Metalle entstand durch die aus dem Koks stammenden Schwefelverbindungen (CaS) der Kalkmilch. Die Sulfide der genannten Metalle sind in Zuckerlösungen löslich und gelangen so bis in die Füllmasse.

Blei kann auch aus Miniumkitt, der zum Dichten von Rohrleitungen benutzt wird, in Lösung gehen. Zinn kann aus dem Schlaglote, Kupfer und Zink aus den Rohren stammen.

Im nachstehenden seien noch einige Zusammensetzungen verschiedener Inkrustationen gezeigt, welche neben anderem durch den Gehalt an Metallen auffallen.

Andrlík veröffentlichte Analysen von Inkrustationen von Verdampfapparaten; leider ist mit Ausnahme von Nr. IV nicht angegeben, welchen Körpern die Ausscheidungen entstammten. Nr. IV bezieht sich auf einen I. Körper für die Verdampfung des Osmosewassers.

	Auf 100 Teile Trockensubstanz				Anmerkungen
	I	II	III	IV	
SiO_2 und Unlösliches	5,72	33,85	41,54	2,27	I Leicht zerreiblich.
CuO	2,00	Spur.	0,57	0,45	II } Feste, harte
ZnO	0,83	„	0,20	0,10	III } Krusten.
$Fe_2O_3 + Al_2O_3$	1,79	17,27	15 22	1,59	IV Leicht, porös, reich
CaO	27,48	15,42	2,77	15,94	an organischen, nach
MgO	15,13	12,63	5,06	0,83	Vanillin riechenden
CO_2	27,04	1,51	3,38	3,73	Substanzen.
SO_3	1,25	0,48	3,08	1,60	
P_2O_5	1,89	1,21	Spur.	Spur.	
Fett	0,35	2,78	1,00	21,01	
Stickstoff	0,09	0,51	0,40[1])	—	
Andere organische, nicht bestimmte Körper	15,43	14,34	26,78	28,67	Oxalsäure, Farbstoffe.

Urban analysierte einen Niederschlag aus einem I. Körper; der Niederschlag bildete eine $\frac{1}{2}$ mm starke, rauhe und leicht ablösbare Rinde.

Wasser	1,08%
Unlösliches	0,08%
CuO	1,44%
$Fe_2O_3 + Al_2O_3$	1,48%
ZnO	Spuren
CaO	48,81
MgO	1,16
SO_3	1,48
P_2O_5	1,56
CO_2	36,60
Organisches	6,31

Als Entstehungsursache für die Inkrustation führte Urban Übersaturation in der dritten Saturation und ungenügendes Aufkochen an (Z. f. Zuckerind. i. B. 1900, S. 552.)

[1]) Frei und gebunden.

Analysen von Ablagerungen aus einem Triple-effet-Apparat.

	I. Körper	III. Körper
Kalk: kohlensaurer	35,05	21,78
Kalk: gebunden an Fettsäuren u. SO_3	6,54	4,54
Kalk: Gesamt	41,59	26,32
Kohlensäure	27,54	17,12
Kieselsäure + Sand	9,50	10,20
Tonerde + Eisenoxyd	12,50	29,00
Schwefelsäure	0,55	0,95
Organ. Substanzen	5,50	15,50
Oxyde von Kupfer Zink, Blei	2,82	0,91

(Analysen von H. Pellet und J. de Grobert 1880.)

Ausscheidungen setzen sich aber nicht nur auf den Heizrohren ab, sondern bedecken alle Apparatenteile, mit denen der Saft zusammenkommt.

So zeigten zwei Inkrustationen an Schaugläsern, die Neumann (1896) analysierte, folgende Zusammensetzung:

	II. Körper	III. Körper
Glühverlust (Zucker, Fett)	52,4	48,2 %
Wasser	3,9	5,4 %
SiO_2	10,8	17,7 %
Al_2O_3	15,9	17,7 %
CaO	2,0	1,9 %
MgO	7,0	0,7 %
SO_3, CuO, Alkalien	8,0	8,4 %

Bisher wurden die einzelnen Bestandteile der verschiedenen Inkrustationen angeführt und die Zusammensetzungsverhältnisse derselben an Hand eines reichen Zahlenmaterials gezeigt. Nun ist zu untersuchen, ob es bestimmte Beziehungen oder Gesetzmäßigkeiten gibt, nach denen die Ausscheidungen erfolgen und zusammengesetzt sind.

Daß Gesetzmäßigkeiten hier herrschen, ist unbedingt anzunehmen. Da die Ausfällung der genannten Verbindungen eine Folge ihres Unlöslichwerdens mit zunehmender Konzentration des Dünnsaftes in der Verdampfstation ist, wird in dem Maße, als die Konzentration fortschreitet, eine fraktionierte Ausscheidung stattfinden, so daß zuerst die schwerer, dann die leichter löslichen Verbindungen ausfallen. Für eine und dieselbe Fabrik werden sich also sicher Gesetzmäßigkeiten, nicht aber für alle Fabriken allgemeine Regeln finden lassen. Dies kommt von den verschiedenen Arbeitsweisen und Einrichtungen der einzelnen Fabriken her. Daher darf man sich nicht wundern, wenn die Zusammensetzung der Inkrustation der ersten, zweiten und dritten und vierten Körper einer Verdampfstation unter Umständen stark abweichen von denen der korrespondierenden Verdampfkörpern einer anderen Fabrik. Wenn z. B. eine Fabrik im vierten Körper nur einen Dicksaft erzeugte, der im Kampagnedurchschnitte 45° Bx stark war, so ist hier noch nicht die Bedingung für manche Ausscheidungen gegeben wie in einer zweiten Fabrik, wo der Dicksaft 60° Bx aufwies. Der Verfasser kennt den Fall, wo vor der Verdampfung noch ein Vorkocher bestand, der ganz sicher hinsichtlich der Ausscheidungen wie ein erster Körper funktionierte; in einer anderen Fabrik wurde der Dicksaft erst in einen Vorkocher geschickt, bevor er ins Vakuum eingezogen wurde. In beiden genannten Vorkochern werden sonach anders zusammengesetzte Inkrustationen zu finden sein und sicher durch den Dünnsaftvorkocher die Zusammensetzungsverhältnisse in der ganzen Verdampfstation verschoben. Dazu kommt die Handhabung des Auskochens, das in einer dem Verfasser bekannten Fabrik schlecht gehandhabt wurde, weshalb mehr Kalksalze in die Verdampfstation gelangten. Natürlich übt auch die Schwefelung der Säfte einen großen Einfluß. Dort, wo in der dritten Saturation geschwefelt wurde, ist auf der ganzen Verdampfstation die Möglichkeit gegeben, Sulfite und Sulfate abzusetzen; in einem zweiten Falle wurde der Mittelsaft geschwefelt, und so konnten sich die genannten Schwefelverbindungen bestenfall nur im Dicksaftkörper ausscheiden, und schließlich in jener dem Verfasser bekannten Fabrik, in welcher der Dicksaft geschwefelt wurde, war auf der ganzen Verdampfstation keine Gelegenheit gegeben, daß sich Sulfite oder Sulfate in den Ausscheidungen befunden hätten.

Um die Frage nach den hier herrschenden Gesetzmäßigkeiten zu beantworten, darf man nur von den Analysen einer und derselben Fabrik ausgehen und nicht die angeführten Inkrustationen, die einzeln sehr häufig, im Zusammenhange aber selten analysiert wurden, als Ausgangsmaterial benutzen. —

Aus den nachstehenden Analysen von Schlamm aus Verdampfpfannen von Rohrsäften (Pellet, 1884) ersieht man deutlich, wie die Kieselsäure mit zunehmender Konzentration des Saftes ausfällt, also in den einzelnen Körpern zunimmt. Hier gilt dasselbe, was schon auf S. 418 vom Kalziumoxalat behauptet wurde. Die Phosphorsäure nimmt in den einzelnen Ablagerungen ab.

Tabelle Nr. 99.

	I. Körper	II. Körper	III. Körper
Wasser und organische Substanzen	29,80 %	26,71 %	18,60 %
Kieselsäure	0,40 %	23,40 %	69,80 %
Eisenoxyd und Tonerde	3,80 %	9,98 %	2,80 %
Kalk	46,30 %	25,80 %	6,80 %
Magnesia	1,36 %	0,81 %	1,08 %
Phosphorsäure	17,10 %	11,70 %	Spuren
Kupfer	Spuren	Spuren	„
Kohlensäure	—	—	—
Unbestimmtes	1,24 %	1,60 %	0,92 %

H. Pellet stellte folgende Gesetzmäßigkeiten fest: Im ersten Körper wiegt Kalziumkarbonat vor und ist nur wenig Kieselsäure vorhanden. Die Kieselsäure findet sich mehr im zweiten, noch mehr im dritten Körper und nimmt überhaupt mit steigender Konzentration zu. Auch Kalziumoxalat soll sich besonders im ersten Körper absetzen und darin sich „in fast reinem Zustande vorfinden". Hier steht Pellet im Gegensatze zu Weisbergs Angaben und Rümplers Forschungen. Nach Weisbergs Analysen nimmt wieder die Kieselsäure mit zunehmender Konzentration, ebenso Eisenoxyd und Tonerde ab.

Über schwefligsauren und schwefelsauren Kalk allein oder beide zusammen macht Pellet keine präzisen Angaben.

„Aluminium und Eisen folgen fast unmittelbar auf die Kieselsäure." Bezüglich der Phosphorsäure gilt, daß diese, „wenn sich nicht viel Karbonatablagerungen gebildet haben", zuerst ausfällt (D. Z. XXXV, Nr. 30).

In den vier wichtigen Bestandteilen Oxalsäure, Eisen- und Aluminiumoxyd und Kieselsäure besteht zwischen den Angaben Pellets und den Analysen Weisbergs keine Übereinstimmung.

Vor einem endgültigen Urteile seien die Untersuchungen S. Pecks sorgfältig geprüft.

Daß diese Verhältnisse in den Zuckerrohrfabriken genau dieselben wären, ist wohl nicht anzunehmen; aber große Analogie wird sicher bestehen. Über Inkrustationen aus der Verdampfstation in Rohrzuckerfabriken arbeitete S. Peck. Da solche ausführlichen Untersuchungen aus Rübenzuckerfabriken nicht vorliegen, sollen seine Analysen hier wiedergegeben werden.

Sehr lehrreich sind die Analysen der zwei Fabriken I und II.

Tabelle Nr. 100.

	Zuckerfabrik Nr. I				Zuckerfabrik Nr. II			
Nummer des Körpers	I	II	III	IV	I	II	III	IV
Kieselsäure	5,91	10,42	11,64	31,20	1,36	5,80	3,47	24,65
Eisen und Aluminium	1,45	2,18	1,03	4,06	2,28	2,45	2,52	0,77
Kalk	48,33	44,94	47,57	33,47	51,22	51,65	58,35	61,95
Magnesia	3,79	3,27	2,49	4,74	4,52	3,20	1,60	1,22
Phosphorsäure	38,62	32,22	35,04	15,90	37,64	33,77	28,59	8,00
Schwefelsäure	1,60	6,08	1,53	10,34	2,22	3,00	5,08	3,44

Zusammensetzung der Inkrustationen aus den dritten Körpern der Verdampfapparate. (Tabelle Nr. 100a.)

Dieser Zusammenstellung kommt weniger Bedeutung zu, weil der „dritte" Körper für die in Rede stehenden Untersuchungen kein feststehender Begriff ist.

Die Kieselsäure der Inkrustationen nimmt sichtlich mit fortschreitender Konzentration zu, die Phosphorsäure ebenso gesetzmäßig ab. Über die anderen Bestandteile lassen sich auf Grund dieser wenigen Angaben keine bestimmten Folgerungen ziehen.

Tabelle Nr. 100a.

Zucker-fabrik	Kieselsäure	Eisen und Aluminium	Kalk	Magnesia	Phosphor-säure	Schwefel-säure
A	87,41	0,91	10,75	0,10	Spuren	0,88
B	0,53	0,23	45,34	0,08	6,23	47,38
C	1,21	0,45	39,35	3,40	2,82	52,10
D	3,54	0,33	43,08	0,26	1,10	51,45
D	6,17	0,28	44,47	0,46	1,22	46,02
E	4,23	2,21	53,01	4,30	31,91	3,71
F	11,64	1,03	47,57	2,49	35,04	1,53
G	17,07	3,76	42,94	3,19	29,54	2,97
H	2,22	3,39	49,97	2,62	39,31	1,78
I	3,57	2,52	58,37	1,60	28,59	5,08
J	36,31	0,84	31,87	2,94	25,71	2,74

Man sieht nur, daß Kalk den Hauptbestandteil ausmacht. Deshalb sei aus den weiteren Untersuchungen Pecks die Tabelle Nr. 104 dem Studium empfohlen.

Aus dem Jahre 1908 stammen folgende Analysen Pecks von Inkrustationen in Verdampfapparaten aus Rohrzuckerfabriken Hawais:

Tabelle Nr. 101.
Zusammensetzung der Inkrustationen.

Fabrik	Körper	Organ. Substanz	Asche	Stickstoff	Kohlen-dioxyd	Fett usw.
A	Dritter	30,24	69,76	0,73	0,00	—
B	„	29,36	70,64	0,27	0,32	—
C	„	25,49	74,51	0,17	0,00	—
D	„	22,41	77,59	0,10	0,04	0,22
D	„	20,21	79,79	0,16	0,00	—
E	Vierter	25,82	74,18	0,26	1,14	—
E	Dritter	42,18	57,82	0,90	0,00	—
F	Erster	16,57	83,43	0,23	1,46	—
F	Zweiter	29,41	70,59	0,44	1,37	—
F	Dritter	23,20	76,80	0,26	1,71	—
F	Vierter	44,15	55,85	0,25	1,84	—
G	Erster	23,99	76,01	0,53	1,45	0,33
G	Zweiter	28,62	71,38	0,52	1,36	0,26
G	Dritter	26,52	73,48	0,36	1,33	0,41
G	Vierter	37,00	63,00	0,34	0,55	—
H	Erster	28,95	71,05	0,47	0,23	—
H	Zweiter	32,40	67,60	0,51	0,46	—
H	Dritter	30,76	69,24	0,39	0,48	0,49
H	Vierter	41,25	58,75	0,19	1,25	0,60
I	Erster	34,53	65,47	0,78	0,79	—
I	Zweiter	29,75	70,25	0,62	1,05	—
I	Dritter	53,48	46,52	0,84	0,28	—
I	Vierter	54,01	45,99	0,29	0,50	0,22
J	Erster	35,61	64,39	0,31	0,00	—
J	Zweiter	50,15	49,85	0,46	0,56	—
J	Erster	25,52	74,48	0,44	0,00	—
J	Zweiter	28,71	71,29	0,47	0,15	—
J	Dritter	26,35	73,65	0,47	0,05	—

— Nicht bestimmt.

Als Grenzzahlen der vorstehenden Analysen ergeben sich für:

1. organ. Substanz . . . 16,57—54,01 %
2. Asche . . . . 83,43—45,99 %
3. Stickstoff . . . . . . 0,10— 0,90 %
4. Kohlendioxyd . . . . 0,00— 1,84 %
5. Fett usw. . . . . . . 0,22— 0,60 %

Tabelle Nr. 101a.

Grenzzahlen für die einzelnen Körper.

	I. Körper	II. Körper	III. Körper	IV. Körper
Organische Substanz .	16,57—35,61	28,62—50,15	20,21—53,48	25,82—54,01
Asche	64,39—83,43	49,85—71,38	46,52—79,79	45,99—74,18
Stickstoff.	0,31— 0,78	0,44— 0,62	0,10— 0,90	0,19— 0,34
Kohlendioxyd	1,46	0,15— 1,37	0,00— 1,71	0,50— 1,84
Fett usw.	0,33	0,26	0,22— 0,49	0,22— 0,60

Für die organischen Substanzen zeigt sich ein Anwachsen mit der Körperzahl; es setzen sich also im vierten Körper mehr dieser Substanzen als im ersten Körper ab.

Tabelle Nr. 102.

Aschenbestandteile der Inkrustationen.

Fabrik	Körper	Kieselsäure	Eisenoxyd und Tonerde	Kalk	Magnesia	Phosphorsäure	Schwefelsäure
A	Dritter	87,41	0,91	10,75	0,10	Spur	0,88
B	„	0,53	0,23	45,34	0,08	6,23	47,38
C	„	1,21	0,45	39,35	3,40	2,82	52,10
D	„	3,54	0,33	43,08	0,26	1,10	51,45
D	„	6,17	0,28	44,47	0,46	1,22	46,02
E	Vierter	11,45	0,85	42,71	1,79	1,47	41,64
E	Dritter	4,23	2,21	53,01	4,30	31,91	3,71
F	Erster	5,91	1,45	48,33	3,79	38,62	1,60
F	Zweiter	10,43	2,18	44,94	3,37	32,22	6,08
F	Dritter	11,64	1,03	47,57	2,49	35,04	1,53
F	Vierter	31,20	4,06	33,47	4,74	15,90	10,34
G	Erster	16,88	4,19	43,08	3,56	29,70	2,07
G	Zweiter	17,48	3,84	40,03	7,12	28,65	2,08
G	Dritter	17,07	3,76	42,94	3,19	29,54	2,97
G	Vierter	52,51	3,05	25,24	2,55	9,43	6,70
H	Erster	0.38	3,15	46,98	2,83	43,94	3,12
H	Zweiter	0,36	3,42	51,44	2,51	40,00	1,79
H	Dritter	2,22	3,39	49,97	2,62	39,31	1,78
H	Vierter	7,33	1,00	46,48	4,23	38,62	1,86
I	Erster	1 36	2,28	51,22	4,52	37,64	2,22
I	Zweiter	5,80	2,45	51,65	3,20	33,77	3,00
I	Dritter	3,57	2,52	58,37	1,60	28,59	5,08
I	Vierter	24,65	0,77	61,95	1,22	8,00	3,44
J	Erster	17,08	2,32	44,59	0,75	8,98	26,60
J	Zweiter	40,86	3,48	47,06	2,99	4,20	1,74
J	Erster	4,04	2,75	47,95	4,86	38,14	2,11
J	Zweiter	8,31	1,44	44,02	4,12	39,29	2,54
J	Dritter	36,31	0,84	31,87	2,94	25,71	2,74

Grenzzahlen der vorstehenden Analysen.

SiO_2	0,36—87,41
$Al_2O_3 + Fe_2O_3$	0,23— 4,19
CaO	10,75—61,95
MgO	0,08— 7,12
P_2O_5	Spur—43,94
SO_3	0,88—52,10

Tabelle Nr. 102a.

Grenzzahlen für die einzelnen Körper.

	I. Körper	II. Körper	III. Körper	IV. Körper
SiO_2.	0,38—17,08	0,36—40,86	0,53—87,41	7,33—52,51
$Al_2O_3 + Fe_2O_3$	1,45— 4,19	1,44— 3,84	0,23— 3,76	0,85— 4,06
CaO	43,08—51,22	40,03—51,65	10,75—58,37	25,24—61,95
MgO.	0,75— 4,86	2,99— 7,12	0,08— 4,30	1,22— 4,74
P_2O_5.	8,98—43,9	4,20—40,0	Spur—39,31	1,47—38,62
SO_3	1,60—26,60	1,74— 6,08	0,88—52,10	1,86—41,64

Auf Grund des vorwiegendsten Aschenbestandteiles teilt Peck die Inkrustationen in Silikat-, Sulfat- und Phosphatinkrustierungen ein. Die ersten beiden sind weiß, bzw. leicht grau gefärbt, die letzteren schwarz oder dunkelgrau.

Ist der erste Körper reich an Karbonaten ($CaCO_3$, $MgCO_3$), so sind zwei Möglichkeiten hierfür vorhanden; entweder ist der Dünnsaft nicht genügend klar oder wurde in der dritten Saturation bis zur Entstehung von Bikarbonaten saturiert und nicht genügend aufgekocht.

Die vom Verfasser ermittelten „Grenzzahlen" sollen nur zeigen, wie verschieden zusammengesetzt die Inkrustationen selbst der gleichziffrigen Apparate sind. Die folgende Zusammenstellung aus Pecks Analysen betrifft nur eine und dieselbe Fabrik und ist daher lehrreicher. (Tabelle Nr. 103.) Leider sind diese Analysen nicht so vollständig wie die oben besprochenen und müssen die „Aschenbestandteile der Inkrustationen" (Tabelle Nr. 102) zur Beurteilung mit herangezogen werden.

Hier sieht man genau ein Ansteigen des Organischen und Abfallen der Asche. Der Stickstoff bleibt ziemlich konstant und dürfte als organischer und anorganischer vorliegen. Das

Tabelle

Nr. des Körpers	Fabrik F				G			
	I	II	III	IV	I	II	III	IV
Kieselsäure	5,91	10,43	11,64	31,20	16,88	17,48	17,07	52,51
Eisenoxyd und Tonerde . .	1,45	2,18	1,03	4,06	4,19	3,84	3,76	3,05
Kalk	48,33	44,94	47,57	33,47	43,08	40,03	42,94	25,24
Magnesia.	3,79	3,37	2,49	4,74	3,56	7,12	3,19	2,55
Phosphorsäure	38,62	32,22	35,04	15,90	29,70	28,65	29,54	9,43
Schwefelsäure	1,60	6,08	1,53	10,34	2,07	2,08	2,97	6,70

sind die ersten Analysen, in denen der Stickstoffgehalt der Inkrustationen berücksichtigt wurde.

Tabelle Nr. 103.

Nr. des Körpers	Fabrik F				G				H			
	I	II	III	IV	I	II	III	IV	I	II	III	IV
Organ. Substanz	16,57	29,41	23,20	44,15	23,99	28,62	26,52	37,00	28,95	32,40	30,76	41,25
Asche	83,43	70,59	76,80	55,85	76,01	71,38	73,48	63,00	71,05	67,60	69,24	58,75
Stickstoff . . .	0,23	0,44	0,26	0,25	0,53	0,52	0,36	0,34	0,47	0,51	0,39	0,19
Kohlendioxyd .	1,46	1,37	1,71	1,84	1,45	1,36	1,33	0,55	0,23	0,46	0,48	1,25
Fett usw. . .	—	—	—	—	0,33	0,26	0,41	—	—	—	0,49	0,60

Diese Analysen zeigen ein regelmäßiges Zunehmen der Kieselsäure und ein regelmäßiges Abnehmen der Phosphorsäure. Eisenoxyd und Tonerde nehmen größtenteils ab, wie auch Pellet und Weisberg fanden. Kalk zeigt hier kein regelmäßiges Verhalten, wogegen Pellet eine stetige Abnahme mit zunehmender Konzentration fand. Magnesia, Schwefelsäure zeigen kein regelmäßiges Verhalten. Oxalsäure wird trotz des gegenteiligen Befundes Pellets in den Inkrustationen mit zunehmender Konzentration ansteigen (Weisberg, Rümpler).

Übersieht man alle einschlägigen Analysen dieses Abschnittes, so muß man zur Überzeugung gelangen, daß für die einzelnen Fabriken und ihre Arbeitsweisen gewisse Gesetzmäßigkeiten in der Zusammensetzung der Inkrustationen für die einzelnen Körper bestehen. Wenn diese Regelmäßigkeiten aber nicht immer gleich gut erkennbar sind, so kann dies u. a. auf die ungleichmäßige chemische Zusammensetzung der Rübensäfte im Verlaufe der Kampagne zurückgeführt werden.

In der oben zitierten Arbeit führt Pellet alle Faktoren an, welche auf die Qualität und Quantität der Inkrustationen Einfluß haben. Sie hängen ab:

1. von der Beschaffenheit des verwendeten Kalkes;

2. von der Beschaffenheit des im Kalkofen verwendeten Kokses, je nachdem das Brennen durch Vermischen des Kalksteines mit dem Brennstoff erfolgt oder nicht;

Nr. 104.

H				I				J		
I	II	III	IV	I	II	III	IV	I	II	III
0,38	0,35	2,22	7,33	1,36	5,80	3,57	24,65	4,04	8,31	36,31
3,15	3,42	3,39	1,00	2,28	2,45	2,52	0,77	2,75	1,44	0,84
46,98	51,44	49,97	46,48	51,22	51,65	58,37	61,95	47,95	44,02	31,87
2,83	2,51	2,62	4,23	4,52	3,20	1,60	1,22	4,86	4,12	2,94
43,94	40,00	39,31	38,62	37,64	33,77	28,59	8,00	38,14	39,29	25,71
3,12	1,79	1,78	1,86	2,22	3,00	5,08.	3,44	2,11	2,54	2,74

3. von der Abmessung des Kalkofens im Vergleich zur Menge der verarbeiteten Rüben;

4. von der Menge des bei der ersten und der zweiten Saturation zugesetzten Kalkes;

5. von dem Grade der Saturation der Säfte bei der ersten Saturation, desgleichen bei der zweiten, bisweilen auch bei der dritten Saturation;

6. von dem Umstande, ob man schweflige Säure neben Kohlensäure verwendet hat, oder davon, ob man die mit Kohlensäure behandelten Säfte nach der Filtration geschwefelt hat;

7. von den Temperaturen, bei denen man die Scheidung, Saturation und Schwefelung vorgenommen hat;

8. von dem Umstande, ob man den Saft, bevor man ihn über die Filter schickte, kürzere oder längere Zeit erhitzt hat, und ob die Temperatur dabei eine höhere oder niedere war (Auskochen);

9. von der Anzahl der Filtrationen des Saftes, d. h. davon, ob die Säfte nach dem ersten Durchgang durch die Filterpressen noch einer mechanischen Filtration unterzogen worden sind oder nicht;

10. desgleichen schwankt die Quantität und die Qualität der Inkrustationen außerordentlich, je nach der Sorgfalt, mit der die letzte Filtration vorgenommen wurde, mit einem Worte, ob der Saft vor der Verdampfung vollkommen von jeder Spur suspendierter Stoffe befreit wird;

11. die Inkrustationen sind der Menge und Beschaffenheit nach ebenfalls verschieden, je nach der Art der Verwendung des Kalkes, ob derselbe als ungelöschter Kalk oder als Kalkmilch verwendet wird, und je nach dem Grade der Hydratation des Kalkes;

12. es besteht ebenfalls ein Einfluß der Geschwindigkeit, mit der die Karbonatation (Saturation) je nach der Qualität des Kalkes vonstatten geht;

13. ferner besteht ein Einfluß des Konzentrationsgrades des Saftes.

14. Die Form der Verdampfapparate beeinflußt zwar nicht die Qualität der Inkrustationen, aber sie wirkt erheblich auf die Menge der Ablagerung ein, und in dieser Beziehung scheinen die horizontalen Apparate die weniger vorteilhaften zu sein.

Offenbar ist die Zusammensetzung der Inkrustationen auch je nach der Anzahl der den Multipeleffekt bildenden Körper eine verschiedene.

15. Wenn die in die Diffusion eingeführten Schnitzel mit Erde behaftet sind, so hat die Qualität der Säfte, soweit die Inkrustationen in Betracht kommen, darunter zu leiden.

16. Ferner übt auch die Zeit der Fabrikation einen merklichen Einfluß auf die Inkrustationen aus, d. h. je nachdem die verarbeiteten Rüben mehr oder weniger zur Reife gelangt sind, oder ob sie spät verarbeitet werden, nachdem sie kürzere oder längere Zeit und unter mehr oder weniger günstigen Bedingungen in Mieten eingelagert gewesen sind.

17. Die Inkrustationen sind auch verschieden, je nachdem man verschiedene Chemikalien verwendet oder nicht, besonders Soda oder Natriumbisulfit, das bei der Diffusion oder Scheidung zugesetzt wird.

In dieser Zusammenstellung aller Faktoren fehlt auffallenderweise das Betriebswasser, in dem Vivien die Hauptursache der Inkrustationen sieht. Dem Kalksteine und dem Koks, bzw. deren Gehalt an Verunreinigungen spricht er nur eine untergeordnete Rolle zu. Hauptsächlich Gips, Kieselsäure, Eisen- und Aluminiumverbindungen des Betriebswassers bilden in den Verdampfapparaten solche harte Ablagerungen, daß sie den chemischen Einflüssen (Alkalien und Säuren) bei der üblichen Reinigung widerstehen und nur mechanisch entfernt werden können. Besonders Brunnenwasser aus etwas größeren Tiefen gibt zu solchen Ausscheidungen Anlaß. Vivien fand folgende Grenzen für die einzelnen Bestandteile verschiedener Inkrustationen.

$CaCO_3$	0,13— 2,80 %
$(COO)_2Ca$	0,20—15,50 %
organ. Stoffe	6,00—25,50 %
$CaSO_4$	0,50—14,25 %
SiO_2	2,00—83,00 %
$Fe_2O_3 + Al_2O_3$	0,20— 5,00 %

(Bull. assoc. chim. XII, 1895, S. 526.)

Daß die Ausscheidungen aus dem Betriebswasser härter und widerstandsfähiger als die Ausscheidungen aus den Säften, also eigentlich unangenehmer als erstere sind, geht aus folgender Beobachtung des Verfassers hervor.

In einer gemischten Fabrik wurde nach vollendeter Rübenkampagne für Zwecke der Raffinerie im ersten Körper der Verdampfstation Wasser durch viele Wochen hindurch (ca. 3 Monate) gewärmt. Als später die Verdampfstation instand gesetzt wurde, zeigte sich, daß die Heizrohre des zweiten Körpers leicht durch salzsäurehaltiges Wasser in der Kälte zu reinigen waren, die des ersten Körpers aber durch dieses saure Wasser gar keine oder doch nur viel schwieriger die Inkrustation durch Lösung verloren; dabei besaßen sie nicht mehr Inkrustationen als die Rohre aus dem zweiten Verdampfkörper. Es war also nicht die Menge, sondern die chemische Zusammensetzung der Ausscheidungen aus dem Betriebswasser Ursache dieser unangenehmen Erscheinung.

Die Verunreinigungen des Saturationsgases und der Kalkmilch machen sich auch bei den Ausscheidungen geltend. So stammt nach Prinsen-Geerligs die Kieselsäure hauptsächlich aus dem Kalkstein.

Die Kieselsäure ist in kolloïdalem Zustande im Safte enthalten, geht beim Eindampfen in die unlösliche Form über und scheidet sich daher in den einzelnen Körpern je nach den Betriebsverhältnissen und nach der Qualität der Säfte verschieden aus. Daß die Kieselsäure aber nicht immer aus dem Kalke stammen muß, beweist eine Ausscheidung aus dem vierten Körper eines Quadrupeleffekts, die 86,78 % SiO_2 enthielt (Salich, Ö. U. Z. f. Zuckerind. i. B. XXIV, 1895, S. 37), während der Kalkstein und der gebrannte Kalk von normaler Zusammensetzung waren. Auch J. Weisberg nimmt das Vorkommen der Kieselsäure in den Inkrustationen der Verdampfkörper teils als solche, teils als Kalksilikat aus dem zur Scheidung angewendeten Kalk an. (Z. V. d. Zuckerind. 1896, S. 948.) „Der Kalkstein, der Koks und bisweilen auch die gemauerten Wände des Kalkofens sind die Hauptlieferanten des Kalksilikates und der Kieselsäure, und werden diese mit der Kalkmilch in die Säfte eingeführt.“ Es sind die genannten Verbindungen daher in den Zuckersäften merklich löslich; Weisberg bestimmte ihre Löslichkeit darin. Eine zweite Quelle für die Kieselsäure ist ihr allerdings geringes Vorkommen im Rohsafte.

In der ersten Versuchsreihe wurde gefunden: Bei 17° C nahmen 100 cm³ reines Wasser 0,0095 g $CaSiO_3$ auf; 100 cm³ einer 10-, bzw. 30proz. Zuckerlösung 0,0135 bzw. 0,0157 g $CaSiO_3$. Das angewendete Kalziumsilikat war an der Luft unvollkommen getrocknet. Versuchsdauer vier Stunden.

Zweite Versuchsreihe: Die beiden Zuckerlösungen wurden mit dem Kalksilikat versetzt, aufgekocht und heiß filtriert. 100 cm³ der 10proz. bzw. 30proz. Lösung nahmen auf 0,0195 bzw. 0,0249 g $CaSiO_3$. Mit steigender Konzentration und steigender Temperatur nimmt demnach die Löslichkeit des $CaSiO_3$ in Zuckerlösungen zu. Die weiteren Versuche paßten sich mehr den Verhältnissen der Praxis an.

Dritte Versuchsreihe: Eine 10proz. Zuckerlösung wurde einmal mit trockenem, das zweitemal mit kalziniertem Kalksilikat versetzt, aufgekocht und fünf Minuten Kohlensäure durchgeleitet, filtriert usw. 100 cm³ nahmen im ersten Falle 0,0365, im zweiten Falle 0,0385 g $CaSiO_3$ auf (hier wurde CO_2 10 Minuten durchgeleitet). Die Kohlensäuredurchleitung erhöhte die Löslichkeit des Kalziumsilikates, und zwar je länger die Kohlensäureeinwirkung, desto größer die Löslichkeit. Dabei aber wird ein Teil des Kalksilikates durch die Kohlensäure zerlegt: $CaSiO_3 + CO_2 = CaCO_3 + SiO_2$. Im Safte sind sonach vorhanden: $CaSiO_3$, $CaCO_3$ und SiO_2.

Vierte Versuchsreihe: Eine 10 proz. alkalische Zuckerlösung (0,095% Alkalität) wurde mit geglühtem Kalksilikat versetzt, aufgekocht und Kohlensäure durchgeleitet, filtriert usw. In Lösung war nur sehr wenig Kalk gegangen. Das hatte seine Ursache in folgenden Umständen: Die Alkalität wurde mittels Kalilauge erzeugt; letztere ging durch die Saturation in Karbonat über und reagierte nach folgender Gleichung mit dem in Lösung gehenden Kalziumsilikat: $CaSiO_3 + K_2CO_3 = CaCO_3 + K_2SiO_3$. Außerdem findet noch Zerlegung wie oben angegeben durch die Kohlensäure statt. In der Lösung konnte die Kieselsäure nachgewiesen werden. Es sei noch erwähnt, daß Weisberg in diesen Versuchen das in Lösung gegangene $CaSiO_3$ durch Fällung des Kalkes (CaO) und Umrechnung auf $CaSiO_3$ bestimmte.

Die Menge des Steinabsatzes in den einzelnen Körpern ist sehr verschieden. Da neben den chemischen Ausscheidungen auch solche mechanischer Art vorkommen (Suspensionen in den Säften), so leuchtet die Vorteilhaftigkeit einer gründlichen mechanischen Filtration der Säfte vor dem Verdampfen ein. Claassen betrachtet den Absatz im ersten Körper „meistens aus Schlammteilchen, die mit dem Safte zusammen in den Apparat gelangen" bestehend.

c) Chemie der Reinigung der Verdampfapparate.

Die Ausscheidungen aus den Säften setzen sich an den Heizröhren der Verdampfapparate als meistens sehr feste, harte Kruste an, die, allmählich stärker werdend, schließlich die Leistungsfähigkeit der Verdampfkörper vermindert, was sich im Vorderbetriebe durch verminderte Rübenverarbeitung bemerkbar macht. Dann ist der Augenblick gekommen, daß man sich zur Entfernung dieses Steinabsatzes entschließt.

Infolge der Beschaffenheit der Ausscheidungen, des Zeitmangels während der Kampagne, der schweren Durchführbarkeit usw. muß man von einer mechanischen Reinigung absehen und gleich zur chemischen greifen. Erst nach der Kampagne werden beide Reinigungsarten gleichzeitig angewendet.

Die allgemein angewendeten Mittel zur chemischen Reinigung der Verdampfapparate sind Soda im Vereine mit Salzsäure Erstere wandelt die im Steinabsatze befindlichen organischsauren Kalksalze, ferner die Sulfate und Sulfite usw. in Karbonate um, wobei sich die betreffenden Natronsalze bilden. Dann erst kann die verdünnte Salzsäure lösend auf die so vorbehandelte Kruste wirken.

Nach dem „Auskochen" ist der Steinansatz weniger hart und hat eine rauhe Oberfläche. Eine völlige Beseitigung des Steines ist nicht möglich. Trotzdem zeigt sich sofort nach dem Auskochen eine ganz bedeutende Verbesserung der Verdampfung und ein flotter Betrieb. Die rauhe Oberflächenbeschaffenheit des zurückbleibenden Steinansatzes wirkt aus physikalischen Gründen besser als die glatte metallische. Natürlich darf die Schichte nicht zu dick werden. Claassen gibt als Maximum hierfür ½—1 mm an.

Nach Claassen sollen die für die Reinigung der Verdampfapparate in Betracht kommenden Soda- und Salzsäurelösungen folgende Konzentrationen haben:

1. Körper:	Sodalösung	½—1%	Na_2CO_3	Salzsäure	¼%	HCl
2. „	„	1%	„	„	⅓%	„
3. „	„	1½—2½%	„	„	¾—1%	„

Bei der gewählten Konzentration der Salzsäure gehen die sonst in dieser Säure löslichen Sulfite, Sulfate, Phosphate und Oxalate nicht in Lösung. Auch ist zu bedenken, daß diese Inkrustationen sehr hart sind und fest auf den Röhren sitzen. Mit Rücksicht auf die Erhaltung der Apparate soll die Konzentration der Säure nicht über 1% HCl gehen.

Wie lange man ohne Auskochen arbeiten kann, hängt von vielen bekannten und unbekannten Verhältnissen ab. Der Verfasser kennt einen Betrieb, der bei täglicher Rübenverarbeitung von 16 000 q während der vier Monate dauernden Kampagne leicht ohne jedes Auskochen auskam, und eine nicht minder gut geleitete Fabrik mit 7000 q täglicher Verarbeitung, in der nach sieben Wochen die Rübenverarbeitung infolge Inkrustierung der Verdampfapparate empfindlich sank. Nach dem Auskochen erreichte man wieder die normale Rübenverarbeitung.

Kettler studierte die chemischen Reaktionen, welche beim Auskochen der Verdampfapparate zwischen den Salzen der Inkrustationen und den Reagenzien (Soda, Salzsäure) vor sich gehen. Die hauptsächlichsten Bestandteile des Rohrbelages sind die Kalksalze der Kohlen-, schwefligen, Schwefel-, Oxal- und Phosphorsäure. $CaCO_3$, $CaSO_3$, $CaSO_4$, $Ca(CO_2)_2$, $Ca_3(PO_4)_2$.

Die Inkrustation ist ein inniges Gemenge dieser Salze, und zwar ein so dichtes, daß es keine Struktur zeigt; es erscheint als homogene Masse.

Die aufschließende Wirkung der Sodalösung zeigt sich in folgenden Gleichungen (auf $CaCO_3$ erfolgt natürlich keine Einwirkung):

1. $CaSO_3 + Na_2CO_3 = CaCO_3 + Na_2SO_3$;
2. $CaSO_4 + Na_2CO_3 = CaCO_3 + Na_2SO_4$;
3. $Ca(CO_2)_2 + Na_2CO_3 = CaCO_3 + Na_2(CO_2)_2$;
4. $Ca_3(PO_4)_2 + 3\,Na_2CO_3 = 3\,CaCO_3 + 2\,Na_3PO_4$.

Zu diesen Versuchen wendete Kettler die Salze in feinstgepulvertem Zustande an und kochte mit einer konzentrierten Sodalösung. Die Reaktionen verlaufen nicht so quantitativ, wie die Gleichungen ausdrücken, gehen aber wenigstens teilweise vor sich. Damit ist aber noch nicht die Frage entschieden, ob diese Reaktionen auch mit den Inkrustationen vor sich gehen. Kettler verneint diese Frage. Nach seinen Versuchen wirkt die Sodalösung nicht aufschließend, weil der Belag eine dichte, harte Masse darstelle, die keine genügend große Angriffsfläche der Soda bietet. Er kommt zum Schlusse, daß durch das Auskochen mit Soda kein oder doch nur ein minimaler Zweck erfüllt wird. Seine Ausführungen blieben nicht unwidersprochen.

Nach der Soda kommt die Salzsäure zur Anwendung; sie wirkt auf die gebildeten Karbonate lösend.

$$\underset{\text{unlösl.}}{CaCO_3} + 2\,HCl = \underset{\text{lösl.}}{CaCl_2} + H_2O + CO_2.$$

Dieser Prozeß geht leicht vor sich.

$$CaSO_3 + 2\,HCl = CaCl_2 + H_2O + SO_2.$$

$CaSO_3$ ist in Wasser fast unlöslich, leicht aber wie das $CaCO_3$ in der verdünnten Salzsäure löslich.

$$CaSO_4 + 2\,HCl = CaCl_2 + H_2SO_4.$$
$$Ca(CO_2)_2 + 2\,HCl = CaCl_2 + C_2O_4H_2.$$

Oxalsaurer Kalk ist in Wasser unlöslich, leicht in der Salzsäure. Ebenso das folgende Phosphat:

$$Ca_3(PO_4)_2 + 4\,HCl = 2\,CaCl_2 + \underset{\text{(löslich in } H_2O)}{Ca(H_2PO_4)_2}.$$

Ist genügend Salzsäure vorhanden, so geht dieser Prozeß weiter:

$$Ca(H_2PO_4)_2 + 2\,HCl = CaCl_2 + 2\,H_3PO_4.$$

Zum Schlusse schreibt Kettler, daß durch Salzsäure allein der Rohrbelag entfernt werden könne. Auch zieht er diese dem „Bisulfat“ vor; über dessen Wirkungsweise macht er im letzten Teile seiner Arbeit Mitteilung (D. Z. 1907, Nr. 10, S. 219).

Möller weist auf die Mängel der Untersuchungen Kettlers hin und sieht in denselben keinen Beweis dafür, daß die Soda unwirksam wäre (D. Z. 1907, Nr. 11, S. 242).

Claassen bemerkte, daß von einer praktischen Löslichkeit der Kalksulfite, Sulfate, Phosphate, Oxalate in Salzsäure nicht die Rede sein könne, da letztere zur Schonung der Apparate nicht stärker als einprozentig sein darf. In dieser Konzentration wirkt die Säure aber entweder gar nicht oder zu langsam lösend. „. . . daß es ein Unterschied ist, ob man einen harten, fest auf den Röhren aufsitzenden Stein mit sehr verdünnter Salzsäure auflösen will, oder ob man kleine Stücke davon im Reagenzglase mit stärkerer Säure behandelt“, — welche Worte Claassens sich gegen die Versuchsführung Kettlers richten.

Für den vorliegenden Zweck, wo es sich nur um den Chemismus dieser Vorgänge handelt, sind aber Kettlers Ausführungen doch verwertbar.

Entgegen der von mancher Seite aufgestellten Behauptung, zum Auskochen der Apparate genüge Säure allein, man könne also die Soda entbehren, kommt P. Wendeler, der das Auskochen auf wissenschaftliche Basis stellte, zum Schlusse, „daß die Soda in ganz erheblicher Weise zersetzend, bzw. lösend auf die Ablagerungen in den Verdampfapparaten wirkt und daß ihre Anwendung keineswegs ohne Nutzen ist“.

Die aus den Apparaten nach dem Auskochen abfließende Lauge wurde analysiert, und zwar zuerst die Konzentration, d. h. der Gesamtgehalt an Natronsalzen festgestellt; so wurde das Gesamt-Na_2CO_3 (A) bestimmt. Titrimetrisch wurde dann der Gehalt an Na_2SO_3 mittels $^1/_{10}$ n-Jodlösung (B) und schließlich der Gehalt an unzersetztem Na_2CO_3 ermittelt (C). Letztere Bestimmung wurde folgendermaßen ausgeführt: Die Lauge wurde mit einem Überschusse von Normal-H_2SO_4 gekocht, dadurch die schweflige- und Kohlensäure verjagt; durch Zurücktitrieren mit $^1/n$-Lauge wurde die Anzahl H_2SO_4-cm^3 gefunden, die zum Austreiben der schwefligen und der Kohlensäure notwendig waren. Aus B kennt man den Gehalt an schwefliger Säure, und so konnte die Kohlensäure und damit die unzersetzte Soda bestimmt werden.

A—C = Gehalt an verbrauchter Soda, d. i. jener Anteil, der beim Auskochen der Apparate chemisch wirksam war, also eine Umsetzung mit der Inkrustation einging.

Auch die Salzsäurelösung wurde nach dem Auskochen auf ihren Gehalt an freier, Gesamt- und gebundener HCl untersucht. Letztere ist beim Auskochen die wirklich lösend wirksam gewesene: Gesamt-HCl — freie HCl = gebundene HCl.

Allgemein gültige Zahlen konnte Wendeler nicht finden, nur die Wirkung der Soda wurde konstatiert. Diese besteht darin, vorhandene Kalkseifen zu zersetzen; der Niederschlag auf den Röhren wird porös usw. Je gründlicher die Einwirkung der Soda, desto weniger Salzsäure wird notwendig sein und desto weniger Zeit die Säure wirken müssen; das ist wieder ein Vorteil für die Erhaltung der Apparate.

Die angeführten Analysen zeigen, was für ein Bruchteil der angewandten Säure und Soda eigentlich zur Wirkung gelangte. Die Zahlen sind aber nicht zu verallgemeinern.

Gebrauchte Sodalösung: Gebrauchte Säure:

Apparat Nr.	Gesamt-Na_2CO_3	Unzersetztes Na_2CO_3	Zersetztes Na_2CO_3		Körper Nr.	Salzsäure		
			Ges.	Davon Na_2SO_3		Gesamt %	Frei %	Gebunden %
I	—	—	—	—	I.	0,818	0,625	0,193
II.	0,922	0,330	0,592	0,395	II.	0,296	0,150	0,146
III.	1,203	0,914	0,289	0,013	III.	0,336	0,183	0,153
			2 Woche.					
I.	0,478	0,347	0,131	0,015	I.	—	—	—
II.	0,351	0,048	0,303	0,183	II.	0,460	0,100	0,360
III.	0,410	0,069	0,341	0,031	III.	0,146	0,010	0,136
			3. Woche.					
I.	0,428	0,323	0,105	0,063	I.	0,128	0,077	0,051
II.	0,341	0,159	0,182	0,037	II.	0,420	0,141	0,279
III.	0,717	0,227	0,490	0,214	III.	0,317	0,068	0,249

Die Zahlen für die erste Woche zeigen bei beiden Agenzien den zu großen Überschuß. In den folgenden Wochen wurde von beiden bedeutend weniger angewendet, so daß die Ausnutzung eine vollkommnere wurde. Auf die Wirksamkeit der Soda und der Säure haben Dauer der Auskochung, Temperatur, Luftleere, Konzentration, Stärke und Art der Inkrustierung, Flüchtigkeit der Säure usw. Einfluß (D. Z. 1907, Nr. 20, Beilage).

Zur Reinigung der Verdampfapparate wird auch Natriumbisulfat ($Na \cdot HSO_4$) angewendet. Die Erörterung über die Anwendung dieses Chemikals stand auf der Tagesordnung der Generalversammlung des Sächsisch-Thüringer Zweigvereins 1905 (Z. V. d. Zuckerind. 1905, S. 1212) und ergab folgendes. Weiland lobte sehr die Anwendung dieses Mittels; die Inkrustationen waren direkt verschwunden, die Rohre glänzten, so daß er befürchtet, das Rohrmaterial würde zu sehr angegriffen (durch die Schwefelsäure). Durch Natriumbisulfit geht die Prozedur des gewöhnlichen Auskochens mit Soda und Salzsäure in einem Prozesse vor sich. Ruhnke bemerkt, daß sich dieses Mittel seit Jahren bewähre, die Rohre nicht anfresse und große Vorteile gegen die übliche Auskochmethode habe. Nach seinen sowie Drenkmanns Ausführungen ergibt sich folgender Chemismus für die Wirksamkeit des Natriumbisulfates auf die Inkrustierungen der Dampfrohre: Vor allem ist ein chemisch reines Salz notwendig und nicht der bloße Rückstand der Salzsäurefabrikation. Die Salze der Inkrustation werden zunächst in Natronsalze übergeführt (was früher mittels Soda oder Natronlauge geschah), die dann in der sauren Flüssigkeit — da $NaHSO_4$, in Wasser gelöst, als Mischung von Na_2SO_4 und H_2SO_4 anzusehen ist — in Lösung gehen. Gleichzeitig werden die gebildeten Oxyde gelöst, wodurch die Rohre blank werden. Brumme betont die Angreifbarkeit von Kupfer durch Bisulfatlösungen und gibt an, gefunden zu haben, daß durch diese die Inkrustierungen nur gelockert werden, so daß noch eine nachfolgende Behandlung mit Salzsäure notwendig ist. Diese Weiland entgegengesetzte Behauptung findet vielleicht darin ihre Erklärung, daß letzterer „nicht in der sehr unangenehmen Lage wie manche andere Fabrik ist, einen sehr starken Belag in den Verdampfapparaten zu haben".

Einige chemische Gleichungen sollen die Vorgänge illustrieren (Kettler).

$$CaCO_3 + 2\,NaHSO_4 = CaSO_4 + Na_2SO_4 + H_2O + CO_2;$$
$$CaSO_3 + 2\,NaHSO_4 = CaSO_4 + Na_2SO_4 + H_2O + SO_2;$$
$$Ca(CO_2)_2 + 2\,NaHSO_4 = CaSO_4 + Na_2SO_4 + H_2O_4C_2.$$

Immer entsteht Kalziumsulfat und Natriumsulfat. Ersteres geht durch die nachfolgende Salzsäure in Lösung. Auch Kettler konstatierte experimentell die Notwendigkeit einer Mitbehandlung durch Salzsäure.

Möller führt in der schon zitierten Erwiderung die Wirksamkeit des Bisulfates auf die Bildung, nicht Lösung des $CaSO_4$ zurück. Beim Übergange von $CaCO_3$ in $CaSO_4$ tritt Volumvergrößerung auf, und zwar entstehen aus je 37 cm³ $CaCO_3$ 74,8 cm³ $CaSO_4$. [100 g $CaCO_3$ (Molekulargewicht) geben 172 g Gips, ebenfalls das Molekulargewicht. Die entsprechenden Volumina sind $\frac{100}{2,7} = 37\ cm^3$ und $\frac{172}{2,3} = 74,8\ cm^3$]. Diese Volumvergrößerung bedingt eine Sprengung und Auflockerung des Belages und damit leichtere Reinigung. Die auflockernde Wirkung des Bisulfates konstatierte schon Brumme (s. o.); Kettler versucht aber den Nachweis zu führen, daß es infolge der Gegenwart der Salzsäure nicht zu jener Volumvergrößerung kommt, die Möller angab (D. Z. 1907, Nr. 12, S. 267).

Natriumbisulfat ist das saure Natronsalz der Schwefelsäure; in dieser ist also nur 1 Atom Wasserstoff durch 1 Atom Natrium ersetzt: $NaHSO_4$. Das normale Salz, das Glaubersalz, hat die Formel Na_2SO_4.

Die Anwendung des Bisulfates scheint keinen größeren Eingang gefunden zu haben.

Da eine Nachbehandlung mit Salzsäure ohnedies notwendig ist, ergibt die Arbeit mit Bisulfat keinen Vorteil gegen die Anwendung von Soda.

20. Kapitel.

Chemische Zusammensetzung und Eigenschaften des Dicksaftes.

a) Mechanische Filtration und Filterrückstände.

Der aus dem letzten Körper der Verdampfstation abgezogene Dicksaft stellt eine trübe, licht- bis dunkelgelbe oder hellbraune Flüssigkeit dar. In Fabriken, wo man nicht vorzieht, den Mittelsaft zu schwefeln, wird der Dicksaft mit oder ohne Zugabe von Kalkmilch mit schwefliger Säure saturiert und hierauf filtriert.

Die mechanische Filtration muß möglichst vollkommen durchgeführt werden, welchen Zweck die verschiedenartigsten Konstruktionen von Filtern anstreben. Folgende Stoffe sind als Filtermaterial in Gebrauch: 1. Kies, Sand (1878 Georg Friedrich Mayer als erster; Abraham); 2. Filtergewebe (Breitfeld-Danek, Mareš u. a.); 3. Kork (Wagner); 4. Kieselgur; 5. Holzwolle; 6. Zellulose u. a.

Da der Dicksaft eine ziemlich schwer bewegliche Flüssigkeit ist, geht die Filtration in der Wärme vor sich. Für eine 60proz. Zuckerlösung stellte Brendel folgende Beziehungen zwischen Filtrationsfähigkeit (über Filtrierapier) und Filtrationstemperatur fest: Es filtrierten bei

Temperatur	60proz. Lösung
+ 2,3° C in 1 Minute	3,1 g
+ 8,0° „ „ 1 „	9,7 g
+ 21,0° „ „ 1 „	22,0 g
+ 30,0° „ „ 1 „	37,3 g
+ 40,0° „ „ 1 „	66,8 g
+ 47,0° „ „ 1 „	91,2 g
+ 60,0° „ „ 1 „	146,8 g

also mit steigender Temperatur bedeutend mehr. (Z. V. d. Zuckerind.1893, S. 1088).

Man trachtet, möglichst blanke Dicksäfte zur Verkochung ins Vakuum einzuziehen.

Die Filtration des Dicksaftes befreit ihn von allen Trübungen, welche sich bei seiner Konzentration in den Apparaten, namentlich im Dicksaftkörper, ausscheiden und nicht Zeit finden, sich abzusetzen.

Von Interesse ist die Zusammensetzung der in den Filtern zurückbleibenden Niederschläge der Dicksaftfiltration. Auf dieselben nehmen alle Faktoren Einfluß, die schon bei den Inkrustationen der Verdampfkörper namhaft gemacht wurden, also: Saftreinigungsmethode, Kalkstein, Rübenqualität, Arbeitsweise usw. Pellet stellte Untersuchungen an, um den Einfluß der schwefligen Säure im Betriebe auf diese Niederschläge zu konstatieren. In Fabriken, wo geschwefelt wird, enthalten die Niederschläge Sulfite, Sulfate (Analyse Nr. 1 und 2) und Kieselsäure, welche durch schweflige Säure aus gelösten Silikaten freigemacht wird. Die Analysen Nr. 1 und 2 sind von Pellet ausgeführt und beziehen sich auf Niederschläge, welche durch Einwirkung der schwefligen Säure auf noch Kalk enthaltende Säfte entstanden sind. Ist wenig Kalk vorhanden, so scheidet sich auch nur wenig Kalksulfit aus. Diese Verbindung erhärtet die Filtertücher, welche bald den Dienst versagen. Analyse III stammt aus Fabriken ohne Schwefligsäuresaturation, ist aber nicht hinreichend instruktiv. Die Asche dieses Niederschlages enthielt 5,6% SiO_2 und 0,84% CaO (der Saft enthielt nur Spuren von Kalk).

Analyse IV gibt die Zusammensetzung einer auf Filtertüchern abgelagerten gelblich braunen, wachsartigen Substanz. (Andrlík, Z. f. Zuckerind. i. B. 1896/97, S. 479.) Aus der Zusammensetzung geht hervor, daß sie hauptsächlich aus zum Teile verseiften Fetten und Mineralöl besteht, welche beiden Stoffe während des Betriebes dem Safte zugesetzt wurden. Analyse V stammt ebenfalls von Andrlík. Die Zahlen beziehen sich bei dieser auf die Trockensubstanz des Niederschlages. Die Analysen Nr. VI und VII rühren von Strohmer her, und zwar VI aus einem Mittelsaft- und VII aus einem Dicksaftfilter.

Tabelle Nr. 105.

	I	II	III	IV[1]	V	VI	VII
Wasser	29,50	36,50	33 3	—	0	67,41	—
Zucker	33,40	37,70	42,0	—	57,27	22,60	—
Asche	—	—	14,3	26,9	—	5,03	—
CaO	7,37	6,7	—	9,2	0,42	—	15,21
$Fe_2O_3 + Al_2O_3$	11,78	2,5	—	1,9 incl. SiO_2	10,89	—	7,27
SO_2	7,53	4,6	—	—	—	—	—
SO_3	2,44	3,8	—	—	0,13	—	1,42
SiO_2	3,90	1,8	—	—	16,77	—	2,80
MgO	—	—	—	—	Spuren	—	23,69
P_2O_5	—	—	—	—	—	—	8,76
CO_2	—	—	—	—	0,09	—	15,66
CuO	—	—	—	—	—	—	0,29
Ätherextrakt	—	—	—	—	—	0,31	—
Verseifbares Fett	—	—	3,5	26,9	0,60	—	10,35
Unverseifbares Fett[2]	—	—	—	19,6	—	—	—
Gebundene höhere Fettsäuren	—	—	—	28,4	—	—	6,73
Organische Stoffe	—	—	6,9	—	—	—	—
Eiweiß	—	—	—	—	—	0,69	—
Nichteiweiß-N-Substanz	—	—	—	—	—	0,87	—
Diverses, Rest	4,08	6,4	—	12,5	13,83	3,09	—
Unlösliches	—	—	—	1,5	—	—	—

[1]) Gewaschene Probe.
[2]) Mineralöl.

Lippmann fand in einer Dicksaftfilterausscheidung 19,1% Al_2O_3 und 79,18% SiO_2.

Wie man sieht, weist fast jede Ausscheidung einen anderen charakteristischen Hauptbestandteil auf. I zeigt viel $Fe_2O_3 + Al_2O_3$ und SO_2, IV viel Fettsubstanzen, V viel SiO_2, VII viel CaO und noch mehr MgO. Auch etwas Kupferoxyd enthielt der letztgenannte Niederschlag.

Andrlík beschäftigte sich mit der Lösung der Frage, welche Rübensaftbestandteile am meisten die Filtration der Zuckersäfte verhindern. Außer dem Filtermateriale und dem Filtersystem spielt die chemische Natur der Säfte, bzw. das Vorhandensein gewisser Stoffe eine große Rolle. Schlechte Filtration verursachen von den anorganischen Stoffen der Ätzkalk, der kohlensaure Kalk und die amorphe Kieselsäure. Ist ein Scheidesaft z. B. nicht genügend aussaturiert, so enthält er Kalkhydrat; ist er in zu kaltem Zustande saturiert worden, so ist das gefällte Kalziumkarbonat in einem solchen Zustande, daß die Filtration erschwert wird. In Dicksaftfiltern verstopft wieder die ausgeschiedene Kieselsäure die Poren der Filtertücher.

Von den organischen Stoffen beeinflussen folgende die Filtration ungünstig: Eiweißstoffe, Pektinsubstanzen, Fette, Seifen, Huminsäure und andere organische Säuren.

Von den Eiweißstoffen bleibt ein großer Teil in Lösung und erschwert die Filtration. Vorteilhaft ist nach Andrlík das Entfernen derselben noch vor der Saturation (Eiweißfilter!), da sich dann die Säfte leicht filtrieren lassen. Die meisten Schwierigkeiten bei der Filtration sollen die Pektinsubstanzen bieten. Das Pektin bildet mit Kalk einen voluminösen Niederschlag, der eine schwere Filtration verursacht.

Kalkseifen, höhere Fettsäuren, Huminsäuren, Cholesterine u. a. haben auch eine schlechte Filtration zur Folge. Lippmann beschrieb im Jahre 1888 einen Fall, wo die Dicksaftfiltration infolge Bedeckens der Filtertücher mit einem dünnen, schleimigen Niederschlage schon nach wenigen Stunden nicht mehr vonstatten ging. Dieser Niederschlag erwies sich bei dessen Analyse als „aus im Hydratzustande befindlicher Kieselsäure und Tonerde sowie aus fettsauren Magnesiasalzen" bestehend. Die Fettsäuren waren Öl-, Palmitin- und Stearinsäure. Kieselsäure und Tonerde stammten aus dem Scheidekalke, die Fettsäuren aus dem Talg, der als Schaumschläger benutzt wurde. Die beiden Hydrate sind in den Säften etwas löslich, scheiden sich bei der Konzentration und auch bei der Filtration aus und „begünstigen dann das Zusammenballen der fein verteilten, schwerlöslichen und schwierig benetzbaren Magnesiumsalze, wodurch dann die gelatinöse schmierige Schicht entsteht, die schon bei geringer Dicke die Filtertücher verstopft" (Z. V. d. Zuckerind. 1888, S. 154).

Nach dieser kurzen Abschweifung sei einer anderen physikalischen Eigenschaft des Dicksaftes Aufmerksamkeit geschenkt: seiner Farbe.

Im allgemeinen gilt, daß die Färbung einer Flüssigkeit bei ihrer Konzentration zunimmt. Der Dünnsaft wird bei seiner Konzentrierung immer dunkler; der Mittelsaft ist heller als der Dicksaft. Letzterer ist eine dunkelgelb bis braun gefärbte Flüssigkeit. Seine Farbe hängt außer jener des Dünnsaftes von gewissen chemischen Vorgängen in der Verdampfstation ab. Dabei machen sich auch Zuckerzerstörungen fühlbar, weil die entstehenden Karamelfarbstoffe den Saft färben.

Über die Farbenerscheinungen der Säfte beim Verdampfen schreibt Jesser, daß Kalk bei seiner Einwirkung auf den Saft entfärbend wirkt. Diese Entfärbung ist umso gründlicher, je energischer die Kalkeinwirkung in kalkalkalischer Lösung ist. Alkalien zerstören wohl auch die Farbe; während aber Kalk entfärbt, bewirken Alkalien eine Dunkelfärbung. Kalkeinwirkung vermag diese Dunkelfärbung wieder auzufhellen. Bei gleichzeitiger Einwirkung der beiden genannten Agenzien tritt ebenfalls Entfärbung ein.

Wird die Scheidung und die Saturation richtig durchgeführt, sind also alle farbengebenden Substanzen zerstört, so hat der Dünnsaft eine schöne Farbe (braungelb bis hellgelb) und behält sie auch beim Verdampfen (ohne hier die etwa auftretende Nachdunkelung infolge Zuckerzersetzung zu berücksichtigen). Wäre aber in der Scheidesaturation die Farbe nicht vollständig zerstört worden, so kämen bei der Verdampfung die Alkalien zur Wirkung und, wie oben ausgeführt, würde der Saft nachdunkeln (Z. f. Zuckerind. i. B. XIX, 1894, S. 10).

Horsin-Déon bringt die Färbung der Säfte mit einer zu geringen Heizfläche der Verdampfapparate und mit Fermentwirkung in den Körpern in Zusammenhang, wobei der Reinheitsquotient der Säfte trotz zunehmender Färbung nicht erniedrigt wird. Daraus wäre zu schließen, daß Nachdunkelung der Säfte nicht auf Kosten des Zuckers, sondern auf die des organischen Nichtzuckers vor sich gehe, und zwar rufen Zersetzungsprodukte des Invertzuckers durch Alkalien Dunkelfärbung hervor. Die Dunkelfärbung tritt besonders im letzten Körper auf: rasche Zirkulation und Verdampfung ist notwendig, um das Nachdunkeln zu verhindern (Bull. chim., 1892/93).

Nach Drenckmann ist die oft beobachtete Dunkelfärbung der Säfte beim Verkochen eine Wirkung der konzentrierenden Alkalität auf Glykose, welch letztere sich im Zustande der Entstehung befindet, abgespalten wird, und eines Gerbsäure-Glykosids, welches dem roheren Rindenzellengewebe unreifer Rüben entstammen dürfte (V. Z. d. Zuckerind. 1896, 479).

Diese Hypothese hat nicht viel für sich, da außer einer Erwähnung Stammers Gerbsäure nirgend als Bestandteil der Rüben angeführt wird. —

Wichtiger als Hypothesen ist für den Betrieb die tatsächliche Farbenveränderung der Säfte, bzw. ihre Aufhellung durch die Reinigung.

Der Fortschritt der Farbenaufhellung durch die Scheidung und Saturation und die Farbenveränderung in den späteren Stadien des

Betriebes gehen aus der Studie B. Scheuers und A. Oleszkiewiczs „Betriebskontrolle mittels Farbenmaß“ (Ö. U. Z. f. Zuckerind. XLI, 1912, S. 260) deutlich hervor.

Der mit 2,5% Kalk geschiedene Rohsaft ergab bei der Untersuchung des Filtrates bei einer Saccharisation von 15,5 und einer Alkalität von 0,5% eine Ablesung von 23,9 am Stammerschen Farbenapparat, daher die Farbe:

$$\frac{10000}{23{,}9 \cdot 15{,}5} = 27{,}00 \text{ Farbengrade.}$$

Nach Durchführung des Saturationsprozesses auf der ersten Saturation ergab sich bei einer Saccharisation von 15,4 und 0,09% Alkalität eine Ablesung von 60,6 am Farbenapparate und nach obiger Formel 10,71 Farbengrade.

Das Durchschnittsresultat auf der zweiten Saturation zeigte bei der Untersuchung der Filtrate des unsaturierten Saftes nach 0,25% Kalkzugabe bei einer Saccharisation von 14,8 und 0,145 Alkalität eine Ablesung von 61,4, daher 11,00 Farbengrade.

Die in der Farbe eingetretene Erhöhung läßt sich darauf zurückführen, daß auf dem Wege von der ersten zur zweiten Saturation der Saft die Vorwärmer passierte.

Nach erfolgter Saturation mit Kohlensäure ergaben die filtrierten Proben bei einer Saccharisation von 14,6 und einer Alkalität von 0,046% die Ablesung 82,7 am Farbenapparate, demzufolge eine Farbe von 8,28 Farbengraden.

Die filtrierten Saftproben vor der dritten Saturation zeigten bei einer Saccharisation von 14,5 und einer Alkalität von 0,042% die Ablesung 80,5, das entspricht: 8,56 Farbengraden.

Bei den filtrierten Saftproben nach erfolgter Saturation mit Kohlensäure betrug bei einer Saccharisation von 14,5 und einer Alkalität von 0,024% die Ablesung 89,6 am Stammerschen Apparate, das ergibt 7,69 Farbengrade.

Im Auskocher, in welchem der Saft einer Temperatur von 101° C ausgesetzt ist, nimmt die Farbe um zirka 0,6 Farbengrade zu.

Eine beträchtliche Erhöhung erleidet die Farbe in der Verdampfstation.

Die Farbe des Saftes betrug in der mit Quadrupeleffet arbeitenden Verdampfstation beim Verlassen des ersten Körpers bei 110° C Temperatur, 22,6 Saccharisation, 0,025% Alkalität, 10,79 Farbengrade.

Die Untersuchung des Saftes beim Verlassen des zweiten Körpers ergab bei einer Saccharisation von 32,6, einer Alkalität von 0,03% die Ablesung 24,0 am Farbenapparate, welches Resultat einer Farbe von 12,71 entspricht.

Die Farbenzunahme im dritten Körper war eine verhältnismäßig geringe.

Beim Mittelsafte ging die Farbe, wenn derselbe von 0,035 Alk. auf eine Alkalität von 0,011% geschwefelt wurde, von 13,2 auf 12,47

Farbengrade zurück. Die durchschnittliche Saccharisation des Mittelsaftes betrug hierbei 43,8.

Im vierten Körper findet fast keine Farbenzunahme statt, nachdem das Kochen bei einer Temperatur von zirka 56° vor sich geht.

Nach dem Passieren der Vorwärmer konnte bei der Untersuchung des Dicksaftes eine Zunahme an Farbe festgestellt werden und war bei einer Saccharisation von 58,5 seine Farbe 13,4°; mit dieser gelangt der Dicksaft zur Verkochung.

Wenn im Vakuum bei einer Temperatur von 70° C bis 85° C gekocht und abgelassen wird, erleidet der Dicksaft, bzw. die Füllmasse, der Kochtemperatur und Kochdauer angemessen, keine wesentliche Farbenerhöhung.

b) Chemische Zusammensetzung.

Die chemische Zusammensetzung des Dicksaftes geht u. a. aus den Analysen der Tabelle Nr. 87 hervor.

Es soll nun eine Frage zur Beantwortung gelangen, über welche die Meinungen heute noch geteilt sind: ob nämlich die Verdampfung einen reinigenden Einfluß auf die Säfte ausübt. Daß dies der Fall ist, kann keinem Zweifel unterliegen, da ja Verflüchtigung des Ammoniaks, die Ausscheidung der Inkrustationen, die Verminderung des Amidstickstoffes und anderer Verbindungen einer Entfernung von Nichtzucker und somit einer Erhöhung der Reinheit gleichkommen. Ob in größerem Maße, ist unsicher, aber daß die Reinheitserhöhung überhaupt eintritt, ist unzweifelhaft. Um jedem Einwande sofort zu begegnen, sei im folgenden an den wirklichen Reinheitsquotienten der Säfte diese Quotientenerhöhung gezeigt. Die scheinbaren Reinheiten darf man hier nicht benutzen, weil sie sich infolge der Konzentrationsänderungen auch ändern würden. Die wirklichen Reinheiten des Dünnsaftes und des Dicksaftes sind aber vergleichbare Zahlen, sind somit zur Beantwortung dieser Frage maßgebend. Dazu diene Strohmers Bericht über das Kowalski-Kozakowskische Verfahren in der Zuckerfabrik Hullein (Ö. U. Z. f. Zuckerind. XXXVII, 1907, S.363).

Tabelle Nr. 106a.

Diffusionssäfte			Dünnsäfte			Dicksäfte		
wirkl. Trockens.	Pol	wirkl. Quot.	wirkl. Trockens.	Pol	wirkl. Reinht.	wirkl. Trockens.	Pol	wirkl. Reinht.
17,12	15,72	91,8	16,29	15,20	93,3	49,01	46,20	94,3
17,48	15,72	89,9	15,85	14,81	93,4	47,81	45,60	95,4
17,14	15,51	90,4	15,56	14,55	93,4	—	—	—
16,78	15,16	90,3	15,31	14,22	92,9	48,24	45,80	94,9
16,65	15,11	90,8	15,70	14,45	92,0	48,48	45,90	94,7
16,99	15,33	90,2	15,94	14,82	92,0	47,93	45,70	95,3
Durchschnitt		ca. 90,5	—	—	92,8	—	—	94,92

Die Dünnsäfte kamen mit einer durchschnittlichen Reinheit von 92,8 zur Verdampfung; die durchschnittliche wirkliche Reinheit der

Dicksäfte betrug 94,92. Es wäre somit eine Reinheitserhöhung von rund 2 Einheiten erfolgt. Diese Zahl darf jedoch nicht verallgemeinert werden; es spricht sehr viel dafür, daß gewöhnlich eine so große Reinheitsaufbesserung durch die Verdampfung nicht erfolgen wird.

Die Aufbesserung der Reinheitsquotienten durch das Verfahren nach Kowalski-Kozakowski und der gewöhnlichen Arbeitsweise betrug ca. 4,5 Einheiten, auf Diffusionssaft gerechnet (94,92—90,5 = 4,42).

Schon früher versuchte der Verfasser die Beziehungen festzustellen, die zwischen Rohsaft- und Dicksaftreinheit bestehen. Die Möglichkeit für solche geht schon aus den einschlägigen Arbeiten Andrlíks hervor (S. 191 u. 359). Hier kann man auch mit den scheinbaren Reinheiten operieren, weil es nur auf relative Werte ankommt.

Durch zwei Kampagnen stellte Verfasser diesbezügliche Untersuchungen in einer ungarischen Fabrik an. Aus hier wiedergegebenen Wochendurchschnitten berechnete sich für die eine Kampagne eine mittlere Differenz von 6,5, für die zweite eine solche von 6,8, somit

Tabelle Nr. 106 b.

Woche	Rohsaft			Dicksaft			Differenz
	Brix	Polar.	Q.	Brix	Polar.	Q.	
1	14,1	12,06	85,5	63,7	58,3	91,5	6,0
2	13,4	11,41	85,1	62,5	57,4	91,8	6,7
3	13,4	11,43	85,3	62,2	56,9	91,5	6,2
6	13,7	11,71	85,5	53,8	49,2	91,4	5,9
8	13,6	11,38	83,6	54,5	49,8	91,3	7,7
10	13,4	11,42	85,2	54,6	50,0	91,5	6,3
12	13,1	11,11	84,8	53,2	48,9	91,9	7,1
15	13,0	10,83	83,3	51,8	46,4	89,5	6,2
						Mittel	6,5
1	13,79	11,90	86,2	56,8	52,1	91,6	5,4
2	13,60	11,70	86,0	58,43	53,88	92,2	6,2
4	13,5	11,56	85,6	57,8	53,2	92,0	6,4
6	14,0	12,07	86,2	56,2	51,5	91,6	5,4
8	14,4	12,33	85,6	55,4	51,3	92,6	7,0
10	13,8	11,63	84,3	54,8	50,3	91,8	7,5
12	13,6	11,45	84,2	51,4	47,2	91,6	7,4
15	13,9	11,50	82,8	51,1	46,2	90,4	7,6
						Mittel	6,8

im Durchschnitte 6,6 Einheiten höher als der Quotient für den Rohsaft. Diese Zahl gilt jedoch nur für diese Fabrik und diese Kampagne, dies aber mit ziemlicher Genauigkeit. Auf eine Einheit genau konnte fast stets der Dicksaftquotient aus jenem des Rohsaftes vorausgesagt werden. Für eine andere Fabrik fand Verfasser diesen Wert zu 4,51 und für noch eine dritte Fabrik zu ca. 4,0. (Tabelle Nr. 106c.)

Es dürfte also in jeder Fabrik die erzielbare Saftaufbesserung für jede Kampagne einen annähernd konstanten Wert besitzen.

Tabelle Nr. 106c.

Rohsaft			Dicksaft			Differenz
Brix	Polar.	Q.	Brix	Polar.	Q.	
15,2	13,14	86,4	49,8	46,11	92,5	6,1
14,3	12,66	88,3	47,5	44,30	93,2	4,9
15,2	13,31	87,3	50,5	46,47	92,0	4,7
13,9	12,34	88,4	49,0	45,27	92,4	4,0
14,4	12,80	88,4	48,1	43 99	91,4	3,0
14,5	12 92	88,7	47,1	43,80	93,0	4,3
14,4	12,83	89,0	45,6	42,10	92,3	3,3
14,2	12,28	86,5	40,9	37,16	90,8	4,3
14,4	12,46	86,5	43,0	38,90	90,4	3,9
14,0	11,86	84,3	36,3	33,06	90,9	6,6
						Mittel 4,51
17,6	15,83	89,6	42,6	40,00	93,8	4,2
18,7	16,81	89,8	33,6	31,70	93,4	3,6
18,4	16,66	90,2	55,6	52,30	93,9	3,7
18,1	16,24	89,4	25,4	23,70	93,3	3,9
17,9	16,06	89,4	49,3	46,00	93,3	3,9
18,0	15,95	88,5	36,9	34,00	92,1	3,6
18,0	15,83	87,9	29,7	27,30	91,1	3,2
17,7	15,57	87,2	40,8	37,90	92,9	5,7
						Mittel 3,9

Dem reineren Rohsafte entspricht bei gleichen Verhältnissen der reinere Dicksaft. Als höchste Dicksaftreinheit fand Verfasser 94,3, von einem vorzüglichen Rübenmateriale stammend. Mehr kann auch die übliche Reinigungsarbeit nicht leisten, und hier — beim Dicksaft — wäre der Ort, wo eine erneute Saftreinigung einsetzen sollte, um höchst reine Säfte zu erzielen. Bei dem älteren, minderwertigeren Rübenmateriale, zu einer Zeit, wo die Filtration über Spodium noch eine wichtige Station des Betriebes bildete, war die Saturation des Dicksaftes mit Kohlensäure häufig anzutreffen. Aus dieser Zeit stammt die folgende Analyse eines Schlammes von der Dicksaftfiltration (Drenckmann).

Wasser	10,20 %
Kohlensaurer Kalk	32,90
Gips	1,95
Kieselsäure	0,30
Eisenoxyd	0,35
Kali	0,25
Phosphorsäure	Spuren
Freier und an organ. Säuren geb. Kalk	20,10
Zucker	9,50
Eiweiß (aus dem Stickstoff berechnet)	5,97
Organ. Säuren (Oxal-, Zitronen-, Äpfel- und Asparaginsäure)	18,48
	100,00 %

Ob die Saturation mit schwefliger Säure ebenso reinigend wirkt, ist mangels analytischer Untersuchungen nicht erweisbar.

Kapitel 21.

Chemische Vorgänge beim Verkochen des Dicksaftes.

a) Der Kristallisationsprozeß.

Nachdem der Diffusionssaft gereinigt wurde, stellt die Fabrikation des Zuckers im Prinzipe nichts anderes dar als die Konzentration des Dünnsaftes bis zur Auskristallisierung des Zuckers aus seiner Lösung. Dieser Kristallisationsprozeß verläuft in zwei Phasen. Die erste führte zum Dicksafte. Durch weitere Konzentrierung desselben im Vakuum entsteht schließlich Übersättigung: Zucker kristallisiert aus und bildet mit der Mutterlauge zusammen die Füllmasse.

Der im Vakuum vor sich gehende Kristallisationsprozeß ist im wesentlichen ein physikalischer, doch wird er von chemischen Vorgängen begleitet und diese sollen vornehmlich berücksichtigt werden.

Der Begriff der „gesättigten" und „ungesättigten" sowie „übersättigten" Lösung ist zu bekannt, um hier besprochen werden zu müssen. Nur eine übersättigte Lösung kann Zucker zum Auskristallisieren bringen. Wird eine gesättigte Zuckerlösung bei ihrer Sättigungstemperatur eingedampft, so scheidet sie nicht gleich Zucker aus, sondern enthält ihn noch im gelösten Zustande: da ist sie übersättigt. Je reiner eine solche Lösung ist, desto schneller scheidet sich der Zucker aus. Umgekehrt, je unreiner die Lösungen sind, desto langsamer geben sie trotz Übersättigung ihren Zucker ab, und desto größer muß die Übersättigung sein, damit Kristallisation eintritt. Dies führte Claassen zum Begriffe des Übersättigungskoëffizienten, $c = \frac{z'}{z}$, worin z die Menge Zucker ist, welche bei einer bestimmten Temperatur in einer gesättigten Zuckerlösung auf 1 Teil Wasser, und z′ die Menge, die bei derselben Temperatur in der gegebenen übersättigten Lösung auf 1 Teil Wasser gelöst ist.

Der Übersättigungskoëffizient gibt also an, wieviel mal mehr Zucker auf 1 Teil Wasser in einer übersättigten Lösung gelöst ist als in einer gesättigten bei gleicher Temperatur. Er ist unabhängig von der Temperatur, aber eine Funktion der Reinheit dieser Lösung.

Den Wert z ergibt Claassens Tabelle von Seite 55, und z′ findet man durch die Analyse der übersättigten Lösung (für reine Lösungen).

Dieser Koëffizient ist für die Kristallisation von prinzipieller Bedeutung. Während des Verkochens soll er zwischen 1,06—1,18 liegen; 1,20 ist schon bei Erstproduktmassen zu hoch. Erst am Ende der Kochdauer kann die Übersättigung bis 1,30 schreiten. Bei der Nachproduktenarbeit wird noch Gelegenheit sein, näheres über diesen Koëffizienten mitzuteilen.

Der Dicksaft stellt die zu konzentrierende Zuckerlösung von bestimmter Reinheit dar. Ist Übersättigung erreicht, so scheiden sich die ersten Zuckerkristalle aus. Mit ihrer Entstehung und dem Fortschreiten der Kristallisation sinkt der Reinheitsquotient des Dicksaftes, bzw. der Mutterlauge. Ist schließlich aller Zucker auskristallisiert (im technischen Sinne), so resultiert ein Gemisch dieser Zuckerkristalle mit ihrer „Muterlauge". Diese ist aber eigentlich keine „Mutterlauge", da sie noch viel von dem auszukristallisierenden Stoffe, hier dem Zucker, enthält. Die Füllmasse ist daher besser zu definieren als ein Gemisch von Zuckerkristallen mit ihrem Muttersirup. Dieser Sirup kann je nach lokalen Verhältnissen und Arbeitsbedingungen verschieden sein. Der Verfasser analysierte Füllmassen und den aus ihnen durch Abnutschen zu gewinnenden Sirup. Eine solche Füllmasse I. Produkt hatte die Zusammensetzung: 94,6 Bx — 85,4 % Z — 90,2 Q; der von ihr abgenutschte Sirup — also die „Mutterlauge" hatte: 86,8 % Bx — 66,0 % Z — 76,0 Q.

Daraus ist ersichtlich, daß im praktischen Betriebe die Grenze, bis zu welcher die Kristallbildung im Vakuum überhaupt vor sich gehen könnte, lange nicht erreicht wird. Neben dieser Kristallisation geht noch eine unerwünschte „Nachkristallisation" vor sich, die erst später im Zusammenhange besprochen werden kann.

Daß der Sirup der Füllmasse keine echte Mutterlauge ist, auch nicht sein könnte, wenn der Kristallisationsprozeß ideal verlaufen würde, hat zwei Gründe. Erstens wird aus praktischen Gründen die Konzentrierung des Dicksaftes nicht so weit getrieben, daß aller Zucker auskristallisieren könnte, und zweitens enthält der Dicksaft noch Nichtzuckerstoffe, welche den Zucker in Lösung halten, also nicht auskristallisieren lassen.

Beim Verkochen tritt auch Alkalitätsrückgang auf, aber gewöhnlich in nur geringem Grade. Ursache davon sind dieselben chemischen Prozesse, welche schon früher dargelegt wurden; dazu kommen noch die Zuckerzerstörungen.

b) Organischsaure Kalksalze, deren Ursachen und Wirkungen.

Das Verkochen der Dicksäfte verläuft nicht immer normal; es treten Umstände auf, durch welche einmal ein Schäumen beim Kochen auftritt, ein anderes Mal wieder bleibt die ganze Masse ruhig liegen (Fettkochen, Schwerkochen). Diese Erscheinung hat ihre Ursache in der chemischen Zusammensetzung des betreffenden Dicksaftes, entweder durch fehlerhafte Manipulation im Vorderbetriebe oder durch ein alteriertes Rübenmaterial.

„Über das Schwerkochen der Dicksäfte" äußerte sich Lippmann im Jahre 1883 (Z. V. d. Zuckerind. 1883, 934) folgendermaßen: Unter eigentlichem Schwerkochen versteht man das Festliegen der Säfte, bzw. der Füllmassen in Verdampfkörpern und Vakuen; weiter eine große Schaumbildung beim Verdampfen, bzw. Verkochen. Gegen diese Übelstände kämpfte er in ungarischen Fabriken erfolgreich durch „energisches Aufkochen des rohen Rübensaftes mit Kalk" an;

angewendet wurden 3% Kalk und wurde $\frac{1}{4}$—$\frac{1}{2}$ Stunde lang kochen gelassen. Bei normalen Rüben war diese Operation nicht notwendig. Gleichzeitig führt er das Beispiel einer hannoveranischen Fabrik an, die vor der Sistierung der Arbeit stand, da sie nicht imstande war, die Säfte auszusaturieren; sie bildeten eine trübe Emulsion, filtrierten schwer und schäumten beim Verkochen außerordentlich. Nachdem Lippmann keine mechanischen Fehler konstatieren konnte (Kalkofen, Pumpen, Saturationsgas), sah er die Ursache dieser Betriebsstörung in der Beschaffenheit der Rübe. Er ließ die Scheidesaturation einstellen, kochte, wie oben angegeben, den Rohsaft mit Kalk und saturierte den geschiedenen Saft aus. Mit Einführung dieser Operation hörte jede Betriebsschwierigkeit auf. Lippmann sowie Degener führten diese Übelstände auf die Anwendung der Scheidesaturation zurück. „Eine wissenschaftliche Begründung hat die Scheidesaturation bekanntlich niemals erfahren und die allgemeine Anwendung derselben ist jedenfalls mehr ihrer Bequemlichkeit und der Leichtigkeit, mit der sie größere Kalkmengen anzuwenden gestattet, zuzuschreiben, als einer klaren Erkenntnis ihrer eigentlichen Wirkungsweise. Auf diesem Wege ist man aber nach und nach dazu gelangt, den Kalk mehr oder weniger nur als klärendes und entfärbendes, nicht mehr als radikal reinigendes Mittel anzuwenden; denn von einem tieferen chemischen Eingriffe desselben kann kaum mehr die Rede sein, wenn man bedenkt, daß die Saturation meist unmittelbar nach, oft schon zugleich mit dem Kalkzusatze beginnt und der Rauminhalt der (oft nicht einmal mit Dampfschlangen versehenen) Saturateure fast stets ein so geringer ist, daß sich schon mit Rücksicht auf das täglich zu leistende Quantum ein längerer Aufenthalt des Saftes in denselben als untunlich erweist, so daß Raum und Zeit fehlen, um den Kalk zur Wirkung kommen zu lassen. Diese Wirkung müßte aber, rationellerweise, auch möglichst ausgenützt werden, selbstverständlich an Säften, die vorher in Röhrenvorwärmern oder dergleichen nicht nur wie üblich angewärmt, sondern über die zur Koagulierung des Eiweißes nötige Temperatur erhitzt worden sind, so daß sie, von allen löslichen Albuminaten befreit, mit dem Kalk in Berührung kommen. Alles dieses ist so bekannt und so klar, daß es überflüssig scheinen möchte, es nur nochmals zu erwähnen; man betrachte aber in dieser Hinsicht die meisten selbst unserer neu gebauten Fabriken und man wird in vielen Fällen über die Nichtberücksichtigung der erwähnten Punkte sehr überrascht sein. Und doch ist es Tatsache, daß die Reinheit der Säfte schon durch die Ausscheidung der Eiweißstoffe, noch mehr aber bei darauf folgendem, selbst nur einviertelstündigem Aufkochen mit Kalk sehr beträchtlich, und zwar zuweilen um ganze Einheiten gesteigert werden kann."

So schleuderhaft wird heute die Scheidesaturation wohl nirgends ausgeführt, wie es Lippmann — im Jahre 1883 — schilderte. Was dieser Forscher aber über die Säftevorwärmung und Säftereinigung sowie über die Hauptziele der Zuckerindustrie sagte, behält auch heute noch seine Geltung.

Lippmann führt das Schwerkochen auf basische Kalkverbindungen der Gummiarten, die Schaumbildung auf Eiweißkörper zurück. „Beide Körperklassen werden zumeist in unreifen oder zersetzten Rüben auftreten und beide können durch anhaltendes Kochen mit Kalk, bzw. Alkali zerstört oder wenigstens zersetzt werden, und läge hierin die Erklärung für die Wirksamkeit des anhaltenden Kochens mit Alkalien“ (Z. V. d. Zuckerind. 1883, S. 934).

Im Jahre 1891 beschäftigte sich Herzfeld mit den Kalksalzen in den Säften der Rübenzuckerfabrikation und mit den Mitteln zu ihrer Bekämpfung (Z. V. 1891, S. 276).

Es sind die im Safte gelösten Kalksalze, welche das Verkochen der Säfte erschweren. Dieses wird besonders durch schwer lösliche Kalksalze behindert, welche sich beim Eindampfen auf der Oberfläche der Flüssigkeit als feine Haut abscheiden und so das Sieden verzögern. Entfernt man diese Haut z. B. dadurch, daß man die Kalksalze mit Soda oder durch Zusatz von pflanzlichen Fetten zerlegt, so tritt bessere Verdampfung ein.

Mittel zur Bekämpfung dieser Salze. Gegenüber den neueren Bestrebungen, den Kalkzusatz bei der Scheidung und Saturation auf eine minimale Gabe zu beschränken, hebt Herzfeld hervor, daß, wie es einerseits zur Vermeidung des Rückgangs der Alkalität notwendig erscheint, den Invertzucker völlig zu zerstören und dadurch eine gewisse Menge organisch saurer Kalksalze zu bilden, so andererseits durch genügende Anwendung von Kalk in richtiger Weise die Menge dieser Kalksalze im Saft wiederum vermindert werden kann. Dies wird ohne weiteres erklärlich, da eine große Anzahl der im Rübensaft enthaltenen organischen Verbindungen, besonders viele Säuren, wie die Glukonsäure, mit Kalk leicht lösliche Neutralsalze, dagegen schwer oder unlösliche basische Salze bilden.

Für die Richtigkeit der eben entwickelten Ansicht führt Herzfeld die Erfahrung an, welche in mehreren Fabriken gemacht worden ist, daß von dem Augenblicke an, als bei Einführung eines der neueren Scheideverfahren mit der Kalkzugabe sehr herabgegangen wurde, die Menge der Kalksalze in den Säften zunahm. Als aber der Kalkzusatz wieder auf das frühere Maß gesteigert wurde, ging die Menge der Kalksalze sofort wieder in die ursprünglichen geringeren Grenzen zurück (s. Seite 343, 344).

Unter den Mitteln zur Bekämpfung der Kalksalze sind besonders Phosphorsäure, Fette und Soda zu nennen. Mit den ersten beiden sind im allgemeinen keine befriedigenden Resultate erzielt worden; mit den Fetten wird sogar viel Schaden angerichtet, da durch übermäßige Anwendung derselben Schwierigkeiten entstehen, welche bei der Nachproduktenarbeit und beim Raffinieren des Zuckers sich unangenehm bemerkbar machen. Es ist deshalb der Gebrauch von Soda demjenigen von Phosphorsäure oder von Fetten vorzuziehen.

Auch Magnesiapräparate fanden zu diesem Zwecke Verwendung.

Die folgenden auf Veranlassung Herzfelds ausgeführten Versuche de Sequeiras haben die Notwendigkeit dargetan, mit Soda behandelten Saft vor der Filtration nahe zum Sieden zu erhitzen, denn selbst bei 80° C setzt sich die Soda in Gegenwart organischer Verbindungen mit den Kalksalzen weniger glatt um als bei 100° C. Es wurde ferner durch die Versuche erwiesen, daß an eine völlige Entfernung der Kalksalze durch Soda im Betriebe nicht zu denken ist, man müßte denn die Menge der letzteren so weit steigern, daß man das gleichfalls schädliche kohlensaure Natron im Übermaß anhäuft. In vielen Fällen werden 1½ und 2 Äquivalente Soda auf 1 Äquivalent Kalk nicht genügen, um die Reaktion selbst bei Siedehitze vollständig zu machen, vielmehr 3 und mehr Äquivalente zur Anwendung kommen müssen. Da aber eine ungenügende Menge Soda stets weit besser ausgenutzt wurde als ein Überschuß, so dürfte es sich empfehlen, im Betriebe in der Regel über ein Molekül Soda auf ein Molekül gebundenen Kalk nicht hinauszugehen; man wird sogar in vielen Fällen mit dem halben Molekül Soda schon zufriedenstellende Resultate erzielen.

Es empfiehlt sich also, die Soda in Mengen von nicht mehr als ½ bis 1 Molekül, entsprechend der vorhandenen Kalkasche, vor der zweiten Saturation zuzusetzen und sorgfältig unter Anwärmen zu saturieren, so daß der Saft vor der Filtration zum Sieden oder doch sehr nahe zum Sieden erwärmt wird.

De Sequeira führt folgendes über den Chemismus der Sodawirkung auf die Kalksalze an. Die Ausfällung des Kalziumkarbonates wird durch im Safte anwesende Bestandteile beeinflußt, so z. B. wird es von Seignettesalz und Zitraten gelöst. Folgende Versuche wurden angestellt: I. Gips und Sodalösung bei Gegenwart von Wasser und Salzen in der Wärme. Die Na_2CO_3-Lösung war $^1/_5$ n, die Gipslösung enthielt in 50 cm³ 0,0631 g $CaSO_4$; durch vollständige Zerlegung [$CaSO_4 + Na_2CO_3 = CaCO_3 + Na_2SO_4$] müßten 0,0463 g $CaCO_3$ entstehen. Die folgende Tabelle zeigt die tatsächlich erhaltenen Mengen.

Tabelle Nr. 107.

	Mit 1 Mol Na_2CO_3 bei 80° C	Mit 1 Mol Na_2CO_3 bei der Siedehitze	Mit $1^1/_2$ Mol Na_2CO_3 bei 80° C	Mit $1^1/_2$ Mol Na_2CO_3 bei der Siedehitze	Mit 2 Mol Na_2CO_3 bei 80° C
50 cm³ Gips (0,0631 g $CaSO_4$) . . .	0,0446	0,0464	0,0464	—	—
50 „ „ + 10 proz. Zuckerlösung	—	0,0446	0,0464	—	—
50 „ „ + 40 proz. Zuckerlösung	—	0,0439	0,0462	—	—
50 „ „ + akonitsaures Natron . . .	—	0,0414	0,0453	0,0461	—
50 „ „ + salpetersaures Natron .	—	0,0446	0,0448	0,0464	—
50 „ „ + zitronensaures Natron .	—	0,0353	0,0414	0,0439	0,0464

Wie man sieht, war die Umsetzung sowohl bei der Siedehitze als auch bei 80° für reine Gipslösung mit anderthalb Äquivalent Soda vollständig. Mit einem Äquivalent Soda ist die Umsetzung nur in der Siedehitze vollständig. Bei Gegenwart von Zucker müssen auch bei Siedehitze 1½ Äquivalent Soda angewendet werden, um allen Gips zu zerlegen. Die Anwesenheit von Zitronensäure stellt sich gleichfalls als nachteilig heraus; auch die anderen Salze stören noch mehr als der Zucker. Der Niederschlag war bei Anwesenheit derselben nicht mehr so körnig und ließ sich schlecht filtrieren.

II. Asparaginsaurer Kalk und Sodalösung. Die Umsetzung zwischen asparaginsaurem Kalk und der Sodalösung geht auch in der Wärme schwerer vor sich als bei Soda und Gips. Hier wird erst mit 2 Molekülen kohlensaurem Natron der ganze Kalk ausgefällt, während bei Gips dies schon mit einem Moleküle der Fall war. Noch ungünstiger gestalten sich die Verhältnisse, wenn man Zucker oder ein anderes Salz zu gleicher Zeit in Lösung hat, es muß dann die Sodamenge weiter vermehrt werden, wenn die Reaktion glatt verlaufen soll.

III. Glukonsaurer Kalk und Sodalösung. Die Umsetzung geht etwas leichter vor sich als bei den eben besprochenen organischen Salzen, aber doch schwerer als bei Gips. Die Anwesenheit von Zucker und organischen Salzen ist auch hier von nachteiligem Einfluß auf die Umsetzung. Schwefelsaures Natron stört in keiner Weise die Umsetzung, man konnte sogar annehmen, daß es dieselbe begünstigt. Ähnlich wirkt das schwefelsaure Natron bei der Zersetzung der asparaginsauren Salze (Z. V. d. Zuckerind. 1891, S. 284, „Über die Umsetzung von Kalksalzen mit Soda").

Jesser schlägt vor, zur Ausfällung größerer Mengen von Kalksalzen Soda im doppelten Äquivalent der vorhandenen Kalksalze, und zwar schon in der ersten Saturation zuzugeben. Der Zusatz im Dicksaft soll nachteilig sein, da sich Inkrustationen in den Verdampfkörpern bilden. Nur dann, wenn der Kalk schon vorher die Farbstoffe vollständig zerstört hat, schadet der Sodazusatz nicht der Farbe der Säfte (s. S. 365) (Z. f. Zuckerind. i. B. XIX, 1894, S. 8).

Im Jahre 1898 erschien von demselben Forscher und Praktiker eine Arbeit „Die Kalksalze in der Zuckerfabrikation", die, alle Theorien beiseite lassend, die Bekämpfung dieser Salze behandelt. Mit analytischen Daten belegt, empfiehlt Jesser folgende Arbeitsweise, welche die Bildung der Kalksalze verhindern läßt. Nicht die Diffusion noch erste Saturation ist die Quelle dieser Substanzen, „sondern in allererster Linie die Temperaturen, bei denen die Ausfällung des Kalkes bei der zweiten und dritten Saturation erfolgt. Die Erzielung kalkarmer Säfte gelingt dann, wenn die Ausfällung des Kalkes bei obigen Stationen in der Siedehitze erfolgt". Die Saturation soll bei 98—100° C stattfinden; sinkt die Temperatur auf 90—95°, so vermehren sich die Kalksalze der Säfte. Nachheriges Aufkochen, wodurch Kalkkarbonat zur Ausfällung gelangt, kann diesen Fehler nur teilweise gut machen.

Versuche. Erste Woche: Der Saft wurde in der II. Saturation mit 0,2 % Kalk in Form von Kalkmilch versetzt, aufgekocht und nach Absperren des Dampfes saturiert. Nach der Filtration wurde derselbe in Vorwärmern erhitzt, saturiert, nach Beendigung der III. Saturation aufgewärmt und nach dem Kochen im Saftkocher filtriert.

II. Saturation: Temperatur bei Beginn der Saturation . . 100 °C
„ nach Beendigung derselben . 94,2 °C
Alkalität vor der Saturation 0,084 % CaO (Phenolphthaleïn)
Kalkgehalt (CaO) . . . . 0,052 %
Alkalität nach der Saturation 0,048 % CaO (Phenolphthaleïn) Kalkgehalt (CaO) . . . . 0,020 %
III. Saturation: Temperatur bei Beginn . . . . 95,2 °C
„ nach Beendigung . . . . . 92 °C
Vor dem Aufkochen über Papierfilter filtriert.

Alkalitäten und Kalkgehalt vor und nach dem Aufkochen:

Vor dem Aufkochen:	Alkalität	. 0,015%	Kalkgehalt (CaO)	0,009 %
Nach dem Aufkochen:	„	. 0,022%	„ „	0,006 %
Dicksaft auf 10 % Pol. bezogen . .		0,014%	„ „	0,003 %

Es wurde somit ausgeschieden:

Durch das Aufkochen	0,003 %	CaO entspr.	0,0051 %	kohlens. Kalk
In der Verdampfstation	0,003 %	„ „	0,0051 %	„ „
Auf 10 Teile Polarisation	. . . .		0,0102 Teile	„ „

Zweite Woche: Saft nach der II. Saturation: Temperatur 98° C.
Alkalität . . . . 0,052 (% CaO)
Kalkgehalt CaO . . . . 0,023 %

III. Saturation: Saturationstemperatur 98° C.

Nach beendigt. Saturation:	Alkalität	0,024	Kalkgeh. CaO	0,003 %
Nach dem Aufkochen:	„	0,022	„ „	0,002 %
Dicksaft (auf 10 % Pol.)		0,014	„ „	0,002 Teile

Menge der Ausscheidung durch das Aufkochen 0,001 CaO entsprechend 0,0017 $CaCO_3$.

„Diese Zahlen demonstrieren deutlich den Wert der Saturation in der Siedehitze, da dadurch allein der Kalkgehalt der Säfte gegenüber der Arbeit mit abgekühltem Saft um 0,006 CaO geringer ist. Weiter zeigt sich hier die Wichtigkeit der Aufkochstation. Auch bei gut geführter Saturation scheiden sich noch bemerkenswerte Mengen Kalk aus.“

Die mitgeteilten Analysenzahlen sind Wochendurchschnitte. Jesser führte mehrere Versuche mit gleichem Ergebnisse aus.

Oben wurde die Ausscheidung von Kalkkarbonat durch das Aufkochen erwiesen. Sie geht aber nur langsam vor sich und ist beim

Dicksaft noch nicht beendet. Es kann also auch ein sehr gut filtrierter Mittel- oder Dicksaft wieder trüb werden, weil neuerdings Ausscheidung eintritt. Eine gut durchgeführte zweite und dritte Saturation hilft auch gegen dieses Übel. (Ö. U. Z. f. Zuckerind. XXVII, 1898, S. 30.)

C. Polster konnte analytisch feststellen, daß die Kalksalze nicht in deutlich wahrnehmbarer Form das Schwerkochen beeinflussen sollen. Er fand Dicksäfte mit 0,03 und solche mit 0,28 % CaO, die sich gleich gut verkochen ließen, und oft solche mit geringeren Kalkmengen, die schwer kochten (D. Z. 1895, S. 1070). Da er das Schwerkochen auf Proteïnsubstanzen zurückführen wollte, erklärte Rümpler, daß es Kalksalze allein nicht sein müßten, um Schwerkochen zu veranlassen.

In der Regel sind es nach Rümpler doch die organischsauren Kalksalze, die zu schwerem Verkochen Anlaß geben. Gute Rüben liefern nach der Scheidesaturation Säfte mit wenig, schlechte Rüben Säfte mit mehr Kalksalzen; in letzterem Falle scheiden sich die Zersetzungsprodukte durch den Kalk nicht im Schlamme aus, sondern bleiben teilweise im Safte als Kalksalze gelöst (s. S. 317). Weiter führt Rümpler den Fall an, wo lediglich der Kalkgehalt erschwerend auf das Kochen wirkt. Reine und gute Dicksäfte kochen nur schwer, wenn sie zu hohe Alkalität, die von Kalk herrührt, aufweisen. Besitzen sie aber Natronalkalität, so zeigt sich diese Störung nicht. Das gute oder schlechte Verkochen der Säfte hängt sehr mit ihrer Kristallisationsfähigkeit zusammen; Substanzen, die das Auskristallisieren erschweren, erschweren auch das Verkochen. Rümpler ist der Ansicht, daß diesbezüglich Kalksalze nachteiliger wirken als Natronsalze. Ausfällung von Kalk hat stets ein leichteres Kochen zur Folge. Nach Rümpler lassen sich Säfte mit mehr als 0,1 g CaO in 100 cm^3 schon schwerer, mit mehr als 0,2 g sehr schwer verkochen; 0,25 g CaO in 100 cm^3 Saft verhindern schon das Kochen auf Korn.

Nach H. Gröbe tritt beim Verkochen dann Betriebsstörung ein, wenn der Dicksaft 0,15% CaO enthält. Der Kalk ist in Form löslicher organischsaurer Kalksalze vorhanden, die in konzentrierter Zuckerlösung leichter löslich sind als in verdünnter, bis sie sich endlich beim Verkochen als feine Schichte auf der Flüssigkeitsoberfläche absetzen, den Siedepunkt erschweren und Totliegen der Flüssigkeit verursachen. Soda, in der zweiten Saturation oder im Dicksafte angewendet, zersetzt diese Salze in organischsaures Natron und kohlensauren Kalk, welcher abfiltriert wird. Nützt der Sodazusatz nichts, dann hat das Schwerkochen seinen Grund in der Anwesenheit von pektinsauren Alkalien. Gegen diese hilft Verringerung der Diffusionstemperaturen und Vermehrung des Kalkes bei der Scheidung (Zentralbl. f. d. Z. 1909, S. 1493).

Wassilieff fand für die Kalksalze des Saftes nach der dritten Saturation und in der Melasse einen Zusammenhang zwischen ihrer Menge und der Kampagnedauer: die Salze sollen mit fortschreitender Kampagne zunehmen.

Neuere Erfahrungen und Arbeiten über diesen Gegenstand nötigen zur Annahme, daß auch die Qualität der Kalksalze eine wichtige Rolle spielt, z. B. durch ihre Löslichkeitsverhältnisse. So ist es erklärlich, daß Säfte trotz gleicher Kalksalzmengen sich beim Verkochen verschieden verhalten.

Aus all dem oben Gesagten ersieht man, daß das Schwerkochen eine Betriebsstörung darstellt, welche durch eine richtig durchgeführte Saftbehandlung meistens behoben werden kann, weil man, wie hier deutlich klar wird, den Chemismus dieser Erscheinungen erkannte und die Theorie in die Praxis umsetzte.

22. Kapitel.

Die Füllmasse und ihre Verarbeitung.

a) Zusammensetzung und Eigenschaften der Füllmasse I. Produkt.

Die Füllmasse stellt eine zähe, feste Masse dar, die aus Zuckerkristallen und anhaftenden sirupösen Nichtzuckerstoffen (Sirup) besteht.

Bevor die weitere Verarbeitung der Füllmasse geschildert wird, sollen zunächst die physikalischen und chemischen Zusammensetzungsverhältnisse, ihre Ursachen, bzw. Faktoren, die sie beeinflussen, geprüft werden. Hier wird es klar, daß die chemische Untersuchung allein nicht Aufschluß geben kann über die Güte eines Fabriksproduktes, daß sogar die physikalische Untersuchung oft mehr sagen kann als eine chemische Analyse allein. Beide Untersuchungsmethoden sollten Hand in Hand gehen.

Die folgenden drei Analysen orientieren über die Zusammensetzung von Rübenfüllmassen I. Produkt.

Pol.	Wasser	Asche	org. NZ.	wirkl. Quot.	NZ.-Verhält.	Bemerkungen
85,20	5,27	3,33	6,20	89,9	1,86	Betriebsanalysen
85,25	6,19	2,98	5,60	90,9	1,89	
87,20	3,40	3,16	6,24	90,2	1,97	

Die Zusammensetzung der Füllmasse hängt außer vom Rübenmateriale auch noch von der Arbeitsweise ab. Eine nur aus reinem Dicksafte erkochte Füllmasse wird z. B. anders zusammengesetzt sein als eine solche, die mit Nachzug von Sirupen erzeugt wurde. Besonders der ablaufende Grünsirup und andere Sirupe der Nachproduktenarbeit dienen diesem Zwecke, oft nach vorhergehender Reinigung in der Rohzuckerfabrik.

Über die Rückführung von Sirupen in den Vorderbetrieb äußerte sich Kuhner auf der Generalversammlung des Z. V. f. R. in Triest 1913 auf Grund chemischer Überlegungen sehr präzis. „Wer jemals

Additional material from *Chemie der Zuckerindustrie* ,
ISBN 978-3-662-24417-3 (978-3-662-24417-3_OSFO 2),
is available at http://extras.springer.com

Saturationsversuche verschiedener Produkte durchgeführt hat, wer sich darüber klar ist, daß einmal durch Scheidung und nachfolgende Saturation gereinigte Produkte durch wiederholte Prozedur in ihrer Zusammensetzung nicht mehr geändert werden können, wird die Rückführung von Sirupen und Nachprodukten vermeiden. Der einzige in Frage kommende Erfolg kann nur in einer mechanischen Reinigung liegen .... was man einfach dadurch erzielen kann, daß man die Sirupe filtriert."

Solche Saturationsversuche wurden schon früher durchgeführt und ergaben verschiedene Resultate. Misigiewicz will bei Sirupsaturation eine Quotientenaufbesserung von 4—11 % erhalten haben (Organ II, S. 457). Die Entfärbung der Sirupe durch die Saturation schwankte von „kaum merkbar" bis „sehr bedeutend". Gleiche Versuche anderer Autoren ergaben keine so günstige Einwirkung der Saturation auf die Sirupe, „da es sehr schwer ist, solche Nichtzuckerbestandteile herauszubringen, welche schon die Hauptreinigung (Saturation und Knochenkohlenfiltration) durchgemacht haben und nicht ausgefällt werden konnten". (Siehe auch S. 497.)

Diese alte Erkenntnis ist aber noch nicht zum Gemeingute aller Zuckertechniker geworden, und so war es gut, daß sie Kuhner wieder in Erinnerung brachte.

Die in der Tabelle Nr. 108 veröffentlichten Analysen sind die ausführlichsten, welche die Literatur aufweist. (Die Füllmassen aus der Kampagne 1898—1899 von K. Andrlík, K. Urban und V. Stanek, Z. f. Zuckerind. i. B. 1900, S. 257.)

Die angeführten Zahlen sind die Minima und Maxima aus 17 ausgeführten Analysen, zeigen also nicht eine bestimmte Füllmasse. Die Füllmassen entsprechen den Diffusionssäften derselben Kampagne (siehe Tabelle Nr. 73). Zu den benutzten Analysenmethoden ist nur wenig hinzuzufügen, da sie im Kopf der Tabelle genannt werden. Der Ammoniakstickstoff wurde nach Baumann-Bömer, der Stickstoff der Amide nach Schulze (s. d.) bestimmt. In der Tabelle steht Ammoniakstickstoff + Amidstickstoff (Schulze) angegeben, weil mit der Methode Schulze nicht mehr Stickstoff nachgewiesen wurde als nach Baumann-Bömer für bloßes Ammoniak. Entweder liegt dieses Resultat in der Methode oder sind Amide nicht vorhanden. Die Amidosäuren sind aus der Differenz: Gesamtstickstoff — (Eiweiß-N + N fällbar durch phosphorwolframsaures Natron + Nitrat-N) berechnet. Die Autoren sind der Ansicht, daß der durch phosphorwolframsaures Natron fällbare gefundene Stickstoff (Ammoniak, Betaïn, organische Basen) zu gering befunden wurde. Invertzucker nach Herzfeld; bezüglich der mit Äther auslaugbaren Säuren siehe S. 456. Die Minimal- und Maximalzahlen beziehen sich zuerst auf die Füllmassen, dann auf Trockensubstanz (Nr. 1—4); schließlich folgen Aschenanalysen (Nr. 5 und 6). Die Analysen Nr. 7—12 zeigen Füllmassen aus der Kampagne 1899/1900 derselben Autoren (Z. f. Zuckerind. i. B. XXVI, 1901, Heft 3).

Die Kenntnis der qualitativen und besonders der quantitativen Verhältnisse der organischen Säuren in den Zuckerfabrikssäften ist nicht nur theoretisch, sondern auch praktisch von Wichtigkeit, um manche Erscheinungen im Betriebe aufzuklären. In Erkenntnis dieser Tatsache studierten Andrlík und seine Mitarbeiter Urban und Stanek jene Säuren, die mittels Äther aus den Rohsäften und den Füllmassen auslaugbar sind (Z. f. Zuckerind. i. B. 1900/1901, S. 83). Bezüglich der Einzelheiten bei der Ausführung dieser Analysen sei auf das Original verwiesen; hier sollen nur die Prinzipien der Methode dargelegt werden.

Diffusionssaft oder Füllmasse wird mit Salzsäure angesäuert, Wasser in den Extraktionskolben gebracht und bei Einhaltung immer gleicher Bedingungen mit Äther extrahiert. Nach Beendigung der Extraktion wird der Äther abdestilliert und die zurückbleibende wässerige Lösung der ausgelaugten Säuren mit $^1/_{10}$ n KOH (Phenolphthaleïn) titriert. Am Resultate werden zwei Korrekturen angebracht, und zwar eine für die aus der Saccharose entstandene Säurenmenge und die zweite für die in Lösung gegangene Salzsäure. Die extrahierten Säuren wurden in mit Wasserdampf flüchtige und nicht flüchtige zerlegt. Alle Ergebnisse wurden auf 100 Teile Zucker umgerechnet und die Azidität durch cm^3 $^1/_{10}$ n KOH ausgedrückt. Folgende Tabelle gibt die Resultate von 13 Bestimmungen wieder:

Tabelle Nr. 109.

Azidität der mit Äther ausgelaugten Säuren auf 100 g Zucker.

	Aus Diffusionssaft	Auf Oxals. entfallende	Auf die übrigen Säuren entfallende	Aus Füllmasse	Flüchtige Säuren	
		Azidität			aus Diffusionssaft	aus Füllmasse
Minimum	23,5	7,6	12,1	6,1	1,4	2,2
Maximum	39,4	15,3	29,2	14,2	3,3	4,7
Durchschnitt	29,1	10,77	18,33	9,3	1,95	3,03

An anderer Stelle wurde schon gezeigt, daß nach Andrlík die gesamte Oxalsäure „bis auf Spuren" durch die Saturation ausgeschieden

Tabelle

Veränderung der Menge der wichtigeren Bestand-

In 100 Teilen

D	F	D	F	D	F	D	F	D	F
Asche		MgO		P_2O_5		CO_2		Gesamt-N	
2,744	1,952	0,260	0,011	0,340	0,003	0,180	0,151	0,821	0,415
3,079	2,224	0,310	0,004	0,480	0,009	0,150	0,150	0,794	0,365
3,459	2,243	0,310	0,007	0,410	0,011	0,200	0,166	0,789	0,413
3,902	2,581	0,360	0,022	0,390	0,004	0,230	0,159	0,698	0,338
4,168	3,410	0,430	0,004	0,620	0,009	0,210	0,140	1,042	0,680
2,770	2,457	0,230	0,006	0,370	0,012	0,220	0,129	0,867	0,549

wird (siehe S. 388). Zieht man daher die der Oxalsäuremenge entsprechende Azidität von jener ab, die den Gesamtsäuren entspricht, so erhält man die Azidität jener mit Äther auslaugbaren Säuren, welche noch nach der Saturation irgendwie zur Geltung kommen können. In der Füllmasse aus diesen Säften wurde durchschnittlich eine Säuremenge von 9,3 cm^3 $^1/_{10}$ n KOH gefunden. Es wurden daher durch die Scheidung inkl. Oxalsäure eine 29,1—9,3 = 19,8 cm^3 $^1/_{10}$ n. KOH entsprechende Säuremenge entfernt, d. i. ca. 68 %; exklusive Oxalsäure 18,33—9,3 = 9,03 cm^3 $^1/_{10}$ n KOH, d. i. ca. 49 %. — In Übereinstimmung damit wurden im Saturationsschlamm mit Äther auslaugbare Säuren konstatiert. Die Azidität der Gesamtsäuren schwankte darin von 37,6—73,8, die der Oxalsäure allein von 26,5—36,6 und die des Säurerestes von 7,0—38,1 cm^3 $^1/_{10}$n KOH (in 100 Teilen Trockensubstanz).

Weitere Ergebnisse dieser Untersuchungen sind: Im Rohsafte sind die in Frage stehenden Säuren trotz seiner Azidität nicht im freien Zustande vorhanden. Das geht daraus hervor, daß ohne Ansäuern des Saftes mit Salzsäure, d. h. Freimachen der organischsauren Salze, keine Auslaugung durch Äther eintritt. Auf die Menge dieser Säuren übt die Rübenqualität einen Einfluß aus. Es scheint, daß die mit Äther extrahierbaren Säuren sowie die mit Wasserdampf flüchtigen während der weiteren Verarbeitung zunehmen.

Nachdem durch die schönen Untersuchungen Andrlíks und seiner Mitarbeiter die ausführlichen Untersuchungen über die Rohsäfte und Füllmassen derselben Kampagne vorliegen, kann man durch Vergleich der Analysen der genannten Produkte die Bewegung der einzelnen Bestandteile ersehen, den Reinigungseffekt über die Scheidesaturation hinaus verfolgen und eine eventuelle Reinigung während der Verdampfung und während des Verkochens konstatieren — durch Gegenüberstellung der jetzt erhaltenen Zahlen für den Reinigungseffekt und jener, die im 15. Kapitel wiedergegeben wurden. Dort wurde der Reinigungseffekt in der Scheidesaturation bestimmt. Die Differenz zwischen beiden Größen käme sonach auf die Wirkung des Verdampfens und des Verkochens.

Der Verfasser greift einige Analysen wahllos aus den veröffentlichten heraus.

Nr. 110.

teile des Saftes im Verlauf der Reinigung.

Trockensubstanz:

D	F	D	F	D	F	D	F	
Eiweiß-N		Ammoniak-N		Amidosäure-N		N durch phosphorwolfr. Na fällbar.		
0,216	0,038	0,125	0,020	0,295	0,287	0,024	0,064	
0,323	0,030	0,149	0,040	0,261	0,247	0,053	0,029	D = Diffusionssaft
0,263	0,032	0,096	0,034	0,335	0,256	0,038	0,084	
0,297	0,022	0,122	0,027	0,205	0,181	0,047	0,098	F = Füllmasse
0,407	0,056	0,163	0,059	0,245	0,490	0,142	0,062	
0,303	0,027	0,105	0,034	0,423	0,428	0,024	0,053	

Bevor aus diesen Zahlen Schlußfolgerungen gezogen werden, ist darauf aufmerksam zu machen, daß man so nur annäherungsweise ein Bild über die Bewegung des Nichtzuckers bekommen wird. Die verbessungsbedürftigen Analysenmethoden, besonders der Stickstofformen, die Probeabnahme eines richtigen Durchschnittsmusters sind Schwierigkeiten, die sich dem in den Weg stellen.

Alkalien und Chlor schwanken nur wenig; Fett, Farbstoff, Oxal- und Harzsäure werden nahezu ganz aus den Säften entfernt. Diese Substanzen wurden nicht in die Tabelle aufgenommen. Die Asche wurde um ca. 29 % verringert. Vom MgO wurden 98 %, von der Phosphorsäure 98 % und von der Schwefelsäure 24 % der gesamten, in der Trockensubstanz des Diffusionssaftes enthaltenen Menge durchschnittlich entfernt. Ferner sind Kalk um 70 %, $Fe_2O_3 + Al_2O_3$ um ca. 79 % und der in Salzsäure unlösliche Teil um ca. 85 % verringert worden. Vom Gesamtstickstoff wurden durchschnittlich ca. 47 % (minimal 33 % — max. 55 %), Eiweiß-Stickstoff (Stutzer) ca. 87 % und vom Ammoniak-Stickstoff ca. 67 % entfernt. Da die analytischen Methoden für den Stickstoff der Amidosäuren versagen, die für den Betaïn- und anderen Stickstoff nicht ganz verläßlich sind, lassen sich keine sicheren Schlußfolgerungen ziehen. „Soviel läßt sich annehmen, daß während der Säftereinigung sich der Stickstoff aller dieser Formen im ganzen nicht wesentlich ändert, und genannte Stickstoffsubstanzen daher im Verlaufe der Manipulation nicht beseitigt werden.“ — Invertzucker und andere Fehlinglösung reduzierende Bestandteile wurden so zerstört, daß sie nicht mehr reduzieren.

Nun soll die Bedeutung der mit Äther extrahierbaren Säuren für die Theorie des Betriebes geprüft werden. Sind diese Säuren in den Säften in solchen Mengen vorhanden, daß die nichtflüchtigen anorganischen Basen zu ihrer vollständigen Sättigung nicht ausreichen, so wird sich ein Teil der Säuren an Ammoniak binden. Solche Säfte verlieren im Verlaufe des Betriebes ihre Alkalität (siehe S. 408). Die Kampagne 1898/1899 zeichnete sich in Böhmen durch Schwinden der Alkalität aus; die Kampagne 1899/1900 zeigte nicht diesen Übelstand. Läßt sich dies aus den Analysen der Füllmassen der beiden Kampagnen ersehen? Die Füllmassen der erstgenannten Kampagne hatten Mangel an nichtflüchtigen anorganischen Basen, die zur Neutralisation aller Säuren notwendig sind. Die mit Äther auslaugbaren Säuren, durch die vorhandenen Basen neutralisiert, ließen nur einen zu geringen Basenrest zurück, der zur Sättigung der Amidosäuren nicht mehr hinreichte.

Diese Tatsache drückte Andrlík durch die Azidität der mit Äther extrahierbaren Säuren und durch den Stickstoff der Amidosäuren (Asparagin-, Glutaminsäure) aus. Die zwei letztgenannten Säuren erfordern bis zur phenolphthaleïn-neutralen Sättigung soviel Kali, daß dessen Verhältnis zum Stickstoff derselben wie 3,3 : 1 ist (siehe S. 459). Dieses Verhältnis betrug aber in den Füllmassen der Kampagne 1898/99 nur 2,3, es mußten daher Alkalitätsrückgänge auftreten; in der Kampagne 1899/1900 jedoch durchschnittlich 3,8 — also mehr als theoretisch notwendig —, wodurch den Alkalitätsverlusten vorgebeugt wurde. In den Füllmassenanalysen der Kampagne 1899/1900 nahmen Andrlík und seine Mitarbeiter noch eine neue Bestimmung auf: Verhältnis der durch K_2O ausgedrückten und an mittels Äthers nicht auslaugbaren, organischen Säuren gebundenen Basen zu dem Stickstoff der Amidosäuren. Dieses Verhältnis betrug im Minimum 3,2, im Maximum 5,0.

Folgende Beispiele sollen die obigen Ausführungen verdeutlichen. Die Analysen Nr. 13—16 der Tabelle Nr. 108 enthalten jene Bestandteile von vier Füllmassen, die auf die Entstehung der Alkalität von Wichtigkeit sind. Welche Zahlen ergeben sich aus diesen Bestandteilen für das oben aufgestellte Verhältnis? Die Differenz aus den Zahlen der Kolumme mit der Aufschrift „an anorg. Basen gebund. org. Säuren neutralisieren % K_2O“ und der Kolumne „alle mit Äther auslaugbaren Säuren neutralisieren % K_2O“ gibt die nicht ätherlöslichen Säuren ausgedrückt in % K_2O an. Diese Differenzzahlen sind der erste Teil des angegebenen Verhältnisses, d. s. 0,525, 1,159, 1,075, 0,850. Sie verhalten sich zu dem zugehörigen Stickstoff der „Amidosäuren“, 0,396, 0,466, 0,280, 0,173, wie folgende Verhältnisse: Nr. 13 : 0,525 : 0,396; Nr. 14 : 1,159 : 0,466; Nr. 15 : 1,075 : 0,280 und Nr. 16 : 0,850 : 0,173, d. i. bezüglich 1,3, 2,5, 3,8 und 4,8. Das theoretische Verhältnis, das herrschen müßte, damit kein Alkalitätsrückgang auftritt, ist 3,3; daher liegen die Verhältnisse für Analysen Nr. 13 und 14 darunter, für Nr. 15 und 16 darüber. Und tatsächlich stammen die zwei erstgenannten Füllmassen aus den Betrieben mit Rückgang der Alkalität (Kampagne 1898/99), die beiden anderen wiesen diesen Rückgang nicht auf (Kampagne 1899/1900).

Es bleibt noch die Frage nach der Größe des theoretischen Verhältnisses offen oder mit den Worten Andrlíks, „wie groß das theoretische Verhältnis der an Amidosäuren gebundenen Basen sein muß, damit jene zur Gänze neutralisiert werden.“ Die Amidosäuren werden durch ihren Stickstoffgehalt angegeben. Ihre Alkalisalze reagieren auf Phenolphtaleïn auch als saure Salze neutral (siehe Jessers Angaben!); in diesem Falle entspricht der Hälfte von K_2O ein Atom Stickstoff, also 47 Teile Kali: 14,7 Stickstoff oder das Verhältnis 3,3 : 1. Soll daher im Safte alkalische Reaktion erhalten bleiben, so muß mehr Kali mit Rücksicht auf den Stickstoff der Amidosäuren vorhanden sein, als dem Verhältnis 3,3 : 1 entspricht. Sinkt dieses Verhältnis, so ist die Möglichkeit für einen Alkalitätsverlust gegeben und umgekehrt.

Der erste, welcher die Bedeutung der ätherlöslichen Säuren erkannte, war Laugier. Da nach ihm die organischen Säuren in den Rohzuckern und Melassen die hauptsächlichsten Nichtzuckerbestandteile darstellen, versuchte er ihre nähere Erforschung. Statt Einzelermittlungen bestimmte er die Gesamtmengen der organischen Säuren. Zu diesem Zweck benutzte er die Löslichkeit der freien organischen Säuren in Äther. Durch Schwefelsäure machte er sie aus ihren Verbindungen in dem betreffenden Zuckerfabrikationsprodukte frei und extrahierte das Ganze mit Äther durch mindestens 12 Stunden. Durch Zusatz und Schütteln mit Wasser schied er mitgelöstes Fett aus, zog die wässerige Lösung, in welche die Säuren übergingen, ab und stellte durch Zusatz von Barytlösung ihre Barytsalze dar; diese wurden gewogen. Nach Abzug des zugesetzten Baryts erhielt er die Gesamtmengen der organischen Säuren (Z. V. d. Zuckerind. 1878, S. 804). Wie man sieht, führt die oben beschriebene Modifikation dieser Methode schneller zum Ziel.

Zur physikalischen Beschaffenheit der Füllmasse übergehend, soll ihr Wassergehalt zunächst Berücksichtigung finden, da mit ihm u. a. die Kristallbildung in der Masse zusammenhängt.

Die Kristallisation im Vakuum schreitet der Eindickung des Dicksaftes gemäß fort. Das Eindicken darf nicht zu weit getrieben werden, weil die ganze Masse sonst an Beweglichkeit verliert und damit Veranlassung zu einer unerwünschten Nachkristallisation gegeben wird. Auch würde die Masse zu fest an den Heizröhren ansitzen und dem Ablassen des Sudes große Hindernisse bereiten.

Claassen nennt die großen ausgebildeten Kristalle primäre, die nachträglich gebildeten kleinen sekundäre Kristalle. Durch Zählen mit und ohne Mikroskop sowie durch Rechnung stellte der Genannte folgende Zahlen fest: 1 g Füllmasse I. Produkt enthält

	grobkörnige	feinkörnige Füllmasse	
Zuckerkristalle	860	2200,	ferner das Durchschnittsgewicht
eines Kristalles	0,75	0,30 mg.	Die Dicke der anhaftenden
Sirupschichte	0,08	0,057 mm,	welche Schichtdicke durch Nach-

ziehen von Sirup ins Vakuum z. B. von 20% Sirup auf 0,10—0,13 mm wächst.

In physikalischer Hinsicht wird von einer Füllmasse verlangt: Gleichartigkeit des Kornes, was Größe anbelangt; die Kristalle müssen mindestens so groß sein, daß sie vom Zentrifugensieb zurückgehalten werden; ferner sollen sie eine gewisse Härte und Scharfkantigkeit besitzen.

Wenn dies nicht der Fall ist, so stoßen sie sich beim Transport und Schleudern gegenseitig ab, geben Mehl und dieses gelangt in den Grünsirup. Die Füllmasse soll eine gewisse „Kürze" besitzen. Darunter versteht man nicht nur ihre leichte Reißbarkeit beim Ablassen aus dem Vakuum, sondern auch eine geringe Zähigkeit oder Viskosität. Ohne vorzugreifen — die Viskosität bildet später für sich ein eignes Kapitel —, sei hier nur soviel gesagt, daß die unangenehme Eigenschaft der Zähigkeit durch einen großen Gehalt besonders organischen Nichtzuckers bedingt wird. Sie hat zur Folge, daß sich eine solche Füllmasse schlecht schleudern läßt und minderen und weniger Zucker ergibt.

Auch die Farbe der Füllmasse wird zur Beurteilung herangezogen. Im allgemeinen werden hellere Füllmassen gegenüber dunkleren mehr geschätzt, obwohl nicht unter allen Umständen eine helle Füllmasse auch helleren Zucker geben muß. Die Farbe der Füllmasse wird u. a. abhängen — aber auch nicht unbedingt — von der Farbe des Dicksaftes, von der Menge des nachgezogenen Grünsirups, von der Dauer des Verkochens und der Höhe der Temperatur während desselben usw. Die Dauer des Verkochens schwankt je nach der Größe des Sudes und der Einrichtung von 8—12 Stunden. Die Temperaturen innerhalb dieser Zeit liegen zwischen 75° C beim Einziehen des Dicksaftes bis 85° während des Verkochens. Die Temperaturen der in unmittelbarer Nähe der Heizrohre befindlichen Massen sind höher, liegen aber auch nur bei ca. 100° und etwas darüber. — Die Ablaßtemperaturen schwankten nach Beobachtungen des Verfassers in einer Fabrik von 70—80° C. —

Das alles sind keine Temperaturen, die tiefgreifendere Karamelisierung verursachen. —

Anläßlich der Darlegung der Chemie des Karamels wurde auf seine Bedeutung in der Zuckerfabrikation hingewiesen. Die Zersetzbarkeit der Saccharose beim Erwärmen oder Erhitzen unter Bildung von dunkel gefärbten Produkten ist bei der Verdampfung und beim Verkochen der Zuckersäfte ein Teil der Quelle für die unbestimmten Fabrikationsverluste. Auf S. 73 sind auch die von Fradiss gefundenen Zahlen für den Karamelgehalt verschiedener Zuckerfabriksprodukte angeführt; deutlich zeigen sie das Anwachsen desselben mit fortschreitender Fabrikation. Man sieht daraus, wie die Zeitdauer, während welcher die Säfte oder Füllmassen im Betriebe sind, auf den Karamelgehalt wirkt.

Im Betriebe besteht die Karamelisation wesentlich in der Bildung von Huminsubstanzen (Mulder, Tollens, Jackson), da die hier in Betracht kommenden Temperaturen nicht so tiefgreifende Zersetzungen der Saccharose verursachen können. Aus der Gleichung auf Seite 71 geht hervor, daß 2 Moleküle Saccharose (689 g) 1 Molekül Huminsäure geben (326 g). Es entsteht daher 1 g Karamel aus 2,1 g Saccharose (Fradiss).

b) Verarbeitung der Füllmasse.

Die Füllmasse wird stets bei höherer Temperatur abgelassen. Manche Fabriken lassen die Füllmassen vor dem Ausschleudern erst abkühlen, um dadurch die Nachkristallisation zu befördern. Entgegen dieser üblichen Anschauung ist Kuhner dafür, die Füllmasse im heißen Zustande sofort nach ihrem Ablassen auszuschleudern. Gern verzichtet er auf die Bildung kleiner Kriställchen oder auf die Vergrößerung des vorhandenen Kornes durch Abkühlung und Rühren, erzielt aber eine bessere Schleuderbarkeit der heißeren Füllmasse, weil der noch warme Muttersirup minder viskos als der erkaltete ist und demnach leichter abzuschleudern geht.

Behufs Gewinnung des Rohzuckers aus der Füllmasse wird diese mit Sirup gemaischt und — nun beweglicher geworden — durch Ausschleudern in Zucker und Sirup zerlegt. Die folgende

Analysenzusammenstellung läßt den Verlauf dieses mechanischen Vorganges gut erkennen.

Tabelle Nr. 111.

Nr.	Füllmasse			Maischsirup			gemaischte Füllmasse			Grünsirup		
	Bx	Pol	w. Q	Bx	Pol	w. Q	Bx	Pol	w. Q	Bx	Pol	w. Q
1	94,6	86,5	91,4	73,3	53,0	72,3	89,9	78,7	87,5	80,2	57,9	72,2
2	93,7	85,7	91,4	74,3	54,6	73,4	89,9	79,2	88,1	80,0	58,6	73,2
3	93,2	85,4	91,6	75,8	55,2	72,8	87,5	76,1	86,9	76,4	56,1	73,4
4	93,3	85,3	91,4	74,9	56,0	74,7	90,6	80,6	88,9	80,7	59,0	73,1
5	93,9	86,2	91,8	75,4	56,7	75,2	—	—	—	81,2	60,4	74,4
6	93,8	86,3	92,0	76,0	57,2	75,2	89,6	80,1	89,3	81,0	60,0	74,0
7	93,6	86,1	91,9	72,7	55,0	75,6	89,0	78,9	88,6	77,7	58,4	75,1
8	93,3	86,1	92,2	71,1	54,8	77,0	90,2	80,9	89,6	80,08	61,2	75,7
9	93,4	86,2	92,3	75,6	58,7	77,6	89,9	81,2	90,3	79,3	61,1	77,0
10	93,5	85,6	91,5	73,7	56,0	75,9	89,0	80,6	90,6	77,0	58,1	75,4
11	93,2	85,2	91,4	73,8	55,2	74,7	88,1	78,0	88,4	77,2	57,9	74,9
12	94,3	86,0	91,2	—	—	—	—	—	—	77,7	57,0	73,3
13	95,3	91,0	95,4	—	—	—	—	—	—	80,7	59,0	73,1
14	94,0	87,5	93,0	—	—	—	—	—	—	78,1	59,0	75,5
15	93,7	86,3	92,1	—	—	—	—	—	—	78,9	58,4	74,0
16	93,9	88,3	94,0	—	—	—	—	—	—	78,8	58,7	74,5
17	96,2	87,5	91 1	75,1	61,4	81,7	91,5	82,5	90,1	62,8	49,7	79,1
18	94,8	86,3	91,0	64,9	51,2	78,8	92,8	84,2	90,7	82,6	64,7	77,9
19	94,7	86,1	90,9	65,9	52,8	80,1	88,0	77,3	87,8	81,5	64,9	79,6
20	—	—	—	—	—	—	—	—	—	—	—	—

Hier eine ausführlichere Analyse eines dieser Grünsirupe:

Wasser	18,5	Org. Nichtz.	10,95
Trockensubst.	81,5	w. Q	78,4
Zucker	63,8	A : O	= 1 : 1,62
Asche	6,75		

Die Tabelle enthält Betriebsanalysen des Verfassers aus einer gemischten Fabrik (Kampagne 1910/11). Die erste Kolumne zeigt die Füllmassen. Der Quotient schwankt zwischen 91,2—94%, der Wassergehalt von 6,2—4,7%. Die Füllmassen wurden in Refrigeranten mit den nebenstehenden Maischsirupen gemaischt und ergaben die folgenden gemaischten Füllmassen. Das Maischgut enthielt 12,5—9,4% Wasser. Beim Zentrifugieren ergaben sich die verschiedenen Grünsirupe, deren Reinheitsquotienten von 72,7—77,0 schwankten. Ein Vergleich der Analysen dieser Grünsirupe mit denen der Maischsirupe zeigt, daß letztere einfach verdünnte Grünsirupe darstellen. Wassergehalt der Grünsirupe: 23,6—18,8%, Wassergehalt der Maischsirupe: 28,9—24%. Die Quotienten beider bewegen sich natürlich in denselben Grenzen. Die Analysen Nr. 17 bis 19 zeigen diese Verhältnisse in einer anderen gemischten Fabrik. Hier fallen die dünneren Maischsirupe und die reineren Grünsirupe auf. Letztgedachte Fabrik war auf dieser Station nicht genügend gut eingerichtet. Aus den Kampagneanalysen dieser Fabrik ergaben sich, nach den Reinheiten geordnet:

	Bx.	Pol.	Q.
Minimum des Grünsirupsquotienten	85,0	63,5	74,7
Maximum	81,5	64,9	79,6
Mittel	83,1	63,0	77,5

Es wird später klar werden, warum es das Bestreben eines gut geleiteten Betriebes sein muß, möglichst niedrige Quotienten der Grünsirupe zu erzielen.

Vergleicht man die Reinheitsquotienten der Grünsirupe mit denen der angeführten Abnutschsirupe, siehe S. 447, so fällt die Erhöhung der Quotienten bei ersteren auf. Abgesehen von Mängeln bei der Verarbeitung der abgelassenen Füllmasse, hat dies einen prinzipiellen Grund. Es wurde gezeigt, daß die Füllmassen ein Gemenge von primären und sekundären Zuckerkristallen mit Sirup sind. Bei der Schleuderung sollte also nur dieser Sirup resultieren. Die sekundären Kristalle sind aber so klein, daß sie durch die Siebmaschen hindurch mit dem Sirup gehen. Sie sind für den ersten Wurf verloren. Nur die primären Kristalle gewinnt man direkt. Die sekundären Kristalle durchsetzen den Grünsirup, sind in demselben unter dem Mikroskop deutlich sichtbar und erhöhen seine Reinheit wesentlich gegenüber dem Muttersirup. Im praktischen Sinne zählt sie Claassen direkt dem Sirup zu.

Nach Koydl ist die Größe dieser Kriställchen 0,015—0,001 mm. Da sie farblos und durchsichtig sind, verleihen sie dem Sirup, auch wenn in größerer Menge vorhanden, ein opalisierendes Aussehen, erhalten sich viele Tage darin schwebend und fallen dann nur teilweise zu Boden. Koydl arbeitete eine analytische Methode aus, um den Kristallgehalt in Sirupen zu bestimmen.

c) Die Arbeitsweise in Beziehung zur Ausbeute.

Die Höhe des Reinheitsquotienten der Grünsirupe ist für das Nachproduktenverfahren und — neben dem Wassergehalt der Füllmasse — auch auf die Ausbeute an Rohzucker aus der Füllmasse von grundlegender Bedeutung.

Je reiner der Sirup, desto mehr Zucker enthält er und desto mehr Zucker muß erst im Nachproduktenverfahren gewonnen werden; — dieser Zucker geht aber auch für das Erstprodukt verloren.

Diese Fragen wurden wegen ihrer Wichtigkeit eingehend studiert und sollen hier nach allgemeinen chemischen Gesichtspunkten dargelegt werden. Zunächst sei der „Betrachtungen über die rationelle Ausbeutung der Rübenfüllmasse" Hullas aus dem Jahre 1883 gedacht. Gilt auch nicht mehr alles für die heutigen Verhältnisse, was Hulla in dem genannten Jahre behauptete, so bietet diese Arbeit genug Interessantes, um noch heute gelesen zu werden (Z. V. d. Zuckerind. 1883, S. 300).

Er geht von einer Durchschnittsfüllmasse aus, die folgendermaßen zusammengesetzt ist: Wasser 5,50%, Trockensubstanz 94,50, Zucker 84,11, Quotient 89,0 (man vergleiche die Quotienten der Tabelle Nr. 111). Für die Durchschnittszusammensetzung des erzielten Rohzuckers I. Produkt nimmt Hulla an: Zucker 95,0%, Wasser 2,0, Asche 1,4, org. Nichtzucker 1,6, Quotient 96,94, Rendement 88,0. „Ferner wird angenommen, daß der von den Zentrifugen ablaufende Sirup einen Quotienten von 71,0 zeigt, was ebenfalls der Praxis entspricht, und daß man ohne jeden Maischzusatz gearbeitet hat." Unter diesen Annahmen gelangt Hulla zu einer theoretischen Zuckerausbeute von 66,92 % Rendementware auf Füllmasse. Diese Zahl stellt das Maximum dar; die Praxis muß sich mit einer geringeren Ausbeute begnügen. Nun wendet sich Hulla der Beantwortung folgender höchst wichtigen Frage zu: „Was übt einen nachteiligen Einfluß auf die Ausbeute und wodurch kann man dieselbe vergrößern?" Allgemein wird angenommen: Mit der Reinheit der Füllmasse steigt auch die Ausbeute, mit steigendem Wassergehalt fällt letztere. Nun berechnet Hulla die Verhältnisse, wenn der Reinheitsquotient der Füllmasse um 1 % fällt (von 89 auf 88 der Annahme); dadurch konstatierte er eine Minderausbeute um 3,72 % an Rohzucker. Steigt der Quotient — bei sonst gleichbleibenden Verhältnissen — um 1 %, also auf 90, so berechnet Hulla eine Ausbeute von 70,63 %; das ist ein Plus von 3,71 % gegen die Füllmasse von 89 % Quotient.

Quotient der Füllmasse	Ausbeute an Rohzucker %	Sirup der Füllmasse %
88,0	63,20 der Füllmasse	36,80
89,0	66,92 der Füllmasse	33,08
90,0	70,63 der Füllmasse	29,37
	Rendement 88,0	Q = 71,0

Auf diese Weise erklärt sich das rapide Fallen der Ausbeute gegen das Ende der Kampagne (Rückgang des Füllmassequotienten). Es erhellt auch die hohe Wichtigkeit, die Säfte auf das beste zu reinigen. Eine Ausbeute von 70 % hält jedoch Hulla für unmöglich, da, wie es in einer Fußnote heißt, „eine solche Füllmasse jedoch jetzt nicht vorkommt; denn wenn der Quotient des Rübensaftes bloß 76—78 und auch darunter beträgt, kann man die Säfte mit den gewöhnlich in Anwendung gebrachten Mitteln bis 90 Quotient nicht reinigen". Hulla konnte allerdings nicht wissen, daß heute schon die Diffusionssäfte einen solchen Quotienten aufweisen, wie seine Füllmassen damals besaßen. Ein sehr charakteristischer Ausspruch, woran man die Fortschritte der Zuckerindustrie in den letzten drei Jahrzehnten erkennt.

Den Nachteil eines Wasserzusatzes zur Maische berechnete Hulla zu 1,2 % Minderausbeute an Zucker bei nur 0,5 proz. Wasserzusatz, auf Füllmasse bezogen. Dabei stieg der Quotient des Grünsirupes von 71 auf 72. Zucker wird gelöst, es resultiert ein dünnerer, reinerer Grünsirup, und dazu in größerer Menge. Umgekehrt steigt die Ausbeute an Zucker, je größer die Trockensubstanz der Füllmasse ist.

Es ist klar, daß, je weiter die Konzentrierung der Füllmasse getrieben, desto weniger Füllmasse auf Rübe gerechnet, resultieren wird. Hulla findet folgendes: Hätte man von einer auf 5,5% Wassergehalt eingekochten Füllmasse aus der Rübe 11% erhalten, so würde nach dem Eindicken derselben auf 4,5% Wasser bloß 10,88% aus der Rübe resultieren. Aus letzter Füllmasse erzielt man 67,62% Rohzucker gegen 66,92% aus der weniger konzentrierten Füllmasse, gleichbleibende Verhältnisse vorausgesetzt. Hulla kommt aber rechnerisch zu dem Resultat, „welches wohl sehr wenige geahnt hätten; denn allgemein heißt es, so dick als möglich ablassen". Er findet nämlich, auf Rübe gerechnet, in beiden Fällen eine gleichgroße Ausbeute (sowohl aus der dickeren wie aus der dünneren Füllmasse).

Erster Fall: Füllmasse mit 5,5% Wasser; auf Rübe 11% Ausbeute an Zucker, auf Füllmasse 66,92% Zucker. Dieser Zucker auf Rübe umgerechnet ergibt $\frac{11 \times 66{,}92}{100} = 7{,}3604\ \%$[1].

Zweiter Fall: Füllmasse 4,5% Wasser; auf Rübe 10,8848% (siehe oben), Ausbeute an Zucker 67,62%. Dies auf Rübe gerechnet $\frac{10{,}8848 \times 67{,}62}{100} = 7{,}3603\%$ — also in beiden Fällen fast gleich viel.

Hulla tritt aus praktischen Gründen einem allzu strammen Eindicken der Füllmassen entgegen.

Schließlich stellt Hulla folgende Grundsätze für eine rationelle Zentrifugenarbeit auf: sorgfältigste Säftereinigung, um einen hohen Quotienten der Füllmassen zu erzielen; Füllmassen mit hartem und gleichartigem Korn erzeugen; nur so stramm ablassen, daß man nicht zu maischen braucht und, wenn doch, so nur mit dem ablaufenden Sirup und nicht mit Wasser.

Es ist nur zu beachten, den Maischsirup nicht zu sehr zu verdünnen, und überhaupt darauf zu sehen, daß die gemaischte Füllmasse so dick als möglich ist.

Hulla legt also sehr großen Wert auf einen möglichst hohen Reinheitsquotienten der Füllmasse. Dies tat schon früher auch Suchomel (1887). — Dem tritt Neumann entgegen (Über die Ergiebigkeit der Füllmasse, Z. f. d. Zuckerind. i. B. 1892, S. 287). Er betont, daß die Ergiebigkeit, d. i. Quantität Erstprodukt, das aus der Füllmasse gewinnbar ist, eine Funktion sowohl der chemischen wie der physikalischen Beschaffenheit der Füllmasse sei. Auf die physikalische Beschaffenheit der Füllmasse vergaß auch Schneider bei seiner „Berechnung der Menge der kristallisierten Zucker und der möglichen Ausbeute an Rohzucker" (Organ XXIV, 1886, S. 558). Das gebildete Feinkorn der Füllmasse ist für den ersten Wurf mehr oder weniger verloren.

[1]) Vom Verfasser nachgerechnet, ergibt sich eigentlich 7,3612.

Die Menge dieses Kornes läßt sich durch Rechnung finden, und zwar aus der Zusammensetzung des Grünsirupes und dem Kristallgehalte der Füllmasse, bzw. aus der Differenz der vorhandenen und der gewonnenen Kristalle. Ohne auf die interessanten Überlegungen Schneiders einzugehen, sei seine Tabelle wiedergegeben.

Tabelle Nr. 112.

Tabelle der möglichen Ausbeute an 95proz. Rohzucker aus Füllmassen mit verschiedener Reinheit und gleichem Wassergehalt 6, bei konstantem Quotienten 73 des Ablaufsirups.

Nz. = Nichtzucker, W. = Wasser, Q. = Quotient

100 Füllmasse				Mögliche Ausbeute an 95 % Rohzucker %	Zucker in Kristallform	An Kristallen haftender Sirup	Ablauf-Sirup	Zuckergehalt des Sirups in %	Quot. des Sirups
Zucker %	Nz. %	W. %	Q.						
81,78	12,22	6	87	56,719	48,7407	7,9785	43,2807	64,455	73
82,72	11,28	6	88	60,600	52,2222	8,3778	39,4000	63,833	73
83,66	10,34	6	89	64,407	55,7037	8,7033	35,593	63,112	73
84,13	9,87	6	89,5	66,341	57,4444	8,897	33,6585	62,708	73
84,60	9,40	6	90,0	68,226	59,1851	9,0410	31,7737	62,268	73
85,07	8,93	6	90,5	70,100	60,926	9,171	29,90	61,790	73
85,54	8,46	6	91,0	71,954	62,666	9,288	28,046	61,268	73

Ein Jahr später erschien eine Studie Schneiders „Über die Zusammensetzung der Füllmassen und des Rohzuckers mit Rücksicht

Tabelle

Zusammensetzung der Füllmassen in bezug auf den Aggregatzustand

Der totale Zuckergehalt der Füll-

100 Füllmasse				70,0		70,5		71,0	
Zusammensetzung				in 100					
Zucker	Nichtzucker	Wasser	Quotient	im kristallisierten Zustande	im Sirup gelöst	im kristallisierten Zustande	im Sirup gelöst	im kristallisierten Zustande	im Sirup gelöst
82,72	11,28	6	88	56,4000	26,3200	55,7627	26,9573	55,1131	27,6169
83,19	10,81	6	88,5	57,9666	25,2233	57,3560	25,8340	56,7241	26,4658
83,66	10,34	6	89,0	59,6334	24,0266	58,9593	24,7007	58,3448	25,3152
84,13	9,87	6	89,5	61,1000	23,0300	60,5424	23,5876	59,9655	24,1645
84,60	9,40	6	90,0	62,6667	21,9333	62,1356	22,4644	61,5862	23,0138
85,07	8,93	6	90,5	64,2333	20,8367	63,7288	21,3412	63,2276	21,8424
85,54	8,46	6	91,0	65,8000	19,7400	65,3220	20,2180	64,8276	20,7124
86,01	7,99	6	91,5	67,3667	18,6433	66 9152	19,0947	66,4583	19,5517
86,48	7,52	6	92,0	68,9333	17,5467	68,1695	18,3105	68,0690	18,4110

auf den Aggregatzustand der Bestandteile". Die Analyse einer Füllmasse sagt nur etwas über ihren totalen Zuckergehalt aus; die Polarisation allein gibt keine Andeutung über den Zucker in Kristallform, also über den direkt gewinnbaren und den im Muttersirup gelösten. Für den Kristallgehalt einer Füllmasse stellte Schneider in der erstgenannten Arbeit folgende Formel auf:

$$K = Z - \frac{z \times NZ}{nz}$$

wobei bedeuten K = Kristallgehalt, Z = Polarisationszucker, NZ = Nichtzucker } in 100 Füllmasse

z und nz den Zucker- bezw. Nichtzuckergehalt in 100 Trockensubstanz der Mutterlauge oder des Ablaufsirups. Danach repräsentiert sich der Kristallgehalt der Füllmasse als Differenz zwischen Gesamtzucker und jenem Zucker, welcher durch den anwesenden Nichtzucker am Kristallisieren gehindert wird. Ändert sich aus irgendeinem Grunde die Reinheit der Mutterlauge, so ändert sich auch entsprechend der Aggregatzustand des Zuckers (quantitativ). Dies zeigt Tabelle Nr. 113. Schneider nimmt unausgesprochen an, daß der Grünsirup der Fabrikation identisch mit dem Muttersirupe der Füllmasse ist.

Daß dies nicht der Fall sein kann, wurde oben gezeigt.

Schneider setzte seine Studien fort (Oe. Z. f. Zuckerind. XX, 1891, S. 18; XXI, 1892, S. 106). Die Ausbeute gestaltet sich nach

Nr. 113.

des Zuckers bei den angeführten Quotienten der Mutterlauge.

massen ist bei der Reinheit des Sirups:

71,5		72,0		72,5		73,0		73,5	
Füllmasse enthalten:									
im kristallisierten Zustande	im Sirup gelöst	im kristallisierten Zustande	im Sirup gelöst	im kristallisierten Zustande	im Sirup gelöst	im kristallisierten Zustande	im Sirup gelöst	im kristallisierten Zustande	im Sirup gelöst
54,4210	28 2989	53,7143	29,0057	52,9818	29,7382	52,2222	30,4978	51,4339	31,2861
56,0702	27,1198	55,3928	27,7971	54,6909	28,4991	53,9629	29,2270	52,2075	30,9825
57,7193	25,9407	57,0714	26,5886	56,4000	27,2600	55,7037	27,9563	54,9811	28,6789
59,3684	24,7616	58,7500	25,3800	58,1091	26,0209	57,4444	26,6856	56,7547	27,3753
61,0175	23,5824	60,4286	24,1714	59,8182	24,7818	59,1852	25,4148	58,5283	26,0717
62,6666	22,4033	62,1071	22,9628	61,5273	23,5427	60,9259	24,1441	60,3019	24,7681
64,3158	21,2242	63,7857	21,7543	63,2264	22,3136	62,6666	22,8733	62,0755	23,4645
65,9649	20,0451	65,4643	20,5457	64,9454	21,0645	64,4074	21,6026	63,8490	22,1609
67,2631	19,2169	67,1443	19,3357	66,6582	19,8218	66,1481	20,3318	65,6226	20,8573

(Organ XXV, 1887, S. 477.)

diesen günstiger, wenn man mit der Konzentration der Füllmasse nicht zu weit geht. Wenn auch der Muttersirup durch weitergehendes Verkochen an Reinheit verliert und somit die Kristallisation und Ausbeute fördern würde, so hört doch alsbald die Bildung des technisch gewinnbaren Kornes auf, Feinkorn entsteht und geht in den Grünsirup über. So bleibt die absolute Ausbeute dieselbe. Ein übertriebenes Einkochen hat demnach keinen Zweck.

Aus alledem geht hervor, daß man bald einsah, daß die chemische Zusammensetzung einer Füllmasse allein nicht genügend über ihre Qualität informiert.

Die Ergiebigkeit wird wohl abhängen von der Polarisation und vom Wassergehalt der Füllmasse, also von ihrem Quotienten; dazu kommen aber noch die physikalischen Faktoren. Gleichartigkeit der Korngröße, harte, scharfkantige Kristalle, geringe Viskosität des Nichtzuckers sind Bedingungen für eine günstige Schleuderarbeit und Ausbeute an Erstprodukt. K. C. Neumann fand in sechs verschiedenen Fabriken Böhmens (siehe die schon zitierte Arbeit) Ausbeuten von 68,7—72,62% Erstprodukt auf Füllmasse. Die diesen beiden Grenzwerten der Ausbeute entsprechenden Füllmassen und Zucker sowie der ablaufende Grünsirup hatten folgende Zusammensetzung:

	Füllmasse	Erstprodukt	Grünsirup	Füllmasse	Erstprodukt	Grünsirup
Wasser . . . . %	5,38	0,86	14,97	4,26	0,83	13,09
Trockensubstanz . . . . . %	94,62	99,14	85,03	95,74	99,17	86,91
Polarisation . . . . %	87,60	97,30	63,05	87,60	96,30	62,44
Wirklicher Quotient	92,58	98,15	74,15	91,50	97,10	71,84
Rendement	—	93,55	—	—	90,45	—
Ausbeute an I. Produkt . . %	—	68,7	—	—	72,62	—
Ausbeute von 88 Rdt. . . .	—	73,03	—	—	74,63	—

(Z. f. Zuckerind. i. B. XVI, 1891/92, S. 287.)

So wie Neumann diese Daten veröffentlichte, waren sie nicht direkt vergleichsfähig. Zu diesem Zweck berechnete der Verfasser die Rendements der beiden Zucker. Da aber die Bestimmung der Asche fehlte, wurde sie unter Zugrundelegung des für die Kampagne 1891/92 (die Arbeit erschien im Jahre 1892) von Štěrba angegebenen Nichtzuckerverhältnisses 1 : 1,46 (siehe S. 490) für die böhmischen Zucker berechnet und beide Ausbeuten auf Basis 88% Rendement bezogen. Dem geringeren Wassergehalt der Füllmasse und dem geringeren Reinheitsquotienten des Grünsirups entspricht die größere Ausbeute.

Dieselben Beziehungen gehen aus Claassens Arbeiten hervor. Bei gleichem Wassergehalte der Füllmasse (6%) und einem Grünsirup von 72 Reinheit entsprechen folgende Ausbeuten, je nach der Reinheit der Füllmasse.

Reinheit d. Füllm.	Ausbeute an Rohzucker von 92% Rendement
90	66,4
91	70,1
92	73,8
93	77,5
94	81,2
95	84,9

Der Steigerung der Füllmassereinheit um je 1% entspricht eine Ausbeuteerhöhung von 3,7%.

Bei gleicher Reinheit der Füllmasse von 91 vermindert sich die Ausbeute an Zucker mit dem Steigen der Grünsirupreinheit.

Sirupreinheit	Ausbeute
72	70,1
73	69,1
74	67,9
75	66,7

Mit der Steigerung der Sirupreinheit um 1% fällt die Ausbeute um annähernd denselben Betrag.

23. Kapitel.

Chemie des Rohzuckers.

a) Zusammensetzung und Eigenschaften des Rohzuckers.

Der aus der Zentrifuge kommende Rohzucker besteht aus fast reinen Zuckerkristallen, die von einer dünnen Schicht zäh anhaftenden, gelb bis braun gefärbten Sirups eingeschlossen sind. Die Sirupschichte läßt sich durch die intensivste Schleuderung nicht abschleudern; sie haftet infolge Adhäsion an den Kristallen fest an. Die Farbe des Rohzuckers setzt sich zusammen aus der Farbe der Zuckerkristalle und der Farbe des anhaftenden Sirupes. Auf die Farbe des Rohzuckers hat die Art der Rübenverarbeitung einen großen Einfluß; eine gut geleitete Reinigung der Säfte ist die erste Bedingung für eine lichte Farbe. Allerdings kann diese auch auf künstliche Weise erzeugt werden. Man muß daher die natürliche Farbe von der künstlichen unterscheiden. Dies ist der Grund dafür, daß die Güte eines Rohzuckers nicht allein nach seiner Farbe zu beurteilen ist. Für die Raffination kommt mehr die Farbe der Zuckerkristalle als die des Sirupes in Betracht. Bei dunkleren Zuckern kann die Farbe der Zuckerkristalle oft eine lichtere sein als bei hellen. Im ersten Falle war der anhaftende Sirup nur dunkler gefärbt, im zweiten Falle verdeckte die lichtere Sirupfarbe die etwas dunklere Farbe der Kristalle.

Spielt die Farbe der Zuckerkristalle ins Gelbliche, so wird sie leicht im Raffinationsprozeß entfernt und schadet nicht weiter.

Gefährlich dagegen ist ein grauer Stich der Kristalle. Die Farbe des Rohzuckers hängt auch ab von den in der Verdampfung herrschenden Verhältnissen. Nach Felcmann sind es Zersetzungsprodukte des Zuckers, die Huminsubstanzen, die diese Färbung veranlassen (Kalisalz der Ulmin- und der Melassinsäure). Die Höhe der Temperatur in den einzelnen Körpern, die Konzentration des Saftes, die Größe seiner Alkalität u. a. sind Faktoren, von denen die Zersetzungsprodukte und mithin die Farbe des Rohzuckers abhängt.

Über den anhaftenden Sirup stellte Claassen Untersuchungen an (Tabelle Nr. 114). Die Sirupschichten wachsen bei der Arbeit mit dem Nachziehen von Sirupen ins Rohzuckervakuum auf 0,10—0,13 mm an.

Tabelle Nr. 114.

	Rohzucker 92° R.			Rohzucker 88° R.		Nachprodukte 78° R.	
	sehr grob-körnig	grob-körnig	fein-körnig	grob-körnig	fein-körnig	grob-körnig	fein-körnig
Kristalle in 1 g Zucker mg	920	920	920	880	880	800	800
Anzahl der Kristalle in 1 g.	800	1200	2500	1200	2900	3500	8000
Gewicht eines Kristalls mg	1,15	0,75	0,37	0,73	0,30	0,23	0,10
Oberfläche eines Kristalls mm²	4,7	3,5	2,2	3,5	1,9	1,6	0,9
Oberfläche der Kristalle in 1 kg Zucker . . . . m²	3,7	4,2	5,5	4,2	5,5	5,6	7,2
Sirup in 1 kg Zucker . . g	80	80	80	120	120	200	200
à 1,45 spez Gew. = cm³	55	55	55	83	83	138	138
Dicke der Sirupschicht mm	**0,015**	**0,013**	**0,010**	**0,020**	**0,015**	**0,025**	**0,019**

Koydl nimmt die Sirupschichte mit rund 0,025 mm an, macht aber darauf aufmerksam, daß sich der größte Teil des Sirupes in den einspringenden Ecken der immer vorhandenen Viellinge zusammenzieht und hier wesentlich stärkere Schichten (0,008—0,2 mm) bildet.

Was die chemische Zusammensetzung dieses Siruprestes anbelangt, wird oft angenommen, sie wäre identisch mit der des ablaufenden Grünsirupes. Das gilt aber nur für die Zeit während des Schleuderns der Füllmasse und kürzere Zeit darauf. Man ist genötigt anzunehmen, daß in der Zusammensetzung dieses dem Rohzucker anhaftenden Sirupes Veränderungen eintreten, so daß er dann nicht mehr seine frühere Zusammensetzung hat. Der Muttersirup (Grünsirup) ist eine gesättigte, mit Nichtzucker verunreinigte Zuckerlösung, deren Zusammensetzung mit Rücksicht auf die Aggregatform des Zuckers der vorhandenen Temperatur entspricht und bis zu einem gewissen Grade von dieser abhängt, so zwar, daß beim Sinken der ursprünglichen Füllmassetemperatur ein Teil dieses Zuckers aus dem Sirup auskristallisieren kann — der Rohzucker noch in der Füllmasse gedacht. Schneider bestimmte die Reinheit des anhaftenden Zuckersirupes (Methode Scheibler siehe S. 481) zu 63,03. Der Zucker stammte aus einer Füllmasse von 90 Reinheit, der Ablaufsirup hatte eine solche von 72. Versuche mit anderen Zuckern führten zu ähnlichen Resultaten, die mit der üblichen Ansicht in Widerspruch standen. Der Zucker des Sirupes, der ursprünglich dieselbe Reinheit wie der Muttersirup hatte, ist auskristallisiert und die Sirupreinheit auf Melassequotienten gesunken. Dies geschieht infolge von Abkühlung, begünstigt dadurch, daß der Rohzuckerkristall gleichsam als Anregekristall funktioniert. Koydl fand Sirupquotienten bis 54.

Im vorangegangenen wurde der Rohzucker mehr als physikalisches Individuum angesehen; nun soll seine chemische Beschaffenheit besprochen werden.

b) Nichtzucker des Rohzuckers.

Der Nichtzucker des Rohzuckers setzt sich zusammen aus anorganischem und organischem und hat überwiegend im Zuckersirup seinen Sitz.

Tabelle Nr. 115a.

	Kohlrausch	Grouwen	Heidepriem		
	%	%	%	%	%
Kohlensäure	20,96	22,87	25,73	26,38	20,82
Kieselsäure (bzw. Sand)	1,53	0,72	0,95	0,08	0,43
Schwefelsäure	7,97	17,63	6,29	5,76	9,18
Chlor	7,62	4,48	4,10	5,72	8,21
Phosphorsäure	2,51	—	0,24	0,24	0,26
Eisenoxyd und Tonerde	0,99	—	0,32	0,28	0,24
Kalk	4,54	6,53	3,52	1,06	8,94
Magnesia	1,73	—	0,17	0,08	0,53
Kali	35,09	25,65	50,88	47,40	42,37
Natron	19,96	21,62	7,50	14,82	9,03
Summa	101,90	99,50	99,34	101,82	100,01
Ab der dem Chlor entsprechende Sauerstoff	1,72	1,01	0,92	1,26	1,85
	100,19	98,49	98,42	100,56	98,16

Tabelle Nr. 115b.

Basen und Säuren von Tabelle Nr. 115a aufeinander umgerechnet.

	Kohlrausch	Grouwen	Heidepriem		
	%	%	%	%	%
Kieselsäure	1,53	0,72	0,59	0,08	0,43
Phosphorsaures Eisen	1,87	—	0,51	0,50	0,49
Zweibasisch phosphorsaure Magnesia	1,98	—	—	0,03	—
Schweselsaure Magnesia	3,04	—	0,51	0,21	1,59
Schwefelsaurer Kalk	10,11	15,86	8,55	2,58	13,82
Schwefelsaures Natron	—	14,78	1,45	7,28	—
Chlorkalzium	0,74	—	—	—	—
Chlornatrium	11,78	7,38	6,75	9,42	13,53
Kohlensaures Kali	51,44	37,62	74,64	69,53	62,16
Kohlensaures Natron	11,10	19,20	4,74	10,23	2,48
Natron	7,23	—	0,52	0,66	0,40
Kalk	—	—	—	—	3,25
Kohlensäure	—	2,93	—	—	—
Summa	100,82	98,49	98,26	100,52	98,15

Der anorganische Nichtzucker, die Asche der Rübe und somit des Rohsaftes, wird nur zum geringsten Teile durch die Saftreinigung und die weiteren Manipulationen entfernt; er häuft sich demnach immer mehr in den Säften an, geht beim Verkochen des Dicksaftes in den Sirup der Füllmasse und beim folgenden Abschleudern in den Grünsirup über. Da aber auch am Rohzucker Sirup haften bleibt, wird sich hier die Asche vorfinden. Die Tabellen Nr. 115a und 115b zeigen Analysen von Karbonataschen älterer und neuerer Rohzucker.

Diese Analysen sind einem Aufsatze Kohlrauschs aus dem Jahre 1873 (Organ) entnommen.

Karbonatasche von 185 Rohzuckern nach Lippmann im Jahre 1881:

Kali	50,87
Natron	9,13
Kalk	1,90
Magnesia	0,23
Eisenoxyd und Tonerde	0,12
Kupfer	Spur
Mangan	deutliche Spur
Kohlensäure	26,67
Chlor	7,92
Schwefelsäure	2,04
Phosphorsäure	0,31
Kieselsäure	0,10
	99,29

Vergleicht man alle Aschenbestandteile miteinander, so sind folgende in den größten Mengen vorhanden: Kali 25,65—50,88, Natron 7,50—19,96, Chlor 4,10—8,21, also gerade die „schädlichen" Aschenbestandteile, dazu noch Schwefelsäure mit 2,04—17,63% der Karbonatasche.

Die anderen Bestandteile sind in viel geringeren Mengen anwesend. Auf den Zucker bezogen, reduzieren sich diese Zahlen bedeutend. In einem Erstproduktzucker mit 1% Asche wäre im Mittel enthalten:

Kali	0,382%
Natron	0,137
Chlor	0,061
Schwefelsäure	0,098
Kalk	0,050
Magnesia	0,009
Eisenoxyd und Tonerde	0,005
Kieselsäure	0,007
Phosphorsäure	0,013,

welche Zahlen nur annähernd gelten. In welcher Menge die Gesamtasche im Rohzucker vorkommen kann, werden die vielen Rohzuckeranalysen dieses Kapitels zeigen. Ebenso den verschiedenen Gehalt an Wasser, das in jedem natürlichen, d. h. nicht künstlich getrockneten Zucker vorkommt.

Erwähnung soll hier finden, daß im Rohzucker auch Arsen gefunden wurde; allerdings in sehr geringen Mengen, aber doch in solchen, daß dem englischen Nahrungsmittelgesetz zufolge, das mehr als einen Teil Arsen auf zwei Millionen Teile Zucker nicht gestattet, der Zucker nicht lieferbar war. In solchen von England beanstandeten deutschen Rohzuckern fand Herzfeld 0,00005% und 0,001% Arsen; auch in Sirupproben wurde Arsen gefunden.

Das Arsen kam hauptsächlich im Sirupe des Rohzuckers vor, nicht in den Kristallen. Herzfeld nahm als Quellen für das Arsen an: 1. die dem gebrannten Kalk anhaftende Koksasche, 2. das Saturationsgas. Für letzteres sprachen dann die angestellten Versuche. Arsen, als flüchtiger Aschenbestandteil des Koks, wird sich — wie anzunehmen ist — in der Flugasche finden und im Laveur niedergeschlagen werden. Das Waschwasser wird aber den größten Teil der flüchtigen Arsenverbindungen des Saturationsgases lösen. Tatsächlich fanden Herzfeld und Lange in solchen Waschwässern aus verschiedenen Fabriken sowie in dem suspendierten Rückstande derselben große Arsenmengen.

Für diesen einzelnen Fall war anzunehmen, daß die Laveure nicht genügend mit Waschwasser bedient wurden; dadurch übergingen die flüchtigen Arsenverbindungen und arsenhaltige Flugasche mit dem Saturationsgase in den Saft und gelangten bis in den Rohzucker (Z. V. d. Zuckerind. 1911, S. 365).

Von organischem Nichtzucker hat besonders Raffinose in letzter Zeit Gegenstand zahlreicher Untersuchungen gebildet.

Die Frage nach dem Vorhandensein von Raffinose im Rohzucker — es soll im ganzen Zusammenhange nicht nur an I. Produkt gedacht sein — ist schon eine alte.

Auf Seite 99 wurden die Ergebnisse Strohmers über das Vorkommen dieses Kohlenhydrates kurz gestreift; hier soll die bezügliche Literatur näher gewürdigt werden. Im Jahre 1892 arbeitete Herzfeld ein Gutachten „Über die zweckmäßige Art der Wertschätzung des Rohzuckers“ (Z. V. d. Zuckerind. 1892, S. 147) aus.

Herzfeld kommt auf Grund seiner ausführlichen Untersuchungen zu folgenden Schlüssen:

1. Das Vorkommen der Raffinose in nachweisbaren Mengen beschränkt sich auf Nachprodukte mancher Melasseentzuckerungsverfahren. Wo sonst Raffinose vermutet, bzw. nach der Raffinoseformel der Inversionsmethode gefunden wurde, ist, wie sich jetzt herausgestellt hat, gar keine vorhanden gewesen, sondern der Analytiker durch die Unvollkommenheit der üblichen Untersuchungsmethode auf Raffinose irregeführt worden.

2. Äußere Kennzeichnen, abgesehen von der spitzen Kristallform, welche auf das Vorhandensein von Raffinose führen, gibt es nicht; aber auch die spitze Kristallform ist eine sehr trügerische, da sie häufig

durch andere Ursachen als Raffinose, insbesondere durch Kalksalze hervorgerufen wird.

3. Sehr raffinosereiche Produkte neigen bei der Verarbeitung in der Raffinerie etwas mehr zur Invertzuckerbildung als normale Rohzucker; im übrigen beeinträchtigt aber die Raffinose die Ausbeute an raffiniertem Zucker viel weniger als die meisten anderen in dem Rohzucker, bzw. in der Melasse vorkommenden Nichtzuckerstoffe.

Über Raffinose als Melassebildner wird später die Rede sein (S. 549).

Von den Überhitzungsprodukten und jenen Körpern, die Raffinose vortäuschen (Abbauprodukte des Invertzuckers durch Alkalien), ist besonders das Saccharin hervorzuheben. Es ist in normalen Produkten in Form von saccharinsauren Salzen linksdrehend, wird durch Inversion rechtsdrehend und täuscht so Raffinose vor.

Diese Substanzen haben also nicht nur die Eigenschaft, nach der Kupfermethode als Zucker zu erscheinen, sondern auch mittels der üblichen Raffinoseformel zum Teil als Raffinose gefunden zu werden. Die Überhitzungs- und Zersetzungsprodukte des Zuckers entstehen während des Betriebes, finden sich in den letzten Produkten angehäuft, und zwar in umso höherem Maße, je mehr Abläufe erzeugt und wieder verarbeitet und je öfter und stärker dieselben erhitzt werden. Daher kommt es, daß viele Praktiker zu der Ansicht verleitet wurden, die Raffinose entstehe im Betriebe. Die Resultate der jetzt üblichen Inversionsmethode lassen es dahin gestellt, ob in dem betreffenden Produkt wirklich Raffinose vorhanden ist oder ob Zersetzungsprodukte des Zuckers die Resultate der Untersuchung beeinflußt haben. Derartige, die Inversion beeinflussende Körper finden sich besonders reichlich angehäuft in Produkten, welche aus durch Frost oder Fäulnis alterierten Rüben dargestellt sind, deren Invertzuckergehalt bei der Kalkscheidung unter Bildung von Saccharin und anderen bei der Inversion sich ähnlich verhaltenden Substanzen zerstört worden ist.

Was die Verbreitung der Raffinose in den Produkten der Rübenzuckerfabrikation betrifft, so findet sie sich selten und nur in sehr geringen Mengen fest in diesen, sondern zumeist gelöst in Sirupen; deshalb sind weiße Zucker, welche durch Abdecken von Rohzucker gewonnen worden sind, in der Regel frei davon. Eine Ausnahme machen manche weiße Strontianitzucker, doch ist der Raffinosegehalt selten 0,33%. Im Rohzucker der reinen Rübenarbeit, ohne gleichzeitige Melasseentzuckerung, pflegt nur eine äußerst geringe Menge Raffinose vorhanden zu sein. Daß reichliche Mengen wirklicher Raffinose auch in Erstprodukten von 94 bis 97 Pol. vorkommen, ist natürlich, da sie der Rübe entstammt; Herzfeld hat auch in einigen Fällen mittels Methylalkohols den anhaftenden raffinosehaltigen Sirup aus Erstprodukten gewonnen, daraus nach dem Strontiansaccharatverfahren Zucker und Raffinose gefällt und in der Saccharatfüllmasse durch Inversion und mittels der Schleimsäuremethode letztere nachgewiesen.

Pellet hingegen ist der Ansicht, daß alle Rüben mehr oder weniger Raffinose enthalten, welche sich dann in den letzten Produkten anreichert. An die Überhitzungsprodukte im Rohzucker glaubt Pellet nicht, da man gegenwärtig den Zucker sehr rasch erzeugt und die Säfte viel kürzere Zeit in der Verdampfstation und in den Vakuen verweilen.

Im Zusammenhange mit der Raffinose ist dem Nichtzuckerverhältnisse, wie es in den Tabellen über die Zusammensetzung von Rohzuckern berechnet ist, Aufmerksamkeit zu schenken. Der Nichtzucker des Rohzuckers besteht aus organischen Bestandteilen (O) und anorganischen, die durch die Asche bestimmt werden (A). Das Verhältnis O/A wurde schon vor langer Zeit von Gawalovski zur Beurteilung der Qualität herangezogen. In neuerer Zeit jedoch wurde es mit dem Vorhanden- oder Nichtvorhandensein von Raffinose im Zucker in Zusammenhang gebracht.

Englische Chemiker schlugen auf der Raffinosekonferenz in Berlin 1910 vor, jeden Rohzucker auf Raffinose zu prüfen, in welchem das Verhältnis O/A kleiner als 1,5 ist; diese Annahme wurde von den nichtenglischen Teilnehmern nicht geteilt. In einer Studie prüfte Strohmer verschiedene Zucker auf ihr Nichtzuckerverhältnis und ihren Raffinosegehalt und kam auch zu Resultaten, welche die Anschauung der englischen Chemiker widerlegen.

Tabelle Nr. 116.

Untersuchung von Erstprodukten								Nachprodukte		Zucker a. Melasseentzuckerungsanstalten	
$\frac{O}{A}$	Raff.	$\frac{O}{A}$	Raff.	$\frac{O}{A}$	Raff.	$\frac{O}{A}$	Raff.	$\frac{O}{A}$	Raff.	$\frac{O}{A}$	Raff.
1,77	0,32	1,55	0,22	1,47	0,12	1,13	0,20	0,91	0,02	1,49	0,41
1,82	0,15	1,54	0,26	1,45	0,24	1,13	0,06	0,83	0,00	1,39	0,55
1,86	0,20	1,50	0,01	1,43	0,24	1,12	0,01	—	—	0,94	1,03
2,35	0,09	1,50	0,00	1,36	0,16	1,10	0,04	—	—	0,56	2,65
—	—	1,50	0,12	1,27	0,14	1,05	0,06	—	—	—	—
—	—	1,50	0,10	1,22	0,25	1,02	0,04	—	—	—	—

Strohmer kommt zum Ergebnisse, „... daß in normalen Rübenrohzuckern Raffinose überhaupt in nennenswerten Mengen nicht vorhanden ist“. In beachtenswerten Mengen kommt diese Zuckerart nur in Zuckern vor, „welche ganz oder teilweise einem Melasseentzuckerungsverfahren entstammen; für solche Zucker ist auch die Annahme der englischen Chemiker zutreffend, indem bei diesen der Raffinosegehalt ein umso höherer ist, je kleiner der Quotient O/A ausfällt“. Es wäre also zwecklos, alle Zucker, in denen weniger als 1,5 Teile organischer Nichtzucker auf 1 Teil Asche enthalten sind — wie es die Engländer vorschlugen —, auf Raffinose zu untersuchen (Ö. U. Z. f. Zuckerind. XL, 1911, 442). Dasselbe bewies F. Sachs für belgische Rohzucker.

Früher dachte man, „spitze“ Kristallisation des Zuckers auf einen Raffinosegehalt der Kristalle zurückführen zu können, und fand dafür u. a. eine Stütze in den auf S. 96 angeführten Versuchen Tollens'. Aulard hingegen sah in gewissen Kalksalzen die Ursache dieser Erscheinung. „Spitze“ Zucker stammten hauptsächlich aus Ausscheidungsverfahren. Aulard bekräftigte seine Anschauung durch folgende Angaben: Werden in Ausscheidungssäften die löslichen Kalksalze entfernt, so entstehen Zucker von normalem Aussehen, obwohl die Raffinose quantitativ unverändert blieb.

Wulff bewies, daß die spitze Kristallform als Folge einer in Sirupen von eigentümlicher Beschaffenheit vor sich gehenden gestörten Kristallisation auftritt. Die eigentümliche Beschaffenheit wird sowohl von Raffinose als auch von anderen Nichtzuckern hervorgerufen (organische Kalksalze). Die organischen Kalksalze erhöhen die Viskosität der Sirupe und diese kann Kristallisationsstörungen hervorrufen.

Ähnlich äußerte sich Lippmann 1889 und Herzfeld 1892; doch ist diese Frage nicht mehr so aktuell, um ausführlicher erörtert werden zu müssen.

Von anderen organischen Nichtzuckern des Rohzuckers ist nicht viel zu sagen (Invertzucker siehe S. 90, Brenzkatechin S. 110, Pentosane S. 565).

Im Jahre 1880 fand Lippmann im Rohzucker Vanillin, das aromatische Agens der Vanille. Um diese Zeit und früher war es Tatsache, „daß manche Sorten Rohzucker einen ausgesprochenen Geruch und Geschmack nach Vanille" besaßen. Häufig war dasselbe schon in gut filtrierten Dicksäften der Fall. Lippmann extrahierte zur Erforschung dieser Erscheinung einen böhmischen Rohzucker, „welcher den Geruch und den Geschmack nach Vanille in so auffallendem Grade zeigte, daß dies selbst die Aufmerksamkeit der ... Arbeiter erregte; derselbe war grobkörnig, sehr hell und hatte ein französisches Rendement von 92". Er wurde (2 kg) in sehr wenig Wasser gelöst, mit verdünnter Salzsäure neutralisiert und wiederholt mit Äther ausgeschüttelt; nach dem Abdestillieren des Äthers verblieb eine ölige Flüssigkeit, die nach einer Reinigungsoperation schließlich zu Kristallen erstarrte. Durch Umkristallisieren rein erhalten, ergab sie durch ihre physikalischen und chemischen Eigenschaften die sichere Identität mit dem Vanillin. Dessen chemischer Charakter und Zusammensetzung werden leicht verständlich durch folgendes Schema:

$$\underset{\text{Benzol}}{C_6H_6} \rightarrow \underset{\text{Benzoësäure}}{C_6H_5 \cdot COOH} \rightarrow \underset{\substack{\text{Dioxybenzoësäure}\\ \text{(Protokatechusäure)}}}{C_6H_3\begin{cases} COOH & 1 \\ OH & 3 \\ OH & 4 \end{cases}}.$$

Der Aldehyd dieser Säure (Protokatechualdehyd) hat die Formel

$$C_6H_3\begin{cases} COH \\ OH \\ OH \end{cases}$$; sein Methyläther ist das Vanillin.

$$C_6H_3\begin{cases} COH & 1 \\ O \cdot CH_3 & 3 \\ OH & 4 \end{cases}$$ Vanillin ist also der Methyläther des Protokatechualdehyds; es ist ein Oxaldehyd und gehört zur großen Gruppe der Benzolderivate (aromatische organische Chemie, S. 645).

Als Aldehyd wirkt es reduzierend, geht durch Oxydation in die Vanillinsäure und durch Reduktion in den Vanillinalkohol über. In der Natur kommt es vor, z. B. im Kambialsafte vieler Nadelhölzer als Koniferin, d. i. ein Glukosid, in manchen Harzen usw. Nun ist die Frage zu beantworten, wieso Vanillin in die Rohzucker kam. Lippmann beantwortete zuerst diese Frage nicht definitiv. „Nur soviel ist sehr wahrscheinlich und auch durch die praktischen Erfahrungen bestätigt, daß in der Einwirkung des Kalkes das Agens zu suchen ist, welches das Vanillin erzeugt oder vielleicht aus einer komplizierten Verbindung abspaltet." Dem Zucker als solchem spricht er die Mitwirkung bei der Bildung des Vanillins ab. Der Farbstoff der Rübe könnte wohl dabei eine Rolle spielen, doch bei der unbekannten Natur desselben könnten keine Beweise hierfür geführt werden. Stammer, der 1860 entsprechende, auf Versuchen basierende Erfahrungen machte, ist geneigt, „die Bildung oder Abspaltung des Vanillins der Einwirkung des Kalkes auf einen der meist noch kaum gekannten Bestandteile des Rübenzellgewebes oder der Interzellularsubstanz zuzuschreiben"; da einige dieser Körper im Rübensaft löslich oder aufquellbar sind, gelangen sie in den Diffusionssaft und somit zur Kalkeinwirkung in der Scheidung. Lippmann führt zur Bekräftigung seiner Annahme an, daß in den alkalischen Laugen, welche von der Zubereitung zerkleinerten Holzes für Zwecke der Papierfabrikation herrühren, Vanillin vorkommt.

Zwei Jahre später fand derselbe die wahre Ursache für das Vorhandensein von Vanillin. Wie schon oben gesagt, ist das Koniferin die Muttersubstanz des Vanillins; tatsächlich konnte Lippmann im Jahre 1882 das Vorkommen von Koniferin in den verholzten Geweben der Zuckerrübe nachweisen. Koniferin ist das Glykosid des Koniferylalkohols; beide Verbindungen geben durch Oxydation Vanillin. Koniferin kommt im Pflanzenreiche ziemlich verbreitet vor; nach Höhnel ist es ein konstanter Begleiter der Holzsubstanz. Sein Vorkommen in der Rübe ist daher nichts besonders Auffälliges.

Lippmann befreite Rübenschnitte verholzter Rüben durch Alkoholextraktion und folgendem Waschen mit kaltem Wasser vom größten Teile der löslichen Substanzen. Das zurückbleibende Koniferin wurde schließlich durch heißes Wasser in Lösung gebracht, die Lösung geklärt und eingedampft, wobei Geruch nach Vanillin auftrat. Aus dem entstehenden Sirupe schieden sich Koniferinkriställchen aus. Es ist hier nicht notwendig, die Gewinnung der reinen Kriställchen zu schildern, jedenfalls erwiesen sie sich als identisch mit dem Koniferin ($C_{16}H_{22}O_8$). Dieser Forscher ist aber der Ansicht, daß das Koniferin in größerer Menge als solches in der Rübe nicht vorkommt, sondern vielleicht erst durch Kochen sich aus dem Lignin bilde.

Das Koniferin geht bei der Diffusion in Lösung; in der Scheidung wird es durch Kalk zersetzt und bildet Vanillin, das wahrscheinlich, an Basen gebunden, in die Säfte gelangt. Möglich ist auch, daß das Koniferin noch im Rübenkörper einen Zerfall erfährt und Vanillin als solches dann im Rübensafte vorkäme (D. Z. 1882, 1241).

Jedenfalls ist es bemerkenswert, daß heute von einem Vanillegeruch oder -geschmack unserer Rohrzucker nichts zu hören ist. Es wird sich also in den früheren Jahren außer dem Koniferin um Rübenbestandteile gehandelt haben, die infolge der Rübenkultur heute in Rüben nicht mehr anzutreffen sind[1]).

c) Bewertung des Rohzuckers.

Vor der Entdeckung der Polarisation wurde der Rohzucker nach seiner Farbe, nach der Beschaffenheit des Kornes und nach seinem Wassergehalte bewertet. Nachdem später in der Polarisation ein Mittel gefunden wurde, den Zuckergehalt in den einzelnen Produkten leicht zu bestimmen, wurde sie für die Bewertung des Rohrzuckers herangezogen. Später wurde die Menge der Nichtzuckerstoffe berücksichtigt und besonders auch auf etwa vorhandenen Invertzucker und Raffinose das das Augenmerk gerichtet.

Gegenwärtig wird der Rohzucker nach dem „Rendement" gehandelt. Das ist seine Polarisation, vermindert um seinen fünffachen Aschengehalt. Diese Bewertung, von Emile Monnier eingeführt, berücksichtigt demnach nur die anorganischen Nichtzuckerstoffe. Der Koëffizient 5 wurde empirisch in der Raffinerie Say aus einer großen Anzahl vergleichender Analysen gefunden (1863).

Monnier fand bei seinen Untersuchungen in der Melasse gewöhnlich auf 10 Teile Asche 50 Teile Zucker; da also 1 Teil der ersteren 5 Teile Zucker in Lösung hält und so in die Melasse führt, glaubte er, durch fünfmaligen Abzug der Asche von der Polarisation des Zuckers der Melassebildung Rechnung zu tragen.

Über England kam das Rendement nach Deutschland, wo es Sostmann im Jahre 1866 einführte.

Aus Sostmanns diesbezüglicher Veröffentlichung (Z. V. d. Zuckerindustrie 1866, S. 703) sei folgendes hervorgehoben: Die Wertbestimmung des Rohzuckers nach seiner Farbe, seinem Korn und Wassergehalte ist, weil unzulänglich, zu verwerfen, nach seiner Polarisation allein nicht genügend. Er unterscheidet beim Rohzucker einen Brutto- und Nettowert. Letzterer ist „diejenige Zuckermenge, welche für den Raffinadeur wirklich gewinnbar ist". Sostmann schließt sich Monniers Theorie an und „müßte man demnach bei der Wertermittlung der Rohzucker für je ein Prozent der Salze fünf Prozent Zucker als ungewinnbar in Abzug bringen". Polarisiert ein Zucker 95 % und enthält er 1 % Salze, so ist 95 sein Bruttowert, 90 (95—5) sein Nettowert, d. h. diejenige Zuckermenge, welche wirklich kristallisiert gewinnbar ist.

Sehr ausführlich ist die Geschichte des Koëffizienten 5 sowie überhaupt die Geschichte des Rendements vom Rohzucker im dritten Teile der schon zitierten Arbeit Herzfelds „Über die zweckmäßigste

[1]) In jüngster Zeit hat sich ein „stark nach Vanillin" riechender Konsumzucker" gefunden. (Ö. U. Z. f. Zuckerind. XIII, 1913, S. 616.)

Art der Wertschätzung des Rohzuckers" dargelegt. Nur ist nach den Angaben Lippmanns eine kleine Berichtigung notwendig; schon im Jahre 1850, also lange vor Monnier, behauptete Péligot, die Salze machen je 5 Teile Zucker unkristallisierbar, und forderte, dies bei der Bewertung des Zuckers zu berücksichtigen.

Dieses Rendement verschaffte sich wohl allgemeinen Eingang, wurde aber gleich anfangs bekämpft. Im Koëffizienten 5, der die melassebildende Größe der Salze darstellen sollte, wurde keine wissenschaftlich begründete Zahl gesehen.

Im so bestimmten Rendement wurden nicht die organischen Salze berücksichtigt, obwohl ihnen auch melassebildende Kraft zukommt. Daher wurden später mehrere Vorschläge zur Rendementbestimmung gemacht. 1871 empfahl Scheibler, die Asche nicht zu berücksichtigen und für den organischen Nichtzucker den Koëffizienten 4 zu nehmen. 1873 schlug Weiler vor, den Gesamtnichtzucker, mit 2 multipliziert, von der Polarisation abzuziehen. Kohlrausch trat für den Koëffizienten 1,66 ein. Auch noch andere Koëffizienten wurden vorgeschlagen: nach Dubrunfaut 3,5, nach Winkler 6 für die Asche.

Nach einem österreichischen Vorschlage sollte man den $2\frac{1}{2}$fachen Gehalt an Asche und organischem Nichtzucker von der Polarisation abziehen, um ein richtigeres Rendement zu erhalten (1891). Der deutsche Raffineurverein schlug $2\frac{1}{4}$, Herzfeld 2 als Koëffizient für den Gesamtnichtzucker vor.

Auch des Vermittlungsrendements Seyffarts soll gedacht werden. Der Zweck desselben war, bei Belassung des alten Aschenrendements eine Wertberechnung zu finden, nach welcher für Zucker mit mehr als normalem Gehalt an organischem Nichtzucker eine Wertverminderung und bei besonders geringem Gehalte daran eine Werterhöhung des Rohzuckers zum Ausdruck käme. In diesem Rendement kommt eine Konstante für den normalen Gehalt an organischem Nichtzucker vor, die gefunden wird: $\frac{100 - \text{Pol.}}{\text{org. NZ.}}$ Das Verhältnis von organischem Nichtzucker: 100 — Pol. ist nämlich konstant, und zwar ist die Konstante 2,97. Von Brož wurde sie aber auf Grund von Analysen vieler Rohzucker von 2,10 bis 3,58 gefunden. Auch dieses Rendement hat sich keinen Eingang verschaffen können.

Alle vorgeschlagenen Rendements bedeuten wohl gegen das französische Aschenrendement einen Fortschritt, insofern sie den melassebildenden Einfluß des gesamten Nichtzuckers des Rohzuckers berücksichtigen wollen. Aber allen haftet der gemeinsame Mangel an, den Scheibler folgendermaßen präzisierte: „Die Aufstellung eines Koëffizienten von einem mittleren Durchschnitts- oder Annäherungswerte kann schon deshalb keinen Nutzen gewähren, weil die Rohzucker aus verschiedenen Fabriken mit divergierenden Arbeitsweisen sowie die verschiedenen Produkte einer und derselben Fabrik bezüglich des Mengenverhältnisses an Kristalloïd- und Kolloïdsubstanzen ihrer Nichtzuckerstoffe sehr erheblichen Schwankungen unterliegen."

Strohmer prägte den Ausdruck „Kompromißfaktor", „den Gerechtigkeit und Billigkeit von Seite der Käufer wie der Verkäufer finden lassen müssen".

So behauptete das französische Aschenrendement mit dem Koëffizienten 5 siegreich das Feld, trotz der allgemeinen Erkenntnis seiner Unrichtigkeit und seiner Unzulänglichkeit.

Allen bis nun angeführten Vorschlägen liegt die Idee zugrunde, für die melassebildende Kraft des Nichtzuckers im Rohzucker einen zahlenmäßigen Ausdruck zu finden. Zuerst wurde nur auf die Asche Rücksicht genommen; später, als man einsah, daß auch der organische Nichtzucker melassebildend sei, wurde versucht, die Wirkung des Gesamtnichtzuckers in Rechnung zu stellen.

Molenda bemühte sich dann, den Rohzucker nach seiner chemischen Zusammensetzung zu bewerten, d. h. auf den organischen und anorganischen Nichtzucker gesondert bezüglich ihres melassebildenden Vermögens Rücksicht zu nehmen. Er fand in einem Falle für den Gesamtnichtzucker einer Kampagne den Melassekoëffizienten 1,466, d. h. ein Teil des Gesamtnichtzuckers überführt 1,466 Teile Zucker in die Melasse. Da ihm das Nichtzuckerverhältnis (O : A) der verarbeiteten Rohzucker bekannt war, konnte er den Melassekoëffizienten für den anorganischen und für den organischen Nichtzucker berechnen; er fand für ersteren 2,192 und für den organischen Nichtzucker 0,870. Für andere Kampagnen fand er folgende Melassekoëffizienten für den anorganischen Nichtzucker: 2,250, 2,201, rund 2,25; für den organischen Nichtzucker 0,835, 0,863, rund 0,90. Für den Gesamtnichtzucker 1,466, 1,379, 1,345 als Melassekoëffizienten (Ö. U. Z. f. Zuckerind. 1904, S. 624). Hier treten alle Bedenken in den Vordergrund, welche gegen konstante Faktoren schon eingewendet wurden. Gröger berechnete aus dem Durchschnitt dreier Kampagnen ganz andere Zahlen als Melassekoëffizienten; er fand sogar weit auseinander liegende negative Größen und wies darauf hin, daß nicht nur die Quantität, sondern auch die Qualität des Nichtzuckers eine wichtige Rolle spielt, und diese zu wechselnd sei, um Koëffizienten mit Recht aufstellen lassen zu können (Ö. U. Z. f. Zuckerind. 1905, S. 96).

Diese Bewertungsweisen wären als chemische zu bezeichnen, im Gegensatze zu der neueren physikalischen, welche die Ermittlung des kristallisierbaren Zuckers in Rohzuckern (und Füllmassen) anstreben. Die Methoden für letzteren Zweck können wieder eingeteilt werden in Auswasch- und in analytische Verfahren. Letztere basieren darauf, die Menge des kristallisierbaren Zuckers durch Vergleichung der Füllmasse mit derjenigen des Ablaufes festzustellen. Hierher gehören die Methoden von Schneider und von Dupont, die auf Anwendung einer Versuchszentrifuge beruhen; ebenso die von Sidersky und Vervin, welche aber in der Praxis keinen Eingang fanden.

Die Auswaschverfahren beruhen darauf, den den Kristallen

anhaftenden Sirup mit Zucker nicht lösenden Waschmitteln von den Kristallen zu trennen.

Schon im Jahre 1846 schlug Payen ein Verfahren vor, das im wesentlichen ein Auswaschen der Zuckerprodukte mit einer gesättigten, mit Essigsäure versetzten alkoholischen Zuckerlösung war. Dieses Waschmittel bringt alle dem Rohzucker anhaftenden Sirupbestandteile in Lösung, ohne die Zuckerkristalle anzugreifen.

Diese Methode fand keine weitere Beachtung, bis Scheibler im Jahre 1872, darauf fußend, ein von dem „Vereine für die Rübenzuckerindustrie im Zollvereine“ preisgekröntes Verfahren ausarbeitete. Er nannte es: „Verfahren zur direkten Bestimmung des Gehaltes der Rohzucker an kristallinischem Zucker, durch Auswaschen mit gesättigten, sauren und neutralen alkoholischen Zuckerlösungen“. Damit ist auch seine Methode charakterisiert. Zuerst wurde der Rohzucker mit absolutem Alkohol (99½ % Tralles) übergossen und ihm so alles Wasser entzogen. Dann, nach Absaugen des Alkohols, mit schwächerem Alkohol übergossen (zuerst 96, dann 92 Tralles) und schließlich mit einer essigsauren, alkoholischen, gesättigten Zuckerlösung so lange gewaschen, bis sie farblos ablief. Zu ihrer Verdrängung wurde dann mit Alkohol nachgedeckt und die reinen Zuckerkristalle wurden getrocknet und gewogen. „Die resultierenden Zuckerkristalle stellen in ihrer Menge den absoluten Gehalt an wirklich kristallisiertem Zucker der untersuchten Rohzucker dar.“ Scheibler nennt diese Größe „Raffinationswert“. Dieser stellt ein theoretisches Maximum dar, das in der Praxis nie erreicht werden kann. Das nach der neuen Methode ermittelte Rendement (Raffinationswert) differierte in den von Scheibler untersuchten Rohzuckern vom Aschenrendement um + 0,13 bis 3,33 % bei Erstprodukten. Scheibler verwirft auch den Koëffizienten 5, „der umso unrichtigere Werte ergibt, je salzreicher der Zucker ist“.

Erst Koydl ist es gelungen, ein Auswaschverfahren zu finden, das günstige Resultate erzielte (Ö. U. Z. f. Zuckerind. XXXV, 1906, S. 277). Koydl benutzte fünf Waschflüssigkeiten. Lösung I. die eigentliche Waschflüssigkeit; die anderen vier Lösungen spielen nur die Rolle von Verdrängungsflüssigkeiten. I. Alkohol von 82 Gewichtsprozent mit Zusatz von 50 cm³ konz. Essigsäure pro Liter, dann mit Zucker gesättigt. II. Alkohol von 86 Gewichtsprozent mit Zusatz von 25 cm³ konz. Essigsäure pro Liter, dann mit Zucker gesättigt. III. Alkohol von 91 Gewichtsprozent, mit Zucker gesättigt. IV. Alkohol von 96 Gewichtsprozent, mit Zucker gesättigt. V. Käuflicher, absoluter Alkohol. 50 g des zu untersuchenden Rohzuckers werden zunächst mit 250 cm³ von Lösung I gewaschen, dann mit je 50 cm³ von Lösung II bis IV. Endlich mit 100 cm³ von V.

K. Politzer prüfte diese Methode und fand sie verläßlich. Um aber einem Einwande Claassens zu begegnen, arbeitete er nicht wie Koydl mit einem Papierfilter, sondern mit einem Aluminiumfilter mit Drahtsieben, um so auch das im Rohzucker enthaltene Feinkorn zu entfernen. Claassen behauptete nämlich, es wäre unzweckmäßig,

Feinkorn mitzubestimmen, da es durch die Zentrifugensiebe geht und so zur Bewertung des Rohzuckers unwichtig ist (Ö. U. Z. f. Zuckerind. XXXVII 1908, S. 31). Dem widersprach Koydl. F. Ehrlich unterzog das Koydlsche Verfahren zur Bestimmung des Kristallgehaltes im Rohzucker einer Prüfung; er wollte auch andere Einwände, die gegen dieses Verfahren erhoben wurden, auf ihre Stichhältigkeit untersuchen. Die Resultate seiner exakten und alle Verhältnisse ins Auge fassenden Arbeit gibt Ehrlich folgendermaßen wieder (Z. V. d. Zuckerind. LIX, 1909, S. 548).

„..... Sie (die Koydlmethode) gestattet in relativ einfacher Weise eine annähernd quantitative Bestimmung der Kristallmenge im Rohzucker, wenn ganz bestimmte Versuchsbedingungen hinsichtlich gleichbleibender Temperatur, genügender Sättigung der Lösungen usw. eingehalten werden, wobei dann weder Zucker aus den benutzten essigsauren, alkoholischen Lösungen gefällt wird noch Kristallzucker in Lösung geht. Die auf diese Weise durch Abwaschen erhaltenen Kristalle sind indes fast stets mehr oder minder gelblich bis bräunlich gefärbt und entsprechen in ihrer Reinheit nicht den in der großen Praxis durch Affination hergestellten Zuckerkristallen, da ihnen entsprechend dem Wassergehalte und der sonstigen Zusammensetzung des Rohzuckers oberflächlich eine größere oder geringere Menge anorganischer und organischer Nichtzuckerstoffe anhängen, die entweder von den Waschflüssigkeiten nicht gelöst oder durch diese gefällt sind und die sich zum größten Teil mittels gesättigten Zuckersirups abwaschen lassen. Die mit Hilfe dieses Verfahrens ermittelten Werte sind also nicht ohne weiteres mit den Ausbeutezahlen der Praxis vergleichbar.“

Ferner meint Ehrlich, daß es möglich wäre, durch gewisse Abänderungen die genannten Fehler zu vermeiden. Dazu bedürfte es weiterer Untersuchungen. Er schließt: „Solange wir ein solches Verfahren nicht besitzen, empfiehlt es sich.... eine Probe des zu untersuchenden Rohzuckers in einer Versuchszentrifuge mit gesättigtem Zuckersirup abzudecken und die Menge, Reinheit und Form der zurückbleibenden Kristalle zu bestimmen, um auf diese Weise für die Praxis besser verwertbare Zahlen zu erhalten.“

Zu diesen Ausführungen wäre zu bemerken, daß Koydl und Politzer stets farblose Kristalle erhalten haben, was Ehrlich auf Verschiedenheit der Zucker zurückführt (Wassergehalt). Auch die von Ehrlich gefundenen gefärbten Kristalle, bzw. der durch sie entstandene Fehler lassen sich nach Koydl durch Analyse der Kristalle (Polarisation, Asche) eliminieren. Noch besser erreichte Koydl das Ziel, stets solche Zuckerkristalle zu erhalten, wie sie die Affination im Betriebe ergibt, durch Einschaltung einer Vorbehandlung mit 86 proz. zuckergesättigtem Methylalkohol, welchem vor der Sättigung 50 cm^3 konz. Essigsäure pro 1000 cm^3 zugesetzt wurden. Sonst bleibt die Reihenfolge der Waschflüssigkeiten und die Arbeitsweise unverändert. Der Methylalkohol hat ein größeres Lösungsvermögen für die Karamelsubstanzen des Rohzuckers als Äthylalkohol und so ergibt die modifizierte Methode stets weiße Kristalle (Ö. U. Z. f. Zuckerind. XXXVIII, 1909, S. 336).

Ehrlich weist in seinem Berichte — und die angeführten Zahlen der Tabelle Nr. 117 zeigen es — auf die nach Koydls Angaben berechneten niedrigen Reinheitsquotienten der Sirupe hin. Der anhaftende Muttersirup wäre danach eine sehr gute Melasse. Koydl selbst fand bei seinen Analysen Quotienten von 70—80 % Reinheit. Da die so niedrig befundenen Quotienten Anlaß zu Bedenken gaben — die hohen Reinheiten über 80 wurden nicht bestritten — bearbeitete Koydl diese Frage sehr sorgfältig und veröffentlichte seine „Rohzuckerstudien" (Ö. U. Z. f. Zuckerind. XXXIX, 1910, S. 2).

Koydl will den Beweis führen, daß auch niedrige Quotienten des Muttersirupes, „wenn sie einmal recht auffallend oder selbst unwahrscheinlich erscheinen sollten", nicht geeignet sind, seiner Methode mit Mißtrauen zu begegnen.

Vor allem tritt er der eingewurzelten Anschauung entgegen, „daß der im Rohzucker enthaltene Siruprest in seiner Zusammensetzung identisch oder doch sehr übereinstimmend sein müsse mit dem beim Schleudern dieses Zuckers erhaltenen Ablaufsirup" (die Analysen von Grünsirupen siehe S. 462). Wäre diese Meinung richtig, so könnten die Quotienten nicht weit unter 70 sein, während auch solche unter 60 (siehe S. 471, 487) gefunden wurden. Auf die Frage, „Wie sind die Sirupreste im Rohzuckerprodukt zusammengesetzt?" gibt Koydl auf Grund langjähriger Erfahrungen, die er beim Steffenschen Waschverfahren und auf Grund eigener Versuche gemacht, folgende Anwort: „...daß die Praxis des Steffenschen Verfahrens.... auf eine durchschnittliche Reinheit des Sirupestes unserer Rohzucker von ca. 67 hinweist. Die Mehrzahl der Zucker entfernt sich nur wenig von dieser Zahl, jedoch gibt es auch Zucker, deren Siruprest einerseits bis zu einer Reinheit von 80 steigen, und andererseits solche, deren Sirupreinheit bis ca. 55 sinken kann. Das sind Verhältnisse, wie sie in vollkommenster Übereinstimmung die alkoholische Waschmethode ebenfalls ergibt." Ferner konstatierte er: „In Zuckern, in welchen nach der alkoholischen Waschmethode Sirupreste mit so auffallend niedrigen Reinheiten gefunden wurden, können letztere auch auf anderem Wege, so z. B. durch Maischen mit gesättigtem Sirup und nachfolgendes Abnutschen oder durch Auswaschen mit gesättigten Sirupen von steigender Reinheit analog dem Verfahren des Betriebes bestätigt werden. An ihrer tatsächlichen Existenz kann also nicht gezweifelt werden."

Es ist nun notwendig, für diese beobachteten Erscheinungen eine Erklärung zu finden.

Ganz allgemein gilt, daß aus irgendeinem Sirup von bestimmtem Quotienten durch Auskristallisieren von Zucker ein Siruprest von niedrigerem Quotienten zurückbleibt. Dasselbe gilt auch für den den Kristallen des Rohzuckers anhaftenden Sirup. Das wird aber von manchen Seiten bestritten, und zwar mit der Begründung, daß eine Auskristallisierung wegen der hohen Übersättigung und Zähflüssigkeit dieses Sirupes nicht möglich sei. Koydl erbrachte nun den Beweis, „daß die im Rohzucker enthaltenen Sirupreste, trotzdem sie durch das Austrocknen bei der Schleudertemperatur hochkonzertiert und sehr zähflüssig geworden sind, ungehindert bis zu wirklichen Melassen auszukristallisieren vermögen". Zu diesem Zwecke durchgeführte mikroskopische und chemische Untersuchungen ergaben folgende Tatsachen: „Die Ausscheidung von Zucker erfolgt teils durch Auskristallisation an die vorhandenen Kristalle, teils durch Neubildung von Kristallen, welche nur die mikroskopische Größe von weniger als 0,001—0,01 mm erreichen. Überschreitet die Konzentration durch Wasserverdunstung einen gewissen Grad und bleibt der Zucker in trockenen Räumen, so bilden die Sirupreste des Rohzuckers lackartige Schichten auf den Kristallen, in welchen eine Kristallbildung bei annähernder Melassequalität ganz unmöglich, bei höherwertigen Sirupen aber nur sehr langsam möglich wird. Kommen jedoch derart ausgetrocknete Zucker an feuchte Luft, so sind die erhärteten Schichten sehr bald wieder erweicht und die Kristallisation setzt sofort ein. Im allgemeinen scheint es, daß eine Zeit von zwei bis drei Wochen zu völligem Ausgleich durch Kristallisation genügt. An höherwertigen Sirupen kann man beobachten, daß die sich neubildenden Kristalle um so zahlreicher und kleiner werden, je stärker die Wasserverdunstung war."

Ein gewisses Maß von Wasserverdunstung ist kristallisationsfördernd, darüber hinaus kristallisationsstörend. Im Inneren eines großen Haufens von Zucker kann daher Kristallisationsförderung, an der Außenseite Hinderung eintreten.

Nachdem Koydl alle Momente berührt hat, die zu beweisen vermögen, daß tatsächlich die Reinheiten des Sirupestes zwischen 54—80 schwanken können, indirekt also zeigen, daß seine Kristallbestimmungsmethode richtig ist, gibt er der Hoffnung Ausdruck, „daß unser unglückseliges Aschenrendement doch nicht alles überleben wird. Sollte es einmal zu einer Änderung unserer Handelsbasis kommen, dann wäre es am Platze, die Kristallbasis mit in Erwägung zu ziehen. Koydls Methode ergibt nicht nur den „Kristallwert" eines Rohzuckers, sondern auch ein „Ansichtsmuster" der zu erwartenden Affinade. Später trat A. Frolda sehr für diese Methode und ihren Gebrauch ein (Ö. U. Z. f. Zuckerind. XXXIX, 1910, S. 949).

Daß aus solchen Sirupen Zucker auskristallisieren kann, bietet eigentlich nichts Sonderbares, da ja auch Melassen — oder zumindest Sirupe von sehr geringer Reinheit — kristallisieren können. Dies beobachtete lange vor Koydl schon L. Wulff. Er sagte u. a.:

„Ich habe mehrfach frische Melassen vorsichtig konzentriert und dann versucht, ihnen Zucker durch bloße Kristallisation zu entziehen. So intensiv ist die Kristallisationstendenz der Melassen nie gewesen, daß dieselben freiwillig Kristalle neu bildeten, dagegen wachsen die in dieselben eingeworfenen Kristalle in den Melassen langsam weiter, wenn die Kristalle sich in der Melasse bewegen, so daß möglichst viel Melasseteilchen mit den vorhandenen Kristallen in Berührung kommen.

Stark alkalisch dürfen die Melassen nicht sein, sondern nahezu neutral, selbst etwas saure Reaktion ist der Kristallisation zu Anfang eher förderlich als hinderlich, leider halten sich ja aber Zuckersäfte nicht, wenn sie sauer reagieren. Zur Beobachtung des Wachstums der Kristalle wurden teils in verdünnten Zuckerlösungen teilweise gelöste Rohzuckerkristalle, teils Kandisgrus von 3—6 mm Länge benutzt. Die Rohzuckerkristalle wurden von Tag zu Tag mit dem Mikroskop untersucht, und nach einigen Tagen schon zeigten die abgerundeten Kristalle an einem Ende gerade Flächen, erst im Laufe der zweiten Woche, wenn sich an dem einen Ende die Flächen vollzählig und vollständig entwickelt hatten, zeigten sich auch am anderen Ende die ersten ebenen Flächenteile."

Claassen läßt Kristallisation aus solchen Sirupen nur für Ausnahmefälle gelten. „Die nach einwandfreien Methoden unverändert abgewaschenen Sirupe der Rohzucker zeigen ungefähr die gleiche Reinheit wie die Ablaufsirupe, also 70—80 Quot., und ihr Übersättigungskoëffizient steigt, bei gewöhnlicher Temperatur berechnet, bis 1,5, ja bis zu 1,8." Diese auffallende Erscheinung erklärt derselbe durch die große „Zähigkeit der Sirupe, hervorgerufen durch die bei der schnellen Abkühlung auftretende hohe Übersättigung". Es könne sonach trotz der Anwesenheit von Anregekristallen kein Zucker auskristallisieren.

Die Tabelle Nr. 117 enthält einige hier in Betracht kommende Zucker- und Sirupanalysen. An dem von Koydl angeführten Beispiele sei die Berechnung der Zusammensetzung des Siruprestes gezeigt.

Analyse des Rohzuckers		Analyse des Kristalls (getrocknet)		In % des Rohzuckers
Pol.	94,95 %	Pol.	99,85 =	90,24[1])
H_2O	2,12	Asche . . .	0,08 =	0,07
Asche	1,04	Org. NZ. . .	0,07 =	0,07
Org. NZ.	1,89		100,00	
Rend.	89,75			
Kristallgehalt. . .	90,38			

Für den Siruprest verbleibt sonach:

			in % ausgedrückt: Zusammensetzung des Sirups	
Polarisation	94,95—90,24	= 4,71 %	= 48,96 %[2])	
Wasser	2,12	= 2,12	= 22,04	= 77,96 % Trockensubstanz
Asche	1,04—0,07	= 0,97	= 10,08	
Org. Nichtz. . . .	1,89—0,07	= 1,82	= 18,92	
		9,62 %	wirkl. Q. = 62,80	

$$\text{Übersättigungskoëffizient} = \frac{48,96 : 22,04}{2} = 1,100$$

[1]) 100 : 99,85 = 90,38 : x; x = 90,24.

[2]) 9,62 % Sirup enthält der Rohzucker. 9,62 : 4,71 = 100 : x; x = 48,96 (x = Polarisation des Sirupes).

Tabelle

	Zusammensetzung des Rohzuckers						Kristallgehalt		Durchschnitts-Analyse des Kristalles				Muttersirup %
	Pol.	Wasser	Asche	org. Nichtzucker	Rend.	Reaktion	I	II	Kristall %	Pol.	Asche	org. NZ.	
1	95,85	1,51	0,97	1,67	91,00	alk.	92,08	91,93	92,00	99,8	0,12	0,08	8,00
2	96,15	1,01	0,89	1,95	91,70	„	93,63	93,57	93,60	99,6	0,13	0,27	6,40
3	95,10	2,04	1,13	1,73	89,45	„	90 83	90,87	90,85	99,8	0,20	—	9,15
4	95,60	1,50	1,16	1,74	89,8	„	92,34	92,99	92,66	99,7	0,18	0,12	7,34
5	95,85	1,24	1,17	1,74	90,0	sauer	92,04	92,28	92,16	99,6	0,14	0,26	7,84
6	95,7	1,38	1,02	1,90	90,6	—	92,42	—	—	99,9	0,07	0,03	7,58
7	95,8	1,39	0,98	1,83	90,9	—	92,34	—	—	99,9	0,06	0,04	7,66
8	94,9	1,68	1,26	2,16	88,6	—	90,47	—	—	99,9	0,08	0,02	9,53
9	94,6	1,91	1,23	2,26	88,45	—	90,06	—	—	99,85	0,08	0,07	9,94
10													
11													
12													

Es sei hervorgehoben, daß bereits sehr geringe Differenzen bei der Bestimmung des Kristallgehaltes, ferner der Polarisation der gewaschenen Kristalle, ihres Aschengehaltes usw. sehr wesentliche Fehlerquellen für die Ermittlung der Zusammensetzung und besonders der Reinheit des Muttersirups sein können (Ö. U. Z. f. Zuckerind. XXXVII, 1908, S. 638).

Herzfeld und Zimmermann arbeiteten eine neue Methode aus, um die Menge des kristallisierten Zuckers, die überhaupt in einem Rohzucker vorhanden ist, festzustellen. Die Fehlerquellen der früheren Waschverfahren (Ausfallen von Zucker durch die alkoholische Waschlösung, Schwierigkeit der Herstellung und Aufbewahrung der einzelnen Waschflüssigkeiten) soll dieses neue Waschverfahren umgehen.

Als Waschflüssigkeit dient eine gesättigte Zuckerlösung (Deckkläre), die steril hergestellt wird. Das erhaltene Waschgut mit Alkohol zu trocknen oder auch nur mit immer alkoholstärkern Lösungen zu waschen, umgehen die Autoren, indem sie dasselbe in einer Zentrifuge stark ausschleudern. Aus dem Wassergehalte des erhaltenen reinen Zuckers wird der Zuckergehalt der adhärierenden Deckkläre berechnet und in Abzug gebracht (Z. V. d. Zuckerind. 1912, S. 166).

Im gleichen Jahre arbeitete W. Meyer ein Verfahren aus, das den Kristallgehalt im Rohzucker ergeben sollte. Das Prinzip desselben ist ein Decken des Rohzuckers „in Ruhe“ mit nachfolgendem Zentrifugieren (D. Z. XXXVII, 1912, S. 665).

Verfahren gäbe es nun genug; jetzt handelt es sich nur darum, daß eines derselben von kompetenter Seite als das maßgebende anerkannt werde und in den Laboratorien der Zuckerindustrie allgemeinen Eingang finde.

Nr. 117.

Analyse des Muttersirups						Übersättig. koëffizient. d. Muttersirups[1])	Farbe der gewaschenen Kristalle
Trock.-subst.	Wasser	Pol.	Asche	org. NZ.	Q		
81,1	18,9	50,4	10,8	20,0	62,1	1,33	fast farblos, gelblicher Stich
84,2	15 8	45,6	12,0	26,6	54,2	1,44	sehr deutlich braun
77,7	22,3	48,4	10,4	18,9	62,3	1,09	gelbbräunlich
79,6	20,4	43,9	13,5	22,2	55,2	1,08	schwach gelblich
84,2	15,8	51,8	13,3	19,1	61,5	1,64	bräunlich
81,8	18,2	44,6	12,5	24,7	54,4	2,45[2])	Analysen von Koydl Rohzucker mit berechneten Quotienten für den Sirup. (Ö. U. Z. f. Zuckerind. XXXIX, 1910, S. 2).
81,8	18,2	46,4	12,0	23,4	56,6	2,54	
82,4	17,6	47,4	12,4	22,6	57,6	2,69	
80,9	19,1	47,8	11,5	22,1	58,5	2,50	
76,76	33,24	49,20	9,38	18,18	64,09	1,06	Kampagne 1907/8
78,22	21,78	51,62	9,26	17,34	66,00	1,18	„ 1906/7
79,17	20,83	56,25	8,66	14,26	71,05	1,35	„ 1905/6
—	—	—	—	—	—	—	Analysen von Koydl

M. G. Hummelinck und J. A. van Loon machten auf dem achten Internationalen Kongreß für angewandte Chemie in Washington und New-York darüber Mitteilung, wie die Raffinadeure in Holland Rohzucker bewerten. Diese verlangen, daß das Korn nach dem Abwaschen mit Wasser unter genau gegebenen Versuchsbedingungen in der Laboratoriumszentrifuge weiß erscheine. Durch Nummern werden dann die Farbennüancen ausgedrückt.

Diese Bewertung bietet jedoch nichts prinzipiell Neues; ähnlich wird auch bei uns und in Deutschland vorgegangen.

Das Rendement bestimmt wohl den Handelswert, nicht aber den Fabrikationswert eines Rohzuckers. Letzterer drückt sich besonders in der Affinierbarkeit desselben aus und wird vornehmlich durch physikalische Eigenschaften (Größe, Form und Härte, Glanz und Farbe der Kristalle) bedingt. Ferner verlangt man von einem guten Rohzucker wenig anhaftenden Sirup; auch soll er frei von ausgeschiedenen Kriställchen und nicht zähflüssig sein.

Die Aschenbestimmung wird noch heute nach der Schwefelsäuremethode von Scheibler aus dem Jahre 1865 allgemein durchgeführt. Die Sulfatasche wird dann mit 0,9 multipliziert und dieser Betrag als Asche betrachtet. Schon Dubrunfaut ließ diesen Faktor nicht als Mittelzahl gelten und stellte einen solchen von 0,868 auf; Violette (1874) hielt es sogar für notwendig, für die einzelnen Produkte verschiedene Werte anzunehmen, z. B. für Rüben 0,81, für normale Me-

[1]) $\frac{\text{Pol.}: H_2O}{2}$

[2]) Sättigungskoëffizient Pol.: H_2O.

lassen 0,791, für Rohzucker I. Produkt 0,7. — Andere Faktoren stellte wieder Biard für Rohzuckerfabriksprodukte auf.

Die richtigste Bestimmung wäre jene der Karbonatasche (s. S. 165), ist aber für Betriebs- und Handelszwecke zu zeitraubend; das führte Scheibler zu seiner raschen und bequemen Sulfataschenmethode. Da aber Sulfate ein größeres Molekulargewicht haben als Karbonate, zog Scheibler auf Grund von 2000 Aschenbestimmungen 10 % vom Sulfatgewicht ab. (Faktor 0,9.) — Gewisse Mängel führten die oben Genannten zur Aufstellung anderer Koëffizienten. Die Zusammensetzung derZuckeraschen ist eine wechselnde und von vielenBedingungen abhängig. Der Zuckerhandel hat doch die Scheiblersche Methode, also den Faktor vom Jahre 1865, ohne Rücksicht auf die verbesserten Rübenqualitäten und die veränderte Arbeitsweise beibehalten. Es wurden wohl vielfache Vorschläge gemacht, die Aschenbestimmung abzuändern, aber ohne Erfolg. Statt der Scheiblerschen Sulfatmethode wurden u. a. Verbrennung mit Platinschwamm, mit Zinkoxyd, mit Oxalsäure, Benzoësäure, Vaselin usw. vorgeschlagen. Auch der elektrolytischen Aschenbestimmung Reicherts sei gedacht.

Bekanntlich entsprechen Rohzucker I. Produkt nicht ganz ihrem Namen; sie sind gewöhnlich mit Nachprodukten gemischt. Es wäre sehr vorteilhaft, durch eine einfache Analyse entscheiden zu können, ob solche Vermischung gegebenenfalls vorliegt oder nicht. Gawalowsky glaubte im Jahre 1877 gefunden zu haben, daß in wirklichen Erstprodukten die Asche (A) zu dem organischen Nichtzucker (O) in einem konstanten Verhältnis stehe, und zwar entspräche die $1\frac{1}{2}$ fache Aschenmenge dem organischen Nichtzucker, $\frac{O}{A} = 1{,}5$. Strohmer wies jedoch die Haltlosigkeit dieser Behauptung nach.

„Es dürfte wohl kein Zweifel darüber sein, daß alle oben angeführten Verhältnisse gegen eine Konstante in der Nichtzuckerzusammensetzung erster Produkte nicht nur aus verschiedenen, sondern sogar aus ein und derselben Fabrik sprechen. Bei ganz gleichem Rohmaterial und ganz gleicher Arbeitsweise muß sich naturgemäß ein festes Verhältnis aussprechen, aber bei den verschiedenen Fabriken wird dieses verschieden sein, ebenso bei ein und derselben Fabrik, wenn sich die Zusammensetzung der Rübe oder die Arbeitsweise ändert. Gewissenhaft durchgeführte Rohzucker-Analysen während des praktischen Betriebes würden sehr bald diese Frage endgültig entscheiden können und nach meinem Dafürhalten die von mir ausgesprochenen Ansichten bestätigen. Unbedingt nötig wäre es aber, daß vorher der Begriff „erstes Produkt", der heute ein sehr variabler ist, fixiert würde" (Organ, XVI, 1878, S. 48).

Suchomel brachte dieses Nichtzuckerverhältnis mit dem Reinheitsquotienten des Zuckers in Verbindung. Wie von jedem Fabrikprodukte, so kann man auch vom Rohzucker einen Reinheitsquotienten feststellen, $Q = \frac{100\ \text{Pol.}}{100 - \text{Wasser}}$. Bei normalem Rohzucker von $97\frac{1}{2}$—98

Reinheit sind Asche und organischer Nichtzucker ungefähr zu gleichen Teilen vorhanden; über 98 waltet die Asche, unter 97½ der organische Nichtzucker vor, und zwar umsomehr, je weiter von dieser Reinheitsgrenze der Zucker sich entfernt. Das französische Rendement habe nur eine gewisse Berechtigung für Zucker, deren Reinheit innerhalb der beiden Grenzen liegt (Organ, XXIII, 1885, S. 392).

In dem obengenannten Nichtzuckerverhältnisse wurde ein Faktor der Zuckerbewertung genannt; da er chemischer Natur ist, soll er etwas ausführlicher besprochen werden. Der Nichtzucker des Rohzuckers besteht aus einem anorganischen und einem organischen Teile; dem Verhältnis beider wurde bei der Bewertungsfrage großes Augenmerk geschenkt. Melassebildend wirken beide Nichtzuckerarten, im Rendement kommt aber nur die Asche zum Ausdruck. Es lag daher im Interesse des Käufers, möglichst wenig organischen Nichtzucker mit dem Rohzucker zu kaufen. Das Verhältnis Asche : organischem Nichtzucker sollte möglichst klein sein. Eine Zusammenstellung Lippmanns von Zuckern einer Raffinerie zeigt folgende Verhältnisse:

Jahr	(Asche = 1)	Jahr	(Asche = 1)
1873	1 : 0,82	1883	1 : 0,98
1874	1 : 0,88	1884	1 : 1,02
1875	1 : 0,90	1885	1 : 1,08
1876	1 : 0,90	1886	1 : 1,14
1877	1 : 0,82	1887	1 : 1,18
1878	1 : 0,83	1888	1 : 1,32
1879	1 : 0,92	1889	1 : 1,52
1880	1 : 0,90	1890	1 : 1,58
1881	1 : 0,94	1891	1 : 1,70
1882	1 : 0,90	1892	1 : 1,87

Gröger berechnete für zwei mährische Raffinerien folgende Nichtzuckerverhältnisse:

1881/82	0,99	0,96
1894/95	1,69	1,61
1898/99	—	1,59

Das Nichtzuckerverhältnis wird immer ungünstiger, d. h. die organischen Nichtzucker überwiegen immer mehr die anorganischen. Im Rendement werden aber nur letztere berücksichtigt, und da die organischen Nichtzuckerstoffe auch hervorragende Melassebildner sind, kommt der Raffinadeur zu Schaden. Die Klagen der Raffinerien über fortdauernde Qualitätsverschlechterung der Rohzucker sind daher schon ziemlich alt.

Nach einer Zusammenstellung Štěrbas zeigt sich die allmähliche Steigerung des Nichtzuckerquotienten für böhmische Rohzucker deutlich.

1886/87	1,01
1887/88	1,11
1888/89	1,21
1889/90	1,35
1890/91	1,42
1891/92	1,46
1893/94	1,71[1])
1894/95	1,37
1895/96	1,48
1896/97	1,47
1897/98	1,41
1898/99	1,95[1]).

Daß es seit dem Jahre 1899 in dieser Beziehung nicht besser wurde, zeigt die Tabelle Nr. 120. Dort sind nach Angaben Koydls für böhmische Zucker aus der Kampagne 1907/08 die Verhältnisse 1,90—2,00. Mährische Zucker hielten sich im selben Jahre zwischen 1,85 und 2,15, die ungarischen aus der Kampagne 1910/11 zwischen 1,47—2,64; einmal sank dieses Verhältnis auf 0,88.

Dasselbe Bild bietet folgende Zusammenstellung von Brož für böhmische Zucker. Für jede Kampagne sind die Maxima und Minima der Nichtzuckerquotienten der in der Raffinerie Peček verarbeiteten Rohzucker angegeben.

Tabelle Nr. 118.

Kamp.	Polar.	Wasser	Asche	Org. Nicht-zucker	Ges. Nicht-zucker	Verhältnis	Rdt. franz.	Rdt. deutsch
1894/95	95,82	1,71	1,16	1,31	2,47	1,13	90,02	90,27
1894/95	95,69	1,56	1,07	1,68	2,75	1,57	90,34	89,50
1895/96	95,50	1,68	1,29	1,53	2,82	1,19	89,35	89,15
1895/96	95,28	1,91	1,05	1,76	2,81	1,67	90,03	88,96
1896/97	95,71	1,75	1,16	1,38	2,54	1,19	8[illegible],91	89,99
1896/97	95,23	1,97	1,16	1,64	2,80	1,64	89,43	88,93
1897/98	96,18	1,30	1,12	1,40	2,52	1,25	90,58	90,51
1897/98	96,08	1,06	1,06	1,80	2,86	1,70	90,78	89,64
1898/99	95,67	1,80	1,01	1,51	2,53	1,50	90,68	89,98
1898/99	94,78	2,15	0,97	2,10	3,07	2,16	88,82	86,70

Interessanter sind aber diese Verhältnisse für eine und dieselbe Rohzuckerfabrik nach demselben Autor (siehe Tabelle 119).

In diesen und vielen anderen Fällen ist das Anwachsen des Nichtzuckerquotienten in einer und derselben Fabrik deutlich sichtbar. Das Verhältnis zeigt auch, daß die Zusammensetzung der Rohzucker immer schlechter wird.

Als Ursache dieser Erscheinung führt Brož an: 1. in mechanischer Beziehung: die Rohzucker sind nicht von gleichem, ordentlich aus-

[1]) Abnorme Kampagne.

Tabelle Nr. 119.

Zuckerfabrik T.

Kampagne	Polarisation	Wasser	Asche A	Organischer Nichtzucker O	Gesamt-Nichtzucker	Verhältnis A:O.	Franz. Rendement	Nichtzucker-Rendement
1894—1895	95,48	1,74	1,21	1,57	2,78	1,29	89,43	89,22
1895—1896	95,27	1,71	1,21	1,81	3,02	1,49	89,22	88,48
1896—1897	95,24	1,72	1,21	1,83	3,04	1,51	89,11	88,20
1897—1898	95,71	1,44	1,11	1,74	2,85	1,57	90,16	89,30
1898—1899	95,04	1,60	1,07	2,29	3,36	2,14	89,69	87,44
Kampagne 1898/99								
Maximum	94,575	1,815	1,010	2,600	3,610	2,57	89,520	86,452
Minimum	95,100	1,690	1,015	2,105	3,210	1,90	89,575	87,877

Zuckerfabrik U.

Kampagne	Polarisation	Wasser	Asche A	Organischer Nichtzucker O	Gesamt-Nichtzucker	Verhältnis A:O	Franz. Rendement	Nichtzucker-Rendement
1894—1895	95,05	2,04	1,20	1,71	2,91	1,42	89,05	88,50
1895—1896	94,95	2,03	1,17	1,85	3,02	1,58	89,10	88,16
1896—1897	94,81	2,05	1,22	1,92	3,14	1,57	88,71	87,74
1897—1898	94,69	2,45	1,13	1,73	2,86	1,53	89,04	88,25
1898—1899	94,78	2,15	0,97	2,10	3,07	2,16	89,93	87,87
Kampagne 1898/99								
Maximum	94,775	2,080	0,945	2,200	3,145	2,33	90,050	87,699
Minimum	94,900	2,155	0,980	1,965	2,945	2,00	90,000	88,274

Zuckerfabrik V.

Kampagne	Polarisation	Wasser	Asche A	Organischer Nichtzucker O	Gesamt-Nichtzucker	Verhältnis A:O	Franz. Rendement	Nichtzucker-Rendement
1894—1895	96,28	1,26	1,03	1,43	2,46	1,39	91,13	90,74
1895—1896	95,97	1,35	1,02	1,66	2,68	1,62	90,87	89,94
1896—1897	95,88	1,26	1,08	1,78	2,86	1,65	90,48	89,45
1897—1898	96,08	1,06	1,06	1,80	2,86	1,70	90,78	89,64
1898—1899	95,88	1,31	0,93	1,88	2,81	2,02	91,23	89,56
Kampagne 1898/99								
Maximum	96,000	0,935	0,910	2,155	3,065	2,37	91,450	89,140
Minimum	95,750	1,800	0,950	1,500	2,450	1,58	91,000	90,237

(Z. f. Zuckerind. i. B. XXIII, 1898/99, S. 732.)

gekochtem Korne — was bei der Affination unangenehm bemerkbar ist. (Siehe diese.) Dieser Umstand rührt u. a. vom Einziehen von Ablaufsirup in die Füllmasse Erstprodukt und Bildung eines neuen, ungleich großen und ungleich harten Kornes. Der Sirupeinzug macht sich in chemischer Beziehung geltend, indem er das Verhältnis A : O ungünstig beeinflußt. Ferner kommen in den Rohzuckern harte, sirupöse Klumpen vor, die ein Gemisch von Zucker und Sirup darstellen. Schließlich wird dem Zucker I. Produkt Nachprodukt beigemengt. Auch die beiden letztgenannten Faktoren zeigen sich in der chemischen Analyse durch Vergrößerung des Gehaltes an Nichtzucker.

Daß das Vermischen von Erst- und Nachprodukt zur Vergrößerung von A : O führen kann, kann Verfasser aus Betriebsanalysen für einen speziellen Fall nachweisen; damit soll jedoch nicht gesagt werden, daß konstante Beziehungen bestünden. Auch lassen sich diese Befunde nicht verallgemeinern.

In einer gemischten Fabrik wurde sowohl eigener als auch fremder Rohzucker verarbeitet. Letzterer war zweifellos mit Nachprodukt gemischt. Das Nichtzuckerverhältnis in einigen fremden Rohzuckern schwankte von 1,47—2,64. Im eigenen I. Produkt, das nicht mit Nachprodukt gemischt war, von 1,39—2,02 (Analysen Nr. 7—18, Tabelle 120),

Tabelle Nr. 120.

Nr.	Pol.	Wasser	Asche	Org. NZ.	Rend.	NZ.-Verhält.	Bemerkungen
1	94,99	1,84	1,02	2,15	89,90	2,107	Durchschnitte v. mährischen Raffinerien 1907 bis 1908.
2	95,20	2,00	0,98	1,82	90,30	1,856	
3	94,68	2,04	1,04	2,24	89,48	2,154	
4	94,73	2,40	0,97	1,94	89,86	1,939	Durchschnitte v. böhmischen Raffinerien 1907 bis 1908, Koydl.
5	94,92	2,10	0,99	1,99	89,98	2,008	
6	94,97	2,15	0,99	1,89	90,02	1,909	
7	95,70	1,86	0,94	1,50	91,00	1,595	Kampagne 1910/1911. Betriebsanalysen des Verfassers.
8	96,30	0,98	0,99	1,73	91,35	1,747	
9	96,10	1,20	0,97	1,73	91,25	1,783	
10	95,90	1,86	1,20	1,04	89,90	0,886	
11	95,80	1,89	0,93	1,38	91,15	1,483	Gekaufter Rohzucker.
12	95,30	1,88	1,14	1,68	89,60	1,473	„ „
13	95,40	1,32	0,90	2,38	90,90	2,644	„ „
14	95,80	1,88	0,97	1,35	90,95	1,391	I. Produkt } ungemischt eigenes Prod.
15	96,10	1,58	0,78	1,58	92,20	2,025	„
16	96,40	1,85	0,69	1,06	92,95	1,536	„
17	95,80	1,88	0,93	1,39	91,15	1,494	„
18	95,90	1,71	0,865	1,525	91,575	1,762	Durchschnittsanalyse eines Tages, do.

Ein eventueller Invertzuckergehalt kommt auch im Rendement zum Ausdrucke; nach österreichischen Usancen im Zuckerhandel wird in Nachprodukten ein Invertzuckergehalt bis 0,5% dreimal und ein solcher über 0,5 fünfmal vom Rendement in Abzug gebracht. Nach den Hamburger Usancen wird ein Gehalt an Invertzucker von bis 0,25 % dreimal und über 0,25 % bis 0,50 % fünfmal von Rendement abgezogen. In Österreich ist ein Erstprodukt mit über 0,05 % Invert nicht mehr lieferungsfähig. Auf Seite 93 wurde dargelegt, daß man heute nicht imstande ist, Mengen unter 0,05 % Invert sicher nachzuweisen, weil es Verbindungen gibt, die gleich dem Invertzucker kupferreduzierende Eigenschaften haben. Es fragt sich nun, welche Substanzen können im Zucker vorhanden sein und durch ihre reduzierende Kraft Invert vortäuschen. Als eine solche Substanz wies Lippmann Brenzkatechin nach, wohlgemerkt nur in einem Falle, und verwahrt sich dagegen, dieses Resultat zu verallgemeinern. Sein Vorkommen im Rohzucker rührt von Zersetzung des Zuckers durch Alkalien und Hitze her; daß es auch aus der Rübe stammen kann, wurde beim Vanillin schont erörtert. Für beide Annahmen liegen Wahrscheinlichkeitsgründe vor. Da es auf Soldainsche Lösung nicht wie auf die Fehlingsche reduzierend wirkt, ist die Überlegenheit der ersteren weiter gestützt.

Auch Vanillin, Furfurol und andere Abbauprodukte des Zuckers können Invert vortäuschen (D. Z. 1887, Nr. 51; Z. V. d. Zuckerind. 1888, S. 455).

Wohl untersuchte, angeregt durch die Lippmannsche Arbeit, diese Verhältnisse; er konstatierte, daß das Brenzkatechin durch die der Invertbestimmung vorangehende Bleifällung als Bleiverbindung zum überwiegend größten Teile ausfallen muß und daß selbst bei teilweiser Löslichkeit dieser Bleiverbindung infolge der geringen Menge des Brenzkatechins, in der es im Zucker sporadisch vorkommen könnte, den Invertgehalt, bzw. dessen Bestimmung nicht zu beeinflussen vermag (Z. V. d. Zuckerind. 1888, S. 458).

„Alle derartigen Betrachtungen dürfen jedoch nur ein mehr wissenschaftliches Interesse in Anspruch nehmen, weil das Brenzkatechin sich jedenfalls nur selten im Rohzucker vorfinden dürfte.“

24. Kapitel.

Chemie der Nachproduktenarbeit.

a) Verarbeitung der Nachprodukte.

Bringt man eine reine Zuckerlösung zur Kristallisation, so wird der gesamte Zucker auskristallisieren und die Mutterlauge fast gänzlich frei von Zucker sein. Durch Zentrifugieren wird dann ein fast zuckerfreier Ablauf, eben diese Mutterlauge, resultieren. Der Dicksaft, den die Rohzuckerfabrik zur Kristallisation bringt, ist eine mehr oder weniger reine, nie aber chemisch reine Zuckerlösung. Es vermag daher nicht der gesamte Zucker auszukristallisieren und in der Mutterlauge verbleibt noch ein gewisser Anteil des Zuckers in Lösung. Wieviel, hängt von prinzipiellen Bedingungen und der Arbeitsweise der Fabrik ab; wozu noch kommt, daß es in der Natur des Betriebes liegt, die Konzentration des Dicksaftes, bzw. der Füllmasse nicht so weit zu treiben, wie es zur bestmöglichen Kristallisierung notwendig wäre. Es resultiert daher im Betriebe keine zuckerfreie Mutterlauge, sondern ein sehr zuckerhaltiger Sirup, der Grünsirup der Erstproduktfüllmasse. Wäre dieser Sirup in physikalischer und chemischer Hinsicht von solch ungünstiger Beschaffenheit, daß der in ihm enthaltene Zucker nicht mehr durch Kristallisation gewinnbar ist, so wäre der Sirup als Abfallprodukt der Rohzuckerfabrikation zu betrachten und die Aufgabe derselben, den Zucker aus der Rübe zu gewinnen, vollendet. Doch dem ist nicht so. Der Grünsirup ist noch reich an Zucker und dieser Zucker wird noch gewonnen. Die Arbeit, welche das bezweckt, ist die Nachproduktenarbeit, der Zucker, welchen diese ergibt, das Nachprodukt.

Von einem idealen Nachproduktenverfahren ist zu verlangen: 1. in der kürzesten Frist den gesamten Zucker in guter Qualität zu gewinnen, 2. damit zusammenhängend: möglichst wenig Melasse und diese von möglichst niedrigem Reinheitsquotienten. Dazu kämen noch kaufmännische Gesichtspunkte.

Es gibt eine Unzahl von patentierten und nicht patentierten Verfahren, die das alles versprechen. Viele von ihnen verschwanden so schnell, wie sie kamen. Jeder Erfinder suchte das Heil darin, den von der ersten Füllmasse abgelaufenen Zucker möglichst zu gewinnen. Erst später brach sich die Erkenntnis Bahn, daß der Vorderbetrieb in der Fabrikation schon so ausgeführt werden müsse, daß der Nachproduktenarbeit damit gewissermaßen vorgearbeitet wird, da die Nachproduktenarbeit nicht das gut machen kann, was der Vorderbetrieb versäumt hat.

Einer der ersten, der dies erkannte, war Karl Eger. „Dies zu erlangen, muß schon in der Saftmanipulation vorgearbeitet werden, um mit erhöhter Kristallisationsfähigkeit des Dicksaftes in erster Reihe auf eine erhöhte Kristallisationsfähigkeit der Sirupe, was doch innig zusammenhängt, dem idealen Melasseprozente hinzuarbeiten ...“ Eine „tadellose Saftmanipulation“ besteht nach dem Genannten „in: schönen, glatten Schnitten, kurzer Diffusionsdauer, rascher Vorwärmung der Rohsäfte, deren exakten Filtration, rascher Saturation bei brillant funktionierenden Kalköfen, maximaler Kalkzugabe, peinlichster Filtration der Dünn-Dicksäfte und Sirupe“ (Ö. U. Z. f. Zuckerind. XXX, 1901, S. 600).

Eine rationelle Nachproduktenarbeit wird nach M. Kohn folgendermaßen zu leiten sein: Der Grünsirup, mit Brüdenwasser auf ca. 30° Bé verdünnt, muß mittels Heizschlangen oder ähnlich angewärmt werden. Dampfschnattern sind zu verwerfen, da Karamelisierung des Sirupes eintreten kann. Die Anwärmung des Sirupes soll nicht 70° C übersteigen; dann wird er ohne Kalkzusatz geschwefelt. Durch Behandlung mit schwefliger Säure wird die Viskosität vermindert und werden organisch saure Kalksalze ausgefällt. Geschwefelt soll bis nahe an die Neutralitätsgrenze und stets der Gehalt an Kalksalzen geprüft werden. Nach der Saturation mit schwefliger Säure muß aufgekocht und gut filtriert werden. Dieser Sirup wird verkocht (Ö. U. Z. f. Zuckerind. XXXIII, 1904, S. 79). Gewöhnlich werden mit diesem Sirup noch andere Sirupe, z. B. Affinationssirupe verkocht.

Für die Art des Verkochens von Säften und Sirupen gibt die Theorie dem Praktiker Anhaltspunkte. Kuhner verlangt, daß der chemischen Zusammensetzung, bzw. der daraus entspringenden physikalischen Beschaffenheit der Säfte und Sirupe Rechnung getragen werden müsse. Erstens legt Kuhner auf die richtige Konzentration der Säfte und Sirupe großen Wert. Die Sirupe sollten vor dem Einzuge ins Vakuum, wenn nötig, verdünnt werden. 2. „Daß zur Kornbildung vorerst die minder viskosen Säfte zu verwenden sind, die im allgemeinen auch höhere Quotienten haben, und erst zum Wachsen des Kornes minder qualifizierte Sirupe, immer in entsprechender Verdünnung nachzuziehen sind." 3. „Daß die Mischung verschiedener Qualitäten immer von Nachteil ist." Dies ist besonders bei der Nachproduktenarbeit zu berücksichtigen (aus dem schon genannten Vortrage).

Langes Brüten im Vakuum trägt zur Karamelisierung und somit zu Zuckerverlusten bei; es vermindert die Qualität der Nachproduktenfüllmasse in physikalischer und chemischer Beziehung, hat Rückgang der Alkalität zur Folge, vermehrt die Melasse und mindert die Qualität des Zuckers. Ganz abgesehen von der Vergrößerung der Regie. Alles ist zu vermeiden, was die Viskosität der Füllmasse beeinträchtigt. Die gewöhnlich in Rührwerke abgelassene Füllmasse soll möglichst langsam abkühlen — die Behandlung, die sie hier erfährt, ist je nach dem angewendeten Verfahren verschieden —, aber auch hier soll sie sich nicht zu lange aufhalten, da ihr dies nicht zum Vorteil gereicht. Die erzielte Melassenreinheit ist kein zuverlässiger Wertmesser für ein Nachproduktenverfahren; dabei ist stets der erzeugte Zucker und die Melassemenge zu berücksichtigen. „... man wird sicherlich der Arbeit einer Rohzuckerfabrik den Vorzug geben, welche z. B. 1,3% Melasse mit einem Quotienten von 62, als einer solchen, welche 2% Melasse mit einem Quotienten von 58 gewinnt."

Es wäre ganz unnötig, diese Verfahren anzuführen und zu besprechen. Es dürften vielleicht vierzig und mehr bestehen, welche das Beste und Meiste versprachen; von vielen kann man behaupten, daß auch ohne sie eine gute Nachproduktenarbeit möglich ist. Der Verfasser hat sich davon überzeugen können, daß in zwei Fabriken mühelos die besten Abläufe erhalten wurden, in einer anderen Fabrik trotz größter Mühe und geregelter Wasserzugabe absolut kein Erfolg erzielt wurde, und schließlich in einer vierten Fabrik bei gleicher Arbeit zu Beginn der Kampagne (bei den ersten zwei Suden) eine gute Melasse erzielt wurde, die später — selbst bei Berücksichtigung der „Raffinose" — im Quotienten sehr hoch stieg, um dann gegen Ende der Kampagne so niedrige Quotienten zu ergeben, wie sie sonst kein Nachproduktenverfahren erzielen läßt.

Sehr lehrreich ist der erst angeführte Fall, der eine gemischte Fabrik betrifft. Die kleine Zusammenstellung von Betriebsanalysen zeigt das rapide Fallen der Muttersirupe im Refrigeranten durch Kristallisation in Bewegung.

Tabelle Nr. 121.

Nachproduktensud beim Ablassen					Reinheitsquotient der Muttersirupe				Differenz zwischen Q. d. Füllmasse u. Q. d. Schleudersirupes	Differenz der Quotienten zwischen Muttersirup und Schleudersirup
					beim Ablassen	nach 24 Std.	nach 36 Std.	nach 48 Std.		
Wasser	Brix	Pol.	NZ.	Q.		Schleudersirup				
8,80	91,2	71,8	19,4	78,7	66,2	62,5	61,3	—	17,4	4,9
7,00	93,0	74,0	19,0	79,5	64,0	60,5	59,8	—	19,7	4,2
6,40	93,6	73,8	19,8	78,8	64,5	62,5	61,8	—	17,0	2,7
6,80	93,2	70,0	23,2	75,1	64,7	60,9	—	—	14,2	3,8
6,90	93,1	70,4	22,7	75,6	66,3	62,0	59,8	—	15,8	6,5

Es war somit schon nach 36stündiger, in einem Falle sogar nach 24stündiger Rührdauer, das Ausschleudern der Sude möglich. Die Quotienten sanken innerhalb dieser Zeit um fast 14—20 Einheiten, auf den Sudquotienten, oder um 3—6 Einheiten, auf den Muttersirup des Sudes beim Ablassen bezogen. Dieser Erfolg ist jedenfalls in erster Linie einem gut geleiteten Kochprozeß zuzuschreiben, da schon die Muttersirupe im Vakuum niedrige Reinheitsquotienten zeigten. Ein weiterer Grund liegt in der strengen Trennung der Sirupe auf der Affination, so daß nur niedrige Sirupe zum Verkochen gelangten. Dies war nicht der Fall in der zweiten Fabrik; hier besaßen die Füllmassen und besonders die entsprechenden Muttersirupe zu hohe Quotienten, infolgedessen war die „Melasse“ viel zu hoch. Auffallenderweise gab es hier sehr viel Sude, die chemisch ganz ähnlich denen der erstgedachten Fabrik zusammengesetzt waren, so weit es die Kontrollanalysen (Bx., Pol., Q.) zeigten, ohne daß die Erfolge sich auch nur annähernd erreichen ließen. Dies wäre als Beweis dafür aufzufassen, daß auch die physikalischen Eigenschaften der Füllmassen entscheidend sind.

Es geht also auch ohne die vielen Nachproduktenverfahren, und weil die wenigsten von ihnen chemisch interessant sind, seien sie übergangen. Nur eine Zusammenstellung aus dem Jahre 1899 von Hafner über diese Verfahren sei zur Orientierung wiedergegeben („Einteilung der Bestreben zur Nachproduktenarbeit vom praktischen Gesichtspunkte.“ Ö. U. Z. f. Zuckerind. XXVIII, S. 351):

1. Erhöhung der Ausbeute an I. Produkt durch intensive Saftreinigung; gehört eigentlich nicht her (Ozonverfahren, elektrolytische Verfahren, Silikatmethode von Harms, Ranson-Verfahren mit hydroschwefliger Säure usw.).
2. Rückführung der Abläufe in den Betrieb:
   a) in die Saftmanipulation (Zscheye, Löblich, Böcker, Manoury),
   b) in den Kochprozeß (Wulff).
3. Selbständige Verarbeitung der Abläufe:
   a) durch freie Kornbildung;
      α) Kristallisation in Ruhe (Reservenarbeit),
      β) Kristallisation in Bewegung (Wulff-Bock);
   b) durch Eintragen bereits fertig gebildeter Kristalle;
      α) Kristallisation in Bewegung (Wulff),
      β) Methode der Unterleitung (Wulff);
   c) künstliche Kornbildung (Abraham, Freytag, Fuchs, Grosse).

Als d sub 3 wäre heute noch das erfolgreiche Nachproduktenverfahren Claassens hinzuzufügen, das im Prinzipe in der Regulierung der richtigen Übersättigung beim Kochen des Sudes und während der Rührzeit im Refrigeranten durch bemessene Wasserzugaben besteht. Die Übersättigung des Muttersirups wird in solchen Grenzen gehalten, daß stets die für gute Kristallisation des Zuckers günstigsten Bedingungen herrschen.

Den Ausgangssirup für die Nachproduktenarbeit bildet der Grünsirup vom ersten Produkt. Sind auch bessere Sirupe zu verkochen, so wird aus diesen zuerst das Korn gebildet und dann erst der Grünsirup nachgezogen.

Der Sirup wird fast stets — mit oder ohne Kalkmilchzugabe — mit schwefliger Säure saturiert und filtriert. Der Wert der Kalkmilchzugabe wird von mancher Seite zwar bestritten, zumindest wirkt sie aber mechanisch. Eine Aufbesserung in chemischer Hinsicht ist kaum bemerkbar. Verfasser fand stets nur Aufbesserungen im Reinheitsquotienten, die noch innerhalb der Fehlergrenzen der Analyse lagen. Ebenso K. Andrlík, Vl. Stanek, B. Mysík und Fr. Zdvihal in ihren „Untersuchungen über die Filtration von Grünsirupen“ (Z. f. Zuckerind. i. B. XXVI, 1901/02, S. 501). Diese konstatierten durch Schwefelung und Filtration der Sirupe in verschiedenen Betrieben Quotientenerhöhung von 0,08%.

Schon die Filtration der Sirupe allein kann verschiedene Stoffe beseitigen, welche störend auf die Kristallisation einwirken. Das beweist eine von Andrlík durchgeführte Analyse von Schlamm aus Filtern von der Filtration eines III. Sirupes. Dieser Schlamm war gallertartig und wie Melasse gefärbt (Z. f. Zuckerind. i. B, 1897/98, S. 214).

Analyse von Schlamm aus Sirupfiltern.

Die frische Probe enthielt:

I.	Wasserunlösliche Bestandteile	13,43 %
II.	Polarisationszucker	43,44 %
III.	Lösliche Nichtzucker	22,70 %
IV.	Wasser	20,43 %

I. Bestand aus:		III
SiO_2	25,35 %	Reinheitsquotient = 65,6
$Al_2O_3 + Fe_2O_3$	7,37 %	
CuO	0,60 %	Der Aschengehalt des trockenen, in Wasser unlöslich. Teiles 59,86%
CaO	14,39 %	
MgO	1,62 %	
CO_2	2,55 %	
SO_3	1,17 %	
Stickstoff	0,80 %	
Oxalsäure	14,54 %	
Fett	7,67 %	
Rest (organische Stoffe, Karamelstoffe)	23,94 %	

Der filtrierte Sirup wird ins Vakuum eingezogen, verkocht, und hängt es nun in erster Linie von den Kenntnissen und der Geschicklichkeit des Kochers ab, ob der Sud erfolgreich in Zucker und Melasse zerlegt werden kann. Eventuell wird sein Ablauf auf III. Produkt verkocht — doch ist dies in einer gut geleiteten und gut eingerichteten Fabrik meist nicht notwendig.

Das Verkochen gestaltet sich verschieden, je nachdem andere Sirupe mit verkocht werden müssen. Ein richtiges Verkochen ist eine Hauptbedingung für ein gutes Nachproduktenverfahren; der Muttersirup soll auf niedrige Reinheit ausgekocht, das Korn gleichmäßig, groß und scharf sein. Die Füllmasse wird bei verschiedenen Temperaturen abgelassen. In einer Fabrik beobachtete der Verfasser Ablaßtemperaturen von 85—90° C.

Mit dieser Temperatur gelangen die Füllmassen in die Refrigeranten zur Abkühlung und Nachkristallisation. Die Temperaturen sanken in einer dem Verfasser bekannten Fabrik am 1. Tag auf 70—65, am 2. auf 65—55, am 3. auf 55—46, am 4. auf 46—40; der Übersättigungskoëffizient wurde an diesen Tagen auf folgender Höhe gehalten: 1,22, 1,16, 1,10, 1,06 und 1,026 vor dem Schleudern der Füllmassen.

Durch die Abkühlung kristallisiert Zucker aus dem Muttersirup aus; der Kristallgehalt der Füllmasse nimmt zu, der Gehalt an Sirup ab. Bei normaler Abkochung wurde zur Berechnung der Wasserzugabe folgender Kristallgehalt der Füllmassen angenommen:

bei 80° C	22%
70	26
60	32
45—35	36

Es waren also im besten Falle immer noch 64% Sirup abzuschleudern.

Für das Maischen der Füllmasse, für den Maischsirup usw. gelten die bei der Erstproduktfüllmasse angestellten Erwägungen. Der Grünsirup von der Zweitproduktfüllmasse ist die Melasse — falls das Nachproduktenverfahren gut durchgeführt wurde.

Das Prinzip der Kristallisation in Bewegung ist heute so allgemein anerkannt und bei allen Nachproduktverfahren in Verwendung, daß über seinen Wert überhaupt nicht mehr zu debattieren ist, wie es zur Zeit seiner Entdeckung und Einführung in die Zuckerindustrie geschah — und wie es immer geschieht, wenn eine fruchtbare Idee in die Praxis umgesetzt wird. Wenn diese Frage auch mehr eine physikalische ist, so spielen chemische Faktoren doch bei der Kristallisation mit. Wir bewegen uns hier auf dem Grenzgebiete der beiden Naturwissenschaften, haben ein Kapitel aus der physikalischen Chemie vor uns, und so sollen die in Betracht kommenden Tatsachen näher besprochen werden.

L. Wulff ist es, welcher die Kristallisation in Bewegung für die Zuckerindustrie nutzbar machte. Zum ersten Male veröffentlichte er seine Anschauungen im Jahre 1885 (Z. V. d. Zuckerind. 1885, S. 899) und soll das Wichtigste aus diesem klassisch gewordenen Aufsatze „Die Kristallisation in Bewegung" wiedergegeben werden.

Zunächst wendet sich Wulff gegen die damals verbreitete Anschauung, daß „Bewegung als Störung des normalen Auskristallisierens" gilt; als Folge dieser wurde Bewegung als notwendiges Übel betrachtet. Er ist dagegen, die Kandiskristallisation, die in Ruhe vor sich geht, als Beweis für das „Ruhebedürfnis der Kristallisation" hinzustellen, und führt Kristallzucker an, der in „bewegter Flüssigkeit" entstand und schöner ausgebildete Kristalle zeigte. Von Reimann allerdings später widersprochen, führte Wulff an, daß beim Kandis pro Stunde der Kristall um 0,63 mm, beim Kristallzucker in derselben Zeit um 1,2 mm wuchs. Ersterer in Ruhe, letzterer trotz Bewegung bei der Kristallisation.

„Jedes Verkochen auf Korn ist in Wirklichkeit ein Kristallisieren in Bewegung, so sehr man auch diese perhorreszieren will. Während des Siedens befindet sich die Flüssigkeit samt den Kristallen in der lebhaftesten Bewegung, und trotz dieser Bewegung ist das Wachstum der Kristalle ein gutes. In den Lehrbüchern sucht man zwar auch für das Verkochen auf Korn das Bedürfnis nach Ruhe aufrecht zu erhalten, indem man schreibt, es müsse das Sieden „ruhig" vor sich gehen, weil beim „stürmischen" Kochen die Kristalle durch die heftige Bewegung litten. Es ist aber durchaus nicht nötig, die Störung, die beim stürmischen Kochen eintritt, auf die verstärkte Bewegung zurückzuführen. Das stürmische Kochen bringt eine schnelle Verdampfung und also auch eine rasche Abscheidung von festen Zuckerteilchen mit sich. Nun ist es ein auch für die Kristallisation in Ruhe gültiger Satz, daß beim Kristallisieren die Tendenz zur Bildung neuer Kristalle desto größer ist, je schneller die Abscheidung neuer Substanz vor sich geht. So bringt das stärkere Versieden für sich schon es mit sich, daß man Gefahr läuft, neben den vorhandenen Kristallen noch ein feines Kristallmehl zu erhalten, selbst wenn mit dem schnellen Sieden gar keine stürmische Bewegung verbunden wäre.

Die Störungen, die eintreten, wenn man ruhig stehende abkühlende Säfte rührt, lassen sich auch auf Ursachen zurückführen, die mit der Bewegung an sich nichts zu tun haben. Zu dem Zwecke müssen wir einen Blick auf die Lagerung der abkühlenden Flüssigkeiten werfen. Alle bewegungsträgen Flüssigkeiten (und zu ihnen gehören die Säfte der Zuckerfabrikation durchweg) kühlen nicht durch die ganze Flüssigkeit gleichmäßig ab, sondern die äußern Teile sind mehr abgekühlt als die innern. Die Differenz ist desto größer, je konsistenter die Flüssigkeit ist, und je schneller die Flüssigkeit abkühlt. Rührt man also eine abkühlende Lösung, so findet beim Rühren eine Vermischung verschieden warmer Flüssigkeiten statt. Diese sind aber auch verschieden stark auskristallisiert, und beide Ursachen bewirken, daß beim Vermischen der Schichten eine schnelle Ausscheidung neuer Substanz vor sich geht, die zur Bildung eines feinen Mehls führen muß."

Dies und anderes führt Wulff an, um zu bekräftigen, daß es nicht die Bewegung, sondern die Vermischung verschieden stark konzentrierter Schichten ist, welche Bildung von Kristallmehl bewirkt und dadurch die Kristalle im Wachstum aufhält.

Um zu günstigen Ergebnissen zu gelangen, stellt Wulff folgende Bedingungen für die Kristallisation in Bewegung auf: 1. Die Bewegung muß eine kontinuierliche sein. Wechsel von Bewegung und Ruhe ist stets nachteilig für den Verlauf der Kristallisation. 2. müssen, wenn man größere Kristalle erzielen will, durch die ganze Lösung Kristalle verteilt sein, da sonst dort, wo noch keine Kristalle vorhanden sind, solche sich neu bilden. — Sehr vorausblickend erweist sich Wulff, wenn er die Kristallisation in Bewegung gerade dort in der Zuckerfabrikation am geeignetsten erklärt, wo die Sirupe konsistenter und schlechter werden; „... dies dürfte gerade die wesentlichste Eigenheit der Kristallisation in Bewegung sein ... da sie eben dort noch gute Resultate erzielen kann, wo die Kristallisation in Ruhe schlechte ergibt. Denn nur in konsistenteren Lösungen bleiben die gebildeten Kristalle suspendiert, bilden also Anregekristalle, während sie in dünnerer Lösung zu Boden fallen, wenn sie mehr als 1 mm lang sind. Je geringer die Differenz zwischen dem spezifischen Gewichte der Lösung und dem der Kristalle, desto günstiger für die Kristallisation." Nachdem Wulff die Vorzüge dieses Kristallisationsprinzips aufzählt (reinere Kristalle, bessere Marktware, glänzende Kristallflächen), beschreibt er sein Patent „Kristallisationsverfahren und Apparate, besonders für Zucker". Charakteristisch ist, daß er angewärmte Anregekristalle zu den blank gekochten Säften im „Kristallisator" und zu den auf Korn gekochten schon im Vakuum zuzieht. Je kleiner die Anregekristalle, desto weniger von diesen genügt; je unreiner die Säfte, desto mehr Kristalle muß man nehmen. Der Zuzug von Anregekristallen wurde jedoch bereits schon zwanzig Jahre früher versucht; eine Mitteilung Reimanns (Z. V. d. Zuckerind. 1886, S. 254) besagt, daß die Kristallisation in Bewegung „bei den zäheren Sirupen und Nachprodukten, und zwar selbst dann, wenn man Zuckerkristalle gleichzeitig mit dem Klärsel ins Vakuum bringt", versagt. „Zähflüssigkeit, die durch den Gehalt an fremden Stoffen hervorgerufen wird, beeinflußt eben die Kristallisation ganz anders als die bloß durch sehr hohe Zuckerkonzentration verursachte."

Fig. 5.

Fig. 6.

In anderer Weise macht Bock das Wesen der Kristallisation in Bewegung klar. „Das Auskristallisieren der Nachprodukte beruht auf der Eigenschaft des Zuckers, daß derselbe bei höherer Temperatur in größeren Mengen löslich ist als bei gewöhnlicher Temperatur und daher eine heiß gesättigte Zuckerlösung beim Abkühlen den der höheren Temperatur entsprechend mehr gelösten Zucker in Form von Kristallen abscheidet." Der Kristallisationsprozeß ist so zu leiten, daß möglichst große Kristalle resultieren; solche erleichtern das Schleudern in der Zentrifuge sehr. Figur 5 zeigt eine ideale Kristallisation: grobe, wohl ausgebildete, scharfkantige, gleichgroße Kristalle, die am Boden einer Reserve sitzen.

Die Figur Nr. 6 zeigt schlechte Kristallisation: neben Kristallen von obiger Qualität eine große Menge feiner, kleinerer Kristalle. Eine solche Füllmasse bietet später bei der Trennung des Zuckers vom Sirup große Schwierigkeiten: teils verstopfen die kleinen Kristalle die Sieböffnungen, teils bilden sie zusammen mit den großen Kristallen, deren Zwischenräume sie ausfüllen, eine dichte Lage von Kristallen an der Siebwand, welche das Durchschlagen des Sirupes verhindert; teils gehen sie in den Ablauf.

Bedingung für eine gute Kristallisation ist langsame Abkühlung der eingekochten Füllmasse. Nicht zu vergessen ist, daß Bock bei diesen Ausführungen blankgekochte Füllmassen vor Augen hatte, also nach heutigen Begriffen Füllmassen auf III. Produkt oder Osmosefüllmassen. Die Vorgänge in einer Kristallisierreserve stellt Bock folgendermaßen dar: Die Abkühlung der abgelassenen Füllmasse beginnt auf der Oberfläche, so daß sich hier die ersten Kristalle ausscheiden; sie erreichen eine gewisse Größe und sinken dann infolge ihres größeren spezifischen Gewichtes zu Boden. Auf ihrem Abwärtssinken wachsen sie durch Zuckeraufnahme aus der konzentrierten Zuckerlösung. Damit wird die Konzentration der letzteren verringert, und die neu auf der Oberfläche durch fortschreitende Abkühlung ausgeschiedenen Kristalle finden bei ihrem Niedersinken durch die weniger konzentrierte Füllmasse nicht mehr so Gelegenheit zu wachsen wie die ersten. Diese Zuckerausscheidung zeigt Figur Nr. 7.

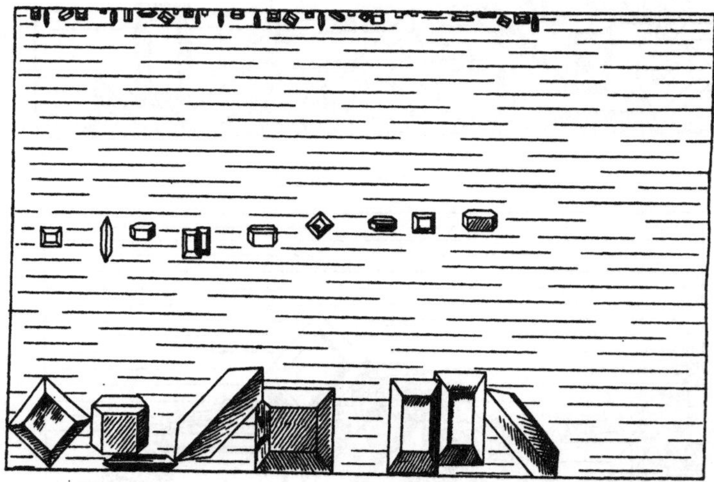

Fig. 7.

Wenn die Kristallisation so weiter geführt werden würde, so würden die folgenden Kristalle umso kleiner werden, schließlich würde man ein Gemisch verschieden großer Kristalle erhalten. Außerdem bliebe ein Teil des Zuckers infolge seiner erhöhten Löslichkeit im nichtzuckerreichen Sirupe zurück (siehe Melassebildungstheorien). Dieser Zucker wäre durch Anregekristalle noch zu gewinnen, da ja bekanntlich aus übersättigten Salz- oder Zuckerlösungen Kristalle zu erhalten sind, wenn man schon gebildete Kristalle derselben Art hinzufügt. Am notwendigsten ist dies für den oberen Reserveinhalt, der frei von Kristallen ist — diese sitzen am Boden (siehe Figur 7) —; seine Überkonzentration wird am besten dadurch beseitigt, daß man einfach die Bodenkristalle durch geeignete Bewegung nach oben bringt, wo sie dann als Anregekristalle dienen: also Bewegung der ganzen Masse und nicht Ruhe. Diese Erscheinung wird durch folgende Überlegung

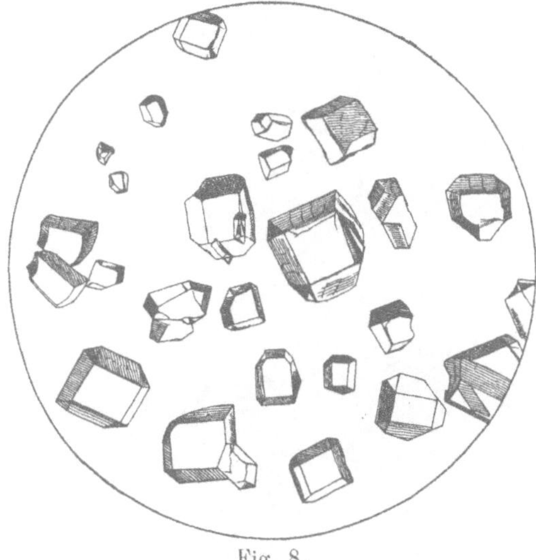

Fig. 8.

leicht erklärlich: Der Zuckerkristall kann nur aus seiner unmittelbarsten Umgebung Zucker auf sich niederschlagen, also wachsen. Man muß daher immer neue Teile des Sirupes mit den Kristallen in innige Berührung bringen, damit die vorhandene Überkonzentration an die Kristallflächen abgegeben werden kann.

Diese Bewegung gibt erst im Verein mit langsamer Abkühlung günstige Resultate. Geht die Abkühlung zu rasch vor sich, so hat der ausgeschiedene Zucker keine Zeit und Gelegenheit, sich an schon vorhandene Kristalle abzusetzen, sondern es entsteht zunächst stärkere Überkonzentration, die bei weiterer Abkühlung eine Neubildung von zahlreichen Kristallen hervorruft. Bock führte auch mikroskopische Bilder von auskristallisierten Nachprodukten vor, die wegen ihres Interesses, und da sich solche in der Literatur nicht vorfinden, in dieses Buch aufgenommen wurden.

Eine Kristallisation, die als sehr gut zu bezeichnen ist, zeigt folgendes Bild (Fig. 8): Einzelne recht große Kristalle, daneben solche in guter Mittelgröße, und nur wenige kleine Kristalle, die nicht störend wirken können. Diese Füllmasse wird sich gut zentrifugieren lassen und eine große Ausbeute geben. Figur 9 zeigt eine

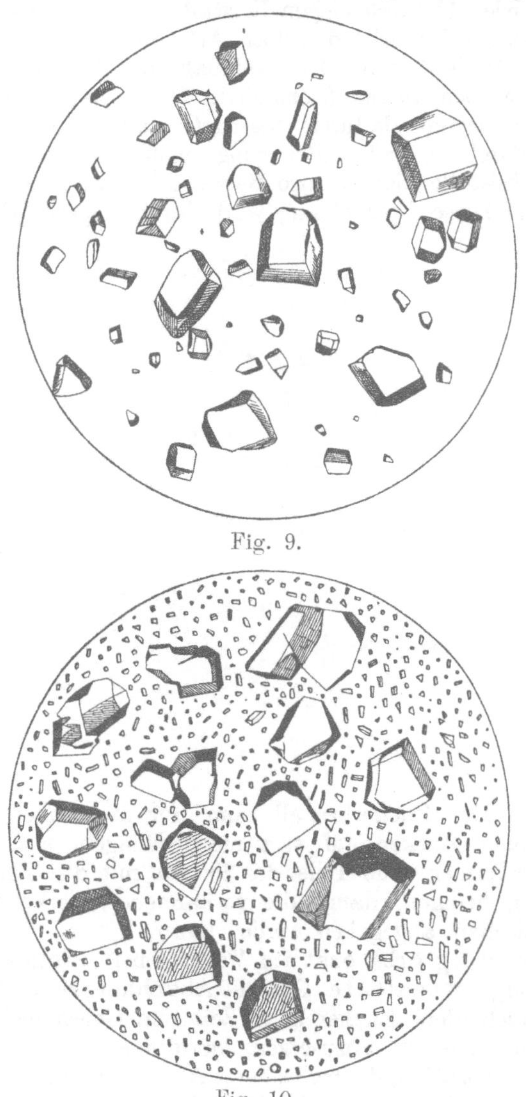

Fig. 9.

Fig. 10.

schlechte Kristallisation. Wohl einige sehr große Kristalle, aber die kleinen überwiegen infolge zu rasch verlaufender Abkühlung der Füllmasse oder infolge zu strammen Eindickens derselben. Zu große Konzentration wirkt so wie rasche Abkühlung. Diese Füllmasse verarbeitet sich schlecht, der Zucker bleibt von anhängendem Sirupe feucht und besitzt niedrigeres Rendement (Seite 587). Noch ungünstigere Verhältnisse zeigt Fig. 10. Gute große Kristalle neben einer Unzahl ganz kleiner Kriställchen; zu rasche, plötzliche Abkühlung war deren Ursache. Die letzteren gehen teils durch die Siebe in den Ablauf, teils bedecken sie diese, wodurch das Schleudern sehr erschwert wird. — Alle Mittel, welche die Arbeiter anwenden, um schlecht kristallisierte Füllmassen besser schleudern zu können (dünner maischen, Wasserzusatz, Dampfdecke in der Zentrifuge), nützen wohl diesen in Akkord Stehenden, nicht aber erhöhen sie die Ausbeute oder verbessern sie die Melasse (Z. V. d. Zuckerind. 1888, S. 965).

b) Die Viskosität und ihre Beziehung zur Nachproduktenarbeit.

Die Viskosität einer Flüssigkeit ist der Widerstand, den ihre Moleküle infolge der herrschenden Kohäsionskraft einer gegenseitigen Verschiebung entgegensetzen; Flüssigkeiten lassen ihre Moleküle so leicht verschieben, daß sie stets die Gestalt des sie enthaltenden Gefäßes einnehmen. Doch schwankt die Beweglichkeit oder Flüssigkeit (nicht als Materie, sondern als Eigenschaft), von den leichtflüssigsten Substanzen (Wasser, Alkohol usw.) bis zu den zähflüssigsten; diese bilden den Übergang zum festen Aggregatzustande.

Jeder Körper hat für eine gegebene Temperatur eine bestimmte spezifische Fluidität oder Viskosität.

Die Viskosität hängt gewiß in erster Linie von der Konzentration der Lösung ab. Für reine Zuckerlösungen fand der Verfasser die in Fig. 11 graphisch dargestellten Resultate.

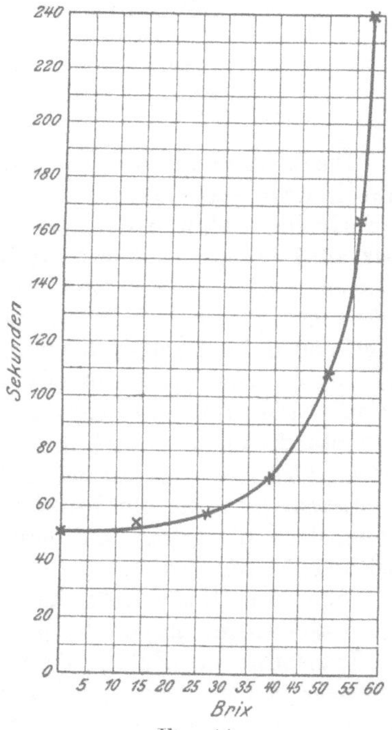

Fig. 11.

Die Abszisse zeigt die Konzentration der Versuchslösungen (Brix), die Ordinate die Auslaufszeiten der Lösungen aus einem Englerschen Viskosimeter für 200 cm³ bei 22° C in Sekunden. Für destilliertes Wasser (° Brix) betrug die Auslaufzeit 51 Sekunden. Dort beginnt demnach die Kurve. Zunächst steigt sie allmählich, dann von 40° Brix rasch steil an, ein Beweis, wie schnell die Viskosität mit steigender Konzentration zunimmt. Sechs Punkte der Kurve wurden experimentell bestimmt, der Ausgangspunkt war gegeben. Aus der Kurve lassen sich die zahlenmäßigen Beziehungen zwischen Viskosität und Konzentration herauslesen.

Andere Versuche des Verfassers zeigten, daß die Viskosität mit steigender Temperatur fällt, z. B. brauchten 200 cm³ einer Raffinadekläre bei 24° 149,2, bei 25° C 148 Sekunden; ein Sirup bei 20° C 103,4 und bei 22° 101,0 Sekunden zum Ausflusse aus dem Viskosimeter. Daraus geht hervor, daß Vergleiche von Viskositäten bei gleicher Konzentration und gleicher Temperatur ausgeführt werden müssen (siehe S. 517). Weiter untersuchte der Verfasser verschiedene Säfte und Sirupe auf ihre Viskosität. Alle wurden auf gleiche Konzentration gebracht (50,1 Brix = spez. Gew. 1,23334) und mit einer gleich konzentrierten reinen Zuckerlösung verglichen.

Je 200 cm³ aller brauchten bei 22° C zum Ausflusse

	Reinheitsquotient	
reine Zuckerlösung		108 Sek.
Sirup	92,4	103,4 „
Dicksaft	90,2	98,0 „
Sirup I	81,6	102,0 „
„ II	72,2	98,0 „
Melasse	63,2	99,0 „

Die Sirupe und Säfte hatten eine geringere Viskosität als die gleich konzentrierte reine Zuckerlösung. Der Nichtzucker vermindert also die Viskosität, ohne daß zwischen Reinheit und Viskosität bestimmte konstante Beziehungen bestehen. Der Einfluß der Viskosität auf die Kristallisierung des Zuckers ist einleuchtend. Die Kristallisation ist als eine Bewegung der Zuckermoleküle in dem sie umgebenden Medium zu betrachten. Je leichter diese Bewegung vor sich gehen kann, desto schneller und vollkommener wird die Kristallisation. Die Molekülbewegung findet aber in der Flüssigkeit einen Widerstand, welcher durch ihre Viskosität bedingt ist. Je größer diese, desto größer der Widerstand und damit desto ungünstigere Kristallisationsbedingungen; ein Teil der Zuckermoleküle bleibt in der Mutterlauge „stecken", gelöst, und diese kann nur fraktionsweise ihren Zucker auskristallisieren lassen.

Schon im Jahre 1872 hat Scheibler auf die Bedeutung von Viskositätsbestimmungen hingewiesen; 1874 stellte Burkhard über die Transpiration (Zähigkeit) reiner und mit verschiedenen Salzen versetzter Zuckerlösungen Versuche an. Burkhard arbeitete mit dünnen Lösungen. Als Vergleichslösung diente ihm eine reine Zuckerlösung, die 26,048 g Zucker in 100 cm³ enthielt. Die Versuchsanordnung war nicht ganz einwandfrei, da er Lösungen von ungleicher Dichte miteinander zur Vergleichung brachte.

Dann bestimmte er „spezifische Zähigkeit" von Zuckerlösungen, die 1 Grammolekül Rohrzucker, d. i. 342 g Zucker in einem Liter der

Lösung enthielten, bei verschiedenen Temperaturen. Die Zähigkeit wird mit steigender Temperatur kleiner. Die „Transpirationszeit" stieg mit der Konzentration der Zuckerlösung, stand aber nicht in stetem Zusammenhange mit dem Zuckergehalte der Lösung.

Zusätze verschiedener Verbindungen beeinflussen individuell die Transpiration. Kali- und Natronsalze verlängern die Dauer der Transpiration, Invertzucker und Asparagin in geringerem Maße. Zuckerkalk und Eiweiß (bei 5proz. Zusatz) erhöhen sie auf das Doppelte, Gummi auf das Fünffache. Die Resultate sind selbstverständlich, weil bei dieser Versuchsanordnung die spezifischen Gewichte der Versuchslösungen vergrößert werden.

In einem Vortrage, den Sidersky während der „Verhandlungen der französischen Alkohol- und Zuckerchemiker" auf dem Kongresse in Paris (Juli 1895) hielt, führte er bezüglich der Viskosität von Säften der Zuckerindustrie folgendes aus (Z. V. d. Zuckerind. 1895, S. 775): Von zwei Füllmassen, welche dem Anscheine nach dieselbe chemische Zusammenhang haben, braucht man beim Schleudern nicht dieselbe Ausbeute zu bekommen, ein Beweis, daß die chemische Analyse allein nicht genügt, um die Qualität der einzelnen Produkte genau festzustellen. Es spielen eben noch physikalische Umstände mit, welche die Kristallisationsfähigkeit des Zuckers beeinflussen. Das ist u. a. die Viskosität der Säfte. Die Wirkung der schwefligen Säure auf Dünn- oder Dicksäfte beruhe nicht auf einer Reinheitserhöhung, sondern auf einer Viskositätsverminderung, d. i. leichteren Beweglichkeit, welche die Bildung und Entwicklung der Kristalle befördert. Sidersky empfiehlt die Einführung des Viskosimeters in die Zuckerindustrie, um die chemische Analyse zu vervollständigen.

Er schlägt vor, die zu untersuchenden Produkte auf gleiche Konzentration zu bringen (spez. Gew. 1,040 = ca. 10,5° Bx), die Viskosität, bezogen auf destilliertes Wasser, festzustellen, und die Viskositäten mit der einer reinen Zuckerlösung von gleicher Dichte, welche bei 20° C gleich 1,33 ist, zu vergleichen; statt der Dichte könnte man auch einen bestimmten Zuckergehalt als Basis nehmen.

Durin konnte experimentell durch Zusatz von Salz zu einer Zuckerlösung verminderte Kristallisierbarkeit derselben nachweisen.

Im Jahre 1898 (Z. V. d. Zuckerind. 1898, S. 535) veröffentlichte H. Claassen „Versuche über praktische Kristallisation des Zuckers". Er stellte sie nur an gesättigten und übersättigten Zuckerlösungen und Sirupen an. Mit ungesättigten Lösungen arbeitete er nur, wenn es zum Vergleiche oder zur Fortsetzung einer Versuchsreihe nötig war. Hauptsächlich arbeitete er mit solchen Zuckerlösungen, die für die Kristallisation in Betracht kommen. Er benutzte aber für seine Untersuchungen kein Englersches Viskosimeter, sondern nur eins nach Art des genannten. Die angegebenen Sekundenzahlen für den Ausfluß oder Viskositätskoëffizienten sind daher nicht verallgemeinbar, sondern gelten nur für das speziell angewandte Viskosimeter. Als Normallösung nahm Claassen eine bei 30° C gesättigte Zuckerlösung, deren Viskosität bei 30° C er gleich 100 setzte.

Er fand folgendes: Für eine und dieselbe Lösung verringert sich die Viskosität mit steigender Temperatur. 100 cm³ der bei 30° C gesättigten Zuckerlösung (100 Teile Wasser, 219 Teile Zucker) mit 68,7 Pol brauchten — um nur die Anfangs- und Endzahlen anzuführen — bei 16° C 476 Sekunden, bei 71° 30 Sekunden. Eine Melasse von 64° Bx und 58 Q. bei 20° C 380, bei 100° C 21 Sekunden.

Wie Burkhard, studierte auch Claassen den Einfluß von Nichtzuckerstoffzusätzen auf die Viskosität. Zunächst seien einige von ihm gefundene Werte angeführt:

Tabelle Nr. 122.

	Ausflußzeit in Sekunden	Verlängerung derselben in Sekunden	Viskosit.-Koëffizient
Zuckerlösung bei 30° C gesättigt	164	—	100
„ mit Zusatz von 10 % KNO_3	117	—47	71
„ „ „ „ 10 % KCl	144	—20	88
„ „ „ „ 10 % $KHSO_4$	159	— 5	97
„ „ „ „ 10 % Kaliumazetat	245	+81	149
„ „ „ „ 10 % Kaliumoxalat	246	82	150
„ „ „ „ 10 % $NaCl_2$	298	134	182
„ „ „ „ 10 % KOH	445	281	271
„ „ „ „ 10 % K_2CO_3	492	328	300
„ „ „ „ 10 % CaCl	737	573	450
„ „ „ „ 10 % Na_2CO_3	1862	1698	1140
„ „ „ „ 5 % KNO_3	138	—26	84
„ „ „ „ 5 % $KHSO_3$	176	+12	107
„ „ „ „ 5 % Kaliumazetat	206	42	126
„ „ „ „ 5 % Natriumazetat	278	114	170
„ „ „ „ 5 % Kalziumazetat	333	169	203
„ „ „ „ 2,5 % $KHSO_3$	171	+ 7	104
„ „ „ „ 2,5 % K_2SO_4	187	23	114
„ „ „ „ 2,5 % Kaliumazetat	189	25	115
„ „ „ „ 2,5 % KSO_3	195	31	119
„ „ „ „ 2,5 % $NaHCO_3$	205	41	125

Versuchstemperatur 30° C, Viskositätskoëffizient $= \frac{Z_f \cdot 100}{Z_N}$

Z_f Sekunden für die jeweilige Lösung
Z_N „ „ „ Normallösung.

Die drei erst angeführten Salze verringern in verschiedenem Grade die Viskosität, alle anderen vergrößern sie, und zwar saure Salze weniger als neutrale; Natronsalze mehr als Kali- und diese wieder mehr als Kalksalze. Am größten wird die Viskosität bei Anwesenheit kohlensaurer Alkalien und Ätzalkalien.

Da die wässerigen Salzlösungen keine merklich höhere Viskosität haben als reines Wasser, sind die Ursachen für die Viskositätsbeeinflussung durch Zugabe von Salzen zur Zuckerlösung nicht direkt nachweisbar. Claassen gibt folgende Erklärung für diese Erscheinungen: Salze mit viel Kristallwasser ($CaCl_2$, $NaCO_3$) — die im wasserfreien Zustande bei diesen Versuchen angewendet wurden — entziehen der gesättigten Zuckerlösung einen Teil ihres Wassergehaltes und machen die Lösung dadurch übersättigt — somit auch viskoser. Für Salze ohne Kristallwasser, die meisten Kalisalze, stellt Claassen folgende Theorie auf: Ein Teil des Alkalis verbindet sich mit dem Zucker zu Saccharaten, welch letztere wieder mit dem Alkalisalze Doppelverbindungen eingehen, die zähflüssige Lösungen geben (siehe S. 79); die Alkali- und Kalksaccharate bilden allein ebenfalls viskose Lösungen. Claassen stützt diese Anschauung durch Anführung einiger Tatsachen; so können z. B. saure Salze ($KHSO_4$) wegen der überschüssigen Säure keine Saccharate geben, das betreffende Neutralsalz aber ja. Im ersten Falle wurde auch tatsächlich die Viskosität nicht nur nicht erhöht, sondern um etwas vermindert. Das normale K_2SO_4 aber erhöhte sie schon bei Gegenwart von 2,5% usw.

Von der schwefligen Säure heißt es, daß sie auf die Viskosität günstig einwirke, weil organischsaure Salze in Sulfite verwandelt würden, welche weniger viskos wären als die entsprechenden Organate. Vergleicht man aber die Zahlen Claassens in der Tabelle für 2,5% Kaliumsulfit (K_2SO_3) und Kaliumazetat (dieses als Typus für die organischsauren Salze), so sieht man gerade das Gegenteil. Nur wenn das saure Sulfit ($KHSO_3$) bestehen bliebe, wäre eine günstige Wirkung zu beobachten. Wenn nun Claassen aus dieser in der Tabelle angeführten Angabe und nach der folgenden: Zuckerlösung mit 4% KSO_3 220 Sek. und mit 5% Kaliumazetat 206 Sek. alle Angaben, die eine Viskositätsverminderung durch schweflige Säure annehmen, als falsch und einer Nachprüfung bedürftig erklärt, so wird man nicht gleich beipflichten können. In den Säften sind neben Kalisalzen auch andere Salze vorhanden und diese können sich wohl anders verhalten als erstere.

Nur für den Fall gibt Claassen einen viskositätsverringernden Einfluß der schwefligen Säure zu, wenn in den Säften größere Mengen ätzender oder kohlensaurer Alkalien vorhanden sind, weil sie durch Überführung in Sulfite bedeutend an Viskosität abnehmen. Weiter fand Claassen folgende Tatsachen: Invertzucker ist weniger viskos als Rohrzucker, Gemische von Salzen beeinflussen die Viskosität einer gesättigten Zuckerlösung gleich dem Durchschnitte der Einwirkung der einzelnen Salze; in den meisten Fällen ist die Viskosität proportional der Menge des zugesetzten Salzes.

Claassen arbeitete auch mit Sirupen und Melassen und konstatierte, daß die Nichtzuckerstoffe die Viskosität der gesättigten Zuckerlösungen bedeutend mehr erhöhen als die in seinen Versuchen angewendeten anorganischen und organischen Salze.

Den Einfluß der Reaktion der Zuckerlösung auf die Viskosität fand Claassen von der sauren Reaktion unabhängig, für größere Kalkalkalität aber viskositätserhöhend. „Innerhalb der Grenzen, welche praktisch vorkommen, übt aber weder die Alkalität ... noch die Azidität einen Einfluß auf die Viskosität gesättigter Sirupe aus.“

Die Tabelle Nr. 123 gibt die Resultate mit übersättigten Zuckerlösungen wieder. Untersuchungstemperatur 30° C; während des Versuches schieden sich aus den übersättigten Zuckerlösungen beim Abkühlen keine Kristalle aus.

Tabelle Nr. 123.

	Verhältnis H_2O : Zucker	Übersättig.-koëffiz.	Auslaufzeit i. Sekd.	Viskosit.-koëffiz.
Ungesättigte Zuckerlösung	100 : 100	—	22	13
„ „	100 : 160	—	47	29
„ „	100 : 188	—	88	54
Gesättigte Zuckerlösung (bei 30° C gesättigt) . . .	100 : 219	1,00	164	100
„ „ + 1,75 % Zucker	100 : 224	1,02	187	114
„ „ 3,6 „	100 : 230	1,05	217	132
„ „ 5,5 „	100 : 236	1,08	248	151
„ „ 7,4 „	100 : 242	1,10	280	171
„ „ 9,5 „	100 : 248	1,13	318	194
„ „ 11,5 „	100 : 256	1,16	373	227
„ „ 16,0 „	100 : 270	1,23	464	283

Größeren Wert für die Praxis zeigen die folgenden Zahlen, welche den Einfluß verschiedener Mengen Nichtzucker und des Zuckers auf die Viskosität einer gesättigten Zuckerlösung üben. Besonders der Zusatz des Zuckers — durch den die Lösung übersättigt wird — ist für die Praxis der Kristallisation von größter Bedeutung. Dadurch wird der Nachteil einer zu großen Übersättigung der Sirupe augenfällig.

Tabelle Nr. 124.

Zur Normalzuckerlösung zugesetzte Substanz	Viskosität in Sekunden Auslaufszeit bei Zusatz in Proz. der Normallösung				
	2,5 %	5 %	10 %	15 %	20 %
Kaliumnitrat KNO_3	—	138	117	—	—
Kaliumbisulfit $KHSO_3$	171	176	—	—	—
Kaliumazetat $CH_3 \cdot COOK$	189	206	245	287	—
Kaliumsulfit K_2SO_3	195	234	—	—	—
Kaliumkarbonat K_2CO_3.	—	356	492	—	—
Nichtzucker einer Melasse	—	230	319	427	627
Zucker	200	240	328	445	—

Normallösung 164 Sek.

Diese Zusammenstellung zeigt deutlich den Einfluß der verschiedenen fremden Beimengungen — auch Zucker ist als solche zu bezeichnen — auf die Viskosität einer gesättigten Zuckerlösung. Da zur Kristallisation des Zuckers nur eine geringe Übersättigung nötig ist, muß man letztere im Betrieb auf das Mindestmaß herunterdrücken; jedes Zuviel erhöht die Viskosität. Noch besser zeigen sich diese Verhältnisse in folgender graphischen Darstellung. Abszisse: Zahl der Sekunden, Ordinate: % Zusatz zur Normalzuckerlösung. Verbindet man die für ein Salz gefundenen Punkte, so erhält man meist flache Kurven, die sich einer Geraden sehr stark nähern.

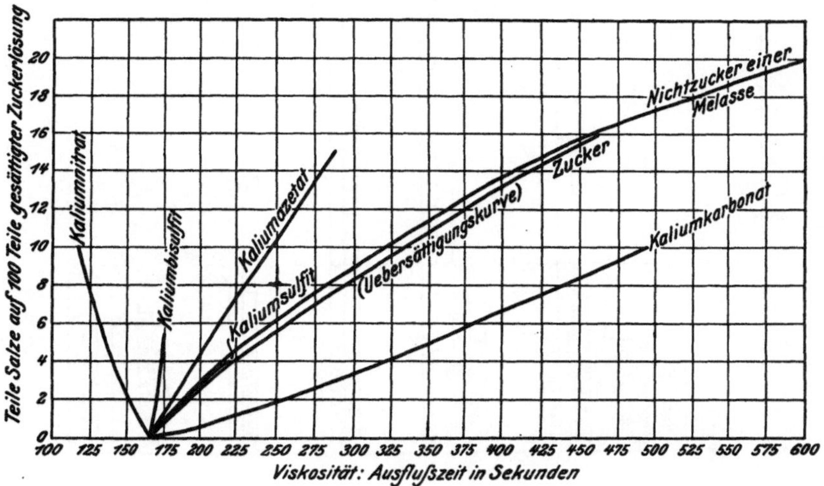

Fig. 12.

Auf Grund dieser herrschenden Proportionalität stellte Claassen folgendes Schema dar, das die bisher erhaltenen Resultate übersichtlich zusammenfaßt (siehe Figur 13).

Der Viskositätskoëffizient für die Normallösung = 100. Eine Viskositätsverminderung zeigt sich unter, eine Viskositätserhöhung über der 100. Ordinate. Es ist zu ersehen, daß nur wenige Salze einen größeren Einfluß auf die Viskosität der Normallösung haben als die gleichen Mengen zugesetzten Zuckers. Man ersieht auch aus der graphischen Darstellung jene Kali-, Natron- und Kalksalze, die viskoser sind als Zucker selbst (über Viskositätskoëffizient 200 gehend). Die Nichtzuckergemische von Melassen sind nicht so viskositätsvermehrend wie der Zucker. Daraus folgt, daß Übersättigung der Muttersirupe die Hauptquelle für die Viskosität ist; die günstigste Bedingung für die Kristallisation ist demnach eine möglichst geringe Übersättigung.

Claassen führte seine Versuche mit verschiedenen Viskosimetern aus, so daß die erhaltenen Zahlen der einzelnen Versuchsreihen nicht untereinander vergleichbar sind. Der Verfasser sieht im folgenden daher

von der Wiedergabe des Zahlenmaterials ab und führt nur die weiteren Ergebnisse der instruktiven Versuche an: Temperaturerhöhung wirkt in stärkerem Maße viskositätsvermindernd, als die größere Konzentration der bei höherer Temperatur gesättigten Zuckerlösung viskositätsvergrößernd wirkt.

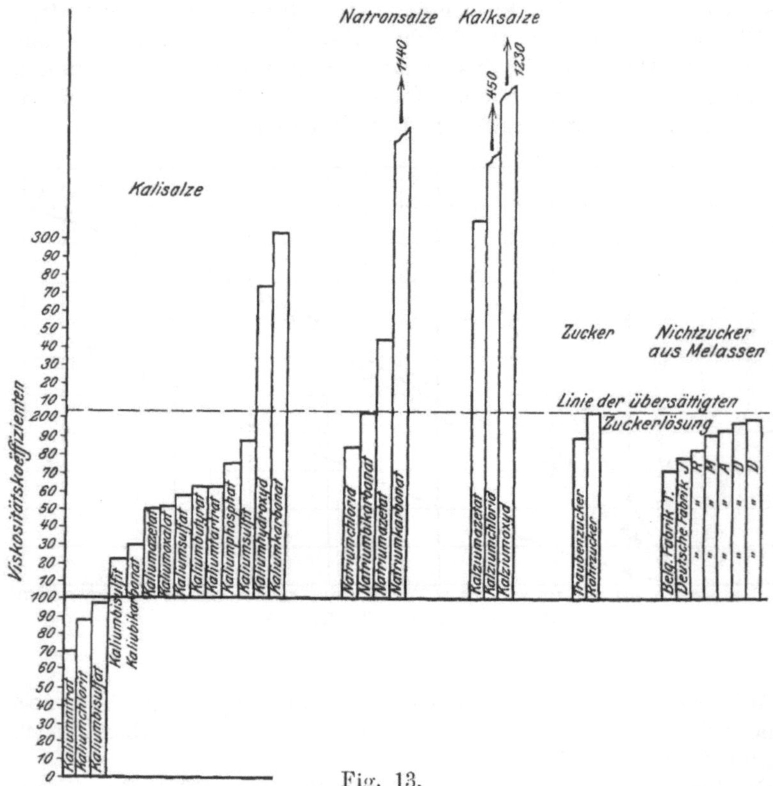

Fig. 13.

Bei Versuchen mit Melassen und Sirupen handelte es sich darum, den Einfluß der Temperaturen auf die Viskosität der bei den Versuchstemperaturen gesättigten und schwach übersättigten Sirupe zu konstatieren. Die 3 Diagramme enthalten alle notwendigen Angaben (Figuren 14, 15, 16).

Die Viskosität der Sirupe ist in gleichen Sättigungszuständen bei gleichen Temperaturen umso größer, je unreiner sie sind; diese Unterschiede vermindern sich sehr bei höheren Temperaturen und werden bei niedrigen Temperaturen unendlich groß. Im übersättigten Zustande ist die Viskosität umso weniger von derjenigen des Sättigungszustandes verschieden, je höher die Temperaturen sind; diese Tatsache zeigt sich umso auffallender, je unreiner die Sirupe sind. Aus dem Angeführten kommt Claassen für die Praxis zu folgenden Schlüssen: Die Viskosität aller gesättigten Sirupe ist

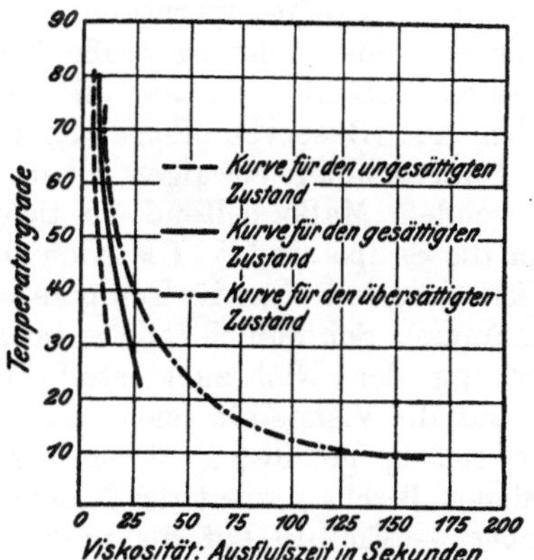

Fig. 14.

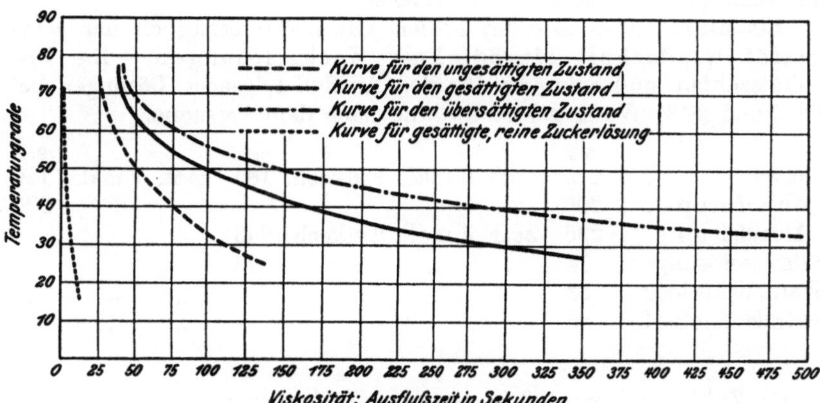

Fig. 15.

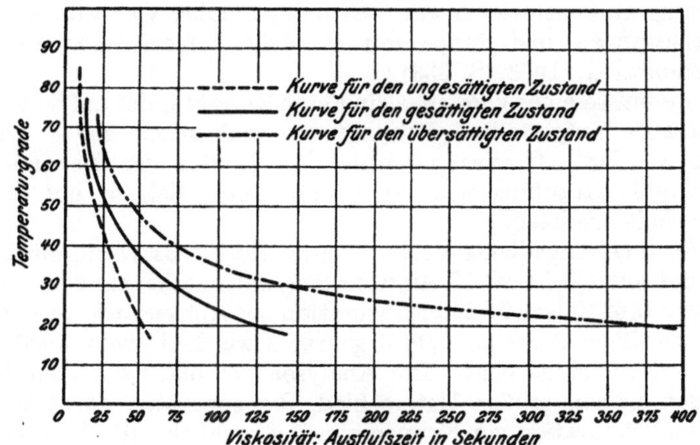

Fig. 16.

im Vakuum bei normalen Kochtemperaturen (70—80°) verhältnismäßig wenig verschieden; eine nicht zu große Übersättigung erhöht nur wenig die Viskosität. „Läßt man aber die Temperatur kristallisierender Sirupe in den .... (Reserven oder anderen Behältern) sinken, so macht sich der Einfluß einer etwaigen Übersättigung in außerordentlich stark steigendem Maße geltend, je tiefer die Temperatur sinkt und je unreiner die Sirupe sind.“ Die Nichtzuckerstoffe erhöhen um so weniger die Viskosität, je höher die Temperatur steigt (vergleiche die letzten drei Diagramme). Schließlich fand er noch eine Verschiedenheit in der Einwirkung der Nichtzuckerstoffe der Melassen verschiedener Fabriken auf die Viskosität (siehe Fig. 13, S. 512). Unter Voraussetzung einer richtig geleiteten Kristallisation im Betriebe, kommt der verschiedenen Beschaffenheit des Nichtzuckers ein — allerdings nicht allzugroßer — Einfluß auf die praktische Kristallisation zu. Schließlich schreibt Claassen den Kalksalzen neben den Alkalisalzen eine größere Viskositätserhöhung zu.

Ein auffallendes Resultat erhielt Claassen bezüglich der Viskosität wiederholt eingedickter Zuckerlösungen. Die Viskositätszahlen sind Sekunden für den Ausfluß folgender Lösungen bei 70° C und 20% Wassergehalt vor und nach dem Versuche.

	Sek.		Sek.		Sek.
Melasse	205	nach 6 mal. Einkoch.	185	nach 7 mal.	170
1. Ablaufsirup ..	205			„ „	230
2. Ablaufsirup ..	226	nach 5 mal. Einkoch.	246		
Füllmasselösung .	74	„ „ „	75		
Alkal. Zuckerlösg.	83			„ „	84
Neutrale Zuckerl.	86			„ „	47

Die Zahlen zeigen, daß in manchen Fällen durch das wiederholte Eindampfen keine Viskositätsänderung, in zwei Fällen sogar Viskositätsverminderung zu konstatieren war. Es müssen daher Viskositätszahlen für Zuckerlösungen und Sirupe mit Vorsicht aufgenommen werden (Z. V. d. Zuckerind. 1903, S. 333).

Die Ergebnisse eines Versuches sind eine Korrektur der auf Seite 509 von Claassen aufgestellten Behauptung und sollen etwas näher betrachtet werden. Claassen wollte den Einfluß der Behandlung mit Kalk und darauffolgender Saturation einer Melasse auf deren Verkochbarkeit ermitteln.

Eine fünfmal eingedickte Melasse wurde auf 55° Bx verdünnt, konzentriert und mit ½% CaO 10 Minuten lang aufgekocht; sie zeigte eine Alkalität von 0,62%, welche durch Saturation mit Kohlensäure auf 0,29% und mit schwefliger Säure auf 0,08% gebracht wurde; hierauf wurde filtriert und wieder eingekocht. Die Analysen vor und nach dem Versuche zeigen keinen großen Unterschied, der zugunsten der Kalkbehandlung und Saturation von Sirupen spräche, wohl aber die Viskosität. Claassen schreibt, daß diese Behandlung auf das Verkochen keinen

Einfluß hatte; die einzige günstige Veränderung war nur die Viskositätsverminderung, bezweifelt aber deren kristallisationsbegünstigende Wirkung

Zusammensetzung der Melasse	Vor dem Versuch %	Nach dem Versuch %
Polarisation	49,9	49,45
„ nach Clerget	48,4	48,10
Wasser	19,97	19,91
Asche	11,47	11,54
Organischer Nichtzucker	18,66	19,10
Reinheit	62,4	61,7
Alkalität (Phenolphthaleïn)	0,12	0,11
Kalk	0,56	0,56
Viskosität in Sekunden	205	170

Sehr schön läßt sich der Nachweis führen, daß Anwesenheit von Kalksalzen die Viskosität erhöht. In seinen Versuchen über das Ganssche Kalzium-Aluminiumsilikat-Verfahren, nach welchem man in den Säften das Kali durch Kalk ersetzen kann, zeigte Claassen, daß über „Permutit“ filtrierte Melasselösungen eine bedeutend höhere Viskosität besaßen als vor ihrer Filtration. Kalksalze sind also größere Viskositätsbildner als Alkalisalze (Z. V. d. Zuckerind. 1907).

Den Einfluß des Nichtzuckers auf die Viskosität der Sirupe studierte auch A. Gröger. Er bediente sich eines Apparates, der im Prinzipe eine Pipette mit kapillarem Ausflußrohr ist (Reischauer). Die Zahlen sind also wieder nur unter sich vergleichbar, nicht aber auch mit denen anderer Autoren. Versuchstemperatur 17,5 ° C, Ausflußvolumen 50 cm³, Ausflußzeit in Sekunden. Die Normallösung hatte das spezifische Gewicht von 1,1 bei 17,5° C; alle Versuchsprodukte wurden auf diese Dichte gebracht.

Die Versuchsergebnisse sind in Tabelle Nr. 125 niedergelegt.

Tabelle Nr. 125.

Bezeichnung	Reinheitsquotient	Ausflußzeit in Sekunden	Viskosität, reine Zuckerlösung = 1
Reine Zuckerlösung	100	353	1,0
Raffineriesirup	93,3	352	0,997
„	92,9	350	0,991
„	84,5	340	0,963
„	82,1	333	0,943
Eingekochte Osmose	70,0	337	0,955
Raffineriesirup	68,4	336	0,952
„	63,6	326	0,923
Rohzuckerf.-Sirup	62,5	327	0,926
Eingedampftes Osmosewasser	36,3	297	0,841
„ „	33,7	304	0,861

Die unreineren Lösungen besitzen eine geringere Viskosität als die gleichdichte reine Zuckerlösung. Der in normalen Produkten vorhandene Nichtzucker ist seinem Wesen nach bedeutend weniger viskositätsbildend als der Zucker selbst. Dies verursachen hauptsächlich die Salze, was sich besonders beim Osmosewasser zeigt.

„Die Erscheinung der Zähflüssigkeit bei den letzten Fabriksprodukten hat also ihre Ursache lediglich in der großen Menge der gelösten Stoffe in verhältnismäßig wenig Wasser, nicht aber etwa in einer besonders viskosen Beschaffenheit der den Zucker verunreinigenden Nichtzuckersubstanzen, indem im Gegenteil jener von bedeutend viskoserer Natur ist als die Gesamtheit der in normalen Produkten vorkommenden Nichtzucker.“ (Ö. U. Z. f. Zuckerind. XXVII, 1898, S. 319.)

Die von Claassen gefundene Tatsache, daß die Viskosität gesättigter Zuckerlösungen oder Sirupe bei gleichen Temperaturen umso größer sei, je unreiner der Sirup, erklärt Gröger so, „daß gesättigte Sirupe umso dichter sind, je niedriger ihr Quotient, daß also die mit abnehmenden Quotienten steigende Viskosität ihre Ursache in der größeren Dichte, nicht aber in dem Einflusse des Nichtzuckers“ habe.

In Fortsetzung seiner ersten Arbeit studierte Gröger den Einfluß der Konzentration und Temperatur auf die Viskosität. Der Einfluß der ersteren ist ein größerer als der der Temperatur. Durch Erhöhung der Temperatur sinkt die Ausflußzeit, durch Steigerung der Konzentration wächst auch die Viskosität (Ö. U. Z. f. Zuckerind. XXVIII, 1899, S. 494).

Der Unterschied in der Viskosität reiner und unreiner Zuckerlösungen von gleicher Dichte tritt umso deutlicher hervor, je höher die Konzentration ist. In der letzten Arbeit beschäftigte sich Gröger auch mit der Frage, ob die Viskosität einer normalen Melasse durch den Osmoseprozeß eine Steigerung oder eine Abnahme erfährt. In Übereinstimmung mit Lippmann und im Gegensatze zu Claassen fand Gröger, daß das konzentrierte Osmosewasser infolge der Zusammensetzung seines Nichtzuckers eine geringere Viskosität hat als Melasse. Bei der früher angegebenen Versuchsanordnung fand Gröger:

Osmose-Einlauf	336 Sek.
Osmose-Auslauf	343 „
Osmose-Wasser	310 „

um nur einen Versuch anzuführen. Claassen führt in einer Entgegnung dieses Resultat als selbstverständlich an; es wäre aber nur durch die Versuchsanordnung bedingt. „Aus solchen Versuchen aber darf man keine Schlüsse bezüglich der Kristallisation dieser Sirupe und des Zusammenhanges zwischen Viskosität und Kristallisation ziehen. Zu diesem Zwecke muß man die Sirupe vielmehr auf gleichen Sättigungszustand bringen und dann erst ist ein praktisch wertvoller Vergleich möglich“ (Ö. U. Z. f. Zuckerind. XXVIII, 1899, 629). Durch Osmose wird also die Melasse viskoser, was auf ihren geänderten Nichtzucker zurückzuführen ist.

Über die Viskosität von Zuckerlösungen berichtete Ph. Orth in den Bull. de l'Association des Chimistes usw. XXIX, 1911, S. 137; deutsch Ref. Ö. U. Z. f. Zuckerind. XL, 1911, S. 1047). Da er nur mit einem Englers ähnlichen Viskosimeter operierte, seien seine zahlenmäßigen Angaben und Tabellen über die Viskosität reiner und unreiner Zuckerlösungen übergangen und nur die Viskositätsbeziehungen der Nichtzuckerstoffe zum Zucker hervorgehoben. So z. B. fand Orth, daß in den Konzentrationsgrenzen 65—85 Trockensubstanz in 100, die Viskosität des Nichtzuckers gleich der des Zuckers sei; hingegen ist bei weniger konzentrierten kalten, sowie bei höher konzentrierten warmen Lösungen die Viskosität des Nichtzuckers größer, bei verdünnten warmen oder konzentrierten kalten Lösungen aber kleiner als die Viskosität des Zuckers.

Claassen versuchte, Vorschläge zur einheitlichen Ausführung von Viskositätsbestimmungen zu machen. Diese Bestimmungen hätten den Zweck, den Einfluß der Nichtzuckerstoffe in vergleichbaren Zahlen auszudrücken.

Als Normallösung empfiehlt er eine bei 30^0 C gesättigte Zuckerlösung; Normaltemperatur 30^0 C, auslaufendes Flüssigkeitsvolumen 100 cm^3. Ferner empfiehlt er ein Viskosimeter von bestimmten Dimensionen. Die Versuchsflüssigkeit soll auf 100 Teile Normallösung 10 Teile Nichtzucker enthalten (wenn richtig hergestellt, polarisiert sie dann 62,45 %). Die Angaben geschehen durch Viskositätskoëffizienten.

Gegen diese Vorschläge werden manche Bedenken erhoben. Claassen steht nämlich auf dem Standpunkte, Viskositätsbestimmungen nur mit gesättigten und übersättigten Lösungen auszuführen, weil aus solchen Lösungen der Zucker zur Kristallisierung gelange, man also die Verhältnisse der praktischen Arbeit in der Fabrikation berücksichtigt. Dies hat viel Bestechendes an sich; aber das Interesse für die Kenntnis der Viskosität herrscht schon bei Rohfabrikssäften, Raffineriesirupen u. a. Claassen verlangt in einer Polemik mit Gröger über diese Frage, solche Sirupe auf gleichen Sättigungszustand zu bringen, „dann erst ist ein praktisch wertvoller Vergleich möglich". Es ist ferner nicht einzusehen, warum man ein schon bestehendes, international anerkanntes Viskosimeter, das Englersche, nicht für die Zwecke der Zuckerindustrie heranziehen soll. Für die Viskosität ließe sich leicht ein entsprechender Ausdruck finden. Jedenfalls sprechen praktische Gründe für den Gebrauch des genannten Instrumentes.

Das bekannte Viskosimeter von Engler gestattet einen Vergleich der Ausflußzeiten gleicher Volumina der zu untersuchenden Flüssigkeit mit Wasser unter stets gleichen Bedingungen. Ist t_w die Anzahl Sekunden, die das Wasser zum Ausflusse braucht (im Englerschen Apparat zwischen 51—53 Sekunden), und t die Sekundenzahl für die Zuckerlösung oder jede andere Flüssigkeit, so ist $\frac{t}{t_w}$ = Viskosität.

Diese Zahl hätte aber keine praktische Bedeutung, da die so ermittelte „Viskosität" einfach eine Funktion der Konzentration wäre. Es liegen auch Vorschläge vor, als Einheit die Ausflußzeit einer nicht zu dünnen reinsten Zuckerlösung anzunehmen; auf dieselbe Konzentration verdünnt man die zu prüfende Zuckerlösung (Saft, Sirup usw.) und vergleicht wie oben die Ausflußzeiten.

Doch besteht ein Nachteil bei dieser Art von Bestimmung. Die „Maßlösung" — so will der Verfasser die reine Zuckerlösung nennen —, die als Einheit oder Grundlage dient, müßte um 10—15 Bx. herum liegen, um auch Dünnsäfte auf ihre Viskosität zu prüfen. Die Ausflußzeiten zwischen der Maßlösung und der zu prüfenden Lösung differieren aber bei solcher Verdünnung nur so wenig, daß man oft Zeiten, d. h. Zahl der Sekunden erhält, die innerhalb der Versuchsfehlergrenzen liegen.

Auch Orth ist gegen vergleichende Viskositätsbestimmungen mit dünnen Lösungen; sie ließen keinen Schluß ziehen auf das Verhalten von konzentrierten Lösungen. Ferner tritt er der Benutzung des scheinbaren Trockensubstanzgehaltes entgegen. Bei solchen Bestimmungen müsse stets mit dem wirklichen Trockensubstanzgehalt der Lösung gearbeitet werden.

c) Gärungs- und gärungsartige Erscheinungen bei der Nachproduktenarbeit.

Eine lästige, unangenehme Betriebserscheinung ist das Schäumen von Füllmassen und Sirupen. Es äußert sich in einer Volumvergrößerung der in Refrigeranten oder Reserven befindlichen genannten Produkte, hervorgerufen durch Gasbildung in der sirupösen Masse. Die Gasbläschen können nur schwer daraus entweichen und blähen sie dabei auf, oft in solchem Maße, daß ein Überlaufen aus den Behältern eintritt.

Da das Schäumen relativ selten auftritt, in manchen Fabriken plötzlich und wieder verschwindet, so ist der Beweis erbracht, daß diese Erscheinung von abnormem Rübenmaterial oder schlechter Arbeitsweise herrührt.

Im Jahre 1883 beobachtete Durin als erster das Schäumen und schrieb es starker Salpeterdüngung zu.

In der „Deutschen Zuckerindustrie" 1888 tritt Degener für eine mechanische Theorie der „Schaumgärung" ein. Beim Schleudern zeigte sich auf dem Zucker eine schaumige Schichte, welche beim Abkühlen verschwand; nach einiger Zeit hatte sich der Schaum in eine Menge kleiner, von Luftbläschen durchsetzter Zuckerkristalle umgewandelt; mikroskopisch untersucht, zeigten sich keine Spaltpilze.

Seine Erklärung des Schaumes ist folgende:

„Wenn eine Füllmasse geschleudert wird, welche nicht so stramm eingekocht ist, daß aller auf Korn auszuscheidende Zucker als solcher auskristallisiert ist, so sind die ausgeschiedenen Zuckerkristalle von einer übersättigten Zuckerlösung umgeben, welche daher geneigt ist, einen Teil ihres Zuckers abzuscheiden. Im angeführten Fall hatte die Füllmasse 8 % Wasser enthalten. Als beim Zentrifugieren der heißen Masse dieselbe ein verhältnismäßig kalter Luftstrom durchdrang, schied sich plötzlich ein Teil des durch Übersättigung gelösten Zuckers, wahrscheinlich amorph, aus, und es entstand ein Schaum, der ungemein viel Luft band und auf dem Zucker — im Gegensatz zu wirklichem Schleim — vollkommen durchlässig zurückblieb, zum Teil aber in den Ablauf ging. Es ist nun leicht denkbar, daß bei zu starkem Einmaischen, oder wenn die Füllmassen in der Tat viel schleimige Stoffe enthalten, auch ohne eine solche Abscheidung amorphen Zuckers an und für sich schaumiger Sirup abgeschleudert wird."

In kalten Räumen kann es Wochen dauern, bis der Schaum an die Oberfläche tritt, und eine Täuschung mit einer Gärung liegt dann nahe.

An und für sich schaumige Füllmassen, besonders II. und III. Produktes, können nach längerem Stehen, wenn auch nicht zentrifugiert, eine Schaumdecke abgeben. Dagegen rät Degener Behandlung mit Kalk an.

Auch in den beim Verkochen zugesetzten Fetten, bzw. aus diesen gebildeten Seifen sowie in den emulsionsartig verteilten Fetten sieht Degener eine Quelle für den Schaum. Nach einer andern Mitteilung aus demselben Jahre soll Degener Dextran in solchen Schaumausscheidungen gefunden haben. (Gröger, Vademekum I, 353.) Von diesen Erklärungen haben die beiden letzten gar nichts, die erste nur wenig für sich.

Lippmann beobachtete „schäumende Gärung" auch bei alkalischen Produkten und erklärt diese Erscheinung folgendermaßen: Anhäufung von organischen Substanzen in den Sirupen, die eine langsame Verkochung bewirken, ohne vorher in den Säften irgendwie schädigend gewirkt zu haben. Zuckerzerstörung an den Heizflächen, welche die größere Reduktionskraft der Produkte verursacht. Ein Teil des Zuckers wird in amorphen Zucker verwandelt oder kann durch die Zähigkeit der Masse nicht kristallisieren. Es findet eine Art Überschmelzung statt. Tritt nun doch Kristallisation ein, so ist diese mit Temperaturerhöhung bis 7^0 verbunden, Zucker wird zerstört, Kohlensäure, Ameisensäure u. a. Substanzen werden dabei gebildet. Die Masse absorbiert sowohl bei alkalischer als auch bei saurer Reaktion Sauerstoff.

Im Jahre 1888 fand Lippmann fettsauren Kalk und flüchtige Fettsäuren im Schaume. Ob aber die beiden Bestandteile mit dem Schäumen in direktem Zusammenhange stehen, ist nicht sicher.

Da die Gasbildung äußerlich das Bild einer Gärung bietet, wurde sie schon früher auf Bakterientätigkeit zurückgeführt, doch konnte Kornauth organisierte Gebilde im Schaum nicht auffinden; er entschied sich für eine chemische Erklärungsweise (Anhäufung von gummiartigen Stoffen und Amidoverbindungen).

Claassen (1888) unterscheidet zwei Arten der schäumenden Gärung: Schaumbildung bloß auf der Oberfläche und solche in der ganzen Masse. Letztere wird durch eine chemische Zersetzung der Nichtzuckerstoffe hervorgerufen; bei dieser entwickelt sich Kohlensäure, entweicht und führt zum Blähen und Schäumen der ganzen Masse. Dabei findet auch Sauerstoffabsorption aus der Luft statt, wenn die Masse alkalisch ist; welcher Körper Sauerstoff absorbiert, konnte Claassen nicht feststellen. Der Zucker war es nicht.

Die Füllmasse, welche diese Gärung zeigte, wurde bei 85° C abgelassen und war schaumfrei; nach wenigen Stunden blähte sie sich auf und überlief. Nach 24 Stunden war der Höhepunkt erreicht, das Überlaufen der zähen, schaumigen Masse nahm ab und erreichte am dritten Tage sein Ende. Zuerst stieg die Temperatur der Füllmasse auf 87° und am Ende fiel sie auf 60° C. Nach 14 Tagen wurde geschleudert; der untere Teil der Masse erwies sich als schaumfrei und gut auskristallisiert, der obere Teil war mehr oder weniger schaumig mit kleinen Zuckerkriställchen durchsetzt. Der Ablauf der II. Produktfüllmasse, auf drittes Produkt verkocht, zeigte dieselbe Erscheinung des Hochgehens. Die Drittproduktfüllmasse und ihr Schaum hatten gleiche chemische Zusammensetzung, nur war die Füllmasse alkalisch (1,12 g Kalk in 1000 g), der Schaum aber sauer. Beide zeigten Invertzucker von unter 0,1 %. Das Gas des Schaumes war Kohlensäure, welche das Aufblähen der ganzen Masse bewirkte. 18,5 m^3 Füllmasse vermehrten ihr Volumen auf 25,3 m^3.

Wie entsteht diese Kohlensäure? Bazillenwirkung hält Claassen infolge der heißen, 80—90 grädigen Füllmassen für ausgeschlossen. Experimentell wurde die oben schon erwähnte Sauerstoff-Absorption des Ablaufsirups ermittelt; war ein solcher Sirup aber neutral oder schwach sauer, so trat keine Sauerstoff-Aufnahme, sondern Kohlensäureabgabe ein. Es finden also Zersetzungserscheinungen statt. Aus seinen Überlegungen über die Alkalität der Säfte sieht Claassen in den nicht flüchtigen organischen Basen der Füllmassen und der Sirupe jene Körper, die bei der Schaumbildung eine wichtige Rolle spielen. Auch alkalische Sirupe zeigen also Schaumbildung; diese nimmt mit der Abnahme der Alkalität oder gar dem Sauerwerden der Sirupe zu.

„Die von den Zentrifugen ablaufenden, stark schaumigen Sirupe II. Produkts hatten eine Alkalität von 1,2—1,5, diejenigen III. Produkts von hochgegangenen Füllmassen II. Produkts wurden gegen Ende der Kampagne immer weniger alkalisch und schließlich sogar schwach sauer, entsprechend der stärkeren Schaumbildung der Füllmassen. Bevor diese Sirupe verkocht wurden, blieben sie einige Stunden in den Ablaufkasten stehen, so daß damit hinreichend Zeit für eine, wenn auch verhältnismäßig schwächere Sauerstoffaufnahme aus der eingeschlossenen Luft, wie sie beim Schütteln im Kolben stattfand, gegeben war. Nachdem der Sirup eingedickt war, wurde er mit ca. 85° C abgelassen. Bei dieser Temperatur beginnt der aufgenommene Sauerstoff allmählich seine Wirkung zu äußern, ebenso wie beim Erhitzen der geschüttelten Sirupe auf dem Wasserbade. Aus dem bisher neutralen organischen Stoffe, welcher den Sauerstoff aufgenommen hat, entstehen durch Zersetzung in einfache zusammengesetzte Stoffe teils nicht flüchtige organische Säuren, welche sich mit den Basen verbinden und dadurch die Alkalität vermindern, bzw. den Säuregehalt vermehren, teils Kohlensäure, welche in der Masse in die Höhe steigt und den Schaum bildet. Ist der Sirup noch ziemlich alkalisch, so geht der Zersetzungsprozeß nur langsam vor sich, und da bei einer Temperatur von ca. 60°, welche nach einigen Tagen erreicht ist, keine weitere Zersetzung stattfindet, so ist auch die Gasentwicklung nur gering. Je mehr aber in den späteren Nachprodukt-Sirupen die Alkalität sich vermindert, desto eher tritt die Zersetzung ein und desto stärker wird die Gasentwicklung bei sonst gleicher Zusammensetzung der organischen Nichtzuckerbestandteile. Bei neutralen und schwach sauren Sirupen zeigt sich die Kohlensäure-Entwicklung, wie die Versuche zeigen, unter geeigneten Umständen bereits in der Kälte.

Die sogenannte Schaumgärung ist demnach die Zersetzung eines kompliziert zusammengesetzten organischen Nichtzuckerbestandteils in einfacher zusammengesetzte Stoffe, wie organische Säuren und Kohlensäure, hervorgerufen durch Sauerstoffaufnahme in den schaumigen Ablaufsirupen. Sie kann also auch nur dann auftreten, wenn ein solcher Stoff vorhanden ist, welcher bei niederer Temperatur Sauerstoff in sich aufnimmt, und wenn diese neue, sauerstoffreichere Verbindung bei höherer Temperatur in organische Säuren und Kohlensäure zerfällt. Solche Stoffe werden aber besonders dann zu erwarten sein, wenn überhaupt viele organische Nichtzuckerbestandteile in den Säften vorhanden sind, wie bei der Verarbeitung schlechter oder angefaulter Rüben, und wird dann auch eine abnorme Beschaffenheit des Nichtzuckers als gewiß anzusehen sein. Bei der Verarbeitung normaler und gut aufbewahrter Rüben wird eine Schaumbildung auf den Nachprodukt-Füllmassen nicht auftreten. Eine Zuckerzerstörung tritt bei der sogenannten Schaumgärung nicht ein."

Als Mittel zur Bekämpfung des Schäumens empfiehlt Claassen Zusatz von Soda oder Alkalien bis zur alkalischen Reaktion. So wird der Zersetzungsprozeß des oxydierten Stoffes verlangsamt und die Kohlensäurebildung herabgesetzt; unterdessen ist die Füllmasse so weit abgekühlt, daß eine weitere Zersetzung nicht vor sich geht. Ferner ist es empfehlenswert, die Füllmassen mit möglichst geringer Temperatur abzulassen.

Damit deutet Claassen eine weitere, von vielen geteilte Anschauung über wenigstens eine Ursache des Schäumens an: Überhitzung der Füllmasse.

Im gleichen Jahre stellte Diguet „Versuche über schäumende und schwer zu verkochende Melassen" an; er sieht in der Gegenwart von Ulminsubstanzen (Sacculminsäure) die Ursache des Schäumens.

Entgegen Claassen bringt nach Lippmann bloße Zugabe von Alkalien nicht nur keinen Vorteil, sondern verschlimmert sogar das Schäumen: energisches Aufkochen mit Kalk, Filtrieren und Saturation mit Kohlensäure — kurz eine energischere Reinigung im Vorderbetrieb ist das beste Schutzmittel gegen Schäumen. Aber ein Mittel muß es doch geben, um schon schäumende Massen zu beruhigen? Nach den Erfahrungen des Verfassers genügte — wenigstens im speziellen Falle — ein Übergießen mit Kalkmilch. Augensichtlich nahm nachher die steigende Füllmasse ein kleineres Volumen ein. In einer anderen

Fabrik trat trotz beinahe idealer Nachproduktenarbeit Schäumen der II. Produktfüllmassen auf, ergriff einige wenige Sude und verschwand wieder plötzlich.

Herzfeld berichtete 1890 von Studien über diese Erscheinung und ihre Ursachen. Er sieht im Vorhandensein von Invertzucker und seinen Zersetzungsprodukten bei ungenügender Kalkscheidung, bzw. ungenügender Wirkung des Kalkes die Ursache für die genannte Betriebsstörung. Alkalische Säfte, die Invertzucker oder unvollständig zerstörten Invertzucker enthalten, werden beim Erhitzen alsbald wieder sauer, was zu einem Rückgange der Alkalität und zur weiteren Inversion von Zucker führt. Ein nachheriges Neutralisieren macht frühere Betriebsfehler nicht mehr gut. Neben dem Invertzucker und seinen Zersetzungsprodukten sind auch Überhitzungsprodukte eine Ursache des lästigen Schaumes von Nachproduktfüllmassen.

Herzfeld teilt die Ansichten Claassens und Lippmanns über die Kohlensäureentwicklung und wies auch experimentell nach, daß Invertzuckerlösungen durch Erhitzen auf höhere Temperaturen Kohlensäure abgeben. Die Überhitzungsprodukte des Zuckers, welche teilweise auch Schaumgärung bedingen, sind die sogenannten „reduzierenden Substanzen" (Bodenbendersche Substanzen). Sie sind schwach rechtsdrehend und besitzen gegen Fehlingsche Lösung ein größeres Reduktionsvermögen als gegen Soldainsches Reagens. Nach Lafar entsteht die Kohlensäure durch Gärung der Amidosäuren der Füllmassen. Er nennt die „Schaumgärung" Amidgärung, hervorgerufen durch Pilztätigkeit. (Ö. U. Z. f. Zuckerind. XLII, 1913, S. 737.)

Die „Schaumgärung" wird nach Mittelmann (Sucr. belge 1893, S. 15) veranlaßt durch unrichtige Saturation (zuviel oder zuwenig Kalk, ungenügende Alkalität usw.), durch zu hohe Erhitzung der Nachproduktenmassen und schließlich durch Unreinheiten der Reserven.

Auch Prinsen-Geerligs (Z. V. d. Zuckerind. 1894, S. 297) sieht in der Schaumgärung keinen fermentativen Prozeß, desgleichen Herzfeld (Z. V. d. Zuckerind. 1890, S. 272). Laxa hingegen gelang es, im Schaum von Nachproduktfüllmassen, von Dicksaft und Füllmasse einen thermophilen Bazillus nachzuweisen. Dieser konnte aber auch in normalen Produkten gefunden werden, so daß Laxas Urteil noch kein definitives war. Die Analysen von Schaum ergaben folgende Resultate.

Tabelle Nr. 126.

	Dicksaft %	Füllmasse %	Nachprod. %
Wirkliche Trockensubstanz	62,28	93,43	84,80
Direkte Polarisation	53,90	85,30	54,40
Saccharose (Clerget)	53,16	84,13	51,68
Asche	2,85	3,13	12,87
Stickstoff (Kjeldahl)	0,25	0,38	—
Gesamt-CaO	0,09	0,06	—
Alkalität (Phenolphthaleïn)	0,077	0,09	0,23
Wirkliche Reinheit	86,50	91,25	64,15
Reduziertes Cu	29,10 mg	20,40 mg	39,80 mg

Laxa überzeugte sich später, daß das Schäumen kein mikrobiologischer Prozeß, sondern durch die chemische Zusammensetzung des schäumenden Produktes bedingt ist (Z. f. Zuckerind. i. B. 1897/98, S. 376, und 1899/1900, S. 423). In der letztzitierten Abhandlung weist Laxa darauf hin, er hätte es im ersten Falle, wo er Bakterientätigkeit als Ursache der Schaumgärung annahm, mit einer „unechten" zu tun gehabt. „Gleichzeitig muß darauf hingewiesen werden, ... daß unter der Bezeichnung „Schaumgärung" in der Praxis nicht immer derselbe Vorgang verstanden wird." Das geht, wie Laxa weiter ausführt, u. a. daraus hervor, daß nach Claassen diese Gärung bei einer Temperatur von 80° und mehr, nach anderen wieder bei der Abkühlung von Sirupen eintritt. „Aus diesen Angaben geht hervor, daß die Schaumgärung nicht das Produkt einer und derselben Ursache zu sein braucht."

Über die Frage des Schäumens bei einer I. Produkt-Füllmasse ist dem „Bericht über die Tätigkeit der Versuchsstation für Zuckerindustrie in Prag" (Z. f. Zuckerind. i. B. 1900/1901, S. 502) folgendes zu entnehmen: Mit dem Schäumen ging eine Entwicklung von Stickstoffoxyden vor sich; sie rührte von Zersetzung vorhandener Nitrite, bewirkt durch die organischen Säuren der Füllmasse, her. Der Nitritstickstoff wurde zu 0,032%, die Azidität zu 60 cm^3 $^1/_{10}$n KOH befunden. Das „Schäumen" wird als ein chemischer Prozeß erklärt, der durch einen biologischen hervorgerufen wird; letzterer war von einer Reduktion der Nitrate zu Nitriten entweder schon in der Rübe, oder im Diffusions- oder im Dicksafte begleitet. Im Rohsafte wurden Spuren und in der Melasse Mengen von 0,004 bis 0,01% Nitritstickstoff gefunden. Später veröffentlichten Andrlík und Stanek (Z. f. Zuckerind. i. B. 1902/03, S. 229) folgende analytischen Belege.

Tabelle Nr. 127a.

100 Teile des genannten Produktes enthalten:

	Produkt	Herkunft	Azidität, cm^3 $\frac{1}{n}$KOH. Phenolphthaleïn	Stickstoff d. Nitrite	Stickstoff d. Nitrate	Anmerkung
1	Melasse.	Böhmen	alkalisch	0,004	0,021	Min. } schäumten
2	„	„	„	0,010	0,056	Max. } nicht.
3	I. Füllmasse	Ungarn	1,5	0,009	0,039	schäumten nicht
4	„	„	4,0	0,020	0,028	„
5	„	„	6,5	0,032	0,074	schäumte stark
6	II. Sirup	Italien	10,7	0,041	0,059	„
7	III. „	Ungarn	10,5	qualit.	0,490	schäumte sehr stark.

Die Nitrite wurden nach der Methode von Pellet bestimmt. Diese besteht in der Einwirkung von Eisen-Ammoniumsalz und Essigsäure auf Nitrite, die dabei Stickstoffoxyd abgeben, das gemessen wird. Die Tabelle zeigt, daß das Schäumen mit der Azidität und dem

Tabelle Nr. 127b.

100 Teile enthalten:

		Füllmasse	Schäumender Sirup	Nachpr.-Füllmasse
1	Trockensubstanz . .	93,46	87,72	87,42
2	Polarisat. Zucker . .	71,20	54,40	48,0
3	Saccharose (Clerget) .	71,06	n. best.	51,7
4	Invertzucker	0,45 mg Cu	0,51	0,40
5	Asche	8,23	9,33	13,37
6	Wirkl. Reinheit . . .	76,2	62,0	59,0
7	Gesamt-N	1,49	1,85	2,22
8	Nitrat-N	0,074	0,059	0,491
9	Nitrit-N	0,032	0,041	qualit.
10	Azidität (cm^3 $^1/_{10}$ n KOH/100 g Subst. .	6,0	10,7	10,0

Gehalt an Nitriten zusammenhängen kann. Beiden Autoren gelang es auch, normale Melasse durch künstlichen Zusatz von Nitriten und Milchsäure zum Schäumen zu bringen. Dabei entstanden Kohlensäure und Stickstoffoxyd. Beide bezeichnen diesen Vorgang als „Nitritschäumen“. Damit es eintreten kann, muß der Saft derart beschaffen sein, daß er beim Verdampfen und Verkochen die Alkalität verliert und sauer wird. Dann resultierten auch saure Füllmassen, in welchen aus den Nitriten Stickstoffoxyd entsteht und das Schäumen bewirkt. Die in Tabelle Nr. 127b genannte Füllmasse wurde bei einem Versuche der beiden Autoren im Wasser gelöst, mit verdünnter Essigsäure angesäuert und gekocht. 100 g Füllmasse ergaben dabei mehr als 170 cm^3 eines Gases, das 52,3 % CO_2 und 32,3 % NO enthielt. Das Sperrwasser für das aufgefangene Gas reagierte sauer. Das Gas, welches aus der künstlich zum Schäumen gebrachten Melasse entwich, enthielt 53,4 % CO_2 und 38,0 % NO. —

Die Ergebnisse Andrlíks und Staneks der von ihnen untersuchten Fälle sind folgende: Die allererste Ursache liegt in einer Abnormität der Rübe, und zwar wenn diese aus Böden stammt, die reich an Nitraten sind. Treten nach der Ernte solcher Rüben ungünstige Erscheinungen (Fauligwerden) oder beim Lagern „Verbrühungen“ auf, unterliegt ferner der Saft der Tätigkeit von Mikroben (Nitrate werden zu Nitriten reduziert), so sind die Bedingungen für das Schäumen gegeben. Der Saft verliert infolge der Zusammensetzung der Rübe beim Verdampfen und Verkochen seine Alkalität, er wird sauer und bei Anwesenheit von Nitriten tritt dann das Schäumen auf. Hohe Azidität, Gehalt an Nitriten, größere Karamelisation, niedriger Reinheitsgrad und größerer Gehalt an anderen Stickstoffsubstanzen sind nach den Genannten charakteristische Merkmale der — von ihnen untersuchten — schäumenden Füllmassen.

Die von beiden Autoren beobachteten Fälle sind jedenfalls nur als Spezialfälle der „Schaumgärung“ überhaupt anzusehen; das geht schon daraus hervor, daß bei dem „Nitritschäumen" saure Reaktion der schäumenden Massen erforderlich ist, wogegen die „Schaumgärung" auch bei alkalischer Reaktion verlaufen kann. Die „Gärungs"-Erscheinungen in der Zuckerindustrie sind daher gleiche Folgen verschiedener Ursachen.

25. Kapitel.

Chemie der Melasse.

a) Zusammensetzung der Melassen.

Selbst einer ideal durchgeführten Saftreinigung in der Rohzuckerfabrikation kann es nicht gelingen, alle Nichtzucker des Rohsaftes vollständig zu entfernen oder doch so umzuwandeln, daß sie im Verlaufe des Betriebes vollständig ausgeschieden werden. Infolge ihrer chemischen Eigenschaften und Löslichkeitsverhältnisse sammeln sie sich immer mehr und mehr in den aufeinander folgenden Massen und Sirupen an, bis sie sich endlich in einem Sirupe zusammenfinden, „aus welchem unter Einhaltung aller für die Kristallisation günstigsten Bedingungen durch weiteres Eindicken und Kristallisierenlassen kein Zucker mehr gewonnen werden kann" (Claassen). Das ist eine ideale Melasse; die eben besprochene stellt ein Restprodukt der Rohzuckerfabrikation dar.

Eine zweite Quelle für die Melasse bietet die Raffination des Rohzuckers. Jene Nichtzuckerstoffe, die in Form des anhaftenden Grünsirupes mit dem Rohzucker zum Raffinationsprozesse gelangen, erscheinen am Ende desselben abermals in einem Ablaufsirupe, in welchem sie in konzentriertem Zustande vorhanden sind. Auch hier hindern sie die Kristallisationsfähigkeit des Zuckers und werden mit diesem als Raffineriemelasse ausgeschieden.

Das wären Melassen, welche der oben aufgestellten Definition entsprechen würden. Solche Melassen werden aber in der Praxis kaum angestrebt und nicht erreicht. Man begnügt sich mit einer mehr oder weniger großen Annäherung an diese Idealmelassen, wobei zu bemerken ist, daß auch die vollständige Analyse eines Sirups nicht zu sagen vermag, ob derselbe als „Melasse" anzusehen ist. Es kommen nicht vollständig auskristallisierte Sirupe als Melasse in den Handel; auf sie kann obige Definition nicht angewendet werden.

Lippmann definiert als Melasse jenen Sirup, „aus dem beim nochmaligen Einkochen nachweislich kein Zucker mehr auskristallisiert"; er macht aber auch darauf aufmerksam, daß die Möglichkeit einer Kristallisation nicht auch deren Rentabilität verbürgt. Eine „Normalmelasse" kann es nicht geben, weil — wie schon erwähnt — die Kenntnis der chemischen Zusammensetzung oder des Quotienten nicht hinreicht, einen Sirup zu charakterisieren. Nicht nur die Quantität, sondern auch die Qualität des Nichtzuckers beeinflußt die Kristallisationsfähigkeit, und so ist der Quotient kein genauer Maßstab für die Charakterisierung eines Ablaufes. Aber immerhin wird ein Sirup umso mehr als „Melasse" anzusprechen sein, je niedriger sein Reinheitsquotient ist. Der niedrigste Quotient einer Melasse, der bis nun gefunden wurde, dürfte jener von 48 sein, den Abraham angibt[1]). Daß diese Melasse sich mehr der nicht existierenden „Normalmelasse" nähert als ein Sirup mit 63 Reinheit, ist selbstverständlich — welchen Reinheitsquotienten aber die „Normalmelasse" hat, läßt sich nicht sagen.

Zuerst ergibt sich die Frage nach der Zusammensetzung der Melasse. Aus der Art der Gewinnung des Zuckers folgt, daß zunächst jene Rübenbestandteile in die Melasse übergehen, welche durch die Reinigung des Rohsaftes und die weiteren Stationen unverändert blieben und nicht zur Ausscheidung gelangten. Dann sind solche Bestandteile zu unterscheiden, die während der Fabrikation derart verändert oder erst erzeugt wurden, daß sie wie die erstgenannten Stoffe alle Stationen des Betriebes bis zur Melasse passierten. Zur ersten Gruppe gehören die „schädlichen Nichtzuckerstoffe", zur zweiten u. a. die Abbauprodukte der Eiweißkörper und der Zuckerarten.

Da sonach in der Rohzuckerfabriks- und Raffineriemelasse dieselben Nichtzucker und manche ihrer Abbau- und Umwandlungsprodukte vorkommen, wie sie in der Rübe enthalten waren, wird die Einteilung dieser Körper nach denselben Gesichtspunkten erfolgen können, wie auf S. 51 für den Rübensaft angegeben wurde. Die Melasse besteht demnach neben dem Wasser aus Zucker und Nichtzucker. Letzterer ist anorganischer und organischer Natur. Der organische Nichtzucker zerfällt in stickstofffreie und stickstoffhaltige Bestandteile. Die letzteren sind in Form von Eiweiß, Peptonen, Amiden, Amidosäuren, Nitraten usw. vorhanden. Die stickstofffreien Bestandteile sind teils Kohlenhydrate (Invertzucker, Raffinose), teils Säuren.

In den Tabellen Nr. 128a u. 128b sind Melassenanalysen von Bodenbender aus dem Jahre 1876 wiedergegeben. Die Melassen stammten aus Sachsen (Nr. 1—12), aus der Provinz Hannover (13—15), die restlichen 5 der Reihe nach aus der Rheinprovinz, Baden (2), Böhmen und Polen. Bodenbender hebt hervor, „daß die Annahme des Salzkoëffizienten 5 durch das Ergebnis der Untersuchungen nicht gerechtfertigt erscheint, da in sehr vielen Fällen zwischen Salzen und Zucker ein anderes Verhältnis als 1 : 5 existiert"

Bei Besprechung der einzelnen Stickstofformen der Melasse wird der ausgedehnten Untersuchungen Bodenbenders und Ihlées aus dem Jahre 1880 gedacht werden. Die von beiden untersuchten Melassen verschiedenster Herkunft (Ungarn, Böhmen, Deutschland) hatten folgende Zusammensetzung (Tabelle Nr. 129).

---

[1]) K. Abraham erwähnt in der Einleitung seiner „Dampfwirtschaft in der Zuckerfabrik" (1912) einen Fall, in welchem der zweite Ablauf bei ganz gewöhnlicher Arbeit nur eine Reinheit von 48 besaß. Wie diese bestimmt wurde, ist jedoch nicht mitgeteilt. J. B. Minz gab in jüngster Zeit die niedrigste wirkliche Reinheit für eine russische Melasse mit 52 · 34 an (C. f. d. Z. XXII, 1913, S. 185).

Tabelle Nr. 128a.

	In 100 Teilen Melasse sind enthalten:									Bemerkungen
	Zucker	Wasser	Alkalien als Karbonate gewogen	Kalkasche als Karbonate gewogen	Organische Substanzen	Kalk	Magnesia	Schwefelsäure	Chlor	
1	53,7	14,72	11,01		20,57	0,45	0,02	0,24	0,58	Ablauf vom II. Produkt.
2	51,6	16,25	10,80		21,35	0,61	0,01	0,23	0,44	do.
3	51,9	16,46	10,88	0,71	20,05	0,38	0,02	0,22	0,52	do.
4	52,8	16,89	9,96	1,02	19,33	0,56	Spur	0,21	0,53	do.
5	51,6	16,20	10,01	1,25	20,94	0,65	0,01	0,23	0,53	do.
6	47,4	19,77	9,38	0,86	22,59	0,45	0,02	0,25	0,46	—
7	55,7	13,12	10,22	0,12	20,84	0,05	—	0,60	0,74	do.
8	53,2	14,78	9,40	1,46	21,16	0,76	0,03	0,23	0,47	—
9	51,8	18,64	9,68	0,68	19,20	0,36	Spur	0,13	0,27	—
10	53,7	20,35	10,00	0,83	15,12	0,49	—	—	—	—
11	53,3	18,98	10,32	0,24	17,16	0,03	—	0,59	1,04	—
12	50,5	19,37	9,73	0,37	20,03	0,16	0,01	0,13	0,55	—
13	49,8	17,74	10,90	0,44	21,12	0,21	0,02	0,16	0,67	—
14	48,3	20,94	10,59	0,41	19,76	0,21	0,01	0,11	0,98	—
15	56,2	14,19	10,22	0,35	19,04	0,12	0,05	0,38	0,51	do.
16	49,4	19,24	10,45	0,89	20,02	0,50	0,03	0,10	0,92	—
17	48,1	18,40	10,17	0,56	22,77	0,29	0,02	0,25	1,00	do.
18	49,3	24,39	8,94	0,72	16,65	0,33	0,03	0,17	1,00	Raff.-Ablauf.
19	57,3	17,64	9,46	0,45	15,15	0,24	0,01	0,11	0,69	—
20	51,7	16,86	11,07	0,49	19,84	0,25	0,03	1,60	—	—

Tabelle Nr. 128b.

	In 100 Teilen Trockensubstanz der Melasse sind enthalten:								Bemerkungen
	Zucker	Alkalien als Karbonate	Kalkasche als Karbonate	Organische Substanzen	Kalk	Magnesia	Schwefelsäure	Chlor	
1	62,98	12,90		24,12	0,53	0,02	0,28	0,68	Ablauf vom II. Produkt.
2	61,61	12,90		25,49	0,72	0,01	0,27	0,52	do.
3	62,12	13,02	0,87	23,99	0,45	0,03	0,27	0,63	do.
4	63,52	11,98	1,23	23,27	0,67	Spur	0,26	0,64	do.
5	61,57	11,95	1,49	24,99	0,78	0,01	0,28	0,63	do.
6	59,07	11,69	1,08	28,16	0,57	0,03	0,31	0,58	—
7	64,11	11,76	0,14	23,99	0,06	—	0,69	0,85	do.
8	62,44	11,02	1,70	24,84	0,88	0,03	0,26	0,54	—
9	63,66	11,90	0,84	23,60	0,45	0,01	0,16	0,33	—
10	67,43	12,55	1,04	18,98	0,62	—	—	—	—
11	65,70	12,74	0,30	21,35	0,03	—	0,73	1,29	—
12	62,62	12,08	0,46	24,84	0,20	0,01	0,16	0,68	—
13	60,55	13,24	0,53	25,68	0,26	0,02	0,20	0,81	—
14	61,10	13,40	0,51	24,99	0,27	0,02	0,14	1,24	—
15	65,55	11,90	0,40	22,15	0,14	0,05	0,45	0,59	do.
16	61,16	12,94	1,11	24,79	0,62	0,04	0,13	1,14	—
17	58,96	12,46	0,67	27,91	0,35	0,03	0,30	1,22	do.
18	65,26	11,81	0,95	21,28	0,44	0,04	0,23	1,29	Raff.-Ablauf.
19	69,54	11,49	0,55	18,42	0,29	0,01	0,13	0,84	—
20	62,24	13,31	0,59	23,86	0,30	0,03	1,93	—	—

Tabelle

Analysen

Bezeichnung der Substanz	In 100 Teilen Substanz sind enthalten: Zucker	Wasser	Alkaliasche CO_2	Kalkasche CO_2	Organ. Stoffe	Die Kalkasche enthält: $CaCO_3$	$MgCO_3$	$Al_2O_3 + Fe_2O_3$	SiO_2	Gesamt-N	Trockensubstanz	In 100 Zucker	Alkaliasche CO_2
Melasse													
1	50,39	19,46	11,06	0,10	18,99	0,057	—	0,04	—	1,6929	80,54	62,57	13,73
2	52,03	21,84	9,82	0,43	15,88	0,40	—	0,03	—	1,4085	78,16	66,57	12,56
3	55,03	20,44	10,74	0,08	13,71	0,07	—	0,01	—	1,6054	79,56	69,17	13,50
4	48,43	20,63	11,29	0,32	19,33	0,23	—	0,05	—	1,6290	79,37	61,02	14,23
5	46,96	24,54	9,10	0,59	18,81	0,52	—	0,06	—	1,0164	75,46	62,23	12,06
6	48,38	24,30	9,87	0,48	16,97	0,37	—	0,04	—	1,8331	75,70	63,91	13,04
7	44,62	28,79	7,29	0,91	18,39	0,71	—	0,11	—	1,7441	71,21	62,66	10,24
8	52,80	16,70	9,76	0,99	19,75	0,90	—	0,04	—	1,5359	83,30	63,39	11,71
9	56,43	17,71	10,98	0,88	14,00	0,82	—	0,04	—	1,5512	82,29	68,57	13,34
10	46,92	24,47	9,41	0,92	18,28	0,78	—	0,08	—	1,4392	75,53	62,12	12,46
11	54,23	20,43	9,91	0,36	15,07	0,30	—	0,05	—	1,2795	79,57	68,15	12,46
12	51,20	22,99	9,12	0,59	16,10	0,53	—	0,05	—	1,5649	77,01	66,48	11,84
13	54,39	15,89	10,64	0,17	18,91	0,13	—	0,04	—	1,3473	84,11	64,67	12,65
14	49,67	17,31	9,70	0,48	22,84	0,40	—	0,08	—	1,0935	82,69	60,07	11,73
15	53,23	16,26	9,82	1,43	19,26	1,28	0,14	0,05	—	1,7047	83,74	63,56	11,72
16	48,26	22,48	9,07	0,60	19,59	0,55	0,0	0,04	—	1,6364	77,52	62,25	11,70

Tabelle Nr. 131 bringt Analysen von Melassen und Melassenaschen aus verschiedenen Jahren und von verschiedenen Analytikern.

Analyse Nr. 1 stellt einen Durchschnitt aus Melassenaschen dreier deutschen Zuckerfabriken dar; die einzelnen Analysen teilte Heidepriem im Jahre 1867 mit. Da Verfasser für die älteren Melassen und Aschen nur große Durchschnittszahlen heranziehen wollte, berechnete er diese aus Heidepriems Angaben. Jedoch schon früher wandte sich das Interesse der Zusammensetzung der Melasse zu. Ducastel im Jahre 1856, Trommer und Rhode 1862, Scheibler 1861 u. a. veröffentlichten Analysen von Melassenaschen. Als Mittel von neun Analysen, die Scheibler im Jahre 1870 ausführte, war die Melasse folgendermaßen beschaffen: Wasser 17,02 %, Asche 14,54 %, organischer Nichtzucker 17,28, Zucker 50,81; die Reinheit schwankte von Q = 54—60. (Siehe S. 133.)

Nr. 2 ist das Mittel aus zwanzig Melassenanalysen Bodenbenders aus dem Jahre 1880. Nr. 3 zeigt die Verteilung einzelner Stickstoff-Formen in der Trockensubstanz als Durchschnitt von sechzehn Melassen. Nr. 4 sind Analysen frischer Rohzuckerfabriks-Nr. 5 frischer Raffineriemelassen verschiedener Herkunft, Nr. 6 eine Melasseaschenanalyse von Mategczek aus dem Jahre 1880. Diese Asche zeigt einen großen Chlorgehalt so wie Analyse Nr. 1. Nr. 7 sind Mittelzahlen

Nr. 129.
der Melassen.

Teilen Trockensubstanz sind enthalten:								Bemerkungen	
Kalkasche CO_2	Organ. Stoffe	Die Kalkasche enth.: $CaCO_3$	$MgCO_3$	$Al_2O_3 + Fe_2O_3$	SiO_2	Gesamt-N	N in 100 Teilen org. Substanz		Herkunft der Melassen
0,12	23,58	0,05	—	0,07	—	2,1019	8,92	Die Melassen enthielten zum Teil gar keine, jedenfalls nur Spuren von Magnesia, ebenso SiO_2	Nordgermersleben } ohne Zuckergewinnung aus Melassen
0,55	20,32	0,51	—	0,04	—	1,8021	8,87		Bernburg (Michelmann & Co.) } ohne Zuckergewinnung aus Melassen
0,10	17,23	0,09	—	0,01	—	2,0179	11,71		Hedwigsburg } ohne Zuckergewinnung aus Melassen
0,40	24,35	0,29	—	0,06	—	2,0524	8,43		Hornburg } ohne Zuckergewinnung aus Melassen
0,78	24,93	0,69	—	0,08	—	1,3469	5,40		Oschersleben } ohne Zuckergewinnung aus Melassen
0,63	22,42	0,49	—	0,05	—	2,4214	10,80		Bahrendorf, Sirup v. II. Produkt
1,28	25,82	1,00	—	0,16	—	2,4492	9,48		Bahrendorf, III. Produkt Osmose-Füllmasse
1,19	23,71	1,08	—	0,05	—	1,8438	7,78		Minsleben } Elution
1,07	17,02	1,00	—	0,05	—	1,8850	11,08		Sehnde } Elution
1,22	24,20	1,03	—	0,11	—	1,9055	7,87		Bernburg (Cuny & Co.) } Elution
0,45	18,94	0,38	—	0,06	—	1,6080	8,49		Pecek (Weinreich)
0,77	20,91	0,69	—	0,06	—	2,0321	9,72		Diószegh (Manoury)
0,20	22,48	0,15	—	0,05	—	1,6018	7,12		Wegeleben } ohne Zuckergewinnung aus Melasse
0,58	27,62	0,49	—	0,09	—	1,3224	4,79		Quedlinburg } ohne Zuckergewinnung aus Melasse
1,71	23,01	1,53	0,17	0,06	—	2,0357	8,85		Wasserleben, mit Elution
0,78	25,27	0,71	0,0	0,06	—	2,1109	8,35		Halberstadt, ohne Elution

von Aschen von Rohzuckermelassen aus den Jahren 1893 bis 1895. Nr. 8, 9, 10 und 14, 15, 16 sind Aschen-, bezw. Melassenanalysen zu Beginn, in der Mitte und am Schlusse der Kampagne. Nr. 11 ist eine Aschenanalyse und Nr. 17 die vollständige Analyse derselben Melasse. Nr. 12, 13 und 18, 19 sind ebenfalls Aschen- und die dazugehörenden vollständigen Melassenanalysen aus der Mitte und dem Ende der Kampagne. Analysen Nr. 8 bis 19 sind eine Auswahl aus Untersuchungen über Melassen von Andrlík, Urban und Stanek (Z. f. Zuckerind. i. B. XXV, 1901, S. 247).

Zu diesen Zahlen ist nichts besonderes hinzuzufügen. Der Natrongehalt ist durch den Zusatz von Soda im Betriebe erklärlich, ist aber nicht wesentlich höher, als die Aschenanalysen von früheren Jahren zeigen. Den Vergleich dieser Analysenzahlen mit den anderen dieser Tabelle sei dem aufmerksamen Leser selbst überlassen. Die Melassen enthielten wahrscheinlich linksdrehende Substanzen, denn durch die Polarisationsmethode konnte in den Melassen keine Raffinose nachgewiesen werden. Sie waren nach den Handelsusancen frei von Invertzucker (mg Cu). In der Kolumne „Invertzucker nach Peška" sind alle reduzierenden Substanzen als Invertzucker ausgedrückt. Der Verfasser schließt noch eine kleine Tabelle an, in der er wichtigere Bestandteile der Melassenanalysen, auf Trockensubstanz umgerechnet, aufnahm, um den Vergleich mit anderen Analysenangaben zu erleichtern. (Tabelle Nr. 130.)

Tabelle Nr. 130.

In 100 Teilen wirklicher Trockensubstanz der Melassen aus Rohzuckerfabriken.

	Min.	Max.	Mittel
Karbonatasche	10,98	13,18	12,08
Reinasche	7,83	9,41	8,62
Organ. Nichtzucker auf Reinasche berechnet	28,47	32,53	30,50
Organ. NZ.: Asche	3,41	4,06	3,73
Gesamtstickstoff	2,22	2,62	2,42
Eiweiß-N (Stutzer)	0,13	0,29	0,20
Rümpler { N von Eiweiß, Pepton u. Propepton	0,07	0,18	0,12
Rümpler { N von Eiweiß u. Propepton	0,05	0,09	0,07
Rümpler { Pepton-N	0,01	0,11	0,06
Gesamt-N, fällbar } durch phosphorwolframsaures Na	0,59	0,94	0,76
Ammoniak-N, fällbar } durch phosphorwolframsaures Na	0,07	0,09	0,08
Betaïn-N (Differenz der beiden)	0,51	0,88	0,69
Amid- u. Ammoniak-N (Schulze)	0,05	0,08	0,06
Nitrat-N	0,02	0,09	0,05
K_2O	6,20	7,07	6,63
Na_2O	0,72	1,41	1,06
CaO	0,09	0,22	0,15
MgO	0,05	0,21	0,13
$Al_2O_3 + Fe_2O_3$	0,01	0,11	0,06
P_2O_5	0,01	0,10	0,05
SO_3	0,15	0,65	0,40
Cl	0,18	0,48	0,33
Mit Äther auslaugbare Säuren	5,65	7,07	6,62

Die mit Äther auslaugbaren organischen Säuren der Melassen hatten, auf Trockensubstanz bezogen, eine Azidität von 68,8 cm^3 $^1/_n$ KOH im Durchschnitte; davon entfielen 14,5 cm^3 auf die mit Wasserdampf flüchtigen Säuren; von letzteren dürfte die Essigsäure vorwiegen. — Oxalsäure war nur in Mengen von unter 0,01 % nachzuweisen. Die ätherlöslichen Säuren bilden demnach einen wichtigen Bestandteil des organischen Nichtzuckers in der Melasse, ca. $^1/_5$—$^1/_4$ desselben (6,62 % Säuren von 30,50 % organischem Nichtzucker). Die Analyse Nr. 20 stellt den Durchschnitt von 120 verschiedenen französischen Melassen aus dem Jahre 1877 dar. Davon waren 110 Ablauf vom II. und III. Produkt, und 10 waren Raffineriemelassen (Z. V. d. Zuckerind. 1878, S. 801). Der Gesamtstickstoff wurde durch Kupferoxyd bestimmt (1,68 %). Da der Salpetersäurestickstoff 0,34 betrug, verblieben auf den organischen Stickstoff 1,34 %. Bemerkenswert wäre aus dieser Veröffentlichung, daß Pagnoul konstatierte, es wären, um die Sulfatasche nach Scheibler zu bestimmen, 0,2 und nicht 0,1 der Asche abzuziehen. Auch der große Gehalt an Nitraten ist auffällig. Nr. 21 ist das Mittel aus Melassen 24 ungarischer Fabriken (S. Weiser, „Die Melasse als Futtermittel. Ö. U. Z. f. Zuckerind. XLII, 1913, S. 462).

Die zwei folgenden Analysen stellen sehr ausführliche Melasseanalysen dar.

Additional material from *Chemie der Zuckerindustrie* ,
ISBN 978-3-662-24417-3 (978-3-662-24417-3_OSFO3),
is available at http://extras.springer.com

Tabelle Nr. 132.
Analysen zweier amerikanischer Melassen.

	Kalifornien	Kolorado
Scheinbare Trockensubstanz		
a) pyknometrisch	83,6	77,3
b) mit der Mohr-Westphal-Wage	83,8	77,8
c) refraktometrisch (Main)	82,1	77,5
Wasser	17,8	23,19
Wahre Trockensubstanz	82,2	76,8
Asche	10,98	10,38
Direkte Polarisation	50,8	53,2
Inversionspolarisation	—16,4	—12,0
Zucker nach Clerget	50,65	49,0
Zucker nach der Raffinoseformel	50,59	46,7
Raffinose	0,11	3,51
Invertzucker	0,10	0,17
Alkalität (Phenolphthaleïn)	0,14	0,09
Viskosität (verglichen mit Wasser von 50° C)	108,4	109,3
Karamel	1,49	0,90
Flüchtige Säuren	1,92	3,54
Glutaminsäure	3,10	2,40
Betaïn	2,22	2,56
Gesamtstickstoff	2,83	2,43
Pentosen	0,51	0,56
Quotient, auf direkte Polarisation bezogen	61,8	69,2
Aschenanalysen:		
CO_2	26,6	25,0
SiO_2	0,44	0,36
$Fe_2O_3 + Al_2O_3$	0,29	0,93
CaO	3,74	4,02
MgO	0	0,11
K_2O	53,18	54,06
Na_2O	8,02	6,92
Cl	7,80	8,31
SO_3	2,18	1,16
P_2O_5	0,51	1,07

(Adolph Meyer, Z. V. d. Zuckerind. 1909, S. 1019.)

b) Der Nichtzucker der Melasse.

Stickstofffreie Bestandteile der Melasse.

Außer Saccharose, eventueller Raffinose und Invertzucker finden sich in der Melasse Zersetzungs- und Überhitzungsprodukte der genannten Kohlenhydrate vor. Das sind organische Säuren, kompliziert zusammengesetzte Verbindungen der „Karamelkörper" und andere noch zu besprechende Stoffe.

Die flüchtigen Säuren der Melasse wurden im Jahre 1879 (Organ XVII, 1879, S. 219) von Wachtel bestimmt. Melasse wurde mit Schwefelsäure versetzt und dann unter Wasserzusatz am Wasser- und später Sandbade bis zu 130° C durch fast acht Stunden erhitzt, solange eben noch merkliche Mengen sauren Destillates übergingen. Im Destillate wies Wachtel nach „ein sehr geringes Quantum Ameisensäure und Essigsäure, in geringer Menge Propion- und Buttersäure“, gab aber gleichzeitig der Überzeugung Ausdruck, „daß noch andere flüchtige Substanzen außer den genannten Säuren im Destillate der Melasse anwesend sind“.

Im Jahre 1855 wies Teixera-Mendes folgende flüchtige Säuren in der Melasse nach: Ameisen-, Essig- und Buttersäure zusammen zu 1,47 % der Melasse.

Daß auch Oxalsäure, bzw. ihr Kalksalz bis in die Melasse wandern kann, ist durch den Nachweis von oxalsaurem Kalke in Destillationsapparaten des alten Elutionsverfahrens erwiesen. (Dehn.) Im Jahre 1882 konstatierte Lippmann das Vorkommen von α-Oxyglutarsäure in der Melasse; der Glutarsäure kommt die Formel $C_5H_8O_4$ (siehe S. 634), der Oxyglutarsäure $C_5H_8O_5$ zu. Da durch Behandlung der Glutaminsäure mit salpetriger Säure Oxyglutarsäure gewonnen werden kann, war er der Meinung, daß die letztgenannte Säure der sogenannten salpetrigen Gärung in der Melasse ihr Vorkommen verdankte. Tatsächlich kam sie in Gesellschaft der Glutaminsäure (Amidoglutarsäure) vor (Organ 1882, S. 379; D. Z. 1882, Nr. 18). Die letztgenannte Säure wurde schon von Scheibler und dann von Bodenbender und Pauly früher in Melasse nachgewiesen (S. 129). Die letzteren fanden auch Arabinsäure in der Melasse.

Milchsäure ist ein konstanter Bestandteil der Melassen. Sie entsteht beim Erhitzen der Zuckersäfte mit Kalk (oder Strontium), allerdings bei den im Betriebe herrschenden Bedingungen nur in sehr geringem Grade (Schöne und Tollens, Z. V. d. Zuckerind. 1900, S. 980). Beide Forscher stellten auch gleichzeitig fest, daß die in der Melasse vorhandene Raffinose aus der Rübe stammen müsse, und zwar vollständig, wie Lippmann betont.

Herzfeld fand in Melasseschlempe Milchsäure zu 4,32 % und meint schließlich, man könnte diese auch technisch aus der Melasse gewinnen.

Ferner fand er in der Schlempe 4,29 % Essigsäure und 1,02 % Ameisensäure. Anwesend waren noch Propion-, Butter-, Valerian-, Bernsteinsäure und Karamelkörper, die aber nicht quantitativ bestimmt wurden.

Von Äthern wurden konstatiert: Milchsäure-, Bernstein-, Valeriansäure- und Buttersäureäther (Z. V. d. Zuckerind. 1901, S. 713).

Die Säuren wurden aus der Schlempe (nach vorhergehender Ansäuerung derselben mit Schwefelsäure) durch Ätherextraktion gewonnen (ätherlösliche Säuren) (Z. V. d. Zuckerind. 1901, S. 721). Die Schlempe stellt eine konzentrierte und von Zucker befreite Lösung der Nichtzuckerstoffe der Rübenmelasse dar.

Es ist also eine stattliche Anzahl von Säuren in der Melasse vorhanden.

Ameisen-, Essig-, Propion-, Butter- und Valeriansäure sind Glieder der Fettsäurereihe $C_nH_{2n}O_2$, deren Gruppeneigenschaften im

„Anhange“ beschrieben werden. So wichtig die genannten Säuren in anderer Hinsicht sind — an dieser Stelle kommt ihnen keine größere Bedeutung zu.

Dasselbe gilt von der Oxal- und Bernsteinsäure, die aber, weil in der Rübe vorkommend, schon früher behandelt wurden. Zur selben Gruppe der gesättigten zweibasischen Säuren $C_nH_{2n-2}O_4$ gehört die Glutarsäure, deren Derivat, die Oxyglutarsäure, oben besprochen wurde.

Die Milchsäure (Oxypropionsäure) gehört zu den einbasischen Oxysäuren der Fettsäurereihe (siehe Anhang S. 634, 635). Es existieren verschiedene isomere Modifikationen dieser Säure. Die der Melasse ist inaktiv. Neben der einen Entstehungsart dieser Säure im Betriebe — wie sie Schöne und Tollens feststellten — sind auch Gärungserscheinungen, in deren Verlauf sich Milchsäure bildet, möglich. —

Eine andere Gruppe von Säuren, die sich aus dem Zucker durch Wärme- und Alkaliwirkung bilden und in die Melasse wandern, sind die Glyzin- oder Gluzin-, die Melassin und die Saccharinsäure sowie das Saccharin. Sie wurden bereits im Kapitel „Chemie der Saccharose“ abgehandelt. Auch fehlt noch viel zur vollen Erkenntnis dieser sowie ihrer Verwandten, der Saccharum- und der Apoglyzinsäure.

Die Huminsäure, als eines der Produkte, das aus der Glyzinsäure durch Erwärmen über 70° entsteht, führt zu jenen Substanzen, die Mulder beim Karamelisieren von Zucker beobachtete, zu den Humin- und Ulminsubstanzen (Humusstoffe). Über diese Körper siehe S. 71.

In der Melasse, bzw. in einer Lauge nach der Steffenschen Melasseentzuckerung fand Lippman eine Gummiart, die sich als Anhydrid der Lävulose erwies; deshalb und infolge ihrer Ähnlichkeit mit dem Scheiblerschen Dextran nannte er sie Lävulan (Formel $C_6H_{10}O_5$). Seine sonstigen Eigenschaften gehen aus folgender Gegenüberstellung hervor:

	Dextran	Lävulan
Löslichkeit des rohen Körpers in kaltem Wasser	—	—
„ „ „ „ „ heißem Wasser	etwas	etwas
„ „ „ „ „ Alkohol . . .	—	—
„ „ „ „ „ Kalkmilch . .	leicht	leicht
Löslichkeit des gefällten, wasserhaltigen Körpers in kaltem Wasser	leicht	leicht
Löslichkeit des gefällten, wasserhaltigen Körpers in heißem Wasser	leicht	leicht
Löslichkeit des gefällten, wasserhaltigen Körpers in Alkohol	—	—
Löslichkeit des gefällten, wasserfreien Körpers in kaltem Wasser	leicht	gelatiniert
Löslichkeit des gefällten, wasserfreien Körpers in heißem Wasser	leicht	leicht

Spezifisches Drehungsvermögen	+ 223°	— 221°
Verdünnte Säure erzeugt.	Glukose	Lävulose
Oxydation mit Salpetersäure gibt	Oxalsäure	Schleimsäure

Es ist amorph und weiß; im Rohzustande bildet es eine Gallerte. Seine Darstellung ging analog der des Dextrans vor sich: der gelatinöse Niederschlag wurde durch Kochen mit Kalkmilch in Lösung gebracht, konzentriert, der Kalk mit Kohlensäure ausgefällt und filtriert; das Filtrat, in dem sich das Lävulan vorfindet, mit Salzsäure nach weiterem Eindampfen und Abkühlen im Überschusse versetzt und mit Alkohol ausgefällt: es resultiert eine elastische, gummöse Masse. Behufs Reinigung muß diese Operation wiederholt und dann die reine Substanz getrocknet werden (Organ XIX, 1881, S. 455).

Auch Dextran wurde schon öfters in Melassen vorgefunden; nach Bauer sowie nach Wachtel (Organ XX, 1882, 369, S. 643) stammt es aus einem früheren Stadium der Zuckerfabrikation.

Stickstoffhaltige Bestandteile der Melasse.

Über die bisher bekannten und einige neue stickstoffhaltige Bestandteile in Zuckerabläufen berichtete F. Ehrlich (Z. V. d. Zuckerind. 1903, S. 809). Weite Verbreitung in allen Abläufen finden: das Betaïn und die Asparagin- und die Glutaminsäure. Die Muttersubstanzen der beiden Säuren, Asparagin und Glutamin, wurden in den Rübensäften nachgewiesen (Dubrunfaut, Schulze und Bosshard).

Weniger studiert oder seltener anzutreffen sind: Glutiminsäure, Leuzin, Tyrosin, Arginin, Histidin u. a., alle aus dem Rübeneiweiß stammend, sowie Xanthin, Guanin, welche aus den Nukleïnkörpern der Rübe herrühren.

Tyrosin, sonst der stete Begleiter des Leuzins, konnte Ehrlich in Dessauer Melasseschlempe nicht nachweisen, weshalb er annimmt, daß es im Betriebe eine tiefergreifende Umwandlung erfahre.

Wenn auf diese Bestandteile näher eingegangen werden soll, so muß zunächst einer Publikation von H. Bodenbender und E. Ihlée gedacht werden (Z. V. d. Zuckerind. 1880, S. 647). Der dritte Abschnitt dieser Arbeit „Über die Stickstoffverbindungen der Rübe" wurde schon an geeigneter Stelle wiedergegeben. Hier nur „Die Studien über die Formen des in der Melasse enthaltenen Stickstoffs". Im allgemeinen Teile über die einzelnen Formen und ihre analytische Bestimmung heißt es:

1. Ammoniak. Die Natur der Prozesse im Betriebe bedingt es, daß die Melasse nur sehr geringe Mengen von Ammoniaksalzen oder freiem Ammoniak enthalten kann. Diese Prozesse wurden bereits eingehend besprochen. „Die trotzdem in den Melassen nachweisbaren geringen Ammoniakmengen rühren von zurückgebliebenem oder beim Lagern der Melassen aus Stickstoffverbindungen entstandenem Ammoniak her." Zur Bestimmung wurde die Sachssesche Methode angewendet.

2. Amide. Aus den sub 1 angegebenen Gründen können auch von diesen Bestandteilen in der Melasse nur sehr geringe oder gar keine Mengen sich vorfinden; werden doch die Amide im Betriebe in die entsprechenden Säuren (Asparagin-, Glutaminsäure) und in Ammoniak gespalten. Die Bestimmungsmethode ist ähnlich der auf S. 649 beschriebenen; nur wurde das Ammoniak nach Sachsse bestimmt (Knopsches Azotometer).

3. Amidosäuren. Diese werden in reichlicher Menge in der Melasse vorhanden sein. Benutzt wurde die Methode von Sachsse-Kormann (S. 650). Doch da dieselbe noch nicht gut ausgebildet war, mußten gewisse Korrekturen an den Resultaten angebracht werden.

4. Betaïn und andere Pflanzenbasen werden sich, weil leicht löslich, ebenfalls in größeren Mengen finden. Bestimmt wurde das Betaïn als phosphorwolframsaures Salz (Methode Scheibler). Der erhaltene Niederschlag wurde mit Natronkalk verbrannt und aus der Menge des gefundenen Ammoniaks der Betaïngehalt berechnet. Die Methode lieferte etwas zu niedrige Zahlen, da das Betaïnsalz ein wenig löslich ist.

5. Von Salpetersäure waren nur ganz geringe Mengen anwesend.

Tabelle Nr. 133.
Untersuchung von 16 Melassen.
(Bodenbender u. Ihlée.)

In 100 Teilen Melasse						In 100 Teilen Trockensubstanz					
Nr. der Melasse	Gesamt-N %	N als Ammoniak	N als Amid	N als Amidosäure	N als Betaïn und Proteïn	Nr. der Melasse	Gesamt N %	N als NH_3	N als Amid	N als Amidosäure[1])	N als Betaïn und Proteïn
1	1,6929	0,0398	0,0436	0,3724	1,2371	1	2,1019	0,0494	0,0541	0,4624	1,5360
2	1,4085	0,0449	0,0044	0,2706	1,0886	2	1,8021	0,0575	0,0056	0,3462	1,3928
3	1,6054	0,0323	0,0524	0,7420	1,7787	3	2,0179	0,0406	0,0659	0,9326	0,9788
4	1,6290	0,0387	0,	0,4296	1,1607	4	2,0524	0,0488	0,	0,5411	1,4625
5	1,0164	0,0419	0,0282	0,4287	0,5176	5	1,3469	0,0556	0,0374	0,5680	0,6859
6	1,8331	0,0250	0,0312	0,5059	0,2710	6	2,4214	0,0330	0,0412	0,6683	1,6789
7	1,7441	0,0469	0,	0,3634	1,3338	7	2,4492	0,0659	0,	0,5103	1,8730
8	1,5359	0,0399	0,	0,5004	0,9956	8	1,8438	0,0479	0,	0,6007	1,1952
9	1,5512	0,0373	0,0242	1,1124	0,3773	9	1,8850	0,0453	0,0294	1,3518	0,4585
10	1,4392	0,0573	0,0084	0,3931	0,9804	10	1,9055	0,0758	0,0112	0,5205	1,2980
11	1,2795	0,0319	0,0018	0,2664	0,9794	11	1,6080	0,0401	0,0023	0,3348	1,2208
12	1,5649	0,0358	0,0100	0,3552	1,1639	12	2,0321	0,0465	0,0130	0,4612	1,5113
13	1,3473	0,0344	0,0232	0,4775	0,8122	13	1,6018	0,0409	0,0276	0,5677	0,9656
14	1,0935	0,0372	0,0150	0,4162	0,6251	14	1,3224	0,0449	0,0182	0,5033	0,7560
15	1,7047	0,0513	0,	0,4388	1,2146	15	2,0357	0,0613	0,	0,5240	1,4504
16	1,6364	0,0177	0,1516	0,2598	1,2073	16	2,1109	0,0228	0,1956	0,3351	1,5574
Mittel	1,5051	0,0383	0,0246	0,4583	0,9839		1,9086	0,0485	0,0313	0,5768	1,2520

[1]) Von dem Stickstoff der mit salpetriger Säure entwickelt wurde, ist der als Amid gefundene subtrahiert, der Rest ist halbiert und als Amidosäure in Rechnung gesetzt.

6. Eiweißstoffe. Beiläufig 50 % des vorhandenen Gesamtstickstoffes sind „uns unbekannte stickstoffhaltige Körper, zum größten Teile aus Zersetzungsprodukten der Albuminstoffe“ bestehend.

Die Analysenergebnisse Bodenbenders und Ihlées zeigen die einzelnen Stickstofformen nach dem damaligen Stande der Analytik. Melasse Nr. 9 stammte aus einer Fabrik, die geringwertige und unreife Rüben verarbeitete; sie fällt durch ihren hohen Gehalt an Amidosäuren auf.

Die Tabelle Nr. 133a ist ohne weiteres klar. Erwähnt sei noch, daß Betaïn und die Eiweißstoffe nicht bestimmt wurden. Beide finden sich zusammen als Rest der einzelnen Formen auf den Gesamtstickstoff.

Tabelle Nr. 133a.

Melassen.

Von 100 Teilen Stickstoff sind enthalten als:

	Ammonsalze	Amide	Amidosäuren	Betaïn, Proteïn
1	2,4	2,6	22,0	73,0
2	3,2	0,3	19,2	77,3
3	2,0	3,3	46,2	48,5
4	2,3	0,	26,4	71,3
5	4,1	2,8	42,2	50,9
6	1,4	1,7	27,6	69,3
7	2,7	0,	20,8	76,5
8	2,6	0,	32,6	64,8
9	2,4	1,6	71,7	24,3
10	4,0	0,6	27,3	68,1
11	2,4	0,2	20,8	76,6
12	2,3	0,6	22,7	74,4
13	2,6	1,7	35,4	60,3
14	3,4	1,3	38,1	57,2
15	3,0	0,	25,7	71,3
16	1,1	9,3	15,9	73,7

Der Verfasser berechnete aus diesen Ergebnissen als Mittel:

Ammonsalze	2,61 %	des Gesamt-Stickstoffes
Amide	1,62 %	
Amidosäuren	30,91 %	
Betaïn + Proteïn	64,84 %	

Aus neueren Untersuchungen geht folgende Stickstoffverteilung hervor: Aus Analysen von Komers und Stift (Ö. U. Z. f. Zuckerind. 1897, S. 650) berechnete der Verfasser folgende Werte: Auf 100 Teile Gesamtstickstoff entfallen Teile:

	Eiweißstickstoff	Ammoniakstickstoff
Mährische Melasse	3,26	5,43
Ungarische „	5,86	7,32

Aus den Analysen von Andrlík geht folgende Verteilung hervor:

Eiweiß und Propepton	Pepton	Ammoniak	Nitrat	Betaïn- und Amidosäure = Stickstoff
3,0	1,9	3,2	1,9	90,0

Dietrich und Mach fanden Eiweißstickstoff in Prozent des Gesamtstickstoffes für

	min.	max.	Mittel
Rohzuckermelasse . .	0,60	18,60	5
Raffineriemelasse . .	1,50	6,00	3,40

Für Melassen aus Russisch-Polen berechnete der Verfasser aus Angaben Kowalskis (1900) im Mittel den Eiweißstickstoff zu 11 % vom Gesamtstickstoff.

Von den einzelnen Verbindungen, die in der Melasse aufgefunden wurden, sei zuerst die Glutiminsäure angeführt. Diese einbasische Säure $C_5H_7NO_3$ fand Lippmann in der Mutterlauge von Glutaminsäure $C_5H_8NO_4$ (Organ XXII, 1884, S. 184). Schützenberger fand die Glutiminsäure als Zersetzungsprodukt von Albumin durch Barythydrat. Daher schloß Lippmann: „Es lag hiernach nahe, zu vermuten, daß die Glutiminsäure aus den Eiweißstoffen der Rübe erst während der Fabrikation infolge der fortgesetzten Einwirkung des Ätzkalkes und der Alkalien entstanden sei; daß auf diese Weise das Auftreten nicht unerheblicher Mengen Asparaginsäure, Glutaminsäure und anderer stickstoffhaltiger Körper in der Melasse sich am besten erklären lasse..." Nicht nur das Glutamin und das Asparagin der Rübe sind Quellen für die beiden genannten Säuren, sie treten auch als Zersetzungsprodukte der Eiweißkörper neben anderen Substanzen auf. Die Glutiminsäure dürfte identisch sein mit dem Glutaminsäureanhydrid.

Die auf S. 130 angeführte Linksglutiminsäure Staneks wurde von diesem nach ihrer Entstehungsart in Melasse vermutet und tatsächlich nachgewiesen; im speziellen Falle zu 2,8 % der Melasse. Stanek nimmt von dieser Säure an, daß sie neben dem Betaïn den vorwiegendsten stickstoffhaltigen Bestandteil der Melasse bilde und ihr wenigstens 20 % des Gesamtstickstoffes zukommen. Sie entsteht im Laufe des Betriebes durch Erwärmung der gelösten Glutaminsäure; sie ist kristallisationsfähig, leicht im Wasser, sehr schwer in Äther löslich und ist in wässeriger, alkalischer und saurer Lösung linksdrehend. Ihr Schmelzpunkt liegt bei 162—163°. Ihre Salze sind leicht im Wasser löslich.

Auch die inaktive Glutiminsäure, eine isomere, kommt in der Melasse vor ($C_5H_7 \cdot NO_3$).

In der Melasse finden sich auch Amine als Spaltungsprodukte.

Amine sind Verbindungen, die durch Substitution von Ammoniak-Wasserstoff durch Alkyle (s. Anhang) entstehen (Aminbasen), z. B. das Methylamin $H_3C \cdot NH_2$. Dieses kommt auch im Pflanzenreiche vor (Weißdorn). Es ist ein farbloses, ammoniakähnlich riechendes brennbares Gas, das in Wasser sehr leicht löslich ist.

Das Trimethylamin $N(CH_3)_3$ tritt als Spaltungsprodukt von Cholinbasen und Betaïn im Pflanzenreiche und in der Heringslake auf; dieser verleiht es den bekannten, charakteristischen Geruch.

Es ist eine im Wasser leicht lösliche Flüssigkeit, die bei 3,5° siedet. Aus der Melassenschlempe wird es technisch dargestellt.

Die Salze dieser Basen sind alle in Wasser und Alkohol leicht löslich.

Wie schon früher erwähnt, fand Lippmann im Jahre 1884 Leuzin und Tyrosin in der Melasse, bzw. in den alkoholischen Laugen der Saccharate beim Elutionsverfahren. Er isolierte beide Verbindungen aus den genannten Laugen, stellte sie rein dar und bestimmte ihre Eigenschaften.

Ihre Formeln wurden bereits besprochen und ihre Eigenschaften angeführt (siehe S. 123). Zu erwähnen wäre noch, daß Lippmann die beiden Körper völlig identisch mit jenen tierischen Ursprungs fand. Beide kommen vor, teils einzeln, teils zusammen, in tierischen Organen und Sekreten (Raupen, Krebse, Spinnen, Käfer), in Pflanzenkeimen (Kürbis, Wicken), in der Hefe, in Kartoffeln; ferner als Fäulnisprodukte von Stickstoffkörpern (Albumin, Hornsubstanz) sowie beim Kochen oder Schmelzen der letzteren mit Säure oder Kali.

Leuzin bildet weiße Blättchen, Schmelzpunkt 168°; in kaltem Wasser und Alkohol nur wenig, mehr in heißem löslich. Tyrosin kristallisiert in schönen, glänzenden Nadeln, Schmelzpunkt 235°; es zeigt dieselben Löslichkeitsverhältnisse wie Leuzin. Nach Landolt zeigt Tyrosin $\alpha_D = -8{,}07^0$, nach Mauthner $\alpha_D = -7{,}98^0$; Leuzin $\alpha_D = +8{,}05^0$ (gelöst in NaOH), nach Mauthner in KOH $\alpha_D = +6{,}63^0$. Lippmann machte es wahrscheinlich, daß es zwei Tyrosine von verschiedenen Drehungsvermögen gibt (D. Z. 1885; Organ XXIII, 1885, S. 66).

Mit den Glutiminsäuren, dem Leuzin und dem Tyrosin wurden schon Verbindungen genannt, die als Abbauprodukte der Eiweißkörper der Rübe entstehen und in die Melasse gelangen. Außer diesen gibt es noch eine große Zahl solcher Produkte; sie sollen im folgenden nur ganz kurz gestreift werden.

Von den ein- und zweibasischen Monoaminosäuren, die als Produkte der hydrolytischen Spaltung der Eiweißkörper resultieren, sind an dieser Stelle keine mehr zu nennen, da sie bereits früher, weil auch in der Rübe vorkommend, behandelt wurden.

Von den Diaminosäuren seien genannt das Ornithin als Spaltungsprodukt des Arginins und das Lysin.

Arginin. Dieses ist ein Derivat des Guanidins und wurde von Lippmann in Melasserückständen nachgewiesen. Es reagiert alkalisch; durch Hydrolyse mit Barytwasser beim Erhitzen gibt es Kohlensäure und Ammoniak. Das Arginin entsteht aus dem Ornithin durch Einwirkung von Cyanamid auf letzteres. Ornithin ist Diaminovaleriansäure und das nächst niedere Homologe des Lysins. Letzteres ist Diaminokapronsäure. Im nachfolgenden genüge es, die empirischen Formeln der genannten Verbindungen mitzuteilen.

Guanidin = CH_5N_3 (Imidoharnstoff) → Arginin = $C_6H_{14}N_4O_2$ → Ornithin = $C_5H_{12}N_2O_2$ → Lysin = $C_6H_{14}N_2O_2$.

Über den Harnstoff siehe im Anhange S. 638.

Von den Zersetzungsprodukten der Nukleïnsubstanzen wären anzuführen Xanthin, $C_5H_4N_4O_2$, Hypoxanthin (Sarkin)

$C_5H_4N_4O$, Guanin $C_5H_5N_5O$, Adenin $C_5H_5N_5$ und Carnin $C_7H_8N_4O_3 + H_2O$.

Xanthin ist Dioxypurin, Hypoxanthin ist Oxypurin. Guanin ist Amino-Oxypurin und Adenin ist Aminopurin[1]).

Diese Verbindungen sind von zu geringer Bedeutung, um hier näher besprochen werden zu müssen[2]). Sie wurden von Lippmann in Entzuckerungslaugen in äußerst geringer Menge nachgewiesen. Bis auf das Carnin und Adenin sind die letztgenannten Verbindungen Base und Säure zugleich; alle sind durch Quecksilberchlorid, Bleiessig und Silbernitrat fällbar. Mittels dieser Reagenzien isolierte Lippmann die genannten Verbindungen aus der Melasse. Weiter fand er Arginin, Guanidin, Allantoin sowie geringe Mengen von Vernin und Vicin in der Schlempe.

Andrlík suchte die quantitativen Verhältnisse dieser Substanzen in den Melasseabfallaugen zu ermitteln. Zunächst stellte er Adenin aus solchen dar und fand es zu 0,08 % in Abfallaugen. Die Darstellung dieser Verbindung gründet sich auf ihrer Fällbarkeit durch Kupfervitriol. Ob es als solches oder in Form von Nukleïnen anwesend ist, brachte Andrlík nicht zur Entscheidung.

K. Andrlík fand in neuester Zeit einen neuen, viel Stickstoff enthaltenden Bestandteil in Rohzuckermelasse, ein Guaninpentosid, dem er die Formel $C_5H_8O_4 \cdot C_5H_5N_5O \cdot 2\,H_2O$ gab. Der erste Teil in dieser Formel ist ein Pentoseanhydrid, der zweite Guanin. Dazu kommt das Kristallwasser. Dieser Körper kristallisiert reichlich und leicht in Form von mikroskopisch feinen, langen Nadeln aus einer bei Siedehitze gesättigten, wässerigen Lösung. Seine Kristalle sind in kaltem Wasser wenig löslich, unlöslich in 96proz. Alkohol, Äther und Chloroform. Die Substanz ist optisch linksdrehend, und zwar fand Andrlík $[\alpha]_D = -13{,}95^0$ in verdünnter schwefelsaurer Lösung (Z. f. Zuckerind. i. B. XXXV, 1911, S. 437).

Smolenski hält dieses Guaninpensotid für identisch mit seinem aus Diffussionssaft dargestellten Vernin (s. Seite 158). Manche Eigenschaften des letzteren wurden schon an letztgenannter Stelle besprochen. Dem Vernin kommt nach neueren Forschungen Schulz' die Formel: $C_{10}H_{13}N_5O_5 \cdot 2\,H_2O$ zu, also dieselbe wie dem oben angeführten Guaninpentosid. Durch Hydrolyse mit Säuren zerfällt das Vernin in Guanin und in eine Pentose (d-Ribose) $C_{10}H_{13}N_5O_5 + H_2O = \underset{\text{Pentose}}{C_5H_{10}O_5} + \underset{\text{Guanin}}{C_5H_5N_5O}$.
Es ist also ein Pentosid des Guanins.

Im Wasser ist es schwer löslich, durch Phosphorwolframsäure ist es fällbar; in schwefelsaurer Lösung zeigt es keine Aktivität, in alkalischer Lösung ($^1/_{19}$ NaOH) ist es linksdrehend, $[\alpha]_D = -60^0$. Im Pflanzenreiche ist es anzutreffen; es ist ein Bestandteil des Nukleoproteïd-Moleküles. Dieses spaltet sich bei der Hydrolyse in Eiweiß

---

[1]) Über das Purin siehe im Anhange S. 639

[2]) Für Leser mit größerem Interesse für dieses Gebiet siehe S. 639.

und Nukleïnsäure. Letztere liefert bei der Hydrolyse Phosphorsäure, Xanthinbasen und sehr oft Pentosen.

E. Schulze und D. Trier erklärten auch das Guaninpentosid Andrlíks identisch mit dem Vernin; dieses ist Guanin-d-Ribose (Hoppe-Seylers Zeitschr. f. physiolog. Chem., 76. Bd., 1912, S. 145). Vernin sowie Allantoin wurden schon in Rüben von Smolenski nachgewiesen, gehören also heute nicht mehr zu den „nur in der Melasse nachgewiesenen Nichtzuckerstoffen".

Aschenbestandteile der Melasse.

Rund 10 % des Melassengewichtes bestehen aus Aschenbestandteilen. Hier werden sich alle „schädlichen" anorganischen Nichtzucker anhäufen. Daher besteht die Melassenasche über die Hälfte aus Kali, darauf folgen Natron, Chlor und Schwefelsäure. Die restlichen anorganischen Bestandteile sind in geringeren Mengen vorhanden. (Siehe Analysen auf S. 527, 528.) Die Bindung zwischen Basen und Säuren ist schwankend und nicht genauer erkannt.

Die Reaktion normaler Melassen ist alkalisch; nur ungesunde Melassen reagieren sauer.

In einem Aufsatze „Die Endmelassen der russischen Rübenzuckerfabriken" von J. B. Minz (Z. V. d. Zuckerind. 1910, S. 485) sind folgende allgemeingültige Zusammenhänge zu finden:

Aus den einzelnen Untersuchungen über die Melassebildungstheorien geht hervor, daß die Salze die Löslichkeit des Zuckers in den Sirupen erhöhen; die Melasse wird also einen umso größeren Reinheitsquotienten haben, je größer ihr Aschengehalt ist. Auch wird dort erwähnt, daß die Annahme nicht ungerechtfertigt ist, daß es zwischen dem Zucker und den Salzen der Melasse zu Doppelverbindungen kommt. „Der Nichtzucker der Melasse besteht hauptsächlich aus Salzen organischer Säuren, so das die Melassenasche eine Vorstellung von der Zahl der Metalloxyde gibt und der organische Nichtzucker der Zahl der Säureradikaler entspricht. Daher sind in ein und derselben Menge Nichtzucker der Melasse desto mehr aktive Teile, je kleiner das Verhältnis von organischen Substanzen zur Asche ist." Dieses Verhältnis heißt „organischer Koëffizient" und charakterisiert ziemlich den Nichtzucker. Außerdem kann man noch den sog. Aschenkoëffizienten, d. i. das Verhältnis von Zucker: Asche bestimmen. Aus folgendem Beispiele kann man die Berechnung beider Koëffizienten ersehen (Melassenanalyse):

Trockensubst.	Zucker	org. NZ.	Asche	w. Q.	organ. Koëff.	Aschenk.
77,06	46,40	21,15	9,18	60,24	2,30	5,09

Je größer der organische Koëffizient ist, d. h. je mehr der organische Nichtzucker den anorganischen überragt, desto geringer ist die melassebildende Wirkung des Nichtzuckers und umgekehrt. Daher muß der größere organische Koëffizient der geringeren Reinheit der Melasse entsprechen und umgekehrt. Die wirklichen Reinheiten der russischen Melassen schwankten von 57—66,5, die organischen Koëffizienten von

2,7—1,6. Der aufgestellte Zusammenhang zwischen Reinheit und organischem Koëffizienten gilt natürlich nicht ganz genau für diese Melassen, da es nicht „wirkliche Melassen“ sind, d. h. gesättigte Lösungen von Zucker in Lösungen von Nichtzucker bei der Schleudertemperatur. Einer wirklichen Reinheit von 56,45 entsprach der organische Koëffizient 2,27, der Reinheit von 64,03 1,62 (aber bei 65,08 2,37). Aus diesem Zusammenhange leitet Minz ein Argument für die Ansicht Schukows ab, nach welcher der organische Nichtzucker die Löslichkeit des Zuckers in Sirupen mehr beeinflußt als der organische.

Dem Aschenkoëffizienten kommt keine charakteristische Bedeutung zu. Er schwankte zwischen 4,13—6,28, und entspricht die Zahl 4,13 einer wirklichen Reinheit von 57,81, 6,28 einer wirklichen Reinheit von 65,08; man sieht daraus, daß im allgemeinen Reinheit und Aschenkoëffizient proportional sind.

Der organische Koëffizient ist für die Melasse einer Fabrik und einer Kampagne mehr oder minder beständig, ändert sich aber mit der Rübe und Arbeitsweise. Er soll in trockenen Jahren höher sein als in nassen Jahren (Smolenski, Saillard). Minz fand ihn höher als den von deutschen, österreichischen und französischen Melassen. Für letztere fand Saillard den Koëffizienten 1,3—2,3 in den Jahren 1908/09. Den Zusammenhang zwischen den genannten Koëffizienten und der Melassenreinheit zeigt auch folgende Analysentabelle E. Saillards.

Tabelle Nr. 134.

Organ. Koëff.	wirkl. Reinheit	Aschekoëff.
1,40—1,50	66,3	4,83
1,50—1,70	65,8	4,96
1,70—1,80	63,2	4,71
1,80—1,90	61,8	4,63
1,90—2,00	62,1	4,87
2,00—2,20	61,2	4,90
2,20—2,30	59,3	4,80

Die Melasse ist keine homogene Flüssigkeit oder Lösung von Zucker in einer Nichtzuckerlösung, sondern enthält suspendierte Bestandteile von wechselnder Zusammensetzung und in verschiedenen Mengen. Das zeigen Filterrückstände der Melassenfiltration vor der Osmose, die u. a. Andrlík untersuchte. Sie enthielten nach Auswaschen mit Wasser und Trocknen in 100 Teilen:

	Fabrik A	Fabrik B in Prozenten	Fabrik C
Asche	59,09	32,17	60,98
Fett	12,95	25,96	10,03
Oxalsäure	10,96	10,20	7,92

Die Asche dieser Schlammproben enthielt in 100 Teilen:

Kieselsäure	18,92	33,64	49,38
Eisenoxyd und Tonerde	9,83	13,06	26,52
Kupferoxyd	2,49	3,02	—
Kalk	36,21	27,07	16,67
Magnesia	2,71	2,79	1,08
Schwefelsäure	8,31	6,04	Spuren
Phosphorsäure	2,44	2,78	Spuren
Kohlensäure	19,28	11,40	—

Ein weiterer Beitrag zu dieser Frage liegt von Strohmer vor (Abscheidung in Wellblechfiltern bei der Melassefiltration).

Wasser	51,32	Schwefelsaurer Kalk	0,33
In HCl unlösl. org. Substanzen	56,57	Ätzkalk	3,23
Kieselsäure und Sand	1,19	Phosphorsaurer Kalk	0,41
Eisenoxyd und Tonerde	1,04	Kalk geb. an org. Säuren	0,76
Kohlensaures Natron	4,39	Fett	4,11
Kohlensaures Kali	1,22	Zucker	5,00
Kohlensaure Magnesia	1,07	organ. Substanzen (davon 0,57 N)	3,90
Kohlensaurer Kalk	15,46		

c) Melassebildungstheorien.

Die Frage nach der Ursache des Entstehens der Melasse beschäftigt Theorie und Praxis schon lange. Ursprünglich wurde der Invertzucker als hauptsächlichster Melassebildner angesehen; da es aber Melassen ohne jeden Gehalt an Invertzucker gibt, mußte diese Theorie bald verlassen werden.

Feltz nahm an, daß die anorganischen wie organischen Salze lediglich verlangsamend auf die Kristallisation zu wirken vermögen; infolge der Anwesenheit allzu großer Mengen Nichtzucker wird die Zuckerlösung so zähflüssig, daß sie der Anlagerung der gelösten Zuckermoleküle zu festen Kristallkomplexen zu großen Widerstand entgegensetzt.

Dieselben Anschauungen vertrat Scheibler. Im Jahre 1872 schrieb er folgendes: Es ist „unzweifelhaft, daß die Melassebildung keine Funktion der Salze sei, wie man bisher annahm.“ Ebensowenig oder doch nur bedingungsweise verursachen die organischen Nichtzuckerstoffe die Melassebildung. „Es will mir nun scheinen, daß die Melassebildung überhaupt nicht auf eigentlich chemischen Vorgängen beruht, sondern vielmehr ein physikalischer Akt ist, der unter gegebenen Bedingungen das Bestreben der Zuckermoleküle, sich zu vereinigen und aus der Lösung auszuscheiden, hemmt.“

Er führte demnach die Melassebildung auf Viskositätserscheinungen zurück und versuchte zur Lösung der Frage „nach dem Ertrage an kristallisiertem weißen Zucker aus Rohzuckern“ Viskositätsbestimmungen heranzuziehen. „Von zwei verschiedenen Rohzuckern, so könnte man annehmen, würde derjenige bei der Raffination am meisten Melasse liefern, dessen Lösung für gleichen Zuckergehalt die größte Dickflüssigkeit zeige" (Z. V. d, Zuckerind. 1872, S. 297).

Gelegentlich führte Scheibler seine Theorie weiter aus: Eine Lösung von reinem Zucker in reinem Wasser wird durch Verdampfen des Wassers den Zucker kristallinisch ausscheiden. Fremde Körper, also Anwesenheit von Nichtzuckerstoffen, werden aber die Kristallisation hemmen, weil sich zwischen den einzelnen Zuckermolekülen fremde Moleküle einlagern, die einen größeren Abstand der Zuckermoleküle bedingen — damit auch eine Schwächung der molekularen Anziehungskräfte. Wird durch das Konzentrieren Zucker aus der Lösung aus geschieden, so wächst proportional der Nichtzuckergehalt der Mutterlauge, damit aber auch der Abstand zwischen den einzelnen Zucker-Molekülen; ebenso verringern sich die Anziehungskräfte derselben untereinander, schließlich werden diese so gering, daß die Zuckermoleküle sich nicht mehr kristallinisch aneinander zu lagern vermögen. Der Zucker kann nicht auskristallisieren. Nichtzuckerstoffe, die während des Eindampfens ebenfalls kristallisieren können, sind daher keine Melassebildner; sie kristallisieren neben dem Zucker aus. (Glaubersalz, Salpeter). Da die Osmose einen Teil des Nichtzuckers entfernt, bilden sich wieder günstigere Bedingungen für die Kristallisation des Zuckers. Dubrunfaut und Payen sahen aber gerade darin Argumente gegen die mechanische Theorie Scheiblers, die nur die nicht kristallisierenden Nichtzuckerstoffe als Melassebildner gelten ließ. Wenn durch Osmose hauptsächlich Salze entfernt werden und dann die Melasse wieder kristallisationsfähig gemacht wird, so müssen gerade die Salze melassebildend gewirkt haben.

Das war schon ein Schritt näher zur richtigen Erkenntnis der Melassebildung. Auf Scheiblers Anregung und unter seiner Mithilfe ging Marschall daran, das Wesen der Melassebildung experimentell zu untersuchen.

Vorher seien aber noch die älteren Theorien besprochen. Im Gegensatz zu der mechanischen oder physikalischen Theorie steht die chemische Theorie.

Nach dieser gibt es in der Melasse keinen unkristallisierbaren Zucker; vielmehr ist dieser in Form von Doppelverbindungen des Zuckerkalis mit Kalisalzen von organischen Säuren vorhanden (Wein-, Äpfel-, Bernstein-, Asparagin-, Essigsäure). Ersteres entsteht bei der Scheidung ($C_{12}H_{21}KO_{11}$) und durch die in den Säften enthaltenen Kalisalze. Es durchläuft, weil eine beständige Verbindung, alle Phasen der Fabrikation. Es bindet aber nur ein Zehntel des Zuckers der Melasse. Neun Zehntel desselben sind an organischsaure Kalisalze gebunden. Auch diese Saccharate sind sehr beständig und zersetzen sich nur, wenn die Base in Form eines unlöslichen Salzes abgeschieden wird. Wird Melasse mit Alkohol behandelt, so scheiden sich aus der alkoholischen Lösung niemals Zuckerkristalle aus, sondern „eine sirupartige Flüssigkeit, die aus Kaliumsaccharat, gemengt mit mehr oder weniger bedeutenden Mengen der Saccharate des ameisensauren und essigsauren Kaliums, besteht". Durch Dialyse zerfallen diese Verbindungen. „Die Dialyse trennt einen Teil des alkalischen Salzes und setzt folglich einen korrespondierenden Teil des Zuckers in Freiheit ..." Nur den Kalisalzen der schon genannten Säuren — nicht auch ihren Natronsalzen — kommt die Fähigkeit der Bildung solcher sirupöser Doppelverbindungen zu. Übrigens bestehen auch einige Ausnahmen. Gunning teilt die Ansicht Anthons, nach welcher ein und dasselbe Salz, je nach den Mengen seiner Anwesenheit, die Melassebildung begünstigt oder hemmt.

Dies sind die wesentlichsten Punkte eines Vortrags Gunnings „Über Melassebildung", (referiert von Bodenbender, Journal f. Techn. Mitteilungen, 1877).

Bodenbender stimmte dieser Theorie zu und sah im Scheibler-Seyferthschen Elutionsverfahren ein durch diese Theorie wissenschaftlich begründetes Melasseentzuckerungsverfahren.

Die chemische Melassebildungstheorie hatte wohl auch andere Vertreter (Michaëlis, Weiler), doch fand sie keinen allgemeinen Eingang; aber sie führte wenigstens dazu, daß man einsah, daß auch chemische Vorgänge bei der Melassebildung tätig seien.

Anthon schrieb die Melassebildung Übersättigungsphänomenen zu (1869). Dabei nahm er nur ein melassebildendes Vermögen für den organischen Nichtzucker an. Salze waren nach ihm keine so großen Melassebildner wie die organischen Nichtzuckerstoffe. Er erkannte aber, wie gesagt, schon die Eigenschaft eines und desselben Salzes, sowohl melassebildend als auch hemmend zu wirken, je nach der Menge, in der es anwesend ist.

Durch folgenden Versuch glaubte er einen Beweis für seine Theorie erbracht zu haben: Er schichtete über eine Melasse die gleiche Menge reines Deckklärsel und beobachtete, daß beim Vermischen beider Zuckerkristalle ausfielen. Daraus schloß Anthon, daß die Melasse eine übersättigte Zuckerlösung sei, aus welcher der Zuckerüberschuß nur infolge der großen Viskosität der Melasse nicht auskristallisieren konnte.

Herzfeld deutete jedoch diesen Versuch in anderer Weise (siehe S. 548).

Durch die Untersuchungen Marschalls und deren Wiederholung durch Herzfeld wurde das Wesen der Melassebildung näher erkannt.

Marschall teilte auf Grund seiner — ziemlich unvollkommenen — Versuche im Jahre 1870 die Salze in bezug auf ihr Melassebildungsvermögen in drei Gruppen: 1. positive Melassebildner, das sind jene, welche die Löslichkeit des Zuckers in Wasser vermehren, also kristallisationshindernd, d. h. melassebildend wirken. Hierher rechnet er die Kalisalze von Essig-, Butter-, Zitronensäure, K_2CO_3, KOH, NaOH, lauter Salze und Basen, die im Wasser sehr leicht löslich sind; 2. negative Melassebildner, d. s. solche, welche die Löslichkeit des

Zuckers im Wasser vermindern, ihn also aussalzen (siehe S. 547). Sie wirken daher melassebildungshemmend. Doch ist der negative Melassebildner nicht als ein Körper aufzufassen, dessen Anwesenheit die Bildung von Melasse nicht vermehre oder gar vermindere, sondern er bewirkt höchstens, daß sich bei seiner Anwesenheit etwas weniger Zucker im Wasser löst, als sich in reinem Wasser lösen würde — aber Melasse wird er immer geben. Mit anderen Worten: Wären in einem Saft nur negative Melassebildner vorhanden, so würde doch stets Melasse resultieren, aber weniger Melasse als bei gleichzeitiger oder ausschließlicher Anwesenheit auch positiver Melassebildner. Durch Vermehrung von negativen Melassebildnern wird auch mehr Melasse erzeugt. Hierher gehören die Natronsalze organischer Säuren, z. B. Zitronen-, Wein- u. a. Säuren, $CaCl_2$, $MgCl_2$, $CaSO_4$, $Ca(NO_3)_2$, $Mg(NO_3)_2$ und Betaïn; 3. indifferente Salze.

Die indifferenten Salze ändern das Lösungsvermögen des Zuckers nicht (K_2SO_4, KNO_3, KCl, NaCl, Na_2CO_3, CaO, organischsaure Natronsalze).

Ferner stellte er fest, daß bei den Melassebildnern ein Teil des Salzes je nach Umständen verschiedene Mengen Zucker am Kristallisieren verhindert. Irgendeine Gesetzmäßigkeit jedoch fand er nicht (ausgenommen zitronensaures Kali).

Im Jahre 1871 (Z. V. d. Zuckerind. 1871, S. 97) schrieb Marschall in einer nachträglichen Mitteilung, in der er die Melassebildungsfähigkeit von kaustischem, essig-, butter- und zitronensaurem Kalium behandelte, folgendes: „... nur die Körper für Melassebildner zu erklären, denen selbst das Vermögen zu kristallisieren ganz abgeht, oder die doch nur sehr schwierig und unter ganz besonderen Verhältnissen zum Kristallisieren zu bringen sind." Also käme den Kristalloïden (Salzen) keine Melassebildungsfähigkeit zu. Richtig bemerkt Marschall weiter, daß die melassebildende Wirkung eines Salzes nicht durch eine bestimmte Zahl ausdrückbar sei.

Trotzdem glaubten noch P. Champion und H. Pellet im Jahre 1877 für die einzelnen Nichtzuckerstoffe Melassequotienten aufstellen zu können; sie kamen zu positiven, negativen und neutralen Quotienten.

Tabelle Nr. 135 zeigt ihre Versuchsergebnisse.

An einem Beispiel soll die Bedeutung dieser Koëffizienten erläutert werden, z. B. für Kaliumchlorid. In einem Versuche waren aus reiner Füllmasse 100, aus der salzhaltigen 102 g Zucker auskristallisiert. Da die mit Kaliumchlorid versetzte Füllmasse davon 7 g enthielt, hat diese Salzmenge das Plus von 2 g Zucker zum Kristallisieren gebracht: $K = \frac{2 \times 1}{7} = 0,28$. Der Ablauf von dieser Erstproduktfüllmasse ergab die Zweitproduktfüllmasse. Es kristallisierten 101,4 g Zucker aus: $K = \frac{1,40 \times 1}{7} = 0,200$.

Tabelle Nr. 135.

Zusammenstellung der Salze nach der Stärke ihres Einflusses auf die Melassebildung.

Salze	Koëffizient für den Ablauf vom I. Produkt		Koëffizient für den Ablauf vom II. Produkt	
	melassebildend	negativ	melassebildend	negativ
Kalziumchlorid	—	7,666	—	3,693
Kalkazetat	—	2,244	—	1,868
Kalkglukosat	—	1,789	—	1,466
Kalklaktat	—	1,525	—	0,616
Kalknitrat	—	1,349	—	1,687
Natronazetat	—	1,272	—	1,264
Natronglukosat	—	1,161	—	1,241
Natronsulfat	—	1,580	—	1,580
Natronlaktat	—	1,050	—	0,726
Kaliglukosat	—	0,941	—	1,112
Natriumchlorid	—	0,840	—	0,513
Kalilaktat	—	0,733	—	0,515
Natronnitrat	—	0,653	—	0,624
Kalisulfat	—	0,455	—	1,040
Kaliazetat	—	0,410	—	0,386
Kaliumchlorid	—	0,280	—	0,200
Kalinitrat	0,072	—	—	0,060
Natronkarbonat	0,738	—	0,182	—
Kalikarbonat	1,273	—	0,861	—
Kalihydrat	6,120	—	5,666	—
Natronhydrat	7,404	—	8,140	—

(Surcerie indigène 1892, Bd. 39, Nr. 17, 18. Durch Z. V. f. Zuckerind.)

Marschalls Versuche wurden bei 16—17° C durchgeführt; sie berücksichtigten nicht die Konzentrationsverhältnisse des einzelnen Salzes. Das tat Herzfeld bei der Wiederholung von Marschalls Versuchen. Er arbeitete bei Temperaturen von 30—31° C, welche damals den Kristallisationsbedingungen im Sirupkeller entsprachen. Der prinzipielle Unterschied in der Versuchsanordnung Herzfelds und Marschalls war der, daß letzterer bei seinen Hauptversuchen jedes Salz nur in einer einzigen Konzentration anwendete oder später in nicht genügend weiten Grenzen variierte.

In der folgenden Tabelle sind unter A die Werte für übersättigte, unter B für untersättigte Lösungen — was nur mit der Versuchsanstellung zusammenhängt — bei 30° dargestellt. Unter M stehen die Angaben Marschalls. Um die Ergebnisse übersichtlicher zu machen, wurden die in den Salzlösungen enthaltenen Zuckermengen auf 100 Teile Wasser berechnet und auch bei jeder Reihe ein Versuch mit Zucker ohne Salz ausgeführt („Reiner Zucker" in der Tabelle). Es wurden stets Parallelversuche durchgeführt.

Tabelle Nr. 136.

Bezeichnung der Salze		Zucker in 100 H_2O
Reiner Zucker	A	219
	B	219,2 216,4
	M	200
Chlorkalium	A	216,1 217,7
	B	219 217,8
	M	197
Schwefelsaures Kali	A	216,2 214,1
	B	211,3 212,4
	M	196
Salpetersaures Kali	A	213,9 213,9
	B	217,5 217,3
	M	200
Kohlensaures Kali	A	226,6 227,4
	B	224,3 223,9
	M	216
Essigsaures Kali	A	216,4 215,3
	B	217,7 213,1
	M	206
Zitronensaures Kali	A	211,1 211,2
	B	203,9 203,0
	M	212
Milchsaures Kali	B	207,0 208,4
Äpfelsaures Kali	B	200,1 203,4
	M	196
Asparaginsaures Kali	B	204,4 205,6
	M	194

Bezeichnung der Salze		Zucker in 100 H_2O
Chlornatrium	A	205,1 204,9
	B	215,6 201,1
	M	199
Kohlensaures Natron	A	220,1 220,0
	B	213,6 212,0
	M	198
Schwefelsaure Magnesia	A	173,0 177,0
	B	181,9 179,6
	M	154
Chlormagnesium	A	199,7 198,3
	B	198,7 197,2
	M	168
Salpetersaure Magnesia	A	190,9 190,0
	B	192,4 190,8
	M	162
Chlorkalzium	B	192,8 193,5
	M	170
Salpetersaurer Kalk	A	207,4 207,4
	B	201,9 202,1
	M	177
Essigsaurer Kalk	A	194,9 194,7
	B	189,9 193,3
Trimethylaminchlorhydrat	A	206,1 203,6
	B	207,3 205,4

Im allgemeinen ergaben Herzfelds Versuche die Richtigkeit der analytischen Angaben Marschalls. Die Schlußfolgerungen Marschalls aber waren unrichtig infolge der oben angegebenen Bemängelung der Versuchsanordnung. Herzfeld fand, daß ein Salz sowohl positiv wie negativ melassebildend wirken kann, je nachdem es in größeren oder geringeren Mengen anwesend ist. In größeren Mengen anwesend, wirken die Salze melassebildend, in kleineren Mengen aussalzend. Ein Hauptergebnis ist ferner die sicher befundene Tatsache, daß es unmöglich ist, die melassebildende Kraft eines Salzes durch einen einheitlichen Koëffizienten auszudrücken, weil die Quantität des betreffenden Salzes auch in Betracht gezogen werden muß.

In einigen Punkten fand Herzfeld andere Resultate als Marschall. Nach letzterem z. B. sind essig- und zitronensaures Kalium positive Melassebildner, nach Herzfelds Versuchen sind beide ohne Einfluß, bzw. schwach Zucker aussalzend, was aber vielleicht die Versuchsbedingungen verursachten.

Wird ein Teil des Melassenichtzuckers z. B. durch Osmose entfernt, so vermindert sich entsprechend die Löslichkeit des Zuckers in der Melasse und dieser wird befähigt, auszukristallisieren. Verdünnt man Melasse mit Wasser, so wird dieses Zucker auflösen, und zwar umso mehr, als man Wasser zugesetzt hat. Wird aber der Wasserzusatz derart gesteigert, daß die Nichtzucker in sehr kleinen Mengen anwesend werden, so kommt ihre aussalzende Wirkung zur Geltung, das Lösungsvermögen des Zuckers wird dann geringer als in reinem Wasser.

Nach Herzfeld ist das mit der Konzentration wachsende Lösungsvermögen der Nichtzuckerstoffe für Zucker die erste Ursache für die Entstehung der Melasse. Herzfeld läßt aber auch andere Ursachen für die Melassebildung gelten.

Umgekehrt erhöht auch die Anwesenheit von Zucker die Löslichkeit von Nichtzuckern, z. B. KCl, KNO_3, weshalb diese nicht ohne weiteres auskristallisieren können. Zuerst müßte ein Teil des Zuckers entfernt werden. Die Anwesenheit mancher Nichtzucker, z. B. Kalisalze organischer Säuren, erhöht auch die Löslichkeit anderer Nichtzucker. So hat man in der Melasse mannigfaltige gegenseitige Löslichkeitsbeeinflussung; dabei spielt noch die Temperatur eine wichtige Rolle.

Weiter zeigte Herzfeld, daß Salzgemische, wie sie in der Melasse vorkommen, fast stets zuckerlösend wirken und daß es sich bei dem vorerwähnten Experiment Anthons nicht um eine übersättigte Zuckerlösung — die Melasse — handle. Die Kristallisation des Zuckers beim Vermischen der Melasse und der Deckkläre aus der Melasse erklärt er so, daß die Salze, welche in konzentrierter Lösung Zucker auflösen, beim Verdünnen (mit der Kläre) diese Fähigkeit verlieren, ja sogar den Zucker aussalzen (ausfällen).

Eiweiß, Pektin, Dextran und Dextrin erwiesen sich, in ge ringen Mengen, nicht als kristallisationsstörend.

Besonders der Raffinose wendete Herzfeld sein Augenmerk zu und fand sie, wie Marschall, als „negativen Melassebildner". Ja, bei Versuchen, wo viel Raffinose angewendet wurde, kristallisierte diese statt des Zuckers teilweise aus.

Die Raffinose folgt den allgemeinen Gesetzen, welche Herzfeld für die anderen Nichtzuckerstoffe aufstellte: „In verdünnter Lösung wirkt sie schwach aussalzend, bei stärkerer Konzentration indifferent, bei noch stärkerer schwach melassebildend, aber so schwach, daß sie unschuldiger erscheint als alle anderen bisher eingehend beobachteten Nichtzuckerstoffe, unschuldiger z. B. als selbst das Chlorkalium und nicht entfernt z. B. vergleichbar in ihrer melassebildenden Wirkung dem essigsauren Kali."

Mit folgenden Worten faßt Herzfeld alles das zusammen, was die Unterlage für seine Melassebildungstheorie bildet:

1. Zusatz geringer Mengen von Einzelsalzen anorganischer wie organischer Natur zu Zuckerlösungen wirkt, sofern nicht Nebenwirkungen eintreten, die Löslichkeit des Zuckers verringernd, große Mengen Salz erhöhen dieselbe. Am stärksten aussalzend wirken Körper, welche Kristallwasser binden, am stärksten lösend leicht lösliche organische Salze, wie essigsaures Kali.

2. Salzgemische erweisen sich in verdünnter Lösung gleichfalls die Löslichkeit des Zuckers verringernd, in konzentrierter vergrößern sie dieselbe. In Salzgemischen wirkt vermutlich jedes Salz nicht nach Maßgabe der Wirkung der vorhandenen Menge im Einzelfalle auf Zuckerlösung, sondern die Wirkung ist proportional derjenigen, welche das einzelne Salz ausüben würde, wenn es in der der Summe der Salze des Gemisches äquivalenten Menge vorhanden wäre. Dadurch erklärt es sich, daß Salzgemische mit verhältnismäßig geringem Gehalt an leichtlöslichen Salzen in konzentrierter Lösung die Löslichkeit des Zuckers dennoch stark vermehren. Da auch anorganische Salze in konzentrierter Lösung Zucker zu lösen vermögen, so können dieselben vom Standpunkt der Praxis nicht als negative Melassebildner bezeichnet werden. Es nehmen vielmehr an der Melassebildung vermutlich sämtliche anwesenden Nichtzuckerstoffe in wechselndem Maße teil — was früher schon Lippmann auch annahm.

3. Normale Melassen enthalten keinen Zucker in übersättigter Lösung, in der Regel aber mehr Zucker, als dem Lösungsvermögen ihres Wassers für reinen Zucker entspricht. Der Grund dafür liegt darin, daß der Zucker in der Nichtzuckerlösung der Melasse leichter löslich ist als im Wasser. Deshalb kann auch der Zucker in keiner Weise durch Kristallisation direkt daraus gewonnen werden.

4. Verdünnt man Melasse so weit, daß das Verhältnis von Wasser und Zucker darin demjenigen der reinen Zuckerlösung für die betreffende Temperatur entspricht, so vermag sie in der Regel erhebliche Mengen Zucker aufzulösen. Verdünnt man dagegen die Melasse so stark, daß ihre Nichtzuckerstoffe das Lösungsvermögen für Zucker einbüßen, so wird sich nur soviel Zucker lösen können, als der reinen

Lösung entspricht. Bei noch stärkerer Verdünnung wird die Löslichkeit des Zuckers nicht mehr derjenigen in Wasser entsprechen, sondern etwas geringer werden, weil geringe Mengen Salze die Löslichkeit des Zuckers herabsetzen.

5. Die Kristallisation des Zuckers aus der Melasse wird demnach nicht, wie die mechanische Melassetheorie annimmt, lediglich durch die Zähflüssigkeit der Melasse bedingt, sondern in erster Linie dadurch, daß die Nichtzuckerstoffe umsomehr Zucker zu lösen vermögen, je weiter das Wasser verdunstet wird. Die Behinderung der Kristallisation der Nichtzuckerstoffe beim Konzentrieren der Melasse wird gleichfalls nicht bloß auf die mechanische Behinderung der Kristallisation zurückzuführen sein, sondern beruht zum Teil oder gänzlich darauf, daß die Löslichkeit der Nichtzuckerstoffe in Wasser sowohl durch die Gegenwart des Zuckers als auch durch gegenseitige Beeinflussung erhöht wird (Z. V. d. Zuckerind. 1892, 147 ff.).

Diese physikalisch-chemische Theorie ist die heute allgemein gültige und hatte schon früher in Dubrunfaut ihren Verfechter. Sie läßt teilweise Viskositäts-, hauptsächlich aber Lösungserscheinungen gelten.

In Fortsetzung seiner ersten Arbeit untersuchte Herzfeld den „Einfluß der organisch-sauren Kalksalze, welche bei Zerstörung von Invertzucker oder Karamel durch Kochen mit Kalk entstehen“, auf die Bildung von Melasse. Das sind hauptsächlich saccharin-, glukon- und milchsaure Kalksalze. Er arbeitete bei diesen Experimentaluntersuchungen nicht mit reinen Substanzen, sondern nur mit den durch Kalkeinwirkung auf Invertzucker, bzw. Karamel erhaltenen Salzgemengen.

Folgende kleine Zusammenstellung gibt übersichtlich einige Resultate wieder:

Kalksalze aus Invertzucker (durch Kochen von Invertzuckersirup mit Kalk):

Bei		lösten	Wasser	Zucker
Bei	25° R	lösten	20 Teile reinen Wassers	44 Teile Zucker,
„	29,51 Gesamtnichtzucker	„	20 „ „ „	29,13 „ „
„	13,14 „	„	20 „ „ „	36,84 „ „
„	51,93 „	„	20 „ „ „	40,46 „ „

Kalksalze aus Karamel (geschmolzener Zucker gelöst und mit Kalk gekocht):

Bei		lösten	Wasser	Zucker
Bei	37,10 Gesamtnichtzucker	lösten	20 T. reinen Wassers	27,73 T. Zucker,
„	17,7 „	„	20 „ „ „	36,48 „ „
„	7,96 „	„	20 „ „ „	40,18 „ „

statt wie oben 44 Teile Zucker.

Also selbst bei Anwesenheit großer Mengen zeigen sich die Salzgemische als „negative“ Melassebildner; sie wirken zuckeraussalzend. Herzfeld erklärte diese Tatsache so, daß die Kalksalze vielleicht Kristallwasser binden, die Lösung wasserärmer machen und demgemäß weniger Zucker lösen. Dies in Analogie mit Chlorkalzium oder Raffinose, welche beide infolge Kristallwasserbindung negative Melassebildner sind. Vom praktischen Standpunkt sind also die Kalksalze keine Melassebildner, — werden aber trotzdem als unangenehme Körper anzusehen sein, da sie auf anderen Stationen sich unliebsam bemerkbar machen.

Lippmann ist der Ansicht, daß die Melassebildung durch mehrere Ursachen gleichzeitig bedingt sei: ein Teil des Zuckers ist in Form von sirupösen Doppelsalzen chemisch gebunden, ein anderer Teil durch zähflüssige oder gummiartige Stoffe an seiner Kristallisation gehindert (Viskosität), und der letzte Teil desselben wird durch Übersättigungsphänomene in Lösung gehalten.

Die in der Zusammenstellung der Herzfeldschen Versuchsergebnisse (Seite 549) an erster Stelle genannte Regelmäßigkeit hat nach O. Köhler auch Ausnahmen.

Köhler fand nämlich, daß bei einigen Salzen die aussalzende Wirkung mit der Quantität des Salzes wächst, d. h. je mehr Salz die Lösung enthält, desto weniger Zucker wird in der gegebenen Menge Wasser aufgelöst. Besonders starke Aussalzer sind nach Köhler Kalziumchlorid und Magnesiumsulfat. Ferner fand derselbe: „1. die Löslichkeit des Zuckers hängt von der Menge der vorhandenen Nichtzuckerstoffe ab, und zwar in der Art, daß bei steigender Menge der Nichtzuckerstoffe je nach der Eigenschaft dieser letzteren die Löslichkeit des Zuckers eine größere oder kleinere werden kann; 2. die Löslichkeit von Nichtzuckerstoffen in Zuckerlösungen ist teilweise eine größere als diejenige in Wasser, teilweise eine niedrigere; es scheint eine gegenseitige Beeinflussung im Lösungsvermögen des Zuckers und der Nichtzuckerstoffe zueinander zu bestehen, derart, daß je mehr ein Salz Zucker in Lösung zu erhalten vermag, desto mehr es selbst in Lösung bleibt und umgekehrt" (Z. V. d. Zuckerind. 1897, S. 441). Zu dieser Untersuchung bemerkte Herzfeld, daß die oben genannten Ausnahmen nur scheinbare wären. „Es gibt nämlich manche Salze, welche Kristallwasser binden, z. B. das Chlorkalzium; diese salzen den Zucker auch in größeren Mengen noch sehr stark aus. Wenn man aber erhöhte Temperaturen anwendet, so kommt ein Moment, wo diese Salze das Kristallwasser in der Lösung abspalten, und dann lösen sie in größerer Konzentration auch mehr Zucker auf als wie reines Wasser ...." Dann also gilt wieder die von Herzfeld aufgestellte Regel (Z. V. d. Zuckerind. 1908, S. 681).

Die Löslichkeit einzelner Salze bestimmte Köhler in 100 Teilen Wasser bei 31,25° C zu

	in gesättigter Wasserlösung	in gesättigter Zuckerlösung
Chlorkalium	38,2	44,8
Kohlensaures Kali . . .	95,9	105,4
Essigsaures Kali	286,3	293,5
Zitronensaures Kali . . .	159,7	219,0
Schwefelsaures Kali . .	12,4	10,4

	in gesättigter Wasserlösung	in gesättigter Zuckerlösung
Salpetersaures Kali . . .	47,7	41,9
Kohlensaures Natron . .	22,0	24,4
Schwefelsaures Natron .	45,4	30,5
Essigsaures Kalzium . .	35,4	26,3
Chlorkalzium	88,5	79,9
Schwefelsaure Magnesia .	47,5	36,0
Chlornatrium	35,9	42,3
Essigsaures Natron . . .	46,9	57,3

Diese Zahlen zeigen deutlich, daß es Salze gibt, die in Zuckerlösung bedeutend löslicher, aber auch solche gibt, die bedeutend weniger löslich sind; in reinem Wasser zeigen sie auch andere Lösungsverhältnisse als in einer Zuckerlösung.

Für milchsaures Kali stellte Ilmer fest, daß es bei den bisher in Melassen gefundenen Mengen kein besonderer Melassebildner ist. Erst in Mengen über 15% der Lösung erhöht es die Löslichkeit des Zuckers.

Schukow stellte den Einfluß verschiedener Mengen von Salzen auf die Löslichkeit des Zuckers bei 30, 50 und 70° C sowie den von zusammengesetzten Nichtzuckerstoffen der Melasse bei denselben Temperaturen fest (Z. V. d. Zuckerind. 1900, S. 291). Die sehr umfangreiche Experimentaluntersuchung wird besser durch die Diagramme als durch das große Zahlenmaterial illustriert. Auf die 22 Tabellen des Originals sei verwiesen und folgende Resultate an Hand der graphischen Darstellungen geprüft.

Versuche mit verschiedenen Salzen bei 70° C: Chlorkalium und Natriumchlorid steigern beträchtlich, salpetersaures Kali und Natron schwächer die Löslichkeit des Zuckers im Wasser. Schwefelsaures Kali wirkt schwach aussalzend, schwefelsaures Natron steigert etwas die Löslichkeit des Zuckers.

Nun folgen Versuche mit KCl, $NaCl$, KNO_3, KBr und $CaCl_2$, darauf mit „Schlempe", um den Einfluß des zusammengesetzten Nichtzuckers der Melasse unter verschiedenen Bedingungen zu studieren.

Die folgende graphische Darstellung zeigt die Versuchsergebnisse über die Abhängigkeit der Löslichkeit des Zuckers (Fig. 17). Kurven, welche die Veränderungen der Löslichkeit des Zuckers in Abhängigkeit von den Veränderungen der relativen Quantitäten des Zuckers und des Nichtzuckers veranschaulichen; die Abszissen sind die Quotienten (Zucker auf 100 Teile Trockensubstanz), die Ordinaten jene Mengen Zucker, die sich in 100 Teilen Wasser bei dem entsprechenden Quotienten auflösen können.

Aus der graphischen Darstellung [1]) für die Salze bei 30° C ist folgendes zu entnehmen: Die Ordinate 220 ist der Punkt, der der Löslichkeit des

[1]) Diese mußte aus drucktechnischen Gründen geteilt werden. Fig. Nr. 17a und 17b bilden ein Ganzes.

Zuckers im Wasser bei 30⁰ C entspricht; von hier gehen alle Kurven für 30⁰ aus; sie sinken zunächst mit steigendem Salzgehalte und wenden sich darauf nach oben; wenn der Salzgehalt eine gewisse Grenze erreichte, schneiden alle (ausgenommen KNO_3) die der Löslichkeit des Zuckers in reinem Wasser bei der angegebenen Temperatur entsprechende Gerade (die stärker gezeichnete 220er Ordinate) und verlaufen weiter über derselben; d. h. zuerst wirken diese Salze aussalzend (weniger Zucker geht in Lösung als in reinem Wasser bei 30⁰ C), jedes mit steigendem Salzgehalte verschieden mehr; bei weiterem Anwachsen des Salzgehaltes nimmt die aussalzende Wirkung ab, bis sie endlich in eine zuckerlöslichkeitserhöhende übergeht. Kleinere Salzmengen wirken aussalzend, größere begünstigen die Löslichkeit des Zuckers im Wasser. Nur das Kaliumnitrat hat innerhalb der Grenzen aller untersuchten Konzentrationen bei 30⁰ C immer aussalzende Wirkung; seine Kurve verläuft stets unter der Löslichkeit des Zuckers in reinem Wasser bei derselben Temperatur. (Fig. 17b.)

Für die Löslichkeitskurven bei 50⁰ und 70⁰ gelten mehr oder weniger ähnliche Verhältnisse, und wird es nicht schwer fallen, an der Hand der für 30⁰ C gegebenen Erklärung die Verhältnisse für die beiden höheren Temperaturen selbst zu erkennen.

Aus diesen Kurven lassen sich noch folgende Gesetzmäßigkeiten herauslesen.

Die Kurven für ein und dasselbe Salz bei verschiedenen Temperaturen zeigen, daß mit steigender Temperatur die Grenzen der aussalzenden Wirkung der Salze sich verringern und die Fähigkeit, die Löslichkeit des Zuckers zu erhöhen, sich steigert, da mit dem Wachsen der Temperatur die Menge des Salzes in der Lösung, welche nötig ist, damit das Salz die Löslichkeit des Zuckers zu erhöhen beginne, abnimmt. Ein Beispiel soll diese Tatsache verdeutlichen. Die Kurve für $CaCl_2$ schneidet bei 30⁰ C die Löslichkeitslinie des Zuckers bei dieser Temperatur in der Abszisse 81,5, bei 50⁰ C in 83,5 und bei 70⁰ C in der Abszisse 85,0, mit steigendem Quotienten, was gleichbedeutend ist mit abnehmendem Salzgehalte. Die anderen Kurven sind auf diese Verhältnisse leicht nachzuprüfen. Die Kurven zeigen ferner, daß mit dem Wachsen der Temperatur das Anwachsen der auflösenden Fähigkeit mit steigendem Salzgehalte ein schnelleres wird.

Bei der Schlempe — die im allgemeinen denselben Regeln unterliegt — bedarf es einer größeren Anhäufung von Nichtzucker, damit die Zuckerlöslichkeit erhöht werde. Schukow führt dieses Verhalten auf die Abwesenheit aussalzender Nichtzuckerstoffe zurück. Ferner versuchte er, den Anteil der einzelnen Nichtzuckerbestandteile an dieser Erscheinung festzustellen.

Schukow schließt mit folgender Zusammenfassung:

1. Mit der Erhöhung der Temperatur steigern alle untersuchten Salze die Löslichkeit des Zuckers im Wasser, sind melassebildend, und zwar wächst ihre melassebildende Kraft mit der Temperatur. Dasselbe gilt für den Nichtzucker der Melasse (Schlempe). Der organische

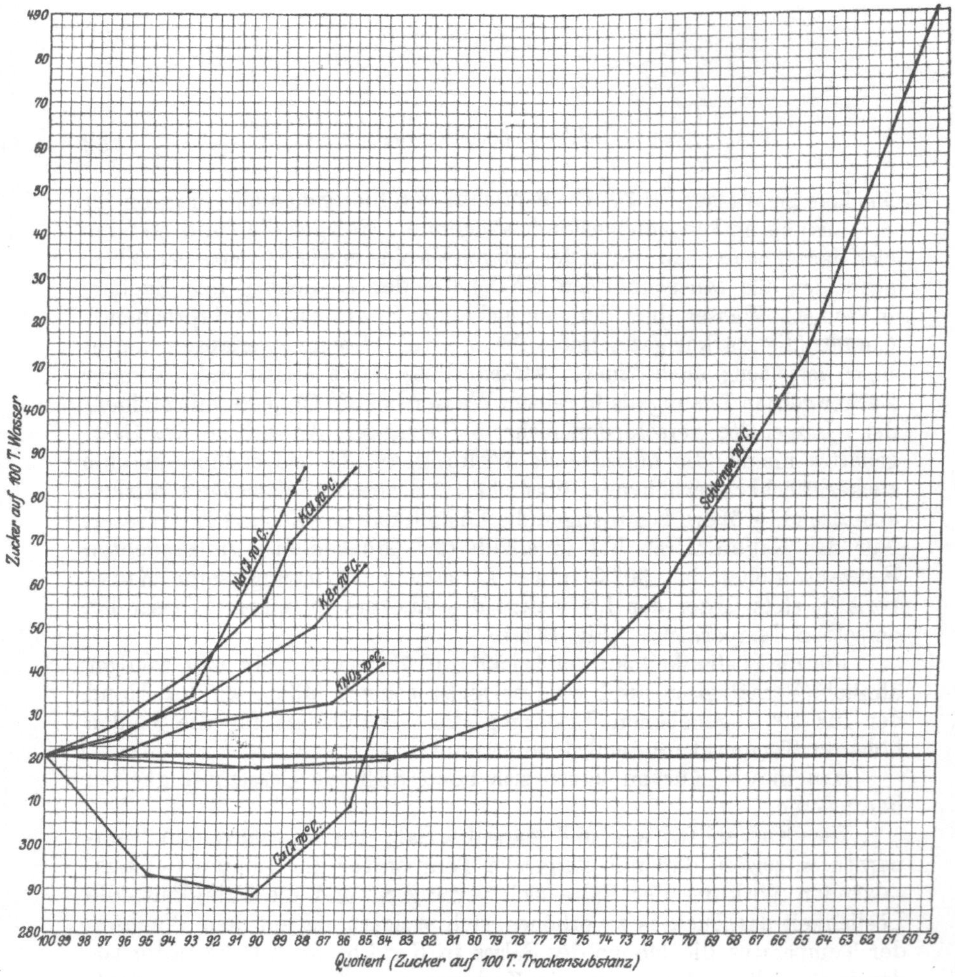

Zucker auf 100 T. Wasser
Quotient (Zucker auf 100 T. Trockensubstanz)
Na Cl 70° C.
KCl 70° C.
KBr 70° C.
KNO3 70° C.
Ca Cl 70° C.
Schlempe 70° C.

Fig. 17a.

Zucker auf 100 T. Wasser
Quotient (Zucker auf 100 T. Trockensubstanz)
Na Cl 50° C.
KCl 50° C.
KBr 50° C.
KNO3 50° C.
Ca Cl2 50° C.
KCl 30° C.
KBr 30° C.
KNO3 30° C.
Na Cl 30° C.
Ca Cl2 30° C.
Schlempe 50° C.
Schlempe 30° C.

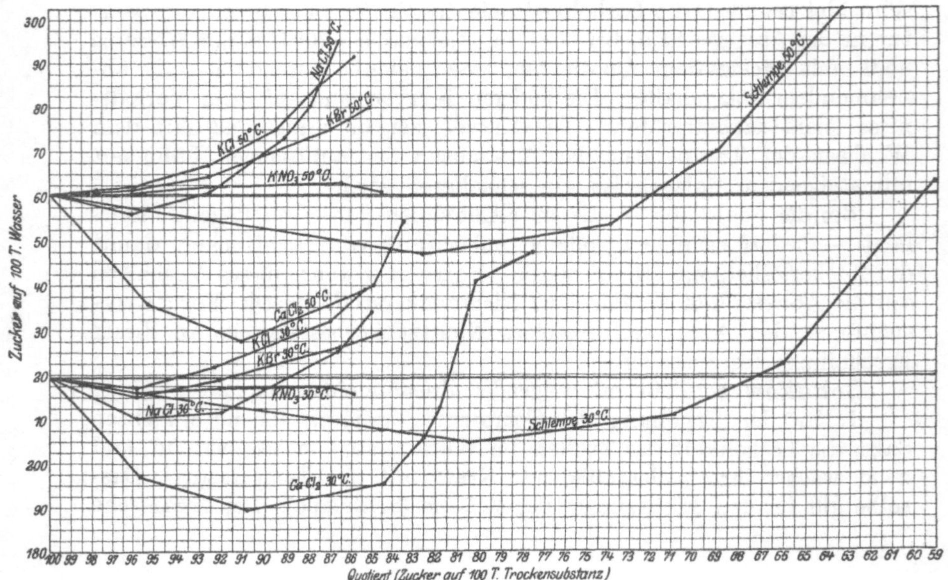

Fig. 17b.

Teil dieses Nichtzuckers, welch letzterer mit steigendem Gehalte größere Mengen Zucker in Lösung hält, scheint die Löslichkeit wenig zu beeinflussen.

2. KCl, NaCl, KBr erhöhen mit steigendem Gehalte die Löslichkeit des Zuckers. Dasselbe gilt für $CaCl_2$, nur fängt bei diesem die Löslichkeit des Zuckers bei einem etwas größeren Salzgehalte der Lösung als bei den andern Salzen zu wachsen an. KNO_3 folgt auch der sub 2 aufgestellten Regel (für KCl, NaCl und KBr) bei 70° C; bei 50° C wächst seine auflösende Fähigkeit nur bis zu einer gewissen Grenze des Salzgehaltes; bei 30° wirkt er (in den untersuchten Konzentrationen) stets aussalzend. K_2SO_4 und Na_2SO_4 beeinflussen auch bei 70° C die Löslichkeit des Zuckers sehr wenig.

Der Schukowschen Arbeit kommt außer ihren wertvollen Ergebnissen noch insofern große Bedeutung zu, als sie die erste Untersuchung bei höheren Temperaturen darstellt (über die bisher üblichen 30° C hinaus); dies war umso wichtiger, da mit der Einführung der neueren Nachproduktenverfahren höhere Temperaturen zur Wirkung gelangen.

In einer sehr interessanten Arbeit studierte Lebedjeff den Einfluß des Betaïns und der Glutaminsäure, bzw. deren Alkalisalze auf die Melassebildung. Die genannten Verbindungen kommen stets in den Melassen vor, und so ist es wohl naheliegend, daß sie bei der Melassebildung eine größere Rolle spielen werden. Lebedjeff untersuchte den Einfluß der Temperatur und der Menge dieser Nichtzuckerstoffe auf die Löslichkeit des Zuckers (Z. V. d. Zuckerind. 1908, S. 599), und stellte die Ergebnisse seiner Versuche in Tabellen und Diagrammen zusammen; ihnen sind folgende wichtigere Tatsachen zu entnehmen: Das Betaïn wirkt bei 30° C aussalzend, bei 50 und 70° melassebildend; seine aussalzende Wirkung bei 30° steigt, seine melassebildende Wirkung bei höheren Temperaturen sinkt mit wachsender Menge des Betaïns. Glutaminsaures Kali wirkt bei den Temperaturen 30—70° melassebildend; diese Wirkung steigt bei 30—50° und sinkt von ihrem Maximum gegen 70° herab. Mit steigender Menge dieses Salzes wächst die gelöste Zuckermenge, also die Melassebildungsfähigkeit. Glutaminsaures Natrium wirkt bei 30° C aussalzend, bei 70° C melassebildend, und bei 50° C geht die anfangs aussalzende Wirkung mit seiner Anhäufung in die melassebildende über. Lebedjeffs Arbeit zeigt auch den Einfluß, welchen die beiden Verbindungen im Vergleich mit den von Schukow untersuchten auf die Melassebildung ausüben.

Lebedjeff stellt folgende drei Typen, bzw. Gruppen von chemischen Verbindungen auf, die bezüglich Melassebildung gleiches Verhalten zeigen. 1. Gruppe: Substanzen, die hauptsächlich aussalzend wirken ($CaCl_2$, $CH_3 \cdot COONa$). 2. Solche Körper, welche bei niedrigeren Temperaturen und geringem Gehalte in den Sirupen schwach aussalzend wirken, aber mit dem Wachsen von Temperatur und Menge mehr oder weniger stark melassebildend werden (KCl, NaCl, KNO_3, $CH_3 \cdot COOK$). 3. Jene Verbindungen, welche schon bei niedrigen Temperaturen und geringen Mengen melassebildend sind, aber mit wachsender Menge an melassebildender Kraft abnehmen, mit steigender Temperatur aber zunehmen (glutaminsaures Kali, Betaïn). Durch Studium der Kurven für die einzelnen Nichtzuckerstoffe will Lebedjeff die Melassewirkung des Natriumchlorides und Betaïns auf physikalische, die des glutaminsauren Kaliums und Natriums sowie des Kalziumchlorides auf chemische Ursachen zurückführen. Für Kaliumchlorid und -nitrat liegt noch zu wenig Material vor, um diesbezüglich eine Entscheidung treffen zu können.

Lebedjeff bestimmte auch die Wirkung der essigsauren Alkalien auf die Zuckerlöslichkeit und fand, daß essigsaures Kali stark melassebildend wirkt, und zwar mit wachsender Menge, von 1,46% anfangend, immer stärker. Für essigsaures Natrium wurde noch bei einer Anwesenheit von 7% aussalzende Wirkung konstatiert.

Emile Saillard, der bis 1,1% SO_2 in Melassen fand, studierte das Verhalten von Kalium- und Natriumsulfit in bezug auf ihre Melassebildungsfähigkeit. In Übereinstimmung mit Sidersky kam er zu dem Resultate, die genannten normalen Sulfite seien keine Melassebildner. Für saure Sulfite ($NaHSO_3$) steht Pellet auf gegensätzlichem Standpunkte.

Die neueren Arbeiten beweisen, daß die Menge der Nichtzucker allein nicht genügt, um Gesetzmäßigkeiten für die Theorie der Melassebildung aufzustellen. Es müssen auch die Temperaturen dazu herangezogen werden; dann aber gestalten sich die Einflüsse komplizierter und Gesetzmäßigkeiten sind umso schwerer erkennbar.

Ist somit auch heute noch die Theorie der Melassebildung ein ungelöstes Problem, so wurde doch dank der Arbeiten Herzfelds und seiner Nachfolger das Wesen der Melassebildung besser erkannt. Die herrschenden Gesetzmäßigkeiten sind aber noch nicht sichergestellt.

26. Kapitel.

Bewegung einiger Substanzen in der Rohzuckerfabrikation.

In diesem Kapitel soll die Bewegung mancher Substanzen in der Zuckerfabrikation besprochen werden; dadurch erfahren die chemischen Vorgänge, wie sie in den früheren Kapiteln geschildert wurden, eine Ergänzung. Erschien z. B. die Arbeit eines Forschers über Pentosane oder über Ammoniakstickstoff, die das Verhalten der betreffenden Körper vom Rübensafte bis zur Melasse verfolgte, so hätte die Besprechung dieser Studien bei den einzelnen Stationen den Zusammenhang gestört. Hier können diese Arbeiten zusammenhängend wiedergegeben werden.

a) Bewegung der stickstoffhaltigen Nichtzucker.

Die Wanderung des Ammoniakstickstoffes studierte als erster Renard (1869) und fand folgende Zahlen:

Rübe	0,0116 %	Nach der Spodiumfiltration	0,0111 %
Ausgelaugte Schnitte	0,0104	Füllmasse I. Prod.	0,0086
Rohsaft	0,0159	Zucker I. Prod.	0,000
Saft d. I. Saturation	0,0094	Füllmasse II. Prod.	0,0145
Saft d. II. Saturation	0,0100	Zucker II. Prod.	0,0006
Dünnsaft	0,0078	Melasse	0,0180
Dicksaft	0,0113		

Pellet, Langlois und Bierer fanden:

	% auf Substanz	pro 100 g Zucker Ammoniakstickstoff
Rübe (10,4 % Zucker)	0,014	0,134
Diffusionssaft	—	0,142
Ausgelaugte Schnitte	0,0028	—
Saturationssaft	0,010	0,138

Pellet konstatierte, daß die oben angebenen Zahlen bedeutend niedriger sind als die der neueren Untersuchungen. Er stellte fest:

	Ammoniak pro 1 l. der Lösung von 12° Brix	Ammoniak pro 100 g Zucker
Diffusionssaft	0,100	0,083
Saft der I. Saturation	0,183	0,170
Saft der II. Saturation	0,130	0,130—0,110
Dünnsaft	0,040	0,033
Dicksaft	0,040	0,033
Füllmasse	0,010	0,009

Die Säfte der Saturation enthalten größere Ammoniakmengen als der Rohsaft. Das zeigt, daß der Kalk in der Scheidung aus Stickstoffverbindungen Ammoniak entwickelt. Beim Konzentrieren des Dünnsaftes zum Dicksafte ginge nach Pellets Zahlen nichts vom Ammoniak verloren. Erst im Vakuum würde sich das Ammoniak verflüchtigen. Daß dem nicht so ist, wurde schon früher gezeigt und geht auch aus folgender Zusammenstellung hervor, die einer Untersuchung Breslers entstammt.

Tabelle Nr. 137.

Säfte von Woinowitz	Eiweiß-	Ammoniak-	Salpeters.-	Amid-	Amidosäure-	Restlicher	Gesamt-
	Stickstoff auf 100 Teile Zucker der Säfte						
Diffusionssaft	0,3385	0,0713	0,0533	0,9238	0,5319	0,3450	2,2638
Saft der I. Saturation	Wurde nicht bestimmt	0,1324	0,0477	0,4058	0,5941	0,4118	1,5918
„ „ II. „ (CO_2)		0,1590	0,0470	0,3730	0,4540	0,3130	1,3460
„ „ III. „ (SO_2)		0,1190	0,0430	0,3420	0,3870	0,3540	1,2450
Dicksaft		0,0111	0,0436	0,2536	0,3938	0,2425	0,9446
Gesamtabnahme	0,3385	0,0602	0,0097	0,6702	0,1381	0,1025	1,3192
In % des ursprünglichen Stickstoffes	100	84,4	18,2	72,5	26,0	29,8	58,27

Danach entstand in der ersten und zweiten Saturation Ammoniak-Stickstoff auf Kosten des Amid-Stickstoffes und verflüchtigte sich größtenteils beim Verdampfen. In Prozenten des ursprünglichen Amidstickstoffes wurde abgespalten

in der Scheidesaturation 56,1, in der Schwefelung 3,3 % } in Summa
in der II. Saturation 3,6, beim Verdampfen 9,5 } 72,5 %

Diese Untersuchung wird noch später zu besprechen sein.

Sehr schön kann man die Wanderung des Stickstoffes und der Eiweißkörper an Hand der Untersuchungen P. Wendelers verfolgen. Den Gesamtstickstoff bestimmte er nach Jodlbauer, die Eiweißformen nach Rümpler und den Ammoniakstickstoff nach Schulze-Bosshard. Die Ergebnisse seiner Untersuchungen sind in der Tabelle Nr. 138 vereinigt.

Im Vorhandensein von Propepton und Pepton im Diffusionssafte sah Wendeler Zeichen für eine anormale Beschaffenheit desselben, da bei normalem Safte keine Zersetzungsprodukte von Albumin nachweisbar sein dürfen. Die Rüben waren stark gefroren und dann wieder aufgetaut. Die Zahlen zeigen übersichtlich die Leistung der einzelnen Stationen. Die Hauptmenge des Stickstoffes wird in der ersten Scheidesaturation, minimal in der zweiten entfernt. Die Verdampfung wirkt ziemlich intensiv reinigend, weniger die Knochenkohlenfiltration. Die einzelnen Eiweißformen zeigen folgendes Bild: In der ersten Scheidesaturation wird Eiweiß über Propepton in Pepton und dieses wieder weiter abgebaut. Dieser Abbau geschieht nur in geringfügigem Maße in der zweiten Saturation. Bei der Dünnsaftfiltration wurde der Gesamtproteïnstoff vermindert, ebenso das Albumin; der Stickstoff des Peptons und Propeptons ist etwas gestiegen. Daraus will Wendeler auf eine Peptonisierung des Eiweißes bei der Spodiumfiltration schließen. Daß dieses Ergebnis nur durch unrichtige Probenahme oder durch einen Analysenfehler begründet ist, beweisen die Zahlen für die Dicksaftfiltration, aus denen man auf eine Peptonisierung nicht schließen kann. Im übrigen sind alle diese Werte so naheliegend, daß sie bereits innerhalb der zulässigen Fehlergrenzen liegen. In der Verdampfstation wurde Proteïn peptonisiert und ein Zusammenhang mit dem Rückgang der Alkalität konstatiert.

Tabelle Nr. 138.

Auf 100 Teile berechnet	Gesamt-Stickstoff	Albumin-Stickstoff	Propepton-Stickstoff	Pepton-Stickstoff	Gesamt-Proteïn-Stickstoff	Ammoniak-Stickstoff	Restlicher Stickstoff	Scheinbarer Reinheits-Quotient
	Prozente							
Diffusionssaft	0,789	0,072	0,029	0,044	0,145	0,013	0,631	89,2
Dünnsaft von d. Scheidesaturation	0,595	0,043	0,006	0,013	0,062	0,003	0,530	91,8
Dünnsaft der II. Saturation	0,593	0,040	0,007	0,013	0,060	0,006	0,527	92,3
Dünnsaft nach der Spodiumfiltration	0,566	0,027	0,009	0,016	0,052	0,007	0,507	92,6
Dicksaft vor der Spodiumfiltration	0,441	0,007	0,011	0,023	0,041	0,002	0,398	93,6
Dicksaft nach der Spodiumfiltration	0,394	0,006	0,005	0,024	0,035	0,002	0,357	93,9
Gesamtabnahme	0,395	0,066	0,024	0,020	0,110	0,011	0,274	—
Gesamtabnahme auf 100 Teile der im Diffusionssafte enthaltenen bez. Substanz berechnet	49,9	91,7	—	—	75,8	84,6	43,4	—

Die für den Ammoniak-Stickstoff ermittelten Zahlen sind sehr niedrig. Daraus schließt Wendeler, daß Ammoniak als solches und nicht in Form eines Salzes in den Säften vorhanden ist, und zwar gerade der Teil, der, von den Zersetzungen der Amide herrührend, noch nicht ausgekocht wurde.

Die Gesamtabnahme der einzelnen Stickstofformen ist ebenfalls in der angeführten Tabelle ersichtlich. Im „restlichen Stickstoff" (Asparagin, Betaïn usw.) ist auch Abnahme zu konstatieren. Die Ergebnisse seiner Versuche faßt Wendeler in folgenden Schlüssen zusammen:

1. Von dem im Diffusionssaft vorhanden gewesenen Albumin wurden durch die Scheidesaturation 40,2 % entfernt, während zugleich 77,0 % Propepton und 70,6 % Pepton verschwanden (auf 100 % ursprünglich vorhandenes Propepton und Pepton berechnet). In Summa gingen die

Proteïnstoffe von 0,906 % auf 0,388 % herunter, d. h. von 100 % auf 42,8 %. Dabei ist Propepton stärker zurückgegangen als Pepton, weil das erstere in letzteres verwandelt wurde.

2. Die Spodiumfilter nahmen nur wenig Proteïn, auch nur wenig von den anderen Stickstoffverbindungen auf. Dabei vermehrte sich Propepton und Pepton trotz Absorption dadurch, daß sich Eiweiß in diese Körper verwandelte.

3. Während der Verdampfung verschwand der Eiweiß-Stickstoff bis auf 0,007 %, dagegen vermehrten sich Propepton und Pepton, so daß der Gesamt-Proteïn-Stickstoff nur um 0,011 % niedriger war. Stärker wurden die restlichen Stickstoffkörper zersetzt (D. Z. 1900, 729).

Wendeler setzte seine Studien über die Stickstoffwanderung im Betriebe fort, und zwar studierte er zunächst die Wirkung der Diffusion selbst, da er in der ersten Arbeit direkt vom Rohsafte ausging. Die nach der Rümplerschen Methode gefundenen Stickstoffzahlen, mit 6,25 multipliziert, ergeben den betreffenden Eiweißkörper. Auf 100 Teile Zucker umgerechnet, ergab sich folgende Zusammenstellung.

Tabelle Nr. 139.

	Auf 100 Teile Zucker			
	Albumin	Propepton	Pepton	Gesamtproteïn
Rübensaft.	2,406 %	0,104 %	0,056 %	2,566 %
Diffusionssaft	0,400	0,181	0,106	0, 687
Preßsaft	93,8	4,0	2,2	100
Diffusionssaft	15,6	7,1	4,1	26,8

Der Preßsaft stammte von gesunden Rüben; er enthielt unzersetztes Albumin und sehr kleine Mengen Propepton und Pepton. Der Diffusionssaft enthielt bedeutend weniger Gesamtproteïn als der Preßsaft, was für die günstige Wirkung der Diffusion zeugt (wenigstens in diesem speziellen Falle). Auch der Albumingehalt nahm stark ab, während die beiden letztgenannten Abbauprodukte Zunahme aufwiesen. Man kann daher aus deren Vorhandensein im Diffusionssafte auf die Beschaffenheit der verarbeiteten Rübe keine Schlüsse ziehen, da sie im Verlaufe des Diffusionsprozesses erst entstanden sein können. Die Temperatur und Dauer der Diffusion werden ihre Bildung beeinflussen. Die früher von Wendeler aufgestellte Behauptung, daß die gefrorenen Rüben das Vorhandensein der Peptone und Propeptone verursacht hätten, erwies sich demnach nicht als begründet (D. Z. 1901, S. 1368).

Ähnliche Untersuchungen stellten Duschsky, Minz und Pawlenko über die Bewegung der stickstoffhaltigen Nichtzuckerstoffe im Gange der Rohzuckerfabrikation an. Da ihre ersten Versuche Laboratoriumsversuche waren, nur bis zum Safte der ersten

Saturation sich erstreckten und mit den späteren Versuchen im Betriebe der Fabrik übereinstimmende Resultate ergaben, können die ersteren nur kurz gestreift, die Betriebsversuche aber eingehender besprochen werden.

Mit dem schon auf Seite 163 geschilderten Rübenmateriale der Kampagne 1909/10 wurde im Laboratorium ein Diffusionssaft hergestellt, geschieden, saturiert (3 % Kalk, 85—90° C, Alkalität 0,07) und filtriert. Die Versuche wurden sowohl mit frischen und gesunden Rüben (I. Reihe) als auch mit verdorbenen Rüben (II. Reihe) durchgeführt. Die Veränderungen des Gesamtstickstoffes und der einzelnen Stickstoffgruppen gehen aus folgender Zusammenstellung hervor:

Tabelle Nr. 140a.

		Gesamt-N auf 100 Rüben	Stickstoff in Prozenten vom Gesamt-N		
			Eiweiß-N	Ammoniak- + Amid-N	schädlicher N
Rüben	I. Reihe	0,2027	54,23	6,48	39,29
	II. „	0,2275	47,97	9,59	42,44
Diffus.-Saft	I. Reihe	0,1234	20,10	11,80	67,10
	II. „	0,1297	14,00	12,80	73,20
Satur.-Saft	I. „	0,0967	4,70	13,60	81,70
	II. „	0,1067	3,10	16,10	80,80

Die Wanderung der einzelnen Stickstofformen bringt der Verfasser in folgender Tabelle deutlich zum Ausdruck:

Tabelle Nr. 140b.

	Aus der Rübe sind übergegangen in den							
	Diffusionssaft %				Saturationssaft % (Durchschnitt)			
	Gesamt-N	Eiweiß-N	Ammoniak- + Amid-N	schädl. N	Gesamt-N	Eiweiß-N	Ammoniak- + Amid-N	schädl. N
I. Reihe . .	61,4	22,5	90,4	103,4[1])	48,0	4,13	83,3	89,12
II. „ . .	55,5	16,6	77,6	98,2	46,9	3,00	78,8	89,9
	Aus dem Diffusionssaft in den Saturationssaft							
I. Reihe . .	78,1	18,75	100,0	94,2				
II. „ . .	82,1	18,5	97,8	91,4				

[1]) Wahrscheinlich durch Zersetzung von Eiweißkörpern auf der Batterie entstanden.

Noch wertvoller sind folgende, der Praxis entnommene Untersuchungen. Die Versuche wurden in drei russischen Zuckerfabriken mit ungleicher Arbeitsweise in je drei Tagen durchgeführt. Aus denselben sei nur eine Zuckerfabrik ausführlich hervorgehoben, weil deren Arbeitsweise den österreichischen und deutschen Verhältnissen am nächsten kommt. Die Batterie bestand aus zwölf Diffuseuren mit Kalorisatoren; das Temperaturmaximum auf der Batterie war 80° C. In den Meßgefäßen hatte der Saft eine Temperatur von 32—33° C. Nach Passierung von Schnellstromvorwärmern wurde er in Malaxeuren bei 80° C mit 2½ % CaO in Form von Kalkmilch geschieden, wobei er bis zum Kochen erhitzt wurde. Die erste und auch die zweite Saturation war eine ununterbrochene. Zuerst wurde auf 0,08—0,10 % CaO-Alkalität saturiert, aufgekocht und filtriert. In der zweiten Saturation wurde noch ½ % CaO als Kalkmilch zugesetzt (in diese Saturation kam noch II. Produktkläre und weißer Sirup zu) und auf 0,04—0,05 % CaO-Alkalität saturiert. Die dritte Saturation geschah mit schwefliger Säure bis zur Alkalität von 0,01—0,005 % CaO. Nun wurde filtriert, aufgekocht, nochmals mechanisch filtriert und zu Dicksaft konzentriert.

Die Analyse Nr. 7 auf Seite 163 zeigt die durchschnittliche Zusammensetzung des in den drei Versuchstagen verarbeiteten Rübenmateriales. In der folgenden Tabelle berechnete der Verfasser die Durchschnittszahlen der verschiedenen Säfte aus den Tagesanalysen. Diese Zahlen sind wohl untereinander nicht direkt vergleichbar, — es fehlt ihnen eine gemeinsame Rechnungsbasis; dafür aber ist die Berechnung auf den Gesamtstickstoff sehr lehrreich.

Tabelle Nr. 141.

Zusammensetzung der Säfte im Durchschnitte der 3 Versuchstage	Brix des Saftes	scheinb. Reinheitsquotient	Stickstoff auf 100 Saft: Gesamt-N	Stickstoff auf 100 Saft: Eiweiß-N	Stickstoff auf 100 Saft: Ammoniak- u. Amid-N	Stickstoff auf 100 Saft: Schädlicher N	in % d. Gesamtstickstoffs: Eiweiß-N	in % d. Gesamtstickstoffs: Ammoniak- u. Amid-N	in % d. Gesamtstickstoffs: Schädlicher N
Diffusionssaft	17,1	88,9	0,0753	0,0174	0,0083	0,0495	23,1	11,1	65,8
Saft der I. Satur. . . .	13,8	92,6	0,0426	0,0024	0,0057	0,0344	5,4	13,6	81,0
Saft der III. Satur. . . .	20,8	91,4	0,0986	0,0014	0,0063	0,0909	0,9	6,6	92,5
Dicksaft . . .	60,3	92,2	0,2661	0,0016	0,0082	0,2496	0,6	3,2	93,8

Auch die Tabelle Nr. 141a bedarf keiner Erläuterung.

Tabelle Nr. 141a.

	Aus d. Rübe i. d. Diffusionssaft übergegangen %: Gesamt-N	Eiweiß-N	Ammoniak- u. Amid-N	Schädlicher N	Aus der Rübe in den Saft der I. Saturation übergegangen %: Gesamt-N	Eiweiß-N	Ammoniak- u. Amid-N	Schädlicher N	Anmerkung
a	53,9	21,8	91,4	97,9	40,0	3,8	84,0	91,5	a in der Einzelfabrik
b	50,8	20,5	95,9	94,0	38,4	3,1	83,7	91,0	b Durchschnitt aller drei Fabriken
	Aus dem Diffusionssaft in den Saturationssaft übergegangen				NB.: Infolge des Einwurfes in die II. Saturation konnten die Übergänge des N nicht weiter studiert werden.				
a	74,7	18,8	85,2	92,0					
b	75,9	14,7	85,9	96,4					

Um die Wanderung des Stickstoffes und seiner einzelnen Formen vollständig zu überblicken, müssen auch die Rückstände (Schnitte, Schlamm) und Abfallprodukte (Diffusionsabfallwasser) in ihrer Zusammensetzung bekannt sein. Aus Tabelle Nr. 141b ersieht man, daß fast der gesamte Stickstoff der ausgelaugten Schnitte den Eiweißkörpern angehört; diese werden sonach teils als unlösliche Körper direkt, teils durch Koagulation schon in der Diffusion entfernt. Auf Rübe umgerechnet, bleiben diese Zahlen bestehen, weil die russischen Forscher die Annahme von 100 ausgelaugten Schnitten auf 100 Rüben machen. Für das Diffusionswasser wurden 120 Teile auf 100 Rüben angenommen.

Tabelle Nr. 141b.

Tag	Ausgelaugte Schnitte			Diffussionswasser		
	Zucker	Stickstoff		Zucker	Gesamt-Stickstoff	
		Gesamt-N	Eiweiß-N		auf 100 Wasser	auf 100 Rüben
1.	0,33	0,0868	0,0868	0,12	0,0027	0,0032
2.	0,35	0,0819	0,0763	0,16	0,0024	0,0029
3.	0,36	0,0770	0,0742	0,17	0,0014	0,0017

NB.: Analysen der 3 Versuchstage in einer Fabrik.

Die folgenden Analysenzahlen für den Schlamm der ersten Saturation zeigen, daß die Hauptmenge der Stickstoffverbindungen aus Eiweißkörpern besteht; a für die Einzelfabrik, b der Gesamtdurchschnitt aller drei Fabriken.

Tabelle Nr. 141c.

Stickstoff-Analyse des Scheideschlammes.

Versuchsreihe	auf 100 Scheideschlamm				auf 100 Rüben				in $^0/_0$ d. Gesamtstickst.		
	Gesamt-N	Eiweiß-N	Ammoniak- u. Amid-N	schädl. N	Gesamt-N	Eiweiß-N	Ammoniak- u. Amid-N	schädl. N	Eiweiß-N	Ammoniak- u. Amid-N	schädl. N
a	0,1334	0,0952	0,0028	0,0354	0,0133	0,0095	0,0000	0,0035	71,1	1,8	27,1
b									62,4	0,6	37,0

Folgerungen aus diesen Versuchen: Auf der Diffusion bleibt ungefähr $^4/_5$ des Eiweißstickstoffes zurück. Die in den Rohsaft übergegangenen Eiweißmengen werden in der Scheidesaturation fast vollständig entfernt oder zersetzt; höchstens nur sehr unbedeutende Mengen (innerhalb der Fehlergrenzen der Analysen liegend) können in die Saturationssäfte gelangen. Der „schädliche" Stickstoff geht fast ganz aus der Rübe in den Diffusions- und Saturationssaft über; in der Verdampfstation werden die Eiweißspuren weiter zersetzt, Ammoniak entfernt, und schließlich häuft sich der schädliche Stickstoff im Dicksafte so an, daß er den Gesamtstickstoff ausmacht.

Die geringen Mengen von Eiweißstickstoff in Saturations- und Dicksäften führen Duschsky und seine Mitarbeiter auf Fehler der Stutzerschen Methode zurück, die zu hohe Werte ergibt; eigentlich wären diese Säfte frei von Eiweißstickstoff oder er ist nur in ganz geringen Mengen vorhanden (Z. V. d. Zuckerind. 1911, S. 341).

Smolenski pflichtet im großen und ganzen diesen Schlußfolgerungen bei, warnt aber davor, die Eiweißkörper als so unschädlich darzustellen. Koaguliertes sowie nicht koaguliertes Eiweiß erfahren in der Scheidung und in der Saturation Zerfall in Albumosen, Peptone, Polypeptide und Aminosäuren. Diese gehen in die Säfte über, wobei die Spaltprodukte der Eiweißkörper, da sie durch Kalk nicht gefällt werden, im weiteren Betriebsstadium ebenfalls bis zu den Aminosäuren abgebaut worden.

Die Wanderung der Peptone kann man aus Untersuchungen Rümplers ersehen.

Peptone wurden schon in den Rüben nachgewiesen und häufig in den Betriebssäften gefunden. Rümpler fand folgende Mengen in den Säften:

Tabelle Nr. 142.

Saft der	% Eiweiß	% Propepton	% Pepton	% Gesamtproteïn
Diffusion	0,613	0,037	0,000	0,650
Scheidung	0,250	0,000	0,063	0,313
Saturation	0,187	0,000	0,069	0,256
Dicksaft	0,031	0,013	0,050	0,094

In der Scheidung wurde die Hälfte aller Proteïnstoffe zu Peptonen zersetzt. In der Saturation fand keine größere Einwirkung statt. Durch die Verdampfung wurde ein Teil der Eiweißkörper abgebaut, und zwar entstanden hier Propeptone (D. Z. 1899, S. 1314).

b) Bewegung der stickstofffreien Nichtzucker.

Von den stickstofffreien Verbindungen wären zunächst die Pektinate auf ihrer Wanderung zu verfolgen. Nach J. Weisbergs Studien gelangen bei Verarbeitung gesunder Rüben nur ganz geringe Mengen Pektinstoffe in den Diffusionssaft. In der Scheidung werden sie gefällt; das gebildete Kalziumpektinat ist auch bei Anwendung großer Mengen von Kohlensäure nicht zersetzbar. Unter gewöhnlichen Umständen werden Pektinstoffe nicht in lösliche Metapektinate umgewandelt. Die Pektinkörper bleiben demnach als Kalksalze in den Filterpressen zurück und werden durch die Aussüßwässer nur in ganz unbedeutendem Maße gelöst.

Kopetzki verfolgte die Pektinstoffe von der Rübe bis zur Füllmasse, indem er aus der Furfurolbestimmung Pentosen, Araban und Arabinose errechnete.

Für 100 Zucker fand er Furfurol in:

Rübenpreßsaft	6,296
Diffusionssaft	0,728
Saft der ausgelaugten Schnitte	0 883
Füllmasse	0,595

Im Schlamme der ersten Saturation fand Kopetzki auffallenderweise kein Furfurol — oder bestimmte er es nicht.

Komers und Stift studierten mit Erfolg „die Rolle der Pentosane in der Rohzuckerfabrikation". In einer Fabrik, wo der Rohsaft mit 2½% CaO in Malaxeuren geschieden und bei 80° C saturiert, auf 95° erhitzt und filtriert, in der zweiten Saturation wieder mit ¼—½% CaO versetzt, saturiert und filtriert, in der dritten mit Kohlensäure bei 90° C auf 0,010—0,020 % CaO aussaturiert und über Wellblechfilter filtriert wurde, fanden sie in einer der vier Versuchsreihen folgende Resultate:

Tabelle Nr. 143.

Produkte	Furfurol	Pentosan	Pentose	Pentosan auf 100 Zucker
Frische Schnitte	0,89	1,52	1,72	11,8
Ausgelaugte Schnitte	0,45	0,84	—	—
Saft der I. Saturation	0,08	0,11	0,12	—
„ „ II. „	0,08	0,11	0,12	—
„ „ III. „	0,07	—	—	—
I. Schlamm	—	—	—	—
II. „	—	—	—	—
Dicksaft	0,29	0,45	0,51	0,8
Füllmasse	0,63	1,04	1,17	—
Rohzucker	0,67	1,08	1,22	—
Grünsirup	0,53	0,89	1,01	—
Melasse	0,37	0,54	0,61	—

1. Durch den Diffusionsprozeß gelangt nur der kleinere Teil der in den Rüben vorhandenen Pentosane in den Diffusionssaft. Der größere Teil verbleibt in den ausgelaugten Schnitten. Die Pentosane sind kolloïdaler Natur, diffundieren also langsam und sind schwer löslich.

2. Weder in der Scheidung noch in der Saturation und der Verdampfung werden sie irgendwie zersetzt. Sie reichern sich je nach der Konzentration des Zwischenproduktes in demselben an, wobei sie höchstens nur den vierten Teil des organischen Nichtzuckers ausmachen.

3. Beim Schleudern der Füllmasse bleibt der größte Teil der Pentosane im Rohzucker zurück, nur ein kleiner Anteil geht in den Grünsirup. Der organische Nichtzucker des Rohzuckers besteht also größtenteils aus Pentosanen; in den vier Versuchsreihen wurden 45,9—79,6 Teile Pentosan auf 100 Teile organischen Nichtzucker ermittelt. Dies ist eine Folge ihrer Schwerlöslichkeit.

4. Mit dem Grünsirup machen die übergegangenen Pentosane die ganze Nachproduktenarbeit mit, um schließlich in der Melasse zu erscheinen. Größere Mengen Pentosane können sich hier jedoch nicht mehr vorfinden, da der größte Teil derselben im Rohzucker zurückgeblieben ist.

In den vier Versuchsreihen wurde folgendes Verhältnis zwischen Pentosan und organischem Nichtzucker konstatiert. Auf 100 Teile des letzteren kam Pentosan im

	Teile
Dicksaft	14,9—29,2
Füllmasse	15,0—26,9
Rohzucker	45,9—79,6
Grünsirup	4,0— 9,0

(Ö. U. Z. f. Zuckerind. XXVII, 1898, S. 6).

Zum Teil widersprechende Angaben liegen von Andrlík vor; nach diesem gehen etwa 0,13 Teile auf 100 Teile Zucker in den Dicksaft und die Füllmassen über.

Auf 100 Teile Zucker entfallen		
nach Komers und Stift		nach Andrlík
in Schnitten . . .	9,20—15,91	0,2 im Diffusionssaft
„ Dicksaft. . . .	0,47— 1,42[1])	} 0,13
„ Füllmassen . .	0,77— 2,22	} 0,13
„ Grünsirup . . .	0,64— 1,43	
„ Melasse	0,93— 1,39	
„ Rohzucker. . .	0,95—16,70[2])	0,03

Tabelle Nr. 144.

I. Saturation			II. Saturation			III. Saturation			Mittelsaft		
Brix	Pol.	Q.	Brix	Pol.	Q.	Brix	Pol.	Q.	Brix	Pol.	Q.
11,1	10,07	90,6	10,6	9,65	90,9	10,8	9,89	91,5	37,1	33,8	91,1
11,1	10,03	90,3	10,8	9,87	91,3	10,7	9,79	91,5	32,9	30,2	91,8
11,7	10,42	89,1	11,7	10,52	90,0	11,4	10,33	90,4	35,9	32,8	91,3
11,4	10,32	90,4	10,3	9,34	90,7	10,7	9,71	90,7	31,5	28,7	91,1
12,1	10,89	90,0	11,9	10,79	90,4	12,6	11,44	90,8	34,9	31,9	91,4
11,8	10,58	89,1	11,2	10,07	90,0	11,5	10,39	91,0	36,9	33,7	91,3
11,6	10,40	89,7	11,9	10,79	90,6	12,2	11,02	90,3	37,4	33,9	90,6
11,7	10,50	89,9	13,2	11,90	90,0	12,8	11,59	90,5	36,3	32,8	90,3
11,52	11,26	89,9	11,85	10,76	90,8	11,93	10,86	91,0	37,76	34,51	91,4
12,7	11,37	90,2	12,2	11,09	90,9	11,9	10,91	91,7	38,9	35,8	92,0
12,6	11,34	90,0	12,0	10,96	91,3	12,0	10,97	91,4	39,2	36,0	91,8
12,9	11,58	89,7	12,2	11,04	90,5	12,3	11,17	90,9	35,0	31,9	91,1
13,8	12,44	90,2	13,1	11,84	90,4	13,2	12,05	90,9	36,8	33,9	92,1
13,4	12,07	90,0	12,9	11,69	90,6	13,0	11,91	91,6	41,1	37,5	91,2
13,1	11,79	90,0	12,6	11,45	90,8	12,7	11,58	91,1	35,9	32,8	91,4
13,5	11,97	88,6	12,8	11,39	88,9	12,5	11,27	90,1	33,6	30,0	89,2
12,8	11,32	88,7	11,6	10,74	92,0	11,4	10,53	91,9	35,1	32,3	92,0
11,7	10,66	90,8	12,1	11,20	92,2	12,2	11,32	92,8	33,7	31,25	92,7
12,5	11,28	90,2	12,9	11,74	91,0	13,0	11,97	92,0	35,3	32,70	92,1
12,2	10,99	90,1	12,0	10,88	90,6	11,4	10,50	91,6	36,6	33,77	92,2
12,4	11,20	89,8	12,5	11,40	91,2	12,5	11,47	91,8	39,0	35,60	91,2
12,5	11,34	90,7	12,6	11,48	91,1	12,6	11,60	91,5	38,7	35,80	92,5
12,3	11,10	90,2	12,0	10,95	91,0	12,5	11,47	91,7	34,8	32,78	92,7
12,1	10,93	90,3	11,3	10,30	91,1	11,4	10,44	91,6	36,2	33,05	91,3
12,3	11,16	90,7	12,0	10,99	91,5	12,1	11,21	92,1	36,9	34,00	92,1

[1]) Auch „in sehr geringen Mengen".

[2]) Annähernde Werte, vom Verfasser aus obigen Angaben berechnet.

Nach Andrlík gehen etwa 60 % der Pentosane des Rohsaftes in die Säfte über, 40 % gehen in den Schlamm; die Melasse enthält fast sämtliche Pentosane, soweit sie nicht in den Schlamm übergegangen sind (Z. f. Zuckerind. i. B. 1898, S. 314). Diese Bestimmungen führte Andrlík mit einer Methode aus, nach welcher er den Einfluß der Saccharose bei der Furfurolbestimmung eliminierte.

Unter Zuhilfenahme der auf Seite 444 wiedergegebenen Analysen von Roh- und Dicksäften kann man an den vorstehenden Wochendurchschnitten (Tabelle Nr. 144) die allmählich ansteigende Reinigung der Säfte ersehen. In dem Quotienten kommt die Wanderung des Gesamtnichtzuckers zum Ausdrucke (Betriebsanalysen d. Verfassers).

27. Kapitel.

Quellen der chemischen Zuckerverluste in den Rohzuckerfabriken.

a) Bestimmbare und unbestimmbare Verluste.

Es ist bekanntlich nicht möglich, absolut genau allen durch die Rübe eingeführten Zucker zu gewinnen. Teilweise verzichtet man freiwillig auf gewisse Zuckermengen, z. B. auf jene, die man in den ausgelaugten Schnitten, teils im ausgesüßten Schlamme der Saturation und in Absüßwässern zurückläßt. Das sind die sog. bestimmbaren Verluste, weil man ihre Höhe rechnerisch ermitteln kann. Es gehen aber in den einzelnen Stationen noch verschiedene Zuckermengen verloren, deren Höhe sich nicht berechnen, höchstens abschätzen läßt, z. B. Zuckerverluste durch Wärme in Vorwärmern, in der Verdampf- und Verkochstation usw. Diese Verluste werden mehr oder weniger groß sein nach der Art der Betriebsführung und der maschinellen Einrichtung der Fabrik. Ferner geht auf mechanischem Wege Zucker verloren: er wird zertreten, gegessen, verwogen usw., dies auch in unbestimmbaren Mengen. Der ermittelte Totalverlust, vermindert um den bestimmbaren Zuckerverlust ergibt demnach die sog. unbestimmbaren Verluste, — über deren Existenz und Höhe die Meinungen sehr auseinandergehen.

Die chemischen Quellen der letzteren wurden bei den einzelnen Stationen erörtert und sind für vorliegenden Zweck als das Hauptsächliche zu betrachten. Wenn hier noch die Größe der Verluste ins Auge gefaßt werden soll, so geschieht dies erstens wegen der Wichtigkeit dieser Frage und zweitens um der Vollständigkeit willen. Darauf jedoch näher einzugehen, ist nicht notwendig, weil P. Herrmann in seinem Buche (Verlustbestimmung und Betriebskontrolle der Zuckerfabrikation. 1905) im ersten Teile die Verlustfrage in ihrer geschichtlichen Entwicklung erschöpfend behandelt. So seien hier nur die Resultate wiedergegeben, welche Herrmann nach einem Überblick über alle Ergebnisse der einzelnen diesbezüglichen Arbeiten anführt, und hierauf erst solcher Untersuchungen gedacht, die nach dem Erscheinungsjahre des genannten Buches (1905) veröffentlicht wurden.

Eigentlich treten die ersten Zuckerverluste schon in den Rübenmieten und dann in den Schwemmkanälen auf. Diese aber gehen nicht zu Lasten des Betriebes, da die Betriebskontrolle erst bei den Rübenschnitzeln einsetzt. Der eingeführte Zucker wird aus letzteren berechnet.

Zuerst wird die Diffusion eine Quelle für die unbestimmbaren Verluste bilden, und zwar, wie Herrmann auf Grund aller bis zum Jahre 1904 erschienenen Untersuchungen resümiert: „daß bei sorgfältiger Kontrolle auf der Diffusion nur 0,10—0,38 % unbestimmbarer Verluste auftreten. Da die unbestimmbaren Gesamtverluste bei der Rübenverarbeitung und der Verarbeitung der Nachprodukte etwa 0,50 bis 0,80 % betragen, so verbleiben für unbestimmbare Verluste nach der Diffusion noch 0,40—0,60 %, im Mittel 0,50 %.“

Die unbestimmbaren Verluste wären bei ungünstiger Fabrikseinrichtung nach Herrmann folgendermaßen halbwegs aufzuklären:

Anwärmen des Rohsaftes	0,10 %
Verdampfen des Dünnsaftes, Anwärmen des Dicksaftes. .	0,10
Verkochen des Dicksaftes	0,05
Nachproduktenarbeit	0,05
Mechanische Verluste	0,05
Summa	0,35 %

Für günstige Betriebsverhältnisse gälte:

Anwärmen des Rohsaftes	—
Anwärmen und Verdampfen des Dünnsaftes und Anwärmen des Dicksaftes	0,05 %
Beim Verkochen und der Nachproduktenarbeit	0,05
	0,10 %

„Auf jeden Fall bleibt ein unnachweisbarer Rest von 0,15—0,40 %, der nicht einmal annähernd erklärt werden kann, so daß nur Vermutungen über den Verbleib des Zuckers oder der Polarisationsgrade möglich sind.“

Eine Erklärung für diesen Rest, die mit sicheren Zahlen zu belegen wäre, gibt es nicht; am naheliegendsten ist es, Polarisationsverluste anzunehmen; für diese bietet sich aber erst nach der Diffusion Gelegenheit. Daß es die Wärme nicht ist, die solche bedingt, ist nur eine Vermutung, ebenso, daß der Kalk diese Verluste bedinge. Die Kalkeinwirkung im Vereine mit der hohen Wärme könnte allerdings eine Ursache für Polarisationsverluste bilden, die zu 0,10—0,20 % angenommen werden können.

Die Betriebsleitung rechnet daher immer mit dem Ausdrucke „Polarisationszucker“, um so dem Zweifel Ausdruck zu geben, ob wirkliche Zuckerverluste vorliegen oder nicht.

Für die unbestimmbaren Gesamtverluste gibt Claassen folgende Ursachen an: 1. ungenaue Gewichtsbestimmung der Rüben, der gewonnenen Produkte und Abfallstoffe; 2. ungenaue Polarisation infolge unrichtiger Probenahme und unrichtiger Untersuchungsmethoden; 3. Zerstörung von Zucker während der Fabrikation; 4. Zerstörung anderer polarisierender Stoffe oder deren Umwandlung in optisch inaktive Stoffe.

Einige oben gestreifte Punkte sollen nun an der Hand neuerer Untersuchungen erörtert werden.

b) Verluste auf der Diffusion und bei der Vorwärmung.

Was die Diffusion anbelangt, stellte Herzfeld im Jahre 1905 in Anklam Verluste von 0,18 % auf Rübe fest; so wurde bewiesen, daß diese nicht in jener Größe vorkommen, wie Steffen behauptete. Ebenso konstatierte Gonnermann, daß weder Enzyme noch Bakterien hier zur Wirkung gelangen, daß die Verluste nur scheinbare, durch Analysen- und Wägungsfehler bedingte sind. Da sich dasselbe Resultat aus den schon angeführten Versuchen von Strohmer und Salich (Seite 229) ergibt — die beiden schließen aus ihren Ergebnissen, daß die mit den Rüben in die Batterie gelangenden Mikroorganismen und Enzyme bei normaler Arbeit keine Zuckerverluste verursachen können —, kann die Frage nach den chemischen Zuckerverlusten als erledigt angesehen werden, und zwar in dem Sinne, daß solche in nennenswerter Höhe bei einer normal betriebenen Diffusion nicht auftreten.

Die Zuckerzerstörung bei der Vorwärmung des Rohsaftes in den geschlossenen Schnellstromvorwärmern ist bei der kurzen Zeit, welche der Rohsaft darin verweilt, sicherlich nur eine sehr geringe. Außerdem wird größtenteils schon etwas Kalkmilch dem Rohsafte zugesetzt und so seine saure Reaktion vermindert oder ganz neutralisiert.

c) Verluste bei der Scheidung und Saturation.

Zur Beurteilung, ob in der Scheidung Zuckerverluste eintreten, ist die Wirkung des Kalkes bei normalen Betriebsverhältnissen auf Zuckerlösungen zu prüfen. Darüber liegt u. a. eine Studie Weisbergs vor.

Aus seinen schon auf Seite 68 angeführten Versuchen kam er zu folgendem Ergebnisse:

„Wie aus den angegebenen Zahlen ersichtlich, ist auch bei Vorhandensein von Kalk die einige Zeit andauernde Erhitzung einer Zuckerlösung auf 102° C fast ohne Wirkung auf dieselbe; denn die Lösung mußte 8 Stunden im Kochen gehalten werden, um auch nur eine Drehungsverminderung von 0,49° (im 400-mm-Rohr) hervorzurufen. Da nun bei der üblichen Scheidesaturation der Zuckerfabriken bei einer Temperatur gearbeitet wird, die selten höher als bis auf 95° C steigt, und außerdem auch in den größten Etablissements, die entsprechend Saturationskessel größter Dimensionen besitzen, diese Hauptoperation der Zuckerfabrikation höchstens nur 40—50 Minuten dauert, so ist wohl anzunehmen, daß bei der Scheidesaturation keine Zerstörung von

Zucker hervorgebracht wird und wir bei diesem Arbeitsstadium mit keinem reellen chemischen Zuckerverluste zu rechnen haben."

Zuckerverluste wären trotzdem eventuell möglich, weil Weisberg mit reinen Zuckerlösungen operierte. Sie sind aber nicht anzunehmen, weil die Säfte alkalisch sind, und die Saturation bei weitem nicht mehr so lange dauert, wie Weisberg angibt.

Ein Zuckerverlust liegt in der Möglichkeit der Bildung des unlöslichen Zucker-Kalkkarbonats, doch ist bei normaler Betriebsführung dessen Bildung nicht so leicht möglich, bei guter chemischen Kontrolle leicht zu konstatieren und abzuhelfen.

d) Polarisationsverluste durch Kalkeinwirkung.

Wichtig ist die Frage nach den scheinbaren Zuckerverlusten, die eigentlich Polarisationsverluste sind und in neuerer Zeit eifrig studiert wurden. Teilweise wurde diese Frage schon im 6. Kapitel auf Seite 185 gestreift.

Herles konstatierte, daß in den Rüben verschiedene optisch aktive Substanzen vorkommen, von denen einige durch Behandlung mit Kalk abgeschieden oder derart zersetzt werden, daß ihr Polarisationsvermögen sich vermindert, während andere derselben im Safte verbleiben und bis in die Melasse übergehen. Dieser Befund wurde von vielen Seiten bestätigt, bzw. als richtig angenommen; Weisberg stellte ihn in Abrede, insofern er behauptete, die Polarisationsabnahme sei nicht der Wirkung des Kalkes auf die Nichtzuckerstoffe zuzuschreiben, sondern durch Ausscheidung von Zucker bedingt, der in Form irgendeines Blei-Kalksaccharates gefällt wird. (Das Blei rührt her von dem zur Klärung für die Polarisation angewendetem neutralen Bleiazetat.) Es würde sich also nur um analytische Differenzen handeln. Hingegen beharrt Herles auf seinem Standpunkte. Für ihn ist es gewiß, „daß in den Rüben polarisierende, der Wirkung von Kalk in der Wärme unterliegende Substanzen existieren, deren Menge jedoch von verschiedenen Faktoren abhängt, so daß in manchen Jahrgängen und manchen Gegenden Rüben vorkommen können, die entweder keine oder nur geringfügige Mengen dieser Substanzen enthalten, während anderswo unter anderen Verhältnissen wieder Rüben mit einem sehr erheblichen Anteil derartiger Verbindungen auftreten können" (Z. f. Zuckerind. i. B. Dezember 1908).

Nur um zu zeigen, um welche Größen es sich handelt, führt der Verfasser einige der von Herles gefundenen Differenzen für die Polarisation vor und nach der Einwirkung des Kalkes an. In Rüben: 0,4, 0,35, 0,05, 0,25, 0,35, 0,15 usw., im Diffusionssaft: 0,15, 0,00, 0,07 %.

Anläßlich der Untersuchungen „Über den Einfluß optisch aktiver Nichtzuckerstoffe auf die Bestimmung des Zuckers in der Rübe" (Z. f. Zuckerind. i. B. 1909/10, S. 385) kamen Andrlík und Stanek zu ähnlichen Ergebnissen wie Herles. Sie stellten u. a. auch Versuche an, „ob im

Verlaufe der Scheidung mit Kalk und der Saturation keine namhafte Zerstörung von Saccharose stattfindet ...." Sie fanden Polarisationsabnahmen nach der Scheidung und der Saturation von durchschnittlich 0,1%, auf Saft von 15% Zucker umgerechnet. Daraus schließen beide, daß bei der Scheidung und der Saturation die betreffenden optisch aktiven Substanzen gefällt werden, oder ihr Drehungsvermögen verändert, bzw. vernichtet wird. Unter abnormen Verhältnissen könnte die Polarisationsabnahme größer werden. Strohmer und Pellet wiesen aber nach, daß, wenn irgendwo große Differenzen auftraten (Differenzen von 2% und mehr), dies von ungeeigneten analytischen Methoden herrühre.

Den Standpunkt Herles' vertreten auch Duschsky (Z. f. Zuckerind. i. B. 1909/10, S. 65) und Rees (Z. f. Zuckerind. i. B. 1910/11, S. 74). Bei neueren Versuchen mit Rohsäften fanden Andrlík und Stanek Abnahme der Polarisationen durch Kalkscheidung und Kohlensäuresaturation von 0,065 bis 0,120 % des Saftes (Z. f. Zuckerind. i. B. XXXVII, 1913, S. 231).

e) Verluste beim Verdampfen, Verkochen und bei der Nachproduktenarbeit.

Verluste beginnen erst mit der Verdampfung des Dünnsaftes.

Vorher ist die Frage nach der Dauer des Verbleibens des Saftes in der Verdampfstation zu beantworten. Natürlich hängt diese von der Einrichtung und der Arbeitsweise ab; für ungünstige Verhältnisse liegen Angaben Pokornys vor. „Die Fabrik war nicht modern und rationell eingerichtet." Deshalb ist diese Studie umso wertvoller, weil sie die äußersten Grenzen enthält, innerhalb welcher die Säfte in der Verdampfstation verweilen.

Dünnsaft im I. Apparate	von 13,8 auf	20,3 Bx.	30,8 Min.	bei	105,8° C
im II. Apparate	„	32,5 „	80,5 „	„	91,8°
im III. „	„	43,8 „	39,7 „	„	66,05°
im Konzentrator	„	56,4 „	25,5 „	„	67,04°
		Im ganzen 176,5 Min., also fast 3 St.			

Die Apparate waren inkrustiert, die Versuche wurden im dritten Kampagnemonat durchgeführt.

Die meisten der bisher angeführten Versuche hatten mehr theoretisches Interesse. Für den Betrieb ungleich wertvoller sind die Versuche A. Herzfelds, welche die beim Verdampfen alkalischer Säfte entstehenden Zuckerverluste ermitteln sollten. Herzfeld sah von eigentlichen Verdampfversuchen ab und begnügte sich mit der Einhaltung der im Betriebe herrschenden Bedingungen. Er schreibt seinem erhaltenen Zahlenmateriale nicht streng wissenschaftliche Genauigkeit zu, aber hält es für genügend ausreichend, um die Zuckerverluste in der Verdampfung berechnen zu lassen.

Die Alkalität der Raffinadelösung, deren er sich zu diesen Versuchen bediente, wurde mit Kalium- oder Natriumkarbonat, Kalk oder Ätzkali erzeugt. Die Erhitzung geschah in kleinen Metallgefäßen bei konstanter Temperatur. Einige Werte wurden experimentell ermittelt, die bezügliche Kurve konstruiert und daraus beide folgenden Tabellen für die Zuckerverluste berechnet.

Tabelle Nr. 145a.

Zuckerverlust pro Stunde bei Temperaturen zwischen 80° und 140° C, in Lösungen von verschiedenen Konzentrationen.

Die Alkalitäten mit K_2CO_3 hergestellt und auf 100 Kalk bezogen.

Temperatur	10 %	Anfangs-Alkalität geg. Phenolphth.	Völliger Umschlag der Alkalität nach Stund.	30 %	Anfangs-Alkalität geg. Phenolphth.	Völliger Umschlag der Alkalität nach Stund.	50 %	Anfangs-Alkalität geg. Phenolphth.	Völliger Umschlag nach Stund.
80°	**0,0044**	**0,012**	**15**	**0,0047**	**0,01**	**18**	0,0100	**0,012**	**14½**
85°	0,00615	—	—	0,0067	—	—	0,0148	—	—
90°	0,00790	—	—	0,0087	—	—	0,0196	—	—
95°	0,00965	—	—	0,0107	—	—	0,0244	—	—
100°	**0,0144**	**0,01**	**7½**	0,0127	—	—	0,0292	—	—
105°	0,01385	—	—	0,0147	—	—	0,0340	—	—
110°	**0,0163**	**0,054**	—	0,0167	—	—	0,0388	—	—
111°	0,01653	—	—	0,0171	—	—	0,0397	—	—
112°	0,01677	—	—	0,0175	—	—	0,0407	—	—
113°	0,01701	—	—	0,0179	—	—	0,0416	—	—
114°	0,01724	—	—	0,0183	—	—	0,0426	—	—
115°	0,01748	—	—	0,0187	—	—	0,0436	—	—
116°	0,01772	—	—	0,0191	—	—	0,0445	—	—
117°	0,01796	—	—	0,0195	—	—	0,0455	—	—
118°	**0,0182**	**0,054**	**5**	**0,0200**	**0,054**	**2½**	**0,0467**	**0,054**	**2**
119°	0,02371	—	—	0,0378	—	—	0,0903	—	—
120°	0,02823	—	—	0,0557	—	—	0,1339	—	—
125°	**0,0533**	**0,156**	—	**0,1450**	**0,164**	**2½**	**0,3522**	**0,11**	**1**
130°	0,20553	—	—	**0,2600**	**0,150**	**2**	**0,5900**	**0,164**	**1½**
135°	0,35776	—	—	—	—	—	—	—	—
140°	**0,5100**	**0,17**	**1½**	—	—	—	—	—	—

Tabelle Nr. 145b.

Zuckerverlust in Prozenten pro Stunde auf 100 Zucker berechnet bei Temperaturen zwischen 80° und 140° C, in Lösungen von verschiedener Konzentration.

Temperatur	10 %	15 %	20 %	25 %	30 %	35 %	40 %	45 %	50 %
80	**0 0444**	0,0373	0,0301	0,0229	**0,0157**	0,0168	0,0179	0,0190	**0,0200**
85	0,615	0,0520	0,0421	0,0233	0,0223	0,0243	0,0262	0,0280	0,0293
90	0,0790	0,0667	0,0541	0,0418	0,0290	0,0317	0,0344	0,0371	0,0392
95	0,0965	0,0814	0,0661	0,0512	0,0357	0,0392	0,0427	0,0461	0,0488
100	**0,1140**	0,0961	0,0781	0,0602	0,0423	0,0466	0,0508	0,0551	0,0584
105	0,1385	0,1162	0,0937	0,0714	0,0490	0,0539	0,0588	0,0636	0,0680
110	**0,1630**	0,1362	0,1093	0,0825	0,0557	0,0612	0,0667	0,0721	0,0776
111	0,1654	0,1383	0,1112	0,0841	0,0570	0,0627	0,0683	0,0739	0,0794

Temperatur	10 %	15 %	20 %	25 %	30 %	35 %	40 %	45 %	50 %
112	0,1677	0,1405	0,1131	0,0858	0,0583	0,0642	0,0699	0,0758	0,0814
113	0,1701	0,1426	0,1149	0,0874	0,0597	0,0658	0,0716	0,0776	0,0832
114	0,1725	0,1447	0,1168	0,0890	0,0610	0,0673	0,0732	0,0794	0,0852
115	0,1749	0,1468	0,1187	0,0906	0,0623	0,0688	0,0748	0,0812	0,0862
116	0,1172	0,1489	0,1206	0,0923	0,0637	0,0703	0,0764	0,0831	0,0890
117	0,1796	0,1511	0,1225	0,0939	0,0650	0,0719	0,0781	0,0849	0,0910
118	**0,1820**	0,1532	0,1244	0,0955	**0,0667**	0,0734	0,0801	0,0867	**0,0934**
119	0,2321	0,2057	0,1792	0,1527	0,1260	0,1399	0,1535	0,1670	0,1806
120	0,2823	0,2582	0,2341	0,2098	0,1857	0,2063	0,2269	0,2474	0,2678
125	**0,5330**	0,5206	0,5082	0,4957	**0,4833**	0,5386	0,5939	0,6491	**0,7044**
130	2,0553	1,7582	1,4610	1,1638	**0,8667**	0,9451	1,0235	1,1019	**1,1800**
135	3,5776	—	—	—	—	—	—	—	—
140	**5,1000**	—	—	—	—	—	—	—	—

Alle Versuche wurden bei den in der Fabrikation üblichen Alkalitäten durchgeführt. Der Grad der Alkalität übt keinen wesentlichen Einfluß auf die Zuckerzerstörung aus. Dies tut in größtem Maße die Höhe der Temperatur, und zwar macht sich diese bedeutend mehr geltend als die Konzentration der Lösung.

Die Größe der Zuckerzerstörung hängt ab von den beim Verdampfen und Verkochen angewendeten Temperaturen, von der Dichte, von der Zusammensetzung der Säfte, ob geschwefelt wird oder nicht usw. Diese Faktoren sind in verschiedenen Fabriken verschieden; daher erreichen die Verluste in einzelnen Fabriken verschiedene Höhe.

Aus den Tabellen Herzfelds berechnete Claassen folgende Zuckerzerstörungen: durch Trockenscheidung und dreimalige Saturation (94 Minuten) auf 100 Teile Zucker 0,1327, auf Rübe 0,0172; beim Verdampfen in 4 Körpern durch 54 Minuten auf 100 Teile Zucker 0,0479, auf Rübe 0,0065. Claassen gelangt bei seiner Berechnung zu einer viel kürzeren Aufenthaltsdauer des Saftes in der Verdampfstation als Pokorny. Die Temperaturen der einzelnen Körper waren 112, 105, 95, 68° C. Die Konzentration des Dünnsaftes 10 %, die des Dicksaftes 50 %.

In einem zweiten Falle kam Claassen bei einer Aufenthaltsdauer des Saftes in der Verdampfstation von 79 Minuten zu einem Zuckerverluste von 0,0063 auf 100 Rüben.

Es ist klar, daß solche Zahlen nicht verallgemeinbar sind. Claassen selbst gibt an, daß sie nur für flotten Betrieb und niedrigen Saftstand gelten. Bei Betriebsstockungen und hohem Saftstande können sie durch die verlängerte Aufenthaltszeit doppelt und dreimal so hoch werden.

Zuckerverluste beim Verkochen. Chemisch bieten sie nichts anderes als die Zuckerverluste beim Verdampfen. Sie werden durch alkalische Säfte und möglichste Verhinderung lokaler Überhitzungen vermindert.

Gröger und besonders Zscheye sehen im Vakuum eine Hauptquelle für die Zuckerverluste.

Für die Nachproduktenarbeit berechnete Claassen 0,17 bis 0,18 % Verlust auf II. Füllmasse (Kornkochen und Nachkristallisation in Bewegung).

Nach durchgeführten Fabriksversuchen der Kampagne 1912/13 (Z. V. d. Zuckerind. 1913, techn. T., S. 239) fand Claassen beim Verdampfen des Dünnsaftes 0,07 %, beim Verkochen 0,02 % und bei der Verarbeitung der Sirupe 0,02 %, zusammen 0,11 % Zuckerverlust auf Rüben. Bei Zuckerverlusten von 1 bis 1,2 % auf Rübe, von denen ca. 0,50 % „nachweisbar" sind, bleiben rund 0,60 % nicht nachweisbar. Von diesen fand nun Claassen 0,11 % bei der Verdampfung und weiteren Verarbeitung, so daß immer noch ca. 0,50 % unauffindbare Verluste bleiben. Diese sollen bei der Scheidung und der Saturation entstehen, was mit großer Berechtigung anzunehmen ist, wie die Arbeiten Herles' u. a. zeigen (s. Seite 185, 570).

Für pülpehaltigen Rohsaft wies dies J. Neumann treffend nach (Z. V. d. Zuckerind. LXII, 1912, Techn. Teil, S. 1349). In letzterem Falle gaben die Pülpebestandteile durch Einwirkung des Kalkes Pektinverbindungen mit löslichen Bleisalzen, die bei der polarimetrischen Zuckerbestimmung links drehten (Metapektinsäure).

Aus den auf Seite 415 angeführten Alkalitätsrückgängen berechnete Claassen schon früher folgende Zuckerverluste durch Wärmewirkung.

	Kampagne				
	1906/07	1907/08	1908/09	1909/10	1910/11
Beim Verkochen des Dicksaftes:	0,006	0,008	0,004	0,016	0,014
Beim Verkochen des Sirupes:	0,005	0,006	0,005	0,008	0,007
Bei Kristallisation der Nachprodukte . . .	0,001	—	0,005	0,001	0,001

Diese Zahlen sind Höchstzahlen und beziehen sich auf Rüben (Z. V. d. Zuckerind. LVII, 1912, S. 1111, Techn. T.).

3. Teil.

Chemie der Raffination des Rohzuckers.

28. Kapitel.

Das Lagern des Rohzuckers.

Der Rübenzucker, das Endprodukt der Rohzuckerfabrikation, ist infolge des ihm anhaftenden Sirupes in dieser Gestalt für den menschlichen Genuß ungeeignet. Dazu muß er einem Reinigungsprozeß unterworfen werden. Außer der Reinigung, der eigentlichen Raffination, geht eine Formänderung des Rohzuckers vor sich. Dieser zweite Teil der Raffination, die Erzeugung von Broten, Würfelzucker, Mehl, Gries, Pilé usw., ist fast ausschließlich ein mechanisch-physikalischer Vorgang. Er besteht hauptsächlich in Lösungs- und Kristallisationsprozessen. Nur sehr wenig chemische Momente sind hier zu berücksichtigen, z. B. die Anwendung chemischer Mittel zur Erleichterung und Vereinfachung der Arbeit und zur Verschönerung der Ware.

Auch die eigentliche Raffination ist mehr physikalisch-chemischer Natur; nur sehr wenig chemische Vorgänge sind hier zu konstatieren. Da die technologische Seite der Zuckerfabrikation diesem Buche ferne liegt, wird es im folgenden Teile nur darauf ankommen, die chemischen und physikalisch-chemischen Momente der Raffination des Rohzuckers herauszugreifen.

Von dem hier eingenommenen Standpunkte zerfällt die Raffination in zwei Teile: 1. Reinigung des Rohzuckers durch Affinition und Filtration über Spodium, 2. Verarbeitung der filtrierten Klären auf Konsumware.

a) Lagerfestigkeit.

In einer gemischten Fabrik gelangt der ausgeschleuderte Rohzucker gewöhnlich gleich zur Raffination; Rohzuckerfabriken oder große Raffinerien müssen ihn oft lange Zeit lagern lassen. Da erweist es sich als sehr vorteilhaft, den Zucker vor seiner Einlagerung abzukühlen, nachdem er sonst durch bakterielle Tätigkeit geschädigt werden kann. Diese Zersetzungen werden durch Feuchtigkeit und Wärme im Magazine sehr gefördert.

Die „Lagerfestigkeit“ ist eine sehr wichtige Eigenschaft der Rohzucker. Diese, sowie die Veränderungen lange lagernder Rohzucker, welche diese Eigenschaft nicht besitzen, sind chemisch sehr interessant, aber auch praktisch sehr wichtig.

Der erste, der auf Veränderung von lagerndem Rohzucker aufmerksam machte, war J. Weinzierl (1869). Der Sirup des Rohzuckers lief von den Kristallen ab und floß zu den tiefsten Stellen. In Mustergläsern kann man oft diese Erscheinung beobachten: Die Probe wird im oberen Teile lichter, im unteren Teile dunkler. Aus in Säcken gelagertem Rohzucker fließt der dunkle Sirup ab. Die dadurch unfreiwillig bedingte Affination des Rohzuckers ist aber keine erfreuliche und erwünschte Erscheinung.

In großem Maßstabe kann man dies auch in Zuckerhaufen konstatieren; der Sirup fließt ab, und so entstehen in dem früher ziemlich homogenen Zuckerhaufen Stellen von ganz verschiedener chemischen Zusammensetzung.

b) Lagerungsversuche.

Eine ausgedehnte, in manchen Einzelheiten aber veraltete und deshalb gerade interessante Untersuchung stellte Strohmer „Über das Verhalten des Rohzuckers beim Lagern" an (Ö. U. Z. f. Zuckerind. XXII, 1893, S. 216). In dieser heißt es:

Reine, trockene Saccharose hält sich, trocken aufbewahrt, durch Jahre unverändert; nun besteht aber der Rohzucker nicht aus reiner, trockener Saccharose, sondern aus solcher und einer mehr oder weniger unreinen Zuckerlösung; erstere ist durch die einzelnen Kristalle, letztere durch den eben erwähnten, den Kristallen beweglich anhaftenden Sirup vertreten, und so ist anzunehmen, daß dieser Sirup die Ursache der Veränderungen des Rohzuckers beim Lagern ist.

Aus früheren Jahren jedoch lagen keine Klagen über schlechte Haltbarkeit des Rohzuckers vor und so wurde angenommen, daß die veränderten Arbeitsweisen, die Abschaffung des Spodiums in den Rohzuckerfabriken und die Einführung der Schwefelung an dieser unangenehmen Erscheinung, die erst in späteren Jahren auftrat, Schuld trügen. H. Bodenbender und P. Degener studierten im Jahre 1884 diese Frage. Ersterer fand, daß die untersuchten Zucker, nach fünf- bis sechsmonatiger Lagerung, einerlei ob mit oder ohne Anwendung von schwefliger Säure dargestellt, keine irgendwie nennenswerte Invertierung erlitten hatten. Degener konstatierte bei siebenmonatiger Lagerung, „daß die mit Hilfe von schwefliger Säure, unter Ausschluß von Knochenkohle hergestellten Zucker, vorausgesetzt, daß sie eine schwache Alkalität haben, in ihrer Haltbarkeit sich nicht von den ohne schweflige Säure, aber mit Knochenkohle hergestellten wesentlich unterscheiden, und daß beide Zuckergattungen, sobald keine alkalische, sondern vielmehr eine neutrale Reaktion vorhanden ist, in weit höherem Maße dem Verderben unterliegen, wobei ein etwaiger Gehalt an schwefligsauren Salzen konservierend wirken wird." Eine größere Haltbarkeit der mit Knochenkohle hergestellten Zucker konnte nicht konstatiert werden.

Strohmer kam selbst nach doppelt so langer Lagerung des Rohzuckers zu denselben Folgerungen.

Aus dem Strohmerschen Berichte sei nur eine Versuchsreihe, die der heutigen Arbeitsweise entspricht, angeführt. (Tabelle Nr. 146.)

Tabelle Nr. 146.

Rohzucker hergestellt ohne Knochenkohle unter Anwendung von schwefliger Säure.

Zeit der Untersuchung	Aufbewahrt in geschlossenen Glasgefäßen											
	in der frischen Probe							in 100 Trockensubstanz				
	Polarisation	Wasser	Asche	Org. Fremde	Rendement	Invertzucker	Alkalinität	Polarisation	Asche	Org. Fremde	Invertzucker	Alkalinität
Zu Beginn der Versuche . .	95,3	1,71	1,29	1,70	88,85	0,00	0,033	96,96	1,31	1,73	0,00	0,033
1½ Monat nach Beginn . . .	95,3	1,65	1,30	1,75	88,80	0,00	0,030	96,90	1,32	1,78	0,00	0,030
3 Monate nach Beginn . . .	95,4	1,70	1,30	1,60	88,90	0,00	0,026	97,05	1,32	1,63	0,00	0,026
5 Monate nach Beginn . . .	95,4	1,72	1,28	1,60	89,00	0,00	0,020	97,07	1,30	1,63	0,00	0,020
6 Monate nach Beginn . . .	95,3	1,70	1,30	1,70	88,80	0,00	0,016	96,95	1,32	1,73	0,00	0,016
1 Jahr nach Beginn . . .	95,5	1,67	1,30	1,53	89,00	0,00	0,020	97,12	1,32	1,56	0,00	0,020
1½ Jahr nach Beginn . . .	95,4	1,50	1,31	1,79	88,85	0,00	0,020	96,85	1,33	1,82	0,00	0,020

Zeit der Untersuchung	Aufbewahrt im Sack und im trockenen Raume											
	in der frischen Probe							in 100 Trockensubstanz				
	Polarisation	Wasser	Asche	Org. Fremde	Rendement	Invertzucker	Alkalinität	Polarisation	Asche	Org. Fremde	Invertzucker	Alkalinität
Zu Beginn der Versuche . .	95,3	1,71	1,29	1,70	88,85	0,00	0,033	96,96	1,31	1,73	0,00	0,033
1½ Monat nach Beginn . . .	95,6	1,30	1,32	1,78	89,00	0,00	0,020	96,86	1,34	1,80	0,00	0,020
3 Monate nach Beginn . . .	95,7	1,29	1,30	1,71	89,20	0,00	0,018	96,95	1,32	1,73	0,00	0,018
5 Monate nach Beginn . . .	95,6	1,36	3,04		—	0,00	0,018	96,92	3,08		0,00	0,018
6 Monate nach Beginn . . .	95,5	1,36	3,14		—	0,00	0,018	96,82	3,18		0,00	0,018
1 Jahr nach Beginn . . .	95,2	1,67	1,30	1,83	88,70	0,00	0,014	96,82	1,32	1,86	0,00	0,014
1½ Jahr nach Beginn . . .	95,1	1,71	1,28	1,91	88,70	0,00	0,010	96,75	1,30	1,95	0,00	0,010

Zeit der Untersuchung	Aufbewahrt im Sack und im feuchten Raume											
	in der frischen Probe							in 100 Trockensubstanz				
	Polarisation	Wasser	Asche	Org. Fremde	Rendement	Invertzucker	Alkalinität	Polarisation	Asche	Org. Fremde	Invertzucker	Alkalinität
Zu Beginn der Vers.	95,3	1,71	1,29	1,70	88,85	0,00	0,033	96,96	1,31	1,73	0,00	0,033
1½ Monate nach Beginn	93,0	4,09	1,15	1,76	87,25	0,00	0,015	96,97	1,19	1,84	0,00	0,015
3 Monate nach Beginn	91,0	5,98	1,06	1,96	85,70	0,06	neutr.	96,77	1,14	2,09	0,064	neutr.
5 Monate nach Beginn	90,5	5,80	3,70		—	0,10	sauer 0,011[1]	96,07	3,93		0,10	sauer 0,011[1]
6 Monate nach Beginn	85,7	4,53	9,77		—	0,42	0,020	89,76	10,24		0,44	0,021
1 Jahr nach Beginn	87,3	2,39	0,34	9,97	85,60	0,93	0,021	89,44	0,35	10,21	0,95	0,022
1½ Jahr nach Beginn	85,7	3,03	0,38	10,89	83,80	1,09	0,025	88,38	0,39	11,23	1,12	0,025

Genügend alkalischer Rohzucker (0,033% CaO), mit nicht mehr als 3% Wassergehalt läßt sich, gleichgültig, ob auf diese oder jene Weise hergestellt, im trockenen Raume aufbewahrt, zum mindesten 1 Jahr lang unverändert erhalten.

Die Schädlichkeit einer längeren Einlagerung im feuchten Raume wird deutlich illustriert. Im trockenen Raume hielt sich der Zucker 1½ Jahre vortrefflich. Eine spätere Arbeit Jessers über denselben Gegenstand bringt nichts wesentlich Neues; nur betont Jesser die Lebenstätigkeit von Mikroorganismen als eine der Ursachen, welche die Lagerfähigkeit des Zuckers bedingen (Ö. U. Z. f. Zuckerind. XXVII, 1898, S. 35). Mit den Veränderungen des Rohzuckers beim Lagern beschäftigte sich später Koydl (Ö. U. Z. f. Zuckerind. XXIX, 1900, S. 366). Da die Lagerstätte, die Witterung, Jahreszeit, Manipulation im Magazine u. a. m. auf die Zusammensetzung des lagernden Zuckers Einfluß nehmen, soll man nach dem Genannten die Resultate von einzelnen Lagerversuchen nicht bedingungslos verallgemeinern. Die gezogenen Schlüsse können nur annähernd für andere Verhältnisse zutreffen. Koydl untersuchte böhmische Rohzucker auf ihre Lagerfestigkeit innerhalb 661—711, sogar bis 1100 Tagen (2—3 Jahre). Die Zucker lagerten in Säcken à 100 kg, zwanzig Sack hoch geschichtet. Angewendet wurden drei verschiedene Lagerungsarten nebeneinander. Hier das Resultat von wahllos ausgesuchten Versuchsergebnissen.

[1]) Auf SO_3 berechnet.

Tabelle Nr. 147.

Lagerzeit in Tagen	Alkalität gegen Phenol-phthaleïn	Kupfer-ausscheidung in mg	Pol.	Wasser	Asche	Organ. Nichtzucker	Rendement
vor	0,014	29	95,02	1,78	1,38	1,64	88,03
663	0,008	53	94,02	2,61	1,28	1,91	87,08
vor	0,023	30	95,15	2,19	1,51	1.51	89,04
693	0,006	64	94,02	2,70	0,96	2,14	89,04
vor	neutral	26	96,01	1,54	1,10	1,26	90,06
693	0,007	43	94,04	2,67	1,09	1,84	88,95
vor	0,022	28	94,09	2,12	1,35	1,63	88,05
700	0.006	43	94,15	2,43	1,37	2,05	87,03
vor	0,030	34	96,07	1,03	1,11	1,16	91,15
711	0,019	28	95,06	2,07	1,06	1,27	90,03
vor	neutral	35	95,75	1,75	0,96	1,54	90,95
ca. 1100	neutral	71	94,01	2,87	1,02	2,01	89,00
vor	0,024	34	96,00	1,70	1,06	1,24	90,70
1100	0,011	47	95,45	2,03	0,92	1,60	90,85

Die Versuche lassen sich nicht in einer Tabelle zusammenfassen; so seien nur einige Leitsätze angeführt. Es sei aber nicht vergessen, daß sich diese Versuche über eine abnorm lange Lagerzeit erstreckten: hohe oder geringe Alkalität der Zucker konnte bei zweijähriger Lagerzeit eine Zersetzung nicht vollständig verhindern, die hohe Alkalität aber den Grad derselben vermindern. Nach einem halben Jahre beginnen bereits Zersetzungen, das Rendement leidet. Daraus folgt, daß die Raffinerien den Rohzucker möglichst in der Reihenfolge seines Einlangens verarbeiten sollen.

In den Jahren 1902/03 stellte das Deutsche Vereinslaboratorium umfassende Lagerungsversuche mit Rohzucker an (Z. V. d. Zuckerind. 1903, S. 1201). Stiepel führte in dem bezüglichen Berichte Herzfelds die gesamte Literatur über Lagerungsversuche an und gibt den Inhalt jeder einzelnen Arbeit über diesen Gegenstand auszugsweise wieder. Nur einige Einzelheiten der „Schlußbetrachtung" seien hervorgehoben.

Zucker mit Phenolphthaleïnalkalität hält sich im allgemeinen besser als neutraler oder gar saurer, doch können nach beiden Seiten hin Ausnahmen stattfinden, d. h. unter Umständen kann sich ein saurer Zucker besser halten als ein alkalischer. Mit der Alkalitätsabnahme beim Lagern steigt das Reduktionsvermögen des Zuckers; die sauren Zucker zeigen bedeutendes Reduktionsvermögen. Ursache der auftretenden Erscheinungen sind Pilze; die Zusammensetzung des Zuckers übt keinen Einfluß auf den Alkalitätsrückgang. Der Zucker hält sich in Säcken besser als in Haufen. Die Alkalität bildet keinen direkten Maßstab für die Haltbarkeit der Zucker, erweist sich in den meisten Fällen als praktisch, kann aber in einzelnen Fällen versagen. Da Infektion durch Pilze die Ursache des Alkalitätsrückganges ist, muß auf die Antisepsis beim Erzeugen und Lagern des Rohzuckers Rücksicht genommen werden (nicht warm einlagern, kühle Lagerräume). Auch Gewichtsvermehrung des lagernden Zuckers durch Wasseranziehung aus der Luft wurde gefunden (Z. V. d. Zuckerind. 1904, S. 946).

Herzfeld konstatierte auch, daß mit abnehmender Alkalität und zunehmender Azidität das Reduktionsvermögen des Zuckers zunimmt, doch bestehen keine konstanten Beziehungen zwischen der Reaktion und der Reduktionskraft der Zucker.

Tabelle Nr. 148.
Tabelle über die Beziehung zwischen der Alkalität der Rohzucker und ihrem Reduktionsvermögen.

Alkalität % CaO (Phenolphthaleïn)	mg Cu Reduktionsvermögen
0,010	27,5
0,008	28,0
0,007	29,4
0,006	30,0
0,005	31,0
0,004	33,0
0,003	34,0
0,002	33,0
0,001	33,0
Azidität	
0,001	40,0
0,002	42,0
0,003	46,0
0,004	44,0
0,005	44,0
0,006	42,0
0,007	40,0

Von einem Rohzucker verlangt man demnach neben den schon angeführten Eigenschaften eine gewisse „Lagerfestigkeit“. Sie ist vorhanden, wenn der Zucker alle jene Eigenschaften besitzt, die im 23. Kapitel für einen guten Zucker angeführt wurden. Die Lagerfestigkeit ist erfüllt, wenn der Rohzucker längere Zeit liegen kann, ohne an Rendement und seinen guten Eigenschaften zu verlieren.

Über die Ursachen des Rendementrückganges referierte Lippmann (Z. V. d. Zuckerind. 1896, S. 519): 1. Mangel an Alkalität überhaupt und 2. Mangel an dauernder Alkalität. Letztere kann zwei Ursachen haben: Zersetzung stickstoffhaltiger Bestandteile des Rohzuckers, wodurch Ammoniak abgespalten wird, so daß diese Alkalität verschwindet. Die zweite Ursache sind gewisse Schwefelverbindungen in den Rohzuckern, herstammend aus der schwefligen Säure, wenn die Schwefelung unrichtig im Betriebe gehandhabt wurde. Im Rohzucker sind Sulfite und Thiosulfate vorhanden. Letztere übergehen — obwohl für sich alkalisch reagierend — bei längerem Lagern in Berührung mit der Luft in Sulfate, teilweise auch in schweflige Säure und freien Schwefel: $H_2S_2O_3 = SO_2 + S + H_2O$, welche Säure dann Alkalität bindet, ja, wenn überschüssig vorhanden, saure Reaktion bewirkt. Die Praxis beweist das Vorkommen solcher Zucker, da in Vakuen Ablagerungen gefunden wurden, die Sulfate, Thiosulfate, Sulfite und freien Schwefel enthielten.

Die Größe des Aschenrendementrückganges wurde in einzelnen Fällen von Lippmann zu 0,25%, 0,35%, ja bis 0,60% gefunden. Zwei Zucker, frei von Invert und 0,002, bzw. 0,003% scheinbarer Alkalität, gingen bei sechsmonatiger Lagerung um 0,10, bzw. 0,30% im Aschenrendement zurück. Invertzuckerhaltige (0,05%), sauer reagierende Rohzucker (0,005 und 0,008%) ergaben einen Rückgang von 0,30, bzw. 0,33% im Aschenrendement. Im Nichtzuckerrendement ausgedrückt, sind diese Verluste viel größer (bis 1,95%), da nicht der Polarisationsverlust allein, sondern auch das Plus an organischen Stoffen, die durch die Zersetzung entstanden sind, darin zum Ausdruck kommen.

Als Abhilfe gegen diese Erscheinungen gibt Lippmann eine dauernde, wirkliche Alkalität des Rohzuckers an.

In neuerer Zeit stellte Vermehren Lagerungsversuche an; er konstatierte, daß auch gegen Phenolphthaleïn saurer Zucker sich ganz gut hielt. Einer dieser Zucker verlor innerhalb eines Jahres nur 0,45% vom Rendement. — Doch wird man aus solchen Versuchen nicht folgern dürfen, daß man unbesorgt saure Zucker einlagern könne.

Es wurde bei Besprechung der einzelnen Lagerungsversuche schon einigemal der Tätigkeit von Mikroorganismen gedacht; daher sollen unter Hinweis auf das Original die „Bakteriologischen Untersuchungen und Betrachtungen über das Lagern von Rohzucker" von A. Schöne (D. Z. XXXI, 1906, S. 1337) kurz gestreift werden.

Schöne untersuchte verschiedene Rohzuckermuster und fand in diesen 400—16 000 Mikroorganismen pro 1 g Zucker. Saure Zucker zeigten durchschnittlich einen größeren Gehalt als alkalische. Der Rohzucker zeigt häufig die typischen Bakterien des Diffusionssaftes. Schöne isolierte folgende vier Gruppen: 1. Pilze, 2. Kokken, 3. sporenbildende Stäbchen, 4. keine Sporen bildende Stäbchen. Zur ersten Gruppe gehörig wurden gefunden: Penicillium glaucum, Aspergillus- und Mucorarten, Heubazillen, Semiclostridium u. a. Von den Kokken konstatierte Schöne nur harmlose Vertreter; zweimal den gefährlichen Leuconostoc. Die dritte Gruppe wirkt säurebildend und invertierend. Die nicht sporenbildenden Stäbchen gehören teils den Fäulnisbakterien, den coliartigen Bakterien, Milchsäurebakterien usw. an.

Auch Deerr und Norris führen die Verschlechterung des Zuckers beim Lagern auf Bakterientätigkeit zurück.

29. Kapitel.

Affination.

Bevor der Rohzucker in den Raffinerieprozeß eintritt, wird er allgemein einer Vorreinigung unterzogen. In dem Maße, als die Spodiumfiltration in der Raffination vermindert wird, muß die Vorreinigung um so vollkommener gehandhabt werden. Sie wurde 1812 durch Howard eingeführt und war im Prinzip ein Einmaischen des Rohzuckers mit Wasser, Abnutschen des Sirupes und der folgenden Decken. Cail wandte hierzu die Zentrifuge an (1851), und nach Kindler benutzte eine französische Raffinerie zum Einmaischen Sirup. Aber erst später, als dieses richtige Prinzip die richtige technische Durchführung erfuhr, fand die Affination des Rohzuckers allgemein in den Raffinerien Eingang. Heute ist sie ein unentbehrlicher Bestandteil der ganzen Raffinationsarbeit; Gröger charakterisierte mit folgenden Worten ihre Bedeutung für den Betrieb:

„Es ist die Affination für die Raffinerien ungefähr von gleicher Bedeutung wie die Diffusion für die Rohzuckerfabriken; hier wie dort hängt der Verlauf des weiteren Betriebes wesentlich von der Arbeit auf dieser ersten Station ab, und jeder daselbst begangene Fehler wird sich später in mehr oder minder fühlbarer Weise bemerkbar machen." Nach Mrasek muß dieser Station die größte Aufmerksamkeit gewidmet werden, „da ja eben diese Station der Hauptausgangsort der zu verarbeitenden Sirupe, nämlich des Rohzuckergrünsirups und des durch das Deckwasser gelösten Zuckers ist ...., da es das Bestreben jedes Betriebes sein muß, gut gewaschene Zucker der Saftmanipulation zuzuführen, ob nun mit größerer oder kleinerer Spodiummenge gearbeitet wird, weil es ja keinen Zweck hat, mit dem Zucker ein Plus an Nichtzuckerstoffen in den Kreislauf zu führen, welche durch das öftere Verkochen durchaus nicht an Gutartigkeit gewinnen" (Ö. U. Z. f. Zuckerind. XXXVI, 1907, S. 43).

Lippmann definiert die Affination als „eine Vorreinigung, eine Trennung des kristallisierten Zuckers vom anhaftenden Sirup, und sie bezweckt, möglichst reinen Rohzucker und nicht Rohzucker samt allem ihm anhaftenden Nichtzucker dem Betriebe der Raffinerie zuzuführen ..... es wird verlangt, daß die Trennung eine möglichst vollständige und mit einem möglichst geringen Verlust an Kristallen verbunden sei, und daß der übrigbleibende Zucker eine möglichst hohe Reinheit und ... auch eine vollständige Weiße besitze" (Z. V. f. Zuckerind. 1908, S. 693).

Die Affination ist wohl vorwiegend der Ort, wo sich nur physikalische Prozesse abspielen, und zwar Lösungsvorgänge; diese bedingen aber Veränderungen des Zuckers und der Sirupe in ihrer chemischen Zusammensetzung, und dies ist hier, neben den herrschenden Gesetzmäßigkeiten, von Bedeutung.

Der Rohzucker wird zunächst mit einem Sirupe gemaischt; hier haben dieselben Erwägungen wie beim Maischen der Rohzuckerfüllmasse Platz zu greifen. Die gemaischte Masse wird fast ausschließlich in Zentrifugen ausgeschleudert, der Maischsirup so entfernt und nun mit dem Decken begonnen. Als Deckmittel dient Wasser in feinster Verteilung (Wasserdüsenverfahren), Dampf oder aber ein Gemisch von Luft und Dampf (Dampfnebeldecke). — Das Deckmittel wird so lange einwirken gelassen, bis der Zucker die richtige weiße Farbe besitzt; dabei ist auch auf eine richtige Trennung der ablaufenden Sirupe die größte Achtsamkeit zu richten. Der affinierte Zucker geht sodann zur Klärung.

Der Einfluß der einzelnen Faktoren auf Affination und Ausbeute soll nun erörtert werden. Dies tat in seinen Affinationsversuchen A. Gröger (Ö. U. Z. f. Zuckerind. XXXVI, 1907, S. 31); dies ist eine der wenigen Arbeiten, welche die Vorgänge in der Affination auf Grund chemischer Analysen eingehend beleuchtet.

Tabelle Nr. 149.

I. Beschaffenheit der einzelnen Ablauffraktionen.

Zusammensetzung der Teilsirupe	I. Versuch			II. Versuch		
	Sacch.	Pol.	Q.	Sacch.	Polar.	Q.
Beim Anlassen der Zentrifuge	78,0	58.85	75,4	74,1	59,62	80,5
Nach 2 Minuten.	80,7	58,52	72,5	78,4	58,63	74,8
Mit Beginn d. Spritzens (nach 4 Minuten)	80,7	58,30	72,2	78,3	57,97	74,0
Mit Ende des Spritzens . .	77,9	57,09	73,3	74,7	56,43	75,5
Nach weiteren 2 Minuten. .	75,6	58,52	77,4	73,7	58,41	79,2
Nach weiteren 2 Minuten. .	75,2	58,85	78,2	73,9	59,07	79,9
Nach weiteren 6 Minuten. .	75,3	59,29	78,7	74,4	59,40	79,9

Die erhaltenen Resultate entsprechen eigentlich nicht ganz den gewöhnlichen Anschauungen. Beim Anlassen der Zentrifuge erfährt der Sirup eine Erhöhung seines Reinheitsquotienten durch das Vermischen mit dem besseren Sirup der vorhergegangenen Wasserdecke. Unmittelbar vor Beginn derselben läuft der schlechteste Sirup ab, den reinsten erhält man nach erfolgtem Decken, gegen Ende der ganzen Affination.

II. Quotientenerhöhung durch längere Deckdauer.

Eine und dieselbe Füllmasse wurde 40, 80 und dann 120 Sekunden lang gedeckt. Mit der Deckdauer stiegen die Reinheitsquotienten der Teilsirupe sehr beträchtlich, z. B. nach 40 Sekunden um 3 und nach 120 Sekunden um ca. 12,6 Einheiten im Quotienten.

Wichtiger sind die absoluten Quotientenerhöhungen, die sich auf den gesamten Ablauf beziehen. Es wurden zwei Versuche mit je zwei Zentrifugen bei verschiedener Deckdauer gemacht. Der gesamte Ablauf hatte bei diesen Versuchen folgende Zusammensetzung:

Tabelle Nr. 150.

	Zentrifuge I.			Zentrifuge II.		
	Sacch.	Pol.	Q.	Sacch.	Pol.	Q.
Versuch 1 nach 40 Sekunden	76,4	58,52	76,6	76,5	58,74	76,8
80 „	75,2	59,07	78,3	75,2	59,29	78,8
Versuch 2 nach 80 „	76,4	58,85	77,0	76,4	59,18	77,4
120 „	75,6	59,29	78,4	75,5	59,62	78,9

Je länger die Dauer der Affination, desto höher die Sirupreinheit.

Zusatz von mehr oder weniger Maischsirup von gleicher Konzentration und Temperatur ergab keinen Einfluß auf die Höhe des Quotienten des Ablaufsirupes.

Anders jedoch, wenn Maischsirupe geringerer Konzentration angewendet werden; daß bei dünnerem Maischen der Ablauf höher wird, ist schon beim Schleudern der Füllmasse gezeigt worden. Gröger konnte das Ansteigen für den Reinheitsquotienten bei der Affination zahlenmäßig erweisen. Er fand, daß ein Verdünnen des normalen Maischsirupes um 3° Bg. eine Erhöhung des Quotienten um 1,1—1,7, eine Verdünnung um 6° Bg. eine Erhöhung um 4,1—4,35 zur Folge hatten[1]). Erhöhung der Maischtemperatur bis um 20° R hatte keinen merklichen Einfluß, da die gefundene Erhöhung um 0,5% noch innerhalb der Fehlergrenzen der Analyse liegt.

Aus diesen Versuchen geht deutlich hervor, wie eine rationelle Affination durchzuführen sein wird. Dasselbe gilt auch für die Affination von Nachprodukten.

Grögers Versuche sind deshalb so wertvoll, weil sie im Großbetriebe ausgeführt wurden und sich auf die allgemein übliche Zentrifugenaffination beziehen. Ähnliche Arbeiten Koydls betreffen das Waschverfahren, daher sind dessen Versuchsergebnisse nicht von so allgemeinem Werte. Letzteres gilt auch für die Angaben R. Mehrles über die „Beziehungen zwischen Zusammensetzung und Affinierbarkeit der Rohzucker, unter besonderer Bezugnahme auf das Auswaschverfahren". Die Güte eines Zuckers hängt nach diesem von seiner Waschfähigkeit ab. Gut waschbare Zucker erleichtern den Affinationsprozeß. Die Waschfähigkeit eines Zuckers ist abhängig von der Adhäsion des am Kristall haftenden Sirupes und dessen Viskosität. Die Adhäsion hängt ab von der Größe der Kristalloberfläche und der Sirupschichtdicke, und zwar steigt erstere mit beiden genannten Größen. Die Viskosität des Kristallsirupes hängt von der Temperatur, dem Wassergehalt des Sirupes und der Zusammensetzung seines Nichtzuckers ab, hauptsächlich aber von seinem Verdünnungsgrad, d. i. das Verhältnis Nichtzucker : Wassergehalt. Je geringer dieses Verhältnis (also je größer der Wassergehalt), desto geringer die Viskosität (D. Z. XXXIV, 1909, S. 493).

[1]) Als Minimalkonzentration des Maischsirupes gibt Gröger 73° Bg. an.

A. Frolda führte Affinationsversuche teils in Laboratoriumszentrifugen, teils im Betriebe aus (Ö. U. Z. f. Zuckerind. XXXIX, 1910, S. 983). Ein ideales Affinationsgut (Rohzucker) muß aus gut ausgebildeten Kristallen bestehen; der anhaftende Sirup soll kristallfrei sein, niedrigen Reinheitsquotienten haben und bei größter Ausbeute an reinen Kristallen leicht abwaschbar sein. — Zunächst untersuchte Frolda den Einfluß der Deckwassermengen auf die Kristallausbeute in einer Laboratoriumszentrifuge. Nach 2½ Minuten vom Anlassen der Zentrifuge wurde die Wasserdecke gegeben und weitere 2½ Minuten laufen gelassen. Wenn auf ca. 1,9 kg Füllmasse mit ca. 1,3 kg Rohzucker folgende cm^3 Wassermengen kamen, so wurden erzielt (auf Rohzucker gerechnet):

Versuch I.

	Wasser	Ausbeute Affinade	Wirklicher Reinheitsquotient des Gesamtablaufs
a)	65,5 cm^3	86,38%	72,76
b)	90,0 cm^3	85,40	—
c)	110,0 cm^3	85,80	—
d)	131,0 cm^3	83,08	74,69

Mit steigendem Deckwasserverbrauch sinkt unter gleichen Umständen die Ausbeute an Kristall und steigt die Reinheit des Abbaufsirupes. Das ist dasselbe Resultat, das Gröger mit verlängerter Deckdauer erzielte.

In einem weiteren Versuche zeigte Frolda, wie bei gleicher Arbeitsweise die Ausbeute von der Beschaffenheit des Rohzuckers abhängt. Gleiche Deckwassermengen, gleiche Deckdauer usw. bei vier verschiedenen Zuckersorten ergaben, auf Rohzucker gerechnet:

	Kristallausbeute	wirkl. Q. des Gesamtablaufsirupes
e)	84,19%	78,74
f)	84,05	79,02
g)	84,05	79,33
h)	81,57	78,79

Versuche mit Affinationszentrifugen.

Tabelle Nr. 151.

Versuch	Maischsirup Trock.-subst.	Maischsirup Polaris.	Maischsirup wirkl. Q.	kg Rohzucker	kg Maischsirup	Deckdauer Min.Sek.	% Ausbeute aufRohz	W. Reinheitdes I. Abl.	W. Reinheitdes II. Abl.	Anmerkung: Farbe der Affinade
i	69,58	61,1	87,81	76	36	1′30″	84,9	85,53	85,85	—
j	71,77	58,9	82,07	76	39	1′20″	84,2	80,91	86,12	1,10
k	71,77	58,9	82,07	76	39	1′25″	80,3	81,48	87,11	1,14
l	72,1	55,1	76,42	75,55	35,85	1′10″	82,32	75,24	81,73	gleiche } 1,85
m	70,22	54,8	78,04	74,12	35,16	1′10″	85,26	76,44	85,20	gleiche } 1,85
n	70,95	56,3	79,35	Nachpr. 74,84	34,54	1′25″	80,17	72,36	74,33	4,47

Diese Versuche zeigen den Einfluß der Deckdauer; die Ergebnisse sind dieselben wie bei den Grögerschen Versuchen, nur ist hier noch die Ausbeute berücksichtigt. Tabelle Nr. 152 gibt analytische Einzelheiten mancher Versuchsreihen wieder.

Den wichtigen Zusammenhang zwischen Deckwasser, Reinheit des Affinationssirupes und Ausbeute ermittelte Langen für einen Rohzucker von folgender Zusammensetzung: Pol. 95,75, Asche 0,85, Wasser 1,85, org. Nz. 1,55, Rdt. 91,5.

% Deckwasser	Wahre Reinheit des Sirupes	Ausbeute %	
2	70,5	89,85	un-genügende Affination
3	77,0	87,25	
4	81,0	85,70	
5	83,5	83,6	
6	85,6	81,5	
7	87,2	79,4	
8	88,5	77,3	
9	89,5	75,3	
10	90,4	73,2	

Nach Koydls Erfahrungen für Wannenwäsche — die aber Frolda für Zentrifugenaffination bestätigt — beeinflussen folgende Kristallformen ungünstig die Affinierbarkeit des Zuckers:

1. flache bis schuppige Formen: sie bilden eine dichte Wand am Zentrifugensiebe;
2. Viellinge: sie geben zusammen mit dem Feinkorn eine innige Verbindung und sind dann für das Deckmittel undurchlässig;

Tabelle

Rohzucker

Versuch	Zusammensetzung des Rohzuckers und der aus diesem gewonnenen Affinade					
	Polaris.	H_2O	Asche	org. Nz.	Rdt.	A : O
I. Rohzucker	95,05	1,59	1,00	2,36	90,05	2,36
a) Affinierter Zucker	98,85	0,39	0,14	0,62	98,15	4,44
b) Affinierter Zucker	98,95	0,32	0,12	0,61	98,35	5,04
c) Affinierter Zucker	98,85	0,46	0,10	0,59	98,35	5,90
d) Affinierter Zucker	98,95	0,35	0,08	0,62	98,55	7,75
e) Rohzucker	95,35	1,80	0,95	1,90	90,60	2,00
Affinierter Zucker	98,85	0,78	0,11	0.26	98,30	2,37
f) Rohzucker	95,20	1,97	0,87	1,96	90,85	2,25
Affinade	98,35	1,16	0,09	0,40	97,90	4,44
g) Rohzucker	95,60	1,94	0,82	1,64	91,50	2,00
Affinade	98,65	0,85	0,08	0,42	98,25	5,25
h) Rohzucker	94,35	2,17	1,01	2,47	89,30	2,45
Affinade	98,45	0,99	0,08	0,48	98,05	6,00
n) Rohzucker	89,50	3,26	2,24	5,00	78,30	2,23
Affinade	96,65	2,62	0,20	0,53	95,65	2,65

3. Feinkorn: es füllt die Hohlräume zwischen den Kristallen aus; die Wirkung ist dieselbe wie sub 1 angegeben.

Günstig ist für das Decken „kubisches" Korn; es braucht nicht besonders grob zu sein, nur Gleichmäßigkeit ist notwendig.

Koydl studierte auch die „Rolle des Feinkorns beim Affinieren des Rohzuckers" (Ö. U. Z. f. Zuckerind. XXXIX, 1910, S. 1018), welche Studie jedoch mehr technologisches Interesse erweckt.

Der Verlauf der Affination geht auch aus folgender Untersuchung des Verfassers hervor:

Tabelle Nr. 152a.

	Rohzucker I. Prod.	Derselbe affiniert	Rohzucker I. Prod.	Derselbe affiniert	Nachprodukt	Affiniert	Nachprodukt	Affiniert
Polarisation	96,10	98,30	95,2	96,10	93,70	95,80	92,9	94,8
Wasser	1,26	1,25	1,51	2,38	1,81	3,11	2,58	3,07
Asche (A)	0,86	0,21	1,03	0,72	1,36	0,51	1,59	0,61
Org. Nichtzucker (O).	1,78	0,24	2,99	0,80	3,13	0,58	3,93	1,52
Rendement.	91,8	97,25	90,1	95,7	86,9	93,25	84,9	91,7
A:O	2,00	1,14	2,90	1,11	2,30	1,13	2,47	2,40

Aus den angeführten Nichtzuckerverhältnissen glaubte der Verfasser schließen zu können, daß durch die Affination mehr organischer als anorganischer Nichtzucker entfernt werde.

Stets war das Nichtzuckerverhältnis Asche: organischem Nichtzucker im Einwurf größer als in der erzielten Affinade.

Damit standen in Übereinstimmung die Beobachtungen Grögers, daß der Affinationsablauf mehr organischen Nichtzucker enthält als der Einwurf. Im Einwurfe fand er z. B. A: O = 1: 1,55, im Ablaufe

Nr. 152.
und Affinade.

Farbe der Affinade	Zusammensetzung des anhaftenden Sirupes nach der Koydlschen Waschmethode						
	Polaris.	Trocks.	Asche	org. Nz.	Quot.	A:O	Übersättig. Koëffiz.
—	47,43	82,62	10,60	24,59	57,41	2,32	1,34
3,34	51,61	82,03	5,07	25,35	62,91	5,00	1,41
3,07	24,00	74,40	8,00	42,40	32,25	5,30	0,46
2,99	33,96	71,07	3,78	33,33	47,78	8,82	0,57
2,73	25,78	72,65	2,34	44,53	35,48	19,03	0,45
—	48,99	79,87	9,96	20,92	61,34	2,10	0,19
2,85	69,02	76,99	1,77	6,20	89,65	3,50	1,47
—	54,21	80,48	8,03	18,24	67,36	2,27	1,36
3,01	56,82	67,68	1,11	9,75	83,95	8,78	0,86
—	53,98	78,84	8,29	16,57	68,47	2,00	1,25
2,25	60,81	73,35	0,94	11,60	82,90	12,34	1,12
—	51,46	80,74	8,43	20,85	63,73	2,47	1,31
2,95	59,15	72,11	1,13	11,83	82,03	10,47	1,04
—	49,53	83,77	10,25	23,99	59,13	2,34	1,49
4,47	49,84	59,06	2,03	7,19	84,39	3,54	0,60

1 : 1,65 usw. Auch Gröger konstatierte, daß die Affinade „fast stets" ein günstigeres Nichtzuckerverhältnis habe als der Einwurf. „Dies spricht dafür, daß schon beim Kochen der ersten Füllmasse eine geringe Menge anorganischer Stoffe in oder an den Zuckerkristallen zur gleichzeitigen Abscheidung gelangt" (Ö. U. Z. f. Zuckerind. XXXIV, 1905, S. 705).

Bei Betrachtung der von Frolda ausgeführten Analysen (Tabelle Nr. 152) geht aber hervor, daß die beiden letztgenannten Resultate nicht verallgemeinbar sind, weil Frolda durchwegs für die Affinade ein ungünstigeres Nichtzuckerverhältnis als für den zugehörigen Einwurf fand. Diese Frage ist somit noch nicht spruchreif und zeigt, wie man sich vor Verallgemeinerung gefundener Resultate hüten muß.

Die physikalischen Eigenschaften eines Rohzuckers für seine günstige Affinierbarkeit wurden bereits erörtert. Die chemischen sollen nun folgen. Nach Koydl — der mit dem Steffenschen Waschverfahren arbeitet — hätte das Nichtzuckerverhältnis Einfluß auf die Affinierbarkeit, und zwar in der Weise, daß: je höher dieses, desto geringer wird die Affinierbarkeit. Weiter spricht Koydl von einem Rückgang der Affinierbarkeit eines Rohzuckers bei längerem Lagern, dadurch bedingt, daß aus dem Sirupe des Rohzuckers durch allmähliche Kristallisation mikroskopische Kriställchen (praktisch Mehl) sich ausscheiden, wodurch der Sirup völlig erstarrt und dem Deckmittel einen schwierigeren Durchgang bereitet (Ö. U. Z. f. d. Zuckerind. XXXVI, 1907, S. 19). Der Beschaffenheit dieses anhaftenden Sirupes legt Koydl die größte Bedeutung bei. Er wünscht ihn schon in frisch erschleudertem Rohzucker von wirklichem Melassequotienten; in solchem Zustande ist das Auskristallisieren während der Lagerung unmöglich. Nach Koydls Meinung wird schon im Vakuum in bedeutendem Maße die Affinierbarkeit eines Zuckers entschieden; je vollständiger der Muttersirup (Dicksaft) entzuckert wird, um so besser ist die durchschnittliche Affinierbarkeit. Im Vakuum soll der Dicksaft in Rohzucker und wirkliche Melasse heruntergekocht werden. Dies hält Koydl bei richtiger Arbeitsweise für möglich (Ö. U. Z. f. Zuckerind. XXXVI, 1907, S. 897). Die Erfüllung dieser Idealforderung würde jede Nachproduktenarbeit ersparen — schon bei Berücksichtigung des Umstandes, daß der abgeschleuderte Grünsirup nicht mit dem Muttersirupe identisch ist.

30. Kapitel.

Chemie der Klären.

Der affinierte Zucker muß zu seiner weiteren Reinigung und Verarbeitung in Lösung gebracht werden. Die erhaltenen Lösungen heißen Klären. Die Klärung des Zuckers erfolgt mit reinem, heißem Wasser so, daß die Kläre bei 80° C ca. 30 Bé zeigt. Gleichzeitig wird der Kläre

Kalk in Form von Kalkmilch zugesetzt, und zwar in solcher Menge, daß die Kläre nach ihrer Filtration über Spodium eine Alkalität von 0,001% CaO besitzt. Mehr oder weniger Alkalität schadet. Ein zu großer Kalkzusatz ist unrationell, da man dem Spodium eine größere Arbeit aufbürdet, ein zu geringer erhöht die Inversionsgefahr.

Vor ihrer Filtration über Spodium werden die Klären mechanisch filtriert, um das Spodium zu entlasten.

a) Zusammensetzung der Klären.

Die Zusammensetzung der Raffinerieklären und ihre Alkalitäten gehen aus den Ausführungen auf Seite 598 hervor.

Hier kann auch gleich der Liker (Deckkläre) angeführt werden; einige Analysen desselben zeigen, daß er eine fast chemisch reine Zuckerlösung darstellt. Seine Alkalität wird so bemessen, daß er auf Lackmus alkalisch reagiert; sie wird gewöhnlich durch Zusatz von Kalkwasser erzielt.

Brix	Pol.	Q.
72,6	72,4	99,7
73,0	72,9	99,8
72,4	72,3	99,8
72,0	71,8	99,7

Wenn auch die Raffinerieklären (siehe Analysen S. 598) höchst reine Produkte darstellen, so müssen sie doch Nichtzucker enthalten. Diesen übernehmen sie aus dem der Affinade anhaftenden Sirupe. In diesem Sirupe fand der Verfasser für eine Fabrik qualitativ viel Schwefelsäure, sehr wenig Chlor und eine starke Reaktion für Kalk. Entsprechend diesen Befunden konnten auch in den unfiltrierten Klären sehr deutliche Reaktionen für Kalk und Schwefelsäure und nur geringe für Chlor nachgewiesen werden. In filtrierten Klären fanden sich deutliche Reaktionen für Kalk und Schwefelsäure und nur Spuren von Chlor. Der Kalk rührte größtenteils von der Kalkzugabe zu den Klären her.

Sind diese Verbindungen allgemeine Bestandteile der Klären, so müssen sie sich — analog dem Vorkommen in den Rohfabriken — in Ausscheidungen der Raffinadevakuen vorfinden. Tatsächlich fanden Neumann und Andrlík folgende Zusammensetzung solcher Inkrustationen:

Neumann	
Gips	67,4%
Schwefelsaures Kali	18,1
Schwefelsaures Natron	3,7
SiO_2, Fe_2O_3, Al_2O_3, CaO	1,0
Zucker	2,6
Verbrennbare organ. Substz.	6,8
Unbestimmtes	0,4

Andrlík	
Kalk	36,49%
Schwefelsäure	51,16
Wasser	6,76
Organ. Stoffe	5,38

Über die Alkalität der Klären im Raffineriebetriebe stellte Jesser Untersuchungen an. Daraus folgerte er, daß die Alkalität abhänge von der Alkalität des Betriebswassers, von der Menge des zugesetzten Kalkes oder Alkalis, von der Alkalität des affinierten Zuckers oder der zur Klärung gebrachten Sirupe, von der Inversionsfähigkeit der Kläre, von der Menge der Zersetzungsprodukte des Zuckers, vom Effekt der Spodiumfiltration und vom zur Titration angewendeten Indikator. Außerdem seien in den Klären folgende Zersetzungsprodukte des Zuckers vorhanden: 1. Invertzucker, seine unvollständigen Zersetzungsprodukte infolge Einwirkung von Kalk und Alkalien sowie vollständig abgebauter Invertzucker; 2. Überhitzungsprodukte des Zuckers in den verschiedensten Stadien, und zwar optisch aktive und inaktive, sowie deren Spaltungsprodukte, Fehlingsche Lösung reduzierende Überhitzungsprodukte u. a.

Durch das Vorhandensein solcher labilen Körper hat jede Kläre eine veränderliche Alkalität; Kalkzusatz vergrößert, die Bildung genannter Substanzen vermindert sie.

Teils Altes, teils Neues geht aus Versuchen J. Slobinskis über die Rolle des Kalkes und der Alkalien in der Zuckerraffinerie hervor (D. Z. XXXI, 1906, S. 1020). Hervorgehoben sei, daß Slobinski für die Anwendung der Soda eintritt. Die mit dieser erzeugten Alkalitäten sollen nur gering sein. Kalk wirke mehr als Melassebildner. Ähnliche Ansichten vertreten Leplay und Aulard (Z. V. f. Zuckerind. 1904, S. 143); letzterer tritt für Anwendung von Baryt ein; demgegenüber wurden gesundheitspolizeiliche Bedenken geltend gemacht. Kalk verhindere nicht die Bildung von Invertzucker.

Für die hier in Betracht kommenden Verhältnisse wird wohl durchgehends Kalk angewendet. Molenda hält diesen für die geeignetste Base. Bei seinen Versuchen ergaben Natrium- und Kaliumalkalität in Zuckerlösungen beim Erhitzen intensivere Färbungen als Kalkalkalität. Die Alkalitäten der Klären sollen nach Molenda nur gerade so hoch zu halten sein, daß die erkochte Füllmasse eine erkennbare Spur von Phenolphthaleïnalkalität besitzt. Die Abläufe derselben müssen daher vor jeder Kochung wieder alkalisch gemacht werden (Ö. U. Z. f. Zuckerind. XXXIII, 1904, S. 890 und 891).

Im Betriebe wird dem Kalkzusatze zu den unfiltrierten Klären die größte Aufmerksamkeit zuzuwenden sein. Es ist unmöglich, stets gleichbleibende Mengen an Kalkmilch zuzusetzen, weil die Rohzucker und somit die Affinationszucker sich ändern. Stets ist es notwendig, sich hier nach den Alkalitäten der filtrierten Klären zu richten. Übermaß ist unbedingt zu vermeiden, da Kalk bei höherer Temperatur in der früher geschilderten Weise auf die Klären wirken würde; diese würden Zersetzung unter Bildung gefärbter Substanzen erfahren.

Die filtrierten Klären müssen deutlich alkalisch reagieren. Ihre Alkalität soll sie vor dem gefürchteten „Umschlagen“ beschützen.

Inversion der Klären ist der gefürchtetste Feind der Raffinerien. Es soll hier daher dem Invertzucker mehr Aufmerksamkeit geschenkt werden.

Ein invertzuckerhaltiger Rohzucker gilt als minderwertig, weil sein Vorkommen im Zucker „als Zeichen für die Veränderung des Zuckers beim Lagern gelten müsse". Das sind aber nur geringe Mengen, die für die Raffination nicht von Bedeutung sind. Bei der Klärung mit Kalk wird der Invertzucker zerstört und seine Zersetzungsprodukte werden vom Spodium aufgenommen (Bodenbender). Stammer äußerte sich folgendermaßen: Der Invertzucker ist ein gefürchteter Feind in der Raffinerie; nicht die geringen Mengen im Rohzucker sind es, sondern „die schleunige Vermehrung" desselben in Produkten, die auch nur geringe Mengen dieses Zuckers enthalten. Das Feuchtwerden der Brote ist, „wenn auch nicht die Ursache, so doch die Andeutung einer Ursache in dem Invertzucker". Die Raffinerien sollen die Annahme von invertzuckerhaltigem Rohzucker verweigern. Schultz beobachtete, daß sehr schwach inverthaltige Rohzucker beim Lagern den Invertgehalt vermehren.

„Über die Bedeutung des Invertzuckers in der Raffinerie" ist ein Teil einer Untersuchung Herzfelds über Invertzucker (Z. V. d. Zuckerind. 1885, S. 967ff.). Es wurde schon bei der Bewertung des Rohzuckers hervorgehoben, daß ein eventueller Gehalt an Invertzucker im Rendement zum Ausdruck gebracht wird. Nur mit welchem Werte dies geschehen soll, war eine strittige Frage; diese studierte eben der genannte Forscher.

Herzfeld führt auch die ältere Literatur über diesen Gegenstand an (Girard, Pellet, Gayon, Gunning u. a.). Da heute ein Invertzuckergehalt in normalen Erstprodukten, wenn überhaupt vorkommend, wohl nur zu den Ausnahmen gehört, besitzt die zitierte Arbeit nicht mehr die Aktualität wie ehedem. Sie beschäftigte sich mit dem Einflusse wechselnder Mengen Invertzuckers auf die Qualität des Rohzuckers nach Zerstörung des ersteren durch Kochen mit Kalk. Herzfeld arbeitete mit reinsten Raffinadelösungen und steigendem Invertzuckergehalt (bis 1 g Invert auf 100 Zucker). Es liegt nun der Fall so — und das macht ihn für vorliegenden Zweck instruktiv —, daß gewissermaßen Raffinadeklären im Betriebe invertiert und die erhaltenen Füllmassen analysiert wurden.

Die Füllmasse von reiner Raffinade, mit Kalk behandelt, hatte einen Quotienten von 99,35, unter gleichen Umständen mit 0,1% Invertzucker-Zusatz 99,26, mit 0,5% Invert 98,98 und mit 1% Invert 98,39. — Der sich bei der Kalkbehandlung (Kochen durch 20 Minuten) bildende saccharinsaure Kalk dreht wohl schwach links, entsteht bei diesen Bedingungen aber nur in Spuren. Interessant ist die Tatsache, daß Füllmassen aus Klären mit steigendem Invertgehalt zunehmende Dunkelfärbung zeigten. Die Tabelle Nr. 153 gibt die Versuchsreihen deutlich an. Polarisationsverminderung und Nichtzuckervermehrung sind die Folgen der Verarbeitung invertierter Klären. Es sind aber nicht die Analysen der Lösungen, sondern die diesen zugrunde liegenden Zucker angeführt (wasserfreier Zustand). — Die rasche Invertzuckervermehrung einmal invertierter

Klären führt Herzfeld auf in der Luft vorhandene Sporen zurück; diese verwandeln Zucker in Invertzucker und entwickeln sich besonders in solchen Klären, die bereits, wenn auch wenig, Invertzucker enthalten. Im Jahre 1886 fand Ladureau tatsächlich ein Invertzuckerferment auf (Z. V. f. Zuckerind. 1886, S. 126).

Tabelle Nr. 153.

Veränderung invertzuckerhaltiger Zucker beim Zerstören des Invertzuckers durch Kalk.

	a) Ursprüngliche scheinbare Zusammensetzung				b) Ursprüngliche wirkliche Zusammensetzung				c) Zusammensetz. nach d. Behandlung mit Kalk			
	Polarisation	Asche	Nichtzucker	Inv.-zucker	Wirkl. Zuck.-gehalt	Asche	Nichtzucker	Inv.-zucker	Polarisation	Asche	Nichtzucker	Inv.-zucker
1. Raffinade	99,96	0,03	0,01	—	99,96	0,03	0,01	—	99,35	0,16	0,49	—
2. Raffinade + 0,1 Invertzucker	99,83	0,03	0,04	0,10	99,86	0,03	0,01	0,10	99,26	0,21	0,53	—
3. Raffinade + 0,2 Invertzucker	99,69	0,03	0,08	0,20	99,76	0,03	0,01	0,20	99,21	0,24	0,55	—
4. Raffinade + 0,3 Invertzucker	99,56	0,03	0,11	0,30	99,66	0,03	0,01	0,30	99,16	0,32	0,52	—
5. Raffinade + 0,4 Invertzucker	99,42	0,03	0,15	0,40	99,56	0,03	0,01	0,40	99,11	0,37	0,52	—
6. Raffinade + 0,5 Invertzucker	99,29	0,03	0,18	0,50	99,46	0,03	0,01	0,50	98,98	0,42	0,60	—
7. Raffinade + 0,7 Invertzucker	99,02	0,03	0,25	0,70	99,26	0,03	0,01	0,70	98,64	0,51	0,85	—
8. Raffinade + 1,0 Invertzucker	98,62	0,03	0,35	1,00	98,96	0,03	0,01	1,00	98,39	0,72	0,89	—

Aus einer Studie Koydls über Rohzucker der Kampagne 1907/08 ist bezüglich der „Invertzuckerbewegung im Raffineriebetriebe" zu entnehmen, daß der größere Teil der in Raffineriesirupen ständig konstatierbaren Kupferreduktion auf Zuckerzersetzung durch Hitze zurückzuführen ist; ein weiterer, größerer Teil rührt vom Rohzucker her, so daß auf den durch Gärung hervorgerufenen „Invertzucker" nicht viel übrig bleibt. Indem Koydl für zwei Kampagnen den mit dem Rohzucker eingeführten Invertgehalt von dem bezüglichen Invertgehalt der Melasse subtrahiert, findet er den im Raffinerieprozeß neugebildeten Invertzucker, und zwar zu 0,32 und 0,15% — also sehr geringe Mengen.

31. Kapitel.

Chemie des Spodiums und der Spodiumfiltration.

a) Spodium, seine Zusammensetzung und Wirkungsweise.

Unter Knochenkohle oder Spodium versteht man den kohligen Rückstand, den man durch trockene Destillation von Knochen erhält. Die zerkleinerten und entfetteten Knochen werden in geeigneten Verkohlungsgefäßen bei Luftabschluß geglüht, die gasförmigen Destillationsprodukte abgeleitet und der Rückstand bei Luftabschluß auskühlen gelassen.

Bei der trockenen Destillation, welche in den Verkohlungsgefäßen vor sich geht, wird die organische Substanz der Knochen vollkommen zersetzt; ein Teil derselben entweicht in Form von flüssigen, teerigen und gasförmigen Produkten, der andere Teil ist die Quelle für die „Kohle“ des Spodiums. Diese lagert in feinster Verteilung auf dem bei diesem Vorgang unverändert gebliebenen unorganischen Gerüste der Knochen. Sie ist kein chemisch reiner ausgeschiedener Kohlenstoff, denn sie ist mit Wasserstoff und Stickstoff derart innig verbunden, daß letztere selbst nicht durch Erhitzen auf Weißglut entfernt werden können.

Die anorganische Knochensubstanz bildet die Grundlage der Knochenkohle und verleiht ihr die notwendige Festigkeit und Widerstandsfähigkeit gegen mechanische und chemische Einwirkungen. So wie der Knochen, ist die aus ihm entstandene Kohle ein äußerst poröses Material.

Folgende Analysen zeigen die chemische Zusammensetzung von Spodium.

	I	II
Wasser		14,87
In HCl Unlösliches (Sand)	0,5—1,5	0,88
„Kohle“	7,5—12	6,26
Phosphorsaurer Kalk	75—80	59,46
Phosphorsaure Magnesia	0,1—0,5	—
Kalkkarbonat	6,0—8,0	—
Kalziumsulfat (Gips)	0,1—0,3	0,68
Stickstoff- und Schwefelverbindungen . .	0,5—1,7	—
Schwefelkalzium	—	0,33
Kalk	—	10,06

I sind Grenzwerte für wasserfreie Substanz, II Durchschnittswerte aus vier Analysen Strohmers (siehe auch S. 602 und 606).

Die Zusammensetzung der Knochenkohle ist eine schwankende; sie hängt ab vom Rohmateriale und der Art ihrer Erzeugung.

Neue Knochenkohle enthält kein Schwefelkalzium, da der Konstitutionsgips beim Glühen nicht zu CaS reduziert wird. Vielmehr gibt das $CaSO_4$ (Gips) einen Teil seines Schwefels an Eisen ab, das durch Reduktion aus dem Fe_2O_3 entstand, und bildet Eisensulfid (Smith, Stolle).

$$Fe_2O_3 + 3\,CO = Fe_2 + 3\,CO_2;\ 2\,CaSO_4 + Fe = FeS_2 + 2\,CaO.$$

Der Stickstoff der Knochenkohle.

Die Herkunft des Stickstoffes der Knochenkohle ist auf ihre Darstellung zurückzuführen. Die Form, in welcher der Stickstoff vorhanden ist, ist schwer festzustellen. Stolle nimmt an, Cyanverbindungen wären der stickstoffhaltige Teil der Knochenkohle. Derselbe beschäftigte sich eingehender mit diesem Problem, da er die Anschauung vertritt, jene Stickstoffverbindungen bedingen u. a. den Verlust an „Kohlenstoff“ beim Glühen der Knochenkohle. Da der „Kohlenstoff“ stickstoffhaltig ist, trägt eine eventuelle Umwandlung seiner Stickstoffsubstanz zu seiner Verminderung bei. Das konnte Stolle auch experimentell bestätigen (Z. V. d. Zuckerind. 1900, S. 884). In dieser Umwandlung der Stickstoffsubstanz sieht Stolle die Hauptquelle (neben der Gipsreduktion zu Schwefelkalzium) für die Kohlenstoffverluste beim Glühen des Spodiums (siehe S. 605). Bei neuer Knochenkohle beträgt angeblich der Stickstoffgehalt 10 %, bei alter ca. 1,8 bis 3,2 % der „Kohle".

Glaßner und Suida führen das Entfärbungsvermögen animalischer Kohlen für gefärbte Flüssigkeiten auf deren Stickstoffgehalt zurück. Speziell Cyanverbindungen verstärken diese Wirkung, indem sie auf Farbstoffe fällend wirken sollen.

Zu einer Zeit, da das Spodium in den Rohzuckerfabriken als unentbehrlich galt und zur Reinigung von verhältnismäßig unreinen Säften verwendet wurde, war das Studium der Frage, wie sich die Kohle gegenüber den einzelnen Nichtzuckern verhalte, theoretisch und praktisch von größtem Interesse. Heute aber, wo die Knochenkohle mit nur reinen Klären in Berührung kommt, hat die Bedeutung dieser Frage sehr abgenommen.

Es wird daher genügen, nur in Kürze folgende Fragen zu beantworten: Welche Körper nimmt die Knochenkohle überhaupt auf? und welche Gesetzmäßigkeiten herrschen dabei? Dann wird nachzusehen sein, welche Faktoren diese Wirkung beeinflussen.

Nach früheren Untersuchungen Bodenbenders, Walbergs u. a. ergibt sich folgende Reihenfolge für die Absorptionsfähigkeit des Spodiums für verschiedene Salze. Die Absorptionsfähigkeit wächst in folgender Reihenfolge: Kalium- und Natriumchlorid, salpetersaures Kali und salpetersaures Natron, essigsaures Kali und essigsaures Natron, ferner schwefelsaures Kali, Natrium- und Magnesiumsulfat, Kali- und Natriumkarbonat und schließlich phosphorsaures Natron. Kleine Abweichung von dieser Reihenfolge zeigt folgende: Natrium- und Kaliumchlorid, Kalium-Nitrat und -Sulfat, zitronensaures und salpetersaures Natron, oxal- und zitronensaures Kalium, Natriumsulfat, Kaliumkarbonat, phosphorsaures Kalium, Natriumkarbonat und endlich phosphorsaures Natron.

Für die Praxis ergibt sich also, daß Chloride fast gar nicht, Nitrate nur wenig, oxal-, zitronen- und essigsaure Salze mehr, Phosphate, Karbonate und Sulfate aber reichlich aus den Säften durch Spodium aufgenommen werden. Im allgemeinen werden Kalisalze weniger als die analogen Natronsalze absorbiert. Ammonsalze werden nur wenig aufgenommen. Es können auch Wechselwirkungen zwischen dem absorbierten Salz und den anorganischen Bestandteilen der Kohle eintreten.

Kalk und Farbstoffe nimmt das Spodium begierig auf. Die entfärbende Wirkung des Spodiums ist eine augenfällige (siehe S. 599).

Stickstoffverbindungen (Eiweiß und seine Abbauprodukte) werden nur wenig absorbiert. Nach den Untersuchungen Wendelers waren nach der Filtration des Dünnsaftes noch 95,5 %, nach der des Dicksaftes noch 89,4 % der Stickstoffverbindungen in den Säften zurückgeblieben.

Die Angaben über die Absorptionsfähigkeit von Proteïn, Pepton und Propepton schwanken in entgegengesetzter Richtung (Wendeler, siehe S. 559).

Aber nicht nur Nichtzuckerstoffe, sondern auch Zucker wird von Knochenkohle aufgenommen; seine Absorption erfolgt nur in geringem Maße und in geringer Bindung. Im Gegensatze zu den Farbstoffen läßt sich der absorbierte Zucker durch Auswaschen (Aussüßen) leicht entfernen.

Walberg untersuchte im Jahre 1874 die Größe der Absorption von Zucker durch Knochenkohle. Er ließ frisch geglühtes Spodium durch 18—20 Stunden auf Zuckerlösungen einwirken. Die Zuckerlösung enthielt 17,1 g in 100 cm^3.

10,0 g	Spodium absorbierten	1,37 g	Zucker
20,0	„ „	3,80	„
25,0	„ „	4,41	„
33,3	„ „	5,33	„
50,0	„ „	7,92	„
100,0	„ „	14,62	„

Absorption der alkalitätsbildenden Bestandteile.

Auch studierte Walberg die Absorption der fixen Alkalien.

Für einprozentige Alkali-Lösungen und Anwendung von 25 % Knochenkohle (von Gewicht) wurde folgende Absorption gefunden:

Kalium als:	%	
KOH	13,5	bei 60° C
KOH	16,6	bei 15° C
KOH	16,5	
KOH	20,0	bei 50 % Spodium
K_2CO_3	25,0	
K_2CO_3	23,6	schlechtes Spodium
K_2CO_3	37,0	50 % Spodium
K_2CO_3	23,4	

Natrium als:	%	
Na_2CO_3	24,0	
Na_2CO_3	18,3	bei 60° C
NaCl	1,0	
Na_3PO_4	23,3	
Na_3PO_4	28,0	

Ammonsalze werden nur sehr wenig absorbiert.

Bei der Aufnahme aller Körper durch Spodium spielen für die quantitativen Verhältnisse die Konzentration der Lösung, die Höhe der Temperatur, die Größe der Körnung u. a. eine wichtige Rolle.

Sind Kohle und Salzslösung nur kurze Zeit miteinander in Berührung, so werden geringere Mengen des Salzes absorbiert, als wenn der Kontakt beider länger dauert. Das Absorptionsvermögen für Salze wird durch

Gegenwart von Zucker vermindert, hingegen wird die Aufnahme von Zucker durch Salze nicht wesentlich geändert. Bei Salzen wird aus konzentrierter Lösung mehr als aus verdünnter Lösung absorbiert. Beim Zucker ist das Gegenteil der Fall (Dux). Die Absorption wächst ziemlich proportional der Menge der angewendeten Kohle. Je kleiner das Korn und je höher die Filtrationstemperatur, desto wirksamer das Spodium.

b) Theorien der Spodiumwirkung.

Gleich nach Einführung des Spodiums in der Zuckerindustrie wurde nach einer Erklärung für die Wirkung dieser Substanz gesucht. Trotz vieler theoretischen und experimentellen Untersuchungen ist aber bis heute keine endgültige und unangefochtene Erklärung gefunden worden.

Zunächst wollte man die Entfärbung und chemische Reinigung durch Spodium als chemischen Prozeß auffassen (Anthon und Wernekinck). Anthon sah in dem in den Poren des Spodiums verdichteten Kohlendioxyd das Agens, das den Kalk aus den Zuckerlösungen als Karbonat ausfälle. Schon 1857 traten Hodek, später Stammer und Scheibler dieser Anschauung entgegen.

Wernekinck vertrat bezüglich der entkalkenden Wirkung der Knochenkohle die chemische Theorie; die entfärbende Wirkung des Spodiums sah er als Bleichprozeß an, „bei dem die Pflanzenfarbstoffe durch den in den Poren der Kohle verdichteten Sauerstoff oxydiert, zerstört, bzw. abgeschieden werden".

Die Knochenkohle nimmt die Kohlensäure teilweise während des Glühens bei der Wiederbelebung, teilweise beim Abkühlen neben Sauerstoff und Stickstoff aus der Atmosphäre auf. Diese Gase werden infolge „der Molekular-Attraktion gasförmiger Körper an festen" oder, wie man sich heute ausdrückt, durch Adsorption festgehalten und wirken im obigen Sinne. Da Wernekinck manche chemischen und physikalischen Vorgänge auf die „Molekularattraktion" zurückführt, seien der Adsorption einige Worte gewidmet. Unter diesem Begriffe war in seiner ursprünglichen Bedeutung die Eigenschaft fester Körper, Gase in sich aufzunehmen und mehr oder weniger festzuhalten, zu verstehen. Das geht unzweifelhaft aus folgenden Worten Kaysers (Wied. Ann. 14, S. 450) hervor: „Ich habe diese Erscheinungen nach einem Vorschlage des Herrn E. du Bois-Reymond als Adsorptionserscheinungen bezeichnet, während sie gewöhnlich Absorption genannt und somit zusammengeworfen werden mit der Absorption der Gase durch Flüssigkeiten oder auch mit der Absorption der Wärme, des Lichtes. Bei all diesen Absorptionserscheinungen hat man es mit Vorgängen zu tun, welche sich in den Zwischenräumen der Moleküle der Körper abspielen. Die Adsorptionserscheinungen dagegen gehen nicht zwischen den Molekülen, sondern an freien Körperoberflächen vor sich und sind durchaus nicht von derselben Größenanordnung molekularer Abstände ...." Dieser Begriff erfuhr manche Wandlungen; er wurde erweitert.

In Ostwalds Lehrbuch der Allgemeinen Chemie (1906) ist unter Adsorption zu lesen: „Der zweite Fall, in welchem feste Körper sich als veränderlich bezüglich Zusammensetzung erweisen, ist der der Adsorption; hier handelt es sich um die Eigenschaft fester Stoffe, durch ihre Anwesenheit neben Phasen veränderlicher Konzentration das Gleichgewicht in diesen zu verschieben. Solche Phasen können Gase oder Lösungen sein, ... den Charakter einer chemischen Verbindung haben diese festen Gebilde nicht, denn sie verlieren durch Erhöhung der Temperatur, bzw. Verminderung des Druckes oder der Konzentration in der angrenzenden Phase die aufgenommenen Stoffe wieder..... sind die Gesetze der Adsorption durch die Eigenschaft der Oberflächenenergie bedingt." Heute werden Färbevorgänge und Entfärbungsprozesse von Fasern oder Kohlen, das Mitreißen von Bestandteilen einer Lösung durch Kristalloïde und Kolloïde in statu nascendi (z. B. bei der Scheidesaturation) u. v. a. durch Adsorptionserscheinungen erklärt. Es gibt sogar „Adsorptionsverbindungen" (van Bemmelen), die bei der Aufsaugung von Kristalloïden durch Gele sich geltend machen.

Daß poröse Kohlen Adsorption zeigen, wurde im Jahre 1777 durch Felice Fontana nachgewiesen: geglühte Kohle, die bei Luftabschluß abgekühlt wurde, absorbierte Gase in einer Menge, die das Volumen der Kohle um vieles überstieg; dabei verhalten sich die einzelnen Gase individuell. Morozzo fand, daß auch die Art der Kohle dabei eine wichtige Rolle spiele. „Über die Verdichtung von Gasen und Dämpfen auf der Oberfläche fester Körper" schrieb später Quincke in Poggendorfs Annalen 1859, 326. Bemerkenswert ist hier nur, daß Quincke die Entfärbung durch Kohlen auf dieselben Molekularkräfte, welche Adsorption von Gasen bedingen, zurückführt.

Heute wird allgemein der physikalischen Theorie der Vorzug gegeben; nach dieser beruht die Wirksamkeit der Knochenkohle auf ihrer porösen Struktur und auf der feinen Verteilung der „Kohle". Einen guten, wenig bekannten Vergleich stellte Scheibler an: „Es ist nicht allein die Menge des Kohlenstoffes, welche die Wirkung bedingt, sondern auch die Art und Weise, wie er vorhanden ist; ein Stückchen Knochenkohle ist einem Gebäude zu vergleichen, welches eine Menge von Zimmern und Sälen enthält. Denkt man sich diese mit Kohlenstoff tapeziert, so sind es diese Tapeten, welche die entfärbende Wirkung ausüben, und für die Stärke derselben kommt es auf die relative Größe der Zimmerflächen an und darauf, ob die Wände mit glatt polierten oder mit rauhen Tapeten bekleidet gedacht werden."

Auf diesen ganzen Fragenkomplex braucht nicht näher eingegangen zu werden, weil das Spodium gegen früher sehr an Bedeutung verloren hat. Hingewiesen sei auf die sehr ausführliche Besprechung der Knochenkohle, ihrer Wirkung und Theorie in der „Kurzgefaßten Chemie der Rübensaft-Reinigung" von W. Sykora und F. Schiller.

Das Spodium im Betriebe.

Die verschiedenen Raffinerieklären werden in der Filterbatterie filtriert. Ein langer Kontakt mit dem Spodium und höhere Temperaturen dienen dazu, die Filtration möglichst vollständig wirken zu lassen. Der Effekt der Filtration ist mehr physikalischer als chemischer Natur. Die Klären, die trotz der mechanischen Filtration trübe und mehr oder weniger gelblich gefärbt sind, unschön und matt aussehen, zeigen nach der Spodiumfiltration helles, farbloses, feuriges, blankes Aussehen. Chemische Einwirkung ist kaum zu konstatieren. Der Verfasser beschäftigte sich eingehender mit dieser Frage. So wurden z. B. zwei dritte Klären mit Spodiumstaub innig gemischt und das Ganze eine Stunde stehen gelassen. Nach dieser Behandlung mit Spodium nahmen die Quotienten nur um 0,1 % zu; die Alkalitäten nahmen von 0,0042 auf 0,0014 und von 0,0049 auf 0,0014 % CaO ab. Die weitere Zusammenstellung von Betriebsanalysen des Verfassers rechtfertigt die Behauptung, daß die Filtration über Spodium fast gar keine Aufbesserung im Reinheitsquotienten der Klären zur Folge hat.

Tabelle Nr. 154.

Unfiltrierte I. Klären			Unfiltrierte II. Klären			Unfiltrierte III. Klären			Unfiltrierter Liker (Deckkläre)		
Bx.	Pol.	Q.	Bx.	Pol.	Q.	Bx.	Pol.	Q.	Bx.	Pol.	Q.
56,2	56,0	99,6	62,6	61,6	98,4	54,3	53,6	98,7			
59,1	58,8	99,4	56,8	56,5	98,9	53,7	52,5	97,8			
55,8	55,5	99,4	59,0	58,5	99,1	49,1	48,1	97,9	68,2	68,0	99,7
61,7	61,4	99,5	49,2	48,7	98,9	54,4	53,4	98,1	69,6	69,3	99,5
59,9	60,3	99,3	57,2	56,4	98,6	54,3	53,2	97,9			
Filtrierte Klären und Liker											
55,7	55,4	99,4	61,2	60,6	99,0	53,5	52,5	98,3	72,1	72,0	99,8
55,4	55,2	99,6	61,0	60,4	99,0	53,5	52,5	98,3	72,2	72,0	99,7
60,2	60,1	99,8	56,8	56,6	99,6	55,8	54,8	98,2			
61,3	61,2	99,8	55,9	55,4	99,1	46,7	46,1	98,7			
55,7	55,4	99,4	61,7	60,9	98,7	54,3	53,5	98,5			

Damit soll jedoch nicht gesagt sein, daß der Knochenkohle keine Fähigkeit zukäme, chemisch durch Absorption von Nichtzucker zu wirken; aber bei der Reinheit der heutigen Klären kann das Spodium keine größere chemische Wirksamkeit entfalten.

Die physikalische Wirkung der Knochenkohle ist umso augenfälliger.

In Versuchen von Scheuer und Oleszkiewicz wurden Klären vor und nach der Filtration über Spodium untersucht:

Die Analysen dei Klären vor dem Eintritte in die Spodiumfilter ergaben:

a) Sacch. 64,1, Ablesung 66,0, Farbengrade 2,36;
b) Sacch. 62,2, Ablesung 74,0, Farbengrade 2,17;
c) Sacch. 62,3, Ablesung 74,5, Farbengrade 2,15.

Beim Austritte aus den Spodiumfiltern zeigte der Analysenbefund:
a) Sacch. 64,1, Ablesung 134,0, Farbengrade 1,16;
b) Sacch. 62,2, Ablesung 144,0, Farbengrade 1,11;
c) Sacch. 62,3, Ablesung 135,0, Farbengrade 1,19.

Ungeschwefelte Rohzuckerkläre:
Alkalität 0,243 %, Sacch. 67,3 Ablesung 0,7, Farbengrade 212,2.

Rohzuckerkläre nach der Schwefelung:
Alkalität 0,028 %, Sacch. 63,5, Ablesung 0,85, Farbengrade 185,2.

Nach dem Verlassen des Spodiums zeigte die Kläre bei einer Alkalität von 0,02 % 155,4 Farbengrade.

Stolle untersuchte, „in welchem Grade die in der Knochenkohle vorhandenen Salze während der Filtration der Raffinerieklärsel über dieselbe von der Zuckerlösung in Lösung gebracht werden“ (Z. V. d. Zuckerind. 1900, S. 872).

Er arbeitete mit wiederbelebter Knochenkohle des Betriebes, ließ über dieselbe Wasser von 30, 50 und 80—90° laufen und untersuchte es sogleich nach dem Ablaufen und weiter nach 2- bis 48stündigem Durchfließen. Schließlich ließ er Dampf auf das Spodium einwirken und untersuchte das Kondenswasser.

I. Bei 30° gingen am schnellsten Gips ($CaSO_4$) und Na_2SO_4 in Lösung, etwas langsamer NaCl und Na_2CO_3; $CaCO_3$ beginnt erst dann in Lösung zu gehen, wenn die vorhandenen schwefelsauren Kalksalze bereits gelöst sind (siehe Tabelle Nr. 155a).

II. Bei 50° C ist im Wasser nach 8 Stunden kein Na_2SO_4, nach 12 Stunden kein $CaSO_4$, nach 17 Stunden kein Na_2CO_3 und nach 22 Stunden kein NaCl mehr nachweisbar; gleichzeitig ist nach 8 Stunden $CaCO_3$ und $CaSO_4$ in Lösung gegangen. Nach 12 Stunden ist NH_3 und während der ganzen Versuchsdauer Eisen qualitativ nachweisbar. CaS war nicht vorhanden. Durch die Abnahme dieser Salze steigt relativ der Kohlenstoffgehalt des Spodiums. Ferner zeigte dieses Vermehrung des CaS und Verminderung des $CaSO_4$: „Es scheint also, daß sich der Gips in der Kohle durch die stundenlange Einwirkung des warmen Wassers in CaS umsetzt.“ Auch der Stickstoffgehalt nahm zu.

III. Temperatur 80—90° C. Hier gibt der Verfasser die Versuchsergebnisse Stolles detailliert wieder, weil diese Temperatur den Betriebsverhältnissen entspricht, also wertvollere Resultate als die erst angeführten Versuche sich ergeben (Tabelle Nr. 155b).

$CaSO_4$, NaCl, Na_2SO_4 sind nach 6 Stunden, Na_2CO_3 nach 8 Stunden und NH_3 nach 12 Stunden in Lösung gegangen. Erst nach 4 Stunden beginnt die Löslichkeit des $CaCO_3$ und ist nach 32 Stunden beendigt. Schließlich wurden durch 9 Stunden die Kohle im Filter ausgedämpft und die Kondenswässer sofort und nach 3, 5, 7 und 9 Stunden unter-

Tabelle
Löslichkeit der Salze der Knochen-
Wassertemperatur
1 l Wasser enthält

Nach Verlauf von Stunden	0	2	4	6
Abdampfrückstand	0,709 6	0,582 4	0,445 6	0,324 8
CaO	0,006 36	0,004 77	0,004 24	0,003 18
Fe	0,000 041	nicht mehr nachweisbar		
NH_3	0,000 25	0,000 225	0,000 165	0,000 155
SO_3	0,038 9	0,041 16	0,055 44	0,057 60
Cl	0,099 4	0,053 2	0,017 75	0,010 6
Organ. Substanz i. g Sauerstoff	0,020 36	0,009 48	0,006 32	0,005 88
Reaktion	alk.	alk.	alk.	alk.
Umgerechnet:				
$CaSO_4$	0,015 52	0,011 57	0,010 28	0,007 715
$CaCO_3$	—	—	—	—
NaCl	0,164 04	0,087 79	0,029 29	0,017 49
Na_2SO_4	0,051 32	0,057 48	0,082 63	0,088 78
Na_2CO_3	0,289 80	0,226 85	0,239 21	0,187 59

Tabelle
Löslichkeit der Salze der Knochen-
Wassertemperatur
1 l Wasser enthält

Nach Verlauf von Stunden	0	2	4
Abdampfrückstand	1,065 6	0,936 8	0,309 6
Glühverlust	0,116 0	0,000 0	0,018 4
Glührückstand	0,949 6	0,936 8	0,291 2
CaO	0,009 69	0,006 12	0,007 14
Fe	Spur	Spur	Spur
NH_3	0,002 5	0,003 5	0,000 75
SO_3	0,048 61	0,045 86	0,006 99
Cl	0,173 6	0,017 75	0,007 1
Org. Bestandt. i. g Sauerstoff ausgedrückt	0,004 45	0,004 52	0,002 14
Reaktion	alk.	neutral	neutral
Umgerechnet:			
$CaSO_4$	0,021 61	0,013 75	0,011 88
$CaCO_3$	—	—	0,003 06
NaCl	0,286 4	0,029 29	0,011 72
Na_2SO_4	0,064 98	0,067 86	0,000 76
Na_2CO_3	0,362 45	0,809 15	0,257 5

sucht. $CaCO_3$ geht nicht, Na_2SO_3 erst nach 3 Stunden, $CaSO_4$, NaCl, Na_2SO_4 gehen während des ganzen Versuches in Lösung.

Nach jedem beendigten Filtrationsversuche wurde die Knochenkohle analysiert, um den Einfluß der Lösungsvorgänge auf ihre Zusammensetzung zu sehen. (Siehe Tabelle Nr. 156.)

Nr. 155a.
kohle in warmem Wasser.
30° C.
in Grammen:

8	12	17	22	28	36	48
0,233 6	0,136 8	0,119 2	0,144 0	0,118 4	0,120 0	0,116 0
0,002 97	0,003 39	0,003 06	0,003 06	0,003 57	0,019 38	0,026 07
nicht mehr nachweisbar						
0,000 07	0,000 050	0,000 0025	0,000 0015	nicht mehr nachweisbar		
0,043 36	0,024 44	0,012 88	0,007 412			
0,010 6	0,008 87	0,007 10	0,003 90	0,004 97	0,003 55	nicht n.
0,005 11	0,001 21	0,002 95	0,001 41	0,011 18	0,010 95	0,006 228
alk.	neutral	neutral	neutral	neutral	alk.	alk.
0,007 20	0,008 22	0,007 424	0,007 42	—	—	—
—	—	—	—	0,006 37	0,034 61	0,046 4
0,017 49	0,014 63	0,008 71	0,006 43	0,009 10	0,005 86	—
0,065 41	0,032 73	0,014 24	0,005 07		—	—
0,135 64	0,077 37	0,086 6	0,122 83	0,070 68	0,040 3	—

Nr. 155b.
kohle in heißem Wasser.
80—90° C.
in Grammen:

6	8	12	17	22	28	36
0,138 4	0,109 6	0,085 6	0,097 6	0,099 2	0,080 8	0,108 2
0,003 6	0,010 4	0,028 0	0,054 4	0,052 8	0,040 0	0,056 0
0,138 4	0,099 2	0,057 6	0,043 2	0,046 4	0,040 8	0,061 2
0,017 36	0,020 604	0,033 66	0,044 88	0,039 78	0,036 92	0,055 59
Spur	Spur	Spur	Spur	Spur	Spur	Spur
0,000 175	0,000 11	0,000 06	nicht mehr nachweisbar			
0,005 76	nicht mehr nachweisbar					
0,005 32						
0,001 73	0,003 97	0,001 368	0,000 68	0,000 27	0,000 714	0,001 05
neutral	neutral	alk.	alk.	alk.	alk.	alk.
0,002 97	—	—	—	—	—	—
0,026 40	0,036 77	0,060 08	0,080 11	0,071 01	0,069 5	0,099 23
0,008 78	—	—	—	—	—	—
0,002 95	—	—	—	—	—	—
0,071 9	0,059 4	—	—	—	—	—

Manche Zahlen zeigen ziemliche Schwankungen in der Zusammensetzung. $CaSO_4$ vermindert sich, CaS wächst an, ebenso der Stickstoff. —

Die Versuchskohle Stolles war dem Betriebe entnommen, schon gebraucht und wiederbelebt; die Arbeiten wurden in einem kleinen Versuchsfilter (35 kg Fassung) durchgeführt. Zu den beiden Tabellen über die Salzlöslichkeit sei noch hinzugefügt, daß Salpeter-, salpetrige und Phosphorsäure nie nachgewiesen werden konnten. Dadurch ist bewiesen, daß in der Kohle keine Nitrate und Nitrite vorhanden sind und auch nicht bei den gegebenen Versuchsbedingungen entstehen. Die Abwesenheit von Phosphorsäure zeigt, daß der phosphorsaure Kalk nicht angegriffen wird; auch Schwefelkalzium war nicht zu konstatieren. Ammoniak geht durch Verflüchtigung teilweise verloren, die gefundenen Zahlen sind daher etwas zu klein. Dieses und Eisen wurden kolorimetrisch bestimmt. Da es sich im Betriebe aber um Zuckerlösungen handelt, werden die genannten Löslichkeiten größer sein.

Tabelle Nr. 156.

Analyse der Knochenkohle.

Auf Trockensubstanz bezogen	Kohle vor Gebrauch	Nach dem Versuche bei			
		30° C	50° C	80–90° C	Dampf
Kohlenstoff	6,138	7,086	7,032	7,150	6,984
Sand + Ton	0,466	0,519	0,330	0,234	0,416
$CaCO_3$	7,187	6,590	6,590	6,570	7,100
$CaSO_4$	0,058	0,009	0,016	0,0105	0,0433
CaS	0,040	0,0014	0,0783	0,121	0,0634
Stickstoff (Kjeldahl)	0,549	0,5236	0,6003	0,678	0,686

Aussüßen des Spodiums.

War ein Filter eine Zeitlang im Gebrauch, so verliert es seine entfärbende Wirkung auf die Klären. Es wird daher aus dem Betriebe ausgeschaltet. Doch muß es vorher noch von seinem aufgenommenen Zucker befreit werden, der teils mechanisch, teils absorbiert zurückgehalten wird. Dies geschieht durch reines, warmes Wasser. Das „Aussüßen“ geht bis zu einem bestimmten Punkte vor sich und ist immer mit geringen Zuckerverlusten verbunden. Dabei werden aber auch bereits aus den Klären entfernte Nichtzuckerstoffe wieder in Lösung gebracht, besonders Alkalisalze, und so dem Betriebe zurückgeführt. Dadurch wird ein Teil der Spodiumwirkung wieder aufgehoben. Das war mit ein Grund, der zur spodiumlosen Arbeit drängte.

An folgenden Analysen sieht man deutlich die Aufnahme von Nichtzuckerstoffen und die Abnahme des Zuckergehaltes in den Abwässern.

° Bx	Pol.	Quot.
8,5	6,24	73,4
7,0	5,12	73,1
6,0	4,12	68,7
4,5	2,72	60,4
3,5	1,72	49,1
3,0	1,40	46,6
2,5	1,12	44,8
2,25	0,88	39,1
2,0	0,60	30,0

Zu bemerken ist, daß die Aussüßung stets weiter getrieben wird, als die angeführten Analysen vermuten lassen. Gewöhnlich gilt 0,20 Polarisation im Absüß als die unterste Grenze, doch läßt sich eine bestimmte Zahl nicht fixieren. Die Größe des Zuckerverlustes hängt von dem Grade der Absüßung, der Größe der Filter, der Körnung des Spodiums usw. ab.

Zum Absüßen wird stets heißes Wasser verwendet; obwohl es ein größeres Lösungsvermögen für die bereits absorbierten Nichtzuckerstoffe besitzt als kaltes Wasser, so gebührt ihm doch der Vorzug, weil man wieder mit einer geringeren Menge davon auskommt. Nach Stammer sind 6 Teile heißen 10 Teilen kalten Wassers gleichwertig. Beim Aussüßen mit heißem Wasser dauert diese Operation kürzere Zeit und gelangt dadurch nur heißer Absüß in die Klären; diese behalten ihre Temperatur und werden so vor Inversion behütet.

c) Der Wiederbelebungsprozeß.

Nach dem Aussüßen erfährt die Knochenkohle ihre Wiederbelebung. Der etwas ältere, aber noch häufig angewendete Prozeß zerfällt in folgende Phasen:

1. Säurung mit Salzsäure behufs Entkalkung;
2. „nasse" Gärung zur Entfernung der organischen Stoffe;
3. Entgipsung mit Soda, (nur fallweise durchgeführt);
4. Auskochen mit reinem, heißem Wasser;
5. Waschen;
6. Dämpfen;
7. Glühen zur Entfernung der restlichen organischen Substanz;
8. Auskühlen.

Ein Teil der wasserlöslichen Salze ist schon beim Aussüßen in Lösung gebracht worden, so daß diese einer — allerdings unfreiwilligen — Vorreinigung gleichkommt. Die unlöslichen Salze müssen auf chemischem Wege entfernt werden. Dazu gehören vor allem die Kalksalze. Diese werden in wasserlösliche Salze umgewandelt und lassen sich dann leicht durch bloßes Auswaschen entfernen. Der Kalk wird aus den Klären in verschiedenen Verbindungsformen absorbiert (Hydrat, Karbonat, Sulfat, Organat), die durch Behandlung mit Salzsäure in lösliche Chloride umgewandelt werden: $\underset{\text{unlöslich}}{CaCO_3} + 2\,HCl = \underset{\text{löslich}}{CaCl_2} + H_2O + CO_2$ oder $Ca(OH)_2 + 2\,HCl = \underset{\text{löslich}}{CaCl_2} + 2\,H_2O$.

Der Gips erfordert zu seiner Überführung in wasserlösliche Form eine eigene Behandlungsweise, die in einem späteren Zeitpunkte der Wiederbelebung einsetzt (s. u.). Ob durch die Salzsäure auch organischsaure Kalksalze entfernt werden, ist nicht sichergestellt.

Hierauf werden die organischen Stoffe durch Gärung in lösliche übergeführt; nun folgt die Entgipsung. Doch geschieht dieselbe nicht bei jedem Wiederbelebungsprozeß, sondern nur dann, wenn der Gipsgehalt ca. 0,4% übersteigt. Die Ursachen für sein Anwachsen liegen 1. im Gehalt des Rohzuckers an schwefelsauren Salzen und 2. im Sulfatgehalt der zur Säuerung dienenden Salzsäure und des Wassers. Seine Schädlichkeit zeigt sich besonders beim Glühen der wiederbelebten Knochenkohle und ist daselbst näher behandelt. Der Gips ($CaSO_4$) wird durch Kochen mit Sodalösung in kohlensauren Kalk ($CaCO_3$) übergeführt (1) und letzterer im nächsten Wiederbelebungsprozeß durch Salzsäure gelöst (2):

$$1.\quad CaSO_4 + Na_2CO_3 = \underset{\text{wasserlöslich}}{Na_2SO_4} + \underset{\text{unlösl.}}{CaCO_3};$$

$$2.\quad CaCO_3 + 2\,HCl = CaCl_2 + H_2O + CO_2.$$

Durch die Behandlung mit Soda werden noch durch die Gärung nicht vollständig entfernte organische Substanzen zerstört.

Nun folgt das Kochen mit reinem Wasser zur Entfernung der in kaltem Wasser unlöslichen Salze; dann das Waschen der Kohle, um alle Reste von Verunreinigungen zu entfernen. Schließlich das Ausdämpfen zur Vortrocknung und das Glühen des Spodiums.

Beim Übergießen der Knochenkohle mit der Säure tritt lebhafte Gasentwicklung auf; dies infolge Zersetzung der Karbonate unter Freiwerden von Kohlendioxyd. Dieser Prozeß verliert an Intensität und hört schließlich ganz auf. Die Salzsäure soll möglichst rein sein. Ganz besonders schadet ein Gehalt an Schwefelsäure. Die Säure muß in ganz geringer Konzentration zur Wirkung gelangen und darf nur den vom Spodium absorbierten Kalk lösen. Jenen kohlensauren Kalk, den selbst neues Spodium enthält, den sog. Konstitutionskalk, darf sie nicht angreifen, denn er sowie der phosphorsaure Kalk sind die Träger der „Kohle“ oder, um beim Scheiblerschen Vergleich zu bleiben: die beiden genannten Kalkverbindungen sind die Zimmerwände, welche mit Tapeten überklebt werden.

Nach dem Säuern soll das Sauerwasser abgelassen und durch reines, warmes Wasser ersetzt werden. Alsbald ist Entwicklung von Gasblasen zu beobachten und übler Geruch wahrzunehmen: die organischen Substanzen beginnen zu gären. Die „nasse Gärung“ — welche das alte Verfahren der „trockenen Gärung“ ganz verdrängt hat — tritt durch die in der Atmosphäre stets vorhandenen Bakterien ein; diese finden alle günstigen Bedingungen für ihre Vermehrung. Die organischen Substanzen werden zerstört, gehen teils in Lösung oder geben gasförmige Produkte. Zunächst tritt auf Kosten des Zuckers eine alkoholische Gärung ein, die in eine Essig- und Buttersäuregärung übergeht. Die Gärung wird nach zwei bis drei Tagen unterbrochen, indem man das über der Kohle stehende schmutzige, dunkelgefärbte, unangenehm riechende Wasser abläßt; es zeigt saure Reaktion und enthält auch Schwefelwasserstoff, herrührend von der faulen Gärung.

Nach dem folgenden Auskochen und Waschen ist die Kohle von allen aufgenommenen Stoffen befreit, nur der Farbstoff haftet ihr noch energisch an, da er durch keine der angeführten Operationen angegriffen wurde. Dies geschieht erst durch das Glühen. Zum Glühen ist aber nur eine trockene Kohle brauchbar. Diese wird erhalten, wenn man die gewaschene, noch feuchte Kohle **dämpft** und nachher auf einer Darre vollständig **trocknet**. Durch das Dämpfen wird das in den Poren zurückbleibende Wasser entfernt; dadurch wird die Trocknung auf der Darre erleichtert. Jetzt gelangt die noch immer feuchte Kohle auf die Darre des Glühofens, wo sie erwärmt wird. Die Temperatur darf hier nicht über 130° gehen, da bei dieser und Luftzutritt Kohlenstoff in einer dem Auge nicht wahrnehmbaren Weise verbrennt.

Das Glühen der Knochenkohle geschieht bei Luftabschluß, da sie bei Luftzutritt verbrennen würde. Es hat bei einer bestimmten Temperatur zu erfolgen, um eine gute Kohle zu erhalten. Ist die Temperatur zu gering, so zeigt die resultierende Kohle ein geringes Entfärbungsvermögen; ist sie zu hoch, so sintert die Knochenkohle zusammen, die Poren werden verringert und das Spodium verliert an Wirksamkeit. Die günstigste Temperatur liegt bei 370°; ihre Einhaltung ist von größter Wichtigkeit.

Das Glühen ist im Wiederbelebungsprozesse des Spodiums eine unentbehrliche Phase; doch hat es Nachteile für die Knochenkohle, so daß selbst bei einem ideal durchgeführten Wiederbelebungsprozeß das wiederbelebte Spodium nicht mehr dieselben guten Eigenschaften aufweist wie das neue Material.

Schon auf der Darre treten kleine Kohlenstoffverluste auf; doch ist das Darren der Knochenkohle ein unvermeidliches Übel, weil nach **Herzfeld** und **Stiepel** nasse Kohle den Reduktionsprozeß des Gipses beim Glühen begünstigt. Im Glühofen selbst tritt Kohlenstoffverlust auf zweierlei Weise ein: wenn der Ofen nicht absolut luftdicht schließt, durch hinzutretende Luft und zweitens durch die Reduktion von Gips oder von schwefelsauren Alkalien durch den Kohlenstoff. Folgende Prozesse spielen sich ab: $CaSO_4 + 4\,C = CaS + 4\,CO$ oder $CaSO_4 + 2\,C = CaS + 2\,CO_2$; $CaS + CO_2 + H_2O = CaCO_3 + H_2S$; der gebildete Schwefelwasserstoff (H_2S) greift die Armaturen unter Bildung von Sulfiden (Kupfer- und Eisensulfid) an.

Durch die Untersuchungen **Herzfelds** und **Stiepels** ist es sichergestellt, daß beim Glühen der Knochenkohle bei einer Temperatur von 750—850° C unter Abnahme ihres Kohlenstoffgehaltes und Bildung von Schwefelkalzium folgender Prozeß vor sich geht: $CaSO_4 + 2\,C = CaS + 2\,CO_2$. — Kalziumsulfid ist in Zuckerlösungen, wie **Stolle** zeigte (siehe S. 84), leicht löslich, zersetzt sich, wie an gleicher Stelle ausgeführt wurde, und bildet Sulfide der Schwermetalle; diese verleihen den Klären, welche über Knochenkohle laufen, unangenehme Färbungen.

Anderer Meinung ist **Stolle**. In einer Arbeit „Die Sulfide in der Knochenkohle“ kommt er zum Resultate, daß „entgegen der bisher verbreiteten Ansicht kein Schwefelkalzium“ vorhanden ist. „Der in der Knochenkohle vorhandene Konstitutionsgips wird durch Glühen der Kohle nicht zu Schwefelkalzium reduziert, sondern gibt zum Teil Schwefel ab, welcher sich mit dem durch Reduktion aus dem Ferrioxyd entstandenen metallischen Eisen gleich wieder zu Schwefeleisen verbindet". Er erklärt es für irrig, in seinen früheren Filterversuchen und der Arbeit über die Stickstoffverbindungen im Spodium Schwefelkalzium als Bestandteil angeführt zu haben. Beim Glühen der Knochenkohle fänden daher folgende Prozesse statt: Durch das während des Glühens der Kohle entstehende Kohlenoxyd wird das vorhandene Eisenoxyd zu metallischem Eisen reduziert; der Konstitutionsgips wird durch letzteres zu Kalziumoxyd reduziert, wobei gleichzeitig Eisenoxydulsulfid entsteht. Seine Versuche stellte Stolle mit vollständig neuer Kohle an, die also keinen aus Lösung herstammenden Gips enthielt. Außerdem wurden dieselben bei Temperaturen ausgeführt, die über denen des Betriebes lagen.

Für eine schon gebrauchte Knochenkohle läßt Stolle die Ansichten Herzfelds und Stiepels gelten, hebt aber hervor, daß im Betriebe das Spodium stets entgipst wird und so eine Reduktion zu Schwefelkalzium „so gut wie ausgeschlossen" sei. „Kohlenstoffverluste werden dagegen stets stattfinden; auch wenn man eine Kohle zur Verfügung hätte, welche überhaupt keinen Gips enthält, und mit Klären arbeitet, welche keinen schwefelsauren Kalk in Lösung haben ..... ist die Verminderung des „Kohlenstoffes" in einer Kohle mit normalem Gipsgehalt auf die wechselseitige Umsetzung der den Kohlenstoff bildenden Körper (siehe S. 593) und auf ein Verbrennen der organischen Körper überhaupt zurückzuführen." Er nennt diesen Kohlenstoffverlust ein „Selbstverzehren" (Z. V. d. Zuckerind. 1901, S. 22).

Mit dem Abkühlen der geglühten Kohle ist deren Wiederbelebungsprozeß beendigt. Wie notwendig dieser war, zeigen folgende Durchschnittswerte für

	Neues Spodium	Gebrauchtes Spodium
Kohlenstoff	8,05	6,33
$CaCO_3$	7,67	8,26
$CaSO_4$	0,20	0,64
CaS	0,03	0,13
Sand	2,66	2,45
Salze durch heiße Wäsche entfernbar	1,02	0,22
Spez. Gewicht	2,368	2,882
1 l wiegt in unveränderter Körnung (Volumgewicht)	750 g	1036 g

(Nach Schulz.)

Die Wiederbelebung kann auch in anderer Weise ausgeführt werden, als oben geschildert wurde. Die unangenehme Gärung kann durch Auskochen mit Ätznatron oder mit Soda ersetzt werden. Beide genannten Reagenzien wirken dann gleichzeitig entgipsend: $CaSO_4 + 2\,NaOH = \underset{\text{wasserlösl.}}{Na_2SO_4} + Ca(OH)_2$. Das gebildete Kalkhydrat wird erst beim nächsten Wiederlebungsprozeß vollständig entfernt. Besonders Ätznatron hat ein großes Lösungsvermögen für organische

Substanzen; doch wird Soda, weil billiger, vorgezogen. Beide Reagenzien müssen rein sein (frei von Sulfaten). Daher ist die „Ammoniaksoda" nach dem Solvayverfahren der Leblancsoda vorzuziehen.

Diese Wiederlebungsart, welche die nasse Gärung entbehrlich macht und viel kürzere Zeit in Anspruch nimmt, hat fast allgemein Eingang gefunden; Gröger jedoch tritt für die nasse Gärung, der er mehrere Vorteile gegenüber dem Auskochen mit Ätznatron nachsagt, ein.

In den Einzelheiten führen verschiedene Fabriken den Wiederbelebungsprozeß verschieden durch. Bei der Reinheit der zur Filtration gelangenden Klären hat das Spodium keine so große chemische Wirksamkeit wie früher zu entfalten; daher ist der Wiederlebungsprozeß heute nicht mehr so kompliziert. Die Wiederbelebung wird demnach in vielen Fabriken sehr vereinfacht.

d) Spodiumlose Arbeit.

Es wurde schon früher auf mehrere Momente bei der Spodiumarbeit aufmerksam gemacht, die es als wünschenswert erscheinen ließen, die Knochenkohle aus dem Raffinationsbetriebe zu eliminieren. Bestärkt wurde dieser Wunsch durch die Erfolge, welche die Rohzuckerfabriken in dieser Hinsicht hatten.

Welch große Bedeutung der Knochenkohlenfiltration in der Industrie des Zuckers zukam, geht deutlich aus Stammers Lehrbuch hervor: „Es darf behauptet werden, daß erst von der Zeit an, wo man die Kohle in gekörntem Zustande zu benutzen anfing, und wo man die gebrauchte Kohle auf einfache und zweckmäßige Weise wieder zu „beleben" lernte, die fabriksmäßige Gewinnung des Zuckers aus Rüben für immer gesichert war." (Siehe auch S. 363, 370.)

„Das Spodium war die Seele der Zuckerfabrikation", dies galt solange, bis Karlík im Jahre 1886 das Spodium aus der Rohzuckerfabrikation verdrängte. Zuerst berichtete Fritscher im Organ (1886, S. 141) in einem Beitrag „Zur Fabrikation von Rohzucker ohne Anwendung von Spodium, Kies, schwefliger Säure oder anderer schwefligsaurer Präparate sowie außerordentlicher chemischer oder mechanischer Mittel" (in den Zuckerfabriken Nimburg und Podiebrad) und dann Karlík selbst über sein Verfahren. Die Wunderwirkung des Spodiums, das durch kein Surrogat ersetzt werden konnte, wurde langsam angezweifelt. Von 20% sank allmählich sein Verbrauch auf 2% (auf Rübe gerechnet), worunter die Qualität und Ausbeute nicht nur nicht litt, sondern gesteigert wurde. Den letzten Schritt machte Karlík, der sich auch von diesem Spodiumrest emanzipierte: Er führte einfach die dreifache Saturation mit Kalk und Kohlensäure und die mechanische Filtration des Dicksaftes ein. „Eine gründliche Saturation ist die Seele der Zuckerfabrikation" machte er zum unausgesprochenen Wahlworte.

Ähnliches gilt für die Raffinationsindustrie. Anfangs wurden in dieser 80—100% des Einwurfes an Spodium gebraucht. Mit der Einführung der Affination sank der Verbrauch bedeutend. Im Jahre

1905 gab H. Claassen in seiner „Zuckerfabrikation" (Claassen-Bartz, Leipzig und Berlin 1905) diese Zahl mit 10—50%, Gredinger in seiner „Raffination des Zuckers" (1909) den Spodiumverbrauch sogar mit 5—10% (Seite 58) an.

Natürlich lassen sich da keine bestimmten Angaben machen: der Verbrauch an Spodium hängt vom Einwurfe, von der Qualität der erzeugten Ware, von der Manipulation usw. ab. Daß es Raffinerien gibt, die bedeutend mehr als die angegebene Minimalzahl an Spodium verbrauchen, ist wohl sicher, aber nicht minder sicher ist, daß Raffinerien existieren, die mit 10% und weniger ihr Auslangen finden. Es ist also anzunehmen, daß auch hier Wandel geschaffen und die Raffination einmal ganz ohne Spodium arbeiten wird.

Es gibt Verfahren, welche das Spodium durch chemische Mittel ersetzen lassen: so z. B. das von Wöstin im Jahre 1868, welcher die Klären nach Kalkzugabe mit Kohlensäure aussaturierte; Hafner, Vřestal und Bismer ersannen ein Verfahren, nach welchem unterchlorige Säure in Form ihrer Salze (Chlorkalk) die organischen Nichtzuckerstoffe zerstören soll; eine andere Fabrik arbeitete mit unterschwefligsaurem Natron und essigsaurer Tonerde.

Obwohl die chemischen Verfahren in diesem Buch — wie es scheint — Aufnahme finden sollten, unterbleibt dies. Manche sind ganz veraltet, und die neuen fanden keinen Eingang in die Praxis.

Nur einem Verfahren waren Erfolge beschieden: dem von Soxhlet.

Soxhlet arbeitet mit tadellos affinierten Rohzuckern; die Affinaden werden in kaltem Wasser gelöst, Kalk wird nicht zugegeben und die Klären nur mechanisch filtriert und sofort im Vakuum verkocht. „Arbeite kalt" ist die Devise. Die Klären von hellerer Farbe bedürfen keiner Filtration über Spodium mehr. Später wurde mit Wasser von 50° C gearbeitet, um die mechanische Filtration zu erleichtern — also immer noch bei einer Temperatur, die weit unter der sonst üblichen liegt.

32. Kapitel.

Chemie der Bleich- und Farbstoffe im Raffineriebetriebe.

Alle Raffinerien, die mit Knochenkohle arbeiten, suchen aus ökonomischen Gründen die notwendige Menge Spodium so weit zu vermindern, als es die erzeugte weiße Ware gestattet. Als wichtiges Hilfsmittel zu diesem Zwecke bedienen sie sich gewisser chemischen Verbindungen, die den Zweck haben, die Klären zu bleichen, also lichtere Sude und somit weißere Ware zu erzeugen. Und ist das Bleichmittel allein nicht imstande, den Klären oder Füllmassen den letzten gelben Stich zu nehmen, so greifen die Raffinerien zu Farbstoffen, um diesen zu decken. Da das Decken auf dem optischen Prinzip der Komplementärfarben beruht, sind die notwendigen Farbstoffe verschiedene Blaufarbstoffe. In den meisten Fällen arbeitet man mit Bleich- und Blaumitteln zugleich.

Bei diesem Vorgehen ist aber zu bedenken, daß die Knochenkohle die Farbstoffe und Salze der Klären absorbiert, also entfernt, die Bleichstoffe aber, z. B. Blankit, das reduzierend wirkt, die Farbstoffe nur in die ungefärbten Leukobasen umwandeln; oxydierende Mittel lassen die Zersetzungsprodukte der Farbstoffe in den Klären zurück. Eine Reinigung bewirken sie demnach nicht (Strohmer).

a) Blankit.

Um die Wirkungsweise des Blankits und anderer Bleichmittel zu verstehen, ist es vorher notwendig, die Chemie der hydroschwefligen Säure und ihrer Salze zu besprechen.

Diese Säure entsteht in Form ihres Zinksalzes durch Einwirkung von Zink auf wässerige schweflige Säure oder als Natronsalz bei Einwirkung des Zinks auf Natriumbisulfitlösungen ($NaHSO_3$). Nach Bernthsen kommt ihr die Formel $H_2S_2O_4$ zu. Sie ist eine unbeständige Verbindung; ihre Lösungen zersetzen sich bald unter Abscheidung von Schwefel. Beständig ist sie nur in Form ihrer trockenen Salze. Sie ist ein sehr kräftiges Reduktionsmittel.

Von ihren Salzen ist hier das wichtigste das Natriumhydrosulfit, $Na_2S_2O_4 + 2\,H_2O$. Praktisch wird es durch Aussalzen der rohen Hydrosulfitlauge (von der Darstellung der Säure) mit festem Chlornatrium dargestellt; im feuchten Zustande ist es zersetzlich. Gleich der Säure besitzt es große Reduktionskraft. Es ist ein weißes Pulver und kommt unter dem Namen Blankit als Bleichmittel in den Handel. Nach St. Njemirovsky besteht das Blankit zu 90 % aus dem Natronsalz dieser Säure; der Rest ist Pyrosulfit, Thiosulfat und Sulfat (Ö. U. Z. für Zuckerind. XXXVII, 1908, S. 186). Nach Stiegelmann hat dieses Salz folgende Konstitution: $O\langle{}^{SONa}_{SO_2Na}$. Blankit absorbiert den Kalk der Klären unter Bildung eines Doppelsalzes. 1 kg Blankit bindet ca. 285 g Kalk; in den geringen Mengen, in denen man es den Klären zusetzt, ist die Alkalitätsverminderung keine große. Durch die Umwandlung der Kalk- in Natronsalze soll auch die Viskosität der Klären vermindert werden.

Über die Wirkungsweise des Blankits herrscht noch keineswegs Klarheit. Reinbrecht stellte folgende Gleichung auf, um die Wirksamkeit desselben zu erklären: $Na_2S_2O_4 + O + H_2O = 2\,NaHSO_3$, es ginge demnach in Bisulfit über (D. Z. 1908, Nr. 3, S. 61, Beilage). Dabei erleidet die Alkalität des Dicksaftes einen Rückgang. Nowakowski und Muszynski führen zwei Gleichungen an, um diese Reaktion zu erklären. Nach den Genannten würde das Blankit bei seiner entfärbenden Wirkung entweder nach der Gleichung $Na_2S_2O_4 + H_2O = Na_2SO_3 + SO_2 + H_2$ oder nach $\left\{\begin{matrix} Na_2S_2O_4 = Na_2SO_3 + SO \\ SO + H_2O = SO_2 + H_2 \end{matrix}\right\}$ reagieren.

Doch ist zu bemerken, daß bei beiden Gleichungen dieselben Reaktionsprodukte, d. s. Na_2SO_3, SO_2 und H_2 auftreten. Nach Reinbrecht würde das saure Sulfit ($NaHSO_3$), nach letzterem das normale Sulfit resultieren (Na_2SO_3). Die auftretende schweflige Säure und das Natriumsulfit bergen die Gefahr einer Inversion der Kläreu usw. in sich; deshalb beschäftigen sich Nowakowski und Muszynski mit der „Inversionsfähigkeit des hydroschwefligsauren Natrons" (Blankit). In der D. Z. 1908, Nr. 36, S. 735, Beilage, erschien ein Referat über das Original, und so seien nur die Schlußfolgerungen aus der Experimentalarbeit angeführt.

a) Natriumhydrosulfit invertiert in frischem Zustande stärker als nach längerem Lagern;

b) Natriumhydrosulfit invertiert stark den reinen Raffinadesirup, jedoch bedeutend schwächer als schweflige Säure;

c) die freie schweflige Säure, welche sich im Natriumhydrosulfit befindet oder bei der Reaktion sich bildet, besitzt eine geringere Inversionsfähigkeit als die schweflige Säure, welche frei von Hydrosulfit ist. Diesen Umstand kann man augenscheinlich mit den Versuchen von Spohr erklären, welcher zeigte, daß neutrale Salze die Inversionsfähigkeit der schwachen Säuren vermindern (siehe S. 334);

d) Natriumhydrosulfit vergrößert die Linksdrehung des Invertzuckers und der Lävulose, vermindert aber die Rechtsdrehung der Dextrose;

e) die Menge des Invertzuckers steigt ungefähr proportional der Menge des hinzugesetzten Natriumhydrosulfits bis zu gewissen Grenzen, wonach sie fällt und endlich wieder steigt;

f) Natriumhydrosulfit invertiert gar nicht die Säfte nach der III. Saturation und der Füllmassen, sogar bei Zusatz von bedeutenden Mengen.

Die Versuche mit Dünnsaft und Füllmassen ergaben folgendes Zahlenmaterial: 200 cm^3 Dünnsaft oder auf 32° Brix verdünnte Füllmasse wurden mit wechselnden Mengen Blankit versetzt, erhitzt, gekühlt und polarisiert; ferner der Invertzucker, die Alkalität und die schwefliche Säure in ihren verschiedenen Formen bestimmt. (Tabellen 157a, 157b.)

Nach Descamps wirken Hydrosulfite durch Entbindung von Wasserstoff: $CaS_2O_4 + Ca(OH)_2 = 2\,CaSO_3 + H_2$. Nach Weisberg würde die Wirkung des Blankits nach den Gleichungen von Reinbrecht und Descamps gleichzeitig verlaufen:

$$1.\quad Na_2S_2O_4 + 2\,H_2O = 2\,NaHSO_3 + H_2;$$
$$H_2 + O = H_2O;$$
$$2.\quad 2\,NaHSO_3 + Na_2O = 2\,Na_2SO_3 + H_2O.$$

Wie auch immer der chemische Vorgang bei der Wirkung des Blankits und anderer reduzierender Mittel sei, stets werden die Farbstoffe der Kläreu nur in ihre ungefärbten Leukobasen umgewandelt, so daß bei mit Blankit behandelten Produkten die Gefahr einer Nachdunkelung durch langsame Oxydation besteht.

Tabelle Nr. 157a.
Versuche mit Säften der III. Saturation.

Hydrosulfitmenge auf 200 cm³ Saft g	Polarisation	Kupfermenge in mg	Invertzucker	Alkalität CaO	Gesamtmenge von SO_2	Freie SO_2	Gebundene SO_2
0,00	15,9	4,0	—	+ 0,0504	—	—	—
0,02	15,8	8,4	—	+ 0,0364	0,0189	—	0,0189
0,10	15,8	6,6	—	+ 0,0280	0,0231	—	0,0231
0,30	15,9	6,8	—	+ 0,0112	0,0282	—	0,0282
0,40	15,9	7,5	—	+ 0,0056	0,0660	—	0,0660
0,60	15,9	7,6	—	— 0,0168	0,0681	0,0192	0,0489
0,80	16,0	7,9	—	— 0,0308	0,1021	0,0352	0,0669
1,10	16,0	7,0	—	— 0,0392	0,1876	0,0448	0,1428
1,50	15,7	10,2	—	— 0,0700	0,2648	0,0800	0,1848
2,00	15,8	11,6	—	— 0,1008	0,3576	0,1152	0,2424
2,50	15,9	9,0	—	— 0,1316	0,4842	0,1504	0,3338
3,00	16,0	7,2	—	— 0,1596	0,5560	0,1824	0,3736
3,50	15,8	6,9	—	— 0,1848	0,6254	0,2112	0,4142
4,00	16,0	6,8	—	— 0,2268	0,7698	0,2592	0,5106
5,10	15,9	8,8	—	— 0,2744	0,9096	0,3136	0,5960
6,00	15,8	20,3	—	— 0,3164	1,0177	0,3616	0,6561

Tabelle Nr. 157b.
Versuche mit Füllmasse I.

Hydrosulfitmenge in g	Polarisation	Kupfermenge in mg	Invertzucker	Azidität CaO	Gesamtmenge von SO_2
0,02	31,45	16,5	—	0,0096	0,0107
0,04	31,40	20,7	—	0,0112	0,0119
0,06	31,3	22,4	—	0,0126	0,0121
0,08	31,3	23,5	—	0,0168	0,0127
0,10	31,3	23,8	—	0,0196	0,0151
0,15	31,3	21,6	—	0,0210	0,0153
0,3	31,15	23,01	—	0,0112	0,0286
0,6	30,80	24,6	—	0,0196	0,0431
0,9	30,9	18,6	—	0,028	0,0629
1,5	30,15	17,8	—	0,0532	0,0811
2,0	29,9	20,9	—	0,616	0,1066
3,0	29,7	10,01	—	0,0840	0,1775

Nach Herzfelds Untersuchung ergab sich, daß Karamelfarbstoffe durch Blankit mehr oder weniger entfärbt werden, und zwar sowohl in alkalischer wie in saurer Lösung. Für den Betrieb empfahl Herzfeld, die Alkalität der Klären etwas höher zu halten als sonst üblich, da die entfärbende Wirkung des Blankits zumeist von einer Steigerung des Reduktionsvermögens sowie der Azidität begleitet war (Z. V. f. Zuckerind. 1906, S. 1907).

Schnell konnte kein Nachdunkeln der weißen Ware bei Anwendung des Blankits konstatieren, — was von manchen befürchtet und behauptet wird. Auch nach Molenda ist die Entfärbung eine beständige. Nachdunkelung trat nur bei Säften minderer Qualität ein.

b) Ultramarin.

Das Ultramarin wird schon seit langem in der Zuckerfabrikation angewendet, um die letzte Spur gelber Farbe bei der weißen Ware zu verdecken. Die folgenden Analysen von Prinsen-Geerligs zeigen die Zusammensetzung dieses Körpers.

Tabelle Nr. 158.

Analysen verschiedener Ultramarine für die Zuckerindustrie.

Bestandteil	I	II	III	IV	V	Anmerkung
Kieselsäure	39,88	40,53	38,20	40,42	39,30	
Tonerde.	27,84	26,90	28,33	25,96	26,20	
Natron	17,97	16,30	15,36	16,97	17,34	
Gips	—	1,21	—	—	—	
Natriumsulfat . . .	—	—	2,20	2,01	1,00	
Schwefel in anderer Form als SO_3 . .	13,20	13,54	13,71	12,96	14,30	z. B. H_2S od. als Polysulfid.
Wasser	0,80	0,94	1,66	1,10	1,60	
Unbestimmtes . . .	0,31	0,58	0,54	0,58	0,26	
	100,00	100,00	100,00	100,00	100,00	

Das Ultramarin war schon im Altertum in Form des Lazursteines, lapis lazuli, als Blaufarbstoff sehr geschätzt. Dieses Mineral ist ein Gemenge verschiedener Mineralien, aus welchen das natürliche Ultramarin durch einen Schlämmprozeß des zerkleinerten Materiales gewonnen wurde. Nachdem seine chemische Natur bekannt wurde, konnte es künstlich dargestellt werden und das natürliche Ultramarin ganz verdrängen.

Ultramarin ist eine chemische Verbindung von Kieselsäure, Tonerde, Natron und Schwefel in noch nicht ganz aufgehellter Bindungsweise. Es gibt grünes, violettes, rotes u. a. Ultramarin. Alle haben die gleichen Bestandteile, aber in verschiedenen Mengenverhältnissen und Bindungsweisen. Die Rohstoffe zur Darstellung derselben sind: Ton, Kieselsäure (Quarzsand), Natriumsulfat, Soda, Schwefel und Kohle als Reduktionsmittel. Diese Materialien werden gemahlen, gemischt und gebrannt. Der Rohbrand wird ausgewaschen und getrocknet. Zuerst entsteht grünes Ultramarin und daraus durch „Feinbrennen“ blaues. Die Gewinnungsart hat Einfluß auf die Zusammensetzung und den Farbenton des Ultramarins.

Herzfeld führt einen Fall an, in dem wahrscheinlich das Ultramarin Ursache für ein Grauwerden eines Weißzuckers war. Der weißgebliebene und der graugewordene Zucker wurden gelöst und filtriert. Im letzteren Falle blieb wesentlich mehr Ultramarin am Filter zurück. Das Ultramarin, das jene Fabrik benutzte, wurde in Wasser suspendiert und gekocht. Dabei entwich Schwefelwasserstoff in viel größeren Mengen als aus anderen Ultramarinsorten. „Die Vermutung liegt nahe, daß der als Schwefelwasserstoff abspaltbare Schwefel die Graufärbung des Zuckers veranlaßt hat .... daß mit Schwefelwasserstoff minimale Spuren von Schwefeleisen entstehen können, welche auch sonst schon als Ursache der Graufärbung des Zuckers bekannt geworden sind.“ Es mag wohl sein, daß auch die Einwirkung der Mutterlaugeneinschlüsse des Granulated auf das Färbemittel dabei eine Rolle spielte (Z. V. f. Zuckerind. 1901, S. 1).

Ein gutes Ultramarin soll folgende Eigenschaften haben: Seine Farbe muß himmelblau und frei von violetten und grünen Nuancen sein; nur kaum wahrnehmbare Violettfärbung kann noch toleriert werden. Es muß in feinster Vermahlung zur Anwendung gelangen und frei von Schwefelwasserstoff sein. Es muß ferner den Zucker nicht nur weiß, sondern auch „blank“ machen. An diese Forderungen schließen noch L. Nowakowski und J. Muszynski Methoden zur technischen Bewertungsweise des Ultramarins an (aus „Gazeta cukrownicza“ durch Ö. U. Z. f. Zuckerind. 1908, 739).

c) Indanthren.

Seit mehreren Jahren kommt ein Ersatzmittel für das Ultramarin in den Handel, das Indanthren. Dieses ist ein blauer Farbstoff aus der Anthrazenreihe, der durch Einwirkung von schmelzenden Alkalien auf β-Amidoanthrachinon entsteht.

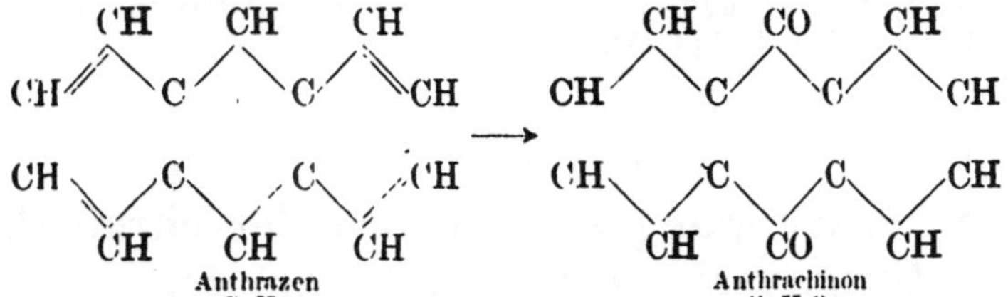

```
     CH    CH    CH                  CH    CO    CH
CH       C     C     CH          CH      C     C     CH
                           ⟶
CH       C     C     CH          CH      C     C     CH
     CH    CH    CH                  CH    CO    CH
```

Anthrazen $C_{14}H_{10}$ — Anthrachinon $C_{14}H_8O_2$

Anthrazen ist ein aus drei Benzolringen kondensierter Kern (Gräbe und Liebermann).

Durch Einwirkung von oxydierenden Mitteln (Salpeter- oder Chromsäure) übergeht das Anthrazen in Anthrachinon; in der Technik wird dieser Oxydationsprozeß mit Natriumbichromat und Schwefelsäure ausgeführt. Durch Sulfurierung bildet das Anthrachinon Sulfosäuren, und zwar je nach der angewendeten Methode α- oder β-Sulfosäuren. Diese gehen beim Erhitzen mit Ammoniak oder primären Alkylaminen in Amidoanthrachinon über. Wird β-Amidoanthrachinon bei 200—300° mit Kalihydrat verschmolzen, so entsteht das Kalisalz einer blauen Hydroverbindung, das beim Auflösen der Schmelze unter Luftzutritt im Wasser blaues Indanthren ausscheidet. Dessen Konstitution ist nach **Scholl**: $C_{14}H_6O_2\left\langle\begin{matrix}NH\\NH\end{matrix}\right\rangle C_{14}H_6O_2$. (Siehe S. 647.)

CO

CO NH

NH CO

CO

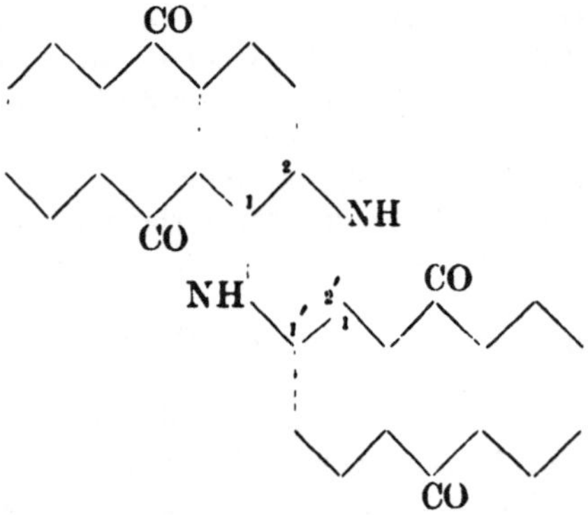

Indanthren ist eine beständige Verbindung. Es ist ein blauer Küpenfarbstoff und wird zum Färben von Baumwolle angewendet.

Stiegelmann sprach sich äußerst lobend über diesen Farbstoff aus (D. Z. XXXIII, 1908, S. 246). Gegen Licht und Luft, gegen Säuren und Alkalien — selbst beim Kochen — ist er beständig. Indanthren ist im Wasser unlöslich und kommt als Paste sowie als Mehl in den Handel. F. **Schubert** und L. **Radlberger** stellten vergleichende Studien über das Ultramarin und das Indanthren an (Ö. U. Z. f. Zuckerind. XXXVIII, 1909, S. 173). Sie konnten **Stiegelmanns** Angaben bestätigen und fanden letzteres gleichwertig mit dem Ultramarin. Für den Gebrauch des Indanthrens, namentlich bei gleichzeitiger Blankitarbeit, traten auch E. **Ziebolz** und H. **Gutherz** ein (Ö U. Z. f. Zuckerind. XXXVIII, 1909, S. 178).

33. Kapitel.

Nichtzuckerbewegung und Quellen der chemischen Zuckerverluste in den Raffinerien.

a) Zusammensetzung der Konsumzucker.

Die Zusammensetzung österreichisch-ungarischer Konsumzuckersorten wurde von **Strohmer** und **Stift** an einer sehr großen Zahl von Proben bestimmt und vom Verfasser in der Tabelle Nr. 159 niedergelegt.

Die Raffinerieprodukte sind nahezu chemisch reiner Zucker. Sie besitzen eine Reinheit von 100; der eingeworfene Rohzucker eine solche von annähernd 97. Die ganze Reinigung in der Raffination beträgt also nur 3 % Nichtzucker. Von diesen wird der größere Teil durch Affination und nur der kleinere durch Spodiumfiltration entfernt.

Tabelle Nr. 159.

		Polaris.	Wasser	Sulfat-Asche	Organ. Nichtz.	Karbon-Asche
Raffinade-Brode . . .	Maxim.	99,93	0,08	0,07	0,22	0,05
	Minim.	99,69	0,02	0,01	0,04	0,01
	Mittel	99,79	0,05	0,03	0,14	0,02
Raffinade-Würfel. . .	Maxim.	99,95	0,17	0,23	0,30	0,22
	Minim.	99,36	0,02	0,01	0,01	0,01
	Mittel	99,74	0,06	0,05	0,16	0,03
Raffinade-Pilé	Maxim.	99,87	0,15	0,25	0,21	0,18
	Minim.	99,39	0,02	0,01	0,02	0,01
	Mittel	99,76	0,06	0,04	0,13	0,03
Zuckermehl (Farin) .	Maxim.	99,85	0,25	0,24	0,35	0,23
	Minim.	99,55	0,02	0,01	0,10	0,01
	Mittel	99,71	0,06	0,04	0,19	0,03
Kristallzucker (Granulated)	Maxim.	99,85	0,15	0,34	0,26	0,31
	Minim.	99,30	0,02	0,01	0,09	0,01
	Mittel	99,72	0,07	0,06	0,16	0,04

b) Nichtzuckerbewegung.

Über die Bewegung des Nichtzuckers liegen nur wenig Beobachtungen vor.

Die Bewegung der Aschenbestandteile der Rohzucker bei der Raffination geht deutlich aus Raffinationsversuchen hervor, die Lippmann im Jahre 1881 anstellte. Diese Verusche wurden in einer großen Raffinerie ausgeführt, welche verschiedene Erstprodukte verarbeitete. Eingeworfen wurden mit dem Rohzucker 1009,07 Zentner kohlensaure Asche. Die resultierende Melasse enthielt 952,06 Zentner kohlensaure Asche. Differenz 57,01 Zentner. Bis auf diese „ist die ganze Aschenmenge des Rohzuckers in den Sirup übergegangen. Es ist dies eine neue Bestätigung des Satzes, daß durch die Filtration, und sei sie auch noch so stark, niemals Asche aus den Säften entfernt werden kann, sondern daß die Klären in einen aschenarmen und einen aschenreichen Teil zerlegt werden; es erweist sich also um desto notwendiger, die Filter-Absüßwässer getrennt zu verarbeiten." Die folgende Zusammenstellung zeigt die Karbonataschen des Einwurfes und der erhaltenen Melasse.

	Rohzucker %	Melasse %	Zentner
Kali	50,87	52,92	— 8,98
Natron	9,13	7,93	— 16,00
Kalk	1,90	3,02	+ 9,57
Magnesia.	0,23	0,10	— 1,37
Eisenoxyd + Tonerde	0,12	0,12	— 0,07
Kohlensäure	26,67	27,96	— 2,92
Chlor	7,92	6,91	— 14,13
Schwefelsäure.	2,04	1,68	— 4,59
Phosphorsäure	0,31	0,45	+ 1,15
Kieselsäure.	0,10	Spur	— 1,01
	99,29		

Die dritte Kolumne zeigt die Zentner des betreffenden Aschenbestandteiles. Bis auf Kalk und Phosphorsäure, die ein Plus aufweisen, ergaben sich die Differenzen im negativen Sinne. Die Zusammensetzung der Melasse ergab, daß auf 1 Teil Asche 3,5 Teile Zucker und nicht, wie früher angenommen, 5 Teile Zucker kommen. Ferner ermittelte Lippmann, daß vom organischen Nichtzucker des Rohzuckers (Einwurf) 75 % in die Melasse gelangten; 25 % wurden durch die Reinigungsoperationen entfernt.

Über Ausbeute, bzw. Verlustzahlen ist folgendes zu entnehmen. Vom Einwurfe gingen 2,36 % verloren. Von diesem Gesamtverluste wurden 26,7 % nachgewiesen (Knochenkohlenstation); 73,3 % „sind nicht nachweisbar; sie sind offenbar auf mechanischem Wege, durch Verspritzen beim Schleudern, im Schlamm der Filterpressen, bei der Säcke- und Formenwäsche, im Kondensationswasser usw. verloren gegangen".

100 % Einwurf ergaben

88,57 % weiße Ware,	enthaltend 93,14 %	des Zuckers des Einwurfes.
8,35 % Melasse	„ 4,37 %	
2,36 % Verluste	„ 2,49 %	

Zum Schlusse weist derselbe unter Heranziehung aller zu diesem Zwecke aufgestellten Formeln nach, „daß eine für alle Fälle gültige Formel zur Berechnung der Raffinerieausbeute nicht existiert und nicht existieren kann" (Z. V. d. Zuckerind. 1881, S. 398), siehe S. 479.

Über die Bewegung des organischen Nichtzuckers in der Raffinerie liegen keine näheren Beobachtungen vor. Größtenteils geht er in die Sirupe der Affination über und von hier in die Nachproduktenarbeit. Schließlich kommt er in der Melasse zum Vorscheine.

c) Verluste im Raffineriebetriebe.

Die große Frage der Zuckerverluste beim Raffinieren des Rohzuckers hat nicht die zusammenfassende Bearbeitung gefunden wie die der Rohzuckerfabriken durch Herrmann. Es liegt ein großes Material über diesen Gegenstand vor und dieses soll, soweit es chemische Fragen berührt, hier Berücksichtigung finden.

Die älteste Angabe über Raffinerieverlust stammt von Riffard aus dem Jahre 1878. Dieser konstatierte von je 100 Teilen Zucker des Einwurfes 4,62 % Verlust; von diesen waren 16,66 % nachweisbar, 83,84 % „unbestimmbar". Lippmanns Angaben aus dem Jahre 1881 wurden schon angeführt: 2,49 % vom Zuckergehalte, 2,36 % vom Gesamtgewichte des Einwurfs (die Ausbeute ohne Verpackung gerechnet). Von letzterem Betrage für den Verlust waren 26,7 % nachweisbar, 73,3 % nicht nachweisbar.

Im Jahre 1883 gab eine Raffinerie an:

Totalverlust an Masse vom Einwurf 2,77 %,
Verluste an chem. reinem Zucker

in der Knochenkohle 0,19 % } nachgewiesen.
im Absüßwasser 0,28 % }

Vom Gesamtverlust nachweisbar

in der Knochenkohle 9,965 } = 22,93 %,
im Absüßwasser 12,965 }

nicht nachweisbar . . . . . 77,07 %

Diese Zahlen stimmen gut mit jenen Lippmanns überein.

Verluste auf reinen Zucker des Einwurfes 2,59 %; auf 100 Rohzucker 2,50 %.

100 reiner Zucker gaben		auf 100 Zucker Gesamteinwurf
93,366 %	Raffinade	90,00 %
0,638 %	Osmosewasser	1,46 %
3,346 %	„Verkaufssirup" (Melasse)	5,70 %
2,650 %	Verlust	2,84 %

Von den mit dem Einwurf in den Betrieb eingeführten 571,95 Zentnern Asche wurden 88,62 Zentner entfernt, d. s. 15,4 %. Aus von Lippmanns Zahlen berechnet sich nur eine Abnahme der Asche von 5,65 %.

Aus den Charlottenburger Raffinationsversuchen berechnete Lippmann Zuckerverluste in Prozenten des Einwurfsgewichtes von 2,89 % bis 3,96 %.

Um über das Wesen der unbestimmbaren Verluste ins klare zu kommen, führte derselbe die Bewegung des Zuckers und Nichtzuckers im Raffinationsprozesse in diese Untersuchungen ein. Für eine Raffinerie konstatierte er: 3,72 % Massen- und 2,82 % Zuckerverlust vom Einwurfsgewicht. Nachweisbar (in Absüßsäften und im Spodium) waren 31,08 % vom Zuckerverluste, nicht nachweisbar 68,92 % oder 1,94 % vom Einwurfe. Diese unbestimmbaren Verluste konnte er erklären. Ihre Ursachen fand er im wiederholten Kochen. Mit dem Polarisationsinstrumente kann man sie allein nicht konstatieren, da sich beim Kochen von Klären, wie Degener und Wackenroder nachwie.en, „Superpolarisationen" zeigen können (S. 68). Als Folgerung für die Praxis leitet Lippmann folgendes ab: Die unbestimmbaren Zuckerverluste werden kleiner werden, wenn entweder weniger oder in anderer Art als bisher gekocht wird, oder womöglich sich beides abändern läßt. Ersteres durch Vereinfachung der Arbeitsweise, letzteres ist erreichbar durch Konstruktionsverbesserungen der Vakuen, hohe Luftleere, rascheres Kochen bei niedrigerer Temperatur usw. (Über die sogenannten unbestimmbaren Verluste bei der Raffineriearbeit. Z. V. d. Zuckerind. 1885, S. 407).

Die oben gestreiften Ausführungen über das Verhältnis von Zuckerverlust und Gewinn an organischem Nichtzucker sollen nun eingehender gewürdigt werden.

Im Jahre 1884 (Z. V. d. Zuckerind., S. 669) referierte Lippmann folgendermaßen über dieses wichtige Thema: „In der Raffinerie ist es sehr leicht möglich, sowohl die Menge als die chemische Zusammensetzung des Einwurfes und der ausgeführten Produkte festzustellen. Dennoch gelingt es nicht, den Zuckergehalt des Einwurfes in den Produkten der Fabrikation vollständig nachzuweisen, sondern es treten sog. „unbestimmbare Verluste" auf, und zwar in einer gar nicht geringen Ausdehnung." Die gesamten wirklichen Verluste betragen 3,5—4 % vom Gewichte des Einwurfes, d. i. bei einer Verarbeitung von 500—600 Zentner Rohzucker 20—24 Zentner; von diesen Gesamtverlusten sind $^1/_4$—$^1/_3$ nachweisbar, $^3/_4$—$^2/_3$ nicht. „Wie können in einer mittelgroßen Raffinerie täglich 15—20 Zentner Zucker einfach verschwinden?"

Trotz sorgfältigster Aufnahme und chemischer Kontrolle fand Lippmann in seinem Betriebe, „daß ein Verlust vorhanden war, der noch etwa $^3/_4$ des Gesamtzuckerverlustes betrug und für den eine Quelle nicht angegeben werden konnte". Eine Erklärung findet man hierfür, wenn man neben dem Zucker auch die ein- und ausgeführten Nichtzuckerstoffe, besonders die organischen, betrachtet. Macht man nämlich eine genaue Bilanz der mit dem Rohzuckereinwurf eingeführten organischen Nichtzuckerstoffe, der mit den Absüßwässern verlorengehenden usw., so findet man in den ausgeführten Produkten ein Plus an Nichtzucker. Dieses entspricht dem verloren gegangenen Zucker. Im speziellen Falle führte Lippmann ein Plus von 818 Zentnern und einen Zuckerverlust von 737 Zentnern an. „Es steht fest, daß an organischen Stoffen aus der Fabrik im ganzen mehr ausgeführt wird, als durch den Bestand und Einwurf in den Betrieb eingebracht wurde."

Der Zucker ist also nicht verschwunden, sondern im Betriebe zersetzt, in dieses organische Plus umgewandelt worden. Das Plus ist größer als das Zuckermanko, da Zucker erst unter Wasseraufnahme diese Zersetzungsprodukte gibt. Den Zuckerverlust sieht Lippmann sowie Degener ausschließlich im Kochen der Klären; er ist umso größer „je länger, je alkalischer und je heißer gekocht" wird. Bei jedesmaligem Kochen gingen 0,3—0,4 Prozent Zucker verloren. „Da aber bei der einfachsten Raffineriearbeit, wie sie jetzt üblich ist (1884), sich ein 5—6maliges Umkochen als unvermeidlich erweist, so haben wir im Eintritt dieser 5—6 maligen Zersetzung die vollständige Aufklärung der Verluste". Es gibt also keine unfindbaren Verluste, der Zucker wird zersetzt und seine Zersetzungsprodukte lassen sich nachweisen und auffinden.

Im Jahre 1898 arbeitete Pannenko „Über die Zersetzung des Zuckers während des Verkochens der Sirupe", indem er zwei Fabriksversuche anstellte. Im ersten wurde ein Sirup von 90,51 wirklicher Reinheit und ca. 70° Bx. auf Füllmasse von ca. 88° Bx. durch 5 Stunden verkocht. Die Reinheit der Füllmasse sank auf 90,28, also gingen 90,51 — 90,28 = 0,23 % Zucker durch das Verkochen verloren. Im zweiten Versuche, wurde ein unreinerer Sirup durch 8 Stunden verkocht. Der Zuckerverlust betrug 88,49—88,00 = 0,49 %; damit Hand in Hand gehend, sank die Alkalität des Sirupes von 0,058 auf 0,049 % CaO und stieg die Viskosität.

I. Versuch.

Zusammensetzung des Sirups.

Analyse:		Umgerechnet auf 100 Bx.:	
Zucker	64,06 %	Zucker	90,51 %
Organischer Nichtzucker	3,28 %	Organischer Nichtzucker	4,58 %
Asche	3,43 %	Asche	4,91 %
Wasser	29,23 %	Wirkliche Reinheit	90,51 %
Wirkliche Reinheit	90,51 %	Alkalität	0,07 %
Alkalität	0,050 %	Verhältnis der Asche zum org. Nichtzucker	1,08
Viskosität	157,2		

Zusammensetzung der auf Kristall verkochten Füllmasse.
(Dauer des Verkochens 5 Stunden.)

Analyse:		Umgerechnet auf 100 Bx.:	
Zucker	81,61 %	Zucker	90,28 %
Organischer Nichtzucker	4,38 %	Organischer Nichtzucker	4,84 %
Asche	4,41 %	Asche	4,88 %
Wasser	9,60 %	Wirkliche Reinheit	90,28 %
Wirkliche Reinheit	90,28 %	Alkalität	0,064 %
Alkalität	0,056 %	Verhältnis der Asche zum org. Nichtzucker	1,01
Viskosität	159,2		

II. Versuch.

Zusammensetzung des Sirups.

Analyse:		Umgerechnet auf 100 Bx.:	
Zucker	63,51 %	Zucker	88,49 %
Organischer Nichtzucker	4,25 %	Organischer Nichtzucker	5,92 %
Asche	4,01 %	Asche	5,59 %
Wasser	28,23 %	Wirkliche Reinheit	88,49 %
Wirkliche Reinheit	88,49 %	Alkalität	0,058 %
Alkalität	0,042 %	Verhältnis der Asche zum org. Nichtzucker	0,945
Viskosität	158,4		

Zusammensetzung der auf Kristall verkochten Füllmasse.
(Dauer des Verkochens 8 Stunden.)

Analyse:		Umgerechnet auf 100 Bx.:	
Zucker	80,80 %	Zucker	88,00 %
Organischer Nichtzucker	5,88 %	Organischer Nichtzucker	6,42 %
Asche	5,13 %	Asche	5,58 %
Wasser	8,19 %	Wirkliche Reinheit	88,00 %
Wirkliche Reinheit	88,00 %	Alkalität	0,049 %
Alkalität	0,045 %	Verhältnis der Asche zum org. Nichtzucker	0,869
Viskosität	163,3		

Der Verlust von 0,49 % Zucker steht in sehr guter Übereinstimmung mit Lippmanns Annahmen.

Über die Zuckerverluste im Raffineriebetriebe referierte Lippmann auf dem Internationalen Kongresse für angewandte Chemie im Jahre 1903. Dieses lehrreiche Referat und die daran anschließende

Diskussion, sowie ein Vortrag Stolles, „Die chemische Natur der Überhitzungsprodukte des Zuckers“, auf demselben Kongresse sind in der Z. V. f. Zuckerind. 1903, S. 1131 und S. 1138 veröffentlicht. Nur die chemische Seite dieser Frage sei betrachtet.

Lippmann führte alle Quellen des Raffinationsbetriebes an, die den Gesamtverlust an Zucker verursachen, d. s. die mechanischen und chemischen, nachweisbaren und nicht nachweisbaren. Um nur einige zu nennen: die Qualität des Rohzuckers und der zu erzeugenden Ware, Betriebsführung und Einrichtung usw. Er findet für normale Verhältnisse einen Gesamtverlust von 1,36 %. Für die einfachsten Verhältnisse (ohne Spodiumarbeit) entfallen davon 0,25 % auf mechanische, der Rest 1,11 % auf chemische Verluste (Zuckerzersetzung). Von diesen 1,11 % chemischen Verlusten sind nach seinen Annahmen und Berechnung 0,75 % „nicht nachweisbar“.

Der Verlust entsteht durch Zersetzung des Zuckers beim Kochen, und zwar fand Lippmann für das Umkochen 0,4—0,5 %, so daß ein Rest von ca. 0,3% verbleibt. Was geschieht mit diesen 0,3 % Zucker? Er gibt folgende Erklärung hierfür: „Die Zerstörungen beim Kochen beschränken sich nicht auf die Überführung von Zucker in stabile und daher dauernd in den Sirupen und Füllmassen verbleibende Nichtzuckerstoffe (die dann das Verhältnis von Asche: org. Nichtzucker vergrößern), sondern auch der in den Lösungen vorhandene Nichtzucker wird weiter zersetzt, wobei erhebliche Mengen flüchtiger und gasförmiger Verbindungen entstehen, die in den Brüdendämpfen und Kondensationswässern entweichen.“ In diesen Wässern sind sie aber nur in minimalen Mengen vorhanden, so daß sie sich einer quantitativen Bestimmung entziehen. Es sind: Kohlensäure, Furol, Furanderivate, Azeton, Ameisen-, Essigsäure und andere Produkte der trockenen Destillation von Zucker. Bei diesen Zersetzungen muß nicht Invertzucker auftreten, es können sog. Überhitzungsprodukte, Körper, die zwischen dem Zucker und dem Karamel stehen, sich bilden. Sie sind rechtsdrehend und können die Analysenresultate (Clergetmethode) beeinflussen.

Claassen nimmt neben den Kochverlusten noch solche an, die überall entstehen, wo Zucker bei höherer Temperatur in Lösung gehalten wird (Auflösen, Filtration), und zwar seien diese Verluste als die hauptsächlichsten zu betrachten und „dagegen die Verluste durch Überhitzung an den Heizflächen, auf die Gesamtverarbeitung berechnet, recht gering sind.“ Derselbe und Niessen behaupten, daß die Höhe und Dauer (nach Niessen die Dauer mehr als die Höhe) der Temperatur in allen Stationen zuckerzerstörend wirken. Stein sagt sogar, die größte Zuckerzerstörung finde in der Schmelzpfanne statt. „Arbeite kalt!“ stellt er als Devise auf.

In dem schon genannten Vortrage Stolles wird die Frage der Zuckerverluste weiterbehandelt: Es gibt keine unbestimmbaren Verluste; jede einzelne Station, die der Zucker passiert, ist mehr oder weniger von zuckerzerstörender Wirkung. „Es fehlt uns aber bis jetzt eine diese Tatsachen genau begründende wissenschaftliche Erklärung ....“ Der ärgste Feind des Zuckers ist die Wärme, welche in jeder Phase der Fabrikation den Zucker derart verändert, daß diese Veränderungen durch den Geschmack, den Geruch und das Auge erkennbar sind. Versuche mit reinen Zuckerlösungen können nicht ganz maßgebend sein, da es in dem Betriebe stets mit unreinen Zuckerlösungen zu arbeiten gilt. Stolle erklärt die entstehenden Zersetzungsprodukte als Dextrine; erst bei höherer Temperatur treten Karamelkörper auf. Doch meint er, im Großbetriebe entständen recht wenig von diesen die Säfte färbenden Substanzen. Die entstehenden Farbstoffe — fälschlich als Karamel angesprochen — sind Produkte der Einwirkung von Kalk auf Nichtzuckerstoffe. Dies behauptet auch Pellet und führt folgendes zur Unterstützung seiner Behauptung an: Karamelkörper wirken reduzierend, Melassen aber enthalten keine reduzierenden Substanzen. Stolle schließt seinen Vortrag: „..... daß die Karamelisation im normalen Fabriksbetriebe nicht so groß ist, wie bisher angenommen worden ist, und daß bei Anwendung hoher Temperaturen viel eher Dextrinbildungen eintreten. Bei guter Zirkulation der Füllmassen in den Vakuen sind die Zuckermassen viel zu kurze Zeit mit den Heizschlangen in direkter Berührung (nach Claassen nur 1 % der kochenden Masse), um Karamelisation hervorrufen zu können. Deshalb sind auch die durch Bildung von Karamelkörpern entstehenden Verluste nur sehr gering.“

Mit der Frage „Über die Zuckerzerstörung durch Wärme und ihre Begleiterscheinungen“ beschäftigte sich O. Molenda in den Jahren 1901 und 1904. In der ersten Arbeit konstatierte er, daß im Füllhause keine nennenswerten Verluste an Zucker auftreten. Seine Behauptung über die sehr geringen Verluste beim Kochprozesse nahm er auf Grund fortgesetzter Studien zurück. Auf Grund dieser (Ö. U. Z. f. Zuckerind. XXXIII, 1904, S. 862) schloß er sich der Meinung Lippmanns an, daß der Kochprozeß die hauptsächlichste Quelle der im Raffineriebetriebe auftretenden chemischen Zuckerverluste darstelle. Höhe und Dauer der Kochtemperatur sowie die latente Wärme der Zuckerlösungen sind die wichtigsten bedingenden Faktoren.

Ob die Verluste an den Heizflächen durch Überhitzung oder durch andauernde Temperatursteigerung zustande kommen, mag den Technologen interessieren, hier nicht. Diesen Teil der Arbeit Molendas übergehend, seien die Resultate auf chemischem Gebiete näher betrachtet. Er fand 1., daß eine nennenswerte Zuckerzerstörung durch Überhitzung an den Heizflächen nicht eintrete; 2. bei gleichen Verhältnissen (gleiche Massen, gleiche Anfangs- und Endkonzentrationen, gleiche Luftleeren, gleiche Kochzeiten usw.) sind die Zuckerverluste nahezu gleich und 3. bei gleichen Bedingungen mit kürzerer Kochdauer geringer; 4. die Färbung der Massen ist eine Folge der Temperaturhöhe. Zu diesen Folgerungen kam er aus fünf Versuchen, deren Ergebnisse, auf 100 Teile Zucker nach Clerget umgerechnet, die folgende Tabelle enthält. Als

Versuchslösung diente eine reine Zuckerlösung mit geringem Invertzuckergehalte und schwacher Alkalität (NaOH). Invertzucker wurde mit Absicht angewendet, um die Erscheinungen deutlicher hervortreten zu lassen.

	Versuchslösung NaOH-alkal.	3 Stund. auf 95° C im Wasserbade erhitzt	3 Stund auf 95° C im Ölbade erhitzt	Im Ölbad zum Siedepunkt 110 durch 281 Min. erhitzt	Im Ölbad bis Siedepunkt 119° durch 281 Min. erhitzt	Schnell bis 110° durch 40 Min. erhitzt
Alkalität in % CaO { Phenolphthalein	+ 0,0136	-- 0,0007	-- 0,0007	— 0,0025	— 0,0025	— 0,0009
Alkalität in % CaO { Lackmus . . .	+ 0,0162	+ 0,0010	+ 0,0010	-- 0,0018	— 0,0018	+ 0,0015
Direkte Polarisation (P) .	99,92	99,71	99,76	99,32	99,32	99,69
Zucker nach Clerget (Cl) . .	100,00	100,00	100,00	100,00	100,00	100,00
Differenz (P — Cl)	— 0,08	-- 0,29	— 0,24	— 0,68	— 0,68	-- 0,31
Invertzucker %	0,219	0,225	0,217	1,243	1,240	0,312
Farben in Farbengraden . .	0,347	4,326	4,058	4,990	4,984	4,482
Polarisation } in der urspr. Lösung	50,30	68,60	68,90	79,10	79,30	79,90
Clergetzucker } in der urspr. Lösung	59,35	68,80	69,07	79,64	79,84	80,15
P -- Cl	-- 0,05	- 0,20	-- 0,17	— 0,54	— 0,54	— 0,25

Sämtliche Versuche wurden in einem dünnwandigen, offenen Nickelgefäße unter stetem Rühren vorgenommen.

Aus zahlreichen weiteren Versuchen kam **Molenda** zu Folgerungen, von denen hervorzuheben wäre, daß die durch Wärmeeinwirkung hervorgerufenen Zersetzungen mit dem Reduktionsvermögen nicht zusammenhängen, ebenso wie keine konstanten Beziehungen zwischen Alkalitäts- und Zuckerverlust bestehen. „Arbeite möglichst kalt, koche unter hoher Luftleere, koche möglichst wenig und möglichst schnell“, diese Leitsätze stellte **Molenda** als Ergebnis seiner Versuche auf.

Analoge Untersuchungen **Wasilieffs** ziehen hauptsächlich die russischen Arbeitsverhältnisse in Betracht. Für diese soll das Füllhaus die Quelle für die Zuckerverluste darstellen, weil hier die Füllmasse lange Zeit bei hoher Temperatur in den Formen steht. In jüngster Zeit arbeitete auch **Duschsky** „Über die unbestimmbaren Verluste im Raffineriebetriebe“; Laboratoriums- und Fabriksversuche führten zu den Ergebnissen, daß alkalische Klären bei einer Kochung nicht mehr als 0,03 – 0,05 % Zucker verlieren. Dabei nehmen sie an Färbung bedeutend mehr zu als saure Klären. Reduzierende Substanzen werden normalerweise nicht gebildet (deutsch in Z. f. Zuckerind. i. B. XXXVIII, 1913, S. 23).

Anhang.

Chemische Erläuterungen.

Die „chemischen Erläuterungen“ sind teils als *Erklärungen*, teils als *Erweiterung* der Ausführungen chemischen Inhaltes dieses Buches gedacht. Wenn auch bei Besprechung der einzelnen Rübensaftbestandteile eine Reihenfolge wie sie der Stellung der einzelnen Verbindungen zueinander entspricht eingehalten wurde, so wird es für viele Leser von Nutzen sein, hier eine *Übersicht* dieser Körper zu erhalten. Dadurch wird die Stellung der einzelnen Verbindungen in der Chemie und zueinander klarer und das Lesen dieses Buches erleichtert.

Auf eine Beschreibung der einzelnen Verbindungen, ihrer Darstellung und Eigenschaften wurde ganz verzichtet oder diese nur kurz gestreift, soweit es der vorliegende Zweck erfordert.

a) Allgemeine Begriffe.

Eine große Gruppe von Körpern der organischen Chemie heißt: *Gesättigte Kohlenwasserstoffe*, auch Paraffinreihe. Diese Körper sind nach der Formel $C_n H_{2n+2}$ gebaut, und gehören, um nur die ersten Glieder derselben zu nennen, hierher:

Methan	CH_4
Äthan	C_2H_6
Propan	C_3H_8
Butan	C_4H_{10}
Pentan	C_5H_{12}

Entzieht man diesen Verbindungen ein Atom Wasserstoff, so erhält man eine im freien Zustand nicht bestehende Atomgruppe: die *Alkylgruppe*; sie hat die allgemeine Formel $C_n H_{2n+1}$, z. B.: Methyl CH_3, Äthyl C_2H_5, Propyl C_3H_7 usw.

Eine solche Alkylgruppe hat u. a. die Eigenschaft, sich mit einer Hydroxylgruppe zu einem *Alkohol* zu vereinigen; dieser besitzt demnach die Formel $C_n H_{2n+1} \cdot OH$. Den Namen führt er nach dem enthaltenen Alkyl. Also Methylalkohol $CH_3 \cdot OH$ (Holzgeist), Äthylalkohol $C_2H_5 \cdot OH$ (Spiritus) usw.

In der organischen Chemie zeigt sich die bemerkenswerte Erscheinung, daß zwei oder mehrere Verbindungen gleichprozentisch zusammengesetzt sind und doch verschiedene Eigenschaften haben; z. B.

sind zwei Verbindungen bekannt, welche die Formel C_4H_{10}, drei Verbindungen, welche die Formel C_5H_{12} haben. Diese Erscheinung heißt Isomerie; solche Verbindungen sind isomer. Erklärt wird sie durch die Annahme, daß in den Molekülen eine bestimmte, unveränderliche Anordnung der Atome besteht. Verbindungen von der gleichen Formel sind danach deshalb mit verschiedenen Eigenschaften möglich, weil die Atome in jeder dieser Verbindungen verschieden gelagert sind. Dies führt zur Notwendigkeit, für jede Verbindung eine Strukturformel aufzustellen, aus der man sofort deren molekularen Bau erkennt. Gleichzeitig ist man in der Lage, aus einer solchen Strukturformel auf manche chemischen Eigenschaften der Verbindungen zu schließen. Die Erklärung für die Isomerie erfordert, Bindung der Kohlenstoffatome untereinander anzunehmen; so entstehen Kohlenstoffketten. Letztere sind normal, wenn jedes Kohlenstoffatom an höchstens zwei andere direkt gebunden ist. Die Kohlenstoffkette heißt aber verzweigt, wenn ein Kohlenstoffatom mit mehr als zwei anderen verbunden ist. Verbindungen aus erster Kette heißen normale und bekommen vor ihre Formel ein „n", Verbindungen aus der verzweigten Kette heißen Iso-Verbindungen und haben vor ihrer Formel ein „i".

Ist ein Kohlenstoffatom nur mit einem anderen Kohlenstoffatom verkettet, so heißt es primär; besteht die Verkettung mit zwei oder drei Kohlenstoffatomen, so spricht man von einem sekundären, bzw. tertiären Kohlenstoffatome.

Diese Erläuterungen waren notwendig, um den Begriff der primären, sekundären und tertiären Alkohole aufstellen zu können (s. S. 627). Primärer Alkohol entsteht, wenn die Hydroxylgruppe an ein primäres, ein sekundärer Alkohol entsteht, wenn die Hydroxylgruppe an ein sekundäres Kohlenstoffatom gebunden ist; analog wird ein tertiärer Alkohol gebildet.

Es gibt isomere Verbindungen, denen gleiche Strukturformeln zukommen, die gleiche chemische Eigenschaften und nahezu gleiche physikalische Konstanten haben; nur in ihrer Wirkung auf geradlinig polarisiertes Licht verhalten sie sich verschieden. Werden sie nämlich von einem geradlinig polarisierten Lichtstrahl passiert, so wird die Ebene, in der das Licht polarisiert ist, durch das eine Isomer nach links, durch das andere nach rechts gedreht und durch das dritte Isomer nicht beeinflußt. Im allgemeinen gibt es von solchen Körpern zwei optisch aktive und eine inaktive Modifikation. Die Drehung der Polarisationsebene wird durch den Bau des Moleküls, der sich in der gewöhnlichen Strukturformel nicht vollständig zum Ausdruck bringen läßt, verursacht.

Van t'Hoff hat die Ursache hierfür im Vorkommen eines sogenannten „asymmetrischen" Kohlenstoffatomes erkannt. Das ist ein solches, das mit vier verschiedenen Atomen oder Atomgruppen verbunden ist. Die vier Valenzen des vierwertigen Kohlenstoffes einer solchen Verbindung sind also durch vier verschiedene einwertige Atome oder Gruppen abgesättigt.

Bei Gegenwart eines asymmetrischen Kohlenstoffatomes beobachtet man demnach drei Isomere, von denen die eine Verbindung ebensoviel rechts wie die andere linksdrehend wirkt; die dritte ist auf den polarisierten Lichtstrahl ohne Wirkung. Vom asymmetrischen Kohlenstoffatom hat man folgende Vorstellung: Kohlenstoff ist vierwertig; er vermag also nach vier Richtungen hin Bindung von Atomen oder Gruppen vorzunehmen. Daß diese Bindungsrichtungen nicht in einer Ebene liegen, ist aus gewissen Gründen sicher anzunehmen; sie sind also im Raum verteilt, und wie van t'Hoff annimmt, ist das C-Atom innerhalb eines regulären Tetraëders gelegen, und seine vier Bindungsrichtungen nach den Eckpunkten des Tetraëders orientiert. Tatsächlich vermag diese räumliche Vorstellung vom Kohlenstoffatome und seiner Bindungsfähigkeit das Vorkommen solcher Verbindungen zu erklären; man nennt die Isomerie des Raumes sterische Isomerie oder Stereoïsomerie.

Nur weil die gewöhnlichen Strukturformeln in der Ebene geschrieben werden, kann die sterische Isomerie durch sie nicht ausgedrückt werden.

Der optisch inaktive Körper stellt sich als ein Gemenge der rechts- und linksdrehenden Modifikationen dar; diese Drehungen sind gleichgroß, aber entgegengesetzt und heben sich daher auf. Die inaktive Form heißt racemisch oder ist ein racemisches Gemisch. Es gibt mehrere Methoden, um racemische Gemische in ihre optisch aktiven Komponenten zu zerlegen: durch Kristallisation, durch Mikroorganismentätigkeit usw.

Besitzt eine Verbindung zwei oder mehrere asymmetrische Kohlenstoffatome, so wächst die Zahl der möglichen Isomeriefälle sehr. Bei zwei asymmetrischen Atomen gibt es zu den drei oben genannten optischen Modifikationen noch eine vierte, und zwar auch eine optisch inaktive. Es existieren demnach zwei Racemformen, von denen aber die eine spaltbar, die andere nicht spaltbar ist, z. B. die d- und l-Weinsäuren, r-Weinsäure oder Traubensäure und die Mesoweinsäure oder inaktive Weinsäure. (Siehe S. 636.)

Es sei nur erwähnt, daß es auch asymmetrische Stickstoff-Atome gibt; hier sind die fünf Valenzen des fünfwertigen Stickstoffes durch fünf verschiedene Atome oder Gruppen abgesättigt.

Von den physikalischen Eigenschaften organischer Verbindungen, wie Farbe, Aggregatzustand, Schmelz- und Siedepunkt, elektrische Leitfähigkeit, optisches Verhalten und Löslichkeit, sind nur die zwei letztgenannten Eigenschaften hier von Wichtigkeit.

Die Fähigkeit, die Polarisationsebene eines durchgeleiteten polarisierten Lichtstrahles um einen bestimmten Winkel gegen die ursprüngliche Lage zu drehen, zeigen eine Menge von Verbindungen, die bisher besprochen wurden. Hier kommt nur das optische Drehungsvermögen gelöster Körper in Betracht. Dieses wird nach dem Drehungswinkel gemessen, welchen eine Flüssigkeit erzeugt, wenn sie in dem Volumen von 1 cm^3 1 g aktive Substanz enthält und in einer Schicht von 1 dm Länge auf den polarisierten Lichtstrahl wirkt.

Der Winkel $[\alpha]$ heißt die spezifische Drehung der betreffenden Substanz.

Für gelöste aktive Substanzen gilt

$$[\alpha] = \frac{100 \cdot \alpha}{l \cdot c} \tag{1}$$

oder

$$[\alpha] = \frac{100 \cdot \alpha}{l p d} \tag{2}$$

1. α = Drehungswinkel in Kreisgraden.
   l = Länge der Beobachtungsröhren in dm.
2. c = Konzentration, d. s. Gramm in 100 cm^3 Lösung.
   p = Gewichtsprozente aktiver Substanz.
   d = Dichte der Lösung bezogen auf Wasser.

Stets muß das (inaktive) Lösungsmittel und der Prozentgehalt der Substanz angegeben werden, denn sehr häufig ist die spezifische Drehung von diesen beiden Faktoren abhängig. Ist aber die spezifische Drehung bei verschiedenen Konzentrationen der Lösungen konstant, so kann sie in solchen Fällen zur Messung dieser Konzentrationen oder, was dasselbe ist, zur Messung der Menge der gelösten aktiven Substanz herangezogen werden. Darauf beruht die polarimetrische Bestimmung des Zuckers

$$c = \frac{100\alpha}{l[\alpha]}. \tag{3}$$

Jede Substanz hat ihre bestimmte spezifische Drehung. Bei manchen Verbindungen tritt aber die Erscheinung auf, daß ihre frisch bereitete Lösung eine andere Drehung zeigt als nach längerem Stehen. Die Polarisation nimmt entweder zu oder ab, erreicht aber immer nach einem bestimmten Zeitraume eine konstante Größe. Diese Erscheinung heißt Multirotation. Sie tritt auf bei Zuckerarten, Oxysäuren und deren Laktonen, z. B. bei α-Arabinose, d-Glukose, d-Fruktose, d-Zuckersäure, d-Glukonsäure, Saccharinsäure, Arabonsäure und ihren Laktonen (siehe S. 636), d. s. Zuckersäurelakton, Glukonsäurelakton, Saccharin, Arabonsäurelakton.

Die Umwandlungsgeschwindigkeit der Drehung kann durch katalytisch wirkende Zusätze (Säuren, Basen, Salze) beschleunigt werden. Die Ursachen der Multirotation sind noch nicht sicher erkannt.

Von den Zuckerarten gibt es drei Modifikationen. α ist die höher drehende; durch Auflösen geht sie über in die weniger drehende β-Form. Die dritte Modifikation γ wandelt sich beim Auflösen ebenfalls in β um. Z. B. für die d-Glukose

α (labil)	β (stabil)	γ (labil)		
$+105^0 >$	$+52{,}5$	$< +22{,}5$	$\alpha > \beta > \gamma$	(Tanret 1895),

α zeigt Mehrdrehung, γ Wenigerdrehung (Parcus und Tollens).

Beim Übergange von α in β ist Abnahme, von γ in β Zunahme der Drehung zu beobachten.

An drei Beispielen soll die Multirotation gezeigt werden.

d-Glukose, c = 9,097 (g in 100 cm^3), t = 20° $[\alpha]_D$, ist bei
α Anfangsdrehung nach $5\frac{1}{2}$ Minuten +105,2°
β Enddrehung nach 6 Stunden + 52,5°.

d-Glukose, c = 5,526, t = 20°:
α Anfangsdrehung nach 7 Minuten + 104,3°,
β Enddrehung nach 7 Stunden + 52,6° (Parcus u. Tollens).

Bei der Glukose (Dextrose) verhalten sich die Drehungen wie 2:1; dieser spezielle Fall hieß früher Birotation.

l-Arabinose. c = 9,73, t = 20°:
α Anfangsdrehung nach $6\frac{1}{2}$ Minuten + 156,7°,
β Enddrehung nach $1\frac{1}{2}$ Stunden + 104,6°.

Saccharin. c = 10,4:

Nach	8 Min.	3 Tagen	4 Tagen	7 Tagen	11 Tagen
$[\alpha]$ =	+ 94,2	+ 90,7	+ 90,5	+ 88,9	+ 88,7°.

(Die Multirotation ist eingehend in Landolts „Das optische Drehungsvermögen organischer Substanzen", 1898 auf den Seiten 229 ff. behandelt.)

b) Alkohole.

Die Strukturformeln sind: für einen primären Alkohol

$$C_nH_{2n+1} \cdot CH_2 \cdot OH,$$

für einen sekundären

$$C_nH_{2n+1} - \underset{\underset{OH}{|}}{\overset{\overset{H}{\cdot}}{C}} - C_mH_{2m+1}$$

und für einen tertiären

$$\left.\begin{matrix} C_nH_{2n+1} \\ C_mH_{2m+1} \\ C_rH_{2r+1} \end{matrix}\right\rangle C - OH.$$

Diese Alkohole verhalten sich bei ihrer Oxydation verschieden. Der primäre Alkohol, für den die Gruppe — $CH_2 \cdot OH$ charakteristisch ist, geht durch Oxydation in eine Säure über, für die die Gruppe — $C\langle^{O}_{OH}$ — die Karboxylgruppe — maßgebend ist. Diese Säuren heißen Fettsäuren und haben gleiche Kohlenstoff-Atomenzahl wie der zugehörige Alkohol. Methylalkohol $CH_3 \cdot OH$ oder $H \cdot CH_2 \cdot OH$ geht bei der Oxydation in $H \cdot C\langle^{O}_{OH}$ (Ameisensäure),

Äthylalkohol $C_2H_5 \cdot OH$ oder $CH_3 \cdot CH_2 \cdot OH$ in $CH_3 \cdot C\begin{smallmatrix} \diagup O \\ \diagdown OH \end{smallmatrix}$ (Essigsäure) über.

Die sekundären Alkohole mit der Gruppe $— C\begin{smallmatrix} \diagup H \\ \diagdown OH \end{smallmatrix}$ gehen durch Oxydation in Körper über, die Ketone heißen, gleichviel Kohlenstoffatome enthalten wie der Alkohol, aus dem sie entstehen, und die charakteristische Gruppe $\underset{\overset{\|}{O}}{—C—}$ (Karbonylgruppe) aufweisen.

Ein tertiärer Alkohol gibt bei der Oxydation weder eine Säure noch einen Keton, sondern das Molekül wird direkt gespalten unter Bildung von Verbindungen mit einer kleineren Anzahl von Kohlenstoffatomen.

Oben wurde gesagt, daß die Fettsäuren durch Oxydation aus primären Alkoholen entstehen. Sie sind aber nicht das erste Oxydationsprodukt; es entstehen zuerst Zwischenprodukte — die Aldehyde mit der charakteristischen Gruppe $—C\begin{smallmatrix} \diagup\!\!\diagup O \\ \diagdown H \end{smallmatrix}$. Eine solche Oxydation verläuft demnach nach dem Schema:

	Schema	Beispiel:	
primärer Alkohol	$C_nH_{2n+1} \cdot CH_2 \cdot OH$;	$CH_3 \cdot CH_2 \cdot OH$	Äthlylalkohol
	↓	↓	
Aldehyd	$C_nH_{2n+1} \cdot C\begin{smallmatrix} \diagup\!\!\diagup O \\ \diagdown H \end{smallmatrix}$	$CH_3 \cdot C\begin{smallmatrix} \diagup\!\!\diagup O \\ \diagdown H \end{smallmatrix}$	Azetaldehyd
	↓	↓	
Fettsäure	$C_nH_{2n+1} \cdot C\begin{smallmatrix} \diagup\!\!\diagup O \\ \diagdown OH \end{smallmatrix}$	$CH_3 \cdot C\begin{smallmatrix} \diagup\!\!\diagup O \\ \diagdown OH \end{smallmatrix}$	Essigsäure

Aldehyde und Ketone sind isomer.

Von den einzelnen genannten Körperklassen seien jene Eigenschaften besprochen, die in den früheren Kapiteln eine Rolle spielten.

Alkohole sind Hydroxylverbindungen von Kohlenwasserstoffresten. Nach der Anzahl der vorhandenen Hydroxylgruppen teilt man ihre Wertigkeit ein.

Die einwertigen Alkohole, z. B. der schon genannten Methyl- und Äthylalkohol können ihren Hydroxylwasserstoff gegen Metalle austauschen: so entstehen Alkoholate. Bei Einwirkung von Säuren auf Alkohole entstehen „Ester" oder „zusammengesetzte Äther". Vergleicht man die Alkohole mit den Basen der anorganischen Chemie, so sind die Ester den anorganischen Salzen an die Seite zu stellen. Durch Wasserabspaltung geben die Alkohole Äther (Anhydride). Das Verhalten gegen Oxydationsmittel wurde schon gezeigt.

Die mehrwertigen Alkohole zeigen im allgemeinen dieselben chemischen Eigenschaften wie die einwertigen.

Die zweiwertigen Alkohole, auch Glykole genannt, beanspruchen hier kein größeres Interesse. Ihr Hauptvertreter ist das Glykol (Äthylenglykol) $CH_2 \cdot OH - CH_2 \cdot OH$, das bei seiner Oxydation Glykolsäure und Oxalsäure liefert.

Viel wichtiger sind die dreiwertigen Alkohole, nach ihrem Hauptvertreter Glyzerine genannt. Sie enthalten drei Hydroxylgruppen, die an drei verschiedene Kohlenstoffatome gebunden sind. Das Glyzerin wurde schon auf den Seiten 316 und 347 genannt. Durch vorsichtige Oxydation mit Brom oder Salpetersäure gibt es Glyzerose (Dioxyazeton $CH_2 \cdot OH \cdot CO \cdot CH_2 \cdot OH$), welche durch verdünntes Alkali zu einem Zucker, Akrose $C_6H_{12}O_6$, polymerisiert.

Glyzerin hat auch deshalb große Bedeutung, weil die Fette seine fettsauren Ester sind.

Die vierwertigen Alkohole sind durch den Erythrit vertreten.

Von den fünfwertigen Alkoholen sind zu nennen: Arabit und Xylit. Sie haben die Konstitutionsformel

$$CH_2 \cdot OH - \mathbf{C}HOH - \mathbf{C}HOH - CHOH - CH_2OH$$

und somit zwei asymmetrische C-Atome[1]). Sie heißen auch Pentite, womit ihre Verwandtschaft mit den Zuckerarten angedeutet wird.

Noch mehr gilt das von den sechswertigen Alkoholen, den Hexiten. Hierher gehört u. a. der Mannit

$$CH_2OH - \mathbf{C}HOH - \mathbf{C}HOH - \mathbf{C}HOH - \mathbf{C}HOH - CH_2OH$$

c) Aldehyde und Ketone.

Diese wurden schon als Oxydationsprodukte von primären und sekundären Alkoholen charakterisiert; ebenso sind ihre Oxydationsprodukte genannt worden.

Von weiteren allgemeinen chemischen Eigenschaften seien genannt: Beide haben Additionsvermögen, z. B. für Wasserstoff, Natriumbisulfat, Ammoniak und für Blausäure. Durch Addition der Blausäure entstehen Cyanhydrine, die als Ausgangsmaterial für Oxy- und Aminosäuren von Wichtigkeit sind.

Aldehyde besitzen die Fähigkeit, untereinander zu kondensieren, z. B. treten drei Moleküle Azetaldehyd zum Paraldehyd zusammen.

Da Aldehyde sehr leicht oxydierbar sind, wirken sie reduzierend, z. B. auf Fehlingsche Lösung, auf ammoniakalische Silberösung usw.

Mit Phenylhydrazin und Hydroxylamin gehen Aldehyde und Ketone Umsetzungen ein, die zu sehr charakteristischen Verbindungen führen und zur Identifizierung von Kohlenhydraten sehr häufig benutzt werden.

---

[1]) In den Formeln durch **C** ausgedrückt.

$$CH_3 \cdot C\begin{smallmatrix} \nearrow O \\ \searrow H \end{smallmatrix} + H_2N \cdot NH \cdot C_6H_5 = H_2O + CH_3 \cdot CH = N \cdot NH \cdot C_6H_5 \quad 1.$$

Azetaldehyd — Phenylhydrazin — Phenylhydrazon des Azetaldehyds.

$$(CH_3)_2 \cdot C = O + H_2N \cdot NH \cdot C_6H_5 =$$

Azeton

$$= H_2O + (CH_3)_2 \cdot C = N \cdot NH \cdot C_6H_5 \quad 2.$$

Phenylhydrazon des Azetons

Diese Umsetzung wird gewöhnlich in schwach essigsaurer Lösung durchgeführt. Die Hydrazone sind gut kristallisierende Körper. Mit Salzsäure gehen sie beim Erhitzen in ihre Komponenten über.

$$CH_3 \cdot C\begin{smallmatrix} \nearrow O \\ \searrow H \end{smallmatrix} + H_2N \cdot OH = H_2O + CH_3 \cdot CH = N \cdot OH$$

Hydroxylamin — Oxym des Azetaldehyds (Aldoxym)

$$(CH_3)_2C = O + H_2N \cdot OH = H_2O + (CH_3)_2C = N \cdot OH$$

Oxym des Azetons (Ketoxym)

Die Oxyme geben analog den Hydrazonen beim Erhitzen mit Salzsäure Aldehyde oder Ketone. Da sie auch gut kristallisierbare Verbindungen sind, verwendet man sie zur Isolierung und Charakterisierung der Aldehyde und Ketone.

Die wichtigsten Vertreter der gesättigten Aldehyde sind:

Formaldehyd, Methylaldehyd $H \cdot C\begin{smallmatrix} \nearrow O \\ \searrow H \end{smallmatrix}$

Azetaldehyd, Äthylaldehyd $CH_3C\begin{smallmatrix} \nearrow O \\ \searrow H \end{smallmatrix}$

Zu den ungesättigten Aldehyden gehört das Akroleïn (s. S. 347). Das wichtigste Glied der gesättigten Ketone ist das

Azeton, Dimethylketon $CH_3 \cdot CO \cdot CH_3$

d) Organische Säuren.

Bevor die Chemie dieser wichtigen Gruppe der im Rübensafte enthaltenen Nichtzuckerstoffe besprochen wird, dürfte es sich empfehlen, eine kurz gefaßte Übersicht der Chemie der Säuren überhaupt zu geben.

Unter Säure versteht man Verbindungen, die durch Metall ersetzbaren Wasserstoff enthalten. Durch Ersatz des ganzen oder eines Teiles des vorhandenen Wasserstoffes entstehen im allgemeinen die Salze dieser Säuren; im ersten Fall speziell die normalen, im zweiten Falle die sauren Salze. Je nach der Anzahl der durch Metall ersetzbaren Wasserstoffatome spricht man von ein-, zwei- und mehrbasischen Säuren. HCl ist eine ein-, H_2SO_4 eine zwei- und H_3PO_4 eine dreibasische Säure. So wie zwischen anorganischer und organischer Chemie kein prinzipieller Unterschied besteht und dieser nur aus Gründen der Arbeitsteilung oder aus didaktischen Gründen beibehalten wird, so auch nicht zwischen anorganischen und organischen Säuren. Beide Arten von Säuren gehorchen im allgemeinen denselben Gesetzen.

Da der Verfasser alle Erscheinungen und Vorgänge, die in diesem Buche Aufnahme fanden, vom modern chemischen Standpunkte zu erklären sucht, die chemischen Prozesse namentlich unter dem Gesichtspunkte der *elektrolytischen Dissoziationstheorie*, so muß letztere an dieser Stelle in ihren Grundzügen besprochen werden.

Aus mehreren Gründen nimmt man an, daß Säuren, Basen und Salze *in wässeriger Lösung eine Spaltung ihrer Moleküle in elektrisch entgegengesetzte Teilchen*, die *Ionen*, erfahren, z. B.

$$
\begin{array}{ll}
NaCl & \rightarrow \overset{+}{Na} + \overset{-}{Cl} \\
Na_2SO_4 & \rightarrow \overset{+}{Na} + \overset{+}{Na} + \overset{--}{SO_4} \\
NaOH & \rightarrow \overset{+}{Na} + \overset{-}{OH} \\
HNO_3 & \rightarrow \overset{+}{H} + \overset{-}{NO_3} \\
H_2SO_4 & \rightarrow \overset{+}{H} + \overset{+}{H} + \overset{--}{SO_4} \\
CH_3 \cdot COOH & \rightarrow \overset{+}{H} + \overset{-}{(CH_3 \cdot COO)}.
\end{array}
$$

Dieser Zerfall, die elektrolytische Dissoziation, nimmt mit steigender Verdünnung zu; für jede bestimmte Konzentration besteht in der Lösung ein bestimmter Gleichgewichtszustand, der dem Massenwirkungsgesetz unterliegt. Die positiv geladenen Ionen heißen *Kationen*, die negativ geladenen *Anionen*. *Allen Säuren sind die positiven H-Ionen, allen Basen die negativ geladenen OH-Ionen gemeinsam.* Säuren zerfallen in die negativen Säurereste und positiven Wasserstoff-Ionen, Basen in positive Metall- und negative Hydroxylionen, Salze endlich in positive Metallionen und negative Säurereste.

Nicht alle Säuren und alle Basen sind bei gleicher Konzentration gleichviel dissoziiert. Die Erfahrung hat gelehrt, daß der *Dissoziationsgrad* im engsten Zusammenhange mit der Fähigkeit, den elektrischen Strom zu leiten, steht. An der Elektrizitätsleitung einer Lösung beteiligen sich nur die Ionen; je mehr davon in der Volumseinheit vorhanden sind, desto besser wird die Lösung den Strom leiten können. „Starke" Säuren und „starke" Basen sind gute Stromleiter, „schwache" Verbindung dieser Art schlechte Stromleiter. Erstere sind daher stärker, letztere schwächer dissoziiert. Im allgemeinen sind die organischen Säuren „schwächer" als die Mineralsäuren. Ihr Dissoziationsgrad ist also ein kleinerer als der der Mineralsäuren.

Der Dissoziationsgrad ist eine konstante Größe und ein Maß für die „Stärke" aller Säuren. Die Reaktionen der anorganischen Chemie sind Ionenreaktionen; solche Reaktionen verlaufen schnell. Die meisten organischen Verbindungen sind in Lösung nur wenig elektrisch dissoziiert, und daher verlaufen die Reaktionen der organischen Chemie im allgemeinen langsamer als jene der anorganischen. Sie verlaufen auch häufig unvollständig und bleiben bei Erreichung eines gewissen *Gleichgewichtes* stehen. Die *Reaktionsgeschwindigkeiten* können sehr häufig durch Mitwirkung geringer Mengen fremder Stoffe, wie Metalle und ihrer

Oxyde, Säuren, Basen usw., beschleunigt (oder verzögert) werden. Die Stoffe erscheinen nicht in den Endprodukten der Reaktion und heißen **Katalysatoren**, diese Erscheinung selbst **Katalyse**. Zu den Katalysatoren sind auch die Enzyme zu rechnen.

In gewissem Gegensatze zur elektrolytischen steht die **hydrolytische Dissoziation**. Eigentlich sollten normale Salze neutral reagieren, da sie ja durch gegenseitige Absättigung von Säuren und Basen entstehen. Trotzdem gibt es solche, die in wässeriger Lösung **saure** oder **alkalisch** reagieren. Neutrale Ferri- oder Aluminiumsalze reagieren in wässeriger Lösung sauer, oder, was hier wichtiger ist, normale Salze von schwachen Säuren, z. B. der Kohlensäure, reagieren **alkalisch**.

In beiden Fällen tritt das Wasser in Reaktion und spaltet die betreffenden Salze z. B.

$$Na_2CO_3 + \underset{\text{Wasser}}{HOH} \rightleftarrows NaOH + NaHCO_3.$$

In der Wärme kann auch das $NaHCO_3$ weiter hydrolytisch gespalten werden. Das entstandene Natriumhydroxyd ist in obigem Falle das alkalisch reagierende Agens. Daher gehören die **neutralen Karbonate und anderen Salze schwacher Säuren zu den Alkalitätsbildnern.**

Diese Dissoziation ist umkehrbar. Sie verläuft umso leichter von inks nach rechts, je verdünnter und wärmer die Lösung ist.

Übersicht.

I. Gruppe: Fettsäuren $C_nH_{2n}O_2$.

II. Gruppe: einbasische ungesättigte Säuren (Ölsäurereihe) $C_nH_{2n-2}O_2$.

III. Gruppe: Einbasische ungesättigte Säuren, **Propiolsäurereihe** $C_nH_{2n-4}O_2$.

IV. Gruppe: Mehrbasische Säuren:
- a) gesättigte zweibasische $C_nH_{2n-2}O_4$, (Oxalsäurereihe),
- b) mehrbasische ungesättigte $C_nH_nO_6$.

V. Oxysäuren oder Alkoholsäuren:
- a) einbasische $C_nH_{2n}O_3$, (Milchsäurereihe),
- b) zweibasische $C_nH_{2n-2}O_5$, (Äpfelsäure, Weinsäure),
- c) dreibasische (Zitronensäure).

VI. Aldehyd- und Ketonsäuren (Mesoxalsäure).

VII. Amidosäuren (Asparagin- und Glutaminsäure).

VIII. Harnsäuregruppe.

Hier handelt es sich nun darum, die allgemeinen chemischen Eigenschaften jener Säuregruppen zu besprechen, die in der Rübe vertreten sind, und besonders jene Eigenschaften hervorzuheben, die den Gegenstand von Erörterungen in den vorhergehenden Kapiteln bildeten.

I. Fettsäuren.

Ihre Entstehung aus Alkoholen wurde bereits erwähnt. Sie besitzen, wie an selber Stelle gezeigt, eine charakteristische Gruppe, die Karboxylgruppe $-C\genfrac{}{}{0pt}{}{\diagup O}{\diagdown OH}$. Man kann die Formel $C_n H_{2n} O_2$ aus Zweckmäßigkeitsgründen zerlegen in: $C_n H_{2n+1} \cdot COOH$. Der Wasserstoff der Karboxylgruppe ist durch Metall ersetzbar. Der Name dieser Säuregruppe kommt daher, weil die höheren Glieder derselben aus den Fetten gewonnen werden. Die wichtigsten Vertreter sind:

Ameisensäure	CH_2O_2	oder	$H \cdot COOH$	flüssig, stechend saurer Geruch, in allen Verhältnissen mit Wasser vermischbar.
Essigsäure	$C_2H_4O_2$	„	$CH_3 \cdot COOH$	
Propionsäure	$C_3H_6O_2$	„	$C_2H_5 \cdot COOH$	
Buttersäure	$C_4H_8O_2$	„	$C_3H_7 \cdot COOH$	ölig, ranziger Geruch, nicht in allen Verhältnissen mit Wasser mischbar.
Valeriansäure	$C_5H_{10}O_2$	„	$C_4H_9 \cdot COOH$	
Kapronsäure	$C_6H_{12}O_2$	„	$C_5H_{11} \cdot COOH$	
Palmitinsäure	$C_{16}H_{32}O_2$	„	$C_{15}H_{31} \cdot COOH$	bei gewöhnlich. Temperatur fast geruchlos, paraffinartig, im Wasser unlöslich.
Margarinsäure	$C_{17}H_{34}O_2$	„	$C_{16}H_{33} \cdot COOH$	
Stearinsäure	$C_{18}H_{35}O_2$	„	$C_{17}H_{35} \cdot COOH$	

Alle sind einbasisch. In Alkohol und Äther sind alle leicht löslich. Mit Ausnahme der Ameisensäure sind sie gegen Oxydationsmittel beständig. Durch Austausch der Hydroxylgruppe mit der Amidogruppe entstehen die Säureamide. Palmitin- und Stearinsäure sind als Bestandteile der Fette von großer Wichtigkeit (s. S. 316).

II. Einbasische ungesättigte Säuren (Ölsäurereihe) $C_n H_{2n-2} O_2$.

Akrylsäure	$C_3H_4O_2$	oder	$CH_2 = CH \cdot COOH$
Krotonsäure	$C_4H_6O_2$		
Ölsäure	$C_{18}H_{34}O_2$	„	$CH_3(CH_2)_7 \cdot CH = CH(CH_2)_7 \cdot COOH$,
Erukasäure	$C_{22}H_{42}O_2$		

Diese Säuren enthalten eine doppelte Bindung, sind daher additionsfähig und sind „stärkere“ Säuren als die der Fettsäurereihe. Nur die Ölsäure, die als Glyzerinester (Triolein) in Fetten vorkommt, hat hier größere Bedeutung.

IV.[1]) Mehrbasische Säuren.

$C_n H_{2n-2} O_4$ oder $C_n H_{2n} (COOH)_2$.

Sie entstehen durch Oxydation der Glykole und der entsprechenden Aldehyde und sind gut kristallisierte Körper; in dem Maße, als die zwei Karboxylgruppen weiter voneinander stehen, werden die Säuren „schwächer“. Es sind saure und normale Salze möglich.

---

[1]) Die III. Gruppe: Propiolsäurereihe hat hier keine Bedeutung.

a) Im allgemeinen haben die zweibasischen Säuren analoge Eigenschaften wie die einbasischen gesättigten Säuren.

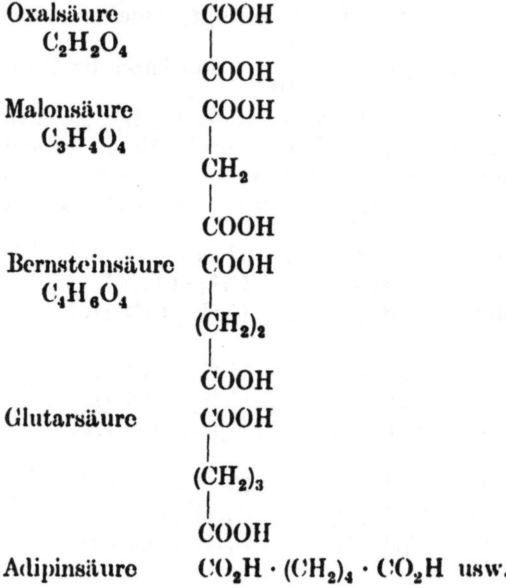

b) Zu den *ungesättigten, zweibasischen Säuren* gehören die *Fumar-* und die *Maleïnsäure*. Beide haben die Formel $C_4H_4O_4$, doch kommt ihnen hier keine Bedeutung zu.

Eine *dreibasische* ungesättigte Säure ist die *Akonitsäure* mit der Strukturformel

$$\begin{array}{ccccc} CH & = & C & - & CH_2 \\ | & & | & & | \\ CO_2H & & CO_2H & & CO_2H \end{array}$$

und die *Trikarballylsäure*:

$$CH_2(COOH) \cdot CH(COOH) \cdot CH_2(COOH).$$

V. Oxysäuren oder Alkoholsäuren.

a) *Einbasische Oxysäuren*:

Glykolsäure (Oxyessigsäure) $\begin{array}{c} COOH \\ | \\ CH_2OH \end{array}$

Milchsäure (Oxypropionsäure) $CH_3 \cdot CHOH \cdot COOH$.

Sie entstehen u. a. durch Oxydation mehrwertiger Alkohole. Die Stellung der OH-Gruppe zur COOH-Gruppe kann verschieden sein; danach gibt es α-, β-, γ- und δ-Säuren mit verschiedenem chemischen Verhalten. (Siehe S. 636.)

b) **Zweibasische Oxysäuren.**

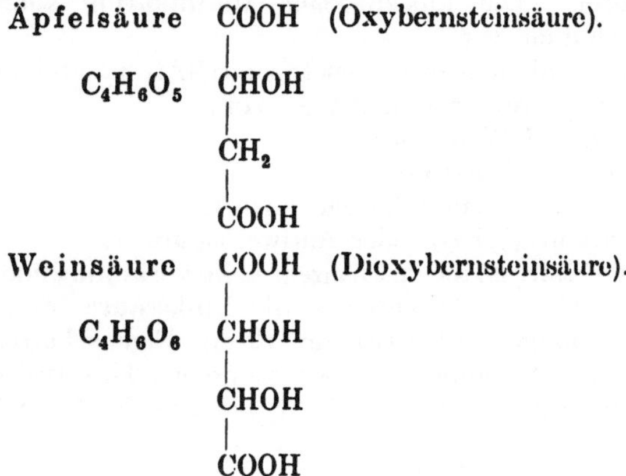

c) **Dreibasische Oxysäuren:**

Zitronensäure $CH_2 \cdot COOH$ (Oxytrikarballylsäure).
$C_6H_8O_7$

$$\begin{array}{l} CH_2 \cdot COOH \\ | \\ C\begin{array}{l} \diagup OH \\ \diagdown COOH \end{array} \\ | \\ CH_2 \cdot COOH \end{array}$$

a) Die Oxysäuren der Fettsäurereihe entstehen durch Ersatz eines Wasserstoffatoms des Kohlenwasserstoffrestes durch die Hydroxylgruppe. Sie besitzen den Charakter eines Alkohols und denjenigen einer Säure zugleich, daher sie auch **Alkoholsäuren** heißen. Sie bilden Salze, Ester und Amide. Die Stärke der Fettsäuren nimmt mit dem Eintritte des Hydroxyls in das Molekül zu.

Die **Glykolsäure** wurde auf S. 115 besprochen.

Die **Milchsäuren** sind Oxypropionsäuren und zwar isomere α- und β-Oxypropionsäure.

$CH_3 \cdot CH_2 \cdot COOH$	$CH_3 \cdot CH(OH) \cdot COOH$	$CH_2(OH) \cdot CH_2 \cdot COOH$
Propionsäure	α-Oxypropionsäure	β-Oxypropionsäure

Die α-Säure ist die **Gärungsmilchsäure** (Äthylidenmilchsäure). Sie entsteht, wie schon der Name besagt, u. a. durch die Milchsäuregärung. Sie findet sich im Sauerkraut, in sauren Gurken und **sauren Schnitten**. Sie ist die racemische Form (optisch inaktiv).

Die Fleischmilchsäure oder Rechtsmilchsäure sowie die Linksmilchsäure interessieren hier nicht.

b) Die **zweibasischen Oxysäuren** zeigen analoge chemische Eigenschaften und Bildungsweisen wie die einbasischen Oxysäuren. Monoxymalonsäure ist die **Tartronsäure**.

Viel größere Bedeutung haben die Mono- und Dioxybernsteinsäuren, oder die Äpfel- und Weinsäuren.

Die Äpfelsäure existiert in rechts- und linksdrehender sowie in racemischer Form. Die linksdrehende Modifikation kommt im Pflanzenreiche gewöhnlich vor.

Die Weinsäuren haben zwei asymmetrische C-Atome und kommen daher in vier stereoïsomeren Modifikationen vor;

1. Rechtsweinsäure, d-Weinsäure;
2. Linksweinsäure, l-Weinsäure;
3. Traubensäure, r-Weinsäure (racem. Form);
4. inaktive Weinsäure, Meso- oder Antiweinsäure.

Die erstgenannte Säure ist die im Pflanzenreiche vorkommende Form. Von den drei anderen Weinsäuren ist die Linkssäure bis auf das optische Drehungsvermögen identisch in Ihren Eigenschaften mit der Rechtsweinsäure. Die anderen haben keine größere Bedeutung.

c) Die dreibasische Oxytrikarballylsäure fand auf S. 117 ihre Besprechung.

Laktone.

Von den Oxysäuren gibt es isomere Modifikationen, je nach der Stellung des Hydroxyls zum Karboxyl. Das Kohlenstoffatom, an dem die Karboxylgruppe gebunden ist, wird mit α bezeichnet, die anderen Kohlenstoffatome der Reihe nach mit β, γ usw. z. B.

Propionsäure . . . $\underset{\beta}{CH_3} \cdot \underset{\alpha}{CH_2} \cdot COOH$ (Methylessigsäure)

α-Oxypropionsäure . $CH_3 \cdot CH \cdot OH \cdot COOH$ (Milchsäure)

β-Oxypropionsäure . $CH_2OH \cdot CH_2 \cdot COOH$ (Äthylidenmilchsäure)

Buttersäure . . . $\underset{\gamma}{CH_3} \cdot \underset{\beta}{CH_2} \cdot \underset{\alpha}{CH_2} \cdot COOH$

γ-Oxybuttersäure . $CH_2 \cdot OH \cdot CH_2 \cdot CH_2 \cdot COOH$

Kapronsäure . . . $CH_3 \cdot \underset{\delta}{CH_2} \cdot \underset{\gamma}{CH_2} \cdot \underset{\beta}{CH_2} \cdot \underset{\alpha}{CH_2} \cdot COOH$

γ-Oxykapronsäure . . $CH_3 \cdot CH_2 \cdot CH \cdot OH \cdot CH_2 \cdot CH_2 \cdot COOH$

Neben den gemeinsamen Gruppeneigenschaften kommen den einzelnen isomeren Oxysäuren spezifische chemische Eigenschaften zu, z. B. bezüglich der Abspaltung von Wasser.

Bemerkenswert ist hier die Art der Wasserabspaltung der γ-Oxysäuren, die an zwei Beispielen gezeigt werden soll.

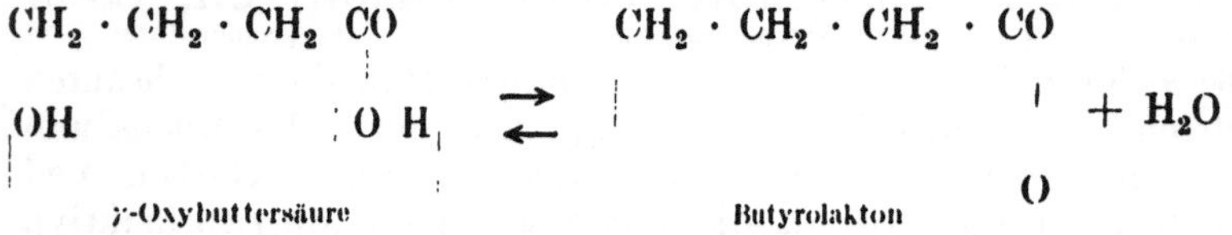

$CH_2 \cdot CH_2 \cdot CH_2\ CO$ | OH | $O\ H$ $\rightleftarrows$ $CH_2 \cdot CH_2 \cdot CH_2 \cdot CO$ | O | $+ H_2O$

γ-Oxybuttersäure — Butyrolakton

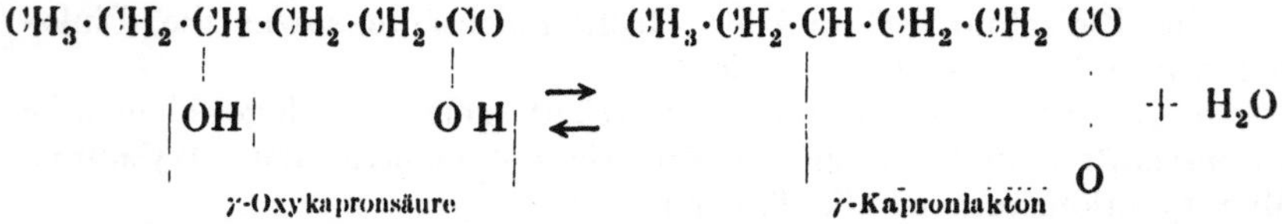

$CH_3 \cdot CH_2 \cdot CH \cdot CH_2 \cdot CH_2 \cdot CO$ | OH | $O\ H$ $\rightleftarrows$ $CH_3 \cdot CH_2 \cdot CH \cdot CH_2 \cdot CH_2\ CO$ | O | $+ H_2O$

γ-Oxykapronsäure — γ-Kapronlakton

Die Wasserabspaltung geht in Lösung schon bei gewöhnlicher Temperatur vor sich; dadurch gehen die Oxysäuren in einfache, cyklische innere Anhydride über, die Laktone heißen. Diese können auch als innere Ester der Oxysäuren bezeichnet werden. Die Wasserabspaltung geht schon unmittelbar bei der Bildung der Säuren vor sich, so daß man die γ-Oxysäuren als solche gar nicht isolieren kann. Die Laktonbildung ist eine umkehrbare Reaktion, führt also immer nur bis zu einem gewissen Gleichgewichtszustande.

Im allgemeinen sind die Laktone zu chemischen Umsetzungen wenig geeignet.

Eine erschöpfende Monographie von Ed. v. Hjelt „Über die Laktone" erschien in der „Sammlung chemischer und chemisch-technischer Vorträge" von Ahrens, VIII. Bd., 3./4. Heft, 1903.

VI. Aldehyd- und Ketonsäuren.

Diese lassen sich als Oxydationsprodukte der Oxysäuren auffassen. Sie haben gleichzeitig den Charakter von Karbonsäuren und Aldehyden oder Ketonen.

Eine Aldehydsäure ist z. B. die Glyoxylsäure, die einfachste Ketonsäure ist die Brenztraubensäure. Auch die Lävulinsäure gehört hierher.

Zweibasische Aldehyd- und Ketonsäuren:

Von der Malonsäure leitet sich die Mesoxalsäure

$$\begin{array}{l} COOH \\ | \\ C(OH)_2 \\ | \\ COOH \end{array} \text{ ab.}$$

Man gibt ihr auch die Formel

$$\begin{array}{l} COOH \\ | \\ CO + H_2O \\ | \\ COOH \end{array}$$

Die erste Formel ist die richtigere.

Von dieser Säure wäre nur zu erwähnen, daß sie beim Kochen Kohlendioxyd abspaltet und in Glyoxylsäure übergeht. — Über die einbasische Glyoxylsäure siehe S. 121.

Brenztraubensäure ist Azetylameisensäure $CH_3 \cdot CO \cdot COOH$, eine α-Ketonsäure. Ihr Name stammt daher, weil sie durch Destillation von Weinsäure mit $KHSO_4$ dargestellt werden kann.

Lävulinsäure, β-Azetylpropionsäure, $CH_3 \cdot CO \cdot CH_2 \cdot CH_2 \cdot COOH$ ist eine γ-Ketonsäure, die aus Hexosen, z. B. Lävulose, durch Kochen mit verdünnten Säuren entsteht.

VII. Amino- oder Amidosäuren.

A. Aminofettsäuren. In diesen Säuren ist der Wasserstoff des Kohlenwasserstoffrestes durch die Amidogruppe $-NH_2$ ersetzt. Sie sind von großer physiologischer Bedeutung als Spaltungsprodukte der Eiweißkörper. Von den einbasischen Fettsäuren resultieren die einbasischen Amidosäuren.

Sie sind meist kristallisierte Substanzen, löslich im Wasser, unlöslich in Äther und Alkohol. Sie bilden sowohl mit Säuren als auch mit Basen Salze, sind demnach selbst Basen und Säuren. Sie sind neutral reagierende Substanzen, weil sich ihre Karboxyl- und Amidogruppen gegenseitig neutralisieren. Sie sind daher nach der sogenannten Betaïnformel konstituiert, z. B. die Amidoessigsäure

$$\begin{array}{ccc} CO & - & O \\ | & & | \\ CH_2 & - & NH_2 \end{array}$$

Der Wasserstoff der Amidogruppe kann wieder durch andere Radikale ersetzt werden. Ihre Ester spielen bei der Erkennung der einzelnen Eiweißabbauprodukte eine große Rolle.

Das erste Glied ist die Amidoessigsäure oder Glykokoll $CH_2 \cdot NH_2 COOH$. Ihr Trimethylderivat ist das Betaïn.

$$\begin{array}{ccc} CO & & O \\ | & & | \\ CH_2 & \cdot & NH_2 \end{array} \rightarrow \begin{array}{ccc} CO & - & O \\ | & & | \\ CH_2 & - & N(CH_3)_3 \end{array}$$

Glykokoll   Betaïn

Alanin ist α-Aminopropionsäure.

Leuzin ist Aminoisobutylessigsäure.

Ornithin ist Diaminovaleriansäure.

Lysin ist Diaminokapronsäure.

Die Säuren der zweibasischen Oxalsäurereihe geben die zweibasischen Amidosäuren.

Hierher gehören Asparaginsäure oder Aminobernsteinsäure und die homologe Glutaminsäure oder Aminoglutarsäure. Beide Säuren enthalten je ein asymmetrisches Kohlenstoff-Atom; die entsprechenden optisch Isomeren sind bekannt.

$$\text{Asparaginsäure:}\quad \begin{array}{c} H \\ \cdot \\ H_2N \cdot C \cdot COOH \\ | \\ H \cdot C \cdot COOH \\ \cdot \\ H \end{array} \quad C \text{ asymmetrisches Kohlenatom.}$$

B. Amide der Kohlensäure. Die Kohlensäure ist eigentlich auch eine „organische" Säure. Da sie zweibasisch ist, können sich zwei Amide von ihr ableiten. Die Formel der hypothetischen Kohlensäure ist H_2CO_3 oder $O = C(OH)_2$. Werden die beiden Hydroxylgruppen durch zwei Amidogruppen ersetzt, so entsteht das Diamid der Kohlensäure $H_2N - CO - NH_2$. Das ist der Harnstoff. Er ist das Endprodukt der Umwandlung der Eiweißstoffe im menschlichen Körper. Von dieser Verbindung leitet sich das hier wichtigere Guanidin ab. Es ist Imidoharnstoff und entsteht durch Einführung der Imidogruppe, d. i. NH in den Harnstoff:

$$C\begin{array}{l} \diagup NH_2 \\ = O \\ \diagdown NH_2 \end{array} \rightarrow C\begin{array}{l} \diagup NH_2 \\ = NH \\ \diagdown NH_2 \end{array}$$

Das Guanidin ist eine kristallinische farblose Masse; es ist eine starke Base, zieht Kohlendioxyd aus der Luft an und bildet meist kristallisierende Salze.

VIII. Harnsäuregruppe (Purinderivate).

Der Harnstoff vermag amidartige Verbindungen mit Ammoniak zu bilden. Die Harnsäure enthält in ihrem Moleküle zwei Harnstoffreste: — NH · CO · NH —. Sie so wie ihre Verwandten enthalten einen zyklischen Kern, der aus fünf Kohlenstoff- und vier Stickstoffatomen besteht. E. Fischer nennt diesen Kern Purinkern.

Das Purin ist seine Wasserstoffverbindung; E. Fischer gab ihr folgende Formel:

```
N1 = 6CH
|     |     7
HC2   5C — NH\
||    ||      >CH8
N3 — 4C — N /
          9
```

(die Ziffern 1—9 dienen zur Erleichterung der Nomenklatur der Purinderivate).

Harnsäure ist 2-, 6-, 8-Trioxypurin. Die Sauerstoffatome stehen an den Stellen 2, 6, 8, also

```
HN — CO
|     |
CO    C — NH\
|     ||      >CO
HN — C — NH/
```

Durch Oxydation in alkalischer Lösung führt die Harnsäure zum Allantoin (siehe S. 160).

Der Harnsäure steht sehr nahe das Xanthin. Es ist 2-, 6-Dioxypurin.

```
HN — CO
|     |
CO    C — NH\
|     ||      >CH
HN — C — N //
```

Es ist ein normaler Bestandteil vieler tierischer Gewebe (Muskel), ist ein farbloses, im Wasser schwer lösliches Pulver von schwach basischen Eigenschaften.

Hypoxanthin oder Sarkin ist 6-Oxypurin. Es begleitet gewöhnlich das Xanthin und ist ein kristallinisches Pulver von schwach basischen Eigenschaften.

```
HN — CO
|     |
HC    C — NH\
||    ||      >CH
N — C — N //
```

Amidoderivate des Purins sind Guanidin, 2-Amido-6-Oxypurin, und Adenin.

$$
\begin{array}{lllcclllll}
 & HN - CO & & & & & N = C \cdot NH_2 & & \\
 & | \quad\; | & & & & & \;\vdots \quad\; | & & \\
H_2N \cdot C & \;\;C & NH & & & HC & C - NH & & \\
 & \vdots \quad \vdots & & CH & & & \| \quad \| & & CH \\
 & N - C - N & & & & & N - C - N & & \\
 & \text{Guanidin} & & & & & \text{Adenin (6-Amidopurin)} & &
\end{array}
$$

Ersteres findet sich reichlich im Guano. Durch salpetrige Säure wird es in Xanthin übergeführt. Adenin sowie Xanthin, Hypoxanthin und Guanidin entstehen durch Hydrolyse des Nukleïns mittels verdünnter Säuren. Sie bilden wichtige Bestandteile der Zellkerne.

e) Kohlenhydrate.

Früher bezeichnete man Verbindungen mit sechs oder einem Vielfachen von sechs Kohlenstoffatomen, in welchen Wasserstoff und Sauerstoff im Verhältnis 2 : 1 (wie im Wasser: H_2O) auftreten, als Zucker. Diese Zuckerarten hatten also die allgemeine Formel $C_{6n}H_{2r}O_r$ [n = 1 – x]. Sie hießen deshalb auch Kohlenhydrate. Die Zuckerarten mit einem Vielfachen von sechs Kohlenstoff-Atomen gehen unter gewissen Umständen in solche mit sechs Kohlenstoff-Atomen über; deshalb nannte man Kohlenhydrate mit 12, 18 usw. Kohlenstoff-Atomen Polysaccharide und alle mit sechs Kohlenstoff-Atomen Monosaccharide.

Diese Anschauungen mußten durch die Arbeiten Emil Fischers (1887) aufgegeben werden. So zeigte er, daß es Monosaccharide mit einer anderen Anzahl von Kohlenstoff-Atomen als sechs gibt; damit war die obige Nomenklatur unhaltbar geworden.

Ihrem chemischen Charakter nach sind die Kohlenhydrate Aldehyd- oder Ketonalkohole. Die auf Seite 629 genannten mehrwertigen Alkohole haben im allgemeinen die bei den einwertigen Alkoholen angeführten chemischen Eigenschaften. Die Hydroxylgruppen lassen sich gegen andere Gruppen austauschen, und so kommt man zu Körpern, die neben dem Alkoholcharakter auch jenen der eingeführten Gruppen haben. Z. B. das Hydroxyl kann durch Oxydation in die Aldehydgruppe übergehen (bei primären Glykolen) und dann weiter in Säuren.

$$
\begin{array}{lclcl}
CH_2 \cdot OH & & CH : O & & CH : O \\
| & \rightarrow & | & \rightarrow & | \\
CH_2 \cdot OH & & CH_2 \cdot OH & & CH : O \\
\text{Glyoxal} & & \text{Glykolaldehyd} & & \text{Glykol}
\end{array}
$$

Hier wurden im Repräsentanten der zweiwertigen Alkohole sukzessive beide OH-Gruppen zu Aldehydgruppen oxydiert. Glykolaldehyd ist der einfachste Aldehydalkohol. Er reduziert Fehlingsche Lösung und polymerisiert leicht, womit er seinen Aldehydcharakter zeigt.

Glyzerinaldehyd ist der Aldehyd des dreiwertigen Alkohols Glyzerin und kommt in der Glyzerose (siehe S. 629) vor, $CH_2OH \cdot CH \cdot OH \cdot CHO$. Der einfachste Ketonalkohol ist das Dioxyazeton $CH_2OH-CO-CH_2 \cdot OH$. Die drei letztgenannten Verbindungen gehören schon zu den Zuckerarten, denn sie sind ebenfalls Aldehyd- oder Ketonalkohole. Für die Zuckerarten ist also charakteristisch die Gruppe $-CHOH-CH:O$, wenn der betreffende Zucker ein Aldehydalkohol ist, oder die Gruppe $-CO \cdot CH_2OH$, wenn er ein Ketonalkohol ist.

Die Kohlenhydrate teilt man ein in zwei große Hauptgruppen:

Monosaccharide oder Monosen: Traubenzucker, Arabinose.

Polysaccharide oder Polyosen: Rohrzucker, Raffinose usw.

Ist eine Monose ein Aldehydalkohol, so heißt sie Aldose, ist sie ein Ketonalkohol, so Ketose. Um anzuzeigen, wieviel Kohlenstoff-Atome der betreffende Zucker enthält, benutzt man die griechischen Zahlwörter, was folgende Übersicht deutlich zeigt.

Die Polyosen bestehen aus zwei oder mehreren Monosen in ätherartiger oder anhydritischer Verbindung.

Übersicht der Zuckerarten:

I. Monosaccharide (Monosen):

1. Biosen $C_2H_4O_2$: Glykolaldehyd kann als das niedrigste Glied der Zuckerarten bezeichnet werden, $CH_2 \cdot OH-COH$;
2. Triosen: Glyzerose, $C_3H_6O_3$;
3. Tetrosen: Erythrose, $C_4H_8O_4$;
4. Pentosen: $C_5H_{10}O_5$ (Arabinose l, d, i, Xylose, Ribose u. a.);
5. Hexosen: $C_6H_{12}O_6$ (Glykose oder Dextrose, Mannose, Gulose, Idose, Galaktose, Talose, Fruktose, Invertzucker u. a.);
6. Heptosen: $C_7H_{14}O_7$;
7. Oktosen: $C_8H_{16}O_8$;
8. Nonosen: $C_9H_{18}O_9$.

II. Disaccharide (Biosen):

1. Derivate der Pentosen: $C_{10}H_{18}O_9$, Diarabinose $[2\,C_5H_{10}O_5-H_2O]$;
2. Derivate der Hexosen: $C_{12}H_{22}O_{12}$ $[2\,C_6H_{12}O_6-H_2O]$, Saccharose (Rohrzucker), Milchzucker (Laktose), Maltose u. a.

III. Trisaccharide (Triosen, Polyosen):

Raffinose: $C_{18}H_{32}O_{16} + 5\,H_2O$ $[3\,C_6H_{12}O_6-2\,H_2O = C_{18}H_{32}O_{16}]$ und andere.

IV. Polysaccharide, Polyosen $(C_6H_{10}O_5)_n$, höhere Polyosen, Dextrine, Stärke, Zellulose.

Allgemeine chemische Eigenschaften der Monosen.

Als Aldehyd- oder Ketonalkohole müssen sie sowohl die Eigenschaften der Alkohole als auch der Aldehyde oder Ketone besitzen.

Als Alkohole geben sie mit Säuren Ester und mit Basen Alkoholate, die sog. Saccharate.

Durch Oxydation geben sie als Aldehyde oder Ketone Karbonsäuren. Aldosen geben solche mit gleicher Kohlenstoffanzahl, Ketosen mit geringerer Anzahl von Kohlenstoff-Atomen. Aldopentosen geben Pentonsäuren, Aldohexosen Hexonsäuren. Als Aldehyde oder Ketosen reduzieren sie ammoniakalische Silberlösungen und Fehlingsche Lösung.

Bei Reduktion geben sie Alkohole, und zwar geben Pentosen die fünfwertigen Alkohole, Pentite Hexosen die Hexite (siehe S. 629). Mit Phenylhydrazin geben die Monosen Hydrazone, mit Hydroxylamin Oxyme (siehe S. 630). Beim Erwärmen mit Alkalien färben sich die Monosen anfangs gelb, dann braun und verharzen schließlich.

Von den Monosen sind hier die wichtigsten Pentosen und Hexosen.

Die Pentosen haben als Aldopentosen die Formel: $CH_2OH \cdot CHOH \cdot CHOH \cdot CHOH \cdot CH : O$. Die drei mittleren C-Atome sind asymmetrisch; es gibt daher von den Pentosen viele Isomere.

Hauptvertreter dieser Gruppe sind die Arabinose und Xylose oder der Holzzucker. Diese Zuckerarten kommen nicht als solche, sondern in Form von anhydritischen Polyosen oder Pentosanen im Pflanzenreiche sehr verbreitet vor. Tollens, Stift u. a. wiesen dieselben speziell in der Zuckerrübe nach. Komers und Stift fanden in frischen Rübenschnitten 7,20% auf 100 Teile Trockensubstanz oder 12,27 auf 100 Teile Zucker. Scheibler bereitete aus der Arabinsäure der Zuckerrübe l-Arabinose, Lippmann fand Galaktose usw. Es wurde nachgewiesen, daß das Araban, ein Pentan, in der Zuckerrübe sehr verbreitet ist. Ebenso das Xylan im holzigen Zellgewebe (Tollens und Flint). E. Schulze fand, daß die Zellmembranen Anhydride der Arabinose und Xylose enthalten, vielleicht in Form eines Komplexes Arabanoxylan. Auch die Zellulose der Zellmembranen, deren Zusammensetzung noch nicht ganz klar ist, ist ein Gemisch verschiedener Polyanhydride. Sie gibt bei ihrer Hydrolyse neben Glukose noch Xylose und Mannose.

Dem Furfurol, dessen Bildung charakteristisch ist für die Pentosen und Pentosane, kommt eine große Bedeutung zu, und soll demnach dieses eingehender behandelt werden.

Unter den heterozyklischen Verbindungen (der aromatischen Reihe) findet sich das Furfuran, dem folgende ringförmige Strukturformel zukommt:

```
HC — CH
 ‖    ‖
HC    CH
  \  /
   O
```

Ein Aldehyd dieser Verbindung ist das Furfurol (Aldehydfurfuran oder Aldehydfuran) $C_4H_3O \cdot C\genfrac{}{}{0pt}{}{\nearrow O}{\searrow H}$, welches bei der Oxydation Brenzschleimsäure $C_4H_3O \cdot COOH$ liefert. Letztere entsteht auch durch trockene Destillation der Schleimsäure, welche charakteristisch für Galaktosegruppen ist. (Siehe S. 644.) Die Bestimmung dieser beiden Körper, Furfurol und Schleimsäure, dient zur quantitativen Bestimmung von Pentosen und Pentosanen einerseits und Galaktanen andererseits. Das Prinzip der Bestimmung des Furfurols, bzw. der Pentosane ist nach der Methode von Tollens folgendes: Durch Erhitzen mit Salzsäure wird das zu untersuchende Produkt, das bei dieser Operation Furfurol gibt, gleichzeitig durch Abdestillieren von diesem befreit, dasselbe aufgefangen und in der Vorlage mit Phlorogluzin (symmetrisches Trioxybenzol) versetzt. Es bildet sich dabei ein unlöslicher Niederschlag von Furfurolphlorogluzin = Phlorogluzid, der filtriert, getrocknet und gewogen wird. Durch Multiplikation des erhaltenen Gewichtes mit von Tollens aufgestellten speziellen Faktoren kann man die einzelnen Pentosen oder Pentosane ermitteln.

Zu erwähnen wäre allerdings, daß nach Cross Oxyzellulosen auch Furfurol liefern können, indem sie Furfuroïde enthalten, d. s. Furfurol ergebende Derivate der Hexosen und Hexosane. Furfurol wäre demnach nicht ausschließlich für Pentosen und Pentosane charakteristisch. Stoklasa führt noch folgende Nichtpentane an, die auch geringe Mengen Furfurol liefern können: Saccharose, Glukose, Galaktose, Nukleïne; „... daß in der Rübe eine ganze Reihe von Stoffen enthalten ist, welche unter den für die Bestimmung der Pentosane und Pentosen von Tollens und seinen Schülern vorgeschlagenen Kautelen das Furfurol in kleinen Mengen ergeben.." (Stoklasa, Z. f. Zuckerind. B., Februar 1899).

Von den Hexosen haben hier besonders drei größere Bedeutung: Glykose (Glukose, Dextrose usw.) und Galaktose, die Aldehexosen sind, und Fruktose, die zu den Ketohexosen gehört.

Die Dextrose kommt im Pflanzenreich häufig vor. Sie ist ein Abbauprodukt der Kohlenhydrate bei deren Spaltung durch Säuren oder Enzyme (Stärke, Zellulose, Rohrzucker). Technisch wird sie durch Verzuckerung von Stärke mittels Säure gewonnen; daher auch ihr Name Stärkezucker. Sie ist der rechtsdrehende Bestandteil des Invertzuckers. Sie kommt in drei verschiedenen Modifikationen vor, nur die rechtsdrehende hat Bedeutung.

Dextrose ist kristallisationsfähig; ihr Hydrat hat ein Molekül Kristallwasser. Im Wasser ist dieselbe leicht löslich; wässerige Lösungen sind optisch aktiv. Das Drehungsvermögen nimmt mit der Konzentration der Lösung zu. Für 10proz. Lösung z. B. ist $[\alpha]_D = 52{,}74^0$, für 30proz. $[\alpha]_D = 53{,}53^0$. Zusätze von Alkalien und anderen Verbindungen (Salze, Säuren) alterieren die Drehung. Der Traubenzucker wirkt reduzierend, z. B. fällt er aus Metallsalzlösungen Metalle. Durch Reduktion des Zuckers selbst entsteht der Alkohol d-Sorbit. Bei der Oxydation des Traubenzuckers entstehen Kohlen-, Oxal-, Ameisensäure u. a.

Über 170° erhitzt, entsteht Glykosan $C_6H_{10}O_5$, später tritt Braunung und Zersetzung ein. Bei letzterer entstehen organische Säuren (Ameisen-, Essigsäure), Kohlenoxyd und Kohlendioxyd, ferner Furfuran, Furfurol, Aldehyd, Azeton. Diese verflüchtigen und Karamel bleibt zurück.

Die Glukose unterliegt der alkoholischen, Milchsäure-, Buttersauregärung und der sog. schleimigen oder Dextrangärung.

Galaktose. Sie entsteht bei der Hydrolyse der Raffinose und des Milchzuckers neben anderen Zuckerarten. Die in der Natur vorkommenden Galaktane sind als anhydridartige Verbindungen der Galaktose zu betrachten. Sie kristallisiert aus Wasser als Hydrat $C_6H_{12}O_6 \cdot H_2O$. Sie ist leicht im Wasser löslich, weniger süß, wirkt reduzierend und ist rechtsdrehend. $[\alpha]_D^{20} + 80{,}49^0$ für 10proz. Lösung. Durch Reduktion liefert sie Dulcit, durch Oxydation mit Salpetersäure gibt sie Schleimsäure. Diese Säure entsteht aus allen Kohlenhydraten, die in ihrem Moleküle Galaktose enthalten, also auch aus Raffinose.

Fruktose (Lävulose oder Fruchtzucker) ist der zweite Bestandteil des Invertzuckers und kommt im Pflanzenreiche vor (Früchte, Honig). Diese Zuckerart kristallisiert sowohl im hydratischen wie auch im wasserfreien Zustande. Sie ist im Wasser leicht löslich, ebenso im verdünnten Alkohol. Fruktose ist linksdrehend; diese Drehung ist sehr von der Konzentration und Temperatur abhängig. Nach Hönig und Jesser wäre $[\alpha]_D^{20} = -90{,}04$ für eine 10proz. und $-95{,}20^0$ für eine 30proz. Lösung.

Durch Reduktion geht sie in Mannit und Sorbit, durch Oxydation in Ameisen-, Oxal- und Glykolsäure über. Alkalien, Kalk u. a. wirken beim Erwärmen zerstörend auf sie ein; dabei entstehen Saccharin, Milchsäure usw.

Fruchtzucker vergärt leicht.

Alle Hexosen haben die eingangs erwähnten allgemeinen charakteristischen Eigenschaften. Die Aldohexosen sind nach folgender Strukturformel gebaut:

```
                                        H
                                       /
CH2—CH—CH—CH—CH—C
    |   |   |   |   |    \\
    OH  OH  OH  OH  OH     O
```

Die vier mittleren Kohlenstoff-Atome sind asymmetrisch.

Die Ketohexosen besitzen folgende Strukturformel:

```
CH2—CH—CH—CH—CO—CH2
 |   |   |   |       |
 OH  OH  OH  OH      OH
```

Diese enthalten nur drei asymmetrische Kohlenstoffatome.

II. Disaccharide (Biosen).

Am wichtigsten sind die Hexobiosen; diese bestehen aus zwei Molekülen Hexosen. Durch Hydrolyse zerfallen sie in ihre Komponenten (Inversion). Die Biosen stellen ätherartige Anhydride der Hexosen dar.

Hierher gehören: Saccharose, Milchzucker (Laktose) und die Maltose (Malzzucker). Allen kommt die Formel $C_{12}H_{22}O_{11}$ zu.

III. Trisaccharide (Triosen).

Das sind Hexotriosen. Hauptvertreter ist die Raffinose (siehe S. 93).

IV. Polyosen (Polysaccharide).

Das sind auch ätherartige Anhydride der Hexosen. Über die Glieder dieser Reihe, Stärke (Amylum) und Zellulose siehe S. 104.

f) Aromatische Verbindungen.

Alle aromatischen Verbindungen leiten sich vom Benzol ab, das eine Kette von sechs Kohlenstoffatomen nach folgender Struktur besitzt. Zwei oder mehrere solcher Benzolkerne können sich kondensieren und es entstehen technisch sehr wichtige Verbindungen. Das Naphthalin enthält zwei, das Anthrazen drei solcher Kerne.

```
    CH               CH  CH                 CH   CH   CH
   /  \             /  \C/  \              /  \C/  \C/  \
HC      CH       HC     |     CH        HC     |    |     CH
|       |        |      |     |         |      |    |     |
HC      CH       HC     |     CH        HC     |    |     CH
   \  /             \  /C\  /              \  /C\  /C\  /
    CH               CH  CH                 CH   CH   CH
  Benzol           Naphthalin               Anthrazen
```

Von diesen drei Verbindungen leiten sich die aromatischen Verbindungen ab, die in diesem Buche besprochen werden mußten, z. B. Indanthren, α-Naphthol, Phlorogluzin, Brenzkatechin usw.

Im Benzolringe bezeichnet man die einzelnen Kohlenstoffatome durch Nummern, um die Nomenklatur der einzelnen Derivate zu erleichtern. Statt der Ziffern wählt man für die 1, 2- oder 1, 6-Stellung den Ausdruck Orthoverbindung, für 1, 3- oder 1, 5-Meta- und für 1,4 Stellung den Ausdruck Paraverbindung.

```
        CH
      / 1 \
  HC6       2CH
   |         |
  HC5       3CH
      \ 4 /
        CH
```

Benzol wird aus dem Steinkohlenteer dargestellt. Es ist eine bei 80,4° siedende, stark lichtbrechende Flüssigkeit; im Wasser ist es unlöslich.

Von seinen Derivaten wären hier nur zu nennen: Phenol $C_6H_5 \cdot OH$. Es hat Alkoholcharakter, also ähnliche Eigenschaften wie die (tertiären) Alkohole. Es stellt die bekannte Karbolsäure dar. So wie von den Alkoholen gibt es auch zwei und mehrwertige Phenole.

Ein wirklicher Alkohol ist der Benzylalkohol von der Formel $C_6H_7 \cdot CH_2OH$; durch Oxydation geht er in die Benzoësäure $C_6H_5 \cdot COOH$ über.

Von den aromatischen Aldehyden sei der Benzaldehyd genannt:

H
$C_6H_5 \cdot C$
O

Das Naphthalin $C_{10}H_8$ findet sich ebenfalls im Steinkohlenteer vor. Es kristallisiert in glänzenden Blättchen; ist im Wasser unlöslich, leicht in heißem Äther und Alkohol löslich.

Um die isomeren Substitutionsprodukte zu charakterisieren, geht man so wie beim Benzol vor. Wird der Wasserstoff von 1, 4, 5 oder 8 substituiert, so hat man eine α-Verbindung, wird der Wasserstoff 2, 3, 6 oder 7 substituiert, so hat man eine β-Verbindung vor sich.

CH CH
8 C 1
HC 7 2 CH
HC 6 3 CH
5 C 4
CH CH

Oxyverbindungen des Naphthalins sind die Naphthole, von denen α-Naphthol hier das wichtigste ist, $C_{10}H_7 \cdot OH$.

Auch Anthrazen $C_{14}H_{10}$ findet sich im Steinkohlenteer; hauptsächlich aber im Anthrazenöl der Teerdestillation.

Es kristallisiert in farblosen, glänzenden Blättchen.

Durch Oxydation übergeht es in Anthrachinon, das infolge seiner Beziehung zum Indanthren hier von Interesse ist.

CH CO
1 9 8
2 7 →
3 6
4 10 5
CH CO

Zweiwertige Phenole.

Im Buche genannt wurden das

Brenzkatechin (Dioxyphenol), das eine Orthoverbindung ist.

OH
OH

Die entsprechende Metaverbindung ist das Resorzin und die Paraverbindung ist das Hydrochinon.

Zu den dreiwertigen Phenolen gehören das Pyrogallol

$$C_6H_3\begin{cases}OH & 1\\OH & 2\\OH & 3\end{cases}$$

und das Phlorogluzin 1, 3, 5, Trioxyphenol.

Von der Benzoësäure gibt es Oxysäuren. Die Orthooxybenzoësäure $C_6H_4\begin{cases}OH & 1\\COOH & 2\end{cases}$ ist die Salizylsäure und als Desinfektionsmittel (s. S. 287) von großer Bedeutung.

Dioxybenzoësäure ist die auf Seite 476 genannte Protokatechusäure $C_6H_3\begin{cases}COOH & 1\\OH & 3\\OH & 4\end{cases}$

Zu den Trioxybenzoësäuren gehört die Gallussäure

$$C_6H_2\begin{cases}OH & 5\\OH & 4\\OH & 3\\COOH & 1\end{cases}$$

Sie steht in Verwandtschaft mit den Gerbstoffen oder Gerbsäuren und wurde aus diesem Grunde hier angeführt. —

Folgendes bildet die Grundlage für die Erklärung der Konstitution des Indanthrens (siehe S. 614).

Anthrachinonsulfosäuren haben die Formel

$$C_6H_4\begin{matrix}CO\\ \\CO\end{matrix}C_6H_3\cdot SO_3H.$$

Amidoanthrachinone: $C_6H_4\begin{matrix}CO\\ \\CO\end{matrix}C_6H_3\cdot NH_2.$

Über die letztgenannten Verbindungen geht die Darstellung des Indanthrens.

g) Bestimmung der Stickstofformen.

Da alle Formen, in denen der Stickstoff in der Rübe und in den Zuckerfabriksprodukten vorkommen kann, im 5. Kapitel betrachtet worden sind, erscheint es angezeigt, über die Methoden zu orientieren, nach denen die einzelnen Stickstoffbestandteile bestimmt werden können. Die Einzelheiten dazu müssen in den bezüglichen analytischen Handbüchern nachgesehen werden. Speziell sollen hier nur jene Methoden angeführt werden, deren sich die neueren Forschungen bedienten.

1. Gesamtstickstoff (Jodlbauersche Methode). Das ist eine

Modifikation der Methode von Kjeldahl, nach welcher das zu untersuchende Objekt mit rauchender Schwefelsäure unter Zugabe eines Oxydationsmittels als Katalysator (Kupferoxyd oder Quecksilber) zunächst zerstört und dessen Stickstoffverbindungen zu Ammoniak oxydiert werden; dieses wird durch die Schwefelsäure gebunden. Durch Erhitzen mit Alkali wird das Ammoniak ausgetrieben und titrimetrisch bestimmt.

$$(NH_4)_2SO_4 + 2\,KOH = K_2SO_4 + 2\,H_2O + 2\,NH_3.\quad 1\,cm^3\ \frac{1}{n}\text{-Säure} = 0{,}014\,g\ N.$$

Diese Methode ist aber nicht anwendbar bei Gegenwart von Nitraten und anderen Stickstofformen. Dann verwendet man die Jodlbauersche Methode. Bei dieser wird statt der Schwefelsäure allein eine Lösung von Phenol in Schwefelsäure, die sog. Phenolschwefelsäure, angewendet. Durch die Salpetersäure (Nitrate) der zu untersuchenden Substanz übergeht das Phenol in Nitrophenol; die Salpetersäure wird dadurch am Entweichen verhindert. Durch Zusatz von etwas Zink wird das Nitrophenol in Amidophenol übergeführt, und schließlich ist aller Stickstoff in Form von $(NH_4)_2SO_4$ wie oben vorhanden; dann wird mit Alkali das Ammoniak ausgetrieben und titrimetrisch bestimmt. Diese Methode ist sehr genau.

2. Salpetersäurestickstoff (Schulze-Tiemann-Methode). Diese Bestimmung beruht auf der Tatsache, daß Schwefelsäure, bzw. Sulfate durch Eisenoxydulsalze in saurer Lösung zu Stickoxyd reduziert werden, welches Gas man auffangen und messen kann.

$$NaNO_3 + 3\,FeCl_2 + 4\,HCl = NaCl + 3\,FeCl_3 + 2\,H_2O + NO$$

3. Ammoniakstickstoff. Nach Andrlík ist diese Bestimmung sehr schwierig; sie scheint wohl sehr einfach zu sein, „doch haben verschiedene hierzu empfohlene Methoden zu verschiedenen Ergebnissen geführt". Von den vielen vorgeschlagenen Methoden entschied sich Andrlík für die von Baumann-Bömer modifizierte Schulze-Boßhardsche und für die azotometrische von Sachs.

Schulze und Boßhard behandeln den Saft mit überschüssiger Phosphorwolframsäure. Diese fällt Eiweiß, Albumosen, Peptone, Pflanzenbasen und sämtliches Ammoniak (aber nicht Asparagin, Glutamin, Leuzin oder Tyrosin). Aus diesem Niederschlage wird das Ammoniak durch Magnesia in der Wärme oder durch Kalk in der Kälte ausgetrieben und bestimmt.

Rümpler empfiehlt diese Methode. Nach Andrlík soll sie aber zu niedrige Resultate geben; er benutzte daher ihre Modifikation von Baumann-Bömer. Der Rübensaft wird mittels Kupferhydroxyds, etwas Alaun und Tannin von den Eiweißkörpern befreit. Der nach Filtration verdünnte Saft wird mit verdünnter Schwefelsäure und phosphorsaurem Natron versetzt, erwärmt und 48—72 Stunden stehen gelassen. Dann wird wieder filtriert, mit verdünnter Schwefelsäure nachgewaschen, der Niederschlag samt Filter in einem Kolben mit

Wasser übergossen und mit Magnesia destilliert. Doch hält Andrlík die Resultate mittels dieser Methode „für etwas zu hoch".

Ziemlich annähernde Werte und rascher gibt die azotometrische Methode von Sachs. Sie beruht auf dem Freiwerden des Stickstoffes durch unterbromigsaures Natron; dieser wird in einem Azotometer aufgefangen und gemessen. $3\,NaBrO + 2\,NH_3 = 3\,NaBr + 3\,H_2O + 2\,N$.

4. Eiweiß oder Proteïnstickstoff. Die Methode von Stutzer beruht auf der Fällbarkeit der Proteïnstoffe durch Kupferhydroxyd in saurer oder neutraler Lösung. Der Niederschlag wird nach Kjeldahl auf seinen Stickstoffgehalt untersucht; das ist der Eiweißstickstoff. Mit 6,25 multipliziert, ergibt er den Eiweiß-(Proteïn-) Gehalt.

Früher wurde erwähnt, daß Rümpler fand, die Stutzersche Methode gäbe durch Mitfällung eines Teiles der Amide, Propeptone und Peptone neben den Proteïnstoffen zu hohe Resultate; das bestätigte Andrlík. Rümpler arbeitete daher eine neue Bestimmungsmethode für die Protïene neben den oben genannten Körpern aus. Sie beruht in der Hauptsache auf der Eigenschaft der Albumine, unter Alkohol unlöslich zu werden.

Vom Safte werden drei gleiche Proben (je $50\,cm^3$) genommen, davon eine mit Essigsäure angesäuert, die beiden anderen aber nicht. Hierauf werden zu allen Proben Alkohol und Äther zugesetzt und 24 Stunden stehen gelassen. Dann wird filtriert und der Rückstand jeder Probe für sich allein behandelt. Der der angesäuerten Probe wird ausgewaschen, nach Kjeldahl verbrannt und der gefundene Stickstoff mit 6,25 multipliziert; so erhält man den Protein-(Albumin)-Gehalt (a).

b. Eine der beiden nicht mit Essigsäure vorbehandelten Proben wird mit gesättigter Lösung von Zinksulfat behandelt, der entstandene Niederschlag filtriert und mit derselben Lösung gewaschen. Er enthält Albumin und Propepton. Wird er nach der Kjeldahl-Methode verbrannt und vom so erhaltenen Stickstoff der sub a gefundene subtrahiert, so erhält man den Stickstoff des Propeptons, und dieser, mit 6,25 multipliziert, gibt das Propepton.

c. In der dritten Probe wird alles Eiweiß, d. h. Proteïn oder Albumin, Propepton und Pepton, mit Alkohol ausgefällt, filtriert und der Stickstoff nach Kjeldahl bestimmt. Davon der Proteïn- und Propepton-Stickstoff abgezogen, gibt den Peptonstickstoff.

5. Amidostickstoff. Die Bestimmung desselben ist noch sehr unsicher und unzulänglich. In dem von Eiweißstoffen befreiten Safte (z. B. in der von der Peptonbestimmung herrührenden Lösung) wird durch Kochen mit Säure der Amidstickstoff als Ammoniak abgespalten und durch Destillation mit Magnesia abdestilliert. So erhält man aber auch das schon ursprünglich im Safte enthaltene Ammoniak neben dem Amido-Ammoniak.

Wird vom gesamten Ammoniakstickstoff der nach einer der genannten Methoden bestimmte wirkliche Ammoniakstickstoff abgezogen, so gibt der Rest den Stickstoff, der in Form von Amiden vorhanden ist, an. Anwesenheit von Salpetersäure beeinträchtigt das Resultat.

6. Stickstoff der Amidosäuren. Zu dieser Bestimmung zog Andrlík die von Böhmer abgeänderte Methode von Sachsse und Kormann heran. Im Prinzip beruht sie auf der Einwirkung von salpetriger Säure auf die Amidosäuren nach folgender Gleichung:

$$2C_2H_3(NH_2)\begin{cases}COOH\\COOH\end{cases} + 2HNO_2 = 2C_2H_3\cdot OH\begin{cases}COOH\\COOH\end{cases} + 2H_2O + 2N_2.$$

Asparaginsäure Äpfelsäure

Bei seinen Untersuchungen nahm Andrlík den von der Amidostickstoffbestimmung zurückbleibenden Destillationsrückstand. Dieser wurde abfiltriert, ausgewaschen, das Filtrat eingedickt und auf ein bestimmtes Volumen gebracht; in diesem wurde nach obiger Methode der Stickstoff der Amidosäuren bestimmt. Andrlík erklärte (1900) diese Methode als „wenig verläßlich".

7. Zieht man vom Gesamtstickstoff den Nitrat-, Ammoniak-, Amido- und Amidosäurestickstoff ab, so erhält man den „sonstigen organischen Stickstoff". Hier können vorhanden sein Xanthinbasen, Betaïn, Cholin und eventuell noch unbekannte Stickstoffsubstanzen. Um den Stickstoff dieser Gruppe näher zu bestimmen, fällt man die eiweißfreie Lösung nach Ansäuern mit Schwefelsäure mittels phosphorwolframsauren Natrons aus, erwärmt, läßt stehen, filtriert und wäscht mit Schwefelsäure aus. Dies geschieht in zwei Saftproben für sich. In dem einen Niederschlag bestimmt man das Ammoniak im zweiten den Gesamtstickstoff nach Kjeldahl. Der Ammoniakstickstoff, abgezogen vom Gesamtstickstoff, ergibt den Stickstoff, der auf organische Basen entfällt (Betaïnstickstoff).

Der „durch phosphorwolframsaures Natron fällbare Stickstoff" kommt in fast allen Analysentabellen vor; deshalb soll diesem Reagens etwas größere Aufmerksamkeit geschenkt werden. Dargestellt wird es durch Auflösen von phosphorsaurem Natrium und wolframsaurem Natrium in destilliertem Wasser und Zusatz von verdünnter Schwefelsäure zur Lösung. Dieses Reagens fällt: Albumosen, Pepton Alkaloide, Ammoniak, Betaïn, Hypoxanthin, Xanthin, Guanin, Vernin und Arginin. Nicht gefällt werden Asparagin, Glutamin, Leuzin, Tyrosin u. a.

Nach Mallet soll man sogar in der Lage sein, je nach Anwendung des phosphorwolframsauren Natrons in der Wärme oder Kälte eine Trennung der genannten Stickstoffkörper zu bewerkstelligen:

a) Nicht gefällt werden: Asparagin, Glutamin, Glykokoll, Alanin, Allantoin, Asparagin- und Glutaminsäure, Leuzin, Tyrosin, selbst aus konzentrierten Lösungen;

b) in der Kälte wohl fällbar, aber doch in der Wärme mehr oder weniger löslich sind: Glutamin, Betaïn, Hypoxanthin, Carnin, Peptone u. a. Körper, die hier nicht interessieren;

c) unbedingt fällbar und unlöslich in heißem Wasser: sind sämtliche Proteïne, Proteosen u. a. (Zeitschr. f. Unters. d. Nahr.- u. Genußmittel 1900, 3, 542).

Ein sehr wichtiges Fällungsmittel zur Identifizierung der einzelnen Stickstoffkörper ist auch salpetersaures Quecksilber, das E. Schulze zu diesem Zwecke einführte. Es fällt Asparagin, Glutamin, Allantoin und die Xanthinkörper, zum Teil auch Tyrosin. Das Quecksilber wird durch Schwefelwasserstoff als Sulfid entfernt und im Filtrate durch ammoniakalische Silberlösung speziell Hypoxanthin, Xanthin und Guanin gefällt.

Autoren-Register.

Sachregister.

Siehe auch Inhaltsverzeichnis (Seite VII—X) und Analysen- und Tabellenverzeichnis (Seite XI—XIV).

Die Zahlen bedeuten Seitenzahlen. Hauptstellen sind fett gedruckt. Was nicht unter C siehe unter K oder Z.